融入大量实战经验、知识讲解与设计理念，帮您突破设计瓶颈，充分理解Flash CS6的精髓！

FLASH CS6 中文版 从入门到精通

胡崧 李敏 张伟 王海波 / 编著

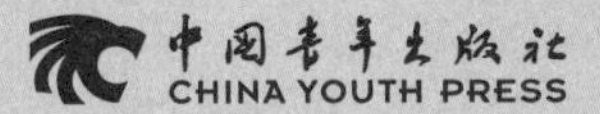

图书在版编目(CIP)数据

Flash CS6 中文版从入门到精通 / 胡崧等编著 . 一北京：中国青年出版社，2012.12
ISBN 978-7-5153-1254-5
I. ①F… II. ①胡… III. ①动画制作软件 IV. ①TP391.41
中国版本图书馆 CIP 数据核字（2012）第 271719 号

Flash CS6 中文版从入门到精通

胡崧 李敏 张伟 王海波 编著

出版发行：中国青年出版社
地　　址：北京市东四十二条 21 号
邮政编码：100708
电　　话：(010) 59521188 / 59521189
传　　真：(010) 59521111
企　　划：北京中青雄狮数码传媒科技有限公司
责任编辑：郭 光 张海玲 董子晔 沈 莹
封面设计：六面体书籍设计 王世文 王玉平

印　　刷：**中煤（北京）印务有限公司**
开　　本：787 × 1092 1/16
印　　张：36
版　　次：2013 年 1 月北京第 1 版
印　　次：**2017 年 2 月第 2 次印刷**
书　　号：ISBN 978-7-5153-1254-5
定　　价：69.90 元

本书如有印装质量等问题，请与本社联系 电话：(010) 59521188 / 59521189
读者来信：reader@cypmedia.com
如有其他问题请访问我们的网站：www.lion-media.com.cn

“北大方正公司电子有限公司”授权本书使用如下方正字体。
封面用字包括：方正粗雅宋简体，方正兰亭黑系列。

Adobe公司新推出的Flash CS6是一款交互式多媒体制作软件，也是现今最成熟的动画制作软件，适合于各种各样的动画制作。对于网页设计师而言，Flash CS6是一个完美的工具，常用于设计交互式媒体页面，或开发主题相关的多媒体内容。

从表面上看，它是面向Web的位图处理软件和矢量图绘制软件的简单组合。但实际上，其功能却比简单的组合强大很多。Flash CS6不仅支持完整的ActionScript语言，使Flash能够与XML、HTML以及其他内容以多种方式联合使用，而且能够和Web其他部分进行通信，可作为前台和图形的引擎，从数据库和其他后台资源中获得信息，从而生成动态的Web内容。

本书结构

你知道吗	拓展介绍重要知识点，加强用户的基础操作技能，为后面的学习打下坚实基础
练习	通过小而精简的实例，诠释所讲述的理论知识，以加强用户实际动手操作的能力
闪客高手	通过典型、精炼的中型案例，巩固所学的知识，让用户学以致用，快速跃升为闪客一族
主题讨论	与一线设计师讨论学习从业之道，总结其多年的经验，为读者提供学习Flash基础及从事动画设计职业的建议
附录	提供了Flash CS6 ActionScript 3.0语法参考和Flash Q&A问答，可方便读者在实际应用的时候，快速查找相关语法参数，解答疑难问题

本书特点

Flash已经广泛流行于网络中，越来越多的爱好者以及专业人士使用Adobe Flash软件制作动画。本书邀请国内资深Flash设计师与培训专家，充分考虑初学者可能遇到的问题，总结大量的实际操作经验，在案例中以提示形式讲解制作精髓，让读者更深入、清晰地了解Flash制作过程。本书有以下显著特点，值得一读。

- 入门为基础：从最基础的知识着手，由浅入深，逐步带领读者进入Flash CS6的神奇世界。
- 精通为目的：深入剖析Flash CS6常见功能，解析ActionScript 3.0技术难点。
- 范例为导向：46个精心设计的动画实例，涵盖了Flash CS6所有的常用功能与实战技巧。
- 理念为精华：融合国内资深动画专家多年实际操作经验，以提示形式讲解动画制作的精髓。

赠送超值资料

本书附赠的资料中含8小时本书实例多媒体教学视频、916套Flash精品模板、3600个GIF动画素材、3273个Flash声音素材、7796个Flash图形素材、45套Flash库文件、200套国外最新网页模板和21120个图标素材、5000幅广告Logo和Banner欣赏、21120个精美图标素材、ActionScript 3.0语法参考手册以及本书所有案例的素材和最终文件。相信无论是Flash初学者，还是专业的Flash设计师，都可以通过学习本书有所收获，创作出更加精彩的Flash动画作品。

本书在写作和编加过程中力求严谨，由于时间有限疏漏之处在所难免，恳请广大读者予以批评指正。

编　者

阅读说明

本书采用双色印刷，在您使用Flash学习本书之前，请先阅读下面的内容，了解本书的结构，从而更好地学习本书内容。

Unit序号
可在目录中快速找到你想要的学习内容。

你知道吗
拓展介绍重要知识点。

Special Page
与一线设计师讨论学习从业之道为读者提供学习、从业的建议。

UNIT 10 导入外部图像素材

Flash CS6可以使用在其他应用程序中创建的图像，导入各种文件格式的矢量图形和位图素材。

导入位图并矢量化

Flash 能将图像导入到当前文件的舞台中或库中；也可以直接将位图粘贴到当前文件的舞台中来导入它们。直接导入到 Flash 文件中的位图会自动添加到该文件的库中。导入的途径有两种，即从 Flash 的库中直接调用和从外部导入。

1. 导入位图文件

选择"文件＞导入"命令会在子菜单弹出两个和导入位图有关的选项：导入到舞台和导入到库，用户可按需选择。

● 导入到舞台：该命令可以将外部文件同时导入到舞台和库中，可以导入外部文件或者SWF文件，导入的SWF文件会生成关键帧。

素材文件：Sample\Ch04\Unit10\bitmap.fla

1 选择"文件>导入>导入到舞台"命令，在打开的"导入"对话框中选择光盘中提供的Sample\Ch04\Unit10\bitmap.jpg素材文件。

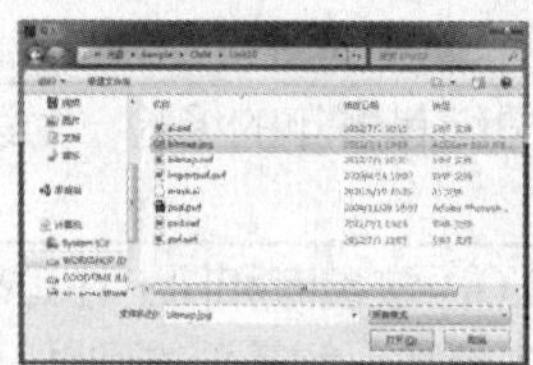
"导入"对话框

你知道吗 使用其他软件编写ActionScript代码

1. 使用Flex Builder

Adobe Flex Builder 是创建带有Flex框架的项目的首选工具。除了可视布局和 MXML 编辑工具之外，Flex Builder 还包括一个功能完备的 ActionScript 编辑器，因此可用于创建 Flex 或仅包含 ActionScript 的项目。Flex 应用程序具有以下优点：包含一组内容丰富的预置用户界面控件和灵活的动态布局控件，内置了用于处理外部数据源的机制，以及将外部数据链接到用户界面元素。但由于需要额外的代码来提供这些功能，因此 Flex 应用程序的 SWF 文件可能比较大，并且无法像 Flash 那样轻松地完全重设外观。

如果希望使用 Flex 创建功能完善、数据驱动且内容丰富的 Internet 应用程序，并在一个工具内编辑 ActionScript 代码，编辑 MXML 代码，直观地设置应用程序布局，则应使用 Flex Builder。

2. 使用Flash Builder 4

Flash Builder 是一款集成开发环境（IDE）下，可用于构建跨平台的富 Internet 应用程序（RIA）。使用 Flash Builder，可以构建使用下列内容的应用程序：Adobe Flex 框架、MXML、Adobe Flash

Special page 对在网页中嵌入Flash动画的建议

如今的各种浏览器差异颇大，设计者如何在网页中嵌入 Flash 才是最佳方案呢？这本来应该是一个简单的问题，但却引起很多不同的看法和争论。因为可用的嵌入技术很多，而每种都有其支持者和反对者。下面将详述嵌入 Flash 的复杂性和技巧性，并且对最流行的嵌入方法加以考察。

在进入本质性讨论之前，先定义一下理想的 Flash 嵌入方法。笔者认为，下面这些因素是最重要的。

- 遵循标准：Web标准为浏览器厂商、工具软件程序员以及网页作者，提供了一种易于理解的通用语言，使得所有用户都得以避免兼容性、垄断和专利侵权的问题。也使开发者能够创建出项目所需的正确的网页。
- 跨浏览器支持：支持所有主流浏览器和常见操作系统是很关键的需求。为了支持研究，笔者创建了一个Flash嵌入测试套件，来评估浏览器对于各种嵌入方法的支持。该套件对各种不同

光盘路径
可快速查找本案例的素材、初始文件和教学视频的保存位置。

闪客高手
通过典型、精炼的中型案例，巩固所学知识。

练习
使用本章所学知识，进行练习操作。

附录
方便读者快速查找相关语法参数。

闪客高手：创建模拟飞机穿云动画

范例文件	Sample\Ch05\Unit15\plane-end.fla
初始文件	Sample\Ch05\Unit15\plane.fla
视频文件	Video\Ch05\Unit15\Unit15-2.wmv

1 打开Sample\Ch05\Unit15\plane.fla文件，在"库"面板中建立images文件夹，然后执行"文件>导入>导入到库"命令，打开"导入到库"对话框。

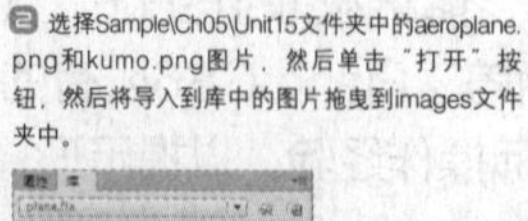
"导入到库"对话框

2 选择Sample\Ch05\Unit15文件夹中的aeroplane.png和kumo.png图片，然后单击"打开"按钮，然后将导入到库中的图片拖曳到images文件夹中。

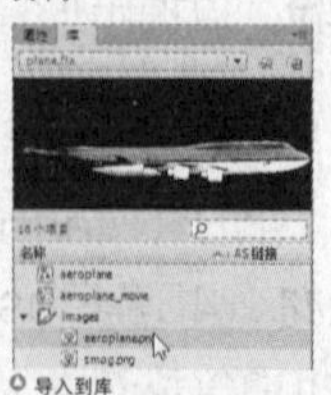
导入到库

3 将aeroplane.png图片拖曳到舞台上，然后按下F8键，将其转换为名称为aeroplane的图形元件。

4 单击"确定"按钮后，图片被转换成了元件，然后再次按下F8键，将其转换为名称为aeroplane_movie的影片剪辑元件。

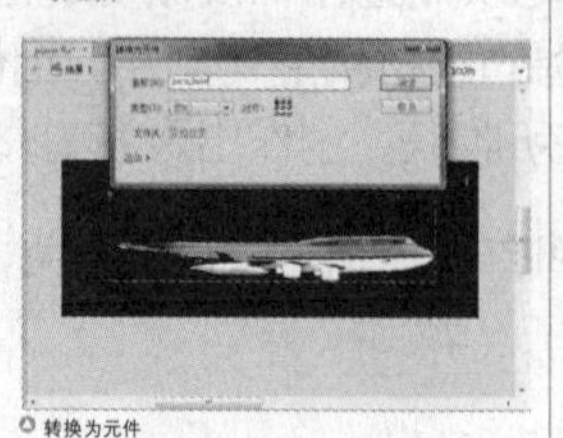
转换为元件

练习：导入声音效果

范例文件 Sample\Ch07\Unit18\sound-end.fla
起始文件 Sample\Ch07\Unit18\sound.fla

1 打开Sample\Ch07\Unit18\sound.fla文件，选择"文件>导入>导入到库"命令，然后在打开的"导入"对话框中选择"Sample\Ch07\Unit18\鸟的故事.mp3"文件。

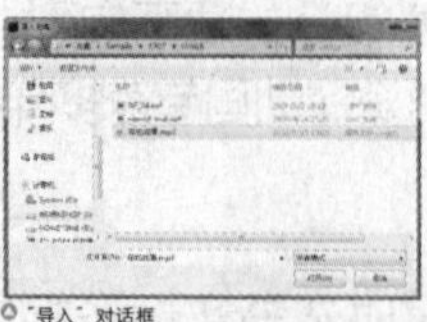
"导入"对话框

2 然后单击"打开"按钮，导入声音。导入的声音自动添加到"库"面板中。

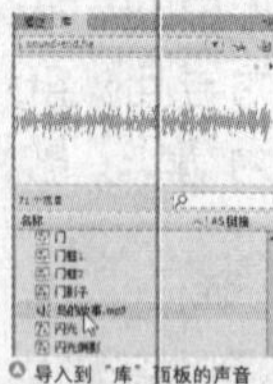
导入到"库"面板的声音

附录一 Flash CS6 ActionScript 3.0语法参考

本附录提供了Flash CS6中，ActionScript 3.0语言中所支持元素的语法和用法信息。

包

Flash Player API类位于flash.*包中，是指Flash包中的所有包、类、函数、属性、常量、事件和错误。Flash Player API是Flash Player所特有的，与基于ECMAScript的顶级类（如Date、Math和XML）或语言元素相反。Flash Player API中包含面向对象的编程语言中所具有的功能，如用于geometry类的flash.geom包，以及特定于丰富Internet应用程序的需要的功能，又如用于表现手法的flash.filters包和用于处理与服务器之间的数据传送的flash.net包等。

包	说明	包	说明
顶级	顶级中包含核心ActionScript类和全局函数	fl.core	fl.core包中包含与所有组件有关的类

Part 01 Flash CS6基础入门

Chapter 01 Flash CS6快速入门

Chapter 02 使用绘图及相关工具

Chapter 03 文本与对象的操作

Part 02 Flash CS6动画功能

Chapter 04 元件、实例与库

Chapter 05 动画基础

Chapter 06 制作丰富的动画效果

Chapter 07 音视频在动画中的应用

Chapter 08 影片的测试和发布

Part 03 ActionScript 3.0应用和开发

Chapter 09 ActionScript 3.0快速入门

Chapter 10 ActionScript 3.0基础知识

Chapter 11 深入了解ActionScript 3.0

Chapter 12 ActionScript 3.0核心编程

Chapter 13 图文及多媒体元素处理

Part 04 Flash CS6实战应用

Chapter 14 Flash特效动画

Chapter 15 Flash宣传动画

Chapter 16 Flash交互动画

Chapter 17 Flash网站动画

Chapter 18 Flash游戏动画

附录

Part 01

Flash CS6 基础入门

Chapter 01

Flash CS6 快速入门

本章知识点

Unit 01	认识 Flash	Flash 的发展
		Flash 的应用
Unit 02	Flash CS6 的新功能和闪亮点	设计充满表现力的内容
		快速编写代码和轻松执行测试
		创建一次，即可随处部署
Unit 03	新建并保存文档	新建文档
		设置文档属性
		保存文件的类型
Unit 04	设置 Flash CS6 的操作环境	设置首选参数
		使用标尺、网格与辅助线

章前自测题

1.Flash的应用领域究竟有哪些呢？

2.Flash和Flash Player的区别是什么？

3.现有的手机动画有很多种格式，以Flash为代表的手机技术都有什么？得到了哪些主流应用？

4.Flash CS6在台式计算机、平板电脑、智能手机和电视等多种设备中都能呈现效果一致的互动体验，那么它主要在哪些方面提供了增强的功能呢？

5.Flash中用于对象定位的工具有哪些？怎样用？

认识Flash

Flash是目前最优秀的网络动画编辑软件之一，从简单的动画效果到动态的网页设计、短篇音乐剧、广告、电子贺卡以及游戏的制作，Flash的应用领域日趋广泛。毋庸置疑，它引领着整个网络动画时代。

Flash的发展

Flash 出现之前，在网页上播放动画有两个选择：一是借助软件厂商推出的附加在浏览器上的各种插件，观看特定格式的动画；二是观看 GIF 格式图像实现的动画效果。但其由于只有 256 色，且动画效果简单，已经不能满足网民的视觉需求。

1. Macromedia 时代

Macromedia 公司利用其在多媒体软件开发上的优势，对收至麾下的矢量动画软件 FutureSplash 进行了修改，并赋予它一个闪亮的名字——Flash。1998 年，Macromedia 公司推出的 Flash 3.0 和与其同时推出的 Dreamweaver 2.0 及 Fireworks 2.0 并称为 Dream Team，即“网页三剑客”。后来，Macromedia 公司又陆续发布了新一代的网络多媒体动画制作软件，这些优秀的产品给网民，特别是网页制作人员和多媒体动画创作人员，带来了很多福利。右图为包含 Flash 技术的迪士尼中国网站。

△ Disney中国网站

2. Adobe 时代

2005 年，Macromedia 公司被 Adobe 公司收购，由此带来了 Flash 的巨大变革。在 7 年内相继发布的 Flash CS3，CS4，CS5，CS6 成为了 Adobe Creative Suite 中的一员，并与 Adobe 公司的矢量图形软件 Illustrator 及被称为业界标准的位图图像处理软件 Photoshop 完美地结合在一起。

对于网页设计师而言，Flash CS6 是一个完美的工具，主要用于设计交互式媒体页面，或开发与主题相关的多媒体内容。它强调在对多种媒体的导入和控制上，对于高级网络设计师和应用程序开发人员来说，Flash 是不同于其他任何应用程序的组合式应用程序。从表面上看，它是介于面向 Web 的位图处理程序和矢量图绘制程序之间的简单组合体，但实际上其功能却比简单的组合强大得多，是一种交互式的多媒体创作程序，同时也是现如今最为成熟的动画制作程序，适用于从简单的网页修饰到广播品质的卡通片等多种动画制作。

Flash CS6 软件是用于创建动画和多媒体内容的强大的创作平台。用户可以使用 CreateJS Flash 专业工具包进行 HTML 5 的翻译和转换，游戏体验的创建水平也大大增强，还能创建改进工作流和性能的 Sprite Sheet。利用最新的 Adobe Flash Player 和 AIR Runtimes，可以更轻松地开发 Android 和 iOS 设备应用。下图为 Flash CS6 的启动界面。

作为 Flash CS6 的播放软件，Flash Player 是一款高性能、轻量型且极具表现力的客户端运行播放器，能够在各种主流操作系统、浏览器、移动电话和移动设备上提供功能强大且一致的用户体验。现在，超过8.2亿台连接Internet的桌面计算机和移动设备上都安装了Flash Player，它使公司和个人能够构建并带给最终用户美妙的数字体验，使用户能够在将交互式、丰富内容与视频、图形和动画组合到一起的Web上享受最富表现力的、引人入胜的体验。

Flash Player 9.0以上版本提供的革命性的新表现力和呈现性能，包括位图效果、滤镜、Alpha视频和用于Flash视频的新的视频编解码器，扩展了运行时的功能以改进与外部API之间的Flash至浏览器的通信，可以快速构建新一代的丰富媒体应用程序。

Flash CS6启动画面

Flash的应用

Flash具有跨平台的特性，用户无论处于何种平台，只要安装了支持Flash的播放器，即可保证最终显示效果的一致性。Flash的设计注重用户感受，在台式计算机、平板电脑、智能手机和电视等多种设备中都能呈现效果一致的互动体验。那么Flash的应用领域究竟有哪些呢?

1. Flash网页动画

利用Flash制作的动画文件适用于网络传输，这是因为Flash文件在线播放运用了流式技术，即文件下载到一定的进程时，就可以开始播放，剩下的部分将在播放的同时进行下载。下图为国外著名的交互Flash动画技术站点。

Flash网页动画

2. Flash广告

Flash通过使用矢量图形和流式播放技术克服了网络传输速度较慢的缺点，利用Flash制作产品的宣传广告，可达到特殊的宣传效果。对于一个产品宣传的画面，Flash所具有的特性可为用户提供良好的接口，其对界面元素的可控性和它的表达效果，对于广告制作人来说，无疑具有很大的诱惑。下图为Apple的iPod动画广告。

Flash广告

3. Flash演示课件

演示课件最能反映Flash功能。最基础的演示课件是将演示内容播放为动画，或将讲义内容播放为声音。自Flash登场以来，便实现了交互式的可选性，在演示系统中应用Flash，可极大增强受众的主动性和积极发现的能力。但是在演示系统的开发中，技术不是主导，演示内容才是它的精髓所在。

4. Flash 游戏

Flash 动画软件是目前制作网络交互动画最优秀的工具，支持动画、声音及交互功能，具有强大的多媒体编辑功能，可以制作简单，有趣的 Flash 游戏。事实上，Flash 游戏开发已经进行了多年的尝试，但由于游戏开发很大程度上受限于计算机的 CPU 能力和大量代码的管理水平，所以至今为止仍然停留在中、小型游戏的开发上。

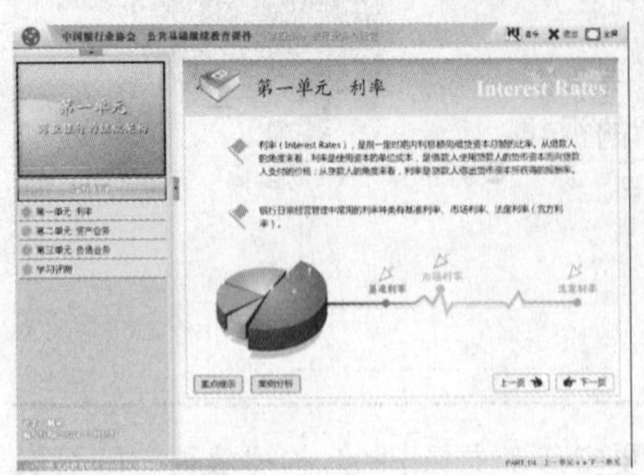

Flash演示课件

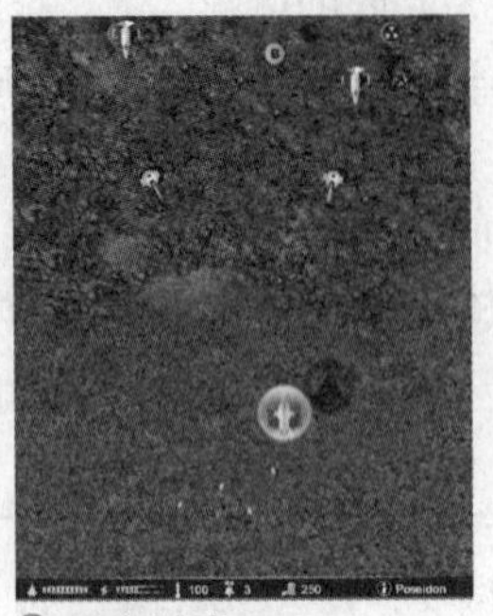

Flash游戏

5. Flash MV

Flash 在其他方面也有较为广泛的应用，其中在娱乐方面的运用最常见的是 MV。Flash 不仅在动画表现方面非常出色，还可以添加音效，给人以更多的趣味享受。

Flash MV

6. Flash 电子贺卡

曾经一度备受欢迎的单一文本或静态贺卡，如今已被 Flash 电子贺卡替代了。应用 Flash 可以制作包括多媒体在内的交互式贺卡。在特别的日子里为他（她）精心制作一张 Flash 电子贺卡，送出绵绵的祝福吧。

Flash电子贺卡

7. Flash 手机动画

现存的手机动画有很多种格式，其中以 Adobe 的 Flash 为标准的 Flash Lite 最为出色。Flash Lite 播放器可以使用户在手机上体验到接近电脑视频的 Flash 播放画质，很多终端都预装了播放器，加上用户已经习惯了桌面 Flash，所以成为最具有潜力的一个标准。以中国移动为例，手机 Flash 包含音乐 MTV、手机 Flash 屏保、手机 Flash 游戏、手机 Flash 原创漫画以及手机 Flash 流行杂志等。

Flash手机动画

UNIT 02 Flash CS6的新功能和闪亮点

应用Flash CS6软件可以快速、轻松地完成设计与开发Flash动画和Web应用程序的全过程。Flash CS6是以设计人员和开发人员为目标对象而构建的，相比较之前的Flash版本有了较大幅度的改进，下面将详细讲解Flash CS6的新功能和闪亮点。

设计充满表现力的内容

Flash CS6 软件内含强大的工具集，具有排版精确、版面保真和动画编辑功能丰富的特点，能帮助用户成功地实现创作构思。

1. 生成 Sprite 表单

Flash CS6 能够导出元件和动画序列，以快速生成 Sprite 表单，协助改善游戏体验、工作流程和性能。

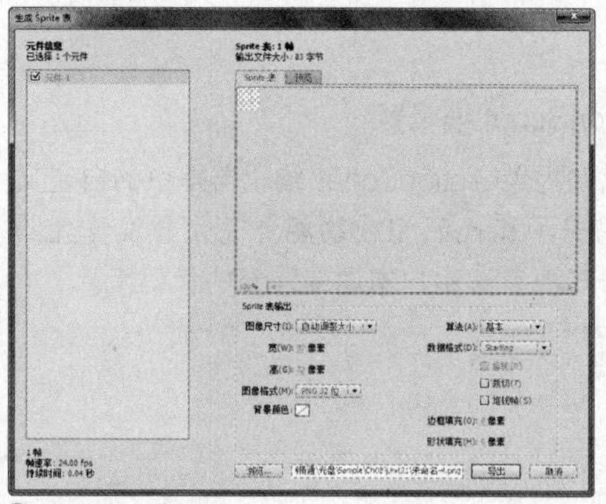

生成Sprite表单

2. 对 HTML 5 的新支持

以 Flash 的核心动画和绘图功能为构建基础，利用新的扩展功能（单独提供）创建交互式 HTML 5 内容。导出为 JavaScript 以面向 CreateJS 开源架构。

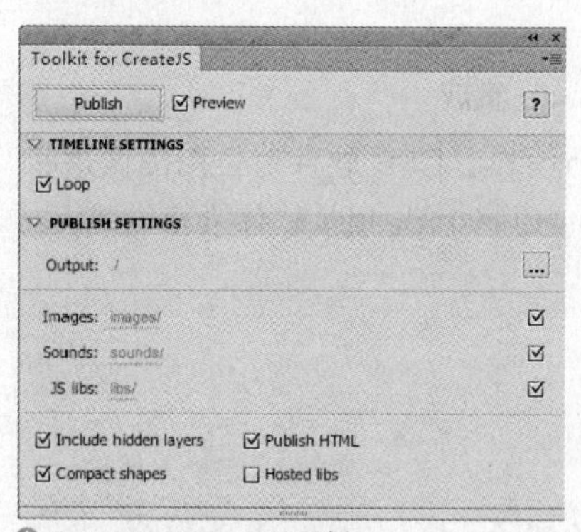

Toolkit for CreateJS面板

3. 行业领先的动画工具

使用时间轴和动画编辑器创建和编辑补间动画，使用反向运动为人物动画创建自然的动画。

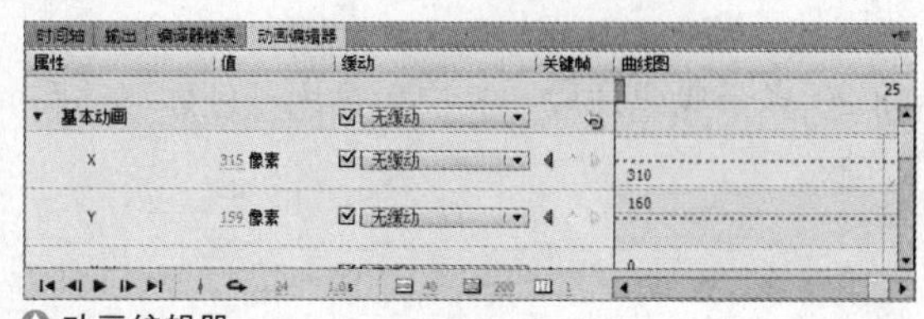

动画编辑器

4. 高级绘制工具

借助智能形状和强大的设计工具，更精确有效地设计图稿。

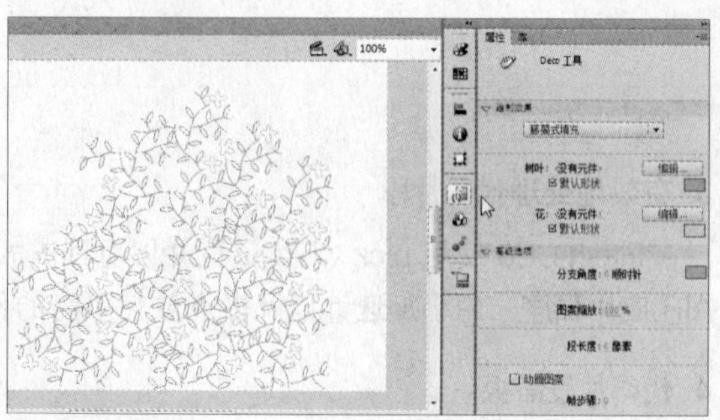

高级绘制工具

5. 高级文本引擎

通过"文本版面框架"获得全球双向语言支持和先进的印刷质量排版规则 API。从其他 Adobe 应用程序中导入内容时仍可保持较高的保真度。

7. 基于 XML 的 FLA 源文件

借助 XML 格式的 FLA 文件实施，更轻松地实现项目协作。解压缩项目的操作方式类似于文件夹，可使用户快速管理和修改各种资源。

6. 锁定 3D 场景

使用直接模式作用于针对硬件加速的 2D 内容的开源 Starling Framework，以增强渲染效果。

再到天涯海角来
宾宾宝宝和湖水的亚龙湾之旅——2011.4

三亚湾的海平静、朴实，一如沙滩上整排矗立的椰树，海风吹过，阳光射过，可以借椰树享受热带气候中的清凉。在天涯海角可以更近距离欣赏这样的美景，美中不足就是游人如织。与黄昏时的落日时光，然后去体验大东海的热闹风光。

三亚湾的落日确实名不虚传，余辉穿过海面撒在沙滩上，海天一色一望无际，宾宝散步在这样的海边，享受着海浪拍打脚面、落日尽撒沙滩的时光。

高级文本引擎

快速编写代码和轻松执行测试

Flash CS6 使用预制的本地扩展功能可访问平台和设备的特定功能，以及模拟常用的移动设备应用互动。

1. Creative Suite 集成

使用 Photoshop CS6 软件对位图图像进行往返编辑，并与 Flash Builder 软件紧密集成。

Creative Suite 集成

2. ActionScript 编辑器

借助内置 ActionScript 编辑器提供的自定义类代码提示和代码完成功能，简化开发作业。能够有效地参考用户本地或外部的代码库。

ActionScript编辑器

3. 有效地处理代码片段

Flash CS6 使用 pick whip 预览并以可视方式添加 20 多个代码片段，其中包括用于创建移动和 AIR 应用程序、用于加速计以及多点触控手势的代码片段。

4. 代码片段面板

借助为常见操作、动画和多点触控手势等预设的便捷代码片段，加快项目完成速度。这是一种更简单的学习 ActionScript 的方法。

5. Adobe AIR 移动设备模拟

Flash CS6 在支持 Adobe AIR 运行时，使用 USB 连接设备上执行的源码级调试，并且直接在设备上运行内容。Flash CS6 利用 Adobe AIR 模拟屏幕方向、触控手势和加速计等常用的移动设备应用互动来加速测试流程。

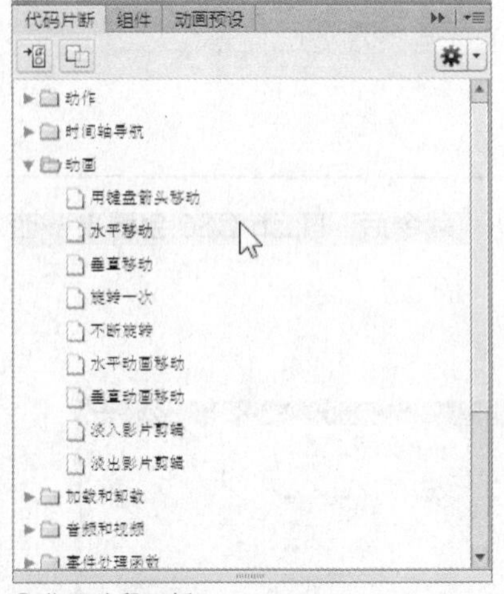

代码片段面板

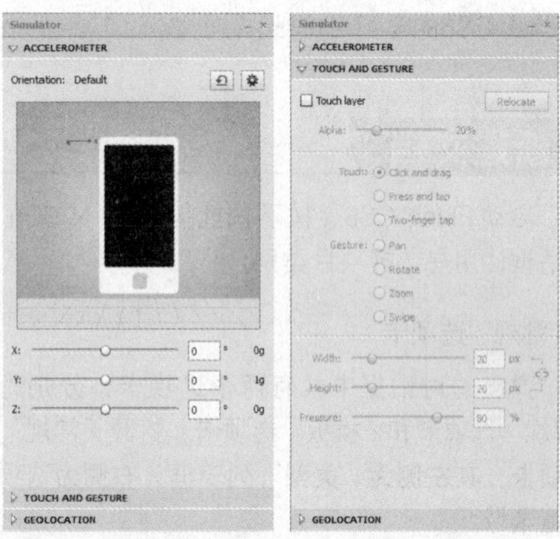

Adobe AIR 移动设备模拟

创建一次，即可随处部署

Flash CS6 使用预先封装的 Adobe AIR captive 运行时创建的应用程序，在台式计算机、智能手机、平板电脑和电视上呈现的效果一致。

1. 高效的移动设备开发流程

管理针对多个设备的 FLA 项目文件。跨文档和设备目标共享代码和资源，为各种屏幕和设备有效地创建、测试、封装和部署内容。

2. 广泛的平台和设备支持

锁定最新的Adobe Flash Player 和 AIR 运行时，使用户能针对 Android™ 和 iOS 平台进行设计。

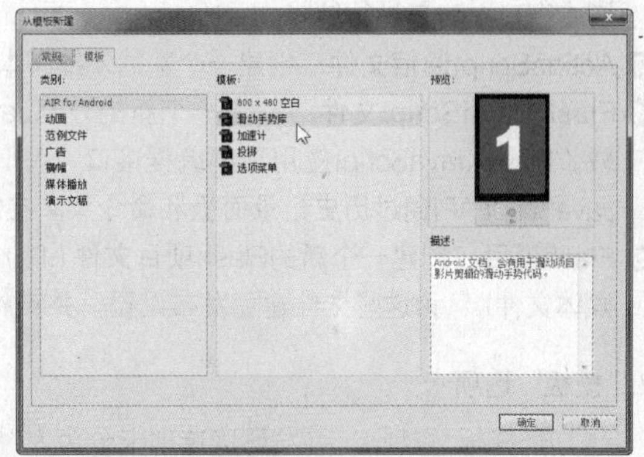

广泛的平台和设备支持

3. 创建预先封装的 Adobe AIR 应用程序

在运行预先封装的 Adobe AIR captive 时创建和发布应用程序。简化应用程序的测试流程，使终端用户无需额外下载即可运行内容。另外，Flash CS6 使用可帮助用户轻松创建新出版目标的菜单命令，运用它可添加多个 Adobe AIR 软件开发工具包 (SDK)。

4. 增量编译

Flash CS6 使用资源缓存缩短使用嵌入字体和声音文件的文档编译时间，提高丰富内容的部署速度。

5. 自动保存和文件恢复

即使在计算机崩溃或停电后，Flash CS6 也可以确保文件的一致性和完整性。

UNIT 03 新建并保存文档

制作任何一个动画的第一步都是从新建和保存文档开始的，下面就让我们从这里开始Flash CS6的学习之旅吧。

新建文档

启动 Flash CS6，按下快捷键 Ctrl+N 或执行“文件 > 新建”命令后，Flash CS6 会弹出一个对话框让用户选择项目类别。

1. “常规”选项卡

弹出的对话框中共有两个选项卡，分别为“常规”选项卡和“模板”选项卡。打开“常规”选项卡，其左侧为“类型”列表框，右侧为选项设置区域。

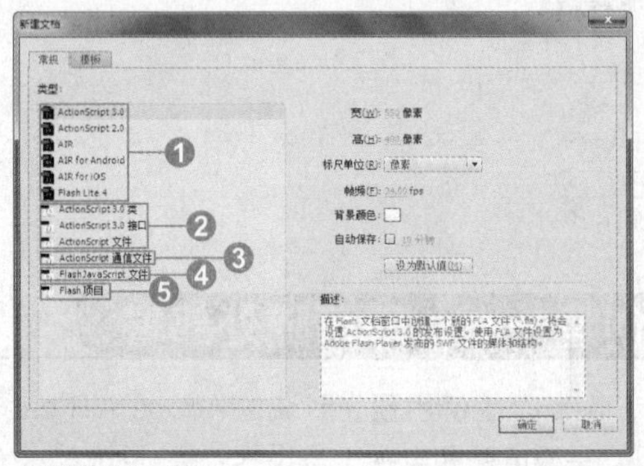

△“常规”选项卡

❶ **Flash文档**：单击ActionScript 3.0、ActionScript 2.0、AIR、AIR for Android、AIR for iOS和Flash Lite 4选项之一，Flash文档窗口中将新建一个Flash文档，并进入动画编辑主界面。

❷ **ActionScript文件**：单击ActionScript 3.0类、ActionScript 3.0接口和ActionScript文件选项之一，可创建一个外部脚本文件（.as），并可在脚本窗口中对其进行编辑。

❸ **ActionScript通信文件**：创建一个新的外部脚本通信文件（.asc），并可在脚本窗口中对其进行编辑。

❹ **Flash JavaScript文件**：创建一个新的外部JavaScript文件（.jsf）并可在脚本窗口中对其进行编辑。Flash JavaScript应用程序编程接口（API）是构建于Flash之中的定义JavaScript功能。Flash JavaScript API通过历史记录面板和命令菜单在Flash中得到运用。

❺ **Flash项目**：创建一个新的Flash项目文件（.flp）。使用Flash项目文件组合相关文件（.fla, .as, .jsff及媒体文件），为这些文件建立发布设置，并实施版本控制选项。

2. “模板”选项卡

打开“模板”选项卡，可发现该选项卡分为左、中、右3栏，分别为“类别”、“模板”和“预览”。“类别”下有7个种类，每一个种类所对应的模板和预览窗口的内容各不相同。

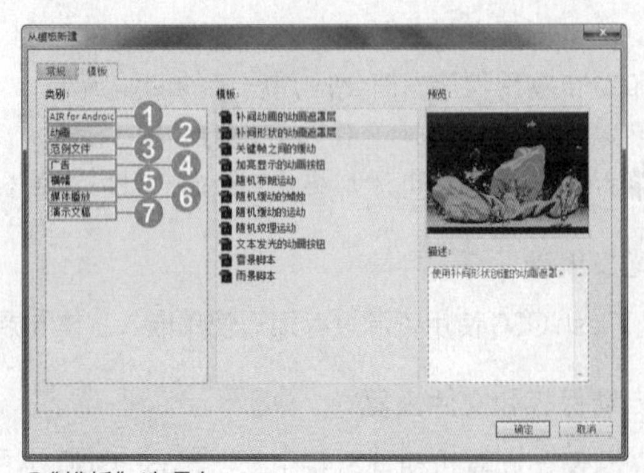

△“模板”选项卡

❶ **AIR for Android**：提供了Android移动设备下常见内容的文档。

❷ **动画**：提供了许多常见类型的动画，如运动、加亮显示、发光和缓动等。

❸ **范例文件**：提供了Flash中常用功能的示例。

❹ **广告**：提供了在线广告中经常使用的舞台大小。

❺ **横幅**：提供了网站界面中常用尺寸和功能的横幅。
❻ **媒体播放**：提供了若干个尺寸和高宽比的照片相册与视频的播放平台。
❼ **演示文稿**：提供了简单的和复杂的演示文稿样式。

> **TIP** “广告”模板又称为丰富式媒体模板，便于用户创建由交互广告署（IAB）制定且被当今业界广泛接受的标准丰富式媒体类型和大小。Flash广告联盟（MFAA）是一个业界联盟，侧重于推动丰富式媒体广告的发展，并提供出色的在线广告体验。

设置文档属性

新建 Flash 影片文件后，需要设置该影片的相关信息，如影片的尺寸、播放速率和背景色等。执行“修改 > 文档”命令，可打开“文档设置”对话框，通过该对话框可以设定文件的尺寸、背景颜色和帧频等属性。在动画制作之前和动画制作过程中都可以设置影片属性。

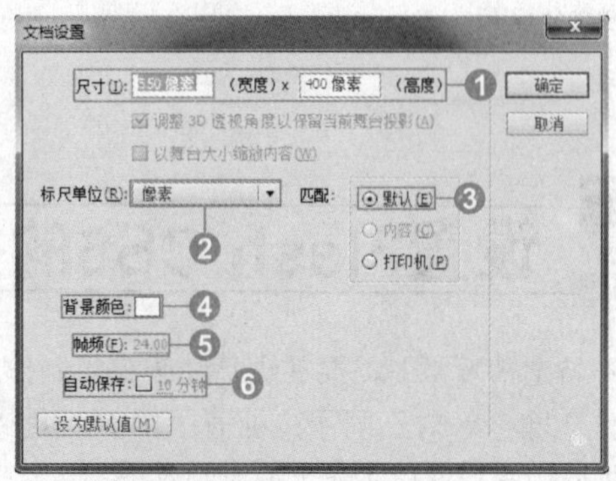

△“文档设置”对话框

❶ **尺寸**：用来设置影片的大小，由左到右依次代表影片的宽度和高度。在默认的情况下，数值为550像素 × 400像素，其设置范围是1像素 × 1像素~8192像素 × 8192像素。
❷ **标尺单位**：根据需要可变更标尺单位，默认情况下为“像素”。
❸ **匹配**：包括以下3个选项。
- 默认：单击该单选按钮，影片的大小将恢复为默认的数值：550像素 × 400像素。
- 内容：根据舞台的对象调整舞台的大小。单击该单选按钮，可以将舞台放大或缩小到位于最右侧和最下端的对象位置。如果希望影片的大小匹配影片的内容，将影片内容的整体与舞台的左上角对齐，然后单击该单选按钮即可。
- 打印机：将舞台设置为最大的可打印区域。这个区域由“页面设置”对话框（文件>页面设置）中设置的参数决定，页面大小减去页面的边距就是打印区域。

❹ **背景颜色**：用于指定影片的背景颜色。单击颜色框，打开取色器，可以使用吸管选择颜色或者直接输入相应的数值以设置影片的背景颜色。
❺ **帧频**：设置帧速率。默认值为24帧/秒，表示每秒钟播放24帧的内容，可以在帧频的输入框中直接输入数值来设定。
❻ **自动保存**：设置自动保存Flash文件的时间。

保存文件的类型

影片制作完成之后，要将它保存起来。可以将 Flash 首先保存为 FLA 格式的源文件，然后导出为 SWF 影片文件。

1. 保存为 FLA 文件

执行“文件 > 保存”命令，打开“另存为”对话框，选择文件的保存路径并输入文件名称后，单击“保存”按钮即可。保存后的 FLA 文件可以被重新编辑。但使用 Flash CS6 保存的 FLA 文件，不能用低版本的 Flash 软件打开。

2. 导出为 SWF 文件

执行“文件 > 导出 > 导出影片”命令，打开“导出影片”对话框。在“导出影片”对话框中，将保存类型设置为 .swf 文件类型即可。

影片制作完成后，按下快捷键Ctrl+Enter会自动生成SWF文件，同时可以在工作界面中预览影片效果。执行这个操作生成的文件会自动覆盖先前的文件，而只保留最新测试的文件。

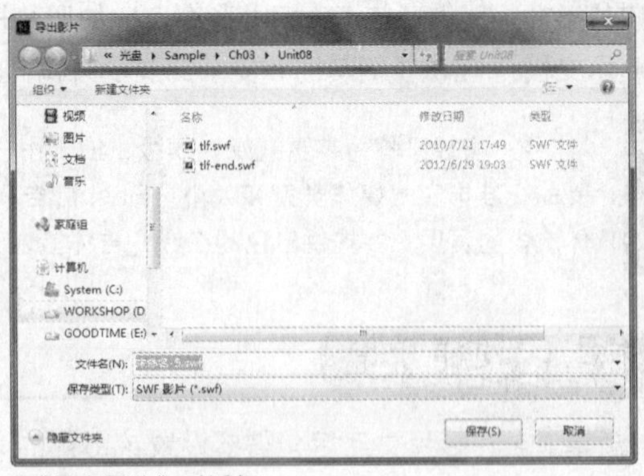

△“导出影片”对话框

UNIT 04 设置Flash CS6的操作环境

在特定情况下，需要在进行动画编辑制作之前对相关参数进行设定，从而定制Flash CS6的工作环境。针对不同用户拥有不同的工具操作习惯和喜好的特点，Flash中设有预置的选项，可以让用户使用起来更加得心应手。

设置首选参数

执行“编辑 > 首选参数”命令，打开“首选参数”对话框，其中共包括 9 个类别选项。

1. 常规

❶ **启动时**：默认设置为“欢迎屏幕”，另外还包括“不打开任何文档”、“新建文档”和“打开上次使用的文档”3个选项。

❷ **撤销**：包括“文档层级撤销”和“对象层级撤销”两个选项。“层级”值设置得越高，所需的内存也越多。

❸ **工作区**：勾选“在选项卡中打开测试影片”复选框，可在选项卡中打开测试影片；勾选“自动折叠图标面板”复选框，画面中的浮动面板可以自动折叠。

❹ **选择**：主要包括以下4个选项。

- 使用Shift键连续选择：选中该复选框后，在按住Shift键的同时单击可以同时选择多个对象。
- 显示工具提示：勾选该复选框后，光标指向工具时，工具旁边会显示工具的名称。
- 接触感应选择和套索工具：勾选该复选框后，使用选择和套索工具时反应会更加敏锐。

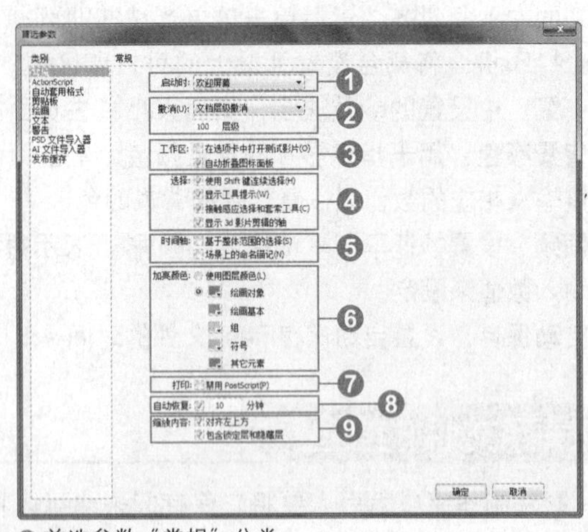

△首选参数“常规”分类

- 显示3d影片剪辑的轴：勾选该复选框后，对于3D影片剪辑元件，会显示其3D轴。

❺ **时间轴**：包括以下两个选项。

- 基于整体范围的选择：勾选该复选框后，可以在时间轴上选择一个区域。
- 场景上的命名锚记：勾选该复选框后，可以在操作中指定一个场景。

❻ **加亮颜色**：设置舞台上所选对象边框的显示颜色。若单击"使用图层颜色"单选按钮，则选中对象的边框颜色将采用时间轴中对象所在层轮廓的颜色。或者选择绘画对象、绘画基本、组、符号和其他元素中的一种颜色作为选中对象的边框颜色。

❼ **打印**：勾选"禁用PostScript"复选框，将使用PostScript打印机输出文件。

❽ **自动恢复**：若启用默认设置，将以指定的时间间隔将每个打开文件的副本保存在原始文件所在的文件夹中。如果 Flash意外退出，重新启动以打开自动恢复文件时，会出现一个对话框，询问用户是否恢复文件。

❾ **缩放内容**：在使用"文档属性"对话框调整舞台大小时用于缩放内容的选项。若要保持对象与舞台的左上角对齐，应勾选"对齐左上方"复选框。若要调整时间轴的锁定和隐藏图层中项目的大小，应选择"包含锁定和隐藏层"复选框。

2. ActionScript

❶ **编辑**：主要用于设置使用ActionScript时的自动缩排、缓存大小及代码的延迟时间。

❷ **字体**：设置使用ActionScript编写脚本时所用的字体、字号和样式等。

❸ **打开/导入、保存/导出**：设置文档编码。

❹ **重新加载修改的文件**：设置重新加载修改的文件的提示方式。

❺ **类编辑器**：设置ActionScript类编辑器软件。

❻ **语法颜色**：设置使用ActionScript时各处的颜色，包括前景、背景、关键字、注释、标识符和字符串等。

❼ **语言**：设置ActionScript的语言版本。

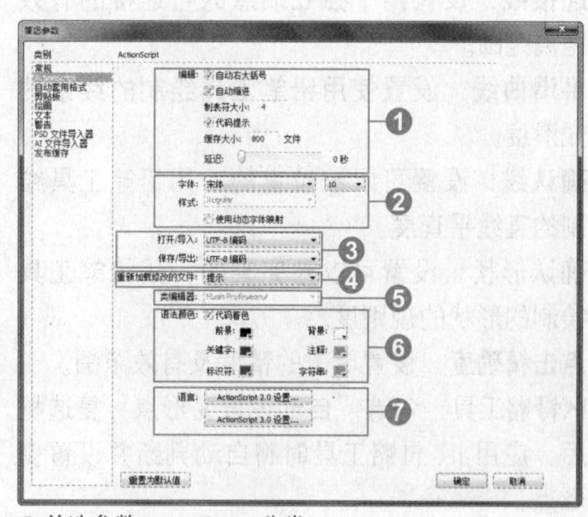

△首选参数ActionScript分类

3. 自动套用格式

"自动套用格式"主要用于定义 ActionScript代码显示的格式。勾选相应的复选框，可以实现"在 if、for、switch、while 等后面的行上插入 {"、"在函数、类和接口关键字后面的行上插入 {"、"不拉近 } 和 else"、"函数调用中在函数名称后插入空格"、"运算符两边插入空格"和"不设置多行注释格式"等功能，在下面的预览窗格中还可看到代码格式的效果。

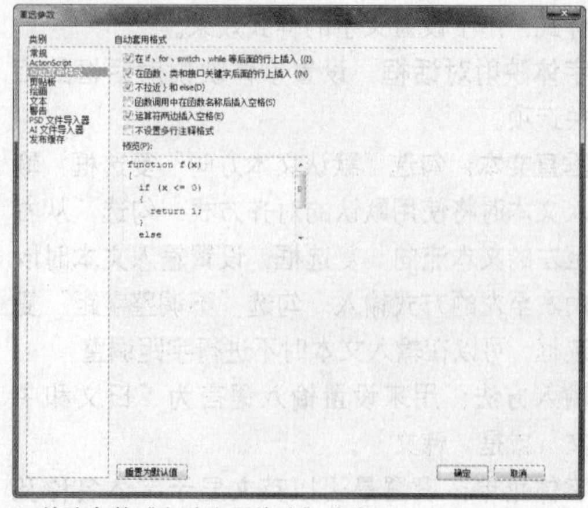

△首选参数"自动套用格式"分类

4. 剪贴板

❶ **颜色深度**：在其下拉列表中可选择颜色的深度。

❷ **分辨率**：设置引入位图的分辨率。

❸ **大小限制**：设置引入位图时，可以在剪贴板中占用的最大内存。

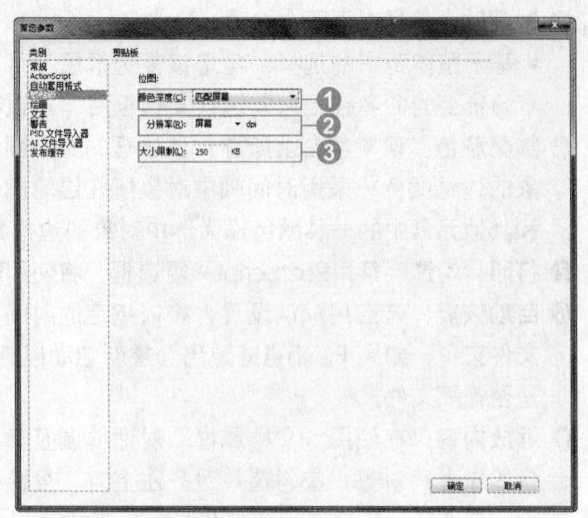

△首选参数“剪贴板”分类

5. 绘画

❶ **钢笔工具**：勾选“显示钢笔预览”复选框，在使用钢笔工具时将会显示跟随钢笔移动的预览线；勾选“显示实心点”复选框，在使用钢笔工具时将显示实心的节点；勾选“显示精确光标”复选框，在使用钢笔工具时光标将显示为十字形。

❷ **连接线**：设置两个独立端点的可连接的有效距离范围。

❸ **平滑曲线**：设置使用铅笔工具绘制的线条的光滑度。

❹ **确认线**：设置可以被拉直的，用铅笔工具绘制的直线平直度。

❺ **确认形状**：设置可以被完善的，用铅笔工具绘制的形状的规则度。

❻ **点击精确度**：设置单击的精度及有效范围。

❼ **IK骨骼工具**：勾选“自动设置变形点”复选框后，应用 IK 骨骼工具时将自动判断并设置变形点。

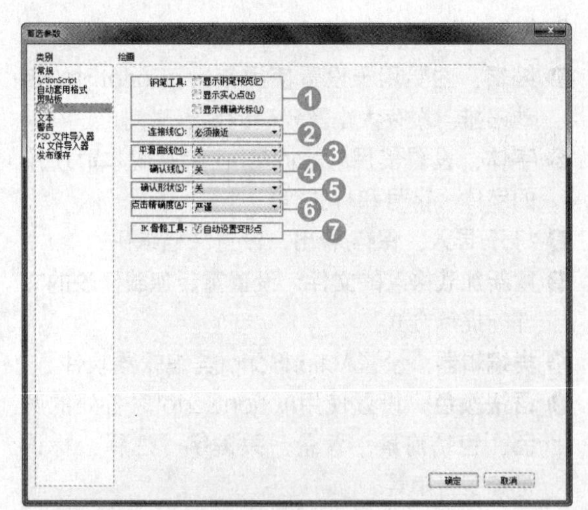

△首选参数“绘画”分类

6. 文本

❶ **字体映射默认设置**：用于替换缺少的字体。

❷ **样式**：用于设置文字的样式效果。

❸ **字体映射对话框**：设置字体映射对话框的相关选项。

❹ **垂直文本**：勾选“默认文本方向”复选框，输入文本时将使用默认的对齐方式；勾选“从右至左的文本流向”复选框，设置输入文本时以由右至左的方式输入；勾选“不调整字距”复选框，可以在输入文本时不进行字距调整。

❺ **输入方法**：用来设置输入语言为“日文和中文”或是“韩文”。

❻ **字体菜单**：设置是否以英文显示字体名称及是否及如何显示字体预览。

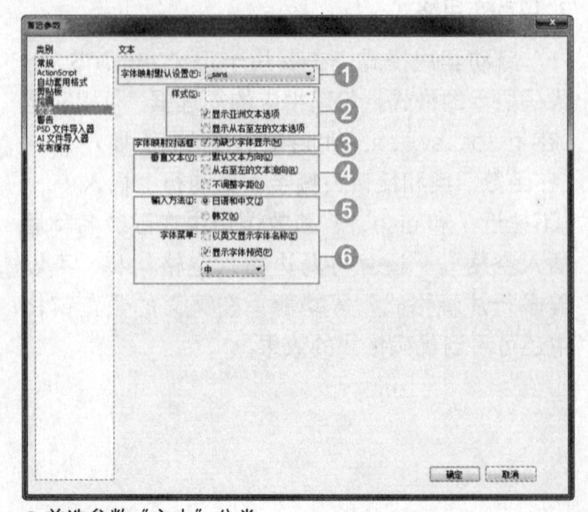

△首选参数“文本”分类

7. 警告

警告分类主要用来设定在特殊操作或者操作出现某些程序性可识别错误时，出现的相应警告信息，如在保存时提示与原来旧版本的兼容性等。为了保证操作的正确、协调与合理性，一般都采用默认设置，即勾选所有复选框。

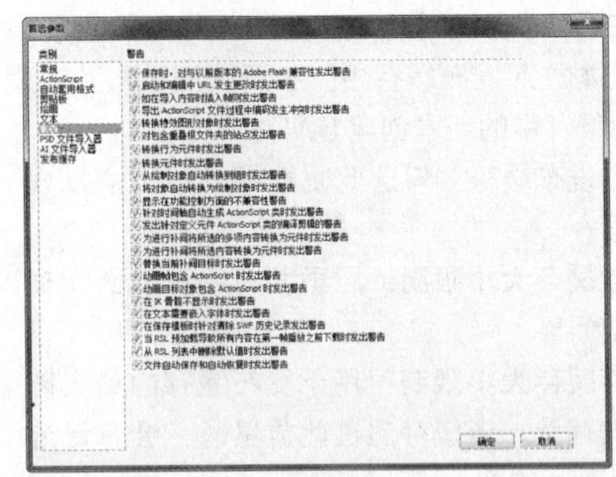

△首选参数“警告”分类

8. PSD 文件导入器

❶ **将图像图层导入为**：设置将Photoshop中的图像图层导入为的对象，包括“具有可编辑图层样式的位图图像”和“拼合的位图图像”等。勾选“创建影片剪辑”复选框，可以将图像图层转换为影片剪辑元件。

❷ **将文本图层导入为**：设置将Photoshop中的文本图层导入为的对象，包括“可编辑文本”、“矢量轮廓”、“拼合的位图图像”等。勾选“创建影片剪辑”复选框，可以将文本图层转换为影片剪辑元件。

❸ **将形状图层导入为**：设置将Photoshop中的形状图层导入为的对象，包括“可编辑路径与图层样式”和“拼合的位图图像”等。勾选“创建影片剪辑”复选框，可将形状图层转换为影片剪辑元件。

❹ **图层编组**：勾选“创建影片剪辑”复选框，可以将图层组转换为影片剪辑元件。

❺ **合并的位图**：勾选“创建影片剪辑”复选框，可将合并的位图转换为影片剪辑元件。

❻ **影片剪辑注册**：设置影片剪辑注册点的位置。

❼ **压缩**：设置发布时有损或无损压缩。

❽ **品质**：设置发布时的品质。

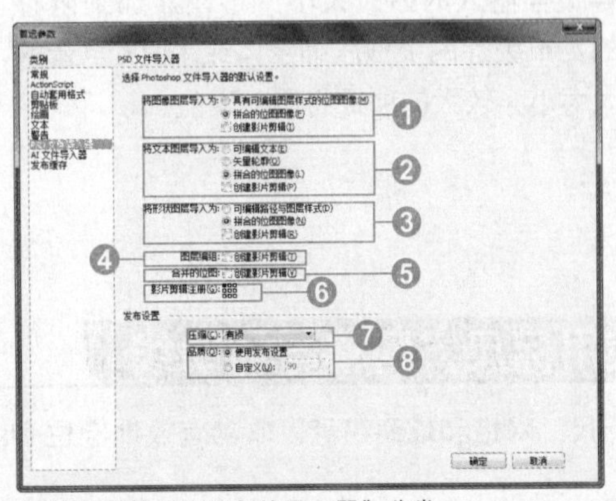

△首选参数“PSD文件导入器”分类

9. AI 文件导入器

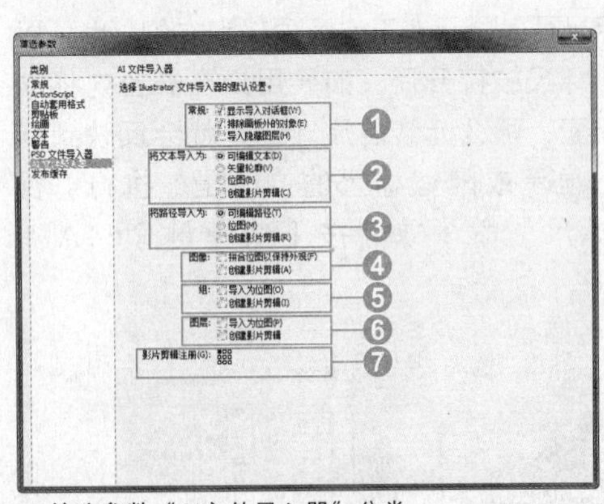

△首选参数“AI文件导入器”分类

❶ **常规**：设置是否显示导入对话框、排除画板外的对象以及导入隐藏图层。

❷ **将文本导入为**：设置将Illustrator中的文本导入为的对象，包括“可编辑文本”、“矢量轮廓”和“位图”等。勾选“创建影片剪辑”复选框，可以将文本转换为影片剪辑元件。

❸ **将路径导入为**：设置将Illustrator中的路径导入为的对象，包括“可编辑路径”和“位图”等。勾选“创建影片剪辑”复选框，可以将路径转换为影片剪辑元件。

❹ **图像**：可以勾选“拼合位图以保持外观”或“创建影片剪辑”复选框。

❺ **组**：可以勾选“导入为位图”或“创建影片剪辑”复选框。

❻ **图层**：可以勾选“导入为位图”或“创建影片剪辑”复选框。

❼ **影片剪辑注册**：设置影片剪辑注册点的位置。

10. 发布缓存

在 Flash 会话期间，首次从 FLA 文件创建 SWF 文件时，Flash 会将正在使用的字体和 MP3 声音的副本放入发布缓存中。在后续测试影片和发布操作中，如果 FLA 中的字体和声音没有改变，则使用缓存中的版本创建 SWF 文件。

❶ **启用发布缓存**：勾选此复选框，以可启用发布缓存。

❷ **磁盘缓存大小限制**：用于发布缓存的最大磁盘空间量。

❸ **内存缓存大小限制**：用于发布缓存的最大磁盘内存量。当缓存超过此数量时，会将最近没有使用的条目移动到磁盘。

❹ **内存缓存输入的最大大小**：可以添加到内存中的发布缓存的个别压缩字体或 MP3 声音的最大大小，较大的项目将写入磁盘。

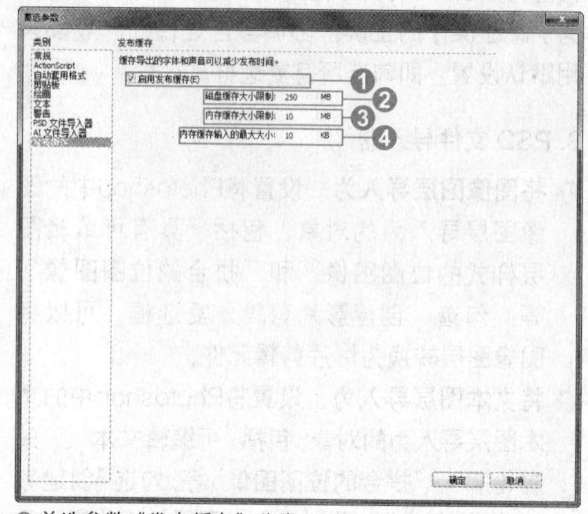

△ 首选参数"发布缓存"分类

使用标尺、网格与辅助线

标尺、网格和辅助线可以非常有效地定位 Flash 中的对象。

1. 标尺

标尺可以显示在工作区顶部和左侧，也可以隐藏。标尺被打开后，如果用户在舞台内移动一个元素，那么元素的尺寸位置就会反映到标尺上。显示或隐藏标尺的方法是：执行"视图 > 标尺"命令或者按下快捷键 Ctrl+Alt+Shift+R。

△ 显示标尺

2. 网格

网格是显示或隐藏在所有场景中的绘图栅格。对于网格，可以理解为团体表演时，在场地上画出的站位点。

△ 显示网格

执行“视图 > 网格 > 显示网格”命令或者按下快捷键 Ctrl+' 可显示或隐藏网格；如果执行了“视图 > 贴紧 > 贴紧至网格”命令，舞台中的实例在排版时可以吸附到网格的交叉点上。

如果网格的排列过于稀疏或紧密，则可以执行“视图 > 网格 > 编辑网格”命令，打开“网格”对话框来编辑网格间的尺寸等信息。

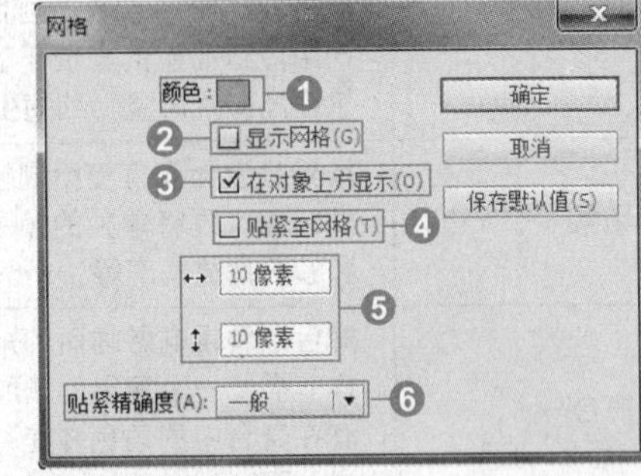

△“网格”对话框

❶ **颜色**：设置网格线的颜色。
❷ **显示网格**：设置是否显示网格。
❸ **在对象上方显示**：设置是否使网格处于对象的上方。
❹ **贴紧至网格**：设置是否吸附到网格。
❺ **左右箭头、上下箭头**：设置网格线间的间距，单位为像素。
❻ **贴紧精确度**：设置对齐网格线的精确度。

3. 辅助线

在标尺上按住鼠标左键不放向舞台中拖动，会拖出一条绿色（默认）的直线，这条直线就是辅助线，不同实例之间可以它为对齐的标准。用户可以设置移动、锁定、隐藏和删除辅助线，或更改辅助线颜色与对齐容差。

△显示辅助线

如果希望显示或隐藏辅助线，可执行“视图 > 辅助线 > 显示辅助线”命令；如果希望实例与辅助线贴紧，可执行“视图 > 贴紧 > 贴紧至辅助线”命令；当不再需要辅助线时，可将其删除，方法是直接将辅助线拖到舞台外部。

执行“视图 > 辅助线 > 编辑辅助线”命令可设置辅助线的参数，如辅助线的颜色、显示、贴紧和锁定等。

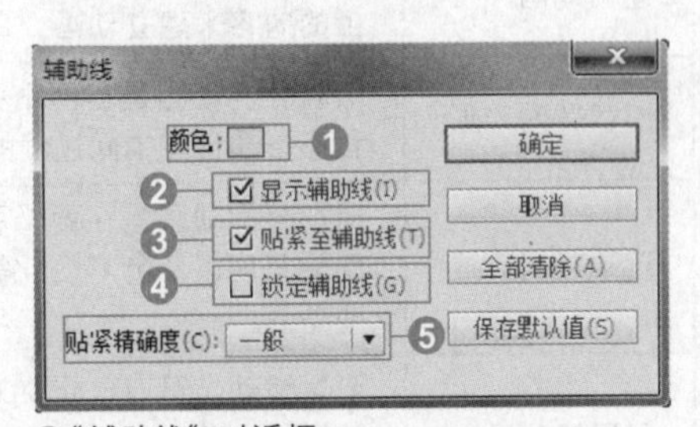

△“辅助线”对话框

❶ **颜色**：设置辅助线的颜色。
❷ **显示辅助线**：设置是否显示辅助线。
❸ **贴紧至辅助线**：设置是否吸附到辅助线。
❹ **锁定辅助线**：设置是否将辅助线锁定。
❺ **贴紧精确度**：设置对齐辅助线的精确度。

? 你知道吗 Flash动画的基本术语

对于初次接触 Flash 软件的读者，需要了解一些软件的基本术语，以便于后面课程的学习。如场景、帧等名词都是初学者需要掌握的。

编　号	名　称	说　明
❶	原画	原画是指动画创作中一个场景动作之起点与终点的画面，以线条稿的形式画在纸上。阴影与分色的层次线也在此步骤中画进去。原画不是最初就有的，一些风格较独特的艺术动画片中就不存在原画概念，它是在大规模的动画片制作生产中应运而生的，便于工业化生产而独立出来的一项重要工作。其目的就是为了提高影片质量，缩短生产周期。
❷	场景	场景是设计者直接绘制帧图或者从外部导入图形之后进行编辑处理，形成单独的帧图，再将单独的帧图合成为动画的场所。它需要有固定的长、宽、分辨率和帧的播放速率等。
❸	舞台	舞台是编辑电影画面的矩形区域，使用Flash制作动画就像导演指挥演员表演一样，需要一个演出的场所。这个场所在Flash中称为舞台（在发布的作品中，只有在舞台中的角色才是可见的）。现实中的舞台由大小、音响和灯光等条件组成，而Flash中的舞台也有大小和色彩等设置。
❹	帧	帧是数据传输中的发送单位，在Flash中是指时间轴面板中一个一个的小格子，由左至右编号。每帧内包含图像信息，在播放时，舞台中显示时间轴中播放头经过的帧中的图像信息，最后形成连续的动画效果。帧又称为静态帧，是依赖于关键帧的普通帧，不可以添加新的内容。有内容的静态帧显示为灰色，空白的静态帧显示为白色。
❺	关键帧	关键帧是定义了动画变化的帧，或者包含了帧动作的帧。默认情况下，每一层的第1帧都是关键帧，在时间轴上关键帧以黑点表示。关键帧可以是空白的，可以使用空白关键帧作为停止显示指定图层中已有内容的一种方法。
❻	空白关键帧	空白关键帧是没有包含舞台上实例内容的关键帧。
❼	普通帧	普通帧在时间轴上能显示实例对象，但不能对实例对象进行编辑操作的帧。
❽	帧序列	帧序列是某一层中的一个关键帧和下一关键帧之间所包含的静态帧，但不包括下一个关键帧。帧序列可以选择为一个实体，这意味着它们容易拷贝和在时间轴中移动。
❾	逐帧动画	逐帧动画是Flash动画最基本的形式，它是通过更改每一个连续帧所对应的舞台上的内容来建立动画。
❿	形状补间动画	形状补间动画是在两个关键帧端点之间，通过改变基本图形的形状或色彩并由程序自动创建中间过程的形状变化而实现的动画。
⓫	运动补间动画	运动补间动画是在两个关键帧端点之间，通过改变舞台上实例的位置、大小、旋转角度以及色彩变化等属性，并由程序自动创建中间过程的运动变化而实现的动画。
⓬	引导线动画	引导线动画可以自定义对象的运动路径，可通过在对象所在层上方添加一个运动路径的层，并在该层中绘制运动路线以使对象沿该路线运动，并且可以将多个层链接到一个引导层，使多个对象沿同一个路线运动。
⓭	遮罩动画	遮罩动画是Flash中很实用且最具潜力的功能，它是利用不透明的区域和该区域以外的部分来显示和隐藏元素以增加运动的复杂性。一个遮罩层可以链接多个被遮罩层。
⓮	元件	元件指在Flash中创建且保存在库中的图形、按钮或影片剪辑，常在影片或其他影片中重复使用，是Flash动画中最基本的元素。
⓯	影片剪辑元件	影片剪辑元件可以理解为电影中的小电影，可以完全独立于主场景时间轴并且可以重复播放。

（续表）

编号	名称	说明
⑯	按钮元件	按钮元件实际上是一个只有4帧的影片剪辑，它的时间轴不能播放，只是根据鼠标指针的动作做出简单的响应，并转到相应的帧。通过给舞台上的按钮实例添加动作语句而实现Flash影片强大的交互性。
⑰	图形元件	图形元件是可以重复使用的静态图像，或连接到主影片时间轴上的可重复播放的动画片段。图形元件与影片的时间轴同步运行。
⑱	图层	Flash利用图层来组织和安排影片中的文字、图像和动画，而且可以在不影响其他图层上的对象的情况下，在一个图层上绘制并编辑对象。总结图层的两大特点是：除了画有图形或文字的地方，其他部分都是透明的，也就是说，下层的内容可以通过透明的这部分显示出来；图层又是相对独立的，修改其中一层，不会影响其他层。
⑲	ActionScript	ActionScript是指动作脚本，是使得Flash可以动态控制对象的一种编程语言。
⑳	组件	组件是可重复使用的用户界面元素，如按钮、菜单等。可以在项目中使用它们，但无须自己创建这些元素并为之编写脚本。

Special page 在互联网上，哪里有优秀的Flash资源？

如今，使用 Flash 技术制作的动画与网站不计其数，许多大公司、企业也都使用 Flash 来实现动画效果、提升自己的形象。例如人们所熟知的 Disney、Simpsons、Coca-Cola 等。作为一个初学 Flash 的新手，在哪里可以欣赏到丰富而精彩的 Flash 作品呢？下面介绍的这些作品反映出了 Flash 强大的功能。初学者可以吸收它们优秀的设计创意，为今后制作属于自己的优秀作品积累经验。篇幅所限，本书不能介绍更多精彩的 Flash 站点，但读者可从以下经典站点中学习到 Flash 应用的方方面面。

- Adobe中国 http://www.adobe.com/cn

Adobe 官方中文网站，在这里可以查看到最新的 Adobe 软件新闻，更新 Flash 软件以及添加新的 Flash 制作插件等。

- Shockwave http://www.shockwave.com

这是 Flash 的代表站点。不仅包括 Flash 动画，还提供大量的游戏、音乐、电子贺卡等优秀 Flash 作品是个紧随 Flash 技术发展潮流的网站。

- Groovechamber　http://www.groovechamber.com

动画作家 Nikhil Adnani 创作的 Flash 动画作品站点，创作风格类似于卡通风格，虽然应用数字化技巧，但其作品风格类似漫画书籍。从该站点中大家可以看到，创作技巧和创意风格在整个作品中的重要性。

- Nike Basketball　http://www.nikebasketball.com

作为世界知名的体育装备厂商，NIKE BASKETBALL 旗下的篮球产品宣传网站自然也会选用 Flash 的精彩效果来诠释。网站中最常用到的是将广告视频导入到 Flash 影片中 s 后，利用 Flash 的流媒体播放功能进行在线播放。

- Coca-Cola　http://www.coca-cola.com

可口可乐公司，著名的 Flash 商用站点。

- 2advanced　http://www.2advanced.com

上一年度最值得关注的网站改版，2advanced 第 2011 版。这个网站总是走在技术的尖端，其中的 Flash 动画很具有代表性。

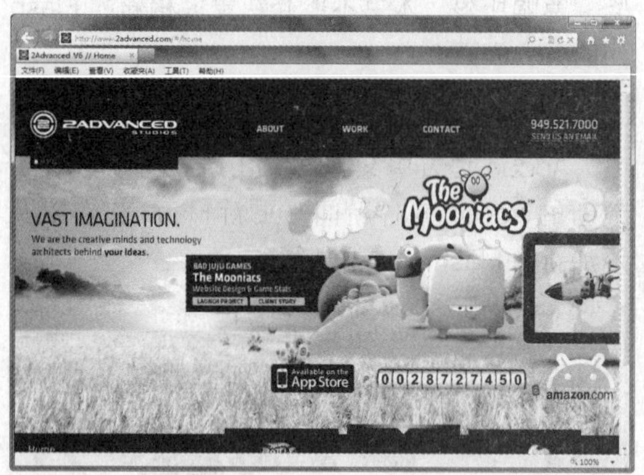

Chapter 02

使用绘图及相关工具

本章知识点

Unit 05	绘制线条、形状与路径	绘制线条
		绘制形状
		绘制路径
Unit 06	使用笔触与填充	使用笔触和填充工具
		使用橡皮擦工具
		设置颜色
Unit 07	选择、变形与修饰图形	选择图形
		变形图形
		修饰图形

章前自测题

1.绘制形状主要使用Flash CS6中的哪些工具?
2.Flash提供了哪几种修饰图形的方法?
3.你对矢量路径的了解有多少?利用哪些软件可以绘制矢量路径?
4.利用哪些相关工具可以通过绘制精确的路径来确定直线和平滑的曲线?
5.在Flash中,怎样为图形设置不同的渐变类型?具体的渐变颜色怎样设置?

绘制线条、形状与路径

Flash中的绘图工具可以为影片创建和修改图形，其中，线条、形状和路径都属于最基本的绘制内容。

绘制线条

使用线条工具、铅笔工具和刷子工具都可以绘制线条，但选择不同的工具，绘制出的线条风格也不同。

1. 使用线条工具

选择工具箱中的线条工具，在工具箱下方的选项区将显示线条工具的选项。

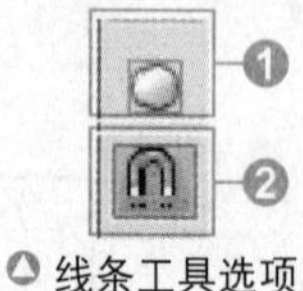

线条工具选项

❶ 对象绘制：绘制出的两个图形即便重叠在一起，也是单独的两个对象。
❷ 贴紧至对象：设置绘制对象与原对象贴紧对齐。绘制完成后，在属性面板中可设置直线的属性。
❸ 笔触颜色：可以在此设置直线颜色，Flash CS6的调色板可以设定其Alpha值和不可填充色。
❹ **笔触**：可以直接输入数值，也可通过拖动滑块的方式调节线条的粗细。
❺ **样式**：在下拉列表中可以选择不同的线条样式，如实线、点状线和点刻线等。
❻ **缩放**：设置线条缩放的方向。
❼ **提示**：可在全像素下调整直线锚点和曲线锚点，防止出现模糊的垂直或水平线。
❽ **端点**：设定路径终点的3种状态：无、圆角或方形。

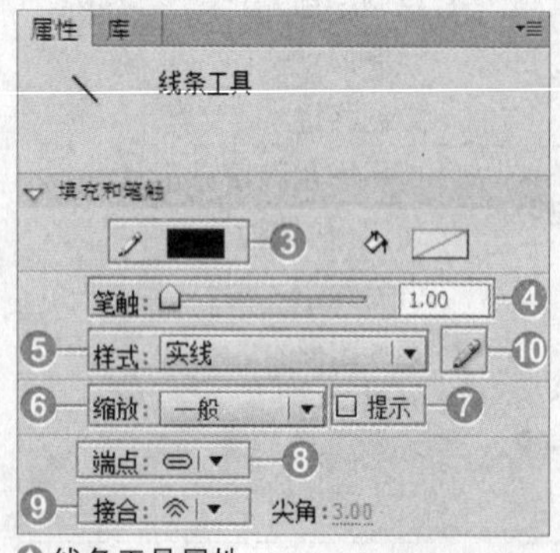

线条工具属性

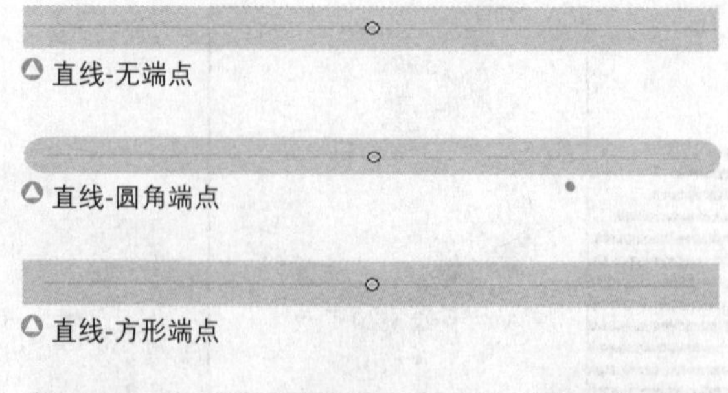

直线-无端点

直线-圆角端点

直线-方形端点

❾ 接合：定义两个路径段的相接方式：尖角、圆角或斜角，并可控制尖角接合的清晰度。要更改开放或闭合线条中的转角，需先选择线条，然后选择接合选项。

尖角　圆角　斜角

❿ 编辑笔触样式：单击“编辑笔触样式”按钮，打开“笔触样式”对话框，在该对话框中可以对线条的属性进行设置。
⓫ 粗细：自定义样式的宽度。
⓬ 锐化转角：使自定义样式的转角锐化。

当“类型”设置为“虚线”时，可以在“笔触样式”对话框中设置虚线的间隔和线长。

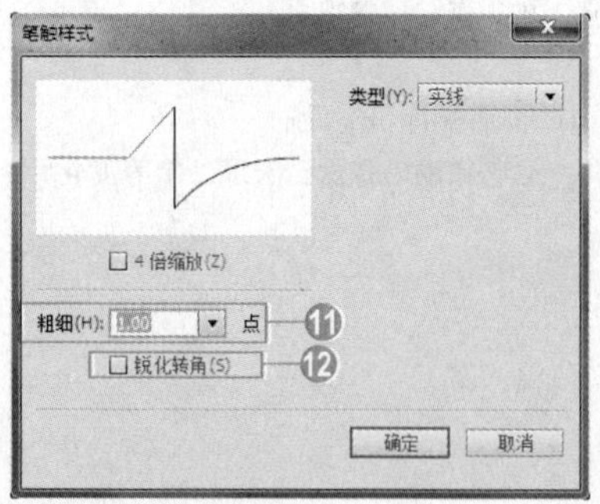

“笔触样式”对话框

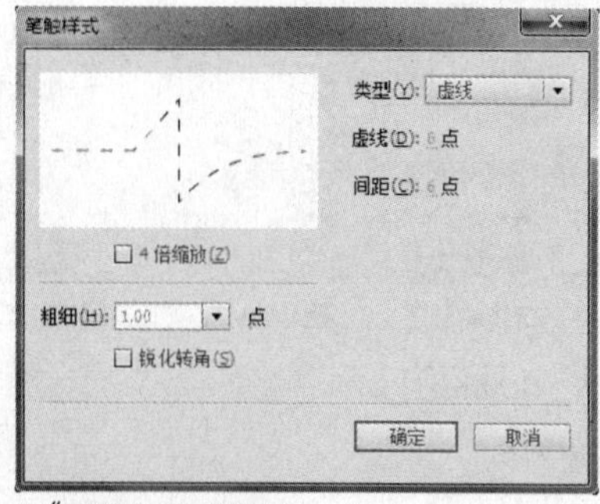

“虚线”样式设置

线长：10，间隔：60

线长：60，间隔：10

当“类型”设置为“点状线”时，可以在“笔触样式”对话框中设置点状线的点距。

当“类型”设置为“锯齿线”时，可以在“笔触样式”对话框中设置锯齿线的图案、波高和波长。

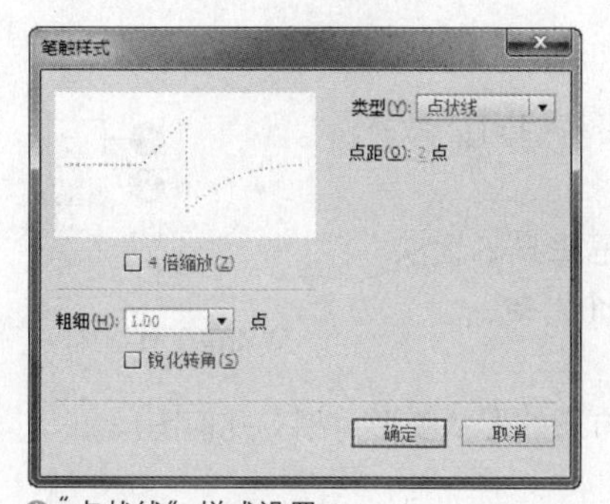

“点状线”样式设置

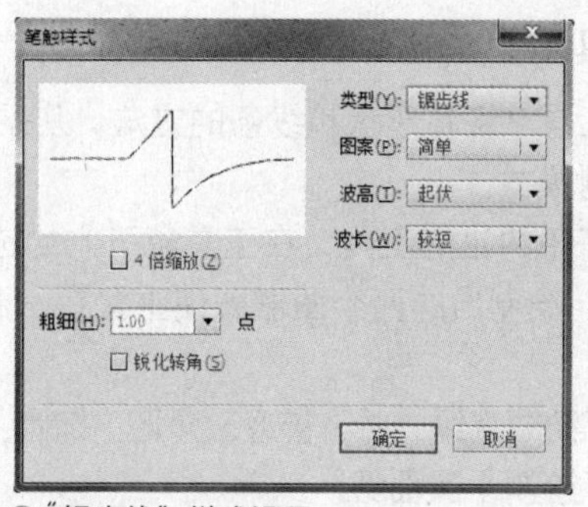

“锯齿线”样式设置

粗细：5，点距：30

粗细：5，点距：10

图案：简单，波高：起伏，波长：较短

图案：三点状，波高：起伏，波长：较短

当“类型”设置为“点刻线”时，可以在“笔触样式”对话框中设置点刻线的点大小、点变化和密度。

当“类型”设置为“斑马线”时，可以在“笔触样式”对话框中设置斑马线的粗细、间隔、微动、旋转、曲线和长度。

根据需要设置好属性参数后，便可以开始绘制直线了。在工具箱中选择线条工具，然后将光标移到舞台中，按下鼠标左键并从起点拖动到终点。此时就会随光标的移动出现一条直线，该直线的颜色和线型是系统的默认值，释放鼠标左键即可完成绘制。

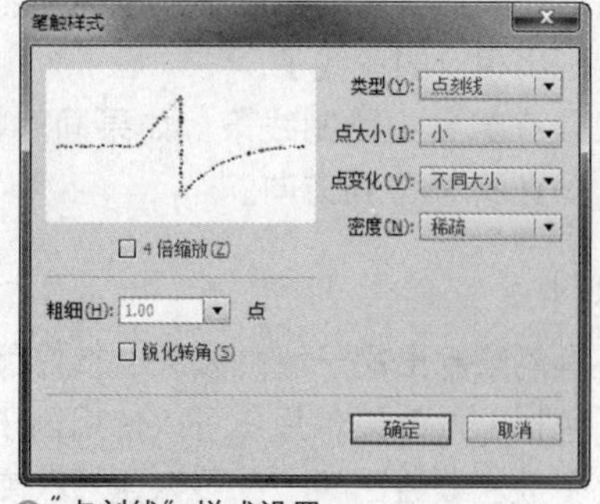

“点刻线”样式设置

点大小：小，点变化：同一大小，密度：稀疏

点大小：小，点变化：同一大小，密度：非常密集

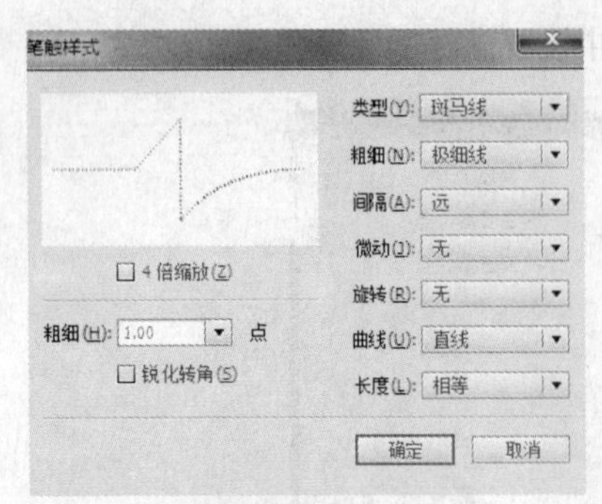

"斑马线"样式设置

粗细：中等，间隔：远，微动：弹性

粗细：中等，间隔：远，微动：强烈，长度：中等变化

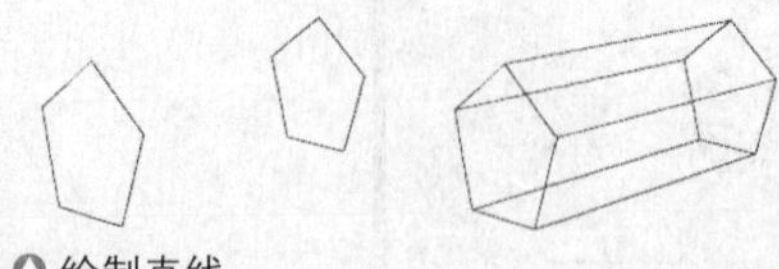
绘制直线

如果在绘制过程中按住 Shift 键的同时在水平方向拖动鼠标，可以绘制水平直线；在竖直方向拖动鼠标，可以绘制垂直直线；向斜上方或斜下方拖动鼠标，可以绘制 45° 倾斜的直线。

> **TIP** 绘制多条直线并将其首尾连接起来，可以绘制多边形。绘制一条直线时，如果其中一段的端点连接到另一段的端点，光标处出现一个小圆圈，且两条线段自动连接在一起，则说明已激活"视图>贴紧>贴紧对齐"命令。

2. 使用铅笔工具

使用铅笔工具绘制形状和线条的方法，几乎与使用真实的铅笔相同。另外，还可以选择绘制模式。

选择工具箱中的铅笔工具，在工具箱下方的选项区将显示铅笔工具的选项。

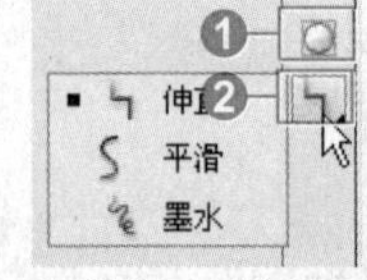

铅笔工具选项

❶ **对象绘制**：绘制出的两个图形即使重叠在一起也是单独的两个对象。

❷ **铅笔模式**

- 伸直：可绘制直线，并将接近三角形、椭圆、圆、矩形和正方形的形状变形为相应几何图形。
- 平滑：可绘制平滑曲线。
- 墨水：可绘制自由型线条。

素材文件： Sample\Ch02\Unit05\pen.fla

设置好所需铅笔工具的属性后，就可以开始绘制了。将光标移动到舞台上，将光标置于所绘线条的起点，按住鼠标左键不放，沿着要绘制曲线的轨迹拖动，然后在曲线终点的位置释放鼠标左键，完成上述操作后，舞台上就会自动绘制出相应的曲线了。

使用铅笔工具在舞台上绘制线条，如果同时按住 Shift 键，则可将线条约束在水平、垂直及 45° 角方向。

使用铅笔绘制

3. 使用刷子工具

使用刷子工具能绘制出刷子般的效果，就好像在涂色一样。它还可以创建特殊效果，包括书法效果。用户可以使用刷子工具功能键选择刷子大小和形状。在大多数压敏绘图板上，可以通过改变用笔的压力来改变刷子笔触的宽度。

刷子工具是在进行大面积上色时使用的工具。虽然利用颜料桶工具也可以为图形填充颜色，但是它只能为封闭的图形上色，而使用刷子工具可以为任意区域和图形填充颜色。刷子工具多用于对填充目标的填充精度要求不高的场合，使用起来非常灵活。

刷子工具的特点是更改舞台的缩放比例级别时刷子大小也能保持不变，所以当舞台缩放比例降低时，同一个大小的刷子就会显得太大。例如，用户将舞台缩放比例设置为100%，并使用最小的刷子涂色，然后将缩放比例更改为50%并用最小的刷子再画一次，此时绘制的新笔触就显得比以前的笔触粗50%（更改舞台的缩放比例并不更改现有刷子笔触的粗细）。

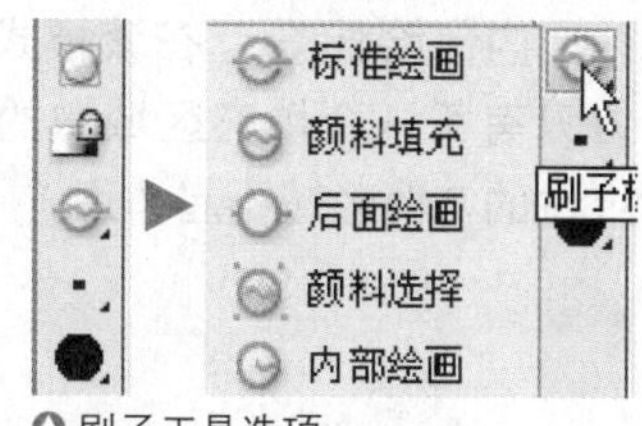

△ 刷子工具选项

选择工具箱中的刷子工具，在工具箱下方的选项区将显示刷子工具的选项。

❶ **对象绘制**：绘制出的两个图形即便重叠在一起，也是单独的两个对象。

❷ **锁定填充**：该选项是一个开关按钮。当使用渐变色作为填充色时，按下“锁定填充”按钮，可锁定上一笔触的颜色变化规律，并作为这一笔触对该区域的色彩变化的规范。也可以锁定渐变色或位图填充，使填充看起来好像扩展到整个舞台，且用该填充涂色的对象就好像是显示下面的渐变或位图的遮罩。

❸ **刷子模式**：可以选择在对象的前面或后面着色，也可以对选定的填充区域或选择区域着色。刷子工具的模式有5种：标准绘画、颜料填充、后面绘画、颜料选择和内部绘画。

❹ **刷子大小**：在下拉列表中选择合适的刷子大小。

❺ **刷子形状**：在下拉列表中选择笔刷的形状。

◎ **素材文件：** Sample\Ch02\Unit05\brush.fla

标准绘画：在该模式下，用刷子工具绘制的图形会将现有的包括线条和填充区域在内的图形全部覆盖。

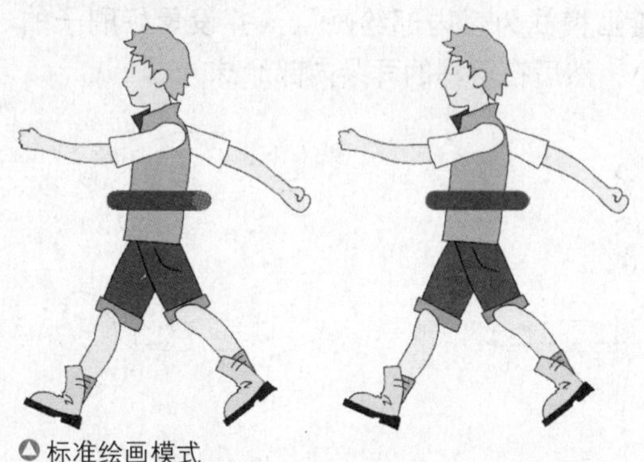
△ 标准绘画模式

颜料填充：在该模式下，用刷子工具绘制的图形只将现有图形的填充区域覆盖，不会对线条产生影响。

△ 颜料填充模式

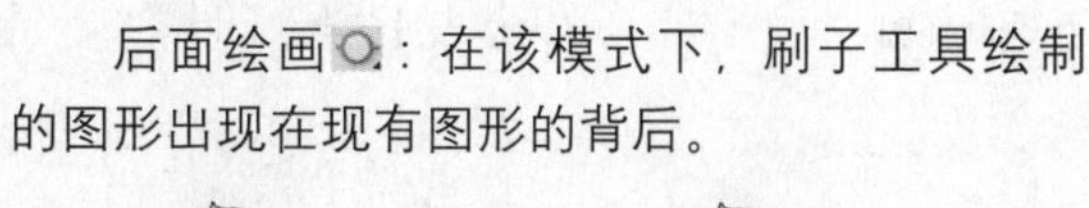

后面绘画：在该模式下，刷子工具绘制的图形出现在现有图形的背后。

△ 后面绘画模式

颜料选择：在该模式下，先要选取一个范围，只有在选取范围内的填充才会被覆盖。

△ 颜料选择模式

内部绘画 ：在该模式下，笔刷刷过的地方只有第一个填充区域中的填充色被覆盖，对经过的其他区域不起作用。

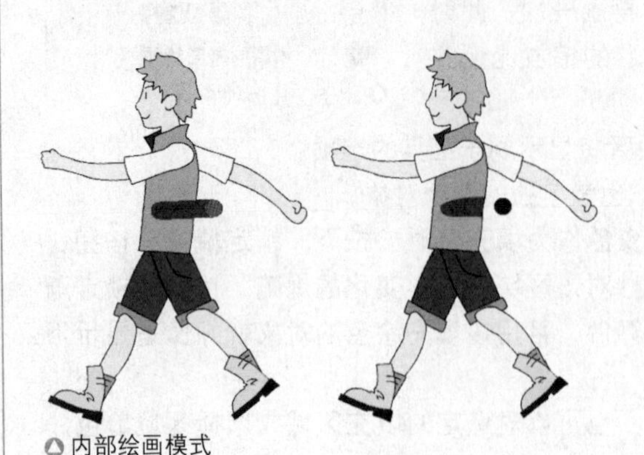

内部绘画模式

设置好刷子工具的相关属性后，就可以开始绘图了。将光标移动到舞台中，在要上色的区域起点按住鼠标左键拖动，并在上色区域的终点处释放鼠标，即可完成图像的上色。

使用刷子绘画

练习：绘制河马线条图形

范例文件：Sample\Ch02\Unit05\line.fla

1 选择铅笔工具，设置绘制模式为“平滑”，绘制河马头部、耳朵、鼻子和嘴的轮廓。

2 使用铅笔工具绘制河马身体和四肢的轮廓。

3 使用椭圆工具在面部绘制两个黑色的小椭圆。

4 选择刷子工具，在属性面板中设置填充色为#B3E3EE。在工具箱的选项区中设置刷子工具的绘画模式为“内部绘画”，并设置好刷子的大小，然后在河马的耳朵内部涂抹。

绘制头部轮廓

绘制身体轮廓

绘制椭圆

涂抹颜色

5 继续涂抹河马的其他身体区域，为其填充上相同的颜色。

涂抹颜色

绘制形状

Flash CS6 提供了很多绘制形状的工具，利用这些工具可以绘制圆形和矩形等各种多边形。

1. 矩形工具和基本矩形工具

矩形工具和基本矩形工具的用途是绘制矩形图形。使用时可以设置笔触颜色和填充颜色。与铅笔、线条等工具类似的是，该工具绘制的图形轮廓分别是由 4 条直线段组成的。

选择工具箱中的矩形工具或基本矩形工具后，在属性面板中除了一般的“填充和笔触”选项，还有“矩形选项”。

❶ **边角半径控件**：可以分别设置圆角矩形4个边角的半径值，范围为-100至100，以“磅”为单位。数字越小，绘制的矩形的4个角上的圆角弧度就越小，默认值为0，即没有弧度，表示4个角为直角。

❷ **重置**：恢复圆角矩形边角的初始值。

设置好矩形工具的属性后，就可以开始绘制矩形了。将光标移动到舞台上，按住鼠标左键不放，沿着要绘制矩形的方向拖动，在适当位置释放鼠标，即可绘制出一个有填充颜色和轮廓颜色的矩形。

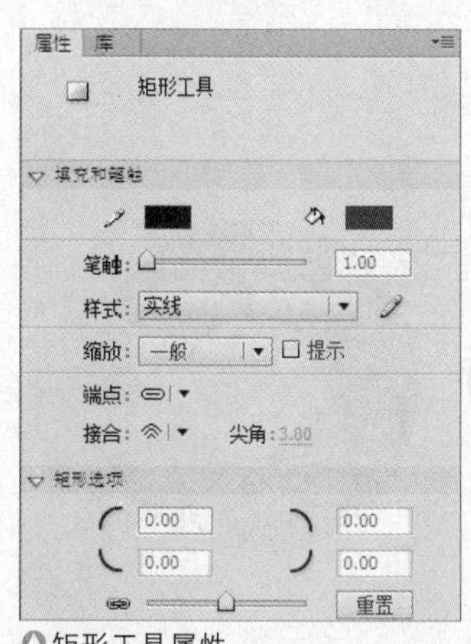

矩形工具属性

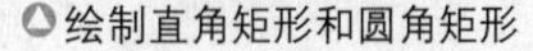
绘制直角矩形和圆角矩形

TIP 如果在绘制矩形的过程中按下Shift键，则可以在舞台上绘制正方形。在利用矩形工具绘制矩形时，按键盘上的↑或↓方向键，可以调整边角的半径，并且可以看到调整后的效果。

相对于矩形工具来讲，利用基本矩形工具绘制的是更加易于控制的矩形对象。使用选择工具可以拖动基本矩形对象上的节点，将其更容易地变形为多种形状的圆角矩形。

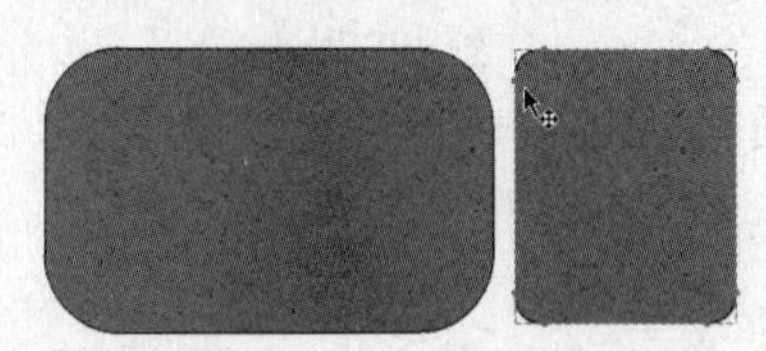

利用基本矩形工具绘制的圆角矩形

2. 椭圆工具和基本椭圆工具

椭圆工具和基本椭圆工具绘制的图形是椭圆或圆形，用户不仅可以选择轮廓颜色、线宽和样式，还可以选择轮廓的颜色和圆的填充颜色。

选择工具箱中的椭圆工具或基本椭圆工具后，在属性面板中除了一般的“填充和笔触”选项，还有“椭圆选项”。

❶ **开始角度**：设置椭圆的起始角度。

❷ **结束角度**：设置椭圆的结束角度。

❸ **内径**：设置椭圆的内径，即内侧椭圆半径。

❹ **闭合路径**：使绘制出的椭圆为闭合扇形。

❺ **重置**：恢复角度、半径的初始值。

设置好椭圆工具的属性后，就可以开始绘制椭圆了。将光标移动到舞台上，按住鼠标左键不放，然后沿着要绘制椭圆的方向拖动，在适当位置释放鼠标左键，完成上述操作后，舞台中就会自动绘制出一个有填充颜色和轮廓颜色的椭圆。

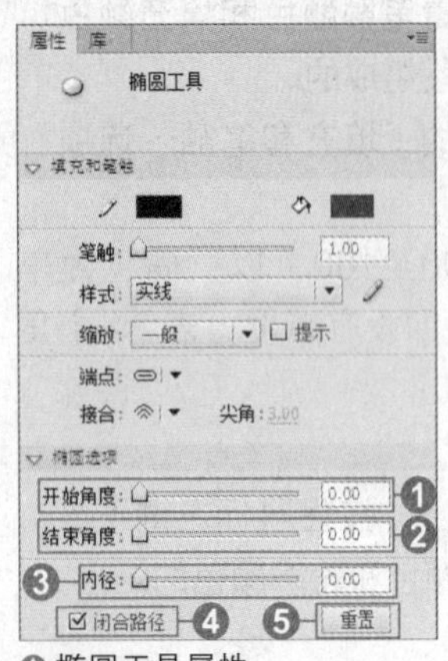

△ 椭圆工具属性

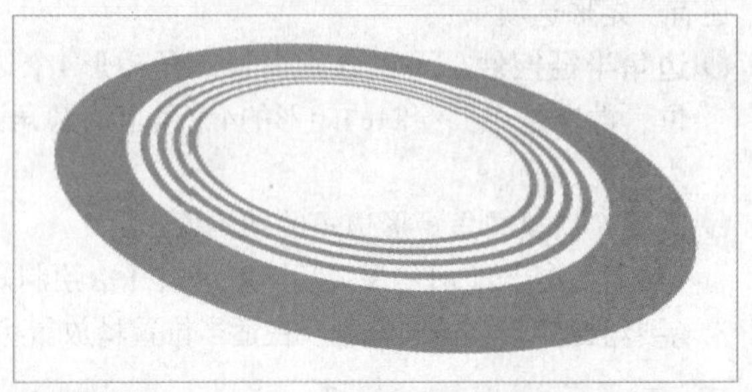
△ 绘制椭圆

TIP 在绘制椭圆的过程中如果按下Shift键，则可以绘制一个正圆。

相对于椭圆工具来讲，基本椭圆工具绘制的是更加易于控制的椭圆对象。使用选择工具 可以拖动椭圆对象上的节点，将其更容易地变形为多种形状的图形。

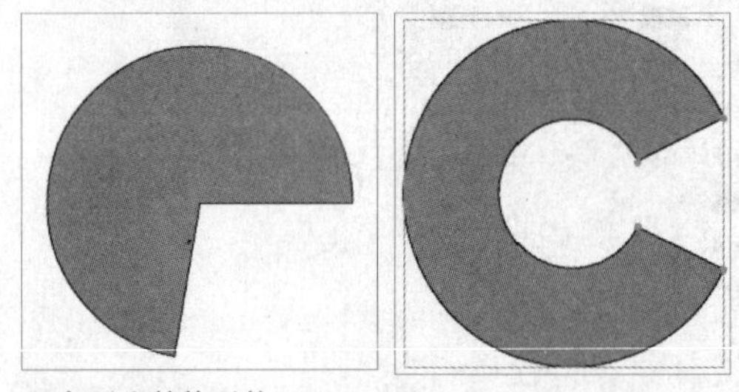
△ 变形为其他形状

3. 多角星形工具

多角星形工具是矩形工具的扩展，使用该工具可以很方便地绘制出多边形。

选择工具箱中的多角星形工具后，在属性面板中除了“填充和笔触”选项，还有“工具设置”选项。

单击“选项”按钮后，可以在打开的“工具设置”对话框中设置各项参数属性。

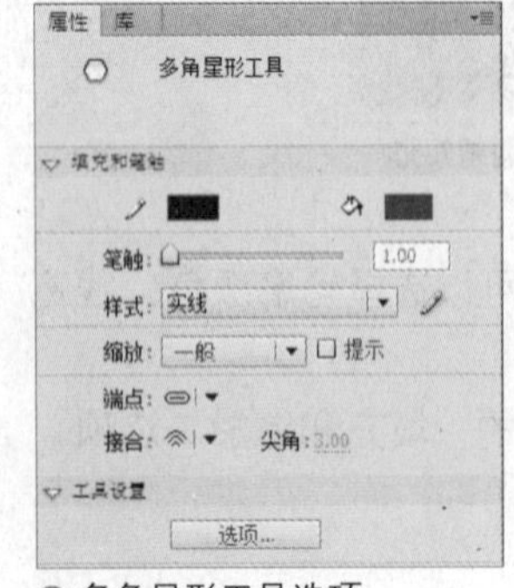

△ 多角星形工具选项

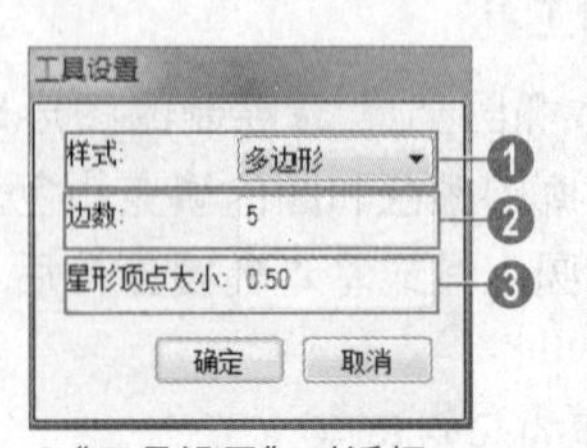

△“工具设置”对话框

❶ **样式**：共包含两个选项，默认为“多边形”，也可选择“星形”。
❷ **边数**：设置多边形或星形的边数。
❸ **星形顶点大小**：设置星形顶点的大小。

将光标移动到舞台上，按住鼠标左键不放，沿着要绘制的方向拖动鼠标，在适当位置释放，就会绘制出一个有填充颜色和轮廓颜色的多角星形。

△绘制多角星形

绘制路径

钢笔工具和铅笔工具都可以用于绘制线条，利用钢笔工具组中的相关工具还可以通过绘制精确的路径来确定直线和平滑的曲线。通常情况下，钢笔工具和添加锚点工具、删除锚点工具、转换锚点工具及部分选取工具一起使用，可以移动、添加和删除路径上的锚点，还可以选择对象的锚点，并自如地变形对象。

钢笔工具(P)
添加锚点工具(=)
删除锚点工具(-)
转换锚点工具(C)

△钢笔工具组

1. 钢笔工具

选择钢笔工具，在舞台上单击确定第一个锚点，该锚点将作为直线或线段的起点，在另一个位置确定第二个锚点，以此类推，可以使用钢笔工具绘制出一个图形。

要封闭路径，将钢笔工具放置在第一个锚点上单击即可。要结束开放的路径，可以在最后的锚点上双击，或按住Ctrl键在舞台的任意位置单击。

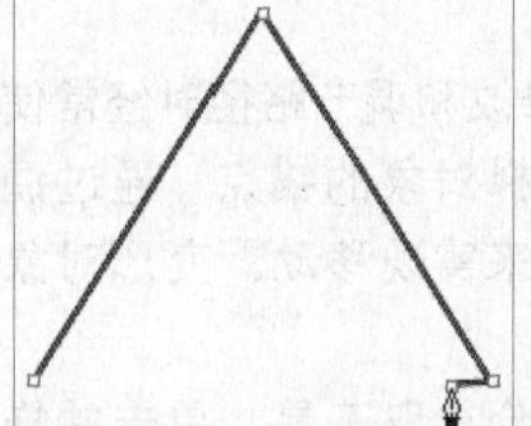
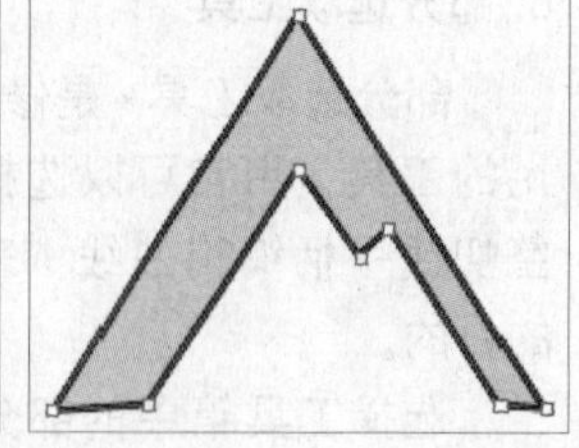
△使用钢笔工具绘制图形

TIP 如果对绘制的形状不满意，可以调节直线段。方法是：按住Ctrl键不放，同时单击选定一个锚点并移动该锚点的位置。

使用钢笔工具不仅可以绘制直线，还可以绘制曲线。在舞台中单击确定起始点后，再单击另一点并拖动鼠标，在出现手柄的同时就会生成一段曲线。使用钢笔工具绘制曲线时，线段的锚点处将显示切线手柄，每个切线手柄的长度和斜率决定了曲线的弧度、高度和深度，移动切线手柄可以改变曲线的形状。

△使用钢笔工具绘制曲线

◎ **素材文件**：Sample\Ch02\Unit05\pen.fla

TIP 如果要结束钢笔工具的应用，按下Esc键或按住Ctrl键的同时单击舞台中的任意一点即可。

2. 添加锚点、删除锚点、转换锚点工具

将钢笔工具定位在路径上没有锚点的地方时，在光标右下角会出现一个加号，此时钢笔工具变为添加锚点工具，表示可在路径的该处增加一个锚点，单击鼠标左键即可完成操作。

添加锚点

将钢笔工具定位在所选对象的锚点上，光标右下角会出现一个减号，此时钢笔工具变为删除锚点工具，表示可以清除该处的锚点。

删除锚点

锚点分角点和平滑点两种，对其进行编辑时，常常要将两侧没有方向线的锚点转换为两侧有方向线的锚点，或将平滑点转换为角点。选择转换锚点工具后在平滑点上单击，可以将其转换为角点；拖动锚点，可以拉伸出方向线。

TIP 在移动角点时，可以使用方向键进行精确的移动，每按键一次，角点移动一个像素点；如果按Shift+方向键，则可以每次移动10个像素点；在拖动调节手柄的同时，按住Shift键，可以使调节手柄沿水平、垂直及45°角等方向移动。

3. 部分选取工具

部分选取工具是修改和调节路径时经常使用的工具。用它可以选择对象的锚点，通过调整切线手柄编辑曲线，来实现移动、变形对象的目的。

转换锚点

选择工具箱中的部分选取工具，单击并拖动要移动的锚点，或利用键盘上的方向键，可以改变锚点的位置。

选择部分选取工具后单击路径，然后单击并拖曳编辑点。在手柄对称的状态下，改变曲线的状态。

使用部分选取工具

如果只想改变一半，则可在按住 Alt 键的同时单击并拖曳手柄。

调节手柄

练习：绘制Logo路径图形

◎范例文件：Sample\Ch02\Unit05\path.fla

1 选择工具箱中的矩形工具，设置填充颜色为#E60013（红色），绘制一个矩形。然后使用选择工具，按住Alt键的同时拖曳矩形，产生另外3个矩形副本，并将其排列在合适的位置上。

△绘制矩形及副本

2 选中左下角的红色矩形，通过使用工具箱中的填充填色工具将其填充颜色更改为黑色。然后同时选中这4个矩形，按下快捷键Ctrl+G组合图形。

△更改矩形颜色

3 选择工具箱中的钢笔工具，在矩形右侧绘制出字母E的图形，使用黑色填充。绘制完成后，按下快捷键Ctrl+G组合图形。

△绘制字母E

4 选择工具箱中的钢笔工具，在字母E右侧绘制出字母J的图形，使用黑色填充。绘制完成后，按下快捷键Ctrl+G组合图形。

△绘制字母J

TIP 使用钢笔工具绘制时，单击和拖动可以在曲线段上创建点，通过这些点可以调整直线段和曲线段，将曲线转换为直线，或将直线转换为曲线。选择工具箱中的转换锚点工具后，在曲线锚点上单击，也可以将其转换为角点。

5 选择工具箱中的钢笔工具，在字母J右侧再次绘制出字母E的图形，使用黑色填充。绘制完成后，按下快捷键Ctrl+G组合图形。然后使用椭圆工具绘制一个任意颜色填充的圆形，放在字母E的右下角位置。

△绘制字母E和圆形

6 执行“修改>合并对象>打孔”命令，删除字母E的右下角。

△打孔效果

7 选择工具箱中的钢笔工具，在字母E右下角绘制出字母C的图形，使用黑色填充。绘制完成后，按下快捷键Ctrl+G组合图形。

8 使用椭圆工具，在字母C内侧绘制一个红色正圆。绘制完成后，按下快捷键Ctrl+G组合图形。

△绘制字母C

△绘制正圆

9 选择工具箱中的钢笔工具，在字母C右侧绘制出字母T的图形，使用黑色填充。绘制完成后，按下快捷键Ctrl+G组合图形。这样，Logo标志就绘制完成了。

△绘制完成的Logo

❓你知道吗 深入了解路径

在 Flash 中绘制线条或形状时，将创建路径。路径由一条或多条直线段或曲线段组成，每条线段的起点和终点由锚点表示。路径可以是闭合的（例如圆），也可以是开放的，有明显的终点（例如波浪线）。

1. 路径

可以通过拖动路径的锚点、显示在锚点方向线末端的方向点或路径段本身，来改变路径的形状。

右图中路径各部分组件的含义如下：A. 选中的（实心）端点；B. 选中的锚点；C. 未选中的锚点；D. 曲线路径段；E. 方向点；F. 方向线。

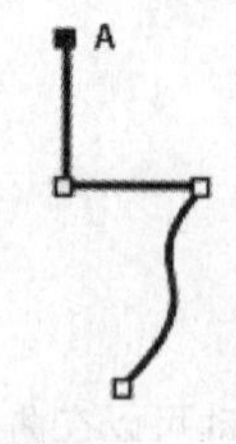

△路径组件

路径可以具有两种锚点：角点和平滑点。在角点，路径突然改变方向；在平滑点，路径段连接为连续曲线。可以使用角点和平滑点的任意组合绘制路径，如果绘制的点类型有误，还可随时更改。

右图中路径上各个点的含义如下：A. 四个角点；B. 四个平滑点；C. 角点和平滑点的组合。

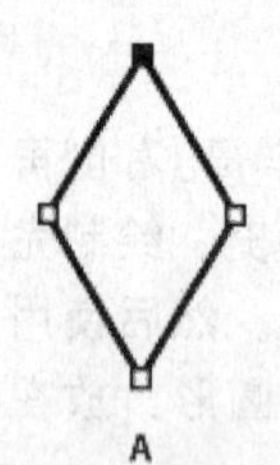

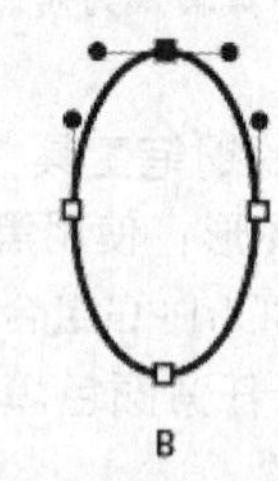

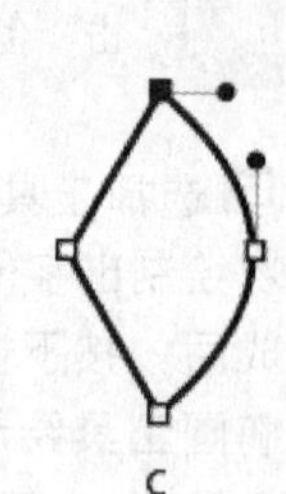

△路径上的点

角点可以连接任何两条直线段或曲线段，而平滑点始终连接两条曲线段。注意不要将角点和平滑点与直线段和曲线段混淆。

路径轮廓称为笔触。应用到开放或闭合路径内部区域的颜色或渐变称为填充。笔触具有粗细、颜色和虚线图案。创建路径或形状后，可以更改其笔触和填充的特性。

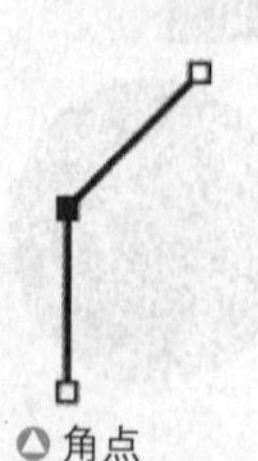

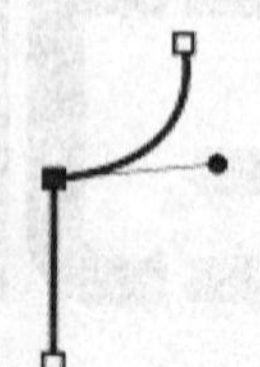

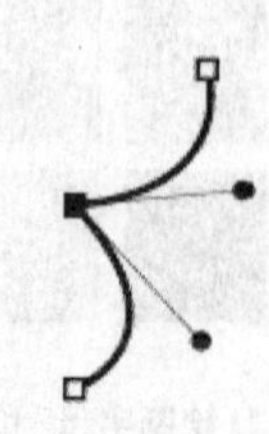

△角点

2. 方向线

选择连接曲线段的锚点（或选择线段本身）时，连接线段的锚点会显示方向手柄，方向手柄由方向线和方向点组成，方向线在方向点处结束。方向线的角度和长度决定曲线段的形状和大小，移动方向点将改变曲线形状。方向线不显示在最终输出效果上。

选择下图的锚点（左）后，方向手柄显示在由该锚点（右）连接的任何曲线段上。

平滑点始终具有两条方向线，它们一起作为单个直线单元移动。在平滑点上移动方向线时，点两侧的曲线段将同步调整，以保持该锚点处的连续曲线。

相比之下，角点可以有两条、一条或者没有方向线，具体取决于它分别连接两条、一条还是没有连接曲线段。角点方向线通过使用不同角度来保持拐角。当在角点上移动方向线时，只调整与方向线同侧的曲线段。

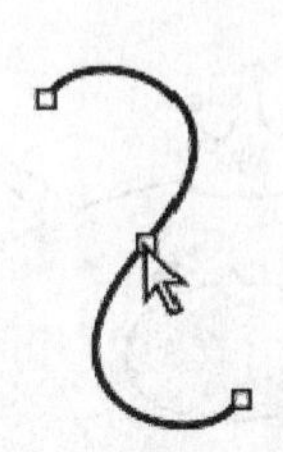

△ 选择锚点与方向线

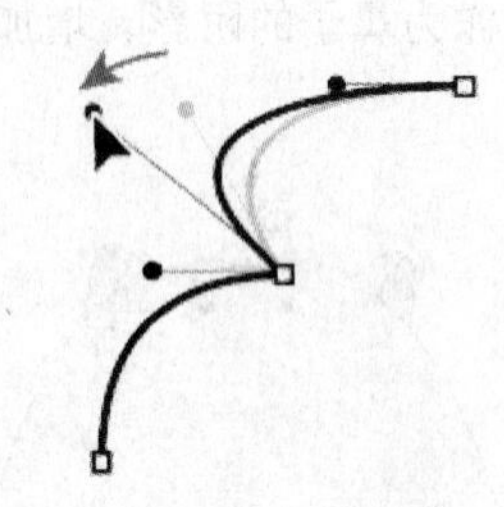

△ 调整平滑点（左）和角点（右）上的方向线

方向线始终与锚点处的曲线相切（与半径垂直），它的角度决定曲线的斜率，而长度决定曲线的高度或深度。

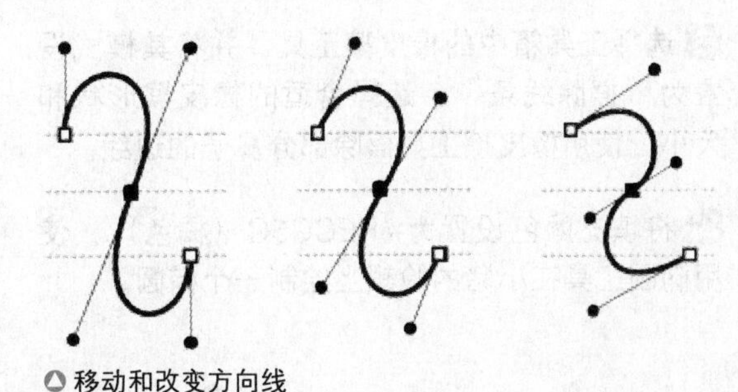

△ 移动和改变方向线

闪客高手：绘制小猪图形

范例文件	Sample\Ch02\Unit05\pig.fla
视频文件	Video\Ch02\Unit05\Unit05.wmv

1 新建文件，选择工具箱中的铅笔工具，笔触颜色设置为#4D0000（棕色），勾画出小猪的身体轮廓。

2 选择工具箱中的颜料桶工具，将填充颜色设置为#FEE679（黄色），在小猪的身体、尾巴和王冠上单击，为这些部位填充颜色。

3 将填充颜色设置为#FEC65D（橘色），使用颜料桶工具填充耳朵内侧，再将填充颜色设置为#FF0000（红色），填充王冠上面的宝石。

4 选择工具箱中的刷子工具，运用"标准绘画"模式，绘制小猪王冠上的桃心。

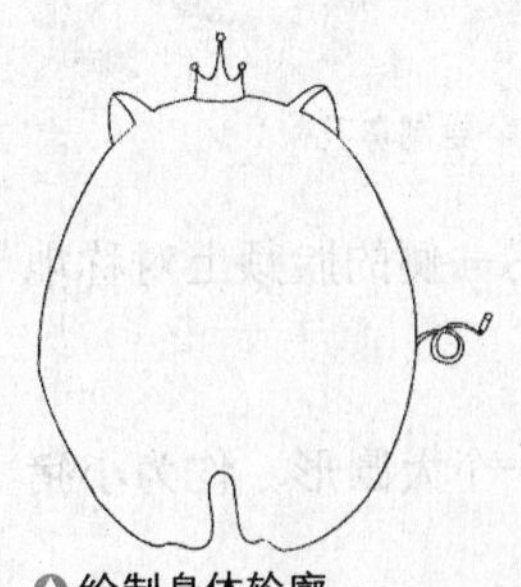

△ 绘制身体轮廓

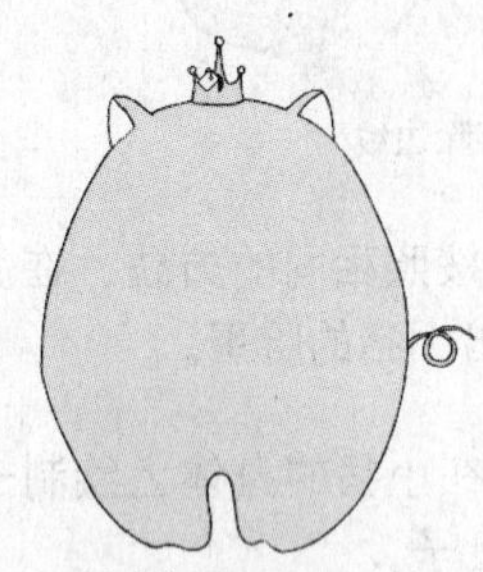

△ 填充颜色

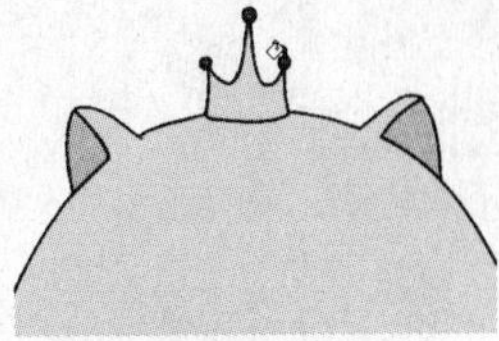

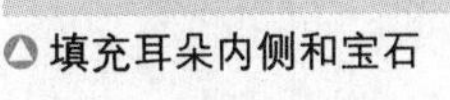

△ 填充耳朵内侧和宝石

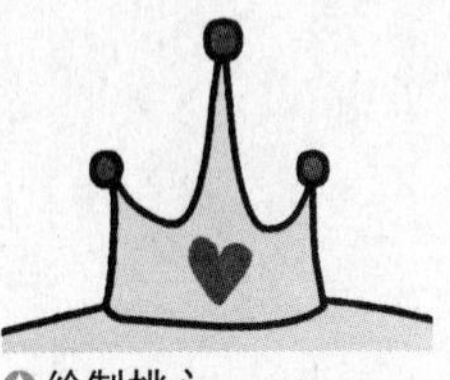

△ 绘制桃心

5 选择工具箱中的铅笔工具，将笔触颜色设置为#4D0000（棕色），笔触高度设置为3.5，绘制两条短线作为小猪的眼睛。

6 然后绘制小猪的鼻子，将填充颜色设置为#FEC65D（橘色），使用刷子工具来绘制。

7 使用工具箱中的选择工具单击选中鼻子，然后选择工具箱中的刷子工具，将刷子模式设置为“颜料选择”，填充颜色设置为#EB9845（深橘色），在鼻子的右侧和下方绘制一条曲线作为鼻子的阴影，增加立体感。

8 选择工具箱中的墨水瓶工具，将笔触颜色设置为#4D0000（棕色），然后在小猪鼻子上单击，为鼻子描边。

△绘制眼睛

△绘制鼻子

△绘制阴影

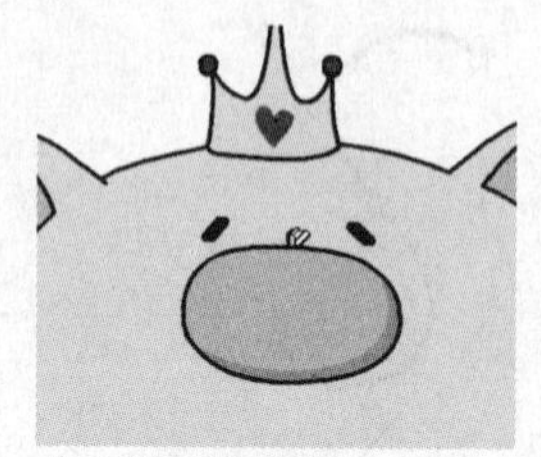

△为鼻子描边

9 选择工具箱中的橡皮擦工具，并将其模式设置为“擦除线条”，选择合适的橡皮擦形状和大小，使用橡皮擦工具擦除部分鼻子的边线。

10 绘制小猪的鼻孔，选择工具箱中的椭圆工具，将笔触颜色设置为“无”，填充颜色设置为#4D0000（棕色），在鼻子上画两个对称的椭圆形。

11 将填充颜色设置为#FECC5C（橘色），使用椭圆工具在小猪的脸颊上绘制一个椭圆。

12 选择刷子工具，选择合适的刷子大小，设置填充颜色为白色，在刚绘制的椭圆上单击以绘制白点。

△擦除边线

△绘制鼻孔

△绘制脸颊

△填充白色

13 按照相同的方法，在另一侧的脸颊上对称地画出小猪的脸蛋。

14 在小猪的身体上绘制一个大圆形，作为小猪的肚子。

△绘制对称脸蛋

△绘制肚子

15 新建图层，命名为“手”，选择铅笔工具，并设置笔触颜色为#4D0000（棕色），绘制小猪的手臂。

△ 绘制手臂

16 选择刷子工具，将填充颜色设置为#FEE679（黄色），为小猪的两只手臂填充颜色。

△ 填充手臂颜色

17 绘制小猪的衣服。新建“衣服”图层，设置笔触颜色为#4D0000（棕色）、高度为0.25，勾画出轮廓，然后进行线性填充，为衣服填充粉色。

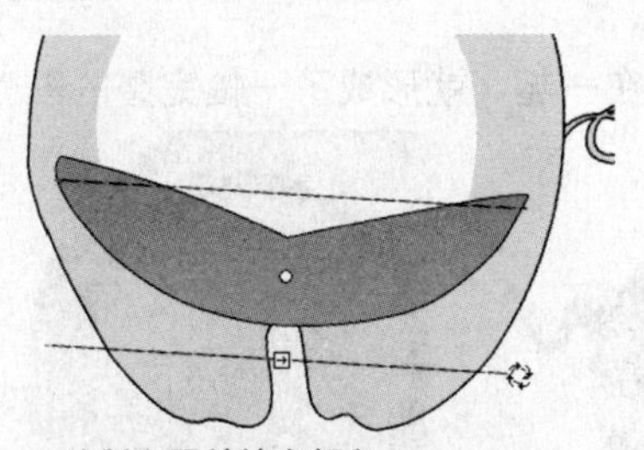

△ 绘制衣服并填充颜色

18 选择工具箱中的多角星形工具，单击“属性”中的“选项”按钮，在弹出对话框中设置“星形顶点大小”为0.60，然后单击“确定”按钮即可。

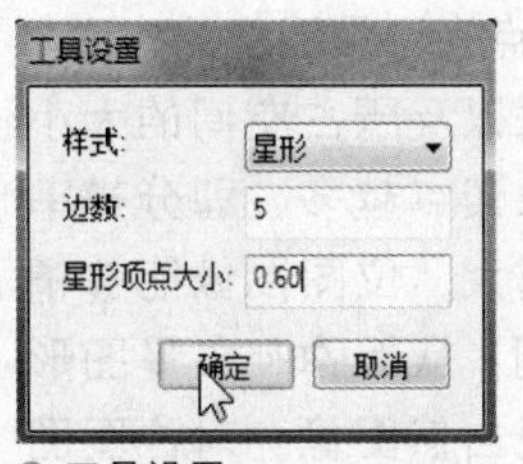

△ 工具设置

19 将笔触颜色设置为“无”，填充颜色设置为白色，然后在小猪的衣服上添加白色的五角星形状。

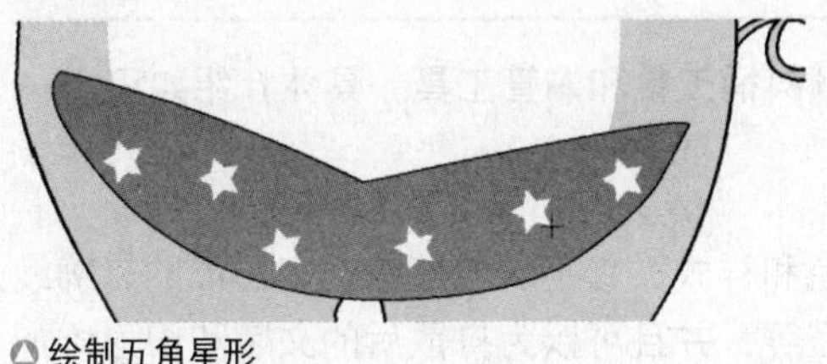

△ 绘制五角星形

20 绘制花边，设置笔触颜色为#4D0000（棕色）、高度为0.25，然后填充#FF99CC（粉色）。这样，头顶王冠、身穿粉色小裤裤的小猪形象就绘制完成了。

△ 小猪形象

你知道吗 了解矢量图形与位图图像

在 Flash 中，用绘图工具绘制的是矢量图形。但在使用 Flash 时会接触到矢量图和位图两种图像，且经常交叉使用，互相转换。

1. 矢量图形

矢量图形是用包含颜色和位置属性的点和线来描述的图像。以直线为例，它利用两端的端点坐标、粗细和颜色来表示，因此无论怎样放大图像，都不会影响画质，而依旧保持其原有的清晰度。通常情况下，矢量图形的文件体积要比位图图像的小。另外，矢量图形具有独立的分辨率，能以不同的分辨率显示和输出。即可以在不损失图像质量的前提下，以各种不同的分辨率显示在输出设备中。

100%

矢量图放大

2. 位图图像

位图图像是通过像素点来记录图像的。许多不同色彩的点组合在一起，就形成了一幅完整的图像。位图图像存在的方式以及所占空间的大小由像素点的数量控制，像素点越多，即分辨率越大，图像所占容量也越大。位图图像能够精确地记录图像丰富的色调，从而弥补矢量图形的缺陷，可以逼真地表现自然图像。对位图图像进行放大，实际是对像素的放大，因此放大到一定程度时，就会出现马赛克现象。

100%

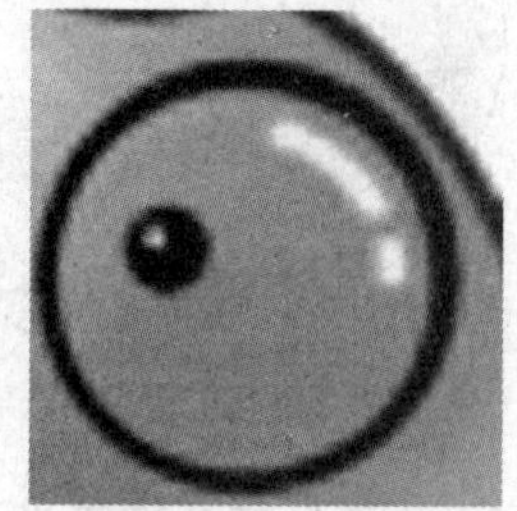
位图放大

UNIT 06 使用笔触与填充

墨水瓶工具、颜料桶工具、滴管工具和橡皮擦工具都是比较常用的、可以改变对象笔触和填充的工具。其中，墨水瓶工具用来设置笔触的属性，颜料桶工具用来设置填充的属性，滴管工具可以从已存在的线条和填充中获得颜色信息，橡皮擦工具用来擦除对象或对象的局部。为了更好地使用笔触和填充颜色，可利用颜色和样本面板进行相关参数设置。

使用笔触和填充工具

需要设置笔触和填充的工具主要包括墨水瓶工具、颜料桶工具和滴管工具，具体介绍如下。

1. 墨水瓶工具

利用墨水瓶工具可在绘图中更改笔触和轮廓线的颜色和样式。它不仅能够在选定图形的轮廓线上添加规定的线条，还可以改变线段的粗细、颜色或线型等，并且可以为打散后的文字和图形添加轮廓线。但使用墨水瓶工具本身不能在舞台中绘制线条，只能对已有线条进行修改。

单击工具箱中的墨水瓶工具，在属性面板中将出现与墨水瓶工具有关的属性。

选中墨水瓶工具后，光标在舞台上将变成一个小墨水瓶的样式，这表明此时已经激活了墨水瓶工具，可以对线条进行修改或者为没有轮廓的图形添加轮廓了，墨水瓶工具“属性”面板如右图所示。

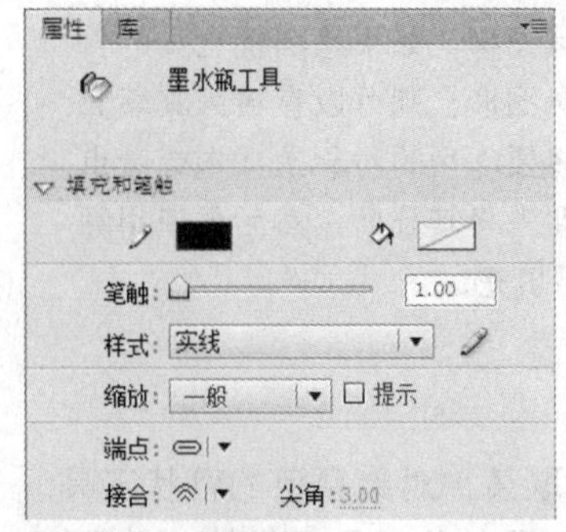

墨水瓶工具属性

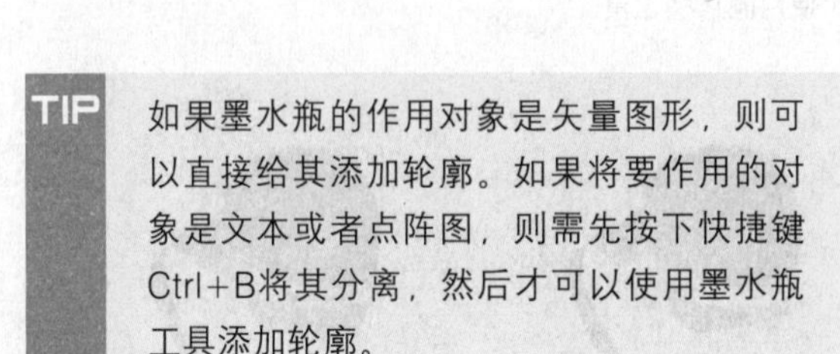
TIP 如果墨水瓶的作用对象是矢量图形，则可以直接给其添加轮廓。如果将要作用的对象是文本或者点阵图，则需先按下快捷键Ctrl+B将其分离，然后才可以使用墨水瓶工具添加轮廓。

素材文件：Sample\Ch02\Unit06\inkpaint.fla

使用墨水瓶工具

2. 颜料桶工具

颜料桶工具有 3 种颜色类型：单色填充、渐变填充和位图填充。通过选择不同的颜色类型，可以制作出不同的视觉效果。使用颜料桶工具可以为舞台上有封闭区域的图形填色，如果进行恰当的设置，还可以为一些没有完全封闭但接近于封闭的图形区域填充颜色，且不会把颜料漏出去，颜料桶工具能够自动将不闭合区域闭合。

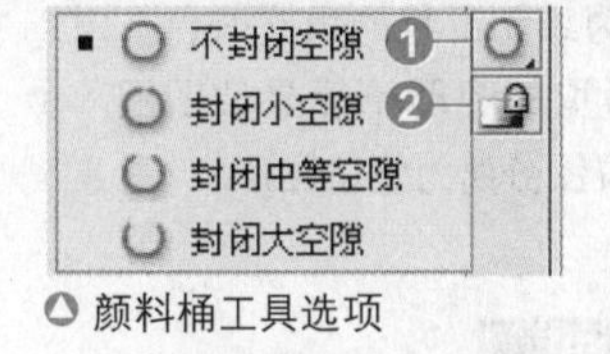

颜料桶工具选项

选择工具箱中的颜料桶工具后，在工具箱的选项栏中会显示颜料桶工具的选项设置。

❶ **空隙大小**：包括以下4个选项。

- 不封闭空隙：只填充封闭的区域。
- 封闭小空隙：填充有小缺口的区域。
- 封闭中等空隙：填充有一半缺口的区域。
- 封闭大空隙：填充有大缺口的区域。

❷ **锁定填充**：可锁定填充区域，功能与刷子工具的该功能相同。

选中颜料桶工具时，属性面板中将出现与颜料桶工具有关的属性。

颜料桶工具属性

设置完属性后，就可以使用颜料桶工具为指定区域填充颜色了。在舞台中需要填充颜色的封闭区域内单击，即可在指定区域内填充颜色。

素材文件：Sample\Ch02\Unit06\inkpaint.fla

> **TIP** 与墨水瓶工具一样，如果颜料桶工具的作用对象是矢量图形，则可以直接为其填充颜色。如果将要作用的对象是文本或者点阵图，则需要先将其分离，然后再使用颜料桶工具进行填充。

△ 使用颜料桶工具

3. 滴管工具

滴管工具是吸取某种对象颜色的管状工具。在 Flash 中，滴管工具的作用是采集某一对象的色彩特征，以便应用到其他对象上。

选择工具箱中的滴管工具，光标变成一个滴管状，表明此时已经激活了滴管工具，可以拾取某种颜色了。

在拾取线条颜色的信息时，滴管工具的右下角会出现铅笔的形状，在对象上单击鼠标右键后，滴管工具自动转变为墨水瓶工具。

△ 采集线条颜色

◎ **素材文件：** Sample\Ch02\Unit06\inkpaint.fla

在拾取填充颜色的信息时，滴管工具的右下角会出现笔刷的形状，在对象上单击鼠标左键后，滴管工具自动转变为颜料桶工具。

△ 采集填充颜色

> **TIP** 滴管工具还有一个特殊的功能，它可以将整幅图形吸入，以作为绘制工具的填充颜色。但使用滴管工具吸取的图形不能是位图图像，否则必须先将位图分离为矢量图形。

使用橡皮擦工具

利用橡皮擦工具可以擦除图形的笔触和填充颜色。橡皮擦工具有多种模式，例如可以设定为只擦除图形的外轮廓和内部颜色，也可以定义只擦除图形对象的某一部分的内容。用户可以在实际操作时根据具体情况设置不同的橡皮擦模式。

选择工具箱中的橡皮擦工具后，在工具箱的选项区中会显示橡皮擦工具的选项。

△ 橡皮擦工具选项

❶ **橡皮擦模式**：设定擦除的区域。

❷ **水龙头**：一次性擦除边线和填充。

❸ **橡皮擦形状**：设定橡皮擦的形状和大小。

使用不同的擦除模式，可产生不同的擦除效果。

◎ **素材文件：** Sample\Ch02\Unit06\rubber.fla

❹ **标准擦除**：运用该模式可以清除同一图层上的边框和填充。

❺ **擦除填色**：运用该模式仅清除填充，对笔触没有影响。

❻ **擦除线条**：运用该模式仅清除笔触，对填充没有影响。

❼ **擦除所选填充**：运用该模式仅清除被选定的填充区域，不论笔触是否被选定，都不受影响。在使用该模式前，请先选择要清除的填充区域。

❽ **内部擦除**：运用该模式仅清除橡皮擦笔触开始所在的填充区域，如果从空白区开始，则不会清除任何内容。该模式下，擦除对笔触没有影响。

原始图　标准擦除　擦除颜色　擦除线条　擦除所选填充　内部擦除

在舞台上，用户在需要擦除的区域内按住鼠标左键不放，拖动对目标区域进行擦除，即可完成相关操作。

设置颜色

Flash 提供多种方法来应用、生成和修正颜色。使用默认的面板或自定义的面板即可以应用对象笔触或填充的颜色。

当为形状应用笔触颜色时，可以选择任意一种纯色，还可以选择笔触的样式和"重量"；为形状应用填充颜色时，则可以选择应用纯色、渐变或位图来填充。要注意的是，使用位图填充时，必须先将位图导入当前文件。另外，还可以应用透明笔触或透明填充，从而生成没有填充内容的轮廓结构对象或者没有轮廓线的填充对象，也可以将纯色填充应用到输入的文本上。

1. 使用工具箱设置颜色

使用工具箱中的笔触、填充控件可以选择纯笔触色、纯填充色或渐变填充色、选择默认笔触和填充色（黑白色），或者交换笔触和填充色。

工具箱中的笔触、填充控件确定了使用绘图工具创建的新对象的颜色属性，但首先必须选择对象，然后才能使用笔触、填充控件来控制当前对象颜色属性的改变。进行以下操作之一，可应用笔触、填充色彩。

单击工具箱中笔触颜色框或填充颜色框，在弹出的调色板中选择色样，要注意渐变只能用于填充，不能用于边框。在调色板左上部的文本框中，可输入十六进制的颜色值，如 #000000 代表黑色，#FFFFFF 代表白色。

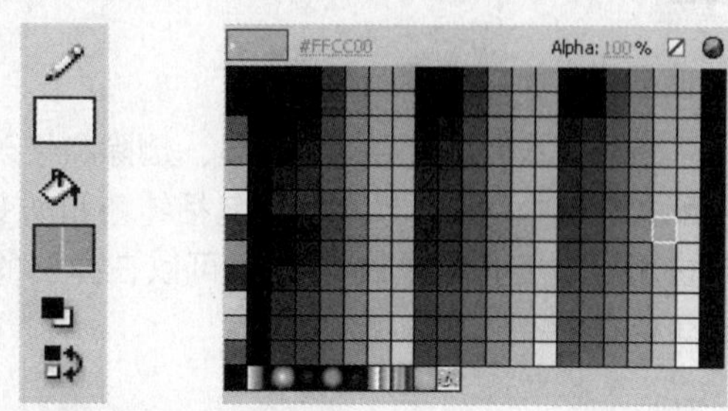

工具箱设置颜色　调色板

单击调色板右上角的“无色”按钮，应用透明边框或透明填充。但透明边框和透明填充只能应用于新创建的对象，不能应用于已有的对象，对已有的对象可以采用删除方法应用透明属性。

单击调色板右上角的“颜色选择器”按钮，在弹出的“颜色”对话框中选择颜色，也可在相应的数值框中输入相应的数值，然后单击“确定”按钮。

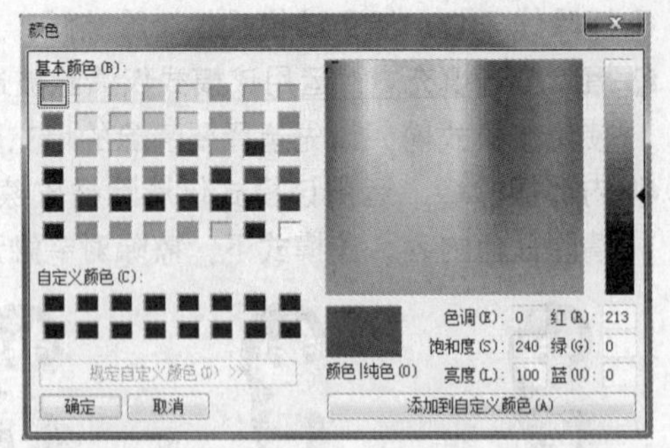

“颜色”对话框

2. 使用颜色面板设置颜色

Flash 中设有专门的颜色面板，可以方便地设置所需要的颜色。借助颜色面板可以生成、编辑纯色，及渐变填充等。

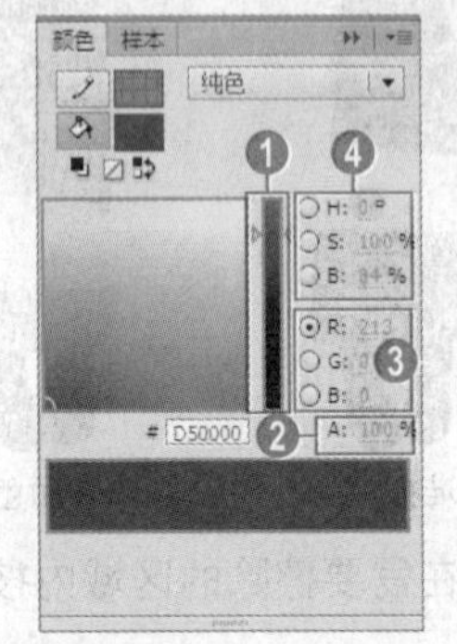

颜色面板

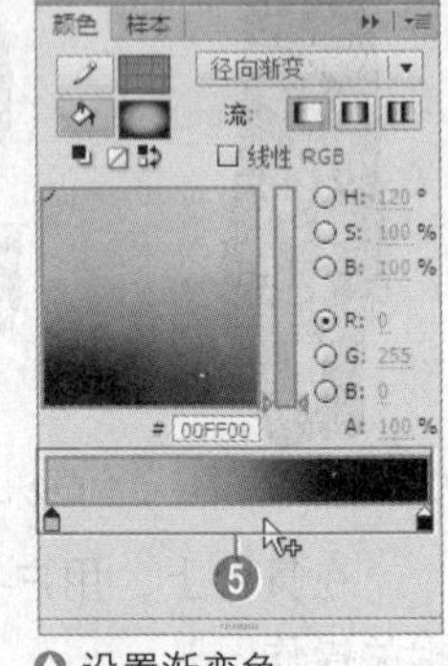

设置渐变色

❶ **颜色和亮度的设置**：在颜色区内单击选择相应色彩，然后在右侧的色调框中设定其亮度值，所选色彩便会在颜色预览框中显示。

❷ **透明度的设置**：在A（透明度）输入框内输入百分比或采用透明度设置滑杆均可设置透明度。0表示全透明；100为默认值，表示不透明。注意，当Alpha为0时，颜色的选择将没有意义。

❸ RGB：可以通过定义红色、绿色和蓝色的比例来定义一种颜色，只需在相应的RGB输入框中输入设定值即可。单击十六进制选择框，也可用十六进制来定义颜色。

❹ HSB：可以通过定义色相、饱和度和亮度的值来定义一种颜色，只需在相应的HSB输入框中输入设定值即可。

❺ **渐变色**：选择线性渐变或径向渐变时，面板将变为渐变色设置面板。要生成所需的渐变色，首先请选中已定义好的一种渐变色，同时请注意所选取的渐变色类型。一般来说，系统给定的渐变色只含有两个关键点颜色指针，分别单击这两个颜色指针可进行色彩调整，其颜色、亮度及透明度的设置与固定色设置面板上的操作一致。同时，请注意观察生成的颜色效果，如果不能满足需要，可以将光标放到两个关键点颜色指针之间的渐变色定义条上，当光标变为时，单击便会生成一个关键点。然后再调节这个关键点的色值，进一步细化颜色渐变过程。Flash最多允许8个关键点，这已经足以满足需要了。如果觉得关键点太多，则可以用光标单击多余的关键点，并将其拖离渐变色定义条进行删除。

渐变有两种类型：一种是沿直线的线性渐变；一种是以圆心为中心沿半径方向的径向渐变。

3. 使用样本面板设置颜色

借助样本面板可导入、导出、删除和修改填充的颜色配置。其中定制的颜色类型包括纯色和渐变色两种。单击面板右上角的扩展按钮，可以在弹出的菜单中设置颜色样本。

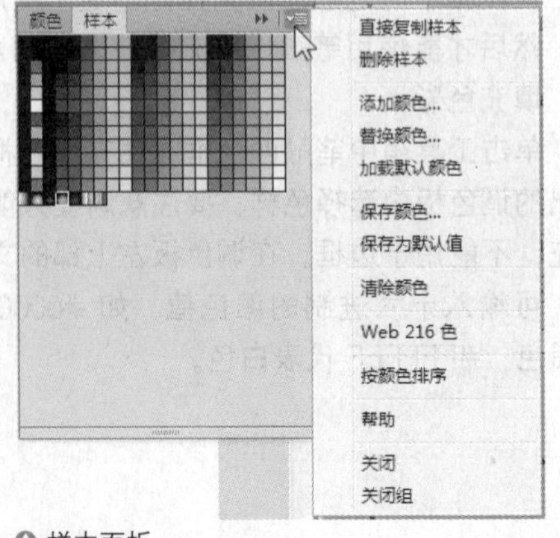

样本面板

闪客高手：绘制卡通蜜蜂图形

范例文件	Sample\Ch02\Unit06\bee-end.fla
起始文件	Sample\Ch02\Unit06\bee.fla
视频文件	Video\Ch02\Unit06\Unit06.wmv

1 打开Sample\Ch02\Unit06\bee.fla文件，可以看到图层1中已经放置了导入的背景图像。

△ 背景效果

2 按下快捷键Ctrl+L打开库面板，其中包括了“身体”和“头部”两个元件。双击“身体”元件，准备开始进行蜜蜂身体的绘制。

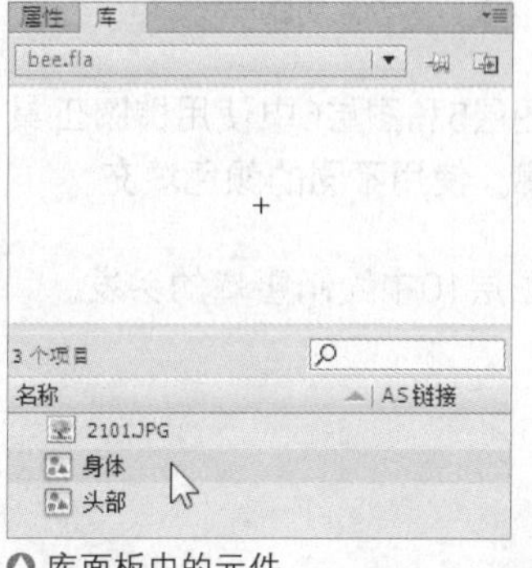

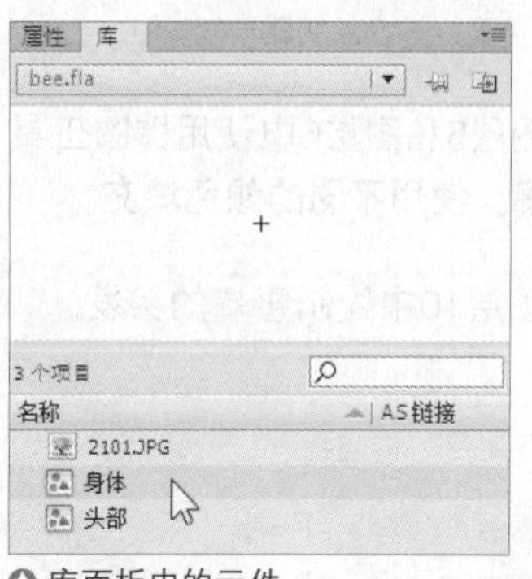

△ 库面板中的元件

3 选择图层1，首先绘制蜜蜂的一只手臂。使用铅笔工具勾画出轮廓后，使用不同的颜色进行填充，制作最适合的效果。

4 选择图层2，继续绘制蜜蜂的身体。使用椭圆工具先勾画出椭圆轮廓，然后使用刷子工具对身体进行不同颜色的绘制，并使用钢笔工具勾画出需要的反光点。

5 选择图层3，继续绘制蜜蜂的另一只手臂。同样使用铅笔工具勾画出轮廓，然后使用不同的颜色进行填充。

6 选择图层4，准备绘制蜜蜂的一只翅膀。勾画出翅膀的轮廓后，使用Alpha为50%的不同蓝色分别进行填充，制作半透明的颜色效果。

△ 绘制手臂　　△ 绘制身体

△ 绘制另一只手臂

△ 绘制翅膀

7 隐藏其他图层，在图层5中绘制蜜蜂的另一只翅膀，同样使用Alpha为50%的不同蓝色分别进行填充，制作半透明的颜色效果。绘制完成后，显示出其他图层。

8 选择图层6，绘制蜜蜂的一只腿，使用铅笔工具勾画出腿部轮廓后，使用不同的颜色进行填充。

9 隐藏其他图层，在图层7中绘制蜜蜂的另一只腿，同样使用铅笔工具勾画出腿部轮廓后，使用不同的颜色进行填充。绘制完成后，显示出其他图层。

10 回到库面板，双击“头部”元件，准备开始进行蜜蜂头部的绘制。分别在图层1、图层2和图层3中绘制蜜蜂的脸部，使用不同的颜色填充。

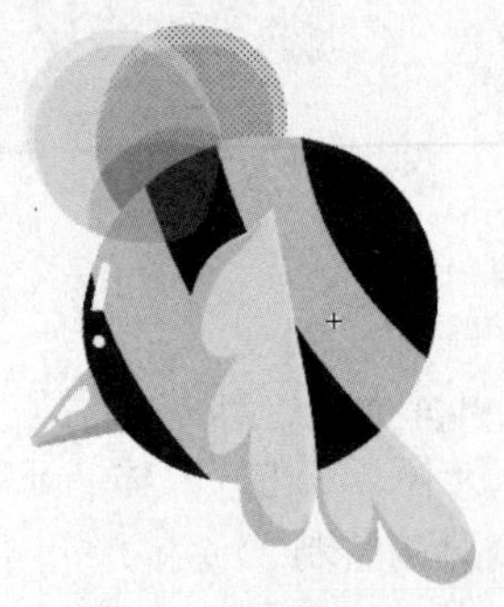
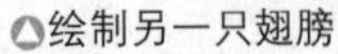
△绘制另一只翅膀

△绘制腿

△绘制另一只腿

△绘制脸部

11 分别在图层4、图层5和图层6中使用椭圆工具绘制蜜蜂的眼部轮廓，使用不同的颜色填充。

12 在图层7和图层8中使用椭圆工具绘制蜜蜂的黑眼球和眼白。

13 分别在图层9和图层10中绘制蜜蜂的头发。

14 在图层11中使用铅笔工具和椭圆工具绘制蜜蜂的触角。

△绘制眼部轮廓

△绘制眼球

△绘制头发

△绘制触角

15 单击舞台标题栏中的“场景1”标题，回到主场景，选择图层2，将“身体”元件从库面板拖曳到舞台的合适位置上。

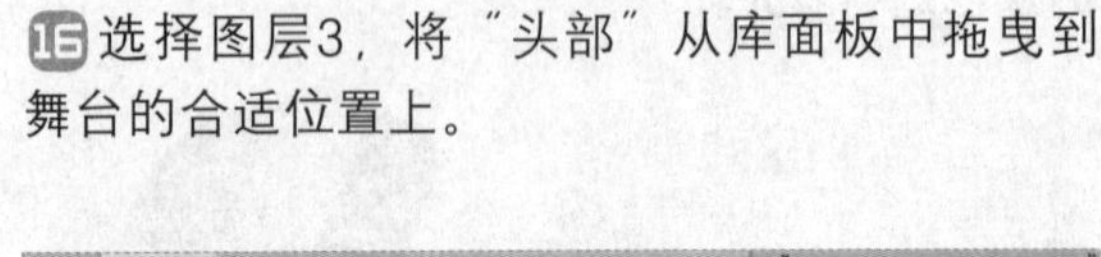

16 选择图层3，将“头部”从库面板中拖曳到舞台的合适位置上。

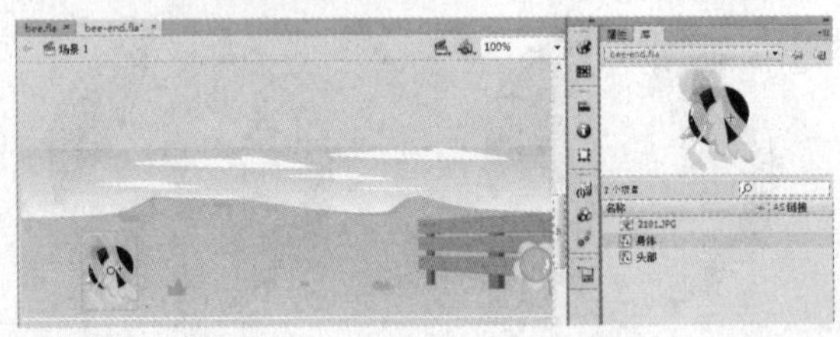
△放置“身体”元件

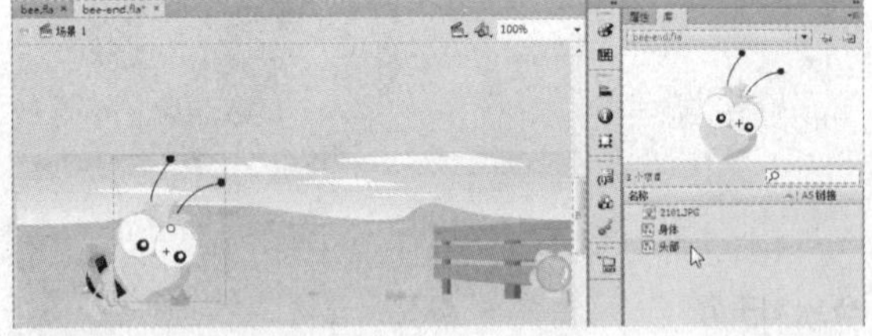
△放置“头部”元件

17 至此，整个图形效果就绘制完成了。可以按下快捷键Ctrl+Enter查看效果。

△最终效果

TIP 本范例让大家在进行Flash的绘图与着色之前，了解了Flash绘图工具的工作方式，以及绘制、着色和修改图形操作对图层中其他图形的影响等知识，是非常重要的一步。

你知道吗 Flash中的预览模式

在文档窗口中，可以使用文档窗口菜单命令控制文档的加速显示。加速显示的命令在"视图"下拉菜单中。一般情况下，显示动画是需要耗费内存的，因而在加速显示时，Flash 可以关闭描述性的实例图形，以避免由于多余的计算量而造成电影播映速度的降低。下面介绍"视图 > 预览模式"菜单中的 5 种显示方法。

❶ **轮廓**：场景中只显示对象的外轮廓，而不显示细节，所有的线条均以细实线显示。这就可以更容易地对图形元素进行重新调整，并且迅速地显示复杂的场景。

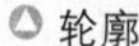
轮廓

❷ **高速显示**：该模式下，将关闭消除锯齿功能，并显示出图形中的所有颜色和线形，是在平时工作中使用较普遍的一种模式。

高速显示

❸ **消除锯齿**：在该模式下，将打开为线条、形状和位图等设置的消除锯齿功能，使形状和线条在显示上更为光滑。但这种操作的速度要明显慢于普通模式下的速度。

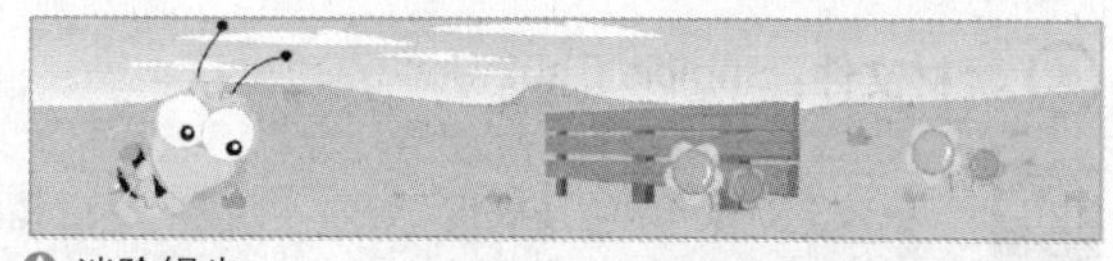
消除锯齿

❹ **消除文字锯齿**：该模式除了可以使图形的边缘变平滑外，还可以使文字的边缘变平滑。此命令处理较大的字体大小时效果最好，如果文本数量太多，则速度会减慢。该模式是最常用的工作模式。如果画面中不包含文字，这种模式和消除锯齿模式后的显示情况完全相同。

❺ **整个**：完全显示整个图形效果，呈现舞台上的所有内容。这种模式和消除锯齿、消除文字锯齿模式后的显示情况完全相同。

UNIT 07 选择、变形与修饰图形

针对绘制的图形，可以做出不同的选择，并进行变形、修饰等各种操作，使其更符合绘制者的需求。

选择图形

在工具箱中有两种选择图形的工具，分别是选择工具和套索工具。选择工具用于选择或移动直线、图形、元件等一个或多个对象，也可以用来拖动一些未选定的直线、图形、端点或拐角，以改变直线或图形的形状。套索工具用于选择图形中不规则的形状区域，被选定的区域可以作为单独的对象进行移动、旋转或变形。

1. 选择工具

作为重要的绘图工具，选择工具是工具箱中使用率最高的工具之一。它的主要用途是对舞台上的对象进行选择以及对一些线条进行修改。当某一图形对象被选中后，将由实变虚，表示已被选中。

在绘图操作过程中，用户常常需要选择将要处理的对象，然后对其进行处理，而选择对象通常使用的就是选择工具。

选择工具箱中的选择工具，在工具箱下方的选项区中将显示选择工具的选项。

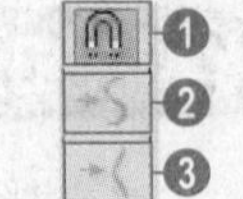

选择工具选项

TIP 在使用其他工具时，可通过按住Ctrl键切换到选择工具。

❶ **贴紧至对象**：可以在拖动舞台中的对象时，使其吸附到已存在的对象上。单击该按钮可以切换吸附功能的开与关。

打开“贴紧至对象”功能，用选择工具将右图中的三角形移动到卡通图像的头部时，光标旁边出现一个小圆圈，意味着这个对象正在吸附着不可见的栅格。但对于某些图像来说，除非移动之前在其中心或边上单击捕捉该图像，否则“贴紧至对象”功能将不会起作用。

移动对象

吸附效果

素材文件： Sample\Ch02\Unit07\select.fla

TIP “贴紧至对象”按钮精确度可通过“网格”对话框设置。执行“视图>网格>编辑网格”命令，打开“网格”对话框，通过调整像素值来改变贴紧至对象按钮的精确度。

❷ **平滑**：简化选定的曲线。绘制一条曲线并用选择工具将其选中，然后在选项区中单击“平滑”按钮，多次单击该按钮，可以得到更加平滑的曲线。绘制一些粗糙的形状，如矩形、圆形等，使用选择工具选中图形，然后单击选项区中的“平滑”按钮，可以将草图变成精确的图形。

❸ **伸直**：此功能用于平直被选中的线条，用其可以消除线条中一些多余的弧度，当选中一条线条后，可以多次单击此按钮对线条进行平直处理，直到线条的平直程度达到要求为止。

（1）选择对象

在编辑对象之前，必须先选择对象，被选中的对象将被亮点填充或被方框包围。选取单个对象十分简单，只需单击即可选定想要编辑的对象，双击则可同时选中对象的笔触和填充。

按住Shift键的同时，依次单击选取所需的对象。这是比较精确的选择多个对象的方法，能精确选中要选取的对象。

在对象的左上角，按住鼠标左键并拖动，可以看见舞台中出现一个矩形选取框，当该选取框将待选对象框在里面时释放鼠标，对象会被选中，但在使用该方法选择对象时，可能会选中多余的对象元素。

单击选择填充

双击选择笔触及填充

选择多个对象

使用选取框选择对象

> **TIP** 如果要选取舞台中每一层上的所有对象，可以执行“编辑>全选”命令，但这种方式不能选中锁定或隐藏层中的对象。要取消所有选择时，可以执行“编辑>取消全选”命令。

（2）移动对象

利用选择工具双击边线并拖动，可以将边线和填充分离。

利用选择工具选中图形内部填充并拖动，图形的边线可以分割填充。

（3）编辑对象

当用光标指向未选定的对象边线时，光标会变成↖，此时按下鼠标左键并拖曳线段上的任何一点（不一定是锚点），即可对对象进行编辑，改变边线的曲率。

当光标指向未选定的对象的一个角点时，光标会变成↖，这时按下鼠标左键并拖曳角点，在改变长短的同时，形成拐角的线段可仍然保持为直线。

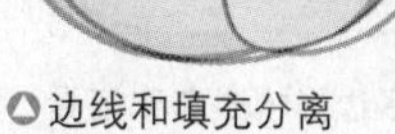

△边线和填充分离　△边线分割填充　△改变曲线　△改变角点

> **TIP** 当用选择工具改变线条的形状时，在试图改变形状之前须先确定该线条没有被选中，否则将只能移动对象而不能改变线条的形状。

（4）复制对象

将对象选中后，按住 Alt 键的同时拖动鼠标，可以复制对象。

△复制对象

2. 套索工具

与选择工具的功能相似，套索工具也用于选择对象，但和选择工具相比，套索工具的选择方式有所不同。使用套索工具可以自由选定选择的区域，而不是像选择工具那样将整个对象都选中。

选择工具箱中的套索工具，在工具箱下面的选项区中将显示 3 个选项按钮。

❶ **魔术棒**：主要用于形状类图形的操作，可以根据颜色的差异选择对象的不规则区域。在制作影片文件时，会用到位图图像，而为了使导入的位图图像能够融合到整个影片中，通常会将位图图像背景擦除，这时就需要用魔术棒了。

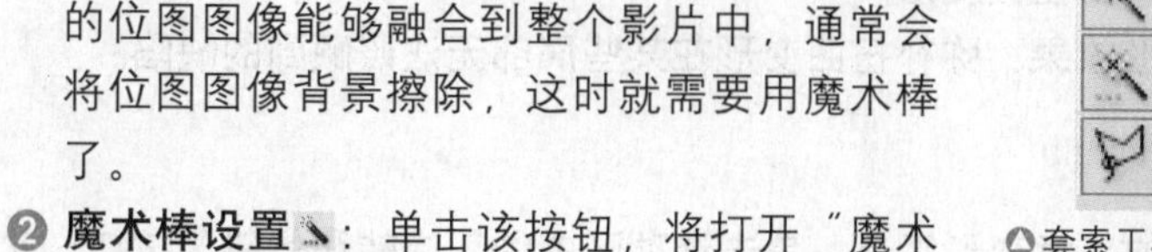

△套索工具选项

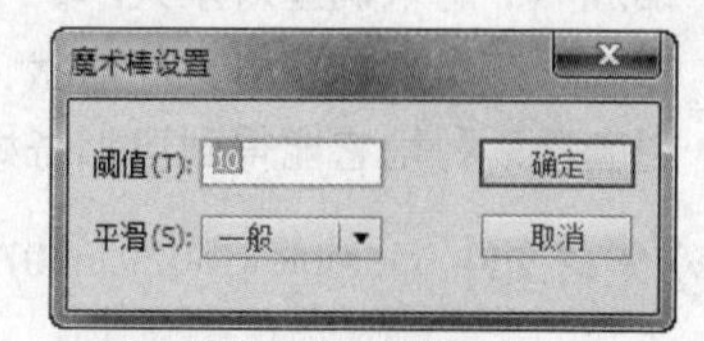

△“魔术棒设置”对话框

❷ **魔术棒设置**：单击该按钮，将打开“魔术棒设置”对话框。

- 阈值：用来设定选定区域中魔术棒选项所包含的相邻颜色值的色宽范围。阈值的设定范围为 0~200，设置的数值越高，选定的相邻颜色范围越宽。

- 平滑：用来设定选定区域的边缘平滑程度。单击“平滑”下拉按钮，其下拉列表中包含有4个选项，分别是：像素、粗略、一般和平滑。

❸ **多边形模式**：可以用直线精确地勾画出选择区域。

套索工具的使用方法很简单，设置好套索工具的属性后，就可以使用套索工具选取对象了。在舞台中使用套索工具绘制需要选择的区域，在选取对象的过程中，需要注意以下几个问题。

在划定区域时，如果勾画的边界没有封闭，套索工具会自动将其封闭。

被套索工具选中的图形元素将自动融合在一起，而被选中的组和符号则不会发生融合现象。

如果想逐一选择多个不连续区域，可以在按住 Shift 键的同时，使用套索工具逐一勾画欲选区域。

对于多边形模式下的套索工具，在舞台中要开始选取的部分单击确定起始点，接着移动光标在第二个角点位置单击，确定选择区域的第一条边线，继续移动光标到下一个角点，反复操作直至选择所有要选择的区域。

TIP 在使用多边形模式选取区域时，如果区域没有封闭，双击鼠标可以用一条直线将当前位置与起始点连接，封闭选取范围。当套索工具的多边形模式处于关闭状态，即套索工具处于自由模式下选择选取范围时，按住Alt键可以暂时切换到多边形模式下，此时的选取状态同多边形模式的选取状态一样。选取完成后松开Alt键，释放鼠标即可封闭所选择的区域。

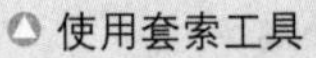
△ 使用套索工具

△ 使用多边形模式套索工具

变形图形

变形图形最主要使用的是变形工具组中的工具，变形工具组中包括任意变形工具和渐变变形工具，任意变形工具可以改变舞台中对象的形态，渐变变形工具可以改变对象的渐变填充效果。

1. 任意变形工具及命令

任意变形工具主要用于对各种对象进行各种方式的变形处理，如拉伸、压缩、旋转、翻转和自由变形等。通过使用任意变形工具，可以将对象变形为用户需要的各种样式。

选择工具箱中的任意变形工具，工具箱的选项区会显示该工具的选项。

△ 任意变形工具选项

❶ **贴紧至对象**：设置绘制的对象和原对象贴紧对齐。

❷ **旋转与倾斜**：用来旋转对象。

❸ **缩放**：用来调整对象大小。

❹ **扭曲**：用来调整对象的形状，使之自由扭曲变形。

❺ **封套**：利用它能得到更加奇妙的变形效果，弥补扭曲变形在某些局部无法照顾到的缺陷。

◎ **素材文件**：Sample\Ch02\Unit07\transform.fla

选中要变形的对象，选择工具箱中的任意变形工具，单击选项区中的“旋转和倾斜”按钮，此时对象的周围会出现 8 个控制手柄，并且在对象的中心有一个小圆圈。

（1）旋转与倾斜

将光标移到边角控制手柄外，当其变成旋转箭头形状时，拖动鼠标到适当位置后释放，就可以实现图形的旋转了。

旋转图形

将光标放在边线上，当其变成倾斜箭头形状时，拖动鼠标到适当的位置后释放，就可以将图形倾斜。

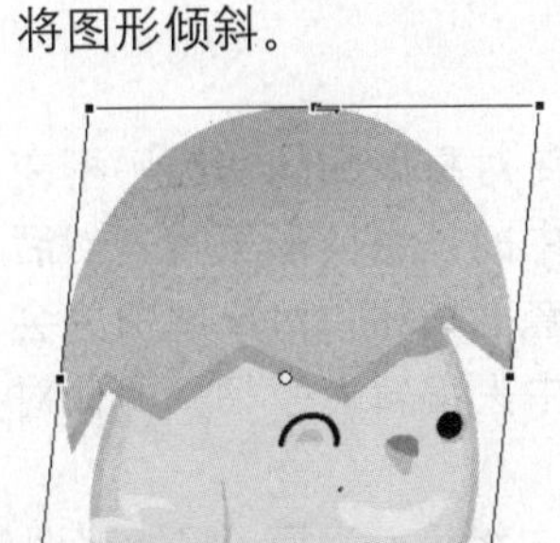

倾斜图形

TIP 按住Alt键的同时旋转，将以对称的顶点为中心进行旋转。

（2）缩放

选中要改变大小的对象。选择工具箱中的任意变形工具，单击选项区中的“缩放”按钮，此时对象的周围也会出现 8 个控制手柄，并且在对象的中心有一个小圆圈。接下来就可以改变对象的大小了，有 3 种情况，分别为水平缩放、垂直缩放和成比例缩放。

❶ **水平缩放**：将光标放在左右两侧的边控制手柄上，当光标变成左右方向的双向箭头时，按住鼠标左键，并水平拖动鼠标到适当的位置后释放，可在水平方向上改变对象的大小。

❷ **垂直缩放**：将光标放在上下两侧的边控制手柄上，当光标变成上下方向的双向箭头时，按住鼠标左键，并垂直拖动鼠标到适当的位置后释放，可在垂直方向上改变对象的大小。

❸ **成比例缩放**：将光标放在边角的控制手柄上，当光标变成倾斜方向的双向箭头时，拖动鼠标到适当的位置后释放，可按比例改变图形的大小。

水平缩放

垂直缩放

成比例缩放

TIP 按住Alt键的同时使用任意变形工具的“缩放”选项，以中心点为基准缩小或放大对象。
按住Shift键的同时使用任意变形工具的“缩放”选项，按照原比例缩小或放大对象。
按住Alt+Shift键的同时使用任意变形工具的“缩放”选项，以中心点为基准缩小或放大对象。

（3）扭曲

扭曲功能键可以单独移动控制手柄，改变对象原本规则的形状。选择工具箱中的任意变形工具，然后单击选项区中的“扭曲”按钮，或者在任意变形工具被选中的状态下按住 Shift 键，也可以应用扭曲功能。

需要注意的是，要进行扭曲变形的对象必须是填充形式的，例如矢量图，其他形式的对象（如位图）必须首先打散或转换成矢量图，才能进行扭曲操作。

（4）封套

封套可以通过改变对象周围的切线手柄变形对象。选择工具箱中的任意变形工具，然后单击选项区中的"封套"按钮，对象周围将会出现切线手柄。移动中央编辑点手柄，两侧对称移动。

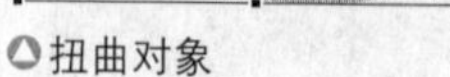

△扭曲对象

△按住Shift键扭曲对象

按住 Alt 键配合中央编辑点手柄，只能够调整一个方向。

运用边角编辑点手柄，在单方向上进行调整。

> **TIP** 可以应用扭曲和封套的对象有：图形，利用钢笔、铅笔、线条和刷子工具绘制的对象以及分解组件后的文字等。
> 不可以应用扭曲和封套的对象有：群组、元件、位图、影片对象、文本和声音等。

△使用封套

△移动中央编辑点手柄

△按住Alt键配合中央编辑点手柄

△运用边角编辑点手柄

（5）翻转

翻转变形也是对象的变形操作中经常使用的一种。要实现对象的垂直或者水平翻转，可在选定要进行翻转的对象后分别执行"修改 > 变形 > 垂直翻转"命令和"修改 > 变形 > 水平翻转"命令。

另外，通过 Flash 的变形面板，也可以快速完成对变形对象的操作。它和普通变形工具的区别在于，通过变形面板还可以完成对象的变形及重制功能。

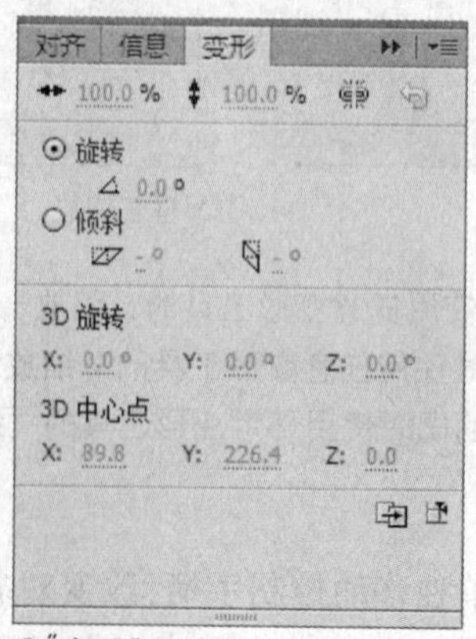

△"变形"面板

△垂直翻转

△水平翻转

2. 渐变变形工具

渐变变形工具是用来调整颜色渐变的工具。当选择了渐变填充或位图填充用于编辑时，该填充区的中心会显示出来，同时边框也会显示出来。边框上带有编辑手柄，当光标落在手柄上时，光标的形状就会发生改变，并且改变的形状可以指示对应手柄的功能。

（1）线性渐变变形

素材文件：Sample\Ch02\Unit07\gradient.fla

选择工具箱中的渐变变形工具，单击要编辑渐变色的图形后，该图形周围会出现 3 个控制手柄。

选择渐变变形工具

拖动方形手柄，可以改变渐变填充区域的大小。

拖动方形手柄

拖动右上角的手柄，当光标变成环形箭头形状时，拖动鼠标可以改变渐变的填充方向。

拖动右上角的手柄

拖动中心位置的圆形控点，可以改变渐变中心。

拖动中心位置的圆形手柄

（2）径向渐变变形

选择工具箱中的渐变变形工具，单击要编辑渐变色的图形后，该图形周围会出现 4 个控制手柄。

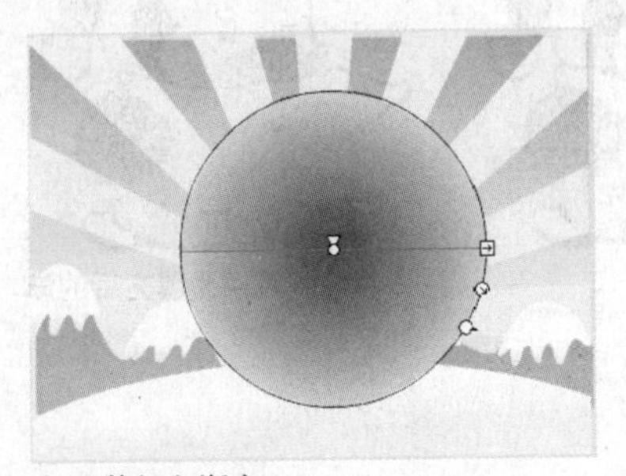

调整径向渐变

拖动右侧的方形手柄，可以改变渐变的宽度。

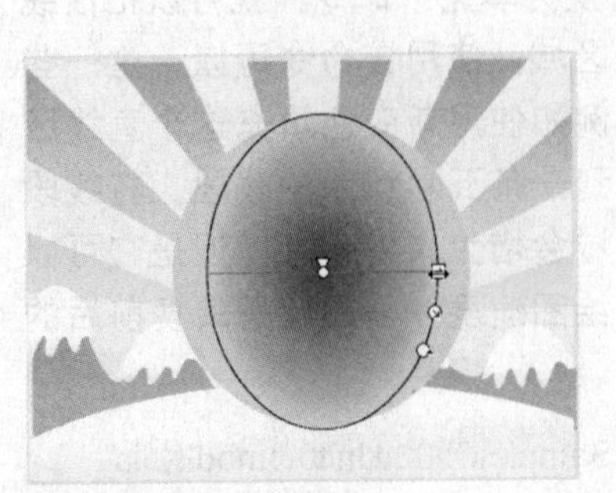

拖动右侧的方形手柄

拖动右侧的第一个圆形手柄，可以改变渐变的区域范围。

拖动右下角的圆形手柄，可以改变渐变的角度。

拖动中心的手柄，可以改变渐变的中心。

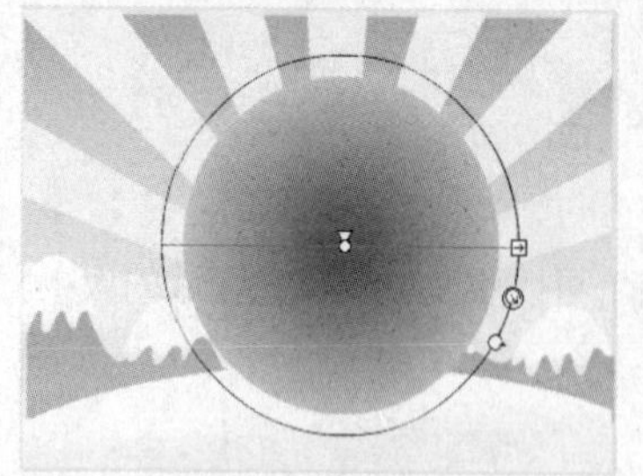

拖动右侧的第一个圆形手柄

拖动右下角的圆角手柄

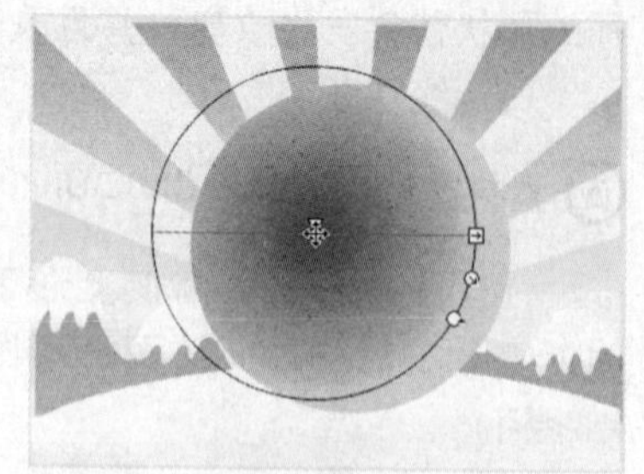

拖动中心的手柄

修饰图形

使用基本工具创建图形后，Flash 提供了 5 种对图形进行修饰的方法，包括优化曲线、将线条转换为填充、扩展填充、柔化填充边缘以及高级平滑与伸直等。

1. 优化曲线

优化曲线可通过减少用于定义这些元素的曲线数量，来改进曲线和填充轮廓以平滑曲线，这还能够减小 Flash 文件的尺寸。

使用选择工具选择要进行优化的对象，执行“修改 > 形状 > 优化”命令，然后在弹出的“优化曲线”对话框中进行设置即可。

❶ **优化强度**：确定平滑的程度。

❷ **显示总计消息**：勾选该复选框，将显示提示窗口，来指示平滑完成时优化的程度。

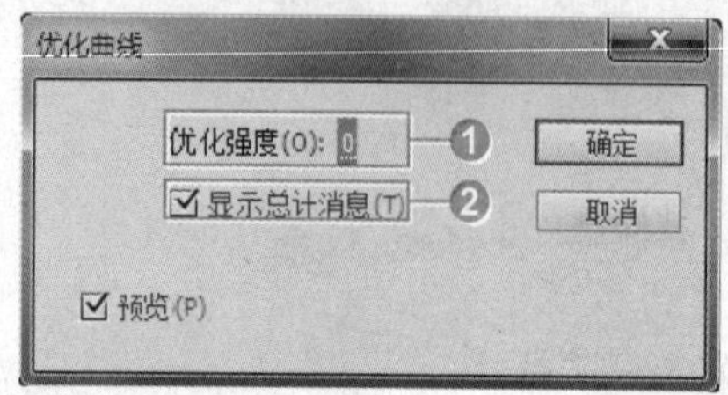

“优化曲线”对话框

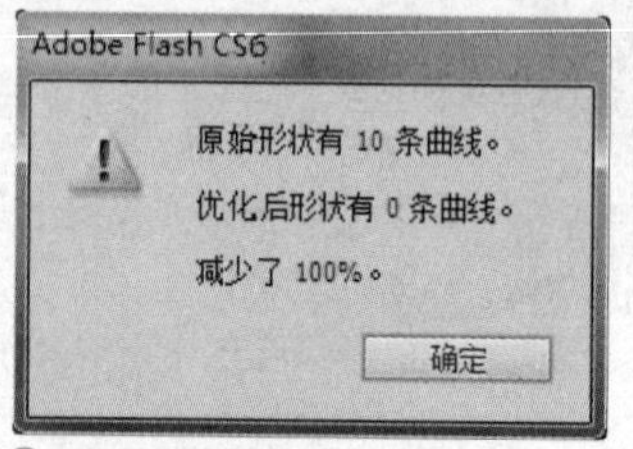

显示总计消息

2. 将线条转换为填充

在舞台中选中图形边线，执行“修改 > 形状 > 将线条转换为填充”命令，就可以把该线段转化为填充区域。使用该命令可以产生一些特殊的效果，例如使用渐变色填充这个直线区域时，可以得到一条五彩缤纷的线段。将线段转换为填充区域会增大文件尺寸，但是它可以提高计算机的绘图速度。下图就是转换前后的图形效果。

原始图形

将线条转换为填充后的渐变效果

素材文件：Sample\Ch02\Unit07\modify.fla

3. 扩展填充

通过扩展填充，可以扩展填充对象的形状。具体的操作步骤为：使用选择工具选择一个形状，执行“修改 > 形状 > 扩展填充”命令，然后在弹出的“扩展填充”对话框中进行设置。

❶ **距离**：用于指定扩充或插入的尺寸。

❷ **方向**：如果希望放大形状，请选择“扩展”单选按钮；如果希望缩小形状，请选择“插入”单选按钮。

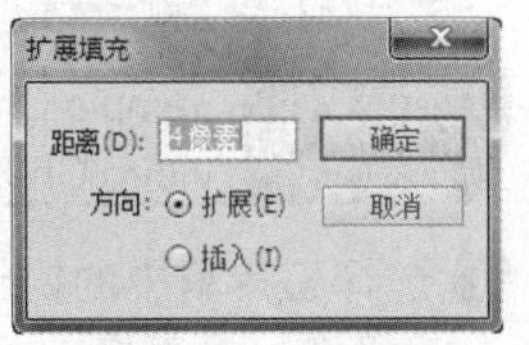

△“扩展填充”对话框

4. 柔化填充边缘

绘图时，有时会遇到颜色对比非常强烈的图形，这时绘出的实体边界太过分明，会影响整个影片的效果。如果将实体的边界柔化一下，效果就会好很多。

Flash 提供了柔化填充边缘的功能。使用选择工具选择一个形状，执行“修改 > 形状 > 柔化填充边缘”命令，然后在打开的“柔化填充边缘”对话框中进行设置即可。

❶ **距离**：用于指定柔化的宽度。

❷ **步长数**：步长数越大，形状边界的过渡越平滑，柔化效果越好。但是，这样也会带来大的文件尺寸以及非常慢的绘图速度。

❸ **方向**：若希望向外柔化形状，可以选择“扩展”单选按钮；若希望向内柔化形状，则需选择“插入”单选按钮。

△扩展填充效果

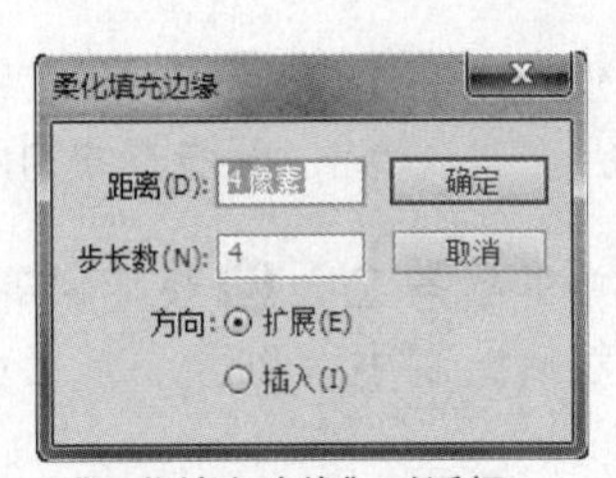

△“柔化填充边缘”对话框

△柔化填充边缘效果

5. 高级平滑与伸直

伸直操作可以稍微平直已经绘制的线条和曲线，但不影响已经伸直的线段。平滑操作可使曲线变柔和并减少曲线整体方向上的突起或其他变化，同时还会减少曲线中的线段数。不过，平滑只是相对的，它并不影响直线段。在改变大量非常短的曲线段形状遇上困难时，该操作尤其有用。选择所有线段并将它们平滑处理，可以减少线段数量，从而得到一条更易于改变形状的柔和曲线。

执行“修改 > 形状 > 高级平滑”命令，打开“高级平滑”对话框，可设置“上方的平滑角度”、“下方的平滑角度”和“平滑强度”3 个参数值。

执行“修改 > 形状 > 高级伸直”命令，打开“高级伸直”对话框，可设置“伸直强度”参数值。

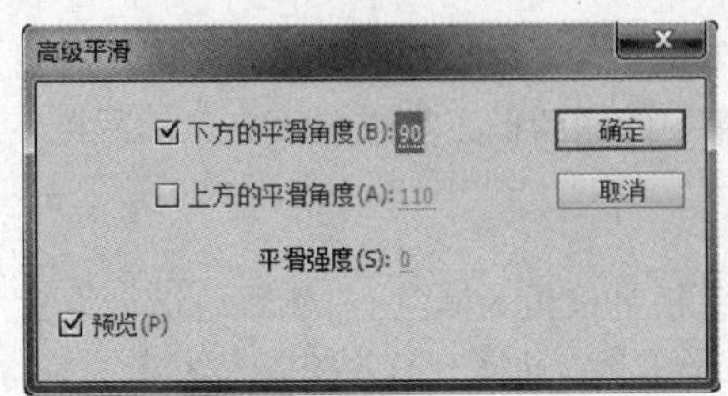

△“高级平滑”对话框

△“高级伸直”对话框

闪客高手：绘制小男孩图形

范例文件 Sample\Ch02\Unit07\boy.fla
视频文件 Video\Ch02\Unit07\Unit07.wmv

1 选择工具箱中的铅笔工具，将设置笔触高度为“极细”、颜色为黑色，勾画出小男孩头部的轮廓。

2 选择工具箱中的颜料桶工具，将填充颜色设置为#FFD9D9（浅粉色），为小男孩的脸和耳朵填充颜色。

3 将填充颜色设置为#FFB9B9（深粉色），使用刷子工具的“颜料选择”模式为脸部绘制阴影部分。

4 新建图层并命名为“头发”。选择工具箱中的“钢笔工具”，绘制小男孩的头发。

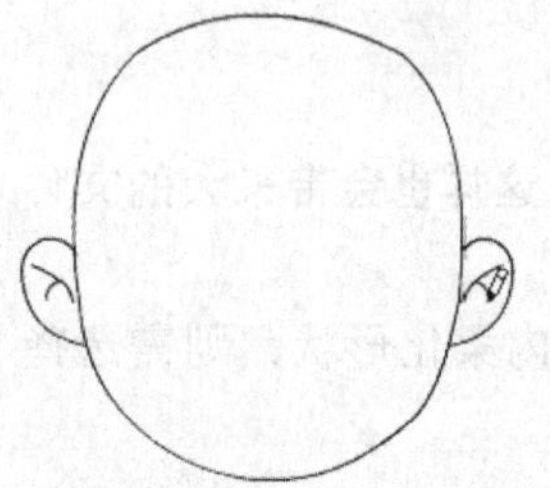
勾画轮廓

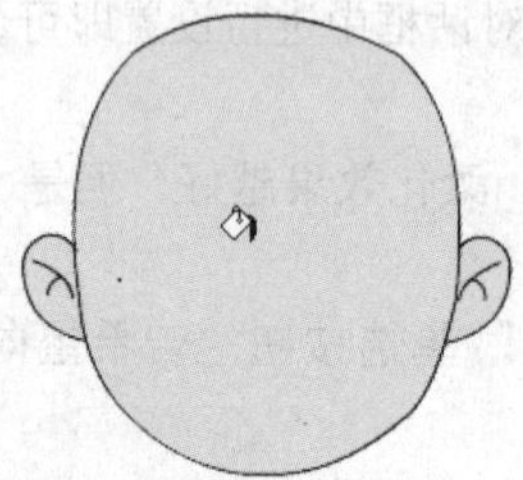
填充颜色

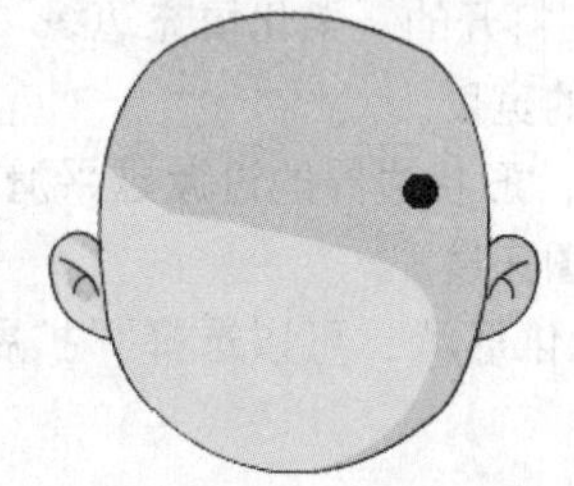
绘制阴影

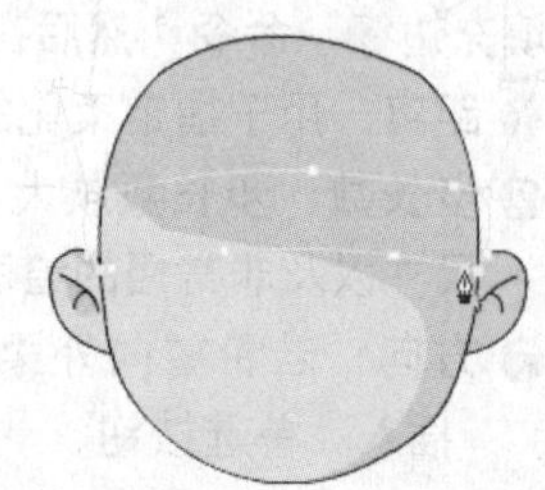
绘制头发

5 勾勒出头发的基本形状后，继续使用钢笔工具画出头发内部和发带阴影的分界线。

6 使用灰色、黑色来填充小男孩的头发，再用深浅不同的两种蓝色填充发带。

7 新建“五官”图层，选择工具箱中的线条工具，将笔触样式设置为“极细”，然后绘制小男孩的眼睛。

8 使用铅笔工具，同样将笔触样式设置为“极细”，然后在眼睛中绘制一条曲线。

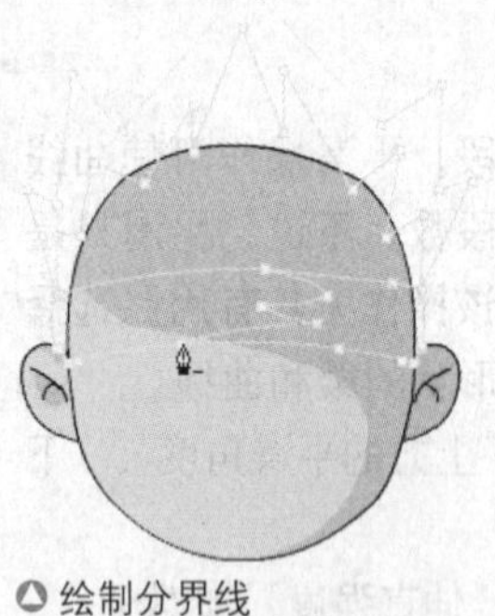
绘制分界线

填充颜色

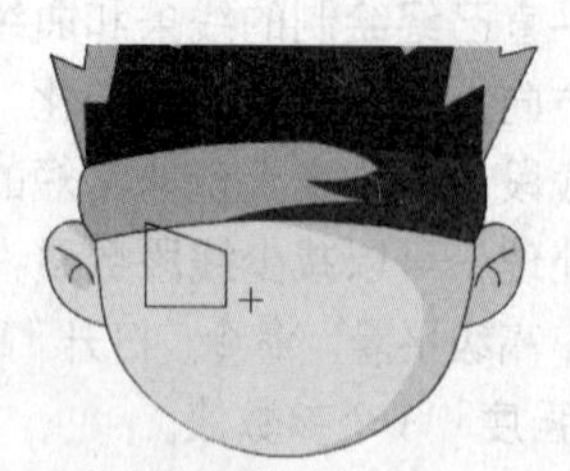
绘制眼睛轮廓

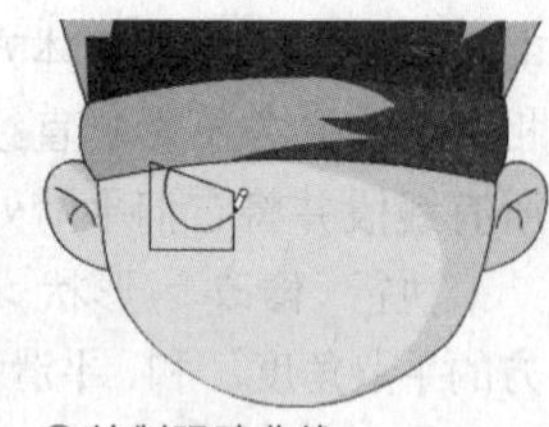
绘制眼睛曲线

9 在颜色面板中设置填充颜色，“类型”选择“线性”，将左侧的颜色指针设置为白色，右侧颜色指针设置为#CCCCCC（浅灰色）。选择工具箱中的颜料桶工具进行填充，然后再使用渐变变形工具调整渐变填充方向和渐变区域的大小。

10 在颜色面板中设置“线性”填充颜色，将左侧颜色指针设置为黑色，右侧颜色指针设置为#999999（灰色），使用颜料桶工具进行填充，然后再用渐变变形工具调整填充方向和填充区域。

11 选择工具箱中的椭圆工具，将笔触颜色设置为“无”，填充颜色设置为白色，在黑色眼球中绘制一个椭圆形。

12 选择工具箱中的线条工具，将笔触样式设置为“实线”，笔触高度设置为4，绘制一条斜线作为小男孩的眉毛。

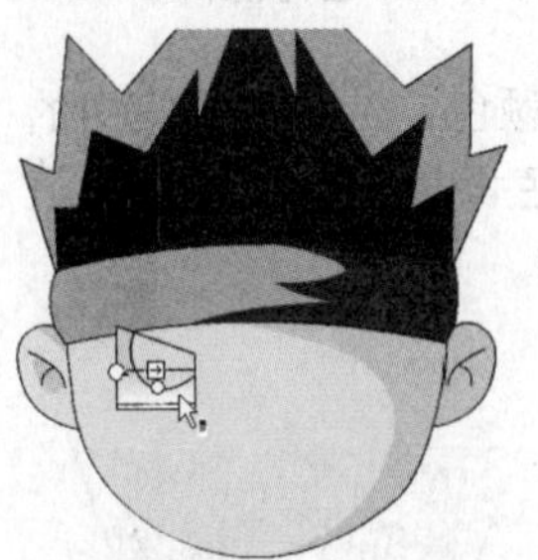
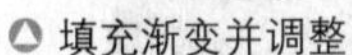
填充渐变并调整

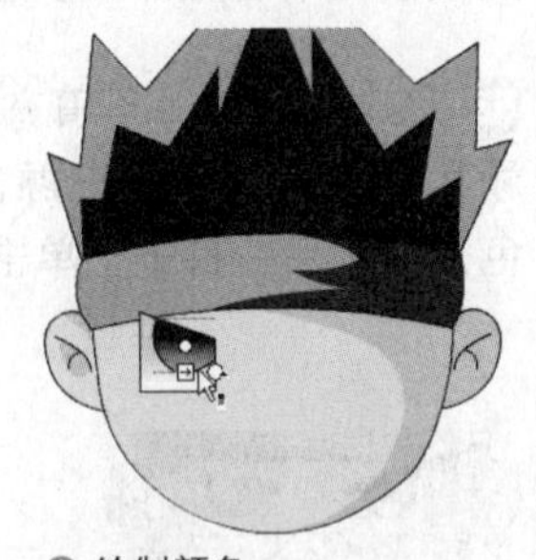
绘制颜色

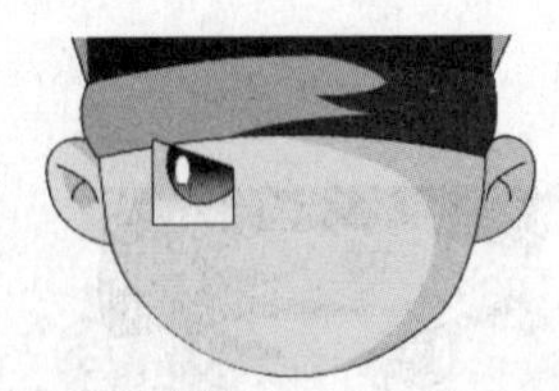
绘制椭圆

绘制眉毛

13 选中眼睛和眉毛，按下快捷键Ctrl+C和Ctrl+V键复制粘贴，然后执行“修改>变形>水平翻转”命令，再将复制好的另一只眼睛移动到合适的位置。

15 新建图层并命名为“身体”。选择工具箱中的钢笔工具，将笔触样式设置为“极细”，然后勾画小男孩的身体轮廓。

复制眼睛和眉毛

绘制嘴

17 将填充颜色设置为#FFCC00（橘黄色），使用颜料桶工具填充小男孩的衣服。

18 将填充颜色设置为#FF6600（深桔色），然后填充小男孩衣领部分。

14 选择工具箱中的铅笔工具，将笔触高度设置为2，然后绘制小男孩的嘴。

16 下面为男孩的手臂填充颜色。考虑到光线的因素，将左侧的手臂填充为#FFD9D9（浅粉色），右侧手臂填充为#FFB9B9（深粉色）。

勾画轮廓

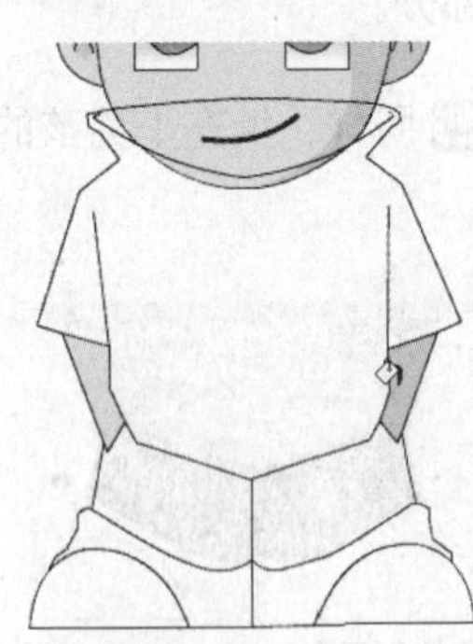
填充颜色

填充衣服

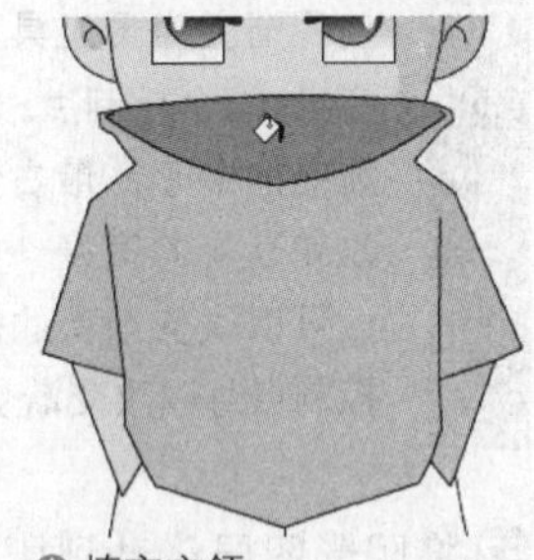
填充衣领

TIP 在绘制时，由于衣领部分并不是一个封闭的空间，且空隙较大，所以使用颜料桶工具填充衣领部分前，需要将颜料桶工具的空隙大小设置为“封闭大空隙”，以填充有大缺口的区域。

19 将笔触颜色设置为#FF9900（橘色），使用钢笔工具绘制衣服上的阴影部分，然后将填充颜色也设置为#FF9900（橘色），使用颜料桶工具进行填充。

20 由于衣领部分挡住了小男孩的脸，所以现在需要使用橡皮擦工具擦除多余部分。选中衣领的深橘色填充区域，选择橡皮擦工具，并且选中“擦除所选填充”模式。然后使用橡皮擦工具慢慢地沿着脸部和衣服的曲线进行擦除。

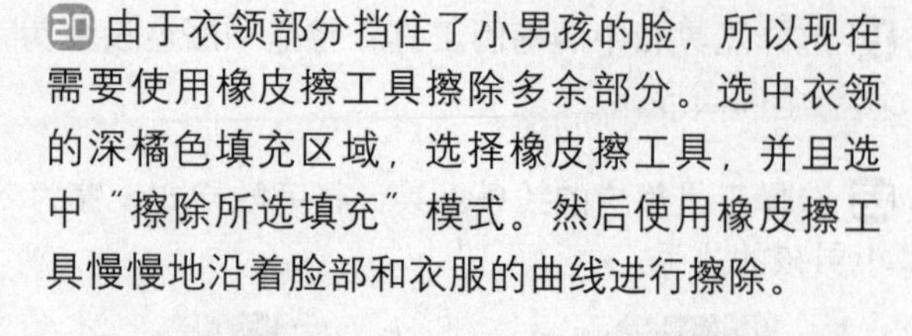

21 选择工具箱中的线条工具，将笔触颜色设置为灰色，笔触样式设置为“极细”，然后在小男孩衣领处绘制两条直线。

22 完成后，为裤子填充颜色。选择工具箱中的颜料桶工具，将填充颜色设置为#003399（蓝色），然后在裤子上单击。

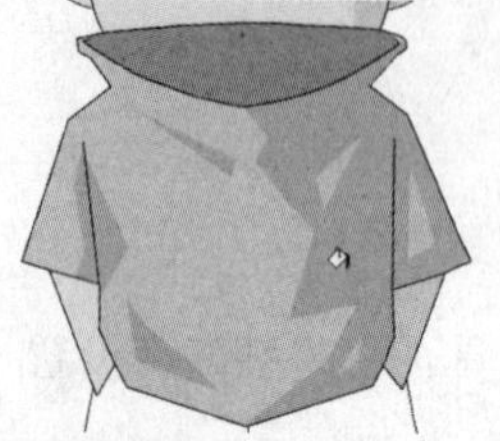

△填充阴影

△擦除多余的颜色

△绘制直线

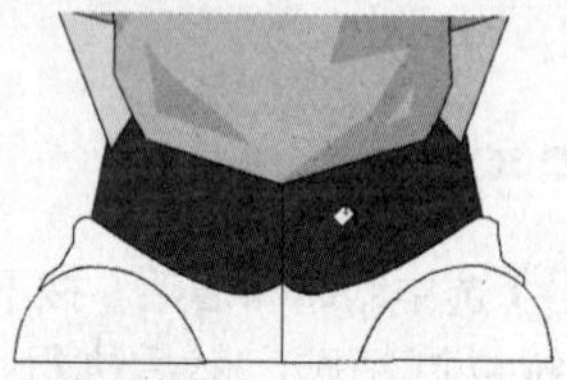

△填充裤子

23 设置填充颜色为#012B6D（深蓝色），使用刷子工具的“颜料选择”模式绘制裤子的阴影部分。

24 利用同样的方式为裤脚部分填充颜色。

25 同样，填充小男孩的鞋和鞋的阴影区域。

26 下面设置渐变填充颜色。在“颜色”面板的“类型”中选择“放射状”，将左侧的颜色指针设置为黑色，然后将Alpha值设置为50%，右侧颜色指针的Alpha值设置为0%。新建图层并命名为“阴影”。选择椭圆工具，将笔触颜色设置为“无”，在小男孩脚下绘制一个椭圆。

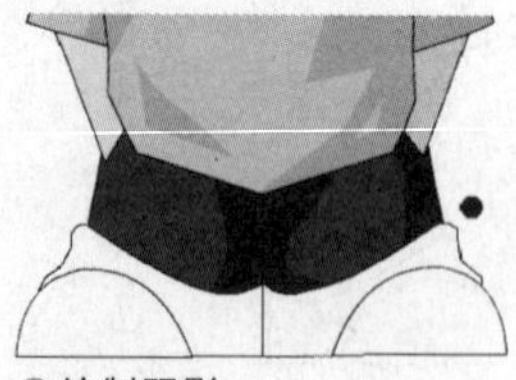

△绘制阴影

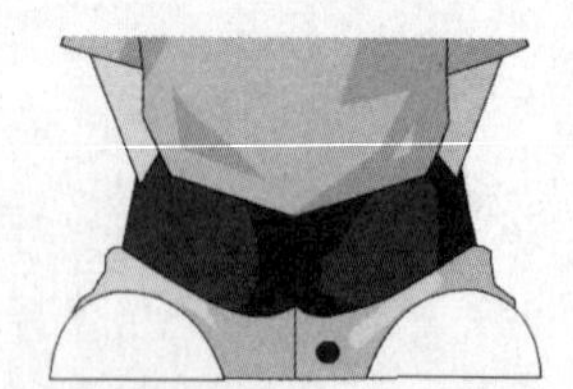

△填充裤脚

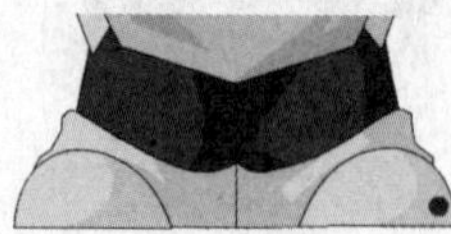

△填充鞋

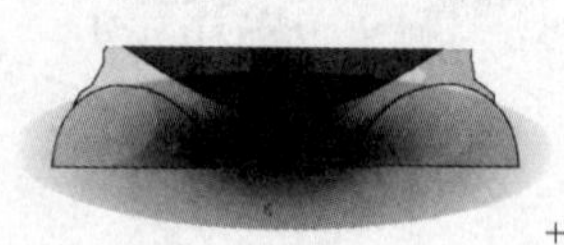

△绘制椭圆

TIP 使用渐变变形工具单击椭圆后，图像周围会出现4个控制点。中心的控制点可以改变渐变的中心；最右侧的正方形控制点可以改变渐变的宽度；中间带箭头的圆形控制点可以改变渐变的区域范围；剩下的一个控制点可以改变渐变的角度。

27 将阴影图层移动到所有图层的最下方，按下快捷键Ctrl+Enter测试动画，即可查看小男孩最终的效果。

△最终效果

Special page 怎样才能绘制好Flash动画角色？

对于一个没有 Flash 绘画经验的初学者来说，掌握了 Flash 绘图工具的使用后，也许最大的困扰在于怎样才能运用更多的绘画技巧，以绘制更为个性美观的动画角色。下面针对这个主题给出了4 点学习建议。

1. 普遍的学习绘画的经验

- 平时多进行手绘练习，提高造型与色彩的感知能力。
- 电脑只是一种工具，它不会自动生成一幅图，要让它发挥作用全靠绘画者自己。所以需要多思考、多实践，尝试多样的绘画技能技巧。
- 经常与其他学习者交流绘图经验，共同分享学习电脑绘图的乐趣和成功的喜悦。
- 细心观察生活中的人和事物，翻阅各类美术书籍，搜集电脑绘画素材，欣赏优秀美术作品等。
- 塑造一个卡通人物的电脑技法并不难，关键在于审美和造型功力，所以多学美术知识是非常必要的。

2. 针对人物角色的绘画经验

- 非写实的卡通人物形象往往可以分解为多个简单几何体，所以可用基本的形状工具，如椭圆、矩形或多边形等抽象概括出角色的基本特征。
- 绘制角色脸部图形时，对着镜子用手摸自己的脸被证明是一种好的办法，它可以清楚地让你了解脸部什么地方突出，什么地方凹陷。清楚了脸的结构以后，只需掌握光的照射就可以了。在面上迎光的部分是亮部，背光的部分是暗部——因为Flash不适合上复杂的颜色。

3. 配合更多软件完成角色绘制

Flash 既不是 Illustrator，也不是 CorelDRAW 或 Painter，它没有赋予软件对矢量图的更强大的处理能力，所以着色时，只有颜色面板可用。因此，塑造特别精致的静态画面，还要依靠其他软件的协助。

- Illustrator：它是出版、多媒体和在线图像的工业标准矢量插画软件。无论是生产印刷出版线稿的设计者、专业插画家、生产多媒体图像的艺术家，还是互联网页或在线内容的制作者，都会发现Illustrator 不仅仅只是一个艺术产品工具。它为用户的绘图线稿提供了无与伦比的精度和控制，从小型设计到大型的复杂项目都可承担。
- CorelDRAW：它是世界顶尖软件公司之一的加拿大Corel公司开发的图形图像软件。其非凡的设计能力被广泛应用于商标设计、标志制作、模型绘制、插图描画、排版及分色输出等诸多领域。用于商业设计和美术设计的电脑，几乎都安装了CorelDRAW，其受欢迎程度可见一斑。
- Painter：它是数码素描与绘画工具的终极选择，是一款极其优秀的仿自然绘画软件，拥有全面且逼真的仿自然画笔，是专门为渴望追求自由创意及需要用数码工具仿真传统绘画的数码艺术家、插画画家及摄影师而开发的。它能通过数码手段复制自然媒质效果，是同级产品中的佼佼者，获得了业界的一致推崇。

4. 配合数位板完成角色绘制

数位板又名绘图板、绘画板或手绘板等，是计算机输入设备的一种，通常是由一块板子和一支压感笔组成。它和手写板等非常规的输入产品类似，都针对一定的使用群体，但与手写板不同的是，数位板主要针对设计类的办公人士，用于绘画创作方面，就像画家的画板和画笔。数位板的这项绘画功能，是键盘和手写板所无法媲美的。数位板主要面向设计、美术相关专业师生、广告公司与设计工作室以及 Flash 矢量动画制作者。

在没有数位板的时候，通常用鼠标来画画，不过鼠标毕竟不是画家手里的画笔，难免不够灵活。不然尝试用数位板临摹一幅画看看，你就会怀念手握铅笔在纸上绘画的感觉了。

优秀的卡通角色外型给观众以美的享受，设计精美、恰当的角色才能够将情节表现得更加生动、精彩。如果一部 Flash 动画卡通作品，有优秀的剧本、台本，但其角色的视觉设计却很粗糙或者了无新意的话，终究不能成为优秀的动画作品。专业的 Flash 动画卡通作品，必定在角色外型设计等各种造型设计方面都有突出表现。

绘制作业时，创作者要把画面看作是一个空间，其中的所有物体都是有体积的。如果绘制的是一个房间，就应该让观众在看到这张平面图画的时候，可以感觉到画面的立体感。可以使角色做 3D 方向的运动，在画面中创造出空间，利用人眼的透视错觉在平面上表现立体效果。

根据透视原理创作有体积感的角色，对动画卡通来说尤为重要。因为卡通角色必须在画面上的虚拟空间里活动，如果角色有体积感，画面有空间透视感，角色就可以做各种朝向、纵深方向的动作，表现力也就大为增强。皮影戏和剪纸片等平面动画卡通就是因为不具备画面上的体积感和空间感，表现效果上大打了折扣，而逐渐受到冷遇。

为了使卡通角色有体积、空间感，创作者在创作的时候，必须明确一个理念：是在创作一个由几何体积构成的立体角色，而不是在创作一个由平面形状合成的平面角色。

如果创作者能够始终把画面看作一个空间、把角色和各种画面上的物体看作具有体积的几何形体，那么在绘制各种画面动作的时候，只要转变各个几何体积的透视方向和位置，就可以得到丰富、立体的动画效果。所以，要学习绘制卡通角色，必须从认识卡通角色的空间透视关系开始。

Chapter

03

文本与对象的操作

本章知识点

Unit 08	输入并设置文本	使用传统文本
		使用 TLF 文本
Unit 09	对象的操作	对象的排列与对齐
		对象的合并
		对象的分离与组合
		对象的滤镜
		对象的 3D 旋转与平移

再到天涯海角来

宾宾宝宝和湖水的亚龙湾之旅——2011.4

三亚湾的海平静、朴实，一如沙滩上整排矗立的椰树，海风吹过，阳光射过，可以借椰树享受热带气候中的清凉。在天涯海角可以更近距离欣赏这样的美景，美中不足就是游人如织。

天涯海角出来，宾宝直奔南山。南山位于三亚的西南，是三亚最大的佛教文化之地。在这里，有着面向大海的南山寺庙、寺庙门前盛旺的香火，和一年四季给人们带来平安希望的南海观音。

与大东海、亚龙湾不同的是，三亚湾宁静、闲适，有着其他地方看不到的最美的落日。宾宝今日准备继续享受椰风长廊的舒适与黄昏时的落日时光，然后去体验大东海的热闹风光。

三亚湾的落日确实名不虚传，余辉穿过海面撒在沙滩上，海天一色一望无际，宾宝散步在这样的海边，享受着海浪拍打脚面、落日尽撒沙滩的时光。

大东海位于三亚湾的东侧，她不再如三亚湾那样的宁静，在这里，可以充分感受热闹的度假气氛。宾宝选择了离海最近的三亚山海天酒店，然后租下躺椅，尽享

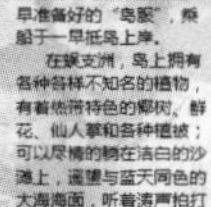

沙滩上的午后时光。

来三亚已经第三天了，宾宝决定今天哪儿也不去，就在山海天门口享受整个大东海的阳光、海浪与沙滩。草地、吊床、泳池、酒店舒服的大床，宾宝拥有一整天24小时的幸福时光。

蜈支洲岛位于三亚的亚龙湾海域，这里有着三亚湾、大东海和亚龙湾不曾有的纯白的沙粒、碧蓝清澈的海水，以及多样的珊瑚和生物，可谓三亚行的必游之地。宾宝换上早早准备好的"岛服"，乘船于一早抵岛上岸。

在蜈支洲，岛上拥有各种各样不知名的植物，有着热带特色的椰树、鲜花、仙人掌和各种植被；可以尽情的躺在洁白的沙滩上，遥望与蓝天同色的大海海面，听着涛声拍打岸边的声音；可以登上情人桥，在情人石前许下自己的心愿，伴随着那个古老而神奇的民间传说。这里有着可以媲美东南亚海滩的美丽风光。

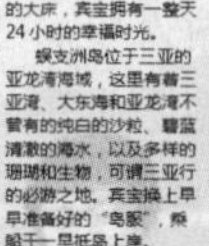

一整天度过蓝色海面与白色沙滩的时光，宾宝庆幸有机会能够拥有这里的一切，虽然短暂，但是记忆长久。

晚上，从岛上回到大东海的山海天，明天就要换到亚龙湾的酒店，给山海天酒店也留下一些记忆吧。

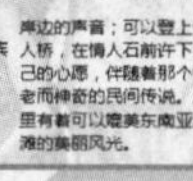

源：http://www.huxinyu.cn

章前自测题

1.Photoshop中带有一套滤镜系统，Flash中是否也包含类似的滤镜工具？

2.TLF文本是什么？在Flash中怎样利用TLF文本进行动画中的文字排版？

3.开始制作动画之前，自行绘制的和从其他地方引用的对象往往都杂乱地排列在舞台中，怎样快速排列并对齐这些对象？

4.在平时的应用中，经常遇到处理的Flash文件中包含用户系统中没有安装字体的情况，这时如何处理？

输入并设置文本

文字是Flash动画中的重要组成部分，利用文本工具可以在Flash动画中添加各种文字，因此熟练使用文本工具也是掌握Flash的一个关键。一个完整而精彩的动画或多或少都需要一定的文字来修饰，而文字的表现形式又非常丰富。合理地使用文本工具，可以使Flash动画的效果更加完美，使其显得更加丰富多彩。

使用传统文本

Flash CS6 设计了两种不同模式的文本，其中较为简单的一种模式就是传统文本。

1. 输入传统文本

选择工具箱中的文本工具，在属性面板中设置"文本引擎"为"传统文本"。在舞台中单击鼠标，就可以在光标闪动的位置直接输入文本，输入完成，在输入框外的任意位置单击鼠标，即可结束文字的输入。

天下柔弱者莫如水 然上善若水

天下柔弱者莫如水 然上善若水

△输入文字

在输入文本时，文本框有两种状态：无宽度限制和有宽度限制。

❶ **无宽度限制的输入框**：选择文本工具后在舞台中单击，输入框的右上角会出现一个圆形手柄，输入框随输入的文字增加而加长。

天下柔弱者莫如水

△无宽度限制的输入框

❷ **有宽度限制的输入框**：选择文本工具后在舞台中拖动鼠标，将出现一个右上角有方形手柄的输入框，在该输入框中输入的文字，会根据输入框的宽度自动换行。利用鼠标拖动方形可以调整输入框的宽度。

天下柔弱者莫如水
然上善若水

△有宽度限制的输入框

对于已经输入完成的文字，若要再进行编辑，可选择工具箱中的文本工具，然后单击文本框中要修改的文字，文本框变成可输入状态，就可以编辑文字了。

> **TIP** 可以在无宽度限制输入文本和有宽度限制输入文本方式之间进行切换。只需双击文本输入框右上角的方形手柄，就可以变为圆形手柄，即将有宽度限制输入文本方式转换为无宽度限制输入文本方式。如果向右拖动右上角的圆形手柄，该圆形标志将变为方形手柄，即将无宽度限制的文本输入框转换为有宽度限制的文本输入框。

2. 传统文本的类型

在 Flash CS6 中可以创建 3 种不同类型的传统文本字段：静态文本、动态文本和输入文本，所有文本字段都支持 Unicode 编码。

❶ **静态文本**：在默认情况下，使用文本工具创建的文本框为静态文本框，使用静态文本框创建的文本在影片播放过程中是不会改变的。要创建静态文本框，需首先选取文本工具，然后在

舞台上拖出一个固定大小的文本框，或者在舞台上单击鼠标进行文本的输入。绘制好的静态文本没有边框。

❷ **动态文本**：动态文本框创建的文本是可以变化的。动态文本在影片播放过程中有动态变化，通常的做法是使用ActionScript脚本语言对动态文本框中的文本进行控制，这样可大大增强影片的灵活性。

❸ **输入文本**：输入文本也是应用比较广泛的一种文本类型。应用输入文本可在影片播放过程中即时地输入文本，一些利用Flash制作的网页留言簿和邮件收发程序都大量使用输入文本。

3. 设置传统文本属性

当选中文本工具时，文本工具的属性面板将出现在舞台右侧。

（1）位置和大小属性

❶ **改变文本方向**：可以改变当前文本的方向。
❷ X：设置文本框的X坐标。
❸ Y：设置文本框的Y坐标。
❹ **宽**：设置文本框的宽度。
❺ **高**：设置文本框的高度。
❻ ：将宽度和高度值锁定在一起。

（2）字符属性

❶ **系列**：设置当前选中文本框中的文本字体。
❷ **样式**：决定是否对当前文字进行加粗处理或倾斜处理。
❸ **大小**：可以拖动选择字体大小或直接输入数值来改变文字的大小。
❹ **字母间距**：调整选定字符之间的间距。
❺ **颜色**：设置和改变当前文本的颜色。单击可弹出调色板。Flash CS6在颜色的选择上没有限制。
❻ **消除锯齿**：选择对文字消除锯齿的方式。
❼ **可选**：使静态文本或动态文本可为用户所选。选择文本之后，可以复制或剪切文本，然后将其粘贴到独立的文档中。
❽ **将文本呈现为HTML**：用适当的 HTML 标签保留丰富文本格式。
❾ **在文本周围显示边框**：为文本字段显示黑色边框和白色背景。
❿ **切换上标/下标**：将文字设置为上标显示或下标显示效果。

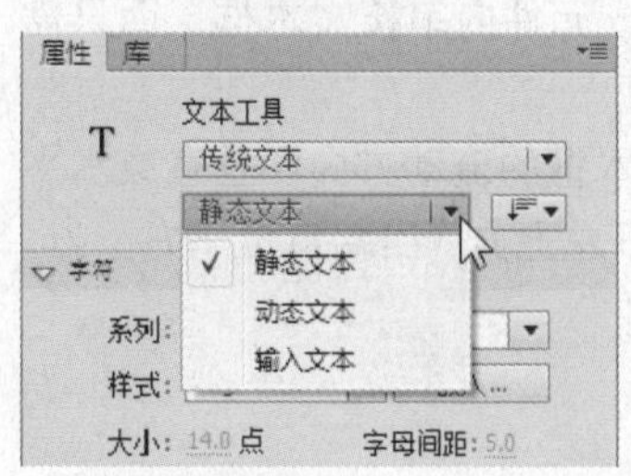

△ 传统文本类型

△ 文本类型及位置和大小属性

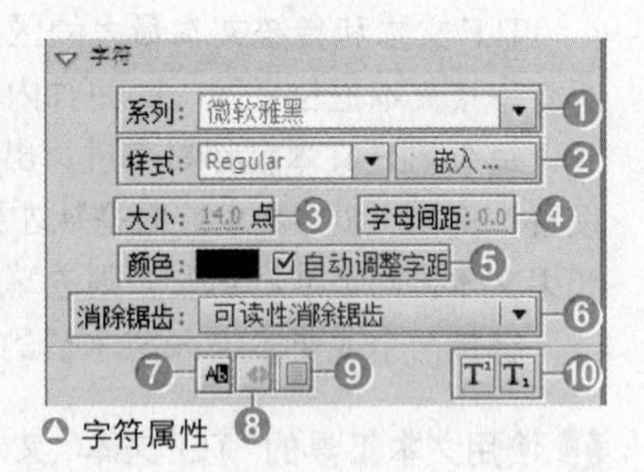

△ 字符属性

（3）段落属性

❶ **格式**：为当前段落设置文本的对齐方式。Flash CS6提供“左对齐”、“居中对齐”、“右对齐”和“两端对齐”4种对齐方式。
❷ **间距**：左侧的数值设置段落的缩进，以像素为单位；右侧的数值设置行距，以点为单位。
❸ **边距**：设置文本字段的边框与文本之间的间距。

❹ **行为**：设置动态文本或输入文本的行为类型。

（4）选项属性

❶ **链接**：将动态文本框和静态文本框中的文本设置为超链接，只需在URL链接文本框中输入要链接到的URL地址即可。

❷ **目标**：在下拉列表中对超链接目标属性进行设置。

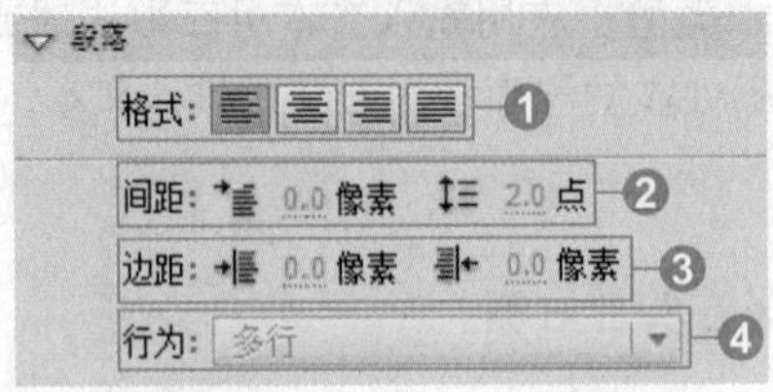

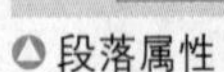
段落属性

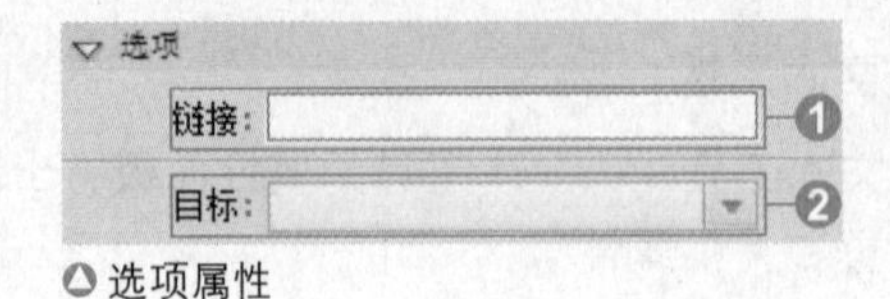

选项属性

使用TLF文本

在 Flash CS6 中提供了新文本引擎——文本布局框架（TLF）向 FLA 文件添加文本。TLF 支持更多丰富的文本布局功能和对文本属性更精细的控制。与以前的文本引擎（即前面介绍的传统文本）相比，TLF 文本提供了下列增强功能，可加强对文本的控制。

- 更多字符样式，包括行距、连字、加亮颜色、下划线、删除线、大小写、数字格式及其他样式。
- 更多段落样式，包括通过栏间距支持多列、末行对齐选项、边距、缩进、段落间距和容器填充值等。
- 控制更多亚洲字体属性，包括直排内横排、标点挤压、避头尾法则类型和行距模型等。
- 可以为TLF文本应用3D旋转、色彩效果以及混合模式等属性，而无需将TLF文本放置在影片剪辑元件中。
- 文本可按顺序排列在多个文本容器中。这些容器称为串接文本容器或链接文本容器。
- 能够针对阿拉伯语和希伯来语文字创建从右到左的文本。
- 支持双向文本，其中从右到左的文本可包含从左到右文本的元素。当遇到在阿拉伯语或希伯来语文本中嵌入英语单词或阿拉伯数字等情况时，此功能不可或缺。

1. 输入TLF文本

TLF 文本和传统文本最大的区别是，TLF 文本可以在各个帧之间或元件内串接文本框，而只需所有串接文本框位于同一时间轴内即可。

每个 TLF 文本框都具有进、出两个端口，进出端口的位置基于文本框的流动方向和垂直或水平设置。例如，如果文本流向是从左到右并且是水平方向，则进端口位于左上方，出端口位于右下方。如果文本流向是从右到左，则进端口位于右上方，出端口位于左下方。

链接两个或更多 TLF 文本框的操作步骤如下。

1 使用文本工具的“TLF文本”文本引擎创建文本框。

2 单击选定文本容器的“进”或“出”端口。

3 指针会变成已加载文本的图标。将指针定位在目标文本框上，链接到现有文本框。单击该文本框以链接这两个文本框。

4 要链接到新的文本框，请在舞台的空白区域单击或拖曳。单击可创建与原始对象大小和形状相同的对象；拖曳则可创建任意大小的矩形文本框。

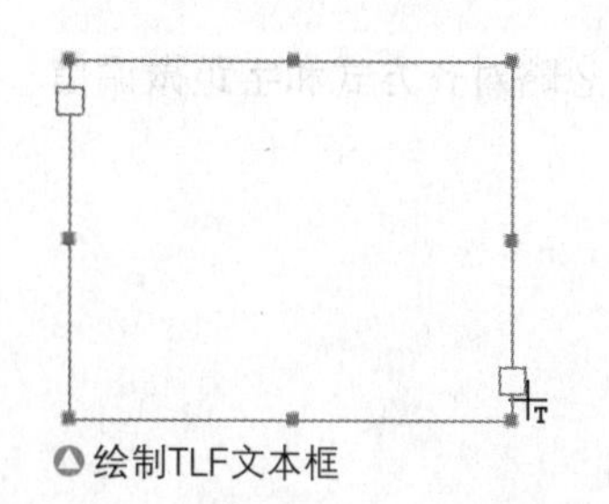
△绘制TLF文本框

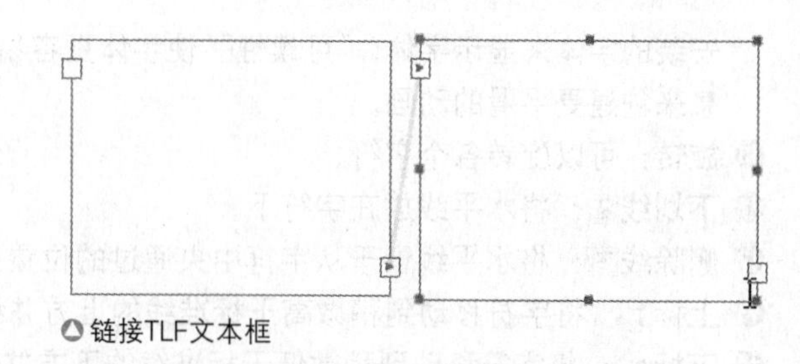
△链接TLF文本框

5 文本框已链接后，文本可以在其间流动。要取消两个文本框之间的链接，直接删除其中一个链接的文本框即可。

2. TLF文本的类型

根据用户希望文本运行时的表现方式，可以使用 TLF 文本创建 3 种类型的文本块。

❶ **只读**：当作为 SWF 文件发布时，文本无法被选中或编辑。
❷ **可选**：当作为 SWF 文件发布时，文本可被选中并可复制到剪贴板，但不能对其进行编辑。对于 TLF 文本，此设置是默认的。
❸ **可编辑**：当作为 SWF 文件发布时，文本可以被选中和编辑。

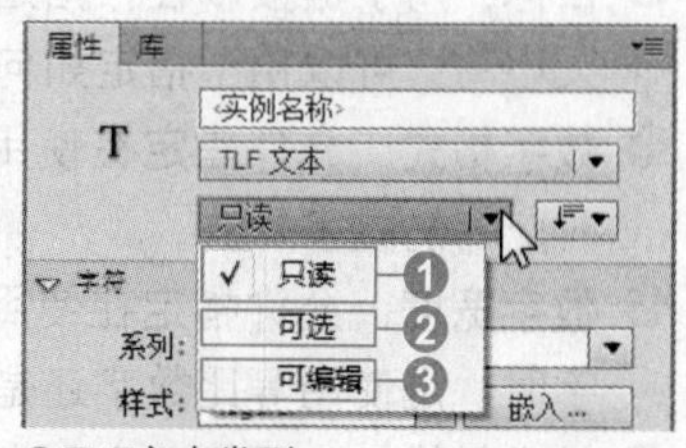

△TLF文本类型

3. 设置TLF文本属性

选中文本工具后，在舞台右侧的属性面板中设置“文本引擎”为“TLF 文本”，从而可进行 TLF 文本属性的设置。

（1）3D 定位和查看属性

❶ X：设置TLF文本框X坐标。
❷ Y：设置TLF文本框Y坐标。
❸ Z：设置TLF文本框Z坐标（垂直于显示器平面方向）。
❹ **宽**：设置透视3D宽度。
❺ **高**：设置透视3D高度。
❻ **透视角度**：调整透视的角度值。
❼ **消失点**：分别设置消失点的X坐标和Y坐标。

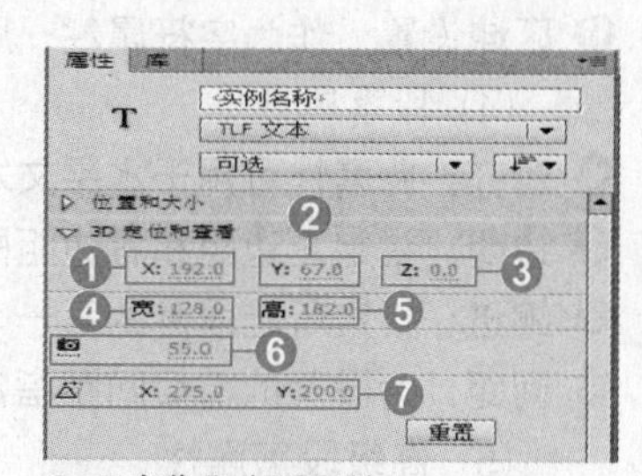

△3D定位和查看属性

（2）字符属性

❶ **系列**：设置字体类型。
❷ **样式**：设置常规、粗体或斜体的字体样式。TLF文本对象不能使用仿斜体和仿粗体样式。某些字体还可能包含其他样式，例如黑体、粗斜体等。
❸ **大小**：设置字符大小，以像素为单位。
❹ **行距**：设置文本行之间的垂直间距。默认情况下，行距用百分比表示，但也可用点表示。
❺ **颜色**：设置文本的颜色。
❻ **字距调整**：设置所选字符之间的间距。
❼ **加亮显示**：设置加亮颜色。
❽ **字距微调**：在特定字符对之间调整距离。
❾ **消除锯齿**：有3种消除锯齿模式可供选择，其中，“使用设备字体”指定SWF文件使用本地计算机上

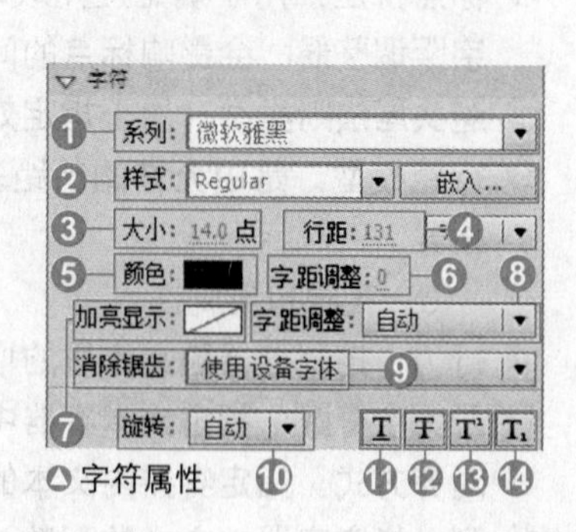

△字符属性

安装的字体来显示字体；“可读性”使字体更容易辨认；“动画”通过忽略对齐方式和字距微调信息来创建更平滑的动画。

⑩ **旋转**：可以旋转各个字符。

⑪ **下划线**：将水平线放在字符下。

⑫ **删除线**：将水平线置于从字符中央通过的位置。

⑬ **上标**：将字符移动到稍微高于标准线的上方并缩小字符的大小。

⑭ **下标**：将字符移动到稍微低于标准线的下方并缩小字符的大小。

（3）高级字符属性

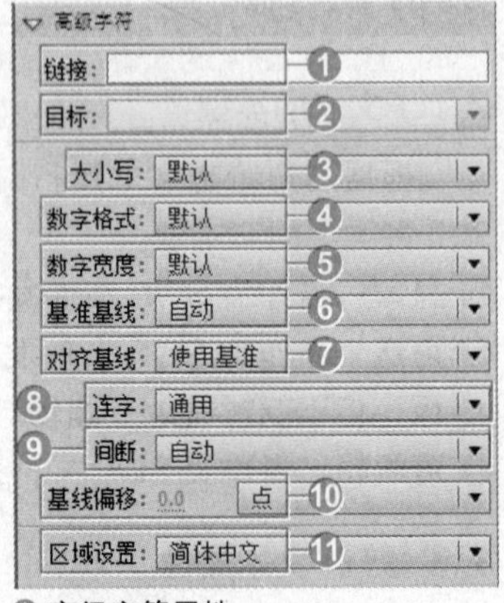

高级字符属性

❶ **链接**：使用此字段创建文本超链接，输入运行时在已发布的SWF文件中单击字符时要加载的URL。

❷ **目标**：用于链接属性，指定URL要加载到其中的窗口。

❸ **大小写**：可以用于指定如何使用大写字符和小写字符。

❹ **数字格式**：允许指定在使用OpenType字体提供等高和变高数字时应用的数字样式。

❺ **数字宽度**：允许指定在使用OpenType字体提供的等高和变高数字时，是使用等比数字还是定宽数字。

❻ **基准基线**：为明确选中的文本指定主体基线。

❼ **对齐基线**：可以为段落内的文本或图形图像指定不同的基线。

❽ **连字**：是某些字母对的字面替换字符。

❾ **间断**：用于防止所选词在行尾中断。

❿ **基线偏移**：以百分比或像素设置基线偏移。

⓫ **区域设置**：作为字符属性，所选区域设置通过字体中的OpenType功能影响字形的形状。

（4）段落属性

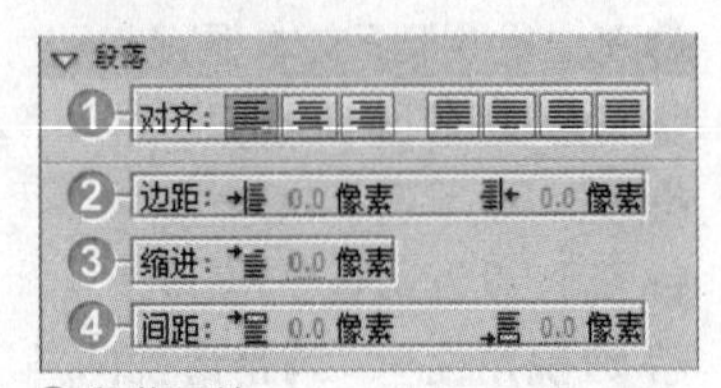

段落属性

❶ **对齐**：此属性可用于水平文本或垂直文本的对齐。

❷ **边距**：指定左边距和右边距的宽度。

❸ **缩进**：指定所选段落的第一个词的缩进。

❹ **间距**：为段落的前后间距指定像素值。

（5）高级段落属性

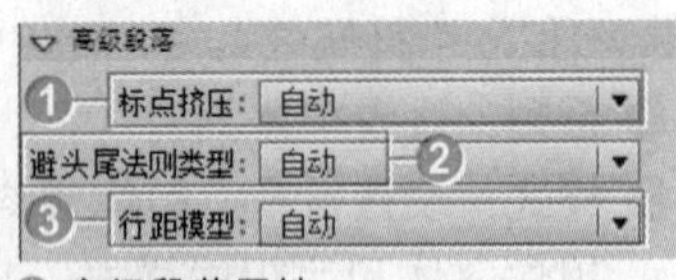

高级段落属性

❶ **标点挤压**：用于确定应用段落对齐的方式，根据此设置应用的字距调整器，会影响标点的间距和行距。

❷ **避头尾法则类型**：用于指定处理日语避头尾字符的选项。

❸ **行距模型**：是由允许的行距基准和行距方向的组合构成的段落格式。

（6）容器和流属性

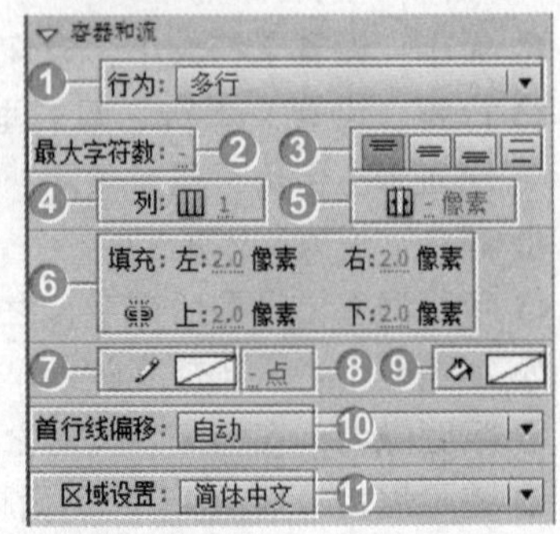

容器和流属性

❶ **行为**：控制容器随文本量的增加而扩展的方式。

❷ **最大字符数**：指定文本容器中允许的最多字符数。

❸ **对齐方式**：指定容器内文本的对齐方式。

❹ **列**：指定容器内文本的列数。

❺ **列间距**：指定选定容器中的每列之间的间距。

❻ **填充**：指定文本和选定容器之间的边距宽度。

❼ **边框颜色**：容器外部周围笔触的颜色。

❽ **边框宽度**：容器外部周围笔触的宽度。

⑨ **背景色**：文本后的背景颜色。
⑩ **首行线偏移**：指定首行文本与文本容器顶部的对齐方式。
⑪ **区域设置**：设置“区域设置”的属性。

闪客高手：使用TLF文本制作宣传文稿

范例文件	Sample\Ch03\Unit08\tlf-end.fla
初始文件	Sample\Ch03\Unit08\tlf.fla
视频文件	Video\Ch03\Unit08\Unit08.wmv

1 打开Sample\Ch03\Unit08\tlf.fla文件，选择时间轴中的text层，使用工具箱中的“文本工具，在属性面板中设置“文本引擎”为“TLF文本”，然后在文稿标题处拖曳出一个文本框。

△ 制作TLF文本框

2 在容器内输入主标题内容“再到天涯海角来”，字体设置为微软雅黑，然后输入“宾宾宝宝和湖水的亚龙湾之旅——2011.4”，字体设置为微软雅黑，分别选中主标题文字，在属性面板中设置大小为36点，选中副标题文字，设置大小为17点。然后设置这个文本容器的边框色为红色。

△ 输入文字

3 选择工具箱中的文本工具，在属性面板中设置“文本引擎”为“TLF文本”，然后在文稿左列处拖曳出一个文本框。

△ 制作TLF文本框

4 复制Sample\Ch03\Unit08\tlf.txt文件中的文字，双击这个空白的文本框，按下快捷键Ctrl+V，粘贴文字，文字会自动出现在这个文本框中。设置大小为14点，字体为微软雅黑，行距为131，消除锯齿为“使用设备字体”。

△ 粘贴文本并设置属性

TIP tlf.txt文本文件中的文字字数较多，而在这个TLF文本框中，只会出现前两段文字，更多的文字隐藏在文本框中，这是正常情况，在随后的制作中将逐渐显示更多的文字内容。

5 选择时间轴中的pic层，按下快捷键Ctrl+R打开“导入”对话框，选择Sample\Ch03\Unit08\1.jpg文件，然后单击“打开”按钮。

△“导入”对话框（1）

6 图片被导入到舞台中，使用工具箱中的选择工具将其移动到TLF文本框下方。

△移动图片位置

7 单击选定文本框的右下方的“出”端口，在舞台第二列的空白区域拖动，创建任意大小的矩形文本框，这时，上一个文本框中多余出的文字会出现在新建的文本框中。

△新建TLF文本框

8 选择时间轴中的pic层，按下快捷键Ctrl+R打开“导入”对话框，然后选择Sample\Ch03\Unit08\2.jpg文件，单击“打开”按钮。

△“导入”对话框（2）

9 图片被导入到舞台中，使用工具箱中的选择工具将其移动到TLF文本框下方。

TIP 文本框的大小可随意设置，根据文本框的不同大小将图片放置不同的位置，制作更自由、更随意的版式。这也是TLF文本的特点与优势所在。

△移动图片位置

10 单击选定文本框右下方的“出”端口，在第二列图片下方的空白区域拖动，创建任意大小的矩形文本框，这时，上一个文本框中多余的文字会继续出现在新建的文本框中。

△ 新建TLF文本框

11 单击选定文本框右下方的“出”端口，在舞台第3列的空白区域拖动，创建任意大小的矩形文本框，这时，上一个文本框中多余的文字会继续出现在新建的文本框中。

△ 新建TLF文本框

12 选择时间轴中的pic层，按下快捷键Ctrl+R打开“导入”对话框，然后选择Sample\Ch03\Unit08\3.jpg文件，单击“打开”按钮。图片被导入到舞台中，使用工具箱中的选择工具将其移动到TLF文本框下方。

△ 导入图片并移动位置

13 单击选定文本框右下方的“出”端口，在图片下方的空白区域拖动，创建任意大小的矩形文本框，这时，上一个文本框中多余的文字会继续出现在新建的文本框中。

△ 新建TLF文本框

TIP 由于操作经常要在图片和TLF文本框之间转换，请注意图片和TLF文本框分别放在不同的pic和text层中。

14 按照同样的方法插入更多的图片和TLF文本框效果。

15 最后，在舞台的右下角单独插入一个独立的TLF文本框，输入文字“源:http://www.huxinyu.cn”，设置边框为红色即可。

再到天涯海角来

宾宾宝宝和湖水的亚龙湾之旅——2011.4

插入更多的图片和TLF文本框

沙滩上的午后时光。

来三亚已经第三天了，宾宝决定今天哪儿也不去，就在山海天门口享受整个大东海的阳光、海浪与沙滩。草地、吊床、泳池、酒店舒服

岸边的声音：可以登上情人桥，在情人石前许下自己的心愿，伴随着那个古老而神奇的民间传说。这里有着可以媲美东南亚海滩的美丽风光。

源：http://www.huxinyu.c

插入TLF文本框

？你知道吗 动画中缺失字体的替换

Flash 中使用的字体可以分为嵌入字体和设备字体。

在影片中使用系统已安装的字体后，Flash 将在 SWF 文件中嵌入字体信息，以保证影片播放时字体能够正常显示。但不是所有在 Flash 中显示的字体都可以被导入影片，如果文字有锯齿，Flash 不能识别字体轮廓，将无法正确导出文字。

在制作影片时常会用到一些特殊字体，如设备字体。设备字体不会嵌入到 Flash 的 SWF 文件中，因此使用设备字体发布的影片会很小。但是由于设备字体没有嵌入到影片中，如果浏览者的系统上没有安装相应的字体，浏览时观赏到的字体会与预期的效果有区别。Flash 中包括 3 种设备字体：_sans、_serif 和 typewriter。

在平时的应用中，经常遇到这样一种情况：处理的 Flash 文件中包含用户系统中没有安装的字体，Flash 会用系统中可用的字体来替换缺少的字体。

1. 选择替换字体

可以在系统中选择要替换的字体，或者用 Flash 系统默认的字体（在常规首选参数中指定的字体）替换缺少的字体。指定字体替换的具体操作步骤如下。

1 在“字体映射”对话框中，单击选定“缺少字体”列中的某种字体，按Shift键的同时单击可以选择多种缺少字体。此时可将它们全部映射为同一种替换字体，选择替换字体之前，默认替换字体会显示在“映射为”列中。

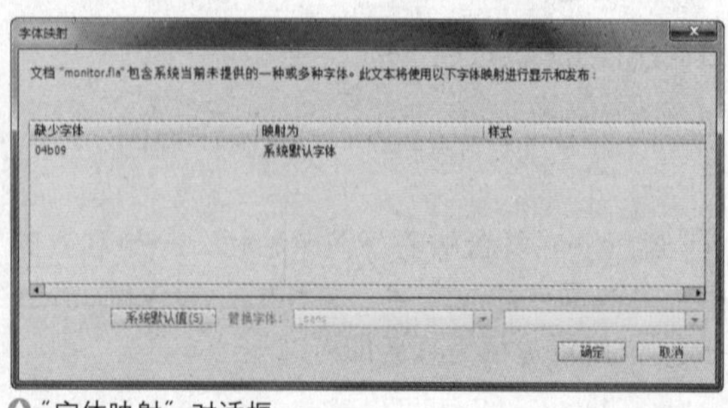

“字体映射”对话框

2 从“替换字体”下拉列表框中选择字体。

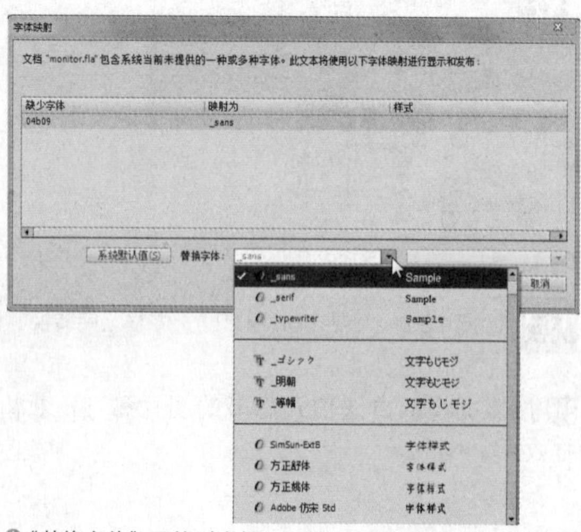

“替换字体”下拉列表框

3 对所有缺少的字体重复执行步骤1和步骤2，替换完毕后，单击“确定”按钮。

可以使用“字体映射”对话框来更改映射为缺少字体的替换字体；查看系统上的Flash中映射的所有替换字体；以及删除从用户的系统映射的替换字体。还可关闭“缺少字体”警告以阻止它的出现。

在处理包含缺少字体的文件时，缺少字体会显示在属性面板的字体列表中，用户选择替换字体时，替换字体也会显示在该字体列表中。查看文件中所有缺少字体并重新选择替换字体的操作步骤如下。

1 当该文件在Flash中处于活动状态时，执行“编辑>字体映射”命令。此时会出现提示用户替换字体的“字体映射”对话框。

2 按照前面讲过的步骤操作，选择一种替换字体。

2. 查看系统中保存的所有字体映射

查看系统中保存的所有字体映射的操作步骤如下。

1 关闭Flash中的所有文件。

2 选择“编辑>字体映射”命令，再次打开“字体映射”对话框。

3 查看完毕后，单击“确定”按钮，关闭对话框。

UNIT 09 对象的操作

在制作动画前期和制作动画本身的对象编辑过程中，对对象的修改是非常重要的内容面，也是Flash CS6提供的一项基本的编辑功能。

对象的排列对齐

在开始制作动画之前，自行绘制的和从其他地方引用的对象往往都杂乱地排列在舞台中，所以必须先对它们的位置进行调整。另外，在制作动画本身的过程中，也常常需要改变和调整对象的位置。管理对象的位置包括对象的排列和对象的对齐两个方面。

1. 对象的排列

当导入多个对象时，各个对象往往是按照导入的顺序排列的，即最先导入的对象在最下面一层，最后导入的对象在最上面一层。而有时必须调整各对象的排列顺序以适应需要，这就要用到菜单中的“修改 > 排列”命令。下图所示的是经过排列前后的图形对比。

◎ **素材文件：** Sample\Ch03\Unit09\object.fla

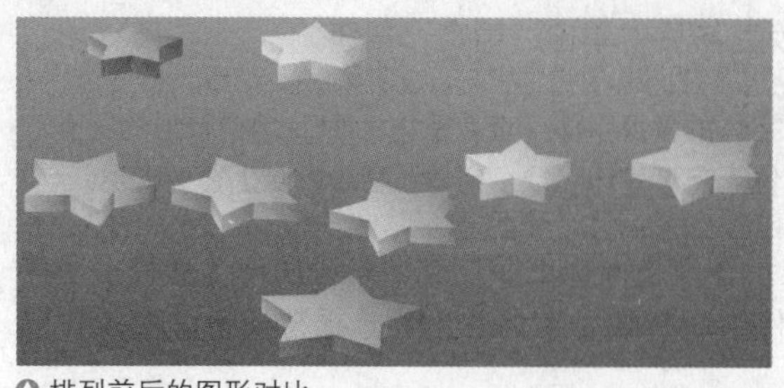
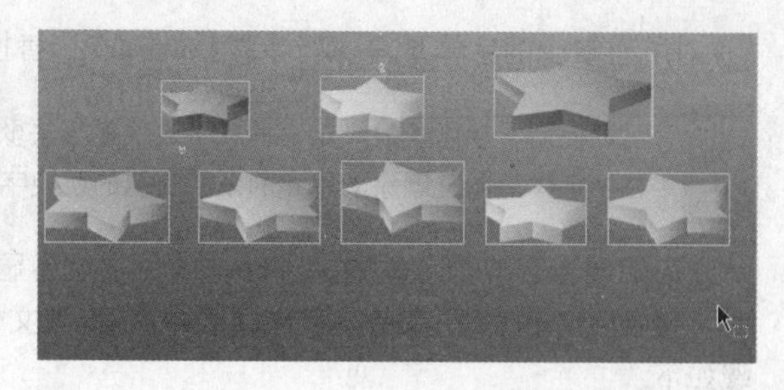

△ 排列前后的图形对比

2. 对象的对齐

在制作较复杂的动画时，通常会有很多的对象，简单应用手工移动的方式会很麻烦。这时就可应用 Flash 提供的自动对齐功能，而且全部体现在对齐面板中。

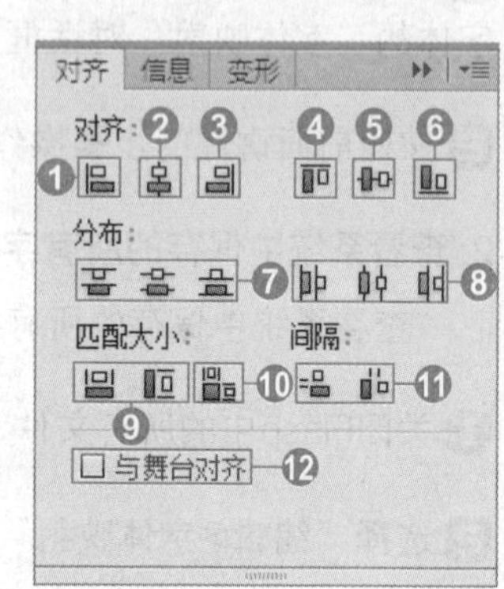

△ 对齐面板

❶ **左对齐**：以选中的对象中最左边的对象为基准对齐。

❷ **水平居中**：以选中对象的中心为基准在垂直方向上对齐。

❸ **右对齐**：以选中的对象中最右边的对象为基准对齐。

❹ **顶对齐**：以选中的对象中最上边的对象为基准对齐。

❺ **垂直居中**：以选中对象的中心为基准在水平方向上对齐。

❻ **底对齐**：以选中对象中最下边的对象为基准对齐。

❼ **按宽度均匀分布**：将重叠的对象在水平方向上分散开来。

❽ **按高度均匀分布**：将重叠的对象在垂直方向上分散开来。

❾ **匹配宽度/高度**：将所有选中的对象调整为同样的宽度或高度。

❿ **匹配宽和高**：将所有选中的对象调整为同样的宽度和高度。

⓫ **间隔**：设置对象间的水平间距或垂直间距相等。

⓬ **与舞台对齐**：如果对齐的基准对象在舞台外，执行该功能后将使之自动回到舞台内。

对象的合并

可以执行“修改 > 合并对象”命令，通过合并现有对象来创建新形状。

素材文件： Sample\Ch03\Unit09\combine.fla

❶ **联合**：使用“联合”命令，可以将两个或多个形状合成单个基于对象的形状。

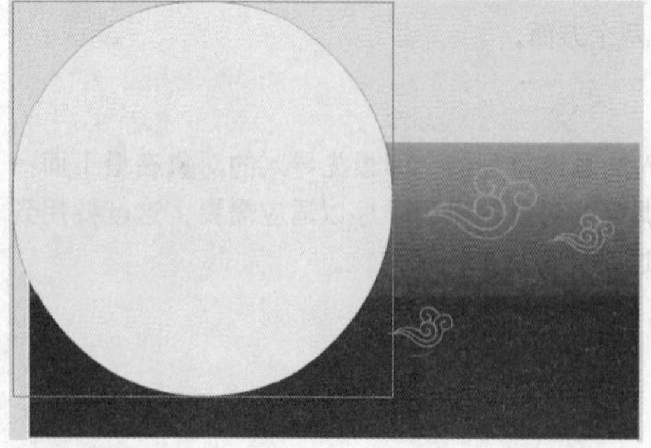

△ 原对象与联合

❷ **交集**：使用"交集"命令，可以创建两个或多个对象的交集的对象。

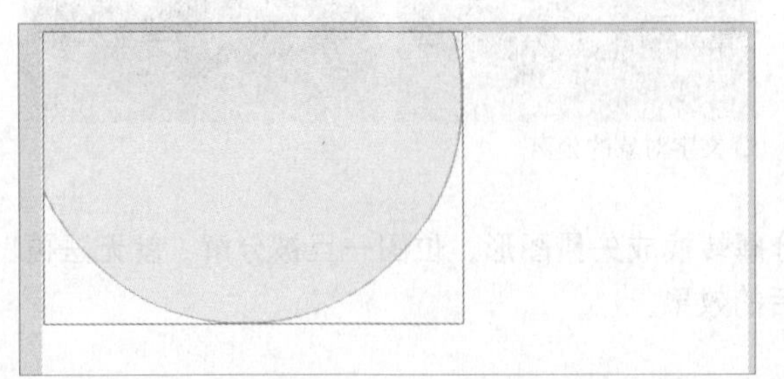

▲ 交集

❸ **打孔**：使用"打孔"命令，可以删除所选对象的某些部分，这些部分由所选对象与排在所选对象前面的另一个所选对象的重叠部分来定义。

▲ 打孔

❹ 裁切：使用"裁切"命令，可以使用某一对象的形状裁切另一对象。前面或最上面的对象定义裁切区域的形状。

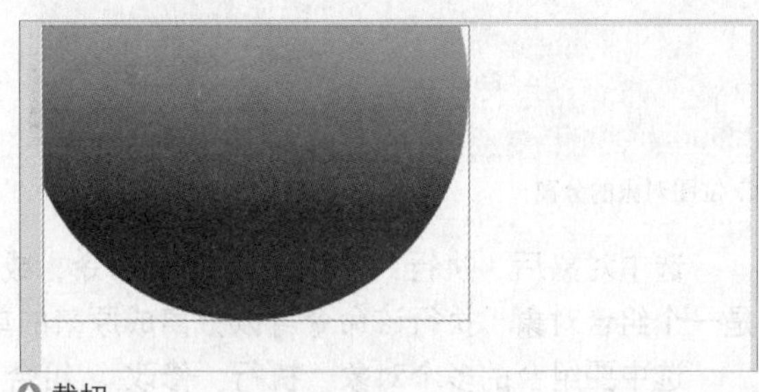

▲ 裁切

对象的分离与组合

对象包括图形属性和组合属性。图形属性是 Flash 中的基本属性，用户可以任意编辑属性要素。图形属性可对对象的各个不同要素分别进行移动、变形等操作。图形属性的选定区域显示高亮的点纹状，图形对象在属性面板中被标示为"形状"。

◎ **素材文件**：Sample\Ch03\Unit09\group.fla

组合属性对象可以群组并加以移动及变形。选中组合对象，其周围将标示蓝色边框线。组合对象不受构成对象数目的限制，在属性面板中标示为"组"。因组合属性对象无法进行编辑，若要对其进行编辑，须先将其分离。

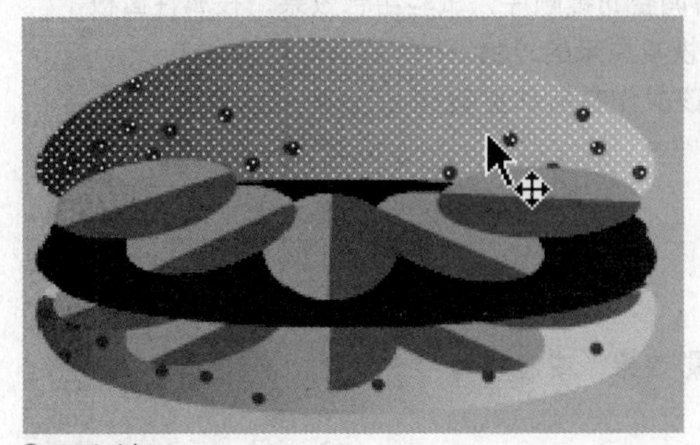

▲ 图形对象

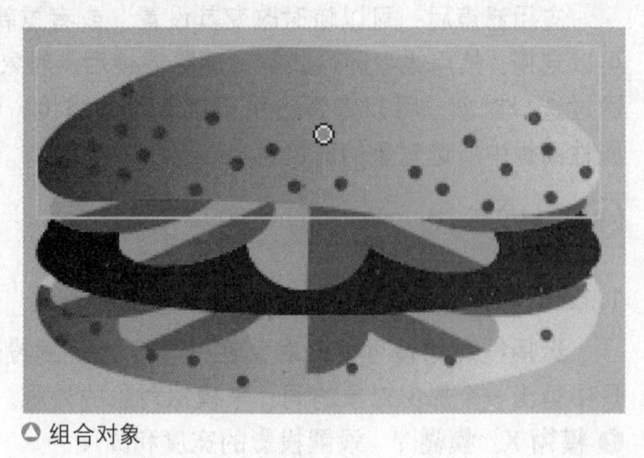

▲ 组合对象

图形属性和组合属性不仅适用于图形对象，还适用于文字和位图图像。

文字对象具有其固有的属性，也允许被分离和组合。将文字图形化的操作要经过两个阶段：先将文本打散，分离为单独的文本块，每个文本块中包含一个文字；然后进行打散的操作，将文本转换为矢量图形。不过文字一旦转换成矢量图形，就无法再像编辑文字一样对它们进行编辑。

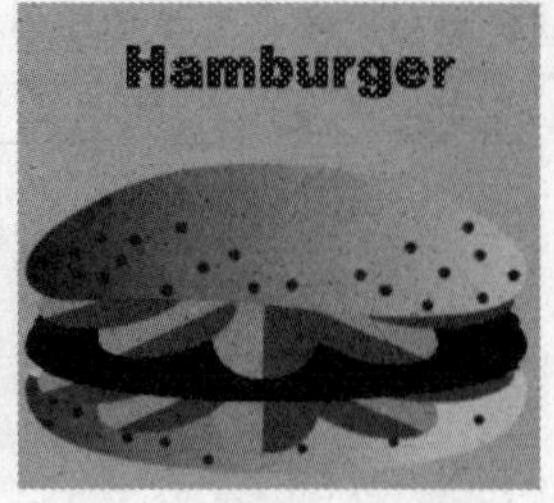

△ 文字对象的分离

位图具有组合属性，在 Flash 中可以将位图分解转换成矢量图形。位图一旦被分解，就无法再恢复成为原来的位图图像。下图所示的是分离前后的效果。

◎ **素材文件：** Sample\Ch03\Unit09\pic.fla

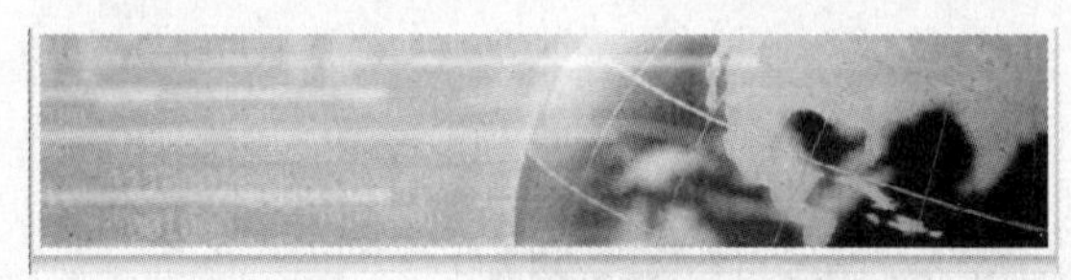

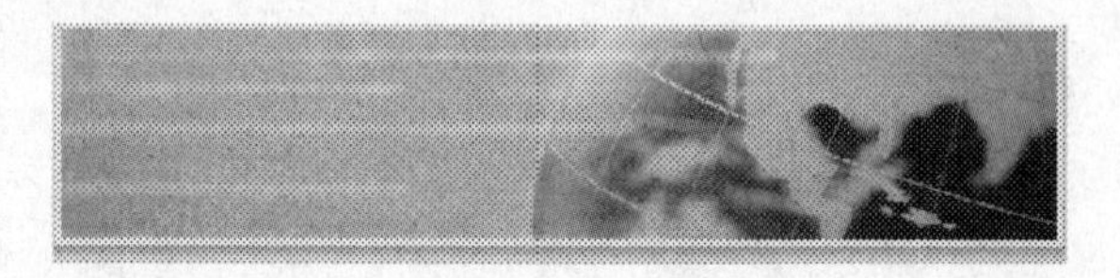

△ 位图对象的分离

选中对象后，执行“修改 > 分离”命令，或使用快捷键 Ctrl+B 就可以分离对象。如果该对象是一个组合对象，执行该命令可以分离成原来的单独对象。

选中要组合的多个对象，执行“修改 > 组合”命令，或使用快捷键 Ctrl+G 就可以组合对象。

> **TIP** 对文本分离对象可以使用选择工具、部分选取工具、套索工具和钢笔工具对文本的外形进行调整，还可以使用橡皮擦工具对文本进行擦除，总之，所有可以对图形进行的编辑操作都可以对分离后的文本进行。

对象的滤镜

滤镜是可以应用到对象的图形效果。可用滤镜有投影、模糊、发光、斜角、渐变发光、渐变斜角和调整颜色。可以直接从属性面板中对所选对象应用滤镜。

使用属性面板可以对选定的对象应用一个或多个滤镜，也可以删除以前应用的滤镜。对象每添加一个新的滤镜，属性面板都会将其添加到所应用的滤镜列表中。

应用滤镜后，可以随时改变其设置，或者重新调整滤镜顺序以试验组合效果。在属性面板中，可以启用、禁用或者删除滤镜。删除滤镜后，对象恢复原来的外观。通过选择对象，可以查看应用于该对象的滤镜，该操作会自动更新属性面板中所选对象的滤镜列表。

◎ **素材文件：** Sample\Ch03\Unit09\filter.fla

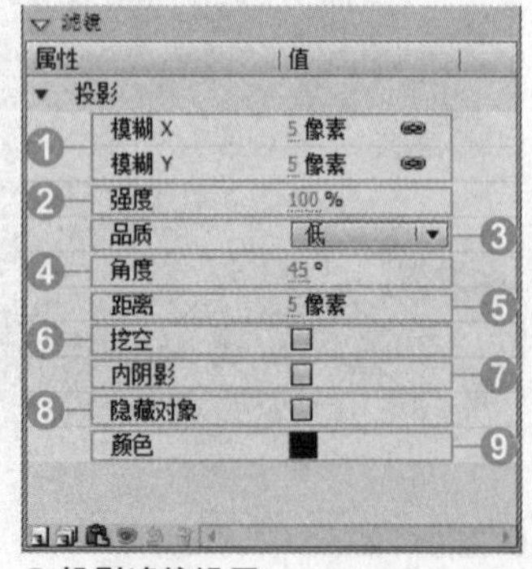

△ 投影滤镜设置

1. 投影滤镜

运用投影滤镜可模拟对象在一个表面上的投影效果，或者在背景中剪出一个形似对象的洞，来模拟对象的外观。

❶ **模糊 X、模糊 Y：** 设置投影的宽度和高度。

❷ **强度**：设置阴影暗度。数值越大，阴影就越暗。
❸ **品质**：选择投影的质量级别。
❹ **角度**：设置阴影的角度。
❺ **距离**：设置阴影与对象之间的距离。
❻ **挖空**：挖空（即从视觉上隐藏）源对象，并在挖空图像上只显示投影。
❼ **内阴影**：在对象边界内应用阴影。
❽ **隐藏对象**：隐藏对象，并只显示其阴影。
❾ **颜色**：设置阴影颜色。

△ 投影滤镜效果

2. 模糊滤镜

运用模糊滤镜可以柔化对象的边缘和细节。将模糊应用于对象，可以让它看起来好像位于其他对象的后面，或者使对象看起来好像是运动的。

❶ **模糊X、模糊Y**：设置模糊的宽度和高度。
❷ **品质**：选择模糊的质量级别。

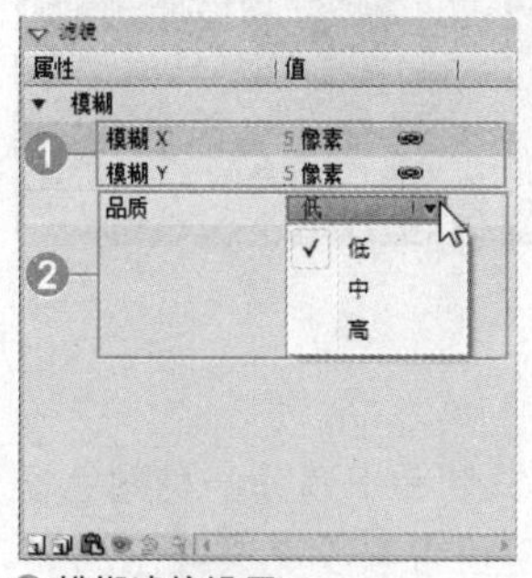

△ 模糊滤镜设置

△ 模糊滤镜效果

3. 发光滤镜

使用发光滤镜，可以为对象的整个边缘应用颜色。

❶ **模糊X、模糊Y**：设置发光的宽度和高度。
❷ **强度**：设置发光的清晰度。
❸ **品质**：选择发光的质量级别。
❹ **颜色**：设置发光颜色。
❺ **挖空**：挖空（即从视觉上隐藏）源对象，并在挖空图像上只显示发光。
❻ **内发光**：在对象边界内应用发光。

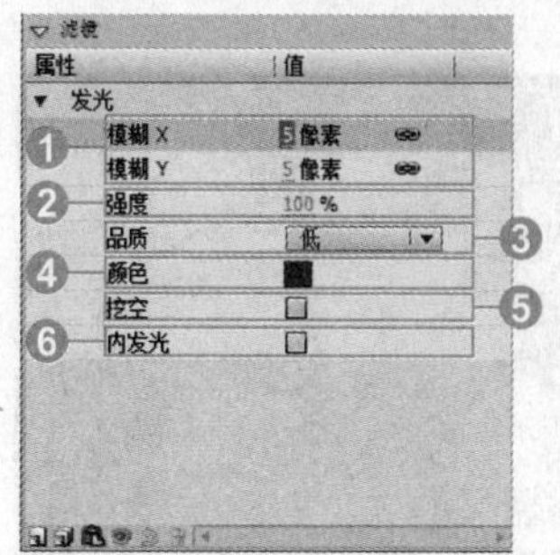

△ 发光滤镜设置

△ 发光滤镜效果

4. 斜角滤镜

应用斜角滤镜就是为对象应用加亮效果，使其看起来凸出于背景表面。可以创建内斜角、外斜角或者完全斜角。

❶ **模糊X、模糊Y**：设置斜角的宽度和高度。
❷ **强度**：设置斜角的不透明度，但不影响其宽度。
❸ **品质**：选择斜角的质量级别。
❹ **阴影、加亮显示**：选择斜角的阴影和加亮显示。
❺ **角度**：拖动角度滑杆或直接输入值，更改斜边投下的阴影角度。
❻ **距离**：输入值来定义斜角的宽度。
❼ **挖空**：挖空（即从视觉上隐藏）源对象，并在挖空图像上只显示斜角。
❽ **类型**：选择要应用到对象的斜角类型。可以选择内侧、外侧或者全部。

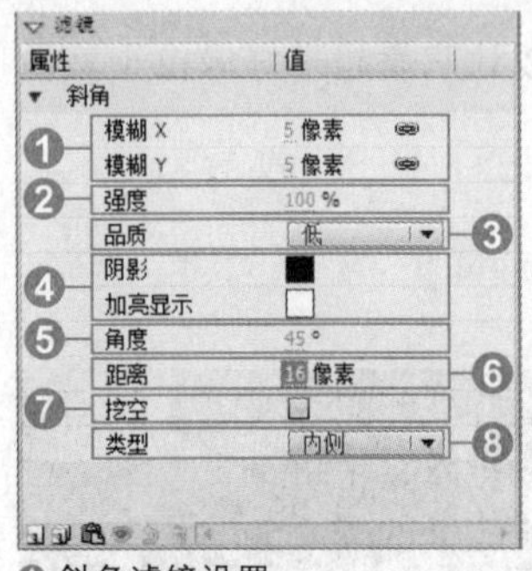

斜角滤镜设置

斜角滤镜效果

5. 渐变发光滤镜

应用渐变发光滤镜可以在发光表面产生带渐变颜色的发光效果。渐变发光要求选择一种颜色作为渐变开始的颜色，该颜色的Alpha值为0，用户无法移动此颜色的位置，但可以改变该颜色。

❶ **模糊X、模糊Y**：设置发光的宽度和高度。
❷ **强度**：设置发光的不透明度，但不影响其宽度。
❸ **品质**：选择渐变发光的质量级别。
❹ **角度**：设置发光投下的阴影角度。
❺ **距离**：设置阴影与对象之间的距离。
❻ **挖空**：挖空（即从视觉上隐藏）源对象，并在挖空图像上只显示渐变发光。
❼ **类型**：从下拉列表中选择要为对象应用的发光类型。可以选择内侧、外侧或者全部。
❽ **渐变**：指定发光的渐变颜色。渐变包含两种或多种可相互淡入或混合的颜色。选择的渐变开始颜色称为Alpha颜色。

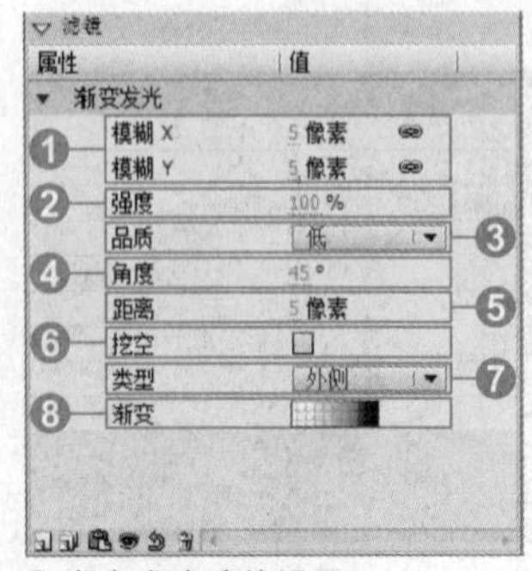

渐变发光滤镜设置

渐变发光滤镜效果

6. 渐变斜角滤镜

应用渐变斜角滤镜可以产生一种凸起效果，使得对象看起来好像从背景上凸起，且斜角表面有渐变颜色。渐变斜角要求渐变的中间有一个颜色的 Alpha 值为 0。

❶ **模糊 X、模糊 Y**：设置斜角的宽度和高度。
❷ **强度**：改变平滑度，但不影响其宽度。
❸ **品质**：选择渐变斜角的质量级别。
❹ **角度**：设置光源的角度。
❺ **挖空**：挖空（即从视觉上隐藏）源对象，并在挖空图像上只显示渐变斜角。
❻ **类型**：从下拉列表中选择要应用到对象的斜角类型。可以选择内侧、外侧或者全部。
❼ **渐变**：指定斜角的渐变颜色。渐变包含两种或多种可相互淡入或混合的颜色。中间的色标控制渐变的Alpha颜色。

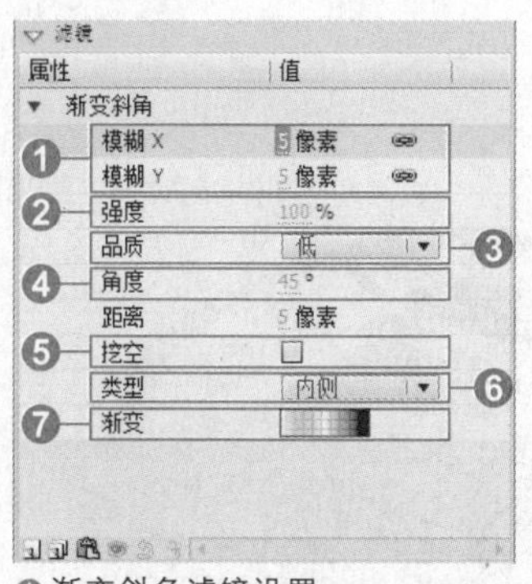

△渐变斜角滤镜设置

△渐变斜角滤镜效果

7. 调整颜色滤镜

运用调整颜色滤镜，可以调整对象的颜色属性，包括亮度、对比度、饱和度和色相。

❶ **亮度**：调整对象的亮度。
❷ **对比度**：调整对象的对比度。
❸ **饱和度**：调整对象的饱和度。
❹ **色相**：调整对象的色相。

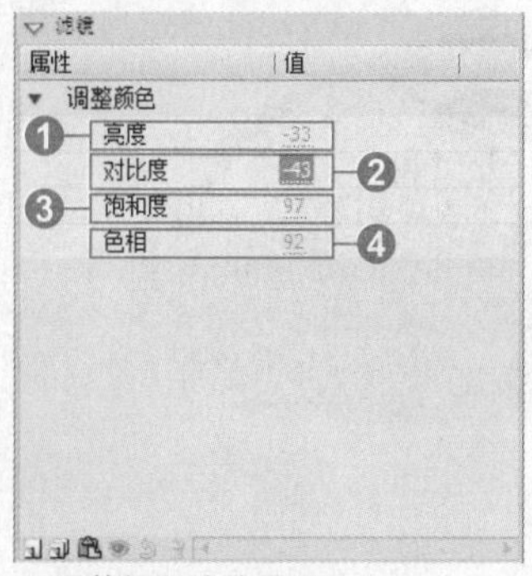

△调整颜色滤镜设置

△调整颜色滤镜效果

对象的3D旋转与平移

工具箱中的 3D 旋转工具组包括 3D 平移工具 和 3D 旋转工具 ，允许用户在全局 3D 空间或局部 3D 空间中操作对象。全局 3D 空间即为舞台空间，全局变形和平移与舞台相关；局部 3D

空间即为影片剪辑空间，局部变形和平移与影片剪辑空间相关。例如，如果影片剪辑包含多个嵌套的影片剪辑，则嵌套的影片剪辑的局部 3D 变形与容器影片剪辑内的绘图区域相关。3D 平移工具和 3D 旋转工具的默认模式是全局。

1. 3D旋转工具

使用 3D 旋转工具 可以在 3D 空间中旋转影片剪辑实例。3D 旋转控件出现在舞台上的选定对象之上。

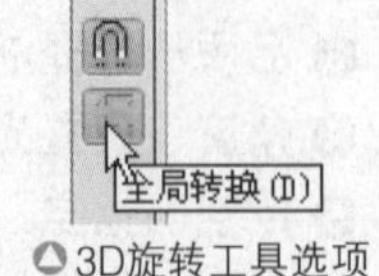

3D旋转工具选项

在工具箱中选择 3D 旋转工具，单击工具箱选项区中的“全局转换”按钮，验证该工具是否处于所需模式。

使用 3D 旋转工具时，3D 旋转控件将显示为叠加在所选对象上。将光标放在 4 个旋转轴控件之一上，或光标在经过 4 个控件中的某个控件时将发生变化。拖动一个轴控件以绕该轴旋转。下图所示的是 3D 旋转前后的效果对比。

素材文件： Sample\Ch03\Unit09\3D.fla

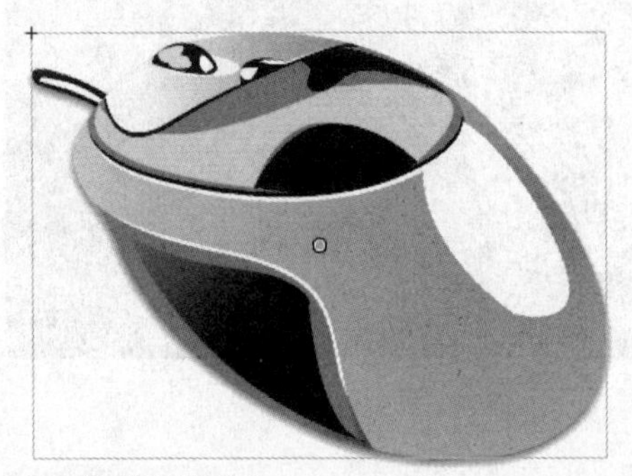
3D旋转前的图形

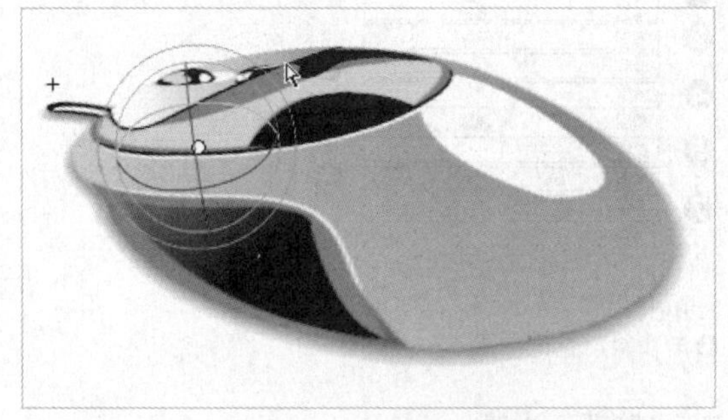
3D旋转后的图形

TIP 若要相对于影片剪辑重新定位旋转控件中心点，请拖动中心点。若要按45°角增量约束中心点的移动，在按住Shift键的同时进行拖动。

2. 3D平移工具

可以使用 3D 平移工具在 3D 空间中移动影片剪辑实例，在工具箱中选择 3D 平移工具。将该工具设置为局部或全局模式。用 3D 平移工具选择一个影片剪辑。若要通过用该工具进行拖动来移动对象，请将指针移动到 X、Y 或 Z 轴控件上。指针在经过任一控件时将发生变化。

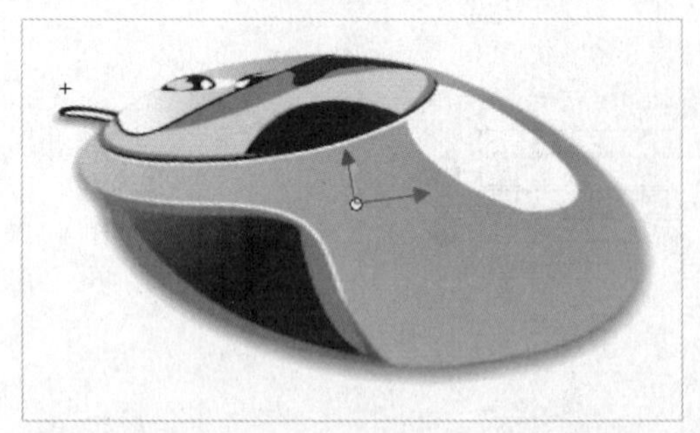
3D平移对象

闪客高手：组织场景图形

范例文件	Sample\Ch03\Unit09\scene-end.fla
初始文件	Sample\Ch03\Unit09\scene.fla
视频文件	Video\Ch03\Unit09\Unit09.wmv

1 打开Sample\Ch03\Unit09\scene.fla文件，按下快捷键Ctrl+L打开库面板，每一个对象作为库面板中的一个元件存在，下面就将这些对象组织起来。

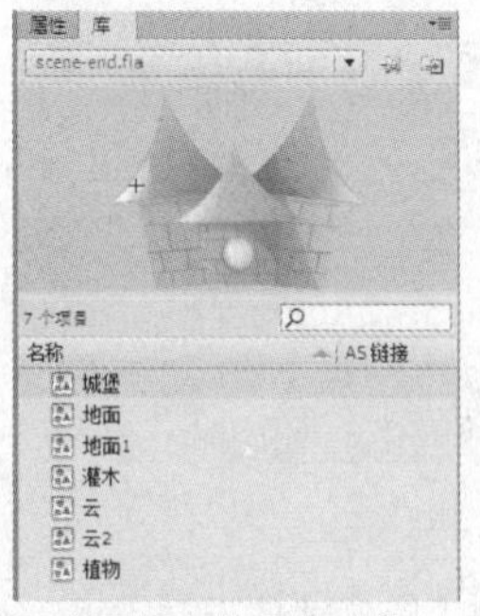

△ 库面板中的元件对象

2 选择“图层1”，从“库”面板中将“云”拖曳到舞台合适的位置上。

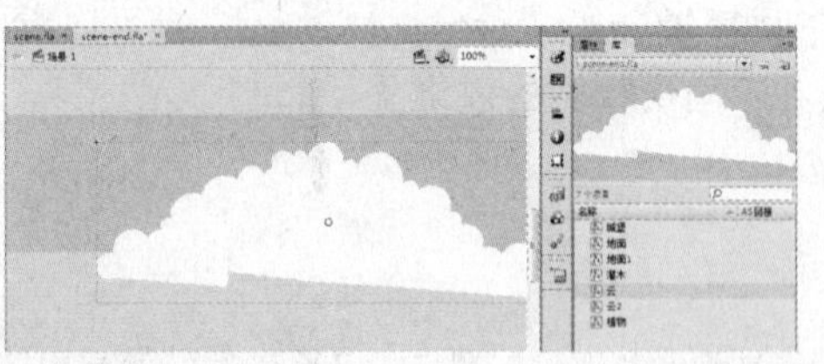

△ 制作云

3 选择“图层2”，从“库”面板中将“地面1”拖曳到舞台合适的位置上，然后将“地面”拖曳到“地面1”上方，遮挡住一部分“地面1”的图形。

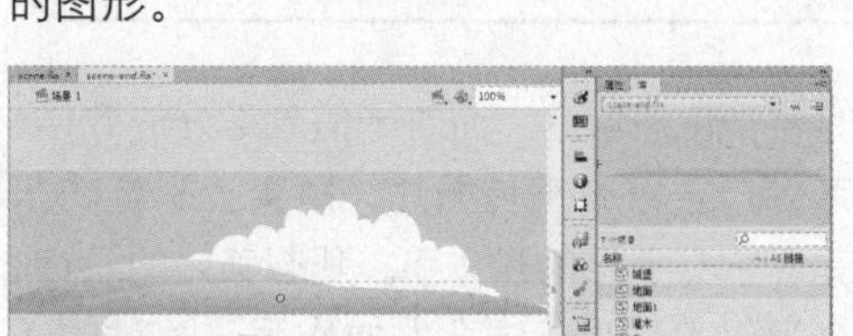

△ 制作地面

4 选择“图层3”，从“库”面板中将“城堡”拖曳到舞台合适的位置上。

△ 制作城堡

5 选择“图层4”，从“库”面板中将“灌木”拖曳到舞台合适的位置上，然后使用工具箱中的选择工具，按住Alt键的同时拖曳舞台中的“灌木”对象，使其产生两个副本，排放在不同的位置上。

△ 制作灌木

6 选择工具箱中的选择工具，在舞台上拖动鼠标选中刚刚拖曳的3个灌木，执行“窗口>对齐”菜单命令，打开“对齐”面板，单击“底对齐”按钮。

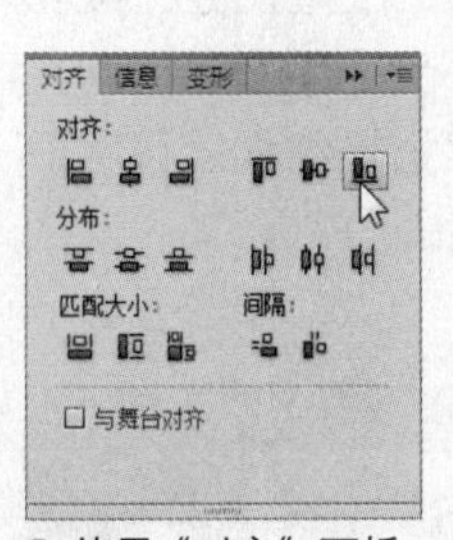

△ 使用“对齐”面板

7 选择图层4，从“库”面板中将“植物”拖曳到舞台合适的位置上，使用选择工具，按住Alt键的同时拖曳舞台中的“植物”对象，使其产生多个副本，排放在不同的位置上。使用任意变形工具，调整不同植物的大小。

8 选择“图层5”，从“库”面板中将“云2”拖曳到舞台合适的位置上，使用选择工具，按住Alt键的同时拖曳舞台中的“云2”对象，使其产生多个副本，排放在不同的位置上。然后使用任意变形工具，调整不同云彩的大小。

△ 复制植物副本并调整大小

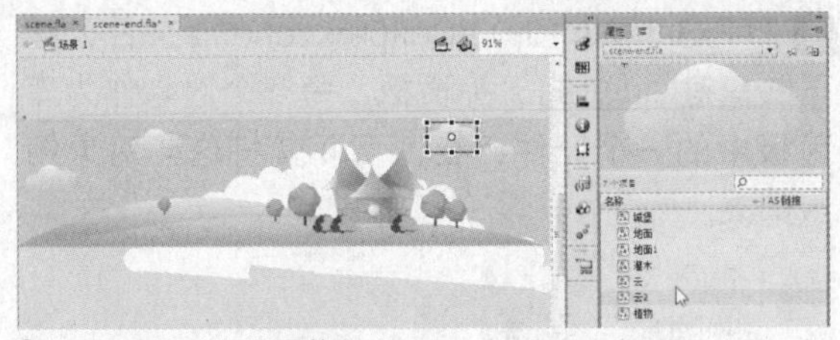

△ 复制云彩副本并调整大小

9 按下快捷键Ctrl+Enter测试动画，就可以看到对象在不同层排列的效果了。

△ 测试动画

TIP 库是元件和实例的载体，是管理元件最常用的工具。有关库和导入文件的详细内容，请读者参考本书第4章。

Special page 在动画中怎样设计优秀的文字元素？

较之于纯粹的绘画，Flash 动画中还有一个最基本的目的——传递信息。而对于信息最好的载体，毋庸置疑，就是文字。在动画上很难看到一个没有任何文字的广告条或宣传图片，事实上那样的东西不存在。广告条或整个动画可以千姿百态，变化无穷，但是，它们不能离开文字。那些美好的设计，给人带来相当视觉享受的图片、色块、线条只是起到了一个吸引人们视觉注意力的作用，关键的还是要靠文字来传递信息。忽视了这一点，就会犯舍本逐末的错误。

1. 怎样选择字体？

不同的字体传达的印象不同。宋体的横细竖粗，字型工整，结构匀称，清晰明快，隽永悦目。根据粗细程度可排正文、标题等。黑体的横竖粗细相同，笔法自然、工整肃目，庄重严谨，美观实用。一般用于排各类标题。圆体字圆润饱满、构体丰满自然，艺术性强。根据粗细程度可用于Flash 动画的正文、标题及装饰。

△ 不同的字体传达的印象不同

2. 怎样选择字号？

文字字号的大小控制了动画的形象。大些的文字给人以有力、自信之感，小些的文字表现纤密、紧凑的印象。将标题的字号变大，使之和正文的比率变大，这样的动画会更活跃，反之动画会显得更稳重。

△ 文字字号的大小控制动画的形象

3. 怎样设置字体粗细？

将文字变细，会显得十分优美，反之将文字变粗，会显得很有力量。细字冷静而粗字热情，看到细字的标题，会想到动画风格更纤细，倾向于女性风格。粗而明快的标题带来精力充沛的感觉，更倾向于男性风格。对于动画正文来讲，一般情况下，尽量不要调整太大幅度的粗细，那样有可能会造成可读性的降低，因此还是用标准的文字比较好。

△ Logo、标题和按钮文字粗细的对比

4. 怎样设置文字的行距？

除了对于可读性的影响，行距本身也是具有很强表现力的设计语言。为了加强动画的装饰效果，可以有意识地加宽或缩窄行距，体现独特的审美意趣。例如，加宽行距可以体现轻松、舒展的情绪，应用于娱乐性、抒情性的动画恰如其分。另外，通过精心安排，使宽、窄行距并存，可增强动画的空间层次与弹性，表现出独到的匠心。

△ 行距与装饰效果的关系

Part 02

Flash CS6 动画功能

Chapter

04

元件、实例与库

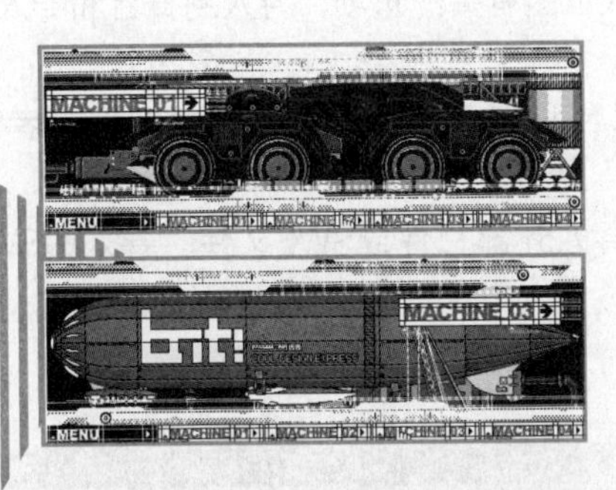

本章知识点

Unit 10	导入外部图像素材	导入位图并矢量化
		导入 Illustrator AI 文件
		导入 Photoshop PSD 文件
		导入 Flash SWF 文件
Unit 11	在库中创建元件	关于元件、实例和库
		创建并编辑元件
Unit 12	制作实例	设置实例属性
		使用喷涂刷工具
		使用 Deco 工具

章前自测题

1.在Flash中，元件和实例的关系是怎样的？

2.Deco工具有哪些作用？哪些工具与Deco工具结合使用可以创建丰富的效果？

3.在Flash中，有一个工具的作用类似于粒子喷射器，使用它可以一次将作为元件的形状图案“刷”到舞台上，这是哪种工具？

4.元件分为哪几种类型？各有哪些特点？

5.制作动画时，库文件的来源主要有哪些？

UNIT 10 导入外部图像素材

Flash CS6可以使用在其他应用程序中创建的图像，导入各种文件格式的矢量图形和位图素材。

导入位图并矢量化

Flash 能将图像导入到当前文件的舞台中或库中；也可以直接将位图粘贴到当前文件的舞台中来导入它们。直接导入到 Flash 文件中的位图会自动添加到该文件的库中。导入的途径有两种，即从 Flash 的库中直接调用和从外部导入。

1. 导入位图文件

选择"文件 > 导入"命令会在子菜单弹出两个和导入位图有关的选项：导入到舞台和导入到库，用户可按需选择。

❶ **导入到舞台**：该命令可以将外部文件同时导入到舞台和库中，可以导入外部文件或者SWF文件，导入的SWF文件会生成关键帧。

❷ **导入到库**：该命令可以将外部文件导入到库，可以导入外部文件或SWF文件，导入的SWF文件将生成影片剪辑。

素材文件： Sample\Ch04\Unit10\bitmap.fla

1 选择"文件>导入>导入到舞台"命令，在打开的"导入"对话框中选择光盘中提供的Sample\Ch04\Unit10\bitmap.jpg素材文件。

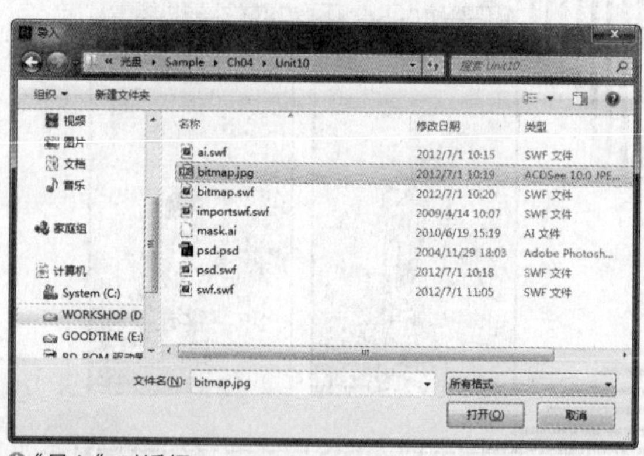

"导入"对话框

TIP 如果导入的是图像序列中的文件名以数字结尾的图像文件，而且该序列中的文件位于相同的文件夹中，则Flash会自动将其识别为位图图像序列，这时会弹出一个提示，提示此文件看起来是图像序列的组成部分，是否导入图像序列中的所有图像。如果选择"是"，Flash将导入这个图像序列中的所有图片；如果选择"否"，Flash将导入选定的这个文件。

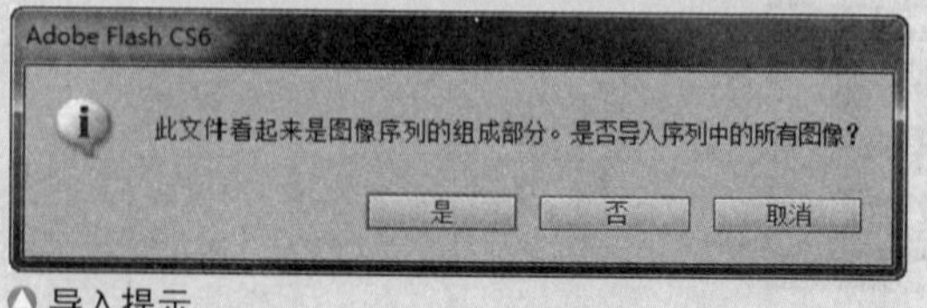

导入提示

2 然后单击"导入"对话框的"打开"按钮，此时在舞台和库中可以看到导入的图形。

△ 导入的图片

△ “库”面板中的图片

2. 设置位图属性

导入位图后，可以对库中的某个位图文件进行属性设置。

在库文件列表中，右击该文件，在弹出的快捷菜单中单击“属性”命令，此时会打开右图所示的“位图属性”对话框。

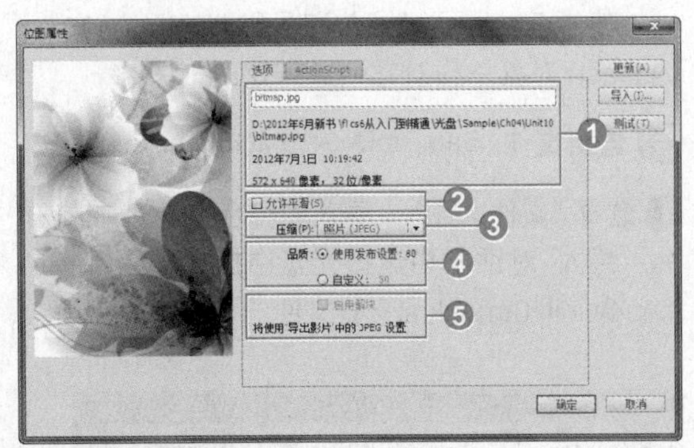

△“位图属性”对话框

❶ **文件属性**：对话框左侧是位图的预览框，中间的文本框显示文件的名称，可以在此对它重命名，下面则是文件路径、修改日期及文件大小。

❷ **允许平滑**：允许压缩时对图片进行平滑处理。

❸ **压缩**：下拉列表中有两个压缩方式选项：“照片（JPEG）”图片压缩格式是Flash CS6的默认方式；“无损（PNG/GIF）”图片无损格式即对图片不做任何修改。

❹ **品质**：设置“照片（JPEG）”图片压缩格式的压缩比例。

❺ **启用解块**：启用JPEG解块以减少低品质设置的失真。

3. 位图矢量化

“转换位图为矢量图”命令将位图转换为可编辑的离散颜色区域的矢量图形。此命令可以将图像当做矢量图形进行处理，创建出使用画笔绘制的效果，而且还会减小文件的大小。

执行“修改 > 位图 > 转换位图为矢量图”命令，可以打开“转换位图为矢量图”对话框，将位图矢量化。这样就可以使用矢量化后的图片制作文字效果了。

TIP 如果导入的位图包含复杂的形状和颜色，则转换后的矢量图形的文件大小会比原来的位图文件大。尝试“转换位图为矢量图”对话框中的各种设置，找出文件大小和图像品质之间的最佳平衡点。

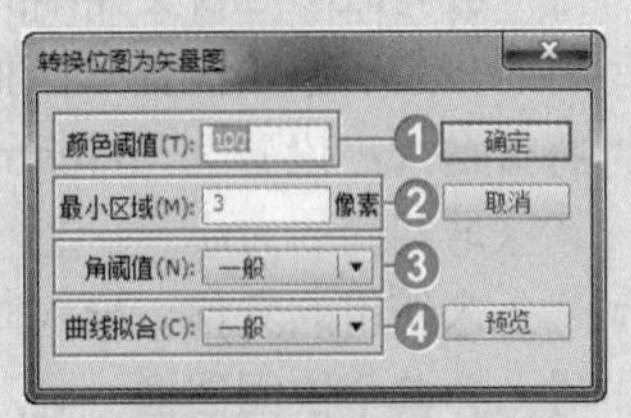

△“转换位图为矢量图”对话框

❶ **颜色阈值**：设置值越大，识别颜色的能力越弱。

❷ **最小区域**：设置值越大，识别像素区域越广，颜色越单调。

❸ **角阈值**：用来设置棱角的功能。

❹ **曲线拟合**：用来调整曲线的弧度。

将颜色阈值设为100，最小区域设为8，曲线拟合为"像素"，角阈值为"较多转角"，单击"确定"按钮后，可以看到位图转换为矢量图的效果如右图所示。

△ 位图转换为矢量图

导入Illustrator AI文件

使用Flash可以导入和导出Illustrator文件。将Illustrator文件导入到Flash中，可以像处理其他Flash对象一样对它们进行处理。

◎ **素材文件**：Sample\Ch04\Unit10\mask.ai

❶ 选择"文件>导入>导入到舞台"命令，在打开的"导入"对话框中选择光盘中提供的Sample\Ch04\Unit10\mask.ai素材文件。

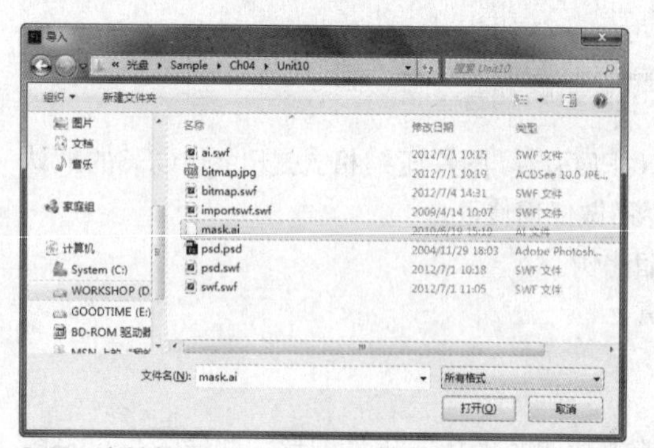

△ 导入素材文件

❷ 单击对话框的"打开"按钮后，在导入到舞台对话框中，针对图层、图像、组和路径，设置不同的导入选项。

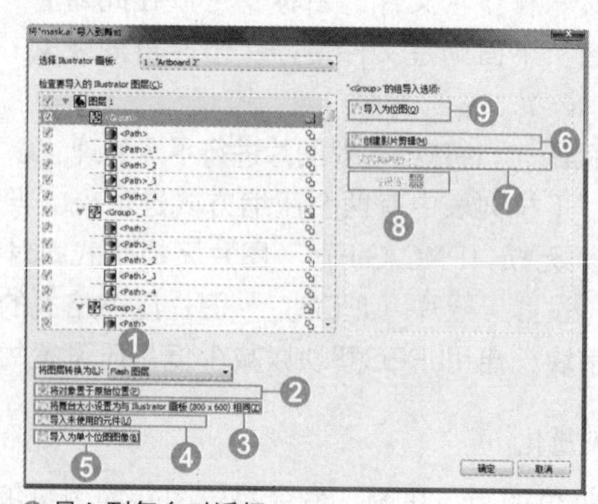

△ 导入到舞台对话框

❶ **将图层转换为**：选择"Flash图层"会将Illustrator文件中的每个层都转换为Flash文件中的层。选择"关键帧"会将Illustrator文件中的每个层都转换为Flash文件中的关键帧。选择"单一Flash图层"会将Illustrator文件中的所有层都转换为Flash文件中单个平面化的层。

❷ **将对象置于原始位置**：在Illustrator文件中的原始位置放置导入的对象。

❸ **将舞台大小设置为与Illustrator画板相同**：导入后，将舞台的尺寸设置成与Illustrator的画板或裁切区域相同的大小。

❹ **导入未使用的元件**：导入时，将未使用的元件一并导入进来。

❺ **导入为单个位图图像**：导入为单一的位图图像。

❻ **创建影片剪辑**：将指定层创建为影片剪辑元件。

❼ **实例名称**：设置影片剪辑的实例名称。

❽ **注册**：设置影片剪辑实例的注册点位置。

❾ **导入为位图（图层、组导入选项）**：将指定层以位图的形式导入。

3 设置完毕后，单击“确定”按钮即可将图形导入到Flash中，此时在舞台和库中可以看到导入的图形。

导入的AI图像

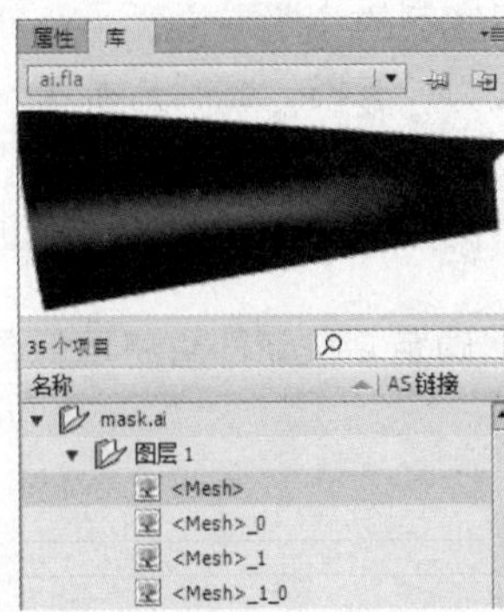
“库”面板中的内容

导入Photoshop PSD文件

Flash 在保留图层和结构的同时，可以导入和集成 Photoshop（PSD）文件，然后在 Flash 中编辑它们。使用高级选项在导入过程中优化和自定义文件。

素材文件： Sample\Ch04\Unit10\psd.psd

1 执行“文件>导入>导入到舞台”命令，在打开的“导入”对话框中选择光盘中提供的Sample\Ch04\Unit10\psd.psd素材文件。

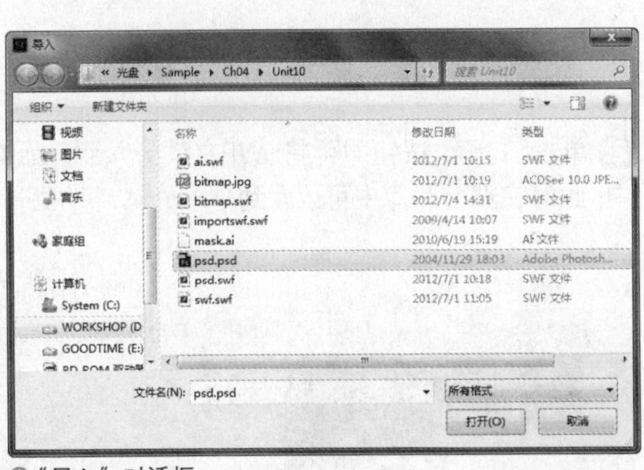
“导入”对话框

2 单击对话框的“打开”按钮后，在导入到舞台对话框中，针对图像图层、文字图层和图层组有不同的设置选项。

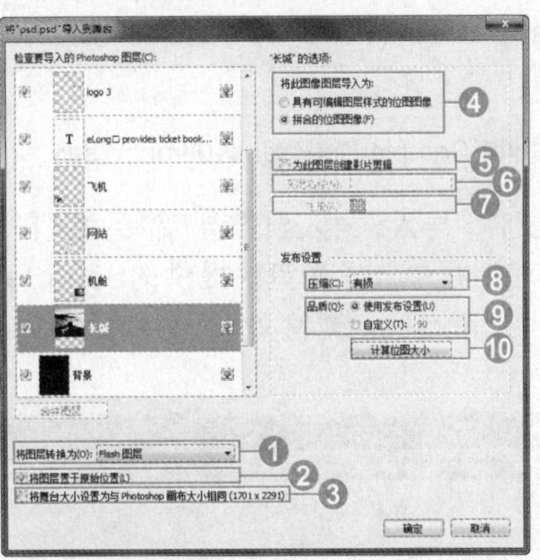
导入到舞台对话框

❶ **将图层转换为**：选择“Flash图层”会将Photoshop文件中的每个层都转换为Flash文件中的层。选择“关键帧”会将Photoshop文件中的每个层都转换为Flash文件中的关键帧。选择“单一Flash图层”会将Photoshop文件中的所有层都转换为Flash文件中单个平面化的层。

❷ **将图层置于原始位置**：在Photoshop文件中的原始位置放置导入的对象。

❸ **将舞台大小设置为与Photoshop画布大小相同**：导入后，将舞台尺寸和Photoshop的画布设置成相同的大小。

❹ **将此图像图层导入为**：选择“具有可编辑图层样式的位图图像”，将图像层导入为带有可编辑图层样式的位图图像。选择“拼合的位图图像”，将图像层导入为压平的位图图像。

❺ **为此图层创建影片剪辑**：为当前图层创建影片剪辑元件。
❻ **实例名称**：设置影片剪辑的实例名称。
❼ **注册**：设置影片剪辑实例的注册点位置。
❽ **压缩**：设置压缩方式为“有损”或“无损”。
❾ **品质**：选择“使用发布设置”或“自定义”。
❿ **计算位图大小**：单击该按钮后可计算出当前位图的大小。

3 设置完毕后，单击“确定”按钮即可将图像导入到Flash中，此时在舞台和库中可以看到导入的图像。

导入的图像

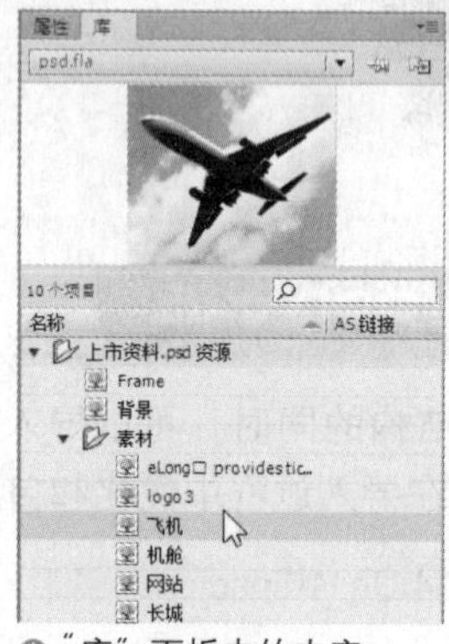
“库”面板中的内容

导入Flash SWF文件

在 Flash 中可以将 SWF 文件通过“导入到库”命令导入到“库”面板中，“库”面板将它作为元件运用。

素材文件：Sample\Ch04\Unit10\import.swf

1 执行“文件>导入>导入到舞台”命令，在打开的“导入”对话框中选择光盘中提供的Sample\Ch04\Unit10\import.swf素材文件。

“导入”对话框

2 单击“打开”按钮即可将SWF文件导入到Flash中，此时在舞台和库中可以看到导入的SWF动画。

导入的动画及库面板中的内容

? 你知道吗 导入AutoCAD DXF文件

因为 Flash 不支持三维的 DXF 文件，所以只能将二维的 DXF 文件导入 Flash。另外，Flash 不支持 DXF 文件的缩放。

UNIT 11 在库中创建元件

元件是Flash中最重要也是最基本的元素，它在Flash中对文件的大小和交互能力起着非常重要的作用。

关于元件、实例和库

元件是位于当前动画库中，可以反复使用的图形、按钮、动画及声音资源。制作的元件或从外部导入的文件都会被保存在库中。使用元件的时候可以将元件从库中拖曳到舞台或其他元件中，称为实例。修改实例的大小、颜色及类型等属性，不会改变元件自身，但当元件发生变化时，实例也会随之改变。

1. 元件和实例

元件的应用会使动画制作变得十分方便轻松。在制作动画的过程中，如果对使用的图像元素重新进行编辑，还要对使用了该图像元素的复制品进行编辑。如果使用元件，就不会出现这样的重复操作了。只要将在动画中重复出现的元素制作成元件，当使用元件时，将元件从库中拖到舞台中就可以了。元件被重新编辑后，所有的实例也会随之改变。

素材文件：Sample\Ch04\Unit11\symbol.fla

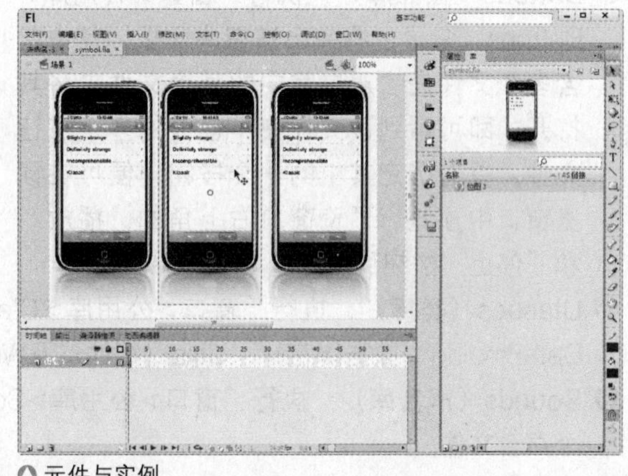

元件与实例

合理地使用元件可以减小影片文件的大小。在制作影片的过程中，如果每次都使用独立的图形对象，Flash 将存储所有的图形对象信息，这样会使得动画的尺寸非常大。但是如果将图形对象制作成元件，无论舞台中有多少个同一个元件的实例，在 Flash Player 中只载入一次元件内容，所以使用了元件的影片文件会很小。

除此之外，同一个元件在不同的实例中可以有不同的属性，如大小、颜色、旋转的角度和不透明度等，改变实例中的属性并不影响库中的元件。即使用户对实例进行修改，Flash 仅需要存储一些与元件有差别的信息，因此可以使影片文件的输出尺寸最小。

2. 库

制作影片时，导入的声音和位图文件被自动放在库面板中，制作的元件也会自动存放在库中。

库分为通用库和专用库两种，下面将详细讲解每种库的特点。

（1）专用库

执行“窗口 > 库”命令或直接使用快捷键 Ctrl+L，将弹出当前文件的专用库，前面提到的库大部分都是这种类型。专用库的文件和文件夹包含了当前编辑环境下的所有元件、声音、导入的位图、视频及其他对象，就像电影中每个角色的集合。所以无论在当前编辑的动画中，某个实例出现了多少次、变了多少模样还是换了多少次位置，它都只作为一个元件被放入库中。

❶ **预览窗口**：选择元件库中的某个元件，该元件将显示在预览窗口中。当选中的元件类型是影片剪辑或声音文件，预览窗口的右上角会出现■▶按钮，单击“播放”按钮可以在预览窗口中欣赏影片剪辑或声音文件。

△“库”面板

❷ **新建元件**：单击该按钮，打开“创建新元件”对话框，可以创建新的元件。

❸ **新建文件夹**：单击该按钮，可以创建元件文件夹。

❹ **属性**：单击该按钮，打开“元件属性”对话框，可以修改元件的类型。

❺ **删除**：选中库中的某个元件，再单击该按钮，可以将元件删除。

（2）公用库

执行“窗口 > 公用库”命令，可以在子菜单中看到 Sounds、Buttons 和 Classes 3项。

❶ **Buttons（按钮库）**：执行“窗口 > 公用库 > Buttons”命令，将弹出按钮库面板。其中包含多个文件夹，双击其中的某个文件夹将其打开，即可看到该文件夹中包含的多个按钮文件。单击选定其中的一个按钮，便可在预览窗口中预览，预览窗口右上角的“播放”和“停止”按钮可用来查看其效果。

△公用库

❷ **Classes（类库）**：执行“窗口 > 公用库 > Classes”命令，将弹出类库面板，可以看见其中有DataBinding（数据绑定）、Utils（组件）及WebService（网络服务）3个选项。

❸ **Sounds（声音库）**：执行“窗口 > 公用库 > Sounds”命令，将弹出声音库面板，其中包括了多个声音文件。

TIP 通过与专用库的对比，可看出在上面的3个公用库中，左下角的库管理工具都处于不可使用的状态，这是因为它们是固化在Flash CS6中的内置库，对这种库不能进行改变和相应的管理。对库中所带的各个文件有了详细了解后，再进行动画制作就可以得心应手、游刃有余了。

创建并编辑元件

元件从来源上可以分为：直接创建元件、转换元件和公用库中现有的元件。按类型可分为：图形元件、按钮元件和影片剪辑元件。创建元件的方法有两种：一种是直接创建，另一种是转换。

1. 创建元件

执行“插入 > 新建元件”命令，或按下快捷键 Ctrl+F8 打开“创建新元件”对话框，就可以开始创建元件的过程。其中“类型”共包括“影片剪辑”、“按钮”和“图形”3 种。

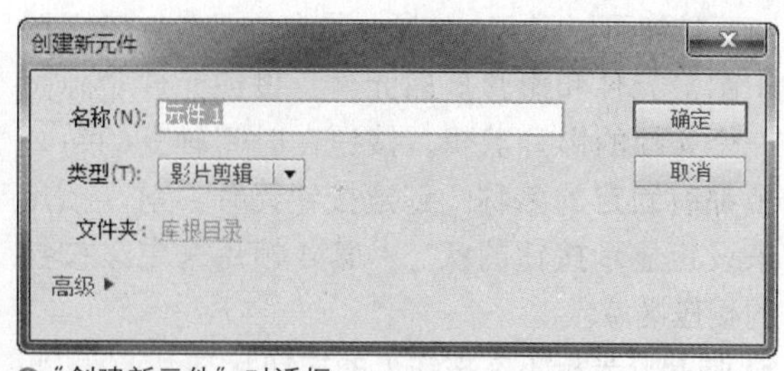

“创建新元件”对话框

影片剪辑：在该类型的元件界面中可以编辑独立的影片，包括动作、声音的各种变化效果，如同影片中的影片。在制作动画按钮时常常被用到。

按钮：可以制作交互按钮。在舞台中可以设置其实例动作。

图形：是制作影片的基本元件，在影片中重复出现的对象常常被制作成图形元件。在舞台中不能够对图形元件添加交互行为和声音控制。

(1) 创建图形元件

图形元件的时间轴上放置静态的信息，作为静态的图片来使用。在 Flash 中可以创建新的图形元件，在其中添加图形对象，也可以将现有的图形对象转换为图形元件。在图形元件中不建议用动作和声音。

素材文件：Sample\Ch04\Unit11\graphic.fla

1 执行“插入>新建元件”命令，或按下快捷键Ctrl+F8打开“创建新元件”对话框。在该对话框的“名称”文本框中输入创建元件的名称“元件1”。在“类型”下拉列表中选定元件的类型为“图形”。

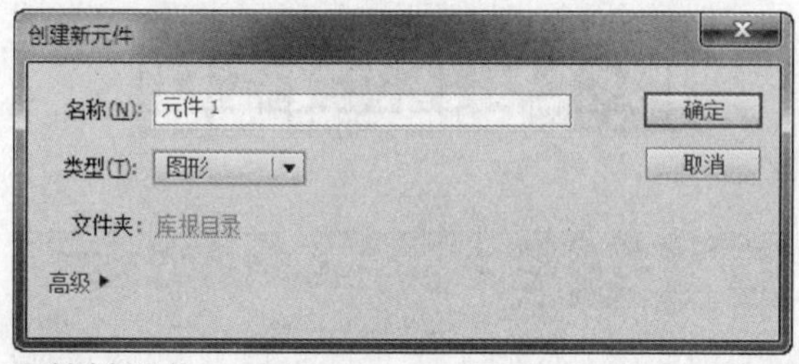

创建新元件

2 单击“确定”按钮，进入图形元件的可编辑状态。绘制如图所示图形。

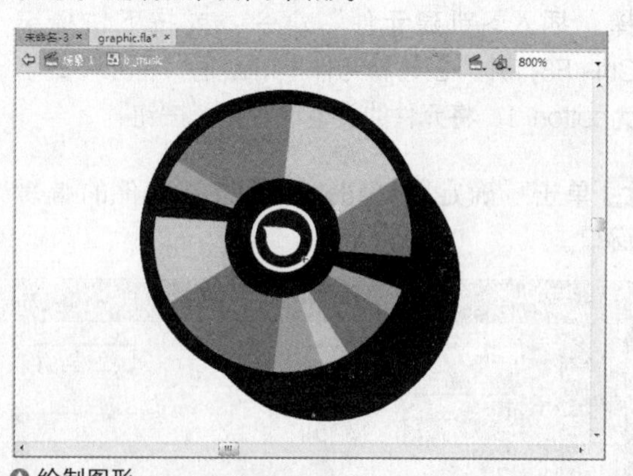

绘制图形

3 单击工作区中的标题栏“场景1”，切换到主场景中，“库”面板中即出现创建好的图形元件。

创建好的元件

4 将元件从“库”面板拖曳至舞台，就创建好该元件的实例了。

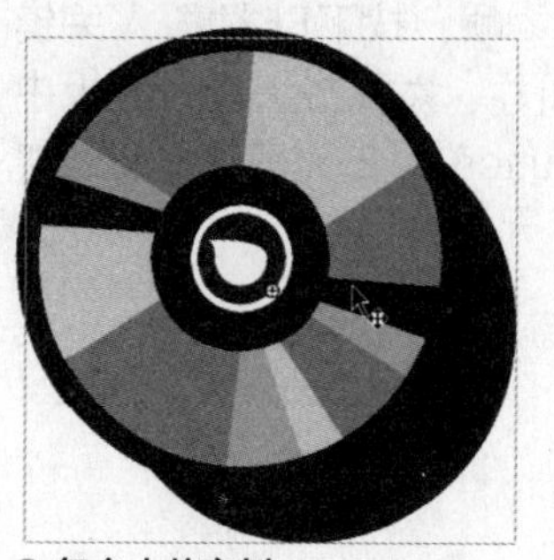
舞台中的实例

(2) 创建按钮元件

按钮可以使 Flash 影片具有交互性。它不同于图形元件和影片剪辑元件，按钮元件实际是一个 4 帧的影片剪辑。按钮在时间轴上的每一帧都有固定的名称。创建按钮元件，前 3 帧用来设定显示按钮的状态，第 4 帧用来定义按钮的相应区域。

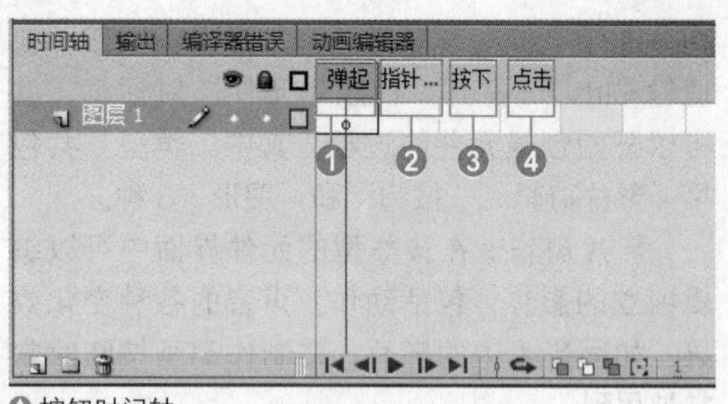

△ 按钮时间轴

❶ **弹起**：光标不在按钮上的按钮状态。

❷ **指针经过**：光标在按钮上的按钮状态。

❸ **按下**：单击按钮时的按钮状态。

❹ **点击**：用来定义可以响应利用鼠标单击状态的最大区域。

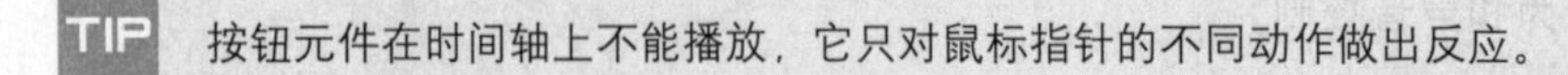

TIP 按钮元件在时间轴上不能播放，它只对鼠标指针的不同动作做出反应。

闪客高手：创建按钮元件

范例文件	Sample\Ch04\Unit11\button-end.fla
初始文件	Sample\Ch04\Unit11\button.fla
视频文件	Video\Ch04\Unit11\Unit11-1.wmv

1 打开Sample\Ch04\Unit11\button.fla文件，选择“插入＞新建元件”命令，或按下快捷键Ctrl+F8打开“创建新元件”对话框，将元件命名为button_1，将元件的类型设置为“按钮”。

2 单击“确定”按钮，进入按钮元件的编辑窗口。

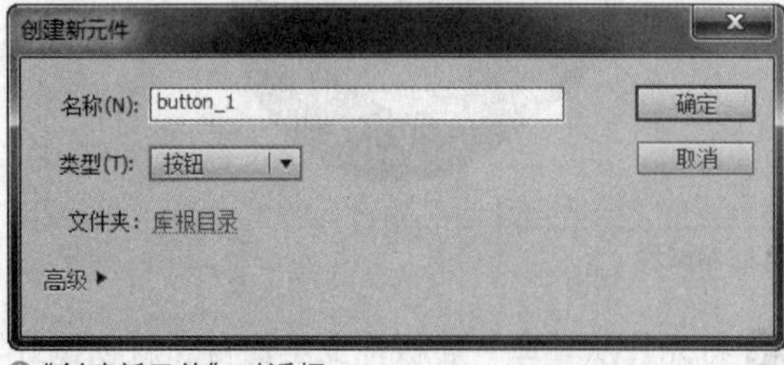

△“创建新元件”对话框

4 单击“指针经过”帧，按下F6键插入关键帧。删除舞台中的图片，然后将“库”面板中images文件夹中的button_1_2.gif图片拖曳到舞台中。

3 单击“弹起”帧，将其确认为当前帧，将“库”面板中images文件夹中的button_1_1.gif图片拖曳到舞台中。

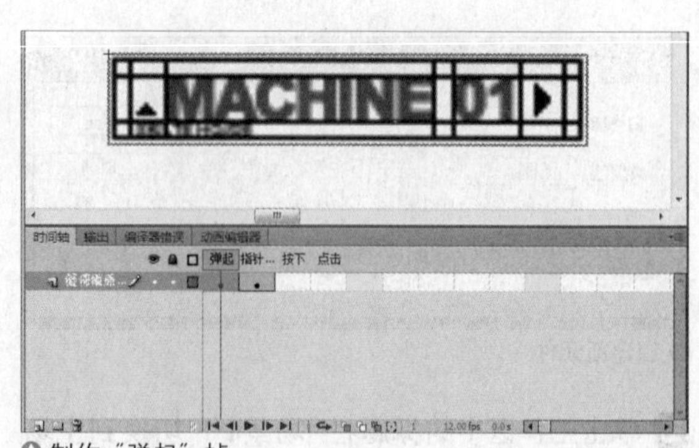

△ 制作“弹起”帧

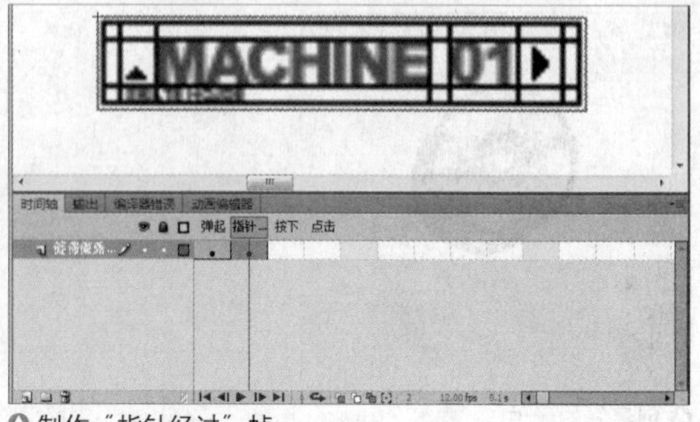

△ 制作“指针经过”帧

5 单击标题栏上的“场景1”按钮，切换到主场景中，选择button层，将按钮元件button_1从库面板拖曳到工作区中并调整至合适的位置。

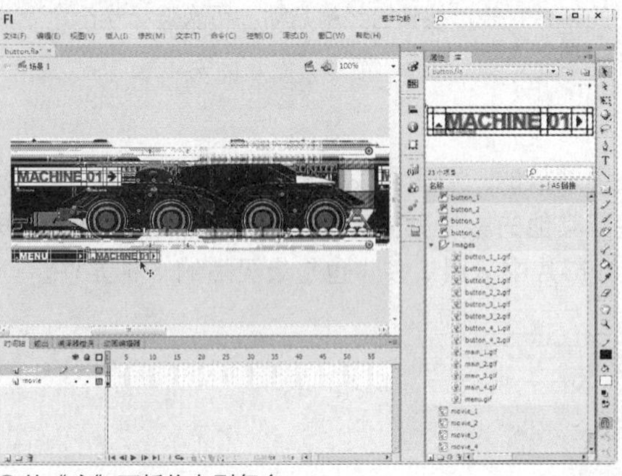

从“库”面板拖曳到舞台

6 按照同样的方法制作button_2、button_3和button_4按钮，并放置到舞台中合适的位置。

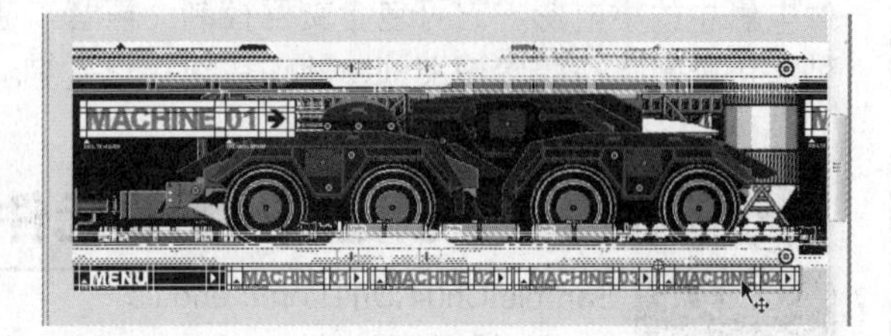

7 选择舞台中的button_1按钮，按下F9键打开动作面板，输入如下代码（省去注释部分）。

```
//鼠标按下
on (press) {
//影片中的all影片剪辑实例的变量a值为0
    _ root.all.a = 0;
}
```

8 依次为button_2、button_3和button_4按钮实例添加动作代码。

Button_2 的动作代码：

```
//鼠标按下
on (press) {
//影片中的all影片剪辑实例的变量a值为-600
_ root.all.a = -600;
}
```

Button_3 的动作代码：

```
//鼠标按下
on (press) {
//影片中的all影片剪辑实例的变量a值为-1200
_ root.all.a = -1200;
}
```

Button_4 的动作代码：

```
//鼠标按下
on (press) {
//影片中的all影片剪辑实例的变量a值为-1800
_ root.all.a = -1800;
}
```

9 按下快捷键Ctrl+Enter测试动画，即可查看按钮元件的效果。

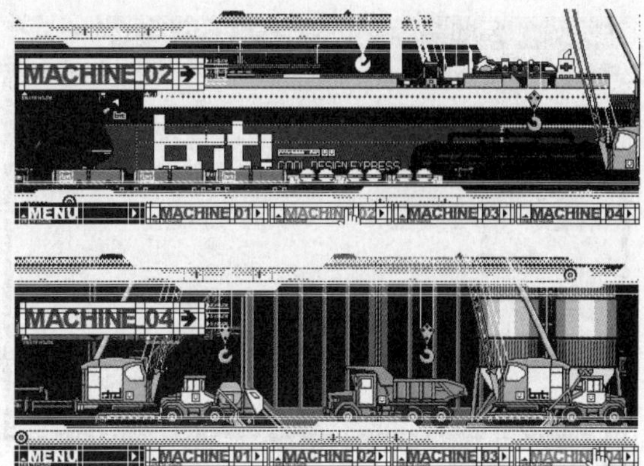

测试动画

TIP 在编辑电影时可以选择是否启动按钮功能。当启动按钮功能后，按钮就会对指定的鼠标事件做出反应，但按钮功能被取消后，单击按钮选中。一般情况下，在工作的时候，按钮功能是被禁止的，启动按钮功能可以快速测试其行为是否满意。启动按钮功能的方法为，从菜单中选择“控制>启动简单按钮”命令，这时，命令旁边会出现一个选中的元件，表示按钮已经被启动。再次选择这个命令可以禁止按钮功能。

(3) 创建影片剪辑元件

影片剪辑元件可用于创建独立于电影主时间轴中播放的、可重复使用的动画部分。影片剪辑就像电影中的小电影，它可包含交互控制、声音，甚至其他的影片剪辑实例。也可在按钮符号的时间轴内放置影片剪辑实例来创建动画按钮。它是Flash影片中运用最多，也是最灵活的一种元件。

闪客高手：创建影片剪辑元件

范例文件	Sample\Ch04\Unit11\mc-end.fla
初始文件	Sample\Ch04\Unit11\mc.fla
视频文件	Video\Ch04\Unit11\Unit11-2.wmv

1 打开Sample\Ch04\Unit11\mc.fla文件，选择“插入>新建元件”命令，或按下快捷键Ctrl+F8打开“创建新元件”对话框，将元件命名为mc，将元件的类型设置为“影片剪辑”。

“创建新元件”对话框

2 单击“确定”按钮，进入影片剪辑元件的编辑窗口。

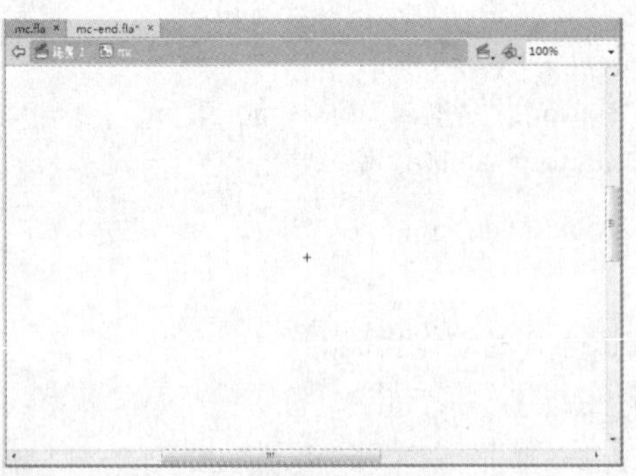

影片剪辑元件的编辑窗口

3 执行“文件>导入>导入到舞台”命令，在打开的“导入”对话框中选择光盘中提供的Sample\Ch04\Unit11\mc_source.swf素材文件。

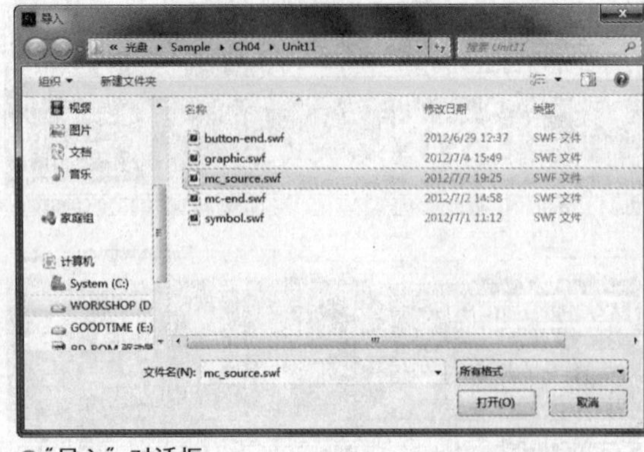

“导入”对话框

4 单击“打开”按钮即可将SWF文件导入到影片剪辑元件中，此时在舞台中可以看到导入的SWF动画。

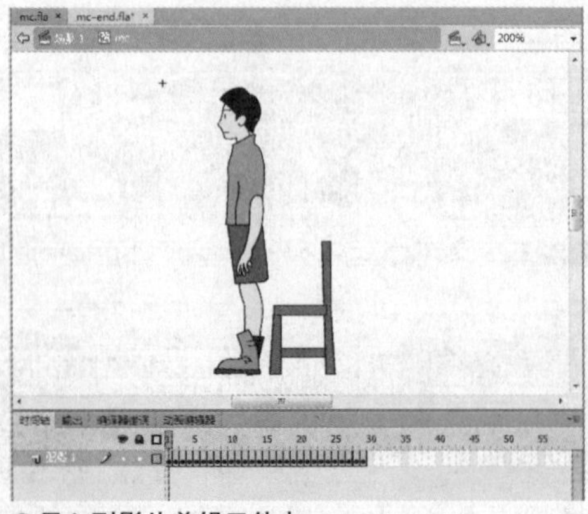

导入到影片剪辑元件中

5 单击标题栏上的“场景1”按钮，切换到主场景中，将影片剪辑元件mc从“库”面板拖曳到舞台图层12中合适的位置，并使用工具箱中的任意变形工具调整到合适的大小。

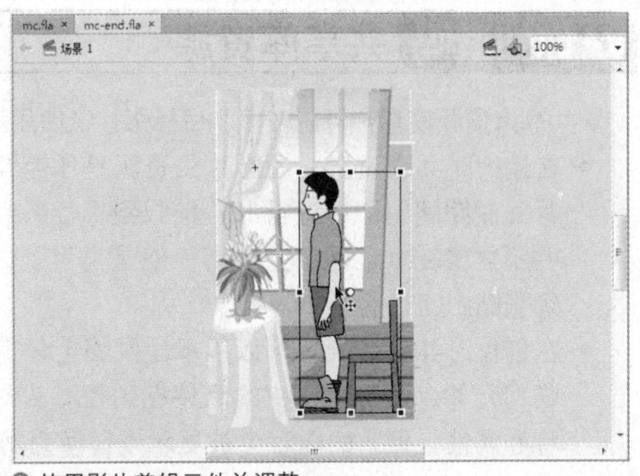

使用影片剪辑元件并调整

6 按下快捷键Ctrl+Enter测试动画，即可查看影片剪辑元件的效果。

测试动画

2. 转换为元件

可以通过舞台上选定的对象来创建元件，选中要转换为元件的对象，执行“修改 > 转换为元件”命令，或按下 F8 键打开“转换为元件”对话框，就可以开始进行元件的转换了。

3. 编辑元件

元件的编辑方式有两种：一种是在当前模式下编辑元件，另一种是在元件模式下编辑。

（1）在当前模式下编辑元件

双击舞台中元件的实例，就进入了元件的编辑模式。此时元件以外的对象变暗，表示为不可编辑状态。

或者在图形元件的实例上右击，选择快捷菜单中的“在当前位置编辑”命令，进入图形元件的编辑状态。

（2）在元件模式下编辑元件

在元件库中选择要进行编辑的元件并双击，就可以进入编辑模式。进入编辑模式后，可对元件中的对象进行编辑操作，如同在舞台中编辑对象的操作一样。

另一种方法是在元件库中右击要进行编辑的元件，选择快捷菜单中的“编辑”命令即可。

你知道吗 共享库资源

共享库资源使用户可以在多个目标影片中使用源影片的资源，有两种不同的方法可以共享库资源。

- 在运行时共享资源，源影片的资源是作为外部文件链接到目标影片中的。运行时，资源在影片回放期间（即在运行时）加载到目标影片中。在制作目标影片时，包含共享资源的源影片并不需要在本地网络上使用，但是，为了让共享资源在运行时可供目标影片使用，源影片必须张贴到URL上。
- 在创作时共享资源，可以用本地网络上任何其他可用元件来更新或替换正在创作的影片中的任何元件。目标影片中的元件在创作影片时可以更新。目标影片中的元件保留了它的原始名称和属性，但它的内容会被更新或替换为用户选定的元件内容。

使用共享库资源可以通过各种方式优化用户的工作和影片资源管理。例如，用户可以使用共享库资源在多个站点间共享一个字体元件，为多个场景或影片中使用的动画中的元素提供单一来源，或者创建一个中央资源库来跟踪和控制版本修订。

用户可以使用“元件属性”对话框或“位图属性”对话框定义源影片中资源的共享属性，使得该资源可供访问，能够链接到目标影片。

1 在“库”面板中选择一个影片剪辑、按钮或图形元件，然后从库选项菜单中选择“属性”命令，单击“高级”按钮以展开“元件属性”对话框。

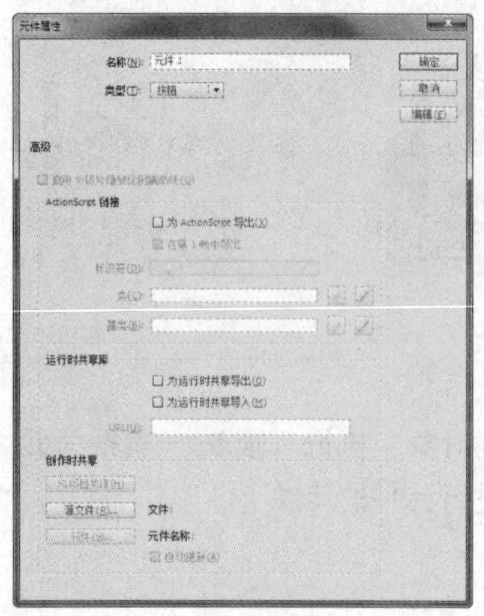

△“元件属性”对话框

2 选择一种字体元件、声音或位图，然后从库选项菜单中选择“属性”命令，单击ActionScript标签。

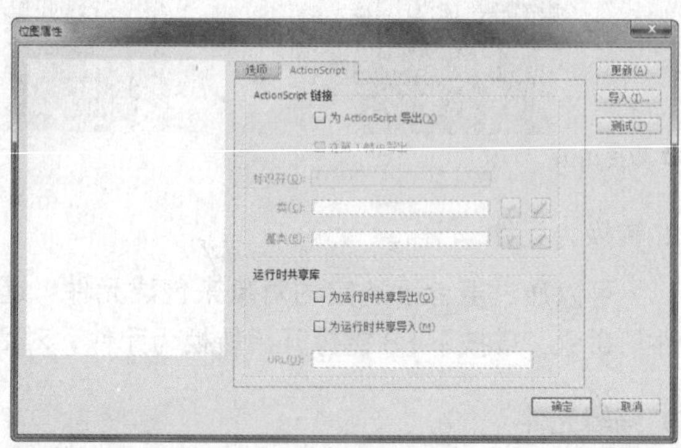

△ ActionScript选项卡

- 在“运行时共享库”选项组中，勾选“为运行时共享导出”复选框，使该资源可链接到目标影片。在“标识符”文本框中输入元件的标识符，Flash将在链接到目标影片时用它标识该资源，链接标识符也被Flash用来标识在动作脚本中用作对象的影片剪辑或按钮。在下面的URL文本框中输入将要张贴包含共享资源的SWF文件的URL。

如果将一个库资源导入或复制到已经含有同名的不同资源的影片中，用户可以选择是否用新项目替换现有项目。这种选择对所有导入或复制库资源的方法都有效，其中包括：

（1）从源影片中复制和粘贴资源

（2）从源影片或源影片库中拖出资源

（3）导入资源

（4）从源影片添加共享库资源

(5) 使用组件面板中的组件

当用户要从源影片中复制一个目标影片中已存在的项目，并且这两个项目具有不同的修改日期时，就会发生冲突。用户可以通过组织影片库中文件夹内的资源来避免出现命名冲突。如果用户将某个元件或组件粘贴到影片舞台上时，用户已经有一个该元件或组件的副本，不过它和用户正在粘贴的元件或组件修改日期不同，这时也会出现该对话框。

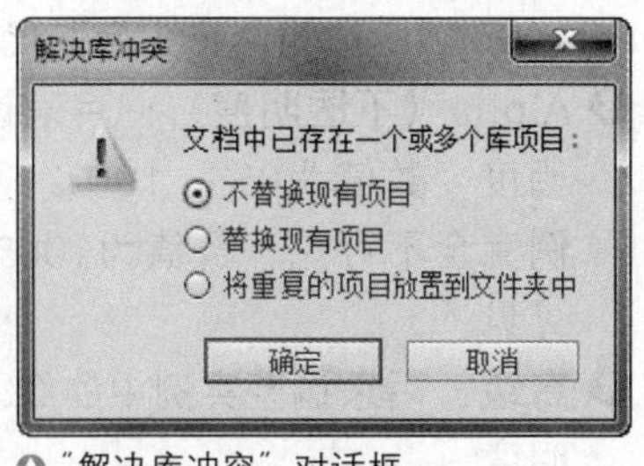

"解决库冲突"对话框

如果用户选择不替换现有项目，Flash 就会尝试使用现有项目，而不是用户正在粘贴的冲突项目。例如，如果用户复制一个名为 Symbol 1 的元件，并将该元件的副本粘贴到已经包含名为 Symbol 1 的元件的影片舞台中，那么创建的将是现有 Symbol 1 的实例。

如果选择替换现有项目，现有项目（及其所有实例）就会被同名的新项目替换。如果用户取消导入或复制操作，就会对所有项目取消该操作（不仅仅是那些在目标影片中产生冲突的项目）。只有相同的库项目类型才能互相替换，即不能用一个名为 Test 的位图替换一个名为 Test 的声音。在这种情况下，新项目的名称后面会附加 Copy 字样，然后再添加到库中。用这种方法替换库项目是无法撤销的。所以在执行通过替换冲突的库项目才得以解决的复杂粘贴操作之前，一定要保存一个 FLA 文件的备份。

UNIT 12 制作实例

元件创建完成后，可以在影片中任何需要的地方（包括在其他元件内）创建该元件的实例。建立一个新元件实例的方法为从库中拖曳一个元件到舞台。元件修改之后，其所有实例也都会被更新，而使用实例属性对实例的颜色效果、指定动作、显示模式或类型进行的更改，则不会影响元件的属性。

设置实例属性

在"属性"面板中，可以对元件实例的属性进行编辑。

1. 设置实例样式

可以对元件的实例应用不同的效果，如亮度、色调、Alpha 和高级等。选中舞台中的元件实例，单击属性面板中"色彩效果"选项下的"样式"下拉按钮，在下拉列表中有 5 个选项：无、亮度、色调、高级和 Alpha。其中"无"表示不使用任何颜色效果。

素材文件： Sample\Ch04\Unit12\style.fla

❶ **亮度**：用来调整图像的相对亮度和暗度。明亮值在 -100%~100% 之间。其中100%为白色，-100%为黑色。默认值为0。

❷ **色调**：用相同的色相为实例着色。可用颜色拾取器，也可以直接输入红、绿、蓝颜色值或者使用滑块可以设置色调百分比。数值范围

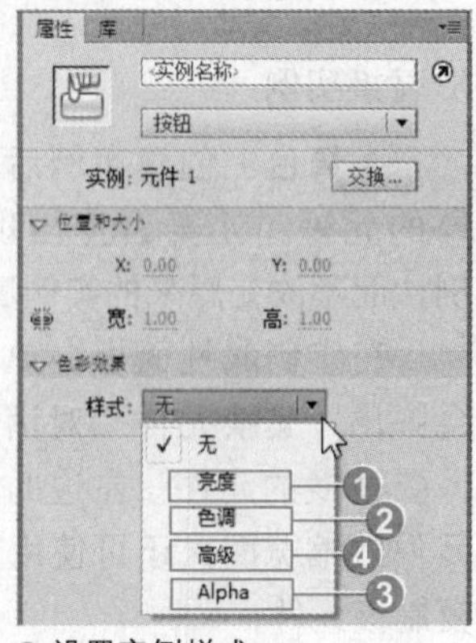

设置实例样式

从0%～100%，数值为0%不受影响，数值为100%则所选颜色将完全取代原有颜色。

❸ **Alpha（不透明度）**：用来设定实例的不透明度，数值为0%～100%，数值为0%则实例完全不可见，数值为100%则指实例完全可见。

❹ **高级**：用来调整实例中的红、绿、蓝和不透明度。

实例样式

2. 改变实例类型

无论是直接在舞台上创建还是从库中拖曳出的实例，都保留了其元件的类型。既可在以后的动画中将它用作其他类型，也可通过属性面板在3种元件类型间互相转换。

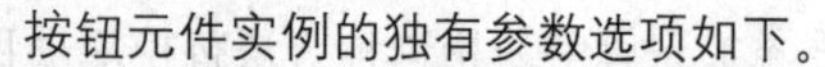

按钮元件实例的独有参数选项如下。

❶ **音轨作为按钮**：忽略其他按钮发出的事件，即在按钮一上按下鼠标，然后移动到按钮二上松开鼠标，就不会起作用。

❷ **音轨作为菜单项**：会接收在同样性质的按钮上发出的事件。

图形元件实例的独有参数选项如下。

❶ **循环**：该选项包含在当前实例中的序列动画循环播放。

❷ **播放一次**：从指定帧开始，只播放一次动画。

❸ **单帧**：显示序列动画中指定的一帧。

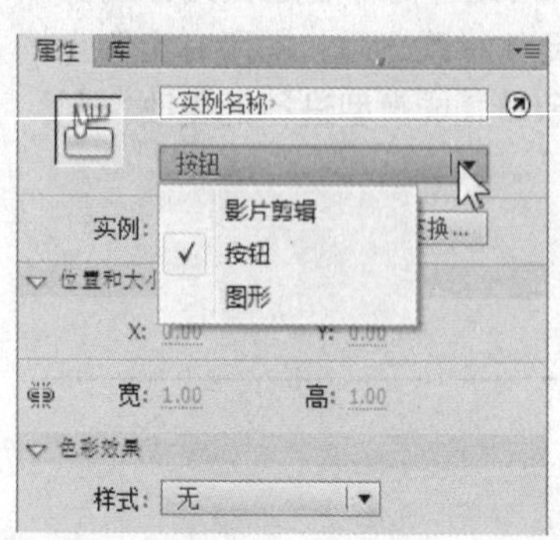

改变实例类型

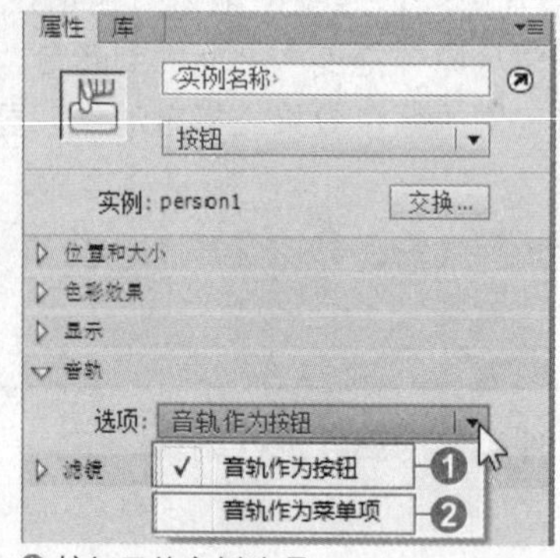

按钮元件实例选项

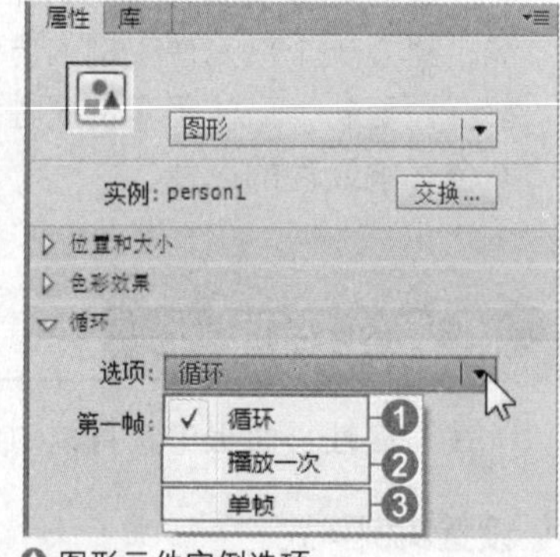

图形元件实例选项

3. 替换实例

在舞台上创建实例后，可以为实例指定另外的元件，让舞台上出现一个完全不同的实例，而不改变原来的实例属性。

在实例属性面板中单击“交换”按钮，则会弹出“交换元件”对话框。从元件列表中选择要替换的元件，左边的图框中即会显示出该元件的缩览图，还可使用直接复制元件按钮复制该元件。

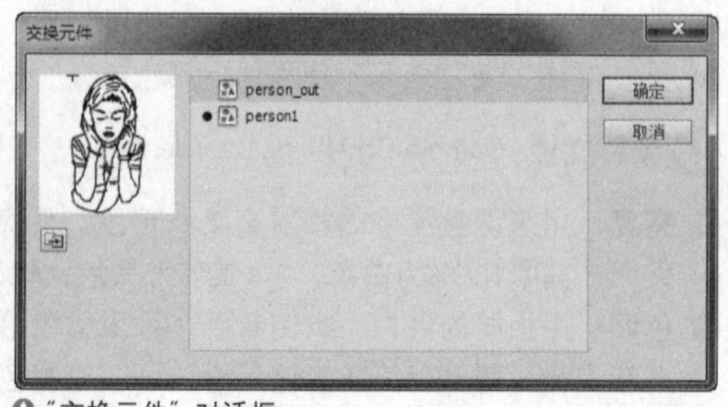

“交换元件”对话框

使用喷涂刷工具

喷涂刷工具的作用类似于粒子喷射器，使用它可以将作为元件的形状图案一次“刷”到舞台上。默认情况下，喷涂刷使用当前选定的填充颜色喷射粒子点。另外，也可以使用喷涂刷工具将影片剪辑或图形元件作为图案应用。

在工具箱中选择喷涂刷工具，与使用刷子工具一样在舞台上进行绘制，喷出的圆形小颗粒将显示为一组。然后，在属性面板中选择另一种颜色，尝试更改各种颜色，在舞台上进行绘制。

从工具箱中选择喷涂刷工具后，喷涂刷工具选项将显示在属性面板中。

❶ **编辑**：打开“选择元件”对话框，可以在其中选择影片剪辑或图形元件以用作喷涂刷粒子。选中库中的某个元件时，其名称将显示在编辑按钮的旁边。

❷ **颜色**：选择用于默认粒子喷涂的填充颜色。使用库中的元件作为喷涂粒子时，将禁用颜色。

❸ **缩放**：缩放用作喷涂粒子的元件。

❹ **随机缩放**：指定按随机缩放比例，将每个基于元件的喷涂粒子放置在舞台上，并改变每个粒子的大小。使用默认喷涂点时，此选项会禁用。

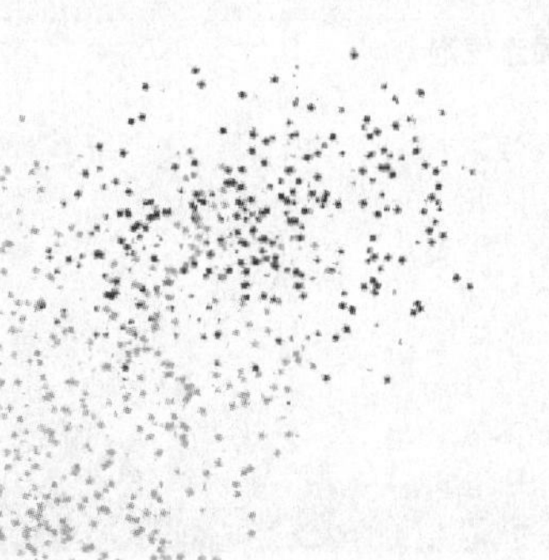

△ 使用喷涂刷绘制

△ 喷涂刷工具“属性”面板

练习：制作水下气泡效果

范例文件：Sample\Ch04\Unit12\paint-end.fla
范例文件：Sample\Ch04\Unit12\paint.fla

1 打开Sample\Ch04\Unit12\paint.fla文件，选择bub图层，从工具箱中选择喷涂刷工具，在“属性”面板中单击喷涂刷“元件”设置下的“编辑”按钮，打开“选择元件”对话框，其中列出了可用库项目，选择 Bubble2 影片剪辑。这个影片剪辑元件的动画已经制作完成，内容为气泡上升的动画效果。

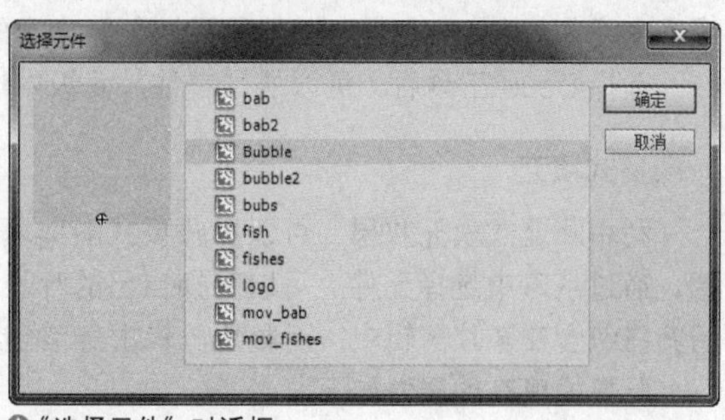

△“选择元件”对话框

2 单击“确定”按钮后，在“属性”面板中，确保未勾选“随机缩放”、“旋转元件”和“随机旋转”复选框，然后将宽度和高度分别调整为100和100。

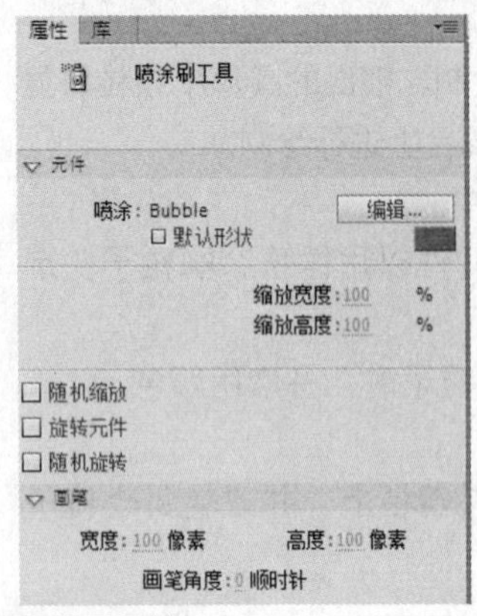

设置属性

3 使用喷涂刷，在舞台底部单击并快速拖动鼠标，喷涂出一串气泡剪辑。如果喷涂的气泡剪辑过多过密，则可以使用选择工具选中一部分剪辑，将其删除。

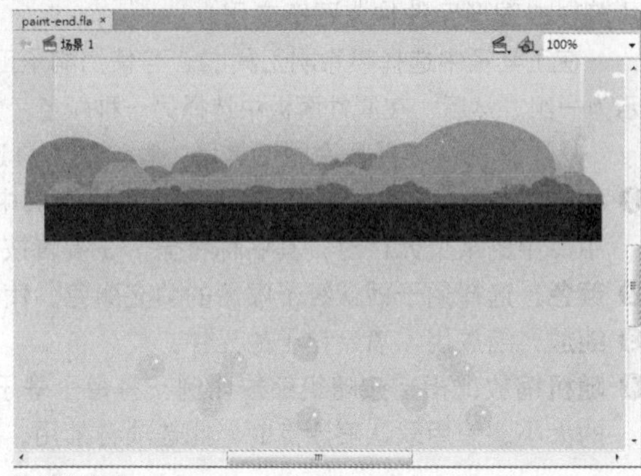

喷涂气泡

4 按下快捷键Ctrl+Enter测试动画，即可查看水下气泡的效果。

测试动画

使用Deco工具

使用 Deco 工具，可以将创建的图形形状转变为复杂的几何图案。Deco 工具使用算术计算（称为过程绘图），这些计算将应用于库中创建的影片剪辑或图形元件。这样，就可以使用任何图形形状或对象创建复杂的图案。可以使用喷涂刷工具或填充工具应用所创建的图案，将一个或多个元件与 Deco 工具一起使用可以创建丰富的效果。

选择 Deco 工具后，可以从“属性”面板中选择绘制效果。

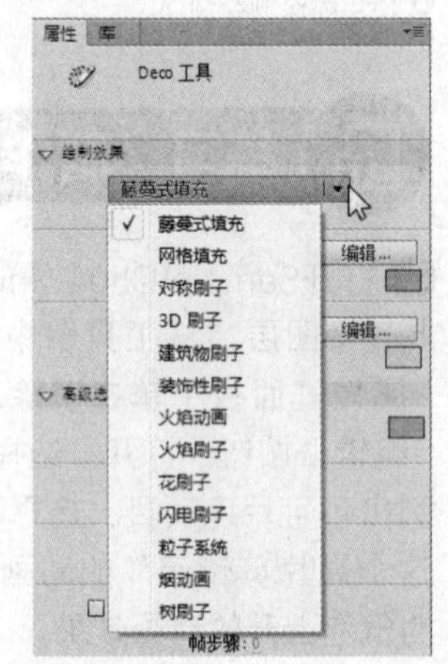

Deco工具属性

1. 藤蔓式填充

利用藤蔓式填充效果，可以用藤蔓式图案填充舞台、元件或封闭区域。通过从库中选择元件，可以替换自己的叶子和花朵的插图。生成的图案将包含在影片剪辑中，而影片剪辑本身包含组成图案的元件。

藤蔓式填充的属性如下。

❶ **树叶、花**：使用库中的任何影片剪辑或图形元件，均可将默认的花朵和叶子元件替换为藤蔓式填充效果。

❷ **分支角度**：指定分支图案的角度。

❸ **分支颜色**：指定用于分支的颜色。

❹ **图案缩放**：缩放操作会使对象同时沿水平方向和垂直方向放大或缩小。

❺ **段长度**：指定叶子节点和花朵节点间段的长度。

❻ **动画图案**：指定效果的每次迭代都绘制到时间轴的新帧中。在绘制花朵图案时，此选项将创建花朵图案的逐帧动画序列。

❼ **帧步骤**：指定绘制效果的每秒横跨帧数。

2. 网格填充

使用网格填充效果，可以用库中的元件填充舞台、元件或封闭区域。将网格填充绘制到舞台后，如果移动填充元件或调整其大小，网格填充将随之移动或调整大小。

使用网格填充效果可创建棋盘图案、平铺背景或用自定义图案填充的区域或形状。

网格填充的属性如下。

❶ **平铺1～平铺4**：最多可以将库中的 4 个影片剪辑或图形元件与网格填充效果一起使用。

❷ **平铺图案**：以简单的网格模式排列元件。

❸ **为边缘涂色**：使填充与包含的元件、形状或舞台的边缘重叠。

❹ **随机顺序**：允许元件在网格内随机分布。

❺ **水平间距**：指定网格填充中所用元件之间的水平距离。

❻ **垂直间距**：指定网格填充中所用元件之间的垂直距离。

❼ **图案缩放**：沿水平方向和垂直方向放大或缩小元件。

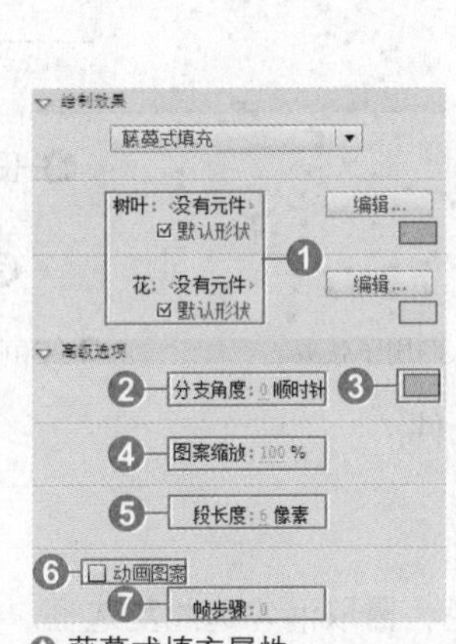

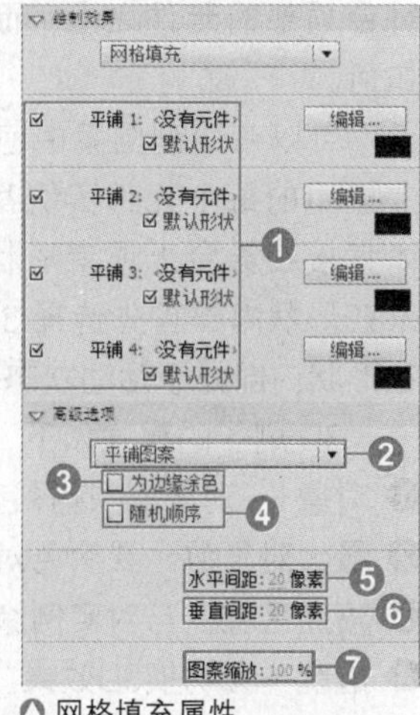

▲ 藤蔓式填充效果　▲ 藤蔓式填充属性　▲ 网格填充效果　▲ 网格填充属性

3. 对称刷子

使用对称刷子效果，可以围绕中心点对称排列元件。在舞台上绘制元件时，将显示一组手柄。使用手柄可以增加元件数、添加对称内容或者编辑和修改填充效果，以控制对称效果。

使用对称刷子效果可以创建圆形界面元素（如模拟钟面或刻度盘仪表）和旋涡图案。对称刷子效果的默认元件是 25 像素 ×25 像素，无笔触的黑色矩形形状。

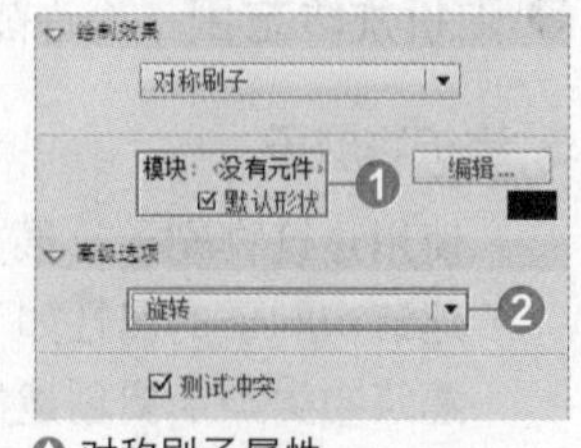

▲ 对称刷子效果　▲ 对称刷子属性

对称刷子的属性如下。

❶ **模块**：可以将库中的任何影片剪辑或图形元件与对称刷子效果一起使用。通过这些基于元件的粒子，可以对在Flash中创建的插图进行多种创造性的控制。

❷ **旋转**：围绕指定的固定点旋转对称中的形状。默认参考点是对称的中心点。若要围绕对象的中心点旋转对象，请按圆形运动进行拖动。另外，高级选项中还包含以下4个选项。

跨线反射：围绕指定的不可见线条，等距离翻转形状。

跨点反射：围绕指定的固定点，等距离放置两个形状。

网格平移：使用按对称效果绘制的形状创建网格。每次在舞台上单击选择 Deco 绘画工具都会创建形状网格。使用由对称刷子手柄定义的 X 轴和 Y 轴，可以调整这些形状的高度和宽度。

测试冲突：不管如何增加对称效果内的实例数，都可防止绘制的对称效果中的形状相互冲突。取消勾选此复选框后，其中的形状将会重叠。

4. 3D刷子

使用 3D 刷子效果，可以在舞台上对某个元件的多个实例涂色，使其具有 3D 透视效果。Flash 通过在舞台顶部（背景）附近缩小元件，并在舞台底部（前景）附近放大元件来创建 3D 透视效果。接近舞台底部绘制的元件位于接近舞台顶部的元件之上，而不管它们的绘制顺序如何。

可以在绘制图案中包括 1~4 个元件。舞台上显示的每个元件实例都位于自己的组中。可以直接在舞台上或者形状或元件内部涂色。如果在形状内部首先选择 3D 刷子，则 3D 刷子仅在形状内部处于活动状态。

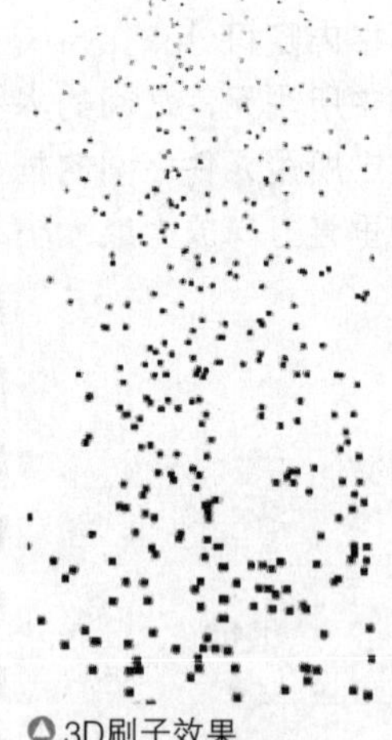

3D刷子效果

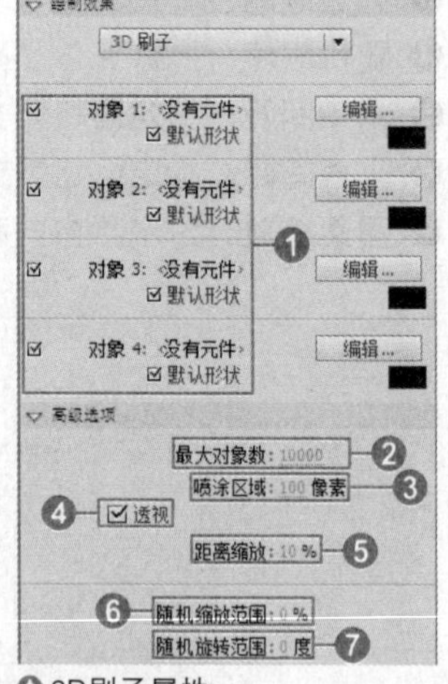

3D刷子属性

3D 刷子的属性如下。

❶ **对象1～对象4**：选择包含在绘制图案中的1~4个元件。

❷ **最大对象数**：要涂色对象的最大数目。

❸ **喷涂区域**：与对实例涂色的光标的最大距离。

❹ **透视**：会切换3D效果。若要为大小一致的实例涂色，需取消勾选此复选框。

❺ **距离缩放**：确定3D透视效果的量。增加此值会增加因向上或向下移动光标而引起的缩放。

❻ **随机缩放范围**：允许随机确定每个实例的缩放。增加此值会增加可应用于每个实例的缩放值范围。

❼ **随机旋转范围**：允许随机确定每个实例的旋转。增加此值会增加每个实例可能的最大旋转角度。

5. 建筑物刷子

使用建筑物刷子效果，可以在舞台上绘制建筑物。建筑物的外观取决于选择的建筑物属性值。

建筑物刷子的属性如下。

建筑物类型：要创建的建筑样式。

建筑物大小：建筑物的宽度。值越大，创建的建筑物越宽。

6. 装饰性刷子

使用装饰性刷子可以绘制装饰线，例如点线、波浪线及其他线条。试验该效果可了解哪种设置更适合需要的设计。

装饰性刷子的属性如下。

❶ **线条样式**：设置要绘制的线条的样式。建议试验所有 20个选项以查看不同效果。

❷ **图案颜色**：设置线条的颜色。

❸ **图案大小**：设置所选图案的大小。

❹ **图案宽度**：设置所选图案的宽度。

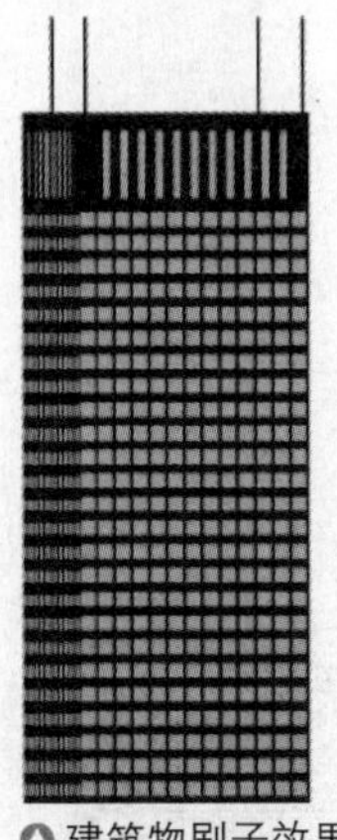

△建筑物刷子效果

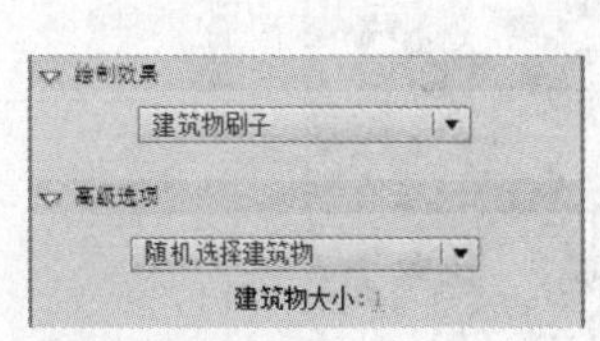

△建筑物刷子属性

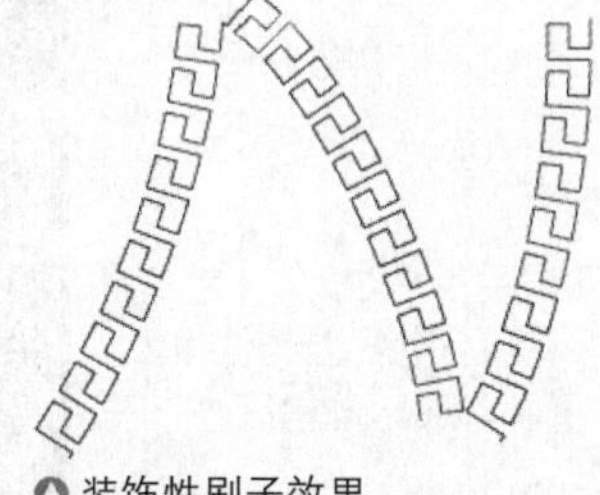

△装饰性刷子效果

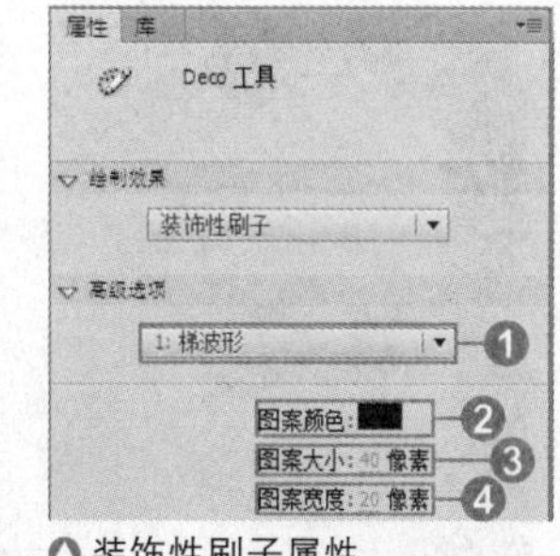

△装饰性刷子属性

7. 火焰动画

使用火焰动画效果可以创建程式化的逐帧火焰动画。

火焰动画的属性如下。

❶ **火大小**：设置火焰的宽度和高度。值越高，创建的火焰越大。

❷ **火速**：设置动画的速度。值越大，火焰的速度越快。

❸ **火持续时间**：设置动画过程中，在时间轴中所创建的帧数。

❹ **结束动画**：勾选此复选框，可创建火焰燃尽而不是持续燃烧的动画。Flash会在指定的火焰持续时间后，添加其他帧以造成烧尽效果。如果要循环播放完成的动画以创建持续燃烧的效果，取消勾选此复选框即可。

❺ **火焰颜色**：设置火苗的颜色。

❻ **火焰心颜色**：设置火焰底部的颜色。

❼ **火花**：设置火源底部各个火焰的数量。

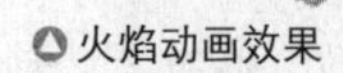

△火焰动画效果

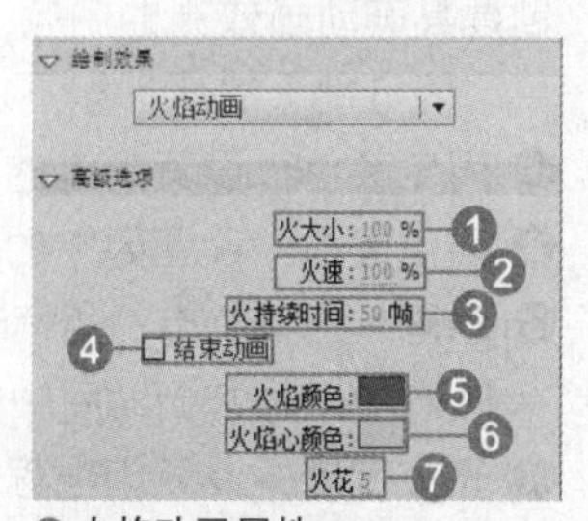

△火焰动画属性

8. 火焰刷子

借助火焰刷子效果，可以在时间轴中当前帧所对应的舞台上绘制火焰。

❶ **火焰大小**：设置火焰的宽度和高度。值越大，创建的火焰越大。

❷ **火焰颜色**：设置火焰中心的颜色。在绘制时，火焰从选定颜色逐渐变为黑色。

9. 花刷子

使用花刷子效果，可以在时间轴的当前帧中绘制程式化的花朵图案。

花刷子的属性如下。

❶ **花类型**：设置花的类型。
❷ **花色**：设置花的颜色。
❸ **花大小**：设置花的宽度和高度。值越大，创建的花越大。
❹ **树叶颜色**：设置叶子的颜色。
❺ **树叶大小**：设置叶子的宽度和高度。值越大，创建的叶子越大。
❻ **果实颜色**：设置果实的颜色。
❼ **分支**：勾选此复选框可绘制花和叶子之外的分支。
❽ **分支颜色**：设置分支的颜色。

火焰刷子效果

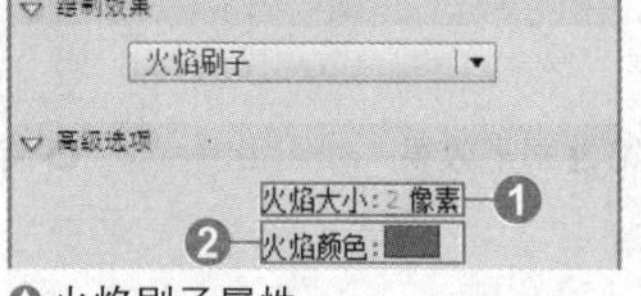

火焰刷子属性

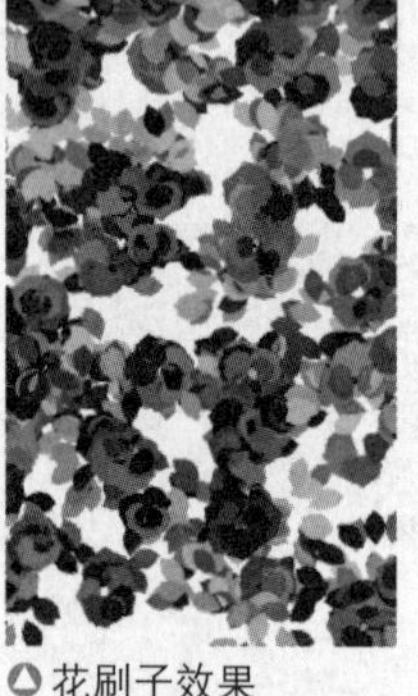

花刷子效果

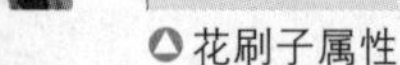

花刷子属性

10. 闪电刷子

使用闪电刷子可以创建闪电效果，还可以创建具有动画效果的闪电。

闪电刷子的属性如下。

❶ **闪电颜色**：设置闪电的颜色。
❷ **闪电大小**：设置闪电的长度。
❸ **动画**：创建闪电的逐帧动画。在绘制闪电时，Flash将帧添加到时间轴中的当前图层。
❹ **光束宽度**：设置闪电根部的粗细。
❺ **复杂性**：设置每支闪电的分支数。值越大，创建的闪电越长，分支越多。

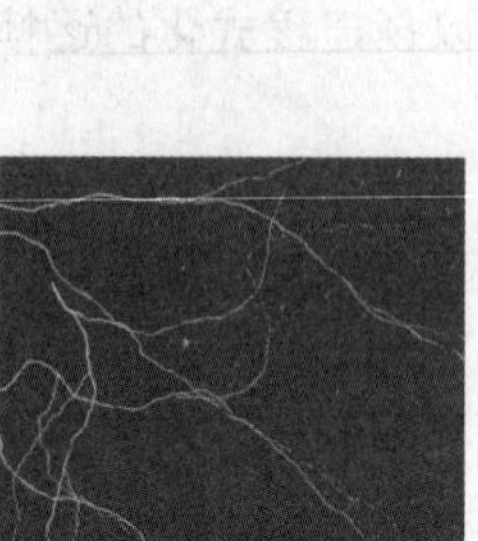
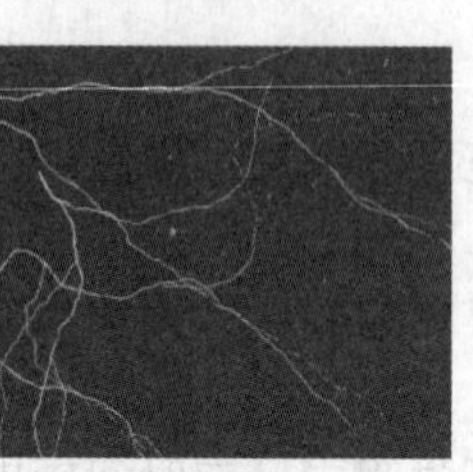

闪电刷子效果

闪电刷子属性

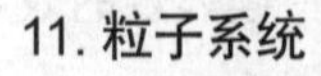

11. 粒子系统

使用粒子系统效果，可以创建火、烟、水、气泡及其他效果的粒子动画。

粒子系统的属性如下。

❶ **粒子1**：可以分配两个元件用作粒子，这是其中的第一个。如果未指定元件，将使用一个黑色的小正方形。通过正确地选择图形，可以生成非常有趣且逼真的效果。
❷ **粒子2**：这是第二个可以分配用作粒子的元件。
❸ **总长度**：从当前帧开始，动画的持续时间（以帧为单位）。
❹ **粒子生成**：在其中生成粒子的帧的数目。如果帧数小于“总长度”参数值，则该工具会在剩余帧中停止生成新粒子，但是已生成的粒子将继续添加动画效果。

❺ **每帧的速率**：设置每个帧生成的粒子数。
❻ **寿命**：设置单个粒子在舞台上可见的帧数。
❼ **初始速度**：设置每个粒子在其寿命开始时移动的速度，单位是像素/帧。
❽ **初始大小**：设置每个粒子在其寿命开始时的缩放。
❾ **最小初始方向**：设置每个粒子在其寿命开始时可能移动方向的最小范围，测量单位是度。
❿ **最大初始方向**：设置每个粒子在其寿命开始时可能移动方向的最大范围，测量单位是度。
⓫ **重力**：当此值为正数时，粒子方向为向下，并且作加速度运动（就像正在下落）。如果重力是负数，则粒子方向为向上。
⓬ **旋转速率**：设置每个粒子的每帧旋转角度。

12. 烟动画

使用烟动画效果可以创建程式化的逐帧动画。
烟动画的属性如下。

❶ **烟大小**：设置烟的宽度和高度。值越大，创建的烟越大。
❷ **烟速**：设置动画的速度。值越大，创建的烟越快。
❸ **烟持续时间**：动画过程中，在时间轴中创建的帧数。
❹ **结束动画**：勾选此复选框可创建烟消散而不是持续冒烟的动画。Flash会在指定的烟持续时间后，添加其他帧以造成消散效果。如果要循环播放完成的动画以创建持续冒烟的效果，则需取消勾选此复选框。
❺ **烟色**：设置烟的颜色。
❻ **背景颜色**：设置烟的背景色，即烟在消散后的颜色。

△ 粒子系统效果

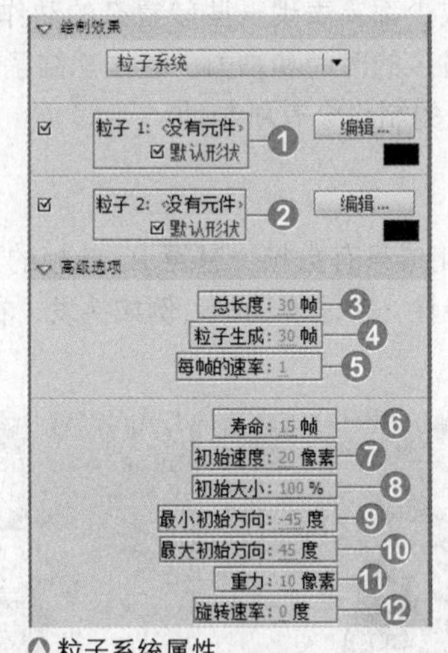

△ 粒子系统属性

△ 烟动画效果

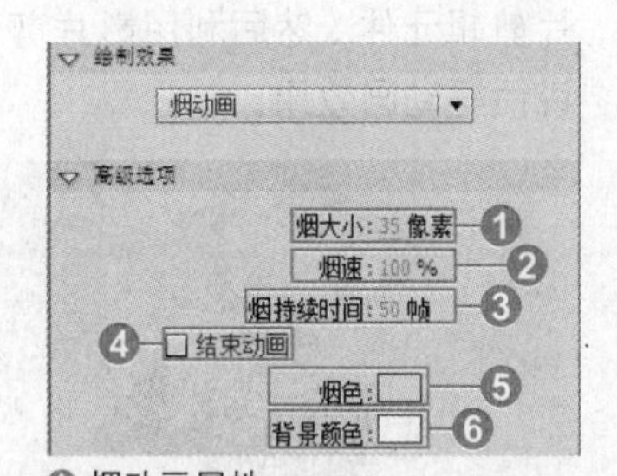

△ 烟动画属性

13. 树刷子

使用树刷子可以快速创建树状插图。
树刷子的属性如下。

❶ **树样式**：设置要创建的树的种类。每个树样式都以实际的树种为基础。

② **树比例**：设置树的大小，值范围为75%～100%。值越高，创建的树越大。

③ **分支颜色**：设置树干的颜色。

④ **树叶颜色**：设置树叶的颜色。

⑤ **花/果实颜色**：设置花和果实的颜色。

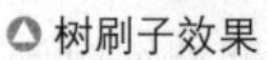

△ 树刷子效果

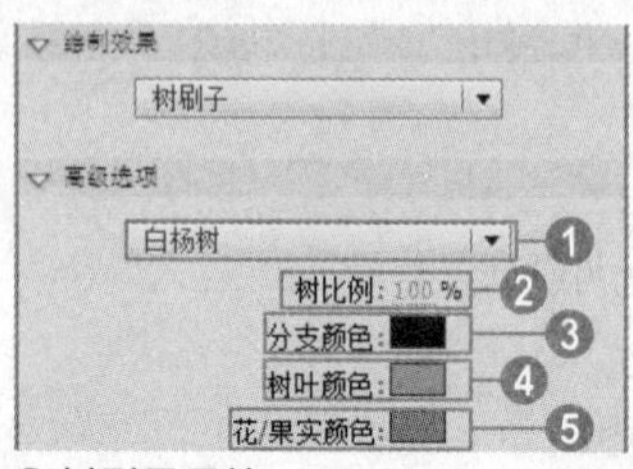

△ 树刷子属性

TIP 将装饰效果及自定元件与Flash CS6中的其他绘制功能结合在一起时，可以快速创建有趣的效果，而以手工方式或使用ActionScript则需要很长时间。在Adobe.com网站中有很多使用Deco工具，结合反向运动、滤镜和3D等其他功能创建的效果示例。

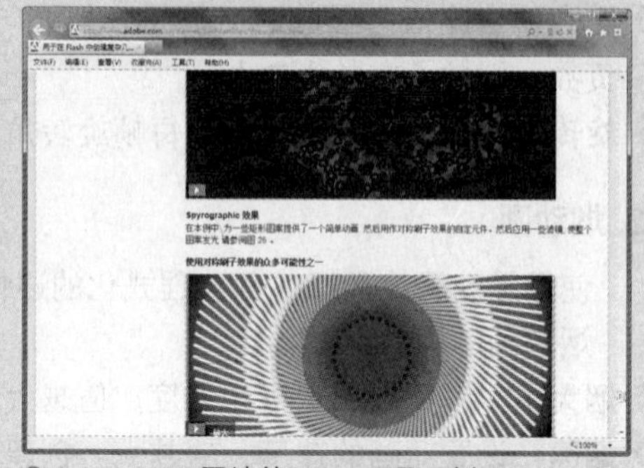

△ Adobe.com网站的Deco 工具示例

Special page 在Flash中怎样使用元件和素材表现动画？

在 Flash 动画，尤其是短片的制作中，或多或少都要表现一些较复杂的动作，而由于 Flash 本身功能的限制，使动画制作备显艰难，或需付出过多的时间和精力。这里总结了使用元件和素材制作动画短片的一些经验和技巧，希望对 Flash 动画的制作会有所帮助。

1. 利用元件循环表现动画

这是最常用的动画表现方法，将一些动作简化成只有数帧，甚至 2、3 帧的逐帧动画组成的影片剪辑元件，然后利用影片剪辑元件循环播放的特性，来表现动画，例如头发、衣服的飘动，走路、说话等动画效果。

天篷元帅斗篷飘动的动画就是 3 帧组成的影片剪辑元件。读者一定可以想到，只要先画出一帧，其他两帧在第一帧的基础上稍做修改便可完成。

这种循环的逐帧动画，要注意其节奏的把握，做好了能取得很好的效果。

2. 使用素材临摹动画

初学者常常难以自己完成一个动作的绘制，便可以临摹视频等素材，将它们导入Flash，这样完成起来就会比较轻松。在临摹的基础上还可进一步进行再加工，使动画更完善。

下面的图片中，蒙古摔跤手的动作完全是由一段视频"描"出来的。

具体的操作是从视频软件中将需要的动画截取出来，输出成系列图片（Flash 也可以直接导入视频），导入到 Flash 后依照它描绘而成。具体的风格可由自己决定。

3. 利用元件减小影片尺寸

合理地使用元件可以减小影片文件的大小。在制作影片的过程中，如果每次都使用独立的图形对象，Flash 需存储所有的图形对象的信息，这样会使动画的尺寸非常大。但是如果将图形对象制作成元件，则无论工作区中有多少个同一个元件的实例，在 Flash Player 中只需载入一次元件内容，所以使用了元件的影片文件会很小。

在工作区中应用一个元件，输出后的文件大小为 5KB，而在工作区中应用 3 个元件，输出后的文件大小仍为 5KB。

而如果不使用元件，在工作区中应用一个图形元素，输出后的文件大小为 6KB，在工作区中应用 3 个图形元素，输出后的文件大小为 14KB。

Chapter 05

动画基础

本章知识点

Unit 13	时间轴与帧的基本操作	使用时间轴
		使用帧
Unit 14	使用图层	操作图层
		操作图层文件夹
		使用图层混合模式
		使用引导图层
		使用遮罩图层
Unit 15	逐帧动画与动画预设	制作逐帧动画
		使用动画预设

章前自测题

1.帧主要有哪几种类型？帧名称、帧注释和帧锚记分别起什么作用？

2. 制作动画时，怎样同时显示或编辑多个帧的内容？

3.在Flash中，图层主要包括哪几种类型？与Photoshop中的图层有何异同点？

4.时间轴由哪几部分组成？

5.Flash将动画中一些经常用到的效果制作成简单的命令，使用户只需选中动画的对象再执行相关命令即可。从而省去大量重复、机械的操作，提高动画开发的效率。这使用什么面板实现？

时间轴与帧的基本操作

在Flash中，时间轴位于舞台的正上方或正下方，是进行Flash作品创作的核心部分。影片的制作是改变连续帧内容的过程，时间轴中不同的帧代表不同的时间，包含不同的对象。影片中的画面随着时间的变化逐个出现。

使用时间轴

时间轴由图层、帧和播放头组成，影片的进度通过帧来控制。时间轴从形式上可以分为两部分：左侧的图层操作区和右侧的帧操作区。在时间轴的上端标有帧号，播放头标示当前帧的位置。在时间轴上，帧使用小格符号表示，关键帧带有一个黑色的圆点。在帧与帧之间可以产生逐帧动画、运动补间动画和形状动画等。

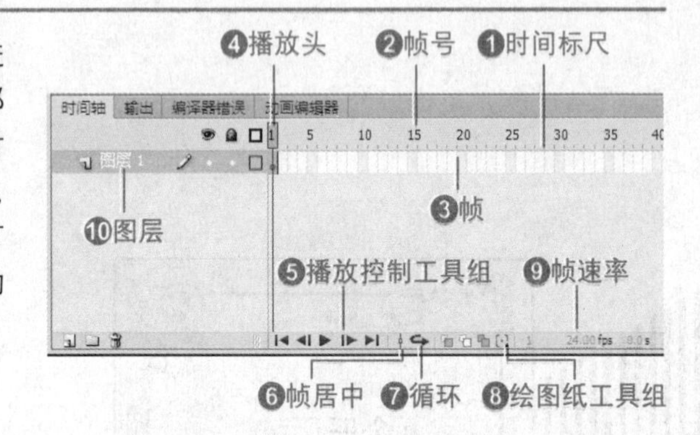

❶ **时间标尺**：时间标尺中的每一格代表一帧。

❷ **帧号**：帧的序号，每隔5帧显示一个序号。

❸ **帧**：包含对象在内的普通帧。

❹ **播放头**：使用鼠标沿时间轴左右拖动播放头，从一个区域移动到另一个区域，可以预览动画。如果正在处理大量的帧，无法一次全部显示在时间轴上，则可以拖动播放头沿着时间轴移动，从而定位到目标帧。

❺ **播放控制工具组**：控制动画的播放、跳转或停止。

❻ **帧居中**：使播放头所在帧在时间轴中间显示。

❼ **循环**：使动画循环播放。

❽ **绘图纸工具组**：可以同时显示动画的多个帧。

❾ **帧速率**：每秒播放的帧数。

❿ **图层**：动画所在的分层信息。

1. 时间轴的显示

在制作复杂动画时，由于时间轴的可视区域面积有限，往往不能将全部的帧都显示出来，甚至只能显示动画中很少的一部分帧。这时为了便于编辑和管理整个时间轴，可单击时间轴右侧的扩展按钮以打开时间轴扩展菜单。通过对该菜单的操作可以改变帧在时间轴上的显示状态，其中共有 5 种显示比例可供选择：很小、小、标准、中和大，可根据动画的长短进行修改，以便于操作。

如果执行“预览”命令，则关键帧上的内容以缩略图显示在时间轴上，但这样会扩大帧格，使显示出来的帧数减少。如果选择“关联预览”命令，可以将对象的比例和位置都显示出来。

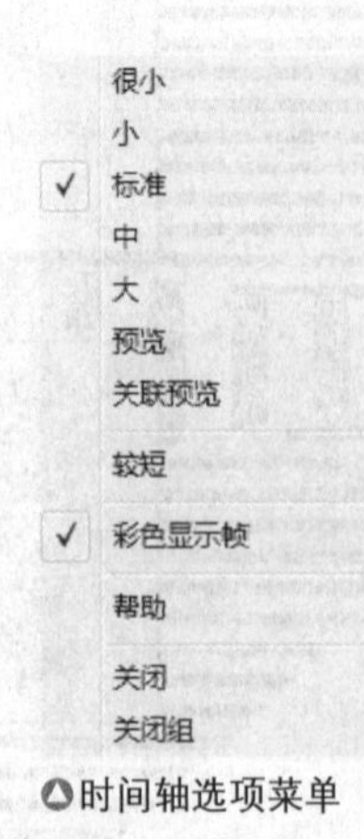

△时间轴选项菜单

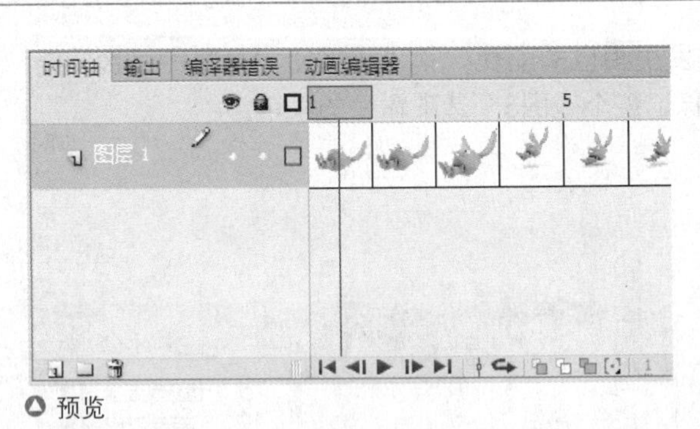

预览

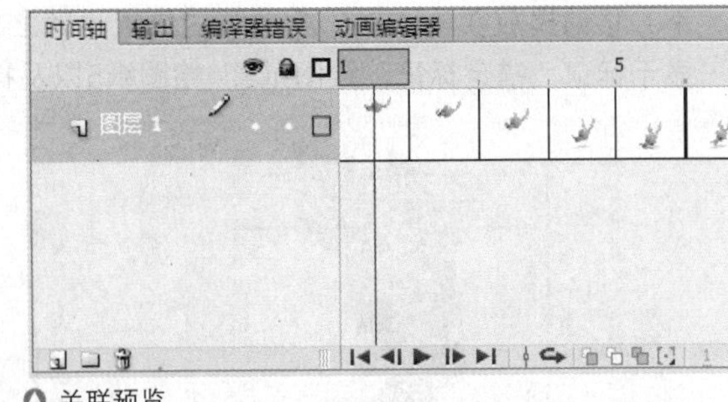

关联预览

当文件中的图层比较多时，可执行菜单中的“较短”命令，使帧的高度缩短，从而将更多的图层显示出来。取消“彩色显示帧”命令将以统一的颜色显示不同类型的帧动画。

2. 使用绘图纸

通常在 Flash 舞台中只能看到一帧的画面，但如果使用了绘图纸工具，就可以同时显示或编辑多个帧的内容，更便于对整个影片中对象的定位和安排。

绘图纸工具组由绘图纸外观模式、绘图纸外轮廓模式、多帧编辑模式和修改绘图纸标记组成。

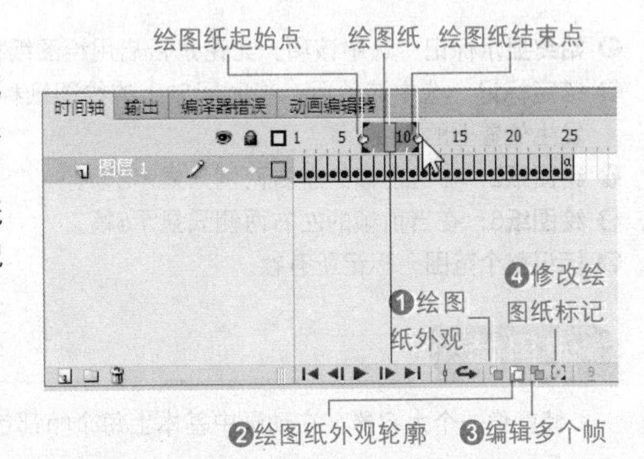

素材文件： Sample\Ch05\Unit13\union.fla

❶ **绘图纸外观**：单击时间轴上的绘图纸工具按钮，在播放头的左右两侧会出现绘图纸的起始点和结束点，位于绘图纸之间的帧在舞台中由深入浅地显示出来，其中当前帧的颜色最深。

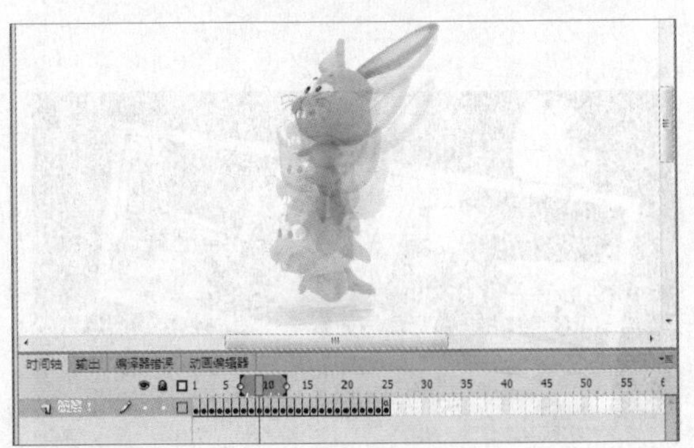
绘图纸外观

❷ **绘图纸外观轮廓**：相对于轮廓模式而言，填充模式显示帧的内容与实际帧的内容没有多少差别。绘图纸外观轮廓模式显示对象的轮廓线。

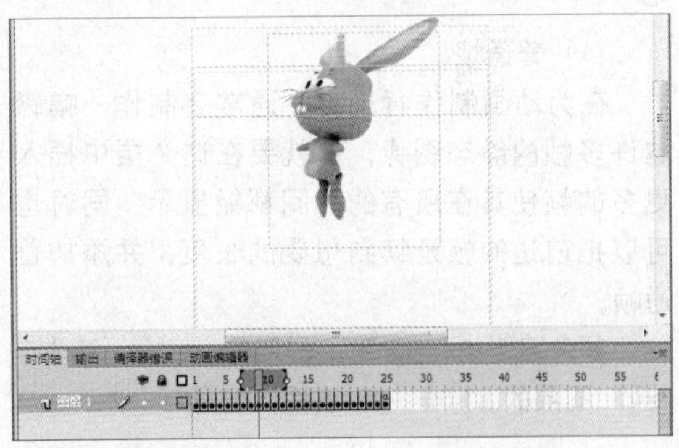
绘图纸外观轮廓

❸ **编辑多个帧**：单击“编辑多个帧”按钮，可以对选定为绘图纸部分的区域中的关键帧进行编辑，例如改变对象的大小、颜色、位置或角度等。

❹ **修改绘图纸标记**：“修改绘图纸标记”按钮的主要功能就是修改当前绘图纸的标记。通常情况

下，移动播放头的位置，绘图纸的位置也随之发生相应的变化。单击该按钮，将弹出包含始终显示标记、锚定标记、绘图纸2、绘图纸5以及标记整个范围5个选项命令的菜单。

编辑多个帧

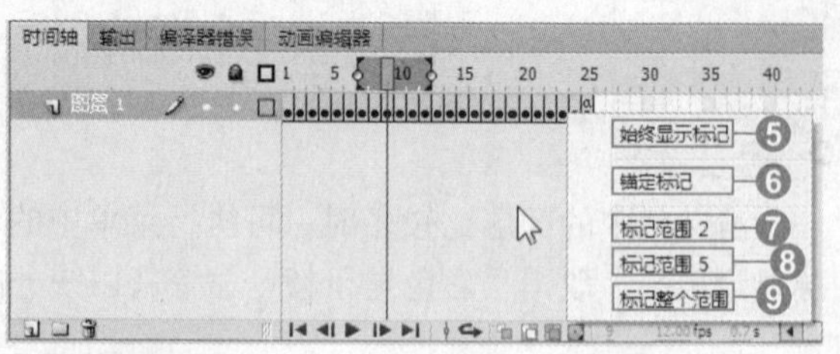

修改绘图纸标记

❺ **始终显示标记**：选中该项，无论是否启用绘图纸模式，绘图纸标记都会显示在时间轴上。
❻ **锚定标记**：选中该项后，将时间轴上的绘图纸标记锁定在当前位置，不再随着播放头的移动而发生位置上的改变。
❼ **绘图纸2**：在当前帧的左右两侧只显示2帧。
❽ **绘图纸5**：在当前帧的左右两侧只显示5帧。
❾ **标记整个范围**：标记所有帧。

使用帧

帧就像一个大容器，在动画中基本上每个帧都包含了各式各样的实例。

1. 帧的类型

无内容的帧是空的单元格，有内容的帧显示一定的标记，不同的帧代表不同的动画。关键帧后面的普通帧则继续关键帧的内容。

素材文件：Sample\Ch05\Unit13\frame.fla

（1）普通帧

在为动画制作背景时，通常会制作一幅跨越许多帧的静态图像，这就要在这个层中插入更多的帧使其在所有的时间都能显示，同时也可以把前边的帧延续到想要的长度，并添加普通帧。

参考案例中，"背景"图层的21帧~35帧，"画"图层的31帧~35帧都为普通帧。

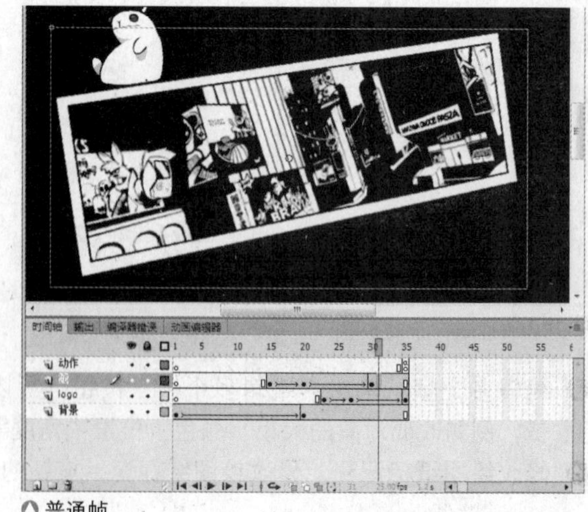

普通帧

（2）关键帧

关键帧是定义动画的关键因素，当前帧的对象属性与前后的对象属性均不相同。在“画”图层中含有3个关键帧，分别是第15帧、第20帧和第30帧。从图中可以看到这3个关键帧的对象发生了变化。

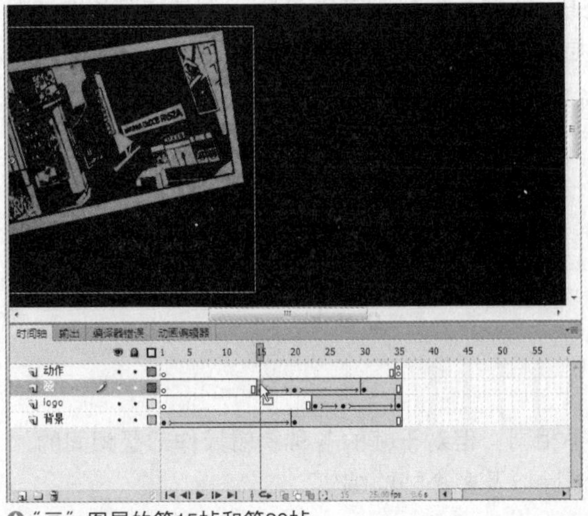

△“画”图层的第15帧和第20帧

（3）普通空白帧

制作影片时，对象进入舞台中有先后顺序，所以开始帧的位置也不同。参考案例中，“画”图层中的内容在第15帧开始出现，所以在其前面的2～14帧显示的是普通空白帧，舞台中将不显示“画”图层的任何内容，而只显示其他图层的内容。

（4）空白关键帧

“画”图层的第1帧默认为一个空白关键帧，可以在上面创建内容。一旦创建了内容，空白关键帧就变成了关键帧。

△“画”图层的空白关键帧与普通空白帧

（5）帧标识

在Flash中，可以为帧添加不同的标识，用来区分在帧上添加的内容，包括帧动作、帧名称、帧注释和帧锚记等。

帧动作：在图层的某帧上有一个a表示帧动作的存在。参考案例中，在“气球”图层的第30帧添加了帧动作。

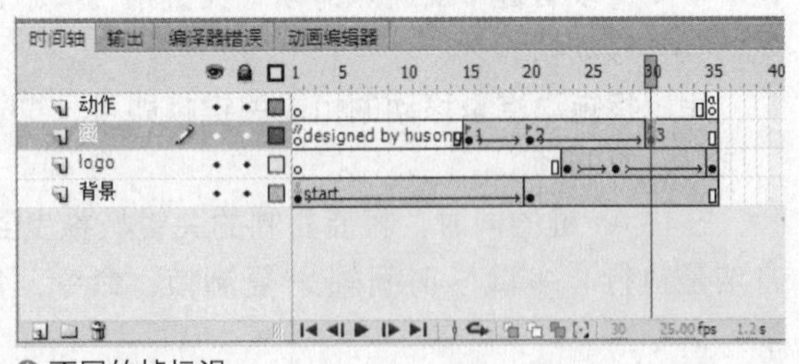

△不同的帧标识

帧名称：帧名称是用来给帧命名有标志性的名字而不是使用帧编号。给帧命名的好处是可以移动它而不破坏ActionScript指定的调用。输出时，标签包含在SWF文件中，因此标签不要过长，否则会影响到文件的大小。参考案例中“画”图层的第15帧、第20帧和第30帧，在属性面板的帧名称文本框中输入名称即可添加标签。

帧注释：帧注释以 // 开始，它不能输出，因此不必注意输入注释内容的长短。选择某一帧，在属性面板的帧名称文本框中先输入 //，然后输入注释内容后，按下 Enter 键即可为帧添加注释。参考案例中“画”图层的第 1 帧添加了 designed by husong 的注释内容。

帧锚记：命名锚记可以使影片观看者使用浏览器中的“前进”和“后退”按钮从一个帧跳到另一个帧，或是从一个场景跳到另一个场景，从而使 Flash 影片的导航变得简单。命名锚记关键帧在时间轴中用锚记图标表示。参考案例中“天空”图层的第 1 帧添加了名为 start 的锚记。

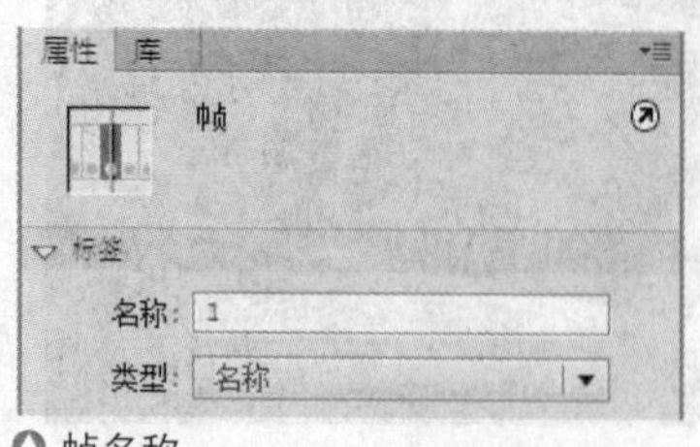

帧名称

帧注释

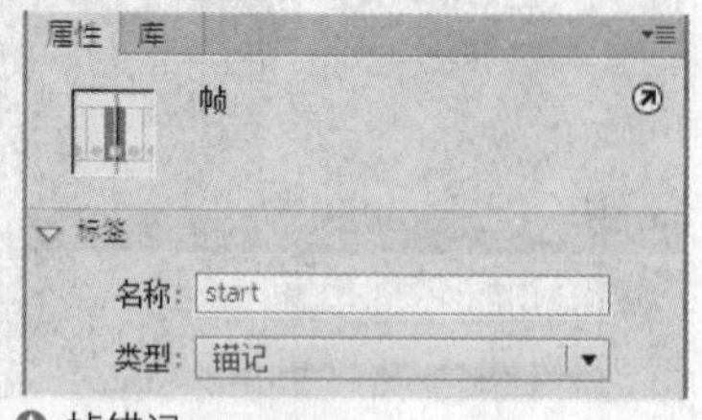

帧锚记

2. 编辑帧

帧的类型比较复杂，在影片中起到的作用也各不相同，但对于帧的各种编辑操作却是相同的。下面将介绍帧的插入、删除、复制、粘贴、转化、清除以及多个帧的编辑。

（1）插入帧

插入一个普通帧：执行“插入 > 时间轴 > 帧”命令，或按下 F5 键，会在当前帧的后面插入一个新的帧。

插入一个关键帧：执行“插入 > 时间轴 > 关键帧”命令，或按下 F6 键，会在播放头所在的位置添加一个关键帧。

插入一个空白关键帧：执行“插入 > 时间轴 > 空白关键帧”命令，或按下 F7 键，在播放头所在的位置添加空白关键帧。

一次插入多个普通帧：只要单击要插入的最后一帧，并执行“插入 > 时间轴 > 帧”命令，或按下 F5 键即可。

Ctrl 键配合鼠标拖动添加帧：按住 Ctrl 键的同时用鼠标拖动最后一帧的分界线，可以将帧延续。

鼠标拖动添加帧：在不使用任何键的状态下，选中某一帧，用鼠标向右拖动帧的末尾部分，帧就会添加到拖动的区域中，但最后一帧是关键帧。

（2）删除帧

要删除或修改影片的帧或关键帧，可选中要删除的帧或关键帧，右击选择快捷菜单中的“删除帧”命令，或者选中要删除的帧或关键帧，按下快捷键 Shift+F5 删除。

（3）移动帧

用鼠标拖动准备移动的帧或关键帧即可。

（4）复制帧

按住 Alt 键的同时，将要复制的关键帧拖曳到待复制的位置，然后释放鼠标即可。另一种复制方法是执行“编辑 > 时间轴 > 复制帧”命令，然后再待复制的位置执行“编辑 > 时间轴 > 删除帧”命令。

（5）翻转帧

选取某一段动画，右击选择快捷菜单中的“翻转帧”命令，可以将影片的播放次序反转。

（6）多帧编辑

同时选择多个帧有两种方法：一种是选择连续的帧。选择某一帧后，在按住 Shift 键的同时单击另外一帧，可以选中两帧之间包含的所有帧；另一种是选择不连续的多个帧。按住 Ctrl 键的同时逐个单击。

要对多个帧进行移动，只要将它们全部选中，然后用鼠标拖曳到目标位置就可以了。如果要在两个文件或多个文件之间移动多个帧，就要使用右键快捷菜单中的复制粘贴命令了。多个帧的复制和粘贴的操作同单帧操作相似，这里就不再赘述了。

3. 帧频率

帧频率是设置Flash动画快慢的关键所在，设置合适的帧频率，才能使动画播放达到最佳效果。

一个Flash动画，只能制定一个帧频率。在创建动画之前应该首先设置好帧频率。在菜单中执行“修改 > 文挡”命令，打开“文档设置”对话框，并在帧频框中输入新的播放频率数值，然后单击“确定”按钮即可。或者直接在时间轴面板下方修改帧频也可以调整帧频率。

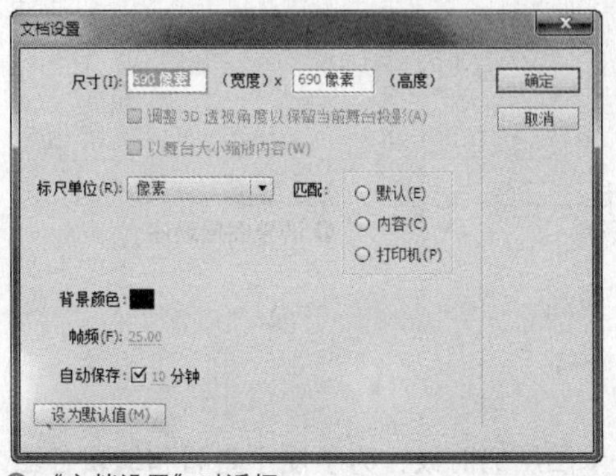

“文档设置”对话框

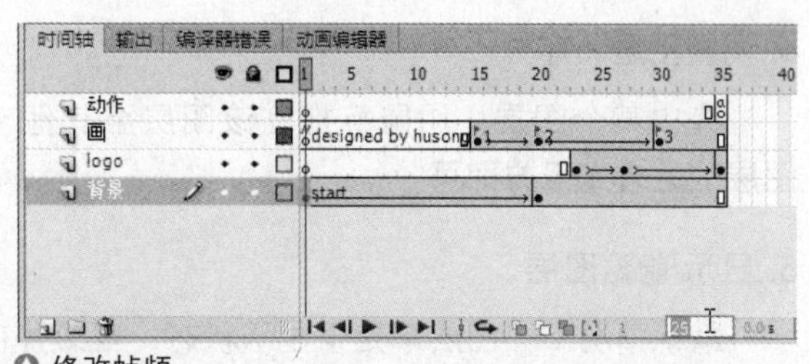

修改帧频

> **TIP** 标准动态图像的帧频率为24fps。由于网络发布的需要，默认情况下，Flash动画的帧频率也为24fps。帧频率过低，动画播放时会出现明显的停顿现象；帧频率过高，动画播放时速度太快，则会使动画一闪而过。

UNIT 14 使用图层

可以把图层看成是堆叠在一起的多张透明纸。在舞台中，当图层上没有任何东西的时候，便可透过上面的图层看到下面图层上的图像。用户可以运用图层组合出各种复杂的动画。

操作图层

1. 新建/删除图层

在新建的Flash动画中，只有一个图层，默认图层名称为“图层1”。要插入图层，单击时间轴上的“新建图层”按钮即可。

选中要删除的图层，单击时间轴上的“删除”按钮就可以将图层删除。

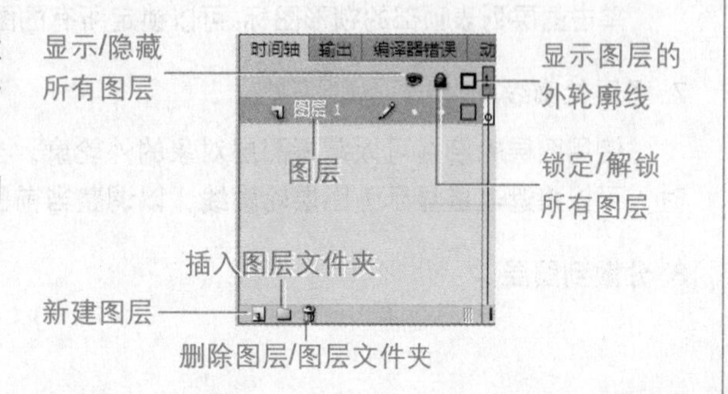

2. 选择图层

在对图层进行操作时，必须先将其确认为当前图层。虽然在同一时刻只能对一个图层的内容进行编辑，但是在选取图层时可以选取单个图层，也可以选择多个图层。

按住 Shift 键的同时单击需要选中的图层，可以选择多个连续的图层；按住 Ctrl 键的同时单击需要选中的图层，可以选择多个不连续的图层。

3. 命名图层

创建新图层时，系统会自动将图层命名为“图层 N”。面对一个复杂的影片时，在时间轴上会存在数十个，甚至更多图层，为了方便地识别图层，可以根据图层的内容给图层命名。

使用鼠标双击要改变图层名称的图层，并输入新的图层名，然后按下 Enter 键即可。

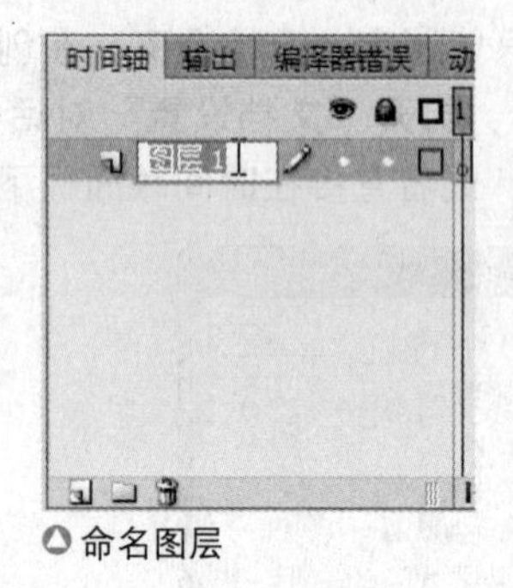

命名图层

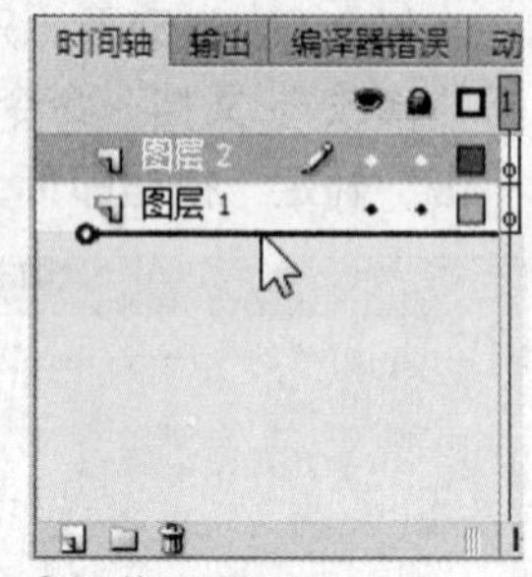

调整图层顺序

4. 调整图层顺序

选中某个图层，用鼠标拖曳该图层至其他图层的上方或下方即可。

5. 显示/隐藏图层

默认情况下，图层都处于显示状态。当影片中存在多个图层的时候，为了便于查看和编辑各图层中的内容，需要将其他图层隐藏。隐藏图层的操作很简单，只要单击该图层对应眼睛图标下方的点即可。

当某一个图层被隐藏时，该图层将会用红色的叉号标示，如果要取消隐藏，单击红色的叉号就可以显示图层。单击眼睛图标可以隐藏所有图层。

按住 Alt 键的同时单击某一图层，可以将该图层以外的所有图层隐藏。

6. 锁定/解锁图层

在编辑某个图层的对象时，常会对其他图层的对象产生误操作。为了避免影响其他图层的内容，可以只激活当前编辑图层，将其他的图层锁定。

锁定图层的方法是单击需要锁定的图层名称对应锁形图标下方的点。

如果锁定的是当前图层，则其左侧的铅笔图标也被划掉。

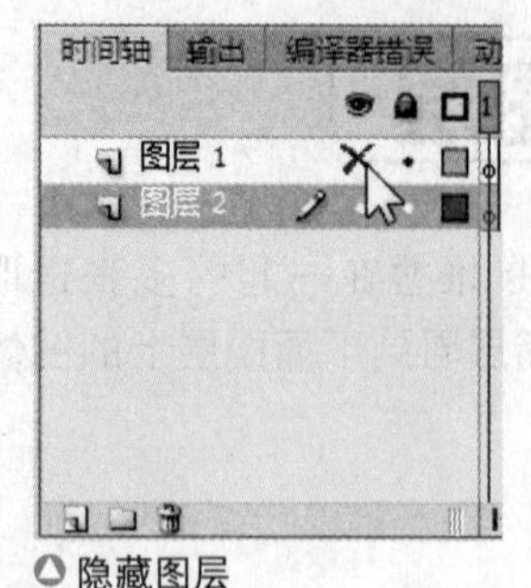

隐藏图层

锁定图层

单击图层列表顶部的锁形图标，可以锁定所有的图层。再次单击锁形图标可以取消图层的锁定状态。

7. 图层轮廓线

使用图层轮廓线可以掌握图层对象的外轮廓。当某图层中的对象被另外一个图层中的对象遮盖时，可以将遮盖层显示为图层轮廓线，以调整当前图层的位置或大小。

8. 分散到图层

分散到图层功能可以将一个图层中多个独立的对象分散布置在多个图层中。分散到图层功能还可以被应用在图形、文字、位图、群组对象和图符上。

可以一次选定图层中的多个对象，使用分散到图层命令，然后将每个对象单独放置在一个图层中。如果要制作文字动画，分散到图层功能可以大大提高影片的制作效率。

选定对象后，右击选择快捷菜单中的"分散到图层"命令，应用分散到图层功能。

操作图层文件夹

图层文件夹可以提高 Flash 制作的工作效率，利用它可以分门别类地对图层进行整理。

1. 新建/删除图层文件夹

创建图层文件夹的方法很简单，只要单击时间轴中图层列表下方的"新建文件夹"按钮就可以添加图层文件夹了。或者将要删除的图层文件夹选中，单击时间轴上的"删除"按钮就可以将图层文件夹删除。

2. 命名图层文件夹

在创建新图层目录时，系统会将图层命名为"文件夹 N"。为了方便地识别图层目录中的内容，可以根据文件夹中的内容给图层目录命名。方法同命名图层一样，双击图层目录的名称，然后输入新的名字就可以了。

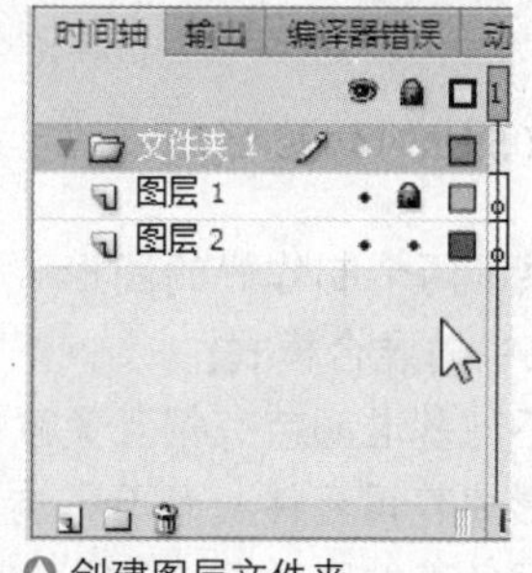

创建图层文件夹

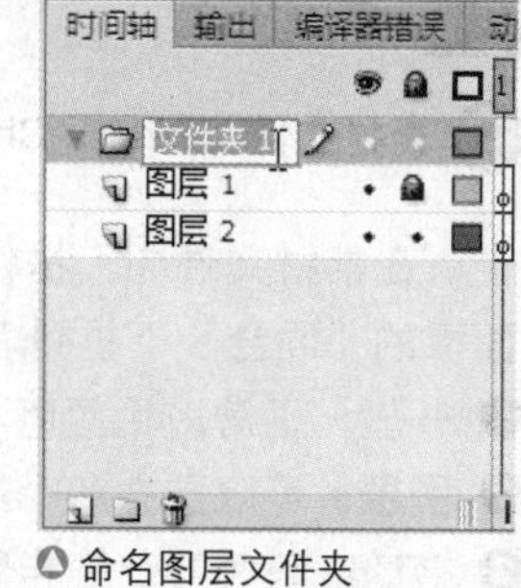

命名图层文件夹

3. 图层移入/移出图层文件夹

新建的图层文件夹中没有任何图层文件，需要将其他图层移入图层文件夹中，方法是使用鼠标拖曳图层至图层文件夹。

将图层从图层文件夹中移出，只要使用鼠标将要移出图层文件夹的图层拖曳出文件夹就可以了。

4. 关闭/打开图层文件夹

利用图层文件夹旁边的三角形按钮可以关闭和打开图层文件夹。图层文件夹的显示 / 隐藏、锁定 / 解锁、显示外轮廓线的操作与图层的相关操作相同。

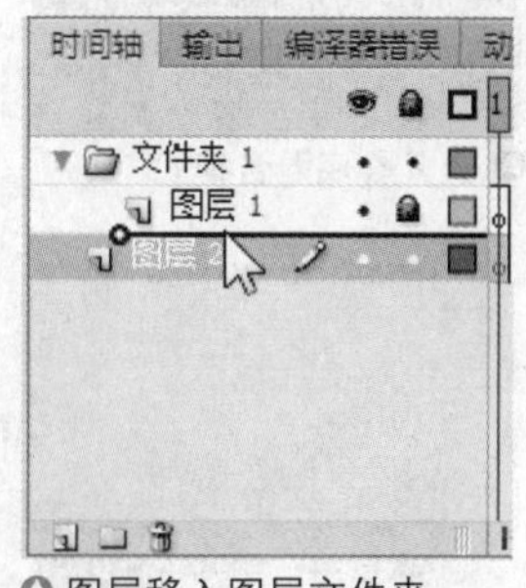

图层移入图层文件夹

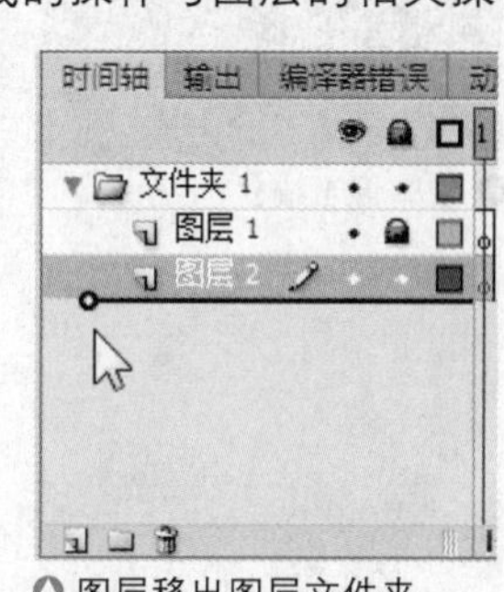

图层移出图层文件夹

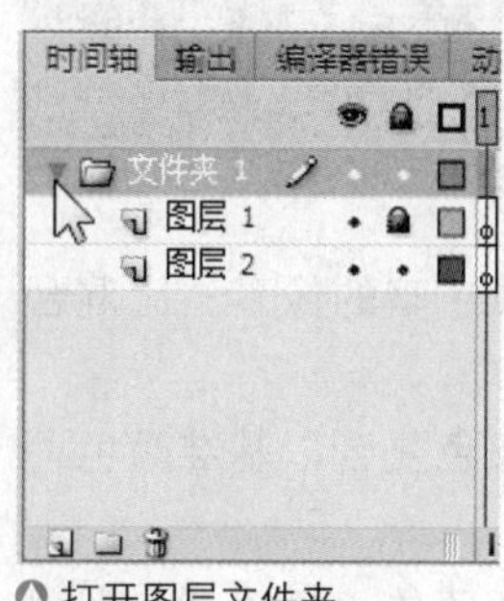

打开图层文件夹

关闭图层文件夹

使用图层混合模式

使用图层混合模式，可以创建复合图像。复合是改变两个或两个以上重叠对象的透明度或者颜色相互关系的过程。使用混合模式，可以混合重叠影片剪辑中的颜色，从而创造独特的效果。在属性面板的“混合”下拉列表中可以设置混合模式。

TIP 混合模式包含这些元素：混合颜色是应用于混合模式的颜色；不透明度是应用于混合模式的透明度；基准颜色是混合颜色下的像素的颜色；结果颜色是基准颜色的混合效果。

素材文件：Sample\Ch05\Unit14\blend.fla

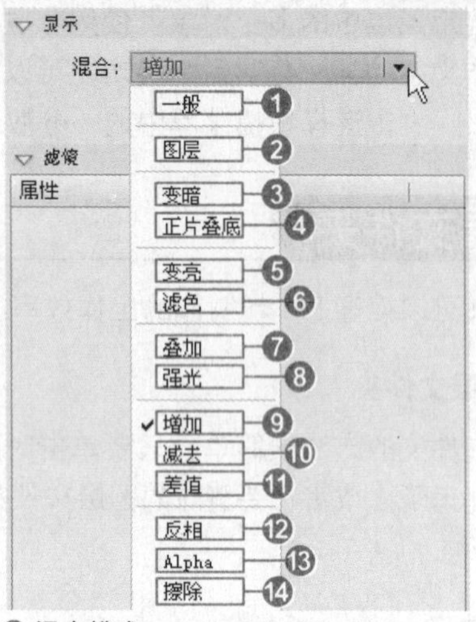

混合模式

在素材文件中，提供了两个制作好的图形，分别放在了fire图层和bg图层中。下面介绍属性面板的“混合”下拉列表中的混合模式。

❶ **一般**：正常应用颜色不与基准颜色有相互关系。

❷ **图层**：可以层叠各个影片剪辑元件，而不影响其颜色。

❸ **变暗**：只替换比混合颜色亮的区域，比混合颜色暗的区域不变。

❹ **正片叠底**：将基准颜色复合以混合颜色，从而产生较暗的颜色。

一般混合模式

图层混合模式

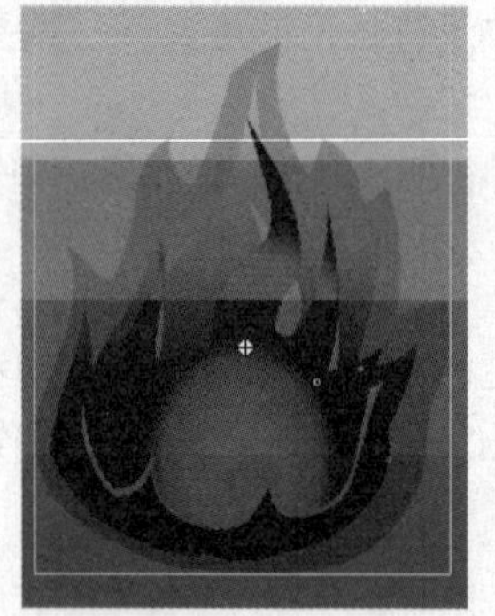

变暗混合模式

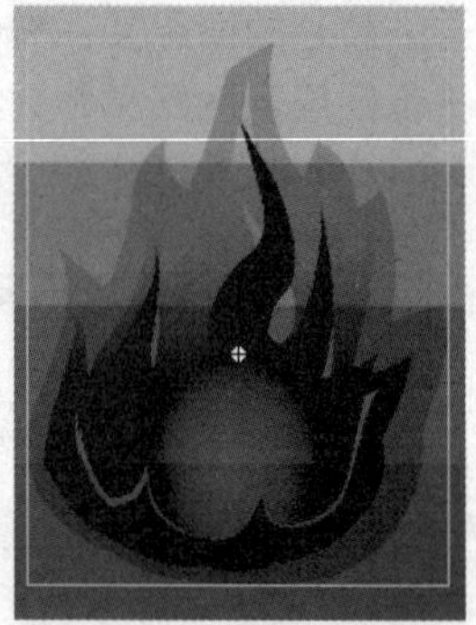

正片叠底混合模式

❺ **变亮**：只替换比混合颜色暗的像素。比混合颜色亮的区域不变。

❻ **滤色**：将混合颜色的反色复合以基准颜色，从而产生漂白效果。

❼ **叠加**：进行色彩增殖或滤色，具体情况取决于基准颜色。

❽ **强光**：进行色彩增殖或滤色，具体情况取决于混合模式颜色。该效果类似于用点光源照射对象。

变亮混合模式

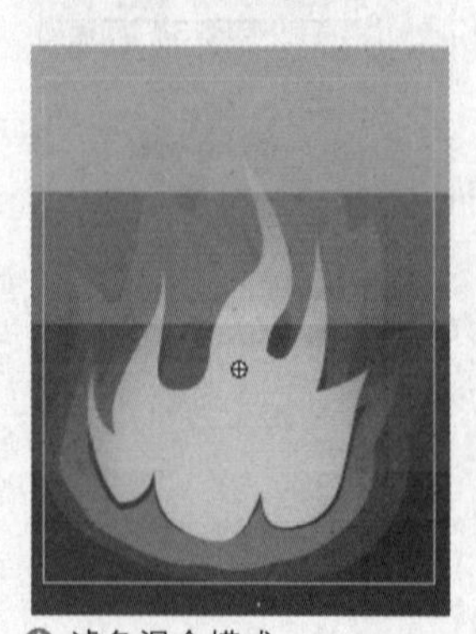

滤色混合模式

⑨ **增加**：从基准颜色增加混合颜色。
⑩ **减去**：从基准颜色减去混合颜色。

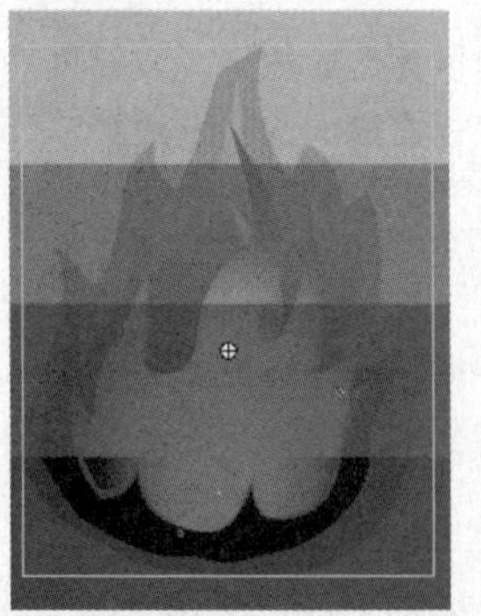
叠加混合模式

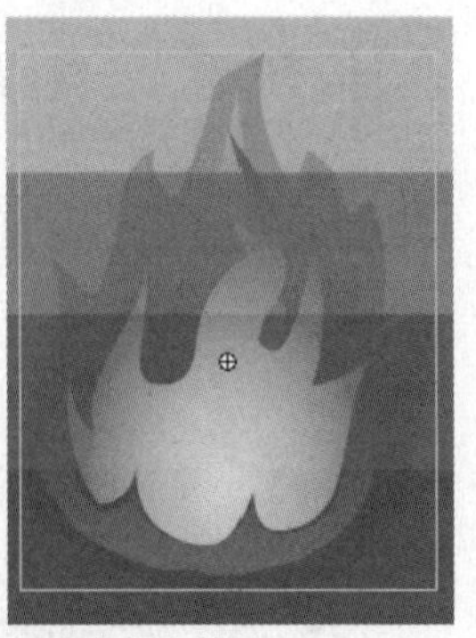
强光混合模式

增加混合模式

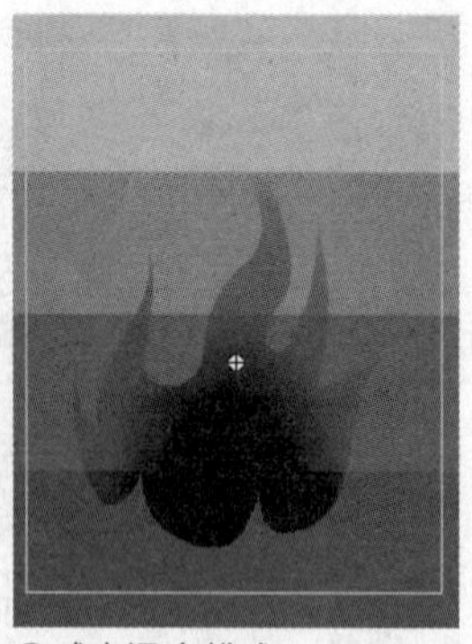
减去混合模式

⑪ **差值**：从基准颜色减去混合颜色，或者从混合颜色减去基准颜色，具体情况取决于哪个的亮度值较大。该效果类似于彩色底片。
⑫ **反相**：取基准颜色的反色。
⑬ **Alpha**：应用Alpha遮罩层。
⑭ **擦除**：删除所有基准颜色像素，包括背景图像中的基准颜色像素。

差值混合模式

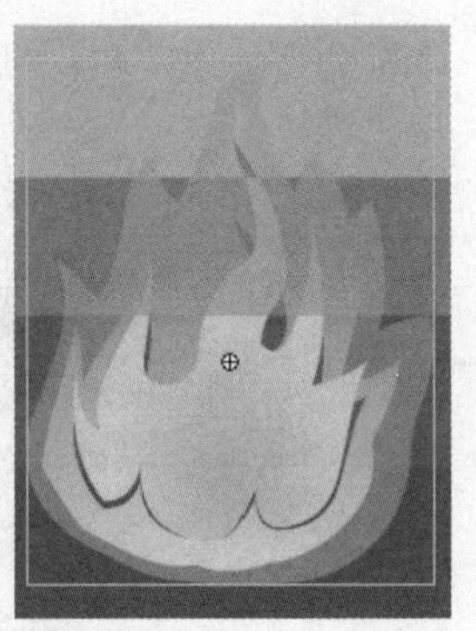
反相混合模式

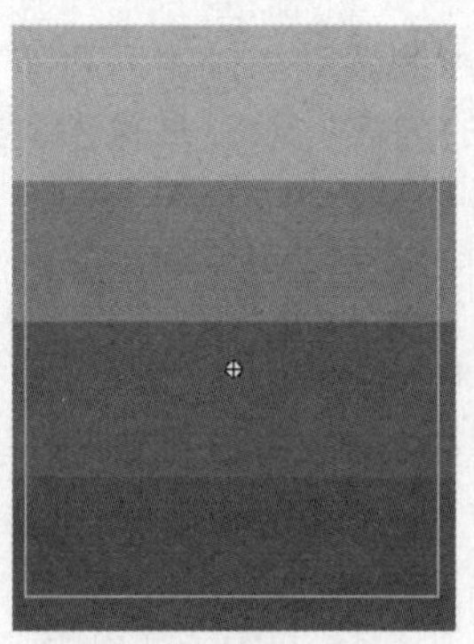
Alpha混合模式

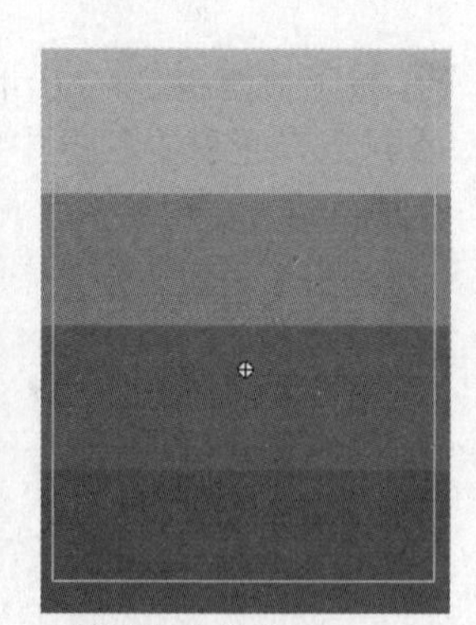
擦除混合模式

使用引导图层

引导图层在影片的制作过程中起辅助的作用。引导图层分为两种：普通引导图层和运动引导图层。普通引导图层在影片中起辅助静态定位的作用，而运动引导图层在创建的影片中起引导运动路径的作用，在需要实现某个对象沿着特定路径移动时，常常用运动引导图层。

1. 普通引导图层

普通引导图层是在普通图层的基础上建立起来的，该图层中的所有内容仅作为制作影片时的参考，不会出现在最终输出的作品中。

素材文件：Sample\Ch05\Unit14\guide.fla

打开素材文件，可以看到时间轴上有两个图层“效果图”和“结构”。“结构”图层的作用是为了辅助搭建房间的空间结构，并不需要输出成为影片中的角色，下面是将普通图层“结构”转化为普通引导图层的操作。

1 选择"结构"图层，并单击鼠标右键，选择快捷菜单中的"引导层"命令。

△设置引导层

2 这时"结构"图层变成了普通引导图层，如图所示。

TIP 将普通引导图层转换为普通图层，只要再次在图层上单击鼠标右键，选择快捷菜单中的"引导层"命令即可。

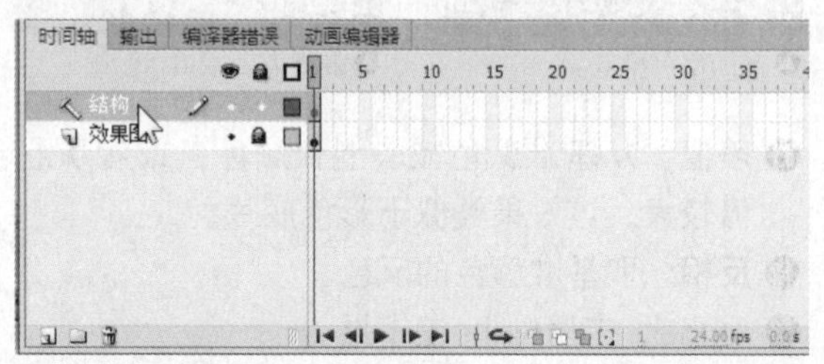

△"结构"引导层

3 按下快捷键Ctrl+Enter测试动画效果。可以看到，普通引导图层中的内容并没有被输出到生成的影片文件中。

△测试效果

2. 运动引导图层

运动引导图层在制作的影片中起着设置运动路径和导向的作用。该功能可在运动对象的上方添加一个运动路径的层，然后用户可在该层中绘制对象的运动路线，让对象沿该路线运动。在播放时，该层是隐藏的。运用引导层可以绘制路径，补间实例、组或文本块均可以沿着这些路径运动。也可以将多个层链接到一个运动引导层，使多个对象沿同一条路径运动。

素材文件： Sample\Ch05\Unit14\motionguide.fla

1 打开素材文件，在"库"面板中双击"引导动画"元件进入元件编辑模式，下面以给"图层2"中的汽车创建运动路径为例进行讲解。单击"图层2"将其确认为当前图层，单击鼠标右键，从弹出的快捷菜单中选择"添加传统运动引导层"命令，在"图层2"上方创建一个引导图层。

2 选择工具箱中的钢笔工具，在引导图层中绘制运动的路径。

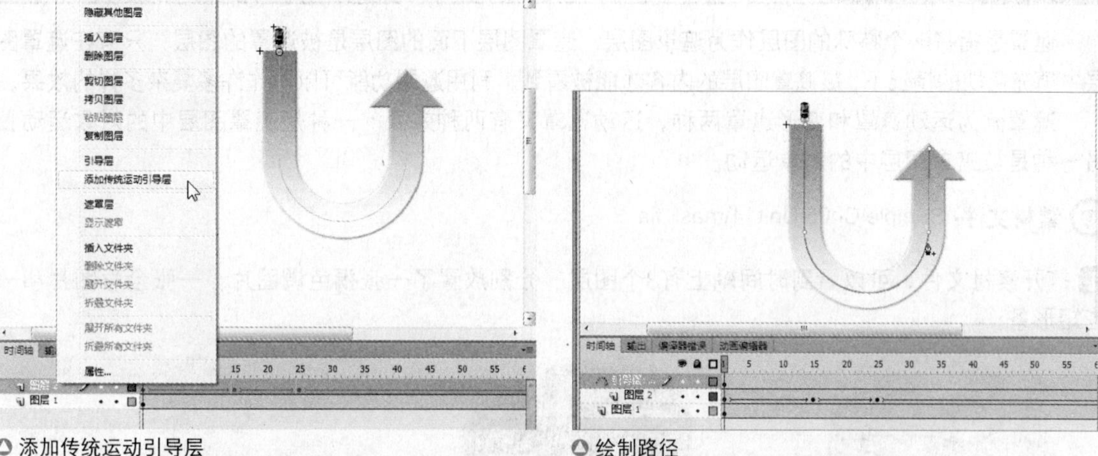

△ 添加传统运动引导层

△ 绘制路径

3 单击图层的第1帧，将汽车的中心与路径左侧顶端的端点重合。

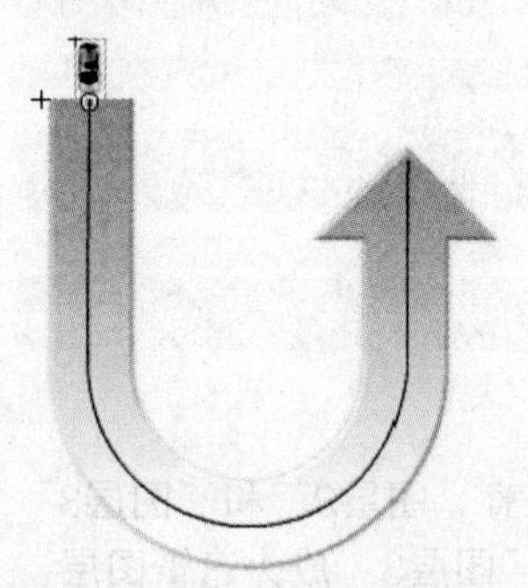

△ 将中心点与路径左侧端点重合

4 单击“图层2”中的第270帧，将汽车的中心路径与路径右侧顶端的端点重合。

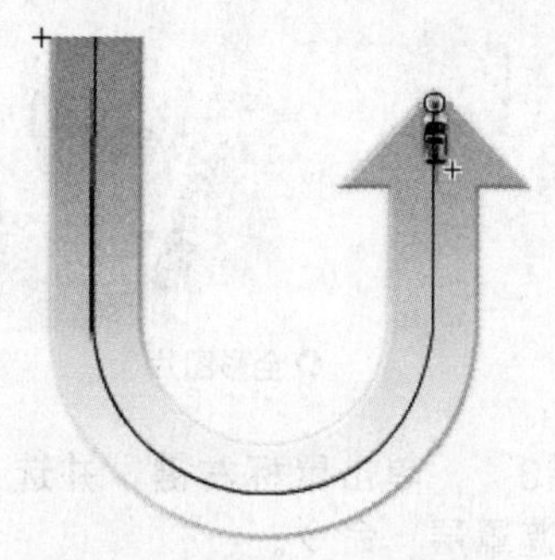

△ 将中心点与路径右侧端点重合

5 在“图层2”的第1帧和第270帧之间单击鼠标右键，并选择快捷菜单中的“创建传统补间”命令。

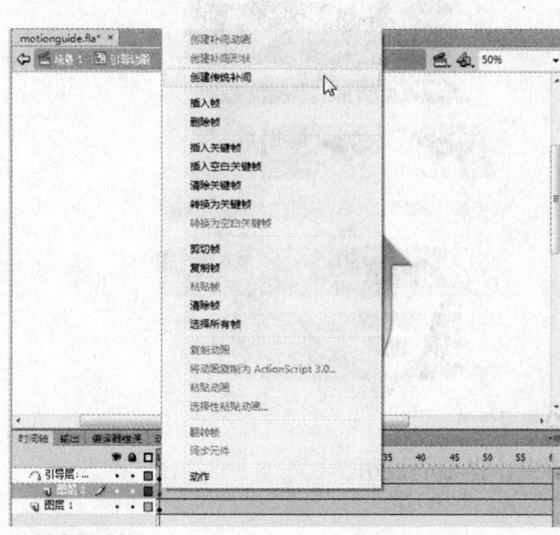

△ 创建传统补间

6 在“属性”面板中选择“调整到路径”选项，然后按下Enter键测试动画，可以看到汽车沿着引导图层中的路径运动。按下快捷键Ctrl+Enter测试动画，运动引导层默认被自动隐藏，汽车运动的效果产生了。

△ 测试动画

使用遮罩图层

遮罩是指将一个特殊的图层作为遮罩图层，遮罩图层下面的图层是被遮罩的图层，只有在遮罩图层中填充色块的情况下，被遮罩图层的内容才能被看到。利用遮罩功能可以制作许多复杂多样的效果。

遮罩分为运动遮罩和变形遮罩两种。运动遮罩又有两种效果：一种是遮罩图层中的对象运动，另一种是被遮罩图层中的对象运动。

素材文件： Sample\Ch05\Unit14\mask.fla

1 打开素材文件。可以看到时间轴上有3个图层，分别放置了一张褐色调图片、一张全彩图片和一些矩形条。

褐色调图片

全彩图片

矩形条

2 下面选择“图层3”，单击鼠标右键，并选择快捷菜单中的“遮罩层”命令。

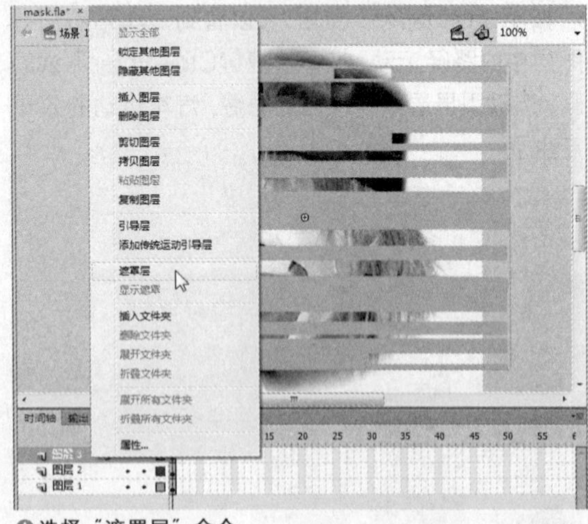

选择“遮罩层”命令

3 遮罩创建完成，注意“图层2”和“图层3”发生的变化。此时的“图层3”成为遮罩图层，“图层2”成为被遮罩图层。在舞台中，图片只显示了被矩形块填充遮盖的部分。

遮罩效果

具体的遮罩动画效果，将在后面动画制作的章节中作详细的说明。

UNIT 15 逐帧动画与动画预设

Flash作为著名的二维动画制作软件，其动画制作的功能是非常强大的。运用Flash，用户可以轻松地创建丰富多彩的动画效果。并且只需要通过更改时间轴每一帧中的内容，就可以在舞台中创作出移动对象、增加或减小对象大小、旋转、更改颜色、淡入淡出或者更改对象形状等效果。上述的更改既可以独立于其他的更改方式进行，也可以和其他的更改方式互相协调，结合使用。

制作逐帧动画

逐帧动画也叫帧帧动画，顾名思义，它需要具体定义每一帧的内容，以完成动画的创建。逐帧动画需要用户更改影片每一帧所对应的舞台内容。简单的逐帧动画并不需要用户定义过多的参数，只需要设置好每一帧，动画即可播放。

逐帧动画最适合于每一帧中的图像都在更改，而不仅仅是简单地在舞台中移动的复杂动画。逐帧动画文件大小的增加速度比补间动画快得多，所以逐帧动画的体积一般会比普通动画的体积大。在逐帧动画中，Flash 会保存每个完整帧的值。

要创建逐帧动画，需要将每个帧都定义为关键帧，然后为每个关键帧创建不同的图像。每个新关键帧最初包含的内容和它前面的关键帧是一样的，因此可以递增地修改动画中的帧。

闪客高手：制作血型运势动画

范例文件	Sample\Ch05\Unit15\frame-end.fla
初始文件	Sample\Ch05\Unit15\frame.fla
视频文件	Video\Ch05\Unit15\Unit15-1.wmv

1 打开Sample\Ch05\Unit15\frame.fla文件，按下快捷键Ctrl+L打开“库”面板，其中提供了动画所需的全部素材元件。这些元件包含在3个元件文件夹中，分别是bg、button和lucky。

2 选择背景层的第1帧，从“库”面板的bg 文件夹中将bg元件拖曳到舞台中。

△ 制作背景

3 新建图层，命名为page，然后从“库”面板的bg文件夹中将maintext元件拖曳到舞台中。

4 新建图层，并将其命名为mainback，然后从“库”面板的button文件夹中将A、B、AB和O4个按钮元件拖曳到舞台中，并使用对齐面板进行对齐。

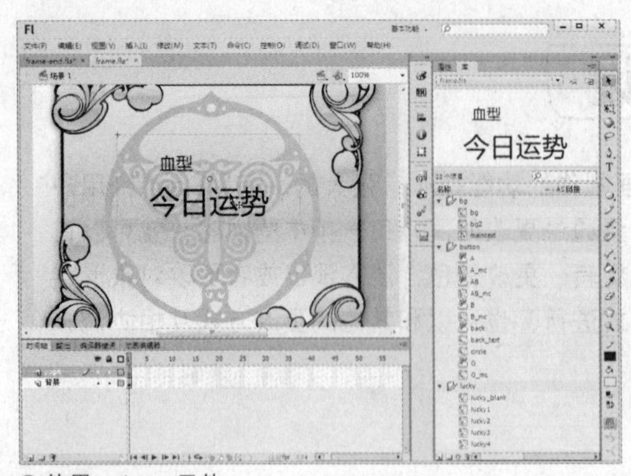
△ 使用maintext元件

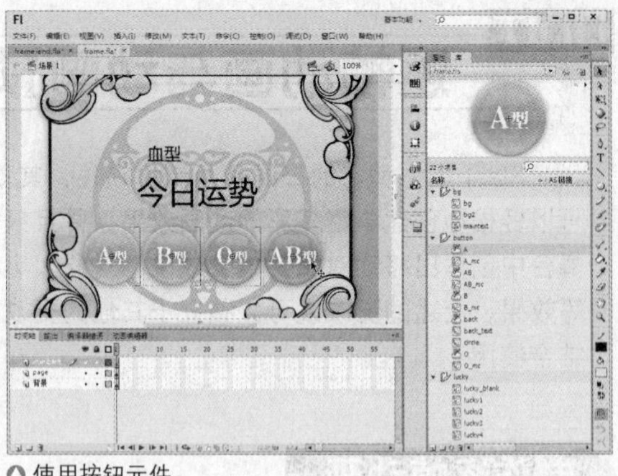
△ 使用按钮元件

5 在背景层的第5帧按下F5键，插入普通帧，使背景持续5帧的画面。

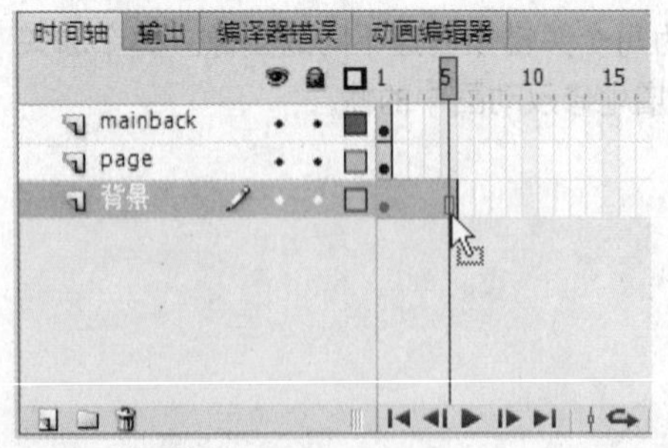

△ 插入普通帧

6 在page层的第2帧按下F7键，插入空白关键帧，然后从"库"面板的lucky文件夹中将lucky1元件拖曳到舞台中。

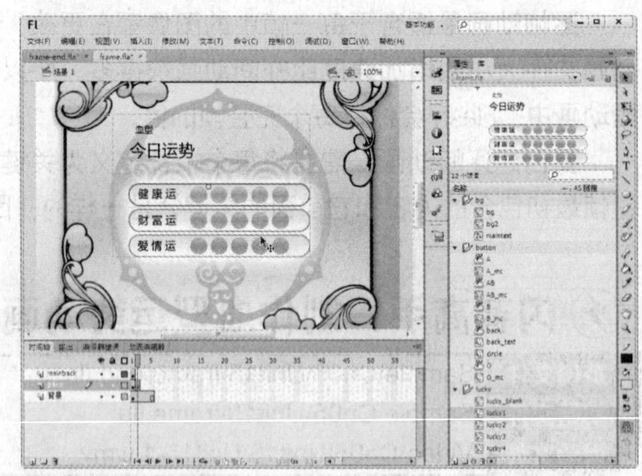
△ 使用lucky1元件

7 在page层的第3帧按下F7键，插入空白关键帧，然后从"库"面板的lucky文件夹中将lucky2元件拖曳到舞台中。

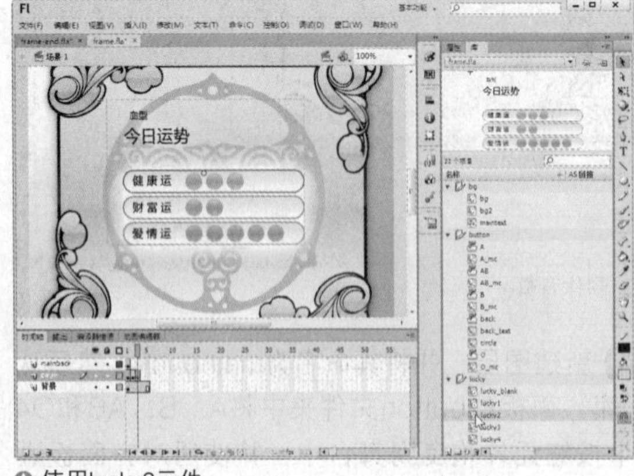
△ 使用lucky2元件

8 按照同样的方法，将lucky3和lucky4元件放到page层的第4和第5帧中。

△ 第4帧画面

△ 第5帧画面

9 选择mainback层的第2帧，按下F7键插入空白关键帧，从"库"面板的button文件夹中将back元件拖曳到舞台中。然后在该层的第5帧按下F5键，插入普通帧，使返回按钮也持续到第5帧。

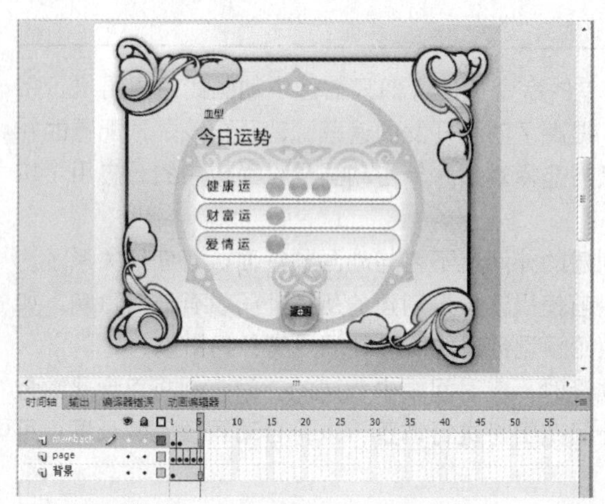

△ 使用back元件

10 现在的动画已经包含了5帧，如果在这时播放动画，动画将在这5个画面中循环往复。因此，新建一个as图层，选中第1帧，按下F9键打开动作面板，输入如下动作代码，在第1帧停止播放动画。

```
this.stop();
```

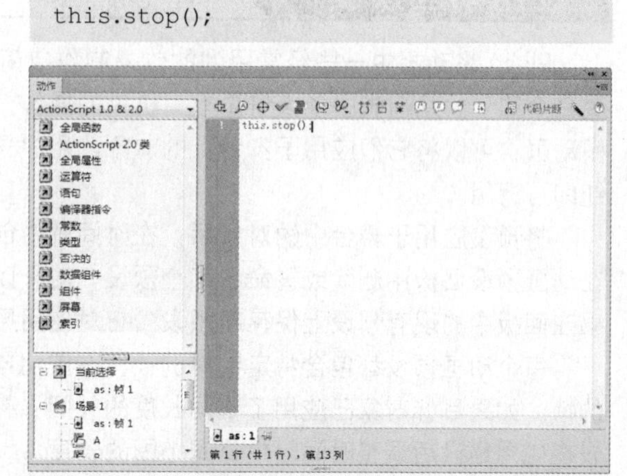

△ 输入as层第1帧动作代码

11 下面制作单击每一个按钮后，跳转到每一个帧画面的功能。选择mainback层第1帧中的A按钮，按下F9键打开动作面板，输入如下动作代码（省去注释部分）。

```
//鼠标释放
on(release){
        //跳转并停止在某一帧，这一帧由一个数学取
整后，2-5范围内的随机数决定
gotoAndStop(Math.floor(  Math.random()*4
) +2);
}
```

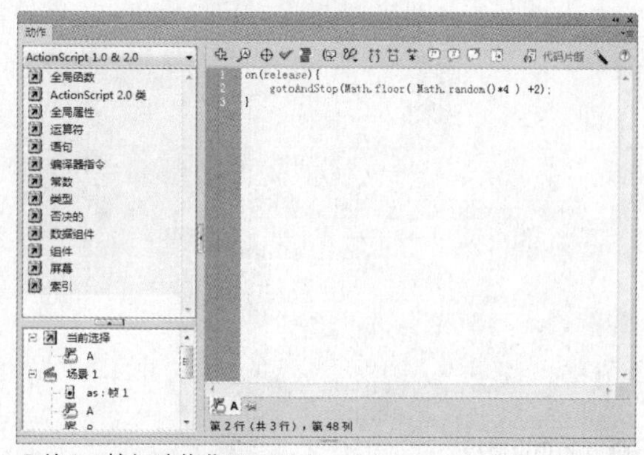

△ 输入A按钮动作代码

12 按照相同的方法，为mainback层第1帧中的B、AB和O按钮添加相同的动作代码。这样，每次单击一个按钮后，都可以随机跳转到某一帧的画面中。

13 选择mainback层第2帧中的back按钮，按下F9键打开动作面板，输入如下动作代码（省去注释部分）。

```
//鼠标释放
on(release){
    //跳转并停止在第1帧
      gotoAndStop(1);
}
```

14 按下快捷键Ctrl+Enter测试动画，动画首先停止在第1帧的画面。单击任何一个按钮后，随机跳转到某个帧画面。单击返回按钮后，回到第1帧。

△ 测试动画

TIP 因为逐帧动画的特点，一个连续动作又是由许多个关键帧组成的，所以会增加文件的体积。而且逐帧动画在制作过程中要付出远比其他制作形式大得多的努力，所以要有目的地使用逐帧动画，把作品中最能体现主体的动作、表情用逐帧动画来表现。

使用动画预设

Flash 将动画中一些经常用到的效果制作成简单的命令，使人们只需选中动画的对象再执行相关命令即可。从而省去了大量重复、机械的操作，提高了动画开发的速率。动画预设是预配置的补间动画，可以将它们应用于舞台上的对象，用户只需选择对象并单击动画预设面板中的"应用"按钮即可运用。

将预设应用于舞台中的对象后，在时间轴中创建的补间就不再与动画预设面板有任何关系了。在动画预设面板中删除或重命名某个预设，对于以前使用该预设创建的所有补间没有任何影响。如果在面板中的现有预设上保存新预设，它对使用原始预设创建的所有补间没有任何影响。

每个动画预设都包含特定数量的帧，在应用预设时，在时间轴中创建的补间范围将包含此数量的帧。如果目标对象已应用了不同长度的补间，补间范围将进行调整，以符合动画预设的长度。可以在应用预设后调整时间轴中补间范围的长度。

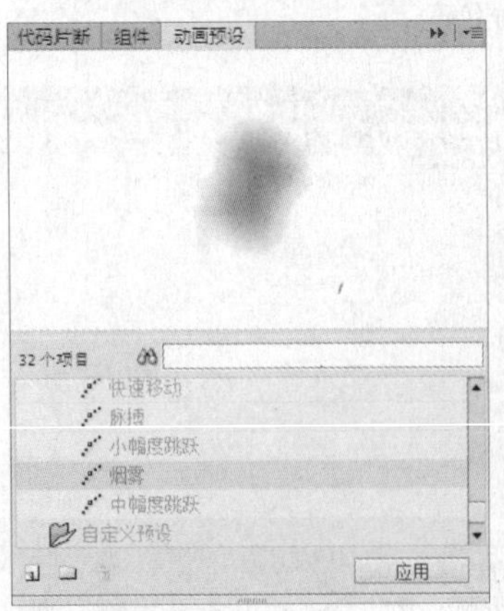

动画预设面板

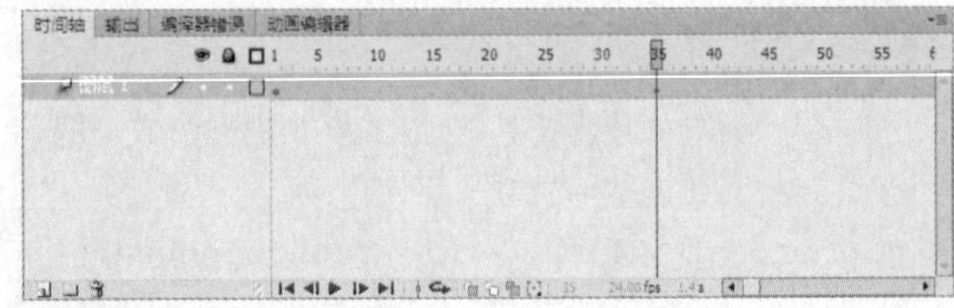

可调整时间轴补间范围的长度

素材文件： Sample\Ch5\u15\preset.fla

1 打开素材文件，选择舞台右上角的Logo图形。

选择舞台左上角的Logo图形

2 打开动画预设面板，选择"默认预设"中的"脉搏"，然后单击"应用"按钮，对象就应用了一定长度的补间。

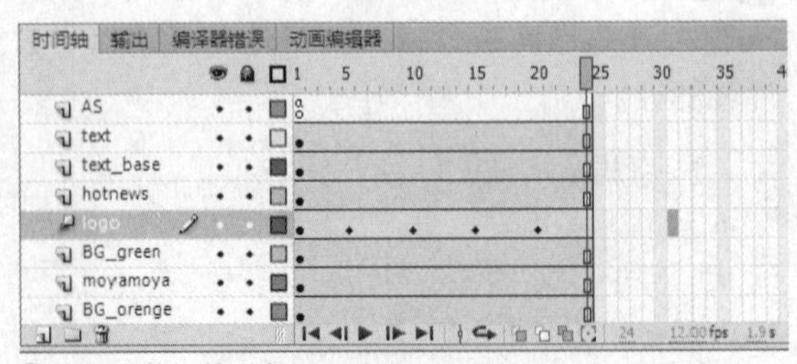

应用了补间的对象

3 按下快捷键Ctrl+Enter测试动画，可以看到Logo图形呈脉搏式运动的动画效果。

测试动画

闪客高手：创建模拟飞机穿云动画

范例文件	Sample\Ch05\Unit15\plane-end.fla
初始文件	Sample\Ch05\Unit15\plane.fla
视频文件	Video\Ch05\Unit15\Unit15-2.wmv

1 打开Sample\Ch05\Unit15\plane.fla文件，在“库”面板中建立images文件夹，然后执行“文件>导入>导入到库”命令，打开“导入到库”对话框。

“导入到库”对话框

2 选择Sample\Ch05\Unit15文件夹中的aeroplane.png和kumo.png图片，然后单击“打开”按钮，然后将导入到库中的图片拖曳到images文件夹中。

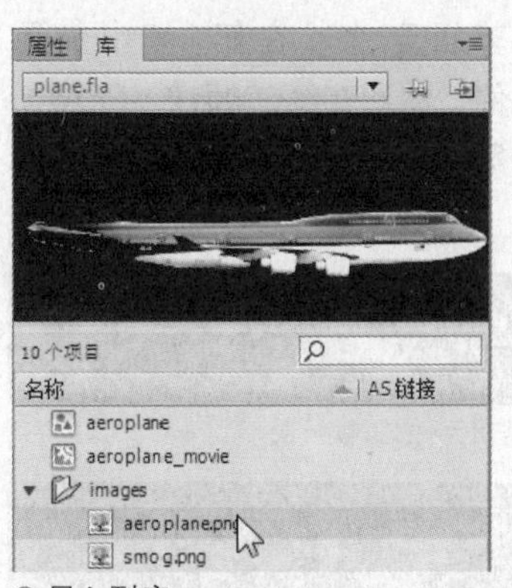

导入到库

3 将aeroplane.png图片拖曳到舞台上，然后按下F8键，将其转换为名称为aeroplane的图形元件。

4 单击“确定”按钮后，图片被转换成了元件，然后再次按下F8键，将其转换为名称为aeroplane_movie的影片剪辑元件。

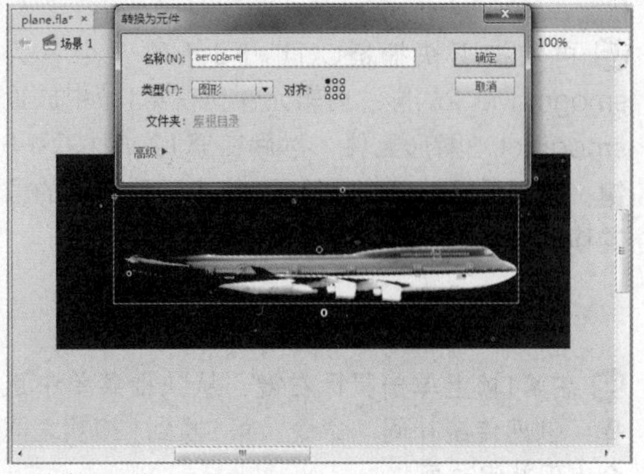

转换为元件

5 双击舞台中的aeroplane_movie元件，进入编辑模式，选择layer1层的第2帧，按下F6键，复制关键帧，然后将飞机向下稍微移动一点位置。

6 选择layer1层的第3帧，按下F6键，复制关键帧，然后将飞机向上稍微移动一点位置。

7 按照同样的方法制作第4、5、6帧，每一帧中的飞机位置和上一帧都有一点点位置上的偏差。

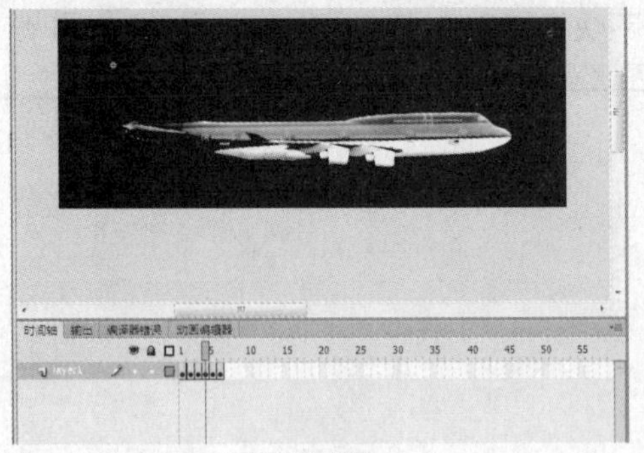

△ aeroplane_movie元件画面

8 按下快捷键Ctrl+F8新建一个名为smogpict_1的图形元件，然后将导入的smog.png图像放置在元件内部，共放置3次，并呈从左到右的排列，并水平翻转中间图像。

△ smogpict_1图形元件画面

9 再次按下快捷键Ctrl+F8新建一个名为smogpict_2的图形元件，然后将导入的smog.png图像放置在元件内部，共放置3次，并呈从左到右的排列，并水平翻转两侧的图像。

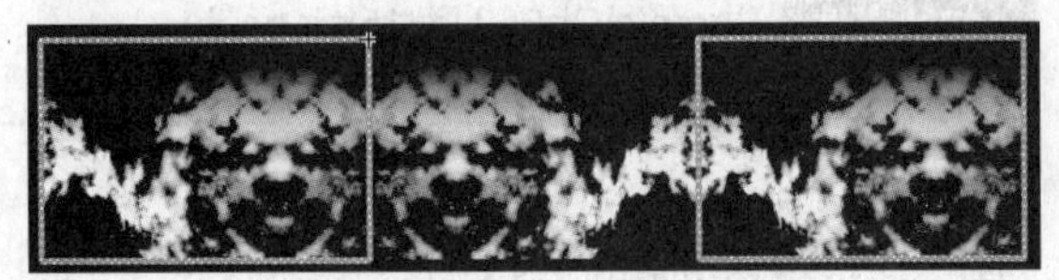

△ smogpict_2图形元件画面

10 按下快捷键Ctrl+F8新建一个名为smogmovie_1的影片剪辑元件，在第1帧中放置smogpict_1图形元件，然后在第60帧按下F6键，复制关键帧，并将第60帧中图形元件的位置移动到左侧。

△ smogmovie_1影片剪辑元件第1帧画面

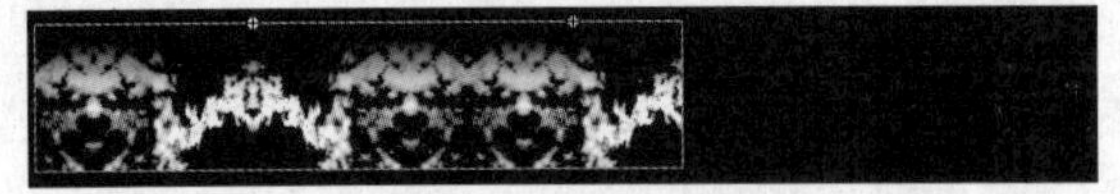

△ smogmovie_1影片剪辑元件第60帧画面

11 在第1帧上单击鼠标右键，从快捷菜单中选择"创建传统补间"命令，第1帧到60帧之间会出现补间动画。

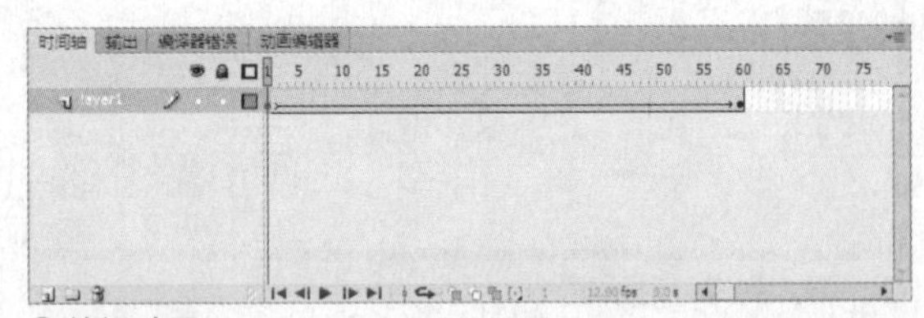

△ 补间动画

12 再次按下快捷键Ctrl+F8新建一个名为smogmovie_2的影片剪辑元件，在第1帧中放置smogpict_2图形元件，然后在第120帧按下F6键，复制关键帧，并将第120帧中图形元件的位置移动到左侧。

△ smogmovie_2影片剪辑元件第1帧画面

△ smogmovie_2影片剪辑元件第120帧画面

13 在第1帧上单击鼠标右键，从快捷菜单中选择"创建传统补间"命令，第1帧到120帧之间会出现补间动画。

14 在"库"面板中选择smogmovie_1元件，单击鼠标右键，从快捷菜单中选择"直接复制"命令，复制出smogmovie_3影片剪辑元件。

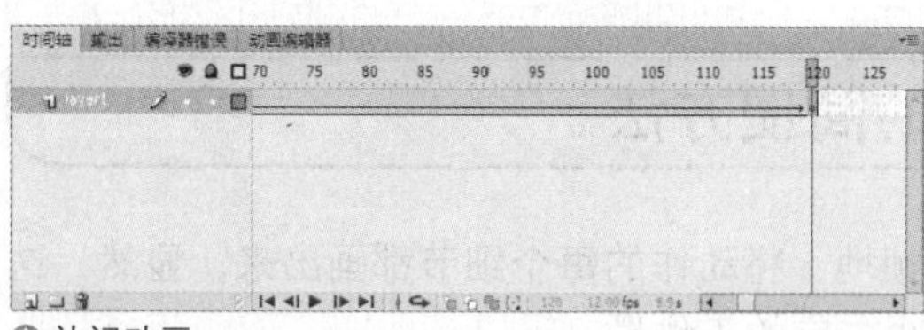
补间动画

复制元件

15 双击“库”面板中复制出的smogmovie_3元件，在编辑模式中将60帧移动到时间轴的第180帧。

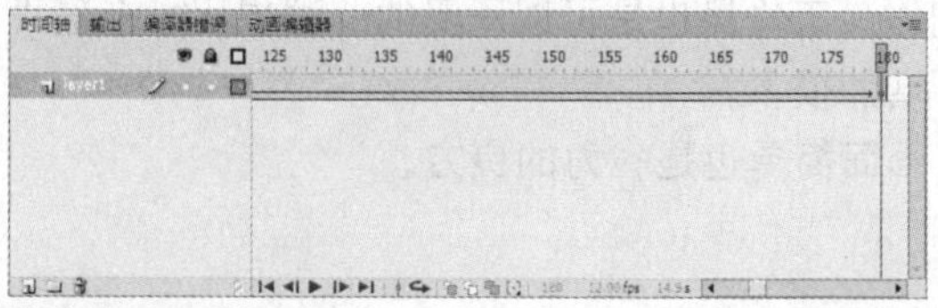
移动到180帧

16 单击标题栏的“场景1”，回到主场景，在时间轴上新建3个图层，分别为smog_1、smog_2、smog_3。选择smog_3层，将smogmovie_3影片剪辑元件拖曳舞台靠右侧的位置上。

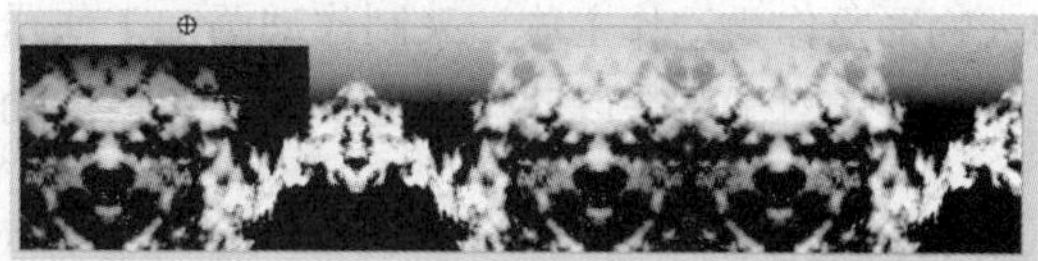
放置smogmovie_3影片剪辑元件

17 选择smog_2层，将smogmovie_2影片剪辑元件拖曳舞台靠右侧下方的位置上。

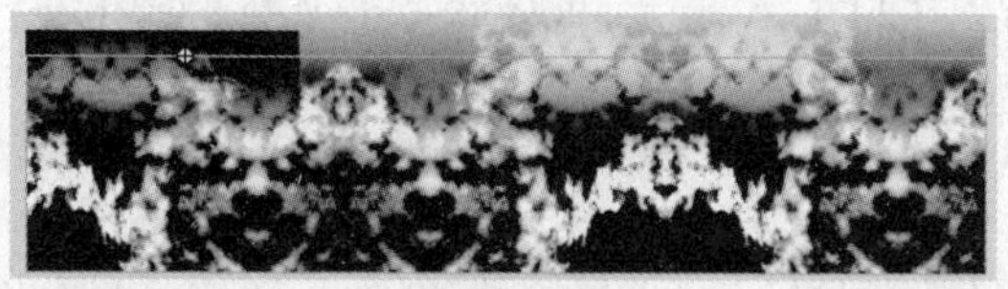
放置smogmovie_2影片剪辑元件

18 选择smog_1层，将smogmovie_1影片剪辑元件拖曳舞台靠右侧更下方的位置上。

放置smogmovie_1影片剪辑元件

19 将aeroplane层放置在smog_1、smog_2层的下方，smog_3层的上方，制作飞机在云中的效果。

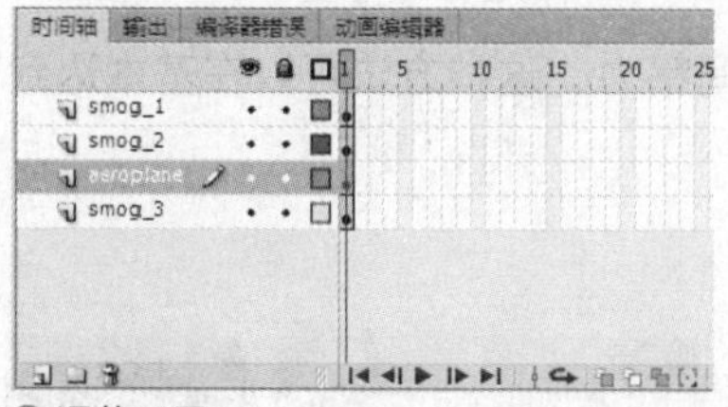

调整图层

20 按下快捷键Ctrl+Enter测试动画，就可以看到飞机穿云的效果了。

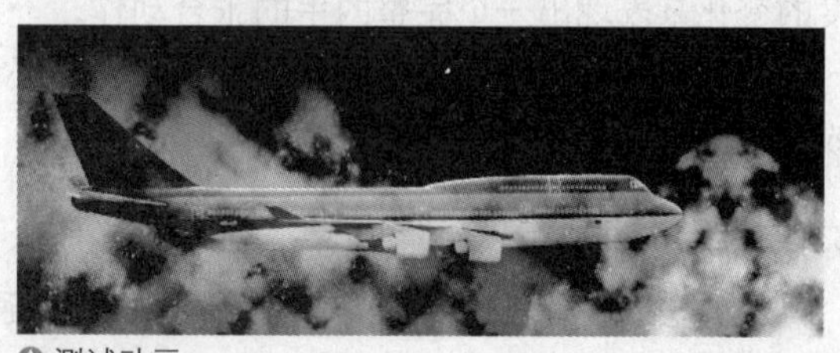
测试动画

你知道吗 逐帧动画的制作技巧

前面介绍过，逐帧动画的原理是在时间轴的每帧上，逐帧绘制不同的内容，使其连续播放而成动画。它把运动过程附加在每个帧中，当影格快速移动时，形成流畅的动画效果。人眼有一个视觉暂留，逐帧动画正是利用这点来完成动画效果的。在制作逐帧动画的时候要灵活应用，可以采取空1帧、空2帧的做法。创建逐帧动画一般有如下3种方法。

- 绘制矢量逐帧动画：用鼠标或压感笔在场景中一帧帧地画出帧内容。
- 文字逐帧动画：用文字作帧中的元件，实现文字跳跃、旋转等特效。
- 导入序列图像：可以导入JPG、PNG等格式的静态图片、GIF序列图像、SWF动画文件或利用第三方软件产生的动画序列等。

Special page 使用逐帧技术制作动画的简便方法

逐帧动画是常用的动画表现形式，也就是一帧一帧地，将动作的每个细节都画出来。显然，这是一件很吃力的工作，但是使用些简便的方法能够减少一定的工作量。

1. 简化主体

动作主体的简单与否对制作的工作量有很大的影响，将动作的主体简化，可以提高工作的效率。

一个最明显的例子就是小小的"火柴人"功夫系列。如图可见，动画的主体相当简化，以这样的主体来制作以动作为主的影片，即使用完全逐帧制作，工作量也是可以承受的。试想用一个逼真的人物形象作为动作主体，来制作动画，工作量就会增加很多。

另外，对于不是以动作为主要表现对象的动画，画面简单也是省力的良方。

2. 节选渐变

在表现缓慢动作时，例如手缓缓张开，头缓缓抬起，用逐帧动画非常麻烦。可以考虑节选整个动作中几个关键的帧，然后用补间或逐帧的方法来表现整个动作。

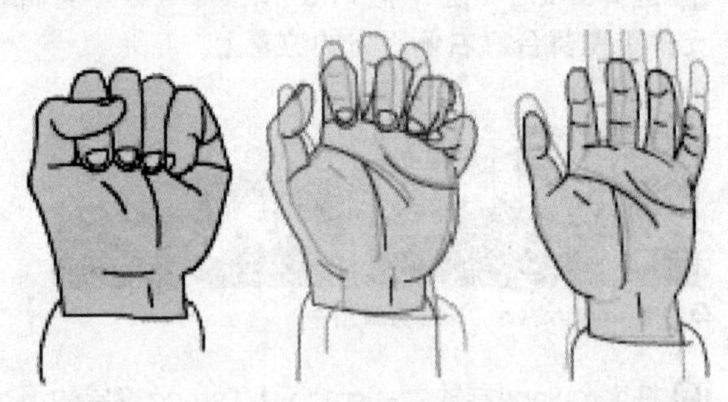

本例中，通过节选手在张合动作中的几个瞬间，绘制了3个图形，定义成元件之后，用不透明度的变化来表现出一个完整的手的张合动作。

如果完全逐帧的将整个动作绘制出来，想必会花费大量的时间精力，这种方法可以在基本达到效果的同时简化工作。

3. 改换视角

该方法的中心思想就是，将复杂动画的部分通过视角的变化遮挡住。而具体的遮蔽物可以是位于动作主体前面的东西，也可以是影片的框（即影片的宽度限制）等。常见的技巧有更换镜头角度（例如抬头，从正面表现比较困难，换个角度，从侧面就容易多了），或者从动作主体"看到"的景物反过来表现等。

本例中，复杂动作部分（脚的动作），由于镜头仰拍的关系，已在影片的框之外，因此就不需要画这部分比较复杂的动画，而剩下的就是些相对简单的工作了。

当然，如果该部分动作正是要表现的主体，那这个方法显然就不合适了。

其他的方法还有很多，例如制作复杂动画时可以试试替代法，即用其他东西替代复杂的动作。

总之，在制作Flash逐帧动画的过程中，可以不断发现、总结，多用心是解决问题的万能钥匙。

Chapter 06

制作丰富的动画效果

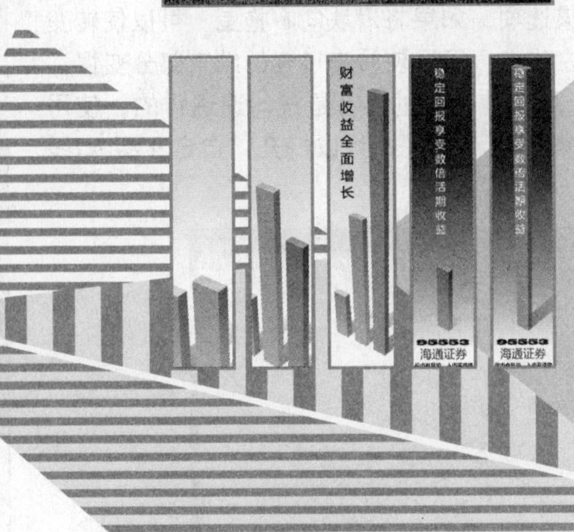

本章知识点

Unit 16	制作基本动画	制作传统补间动画
		制作补间动画
		制作补间形状动画
Unit 17	制作高级动画	制作引导线动画
		制作遮罩动画
		制作反向运动动画

章前自测题

1.在Flash中，创建动画序列的基本方式通常有哪几种？

2.补间动画分为哪几种类型？补间动画和传统补间动画有什么区别？

3.引导线动画的优点是什么？

4.什么是遮罩动画？利用遮罩动画可以制作什么样的动画效果？

5.通过什么技术可以更加轻松地创建人物动画，如胳膊、腿的动作和面部表情的变化等？

UNIT 16 制作基本动画

通过更改连续帧的内容，可以在Flash中创建动画，也可以在舞台中移动对象、改变实例大小、旋转、改变颜色、淡入或淡出，以及更改对象形状等。这些更改可以独立于其他更改，也可和其他的更改互相协调。例如在制作文字飘散效果时，可以同时改变文字的透明度、旋转及大小。基本动画包括3种：补间动画、传统补间动画和补间形状动画。

制作传统补间动画

传统补间动画是一种比较有效的创建动画效果的方式。它还能减小文件的大小，因为在传统补间动画中，Flash 只保存帧之间不同的数据，而在逐帧动画中 Flash 却保存每一帧的数据。

1. 关于传统补间动画

传统补间动画需要先在一个点定义实例的位置、大小及旋转角度等属性，然后才可以在其他位置改变这些属性，从而由这些变化而产生动画。Flash 能为它们之间的帧内插值或者图形，从而产生动画效果。

利用传统补间动画可以实现的动画类型包括位置和大小的变化、旋转的变化、速度的变化以及颜色和透明度的变化。

制作传统补间动画有两个基本条件：首先，开始帧和结束帧必须是关键帧；其次，应用传统补间的对象要具有图形元件或群组的属性。

创建补间动画的方法如下：创建动画的第一个关键帧，在时间轴上插入所需帧数，然后执行“插入 > 创建传统补间”命令，然后将对象拖曳到舞台中的新位置。Flash 会自动创建结束关键帧。

2. 传统补间动画设置

如果想取得一些特殊的效果，还需要在将某一帧列设置为传统补间动画后，在属性面板中进行相应的参数设置。

❶ **缓动**：当希望运动渐变不是按匀速进行时可以调节该选项。如果将滑块向右拖曳，可以使转变过程的开始部分变慢，而结束部分变快。而如果向左拖曳，可以使转变过程的结束部分变慢，而开始部分变快。如果将滑块放在中间值的位置，那么过渡的过程将是按匀速进行的。使用“缓动”可以产生非常自然的快慢转变。单击“编辑缓动”按钮可以打开“自定义缓入/缓出”对话框，自行定义缓动的方式。

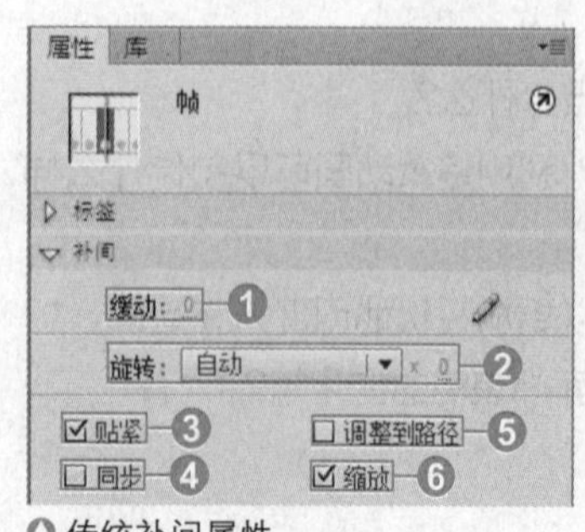

传统补间属性

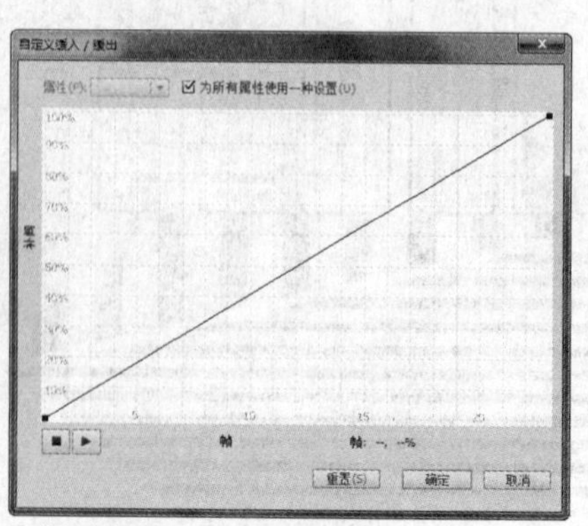

“自定义缓入/缓出”对话框

❷ **旋转**：可以使组或符号进行旋转。在下拉列表中共有4个选项。"无"：即不旋转。"自动"：组或符号进行旋转时将以最少运动为原则。"顺时针"：指定旋转按顺时针进行。"逆时针"：指定旋转按逆时针进行。在"旋转"的右面有一个文本框，用来设置旋转的次数。可以根据需要，在该文本框中填入相应的数值。

❸ **贴紧**：勾选该复选框可以使某一对象在某一帧处对齐到引导线的位置。

❹ **同步**：Flash中有一种元件是"影片剪辑"。该元件最大的特点就是它是动态的，也就是说每一个元件都是一个小的动画。将众多的这种小动画组合到一起，就可以得到一个完整且复杂的电影动画。这种方法可以说是制作复杂动画的最佳方案，它不仅在一定程度上减少了工作量，而且制作出的动画结构清晰，所有内容一目了然。但是这种方法有时会遇到这样一个问题：如果主动画的帧数与影片剪辑类型的元件动画的帧数不同时，严格地说是不成整数倍时，影片剪辑元件动画将不能完成整个动画过程，而是停在半截，要想使影片剪辑元件动画在主动画中准确地完成循环则需要勾选"同步"复选框。

❺ **调整到路径**：如果想使组或符号按照所指定的路径有方向地进行运动，就需要勾选该复选框。它能够设定对象是否按照指定路径有方向地进行运动，这实际上就是对象随着路径的改变（弯曲等）而调整自身的方向。

❻ **缩放**：要实现组或符号的尺寸变化，需勾选此复选框。

闪客高手：创建照片画廊动画

范例文件	Sample\Ch06\Unit16\motion-end.fla
初始文件	Sample\Ch06\Unit16\motion.fla
视频文件	Video\Ch06\Unit16\Unit16-1.wmv

❶ 打开Sample\Ch06\Unit16\motion.fla文件，在"库"面板中的1文件夹中建立"旋转图形1"元件，制作一个矩形变化的逐帧动画效果。

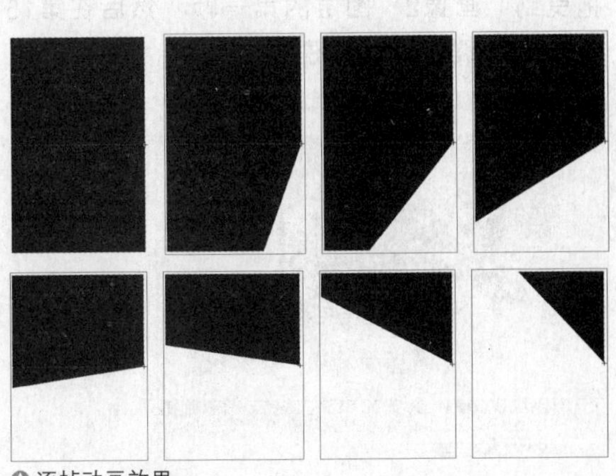

△ 逐帧动画效果

❷ 进入"旋转图形1动画"元件的编辑界面，隐藏已有的script图层和"透明按钮"图层，在"图形左旋"和"图形右旋"两个图层中分别放置"旋转图形1"元件的实例，并将"图形右旋"图层中的实例进行水平翻转和垂直翻转。

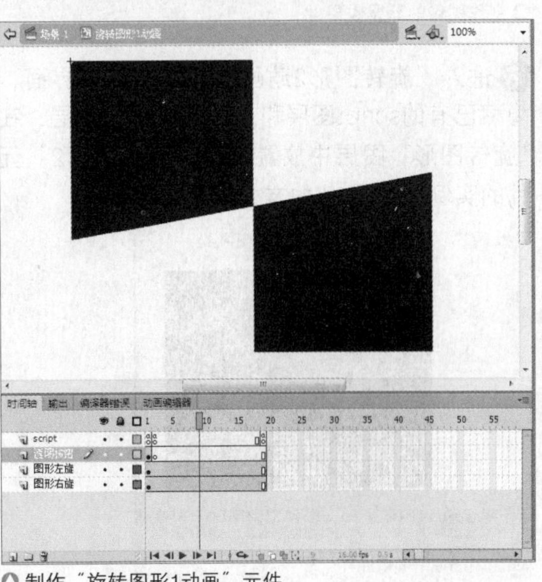

△ 制作"旋转图形1动画"元件

3 进入“照片1渐显”影片剪辑元件的编辑界面，隐藏已有的script图层，将“照片1”元件拖曳到“画像1”层的第一帧，然后在第15帧按下F6键，复制关键帧。

○使用“照片1”元件

4 选择第一帧中的“照片1”实例，在属性面板中添加模糊和调整颜色滤镜，设置“模糊X”和“模糊Y”为30像素、“亮度”为100，“对比度”为30。

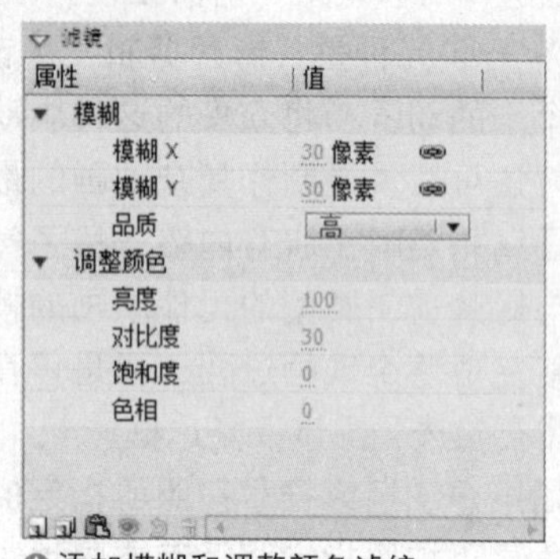

○添加模糊和调整颜色滤镜

5 在“画像1”图层的第一帧和第15帧之间的任意一帧单击鼠标右键，从菜单中选择“创建传统补间”命令，制作图像的渐显效果。

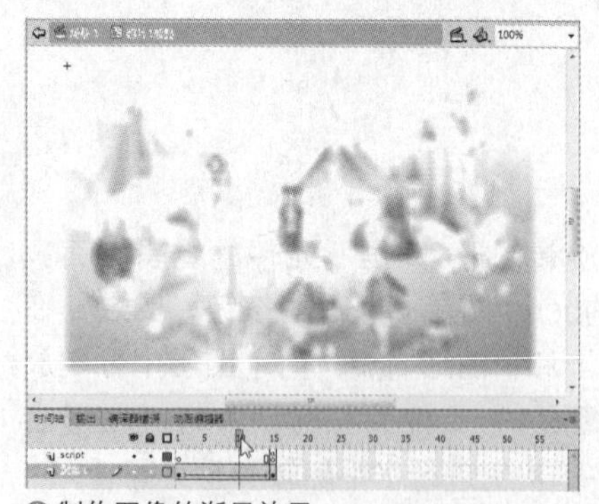

○制作图像的渐显效果

6 回到主场景，在“库”面板中的2文件夹中建立“旋转图形2”元件，制作一个矩形旋转并消失的传统补间动画效果。

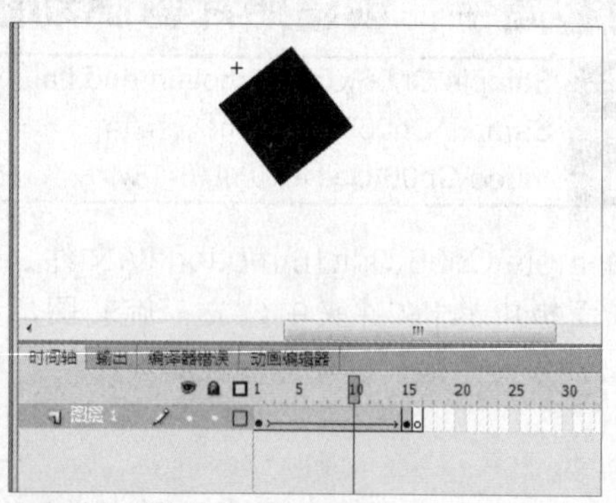

○制作矩形旋转并消失的动画

7 进入“旋转图形2动画”元件的编辑界面，隐藏已有的script图层和“透明按钮”图层，在“旋转图形”图层中放置30个“旋转图形2”元件的实例，按照5x6的方式排布。

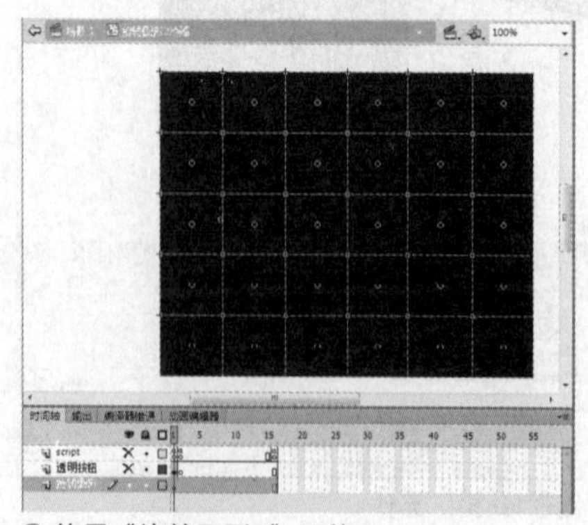

○使用“旋转图形2”元件

8 进入“照片2渐显”影片剪辑元件的编辑界面，隐藏已有的script图层，将“照片2”元件拖曳到“画像2”图层的第一帧，然后在第15帧按下F6键，复制关键帧。

○使用“照片2”元件

9 选择第一帧中的"照片2"实例，在"属性"面板中添加模糊和调整颜色滤镜，设置"模糊X"和"模糊Y"为30像素、"亮度"为70、"对比度"为20。

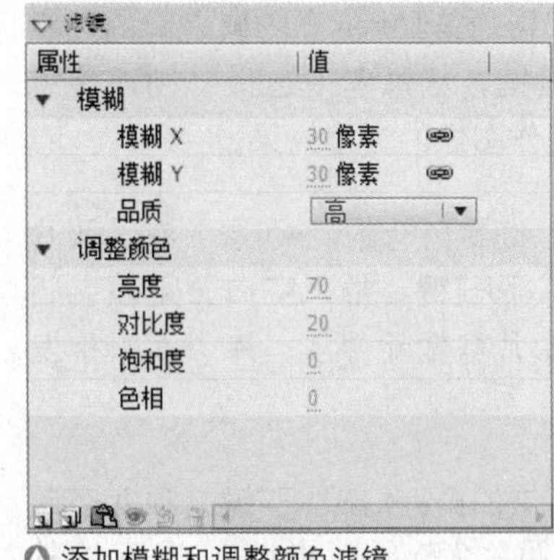

△ 添加模糊和调整颜色滤镜

10 回到主场景，进入"照片3渐显"影片剪辑元件的编辑界面，隐藏已有的script图层，将"照片3"元件拖曳到"画像3"图层的第1帧，然后在第15帧按下F6键，复制关键帧。

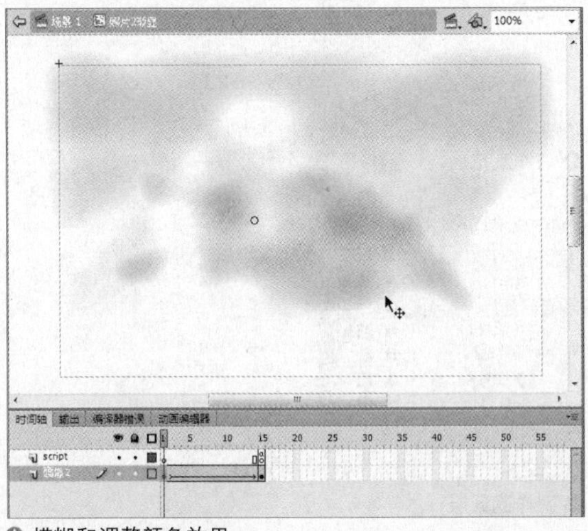

△ 模糊和调整颜色效果

11 在"画像2"层的第一帧和第15帧之间的任意一帧单击鼠标右键，从菜单中选择"创建传统补间"命令，制作图像的渐显效果。

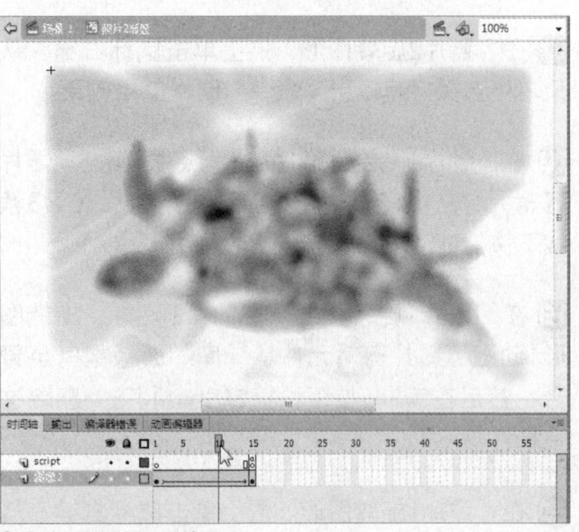

△ 制作图像的渐显效果

12 选择第一帧中的"照片3"实例，在"属性"面板中添加模糊和调整颜色滤镜，设置"模糊X"和"模糊Y"为30像素、"亮度"为70、"对比度"为40。

△ 使用"照片3"元件

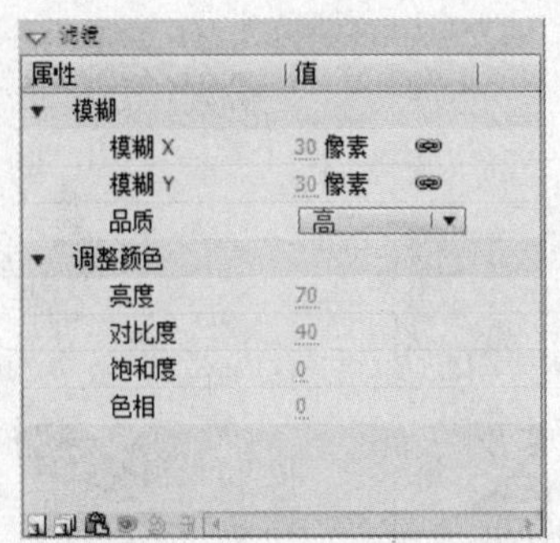

△ 添加模糊和调整颜色滤镜

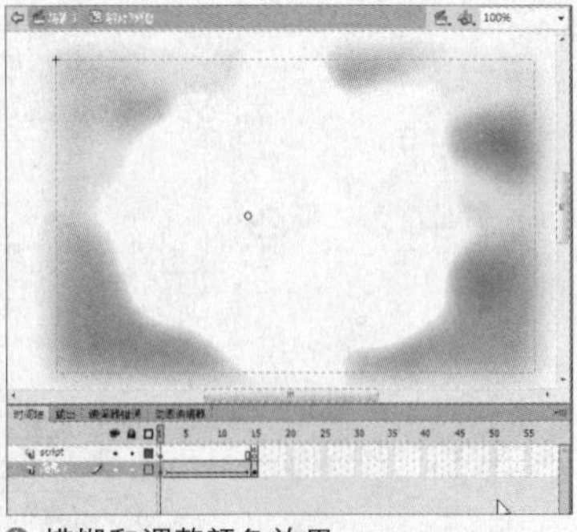

△ 模糊和调整颜色效果

13 在“画像3”层的第1帧和第15帧之间的任意一帧单击鼠标右键，从菜单中选择“创建传统补间”命令，制作图像的渐显效果。

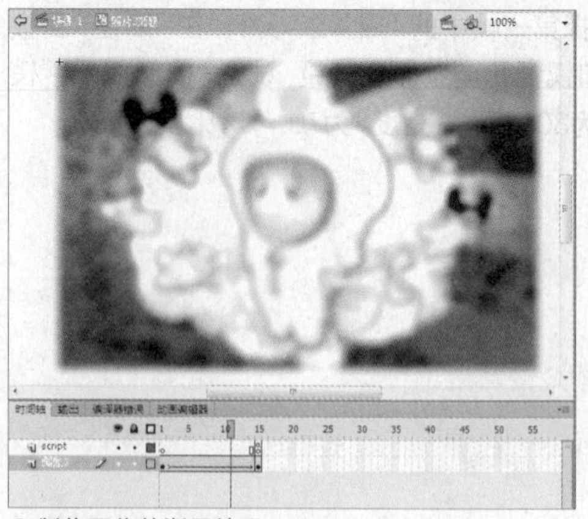
制作图像的渐显效果

14 回到主场景，隐藏已有的script层，在“照片3”层的第3帧按下F7键，插入空白关键帧，将“照片3渐显”影片剪辑元件从“库”面板拖曳至舞台。

15 在“照片2”层的第2帧按下F7键，插入空白关键帧，将“照片2渐显”影片剪辑元件从“库”面板拖曳至舞台。

16 在“照片2旋转图形”层的第2帧按下F7键，插入空白关键帧，将“旋转图形2动画”影片剪辑元件从“库”面板拖曳至舞台。

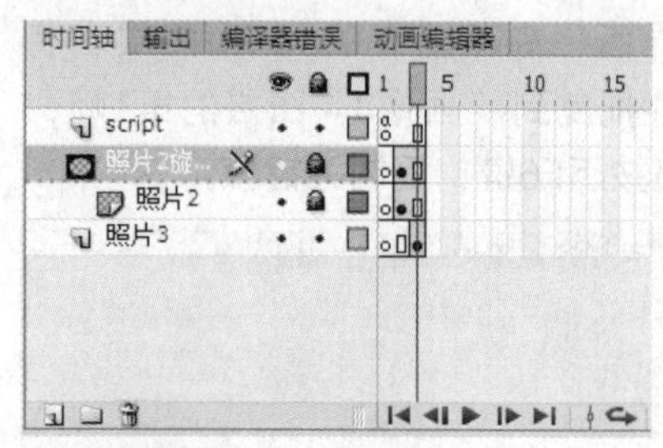

制作遮罩层

17 在“照片2旋转图形”层上单击鼠标右键，从菜单中选择“遮罩层”命令，制作遮罩效果。

18 在“照片1”层的第1帧将“照片1渐显”影片剪辑元件从“库”面板拖曳至舞台，然后在第3帧按下快捷键Shift+F5，删除这一帧。

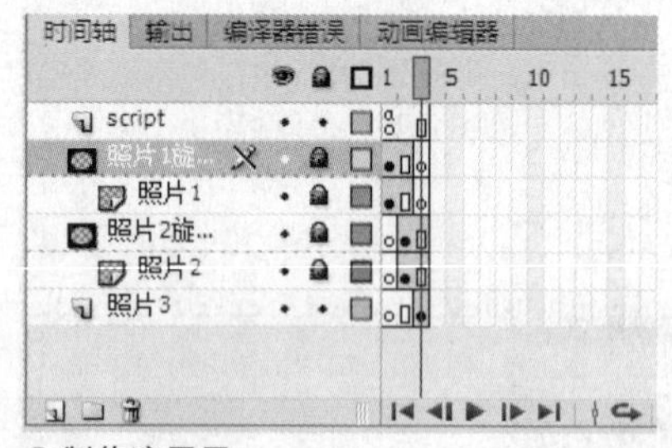

制作遮罩层

19 在“照片1旋转图形”层的第1帧将“旋转图形1动画”影片剪辑元件从“库”面板拖曳至舞台，然后在第3帧按下快捷键Shift+F5，删除这一帧。

20 在“照片1旋转图形”层上单击鼠标右键，从菜单中选择“遮罩层”命令，制作遮罩效果。

21 按下快捷键Ctrl+Enter测试动画，每一张图片会以动态的效果展示出来，按下鼠标左键后，动画将进行照片切换的过程，这个过程也是使用动态效果表现的。

测试动画

制作补间动画

补间动画指的是通过为一个帧中的对象属性指定一个值，并为另一个帧中的相同属性指定另一个值而创建的动画。Flash 计算这两个帧之间该属性的值。

1. 了解补间动画

补间的对象类型包括影片剪辑、图形和按钮元件以及文本字段。补间对象的属性包括如下内容。

- 2D X和Y位置。
- 3D Z位置（仅限影片剪辑）。
- 2D旋转（绕Z轴）。
- 3D X、Y和Z旋转（仅限影片剪辑）。
- 3D动画要求FLA文件在发布设置中面向ActionScript 3.0和Flash Player 10。
- 倾斜X和Y。
- 缩放X和Y。
- 颜色效果。
- 滤镜属性。

补间范围是时间轴中的一组帧，其舞台中的对象的一个或多个属性可以随着时间的改变而改变。补间范围在时间轴中显示为具有蓝色背景的单个图层中的一组帧。可将这些补间范围作为单个对象进行选择，并从时间轴中的一个位置拖曳到另一个位置，包括拖曳到另一个图层。在每个补间范围中，只能对舞台中的一个对象进行动画处理。此对象称为补间范围的目标对象。

属性关键帧是在补间范围中为补间目标对象的显示定义一个或多个属性值的帧。定义的每个属性都有它自己的属性关键帧。如果在单个帧中设置了多个属性，则其中每个属性的属性关键帧会驻留在该帧中。可以在动画编辑器中查看补间范围的每个属性及其属性关键帧，还可以从补间范围上下文菜单中，选择可在时间轴中显示的属性关键帧类型。

补间动画是一种在最大程度地减小文件大小的同时创建随时间移动和变化的动画的有效方法。在补间动画中，只有指定的属性关键帧的值，才会存储在 FLA 文件和发布的 SWF 文件中。

> **TIP** Flash CS6中"关键帧"和"属性关键帧"的概念不同，"关键帧"是指时间轴中其元件实例首次出现在舞台上的帧；"属性关键帧"则是指在补间动画的特定时间或帧中定义的属性值。

补间动画和传统补间之间的差异如下。

- 传统补间使用关键帧。关键帧是其中显示对象的新实例的帧。补间动画中只能具有一个与之关联的对象实例，并且使用的是属性关键帧而不是关键帧。
- 补间动画在整个补间范围由一个目标对象组成。
- 补间动画和传统补间都只允许对特定类型的对象进行补间。应用补间动画，在创建补间时会将所有不允许的对象类型均转换为影片剪辑元件。而应用传统补间则会将这些对象类型均转换为图形元件。
- 补间动画会将文本对象视为可补间的类型，而不会将其转换为影片剪辑元件。传统补间动画则会直接将文本对象转换为图形元件。
- 在补间动画范围上不允许帧脚本。传统补间则允许帧脚本。
- 补间目标上的任何对象脚本都无法在补间动画范围的过程中更改。
- 可以在时间轴中对补间动画范围进行拉伸和调整大小，并将它们视为单个对象。传统补间包括时间轴中可分别选择的帧的组。

- 若要在补间动画范围中选择单个帧，必须在按住Ctrl键的同时单击帧。
- 对于传统补间，缓动可应用于补间内关键帧之间的帧组。对于补间动画，缓动可应用于补间动画范围的整个长度。若要仅对补间动画的特定帧应用缓动，则需创建自定义缓动曲线。
- 利用传统补间，可以在两种不同的色彩效果（如色调和Alpha透明度）之间创建动画。补间动画可以对每个补间应用一种色彩效果。
- 只可使用补间动画来为3D对象创建动画效果，而无法使用传统补间为3D对象创建动画效果。
- 只有补间动画才能保存为动画预设。
- 对于补间动画，无法交换元件或设置属性关键帧中显示的图形元件的帧数。应用了这些技术的动画要求使用传统补间。

2. 创建并设置补间动画

创建补间动画的方法如下：在舞台上选择要补间的一个或多个对象。右键单击所选内容或当前帧，然后从快捷菜单中选择“创建补间动画”命令。创建补间后，在时间轴中拖动补间范围的任一端，以按所需长度缩短或延长范围。

通过动画编辑器面板，可以查看所有补间属性及其属性关键帧，它还提供了向补间添加精度和详细信息的工具。动画编辑器显示当前选定的补间的属性。

在时间轴中创建补间后，动画编辑器允许用户以多种不同的方式来控制补间。选择时间轴中的补间范围，或者舞台上的补间对象或运动路径后，动画编辑器即会显示该补间的属性曲线。动画编辑器将在网格上显示属性曲线，该网格表示发生选定补间的时间轴的各个帧。在时间轴和动画编辑器中，播放头将始终出现在同一帧编号中。

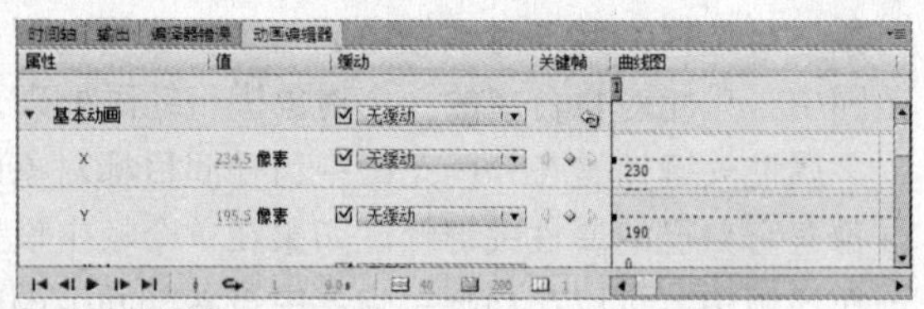

动画编辑器

闪客高手：创建机器人行走动画

范例文件	Sample\Ch06\Unit16\tween-end.fla
初始文件	Sample\Ch06\Unit16\tween.fla
视频文件	Video\Ch06\Unit16\Unit16-2.wmv

1 打开Sample\Ch06\Unit16\tween.fla文件，在“库”面板中可以看到，已经建立好了舞台的背景元件bg.jpg，机器人的身体部分元件“身体”、“头”、“左臂”、“右臂”、“左腿”和“右腿”等。

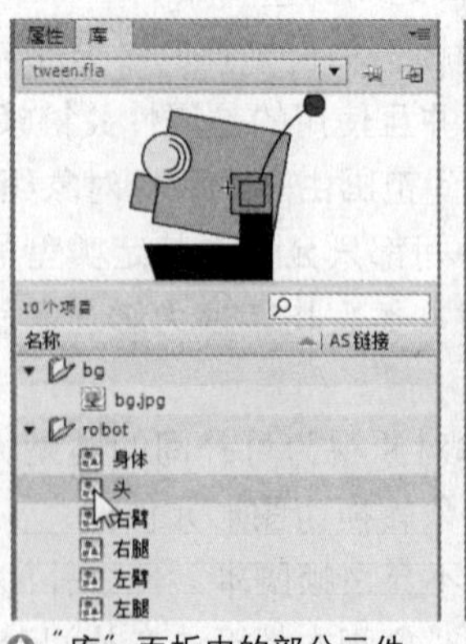

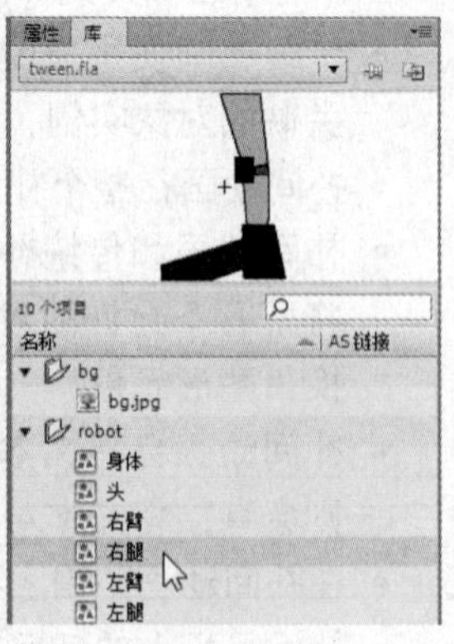

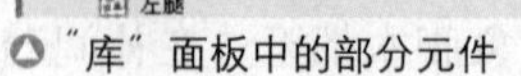
“库”面板中的部分元件

2 按下快捷键Ctrl+F8，新建名为robot_mc的影片剪辑元件。

◎ 创建新元件

3 进入影片剪辑元件的编辑界面，按照“头”、“左臂”、“身体”、“左腿”、“右腿”和“右臂”的顺序建立图层，然后依次使用各个元件组合人物向左行走的动作。

◎ 组合机器人向左行走的动作

◎ 建立图层

4 在所有图层的第6帧按下F6键，保持头与身体的位置不变，改变左臂、右臂、左腿和右腿相关元件的位置，调整时可以使用工具箱中的任意变形工具进行实例角度的旋转，使用选择工具进行实例位置的调整。

◎ 第6帧画面

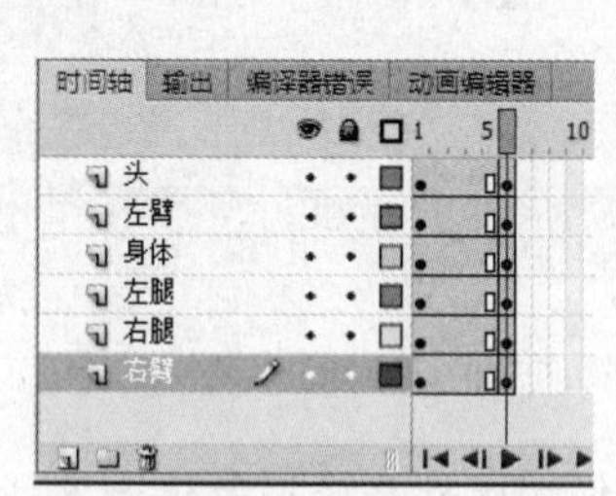

◎ 在第6帧插入关键帧

5 在所有图层的第12帧按下F6键，保持头与身体的位置不变，改变左臂、右臂、左腿和右腿相关元件的位置，调整时可以使用工具箱中的任意变形工具进行实例角度的旋转，使用选择工具进行实例位置的调整。

◎ 第12帧画面

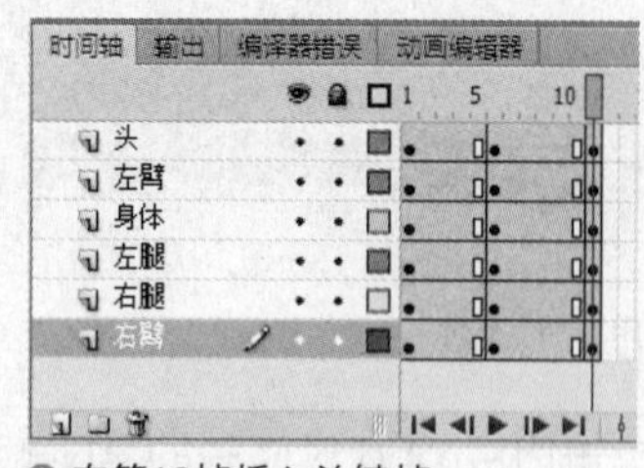

◎ 在第12帧插入关键帧

6 选中所有层的所有帧，然后在第1~6、7~12帧之间的任意一帧单击鼠标右键，从菜单中选择“创建传统补间”命令。这样，机器人向左行走的动作就被连贯起来了。以前8帧为例，可以看到机器人行走的逐帧变化。

◎ 创建的传统补间

◎ 第1帧

◎ 第2帧

◎ 第3帧

◎ 第4帧

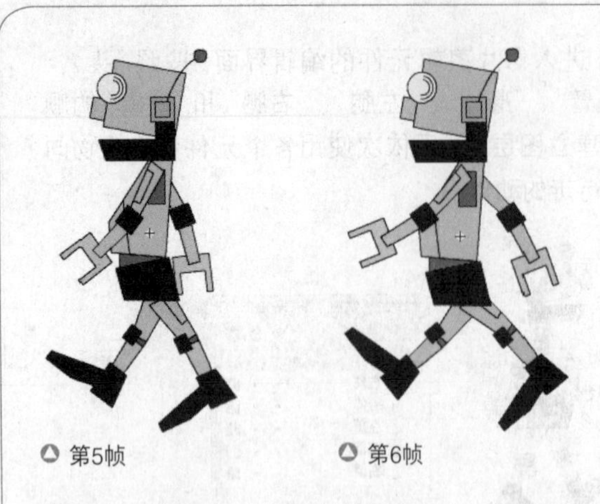

△ 第5帧　　△ 第6帧

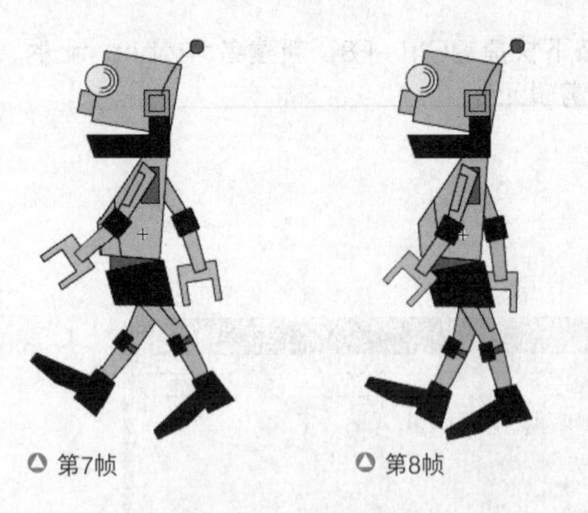

△ 第7帧　　△ 第8帧

7 回到主场景中，新建图层robot，然后将元件robot_mc从“库”面板放置在舞台右侧。

△ 使用元件robot

8 选择robot实例，单击鼠标右键，从菜单中选择“创建补间动画”命令，时间轴会显示蓝色的帧，机器人本身并没有发生实际的变化。

△ 创建的补间动画

9 单击图层robot时间轴的第60帧，将机器人拖曳到画面左侧，这时，在左侧机器人与原来的右侧机器人之间会出现一条绿色的虚线，代表机器人移动的路径，在时间轴的第60帧也会出现关键帧。

△ 将机器人移动到左侧

10 使用鼠标直接拖曳机器人从画面右侧行走到画面左侧的路径，制作机器人在凹凸不平的路上行走的效果。

△ 调整路径

11 这时，动画编辑器面板中也会出现机器人运动的相关参数，可以根据需要逐帧精确调整机器人运动的坐标、缓动值。

△ 动画编辑器

12 按下快捷键Ctrl+Enter测试动画，就可以看到机器人行走的效果了。

△ 测试动画

制作补间形状动画

通过补间形状可以实现一幅图形变为另一幅图形的效果。补间形状和运动补间的主要区别在于，补间形状不能应用到实例上，必须是在被打散的形状图形之间才能产生补间形状。所谓形状图形就是由无数个点堆积而成的图形，而并非是一个整体。选中该对象时外部没有一个蓝色边框，而是显示为掺杂白色小点的图形。

1. 制作并设置补间形状

素材文件： Sample\Ch06\Unit16\shape.fla

在第 1 帧中插入一个图形，在任意帧插入空白关键帧，并插入另一幅图形，然后在两个关键帧之间创建补间形状动画。

△ 形状补间动画过程

如果想取得一些特殊效果，还需要在“属性”面板中进行相应的设置。

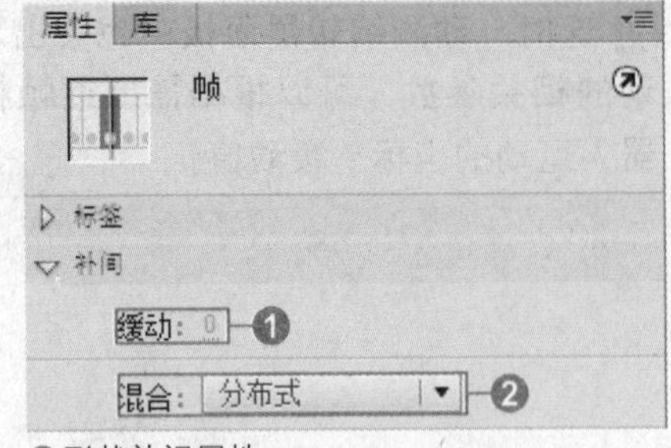

▲形状补间属性

❶ **缓动**：输入一个-100~100之间的数值，或者通过右边的滑杆进行调整。如果要慢慢地开始补间形状动画，并朝着动画的结束方向加速补间过程，可以向左拖曳滑块或输入一个-1~-100的负值。如果要快速地开始补间形状动画，并朝着动画的结束方向减速补间过程，可以向右拖曳滑块或输入一个1~100的正值。默认情况下，补间帧之间的变化速率是不变的，通过调节此项可以调整变化速率，从而创建更自然的变形效果。

❷ **混合**：“分布式”选项创建的动画，形状比较平滑和不规则。“角形”选项创建的动画，形状会保留明显的角和直线。“角形”只适合于具有锐化转角和直线的混合形状。如果选择的形状没有角，Flash会还原到分布式补间形状。

> **TIP** 形状补间动画的实现只需要创建关键帧上的不同形状的对象就可以。对于外形比较复杂的形变动画，则用形状提示来控制。需要注意的是：形变动画中，关键帧上的对象不能是元件或组。如果用元件在场景中创建变形动画，一定要先将元件分离。

2. 使用形状提示

形状补间动画是在指定起始点和终止点的图形后运用补间。但是有可能在中间阶段，场景中的对象出现纠结的情况。为了解决这个问题，需要了解形状提示的作用。

要控制更加复杂的动画，可以使用变形提示。变形提示可以标识起始形状和结束形状中相对应的点，变形提示点用字母表示，这样可以方便地确定起始形状和结束形状。每次最多可以设定26个变形提示点。变形提示点在开始的关键帧中是黄色的，在结束关键帧中则是绿色的，如果不在曲线上则是红色的。

▲添加形状提示

选中形状变形的开始帧，执行“修改 > 形状 > 添加形状提示”命令，或使用快捷键Ctrl+Shift+H。重复该命令可添加适量的点，在有棱角和曲线的地方，提示点会自动吸附上去。按照开始帧添加点的顺序为结束帧添加相同的点。

添加变形提示点有以下5个要注意的地方。

- 最好将变形提示点沿同样的转动方向依次放置。
- 使用变形提示点的两个形状越简单，效果会越好。
- 要删除某一个变形提示点，只需将该提示点拖曳出舞台即可。
- 在复杂的变形中，最好创建一个中间形状，而不是仅仅定义开始帧和结束帧的形状。
- 确保变形提示点的排列顺序合乎逻辑。例如：沿直线的3个变形提示点，必须与前后两条直线上的顺序相同。

> **TIP** 并不是应用越多的提示点获得的效果越好，需根据具体情况而定。

闪客高手：创建广告动画

范例文件	Sample\Ch06\Unit16\shapetween-end.fla
初始文件	Sample\Ch06\Unit16\shapetween.fla
视频文件	Video\Ch06\Unit16\Unit16-3.wmv

1 打开Sample\Ch06\Unit16\shapetween.fla文件，然后再打开“库”面板，双击名称为MC_graph1的影片剪辑元件，为了便于动画制作，已经为读者制作了一个“参考”图层，使用轮廓线显示，用于参考柱状条的位置。另外，as层用于控制动画进程，也已建好。

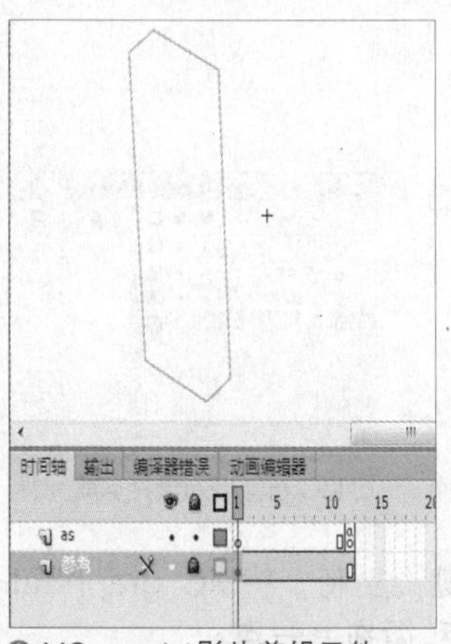

MC_graph1影片剪辑元件

2 建立“上面”、“前面”、“侧面”和“影”4个图层，分别绘制出3D矩形条的各个面。

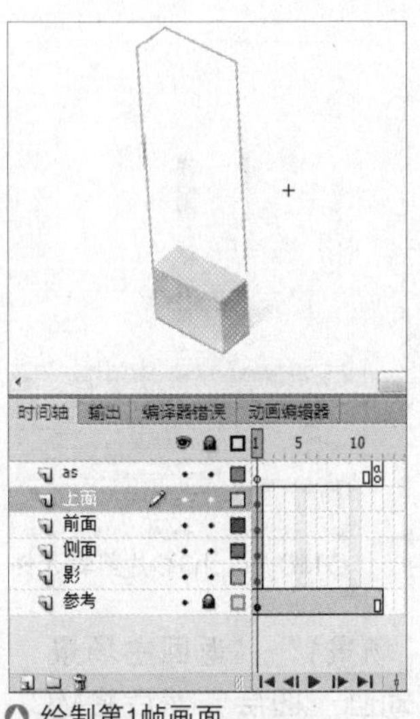

绘制第1帧画面

3 在这4个层的第12帧按下F7键，插入空白关键帧，然后分别绘制出3D矩形条的各个面，使其填充满“参考”层中绘制的轮廓线。

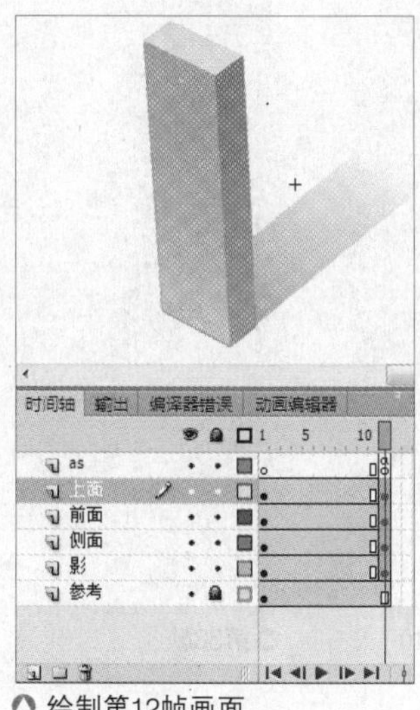

绘制第12帧画面

4 选中这4个层的所有帧，然后在第1~12帧之间的任意一帧点击鼠标右键，从菜单中选择“创建形状补间”命令。这样，3D矩形条的动作就被连贯起来了。

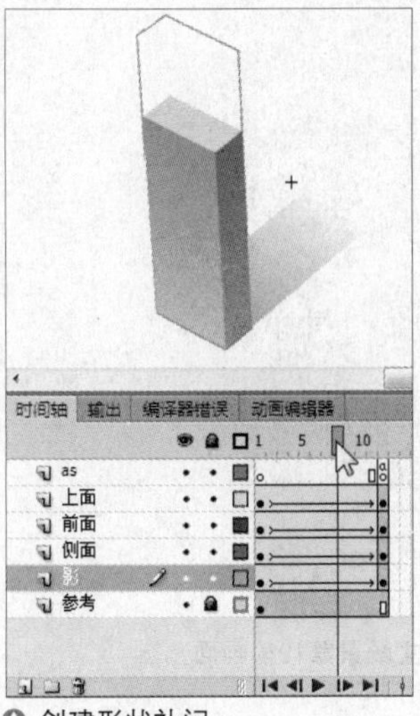

创建形状补间

5 按照同样的方法编辑MC_graph2影片剪辑元件，根据其中“参考”层中绘制的轮廓线制作同样的形状变形效果。

6 按照同样的方法再次编辑MC_graph3和MC_graph4影片剪辑元件，根据其中“参考”层中绘制的轮廓线制作同样的形状变形效果。

7 回到“库”面板，双击MC_graphSet影片剪辑元件，在建立好的ac层下面建立MC_graph1、MC_graph2和MC_graph3共3个图层，然后将建立好的MC_graph1、MC_graph2和MC_graph3这3个元件分别放置到3个图层中。

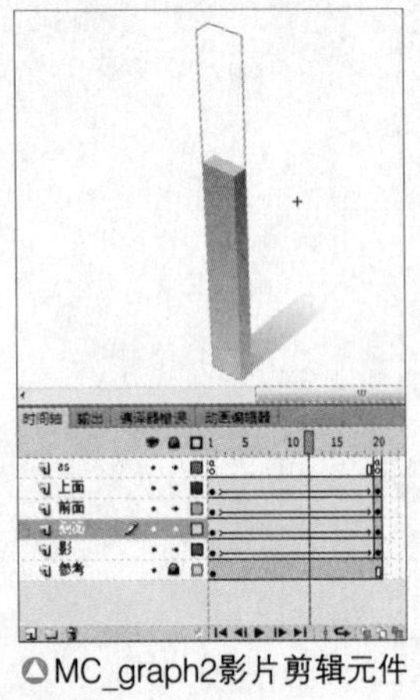

△MC_graph2影片剪辑元件

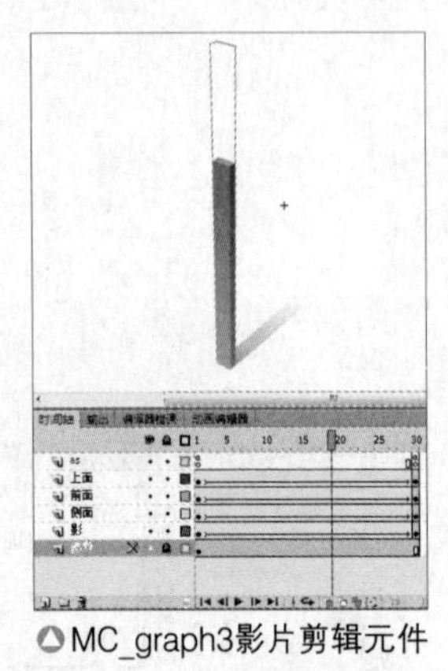
△MC_graph3影片剪辑元件

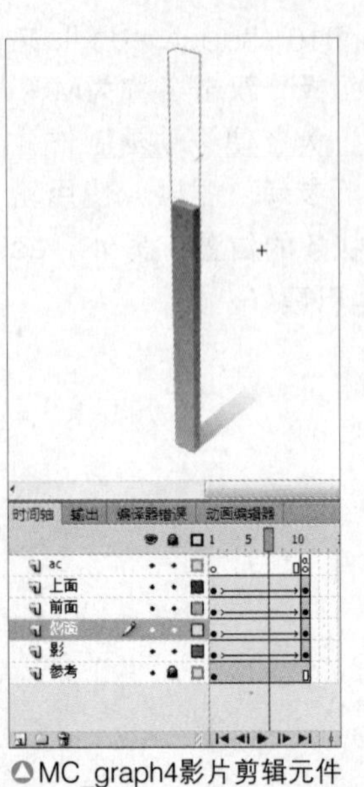

△MC_graph4影片剪辑元件

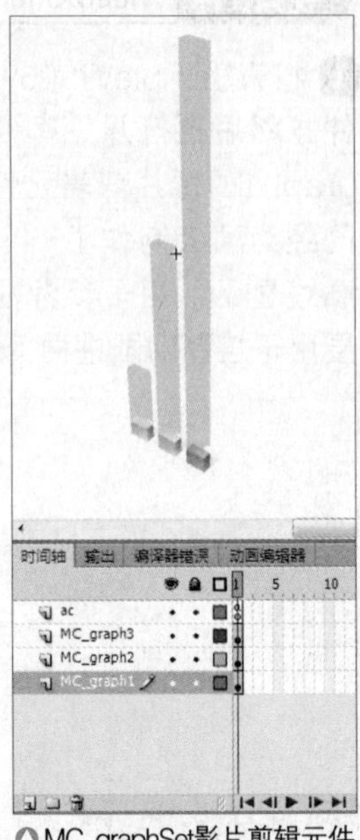

△MC_graphSet影片剪辑元件

8 单击标题栏中的“场景1”，返回主场景，在背景层上面建立“动画”图层，然后将MC_graphSet影片剪辑元件拖曳到舞台中。

10 在第15帧按下F6键，复制关键帧，使用任意变形工具将MC_graphSet影片剪辑元件缩小，并向左上拖曳一点。

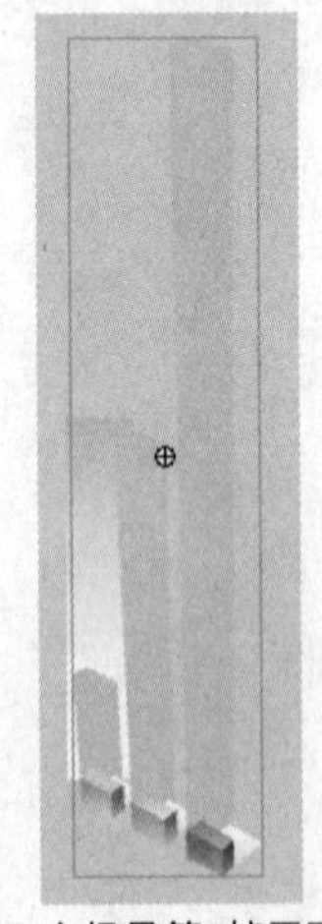
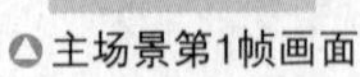
△主场景第1帧画面

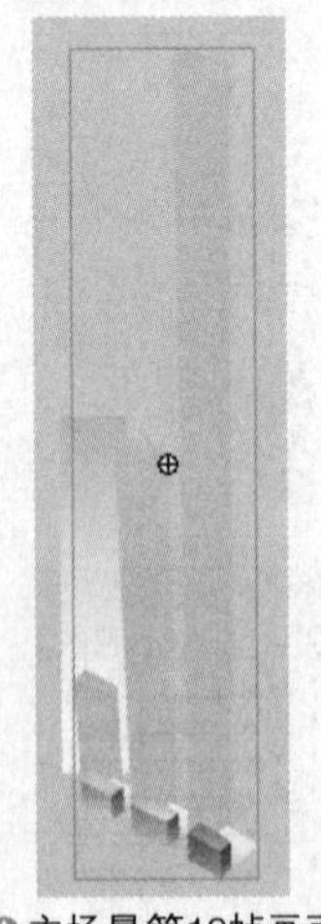
△主场景第12帧画面

9 在第12帧按下F6键，复制，将MC_graphSet影片剪辑元件向右下稍微拖曳一点。

11 按照同样的方法在制作第30、33、60、70和74帧的内容，在不同帧将元件更改为不同的大小、位置、颜色和不透明度等。其中，第70和74帧的背景已经设置好，和前面帧的背景不同。

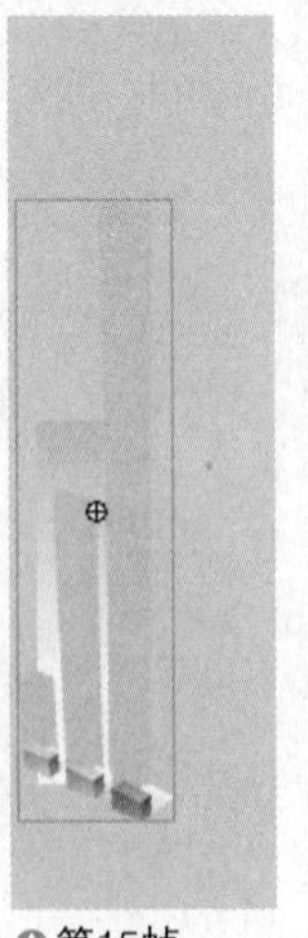
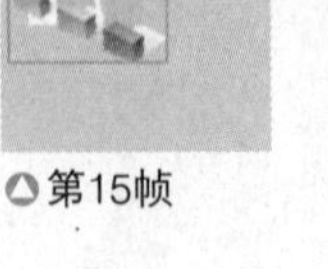
△第15帧

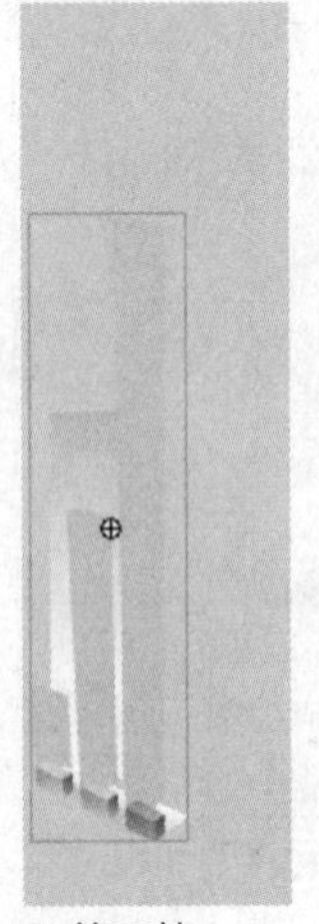
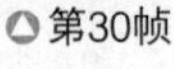
△第30帧

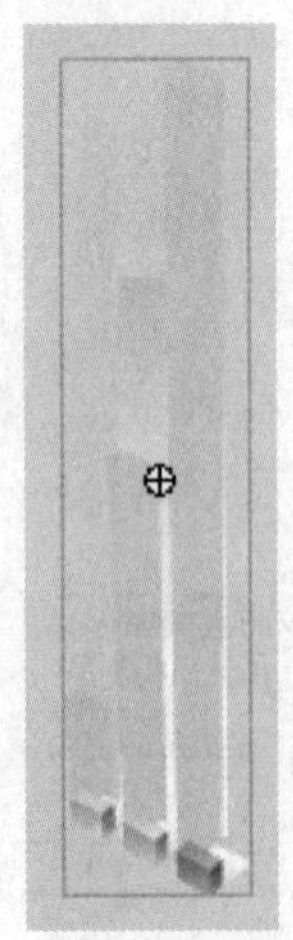
△第33帧

12 选中这个层的所有帧，然后在第1~74帧之间的任意一帧单击鼠标右键，从菜单中选择“创建传统补间”命令。这样，3D矩形条的运动效果就制作出来了。

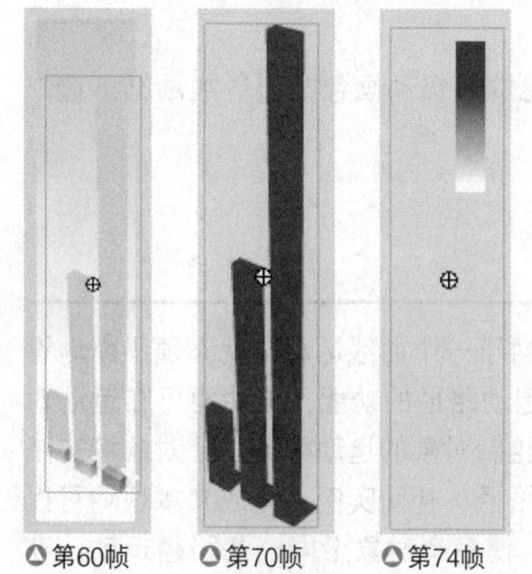

△第60帧 △第70帧 △第74帧

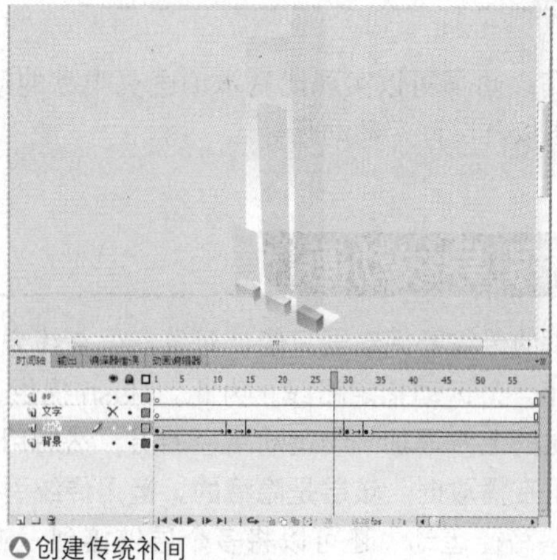

△创建传统补间

13 在“动画”图层上建立“文字”层，在第60帧按下F7键，插入空白关键帧，从“库”面板中将MC_text1元件拖曳至舞台上。

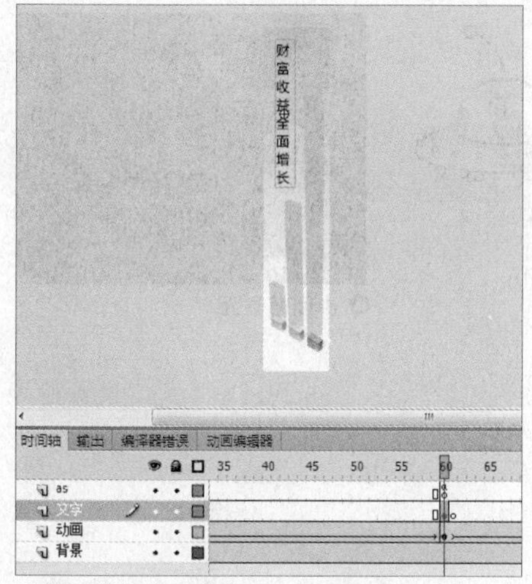

△第60帧文字层内容

14 在第70帧按下F7键，插入空白关键帧，从“库”面板中将MC_text1元件拖曳至舞台上。然后在第76帧按下F6键，复制关键帧。然后在属性面板中将第70帧画面内容的不透明度调整为0。

15 在第70~76帧之间的任意一帧单击鼠标右键，从菜单中选择“创建传统补间”命令。

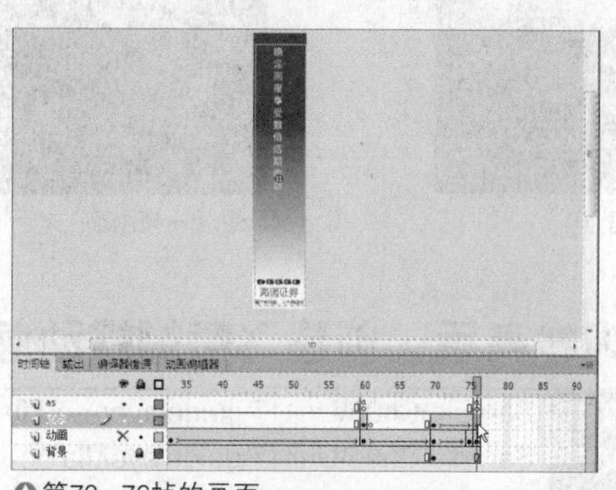

△第70~76帧的画面

16 按下快捷键Ctrl+Enter测试动画，就可以看到广告动画的效果了。

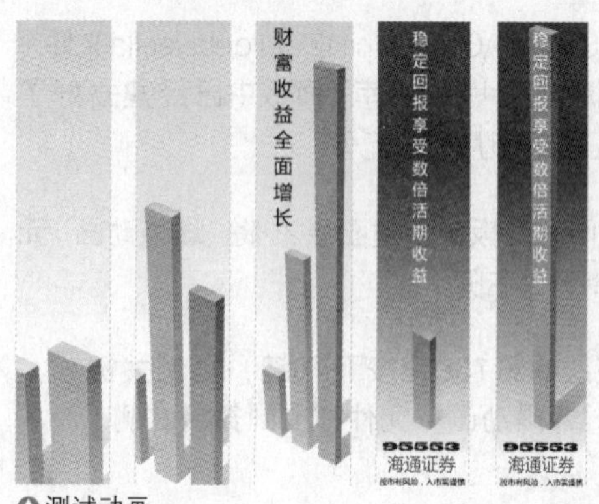

△测试动画

UNIT 17 制作高级动画

高级动画可以实现比基本动画更丰富的动画效果，常见的高级动画包括引导线动画、遮罩动画以及反向运动动画等。

制作引导线动画

基本的传统补间动画只能使对象产生直线方向的运动，而对于一个曲线运动，就必须不断地设置关键帧，为运动指定路线。为此，Flash 提供了一个自定义运动路径的功能，该功能可在运动对象所在层的上方添加一个运动路径的层，然后用户可在该层中绘制对象的运动路线，让对象掩盖路线运动。在播放时，该层是隐藏的。运用传统引导层可以绘制路径；补间实例、组或文本块均可以沿着这些路径运动；还可以将多个层链接到一个运动引导层，使多个对象沿同一条路径运动。在 Flash 中可以利用引导层来指定对象的运动方向，实现定制路径的传统补间动画效果。

素材文件： Sample\Ch06\Unit17\guide.fla

以本范例为例，在图层中创建一个补间动画，并将被引导对象中心点的起点和末端，分别对齐引导线的起点和末端，创建引导线动画，此时被引导的对象将沿着引导线进行运动。

第1帧画面

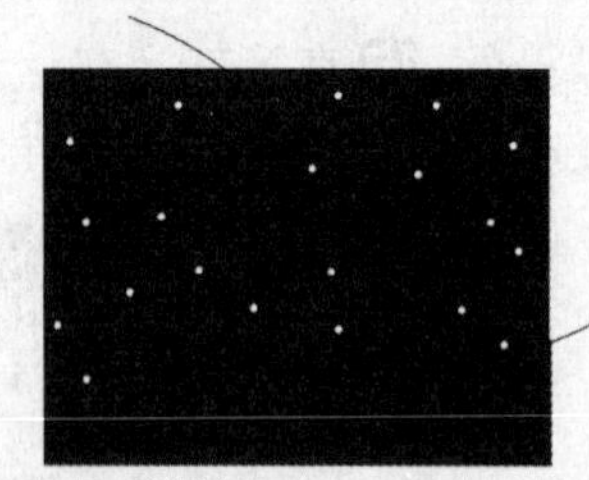

最后一帧画面

中间帧画面

闪客高手：创建飞舞蝴蝶动画

范例文件	Sample\Ch06\Unit17\guidelayer-end.fla
初始文件	Sample\Ch06\Unit17\guidelayer.fla
视频文件	Video\Ch06\Unit17\Unit17-1.wmv

1 打开Sample\Ch06\Unit17\guidelayer.fla文件，按下快捷键Ctrl+L，"库"面板中已经建立好了"蝴蝶动画"的影片剪辑元件。

2 在时间轴面板中新建图层2，将"蝴蝶动画"元件拖曳到舞台左侧。

3 在该层的第150帧按下F6键，复制关键帧，然后将"蝴蝶动画"元件拖曳到舞台右侧。

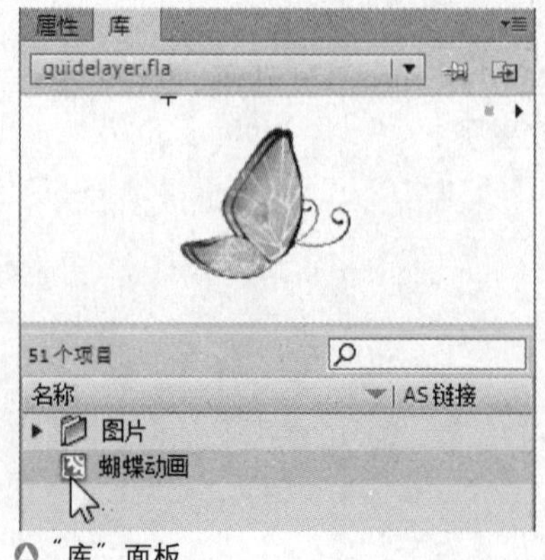

"库"面板

△ 第1帧画面

△ 第150帧画面

4 在时间轴面板中新建"图层2"，将"蝴蝶动画"元件拖曳到舞台左侧。

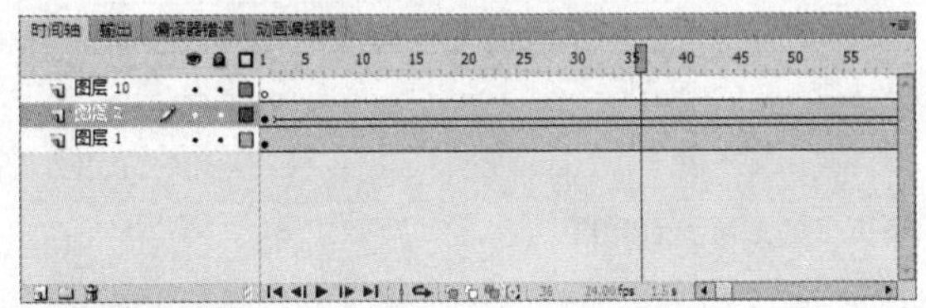
△ 创建传统补间

5 在该层的第150帧按下F6键，复制关键帧，然后将"蝴蝶动画"元件拖曳到舞台右侧。

△ 创建传统运动引导层

6 用工具箱中的铅笔工具在引导层上绘制一条曲线。

△ 绘制曲线

7 单击"图层2"第1帧，将蝴蝶的中心与路径左边的端点重合。单击"图层2"中的第150帧，将蝴蝶的中心与路径右边的端点重合。

△ 设置蝴蝶与端点重合

8 新建图层4，将"蝴蝶动画"元件拖曳到舞台右侧，并使用任意变形工具进行水平翻转。

△ 第1帧画面内容

9 在该层的第150帧按下F6键，复制关键帧，将"蝴蝶动画"元件拖曳到舞台左侧。然后选择第1到第150帧之间的任意一帧，单击鼠标右键，从快捷菜单中选择"创建传统补间"命令。

△ 第150帧画面内容

10 单击“图层4”将其确认为当前图层，单击鼠标右键，从菜单中选择“添加传统运动引导层”命令，在“图层4”上方创建一个引导图层。用工具箱中的铅笔工具在引导层上绘制一条曲线。单击“图层4”第1帧，将蝴蝶的中心与路径右边的端点重合。单击“图层4”中的第150帧，使蝴蝶的中心与路径左边的端点重合。

△绘制曲线

11 按照同样的方法可以建立更多的图层和引导层，制作出更多蝴蝶飞舞的效果。

△更多的图层和引导层

12 按下快捷键Ctrl+Enter测试动画，就可以看到动画的效果了。

△测试动画

制作遮罩动画

遮罩的原理就是将某层作为遮罩层，其下的一层是被遮罩层，而只有遮罩层上的填充色块下面的内容是可见的，但色块本身不可见。

遮罩的项目可以是填充的形状、文字对象、图形元件实例和影片剪辑。

就像运动引导层一样，遮罩层起初与一个单独的被遮罩层关联，当它变成遮罩层时，被遮罩层位于遮罩层的下面。遮罩层也可以与任意多个被遮罩的图层关联，仅那些与遮罩层相关联的图层会受其影响，其他所有图层（包括组成遮罩的图层下面的那些图层及与遮罩层相关联的层）将显示出来。一个遮罩层只能含有一个遮罩项目，按钮内部不可以有遮罩层，也不能将一个遮罩用于另一个遮罩。

△遮罩效果

素材文件： Sample\Ch06\Unit17\mask.fla

创建遮罩图层后，系统将自动锁定遮罩层和被遮罩图层，若还要对遮罩层进行编辑，可以取消其锁定状态。

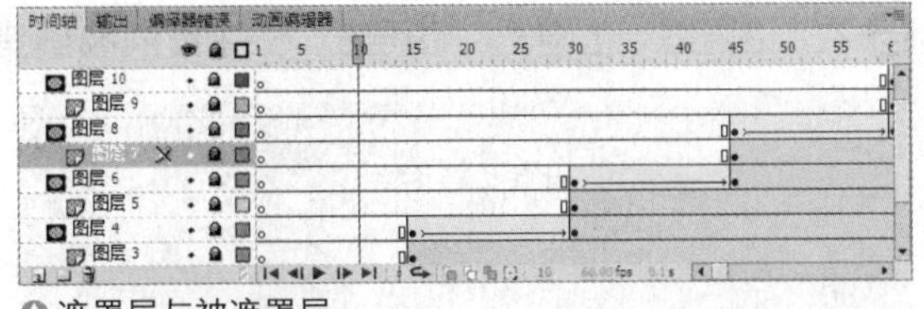

遮罩层与被遮罩层

闪客高手：创建图片展示动画

范例文件	Sample\Ch06\Unit17\masklayer-end.fla
初始文件	Sample\Ch06\Unit17\masklayer.fla
视频文件	Video\Ch06\Unit17\Unit17-2.wmv

1 打开Sample\Ch06\Unit17\masklayer.fla文件，按下快捷键Ctrl+F8，新建一个名为“圆”的图形元件，绘制一个蓝色的椭圆。

2 回到主场景，在“图层1”上面建立“图层2”，在第10帧到第17帧制作“圆”元件由小到大的传统补间动画。

“圆”元件

第10帧画面

第17帧画面

3 在“图层2”上单击鼠标右键，选择“遮罩层”命令，制作运动的遮罩效果。

4 在“图层3”上建立“图层4”，在第16帧到第23帧制作“圆”元件由小到大的传统补间动画。

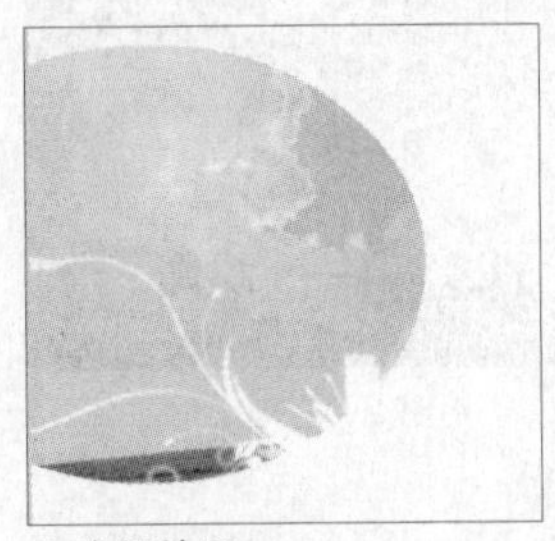

遮罩效果

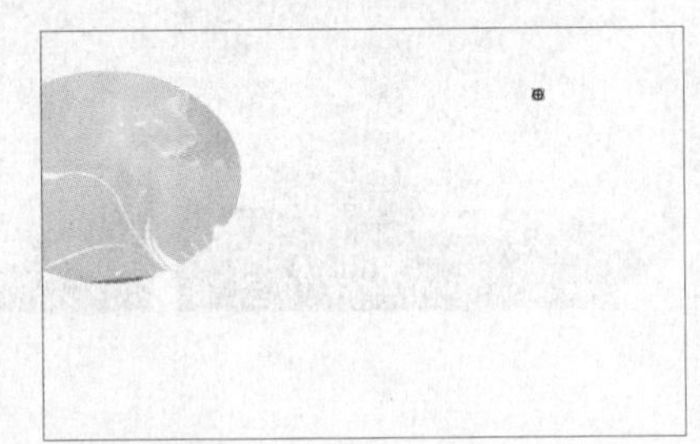

第16帧画面

第23帧画面

5 在“图层4”上单击鼠标右键，选择“遮罩层”命令，制作出运动的遮罩效果。

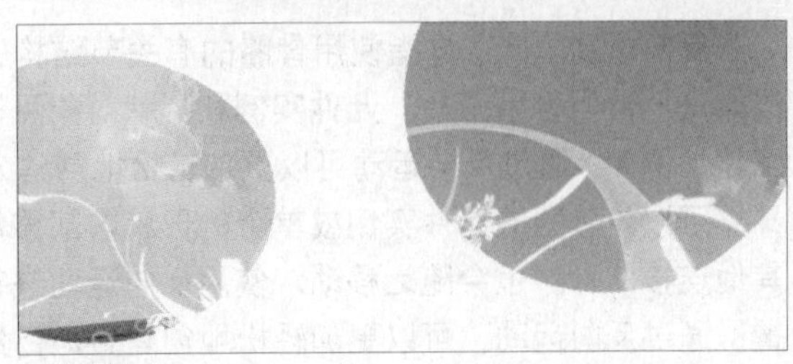

遮罩效果

6 在“图层5”上建立“图层6”，在第24帧到第31帧制作“圆”元件由小到大的传统补间动画。

△ 第24帧画面

△ 第31帧画面

7 在“图层6”上单击鼠标右键，选择“遮罩层”命令，制作运动的遮罩效果。

△ 遮罩效果

8 用相同的方法继续按照时间顺序创建更多的图层，制作出更多的遮罩效果。从“图层7”至“图层16”，每两层为一组遮罩层，共创建5组。

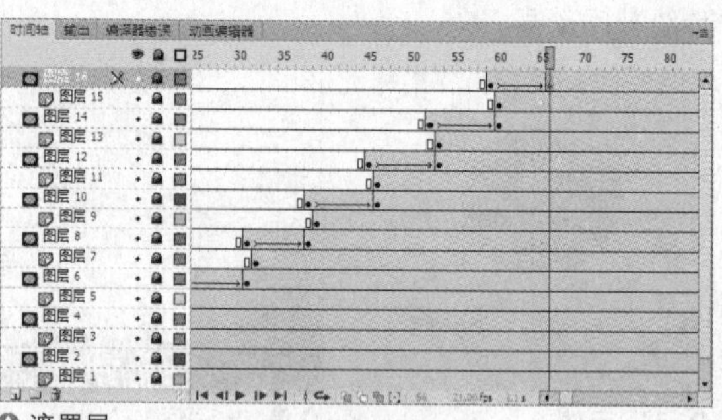

△ 遮罩层

9 按下快捷键Ctrl+Enter测试动画，就可以看到每一组遮罩效果依次呈现的效果了。

△ 测试动画

制作反向运动动画

反向运动（IK）是指使用骨骼的有关节结构，对一个对象或彼此相关的一组对象进行动画处理的方法。使用骨骼工具，元件实例和形状对象可以按复杂而自然的方式移动，而只需做很少的设计工作。例如，通过反向运动可以更加轻松地创建人物动画，如胳膊、腿的动作和面部表情的变化等。

可以向单独的元件实例或单个的形状内部添加骨骼。在骨骼移动时，与启动运动的骨骼相关的其他连接的骨骼也会随之移动。使用反向运动进行动画处理时，只需指定对象的开始位置和结束位置。通过反向运动，可以更加轻松地创建更加自然的运动。

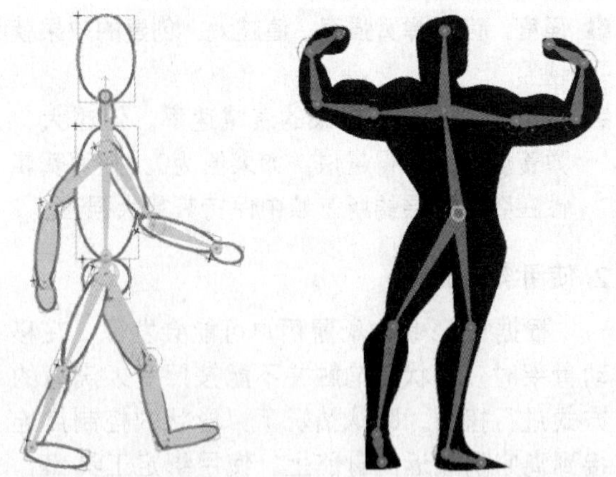

△已附加 IK 骨架的多个实例　△已添加 IK 骨架的形状

在Flash中可以按两种方式使用IK。一种是，通过添加将每个实例与其他实例连接在一起的骨骼，用关节连接一系列的元件实例。骨骼允许元件实例链一起移动。例如，具有这样一组影片剪辑，其中的每个影片剪辑都表示人体的不同部分，通过骨骼将躯干、上臂、下臂和手连接在一起，可以创建逼真的动画效果。也可以创建一个分支骨架以包括两个胳膊、两条腿和头。

使用IK的第二种方式是向形状对象的内部添加骨架。可以在合并绘制模式或对象绘制模式中创建形状，然后通过骨骼移动形状的各个部分并对其进行动画处理，而无需绘制形状的不同版本或创建补间形状。例如，可以向简单的蛇图形添加骨骼，以使蛇逼真地移动和弯曲。在向元件实例或形状添加骨骼时，Flash将实例或形状以及关联的骨架移动到时间轴中的新图层，此新图层称为姿势图层。每个姿势图层只能包含一个骨架及其关联的实例或形状。

Flash包括两个用于处理IK的工具。使用骨骼工具可以向元件实例和形状添加骨骼。使用绑定工具可以调整形状对象的各个骨骼和控制点之间的关系。

1. 使用骨骼工具

可以向影片剪辑、图形和按钮元件实例及形状添加IK骨骼。

(1) 向元件添加骨骼

向元件实例添加骨骼时，会创建一个链接实例链。这不同于对形状使用骨骼，其形状会变为骨骼的容器。根据需要，元件实例的链接链可以是一个简单的线性链或分支结构。

按照与向其添加骨骼之前所需的近似配置，在舞台上排列元件实例。在添加骨骼之前，元件实例可以在不同的图层上，添加骨骼时，Flash会将它们移动到新图层。

(2) 向形状添加骨骼

对于形状，可以向单个形状的内部添加多个骨骼。这不同于元件实例，每个实例只能具有一个骨骼。还可以向在对象绘制模式下创建的形状添加骨骼。

向单个形状或一组形状添加骨骼，任意情况下，在添加第一个骨骼之前必须选择所有形状。在将骨骼添加到所选内容后，Flash会将所有的形状和骨骼转换为IK形状对象，并将该对象拖曳到新的姿势图层。

> **TIP** 在某个形状转换为IK形状后，它将无法再与IK形状外的其他形状合并。

(3) 设置骨骼属性

选定一个或多个骨骼时，可以在“属性”面板中设置其属性参数。

❶ **速度**：限制选定骨骼的运动速度，在“速度”文本框中输入一个值。

❷ **联接X平移，联接Y平移**：勾选“启用”复选框，使选定的骨骼可以沿X或Y轴移动并更改其父级骨骼的长度。勾选“约束”复选框，限制沿X或Y轴启用的运动量，还可以设置骨骼行进的最小距离和最大距离。

❸ **联接：旋转**：勾选“启用”复选框，使用选定骨骼要连接的旋转。勾选“约束”复选框，约束骨骼的旋转，可输入旋转的最小度数和最大度数。

❹ **强度**：设置弹簧强度。值越大，创建的效果就越强。

❺ **阻尼**：设置弹簧效果的衰减速率。值越大，弹簧属性减小得越快。如果值为0，则弹簧属性在姿势图层的所有帧中保持其最大强度。

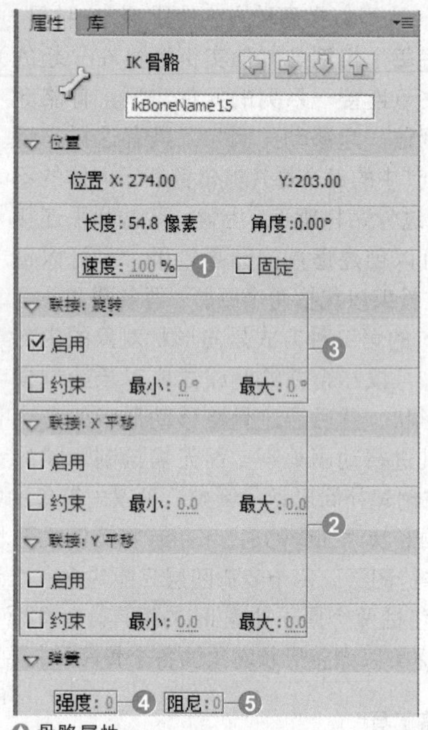

骨骼属性

2. 使用绑定工具

根据IK形状的配置用户可能会发现，在移动骨架时，形状的笔触并不能按照令人满意的方式进行扭曲。默认情况下，形状的控制点连接到离它们最近的骨骼上。使用绑定工具，可以编辑单个骨骼和形状控制点之间的连接。这样就可以控制在每个骨骼移动时笔触扭曲的方式，以获得更满意的结果。

可以将多个控制点绑定到一个骨骼上，以及将多个骨骼绑定到一个控制点。使用绑定工具单击控制点或骨骼，将显示骨骼和控制点之间的连接。然后可以按各种方式更改连接。

闪客高手：制作简单的骨骼动画

范例文件	Sample\Ch06\Unit17\iksymbol-end.fla
初始文件	Sample\Ch06\Unit17\iksymbol.fla

❶ 打开Sample\Ch06\Unit17\iksymbol.fla文件，新建crane图层，在舞台上创建元件实例。按照与添加骨骼之前所需近似的空间配置排列实例。

排列实例

❷ 在工具箱中选择骨骼工具，使用骨骼工具，选择要成为骨架的根部或头部的元件实例。然后拖曳到单独的元件实例，以将其链接到根实例。

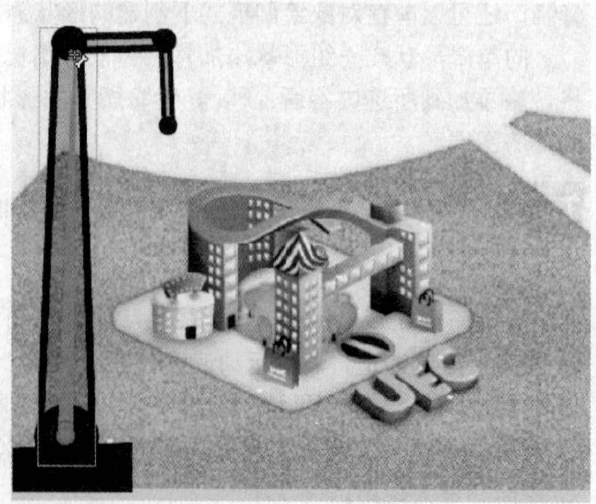

使用骨骼工具

❸ 在拖曳时，将显示骨骼。释放鼠标后，在两个元件实例之间将显示实心的骨骼。每个骨骼都具有头部、圆端和尾部。

继续添加骨骼

❹ 若要添加其他骨骼，请从第一个骨骼的尾部拖曳到要添加到骨架的下一个元件实例。按照要创建的父子关系的顺序，将对象与骨骼链接在一起。

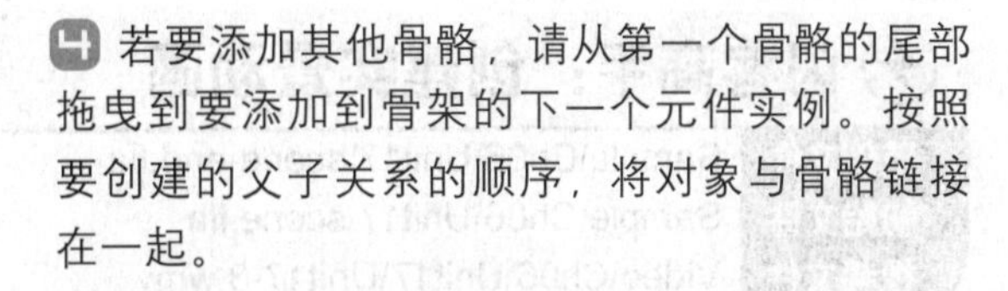

❺ 观察"时间轴"面板，与给定骨架关联的所有骨骼和元件实例都驻留在姿势图层中。Flash向"时间轴"中现有的图层之间添加新的姿势图层，以保持舞台上对象以前的堆叠顺序。

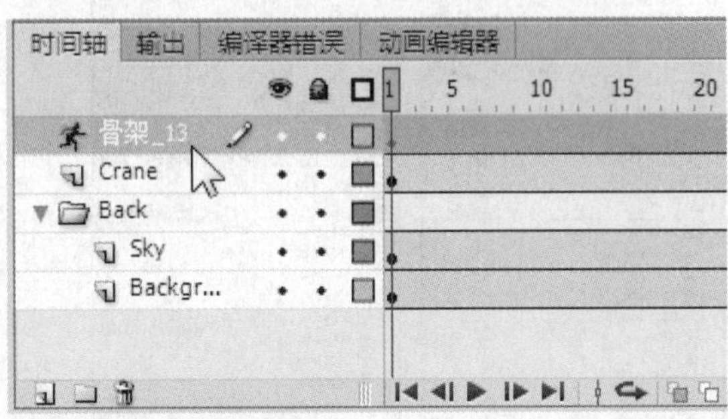

"时间轴"中的姿势图层

TIP 从一个实例拖曳到另一个实例以创建骨骼时，单击要将骨骼附加到实例特定点上的第一个实例。拖曳到要附加骨骼的第二个实例的特定点后释放鼠标，也可以稍后编辑这些附加点。每个元件实例只能有一个附加点。骨架中的第一个骨骼是根骨骼。它显示为一个圆围绕骨骼头部。

❻ 单击姿势图层的最后一帧，使用鼠标拖曳创建好的骨架，调整到合适的位置。

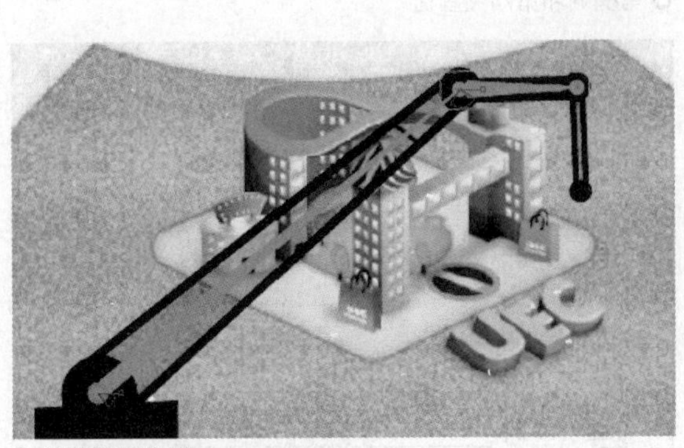

调整骨架位置

❼ 按下快捷键Ctrl+Enter测试动画，就可以看到骨骼动画的效果了。

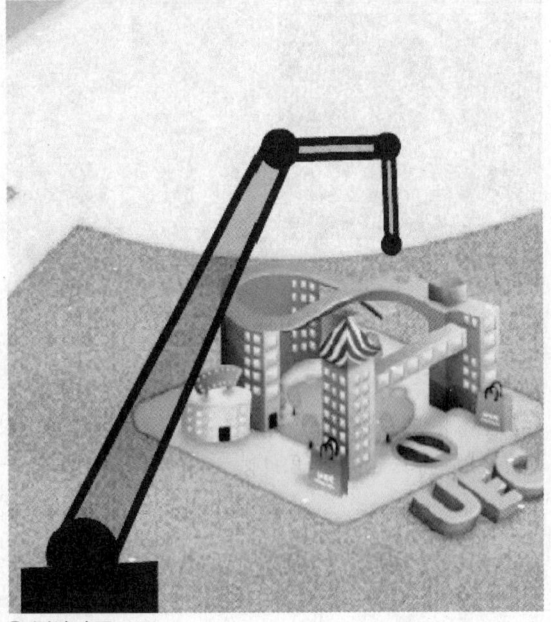

测试动画

闪客高手：创建实景动画

范例文件	Sample\Ch06\Unit17\scene-end.fla
初始文件	Sample\Ch06\Unit17\scene.fla
视频文件	Video\Ch06\Unit17\Unit17-3.wmv

1 打开Sample\Ch06\Unit17\scene.fla文件，在“库”面板中已经提供了大量的素材图片和图形元件，作为实景动画中的静态部分。

△“库”面板

2 按下快捷键Ctrl+F8新建名为“喷泉动画”的影片剪辑元件，然后将提供的“喷泉”元件放置在舞台上，并将“图层1”延续到第91帧。

△第1帧画面

3 新建“图层2”，在第54帧按下F7键插入空白关键帧，将“图形10”置于喷泉喷水的位置。

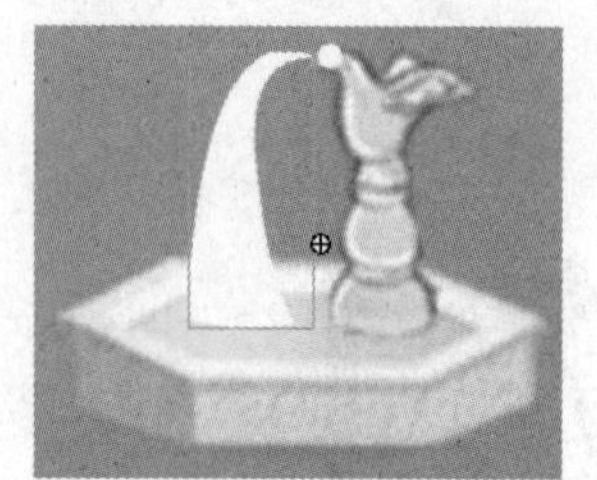

△图形10

4 新建“图层3”，从第54帧到第74帧制作一个形状补间动画，覆盖从喷泉出水口到完全涌出的位置。

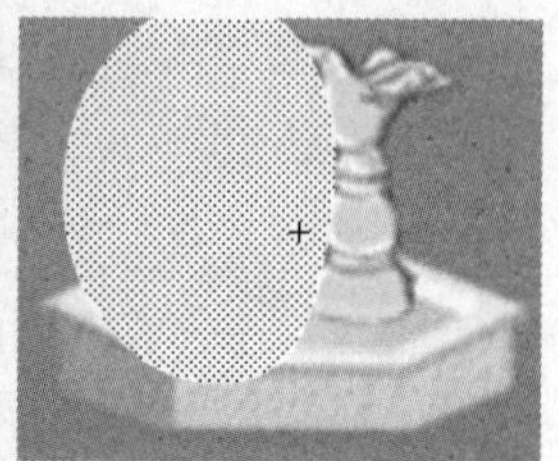

△第54帧和第74帧画面

5 将“图层3”制作为遮罩层，产生喷泉出水的效果。

6 在“图层3”的第75帧按下F6键，复制关键帧，然后将其延续到第91帧。

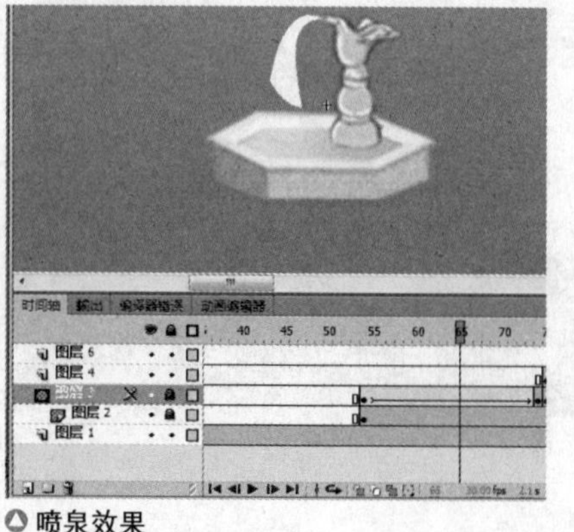

△喷泉效果

7 新建“图层4”，在第75到89帧中，每隔2帧创建逐帧动画效果，分别使用“库”面板中的图形2、图形3到图形9共7个元件，制作喷泉的水花效果。然后将其延续到第91帧。

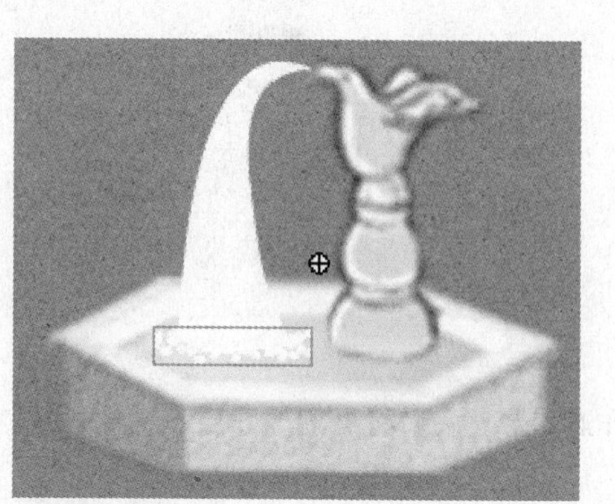

△ 水花效果

8 新建“图层6”，在第91帧按下F7键，插入空白关键帧，然后按下F9键打开“动作”面板，输入如下动作代码，制作从75帧到91帧播放动画的循环效果。

```
gotoAndPlay(75);
```

△ 输入动作代码

9 回到主场景，新建“图层2”，在第61帧到80帧制作“高楼2”元件的补间动画效果，使元件从画面下方移动到画面中央。

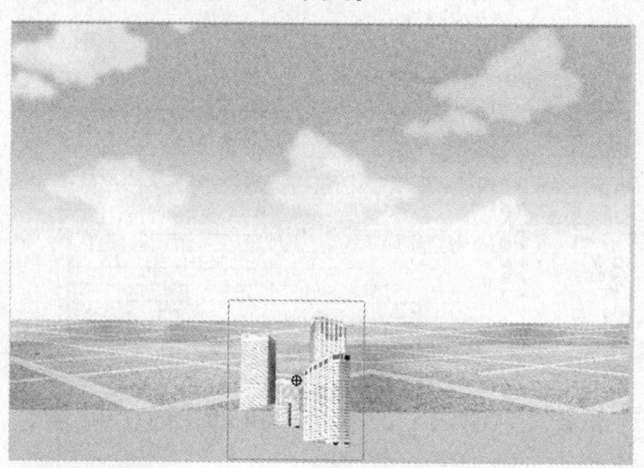

△ 第61帧画面

△ 第80帧画面

10 新建“图层3”，在第66帧到85帧制作“高楼1”元件的补间动画效果，使元件从画面下方移动到画面中央。

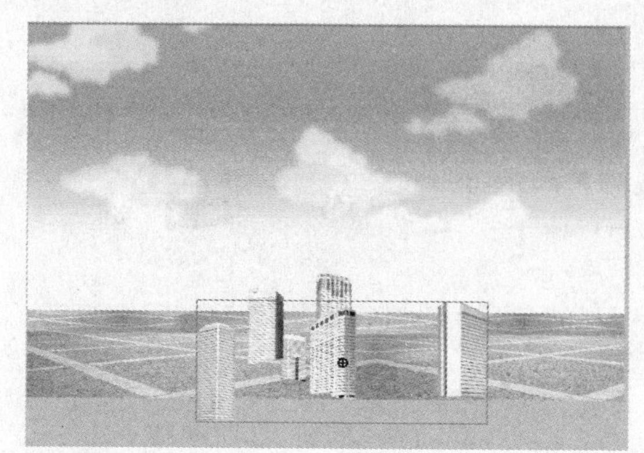

△ 第66帧画面

△ 第85帧画面

11 新建“图层4”，在第一帧将“高楼3”元件放置在舞台上。

第1帧画面

12 新建“图层5”，在第1帧到第27帧之间制作矩形块从中间向两边扩展的形状补间动画效果。

第1帧画面

13 删除第28帧之后的帧的内容，然后在“图层5”上制作遮罩层，使其遮罩住“图层2”、“图层3”和“图层4”的全部内容。

第27帧画面

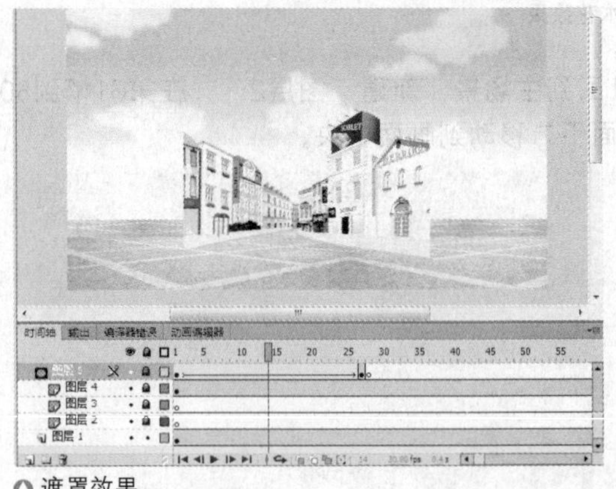

遮罩效果

14 新建“图层6”，在第28帧中放置“高楼3”元件，并在新建的“图层7”的第28帧中使用一个矩形遮罩，完全显示高楼效果，遮挡住下方的其他图层。

“图层6”和“图层7”的遮罩效果

15 新建“图层8”，在第89帧和第102帧制作“路灯”元件渐显的效果。

路灯元件

16 新建“图层9”，在第101帧和第114帧制作“路牌”元件渐显的效果。

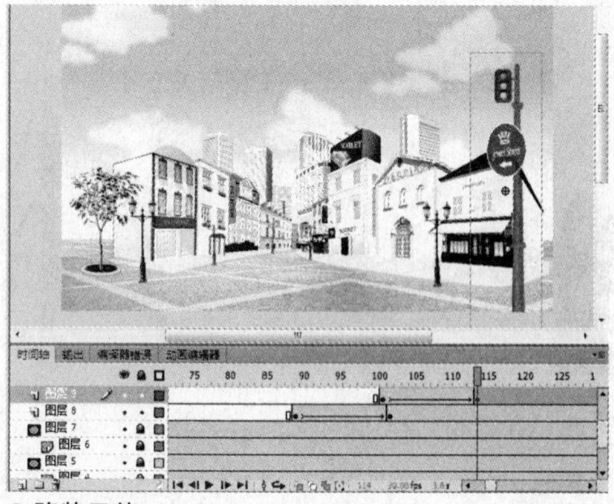
路牌元件

17 新建“图层10”，在第112帧和第124帧制作“喷泉动画”元件渐显的效果。

喷泉动画元件

18 新建“图层11”，在第134帧和第152帧制作“人物1”元件渐显的效果。

人物1元件

19 按下快捷键Ctrl+F8新建元件，名称为“热气球动画”，类型为影片剪辑。在这个元件中的制作“热气球”元件从第1帧到第1754帧的传统补间动画，制作热气球从左至右飘过的效果。

热气球元件

20 回到舞台中，建立“图层12”，在第198帧按下F7键，插入空白关键帧，然后将“热气球动画”拖曳到舞台左侧。

热气球动画元件

21 新建“图层13”，在第204帧按下F7键，插入空白关键帧，然后按下F9键，打开“动作”面板，输入如下动作代码，停止动画播放。

```
Stop();
```

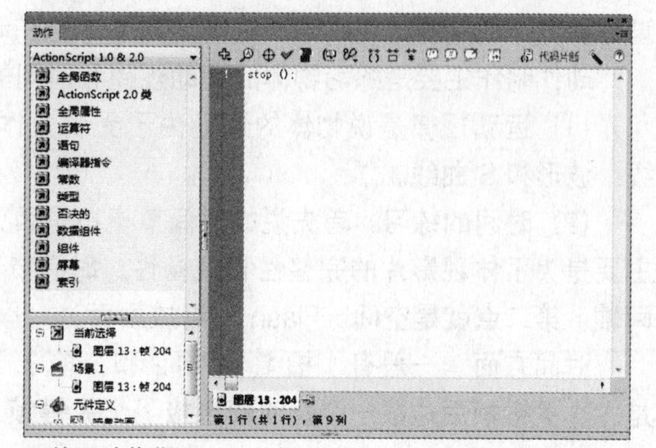

输入动作代码

22 按下快捷键Ctrl+Enter测试动画，就可以看到动画播放的效果了。

△测试动画

Special page 分享Flash资深设计师的动画制作体会

前面讲解了Flash动画的制作方法，那么怎样才能快速提高动画制作水平呢？下面是一个Flash资深设计师的动画制作体会。

一个Flash动画中的元素比例，故事构思和脚本占7成左右，编辑剪辑占2成左右，制作占1成左右。动画制作中的比例，一个完美的原画，编辑剪辑设计占6成，绘制占4成左右。

一般精明且学习能力强的动画师在3~5年内，如果有很好的表现就可以成为原画师，而一般人通常需要5~10年。传统原画师需主要掌握的是填写摄影表，绘制只占其评价的4成。由此看来原画师的主要工作并不是绘制而是编排设计和分析镜头结构。

学习Flash动画，有以下3点需要把握。

（1）从整体出发。首先是整体影片的把握设定练习，甚至可以不用绘制画面而用文字来练习。把握故事的整体，主要表现各镜头的衔接和整体的规划。故事要简明扼要，不管电影还是动画，往往评价很高的作品都可以用一句话来概括主要故事，而在主要的故事里再穿插人物的个性故事，就可以形成一个完整的影片了。

（2）镜头制作。此处主要是指各镜头画面的编排和时间的设计。一般是绘制出来，还有大部分人是分成先文字再草图再细分，或分更多步骤，主要是为了能准确地把握镜头。

（3）多做剧本练习。在Flash里，练习主要是分析结构练习和制作练习。分析练习通过设计出的镜头，来安排画面结构类似传统动画中的摄影表，习惯把时间轴作为摄影表来安排，在Flash时间轴上新建文件夹来编排层次，一般命名为：特，前，主，后，类似摄影表的A，B，C，D，方便管理设计。而制作练习在动画绘制定义中，是在动的方面采用单线匀色填充。

动作制作主要是练习物体的运动规律和时间的掌握。

（1）运动规律是说物体的运动由于受引力作用会按着一定的曲线来运动，曲线又可细分为弧线、波形和S曲线。

（2）时间的练习，首先说的时间节奏不是因为有节奏所以才做的，而是在镜头原画中需要做，主要是为了体现影片的完整性和流畅性。时间节奏有两点，第一点是时间。Flash里可以看成是时间轴；第二点就是空间，Flash里看成画面。

时间方面，一般有1拍1，1拍2和1拍3。1拍1就是Flash时间轴上的都是关键帧；1拍2是1个关键帧后边接一个普通帧再接下个关键帧；1拍3就是关键帧后边接两个普通帧。这个在日本动画里经常混用，要注意的是1拍3以后就没有1拍几的概念了，是接静帧或者接镜头。

空间方面主要是通过画面来表现。而且一般是按等分来做，常用有2等分、3等分和4等分，这样分割画面作过渡画面以体现加速。

时间和空间结合使用，这个难度比较大，要按画面做好。再移动时间轴上的帧会变得很怪所以不推荐。但是对于接静帧或其他特殊的画面可以用，主要是为了表现影片整体，如果破坏了影片和镜头的感觉那就禁用。

（3）画面练习。画面练习分为分析练习和绘制练习，分析至少要知道矢量以及动画的特点。动画画面要尽量地简化，可以看到很多漫画转成动画后，人物改变了很多，也简化了很多，包括线条颜色等都把漫画中的渲染和特色简化了，这是因为动画的工作量十分大，也是动画和漫画的区别。绘制要先绘制整体的大概结构，把人物主体和背景等设计出来，为准确表现细节可以放大画面。另外，要注意空间透视和空气透视。

在动画制作中，初学者由于绘画能力低、经验不足，对角色所需的要素很难把握充分，因此难以创作出优秀的作品。通过一段时间的临摹学习能更好地提升绘画水平和动画绘制及创作能力。

通过临摹，可以学习创作者的创作手法和绘画技巧等。我们身边有许许多多优秀的动画片、动画电影，这些都是很好的学习素材。刚开始学习时，不妨选取其中一两部经典动画片，从造型、光影、结构和色彩等方面作临摹。优秀国产动画片《阿凡提》就是一个很好的范本，它的构图惟妙惟肖，把一个机智幽默、能言善辩、勇于斗争、疾恶如仇的"阿凡提"形象刻画得栩栩如生。

绘制有鼠标直接绘制，板子绘制及纸上绘制再扫描进去3种方法，用鼠标可以直接在Flash中绘制矢量图形；绘图板如果有软件支持也可以绘制矢量图，但大部分是位图；扫描，一般是位图（扫的时候用单色对比高点，进电脑转矢量，Photoshop就可以，但也需修整）。技巧也是需要了解的，如透视（人物背景都要用），色彩搭配（可以只进行单色搭配练习），表现立体的3调，人体结构（最好从骨骼入手）、运动规律（这个是主要的）以及构图（最重要的）等。有这些就基本就够了，另外，还建议掌握时尚杂志、美容设计等。

总之，Flash动画是和传统动画的结合，要考虑软件的优点和特性，并弥补缺点以实现快速准确地制作，如果只针对传统动画，就没必要用Flash；如果只用Flash不考虑传统动画就不会制作出好作品。

音视频在动画中的应用

本章知识点

Unit 18	在动画中使用声音	导入声音
		设置声音属性
Unit 19	在动画中使用视频	导入视频的方式
		导入视频
		设置视频控制参数

章前自测题

1.Flash影片中的声音可以分为哪几个类型？哪种适用于动画的背景音乐？

2.在Flash中可以导入的视频格式有哪些？

3.一般音乐文件都比较大，为此Flash专门提供了压缩功能，来控制声音在导出影片中的大小和质量。那么怎样对Flash导入的声音进行压缩呢？

4.声音和动画采用什么样的形式协调播放，是动画设计者需要考虑的问题，Flash中提供了哪些设置来协调声音与动画？

5.在Flash中导入视频，有哪几种具体的导入方式？各有什么不同？

UNIT 18 在动画中使用声音

Flash除了动画的表现优异以外，对声音的支持也相当出色。可以在Flash中放入各种类型的声音文件，以运用更多样的素材，进而丰富作品。

导入声音

在 Flash 中有两种类型的声音：一种是事件声音，一种是音频流（流式声音）。它们的不同之处体现在动画的播放当中。

- 事件声音：可以把事件声音设置为单击按钮的声音，也可以将其作为影片中的循环音乐。加入事件声音的Flash动画放置在网页中，必须等这个声音文件全部下载完毕，才可以播放声音。无论在什么情况下，事件声音都会从头播放到尾，不会中断，且无论声音长短，只能插入到一个帧中。
- 音频流：流式声音可以说是Flash的背景音乐。它与动画的播放同步，只需要下载完影片开始的前几帧就可以播放了。

TIP 把带有音乐的Flash动画发布到网页上时，如果其中添加的是流式声音，它的播放将与Flash动画紧密相关。可以认为它是Flash动画的背景音乐，随动画的播放而播放，随动画的停止而停止。它最美妙的地方在于，不必等到整个音乐全下载完毕就可以开始播放。与流式声音不同，事件声音必须等到整个文件全部下载完毕才能开始播放。而且只有当浏览者触发了该声音的事件时，它才会自动播放到结束，并且在播放过程中不会受动画的影响。

将声音文件从外部导入到库中，就可以应用了。Flash 可以导入 3 种类型的声音文件：MP3、WAV 和 AIFF。因为声音要占用大量的磁盘空间和内存，所以通常情况下，最好使用 22KHz 16Bit 的单声道声音，如果使用立体声，其数据量将是单声道声音的两倍。

练习：导入声音效果

范例文件：Sample\Ch07\Unit18\sound-end.fla
起始文件：Sample\Ch07\Unit18\sound.fla

1 打开Sample\Ch07\Unit18\sound.fla文件，选择“文件>导入>导入到库”命令。然后在打开的“导入”对话框中选择“Sample\Ch07\Unit18\鸟的故事.mp3”文件。

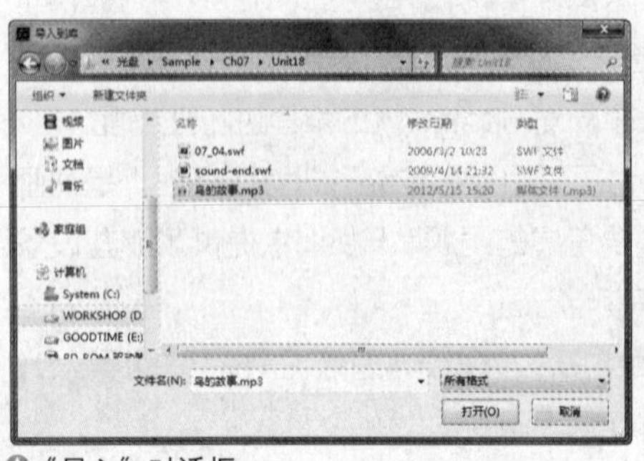

△“导入”对话框

2 然后单击“打开”按钮，导入声音。导入的声音自动添加到“库”面板中。

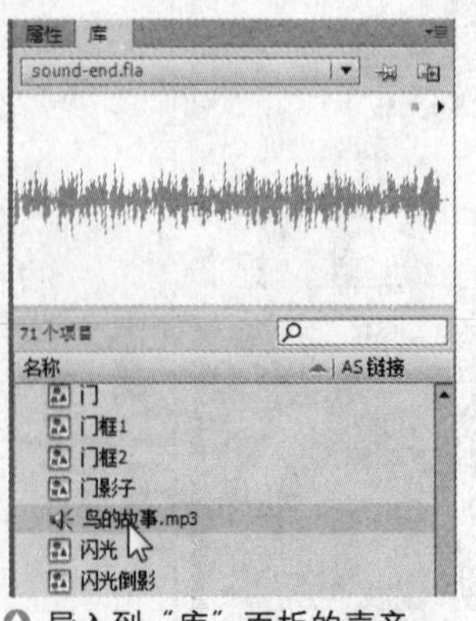

△导入到“库”面板的声音

❸ 双击"库"面板中的"按钮动画"元件，进入元件编辑模式，选择"指针经过"帧，然后将声音从"库"面板中直接拖曳到舞台中。

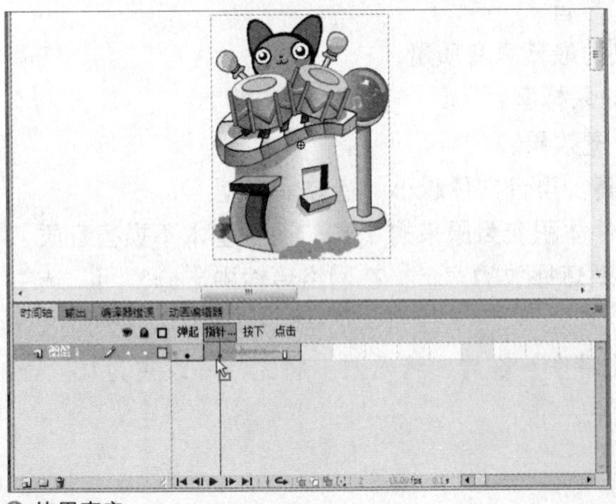

△ 使用声音

❹ 按下快捷键Ctrl+Enter测试动画，当鼠标指向主画面角色时，就可以听到声音的效果了。

△ 测试动画

TIP 在"库"面板的预览窗口中，如果显示的是两条波形，则导入的声音文件为双声道。

设置声音属性

将声音导入到动画中后，可以设置它的属性，包括循环、效果以及压缩等各项参数内容。

双击"库"面板中的声音图标，打开"声音属性"对话框。在该对话框最上面的文本框中显示了声音文件的文件名，下面是声音文件的路径、创建时间和声音的长度。

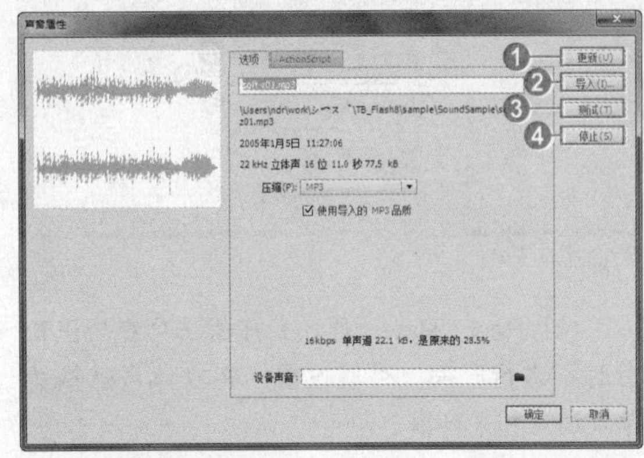

△ "声音属性"对话框

该对话框右侧按钮的主要功能如下。

❶ **更新**：将"声音属性"对话框中进行的修改设置，应用到当前编辑环境下相应的声音文件中。

❷ **导入**：从外界导入的新声音文件将代替被编辑的声音文件，并且将当前编辑环境下所有引用的该声音同时替换掉。

❸ **测试**：对当前编辑的声音效果进行试听。

❹ **停止**：停止对声音的试听。

1. 声音的压缩

一般音乐文件都比较大，为此 Flash 专门提供了压缩功能，来控制声音在导出影片中的大小和质量。可以在"声音属性"对话框中选择压缩选项，也可以在发布参数设置对话框中为影片中所有的声音确定参数设置。在"压缩"下拉列表中，Flash CS6 一共提供了 5 种压缩方式。

（1）默认值：是 Flash CS6 提供的一个通用的压缩方式，可以对整个文件中的声音用同一个压缩比进行压缩，而不用分别对文件中不同的声音进行单独的属性设置，避免了不必要的麻烦。

（2）ADPCM：常用于压缩诸如按钮音效、事件声音等比较简短的声音。选择 ADPCM 后，对话框中的显示如图所示。

❶ **将立体声转换为单声道**：将立体声道转换为单声道的声音。

❷ **采样率**：设置声音的采样率。采样比率越高，声音的保真效果就越好，文件也就越大。“采样率”下拉列表中包括以下 4 个选项。

- 5kHz：最低的可接受的标准，可达到人说话的声音。
- 11kHz：是标准CD比率的四分之一，也是建议的最低声音质量。
- 22 kHz： 鉴于目前的网速，建议使用22kHz的采样率。
- 44kHz：采用标准的CD音质，可达到最佳的听觉效果。

❸ **ADPCM位**：决定编辑中使用的位数，压缩比越高，声音文件越小，音效就越差。

（3）MP3：使用该方式压缩声音文件，可使文件体积变为原来的 1/10，而且基本不损害音质。这是一种高效的压缩方式，常用于压缩较长且不用循环播放的声音，在网络传输中十分常用。选中MP3 压缩方式后，对话框的显示如图所示。

❶ **比特率**：决定由MP3编码器生成的声音的最大比特率。在导出音乐时，将比特率设置为16kbps或更高，会达到最佳的效果。

❷ **品质**：设置发布的Flash动画声音的快慢。

- 快速：压缩速度快，但是声音的质量很低。
- 正常：压缩速度较慢，但是声音的质量较高。
- 最佳：压缩速度最慢，声音质量最高。

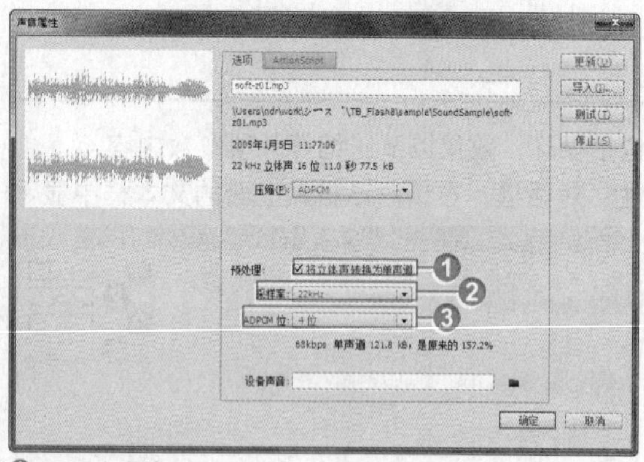

△ADPCM压缩

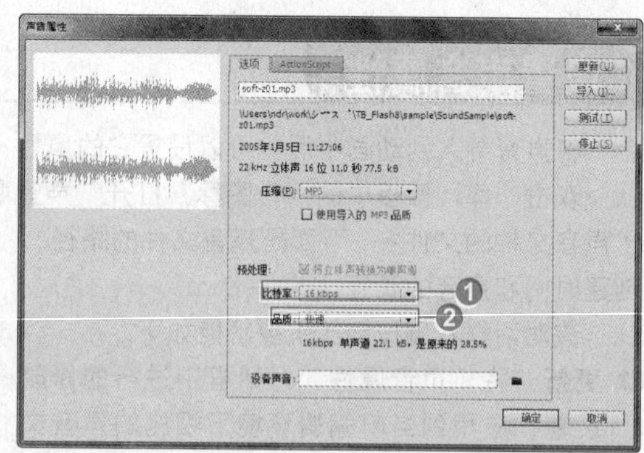

△MP3压缩

（4）Raw：Raw（原始）压缩选项在导出声音时不进行压缩。可以设置“将立体声转换为单声道”和采样率。

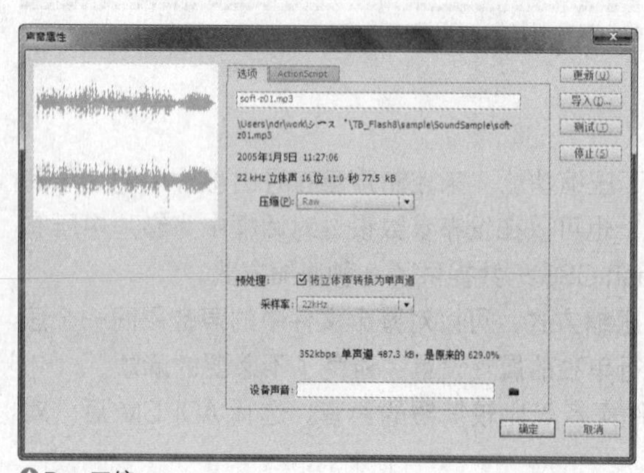

△Raw压缩

（5）语音：特别适合语音的压缩方式。但它只能设置采样率。

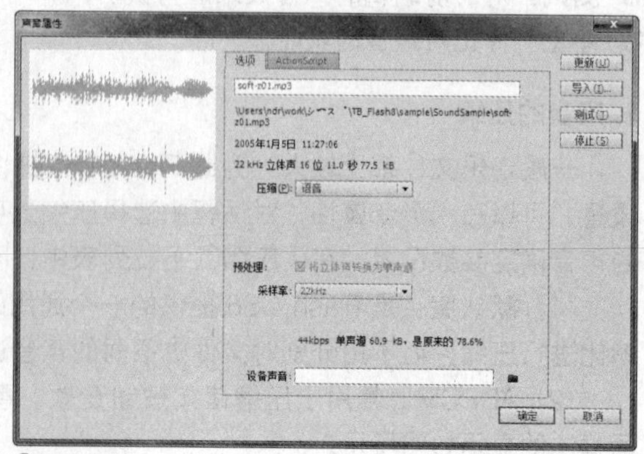

△语音压缩

2. 声音的同步

在当前编辑环境中添加的声音，最终要体现在生成的动画作品中，声音和动画采用的协调播放形式，是设计者需要考虑的问题，这关系到整个作品的总体效果和播放质量。正是出于这一考虑，Flash CS6 为用户提供了“同步”模式选择功能。

“同步”是指影片和声音的配合方式，用户可以决定声音与影片是否同步，或自行播放。由“同步”设定声音的播放与停止。

❶ **事件**：该选项会把声音和事件的发生过程同步。事件的声音在事件的起始关键帧开始显示时播放，独立于时间轴播放完整个声音。即使影片已经停止，只要事件没有结束，声音仍会继续播放。在播放发布的影片时，事件和声音是混合在一起的。例如，当给动画开始按钮加上一个很长时间的声音时，单击该按钮，声音开始播放，过一小段时间再单击，则在声音继续播放的同时，另一个声音也将开始播放。

△ 声音的同步

❷ **开始**：此选项和事件选项功能基本一致，只是在播放一个声音的过程中，即使多次单击也不会播放新的声音。

❸ **停止**：将制定的声音禁止。

❹ **数据流**：用于在互联网上同步播放声音。选中该项后，Flash CS6会协调动画与声音流，使声音与动画同步。当声音播放时间较短而动画显示的速度不够快时，动画会自动跳过一些帧；如果声音过长而动画太短，声音流将随着动画的结束而停止播放。声音流的播放长度绝不会超过它所占帧的长度。发布影片时，声音流会和动画混合在一起播放。

3. 声音的效果

同样的一个声音，能不能做出不同的效果？答案是肯定的。只要通过“效果”属性设置不同的参数，就可以让声音以及左右声道发生各种不同的变化。最快的方法就是套用内建的特效。

❶ **无**：不对声音设置特效。
❷ **左声道/右声道**：只在左声道或右声道中播放声音。
❸ **从左到右淡出/从右到左淡出**：将声音从一个声道切换到另一个声道。
❹ **淡入**：在声音的持续时间内逐渐增加音量。
❺ **淡出**：在声音的持续时间内逐渐减小音量。
❻ **自定义**：选择“自定义”选项，可以自行建立声音特效。

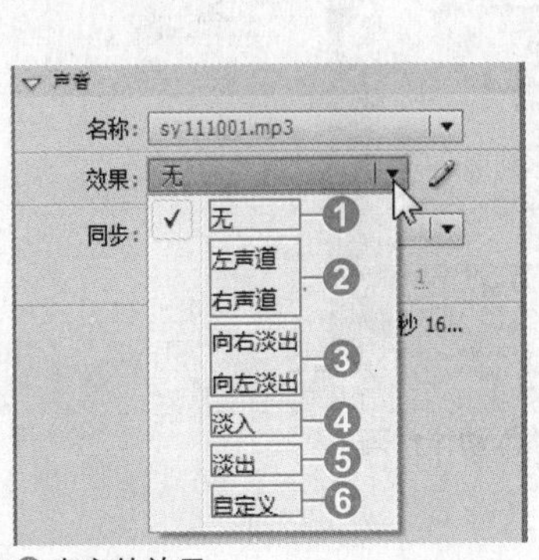

△ 声音的效果

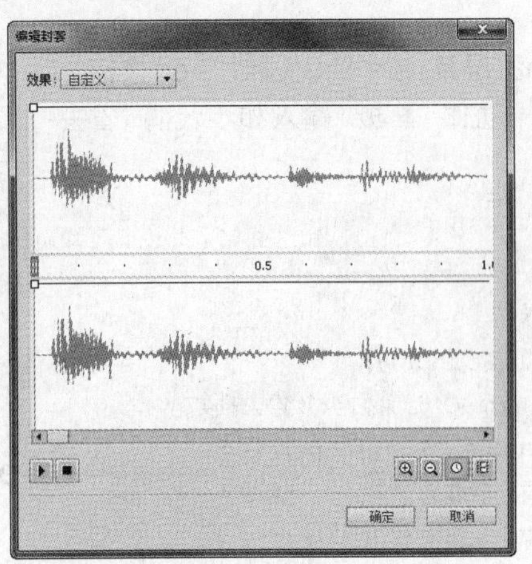

△ “编辑封套”对话框

“编辑封套”对话框是淡入淡出效果的一个延续。通过多次修改声音播放时的音量，不仅可以实现简单的淡入淡出效果，还能提供一些复杂的音效。改变音量是通过对话框中的两条音量线来控制的，在两条音量线上有许多控制柄，拖曳控制柄即可调节音量。音量线越高表明音量越大，反之则越小。制作复杂音效时，可通过在音量线上任意位置单击来增加控制柄。面板右下部有一个对波形进行缩放的“放大”和“缩小”按钮，后边两个按钮分别表示按秒显示波形的“秒”按钮以及按帧显示波形的“帧”按钮。

4. 声音的循环

一般情况下声音文件的字节数较多，如果在一个较长的动画中引用很多的声音文件，就会使整个文件过大。为避免这种情况的发生，可以使用重复播放的方法，在动画中重复播放一个声音文件。

在“属性”面板的“循环次数”文本框中输入值，可以指定声音循环播放的次数，如果要连续播放声音，可以选择“循环”选项，以便在一段持续的时间内一直播放声音。

闪客高手：创建可控制声音效果

范例文件 Sample\Ch07\Unit18\controlsound-end.fla
初始文件 Sample\Ch07\Unit18\controlsound.fla
视频文件 Video\Ch07\Unit18\Unit18.wmv

1 打开Sample\Ch07\Unit18\controlsound.fla文件，选择“文件>导入>导入到库”命令。然后在打开的“导入”对话框中选择“Sample\Ch07\Unit18\soft-z01.mp3”文件。

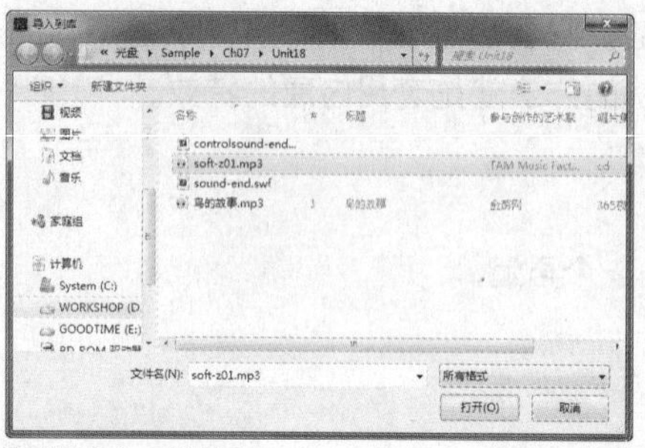

“导入”对话框

2 在时间轴中新建sound层，然后选中第1帧，在“库”面板中将soft-z01.mp3声音拖曳到舞台上，该帧会出现声音的波形。然后在“属性”面板中设置“同步”为“事件”。

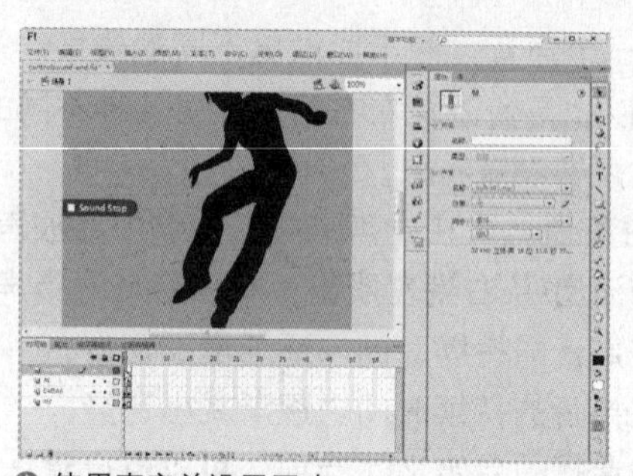

使用声音并设置同步

3 选择button图层第1帧中的Sound Stop按钮，按下F9键打开“动作”面板，输入如下代码（省去注释部分）。

```
//鼠标释放
on(release) {
//停止声音播放
      stopAllSounds();
//当前影片的animeClip影片剪辑停止播放
      this.animeClip.stop();
//当前影片跳转并停止在第2帧
      this.gotoAndStop(2);
}
```

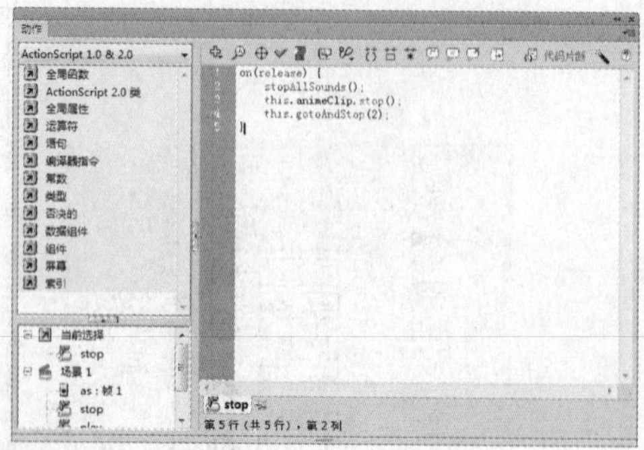

输入动作代码

4 选择舞台中mc图层的影片剪辑实例，在“属性”面板中将其命名为animeClip。

命名影片剪辑实例

5 选择button图层第2帧中的Sound Play按钮，按下F9键打开“动作”面板，输入如下代码（省去注释部分）。

```
/鼠标释放
on(release) {
//当前影片的animeClip影片剪辑开始播放
       this.animeClip.play();
  //当前影片跳转并停止在第1帧
       this.gotoAndStop(1);
}
```

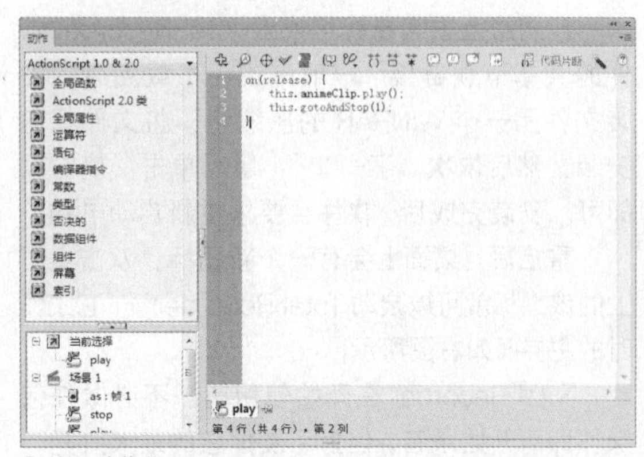

输入动作代码

6 按下快捷键Ctrl+Enter测试动画，单击Sound Stop按钮后，声音和动画停止播放，单击Sound Play按钮后，声音和动画继续播放。

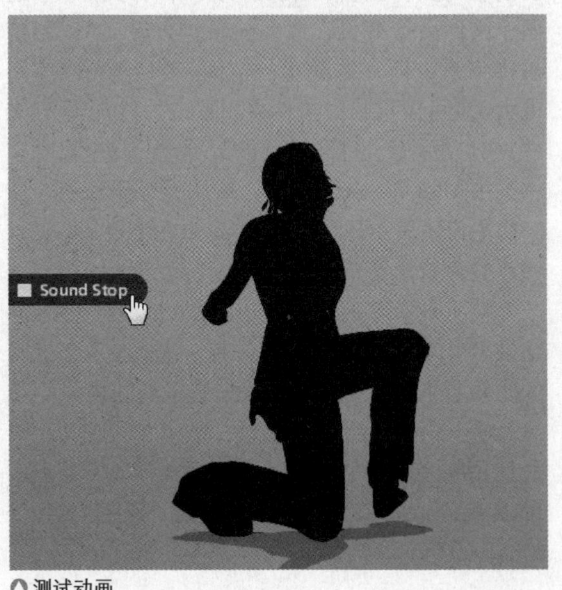

测试动画

你知道吗 Flash音频的录制方法

制作动画片的人通常用的录音方式有两种——前期录音和后期录音。所谓前期录音，是指在动画片制作之前把所有动画中要出现的声音整合成一条音轨，然后按音轨做动画；后期录音则正相反，先做动画后录音。两种方法各有好处，前期录音能较好的控制动画的节奏，出来的效果也更好，迪斯尼等动画大片生产者们一律采用这种录音方法；后期录音虽然没有前期录音的效果好，但是因为可以做完动画再配音，所以音画结合好，而且成本低，音轨修改方便，对动画制作者的要求也就相对较低。在 Flash 制作中，两者经常结合使用，以增加效率与完善效果。

最常见的 Flash 录音软件是 Total Recorder。其工作原理是，利用一个虚拟的“声卡”截取其他程序输出的声音，然后再传输到物理声卡上，整个过程完全是数码录音，因此从理论上来说不会出现任何的失真。下面讲述的为 Total Recorder 7.1 的使用。

在网络上很容易就可找到 Total Recorder 软件的共享下载链接。一般来说，下载完后的安装文件是一个 WINRAR 的压缩包，将文件解压安装，然后依次“下一步”，最后单击“确定”即可。安装完成后，软件会要求重新启动电脑。

重启后，桌面上会有一个新图标。双击桌面上的该图标就可以启动 Total Recorder了，它工作时的主界面如右图所示。

Total Recorder 在开始使用前，不必做任何操作即可开始录音。但为了发挥它的最大效能，建议做如下设置。

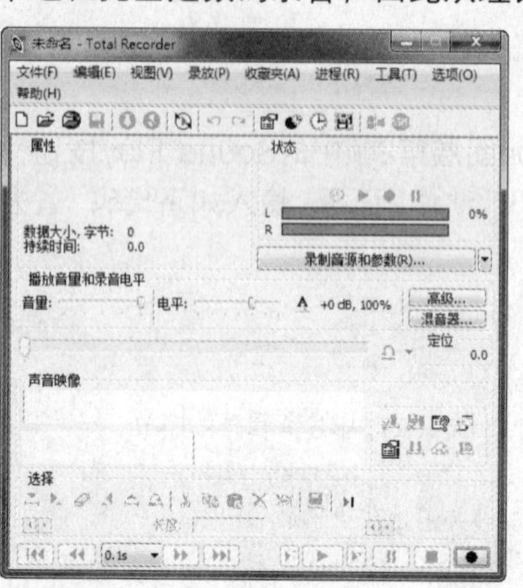

△ Total Recorder主界面

1 执行“选项>设置”命令，弹出“Total Recorder配置”对话框。对Total Recorder的大部分设置都可在这里进行。选择“格式>MP3”选项，在“选择用于MP3编码的程序”下拉列表里选择“LAME编码器”命令。

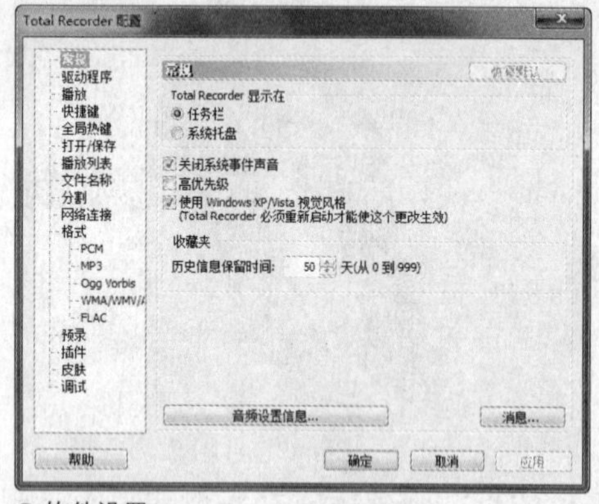

△ 软件设置

2 选择“打开>保存”选项，设置好系统工作时需要的临时文件夹，和默认的打开/保存文件夹。这两个文件夹最好设在最大的硬盘分区上，以免挤占操作系统所在系统盘的空间。若D盘剩余空间最大，就可以把临时文件夹和默认的打开/保存文件夹分别设置为D:\temp和D:\录音。其中临时文件夹由Total Recorder使用，默认的打开/保存文件夹由用户使用，可以再在其中建立几个子文件夹以便分类存放录音文件。

接下来学习 Total Recorder 软件最强大的“网络录音”功能。所谓网络录音，就是录下在上网的时候听到的所有声音，比如音乐网站提供的在线试听、语音大厅里的朗诵、歌唱和说话等，或是使用某个软件的音频 / 视频播放器时的声音。Total Recorder 在进行网络录音时，使用“软件”模式。

设置完成后，录音的操作步骤如下。

1 首先按下Total Recorder主界面上的“录制音源和参数...”按钮，将录音源选择为“软件”，然后按下“确定”按钮。

2 返回主界面，按下“录音”按钮，录完后按“停止”按钮即可。想听录好的声音，按“播放”按钮即可。判断录音是否正在正常进行的方法：观察录音电平表上的两个条形绿色水平柱是否在左右闪动，若是则说明录音正在进行中。

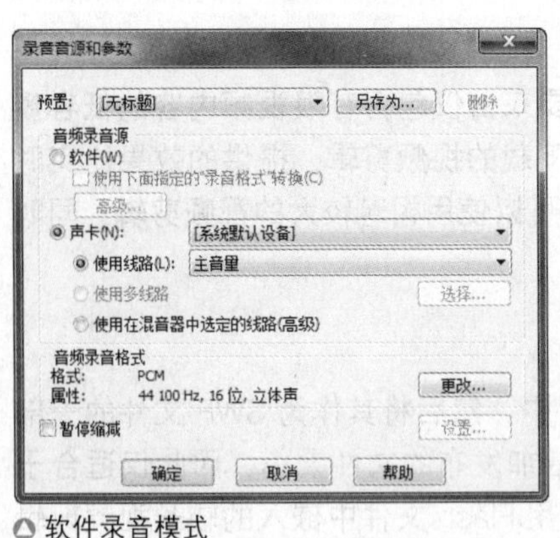

软件录音模式

正常录音状态

通常将文件保存为 WAV 或 MP3 格式以方便 Flash 作品的导入。方法是按下快捷键 Ctrl+S，打开保存文件的对话框，保存文件即可。

录音软件较多，这里不再一一列举，如 GoldWave，Cool Edit Pro 和 Sound Forge 等，其中的 Cool Edit Pro 已经被 Adobe 公司收购，成为了 Adobe tion。但 Adobe Audition 太过于专业，对非专业人士来说难以掌握和使用，另一方面对大多数 Creative Suite 的客户来说并不需要如此专业的软件，因此 Adobe 公司在 Adobe Audition 的基础上精简了部分功能，并改善了设置和操作，推出了 Adobe Soundbooth 作为 Creative Suite 套装的一部分。而 Adobe Audition 则作为一个独立的软件单独发布。

UNIT 19 在动画中使用视频

Flash可以导入视频剪辑，根据视频格式和所选导入方法的不同，用户可以将具有视频的影片发布为Flash影片（SWF文件）或QuickTime影片（MOV文件）。FLV和F4V（H.264）视频格式具备技术和创意优势，可以将视频、数据、图形、声音和交互式控制融为一体，使用户可以轻松地将视频以几乎任何人都可以查看的格式放在网页上。

导入视频的方式

部署视频的方式决定了创建的视频内容和将它与 Flash 集成的方式。可以用以下方式将视频融入 Flash 中：使用 Adobe Flash Media Server 流式加载视频、从 Web 服务器渐进式下载视频和在 Flash 文档中嵌入视频数据。

1. 使用 Adobe Flash Media Server 流式加载视频

使用 Adobe Flash Media Server 流式加载视频，可以在 Adobe Flash Media Server（专门针对传送实时媒体而优化的服务器解决方案）上承载视频内容。Flash Media Server 使用的是实时消息传递协议（RTMP），该协议设计用于实时服务器应用（如视频流和音频流内容），可以承载用户自己的 Flash Media Server 或 Flash Video 流服务（FVSS）。FVSS 是使用 Flash Media Server 构建的，而且已直接集成到 CDN 网络的传送、跟踪和报告基础结构中，因此它可以提供一种最有效的方法，向尽可能多的观众传送 FLV 或 F4V 文件，而且还为用户省去设置和维护自己的流服务器硬件和网络的麻烦。

2. 从 Web 服务器渐进式下载视频

如果用户无法访问 Flash Media Server 或 FVSS，或者需要来自仅包含有限视频内容的低容量网站的视频，则可以考虑渐进式下载。从 Web 服务器渐进式下载的视频剪辑，提供的效果比实时效果差（Flash Media Server 可以提供实时效果）；但是，用户可以使用相对较大的视频剪辑，同时将所发布的 SWF 文件大小保持为最小。

3. 在Flash文档中嵌入视频数据

可以将持续时间较短的小视频文件直接嵌入到 Flash 文件中，然后将其作为 SWF 文件的一部分发布。将视频内容直接嵌入到 Flash SWF 文件中，会显著增加发布的文件大小，因此仅适合于小的视频文件（文件的时间长度通常少于 10 秒）。此外，在使用 Flash 文件中嵌入的较长视频剪辑时，音频到视频的同步（也称作音频 / 视频同步）会变得不同步。将视频嵌入到 SWF 文件中的另一个缺点是，在未重新发布 SWF 文件的情况下无法更新视频。

导入视频

视频导入向导简化了将视频导入到 Flash 文件中的操作。视频导入向导为所选的导入和回放方法提供了基本级别的配置，然后可以进行修改以满足特定的要求。

◎ **素材文件：** Sample\Ch07\Unit19\video.fla

1 执行“文件>导入>导入视频”命令，在打开的对话框中选择要导入的视频剪辑。可选择“在您的计算机上”的视频剪辑，也可以输入URL。

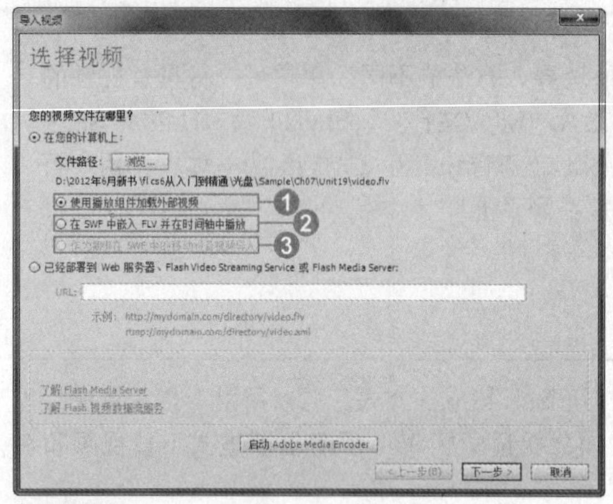

○ 选择视频

2 单击“浏览”按钮，找到要导入的文件Sample\Ch07\Unit19\video.flv。

3 选择视频集成在Flash中的方式，这里使用默认的设置。

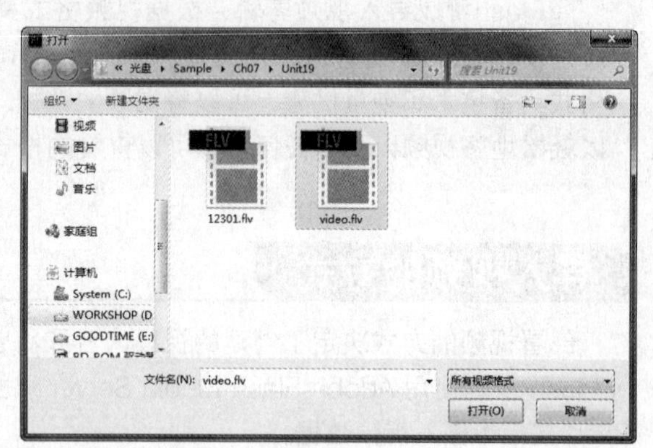

○ “打开”对话框

❶ **使用播放组件加载外部视频**：导入视频并创建 FLVPlayback组件的实例以控制视频回放。将Flash文件作为SWF发布并将其上传到Web服务器时，还必须将视频文件上传到Web服务器或Flash Media Server，并按照已上传视频文件的位置配置FLVPlayback组件。

❷ **在SWF中嵌入FLV并在时间轴中播放**：将FLV或F4V嵌入到Flash文件中。这样导入视频时，该视频放置于时间轴中，可以看到时间轴帧所表示的各个视频帧的位置。嵌入的FLV或F4V视频文件成为Flash文件的一部分。

❸ **作为捆绑在SWF中的移动设备视频导入**：与在Flash文件中嵌入视频类似，将视频绑定到Flash Lite文件中以部署到移动设备。

④ 单击“下一步”按钮，加载视频文件的外观。
① **外观**：设置视频导航控制的外观。
② **URL**：设置自定义视频导航外观的URL地址。
③ **颜色**：设置视频导航控制的颜色。

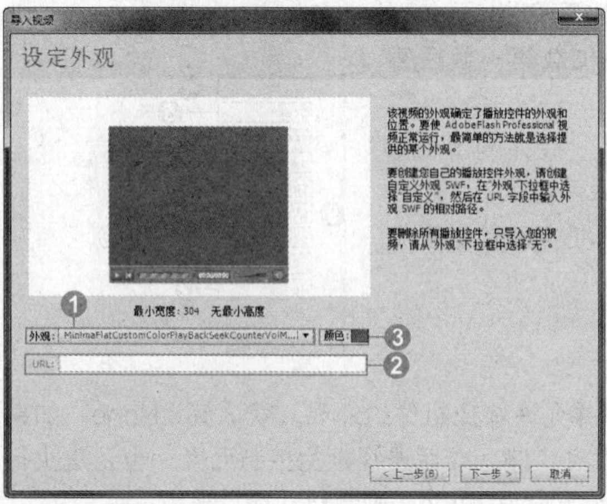

△ 选择视频外观

⑤ 单击“下一步”按钮，进入如下图所示的对话框。

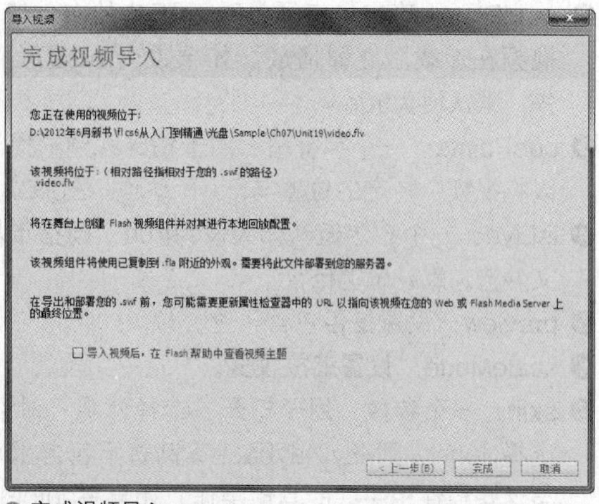

△ 完成视频导入

⑥ 单击“完成”按钮，导入视频。

> **TIP** 要将视频导入到Flash中，必须使用以FLV或H.264格式编码的视频。视频导入向导（“文件>导入>导入视频”）会检查选择导入的视频文件：如果视频不是Flash可以播放的格式，则会提醒用户。如果视频不是FLV或F4V格式，则可使用Adobe Media Encoder以适当的格式对视频进行编码。

△ 导入的视频

设置视频控制参数

在 Flash 中，利用 FLVPlayback 组件可以控制视频的播放，FLVPlayback 组件使用户可以向 Flash 文件快速添加全功能的 FLV 播放控制，并提供对渐进式下载和流式加载 FLV 或 F4V 文件的支持。使用 FLVPlayback，可以轻松地为用户创建直观的用于控制视频播放的视频控件，还可以应用预制的外观或将自定义外观应用到视频界面。FLVPlayback 组件具有下列功能。

- 提供预制的外观，以自定义回放控件和用户的界面外观。
- 高级用户可以创建自定义外观。
- 提供提示点，以将视频与Flash 应用程序中的动画、文本和图形同步。
- 提供对自定义内容的实时预览。
- 保持合理的SWF文件大小以便于下载。

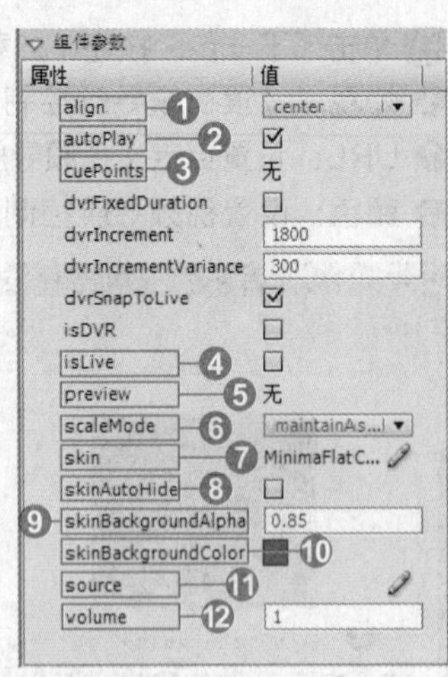

△ 组件参数

FLVPlayback 组件包含 FLV 自定义用户界面控件，这是一组控制按钮，用于播放、停止、暂停和回放视频。在舞台上选定 FLV-Playback 组件后，打开“属性”面板，设置组件参数。

❶ align：设置组件的排列位置。

❷ autoPlay：确定如何播放FLV或F4V的布尔值。如果设为true，则视频在加载后立即播放。如果设为false，则在加载第一帧后暂停。默认值为true。

❸ cuePoints：一个字符串，用于指定视频的提示点。使用提示点可以将视频中特定的位置与Flash 动画、图形或文本同步。

❹ isLive：一个布尔值，如果设为true，则指定从FMS实时传送视频文件流。默认值为false。

❺ preview：设置是否包含预览。

❻ scaleMode：设置缩放模式。

❼ skin：一个参数，用于打开“选择外观”对话框并允许选择组件的外观。默认值为None。如果选择None，则FLVPlayback实例将不包含用来播放、停止或后退视频的控制元素，也无法执行与这些控件相关联的其他操作。如果将autoPlay参数设置为true，则会自动播放视频。

❽ skinAutoHide：设置鼠标离开控制区后自动隐藏外观。

❾ skinBackgroundAlpha：设置外观背景的不透明度值。

❿ skinBackgroundColor：设置外观的背景颜色。

⓫ source：设置视频的源。

⓬ volume：设置默认的视频音量。

闪客高手：创建视频效果

范例文件	Sample\Ch07\Unit19\videoani-end.fla
初始文件	Sample\Ch07\Unit19\videoani.fla
视频文件	Video\Ch07\Unit19\Unit19.wmv

1 打开Sample\Ch07\Unit19\videoani.fla文件，选择“图层13”的第142帧，选择“文件>导入>导入视频”命令，打开“导入视频”对话框，勾选“使用播放组件加载外部视频”复选框，然后单击“浏览”按钮，找到要导入的文件Sample\Ch07\Unit19\videoani.flv，并单击“打开”按钮。

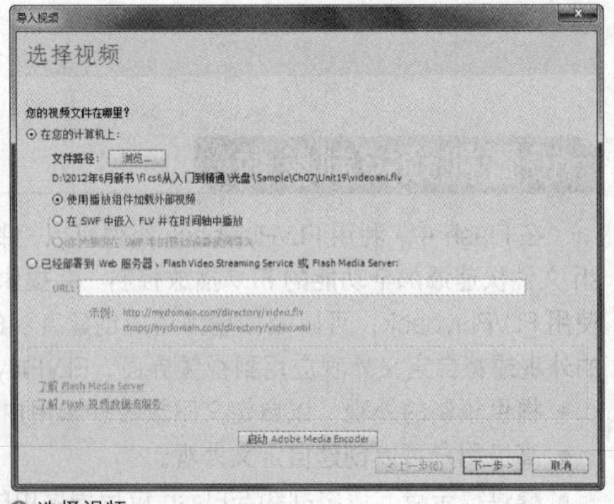

△ 选择视频

2 单击“下一步”按钮，设置嵌入视频的外观，选择“无”。

3 单击“下一步”按钮，进入如图所示的对话框，然后单击“完成”按钮。

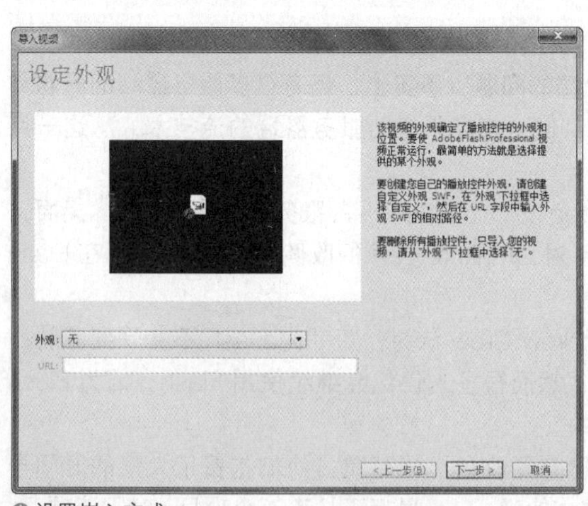

▲ 设置嵌入方式

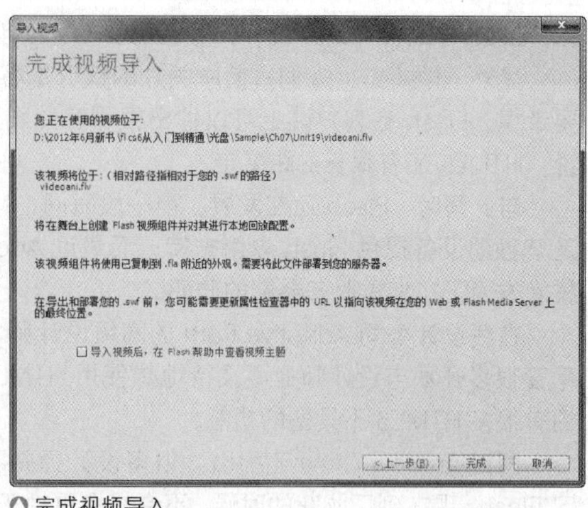

▲ 完成视频导入

4 将导入到舞台的视频移动到舞台左侧的“广告片欣赏”下方，将其宽度和高度在“属性”面板中分别设置为320和240。然后使用工具箱中的任意变形工具将视频旋转一点角度，使其符合“广告片欣赏”矩形块的角度。

5 按下快捷键Ctrl+Enter测试动画，就可以看到嵌入到广告中的Flash视频效果了。

▲ 调整视频位置并旋转

▲ 测试动画

Special page Flash技术真的不可替代吗?

目前 Flash 技术在 Web 网页方面的应用依然是无可替代的，不过这并不表示 Flash 就没有受到威胁。随着技术的不断进步，各式各样的 Web 应用开始试图挤压或替代 Flash 的地位。长期以来，eFlash 在 RichWeb 应用方面始终起着主导作用。然而，世界上任何技术都不可能永远高枕无忧，目前至少有 3 家重量级公司推出或支持的技术正在慢慢成为 Flash 前进中的阴影：苹果，Google，微软，以及 Mozilla 一类的开源公司。下面将介绍那些正在给 Flash 带来威胁的技术与趋势，以及 Adobe 对此的态度。

Flash 平台的部门经理承认 HTML5 对他们是一种威胁，但他认为，Adobe 一直在浏览器上有所创新，且已持续多年。浏览器技术中的很多创新，都受 Flash 技术的启发。同时他还认为，要让

HTML5 这样的标准最终统一，可能需要 5~10 年，从这个角度看，还不至于很快威胁到他们。

另外，他指出，人们目前所关注的仅仅是客户端的问题，事实上，还有很多服务器端的问题需要考虑。Flash 在客户端上可以输出很漂亮的图形，但这些需要借助服务器端的流技术，从这一点说，HTML5 还有很长的路要走。

与此同时，Flash 还在发展。前一段时间，Adobe 发布了 Flash 平台服务，向社会网络，桌面，乃至移动设备提供 Flash 应用支持。而最近 Adobe 对 Omniture 技术的收购，说明 Adobe 在 Flash 技术方面正在加重服务器端的砝码。

在线设计公司 Adaptive Path 的高级设计师 Andrew Crow 认为，短期内 Flash 不会受到威胁。尽管很多开发与设计师迫不及待地想使用 HTML5，然而很多人仍然会继续使用 Flash，因为 Flash 拥有很多 HTML5 不具备的功能。

同时 Andrew Crow 还指出，很多设计师并不愿意更改自己的习惯，他们花费了大量的时间学习 Flash，现在到了收获的时候，不会轻易更换工具。他说，自己最近正从事一个项目，对于该项目，JavaScript 和 CSS 都无法满足要求，只能考虑使用 Flash 和 Flex。

微软一直不遗余力地推出 Adobe 竞争产品，从 Silverlight 到 Expression，并逐渐蚕食 Adobe 的市场。前段时间，微软发布的 WebsiteSpark 计划，旨在扶持那些小型 Web 设计与开发公司，向他们提供免费的开发工具与服务器软件许可。同时，微软积极参与 HTML5 技术，包括向 Web 提供音频、视频、图形等 RichMedia 标签，而这些本是 Flash 最擅长的东西。

关于微软的 Website Spark 计划，Ludwig 觉得微软的矛头并非指向 Adobe，而是整个 Web 市场，Adobe 只是这个市场的一部分。或许，Adobe 面临的真正问题是处在开源与闭源的夹缝中。比如 Flash，它绝大部分是开源的，但并不彻底。Ludwig 说，我们尽我们所能让它开源，但有一些编码技术还存在限制，我们将尽力而为。

与此同时，Google 也一直推崇并鼓吹 HTML 5 技术，甚至专门开发了基于 HTML5 技术的 YouTube，撇开 Flash 直接使用 HTML5 中的标签播放视频。他们在 Chrome 浏览器中加入了基于硬件的 3D 加速技术，并对 WebGL 提供支持。WebGL 是一种在网页中实现硬件 3D 加速的技术规范。Google 还在 3D 在线图形方面野心勃勃，它申请了两份专利，这两份专利预示着 Google 将在 Google 地图的 3D 全景驾驶导航方面大显身手。这种技术将脱离文件存取的局限，直接生成 3D 图形。

苹果向来只喜欢自己的技术，拒绝在 iPhone 中加入 Flash 技术，尽管 Adobe 表示，正在开发适应于 iPhone 的 Flash 版本。iPhone 令人目眩的成功说明，游戏规则制定者们可以不喜欢 Flash。

影片的测试和发布

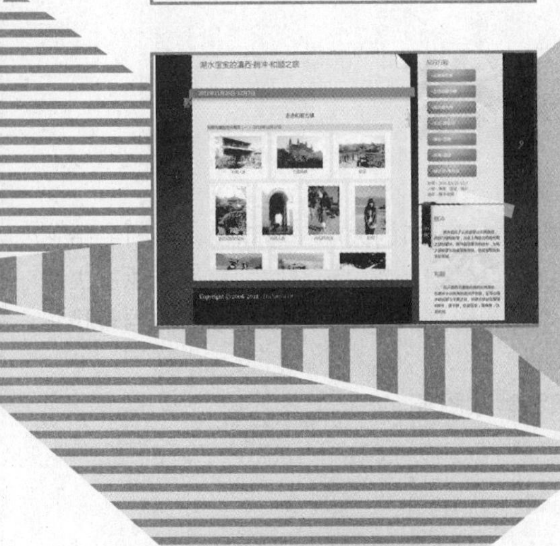

本章知识点

Unit 20	影片的测试与优化	测试影片
		优化影片
Unit 21	发布影片	发布动画　　发布网页
		发布图像　　发布 EXE
		发布 Sprite 表
Unit 22	使用 Adobe Air	台式机发布
		Android 安卓发布
		iOS 苹果发布

章前自测题

1. 在Flash CS6中，影片发布的格式有哪些？
2. 通过Adobe的哪个产品可用现有 Web 开发技术生成 Internet 应用程序并将其部署到桌面？
3. 通过将多个图形编译到单个文件中，使得 Flash 和其他应用程序只需加载单个文件即可使用这些图形。这样的一个位图图像文件被称为Sprite表，Flash怎样制作Sprite 表？
4. 在Flash中使用哪些字体时可以直接调用，从而有效地避免发布动画时乱码或模糊现象的发生？

UNIT 20 影片的测试与优化

制作Flash影片的时候，要记住它的最终载体是页面，影片文件的大小直接影响它在网上上传和下载的时间以及播放速度。因此，我们在发布影片之前应对动画文件进行测试与优化，降低文件大小。

测试影片

在 Flash 中可以模拟下载速度，它使用典型的 Internet 的性能估计，而不是精确的宽带速度。例如，用户模拟 T1 的下载速度，Flash 将实际的速度设置为 131.2Kb/s，来反映典型的 Internet 性能。为了测试在影片下载中可能出现的停顿，进行如下操作。

◎ **素材文件：** Sample\Ch08\Unit20\test.fla

1 在影片编辑窗口中，执行“控制 > 测试影片”或“控制 > 测试场景”命令。

2 在打开的测试播放窗口中，执行“视图>下载设置”命令。为了检测可能出现的停顿情况，可以执行“视图>带宽设置”命令，显示带宽检测图。

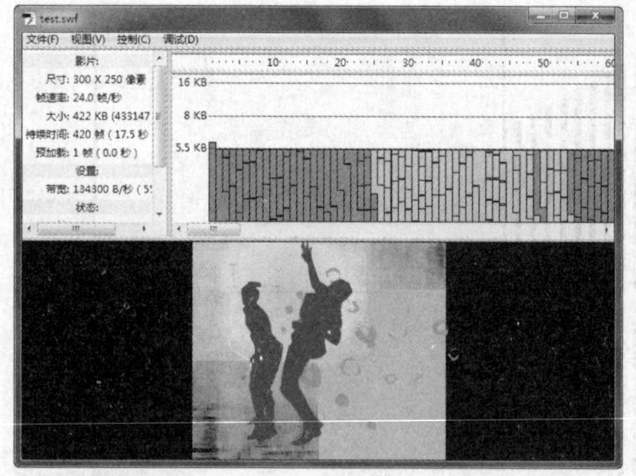

△ 测试窗口

模拟带宽分布图根据下载速度，图形化显示电影每一帧需要发送的数据。在模拟下载速度方面，带宽分布图会使用预期的典型网络性能，而不是使用实际速度。

在“带宽设置”对话框左侧显示如下信息。

尺寸：显示影片文件的窗口大小信息。

帧速率：显示每秒钟播放的帧数。

大小：显示影片文件的文件大小。

持续时间：显示影片的总帧数和播放的总时间。

预加载：显示基于当前网络的传送速度，下载影片所需的时间。

带宽：显示可以在每一帧下载的数据量。

帧：显示所选帧的序号和对象大小。

“带宽设置”对话框的图表中显示如下信息：显示影片中每一帧的大小，可以由此判断会给下载带来过大负荷的帧。其中中间的红线表示下载的极限，一旦数据量超过该红线，就有可能发生影片暂停播放的现象。因为大数据量的帧会导致下载时间增加和影片的间断，可以尽量将数据转移到其他帧中去。

“带宽设置”提供如下两种形状的图表：数据流图表和帧数图表。

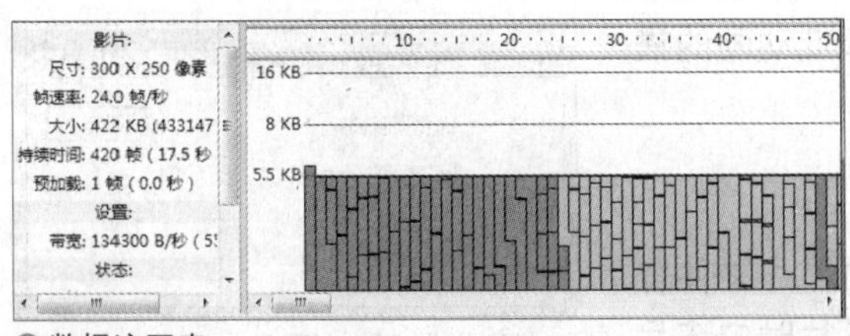

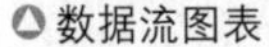
数据流图表

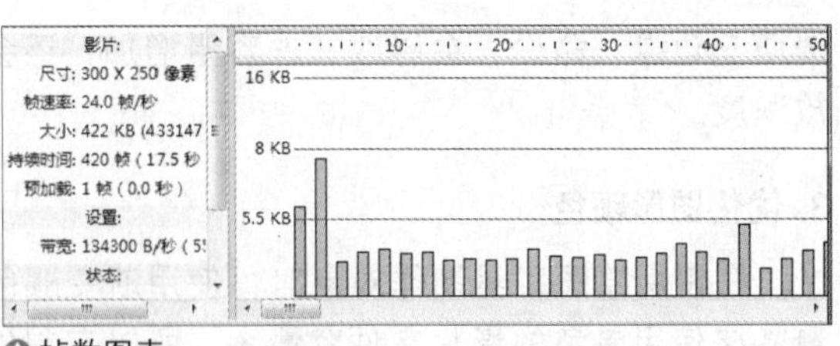

帧数图表

优化影片

总体来看，优化影片的原则如下。

- 对于影片中多次出现的对象，使用元件。
- 在可能的情况下，尽量使用补间动画，避免逐帧动画。因为补间动画与在动画中增加一系列不必要的帧相比，会大大减小影片的尺寸。
- 避免使用位图作为影片的背景。
- 尽量使用组合元素，使用层组织不同时间、不同元素的对象。
- 绘图时使用铅笔工具绘制出的线条所在空间要比使用画笔工具小。
- 限制特殊线条的出现，如虚线、折线等。使用“修改>优化”命令可优化曲线。
- 在影片中的音乐尽量采用MP3格式。
- 减少字体和字样的数量。
- 减少渐变色和Alpha不透明度的使用。

具体到影片的不同对象，下面提供了 3 种典型对象的优化策略。

1. 优化字体和文字

- 在使用各种字体时，时常会出现乱码或字迹模糊的现象。这种情况可以使用系统默认字体来解决，而且使用系统默认字体可以得到更小的文件容量。

TIP 系统默认字体包括_sans，_serif和_typewriter 3种。系统中没有指定的字体时，系统将自动调用默认的字体——系统字体。在Flash中使用系统默认字体时可以直接调用这种系统字体，从而有效避免乱码或模糊现象的发生。

系统默认字体

- 在Flash影片制作过程中，应该尽可能使用较少种类的字体，尽可能使用同一种颜色或字号。
- 对于嵌入字体选项，可选择只包括需要的字符，而不要选择包括整个字体。
- 有遮罩层不能使用设备字体，任何嵌在遮罩层中的字体必须嵌入SWF文件中。
- 尽量避免将字体分离，因为图形比文字所占的空间大。

2. 优化线条

在 Flash 中提供了大量可供选择的线条种类。要注意使用实线以外的其他类型线条，增大 Flash 影片的容量。

画笔工具创建的描边要比用铅笔工具创建的直线占用的空间大。减少创建图形所使用的点数或线数，并尽可能的组合元素。

执行“修改 > 形状 > 优化”命令可优化孤立的线条。但使用这个命令之前必须将所有组合的直线先进行分组。

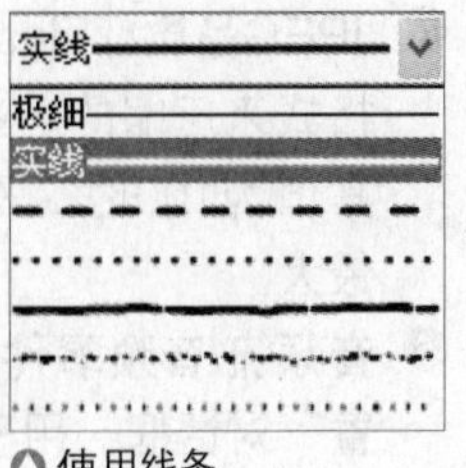

使用线条

执行“修改 > 形状”菜单中“将线条转换为填充”、“扩展填充”和“柔滑填充边缘"命令，会导致文件容量增加，还会降低动画的播放速度。

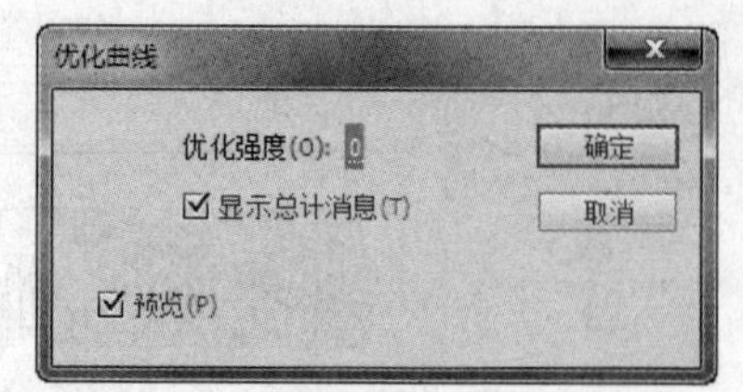

"优化曲线"对话框

3. 优化图形颜色

在使用绘图工具制作对象时，使用渐变颜色的影片文件容量将比使用单色的影片文件容量大，所以在制作影片时应该尽可能的使用单色且使用网络安全颜色。

> TIP 利用Adobe AIR也可进行动画测试。Adobe AIR为跨操作系统运行时，通过它可以利用现有 Web 开发技术生成丰富 Internet 应用程序并将其部署到桌面。借助 AIR，可以在熟悉的环境中工作，可以利用用户最舒适的工具和方法，并且由于它支持 Flash、Flex、HTML、JavaScript 和 Ajax，可以创造满足用户需要的可能的最佳体验。用户与 AIR 应用程序交互的方式和他们与本机桌面应用程序交互的方式相同。在用户计算机上安装一次此运行时之后，即可像任何其他桌面应用程序一样安装和运行 AIR 应用程序。此运行时通过在不同桌面间确保一致的功能和交互来提供用于部署应用程序的一致性跨操作系统平台和框架，从而消除跨浏览器测试。用户只需针对运行时进行开发，而不用针对特定操作系统进行开发（详见发布动画的相关章节）。

UNIT 21 发布影片

测试Flash影片运行无误后，就可以发布了。在默认的情况下，"发布"命令创建Flash SWF文件，并将Flash影片插入浏览器窗口中的HTML文档。除了以SWF格式发布，还可以用其他格式发布FLA文件，如GIF、JPEG、PNG和QuickTime等。

发布动画

在发布之前，执行"文件 > 发布设置"命令，打开"发布设置"对话框，可选择不同的发布格式。勾选 Flash 复选框，切换到 Flash 发布设置选项中。

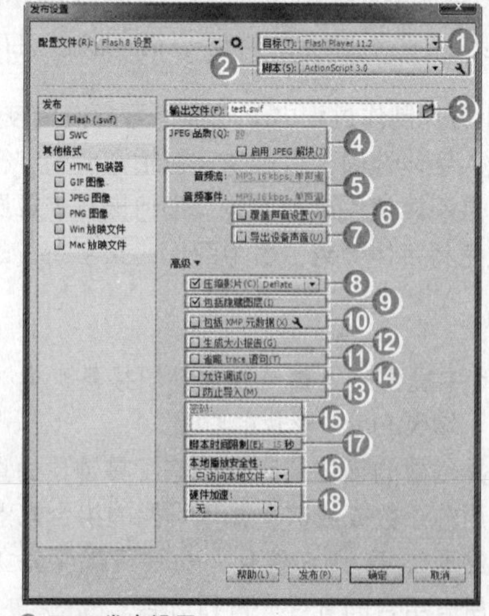
Flash发布设置

❶ **目标**：当前播放器的版本，默认的是Flash Player 11.2。

❷ **脚本**：选择Flash CS6的ActionScript版本。

❸ **输出文件**：设置输出文件的名称。

❹ **JPEG品质**：Flash动画中的位图都是用JPEG格式来压缩的，在这里可以设置压缩品质。其值为100时，图像品质最好，文件容量也最大。

❺ **音频流/音频事件**：单击文字会弹出"声音设置"对话框，用于调整两类声音。

❻ **覆盖声音设置**：勾选该复选框后，在库中对个别声音的压缩设置将不起作用，并将全部套用在上面两项中设置的声音压缩方案。

❼ **导出设备声音**：这是专门为移动设备播放的动画而开发的。
❽ **压缩影片**：增加对压缩的支持，通过反复应用脚本语言，明显减小文件和电影动画的尺寸。
❾ **包括隐藏图层**：将动画中的隐藏层导出。
❿ **包括XMP元数据**：导出时包括XMP元数据，并进行XMP元数据的详细设置。

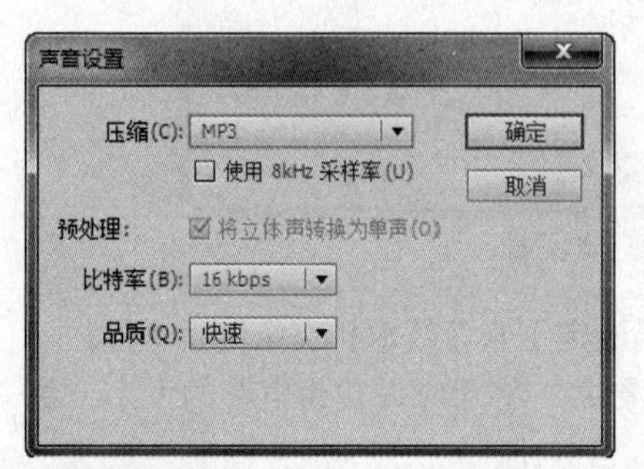

"声音设置"对话框

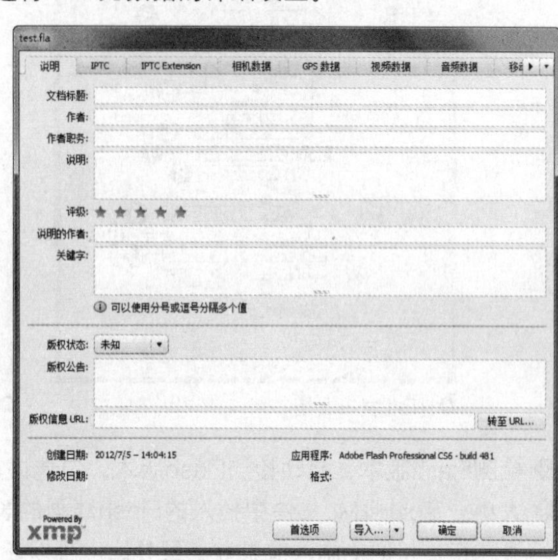

"文件信息"对话框

⓫ **导出SWC**：导出SWC文件。
⓬ **生成大小报告**：可产生一份详细记载帧、场景、元件及声音压缩后大小的报告。
⓭ **防止导入**：可以防止别人使用"文件>导入"命令。
⓮ **允许调试**：播放时右击，弹出的快捷菜单中会增加播放、循环等控制命令。
⓯ **密码**：勾选"防止导入"复选框后，再次输入密码，生成的电影即可在Flash中通过"文件>导入"命令来调用。
⓰ **本地播放安全性**：可选择要使用的Flash安全模型。
⓱ **脚本时间限制**：设置脚本的运行时间限制。
⓲ **硬件加速**：设置是否使用硬件加速及其方式。

设置完成后，单击"发布"按钮即可发布SWF格式的动画。

素材文件：Sample\Ch08\Unit21\swf.fla

发布的SWF动画

发布网页

执行"文件>发布设置"命令，打开"发布设置"对话框，勾选"HTML包装器"复选框，可以显示它的设置。

❶ **输出文件**：设置输出文件的名称。
❷ **模板**：生成HTML文件时所用的模板，可以单击"信息"按钮来查看各模板的介绍。

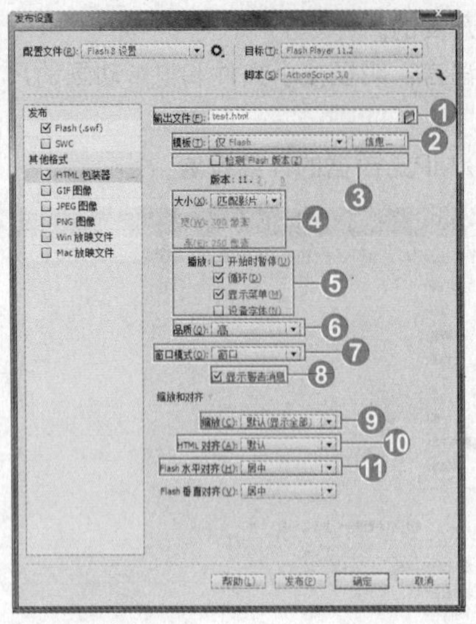

△HTML发布设置

△"HTML模板信息"对话框

❸ **检测Flash版本**：自动检测Flash版本。勾选该复选框后，可设定主修订版本和次修订版本号。

❹ **大小**：定义HTML文件中插入的Flash动画的长和宽。匹配影片：将尺寸设定为电影的大小。像素：在长和宽中添入像素数。百分比：可以在长和宽中键入百分比。

❺ **播放**：用来控制动画的播放。选项如下，开始时暂停：选中后动画在第1帧时暂停。显示菜单：选中后在生成的动画页面上右击，会弹出控制动画播放的菜单。循环：是否循环播放动画，但是对帧中有stop指令的动画无效。设备字体：使用经过消除锯齿处理的系统字体，替换那些系统中没有安装的字体。

❻ **品质**：选择动画的图像质量，有低、自动降低、自动升高、中、高和最佳6个选项。

❼ **窗口模式**：可选择动画的窗口模式。

❽ **显示警告消息**：决定是否显示错误信息，警告有关选项卡的设置冲突。

❾ **缩放**：动画的缩放方式。默认：使用等比例的方式来缩放动画。无边框：使用原比例来显示动画，并且切去超过页面的部分。精确匹配：使用与页面大小精确适应的比例来缩放动画。无缩放：不按比例的方式来缩放动画。

❿ **HTML对齐**：设定动画在网页上的位置。

⓫ **Flash水平对齐、Flash垂直对齐**：动画在页面上的排列位置。当在页面上设定的动画比实际的动画文件还小时，动画会自动缩小以便完全置入播放区内。

设置完成后，单击"发布"按钮就可以发布 HTML 页面。

△发布的HTML页面

◎ **素材文件**：Sample\Ch08\Unit21\html.fla

发布图像

1. 发布GIF文件

标准的 GIF 格式文件是一种简单的压缩位图。Flash 可以优化 GIF 动画，只存储逐帧更改。GIF

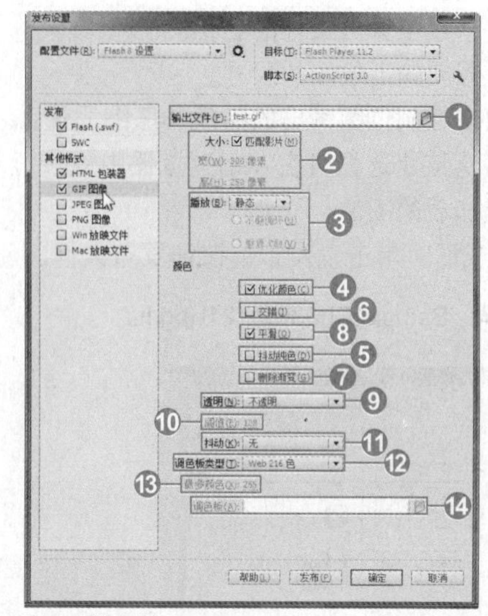
GIF发布设置

适合于导出线条和色块分明的图片。

执行“文件 > 发布设置”命令，打开“发布设置”对话框，勾选“GIF 图像”复选框，可以显示它的设置。

❶ **输出文件**：设置输出文件的名称。

❷ **大小**：确定动画的长和宽。“匹配影片”可以确保所制定的大小始终同原始电影的长宽比保持一致。

❸ **播放**：确定Flash究竟是创建静态图像，还是创建动画，其有两个选项：静止，输出单帧的GIF图形，所有动画效果都将失效。动画，输出动态的多帧GIF动画，选择该项后，“不断循环”和“重复”选项才会启动。

❹ **优化颜色**：从GIF文件的颜色表中将用不到的颜色删除。

❺ **抖动纯色**：当目前使用的调色板上没有某种颜色时，用一定范围内的类似颜色来模仿调色板上没有的颜色。抖动处理会增加文字尺寸。

❻ **交错**：使浏览器上输出的GIF图像可以边下载边显示，GIF动画则不支持交错显示。

❼ **删除渐变**：将电影中所有的渐变色转换为固定色，固定色为设置渐变色时第一个色标所选的颜色。

❽ **平滑**：令输出的位图消除锯齿或不消除锯齿。经过平滑处理可以产生高质量的位图图像。

❾ **透明**：提供将动画的透明背景转换为GIF图像的方式。不透明：转换之后背景为不透明。透明：转换之后背景为透明。Alpha（透明度）：令所有低于极限alpha值的颜色都完全透明。

❿ **阈值**：如果RGB的颜色值的差异小于颜色阈值，则可以认为这两个像素是相同的颜色。

⓫ **抖动**：指定抖动方式。无：关闭抖动处理。有序：在尽可能不增加或少增加文件大小的前提下，提供良好的图像质量。扩散：提供最佳的质量抖动，但是会增加文件的尺寸。

⓬ **调色板类型**：定义用于图像的调色板。

⓭ **最多颜色**：设定GIF图像中使用的最大颜色数。由于GIF图形格式的限制，只能在2~255之间选择。

⓮ **调色板**：当在“调色板类型”中选择“自定义”时，可单击右边的“调色板”按钮，从弹出的对话框中选择一个调色板。

设置完成后，单击“发布”按钮就可以发布GIF 文件。

发布的GIF文件

素材文件：Sample\Ch08\Unit21\gif.fla

2. 发布JPG文件

JPEG 是将图像保存为高压缩比的 24 位位图，它适合于导出包含连续色调的图像。

执行“文件 > 发布设置”命令，打开“发布设置”对话框，勾选“JPEG 图像”复选框，可以显示它的设置。

❶ **输出文件**：设置输出文件的名称。
❷ **大小**：设置要输出位图的尺寸。
❸ **品质**：用来控制位图输出的品质和压缩质量。
❹ **渐进**：勾选该复选框可在Web浏览器中逐步显示连续的JPEG图像，从而以较快的速度在低速网络上显示加载的图像。

设置完成后，单击“发布”按钮发布文件。

素材文件：Sample\Ch08\Unit21\jpg.fla

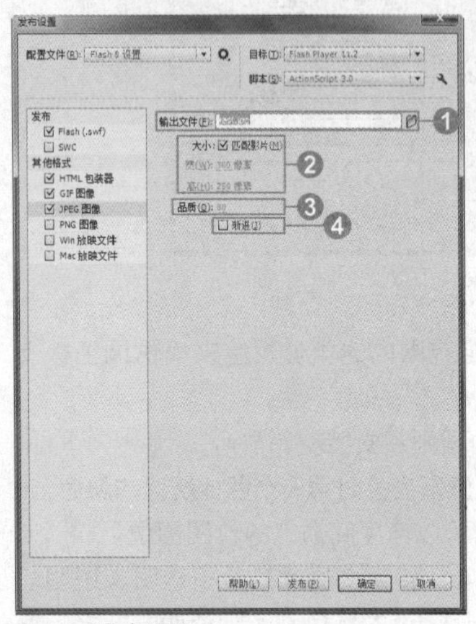

JPEG发布设置

发布的JPG文件

3. 发布PNG文件

PNG是唯一支持透明度的跨平台位图格式，也是 FireWorks 的标准格式。

执行“文件 > 发布设置”命令，打开“发布设置”对话框，勾选“PNG 图像”复选框，可以显示它的设置。

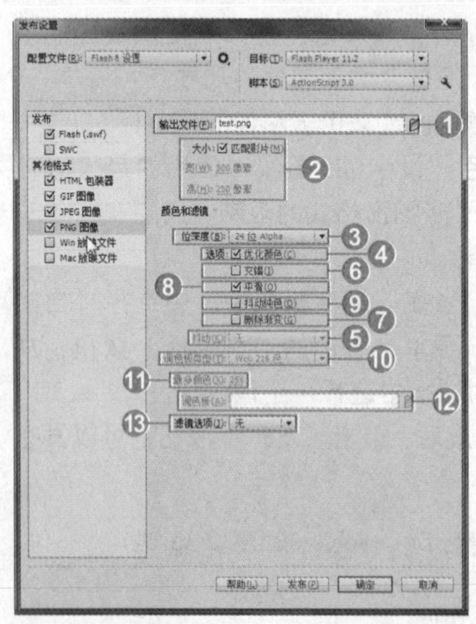

PNG发布设置

❶ **输出文件**：设置输出文件的名称。
❷ **大小**：输入导出图像的高度和宽度，或者勾选“匹配影片”使PNG和Flash影片大小相同，并保持原比例。
❸ **位深度**：设置创建图像时所用像素的位数和颜色数。
❹ **优化颜色**：从PNG文件的颜色表中将用不到的颜色删除。
❺ **抖动**：当目前使用的调色板上没有某种颜色时，用一定范围内的类似颜色来模仿调色板上没有的颜色。抖动处理会增加文字尺寸。
❻ **交错**：使浏览器上输出的PNG图像可以边下载边显示。

⑦ **删除渐变**：将电影中所有的渐变色转换为固定色，固定色为设置渐变色时第一个色标所选的颜色。
⑧ **平滑**：令输出的位图消除锯齿或不消除锯齿。经过平滑处理可以产生高质量的位图图像。
⑨ **抖动纯色**：可以改善颜色质量。
⑩ **调色板类型**：定义用于图像的调色板。
⑪ **最多颜色**：设置PNG图像中使用的最大颜色数。
⑫ **调色板**：当在“调色板类型”中选择“自定义”时激活，可单击右边的“调色板”按钮，从弹出的对话框中选择一个调色板。
⑬ **滤镜选项**：设定PNG的过滤方法，PNG被以线对线的方式过渡，以使PNG图像很好的被压缩。选择“无”，不提供过滤；选择Sub，传递每个字节和前一像素相应字节的值之间的差；选择Up，传递每个字节和它上面相邻像素的相应字节的值之间的差；选择Average，使用两个相邻像素的平均值来预测像素值；选择Paeth，计算3个相邻像素间的线性关系，以选择最接近计算值的像素作为预测值。选择Adaptive，使用合适的数值作为预测值。

设置完成后，单击“发布”按钮即可发布PNG 文件。

素材文件：Sample\Ch08\Unit21\png.fla

发布的PNG文件

发布EXE

在网页中浏览 SWF 动画，需要安装插件，如果想将作品用电子邮件发送出去，但是又担心对方没有安装插件而无法欣赏，就要将作品整合成可以独立运行的 EXE 文件。它不需要附带任何程序就可在 Windows 系统中播放，并且和原 SWF 动画的效果完全相同。

执行“文件 > 发布设置”命令，打开“发布设置”对话框，勾选“Win 放映文件”复选框。

❶ **输出文件**：设置输出文件的名称。

设置完成后，直接单击“发布”按钮就可以发布 EXE 文件。

素材文件：Sample\Ch08\Unit21\exe.fla

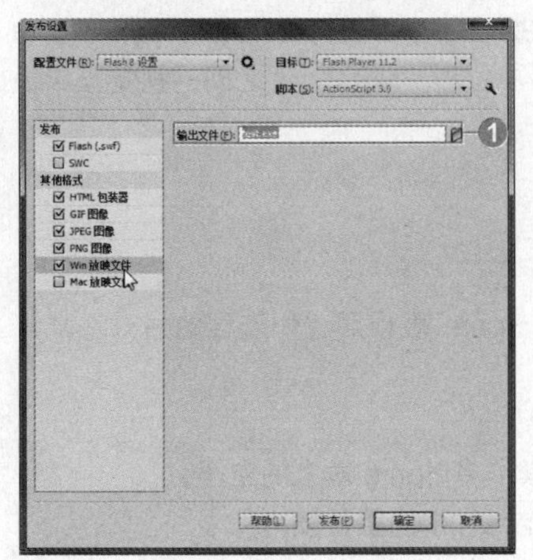

Win放映文件发布设置

发布的EXE文件

发布Sprite表

Sprite 表是一个位图图像文件，它包含一些平铺网格排列方式的小型图形。通过将多个图形编译到单个文件中，使得 Flash 和其他应用程序只需加载单个文件即可使用这些图形。在游戏开发等性能尤为重要的环境中，这种加载效率十分有用。

◎ Sprite表

可以通过选择影片剪辑、按钮元件、图形元件或位图的任意组合来创建 Sprite 表。还可以在“库”面板中或舞台上选择项目，但不能两者兼得。每个位图以及选定元件的每一帧在 Sprite 表中将显示为单独的图形。如果从舞台导出，应用到元件实例的任何变换（缩放、倾斜等）都会在图像输出中保留。

素材文件： Sample\Ch08\Unit21\sprite.fla

打开素材文件，选择“库”面板中的元件，单击鼠标右键，从快捷菜单中选择“生成 Sprite 表”命令。

◎ 选择“生成 Sprite 表”

在打开的“生成 Sprite 表”对话框中进行如下设置。

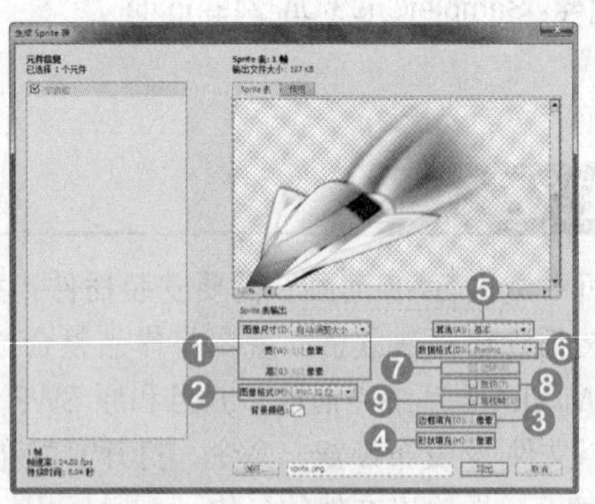

◎“生成 Sprite 表”对话框

❶ **图像尺寸**：Sprite 表的总尺寸，以像素为单位。默认设置为“自动调整大小”，该设置会调整表的大小以装下所有包含的 Sprite。

❷ **图像格式**：导出的 Sprite 表的文件格式。PNG 8 位和 PNG 32 位每个都支持使用透明背景（Alpha 通道）。PNG 24 位和 JPG 不支持透明背景。通常，PNG 8 位和 PNG 32 位之间的视觉差异很小。PNG 32 位文件大小是 PNG 8 位文件大小的 4 倍。

❸ **边框填充**：Sprite 表单边缘的填充，以像素为单位。

❹ **形状填充**：Sprite 表中每个图像之间的填充，以像素为单位。

❺ **算法**：将图像打包到 Sprite 表所用的技术。

❻ **数据格式**：图像数据所用的内部格式。选择最适合导出后 Sprite 表预期工作流程的格式。默认为 Starling 格式。

❼ **旋转**：将 Sprite 旋转 90 度。此选项只适用于某些数据格式。

❽ **裁切**：此选项通过修剪添加到表的每个元件帧的未使用像素节省 Sprite 表上的空间。

❾ **堆栈帧**：选择此选项可以防止在生成的 Sprite 表中复制选定元件中的重复帧。

单击“导出”按钮后，就可以导出 Sprite 表了。

UNIT 22 使用Adobe Air

Adobe AIR 在很大程度上改变了应用程序的创建、部署和使用方式。用户获得了更富有创造性的控制能力，并可以将用户的基于 Flash、Flex、HTML 和 Ajax 的应用程序扩展到桌面，而不需要学习传统的桌面开发技术。

素材文件：Sample\Ch08\Unit21\com.fla

台式机发布

执行“文件 > 发布设置”命令，打开“发布设置”对话框，在“目标”中选择 AIR 2.5。然后选择“文件 >AIR 2.5 设置”。

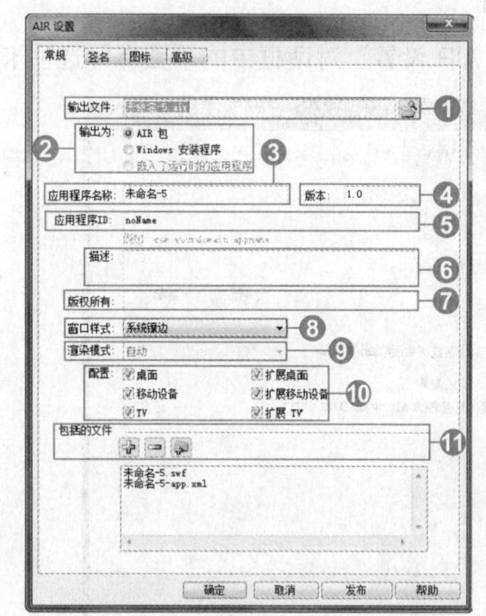

“AIR2.5设置”对话框

1.常规设置

“AIR 2.5 设置”对话框的“常规”选项卡包含下列选项。

❶ **输出文件**：设置输出文件的名称。

❷ **输出为**：要创建的包的类型 。“AIR包”：创建标准 AIR 安装程序文件，假设在安装期间可以单独下载 AIR 运行时，或在目标设备上已安装好 AIR 运行时。“Windows安装程序”：选择此选项可编译特定于平台的本机 Windows 安装程序 (.exe)，而不是独立于平台的 AIR 安装程序 (.air)。“嵌入了运行时的应用程序”：创建包含 AIR 运行时的 AIR 安装程序文件，因此无需再进行下载。

❸ **应用程序名称**：应用程序的主文件的名称。默认为 FLA 文件名。

❹ **版本**：指定应用程序的版本号。默认值为 1.0。

❺ **应用程序 ID**：通过唯一的 ID 标识应用程序。可以更改默认的 ID但请勿在 ID 中使用空格或特殊字符。有效的字符仅限 0-9、a-z、A-Z、.（点）和 -（连字符），长度为 1 至 212 个字符。默认为 com.adobe.example.applicationName。

❻ **描述**：用于输入在用户安装应用程序时显示在安装程序窗口中的应用程序说明。默认为空白。

❼ **版权所有**：用于输入版权声明，默认为空白。

❽ **窗口样式**：指定当用户在计算机上运行该应用程序时，应用程序的用户界面使用的窗口样式。

❾ **渲染模式**：指定 AIR 运行时渲染图形内容的方法。有以下选项：“自动”：自动检测并使用主机设备上最快的渲染方法。“CPU”：使用 CPU。“直接”：使用 Stage3D 进行渲染。这是最快的渲染方法。

❿ **配置**：构建 AIR 文件时要包括的配置文件。要将 AIR 应用程序限制为特定配置文件，请取消选择不需要的配置文件。

⓫ **包括的文件**：指定应用程序包中包括哪些其它文件和文件夹。

2. 签名设置

借助“AIR 设置”对话框中的“签名”选项卡，可以为应用程序指定代码签名证书。

对 AIR 文件进行签名后，安装文件中将包含一个数字签名。此签名包括程序包的摘要，用于证实 AIR 文件自签名以来未经修改；此签名还包括有关签名证书的信息，用于证实发行商身份。

AIR 使用通过操作系统的证书存储区支持的公钥基础结构 (PKI) 来确定证书是否可信。安装 AIR 应用程序的计算机必须直接信任用于对此 AIR 应用程序进行签名的证书，或者必须信任将该证书链接到受信认证机构的证书链，才能核实发行商信息。

如果 AIR 文件用未链至其中一个受信根证书（通常，这些证书包括所有自签名证书）的证书进行签名，则无法核实发行商信息。虽然 AIR 可以确定 AIR 程序包自签名以来未经修改，但无法知道文件的实际创建者和签名者。

3. 图标设置

借助“AIR 设置”对话框中的“图标”选项卡，可以为应用程序指定图标。

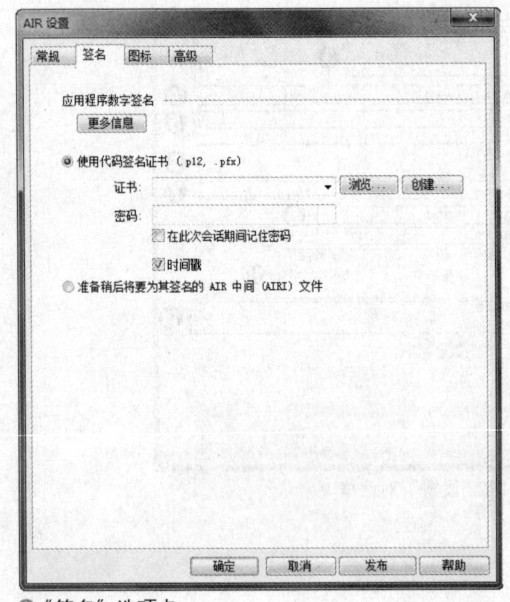

“签名”选项卡

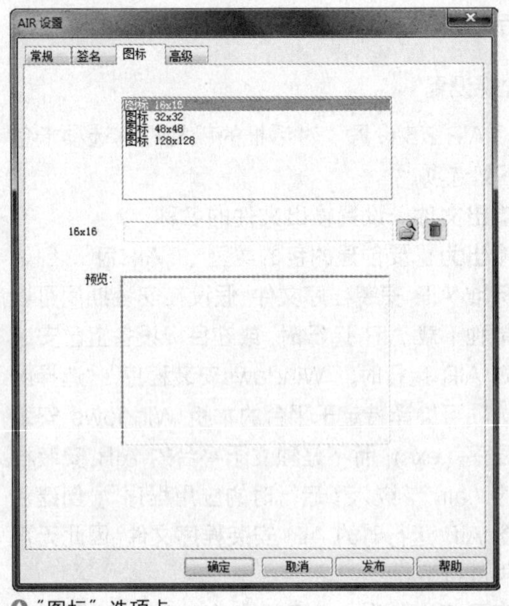

“图标”选项卡

安装应用程序并在 Adobe AIR 运行时中运行应用程序后，即会显示该图标。可以为图标指定 4 种不同的大小（128、48、32 和 16 像素），以使图标显示在不同的视图中。例如，图标可显示在文件浏览器的缩略图、详细视图和平铺视图中。也可以作为桌面图标显示，或显示在 AIR 应用程序窗口的标题中以及其他位置。如果未指定其他图标文件，则图标图像默认为范例 AIR 应用程序图标。

要指定图标，请单击“图标”选项卡顶部的一个图标大小，然后导航到要使用该大小的文件。这些文件必须为 PNG（可移植网络图形）格式。

如果指定了一个图像，则其必须具有准确的大小（128x128、48x48、32x32 或 16x16）。未提供特定大小的图标图像，Adobe AIR 将对提供的图像之一进行缩放以创建缺少的图标图像。

4. 高级设置

借助“AIR 设置”对话框中的“高级”选项卡，可以为应用程序描述符文件指定其他设置。可以指定 AIR 应用程序应该处理的所有关联文件类型。也可以指定应用程序以下各方面的设置：初始窗口的大小和位置、安装应用程序的文件夹、放置应用程序的“程序”菜单文件夹。

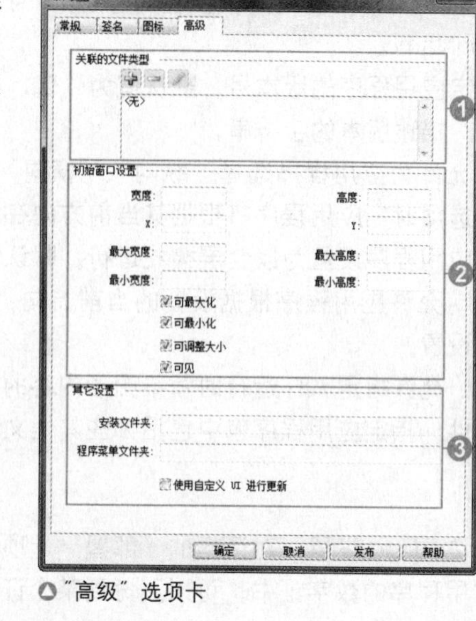

△"高级"选项卡

❶ **关联的文件类型**：指定 AIR 应用程序将处理的关联文件类型。文本框中的默认值为"无"。

❷ **初始窗口设置**：指定应用程序初始窗口的大小和位置设置。

- 宽度：指定窗口的初始宽度。
- 高度：指定窗口的初始高度。
- X：指定窗口的初始水平位置。
- Y：指定窗口的初始垂直位置。
- 最大宽度/最大高度：指定窗口的最大大小。
- 最小宽度/最小高度：指定窗口的最小大小。
- 可最大化：用于指定用户是否可以最大化窗口。
- 可最小化：用于指定用户是否可以最小化窗口。
- 可调整大小：用于指定用户是否可以调整窗口大小。
- 可见：用于指定应用程序窗口是否在开始时可见。

❸ **其他设置**：用于指定有关安装的以下其他信息：

- 安装文件夹：指定安装应用程序的文件夹。
- 程序菜单文件夹（仅适用于 Windows）：指定应用程序的程序菜单文件夹名称。
- 使用自定义 UI 进行更新：指定当用户打开已安装的应用程序的 AIR 安装程序文件时会出现的情况。

单击"发布"按钮后，就可以发布台式机应用程序了。

Android发布

从 Flash CS6 开始，可以为 Adobe AIR for Android（安卓）发布内容。

执行"文件 > 发布设置"命令，打开"发布设置"对话框，在"目标"中选择 AIR 3.2 for Android。然后选择"文件 > AIR 3.2 for Android 设置"选项。

1. 常规设置

"AIR for Android 设置"对话框的"常规"选项卡包含下列选项。

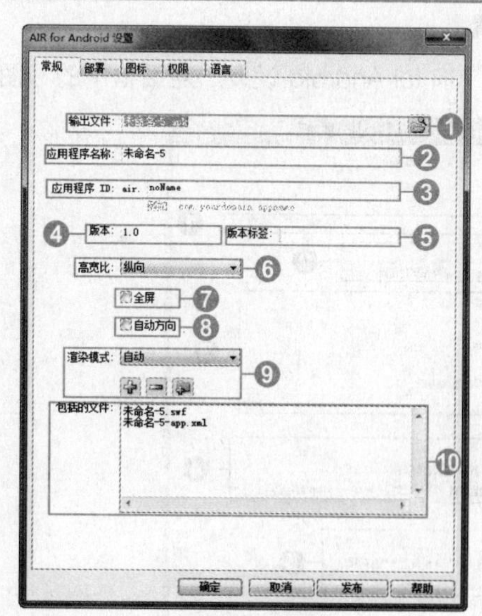

△"AIR for Android设置"对话框

❶ **输出文件**：设置输出文件的名称，输出文件扩展名为 APK。

❷ **应用程序名称**：AIR 应用程序安装程序用来生成应用程序文件名和应用程序文件夹的名称。该名称只能包含在文件名或文件夹名称中有效的字符。默认为 SWF 文件的名称。

❸ **应用程序 ID**：通过唯一的 ID 标识应用程序。可以更改默认的 ID，默认为 com.adobe.example.applicationName。

❹ **版本**：指定应用程序的版本号。默认值为 1.0。

❺ **版本标签**：描述版本的字符串。

❻ **高宽比**：允许为应用程序选择“纵向”、“横向”或“自动方向”选项。当选择“自动”和“自动方向”选项时，应用程序将根据其当前方向在设备上启动。

❼ **全屏**：将应用程序设置为以全屏模式运行。默认情况下会取消选中此设置。

❽ **自动方向**：允许应用程序根据设备的当前方向，从纵向模式切换为横向模式。默认情况下会取消选中此设置。

❾ **渲染模式**：允许指定 AIR 运行时渲染图形内容的方法。

❿ **包括的文件**：指定应用程序包中包括哪些其他文件和文件夹。

2. 部署设置

“AIR for Android 设置”对话框的“部署”选项卡包含下列选项。

❶ **证书**：应用程序的数字证书。可以浏览到某个证书或创建新证书。注意，Android 应用程序证书的有效期设置须至少为 25 年。

❷ **密码**：所选数字证书的密码。

❸ **部署类型**：指定要创建的包类型。

❹ **AIR 运行时**：指定应用程序尚未安装 AIR 运行时的设备上应执行的操作。

将 AIR 运行时嵌入应用程序：会将运行时添加到应用程序安装程序包中，从而不再需要下载运行时。这将明显增加应用程序包的大小。

从以下位置获取 AIR 运行时 ...：使安装程序在安装过程中从指定位置下载运行时。

❺ **发布之后**：允许指定是否将该应用程序安装在当前连接的 Android 设备，以及是否在安装之后立即启动该应用程序。

3. 图标设置

借助“AIR for Android 设置”对话框中的“图标”选项卡，可以为应用程序指定图标。

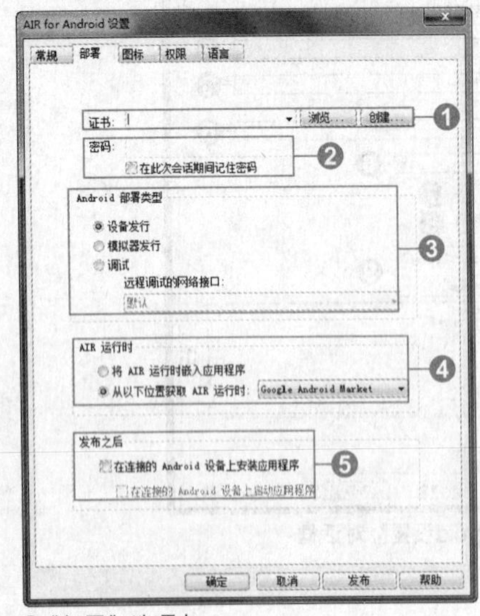

▲“部署”选项卡

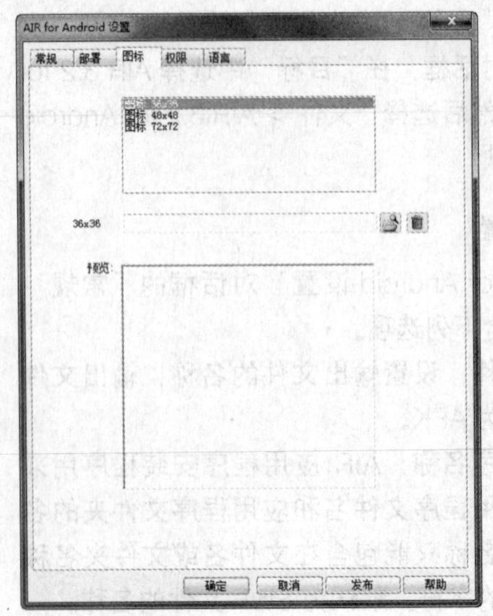

▲“图标”选项卡

4. 权限设置

借助"AIR for Android设置"对话框中的"权限"选项卡，可以指定该应用程序在设备上访问哪些服务和数据。

若要应用某个权限，请勾选其复选框。若要查看某个权限的说明，请单击该权限的名称。说明显示在权限列表下方。若要手动而不使用对话框管理权限，请选择"手动管理应用程序描述符文件中的权限和清单添加项"。

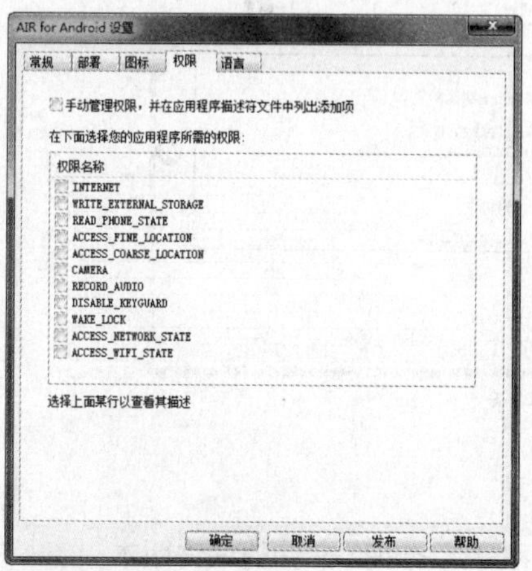

△"权限"选项卡

5. 语言设置

借助"AIR for Android 设置"对话框中的"语言"选项卡，为应用程序选择在应用程序商店或区域市场中要关联的语种。通过选定对应的语种，可以让使用该语种版本操作系统的用户下载程序。

单击"发布"按钮后，就可以发布 Android 安卓应用程序了。

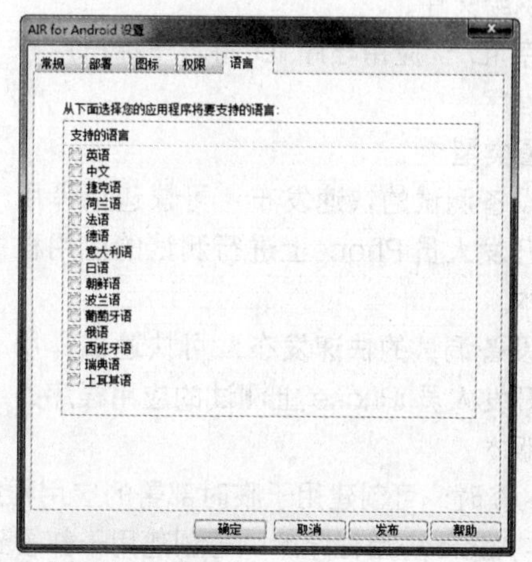

△"语言"选项卡

IOS发布

从 Flash CS6 开始，可以为 Adobe AIR for iOS（苹果）发布内容。

执行"文件 > 发布设置"命令，打开"发布设置"对话框，在"目标"中选择"AIR 3.2 for iOS"选项。然后选择"文件 > AIR 3.2 for iOS 设置"选项。

1. 常规设置

"AIR 3.2 for iOS 设置"对话框的"常规"选项卡包含下列选项。

❶ **输出文件**：设置输出文件的名称。

❷ **应用程序名称**：在 iPhone 中的应用程序图标下显示的应用程序名称。

❸ **版本**：帮助用户确定安装应用程序的版本。

❹ **高宽比**：设置应用程序的初始高宽比（纵向或横向）。

❺ **全屏**：应用程序是否使用全屏或它是否显示 iPhone 状态栏。

❻ **自动方向**：选择此应用程序，以使应用程序的显示内容随 iPhone 的重新取向而重新取向。

❼ **渲染模式**：设置渲染的模式。

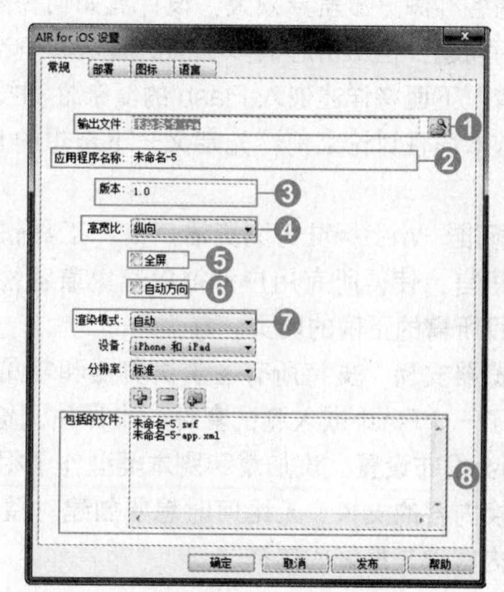

△"AIR for iOS设置"对话框

❽ **包括的文件**：将所有文件和目录添加到 iPhone应用程序中的软件包。

2. 部署设置

"AIR for iOS 设置"对话框的"部署"选项卡包含下列选项。

❶ **iOS 数字签名**：为证书指定 P12 证书文件和密码。必须将 Apple iPhone 证书转换为 .p12 格式。

❷ **供给配套文件**：指向从 Apple 获取的此应用程序的供给文件。

❸ **应用程序 ID**：应用程序 ID 将唯一标识用户的应用程序。

❹ **iOS 部署类型**：

- 用于设备测试的快速发布：可快速编译用于在开发人员iPhone上进行测试的应用程序版本。
- 用于设备调试的快速发布：可快速编译用于在开发人员 iPhone 上测试的应用程序的调试版本。

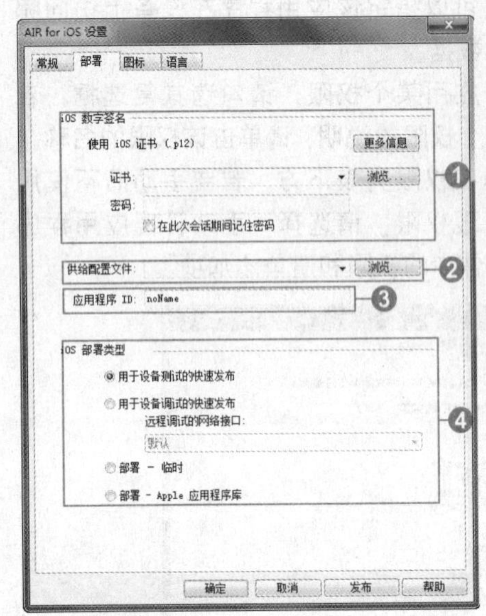

△"部署"选项卡

- 部署 - 临时：可创建用于临时部署的应用程序。
- 部署 - Apple 应用程序库：可创建用于部署到 Apple 应用程序库的 IPA 文件的最终版本。

"AIR 3.2 for iOS 设置"对话框的"图标"选项卡和"权限"选项卡和"AIR for Android 设置"对话框的设置基本相同，就不再赘述了。

单击"发布"按钮后，就可以发布 iOS 苹果应用程序了。

Special page 对在网页中嵌入Flash动画的建议

如今的各种浏览器差异颇大，设计者如何在网页中嵌入 Flash 才是最佳方案呢？这本来应该是一个简单的问题，但却引起很多不同的看法和争论。因为可用的嵌入技术很多，而每种都有其支持者和反对者。下面将详述嵌入 Flash 的复杂性和技巧性，并且对最流行的嵌入方法加以考察。

在进入本质性讨论之前，先定义一下理想的 Flash 嵌入方法。笔者认为，下面这些因素是最重要的。

- 遵循标准：Web标准为浏览器厂商、工具软件程序员以及网页作者，提供了一种易于理解的通用语言，使得所有用户都得以避免兼容性、垄断和专利侵权的问题。也使开发者能够创建出项目所需的正确的网页。
- 跨浏览器支持：支持所有主流浏览器和常见操作系统是很关键的需求。为了支持研究，笔者创建了一个Flash嵌入测试套件，来评估浏览器对于各种嵌入方法的支持。该套件对各种不同的Flash发布设置、流加载和脚本类型作了相应地测试。
- 对替换内容的支持：无论何时想要创建对搜索引擎，和对未安装插件的浏览者友好的网页时，替换内容都是最好的选择。

- 避免Flash和播放器的不匹配：通常Flash播放器总是试图去播放Flash内容，而不管Flash播放器的版本和Flash内容发布时的版本是什么。如果使用的老版本播放器中，没有用到新版本才支持的功能的话还好，否则用户将会看到不完整的内容或者完全没有内容。
- 对活动内容的自动激活：由于Eolas专利侵权问题，微软更新了它的浏览器，以至于浏览者再也不能直接与“活动内容”，也就是用object和embed标签嵌入的ActiveX控件进行交互。简而言之，微软浏览器要求用户先单击才能跟活动内容交互。为了避免被起诉，Opera也引入了类似的单击激活机制。

下面就来看一看嵌入 Flash 动画的具体方法。有两个标签可以在网页上嵌入 Flash。一个是已有的 embed，所有的浏览器都支持它。

```
<embed type="application/x-shockwave-flash" src="myContent.swf" width="300" height=
"120"  pluginspage="http://www.adobe.com/go/getflashplayer" />
<noembed>Alternative content</noembed>
```

另一个是 W3C 建议的 object，因为 W3C 规范给如何实现插件内容留了相当大的空间，结果出现了两种不同的 object 实现方式。

大多数现代浏览器实现了遵循标准的方式，将 embed 标签替换为 object 的 MIME 类型，以此来确定插件的类型。

```
<object type="application/x-shockwave-flash" data="myContent.swf" width="300"
height="120">
<p>Alternative content</p>
</object>
```

这种方式是各种浏览器通用的，所以比较好实现。来自 Windows 的 IE，需要定义 object 的 classid 属性，这样浏览器才能正确载入 Flash 播放器的 ActiveX 控件。这种实现是有效的，但不是浏览器通用的。

```
<object classid="clsid:D27CDB6E-AE6D-11cf-96B8-444553540000" width="300" height="120">
<param name="movie" value="myContent.swf" />
<p>Alternative content</p>
</object>
```

虽然目前还没有完美的方案，但在正确的方向上的探索却已经走了很远，如果把不同的好特性组合在一起，应该能够实现开头定义的那些原则。

Part
03
ActionScript 3.0
应用和开发

Chapter 09

ActionScript 3.0快速入门

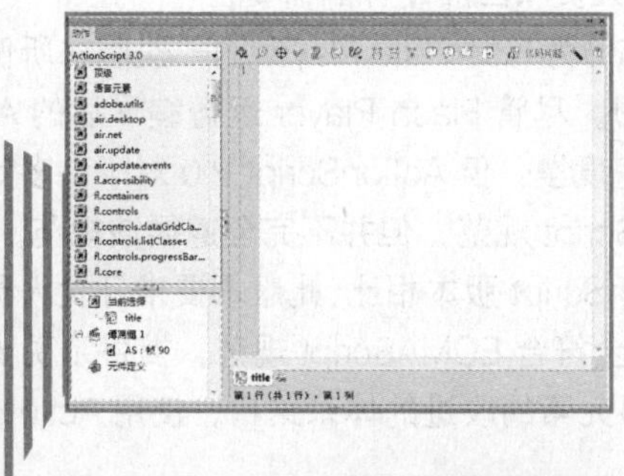

本章知识点

Unit	内容	知识点
Unit 23	ActionScript 简介	关于 ActionScript
		ActionScript 3.0 的新增功能
Unit 24	构建 Action-Script 3.0 应用程序	ActionScript 3.0 程序的开发步骤
		组织 ActionScript 3.0 代码
		编写 ActionScript 3.0 代码

章前自测题

1.ActionScript语言是什么？ActionScript 3.0新增了哪些功能？

2.在Flash中，可为哪些对象添加Actionscript脚本？

3.无论ActionScript项目大还是小，遵循一个过程来设计和开发应用程序都将有助于提高工作效率。使用ActionScript3.0进行开发的步骤是什么？

4.在Flash CS6中，可以使用哪几个面板编辑ActionScript脚本？

5.除了Flash之外，还可以使用哪些其他软件编写ActionScript代码？

ActionScript简介

ActionScript到底是什么？确切地说ActionScript是Adobe Flash Player运行时环境的编程语言，它在Flash内容和应用程序中实现了交互、数据处理以及其他许多功能。

关于ActionScript

使用 ActionScript，不仅可以动态地控制动画的进行，还能够进行各种运算，甚至用各种方式获取用户的动作，并且即时地做出回应，这样就可以有效地响应用户事件，触发响应的脚本来控制动画的播放，大大增强 Flash 动画的交互性。利用 ActionScript 制作动画，可以使动画精确地按照设计者的意图播放。只要有一个清晰的构思，通过一些简单的 ActionScript 组合，就可以实现相当精彩的动画效果。所以说 ActionScript 是一种简单而高效的交互动画制作工具。

Flash 包含多个 ActionScript 版本，以满足各类开发人员和回放硬件的需要。

（1）ActionScript 1.0 是最简单的 ActionScript，目前仍为 Flash Lite Player 的一些版本所使用。

（2）ActionScript 2.0 比 ActionScript 3.0 更容易学习。尽管 Flash Player 运行编译后的 ActionScript 2.0 代码，比运行编译后的 ActionScript 3.0 代码速度慢，但 ActionScript 2.0 对于许多计算量不大的项目仍然十分有用。ActionScript 2.0 基于 ECMAScript 规范，但并不完全遵循该规范。

（3）ActionScript 3.0 的执行速度极快。与其他 ActionScript 版本相比，此版本要求开发人员对面向对象的编程概念有更深入的了解。ActionScript 3.0 完全符合 ECMAScript 规范，提供了更出色的 XML 处理、一个改进的事件模型，以及一个用于处理屏幕元素的改进的体系结构。使用 ActionScript 3.0 的 FLA 文件不能包含 ActionScript 的早期版本。

ActionScript 3.0 的脚本编写功能超越了 ActionScript 的早期版本。它旨在方便创建拥有大型数据集和面向对象可重用代码库的高度复杂的应用程序。虽然 ActionScript 3.0 对于在 Adobe Flash Player 中运行的内容并不是必需的，但它所使用的新型虚拟机 AVM2 实现了性能的改善，ActionScript 3.0 代码的执行速度可以比旧式 ActionScript 代码快 10 倍。

ActionScript 3.0的新增功能

虽然 ActionScript 3.0 包含 ActionScript 编程人员所熟悉的许多类和功能，但 ActionScript 3.0 在架构和概念上区别于早期的 ActionScript 版本。ActionScript 3.0 的主要新增功能如下。

1. 核心语言功能

核心语言定义编程语言的基本构造块，例如语句、表达式、条件、循环和类型。

（1）运行时异常

ActionScript 3.0 报告的错误情形比早期的 ActionScript 版本多。运行时异常用于常见的错误情形，使用户能够开发可靠的处理错误的应用程序。运行时错误可提供带有源文件和行号信息注释的堆栈跟踪，以帮助用户快速定位错误。

（2）运行时类型

在 ActionScript 2.0 中，类型注释主要是为开发人员提供帮助；在运行时，所有值的类型都是动态指定的。在 ActionScript 3.0 中，类型信息在运行时保留，并可用于多种目的。Flash Player 9 执行运行时类型检查，增强了系统的类型安全性。类型信息还可用于以本机形式表示的变量，从而提高了性能并减少了内存使用量。

（3）密封类

ActionScript 3.0 引入了密封类的概念。密封类只能拥有在编译时定义的固定的一组属性和方法；不能添加其他属性和方法。这使得编译时的检查更为严格，从而使程序更可靠。还可以通过使用 dynamic 关键字来实现动态类。默认情况下，ActionScript 3.0 中的所有类都是密封的，但可以使用 dynamic 关键字将其声明为动态类。

（4）闭包方法

ActionScript 3.0 闭包方法可以自动记起它的原始对象实例，这对事件处理非常有用。而在 ActionScript 2.0 中，闭包方法无法记起它是从哪个对象实例中提取的，所以会导致意外行为。

2. ECMAScript for XML（E4X）

与传统的 XML 分析 API 不同，使用 E4X 的 XML 就像该语言的本机数据类型一样。E4X 通过大大减少所需代码的数量，来简化操作 XML 的应用程序的开发。

（1）正则表达式

ActionScript 3.0 包括对正则表达式的固有支持，因此可以快速搜索并操作字符串。由于在 ECMAScript 第 3 版语言规范中对正则表达式进行了定义，ActionScript 3.0 实现了对正则表达式的支持。

（2）命名空间

命名空间与用于控制声明（public、private、protected）的可见性的传统访问说明符类似。它们的工作方式与名称和用户指定的自定义访问说明符类似。

（3）新基元类型

ActionScript 2.0 拥有单一数值类型 Number，是一种双精度浮点数。ActionScript 3.0 包含 int 和 uint 类型。int 类型是一个带符号的 32 位整数，它使 ActionScript 代码可充分利用 CPU 的快速处理整数数学运算的能力，这对使用整数的循环计数器和变量都非常有用。uint 类型是无符号的 32 位整数，可用于 RGB 颜色值、字节计数和其他方面。

3. Flash Player API 功能

ActionScript 3.0 中的 Flash Player API 包含许多允许用户在低级别控制对象的新类。语言的体系结构全新并且更加直观。

（1）DOM3 事件模型

文档对象模型第 3 级事件模型（DOM3）提供了一种生成并处理事件消息的标准方法，以使应用程序中的对象可以进行交互和通信，同时保持自身的状态并响应更改。通过采用万维网联盟 DOM 第 3 级事件规范，该模型提供了一种比早期的 ActionScript 版本中所用的事件系统更清楚、更有效的机制。

（2）显示列表 API

用于访问 Flash Player 显示列表的 API（包含 Flash 应用程序中的所有可视元素的树）由处理 Flash 中可视基元的类组成。新增的 Sprite 类是一个轻型构造块，它类似于 MovieClip 类，但更适合作为 UI 组件的基类。新增的 Shape 类表示原始的矢量形状。可以使用 new 运算符很自然地实例化这些类，并可以随时动态地重新指定其父类。

（3）处理动态数据和内容

ActionScript 3.0 包含用于加载和处理 Flash 应用程序中的资源和数据的机制，这些机制在 API 中是直观的并且一致的。新增的 Loader 类提供了一种加载 SWF 文件和图像资源的单一机制，并提供了一种访问已加载内容详细信息的方法。URLLoader 类提供了一种单独的机制，用于在数据驱动的应用程序中加载文本和二进制数据。Socket 类提供了一种以任意格式从（向）服务器套接字中读取（写入）二进制数据的方式。

（4）低级数据访问

各种 API 提供了对数据的低级访问，而这种访问在 ActionScript 中是不可能的。对于正在下载的数据而言，可使用 URLStream 类在下载数据的同时访问原始二进制数据。使用新增的 Sound API，可以通过 SoundChannel 类和 SoundMixer 类对声音进行精细控制。新增的处理安全性的 API 可提供有关 SWF 文件或加载内容的安全权限信息，从而使用户能够更好地处理安全错误。

（5）处理文本

ActionScript 3.0 包含一个用于处理所有与文本相关的 API 的 flash.text 包。TextLineMetrics 类为文本字段中的一行文本提供精确度量。TextField 类包含许多有趣的新低级方法，它们可以提供有关文本字段中的一行文本或单个字符的特定信息。新增的 Font 类提供了一种管理 SWF 文件中的嵌入字体的方法。

构建ActionScript 3.0应用程序

作为一个初次接触ActionScript 3.0的用户，应该先了解哪些工具可用于编写ActionScript，以及如何组织ActionScript代码并将其包括在应用程序中等问题。

ActionScript 3.0程序的开发步骤

无论 ActionScript 项目是大还是小，遵循一个过程来设计和开发应用程序都将有助于提高工作效率。下面的 4 个步骤说明了构建使用 ActionScript 3.0 应用程序的基本开发过程。

1. 设计应用程序

先以某种方式描述应用程序，然后再开始构建该应用程序。

2. 编写ActionScript 3.0代码

使用 Flash、Flex Builder、Dreamweaver 或文本编辑器创建 ActionScript 代码。

3. 创建Flash应用程序文件来运行代码

在 Flash 中，可创建新的 FLA 文件、设置发布设置、向应用程序添加用户界面组件，以及引用 ActionScript 代码。

4. 发布和测试ActionScript应用程序

这涉及在 Flash 中运行应用程序，确保该应用程序执行用户期望的所有操作。

组织ActionScript 3.0代码

可以使用 ActionScript 3.0 代码来实现任何目的，从简单的图形动画到复杂的客户端——服务器事务处理系统都可以通过它来实现。用户可使用一种或多种不同的方法在项目中包含 ActionScript，但具体还取决于要构建的应用程序类型。

1. 在帧中添加ActionScript

在 Flash 中，可以向时间轴中的任何帧添加 ActionScript 代码。该代码将在影片播放期间播放头进入该帧时执行。

通过将 ActionScript 代码放在帧中，可以方便地向使用 Flash 创作工具构建的应用程序添加行为。也可以将代码添加到主时间轴中的任何帧，或任何影片剪辑元件时间轴中的任何帧。但是，这种灵活性也有一定的代价。构建较大的应用程序时，容易导致无法跟踪哪些帧包含哪些脚本。这使得随着时间的推移，应用程序越来越难以维护。

许多开发人员将代码仅放在时间轴的第 1 帧，或放在 Flash 文件中的特定图层上，以简化在 Flash 创作工具中组织其 ActionScript 代码的工作，以更容易地在 FLA 文件中查找和维护代码。但是，若要在另一个 Flash 项目中使用相同的代码，则要将代码复制并粘贴到新文件中。

2. 将代码存储在ActionScript文件中

如果项目中包括重要的 ActionScript 代码，则最好在单独的 ActionScript 源文件（扩展名为 .as 的文本文件）中组织这些代码。可以采用以下两种方式之一来设置 ActionScript 文件的结构。

（1）非结构化 ActionScript 代码：编写 Action-Script 代码行（包括语句或函数定义），就好像它们是直接在时间轴脚本中输入的一样。

（2）ActionScript 类定义：定义一个 ActionScript 类，包含它的方法和属性。定义一个类后，就可以像对任何内置的 ActionScript 类所做的那样，通过创建该类的实例并使用它的属性、方法和事件，来访问该类中的 ActionScript 代码。

编写ActionScript 3.0代码

在 Flash 中编写 ActionScript 3.0 代码时，可使用动作面板或“脚本”窗口。动作面板和“脚本”窗口包含一个全功能代码编辑器，其中包括代码提示和着色、代码格式设置、语法加亮显示、语法检查、调试、行号和自动换行等功能，并支持 Unicode。

1. 使用动作面板

在 FLA 文件中编写脚本时，要使用动作面板中的 ActionScript 编辑器。动作面板中的“脚本窗格”内包含 ActionScript 编辑器，且支持各种工具，更便于脚本编写。这些工具包括：“动作工具箱”能够快速访问核心 ActionScript 语言元素；“脚本导航器”可以在文档中的所有脚本之间导航；“脚本助手”模式提示创建脚本所需的元素。

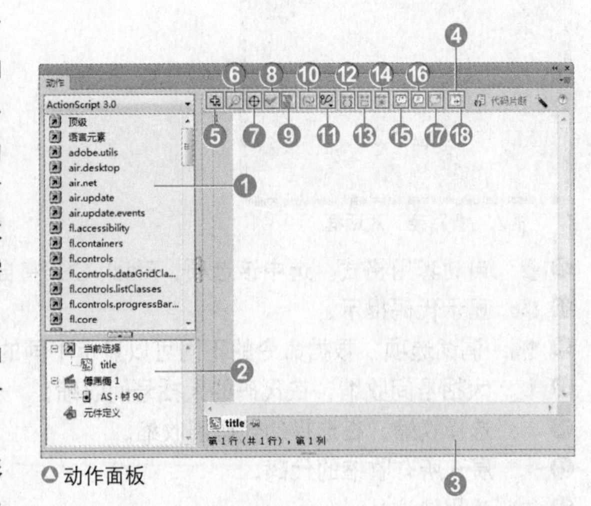

▲ 动作面板

❶ **动作工具箱**：浏览ActionScript语言元素（函数、类、类型等）的分类列表，从中选择合适的元素将其插入到“脚本窗格”中。

❷ **脚本导航器**：可显示包含脚本的Flash元素（影片剪辑、帧和按钮）的分层列表。如果单击脚本导航器中的某一项目，则与该项目关联的脚本将显示在“脚本窗格”中。如果双击脚本导

航器中的某一项，则该脚本将被固定。

❸ **脚本窗格**：可在“脚本窗格”中键入代码。“脚本窗格”为在一个全功能编辑器（称作ActionScript编辑器）中创建脚本提供了必要的工具，该编辑器中包括代码的语法格式设置和检查、代码提示、代码着色、调试以及其他一些简化脚本创建的功能。

❹ **脚本助手**：将提示输入脚本的元素，有助于更轻松地向Flash SWF文件或应用程序中添加简单的交互性。“脚本助手”与动作面板配合使用，提示用户选择选项和输入参数。例如，不用从头编写脚本，可以从动作工具箱中选择一个语言元素，将它拖曳到“脚本窗格”中，然后使用“脚本助手”帮助完成脚本，关掉“脚本助手”后，“脚本窗格”上方工具栏的按钮如下图所示。

❺ ：将新项目添加到脚本中。

❻ ：查找。单击后会弹出对话框，在其中的“查找内容”文本框中输入要查找的名称，再单击“查找下一个”按钮即可；在“替换为”文本框中输入要替换为的内容，然后单击“替换”按钮即可。

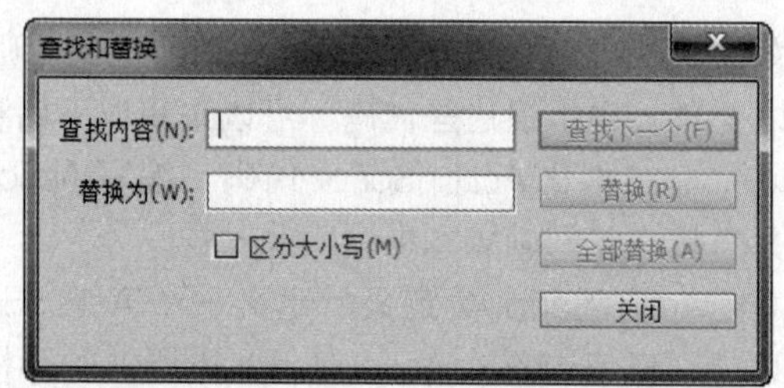

△ 工具栏

△ “查找和替换”对话框

❼ ：插入目标路径。动作的名称和地址被指定以后，才能用来控制一个影片剪辑或者下载一个动画，这个名称和地址就被称为目标路径。在后边会提到：在接收路径作为程序运行时如何控制其参数。单击该按钮在弹出的对话框中输入插入对象的路径，或者直接在下边选择，完成后直接单击“确定”按钮。

❽ ：语法检查工具。选中要检查的语句，单击该按钮，系统会自动检查其中的语法错误。

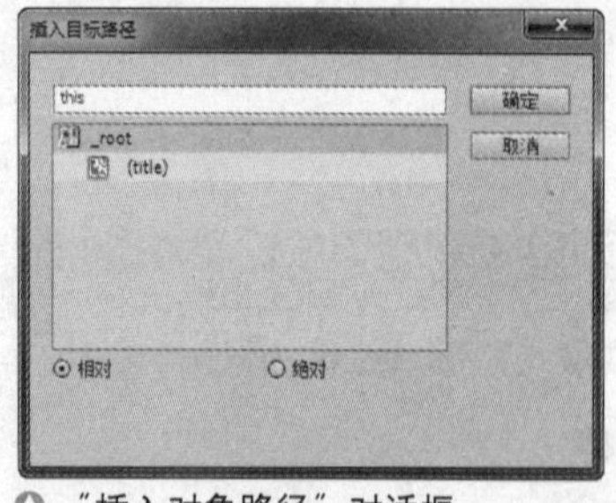

△ “插入对象路径”对话框

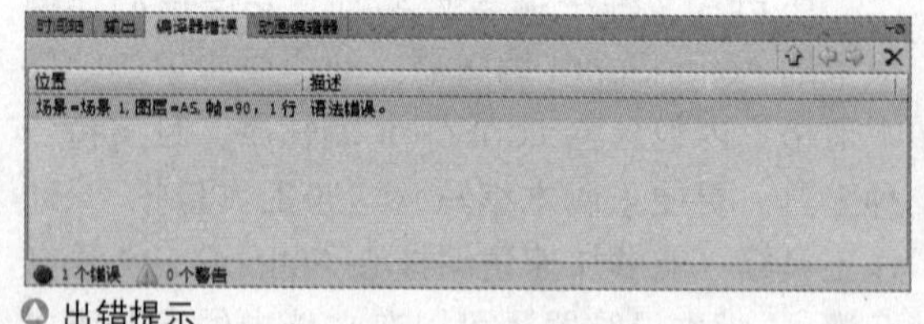

△ 出错提示

❾ ：自动套用格式。选中该选项，Flash CS6将自动编排编写好的语言。

❿ ：显示代码提示。

⓫ ：调试选项，根据命令的不同可以显示不同的除错信息。

⓬ ：大括号间收缩，在代码的大括号间收缩。

⓭ ：选择收缩，在选择的代码间收缩。

⓮ ：展开所有收缩的代码。

⓯ ：应用块注释。

⓰ ：应用行注释。

⑰ 🗨：删除注释。

⑱ ▣：显示隐藏工具箱。

2. 使用脚本窗口

创建新的 ActionScript、ActionScript 通信文件或 Flash JavaScript 文件时，可以在“脚本”窗口中编写和编辑 ActionScript，应使用“脚本”窗口编写和编辑外部脚本文件。“脚本”窗口中支持语法着色、代码提示和其他编辑器选项。

在使用“脚本”窗口时，会发现有些代码帮助功能（如脚本导航器、“脚本助手”模式和“行为”）不可用。这是因为这些功能仅在创建 Flash 文件时才有用，在创建外部脚本文件时用不到。

执行“文件 > 新建”命令，选择要创建的外部文件类型（ActionScript 文件、ActionScript 通信文件或 Flash JavaScript 文件），可以打开脚本窗口。

可以同时打开多个外部文件；文件名显示在沿“脚本”窗口顶部排列的选项卡上。单击“脚本”窗口上方的“显示 / 隐藏工具箱”按钮，可以在左侧显示脚本工具箱。

△脚本窗口

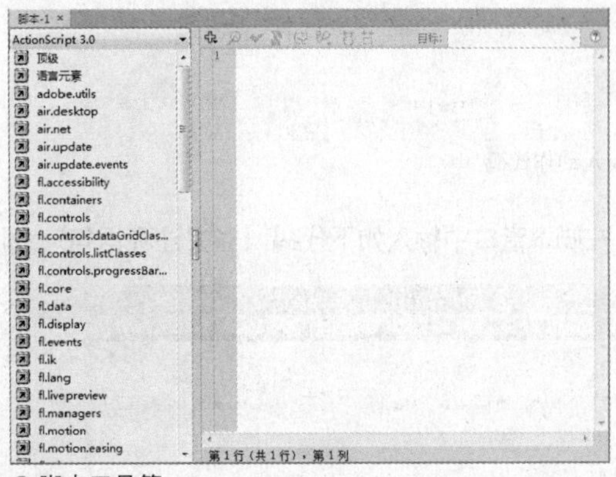

△脚本工具箱

闪客高手：创建第一个ActionScript

范例文件	Sample\Ch09\Unit24\1-end.fla
初始文件	Sample\Ch09\Unit24\1.fla
视频文件	Video\Ch09\Unit24\Unit24.wmv

1 打开“Sample\Ch09\Unit24\1.fla”文件，选择Layer 1层的第23帧，使用工具箱中的文本工具在舞台上绘制一个动态文本框。在“属性”面板中设置字体为“微软雅黑”、大小为12点、颜色为红色、变量名为mainText。

△绘制动态文本框

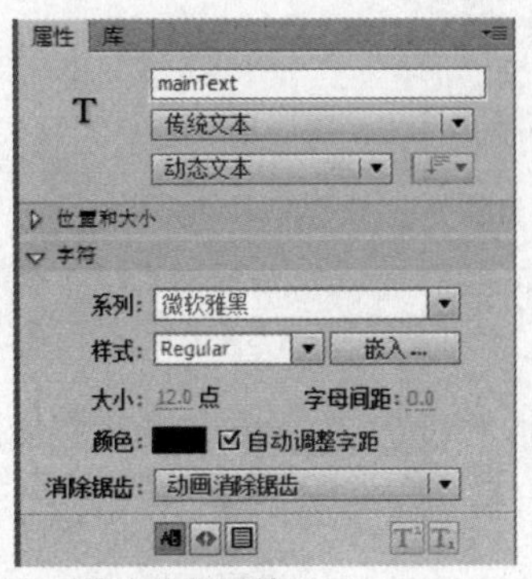

△动态文本框属性

2 选择Layer 1层的第23帧，按下F9键打开动作面板，输入如下代码。

```
var myGreeter:Greeter  = new Greeter();
//声明变量，新建Greeter对象
mainText.text = myGreeter.sayHello();
//mainText变量的文字内容为使用myGreeter对象的sayHello方法
```

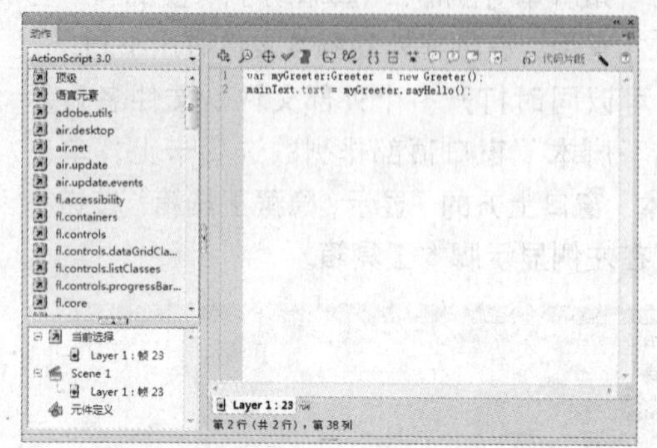

△ 输入动作代码

3 执行“文件>新建”命令，从“新建文档”对话框中选择“ActionScript文件”选项。

4 单击“确定”按钮后，打开“脚本”窗口，执行“文件>保存”命令，将ActionScript文件命名为Greeter.as，保存在和1.fla文件同级的文件夹下，然后单击“确定”按钮即可。

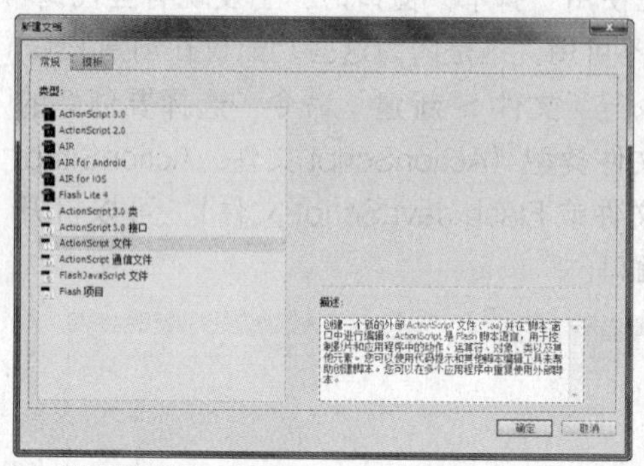

△ “新建文档”对话框

5 在脚本窗口中输入如下代码（省去注释语句）。

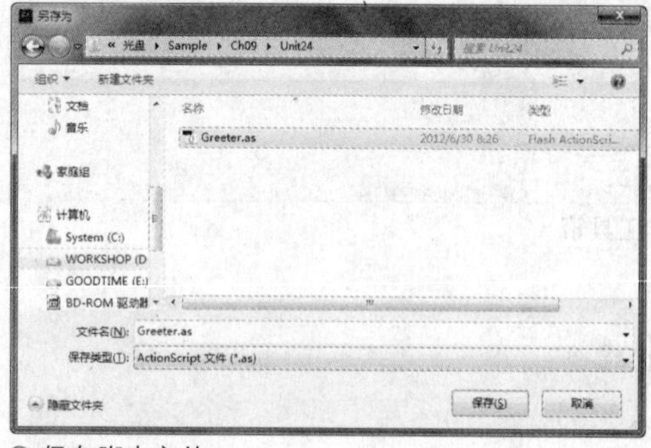

△ 保存脚本文件

```
package
//键入 package 语句以指示包含类的包的名称。语法是单词 package，后跟完整的包名称，再跟左大括号和右大括号
{
     public class Greeter
//输入 class 语句定义类的名称。输入单词 public class，然后输入类名，后跟一个左大括号和一个右大括号，两个括号之间将是类的内容。
     {
          public function sayHello():String
//使用与函数定义所用的相同语法来定义类中的每个方法
          {
               var greeting:String;
//声明字符串
               greeting = "          清晨的首都机场出关的人流涌动，朝霞把航站楼映衬得格外美丽，当然，宾宾永远也不会忘了更重要的一件事——临行前的机场化妆品免税店肯定 是不可错过的。……";
//设置初始值
               return greeting;
//返回变量
          }
     }
}
```

6 保存脚本文件，然后回到动画文件，按下快捷键Ctrl+Enter测试动画，就可以看到第一个ActionScript 3.0应用程序的效果了。

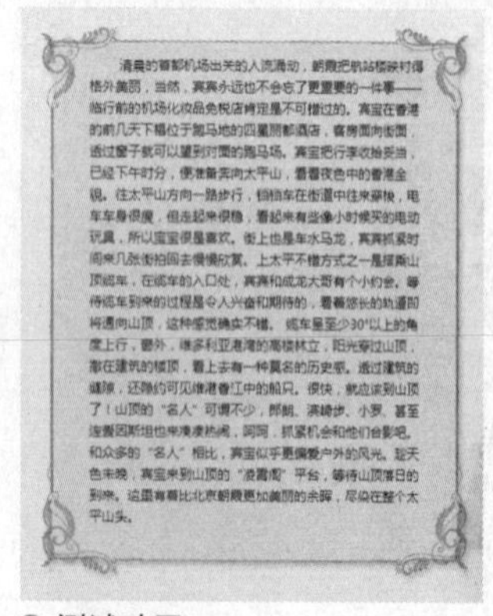

△ 测试动画

你知道吗 使用其他软件编写ActionScript代码

1. 使用Flex Builder

Adobe Flex Builder 是创建带有 Flex 框架的项目的首选工具。除了可视布局和 MXML 编辑工具之外，Flex Builder 还包括一个功能完备的 ActionScript 编辑器，因此可用于创建 Flex 或仅包含 ActionScript 的项目。Flex 应用程序具有以下优点：包含一组内容丰富的预置用户界面控件和灵活的动态布局控件，内置了用于处理外部数据源的机制，以及将外部数据链接到用户界面元素。但由于需要额外的代码来提供这些功能，因此 Flex 应用程序的 SWF 文件可能比较大，并且无法像 Flash 那样轻松地完全重设外观。

如果希望使用 Flex 创建功能完善、数据驱动且内容丰富的 Internet 应用程序，并在一个工具内编辑 ActionScript 代码，编辑 MXML 代码，直观地设置应用程序布局，则应使用 Flex Builder。

2. 使用Flash Builder 4

Flash Builder 是一款集成开发环境（IDE）下，可用于构建跨平台的富 Internet 应用程序（RIA）。使用 Flash Builder，可以构建使用下列内容的应用程序：Adobe Flex 框架、MXML、Adobe Flash Player、Adobe AIR®、ActionScript 3.0、Adobe LiveCycle Data Services ES 和 Adobe Flex Charting 组件。Flash Builder 还包括测试、调试和概要分析工具，使用这些工具可以提高生产力和效益水平。

简单来说，Flash® Builder 是在 Eclipse（一个开放源代码的集成开发环境）基础上构建的，可用于借助功能强大的编码、可视布局和设计、构建和调试工具来开发 Flex 和 ActionScript 3.0 应用程序。

Flash Builder 4.x 有许多新的特性，可以结合新的功能使用新的 Flex 4 框架创建更炫的应用。基于用户的反馈，对以数据中心的开发也进行了优化；对类如配置从服务器返回的数据类型这样的任务，也进行了界面上的优化等。这个版本中包含了 3 个主要的主题：开发人员生产率（Developer Productivity），设计人员 - 开发人员工作流（Designer-Developer Workflow）和以数据为中心的应用开发（Data-Centric Application Development）等。

3. 使用三方ActionScript 编辑器

由于 ActionScript (.as) 文件存储为简单的文本文件，因此任何能够编辑纯文本文件的程序都可以用来编写 ActionScript 文件。除了 Adobe 的 ActionScript 产品之外，还有拥有特定于 ActionScript 的功能的第三方文本编辑程序。可以使用任何文本编辑程序来编写 MXML 文件或 ActionScript 类。

在以下情况下，用户可以选择使用第三方 ActionScript 编辑器。

- 希望在单独的程序中编写 ActionScript 代码，而在 Flash 中设计可视元素。
- 将某个应用程序用于非 ActionScript 编程（例如，创建 HTML 页或以其它编程语言构建应用程序），并希望将该应用程序也用于 ActionScript 编码。
- 希望使用 Flex SDK 而不用 Flash 和 Flex Builder 创建仅包含 ActionScript 的项目或 Flex 项目。

Special page 学习ActionScript 3.0的好处

ActionScript 3.0 是一种强大的面向对象编程的语言，它标志着 Flash Player Runtime 演化过程中的一个重要阶段。设计 ActionScript 3.0 的意图是创建一种适合快速构建效果丰富的互联网应用程序的语言，这种应用程序已经成为 Web 体验的重要部分。

对于 Flash 开发者来说，学习 ActionScript 3.0 已经成为当下的主流，不仅因为 ActionScript 3.0 更强大，而且需求与速度也更出色。下面列出了一些笔者认为的，学习 ActionScript 3.0 比较重要的好处（排名顺序不分先后）。

1. 市场需求很大

目前许多主流的 Flash 都使用 Action Script 3.0，现在学习 ActionScript 2.0 已经没有太大市场了。所以，打算从事 Flash 相关工作的用户，学习 ActionScript 3.0 很重要。

2. 运行速度更快

以前可能由于 Flash Player 的性能局限，一些新鲜、炫目的创意无法完全展现出来。ActionScript 3.0 与以前版本的语言相比，性能提升了 10 倍。某些情况下，提升的程度还会更大，使用户在舞台上可同时控制更多的物体。如果想获得最佳性能和外观，Action Script 3.0 是最棒的方案。

3. API非常丰富

ActionScript 3.0 包括成百上千个新 API 接口函数，来处理 XML、正则表达式以及二进制 sockets 等。全部语言经过包和命名空间的重组，查找特性变得更加轻松。使用 Action Script 3.0 的时候，Flash 工具包不仅更满，而且更有条理了。

4. 显示列表十分健壮

ActionScript 3.0 的一个最明显改变就是 Flash 处理可视对象的方法。在以前版本的语言中，管理 Flash 影片物体的显示次序（叠加深度）简直就跟使用魔法一样麻烦。大量的技巧和变通方法，让初学者犯晕。比如，为了让一个物体显示在其他物体之上，常见的做法是把它放在一个特别高的深度。在比较大的项目中，这将导致许多问题，而且需要大量的编码来操控物体深度。ActionScript 3.0 新的显示列表提供了一个简单明了的机制，解决了影片可视对象的渲染问题。

5. 面向对象结构更好

开发人员特别喜欢 ActionScript 3.0 改进的面向对象结构。它包括了很多东西，比如运行时类型检测、封装类、包、命名空间，以及一个全新改版的事件模型。使用 ActionScript 3.0 编码和使用其他高级语言，比如 Java 和 C#，是一个档次的。ActionScript 3.0 让代码更加模块化，可读性更好，扩展性更强。

6. 可以和JavaScript互相调用

JavaScript 和 ActionScript 互相调用时，其实有个非常好的特性：它们之间的数据类型对方均可以识别。因此，可以通过 SWF 提供的接口来传递对象、数组和字符串等。不过它们之间传递的参数值的长度有限制，因此不能把 JavaScript 中一个超大的对象直接传递进去。不过即使是这样也已经非常好用了。

7. 学习ActionScript3.0更有乐趣

以前版本的语言有太多的 bugs，技巧和变通方法，这些东西在 ActionScript3.0 里简直是小菜一碟。的确，ActionScript3.0 还需要去适应，但是确实很有乐趣。

Chapter 10

ActionScript 3.0基础知识

本章知识点

Unit 25	ActionScript 3.0 基本语法	变量	数据类型
		语法	运算符
		条件语句	循环
Unit 26	函数	函数基础	函数参数
		函数对象	函数作用域
Unit 27	包和命名空间	包	命名空间
Unit 28	面向对象的编程	对象	类
		接口	继承
Unit 29	组件	组件基础	
		用户界面组件	
		视频组件	

章前自测题

1.ActionScript 3.0的基本数据类型有哪些?

2.“函数”是执行特定任务并可以在程序中重用的代码块。ActionScript 3.0中有哪两类函数?

3.包和命名空间是两个相关的概念。使用包和命名空间各有哪些特点?

4.在ActionScript面向对象的编程中，任何类都可以包含哪3种类型的特性?这些元素共同用于管理程序使用的数据块，并用于确定执行哪些动作以及动作的执行顺序?

ActionScript 3.0基本语法

ActionScript 3.0 既包含 ActionScript 核心语言，又包含 Flash 平台应用程序编程接口（API）。核心语言是定义语言语法以及顶级数据类型的 ActionScript 部分。ActionScript 3.0 提供对 Flash 平台运行时（Flash Player 和 Adobe AIR）的编程访问。

变量

变量可用来存储程序中使用的值。要声明变量，必须将 var 语句和变量名结合使用。在 ActionScript 2.0 中，只有使用类型注释时，才需要使用 var 语句。在 ActionScript 3.0 中则总是需要使用 var 语句。例如，下面的 ActionScript 代码行。

```
var i;
```

如果在声明变量时省略了 var 语句，在严格模式下将出现编译器错误，在标准模式下将出现运行时错误。例如，如果以前未定义变量 i，则下面的代码行将产生错误。

```
i; // 如果以前未定义 I，将出错
```

要将变量与一个数据类型相关联，则必须在声明变量时进行此操作。在声明变量时不指定变量的类型是合法的，但这在严格模式下将产生编译器警告。可通过在变量名后面追加一个后跟变量类型的冒号 (:) 来指定变量类型。例如，下面的代码声明一个 int 类型的变量 i。

```
var i:int;
```

可以使用赋值运算符 (=) 为变量赋值。例如，下面的代码声明一个变量 i，并将值 20 赋予它。

```
var i:int;
i = 20;
```

用户可能会发现在声明变量的同时，为变量赋值可能更加方便，如下面的示例所示。

```
var i:int = 20;
```

通常，在声明变量的同时为变量赋值的方法，不仅在赋予基元值（如整数和字符串）时很常用，在创建数组或实例化类的实例时也很常用。下面的示例显示了一个使用一行代码声明和赋值的数组。

```
var numArray:Array = ["zero", "one", "two"];
```

可以使用 new 运算符来创建类的实例。下面的示例创建一个名为 CustomClass 的实例，并向名为 customItem 的变量赋予对该实例的引用。

```
var customItem:CustomClass = new CustomClass();
```

如果要声明多个变量，则可以使用逗号运算符 (,) 来分隔变量，从而在一行代码中声明所有变量。例如，下面的代码在一行代码中声明 3 个变量。

```
var a:int, b:int, c:int;
```

也可以在同一行代码中为其中的每个变量赋值。例如，下面的代码声明 3 个变量（a、b 和 c）并为每个变量赋值。

```
var a:int = 10, b:int = 20, c:int = 30;
```

TIP 尽管用户可以使用逗号运算符来将各个变量的声明组合到一条语句中，但是这样可能会降低代码的可读性。

1. 变量的作用域

变量的作用域是指可在其中通过引用词汇来访问变量的代码区域。“全局”变量是指在代码的所有区域中定义的变量，而“局部”变量是指仅在代码的某个部分定义的变量。在 ActionScript 3.0 中，始终为变量分配声明它们的函数或类的作用域。全局变量是在任何函数或类定义的外部定义的变量。例如，下面的代码通过在任何函数的外部声明一个名为 strGlobal 的全局变量来创建该变量。从该示例可以看出，全局变量在函数定义的内部和外部均可使用。

```
var strGlobal:String = "Global";
function scopeTest()
{
trace(strGlobal);    // 全局
}
scopeTest();
trace(strGlobal);    // 全局
```

可以通过在函数定义内部声明变量，来将它声明为局部变量。可定义局部变量的最小代码区域就是函数定义，在函数内部声明的局部变量仅存在于该函数中。例如，如果在名为 localScope() 的函数中声明一个名为 strLocal 的变量，该变量在该函数外部将不可用。

```
function localScope()
{
    var strLocal:String = "local";
}
localScope();
trace(strLocal);     // 出错，因为未在全局定义 strLocal
```

如果用于局部变量的变量名已经被声明为全局变量，那么，当局部变量在作用域内时，局部定义会隐藏（或遮蔽）全局定义。全局变量在该函数外部仍然可用。例如，下面的代码创建一个名为 str1 的全局字符串变量，然后在 scopeTest() 函数内部创建一个同名的局部变量。该函数中的 trace 语句输出该变量的局部值，而函数外部的 trace 语句则输出该变量的全局值。

```
var str1:String = "Global";
function scopeTest ()
{
    var str1:String = "Local";
   trace(str1);       // 本地
}
scopeTest();
trace(str1);       // 全局
```

与 C++ 和 Java 中的变量不同的是，ActionScript 变量没有块级作用域。代码块是指左大括号 ({) 与右大括号 (}) 之间的任意一组语句。在某些编程语言（如 C++ 和 Java）中，在代码块内部声明的变量在代码块外部不可用。对于作用域的这一限制称为块级作用域，ActionScript 中不存在这样的限制，如果在某个代码块中声明一个变量，该变量不仅在该代码块中可用，而且在该代码块所属函数的其他任何部分都可用。例如，下面的函数包含在不同的块作用域中定义的变量。所有的变量均在整个函数中可用。

```
function blockTest (testArray:Array)
{
    var numElements:int = testArray.length;
    if (numElements > 0)
    {
        var elemStr:String = "Element #";
        for (var i:int = 0; i < numElements; i++)
        {
            var valueStr:String = i + ": " + testArray[i];
            trace(elemStr + valueStr);
        }
        trace(elemStr, valueStr, i);        // 仍定义了所有变量
    }
    trace(elemStr, valueStr, i);            // 如果 numElements > 0，则会定义所有变量
}
blockTest(["Earth", "Moon", "Sun"]);
```

如果缺乏块级作用域，但只要在函数结束之前对变量进行声明，就可以在声明变量之前读写它。这是由于存在一种名为 "提升" 的方法，该方法表示编译器会将所有的变量声明移到函数的顶部。例如，下面的代码会进行编译，即使 num 变量的初始 trace() 函数发生在声明 num 变量之前也是如此。

```
trace(num); // NaN
var num:Number = 10;
trace(num); // 10
```

但是，编译器将不会提升任何赋值语句。这就说明了 num 的初始 trace() 函数会生成 NaN，而非某个数字的原因，NaN 是 Number 数据类型变量的默认值。这意味着用户甚至可以在声明变量之前为变量赋值，如下面的示例所示。

```
num = 5;
trace(num); // 5
var num:Number = 10;
trace(num); // 10
```

2. 默认值

默认值是在设置变量值之前变量中包含的值。首次设置变量的值实际上就是初始化变量。如果用户声明了一个变量，但是没有设置它的值，则该变量便处于未初始化状态。未初始化的变量的值取决于它的数据类型。

对于 Number 类型的变量，默认值是 NaN，NaN 是一个由 IEEE-754 标准定义的特殊值，它表示非数字的某个值。

如果用户声明某个变量，但是未声明它的数据类型，则将应用默认数据类型 *，这实际上表示该变量是无类型变量。如果用户没有用值初始化无类型变量，则该变量的默认值是 undefined。

对于 Boolean、Number、int 和 uint 以外的数据类型，所有未初始化变量的默认值都是 null。这适用于由 Flash Player API 定义的所有类，以及用户创建的所有自定义类。

对于 Boolean、Number、int 或 uint 类型的变量，null 不是有效值。如果尝试将值 null 赋予这样的变量，则该值会转换为该数据类型的默认值。对于 Object 类型的变量，可以赋予 null 值。如果尝试将值 undefined 赋予 Object 类型的变量，则该值会转换为 null。

对于 Number 类型的变量，有一个名为 isNaN() 的特殊顶级函数。如果变量不是数字，该函数将返回布尔值 true，否则将返回 false。

数据类型

数据类型用来定义一组值。例如，Boolean 数据类型所定义的一组值中仅包含两个值：true 和 false。除了 Boolean 数据类型外，ActionScript 3.0 还定义了其他常用的数据类型，如 String、Number 和 Array。可以使用类或接口来自定义一组值，从而定义自己的数据类型。Action Script 3.0 中的所有值均是对象，而与它们是基元值或复杂值无关。

"基元值"是一个属于下列数据类型之一的值：Boolean、int、Number、String 和 uint。基元值的处理速度通常比复杂值的处理速度快，因为 ActionScript 按照一种尽可能优化内存和提高速度的特殊方式来存储基元值。

"复杂值"是指基元值以外的值。定义复杂值的集合的数据类型包括：Array、Date、Error、Function、RegExp、XML 和 XMLList。

许多编程语言都区分基元值及其包装对象。例如，Java 中有一个 int 基元值和一个包装它的 java.lang.Integer 类。Java 基元值不是对象，但它们的包装是对象，这使得基元值对于某些运算非常有用，而包装对象则更适合于其他运算。在 ActionScript 3.0 中，出于实用的目的，不对基元值及其包装对象加以区分，所有的值（甚至基元值）都是对象。Flash Player 将这些基元类型视为特例——它们的行为与对象相似，但是不需要创建对象所涉及的正常开销。这意味着下面的两行代码是等效的。

```
var someInt:int = 3;
var someInt:int = new int(3);
```

上面列出的所有基元数据类型和复杂数据类型都是由 ActionScript 3.0 核心类定义的。通过 ActionScript 3.0 核心类，可以使用字面值（而非 new 运算符）创建对象。例如，可以使用字面值或 Array 类的构造函数来创建数组，如下所示。

```
var someArray:Array = [1, 2, 3];           // 字面值
var someArray:Array = new Array(1,2,3);    // Array 构造函数
```

基元数据类型包括 Boolean、int、Null、Number、String、uint 和 void。ActionScript 核心类还定义下列复杂数据类型：Object、Array、Date、Error、Function、RegExp、XML 和 XMLList。

1. Boolean 数据类型

Boolean 数据类型包含两个值：true 和 false。对于 Boolean 类型的变量，其他任何值都是无效的。已经声明但尚未初始化的布尔变量的默认值是 false。

2. int 数据类型

int 数据类型在内部存储为 32 位整数，它包含一组介于 -2,147,483,648~2,147,483,647 之间的整数（包括 -2,147,483,648 和 2,147,483,647）。早期的 ActionScript 版本仅提供 Number 数据类型，该数据类型既可用于整数又可用于浮点数。在 ActionScript 3.0 中，现在可以访问 32 位带符号

整数和无符号整数的低位机器类型。如果变量不使用浮点数，使用 int 数据类型来代替 Number 数据类型应会更快更高效。

对于小于 int 的最小值或大于 int 的最大值的整数值，应使用 Number 数据类型。Number 数据类型可以处理 -9,007,199,254,740,992~ 9,007,199,254,740,992（53 位整数值）之间的值。int 数据类型的变量的默认值是 0。

3. Null 数据类型

Null 数据类型仅包含一个值：null。这是 String 数据类型和用来定义复杂数据类型的所有类（包括 Object 类）的默认值。其他基元数据类型（如 Boolean、Number、int 和 uint）均不包含 null 值。如果尝试向 Boolean、Number、int 或 uint 类型的变量赋予 null，则 Flash Player 会将 null 值转换为相应的默认值。不能将 Null 数据类型用作类型注释。

4. Number 数据类型

在 ActionScript 3.0 中，Number 数据类型可以表示整数、无符号整数和浮点数。但是，为了尽可能提高性能，应将 Number 数据类型仅用于浮点数，或者用于 int 和 uint 类型可以存储的、大于 32 位的整数值。要存储浮点数，数字中应包括一个小数点；如果省略了小数点，将存储为整数。

Number 数据类型使用由 IEEE 二进制浮点算术标准（IEEE-754）指定的 64 位双精度格式。此标准规定如何使用 64 个可用位来存储浮点数。其中的 1 位用来指定数字是正数还是负数；11 位用于指数，它以二进制的形式存储；其余的 52 位用于存储“有效位数”，有效位数是 2 的 N 次幂，N 即前面所提到的指数。

5. String 数据类型

String 数据类型表示一个 16 位字符的序列。字符串在内部存储为 Unicode 字符，并使用 UTF-16 格式。字符串是不可改变的值，就像在 Java 编程语言中一样。对字符串值执行运算会返回字符串的一个新实例。用 String 数据类型声明的变量的默认值是 null。虽然 null 值与空字符串（""）均表示没有任何字符，但二者并不相同。

6. uint 数据类型

uint 数据类型在内部存储为 32 位无符号整数，它包含一组介于 0~4,294,967,295 之间的整数（包括 0 和 4,294,967,295）。uint 数据类型可用于要求非负整数的特殊情形。例如，必须使用 uint 数据类型来表示像素颜色值，因为 int 数据类型有一个内部符号位，该符号位并不适合处理颜色值。对于大于 uint 的最大值的整数值，应使用 Number 数据类型，该数据类型可以处理 53 位整数值。uint 数据类型的变量的默认值是 0。

7. void 数据类型

void 数据类型仅包含一个值：undefined。在早期的 ActionScript 版本中，undefined 是 Object 类实例的默认值。在 ActionScript 3.0 中，Object 实例的默认值是 null。如果尝试将值 undefined 赋予 Object 类的实例，Flash Player 会将该值转换为 null。只能为无类型变量赋予 undefined 这一值。无类型变量是指缺乏类型注释或者使用星号 (*) 作为类型注释的变量。只能将 void 用作返回类型注释。

8. Object 数据类型

Object 数据类型由 Object 类定义。Object 类用作 ActionScript 中所有类定义的基类。Action-

Script 3.0 中的 Object 数据类型与早期版本中的 Object 数据类型，存在以下 3 方面的区别：第一，Object 数据类型不再是指定给没有类型注释的变量的默认数据类型。第二，Object 数据类型不再包括 undefined 这一值，该值以前是 Object 实例的默认值。第三，在 ActionScript 3.0 中，Object 类实例的默认值是 null。

在早期的 ActionScript 版本中，会自动为没有类型注释的变量赋予 Object 数据类型。ActionScript 3.0 现在包括真正无类型变量这一概念，即没有类型注释的变量，因此不再为没有类型注释的变量赋予 Object 数据类型。如果希望向代码的读者清楚地表明，是故意将变量保留为无类型的，可以使用新的星号（*）表示类型注释。这与省略类型注释等效。下面的示例显示两条等效的语句，两者都声明一个无类型变量 x。

```
var x
var x:*
```

只有无类型变量才能保存值 undefined。如果尝试将值 undefined 赋给具有数据类型的变量，Flash Player 会将该值转换为该数据类型的默认值。对于 Object 数据类型的实例，默认值是 null，这意味着，如果尝试将 undefined 赋给 Object 实例，Flash Player 会将值 undefined 转换为 null。

语法

ActionScript 3.0 语言的语法定义了一组编写可执行代码时必须遵循的规则。

1. 区分大小写

ActionScript 3.0 是一种区分大小写的语言。大小写不同的标识符会被视为不同。例如，下面的代码创建两个不同的变量。

```
var num1:int;
var Num1:int;
```

2. 点语法

可以通过点运算符 (.) 来访问对象的属性和方法。使用点语法，可以使用后跟点运算符和属性名或方法名的实例名来引用类的属性或方法。以下面的类定义为例。

```
class DotExample
{
    public var prop1:String;
public function method1():void {}
}
```

借助于点语法，可以使用在如下代码中创建的实例名来访问 prop1 属性和 method1() 方法。

```
var myDotEx:DotExample = new DotExample();
myDotEx.prop1 = "hello";
myDotEx.method1();
```

定义包时，可以使用点语法，点运算符可以用来引用嵌套包。例如，EventDispatcher 类位于一个名为 events 的包中，该包又嵌套在名为 flash 的包中。可以使用下面的表达式来引用 events 包。

```
flash.events
```

还可以使用此表达式来引用 EventDispatcher 类。

```
flash.events.EventDispatcher
```

3. 斜杠语法

ActionScript 3.0 不支持斜杠语法。在早期的 ActionScript 版本中，斜杠语法用于指示影片剪辑或变量的路径。

4. 字面值

"字面值" 指的是直接出现在代码中的值。下面的示例都是字面值：17、hello、 -3、9.4、null、undefined、true 和 false。

字面值还可以组合起来构成复合字面值。数组文本括在中括号字符 ([]) 中，各数组元素之间用逗号隔开。

数组文本可用于初始化数组。下面的几个示例显示了两个使用数组文本初始化了的数组。可以使用 new 语句将复合字面值作为参数传递给 Array 类构造函数，但是，还可以在实例化下面的 ActionScript 核心类的实例时，直接赋予字面值：Object、Array、String、Number、int、uint、XML、XMLList 和 Boolean。

```
// 使用 new 语句。
var myStrings:Array = new Array(["alpha", "beta",
"gamma"]);
var myNums:Array = new Array([1,2,3,5,8]);
// 直接赋予字面值。
var myStrings:Array = ["alpha", "beta", "gamma"];
var myNums:Array = [1,2,3,5,8];
```

字面值还可用来初始化通用对象。通用对象是 Object 类的一个实例。对象字面值括在大括号 ({}) 中，各对象属性之间用逗号隔开。每个属性都用冒号字符 (:) 进行声明，冒号用于分隔属性名和属性值。

可以使用 new 语句创建一个通用对象并将该对象的字面值作为参数传递给 Object 类构造函数，也可以在声明实例时直接将对象字面值赋给实例。下面的示例创建一个新的通用对象，并使用 3 个值分别设置为 1、2 和 3 的属性（propA、propB 和 propC）初始化该对象。

```
// 使用 new 语句。
var myObject:Object = new Object({propA:1, propB:2, propC:3});
// 直接赋予字面值。
var myObject:Object = {propA:1, propB:2, propC:3};
```

5. 分号

可以使用分号字符 (;) 来终止语句。如果省略分号字符，则编译器将假设每一行代码代表一条语句。很多程序员都习惯使用分号来表示语句结束，因此，如果坚持使用分号来终止语句，则代码会更易于阅读。

6. 小括号

在 ActionScript 3.0 中，可通过 3 种方式来使用小括号。首先，可用小括号来更改表达式中的运算顺序。组合到小括号中的运算总是最先执行。例如，小括号可用来改变如下代码中的运算顺序。

```
trace(2 + 3 * 4);           // 14
trace( (2 + 3) * 4);        // 20
```

可以结合使用小括号和逗号运算符 (,) 来计算一系列表达式，并返回最后一个表达式的结果，如下面的示例所示。

```
var a:int = 2;
var b:int = 3;
trace((a++, b++, a+b));       // 7
```

可以使用小括号来向函数或方法传递一个或多个参数，如下面的示例所示。此示例向 trace() 函数传递一个字符串值。

```
trace("hello");             // hello
```

7. 注释

ActionScript 3.0 代码支持两种类型的注释：单行注释和多行注释。这些注释机制与 C++ 和 Java 中的注释机制类似。编译器将忽略标记为注释的文本。

单行注释以两个正斜杠字符 (//) 开头并持续到该行的末尾。例如下面的代码包含一个单行注释。

```
var someNumber:Number = 3; // 单行注释
```

多行注释以一个正斜杠和一个星号 (/*) 开头，以一个星号和一个正斜杠 (*/) 结尾。

```
/* 这是一个可以跨
多行代码的多行注释。 */
```

8. 关键字和保留字

"保留字"是一些单词，因为这些单词是保留给 ActionScript 使用的，所以不能在代码中将它们用作标识符。保留字包括"词汇关键字"，编译器将词汇关键字从程序的命名空间中删除。如果将词汇关键字用作标识符，则编译器会报告错误。下表列出了 ActionScript 3.0 的词汇关键字。

as	break	case	catch
class	const	continue	default
delete	do	else	extends
false	finally	for	function
super	switch	this	throw
to	true	try	Typeof
if	implements	import	in
instanceof	interface	internal	is
native	new	null	package
private	protected	public	return
use	var	void	while
with			

有一小组名为"句法关键字"的关键字，这些关键字可用作标识符，但是在某些上下文中具有特殊的含义。下表列出了 ActionScript 3.0 句法关键字。

each	get	set	namespace
include	dynamic	final	native
override	static		

还有一些有时称为“供将来使用的保留字”的标识符。这些标识符不是为 ActionScript 3.0 保留的，但是其中的一些可能会被采用 ActionScript 3.0 的软件视为关键字。可以在自己的代码中使用其中的许多标识符，但是 Adobe 并不建议使用它们，因为它们可能会在以后的 ActionScript 版本中作为关键字出现。

abstract	boolean	byte	cast
char	debugger	double	enum
export	float	goto	intrinsic
long	prototype	short	synchronized
throws	to	transient	type
virtual	volatile		

9. 常量

ActionScript 3.0 支持 const 语句，该语句可用来创建常量。常量是指具有无法改变的固定值的属性。只能为常量赋值一次，而且必须在最接近常量声明的位置赋值。例如，如果将常量声明为类的成员，则只能在声明过程中或者在类构造函数中为常量赋值。

下面的代码声明了两个常量。第一个常量 MINIMUM 是在声明语句中赋值的，第二个常量 MAXIMUM 是在构造函数中赋值的。

```
class A
{
    public const MINIMUM:int = 0;
    public const MAXIMUM:int;
    public function A()
    {
        MAXIMUM = 10;
    }
}
var a:A = new A();
trace(a.MINIMUM);   // 0
trace(a.MAXIMUM);   // 10
```

如果用户尝试以其他任何方法向常量赋予初始值，则会出现错误。例如，如果用户尝试在类的外部设置 MAXIMUM 的初始值，将会出现运行时错误。

```
class A
{
  public const MINIMUM:int = 0;
  public const MAXIMUM:int;
}
var a:A = new A();
a["MAXIMUM"] = 10;  // 运行时错误
```

Flash Player API 定义了一组广泛的常量供用户使用。按照惯例，ActionScript 中的常量全部使用大写字母，各个单词之间用下划线字符（_）分隔。例如，MouseEvent 类定义将此命名惯例用于其常量，其中每个常量都表示一个与鼠标输入有关的事件。

```
package flash.events
{
  public class MouseEvent extends Event
  {
    public static const CLICK:String = "click";
```

```
    public static const DOUBLE _ CLICK:String = "doubleClick";
    public static const MOUSE _ DOWN:String = "mouseDown";
    public static const MOUSE _ MOVE:String = "mouseMove";
    ...
  }
}
```

运算符

运算符是一种特殊的函数，它们具有一个或多个操作数并返回相应的值。操作数是被运算符用作输入的值，通常是字面值、变量或表达式。例如，在下面的代码中，将加法运算符 (+) 和乘法运算符 (*)，与 3 个字面值操作数（2、3 和 4）结合使用来返回一个值。赋值运算符 (=) 随后使用该值将所返回的值 14 赋给变量 sumNumber。

```
var sumNumber:uint = 2 + 3 * 4;   // uint = 14
```

运算符可以是一元、二元或三元的。一元运算符有 1 个操作数。例如，递增运算符 (++) 就是一元运算符，因为它只有一个操作数。二元运算符有 2 个操作数。例如，除法运算符 (/) 有 2 个操作数。三元运算符有 3 个操作数。例如，条件运算符 (?:) 具有 3 个操作数。

有些运算符是"重载的"，意思是说它们的行为因传递给它们的操作数的类型或数量而异。例如，加法运算符 (+) 就是一个重载运算符，其行为因操作数的数据类型而异。如果两个操作数都是数字，则加法运算符会返回这些值的和；如果两个操作数都是字符串，则加法运算符会返回这两个操作数连接后的结果。下面的示例代码说明，运算符的行为如何因操作数的类型而异。

```
trace(5 + 5);                          // 10
trace("5" + "5");                      // 55
```

运算符的行为还可能因所提供的操作数的数量而异。减法运算符 (-) 既是一元运算符又是二元运算符。对于减法运算符，如果只提供一个操作数，则该运算符会对该操作数求反并返回结果；如果提供两个操作数，则减法运算符返回这两个操作数的差。下面的示例说明首先将减法运算符用作一元运算符，然后再将其用作二元运算符。

```
trace(-3);                             // -3
trace(7-2);                            // 5
```

运算符的优先级和结合律决定了运算符的处理顺序。虽然对于熟悉算术的人来说，编译器先处理乘法运算符 (*) 然后再处理加法运算符 (+) 似乎是自然而然的事情，但实际上编译器要求显示指定先处理哪些运算符。此类指令统称为"运算符优先级"。ActionScript 定义了一个默认的运算符优先级，可以使用小括号运算符来改变它。

下表按优先级递减的顺序列出了 ActionScript 3.0 中的运算符。该表内同一行中的运算符具有相同的优先级。在该表中，每行运算符都比位于其下方的运算符的优先级高。

组	运算符
主要	[] {x:y} () f(x) new x.y x[y] <></> @ :: ..
后缀	x++ x--
一元	++x --x + - ~ ! delete typeof void
乘法	* / %

（续表）

组	运算符
加法	+ -
按位移位	<< >> >>>
关系	< > <= >= as in instanceof is
等于	== != === !==
按位"与"	&
按位"异或"	^
按位"或"	|
逻辑"与"	&&
逻辑"或"	||
条件	?:
赋值	= *= /= %= += -= <<= >>= >>>= &= ^= |=
逗号	,

1. 主要运算符

主要运算符包括那些用来创建 Array 和 Object 字面值、对表达式进行分组、调用函数、实例化类实例以及访问属性的运算符。

运算符	执行的运算
[]	初始化数组
{x:y}	初始化对象
()	对表达式进行分组
f(x)	调用函数
new	调用构造函数
x.y x[y]	访问属性
<></>	初始化 XMLList 对象 (E4X)
@	访问属性 (E4X)
::	限定名称 (E4X)
..	访问子级 XML 元素 (E4X)

2. 后缀运算符

后缀运算符只有一个操作数，递增或递减该操作数的值。虽然这些运算符是一元运算符，但是它们有别于其他一元运算符，被单独划归到了一个类别，因为它们具有更高的优先级和特殊的行为。在将后缀运算符用作较长表达式的一部分时，会在处理后缀运算符之前返回表达式的值。

运算符	执行的运算
++	递增（后缀）
--	递减（后缀）

3. 一元运算符

一元运算符只有一个操作数。这一组中的递增运算符 (++) 和递减运算符 (--) 是"前缀运算符"，这意味着它们在表达式中出现在操作数的前面。前缀运算符与它们对应的后缀运算符不同，因为递增或递减操作是在返回整个表达式的值之前完成的。

运算符	执行的运算
++	递增（前缀）
--	递减（前缀）
+	一元 +
-	一元 -（非）
!	逻辑"非"
~	按位"非"
delete	删除属性
typeof	返回类型信息
void	返回 undefined 值

4. 乘法运算符

乘法运算符具有两个操作数，它执行乘法、除法和求模计算。

运算符	执行的运算
*	乘法
/	除法
%	求模

5. 加法运算符

加法运算符有两个操作数，它执行加法或减法计算。

运算符	执行的运算
+	加法
-	减法

6. 按位移位运算符

按位移位运算符有两个操作数，它将第一个操作数的各位按第二个操作数指定的长度移位。

运算符	执行的运算
<<	按位向左移位
>>	按位向右移位
>>>	按位无符号向右移位

7. 关系运算符

关系运算符有两个操作数，它比较两个操作数的值，然后返回一个布尔值。

运算符	执行的运算
<	小于
>	大于
<=	小于或等于
>=	大于或等于
as	检查数据类型
in	检查对象属性
instanceof	检查原型链
is	检查数据类型

8. 等于运算符

等于运算符有两个操作数，它比较两个操作数的值，然后返回一个布尔值。

运算符	执行的运算
==	等于
!=	不等于
===	严格等于
!==	严格不等于

9. 按位逻辑运算符

按位逻辑运算符有两个操作数，它执行位级别的逻辑运算。

<table>
<tr><th>运算符</th><th>执行的运算</th></tr>
<tr><td>&</td><td>按位"与"</td></tr>
<tr><td>^</td><td>按位"异或"</td></tr>
<tr><td>|</td><td>按位"或"</td></tr>
</table>

10. 逻辑运算符

逻辑运算符有两个操作数，它返回布尔结果。

<table>
<tr><th>运算符</th><th>执行的运算</th></tr>
<tr><td>&&</td><td>逻辑"与"</td></tr>
<tr><td>||</td><td>逻辑"或"</td></tr>
</table>

11. 条件运算符

条件运算符是一个三元运算符，也就是说它有 3 个操作数。

运算符	执行的运算
?:	条件

12. 赋值运算符

赋值运算符有两个操作数，它根据一个操作数的值对另一个操作数进行赋值。

<table>
<tr><th>运算符</th><th>执行的运算</th></tr>
<tr><td>=</td><td>赋值</td></tr>
<tr><td>*=</td><td>乘法赋值</td></tr>
<tr><td>/=</td><td>除法赋值</td></tr>
<tr><td>%=</td><td>求模赋值</td></tr>
<tr><td>+=</td><td>加法赋值</td></tr>
<tr><td>-=</td><td>减法赋值</td></tr>
<tr><td><<=</td><td>按位向左移位赋值</td></tr>
<tr><td>>>=</td><td>按位向右移位赋值</td></tr>
<tr><td>>>>=</td><td>按位无符号向右移位赋值</td></tr>
<tr><td>&=</td><td>按位"与"赋值</td></tr>
<tr><td>^=</td><td>按位"异或"赋值</td></tr>
<tr><td>|=</td><td>按位"或"赋值</td></tr>
</table>

条件语句

条件语句提供一种方法，用于指定仅在某些情况下才执行的某些指令，或针对不同的条件提供不同的指令集。最常见的一类条件语句是 if 语句。if 语句检查该语句括号中的值或表达式。如果值为 true，则执行大括号中的代码行；否则将忽略它们。

ActionScript 3.0 提供了 3 个可用来控制程序流的基本条件语句。

1. if...else

if...else 条件语句用于测试一个条件，如果该条件存在则执行一个代码块，否则执行替代代码块。例如，下面的代码测试 x 的值是否超过 20，如果是则生成一个 trace() 函数。

```
if (x > 20)
{
    trace("x is > 20");
}
if (x > 20)
{
    trace("x is > 20");
}
```

TIP 如果不想执行替代代码块，可以仅使用 if 语句，不用 else 语句。例如下面的代码。

```
if (age < 20)
{
    // 显示目标年龄内容
}
```

2. if...else if

可以使用 if...else if 条件语句来测试多个条件。例如，下面的代码不仅测试 x 的值是否超过 20，而且还测试 x 的值是否为负数。

```
if (x > 20)
{
    trace("x is > 20");
}
else if (x < 0)
{
    trace("x is negative");
}
```

如果 if 或 else 语句后面只有一条语句，则无需用大括号括起后面的语句。例如，下面的代码不使用大括号。

```
if (x > 0)
    trace("x is positive");
else if (x < 0)
trace("x is negative");
else
trace("x is 0");
```

但是，Adobe 建议始终使用大括号，因为以后在缺少大括号的条件语句中添加语句时，可能会出现意外。

3. switch

如果多个执行路径依赖于同一个条件表达式，则 switch 语句非常有用。它的功能大致相当于一系列 if..else if 语句，但是它更便于阅读。switch 语句不是对条件进行测试以获得布尔值，而是对表达式进行求值，并使用计算结果来确定要执行的代码块。代码块以 case 语句开头，以 break 语句结尾。例如，下面的 switch 语句基于由 Date.getDay() 方法返回的日期值输出星期日期。

```
var someDate:Date = new Date();
var dayNum:uint = someDate.getDay();
switch(dayNum)
 {
    case 0:
        trace("Sunday");
        break;
    case 1:
```

```
        trace("Monday");
        break;
    case 2:
        trace("Tuesday");
     break;
    case 3:
        trace("Wednesday");
        break;
    case 4:
        trace("Thursday");
        break;
    case 5:
        trace("Friday");
        break;
    case 6:
        trace("Saturday");
        break;
    default:
        trace("Out of range");
        break;
}
```

循环

循环语句允许使用一系列值或变量来反复执行特定的代码块。Adobe 建议始终用大括号 ({}) 来括起代码块。尽管可以在代码块中只包含一条语句时省略大括号，但是就像在介绍条件语言时所提到的那样，不建议这样做。原因也相同，因为这会增加无意中将以后添加的语句从代码块中排除的可能性。如果以后添加一条语句，并希望将它包括在代码块中，但是忘了加必要的大括号，则该语句将不会在循环过程中被执行。

使用循环结构，可指定计算机反复执行一组指令，直到达到设定的次数或某些条件改变为止。通常借助循环并使用一个在计算机每执行完一次循环后就改变值的变量，来处理相关项。

1. for

for 循环用于循环访问某个变量以获得特定范围的值。必须在 for 语句中提供 3 个表达式：一个设置了初始值的变量；一个用于确定循环何时结束的条件语句；以及一个在每次循环中都更改变量值的表达式。例如，下面的代码循环 5 次，输出结果是从 0 到 4 的 5 个数字，每个数字各占 1 行。

```
var i:int;
for (i = 0; i < 5; i++)
{
trace(i);
}
```

2. for...in

for...in 循环用于循环访问对象属性或数组元素。例如，可以使用 for...in 循环来循环访问通用对象的属性（不按任何特定的顺序来保存对象的属性，因此属性可能以看似随机的顺序出现）。

```
var myObj:Object = {x:20, y:30};
for (var i:String in myObj)
{
    trace(i + ": " + myObj[i]);
}
// 输出:
// x: 20
// y: 30
```

还可以循环访问数组中的元素。

```
var myArray:Array = ["one", "two", "three"];
for (var i:String in myArray)
{
    trace(myArray[i]);
}
// 输出:
// one
```

```
// two
// three
```

如果对象是自定义类的实例，则除非是动态类，否则将无法循环访问该对象的属性。即便对于动态类的实例，也只能循环访问添加的属性。

3. for each...in

for each...in 循环用于循环访问集合中的项目，它可以是 XML 或 XMLList 对象中的标签、对象属性保存的值或数组元素。例如下面所摘录的代码所示，可以使用 for each...in 循环来循环访问通用对象的属性，但是与 for...in 循环不同的是，for each...in 循环中的叠代变量包含属性所保存的值，而不包含属性的名称。

```
var myObj:Object = {x:20, y:30};
for each (var num in myObj)
{
    trace(num);
}
// 输出:
// 20
// 30
```

还可以循环访问数组中的元素，如下面的代码。

> **TIP** 如果对象是密封类的实例，则将无法循环访问该对象的属性。即使对于动态类的实例，也无法循环访问任何固定属性（即，作为类定义的一部分定义的属性）。

可以循环访问 XML 或 XMLList 对象，如下面的示例所示。

```
var myXML:XML = <users>
                    <fname>Jane</fname>
                    <fname>Susan</fname>
                    <fname>John</fname>
                </users>;
for each (var item in myXML.fname)
{
   trace(item);
}
/* 输出
Jane
Susan
John
*/
```

```
var myArray:Array = ["one", "two",
"three"];
for each (var item in myArray)
{
   trace(item);
}
// 输出:
// one
// two
// three
```

4. while

while 循环与 if 语句相似，只要条件为 true，就会反复执行。例如，下面的代码与 for 循环示例生成的输出结果相同。

使用 while 循环的缺点是，编写的循环中容易出现无限循环。如果省略用来递增计数器变量的表达式，则 for 循环示例代码将无法编译，而 while 循环示例代码仍然能够编译。若没有用来递增 i 的表达式，循环将成为无限循环。

```
var i:int = 0;
while (i < 5)
{
  trace(i);
    i++;
}
```

5. do...while

该循环是一种 while 循环，它保证至少执行一次代码块，在执行代码块后才会检查条件。下面的代码为 do...while 循环，即使条件不满足，该示例也会生成输出结果。

```
var i:int = 5;
do
{
    trace(i);
    i++;
} while (i < 5);
// 输出：5
```

UNIT 26 函数

“函数”是执行特定任务并可以在程序中重用的代码块。ActionScript 3.0中有两类函数：“方法”和“函数闭包”。将函数称为方法还是函数闭包取决于定义函数的上下文。如果将函数定义为类定义的一部分，或者将它附加到对象的实例，则该函数称为方法。如果以其他任何方式定义函数，则该函数称为函数闭包。

函数在ActionScript中始终扮演着极为重要的角色，因此对ActionScript函数的一些更高级的功能进行解释。

函数基础

1. 调用函数

可通过使用后跟小括号运算符 (()) 的函数标识符来调用函数。要传递给函数的任何函数参数都括在小括号中。例如，贯穿于本章始末的 trace() 函数，它是 Flash Player API 中的顶级函数。

```
trace("Use trace to help debug your script");
```

如果要调用没有参数的函数，则必须使用一对空的小括号。例如，可以使用没有参数的 Math.random() 方法来生成一个随机数。

```
var randomNum:Number = Math.random();
```

在 ActionScript 3.0 中可通过两种方法来定义函数：函数语句和函数表达式。可以根据自己的编程风格（偏于静态还是偏于动态），来选择相应的方法。如果倾向于采用静态或严格模式的编程，则应使用函数语句来定义函数。如果有特定的需求，需要用函数表达式来定义函数，则应使用函数表达式。函数表达式更多地用在动态编程或标准模式编程中。

2. 函数语句

函数语句是在严格模式下定义函数的首选方法，以 function 关键字开头，后跟如下内容。

- 函数名
- 用小括号括起来的逗号分隔参数列表
- 用大括号括起来的函数体——即在调用函数时要执行的ActionScript代码

例如下面的代码创建一个定义一个参数的函数，然后将字符串 hello 用作参数值来调用该函数。

```
function traceParameter(aParam:String)
{
    trace(aParam);
}
traceParameter("hello"); // hello
```

3. 函数表达式

声明函数的第二种方法就是结合使用赋值语句和函数表达式，函数表达式有时也称为函数字面值或匿名函数。这是一种较为繁杂的方法，在早期的 ActionScript 版本中广为使用。

带有函数表达式的赋值语句以 var 关键字开头，后跟如下内容。

- 函数名
- 冒号运算符 (:)
- 指示数据类型的 Function 类
- 赋值运算符 (=)
- function 关键字
- 用小括号括起来的逗号分隔参数列表
- 用大括号括起来的函数体——即在调用函数时要执行的 ActionScript 代码

例如，下面的代码使用函数表达式来声明 traceParameter 函数。

```
var traceParameter:Function = function (aParam:String)
{
trace(aParam);
};
traceParameter("hello"); // hello
```

请注意，就像在函数语句中一样，在上面的代码中也没有指定函数名。函数表达式和函数语句的另一个重要的区别就是，函数表达式是表达式而不是语句。这意味着函数表达式不能独立存在，而函数语句则可以。函数表达式只能用作语句（通常是赋值语句）的一部分。下面的示例显示了一个赋予数组元素的函数表达式。

```
var traceArray:Array = new Array();
traceArray[0] = function (aParam:String)
{
  trace(aParam);
};
traceArray[0]("hello");
```

4. 从函数中返回值

要从函数中返回值，请使用后跟要返回的表达式或字面值的 return 语句。例如，下面的代码返回一个表示参数的表达式。

```
function doubleNum(baseNum:int):int
{
  return (baseNum * 2);
}
```

请注意，return 语句会终止该函数，因此不会执行位于 return 语句下面的任何语句，如下所示。

```
function doubleNum(baseNum:int):int {
    return (baseNum * 2);
trace("after return"); //不会执行这条
trace语句。
}
```

在严格模式下，如果选择指定返回类型，则必须返回相应类型的值。例如，下面的代码在严格模式下会生成错误，因为它们不返回有效值。

```
function doubleNum(baseNum:int):int
{
  trace("after return");
}
```

5. 嵌套函数

用户可以嵌套函数，这意味着函数可以在其他函数内部声明。除非将对嵌套函数的引用传递给外部代码，否则嵌套函数将仅在其父函数内可用。例如，下面的代码声明两个嵌套函数。

将嵌套函数传递给外部代码时，它们将作为函数闭包传递，这意味着嵌套函数保留在定义该函数时处于作用域内的任何定义。

```
function getNameAndVersion():String
{
    function getVersion():String
    {
        return "9";
    }
function getProductName():String
    {
        return "Flash Player";
    }
    return (getProductName() + " " +
getVersion());
}
trace(getNameAndVersion()); // Flash
Player 10
```

函数参数

在 ActionScript 3.0 中，所有的参数均按引用传递，因为所有的值都存储为对象。但是，属于基元数据类型（包括 Boolean、Number、int、uint 和 String）的对象具有一些特殊运算符，这使它们可以像按值传递一样工作。例如，下面的代码创建一个名为 passPrimitives() 的函数，该函数定义了两个类型均为 int、名称分别为 xParam 和 yParam 的参数。这些参数与在 passPrimitives() 函数体内声明的局部变量类似。当使用 xValue 和 yValue 参数调用函数时，xParam 和 yParam 参数将用对 int 对象的引用进行初始化，int 对象由 xValue 和 yValue 表示。因为参数是基元值，所以它们像按值传递一样工作。尽管 xParam 和 yParam 最初仅包含对 xValue 和 yValue 对象的引用，但是，对函数体内变量的任何更改，都会导致在内存中生成这些值的新副本。

```
function passPrimitives(xParam:int,
yParam:int):void
{
    xParam++;
    yParam++;
    trace(xParam, yParam);
}
var xValue:int = 10;
var yValue:int = 15;
trace(xValue, yValue);          // 10 15
passPrimitives(xValue, yValue); // 11
16
trace(xValue, yValue);          // 10 15
```

在 passPrimitives() 函数内部，xParam 和 yParam 的值递增，但这不会影响 xValue 和 yValue 的值。如上一条 trace 语句所示，即使参数的命名与 xValue 和 yValue 变量的命名完全相同也是如此。因为函数内部的 xValue 和 yValue 将指向内存中的新位置，这些位置不同于函数外部同名变量所在的位置。

其他所有对象（即不属于基元数据类型的对象）始终按引用传递，这样用户就可以更改初始变量的值。例如，下面的代码创建一个名为objVar的对象，作为参数传递给passByRef()函数，该对象具有两个属性：x和y。因为该对象不是基元类型，所以它不但按引用传递，而且还保持一个引用。这意味着对函数内部参数的更改，将会影响到函数外部的对象属性。

```
function passByRef(objParam:Object):void
{
    objParam.x++;
    objParam.y++;
    trace(objParam.x, objParam.y);
}
var objVar:Object = {x:10, y:15};
trace(objVar.x, objVar.y);    // 10 15
passByRef(objVar);            // 11 16
trace(objVar.x, objVar.y);    // 11 16
```

objParam参数与全局变量objVar引用相同的对象。正如本示例trace语句中对objParam对象的x和y属性所做的更改一样将反映在objVar对象中。

1. 默认参数值

ActionScript 3.0中新增了为函数声明“默认参数值”的功能。如果在调用具有默认参数值的函数时省略了具有默认值的参数，那么，将使用在函数定义中为该参数指定的值。所有具有默认值的参数都必须放在参数列表的末尾。指定为默认值的值必须是编译时常量。如果某个参数存在默认值，则会有效地使该参数成为“可选参数”。没有默认值的参数被视为“必需的参数”。

例如，下面的代码创建一个具有3个参数的函数，其中的两个参数具有默认值。当仅用一个参数调用该函数时，将使用这些参数的默认值。

```
function defaultValues(x:int, y:int = 3, z:int = 5):void
{
    trace(x, y, z);
}
defaultValues(1); // 1 3 5
```

2. arguments对象

将参数传递给某个函数时，可使用arguments对象来访问有关参数信息。arguments对象包括如下重要的内容。

- arguments对象是一个数组，其中包括传递给函数的所有参数。
- arguments.length属性报告传递给函数的参数数量。
- arguments.callee属性提供对函数本身的引用，该引用可用于递归调用函数表达式。

在ActionScript 3.0中，函数调用中所包括的参数数量可以大于在定义中所指定的参数数量，但是，如果小于必需参数的数量，在严格模式下将生成编译器错误。下面的示例使用arguments数组及arguments.length属性来输出传递给traceArgArray()函数的所有参数。

```
function traceArgArray(x:int):void
{
    for (var i:uint = 0; i < arguments.
length; i++)
    {
        trace(arguments[i]);
    }
}
traceArgArray(1, 2, 3);
// 输出：
// 1
// 2
// 3
```

arguments.callee 属性通常用在匿名函数中以创建递归。可以使用它来提高代码的灵活性。如果递归函数的名称在开发周期内的不同阶段会发生改变，而且使用的是 arguments.callee 属性（而非函数名），则不必花费精力在函数体内更改递归调用。在下面的函数表达式中，使用 arguments.callee 属性来启用递归。

```
var factorial:Function = function (x:uint)
{
    if(x == 0)
    {
        return 1;
    }
    else
    {
        return (x*arguments.callee(x - 1));
    }
}
trace(factorial(5)); // 120
```

3. ...(rest) 参数

ActionScript 3.0 中引入了一个称为 ...(rest) 参数的新参数声明。此参数可用来指定一个数组参数以接受任意多个以逗号分隔的参数；可以拥有保留字以外的任意名称；其声明必须是最后一个指定的参数。使用此参数会使 arguments 对象变得不可用。尽管 ...(rest) 参数提供了与 arguments 数组和 arguments.length 属性相同的功能，但它不提供与 arguments.callee 类似的功能。使用 ...(rest) 参数之前，应确保不需要使用 arguments.callee。

下面的示例使用 ...(rest) 参数重写 traceArgArray() 函数。

```
function traceArgArray(... args):void
{
    for (var i:uint = 0; i < args.length; i++)
    {
        trace(args[i]);
    }
}
traceArgArray(1, 2, 3);
// 输出:
// 1
// 2
// 3
```

...(rest) 参数还可与其他参数一起使用，前提是它是最后一个列出的参数。下面的示例修改 traceArgArray() 函数，以便它的第一个参数 x 是 int 类型，第二个参数使用 ...(rest) 参数。输出结果将忽略第一个值，因为第一个参数不再属于由 ...(rest) 参数创建的数组。

```
function traceArgArray(x: int, ... args)
{
    for (var i:uint = 0; i < args.length; i++)
    {
        trace(args[i]);
    }
}
traceArgArray(1, 2, 3);
// 输出:
// 2
// 3
```

函数对象

ActionScript 3.0 中的函数是对象。创建函数时，就是在创建对象，该对象不仅可以作为参数传递给另一个函数，而且还可以有附加的属性和方法。

作为参数传递给另一个函数的函数是按引用（而不是按值）传递的。在将某个函数作为参数传递时，只能使用标识符，而不能使用在调用方法时所用的小括号运算符。例如，下面的代码将名为 clickListener() 的函数作为参数传递给 addEventListener() 方法。

```
addEventListener(MouseEvent.CLICK, clickListener);
```

实际上，每个函数都有一个名为 length 的只读属性，它用来存储为该函数定义的参数数量。该属性与 arguments.length 属性不同，后者报告发送给函数的参数数量。在 ActionScript 中，发送给函数的参数数量可以超过为该函数定义的参数数量。下面的示例说明了这两个属性之间的区别。

```
function traceLength(x:uint, y:uint):void
{
trace("arguments received: " + arguments.length);
trace("arguments expected: " + traceLength.length);
}
traceLength(3, 5, 7, 11);
/* 输出:
收到的参数数量: 4
需要的参数数量: 2 */
```

可以定义自己的函数属性，方法是在函数体外部定义它们。函数属性可以用作准静态属性，用来保存与该函数有关的变量的状态。下面的代码在函数声明外部创建一个函数属性，在每次调用该函数时都递增此属性。

```
someFunction.counter = 0;
function someFunction():void
{
    someFunction.counter++;
}
someFunction();
someFunction();
trace(someFunction.counter); // 2
```

函数作用域

函数的作用域不但决定了可以在程序中调用函数的位置，而且还决定了函数可以访问的定义。适用于变量标识符的作用域规则同样也适用于函数标识符。在全局作用域中声明的函数在整个代码中都可用。例如，ActionScript 3.0 包含可在代码中的任意位置使用的全局函数，如 isNaN() 和 parseInt()。嵌套函数（即在另一个函数中声明的函数）可以用在声明它的函数中的任意位置。

1. 作用域链

无论何时开始执行函数，都会创建许多对象和属性。首先，会创建一个称为"激活对象"的特殊对象，该对象用于存储在函数体内声明的参数，以及任何局部变量或函数。由于激活对象属于内部机制，因此用户无法直接访问它。接着会创建一个"作用域链"，其中包含由 Flash Player 检查标识符声明的对象的有序列表。所执行的每个函数都有一个存储在内部属性中的作用域链。对于嵌套函数，作用域链始于其自己的激活对象，后跟其父函数的激活对象。作用域链以这种方式延伸，直到到达全局对象。全局对象是在 ActionScript 程序开始时创建的，其中包含所有的全局变量和函数。

2. 函数闭包

"函数闭包"是一个对象，其中包含函数的快照及其"词汇环境"。函数的词汇环境包括函数作用域链中的所有变量、属性、方法和对象以及它们的值。无论何时在对象或类之外的位置执行函数，都会创建函数闭包。函数闭包保留定义它们的作用域，这样，在将函数作为参数或返回值传递给另一个作用域时，会产生有趣的结果。

例如，下面的代码创建两个函数：foo()（返回一个用来计算矩形面积的嵌套函数 rectArea()）和 bar()（调用 foo() 并将返回的函数闭包存储在名为 myProduct 的变量中）。即使 bar() 函数定义了自己的局部变量 x（值为 2），但当调用函数闭包 myProduct() 时，该函数闭包仍保留在函数 foo() 中定义的变量 x（值为 40）。因此，bar() 函数将返回值 160，而不是 8。

```
function foo():Function
{
    var x:int = 40;
    function rectArea(y:int):int   // 定义函数闭包
    {
        return x * y
    }
    return rectArea;
}
function bar():void
{
    var x:int = 2;
    var y:int = 4;
    var myProduct:Function = foo();
    trace(myProduct(4));             // 调用函数闭包
}
bar(); // 160
```

UNIT 27 包和命名空间

包和命名空间是两个相关的概念。使用包，可以通过有利于共享代码并尽可能减少命名冲突的方式将多个类定义捆绑在一起。使用命名空间，可以控制标识符（如属性名和方法名）的可见性。无论命名空间位于包的内部还是外部，都可以应用于代码。包可用于组织类文件，命名空间可用于管理各个属性和方法的可见性。

包

包（package）的概念在 ActionScript 2.0 中就已经存在，它表示硬盘中的一个目录结构，该目录结构是用来分类存贮各种 ActionScript 类文件的。在 ActionScript 3.0 中，包这个概念仍旧可以理解为是一个路径，或是目录结构，包的名称也就是类所在的目录位置。

1. 了解包

在 ActionScript 3.0 中，包是用命名空间实现的，但包和命名空间并不同义。在声明包时，可以隐式创建一个特殊类型的命名空间并保证它在编译时已知。显式创建的命名空间在编译时可以不必已知。下面的示例使用 package 指令来创建一个包含单个类的简单包。

```
package samples
{
    public class SampleCode
    {
        public var sampleGreeting:String;
```

```
        public function sampleFunction()
        {
            trace(sampleGreeting + " from sampleFunction()");
        }
    }
}
```

在本例中，该类的名称是 SampleCode。由于该类位于 samples 包中，因此编译器在编译时会将其类名称限定为完全限定名称：samples.SampleCode。编译器还限定任何属性或方法的名称，以便 sampleGreeting 和 sampleFunction() 分别变成 samples.SampleCode.sampleGreeting 和 samples.SampleCode.sampleFunction()。

许多开发人员（尤其是具有 Java 编程背景的开发人员）可能会选择只将类放在包的顶级。但 ActionScript 3.0 不仅支持将类放在包的顶级，而且还支持将变量、函数甚至语句放在包的顶级。此功能的一个高级用法是，在包的顶级定义一个命名空间，以便它对于该包中的所有类均可用。但是请注意，在包的顶级只允许使用两个访问说明符：public 和 internal。Java 允许将嵌套类声明为私有，而 ActionScript 3.0 则既不支持嵌套类也不支持私有类。

但是，在其他许多方面 ActionScript 3.0 中的包与 Java 编程语言中的包非常相似。从上一个示例可看出，完全限定的包引用点运算符 (.) 来表示，这与 Java 相同。可以用包将代码组织成直观的分层结构，以供其他程序员使用。这样，用户就可以将自己所创建的包与他人共享，还可以在自己的代码中使用他人创建的包，从而推动代码共享。

使用包还有助于确保所使用的标识符名称是唯一的，而且不与其他标识符名称冲突。事实上，有些人认为这才是包的主要优点。例如，假设两个希望相互共享代码的程序员各创建了一个名为 SampleCode 的类。如果没有包就会造成名称冲突，唯一的解决方法就是重命名其中的一个类。但是，使用包就可以将其中的一个（最好是两个）类放在具有唯一名称的包中，从而轻松地避免名称冲突。

还可以在包名称中嵌入点来创建嵌套包，这样就可以创建包的分层结构。

尽管首先将旧的 XML 类移入包中也可以，但是旧 XML 类的大多数用户都会导入 flash.xml 包，这样，除非用户总是记得使用旧 XML 类的完全限定名称 (flash.xml.XML)，否则同样会造成名称冲突。为避免此种情况，现在已将旧 XML 类命名为 XMLDocument，如下面的示例所示。

```
package flash.xml
{
    class XMLDocument {}
  class XMLNode {}
    class XMLSocket {}
}
```

TIP 大多数 Flash Player API 都划分到Flash 包中。例如，flash.display 包中包含显示列表 API，flash.events 包中包含新的事件模型。

Flash Player API 类位于 flash.* 包中。Flash Player API 是指 Flash 包中的所有包、类、函数、属性、常量、事件和错误。Flash Player API 是 Flash Player 所特有的，这与基于 ECMAScript 的顶级类（如 Date、Math 和 XML）或语言元素相反。Flash Player API 中包含面向对象的编程语言中所具有的功能，如用于 geometry 类的 flash.geom 包，以及特定于丰富 Internet 应用程序需要的功能，如用于表现手法的 flash.filters 包和用于处理与服务器之间的数据传送的 flash.net 包。

2. 创建包

ActionScript 3.0 在包、类和源文件的组织方式上具有很大的灵活性。早期的 ActionScript 版本只允许每个源文件有一个类，而且要求源文件的名称与类名称匹配。ActionScript 3.0 允许在一个源文件中包括多个类，但每个文件中只有一个类可供该文件外部的代码使用。换言之，每个文件中只有一个类可以在包声明中进行声明。用户必须在包定义的外部声明其他任何类，以使这些类对于该源文件外部的代码不可见。在包定义内部声明的类的名称必须与源文件的名称匹配。

ActionScript 3.0 在包的声明方式上也具有更大的灵活性。在早期的 ActionScript 版本中，包只是表示可用来存放源文件的目录，不必用 package 语句来声明包，而是在类声明中将包名称包括在完全限定的类名称中。在 ActionScript 3.0 中，尽管包仍表示目录，但它现在不只包含类。在 ActionScript 3.0 中使用 package 语句来声明包，这意味着还可以在包的顶级声明变量、函数和命名空间，甚至还可以在包的顶级包括可执行语句。如果在包的顶级声明变量、函数或命名空间，则在顶级只能使用 public 和 internal 属性，并且每个文件中只能有一个包顶级声明使用 public 属性（无论该声明是类声明、变量声明、函数声明还是命名空间声明）。

包的作用是组织代码并防止名称冲突。注意不要将包的概念与类继承这一不相关的概念混淆。位于同一个包中的两个类具有共同的命名空间，但是它们在其他任何方面都不必相关。同样，在语义方面，嵌套包可以与其父包无关。

3. 导入包

如果希望使用位于某个包内部的特定类，则必须导入该包或该类。这与 ActionScript 2.0 不同，在 ActionScript 2.0 中，类的导入是可选的。

以 SampleCode 类示例为例。如果该类位于名为 samples 的包中，在使用 SampleCode 类之前就必须使用下列导入语句之一。

```
import samples.*;
```

```
import samples.SampleCode;
```

通常 import 语句越具体越好。如果用户只打算使用 samples 包中的 SampleCode 类，则应只导入类，而不应导入该类所属的整个包。否则可能会导致意外的名称冲突。还必须将定义包或类的源代码放在类路径内部。类路径是用户定义的本地目录路径列表，它决定了编译器将在何处搜索导入的包和类。有时也称之为生成路径或源路径。

当同名的类、方法或属性会导致代码不明确时，完全限定的名称非常有用，但如果将它用于所有的标识符，则会使代码变得难以管理。例如，在实例化 SampleCode 类的实例时，使用完全限定的名称会导致代码冗长。

```
var mySample:samples.SampleCode = new samples.SampleCode();
```

包的嵌套级别越高，代码的可读性越差。如果用户确信不明确的标识符不会导致问题，可以通过使用简单的标识符来提高代码的可读性。例如，如果在实例化 SampleCode 类的新实例时仅使用类标识符，代码就会简短得多。

```
var mySample:SampleCode = new SampleCode();
```

如果尝试使用标识符名称，而不先导入相应的包或类，编译器将找不到类定义。另一方面，即便导入了包或类，只要尝试定义的名称与所导入的名称冲突，也会产生错误。

创建包时，该包所有成员的默认访问说明符是 internal，这意味着，默认情况下，包成员仅对其所在包的其他成员可见。如果希望某个类对包外部的代码可用，则必须将该类声明为 public。例如，下面的包包含 SampleCode 和 CodeFormatter 两个类。

```
// SampleCode.as 文件
package samples
{
    public class SampleCode {}
}
// CodeFormatter.as 文件
package samples
{
    class CodeFormatter {}
}
```

SampleCode 类在包的外部可见，因为它被声明为 public 类。但是，CodeFormatter 类仅在 samples 包的内部可见。如果要尝试访问位于 samples 包外部的 CodeFormatter 类，将会产生一个错误，如下面的示例所示。

```
import samples.SampleCode;
import samples.CodeFormatter;
var mySample:SampleCode=new SampleCode();
// 正确，public 类
var myFormatter:CodeFormatter = new
CodeFormatter(); // 错误
```

如果按照如下的方式导入两个类，那么在引用 SampleCode 类时将会发生名称冲突。

```
import samples.SampleCode;
import langref.samples.SampleCode;
var mySample:SampleCode = new Sample-
Code(); // 名称冲突
```

如果希望这两个类在包外部均可用，必须将它们都声明为 public，但不能将 public 属性应用于包声明。完全限定的名称可用来解决使用包时可能发生的名称冲突。如果导入两个包，但它们用同一个标识符来定义类，就可能会发生名称冲突。例如，请考虑下面的包，该包也有一个名为 SampleCode 的类。

```
package langref.samples
{
  public class SampleCode {}
}
```

编译器无法确定要使用哪个 SampleCode 类。要解决此冲突，必须使用每个类的完全限定名称，如下所示。

```
var sample1:samples.SampleCode = new
samples.SampleCode();
var sample2:langref.samples.SampleCode
= new langref.samples.SampleCode();
```

命名空间

通过命名空间可以控制所创建的属性和方法的可见性，需将 public、private、protected 和 internal 访问控制说明符视为内置的命名空间。如果这些预定义的访问控制说明符无法满足要求，用户可以创建自己的命名空间。

如果用户熟悉 XML 命名空间，就不会对这里讨论的大部分内容感到陌生，但是 ActionScript 实现的语法和细节与 XML 的稍有不同。即使用户以前从未使用过命名空间也没有关系，因为命名空间概念本身很简单，但是其实现涉及一些用户需要了解的特定术语。

要了解命名空间的工作方式，有必要先了解属性或方法的名称总是包含的两个部分：标识符和命名空间。标识符通常被视为名称。例如以下类定义中的标识符是 sampleGreeting 和 sample-Function()。

```
class SampleCode
{
```

```
    var sampleGreeting:String;
    function sampleFunction () {
  trace(sampleGreeting + " from sampleFunction()");
    }
}
```

只要定义不以命名空间属性开头，就会用默认 internal 命名空间限定其名称，这意味着，它们仅对同一个包中的调用方可见。如果编译器设置为严格模式，则编译器会发出一个警告，指明 internal 命名空间将应用于没有命名空间属性的任何标识符。为了确保标识符可在任何位置使用，用户必须在标识符名称的前面明确加上 public 属性。在上面的示例代码中，sampleGreeting 和 sampleFunction() 都有一个命名空间值 internal。

1. 应用命名空间的基本步骤

使用命名空间时，应遵循以下 3 个基本步骤。第一，必须使用 namespace 关键字来定义命名空间。例如，下面的代码定义 version1 命名空间。

```
namespace version1;
```

第二，在属性或方法声明中，使用命名空间（而非访问控制说明符）来应用命名空间。下面的示例将一个名为 myFunction() 的函数放在 version1 命名空间中。

```
version1 function myFunction() {}
```

第三，应用该命名空间以后，可以使用 use 指令引用它，也可以使用该命名空间来限定标识符的名称。下面的示例通过 use 指令来引用 myFunction() 函数。

```
use namespace version1;
myFunction();
```

还可以使用限定名称来引用 myFunction() 函数，如下面的示例所示。

```
version1::myFunction();
```

2. 定义命名空间

命名空间中包含一个名为统一资源标识符 (URI) 的值，该值有时称为命名空间名称。使用 URI 可确保命名空间定义的唯一性。

可通过使用以下两种方法之一来声明命名空间定义，以创建命名空间：像定义 XML 命名空间那样使用显式 URI 定义命名空间；省略 URI。下面的示例说明如何使用 URI 来定义命名空间。

```
namespace flash _ proxy = "http://www.adobe.com/flash/proxy";
```

URI 用作该命名空间的唯一标识字符串。如果省略 URI（如下面的示例所示），则编译器将创建一个唯一的内部标识字符串来代替 URI。用户对于这个内部标识字符串不具有访问权限。

```
namespace flash _ proxy;
```

定义命名空间（具有 URI 或没有 URI）后，就不能在同一个作用域内再次定义该命名空间。如果尝试定义的命名空间以前在同一个作用域内已定义过，则将生成编译器错误。

如果在某个包或类中定义了一个命名空间，则该命名空间可能对于此包或类外部的代码不可见，除非使用了相应的访问控制说明符。例如，下面的代码显示了在 flash.utils 包中定义的 flash_proxy 命名空间。在下面的示例中，缺乏访问控制说明符意味着 flash_proxy 命名空间将仅对于 flash.utils 包内部的代码可见，而对于该包外部的任何代码都不可见。

```
package flash.utils
{
    namespace flash _ proxy;
}
```

下面的代码使用 public 属性以使 flash_proxy 命名空间对该包外部的代码可见。

```
package flash.utils
{
public namespace flash _ proxy;
}
```

3. 应用命名空间

应用命名空间意味着在命名空间中放置定义。可以放在命名空间中的定义包括函数、变量和常量（不能将类放在自定义命名空间中）。

例如，请考虑一个使用 public 访问控制命名空间声明的函数。在函数的定义中使用 public 属性会将该函数放在 public 命名空间中，从而使该函数对于所有的代码都可用。在定义了某个命名空间之后，可以按照与使用 public 属性相同的方式来使用所定义的命名空间，该定义将对于可以引用用户的自定义命名空间的代码可用。例如，如果定义一个名为 example1 的命名空间，则可以添加一个名为 myFunction() 的方法并将 example1 用作属性，如下面的示例所示。

```
namespace example1;
class someClass
{
  example1 myFunction() {}
}
```

如果在声明 myFunction() 方法时将 example1 命名空间用作属性，则意味着该方法属于 example1 命名空间。在应用命名空间时，应切记以下 3 点。

- 对于每个声明只能应用一个命名空间。
- 不能一次将同一个命名空间属性应用于多个定义。换言之，如果用户希望将自己的命名空间应用于10个不同的函数，则必须将该命名空间作为属性分别添加到这10个函数的定义中。
- 如果用户应用了命名空间，则不能同时指定访问控制说明符，因为命名空间和访问控制说明符是互斥的。换言之，如果应用了命名空间，就不能将函数或属性声明为public、private、protected或 internal。

4. 引用命名空间

在使用借助于任何访问控制命名空间（如 pub-lic、private、protected 和 internal）声明的方法或属性时，无需显式引用命名空间。这是因为对于这些特殊命名空间的访问由上下文控制。例如，放在 private 命名空间中的定义会自动对于同一个类中的代码可用。但是，对于用户所定义的命名空间，并不存在这样的上下文相关性。要使用已经放在某个自定义命名空间中的方法或属性，必须引用该命名空间。

可以用 use namespace 指令来引用命名空间，也可以使用名称限定符 (::) 来以命名空间限定名称。用 use namespace 指令引用命名空间会打开该命名空间，这样它便可以应用于任何未限定的标识符。例如，定义 example1 命名空间后，可以通过使用 use namespace example1 来访问该命名空间中的名称。

```
use namespace example1;
myFunction();
```

一次可以打开多个命名空间。在使用 use namespace 打开某个命名空间之后，它会在打开它的整个代码块中保持打开状态。不能显示关闭命名空间。

如果同时打开多个命名空间则会增加发生名称冲突的可能性。如果不愿意打开命名空间，则可以用命名空间和名称限定符来限定方法或属性名，从而避免使用 use namespace 指令。例如，下面的代码说明如何用 example1 命名空间来限定 myFunction() 名称。

```
example1::myFunction();
```

5. 使用命名空间

在 Flash Player API 中的 flash.utils.Proxy 类中，可以找到用来防止名称冲突的命名空间的实例。Proxy 类取代了 ActionScript 2.0 中的 Object._resolve 属性，可用来截获对未定义的属性或方法的引用，以免发生错误。为了避免名称冲突，将 Proxy 类的所有方法都放在 flash_proxy 命名空间中。

为了更好地了解 flash_proxy 命名空间的使用方法，需要了解使用 Proxy 类的方法。Proxy 类的功能仅对于继承它的类可用。换言之，如果用户要对某个对象使用 Proxy 类的方法，则该对象的类定义必须是对 Proxy 类的扩展。例如，如果希望截获对未定义的方法的调用，则应扩展 Proxy 类，然后覆盖 Proxy 类的 callProperty() 方法。

前面已讲到，实现命名空间的过程通常分为 3 步，即定义、应用和引用命名空间。但是，由于用户从不显式调用 Proxy 类的任何方法，因此只是定义和应用 flash_proxy 命名空间，而从不引用它。Flash Player API 定义 flash_proxy 命名空间并在 Proxy 类中应用它，在用户的代码中，只需要将 flash_proxy 命名空间应用于扩展 Proxy 类的类。flash_proxy 命名空间按照与下面类似的方法在 flash.utils 包中定义。

```
package flash.utils
{
  public namespace flash _ proxy;
}
```

该命名空间将应用 Proxy 类的方法，如下面摘自 Proxy 类的代码所示。

```
public class Proxy
{
    flash _ proxy function callProperty(name:*, ... rest):*
   flash _ proxy function
deleteProperty(name:*):Boolean
     ...
}
```

如下面的代码所示，必须先导入 Proxy 类和 flash_proxy 命名空间，然后声明自己的类，以便它对 Proxy 类进行扩展（如果是在严格模式下进行编译，则还必须添加 dynamic 属性）。在覆盖 callProperty() 方法时，必须使用 flash_proxy 命名空间。

```
package
{
    import flash.utils.Proxy;
```

```
    import flash.utils.flash _ proxy;
    dynamic class MyProxy extends Proxy
    {
  flash _ proxy override function callProperty(name:*, ...rest):*
      {
         trace("method call intercepted: " +
name);
        }
    }
}
```

如果要创建MyProxy类的一个实例，并调用一个未定义的方法（如在下面的示例中调用的testing()方法），Proxy对象将截获对该方法的调用，并执行覆盖后的callProperty()方法内部的语句（在本例中为一个简单的trace()语句）。

```
var mySample:MyProxy = new MyProxy();
mySample.testing(); // 已截获方法调用：测试
```

将Proxy类的方法放在flash_proxy命名空间内部有两个好处。一是在扩展Proxy类的任何类的公共接口中，拥有单独的命名空间可提高代码的可读性。（在Proxy类中大约有12个可以覆盖的方法，所有这些方法都不能直接调用。将所有这些方法都放在公共命名空间中可能会引起混淆。）二是当Proxy子类中包含名称与Proxy类方法的名称匹配的实例方法时，使用flash_proxy命名空间可避免名称冲突。例如，用户希望将自己的某个方法命名为callProperty()。下面的代码是可接受的，因为用户所用的callProperty()方法位于另一个命名空间中。

```
dynamic class MyProxy extends Proxy
{
    public function callProperty() {}
    flash _ proxy override function callProperty(name:*, ...rest):*
{
        trace("method call intercepted: " + name);
    }
}
```

当用户希望以一种无法由4个访问控制说明符实现的方式，提供对方法或属性的访问时，命名空间也可能会非常有用。例如，用户可能有几个分散在多个包中的实用程序方法，希望这些方法对于所有包均可用，但是不希望这些方法成为公共方法。为此，可以创建一个新的命名空间，并将它用作用户自己的特殊访问控制说明符。

UNIT 28 面向对象的编程

在ActionScript面向对象的编程中，任何类都可包含3种类型的特性：属性、方法和事件。这些元素共同用于管理程序使用的数据块，并用于确定执行哪些动作以及动作的执行顺序。

对象

ActionScript 是一种面向对象的编程语言。面向对象的编程仅仅是一种编程方法，它与使用对象来组织程序中的代码的方法没有差别。

前面将计算机程序定义为计算机执行的一系列步骤或指令，那么从概念上讲，可以认为计算机程序只是一个很长的指令列表。然而，在面向对象的编程中，程序指令被划分到不同的对象中——代码构成功能块，因此相关类型的功能或相关的信息被组合到一个容器中。

事实上，如果已经在 Flash 中处理过元件，那么用户应已习惯处理对象了。假设用户已定义了一个影片剪辑元件（假设它是一幅矩形的图画），并且已将它的一个副本放在了舞台上。严格意义上来说，该影片剪辑元件也是 ActionScript 中的一个对象，即 MovieClip 类的一个实例。

可以修改该影片剪辑的不同特征。例如，当选中该影片剪辑时，可以在属性面板中更改许多值，例如，它的 x 坐标、宽度，进行各种颜色调整（例如，更改它的 Alpha 值，即透明度），或对它应用投影滤镜。还可以使用其他 Flash 工具进行更多更改，例如，使用任意变形工具旋转该矩形。在 Flash 创作环境中修改一个影片剪辑元件时所做的更改，同样可在 ActionScript 中通过更改组合在一起，构成称为 MovieClip 对象的单个包的各数据片断来实现。

1. 属性

属性表示某个对象中绑定在一起的若干数据块中的一个。Song 对象可能具有名为 artist 和 title 的属性；MovieClip 类具有 rotation、x、width 和 alpha 等属性。用户可以像处理单个变量那样处理属性，实际上可以将属性视为包含在对象中的“子”变量。

以下是一些使用属性的 ActionScript 代码的示例。以下代码行将名为 square 的 MovieClip 移动到 100 个像素的 x 坐标处。

```
square.x = 100;
```

以下代码使用 rotation 属性旋转 square MovieClip 以便与 triangle MovieClip 的旋转相匹配。

```
square.rotation = triangle.rotation;
```

以下代码更改 square MovieClip 的水平缩放比例，以使其宽度为原始宽度的 1.5 倍。

```
square.scaleX = 1.5;
```

请注意上面几个示例的通用结构：将变量（square 和 triangle）用作对象的名称，后跟一个句点(.) 和属性名（x、rotation 和 scaleX）。句点称为“点运算符”，用于指示用户要访问对象的某个子元素。整个结构“变量名 - 点 - 属性名”的使用类似于单个变量，变量是计算机内存中单个值的名称。

2. 方法

“方法”是指可以由对象执行的操作。例如，如果在 Flash 中使用时间轴上的关键帧和动画制作了一个影片剪辑元件，则可以播放或停止该影片剪辑，或者指示它将播放头移到特定的帧。

下面的代码指示名为 shortFilm 的 MovieClip 开始播放。

```
shortFilm.play();
```

下面的代码指示名为 shortFilm 的 MovieClip 停止播放。

```
shortFilm.stop();
```

下面的代码指示名为 shortFilm 的 MovieClip 将其播放头移到第一帧，然后停止播放。

```
shortFilm.gotoAndStop(1);
```

可以通过依次写下对象名（变量）、句点、方法名和小括号来访问方法，这与属性类似。小括号是指示要“调用”某个方法（即指示对象执行该动作）的方式。有时，为了传递执行动作所需的额外信息，将值（或变量）放入小括号中。这些值称为方法“参数”。例如，gotoAndStop() 方法需要知道应转到哪一帧，所以要求小括号中有一个参数。有些方法（如 play() 和 stop()）自身的意义已非常明确，因此不需要额外信息。但书写时仍要带有小括号。

与属性（和变量）不同的是，方法不能用作值占位符。然而，一些方法可以执行计算并返回可以像变量一样使用的结果。例如，Number 类的 toString() 方法将数值转换为文本表示形式。

```
var numericData:Number = 9;
var textData:String = numericData.toString();
```

例如，如果希望在屏幕上的文本字段中显示 Number 变量的值，可使用 toString() 方法。TextField 类的 text 属性（表示实际在屏幕上显示的文本内容）被定义为 String，所以它只能包含文本值。下面的一行代码将变量 numericData 中的数值转换为文本，然后使这些文本显示在屏幕上名为 calculatorDisplay 的 TextField 对象中。

```
calculatorDisplay.text = numericData.toString();
```

3. 事件

“事件”是所发生的，ActionScript 能够识别并可响应的事情。许多事件与用户交互有关，但也有其他类型的事件。例如，如果使用 ActionScript 加载外部图像，有一个事件可让用户知道图像加载完毕的时间。本质上，当 ActionScript 程序正在运行时，Flash Player 只是坐等某些事情的发生，当这些事情发生时，Flash Player 将运行用户为这些事件指定的特定 ActionScript 代码。

指定为响应特定事件而应执行的某些动作的技术称为“事件处理”。在编写执行事件处理的 ActionScript 代码时，需要识别如下 3 个重要元素。

- 事件源：发生该事件的对象。例如，哪个按钮会被单击，或哪个Loader对象正在加载图像。事件源也称为“事件目标”，因为Flash Player将此对象（实际在其中发生事件）作为事件的目标。
- 事件：将要发生什么事情，以及用户希望响应什么事情。识别事件是非常重要的，因为许多对象都会触发多个事件。
- 响应：当事件发生时，用户希望执行的步骤。

无论何时编写处理事件的 ActionScript 代码，都会包括这 3 个元素，并且代码将遵循以下基本结构。

```
function eventResponse(eventObject:EventType):void
{
    // 此处是为响应事件而执行的动作。
}
eventSource.addEventListener(EventType.EVENT _ NAME, eventResponse);
```

此代码执行两个操作。首先定义一个函数，这是指定为响应事件而要执行的动作的方法。然后调用源对象的 addEventListener() 方法，实际上就是为指定事件“订阅”该函数，以便当该事件发生时，执行该函数的动作。

类

类是对象的抽象表示形式，用来存储有关对象可保存的数据类型及对象可表现的行为的信息。如果编写的小脚本中只包含几个彼此交互的对象，使用这种抽象类的作用可能并不明显。但是，随着程序作用域不断扩大以及必须管理的对象数不断增加，则可以使用类更好地控制对象的创建方式以及对象之间的交互方式。

1. 了解类

早在 ActionScript 1.0 中，ActionScript 程序员就能使用 Function 对象创建类似类的构造函数。在 ActionScript 2.0 中，通过使用 class 和 extends 等关键字，正式添加了对类的支持。ActionScript 3.0 不但继续支持 ActionScript 2.0 中引入的关键字，而且还添加了新功能，如通过 final 和 override 关键字增强了对继承的控制。

在 ActionScript 3.0 中，每个对象都是由类定义的。可将类视为某一类对象的模板或蓝图。类定义中可以包括变量和常量以及方法，前者用于保存数据值，后者是封装绑定到类的行为的函数。存储在属性中的值可以是“基元值”，也可以是其他对象。基元值是指数字、字符串或布尔值。

ActionScript 中包含许多属于核心语言的内置类。其中的某些内置类（如 Number、Boolean 和 String）表示 ActionScript 中可用的基元值，其他类（如 Array、Math 和 XML）定义属于 ECMAScript 标准的更复杂的对象。

所有的类（无论是内置类还是用户定义的类）都是从 Object 类派生的。以前在 ActionScript 方面有经验的程序员一定要注意，Object 数据类型不再是默认的数据类型，尽管其他所有类仍从它派生。在 ActionScript 2.0 中，下面的两行代码等效，因为缺乏类型注释意味着变量为 Object 类型。

```
var someObj:Object;
var someObj;
```

但是，ActionScript 3.0 引入了无类型变量这一概念，这一类变量可通过以下两种方法来指定。

```
var someObj:*;
var someObj;
```

无类型变量与 Object 类型的变量不同。二者的主要区别在于无类型变量可以保存特殊值 undefined，而 Object 类型的变量则不能。

2. 使用类

可以使用class关键字来定义用户的类。在方法声明中，可通过以下3种方法来声明类属性（property）：用 const 关键字定义常量；用 var 关键字定义变量；用 get 和 set 属性（attribute）定义 getter 和 setter 属性（property）。可以用 function 关键字来声明方法。

可使用 new 运算符来创建类的实例。下面的示例创建 Date 类的一个名为 myBirthday 的实例。

```
var myBirthday:Date = new Date();
```

ActionScript 3.0 类定义使用的语法与 ActionScript 2.0 类定义使用的语法相似。正确的类定义语法中要求 class 关键字后跟类名。类体要放在大括号内，且放在类名后面。例如，以下代码创建名为 Shape 的类，其中包含名为 visible 的变量。

```
public class Shape
{
    var visible:Boolean = true;
}
```

对于包中的类定义，有一项重要的语法更改。在 ActionScript 2.0 中，如果类在包中，则在类声明中必须包含包名称。而在 ActionScript 3.0 中引入了 package 语句，包名称必须包含在包声明中。例如，以下类声明说明如何在 ActionScript 2.0 和 ActionScript 3.0 中定义 BitmapData 类（该类是 flash.display 包的一部分）。

```
// ActionScript 2.0
class flash.display.BitmapData {}
// ActionScript 3.0
package flash.display
{
    public class BitmapData {}
}
```

在 ActionScript 3.0 中，可使用以下 4 个属性之一来修改类定义。

属 性	定 义	属 性	定 义
dynamic	允许在运行时向实例添加属性。	internal（默认）	对当前包内的引用可见。
final	不得由其它类扩展。	公共	对所有位置的引用可见。

使用 internal 以外的每个属性时，必须显式包含该属性才能获得相关的行为。通过在类定义的开始处放置属性，可显式地分配属性，如下面的代码所示。

```
dynamic class Shape {}
```

类体放在大括号内，用于定义类的变量、常量和方法。下面的示例显示 Adobe Flash Player API 中 Accessibility 类的声明。

```
public final class Accessibility
{
    public static function get active
():Boolean;
public static function updatePrope-
rties():void;
}
```

ActionScript 3.0 允许在类体中包括定义和语句。如果语句在类体中方法定义之外，这些语句只在第一次遇到类定义并且创建了相关的类对象时执行一次。如下示例包括一个对 hello() 外部函数的调用和一个 trace 语句，该语句在定义类时输出确认消息。

```
function hello():String
{
    trace("hola");
}
class SampleClass
{
    hello();
    trace("class created");
}
// 创建类时输出
hola
class created
```

还可以在类体中定义命名空间。下面的示例说明在类体中定义命名空间的方法，以及在该类中将命名空间用作方法属性的方法。

```
public class SampleClass
{
    public namespace sampleNamespace;
    sampleNamespace function doSomet-
hing():void;
}
```

与以前版本的 ActionScript 相比，Action-Script 3.0 中允许在同一类体中定义同名的静态属性和实例属性。例如，下面的代码声明一个名为 message 的静态变量和一个同名的实例变量。

```
class StaticTest
{
    static var message:String =
"static variable";
    var message:String = "instance
variable";
}
// 在脚本中
var myST:StaticTest = new StaticTest();
trace(StaticTest.message); // 输出：静态变量
trace(myST.message);         // 输出：实例变量
```

接口

接口是方法声明的集合，以使不相关的多个对象能够彼此通信。例如，Flash Player API 定义了 IE-ventDispatcher 接口，其中包含的方法声明可供类用于处理事件对象。IEvent Dispatcher 接口建立了标准方法，供对象相互传递事件对象。以下代码显示 IEventDispatcher 接口的定义。

```
public interface IEventDispatcher
{
    function addEventListener(type:String, listener:Function,
      useCapture:Boolean=false, priority:int=0,
      useWeakReference:Boolean = false):void;
public interface IEventDispatcher
{
    function addEventListener(type:String, listener:Function,
      useCapture:Boolean=false, priority:int=0,
      useWeakReference:Boolean = false):void;
```

接口的基础是方法的接口与方法的实现之间的区别。方法的接口包括调用该方法必需的所有信息，包括方法名、所有参数和返回类型。方法的实现不仅包括接口信息，而且还包括执行方法的行为的可执行语句。接口定义只包含方法接口，实现接口的所有类负责定义方法实现。

在 Flash Player API 中，EventDispatcher 类通过定义所有 IEventDispatcher 接口方法，并在每个方法中添加方法体来实现 IEventDispatcher 接口。以下代码摘录自 EventDispatcher 类定义。

```
public class EventDispatcher impleme-
nts IeventDispatcher
{
 function dispatchEvent(event:Event):B
oolean
    {
        /* 实现语句 */
    }
    ...
}
```

IEventDispatcher 接口用作一个协议，Event-Dispatcher 实例通过该协议处理事件对象，然后将事件对象传递到也实现了 IEventDispatcher 接口的其他对象。

另一种描述接口的方法是：接口定义了数据类型，就像类一样。因此，接口可以用作类型注释，也像类一样。作为数据类型，接口还可以与需要指定数据类型的运算符一起使用，如 is 和 as 运算符。但是与类不同的是，接口不可以实例化。这个区别使很多程序员认为接口是抽象的数据类型，认为类是具体的数据类型。

1. 定义接口

接口定义的结构类似于类定义的结构，只是接口只能包含方法，但不能包含方法体。接口不能包含变量或常量，但是可以包含 getter 和 setter。要定义接口，需使用 interface 关键字。例如，下面的接口 IExternalizable 是 Flash Player API 中 flash.utils 包的一部分。IExternalizable 接口定义一个用于对对象进行序列化的协议，这表示可将对象转换为适合在设备上存储或通过网络传输的格式。

```
public interface IExternalizable
{
    function writeExternal(output:IDat
aOutput):void;
     function readExternal(input:IData
Input):void;
}
```

Flash Player API 遵循一种约定，其中接口名以大写 I 开始，但是可以使用任何合法的标识符作为接口名。接口定义经常位于包的顶级。接口定义不能放在类定义或另一个接口定义中。

接口可扩展一个或多个其他接口。例如，下面的接口 IExample 扩展了 IExternalizable 接口。

```
public interface IExample extends
IExternalizable
{
    function extra():void;
}
```

实现 IExample 接口的所有类不但必须包括 extra() 方法的实现，还要包括从 IExternalizable 接口继承的 writeExternal() 和 readExternal() 方法的实现。

2. 在类中实现接口

类是唯一可实现接口的 ActionScript 3.0 语言元素。在类声明中使用 implements 关键字可实现一个或多个接口。下面的示例定义了两个接口 IAlpha 和 IBeta，以及实现这两个接口的类 Alpha。

```
interface IAlpha
{
    function foo(str:String):String;
}
interface IBeta
{
    function bar():void;
}
class Alpha implements IAlpha, IBeta
{
     public function foo(param:
String):String {}
    public function bar():void {}
}
```

在实现接口的类中，实现的方法必须使用 public 访问控制标识符；使用与接口方法相同的名称、相同数量的参数，每一个参数的数据类型都要与接口方法参数的数据类型相匹配，使用相同的返回类型。

不过在命名实现方法的参数时，有一定的灵活性。虽然实现方法的参数数和每个参数的数据类型，必须与接口方法的参数数和数据类型相匹配，但参数名不需要匹配。例如，在上一个示例中，将 Alpha.foo() 方法的参数命名为 param。

```
public function foo(param:String):String {}
```

但是，将 IAlpha.foo() 接口方法中的参数命名为 str。

```
function foo(str:String):String;
```

另外，使用默认参数值也具有一定的灵活性。接口定义可以包含使用默认参数值的函数声明。实现这种函数声明的方法必须采用默认参数值，默认参数值是与接口定义中指定的值具有相同数据类型的一个成员，但是实际值不一定匹配。例如，以下代码定义的接口包含一个使用默认参数值 3 的方法。

```
interface IGamma
{
    function doSomething(param:int = 3):void;
}
```

以下类定义实现 Igamma 接口，但使用不同的默认参数值。

```
class Gamma implements IGamma
{
```

```
public function doSomething(param:int = 4):void {}
}
```

提供这种灵活性的原因是，实现接口的规则的设计目的是确保数据类型兼容性，因此不必要求采用相同的参数名和默认参数名，就能实现目标。

继承

继承是指一种代码重用的形式，允许程序员基于现有类开发新类。现有类通常称为“基类”或“超类”，新类通常称为“子类”。继承的主要优势是，允许重复使用基类中的代码，但不修改现有代码。此外，继承不要求改变其他类与基类交互的方式。不必修改可能已经过彻底测试或可能已被使用的现有类，使用继承可将该类视为一个集成模块，使用其他属性或方法对它进行扩展。因此，用户使用 extends 关键字指明类从另一类继承。

通过继承还可以在代码中利用“多态”。有一种方法在应用于不同数据类型时会有不同行为，多态就是对这样的方法应用一个方法名的能力。名为 Shape 的基类就是一个简单的示例，该类有名为 Circle 和 Square 的两个子类。Shape 类定义了名为 area() 的方法，该方法返回形状的面积。如果已实现多态，则可以对 Circle 和 Square 类型的对象调用 area() 方法，然后执行正确的计算。使用继承能实现多态，实现的方式是允许子类继承和重新定义或“覆盖”基类中的方法。在下面的示例中，由 Circle 和 Square 两个类重新定义了 area() 方法。

```
class Shape
{
    public function area():Number
    {
        return NaN;
    }
}
class Circle extends Shape
{
    private var radius:Number = 1;
    override public function area():Number
    {
            return (Math.PI * (radius *
radius));
    }
}
class Square extends Shape
{
    private var side:Number = 1;
    override public function area():Number
    {
        return (side * side);
    }
}
var cir:Circle = new Circle();
trace(cir.area()); // 输出：3.141592653589793
var sq:Square = new Square();
trace(sq.area()); // 输出：1
```

因为每个类定义一个数据类型，所以使用继承会在基类和扩展基类的类之间创建特殊关系。子类保证拥有其基类的所有属性，这意味着子类的实例总可以替换基类的实例。例如，如果方法定义了 Shape 类型的参数，由于 Circle 扩展了 Shape，所以 Circle 类型的参数是合法的，如下所示。

```
function draw(shapeToDraw:Shape) {}
var myCircle:Circle = new Circle();
draw(myCircle);
```

UNIT 29 组件

ActionScript 3.0组件是带参数的影片剪辑，用户可以修改它们的外观和行为。组件可以是一个简单的用户界面控件（如RadioButton或CheckBox），也可以包含内容（如List或DataGrid）。组件可以使用户方便而快速地构建功能强大且具有一致外观和行为的应用程序。

组件基础

可以使用 Flash 组件实现一些控件，而不用创建自定义按钮、组合框和列表。只需将这些组件从"组件"面板拖曳到应用程序文档中即可。还可以方便地自定义这些组件的外观和直观感受，从而符合用户的应用程序设计。

即使对 ActionScript 没有深入理解的用户也可以进行这些工作，还可以使用 ActionScript 3.0 修改组件的行为或实现新的行为。每个组件都有一组唯一的 ActionScript 方法、属性和事件，它们构成了此组件的"应用程序编程接口"（API）。API 允许用户在应用程序运行时创建并操作组件。

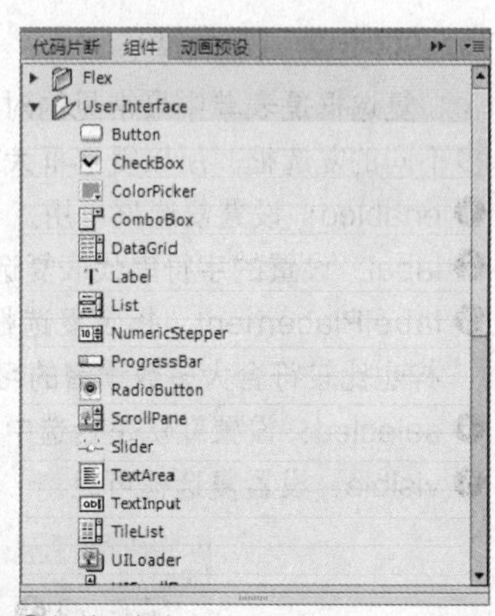

组件面板

组件使用户可以将应用程序的设计过程和编码过程分开。通过使用组件，开发人员可以创建设计人员在应用程序中能用到的功能，还可以将常用功能封装到组件中，而设计人员可以通过更改组件的参数来自定义组件的大小、位置和行为。通过编辑组件的图形元素或外观，还可以更改组件的外观。

组件之间共享核心功能，如样式、外观和焦点管理。将第一个组件添加至应用程序时，此核心功能大约占用 20 千字节的大小。添加其他组件时，添加的组件会共享初始分配的内存，降低应用程序大小的增长。

向 Flash 影片中添加组件有多种方法。可以先使用组件面板将组件添加到影片中，然后使用属性面板指定基本参数，最后使用动作面板编写动作脚本来控制该组件。中级用户可以先使用组件面板将组件添加到 Flash 影片中，然后使用属性面板、动作脚本，或两者的组合来指定参数。高级用户可以先将组件面板和动作脚本结合在一起使用，通过在影片运行时执行相应的动作脚本来添加并设置组件。

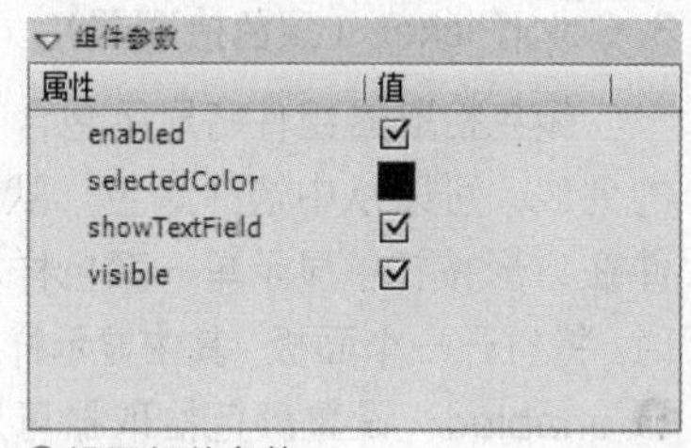

设置组件参数

用户界面组件

常见的用户界面组件主要包括：CheckBox，ComboBox，ListBox，PushButton，RadioButton，ScrollBar 和 ScrollPane 等。

1. Button（按钮）

按钮是最常见的用户界面组件之一，单击可以触发不同的事件。

❶ emphasized：获取或设置一个布尔值，指示当按钮处于弹起状态时，Button组件周围是否绘有边框。true值指示当按钮处于弹起状态时其四周带有边框；false值指示当按钮处于弹起状态时其四周不带边框。

❷ enabled：设置按钮可用。

❸ label：设置按钮上的文字。

❹ labelPlacement：设置标签放置的位置。

❺ selected：设置默认是否选中。

❻ toggle：设置为true，则在鼠标按下、弹起、经过时，改变按钮外观。

❼ visible：设置按钮可见。

2. CheckBox（复选框）

复选框是表单中最常见的对象，它的主要目的在于判断是否选取该方块。一个表单中可以有许多不同的复选框，所以复选框大多数用在有许多选择且可以多项选择的情况下。

❶ enabled：设置复选框可用。

❷ label：设置的字符串代表复选框旁边的文字说明，通常位于复选框的右侧。

❸ labelPlacement：指定复选框说明标签的位置。默认情况下，标签将显示在复选框的右侧，这样也比较符合大多数读者的习惯。

❹ selected：设置默认是否选中。

❺ visible：设置复选框可见。

Button组件

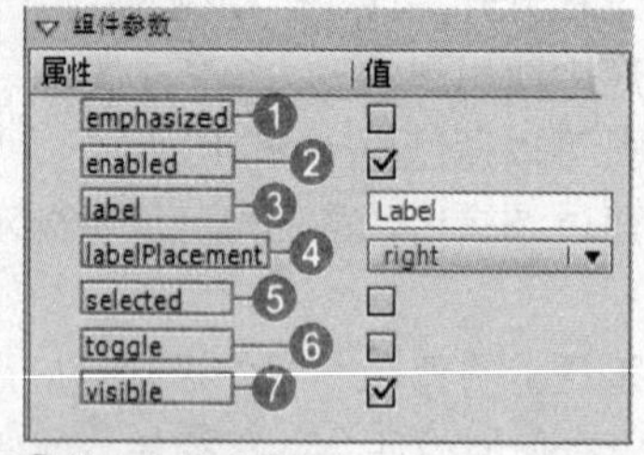

按钮组件参数

复选框组件

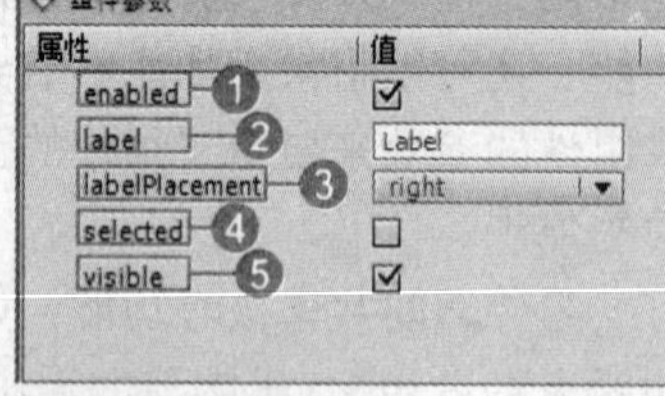

复选框组件参数

3. ColorPicker（颜色拾取器）

颜色拾取器组件将显示包含一个或多个样本的列表，可以从中选择颜色。默认情况下，该组件在方形按钮中显示单一颜色样本。单击此按钮时，将打开一个面板，其中显示样本的完整列表。

❶ enabled：设置颜色拾取器可用。

❷ selectedColor：获取或设置在颜色拾取器组件的调色板中当前加亮显示的样本。

❸ showTextField：获取或设置一个布尔值，指示是否显示颜色拾取器组件的内部文本字段。

❹ visible：设置颜色拾取器可见。

4. ComboBox（下拉列表）

它是将所有的选择放置在同一个列表中，而且除非点选它，否则都是收起来的。

❶ dataProvider：需要的数据在data中。

❷ editable：设置使用者是否可以修改菜单的内容，默认的是false。

❸ enabled：设置下拉列表可用。

❹ prompt：获取或设置对下拉列表组件的提示。

❺ restrict：是否限制列表内容。

❻ rowCount：菜单拉下来之后显示的行数，如果选项超过行数，就会出现滚动条。

❼ visible：设置下拉列表可见。

△ 颜色拾取器组件

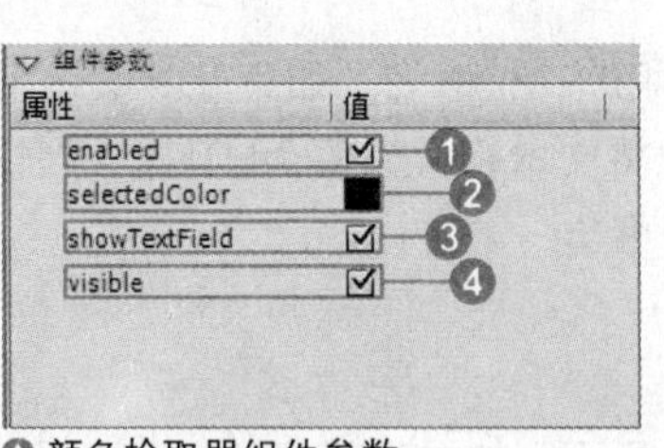

△ 颜色拾取器组件参数

△ 下拉列表组件

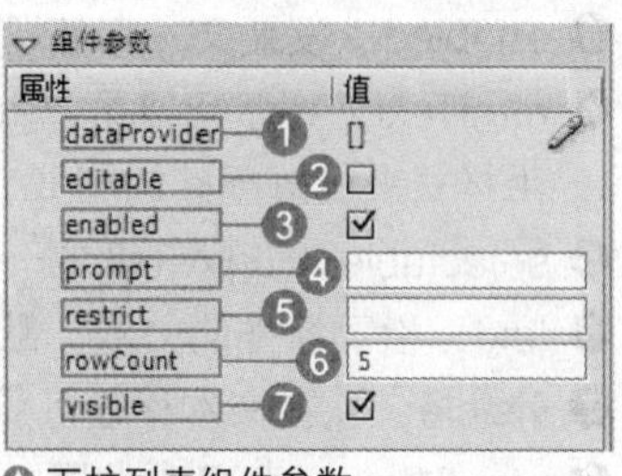

△ 下拉列表组件参数

5. DataGrid（数据网格）

数据网格组件能够创建强大的数据驱动显示和应用程序。可以使用数据网格组件来实例化使用 Flash Remoting 的记录集，然后将其显示在列中。

△ 数据网格组件

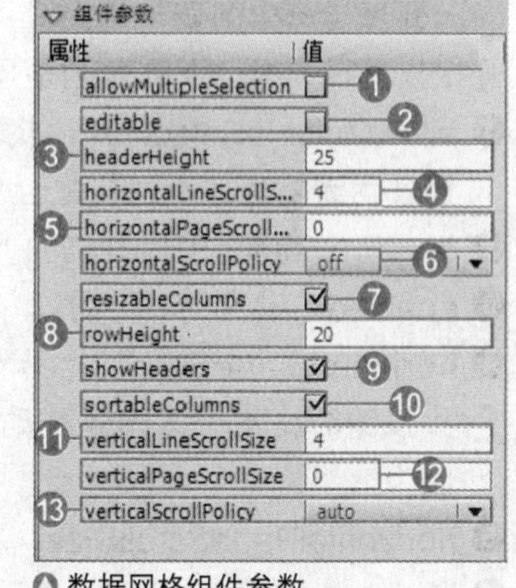

△ 数据网格组件参数

❶ allowMultipleSelection：如果选择true，可以让使用者复选，不过要配合Ctrl键。
❷ editable：是一个布尔值，它指示网格是（true）否（false）可编辑。默认值为 false。
❸ headerHeight：指示头部的高度（单位为像素）。更改字体大小不会更改行高度，默认值为20。
❹ horizontalLineScrollSize：指示每次单击箭头按钮时水平滚动条移动的单位数，默认值为5。
❺ horizontalPageScrollSize：指示每次单击轨道时水平滚动条移动的单位数，默认值为20。
❻ horizontalScrollPolicy：显示水平滚动条。该值可以是on、off或auto。默认值为auto。
❼ resizableColumns：设置列可以改变尺寸。
❽ rowHeight：指示每行的高度（单位为像素）。更改字体大小不会更改行高度。默认值为20。
❾ showHeaders：显示头部。
❿ sortableColumns：设置列可以排序。
⓫ verticalLineScrollSize：指示每次单击滚动箭头时垂直滚动条移动的单位数，默认值为5。
⓬ verticalPageScrollSize：指示每次单击滚动条轨道时垂直滚动条移动的单位数，默认值为20。
⓭ verticalScrollPolicy：显示垂直滚动条。该值可以是on、off或auto，默认值为auto。

6. Label（文本标签）

一个 Label（文本标签）组件就是一行文本。可以指定一个标签采用 HTML 格式，也可以控制标签的对齐和大小。Label 组件没有边框，不能具有焦点，并且不广播任何事件。

❶ autoSize：指示调整标签大小的方法，并对齐标签以适合文本。默认值为none。
❷ condenseWhite：获取或设置一个值，该值指示是否应从包含HTML文本的Label组件中删除额外空白，如空格和换行符。

△ 文本标签组件

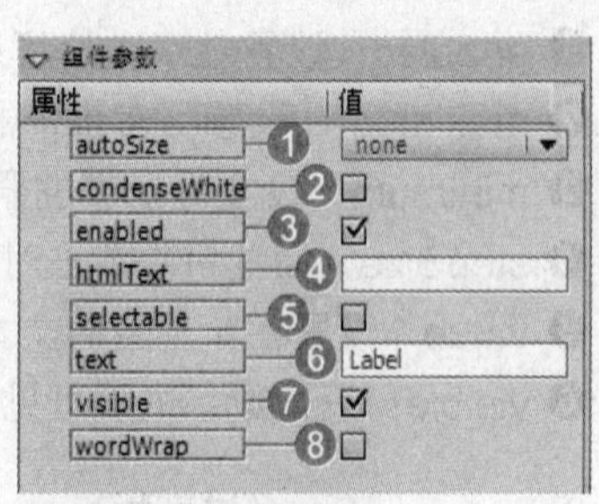

△ 文本标签组件参数

❸ enabled：设置文本标签可用。
❹ htmlText：指示标签是（true）、否（false）采用HTML格式。如果此参数设置为true，则不能使用样式来设置标签的格式，但可以使用font标记将文本格式设置为HTML，默认值为false。
❺ selectable：获取或设置一个值，指示文本是否可选。
❻ text：指示标签的文本。默认值是Label。
❼ visible：设置文本标签可见。
❽ wordWrap：获取或设置一个值，指示文本字段是否支持自动换行。

7. List（列表）

列表与下拉列表非常相似，只是下拉列表一开始只显示一行，而列表则是显示多行。

▲ 列表组件

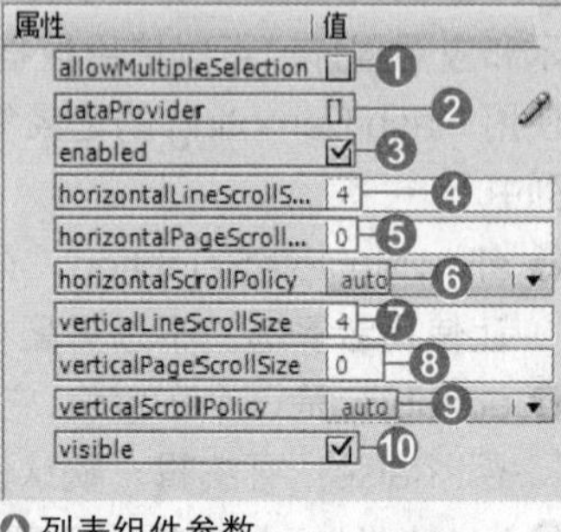

▲ 列表组件参数

❶ allowMultipleSelection：如果选择true，可以让使用者复选，不过要配合Ctrl键。
❷ dataProvider：使用方法和下拉列表相同。
❸ enabled：设置列表可用。
❹ horizontalLineScrollSize：指示每次单击箭头按钮时，水平滚动条移动的单位数，默认值为5。
❺ horizontalPageScrollSize：指示每次单击轨道时水平滚动条移动的单位数。默认值为20。
❻ horizontalScrollPolicy：显示水平滚动条。该值可以是on、off或auto，默认值为auto。
❼ verticalLineScrollSize：指示每次单击滚动箭头时垂直滚动条移动的单位数，默认值为5。
❽ verticalPageScrollSize：指示每次单击滚动条轨道时，垂直滚动条移动的单位数，默认值为20。
❾ verticalScrollPolicy：显示垂直滚动条。该值可以是on、off或auto，默认值为auto。
❿ visible：设置列表可见。

8. NumericStepper（数字进阶）

数字进阶组件允许用户逐个通过一组经过排序的数字。该组件由显示在上下箭头按钮及其旁边的文本框中的数字组成。用户按上下箭头按钮时，数字将根据 stepSize 参数中指定的单位递增或递减，直到释放按钮或达到最大或最小值为止。

▲ 数字进阶组件

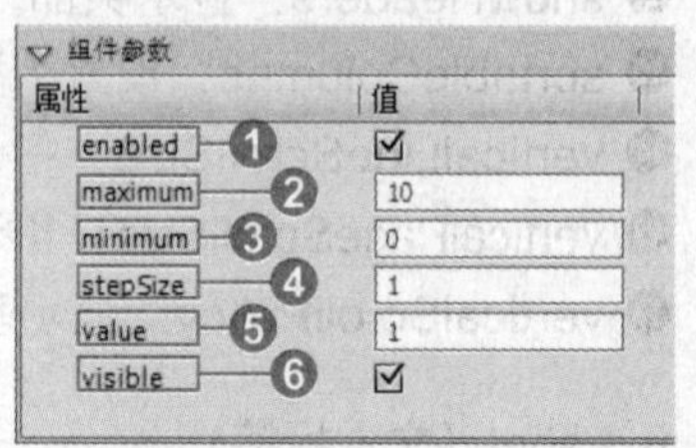

▲ 数字进阶组件参数

❶ enabled：设置数字进阶可用。
❷ maximum：设置可在步进器中显示的最大值，默认值为10。
❸ minimum：设置可在步进器中显示的最小值。
❹ stepSize：设置每次单击时步进器增大或减小的单位。默认值为1。
❺ value：设置在步进器的文本区域中显示的值，默认值为0。
❻ visible：设置数字进阶可见。

9. ProgressBar（进度栏）

进度栏组件显示加载内容的进度。ProgressBar（进度栏）可用于显示加载图像和部分应用程序的状态。加载进程可以是确定的，也可以是不确定的。

❶ direction：指示进度栏填充的方向。该值可以是right或left，默认值为right。
❷ enabled：设置进度栏可用。
❸ mode：进度栏运行的模式。此值可以是event、polled或manual，默认值为event。
❹ source：要转换为对象的字符串，它表示源的实例名称。
❺ visible：设置进度栏可见。

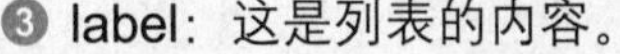

△ 进度栏组件　△ 进度栏组件

10. RadioButton（单选按钮）

单选按钮通常用在选项不多的情况下，它与复选框的差异在于它必须设定群组，同一群组的单选按钮不能复选。

❶ enabled：设置单选按钮可用。
❷ groupName：用来判断是否被复选的依据，同一群组内的单选按钮只能选择其一。
❸ label：这是列表的内容。
❹ labelPlacement：指标签放置的地方，是按钮的左边还是右边。
❺ selected：默认情况选择false。被选中的单选按钮中会显示一个圆点。一个组内只有一个单选按钮可以有表示被选中的值true。如果组内有多个单选按钮被设置为true，则会选中最后实例化的单选按钮。
❻ value：设置单选按钮的值。
❼ visible：设置单选按钮可见。

△ 单选按钮组件　△ 单选按钮组件参数

11. ScrollPane（滚动窗格）

滚动窗格组件在一个可滚动区域中显示影片剪辑、JPEG 文件和 SWF 文件。通过使用滚动窗格，可以限制这些媒体类型所占用的屏幕区域的大小。ScrollPane（滚动窗格）可以显示从本地磁盘或 Internet 加载的内容。

△ 滚动窗格组件

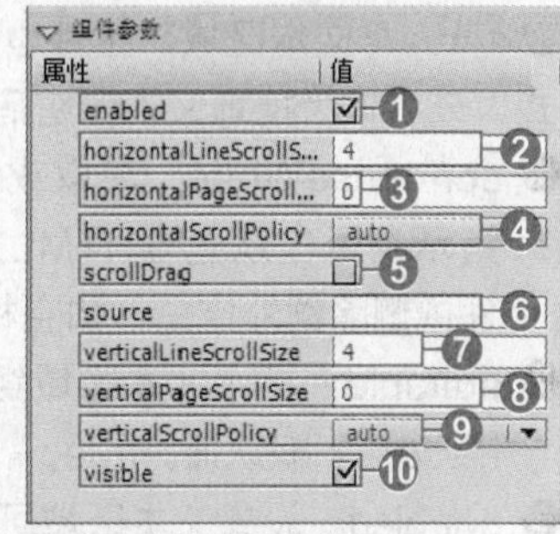

△ 滚动窗格组件参数

❶ enabled：设置滚动窗格可用。
❷ horizontalLineScrollSize：指示每次单击箭头按钮时水平滚动条移动的单位数，默认值为5。
❸ horizontalPageScrollSize：指示每次单击轨道时水平滚动条移动的单位数。默认值为20。
❹ horizontalScrollPolicy：显示水平滚动条。该值可以是on、off或auto，默认值为auto。
❺ scrollDrag：是一个布尔值，它确定当用户在滚动窗格中拖动内容时，是（true）、否（false）发生滚动，默认值为false。
❻ source：获取或设置以下内容，绝对或相对URL（该URL标识要加载的SWF或图像文件的位置）、库中影片剪辑的类名称、对显示对象的引用或者与组件位于同一层上的影片剪辑的实例名称。
❼ verticalLineScrollSize：指示每次单击滚动箭头时垂直滚动条移动的单位数，默认值为5。

❽ verticalPageScrollSize：指示每次单击滚动条轨道时垂直滚动条移动的单位数，默认值为20。
❾ verticalScrollPolicy：显示垂直滚动条。该值可以是on、off或auto，默认值为auto。
❿ visible：设置滚动窗格可见。

12. Silder（滑块）

通过使用Slider（滑块）组件，可以在滑块轨道的端点之间移动滑块来选择值。Slider（滑块）组件的当前值由滑块端点之间滑块的相对位置确定，端点对应于Slider（滑块）组件的minimum和maximum值。

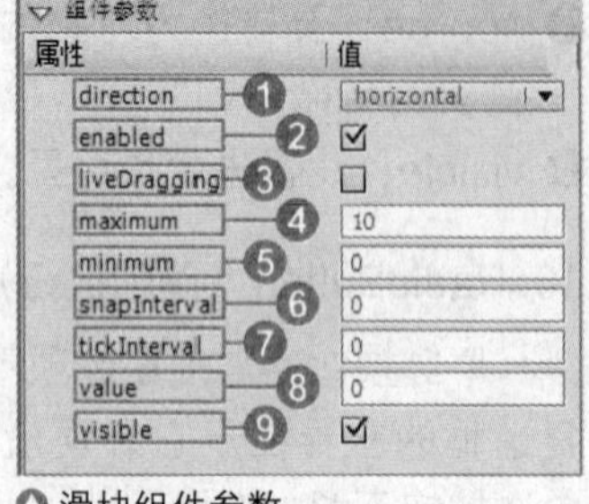

△ 滑块组件　△ 滑块组件参数

❶ direction：设置滑块的方向。
❷ enabled：设置滑块可用。
❸ liveDragging：获取或设置一个布尔值，该值指示在用户移动滑块时是否持续调度SliderEvent.CHANGE事件。
❹ maximum：滑块组件实例所允许的最大值。
❺ minimum：滑块组件实例所允许的最小值。
❻ snapInterval：获取或设置用户移动滑块时，值增加或减小的量。
❼ tickInterval：相对于组件最大值的刻度线间距。
❽ value：获取或设置滑块组件的当前值。
❾ visible：设置滑块可见。

13. TextArea（文本区域）

文本区域组件的效果等于将ActionScript的TextField对象进行换行。可以使用样式自定义TextArea（文本区域）组件；当实例被禁用时，其内容以disabledColor样式所指示的颜色显示。TextArea（文本区域）组件也可以采用HTML格式，或者作为掩饰文本的密码字段。

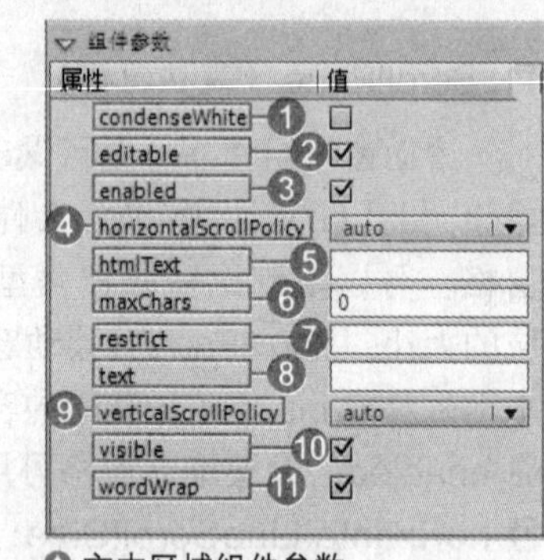

△ 文本区域组件　△ 文本区域组件参数

❶ condenseWhite：获取或设置一个值，该值指示是否应从包含HTML文本的文本标签组件中删除额外空白，如空格和换行符。
❷ editable：指示文本区域组件是（true）、否（false），默认值为true。
❸ enabled：设置文本区域可用。
❹ horizontalScrollPolicy：显示水平滚动条。该值可以是on、off或auto，默认值为auto。
❺ htmlText：指示文本是（true）、否（false）采用HTML格式。如果HTML设置为true，则可以使用字体标签来设置文本格式。默认值为false。
❻ maxChars：获取或设置在文本字段中输入的最大字符数。
❼ restrict：获取或设置文本字段从用户处接受的字符串。
❽ text：指示文本区域组件的内容。
❾ verticalScrollPolicy：显示垂直滚动条。该值可以是on、off或auto，默认值为auto。
❿ visible：设置文本区域可见。
⓫ wordWrap：指示文本是（true）、否（false）或自动换行。默认值为true。

14. TextInput（输入文本框）

输入文本框组件是单行文本组件，该组件是本机 ActionScript TextField 对象的包装。可以使用样式自定义 TextInput（输入文本框）组件；当实例被禁用时，它的内容会显示为 disabledColor 样式表示的颜色。TextInput（输入文本框）组件也可以采用 HTML 格式，或作为掩饰文本的密码字段。

△ 文本框组件

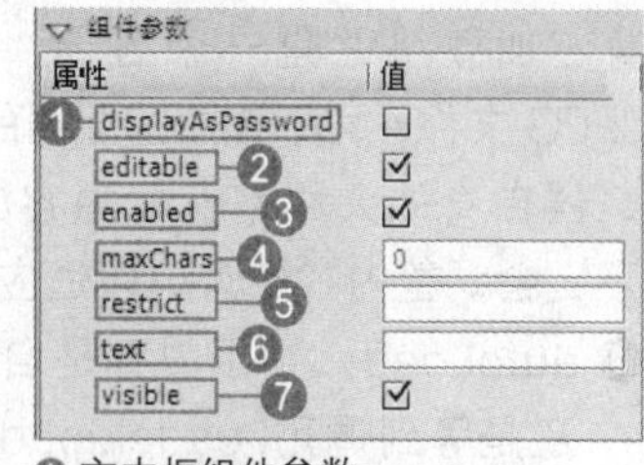

△ 文本框组件参数

❶ displayAsPassword：指示字段是（true）、否（false）为密码字段。默认值为false。
❷ editable：指示输入文本框组件是（true）、否（false）可编辑。默认值为true。
❸ enabled：设置输入文本框可用。
❹ maxChars：获取或设置可以在文本字段中输入的最大字符数。
❺ restrict：获取或设置文本字段从用户处接受的字符串。
❻ text：指定输入文本框组件的内容。
❼ visible：设置输入文本框可见。

15. TileList（平铺列表）

平铺列表组件提供呈行和列分布的网格，通常用来以“平铺”格式设置并显示图像。
❶ columnCount：获取或设置在列表中至少部分可见列的列数。
❷ columnWidth：获取或设置应用于列表中列的宽度，以像素为单位。
❸ dataProvider：获取或设置要查看的项目列表的数据模型。
❹ direction：获取或设置一个值，该值指示平铺列表组件是水平滚动还是垂直滚动。
❺ enabled：设置平铺列表可用。
❻ horizontalLineScrollSize：指示每次单击箭头按钮时水平滚动条移动的单位数。默认值为5。
❼ horizontalPageScrollSize：指示每次单击轨道时水平滚动条移动的单位数。其默认值为20。

△ 平铺列表组件

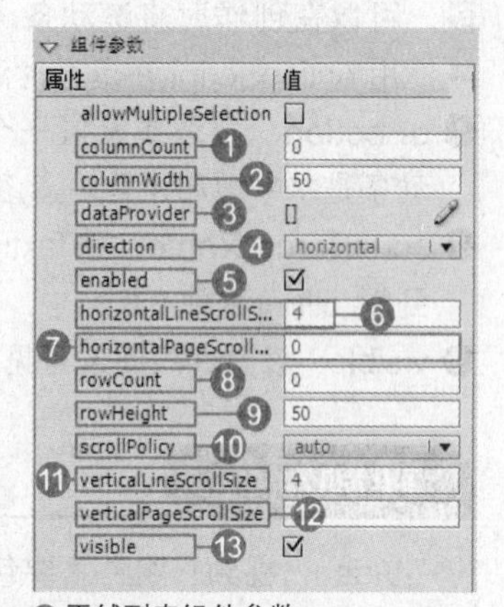

△ 平铺列表组件参数

❽ rowCount：获取或设置在列表中至少部分可见行的行数。
❾ rowHeight：指示每行的高度（以像素为单位）。更改字体大小不会更改行高度。默认值为20。
❿ scrollPolicy：获取或设置平铺列表组件的滚动策略。
⓫ verticalLineScrollSize：指示每次单击滚动箭头时垂直滚动条移动的单位数。默认值为5。
⓬ verticalPageScrollSize：指示单击滚动条轨道时，垂直滚动条移动的单位数。默认值为20。
⓭ visible：设置平铺列表可见。

16. UILoader（加载）

加载组件是一个容器，可以显示 SWF 或 JPEG 文件。可以缩放加载器的内容，或者调整加载器自身的大小来匹配内容的大小。默认情况下，会调整内容的大小以适应加载器。

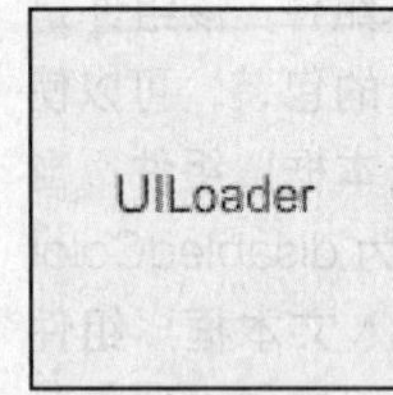

△加载组件

△加载组件参数

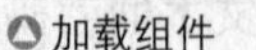

❶ autoLoad：指示内容是自动加载（true），还是等到调用Loader.load()方法时再进行加载（false），默认值为true。
❷ enabled：设置加载可用。
❸ maintainAspectRadio：获取或设置一个值，该值指示是要保持原始图像中使用的高宽比，还是要将图像的大小调整为加载组件的当前宽度和高度。
❹ scaleContent：指示是内容进行缩放以适合加载器（true），还是加载器进行缩放以适合内容（false），默认值为true。
❺ source：是一个绝对或相对的URL，它指示要加载到加载器的文件。相对路径必须是相对于加载内容的SWF文件的路径。
❻ visible：设置加载可见。

17. UIScrollBar（UI滚动条）

UI 滚动条组件允许将滚动条添加至文本字段。可以在创作时将滚动条添加至文本字段，或使用 ActionScript 在运行时添加。

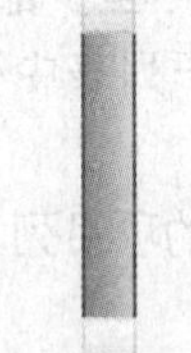
△UI滚动条组件

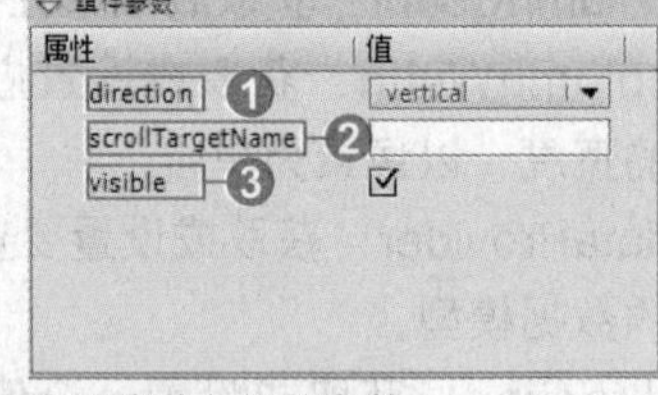

△UI滚动条组件参数

❶ direction：获取或设置一个值，该值指示滚动条是水平滚动还是垂直滚动。
❷ scrollTargetName：将TextField组件实例注册到ScrollBar组件实例中。
❸ visible：设置UI滚动条可见。

视频组件

Video（视频）组件主要包括 FLV PlayBack（FLV 回放）组件和一系列视频控制按键的组件。

1. FLV PlayBack（FLV回放）组件

通过 FLV 回放组件，可以轻松地将视频播放器包括在 Flash 应用程序中，以便播放通过 HTTP 渐进式下载的 Flash 视频 (FLV) 文件。

FLV PlayBack（FLV 回放）组件包括 FLV PlayBack（FLV 回放）自定义用户界面组件。

FLV Playback 组件是显示区域（或视频播放器）的组合，从中可以查看 FLV 文件以及允许对该文件进行操作的控件。FLV PlayBack（FLV 回放）自定义用户界面组件提供控制按钮和机制，可用于播放、停止、暂停 FLV 文件以及对该文件进行其他控制。这些控件包括 BackButton、BufferingBar、ForwardButton、MuteButton、PauseButton、PlayButton、PlayPauseButton、SeekBar、StopButton 和 VolumeBar 等。

2. FLV PlayBackCaptioning（FLV回放字幕）组件

FLV PlaybackCaptioning 组件可实现为 FLV Playback 组件加字幕。 FLVPlaybackCaptioning 组

件下载 Timed Text (TT) XML 文件，并将这些字幕应用于与该组件协同工作的 FLV Playback 组件。

△FLV回放字幕组件

△FLV回放字幕组件参数

❶ autoLayout：确定FLV PlaybackCaptioning组件是否可以自动移动TextField对象，并调整其大小以便添加字幕。

❷ captionTargetName：TextField对象或包括包含字幕的Textfield对象的MovieClip实例名称。

❸ flvPlaybackName：为添加字幕的FLVPlayback 实例设置FLVPlayback实例名称。

❹ showCaptions：用于显示字幕。true=显示字幕，false =不显示字幕。

❺ simpleFormatting：当设置为true时，限制来自于 Timed Text文件的格式设置指令。

❻ source：包含字幕信息的Timed Text XML文件的 URL（必需属性）。

另外，为了处理多个带宽的多个流，VideoPlayer 类使用支持 SMIL 的一个子集的辅助类 NCManager。SMIL 用于标识视频流的位置、FLV 文件的布局（宽和高、对应于不同带宽的源 FLV 文件，以及用于指定 FLV 文件的比特率和持续时间。

以下示例显示一个 SMIL 文件，该文件使用 RTMP 从 FMS 流式加载多个带宽 FLV 文件。

```
<smil>
<head>
<meta base="rtmp://myserver/myapp/" />
<layout>
<root-layout width="240" height="180"
/>
</layout>
</head>
<body>
<switch>
<ref src="myvideo_ cable.flv"
dur="3:00.1"/>
<video src="myvi-deo_isdn.flv" system-
bitrate="128000" dur="3:00.1"/>
<video src="myvi-deo_mdm.flv" system-
bitrate="56000" dur="3:00.1"/>
</switch>
</body>
</smil>
```

在 SMIL 文件的正文内，可以添加指向 FLV 源文件的单个链接；或者如果用户正在从 FMS 流式加载多个带宽的多个文件（如前面的示例中所示），则可以使用 <switch> 标签列出这些源文件。

<switch> 标签内的 video 和 ref 标签意义是相同的：也就是说，它们都可以使用 src 属性指定 FLV 文件。进一步讲，每种标签都可以使用 region、system-bitrate 和 dur 属性指定 FLV 文件的区域、所需的最小带宽和持续时间。

闪客高手：创建热气球升空动画

范例文件	Sample\Ch10\Unit29\plane-end.fla
初始文件	Sample\Ch10\Unit29\plane.fla
视频文件	Video\Ch10\Unit29\Unit29.wmv

1 打开 Sample\Ch10\Unit29\plane.fla 文件，在已经建好的文件中，建立好背景、热气球的层，使用遮罩限制显示空间，并添加边框效果。

2 选择舞台上的热气球实例，在“属性”面板中将其命名为beetle。

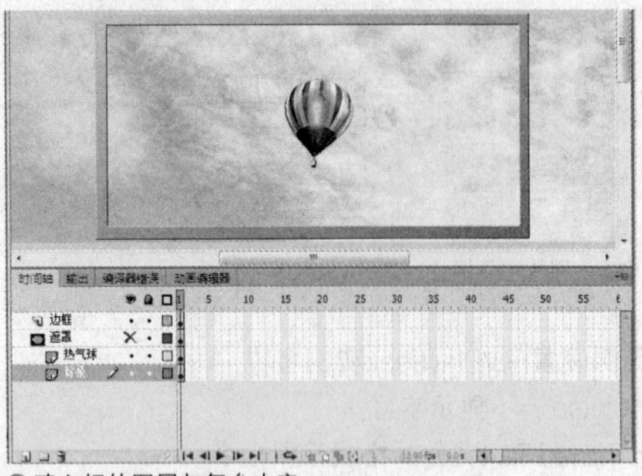

建立好的图层与舞台内容

❸ 取消选择任何一个舞台中的对象，单击属性面板“类”文本框后的“编辑类定义”按钮，在弹出的“创建ActionScript 3.0类”对话框的“类名称”文本框中输入code.plane。

“创建ActionScript 3.0类”对话框

❺ 按下快捷键Ctrl+S，在打开的对话框中将脚本保存到code目录下，文件名为plane.as。

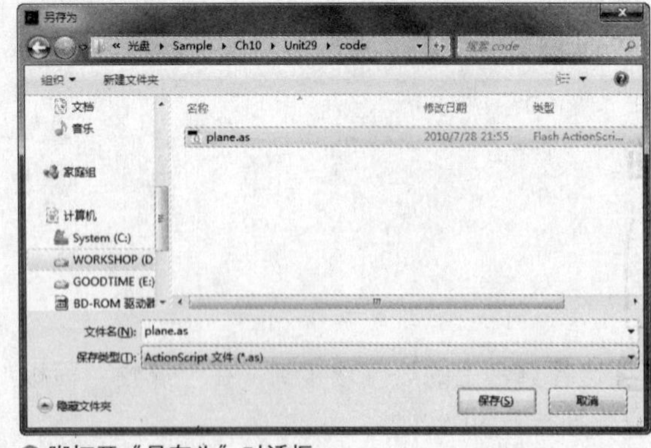

脚打开“另存为”对话框

命名实例

❹ 单击“确定”按钮后，Flash打开脚本窗口，并添加ActionScript代码。

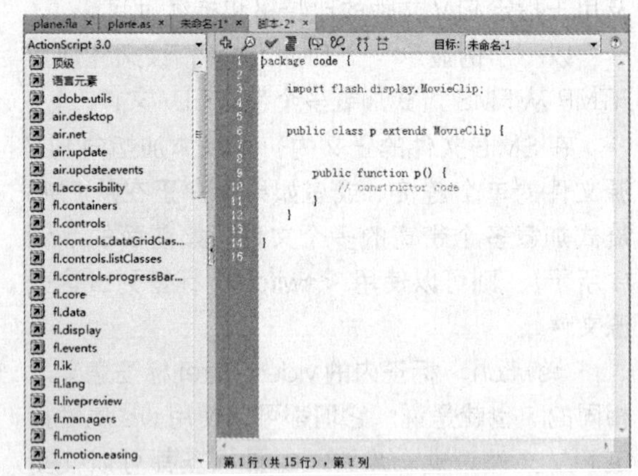

脚本窗口

❻ 单击“保存”按钮后，开始编辑脚本代码，将默认的代码删除，然后输入如下的代码（省去注释部分）。

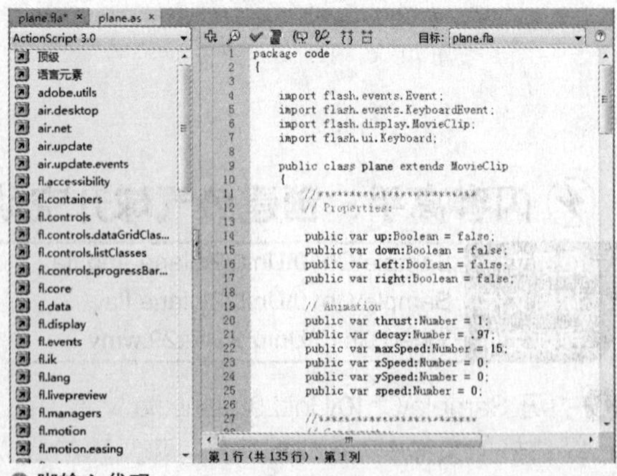

脚输入代码

```
//声明包位置
package code
```

```
{
//导入各类必要对象
    import flash.events.Event;
    import flash.events.KeyboardEvent;
    import flash.display.MovieClip;
    import flash.ui.Keyboard;
//声明类
    public class plane extends MovieClip
    {
        //设置属性
        public var up:Boolean = false;
        public var down:Boolean = false;
        public var left:Boolean = false;
        public var right:Boolean = false;
        //设置动画
        public var thrust:Number = 1;
        public var decay:Number = .97;
        public var maxSpeed:Number = 15;
        public var xSpeed:Number = 0;
        public var ySpeed:Number = 0;
        public var speed:Number = 0;
        //声明构造函数
        public function plane()
        {
            //监听键盘相应
stage.addEventListener(KeyboardEvent.KEY _ DOWN,keyPressHandler);
stage.addEventListener(KeyboardEvent.KEY _ UP,keyReleaseHandler);
            //每帧更新屏幕
addEventListener(Event.ENTER _ FRAME,enterFrameHandler);
        }
        //帧事件处理
        protected function enterFrameHandler(event:Event):void
        {
            //向左或向右旋转
            if( right ) {
                beetle.rotation += 10;
            }
            if( left ) {
                beetle.rotation -= 10;
            }
            if( up ) {
                //根据旋转计算速度与轨迹
                xSpeed += thrust*Math.sin(beetle.rotation*(Math.PI/180));
                ySpeed += thrust*Math.cos(beetle.rotation*(Math.PI/180));
                beetle.flames.visible = true;
            }
            else{
                // 释放上箭头键后降速
```

```
                    xSpeed *= decay;
                    ySpeed *= decay;
                    beetle.flames.visible = false;
                }
                //保持速度限制
                speed = Math.sqrt((xSpeed*xSpeed)+(ySpeed*ySpeed));
                if( speed > maxSpeed ){
                    xSpeed *= maxSpeed/speed;
                    ySpeed *= maxSpeed/speed;
                }
                //根据上述计算结果移动飞行器
                beetle.y -= ySpeed;
                beetle.x += xSpeed;
                // 当飞行器飞出舞台后，循环显示在舞台该边的对面
                if( beetle.y < 0 ){
                    beetle.y = 232;
                }
                if( beetle.y > 232 ){
                    beetle.y = 0;
                }
                if( beetle.x < 0 ){
                    beetle.x = 465;
                }
                if( beetle.x > 465 ){
                    beetle.x = 0;
                }
        }
                //键盘按下事件处理
    protected function keyPressHandler(event:KeyboardEvent):void
        {
                switch( event.keyCode )
                {
        //按下不同方向键后的赋值
                    case Keyboard.UP:
                        up = true;
                        break;
                    case Keyboard.DOWN:
                        down = true;
                        break;
                case Keyboard.LEFT:
                            left = true;
                        break;
                    case Keyboard.RIGHT:
                        right = true;
                        break;
                }
        }
                //键盘释放事件处理
```

```
        protected function keyReleaseHandler(event:KeyboardEvent):void
        {
            switch( event.keyCode )
            {
        //释放不同方向键后的赋值
                case Keyboard.UP:
                    up = false;
                    break;
                case Keyboard.DOWN:
                    down = false;
                    break;
                case Keyboard.LEFT:
                    left = false;
                    break;
                case Keyboard.RIGHT:
                    right = false;
                    break;
            }
        }
    }
}
```

7 按下快捷键Ctrl+Enter测试动画，按键盘上的不同方向键，可以控制动画中热气球的运动。

测试动画

Special page 在ActionScript 3.0开发中经常遇到的问题（一）

ActionScript 3.0 是一种强大的面向对象语言，它为 Flash Player 描绘了一种新的编程模型。为了帮助大家更容易地过渡到 ActionScript 3.0，笔者编辑了下面的开发技巧和在开发中可能会遇到的问题。

- 为所有变量、参数和返回值声明类型：为所有变量、参数和返回值声明类型不是必须的，且被认为是最好的习惯。它将帮助编译器给用户更多有用的错误信息，还会增强运行时的性能。因为虚拟机会认为用户事先知道所做的工作，如果没有声明，它将会给出一个警告。
- 没有访问方式的声明都默认是internal方式，而不是public：现在默认的访问方式是internal而不是public，这就是说该声明只对含有该声明的包可见，而不是对所有代码都可见。这一点和其他一些语言相一致，比如JAVA。因为ActionScript 2.0的声明默认是public，这个变化将很可能造成普遍的错误，所以要在声明前面加上访问方式，以让意图更加清楚。为了鼓励这个好习惯，ActionScript 3.0编译器将在没有访问方式声明的时候给出一个警告。

- 类默认都是封装（sealed）的，也就是说不能在运行时动态地添加属性：现在类可以是动态的（dynamic）或者封装的（sealed）。动态类可以在运行时添加动态属性；封装类则不行。因为不需要内部哈希表来保存动态的属性，封装类占用内存少，而且编译器可以对它提供更好的错误反馈。Class Foo这种声明就是封装的。如果要声明一个动态类，就使用dynamic关键字，比如dynamic class Foo。
- 使用包（package）声明把一个类放到一个包里面：Package是ActionScript 3.0中一个新的关键字。ActionScript 2.0 代码为class mx.controls.Button { … }，而ActionScript 3.0 代码为package mx.controls { class Button { .. } }。在ActionScript 2.0中，一个public类必须放在一个文件名和类名相同的文件中。多个类可能在同一个文件中声明，但是只有一个类可能是public，并且这个类的名字必须和文件名字相同。
- 始终标记方法的覆写：Override关键字可以帮助避免覆写方法时常见的错误，比如对一个被覆写的方法定义了错误的名字，或者被覆写的方法的名字改变导致的错误。这样做可以使包含有覆写方法的代码看起来更清晰。如果编译器能够知道一个方法是否试图覆写另外一个，它就能执行更好的检查。ActionScript 3.0中的override关键字是从C#的override关键字中获得的灵感。
- 在函数中定义返回类型：为一个函数定义返回类型是一个好习惯。如果忽略了返回类型，会出现一个警告，这是为了类型的安全性。这样一来就不会因没有写返回类型而得到默认的Object返回类型。如果一个函数没有返回任何值，则将它的返回类型声明为void。
- 解除一个null或者undefined的引用将会抛出一个异常：解除一个null或者undefine的引用，在以前的ActionScript中会被忽略并且定义引用为undefined。现在，会出现一个TypeError异常。提防无意中解除的null或undefined引用，并且依靠它报告错误的特性。这种新的抛出异常的特性与ECMAScript定义相符合。
- 导入类，即使对这个类的引用都是完全合法的：要使用MyPackage.MyClass类，必须先导入它。import MyPackage.MyClass；你必须这样做，即使所有的引用都是完全合法的。并且要使用完整的名字MyPackage.MyClass。在ActionScript 3.0中，import语句表明你想要使用一个来自另外一个包中的类，而在ActionScript 2.0中，它只是用来帮助记忆类名。在ActionScript 3.0中，完整的类名只是用来消除歧义，而不再是import语句的替代品。也可以使用(*)通配符来导入一个包中的所有类：import MyPackage.*;。

Chapter 11

深入了解 ActionScript 3.0

本章知识点

Unit 30	处理字符串	创建字符串
		处理字符串
Unit 31	处理数组	创建数组
		使用数组元素
Unit 32	处理日期和时间	使用 Date 类
		使用 Timer 类
Unit 33	处理事件	事件基础　　事件流
		事件对象
		事件侦听器

章前自测题

1.在ActionScript 3.0中，哪种类包含使用户能够使用文本字符串的方法?

2.数组是一种编程元素，它用作一组项目的容器，可以使用Array类的哪些方法将元素插入数组?

3.ActionScript 3.0提供了多种强大的手段来管理日历日期、时间和时间间隔。哪两个主类提供了大部分的计时功能?

4.在ActionScript 3.0新的事件处理系统中，事件对象有哪两个主要用途?

UNIT 30 处理字符串

String类包含使用户能够使用文本字符串的方法。在处理许多对象时，字符串都十分重要。本节介绍的方法对于处理在对象（如TextField、StaticText、XML、ContextMenu和File-Reference对象）中使用的字符串很有帮助。

创建字符串

在编程语言中，字符串是指文本值，即串在一起而组成单个值的一系列字母、数字或其他字符。例如，下面一行代码创建一个数据类型为 String 的变量，并为该变量赋予一个文本字符串值。

```
var albumName:String = "Three for the money";
```

正如此示例所示，在 ActionScript 中可使用双引号或单引号将本文引起来以表示字符串值。以下是另外的字符串示例。

```
"Hello"
"555-7649"
"http://www.adobe.com/"
```

每当在 ActionScript 中处理一段文本时，都会用到字符串值。ActionScript String 类是一种可用来处理文本值的数据类型。String 实例通常用于很多其他 ActionScript 类中的属性、方法参数等。

在 ActionScript 3.0 中，String 类用于表示字符串（文本）数据。ActionScript 字符串既支持 ASCII 字符也支持 Unicode 字符。创建字符串最简单的方式是使用字符串文本。声明字符串文本，要使用双引号或单引号字符。例如，以下两个字符串是等效的。

```
var str1:String = "hello";
var str2:String = 'hello';
```

还可以使用 new 运算符来声明字符串，如下代码所示。

```
var str1:String = new String("hello");
var str2:String = new String(str1);
var str3:String = new String();         // str3 == ""
```

下面的两个字符串也是等效的。

```
var str1:String = "hello";
var str2:String = new String("hello");
```

每个字符串都有 length 属性，其值等于字符串中的字符数。

```
var str:String = "Adobe";
trace(str.length);              // 输出：5
```

空字符串和 null 字符串的长度均为 0，如下例所示。

```
var str1:String = new String();
trace(str1.length);             // 输出：0
str2:String = '';
trace(str2.length);             // 输出：0
```

处理字符串

字符串中的每个字符都有一个索引位置（整数）。其中第一个字符的索引位置为 0，依次往后顺延。例如下例中，字符 y 的位置为 0，而 w 的位置为 5。

```
"yellow"
```

可以使用 charAt() 方法和 charCodeAt() 方法检查字符串各个位置上的字符。

```
var str:String = "hello world!";
for (var:i = 0; i < str.length; i++)
{
    trace(str.charAt(i), "-", str.char
CodeAt(i));
}
```

运行此代码时，会产生如下输出。

```
h - 104
e - 101
l - 108
l - 108
o - 111
  - 32
w - 119
o - 111
r - 114
l - 108
d - 100
! - 33
```

还可以通过字符代码，使用 fromCharCode () 方法定义字符串，如下所示。

```
var myStr:String = String.fromCharCode
(104,101,108,108,111,32,119,111,114,108,100
,33);   // 将 myStr 设置为"hello world!"
```

1. 比较字符串

可以使用以下运算符比较字符串：<、<=、!=、==、=> 和 >。这些运算符可以和条件语句（如 if 和 while）一起使用，如下所示。

```
var str1:String = "Apple";
var str2:String = "apple";
if (str1 < str2)
{
    trace("A < a, B < b, C < c, ...");
}
```

将这些运算符用于字符串时，ActionScript 会使用字符串中每个字符的字符代码值从左到右比较各个字符，如下所示。

```
trace("A" < "B");            // true
trace("A" < "a");            // true
trace("Ab" < "az");          // true
trace("abc" < "abza");       // true
```

使用上述运算符可比较两个字符串，也可以将字符串与其他类型的对象进行比较，如下所示。

```
var str1:String = "1";
var str1b:String = "1";
var str2:String = "2";
trace(str1 == str1b);        // true
trace(str1 == str2);         // false
var total:uint = 1;
trace(str1 == total);        // true
```

2. 连接字符串

字符串连接的含义是：将两个字符串按顺序合并为一个字符串。例如，可以使用 + 运算符连接两个字符串。

```
var str1:String = "green";
var str2:String = "ish";
var str3:String = str1 + str2; // str3 == "greenish"
```

还可以使用 += 运算符来得到上例相同的结果，如下所示。

```
var str:String = "green";
str += "ish"; // str == "greenish"
```

此外，String 类还包括 concat() 方法，可按如下方式对其进行使用。

```
var str1:String = "Bonjour";
var str2:String = "from";
var str3:String = "Paris";
var str4:String = str1.concat(" ", str2, " ", str3);
// str4 == "Bonjour from Paris"
```

如果使用 + 运算符（或 += 运算符）对 String 对象和“非”字符串的对象进行运算，ActionScript 会自动将非字符串对象转换为 String 对象以计算该表达式，如下所示。

```
var str:String = "Area = ";
var area:Number = Math.PI * Math.pow(3, 2);
str = str + area; // str == "Area = 28.274333882308138"
```

3. 转换字符串

如下所示，toLowerCase() 方法和 toUpper Case() 方法分别将字符串中的英文字母字符转换为小写和大写。

```
var str:String = "Dr. Bob Roberts, #9."
trace(str.toLowerCase());   // dr. bob roberts, #9.
trace(str.toUpperCase());   // DR. BOB ROBERTS, #9.
```

执行完这些方法后，源字符串仍保持不变。要转换源字符串，请使用下列代码。

```
str = str.toUpperCase();
```

这些方法可处理扩展字符，而并不仅限于 a-z 和 A-Z。

```
var str:String = "Jose Barca";
trace(str.toUpperCase(), str.toLowerCase());
// JOSE BARCA jose barca
```

闪客高手：创建楼盘图像效果

范例文件	Sample\Ch11\Unit30\asciiArtapp-end.fla
初始文件	Sample\Ch11\Unit30\asciiArtapp.fla
视频文件	Video\Ch11\Unit30\Unit30.wmv

1 打开Sample\Ch11\Unit30\asciiArtapp.fla文件，首先将UILoader组件命名为uiLoader，TextArea组件命名为asciiArtText，button组件命名为nextImageBtn。

2 在按钮的左侧，还有一个使用组件Label制作的影片剪辑，在“属性”面板中将这个影片剪辑实例命名为sourceImage。

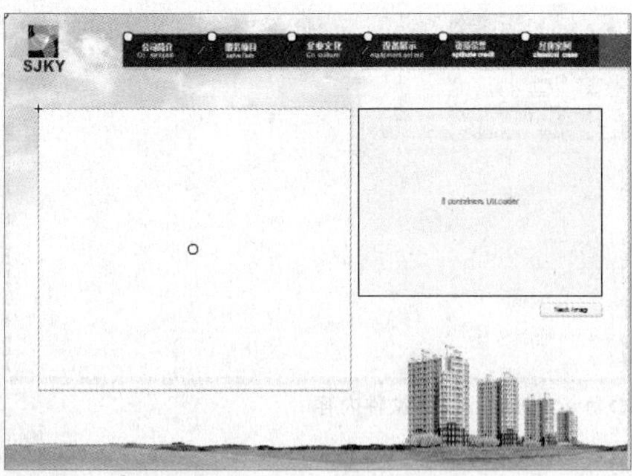

舞台中的组件和按钮

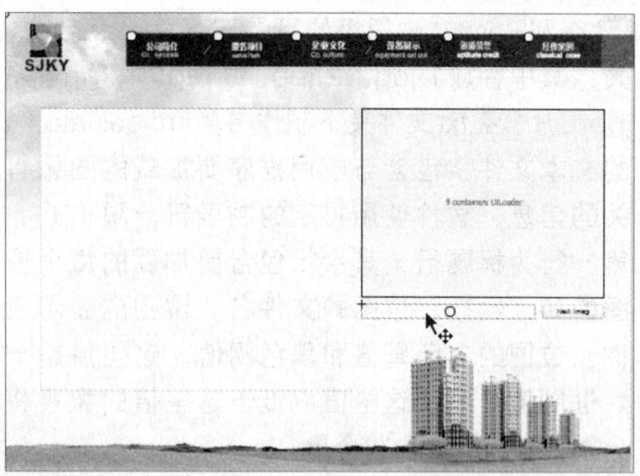

影片剪辑实例

3 选中Layer 1图层的第一帧，按下F9键打开“动作”面板，输入如下代码（省去注释部分）。

```
//导入code\asciiArt文件夹下的ImageInfo.as
import code.asciiArt.ImageInfo;
//导入code\asciiArt文件夹下的AsciiArt
Builder.as
import code.asciiArt.AsciiArtBuilder;
//声明对象
var asciiArt:AsciiArtBuilder = new
AsciiArtBuilder();
asciiArt.addEventListener("ready",
imageReady);
//当按钮被按下后监听事件
nextImageBtn.addEventListener
(MouseEvent.CLICK, nextImage);
//声明文字格式对象
var tf:TextFormat = new TextFormat();
//声明字体
tf.font = "_typewriter";
//声明字号
tf.size = 8;
//设置文字样式
asciiArtText.setStyle("textFormat",tf);
//当载入并准备显示图像时调用
function imageReady(event:Event):void
{
    updatePreview();
}
//当next image按钮被按下后调用
function nextImage(e:MouseEvent):void
{
```

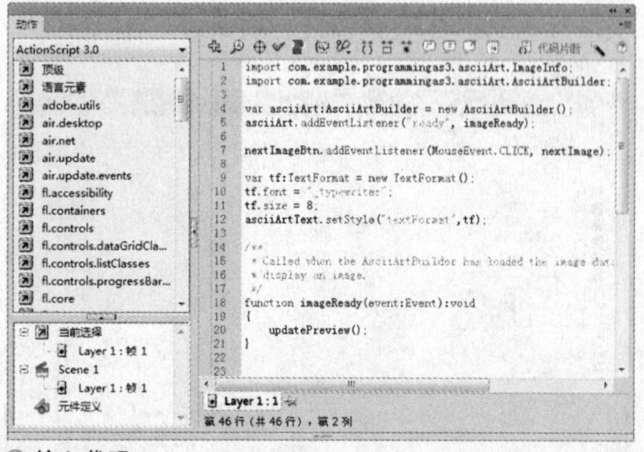

输入代码

```
    //前进到下一张图像
    asciiArt.next();
//更新图像预览
    updatePreview();
}
//使用当前图形的asciiArt对象更新图像预览的显
示，包括标题和图像本身
function updatePreview():void
{
    var imageInfo:ImageInfo =
asciiArt.currentImage.info;
    uiLoader.load(new URLRequest(Ascii
ArtBuilder.IMAGE_PATH + imageInfo.
fileName));
    sourceImage.text = imageInfo.title;
    asciiArtText.text = asciiArt.ascii
ArtText;
}
```

4 在和Flash文件同级的目录下建立image文件夹，其中存放1.jpg、2.jpg、3.jpg、4.jpg和5.jpg图片，在txt文件夹下制作名为ImageData.txt的文本文件，包含与应用程序要加载的图像有关的信息。文件使用特定的制表符分隔格式。第一行为标题行，其余行包含要加载的每个位图的如下数据：位图的文件名、位图的显示名称、位图的白色阈值和黑色阈值。这些值是十六进制值，高于这些值或低于这些值的像素将分别被认为是全白或全黑。

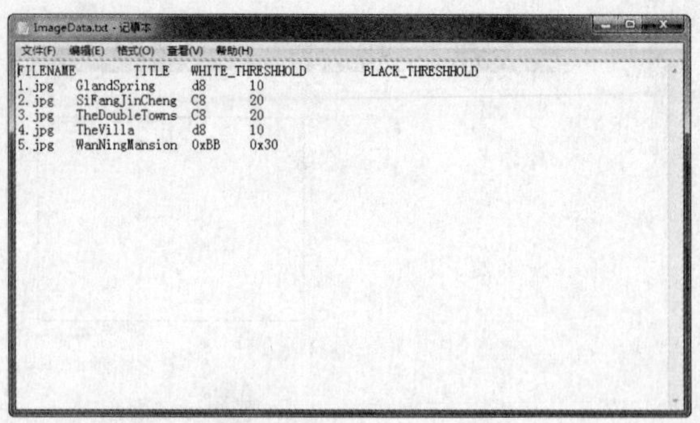

FILENAME	TITLE	WHITE_THRESHHOLD	BLACK_THRESHHOLD
1.jpg	GlandSpring	d8	10
2.jpg	SiFangJinCheng	C8	20
3.jpg	TheDoubleTowns	C8	20
4.jpg	TheVilla	d8	10
5.jpg	WanNingMansion	0xBB	0x30

△ImageData.txt文本文件内容

5 执行“文件>新建”命令，在打开的对话框中选择“ActionScript文件”选项。

6 然后单击“确定”按钮，Flash会打开一个空白的脚本窗口。

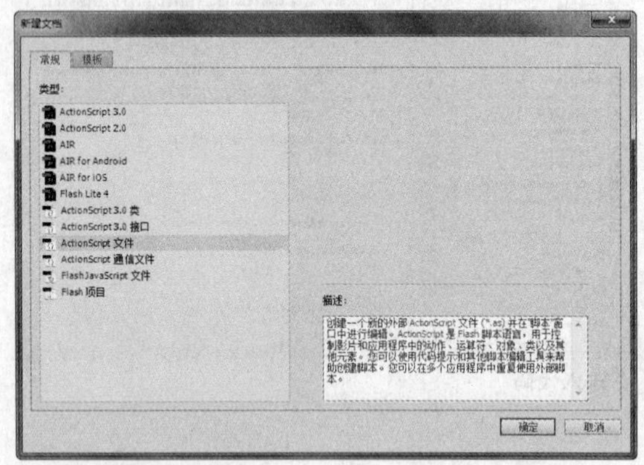

△“新建文档”对话框

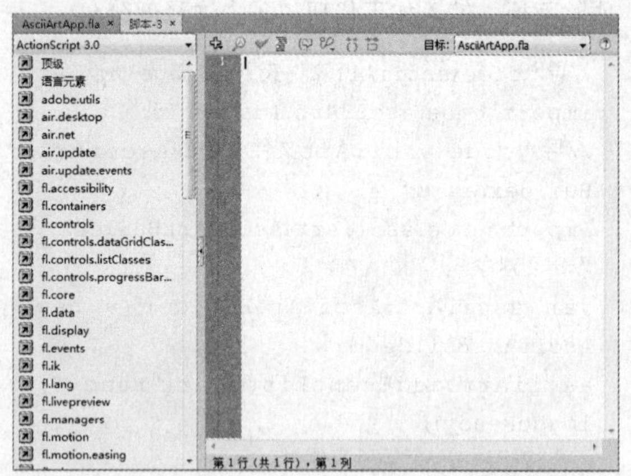

△脚本窗口

7 按下快捷键Ctrl+S，在打开的对话框中将脚本保存到com\example\programmingas3\asciiArt目录下，文件名为ImageInfo.as。

8 按照同样的方法在com\example\programmingas3\asciiArt文件夹下建立Image.as、BitmapToAsciiConverter.as和AsciiArt Builder.as文件。

9 打开ImageInfo.as文件，该文件表示 ASCII字符图像的元数据（如标题、图像文件URL 等），输入如下代码（省去注释部分）。

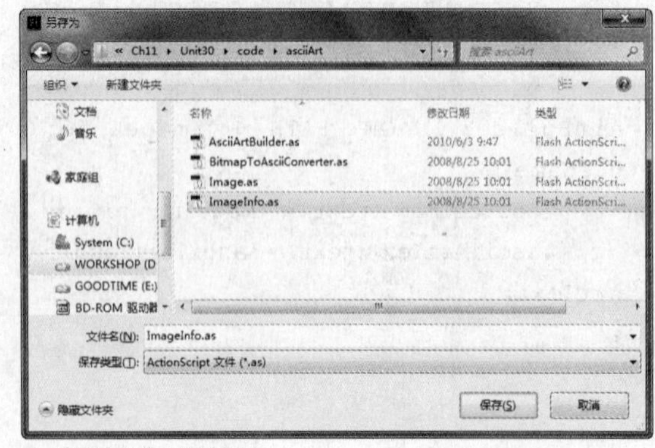

△“另存为”对话框

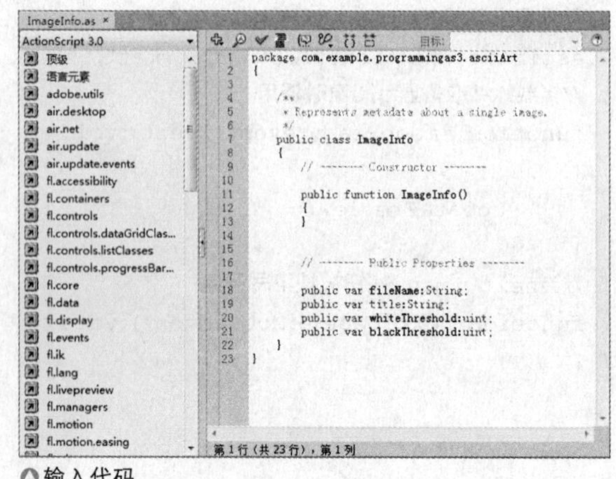

△输入代码

```
//声明包位置
package com.example.programmingas3.
asciiArt
{
    //表示图像的元数据
    public class ImageInfo
    {
        //声明构造函数
        public function ImageInfo()
        {
        }
        //声明属性
        public var fileName:String;
        public var title:String;
        public var whiteThreshol-
d:uint;
        public var blackThreshol-
d:uint;
    }
}
```

10 打开Image.as文件，它表示所加载的位图图像，输入如下代码（省去注释部分）。

```
//声明包位置
package com.example.programmingas3.
asciiArt
{
//导入各类必要对象
    import flash.events.Event;
    import flash.display.Loader;
    import flash.net.URLRequest;
    import flash.display.Bitmap;
    import flash.display.BitmapData;
    import flash.events.EventDispatc-
her;
    import code.asciiArt.AsciiArtBu-
ilder;
    //表示载入的图像和图像的元数据
    public class Image extends Event
Dispatcher
    {
        //声明私有变量
        private var _loader:Loader;
        //声明构造函数
        public function Image(im-
ageInfo:ImageInfo)
        {
            this.info = imageInfo;
            _loader = new Lo-ader();
_loader.contentLoaderInfo.addEvent
Listener(Event.COMPLETE, complete
Handler);
        }
        //声明公共属性
        public var info:ImageInfo;
        //声明公共方法
        public function getBitmap
Data():BitmapData
        {
            return Bitmap(_
loader.content).bitmapData;
        }
        //载入和实例联系的图像文件
        public function load():void
        {
            var request:URL
Request = new URLRequest (Ascii Art
Builder.IMAGE_PATH + info.fileName);
            _loader.load(requ-
est);
        }
        //事件处理
        //当和实例相联系的图像被完全载
入时调用
        private function complete
Handler(event:Event):void
        {

dispatchEvent(event);
        }
    }
}
```

△ 输入代码

11 打开BitmapToAsciiConverter.as文件，它提供了用于将图像数据转换为字符串版本的parseBitmapData()方法，输入如下代码（省去注释部分）。

```
//声明包位置
package com.example.programmingas3.asciiArt
{
    //导入各类必要对象
    import flash.display.BitmapData;
    //提供位图转换为Ascii图形的功能
    public class BitmapToAsciiConverter
    {
    //声明私有变量
        private static const _resolution:Number = .025;
        private var _data:BitmapData;
        private var _whiteThreshold:Number;
        private var _blackThreshold:Number;
    //字符按从最暗到最亮的顺序排列，所以它们在字符串中的位置（索引）对应于一个相对颜色值（0 = 黑色）
        private static const palette: String = "@#$%&8BMW*mwqpdbkhaoQ0OZXYUJCLtfjzxnuvcr[]{}1()|/?Il!i><+_~-;,. ";
        //声明构造函数
        public function BitmapToAsciiConverter(image:Image)
        {
            this._data = image.getBitmapData();
            this._whiteThreshold = image.info.whiteThreshold;
            this._blackThreshold = image.info.blackThreshold;
        }
        //声明公共方法
        public function parseBitmapData():String
        {
            var rgbVal:uint;
            var redVal:uint;
            var greenVal:uint;
            var blueVal:uint;
            var grayVal:uint;
            var index:uint;
            //决定显示图像的尺寸，即字符的行数和每行的字符数
            var verticalResolution:uint = Math.floor(_data.height * _resolution);
            //由于字符不是矩形的，因此乘以0.45保持原有图像的缩放。
            var horizontalResolution:uint = Math.floor(_data.width * _resolution * 0.45);
            var result:String = "";
            //自上向下遍历所有像素行
            for (var y:uint = 0; y < _data.height; y += vertical Resolution)
            {
            //在每一行中，自左向右遍历所有像素
            for (var x:uint = 0; x < _data.width; x += horizontal Resolution)
                {
            //取出像素独立的红、绿、蓝值
            rgbVal = _data.getPixel(x, y);
            redVal = (rgbVal & 0xFF0000) >> 16;
            greenVal = (rgbVal & 0x00FF00) >> 8;
```

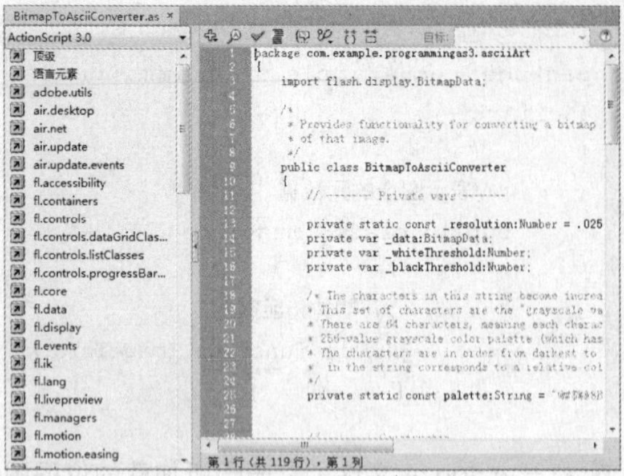

△ 输入代码

```
                    blueVal = rgbVal & 0x0000FF;
                    //计算像素的灰度，灰度的转换公式为Y = 0.3*R + 0.59*G + 0.11*B
                    grayVal = Math.floor(0.3 * redVal + 0.59 * green
Val + 0.11 * blueVal);
                    //从images.txt文件中读取的黑白阈值决定了转换为灰度值的界
限，高于这些值或低于这些值的像素将分别被认为是全白或全黑的
                    if (grayVal > _whiteThreshold)
                    {
                        grayVal = 0xFF;
                    }
                    else if (grayVal < _blackThreshold)
                    {
                        grayVal = 0x00;
                    }
                    else
                    {
                        //调整调色板，使黑色阈值以0x00表示，白色阈值以0xFF表示
                        grayVal = Math.floor(0xFF * ((grayVal - _
blackThreshold) / (_whiteThreshold - _blackThreshold)));
                    }
                    //将位于 0-255 范围内的灰度值转换为介于 0-64 之间的一个值
                    index = Math.floor(grayVal / 4);
                    result += palette.charAt(index);
                }
                result += "\n";
            }
            return result;
        }
    }
}
```

12 打开AsciiArtBuilder.as文件，它提供了应用程序主要功能，包括了从文本文件中提取图像元数据、加载图像和管理图像到文本的转换过程等功能，输入如下代码（省去注释部分）。

输入代码

```
//声明包位置
package com.example.programmingas3.
asciiArt
{
//导入各类必要对象
    import flash.events.Event;
    import flash.events.EventDispatc-
her;
    import flash.net.URLLoader;
    import flash.net.URLRequest;
    import code.asciiArt.BitmapTo
AsciiConverter;
    import code.asciiArt.Image;
```

```
    import code.asciiArt.ImageInfo;
    /声明类
    public class AsciiArtBuilder extends EventDispatcher
    {
            //声明私有变量
            private const DATA _ TARGET:String = "txt/ImageData.txt";
            private var _ imageInfoLoader:URLLoader;
            private var _ imageStack:Array;
            private var _ currentImageIndex:uint;
            //声明构造函数
            public function AsciiArtBuilder()
            {
                    _ imageStack = new Array();
                    var request:URLRequest = new URLRequest(DATA _ TARGET);
                    _ imageInfoLoader = new URLLoader();
    _ imageInfoLoader.addEventListener(Event.COMPLETE, imageInfoCompleteHandler);
                    _ imageInfoLoader.load(request);
            }
            //声明公共属性
            public static const IMAGE _ PATH:String = "image/";
            public var asciiArtText:String = "";
            public function get currentImage():Image
            {
                    return _ imageStack[ _ currentImageIndex];
            }
            //事件处理
            //当图像信息文本文件被载入时调用
            private function imageInfoCompleteHandler(event:Event):void
            {
                    var allImageInfo:Array = parseImageInfo();
                    buildImageStack(allImageInfo);
            }
            //当第一张图像被载入时调用
            private function imageCompleteHandler(event:Event):void
            {
                    //移动到堆栈的第一张图像
                    next();
                    //程序完成初始化载入后处理事件
                    var readyEvent:Event = new Event("ready");
                    dispatchEvent(readyEvent);
            }
            //声明公共方法
            //前进到图像堆栈的下一幅图片，并使用图像的ASCII表示方法设置属性
            public function next():void
            {
                    //前进到当前图像
                    _ currentImageIndex++;
                    if ( _ currentImageIndex == _ imageStack.length)
```

```
                {
                        _ currentImageIndex = 0;
                }
                //生成当前图像的ASCII版
                var  imageConverter:BitmapToAsciiConverter  =  new
BitmapToAsciiConverter(this.currentImage);
                this.asciiArtText = imageConverter.parseBitmapData();
        }
        //声明私有方法
         //分析包含要载入图像信息的载入文本文件的内容，并创建一个ImageInfo实例
        private function parseImageInfo():Array
        {
                var result:Array = new Array();
                //分析文本文件内容，并把内容放入ImageInfo数组实例，每一行的文字包含一张图片
的信息，包括文件名、标题、白色阈值、黑色阈值等，遍历文本文件的每一行
                var lines:Array =
_ imageInfoLoader.data.split("\n");
                var numLines:uint = lines.length;
                for (var i:uint = 1; i < numLines; i++)
                {
                        var imageInfoRaw:String = lines[i];
                        imageInfoRaw = imageInfoRaw.replace(/^ *(.*) *$/, "$1");
                        if (imageInfoRaw.length > 0)
                        {
                                //创建一条新的图像信息记录并将其添加到图像信息数组中
                                var imageInfo:ImageInfo = new ImageInfo();
                                //将当前行分割为由制表符 (\t) 分隔的多个值，并且提取出各个
属性
                                var  imageProperties:Array  =  imageInfoRaw.
split("\t");
                                imageInfo.fileName = imageProperties[0];
                                imageInfo.title = normalizeTitle(imageProperties
[1]);
                                imageInfo.whiteThreshold = parseInt(imageProper-
ties[2], 16);
                                imageInfo.blackThreshold = parseInt(imageProper-
ties[3], 16);
                        result.push(imageInfo);
                                }
                }
                return result;
        }
         //使用一种标准格式显示所有图像标题，即标题中每一个单词的第一个字母均为大写形式
        private function normalizeTitle(title:String):String
        {
                var words:Array = title.split(" ");
                var len:uint = words.length;
                for(var i:uint; i < len; i++)
```

```
                {
                        words[i] = capitalizeFirstLetter(words[i]);
                }
                return words.join(" ");
        }
//将单个单词的第一个字母变为大写形式，除非该单词属于英语中通常不大写的一组单词之一
        private function capitalizeFirstLetter(word:String):String
        {
                switch (word)
                {
                        case "and":
                        case "the":
                        case "in":
                        case "an":
                        case "or":
                        case "at":
                        case "of":
                        case "a":
                //不对这些单词执行任何操作
                                break;
                        default:
                //对于其它任何单词，则会将其第一个字符变为大写形式
                                var firstLetter:String = word.substr(0, 1);
                                firstLetter = firstLetter.toUpperCase();
                                var otherLetters:String = word.substring(1);
                                word = firstLetter + otherLetters;
                }
                return word;
        }
          //使用一个ImageInfo实例数组（包含载入到图像堆栈的图像文件的数据），分析图像堆栈
        private function buildImageStack(imageInfo:Array):void
        {
                var image:Image;
                var oneImageInfo:ImageInfo;
                var listenerAdded:Boolean = false;
                var numImages:uint = imageInfo.length;
                for (var i:uint = 0; i < numImages; i++)
                {
                        _currentImageIndex = 0;
                        oneImageInfo = imageInfo[i];
                        image = new Image(oneImageInfo);
                        _imageStack.push(image);
                        if(!listenerAdded)
                        {
image.addEventListener(Event.COMPLETE, imageCompleteHandler);
                                listenerAdded = true;
                        }
                        image.load();
```

```
            }
        }
    }
}
```

⑬ 按下快捷键Ctrl+Enter测试动画，当载入第一张图片后，Flash将自动以ASCII码的形式显示图片。单击Next Image按钮后，显示其他图片的ASCII图。

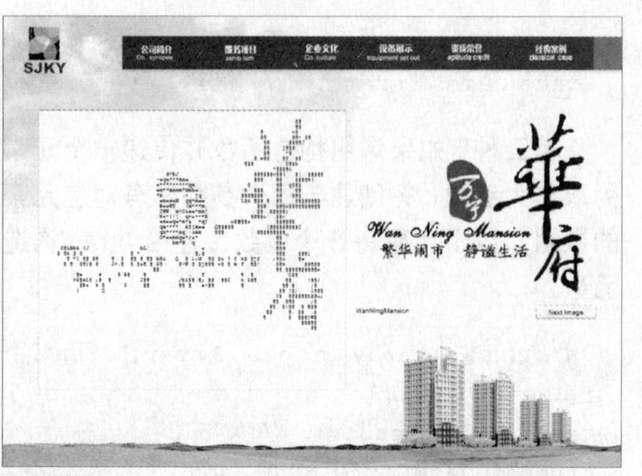

△ 测试动画

UNIT 31 处理数组

使用数组可以在单数据结构中存储多个值，可以使用简单的索引数组（使用固定有序整数索引存储值），也可以使用复杂的关联数组（使用任意键存储值）。数组可以是多维的，即包含本身是数组的元素。本节讨论如何创建和操作各种类型的数组。

创建数组

数组是一种编程元素，它用作一组项目的容器，如一组歌曲。通常，数组中的所有项目都是相同类的实例，但这在 ActionScript 中并不是必需的。数组中的各个项目称为数组的“元素”。可以将数组视为变量的“文件柜”。可以将变量作为元素添加到数组中，就像将文件夹放到文件柜中一z样。文件柜中包含文件后，可以将数组作为单个变量使用（就像将整个文件柜搬到其他地方）；将这些变量作为组使用（就像逐个浏览文件夹以搜索一条信息）；或者也可以分别访问它们（就像打开文件柜并选择单个文件夹）。

最常见的 ActionScript 数组类型是“索引数组”，此数组将每个项目存储在编号位置（称为“索引”），可以使用该编号来访问项目，如地址。Array 类用于表示索引数组。索引数组可以很好地满足大多数编程需要，它的一个特殊用途是多维数组，此索引数组的元素也是索引数组（这些数组又包含其他元素）。

索引数组存储一系列经过组织的单个或多个值，其中的每个值都可以通过使用一个无符号整数值进行访问。第一个索引始终是数字 0，且添加到数组中的每个后续元素的索引以 1 为增量递增。正如以下代码所示，可以调用 Array 类构造函数或使用数组文本初始化数组来创建索引数组。

```
// 使用 Array 构造函数。
var myArray:Array = new Array();
myArray.push("one");
myArray.push("two");
myArray.push("three");
trace(myArray); // 输出：one,two,three
// 使用数组文本。
var myArray:Array = ["one", "two",
"three"];
trace(myArray); // 输出：one,two,three
```

Array 构造函数有 3 种方式。第一种，调用不带参数的构造函数，得到空数组。可使用 Array 类的 length 属性来验证数组是否包含元素。例如，下例调用不带参数的 Array 构造函数。

```
var names:Array = new Array();
trace(names.length); // 输出：0
```

第二种，如果将一个数字用作 Array 构造函数的唯一参数，则会创建长度等于此数值的数组，并且每个元素的值都设置为 undefined。例如，以下代码调用带有一个数字参数的 Array 构造函数。

```
var names:Array = new Array(3);
trace(names.length); // 输出：3
trace(names[0]); // 输出：undefined
trace(names[1]); // 输出：undefined
trace(names[2]); // 输出：undefined
```

第三种，如果调用构造函数并传递一个元素列表作为参数，将创建与每个参数具有对应元素的数组。以下代码将 3 个参数传递给 Array 构造函数。

```
var names:Array = new Array("John",
"Jane", "David");
trace(names.length); // 输出：3
trace(names[0]); // 输出：John
trace(names[1]); // 输出：Jane
trace(names[2]); // 输出：David
```

使用数组元素

1. 插入数组元素

可以使用 Array 类的 3 种方法（push()、unshift() 和 splice()）将元素插入数组。push() 方法用于在数组末尾添加一个或多个元素。换言之，使用 push() 方法在数组中插入的最后一个元素将具有最大索引号。unshift() 方法用于在数组开头插入一个或多个元素。

并且始终在索引号 0 处插入。splice() 方法用于在数组中指定的索引处插入任意数目的项目。

下面的示例对 3 种方法进行了说明。它创建一个名为 planets 的数组，以便按照距离太阳的远近顺序存储各个行星的名称。首先，调用 push() 方法以添加初始项 Mars。然后，调用 unshift() 方法在数组开头插入项 Mercury。最后，调用 splice() 方法在 Mercury 之后和 Mars 之前分别插入项 Venus 和 Earth。传递给 splice() 的第一个参数是整数 1，它用于指示从索引 1 处开始插入。传递给 splice() 的第二个参数是整数 0，它表示不删除任何项。传递给 splice() 的第三个和第四个参数 Venus 和 Earth 为要插入的项。

```
var planets:Array = new Array();
planets.push("Mars");                 // 数组内容：Mars
planets.unshift("Mercury");           // 数组内容：Mercury,Mars
planets.splice(1, 0, "Venus", "Earth");
trace(planets);                       // 数组内容：Mercury,Venus,Earth,Mars
```

2. 删除数组元素

可以使用 Array 类的 3 种方法（pop()、shift() 和 splice()）从数组中删除元素。pop() 方法用于从数组末尾删除一个元素。换言之，它将删除位于最大索引号处的元素。shift() 方法用于从数组开头删除一个元素，也就是说，它始终删除索引号 0 处的元素。splice() 方法既可用来插入元素，也可以删除任意数目的元素，其操作的起始位置位于由发送到此方法的第一个参数指定的索引号处。

以下示例使用 3 种方法从数组中删除元素。它创建一个名为 oceans 的数组，以便存储较大水域的名称。数组中的某些名称为湖泊的名称而非海洋的名称，因此需要将其删除。

首先使用 splice() 方法删除项 Aral 和 Superior，并插入项 Atlantic 和 Indian。传递给 splice() 的第一个参数是整数 2，它表示从列表中的第三个项（即索引 2 处）开始执行操作。第二个参数 2 表示删除两个项。其余两个参数 Atlantic 和 Indian 表示要在索引 2 处插入的值。

然后，使用 pop() 方法删除数组中的最后一个元素 Huron。最后，使用 shift() 方法删除数组中的第一个项 Victoria。

```
var oceans:Array = ["Victoria", "Pacific", "Aral", "Superior", "Indian", "Huron"];
oceans.splice(2, 2, "Arctic", "Atlantic"); // 替换 Aral 和 Superior
oceans.pop();                              // 删除 Huron
oceans.shift();                            // 删除 Victoria
trace(oceans);                             // 输出：Pacific,Arctic,Atlantic,Indian
```

3. 对数组排序

可以分别使用 3 种方法（reverse()、sort() 和 sortOn()）通过排序或反向排序来更改数组的顺序。所有这些方法都用来修改现有数组。reverse() 方法用于按照以下方式更改数组的顺序，最后一个元素变为第一个元素，倒数第二个元素变为第二个元素，依此类推。sort() 方法可用来按照多种预定义的方式对数组进行排序，甚至可用来创建自定义排序算法。sortOn() 方法可用来对对象的索引数组进行排序，这些对象具有一个或多个可用作排序键的公共属性。

reverse() 方法不带参数，也不返回值，但可以将数组从当前顺序切换为相反顺序。以下示例颠倒了 oceans 数组中列出的海洋顺序。

```
var oceans:Array = ["Arctic", "Atlantic", "Indian", "Pacific"];
oceans.reverse();
trace(oceans);                             // 输出：Pacific,Indian,Atlantic,Arctic
```

sort() 方法按照默认排序顺序重新安排数组中的元素。以下示例重点说明了这些选项中的某些选项。它创建一个名为 poets 的数组，并使用不同的选项对其进行排序。

```
var poets:Array = ["Blake", "cummings", "Angelou", "Dante"];
poets.sort();                              // 默认排序
trace(poets);                              // 输出：Angelou,Blake,Dante,cummings
poets.sort(Array.CASEINSENSITIVE);
trace(poets);
// 输出：Angelou,Blake,cummings,Dante
poets.sort(Array.DESCENDING);
trace(poets);                              // 输出：cummings,Dante,Blake,Angelou
poets.sort(Array.DESCENDING | Array.CASEINSENSITIVE); // 使用两个选项
trace(poets);                              // 输出：Dante,cummings,Blake,Angelou
```

sortOn() 方法是为具有包含对象的元素的索引数组而设计的。这些对象应至少具有一个可用作排序键的公共属性。

以下示例修改 poets 数组，以使每个元素均为对象而非字符串。每个对象既包含人的姓又包含人的出生年份。

```
var poets:Array = new Array();
poets.push({name:"Angelou", born:"1928"});
poets.push({name:"Blake", born:"1757"});
poets.push({name:"cummings", born:"1894"});
poets.push({name:"Dante", born:"1265"});
poets.push({name:"Wang", born:"701"});
```

可以使用 sortOn() 方法，按照 born 属性对数组进行排序。sortOn() 方法定义两个参数 fieldName 和 options，必须先将 fieldName 参数指定为字符串。在以下示例中，使用两个参数 born 和 Array.NUMERIC 来调用 sortOn()。Array.NUMERIC 参数用于确保按照数字顺序进行排序，即使所有数字具有相同的数位。因为当后来在数组中添加较少数位或较多数位的数字时，它会确保排序继续进行。

```
poets.sortOn("born", Array.NUMERIC);
for (var i:int = 0; i < poets.length; ++i)
{
    trace(poets[i].name, poets[i].born);
}
/* 输出:
Wang 701
Dante 1265
Blake 1757
cummings 1894
Angelou 1928
*/
```

4. 查询数组

Array 类中的其余 4 种方法 concat()、join()、slice() 和 toString() 用于查询数组中的信息，而不修改数组。concat() 和 slice() 方法返回新数组；而 join() 和 toString() 方法返回字符串。concat() 方法将新数组和元素列表作为参数，并将其与现有数组结合起来创建新数组。slice() 方法具有两个名为 startIndex 和 endIndex 的参数，并返回一个新数组。它包含从现有数组分离出来的元素副本，分离从 startIndex 处的元素开始，到 endIndex 处的前一个元素结束。值得强调的是，endIndex 处的元素不包括在返回值中。

以下示例通过 concat() 和 slice() 方法，使用其他数组的元素创建一个新数组。

```
var array1:Array = ["alpha", "beta"];
var array2:Array = array1.concat("gamma", "delta");
trace(array2);        // 输出: alpha,beta,gamma,delta

var array3:Array = array1.concat(array2);
trace(array3);        // 输出: alpha,beta,alpha,beta,gamma,delta

var array4:Array = array3.slice(2,5);
trace(array4);        // 输出: alpha,beta,gamma
```

可以使用 join() 和 toString() 方法查询数组，并将其内容作为字符串返回。如果 join() 方法没有使用参数，则这两个方法的行为相同，都返回包含数组中所有元素列表（以逗号分隔）的字符串。

与 toString() 方法不同，join() 方法接受名为 delimiter 的参数，并可以使用此参数选择要用作返回字符串中各个元素之间分隔符的符号。以下示例创建名为 rivers 的数组，并调用 join() 和 toString() 以便按字符串形式返回数组中的值。toString() 方法用于返回以逗号分隔的值 (riverCSV)；而 join() 方法用于返回以 + 符号分隔的值。

```
var rivers:Array = ["Nile", "Amazon", "Yangtze",
"Mississippi"];
var riverCSV:String = rivers.toString();
trace(riverCSV);     // 输出: Nile,Amazon,Yangtze,Mississippi
var riverPSV:String = rivers.join("+");
trace(riverPSV);     // 输出: Nile+Amazon+Yangtze+Mississippi
```

5. 关联数组

关联数组有时候也称为"哈希"或"映射"，它使用"键"而非数字索引来组织存储的值，其中的每个键都是用于访问一个存储值的唯一字符串。关联数组为 Object 类的实例，也就是说每个键都与一个属性名称对应。关联数组是键和值对的无序集合，在代码中，不应期望关联数组的键按特定的顺序排列。

ActionScript 3.0 中引入了名为"字典"的高级关联数组。字典是 flash.utils 包中 Dictionary 类的实例，使用的键可以为任意数据类型，但通常为 Object 类的实例。换言之，字典的键不局限于 String 类型的值。

```
monitorInfo["aspect ratio"] = "16:10"; // 格式错误，请勿使用空格
monitorInfo.colors = "16.7 million";
trace(monitorInfo["aspect ratio"], monitorInfo.colors);
// 输出: 16:10 16.7 million
```

在 ActionScript 3.0 中有两种创建关联数组的方法。第一种方法是使用 Object 构造函数，它的优点是可以使用对象文本初始化数组。bject 类的实例（也称作"通用对象"）在功能上等同于关联数组。通用对象的每个属性名称都用作键，提供对存储的值的访问。

如果在声明数组时不需要初始化，可以使用 Object 构造函数创建数组，如下所示。

```
var monitorInfo:Object = new Object();
```

使用对象文本或 Object 类构造函数创建数组后，可以使用括号运算符 ([]) 或点运算符 (.) 在数组中添加值。以下示例为将两个新值添加到 monitorArray 中。

```
monitorInfo["aspect ratio"] = "16:10"; // 格式错误，请勿使用空格
monitorInfo.colors = "16.7 million";
trace(monitorInfo["aspect ratio"], monitorInfo.colors);
// 输出: 16:10 16.7 million
```

请注意，名为 aspect ratio 的键包含空格字符。也就是说，空格字符可以与括号运算符一起使用，但试图与点运算符一起使用时会生成一个错误。因此不建议在键名称中使用空格。

第二种关联数组的创建方法是，使用 Array 构造函数，然后使用括号运算符 ([]) 或点运算符 (.) 将键和值对添加到数组中。如果将关联数组声明为 Array 类型，则将无法使用对象文本初始化该数组。以下示例使用 Array 构造函数创建一个名为 monitorInfo 的关联数组，并添加一个名为 type 的键和一个名为 resolution 的键以及它们的值。

```
var monitorInfo:Array = new Array();
monitorInfo["type"] = "Flat Panel";
monitorInfo["resolution"] = "1600 x 1200";
trace(monitorInfo["type"], monitorInfo["resolution"]);
// 输出： Flat Panel 1600 x 1200
```

闪客高手：创建二手车信息录入效果

范例文件	Sample\Ch11\Unit31\info-end.fla
初始文件	Sample\Ch11\Unit31\info.fla
视频文件	Video\Ch11\Unit31\Unit31.wmv

1 打开Sample\Ch11\Unit31\info.fla文件，舞台中用各种组件已经建好了录入系统的界面，依次选中舞台中的按钮进行命名："型号"按钮命名为sortByTitle，"品牌"按钮命名为sortByArtist，"年份"按钮命名为sortByYear，"新汽车"按钮命名为showAdd ControlsBtn，"添加"按钮命名为submitSong Data。

舞台界面

2 将舞台中的List组件影片剪辑实例命名为songList，"型号"文本输入框实例命名为newSongTitle，"品牌"文本输入框实例命名为newSongArtist，"购买年份"滚动列表实例命名为newSongYear，"车牌号"文本输入框实例命名为newSongFilename，"类目"列表实例命名为newSongGenres。

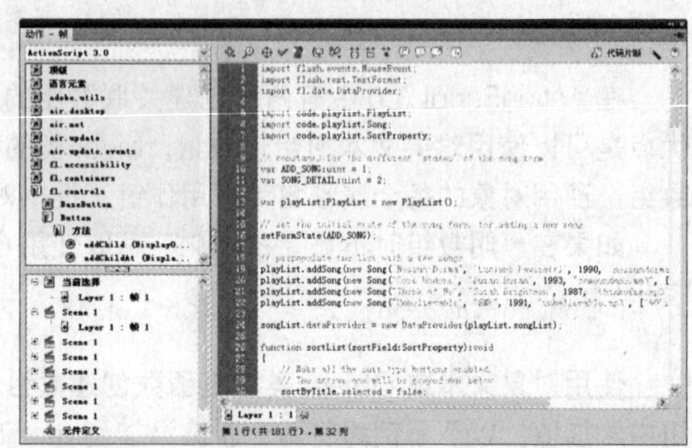
输入代码

3 选中"图层33"层的第一帧，按下F9键打开动作面板，输入如下代码（省去注释部分）。

```
//导入各类必要对象
import flash.events.MouseEvent;
import flash.text.TextFormat;
import fl.data.DataProvider;
//导入code/playlist文件夹下的类文件
import code.playlist.PlayList;
import code.playlist.Song;
import code.playlist.SortProperty;
//声明录入表单的不同状态
var ADD_SONG:uint = 1;
var SONG_DETAIL:uint = 2;
var playList:PlayList = new PlayList();
//设置录入表单的初始状态，添加新汽车
setFormState(ADD_SONG);
```

```
//添加汽车到列表
playList.addSong(new Song("凯越三厢1.6", "别克", 2004, "京A88888", ["三厢轿车"]));
playList.addSong(new Song("207两厢1.6", "标致", 2011, "京A66666", ["两厢轿车"]));
playList.addSong(new Song("汉兰达2.8", "丰田", 2010, "沪A88888", ["越野车"]));
playList.addSong(new Song("公务舱2.6", "别克", 2006, "晋A66666", ["商务车"]));
songList.dataProvider = new DataProvider(playList.songList);
```

```
function sortList(sortField:SortProperty):void
{
    //使排序按钮可用
    sortByTitle.selected = false;
    sortByArtist.selected = false;
    sortByYear.selected = false;
    switch (sortField)
    {
        case SortProperty.TITLE:
            sortByTitle.selected = true;
            break;
        case SortProperty.ARTIST:
            sortByArtist.selected = true;
            break;
        case SortProperty.YEAR:
            sortByYear.selected = true;
            break;
    }
    playList.sortList(sortField);
    refreshList();
}
function refreshList():void
{
    //记住哪辆汽车被选择
    var selectedSong:Song = Song(songList.selectedItem);
    //为获取最新排序的列表，重新分配汽车列表，并强制列表刷新
    songList.dataProvider = new DataProvider(playList.songList);
    //重置汽车选择
    if (selectedSong != null)
    {
        songList.selectedItem = selectedSong;
    }
}
function songSelectionChange(e:Event):void
{
    if (songList.selectedIndex != -1)
    {
        setFormState(SONG_DETAIL);
    }
    else
    {
        setFormState(ADD_SONG);
    }
}
function addNewSong(e:MouseEvent):void
{
    //从表单中获取值并添加新汽车
    var title:String = newSongTitle.text;
```

```
    var artist:String = newSongArtist.text;
    var year:uint = newSongYear.value;
    var filename:String = newSongFilename.text;
    var genres:Array = newSongGenres.selectedItems;
    playList.addSong(new Song(title, artist, year, filename, genres));
    refreshList();
    //清除添加新汽车表单域
    setFormState(ADD _ SONG);
}
function songListLabel(item:Object):String
{
    return item.toString();
}
function setFormState(state:uint):void
{
    //设置表单标题和控制状态
    switch (state)
    {
         case ADD _ SONG:
              formTitle.text = "添加";
              //显示提交按钮
              submitSongData.visible = true;
              showAddControlsBtn.visible =
false;
              //清除表单域
              newSongTitle.text = "";
              newSongArtist.text = "";
              newSongYear.value = (new Date()).fullYear;
              newSongFilename.text = "";
              newSongGenres.selectedIndex = -1;
              //不选择当前选择的汽车
              songList.selectedIndex = -1;
              break;
         case SONG _ DETAIL:
              formTitle.text = "汽车细节";
              //分析所选项目的数据
              var selectedSong:Song = Song(songList.selectedItem);
              newSongTitle.text = selectedSong.title;
              newSongArtist.text = selectedSong.artist;
              newSongYear.value = selectedSong.year;
              newSongFilename.text = selectedSong.filename;
              newSongGenres.selectedItems = selectedSong.genres;
              //隐藏提交按钮
              submitSongData.visible = false;
              showAddControlsBtn.visible = true;
              break;
    }
}
```

```
sortByTitle.addEventListener(MouseEvent.CLICK, buttonListener);
sortByArtist.addEventListener(MouseEvent.CLICK, buttonListener);
sortByYear.addEventListener(MouseEvent.CLICK, buttonListener);
showAddControlsBtn.addEventListener(MouseEve nt.CLICK, buttonListener);
submitSongData.addEventListener(MouseEvent.CLICK, addNewSong);
songList.addEventListener(Event.CHANGE,
songSelectionChange);
songList.labelFunction = songListLabel;
//声明文字格式对象
var tf:TextFormat = new TextFormat();
//设置字体
tf.font = "Verdana";
//设置粗体
tf.bold = true;
//设置字号
tf.size = 16;
//设置文字样式
sortTitle.setStyle("textFormat",tf);
formTitle.setStyle("textFormat",tf);
genreTitle.setStyle("textFormat",tf);
function buttonListener(e:MouseEvent):void {
     var buttonClicked:Button = e.target as Button;
     switch(buttonClicked) {
          case sortByTitle:
               sortList(SortProperty.TITLE);
               break;
          case sortByArtist:
               sortList(SortProperty.ARTIST);
               break;
          case sortByYear:
               sortList(SortProperty.YEAR);
               break;
          case showAddControlsBtn:
               setFormState(ADD _ SONG);
               break;
     }
}
//声明数组
var genres:Array = [ "90's" , "Classical", "Country", "Hip-hop", "Opera", "Pop",
"Rock", "Showtunes" ]
var dp:DataProvider = new DataProvider(genres);
newSongGenres.allowMultipleSelection = true;
newSongGenres.dataProvider = dp;
```

4 新建3个ActionScript文件并保存到code\playlist目录下，文件名分别为SortProperty.as、Song.as和PlayList.as。

5 打开SortProperty.as文件，它可以根据这些属性对Song对象列表排序，输入如下代码（省去注释部分）。

```
//声明包位置
package code.playlist
{
    //声明类
    public final class SortProperty
    {
        //声明可用于排序的属性
        public static const TITLE:SortProperty = new SortProperty("title");
        public static const ARTIST:SortProperty = new SortProperty("artist");
        public static const YEAR:SortProperty = new SortProperty("year");
        //声明私有变量
        private var _propertyName:String;
        //声明构造函数
        public function SortProperty(property:String)
        {
            _propertyName = property;
        }
        //声明公共属性
        public function get propertyName():String
        {
            return _propertyName;
        }
    }
}
```

6 打开Song.as文件，它表示一辆汽车信息的值对象，输入如下代码（省去注释的部分）。

```
//声明包位置
package code.playlist
{
    /声明一个包括汽车信息的对象
    public class Song
    {
        // 声明私有变量
        private var _title:String;
        private var _artist:String;
        private var _year:uint;
        private var _filename:String;
        private var _genres:String;
        public var icon:Object;
        /使用指定的值创建一个新的汽车实例
        public function Song(title:String, artist:String, year:uint, filename:String,
genres:Array)
        {
            this._title = title;
            this._artist = artist;
            this._year = year;
            this._filename = filename;
```

```
//类目作为数组传递进来，但存储为以分号分隔的字符串
        this. _ genres = genres.join(";");
    }
    //设置公共访问
    public function get title():String
    {
        return this. _ title;
    }
    public function set title(value:String):void
    {
        this. _ title = value;
    }
    public function get artist():String
    {
        return _ artist;
    }
    public function set artist(value:String):void
    {
        this. _ artist = value;
    }
    public function get year():uint
    {
        return _ year;
    }
    public function set year(value:uint):void
    {
        this. _ year = value;
    }
    public function get filename():String
    {
        return _ filename;
    }
    public function set filename(value:String):void
    {
        this. _ filename = value;
    }
    public function get genres():Array
    {
        //类目存储为以分号分隔的字符串，因此需要将它们转换为Array以将它们传递出去
        return this. _ genres.split(";");
    }
    public function set genres(value:Array):void
    {
        //类目作为数组传递进来，但存储为以分号分隔的字符串
        this. _ genres = value.join(";");
    }
    //提供实例的字符串描述
```

```
            public function toString():String
            {
                    var result:String = "";
                    result += this._title;
                    result += " (" + this._year + ")";
                    result += " - " + this._artist;
                    if (this._genres != null && this._genres.length > 0)
                    {
                            result += " [" + this._genres.replace(";", ", ") + "]";
                    }
                    return result.toString();
            }
    }
}
```

7 打开PlayList.as文件，它管理一组汽车对象，可将汽车添加到录入列表（addSong() 方法）以及对列表中的汽车排序，输入如下代码（省去注释部分）。

```
//声明包位置
package code.playlist
{
//导入code/playlist文件夹下的类文件
import code.playlist.Song;
import code.playlist.SortProperty;
    //声明类
    public class PlayList
    {
            //声明私有变量，用来跟踪其汽车列表的 _songs Array 变量、是否需要对列表排序 (_
needToSort) 以及在给定时间对列表进行排序所依据的属性 (_currentSort)
            private var _songs:Array;
            private var _currentSort:SortProperty = null;
            private var _needToSort:Boolean = false;
            // 声明构造函数
            public function PlayList()
            {
                    this._songs = new Array();
    //设置初始排序
this.sortList(SortProperty.TITLE);
            }
            //声明公共属性
            //获取汽车列表
            public function get songList():Array
            {
                    //根据需要排序汽车
                    if (this._needToSort)
                    {
                            //记录当前排序方法
```

```
                    var oldSort:SortProperty = this._currentSort;
                    //清除当前排序使其重排
                    this._currentSort = null;
                    this.sortList(oldSort);
                }
                return this._songs;
            }
            //声明公共方法
            //向列表中添加汽车
            public function addSong(song:Song):void
            {
                this._songs.push(song);
                this._needToSort = true;
            }
            /依据指定属性对汽车列表排序
            public function
sortList(sortProperty:SortProperty):void
            {
                if (sortProperty == this._currentSort)
                {
                    return;
                }
                var sortOptions:uint;
                switch (sortProperty)
                {
                    case SortProperty.TITLE:
                        sortOptions = Array.CASEINSENSITIVE;
                        break;
                    case SortProperty.ARTIST:
                    sortOptions = Array.CASEINSENSITIVE;
                        break;
                    case SortProperty.YEAR:
                        sortOptions = Array.NUMERIC;
                        break;
                }
                //对数据执行实际的排序操作
        this._songs.sortOn(sortProperty.propertyName, sortOptions);
                //保存当前排序属性
                this._currentSort = sortProperty;
                //记录列表已排序
                this._needToSort = false;
            }
        }
}
```

8 按下快捷键Ctrl+Enter预览，可以完成对汽车列表排序、添加和查阅等操作。

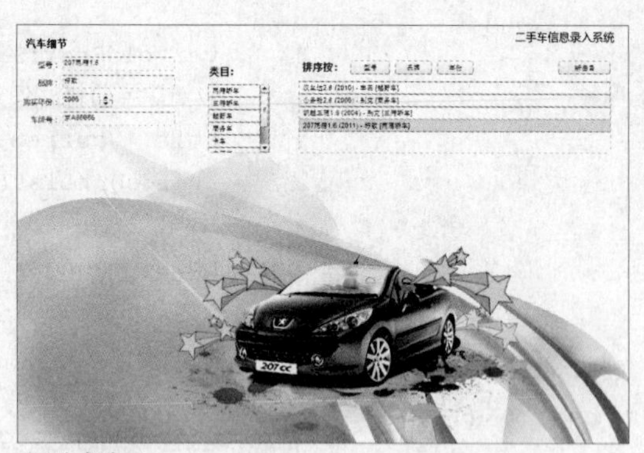

△ 测试动画

UNIT 32 处理日期和时间

ActionScript 3.0提供了多种强大的手段来管理日历日期、时间和时间间隔。以下两个主类提供了大部分的计时功能：Date类和flash.utils包中的新Timer类。

使用Date类

日期和时间是 ActionScript 程序中使用的一种常见的信息类型。例如，用户可能需要了解当前星期值，或测量在特定屏幕上花费多少时间，并且还可能会执行很多其他操作。在 ActionScript 中，可以使用 Date 类来表示某一时刻，其中包含日期和时间信息；Date 实例中包含各个日期和时间单位的值，其中包括年、月、日、星期、小时、分钟、秒、毫秒以及时区。对于更高级的用法，ActionScript 还包括 Timer 类，可以使用该类在一定延迟后执行动作，或按重复间隔执行动作。

ActionScript 3.0 的所有日历日期和时间管理函数都集中在顶级 Date 类中。Date 类包含一些方法和属性，这些方法和属性能够使用户按照通用协调时间（UTC）或特定于时区的本地时间来处理日期和时间。UTC 是一种标准时间定义，它实质上与格林尼治标准时间相同。

1. 创建Date对象

Date 类是所有核心类中构造函数方法形式最为多变的类之一。可以用以下 4 种方式来调用 Date 类。

（1）如果未给定参数，则 Date() 构造函数将按照用户所在时区的本地时间返回包含当前日期和时间的 Date 对象。

```
var now:Date = new Date();
```

（2）如果仅给定了一个数字参数，则 Date() 构造函数将视其为自 1970 年 1 月 1 日以来经过的毫秒数，并且返回对应的 Date 对象。请注意，用户传入的毫秒值将被视为自 1970 年 1 月 1 日（UTC 时间）以来经过的毫秒数。但是，该 Date 对象会按照用户所在地的本地时区来显示值，除非用户使用特定于 UTC 的方法来检索和显示这些值。如果仅使用一个毫秒参数来创建新的 Date 对象，则应确保考虑到用户的当地时间和 UTC 之间的时区差异。以下语句创建一个设置为 1970 年 1 月 1 日午夜（UTC 时间）的 Date 对象。

```
var millisecondsPerDay:int = 1000 * 60 * 60 * 24;
// 获取一个表示自起始日期 1970 年 1 月 1 日后又过了一天时间的 Date 对象
var startTime:Date = new Date(millisecondsPerDay);
```

（3）可以将多个数值参数传递给 Date() 构造函数。该构造函数将这些参数分别视为年、月、日、小时、分钟、秒和毫秒，并将返回一个对应的 Date 对象。假定这些参数采用的是本地时间而不是 UTC。以下语句获取一个设置为 2000 年 1 月 1 日开始的午夜（本地时间）的 Date 对象。

```
var millenium:Date = new Date(2000, 0, 1, 0, 0, 0, 0);
```

（4）可以将单个字符串参数传递给 Date() 构造函数。该构造函数将尝试把字符串解析为日期或时间部分，然后返回对应的 Date 对象。如果使用此方法，最好将 Date() 构造函数包含在 try...catch 块中以捕获任何解析错误。Date() 构造函数接受多种不同的字符串格式。以下语句使用字符串值初始化一个新的 Date 对象。

```
var nextDay:Date = new Date("Mon May 1 2006 11:30:00 AM");
```

TIP 如果 Date() 构造函数无法成功解析该字符串参数，它将不会引发异常。但是，所得到的 Date 对象将包含一个无效的日期值。

2. 获取时间单位值

可以使用 Date 类的属性或方法从 Date 对象中提取各种时间单位的值。下面的每个属性为用户提供了 Date 对象中的一个时间单位的值：fullYear 属性、month 属性、date 属性、day 属性、hours 属性、minutes 属性、seconds 属性和 milliseconds 属性。

实际上，Date 类提供了获取这些值的多种方式。例如，可以用 4 种不同方式获取 Date 对象的月份值：month 属性、getMonth() 方法、monthUTC 属性、getMonthUTC() 方法。所有 4 种方式实质上具有同等的效率，因此可以任意使用一种最适合应用程序的方法。

刚才列出的属性表示总日期值的各个部分。例如，milliseconds 属性永远不会大于 999，因为当它达到 1000 时，秒钟值就会增加 1 并且 milliseconds 属性重置为 0。

如果要获得 Date 对象自 1970 年 1 月 1 日 (UTC) 起所经过毫秒数的值，可以使用 getTime() 方法。使用与其相对应的 setTime() 方法，可以使用自 1970 年 1 月 1 日 (UTC) 起经过的毫秒数更改现有 Date 对象的值。

3. 执行日期和时间运算

可以使用 Date 类对日期和时间执行加法和减法运算。日期值在内部以毫秒的形式保存，因此应将其他值转换成毫秒，然后再将它们与 Date 对象进行加减运算。

如果应用程序将执行大量的日期和时间运算，会发现创建常量来保存常见时间单位值（以毫秒的形式）非常有用，如下所示。

```
public static const millisecondsPerMinute:int = 1000 * 60;
public static const millisecondsPerHour:int = 1000 * 60 * 60;
public static const millisecondsPerDay:int = 1000 * 60 * 60 * 24;
```

现在，可以方便地使用标准时间单位来执行日期运算。下列代码使用 getTime() 和 setTime() 方法将日期值设置为当前时间一个小时后的时间。

```
var oneHourFromNow:Date = new Date();
oneHourFromNow.setTime(oneHourFromNow.getTime() + millisecondsPerHour);
```

设置日期值的另一种方式是仅使用一个毫秒参数创建新的 Date 对象。例如，下列代码将一个日期加上 30 天以计算另一个日期。

```
// 将发票日期设置为今天的日期
var invoiceDate:Date = new Date();
// 加上 30 天以获得到期日期
var dueDate:Date = new Date(invoiceDate.getTime() + (30 * millisecondsPerDay));
```

接着，将 millisecondsPerDay 常量乘以 30 以表示 30 天的时间，并将得到的结果与 invoiceDate 值相加，然后将其用于设置 dueDate 值。

4. 在时区之间进行转换

需要将日期从一种时区转换成另一种时区时，使用日期和时间运算十分方便。也可以使用 getTimezoneOffset() 方法，该方法返回的值表示 Date 对象的时区与 UTC 之间相差的分钟数。此方法之所以返回以分钟为单位的值，是因为并不是所有的时区之间都正好相差一个小时，有些时区与邻近的时区仅相差半个小时。

以下示例使用时区偏移量将日期从本地时间转换成 UTC。该示例首先以毫秒为单位计算时区值，然后按照该量调整 Date 值。

```
// 按本地时间创建 Date
var nextDay:Date = new Date("Mon May 1 2006 11:30:00 AM");
// 通过加上或减去时区偏移量，将 Date 转换为 UTC
var offsetMilliseconds:Number = nextDay.getTimezoneOffset() * 60 * 1000;
nextDay.setTime(nextDay.getTime() + offsetMilliseconds);
```

使用Timer类

在某些编程语言中，必须使用循环语句（如 for 或 do...while）来设计计时方案。通常，循环语句会以本地计算机所允许的速度尽可能快地执行，这表明应用程序在某些计算机上的运行速度较快，而在其他计算机上则较慢。如果应用程序需要一致的计时间隔，则需要将其与实际的日历或时钟时间联系在一起。许多应用程序需要在不同的计算机上均能保持一致的、规则的时间驱动计时机制。ActionScript 3.0 的 Timer 类提供了一个功能强大的解决方案。使用 ActionScript 3.0 事件模型，Timer 类在每次达到指定的时间间隔时都会调度计时器事件。

在 ActionScript 3.0 中处理计时函数的首选方式是使用 Timer 类（flash.utils.Timer），使用它可以在每次达到间隔时调度事件。要启动计时器，请先创建 Timer 类的实例，并告诉它每隔多长时间生成一次计时器事件，以及在停止前生成多少次事件。例如，下列代码创建一个每秒调度一个事件且持续 60 秒的 Timer 实例。

```
var oneMinuteTimer:Timer = new Timer(1000, 60);
```

Timer 对象在每次达到指定的间隔时都会调度 TimerEvent 对象。TimerEvent 对象的事件类型是 timer（由常量 TimerEvent.TIMER 定义）。TimerEvent 对象包含的属性与标准 Event 对象包含的属性相同。如果将 Timer 实例设置为固定的间隔数，则在达到最后一次间隔时，它还会调度 timerComplete

事件（由常量 TimerEvent.TIMER_COMPLETE 定义）。以下是一个用来展示 Timer 类实际操作的示例应用程序。

```
package
{
    import flash.display.Sprite;
    import flash.events.TimerEvent;
    import flash.utils.Timer;
    public class ShortTimer extends Sprite
    {
        public function ShortTimer()
        {
            // 创建一个新的五秒的 Timer
            var minuteTimer:Timer = new Timer(1000, 5);
            // 为间隔和完成事件指定侦听器
minuteTimer.addEventListener(TimerEvent.TIMER, onTick);
minuteTimer.addEventListener(TimerEvent.TIMER _ COMPLETE, onTimerComplete);
// 启动计时器计时
            minuteTimer.start();
        }
        public function onTick(event:TimerEvent):void
        {
            // 显示到目前为止的时间计数
            // 该事件的目标是 Timer 实例本身。
            trace("tick" + event.target.currentCount);
        }
        public function onTimerComplete(event:TimerEvent):void
        {
            trace("Time's Up!");
        }
    }
}
```

创建 ShortTimer 类时，它会创建一个用于每秒计时一次并持续五秒的 Timer 实例。然后，它将两个侦听器添加到计时器，一个用于侦听每次计时，一个用于侦听 timerComplete 事件。接着启动计数器计时，并且从此时起以一秒钟的间隔执行 onTick() 方法。onTick() 方法只显示当前的时间计数。5 秒钟后，执行 onTimerComplete() 方法，并告诉用户时间已到。运行该示例时，用户应会看到下列行以每秒一行的速度显示在控制台或跟踪窗口中。

```
tick 1
tick 2
tick 3
tick 4
tick 5
Time's Up!
```

闪客高手：创建时钟效果

范例文件	Sample\Ch11\Unit32\clock-end.fla
初始文件	Sample\Ch11\Unit32\clock.fla
视频文件	Video\Ch11\Unit32\Unit32.wmv

❶ 打开Sample\Ch11\Unit32\clock.fla文件，新建ActionScript文件，将脚本保存到code\clock目录下，文件名为SimpleClock.as。

❷ 输入如下的代码（省去注释部分）。

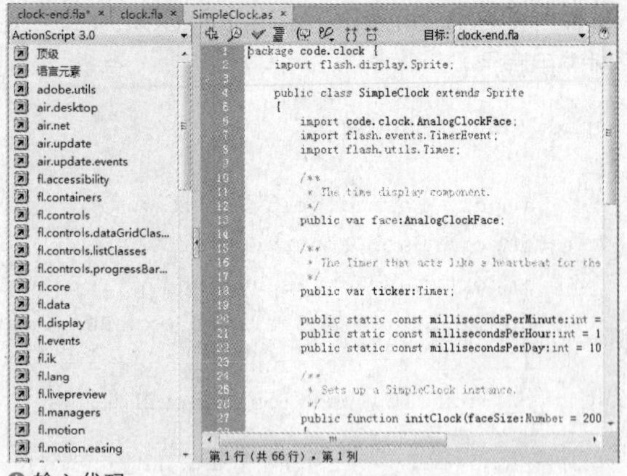

△ 输入代码

```
//声明包位置
package code.clock {
//导入必要对象
        import flash.display.Sprite;
      //建立SimpleClock类处理启动和时间保持任务
        public class SimpleClock extends Sprite
        {
            //导入code\clock下的类文件
                import code.clock.AnalogClockFace;
            //导入其他必要对象
                import flash.events.TimerEvent;
                import flash.utils.Timer;
            //时间显示组件
                public var face:AnalogClockFace;
                public var ticker:Timer;
                //声明每分钟的毫秒数
                      public static const millisecondsPerMinute:int = 1000 * 60;
            //声明每小时的毫秒数
            public static const millisecondsPerHour:int = 1000 * 60 * 60;
            //声明每天的毫秒数
            public static const millisecondsPerDay:int = 1000 * 60 * 60 * 24;
            //设置SimpleClock实例
                public function initClock(faceSize:Number = 200):void
                {
                //设置今天日期为发票日
                var invoiceDate:Date = new Date();
                //添加30天到到期日
              var millisecondsPerDay:int = 1000 * 60 * 60 * 24;
                    var dueDate:Date = new Date(invoiceDate.getTime() + (30 *
millisecondsPerDay));
                var oneHourFromNow:Date = new Date();
//开始当前时间
oneHourFromNow.setTime(oneHourFromNow.getTime() + millisecondsPerHour);
                //创建钟面并将其添加到显示列表中
```

```
                face = new AnalogClockFace(Math.max(20, faceSize));
                face.init();
                addChild(face);
        //绘制初始时钟显示
                face.draw();
        //创建用来每秒触发一次事件的 Timer
        ticker = new Timer(1000);
//指定 onTick() 方法来处理 Timer 事件
ticker.addEventListener(TimerEvent.TIMER, onTick);
        //启动时钟计时
        ticker.start();
    }
    // onTick() 方法将在每秒收到 timer 事件时执行一次
    public function onTick(evt:TimerEvent):void
    {
        //更新时钟显示
        face.draw();
    }
  }
}
```

3 新建ActionScript文件并将脚本保存到code\clock目录下，文件名为AnalogClockFace.as。输入如下的代码（省去注释部分）。

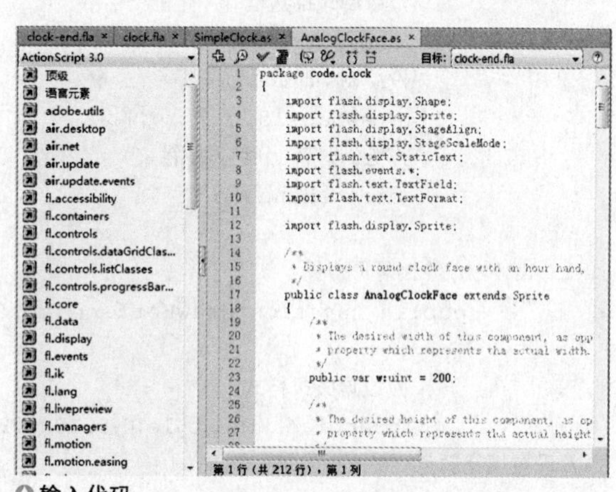

△输入代码

```
//声明包位置
package code.clock
{
//导入必要对象
    import flash.display.Shape;
    import flash.display.Sprite;
    import flash.display.StageAlign;
    import flash.display.StageScaleMode;
    import flash.text.StaticText;
    import flash.events.*;
    import flash.text.TextField;
    import flash.text.TextFormat;
//显示一个带有时针、分针和秒针的圆形时钟
public class AnalogClockFace extends
Sprite
    {
        //声明时钟宽度
            public var w:uint = 200;
        //声明时钟高度
            public var h:uint = 200;
        //声明时钟半径
        public var radius:uint;
        //声明时钟中心点的X坐标和Y坐标
            public var centerX:int;
            public var centerY:int;
            //声明时钟时针形状
            public var hourHand:Shape;
            //声明时钟分针形状
            public var minuteHand:Shape;
            //声明时钟秒针形状
            public var secondHand:Shape;
            //声明时钟背景色
        public var bgColor:uint = 0xEEEEFF;
            //声明时钟时针颜色
            public var hourHandColor:uint
    = 0x003366;
```

```
        //声明时钟分针颜色
        public var minuteHandColor:uint = 0x000099;
        //声明时钟秒针颜色
        public var secondHandColor:uint = 0xCC0033;
        //储存一个当前时间的快照，使得在时钟绘制时针、分针和秒针时时间不会改变
        public var currentTime:Date;
        //构造新的时钟表面
        public function AnalogClockFace(w:uint)
        {
            //宽度和高度相同
                    this.w = w;
                    this.h = w;
            //设置半径
                    this.radius = Math.round(this.w / 2);
            //到中心的水平距离和垂直距离相等
                    this.centerX = this.radius;
                    this.centerY = this.radius;
        }
        public function init():void
        {
            //绘制时钟边框
            drawBorder();
            //绘制小时数字标签
            drawLabels();
            //绘制时针、分针与秒针
            createHands();
        }
        //绘制环形边框
        public function drawBorder():void
        {
            //设置线条样式
            graphics.lineStyle(0.5, 0x999999);
//设置填充颜色
            graphics.beginFill(bgColor);
            //绘制圆形
            graphics.drawCircle(centerX, centerY, radius);
            graphics.endFill();
        }
        //在每一个小时点放置数字标签
        public function drawLabels():void
        {
            for (var i:Number = 1; i <= 12; i++)
            {
                //创建一个显示小时数字标签的文本域对象
                    var label:TextField = new TextField();
                    label.text = i.toString();
                //放置钟表表盘的小时标签
                    var angleInRadians:Number = i * 30 * (Math.PI/180)
```

```
            //使用sin和cos函数获得x坐标和y坐标，然后通过计算获得标签的位置
                label.x = centerX + (0.9 * radius * Math.sin( angleInRadians )) - 5;
                label.y = centerY - (0.9 * radius * Math.cos( angleInRadians )) - 9;
            //格式化标签文字
                var tf:TextFormat = new TextFormat();
            //设置字体
                tf.font = "Arial";
            //设置粗体字
                tf.bold = "true";
            //设置字号
                tf.size = 12;
                label.setTextFormat(tf);
            //添加小时标签
                addChild(label);
        }
    }
    //使用绘图API创建时针、分针和秒针
    public function createHands():void
    {
        //使用绘图API中的形状对象绘制时针
        var hourHandShape:Shape = new Shape();
        //绘制时针形状
        drawHand(hourHandShape, Math.round(radius * 0.5), hourHandColor, 3.0);
        //添加时针
        this.hourHand = Shape(addChild(hourHandShape));
        //设置时针的X坐标和Y坐标
        this.hourHand.x = centerX;
        this.hourHand.y = centerY;
      //使用绘图API中的形状对象绘制分针
      var minuteHandShape:Shape = new Shape();
        //绘制分针形状
        drawHand(minuteHandShape, Math.round(radius * 0.8), minuteHandColor, 2.0);
        //添加分针
        this.minuteHand = Shape(addChild(minuteHandShape));
        //设置分针的X坐标和Y坐标
        this.minuteHand.x = centerX;
        this.minuteHand.y = centerY;
        //使用绘图API中的形状对象绘制秒针
        var secondHandShape:Shape = new Shape();
        //绘制秒针形状
        drawHand(secondHandShape, Math.round(radius * 0.9), secondHandColor, 0.5);
        //添加秒针
        this.secondHand = Shape(addChild(secondHandShape));
        //设置秒针的X坐标和Y坐标
        this.secondHand.x = centerX;
        this.secondHand.y = centerY;
    }
    //使用给定的尺寸、颜色和宽度绘制指针
```

```
        public function drawHand(hand:Shape, distance:uint, color:uint, thickness:Number):void
        {
            //设置线条样式
            hand.graphics.lineStyle(thickness, color);
            //设置指针移动到指定的点
            hand.graphics.moveTo(0, distance);
            //设置指针连到指定的点
            hand.graphics.lineTo(0, 0);
        }
        //在绘制时钟显示时由父容器进行调用
        public function draw():void
        {
            //将当前日期和时间存储在实例变量中
            currentTime = new Date();
            showTime(currentTime);
        }
        //以模拟时钟样式显示指定的Date/Time
        public function showTime(time:Date):void
        {
          //获取时间值
            var seconds:uint = time.getSeconds();
            var minutes:uint = time.getMinutes();
            var hours:uint = time.getHours();
          //乘以 6 得到度数
            this.secondHand.rotation = 180 + (seconds * 6);
            this.minuteHand.rotation = 180 + (minutes * 6);
          //乘以 30 得到基本度数，然后最多加上 29.5 度 (59 * 0.5)以计算分钟。
            this.hourHand.rotation = 180 + (hours * 30) + (minutes * 0.5);
          }
    }
}
```

4 回到Sample\Ch11\Unit32\clock.fla文件，选择"图层4"的第一帧，按下F9键打开"动作"面板，输入实现显示时钟功能的部分代码（省去注释部分）。

```
//导入code/clock文件夹中的类
import code.clock.*;
//声明新对象实例
var clock:SimpleClock = new SimpleClock()
//时钟初始化
clock.initClock();
//设置时钟的X坐标
clock.x = 190;
//设置时钟的Y坐标
clock.y = 160;
//将时钟放入舞台
addChild(clock);
```

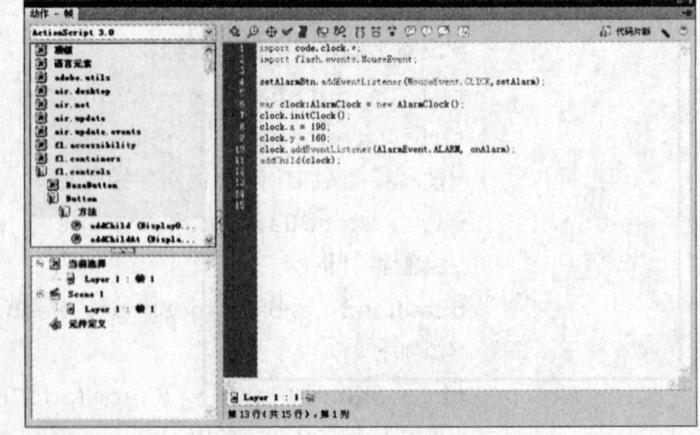

△ 输入代码

5 按下快捷键Ctrl+Enter测试动画，现在的时钟效果已经实现了。

△ 时钟测试效果

TIP ActionScript 3.0中包含许多与ActionScript 2.0提供的计时函数类似的计时函数。这些函数是作为flash.utils 包中的包级别函数提供的，其工作方式与ActionScript 2.0完全相同。包括clearInterval(id:uint):void（取消指定的setInterval()调用）、clearTimeout(id:uint):void（取消指定的setTimeout()调用）、getTimer():int（返回自Flash Player被初始化以来经过的毫秒数）、setInterval(closure:Function, delay:Number,...arguments):uint（以指定的间隔运行函数）和setTimeout(closure:Function, delay:Number, ...arguments):uint（在指定的延迟后运行指定的函数）等。

UNIT 33 处理事件

利用事件处理系统，可以方便地响应输入和系统事件。ActionScript 3.0事件模型不仅方便，而且符合标准，它与Flash Player显示列表完美集成在一起。新的事件模型基于文档对象模型 (DOM) 第3级事件规范，是业界标准的事件处理体系结构，提供了强大而直观的事件处理工具。

事件基础

可以将事件视为 SWF 文件中发生的任何类型的事件。例如，大多数 SWF 文件都支持某些类型的用户交互，无论是像响应鼠标单击这样简单的用户交互，还是像接受和处理表单中输入的数据这样复杂的用户交互，与 SWF 文件进行的任何此类用户交互都可视为事件。也可能会在没有任何直接用户交互的情况下发生事件。例如，从服务器加载完数据或者连接的摄像头变为活动状态时。

在 ActionScript 3.0 中，每个事件都由一个事件对象表示。事件对象是 Event 类或其某个子类的实例，不但存储有关特定事件的信息，还包含便于操作事件对象的方法。例如，当 Flash Player 检测到鼠标单击时，它会创建一个事件对象（MouseEvent 类的实例）以表示该特定鼠标单击事件。

创建事件对象之后，Flash Player 即调度该事件对象，这意味着将该事件对象传递给作为事件目标的对象。作为所调度事件对象目标的对象称为“事件目标”。例如，当连接的摄像头变为活动状态时，Flash Player 会向事件目标直接调度一个事件对象，此时，该事件对象就是代表摄像头的对象。但如果事件目标在显示列表中，则在显示列表层次结构中将事件对象向下传递，直到到达事件目标为止。

可以使用事件侦听器“侦听”代码中的事件对象。“事件侦听器”是响应特定事件的函数或方法。要确保用户的程序响应事件，必须将事件侦听器添加到事件目标，或添加到作为事件对象事件流的一部分的、任何显示列表对象。

无论何时编写事件侦听器代码，该代码都会采用以下基本结构。

```
function eventResponse(eventObject:EventType):void
{
    // 此处是为响应事件而执行的动作。
}
eventTarget.addEventListener(EventType.EVENT _ NAME, eventResponse);
```

此代码执行两个操作。首先定义一个函数，这是指定为响应事件而执行的动作的方法。然后调用源对象的 addEventListener() 方法，实际上就是为指定事件“订阅”该函数，以便当该事件发生时，执行该函数的动作。当事件实际发生时，事件目标将检查其注册为事件侦听器的所有函数和方法的列表。然后，它依次调用每个对象，以将事件对象作为参数进行传递。

事件流

“事件流”说明事件对象在显示列表中穿行的方法。显示列表以一种可以描述为树的层次结构形式进行组织。位于显示列表层次结构顶部的是舞台，它是一种特殊的显示对象容器，用作显示列表的根。舞台由 flash.display.Stage 类表示，且只能通过显示对象访问。每个显示对象都有一个名为 stage 的属性，该属性表示应用程序的舞台。

当 Flash Player 调度事件对象时，该事件对象进行一次从舞台到“目标节点”的往返行程。DOM 事件规范将“目标节点”定义为代表事件目标的节点。也就是说，目标节点是发生了事件的显示列表对象。例如，如果用户单击名为 child1 的显示列表对象，Flash Player 将使用 child1 作为目标节点来调度事件对象。

从概念上来说，事件流分为 3 部分。第一部分称为捕获阶段，该阶段包括从舞台到目标节点的父节点范围内的所有节点。第二部分称为目标阶段，该阶段仅包括目标节点。第三部分称为冒泡阶段，该阶段包括从目标节点的父节点返回到舞台的行程中遇到的节点。

事件流使现在的事件处理系统比 ActionScript 程序员以前使用的事件处理系统功能更为强大。早期版本的 ActionScript 中没有事件流，这意味着事件侦听器只能添加到生成事件的对象。在 ActionScript 3.0 中，不但可以将事件侦听器添加到目标节点，还可以将它们添加到事件流中的任何节点。

当用户界面组件包含多个对象时，沿事件流添加事件侦听器的功能十分有用。例如，按钮对象通常包含一个用作按钮标签的文本对象。如果无法将侦听器添加到事件流，用户必须将侦听器添加到按钮对象和文本对象，以确保用户收到在按钮上任何位置发生的有关单击事件的通知。而事件流的存在则使用户可以将一个事件侦听器放在按钮对象上，以处理文本对象上发生的，单击事件或按钮对象上未被文本对象遮住的区域上发生的单击事件。

事件对象

在新的事件处理系统中，事件对象有两个主要用途。第一，事件对象通过将特定事件的信息存储在一组属性中，来代表实际事件。第二，事件对象包含一组方法，可用于操作事件对象和影响事件处理系统的行为。

为了方便对这些属性和方法进行访问，Flash Player API 定义了一个 Event 类，作为所有事件对象的基类。

Event 类定义一组基本的、适用于所有事件对象的属性和方法，它定义许多只读属性和常数，以提供有关事件对象的重要信息。每个事件对象都有关联的事件类型。数据类型以字符串值的形式存储在 Event.type 属性中。例如，下面的代码指定 clickHandler() 侦听器函数，应响应传递给 myDisplay-Object 的任何鼠标单击事件对象。

```
myDisplayObject.addEventListener(MouseEvent.CLICK, clickHandler);
```

大约有 20 多种事件类型与 Event 类自身关联，并由 Event 类常数表示，其中某些数据类型显示在摘自 Event 类定义的以下代码中。

```
package flash.events
{
    public class Event
    {
        // 类常数
        public static const ACTIVATE:String = "activate";
        public static const ADDED:String     = "added";
        // 为简便起见，省略了其余常数
    }
}
```

这些常数提供了引用特定事件类型的简便方法，用户应使用这些常数而不是它们所代表的字符串。如果代码中拼错了某个常数名称，编译器将捕获到该错误，但如果用户改为使用字符串，则编译时可能不会出现拼写错误，这可能导致难以调试的意外行为。例如，添加事件侦听器时，使用以下代码。

```
myDisplayObject.addEventListener(MouseEvent.CLICK, clickHandler);
```

事件侦听器

事件侦听器也称为事件处理函数，是 Flash Player 为响应特定事件而执行的函数。添加事件侦听器的过程分为两步。首先，为 Flash Player 创建一个为响应事件而执行的函数或类方法。这有时称为侦听器函数或事件处理函数。其次，使用 addEventListener() 方法在事件的目标或位于适当事件流上的任何显示列表对象中，注册侦听器函数。

创建侦听器函数是 ActionScript 3.0 事件模型与 DOM 事件模型不同的一个方面。在 DOM 事件模型中，事件侦听器和侦听器函数之间有一个明显的不同：即事件侦听器是实现 EventListener 接口的类的实例，而侦听器是该类名为 handleEvent() 的方法。在 DOM 事件模型中，用户注册的是包含侦听器函数的类实例，而不是实际的侦听器函数。

在 ActionScript 3.0 事件模型中，事件侦听器和侦听器函数之间没有区别。ActionScript 3.0 没有 EventListener 接口，侦听器函数可以在类外部定义，也可以定义为类的一部分。此外，无需将侦听器函数命名为 handleEvent()，可以将它们命名为任何有效的标识符。在 ActionScript 3.0 中，注册的是实际侦听器函数的名称。

IEventDispatcher 接口是 ActionScript 3.0 版本的 DOM 事件模型的 EventTarget 接口，主要使用 IEventDispatcher 接口的方法来管理侦听器函数。虽然名称 IEventDispatcher 似乎暗示着其主要用途是发送（调度）事件对象，但该类的方法实际上更多用于注册、检查和删除事件侦听器。

addEventListener() 方法是 IEventDispatcher 接口的主要函数，使用它来注册侦听器函数。两个必需的参数是 type 和 listener。其中，type 参数用于指定事件的类型；listener 参数用于指定发生事件时将执行的侦听器函数。listener 参数可以是对函数或类方法的引用。

可以使用 removeEventListener() 方法删除不再需要的事件侦听器。必需的参数包括 eventName 和 listener 参数，这与 addEventListener() 方法所需的参数相同。

闪客高手：创建Flash闹钟效果

范例文件	Sample\Ch11\Unit33\alarm-end.fla
初始文件	Sample\Ch11\Unit33\alarm.fla
视频文件	Video\Ch11\Unit33\Unit33.wmv

1 打开Sample\Ch11\Unit33\alarm.fla文件，在动画文件的Layer 4层的第一帧中输入动作代码（省去注释部分）。

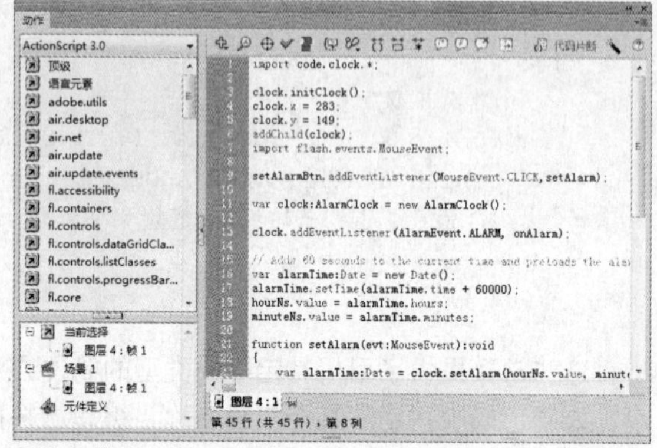

▲ 输入代码

```
//导入必要对象
import flash.events.MouseEvent;
//设置闹钟按钮事件监听器
setAlarmBtn.addEventListener(Mouse
Event.CLICK,setAlarm);
//新建AlarmClock对象
var clock:AlarmClock = new AlarmClock();
//设置时钟的事件监听器
clock.addEventListener(AlarmEvent.
ALARM, onAlarm);
//声明新日期对象实例
var alarmTime:Date = new Date();
//在当前时间上添加60秒
alarmTime.setTime(alarmTime.time +
60000);
//预载入闹钟文本域的值
hourNs.value = alarmTime.hours;
minuteNs.value = alarmTime.minutes;
//声明setAlarm函数
function setAlarm(evt:MouseEvent):void
{
    //声明变量
     var alarmTime:Date = clock.set
Alarm(hourNs.value, minuteNs.value,
messageTxt.text);
     //设置显示闹钟时间的文字
     alarmTimeTxt.text = "闹钟时间:"
+ alarmTime.hours + ":" + padZeroes
(alarmTime.minutes.toString());
}
//声明onAlarm函数
function onAlarm(evt:AlarmEvent):void
{
    //设置闹钟文字
     alarmTimeTxt.text = evt.message;
}
//声明padZeroes函数
function padZeroes(numStr:String,
desiredLength:uint = 2):String
{
     if (numStr.length < desiredLength)
     {
         for (var i:uint = 0; i <
(desiredLength - numStr.length); i++)
         {
         //实现补0功能
                   numStr = "0" +
numStr;
         }
     }
     return numStr;
}
```

2 新建ActionScript文件，将脚本保存到code\clock目录下，文件名为AlarmEvent.as。输入如下的代码（省去注释部分）。

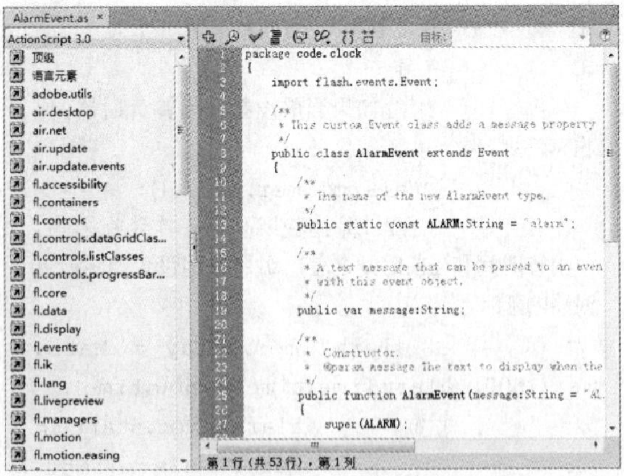

输入代码

```
//声明包位置
package code.clock
{
    //导入必要对象
    import flash.events.Event;
    //此自定义 Event 类向基本 Event 添加一个 message 属性
    public class AlarmEvent extends Event
    {
        //新 AlarmEvent 类型的名称
        public static const ALARM:String = "alarm";

        //可以随该事件对象传递给事件处理函数的文本消息
        public var message:String;
        //构造函数，message参数触发闹铃时显示的文本
        public function AlarmEvent(message:String = "ALARM!")
        {
            super(ALARM);
            this.message = message;
        }
        //创建并返回当前实例的副本
        public override function clone():Event
        {
            return new AlarmEvent(message);
        }
        //返回包含当前实例的所有属性的字符串
        public override function toString():String
        {
            return formatToString ("AlarmEvent", "type", "bubbles", "cancelable", "eventPhase", "message");
        }
    }
}
```

3 新建ActionScript文件并将脚本保存到code\clock目录下，文件名为AlarmClock.as。输入如下的代码（省去注释部分）。

```
//声明包位置
package code.clock
{
    //声明公共类
    public class AlarmClock extends SimpleClock
    {
        //导入code/clock文件夹中的类
        import code.clock.AnalogClockFace;
        //导入各类必要对象
        import flash.events.TimerEvent;
        import flash.utils.Timer;
        //声明变量
        public var alarmTime:Date;
        public var alarmMessage:String;
        //声明将用于闹铃的Timer
        public var alarmTimer:Timer;
        public static var MILLISECONDS _ PER _ DAY:Number = 1000 * 60 * 60 * 24;
        //实例化指定大小的新AlarmClock
        public override function initClock(faceSize:Number = 200):void
        {
```

```
                    super.initClock
(faceSize);
                    alarmTimer = new
Timer(0, 1);
alarmTimer.addEventListener(Timer
Event.TIMER, onAlarm);
            }
            //设置应触发闹铃的时间
          public function setAlarm(hour:
Number = 0, minutes:Number = 0, mess-
age:String = "Alarm!"):Date
            {
              //message为触发闹铃时显示的消息
                this.alarmMessage = mess-
age;
                //声明新日期对象
                var now:Date = new Date();
                //将此时间作为今天的某个时间来
创建
                alarmTime = new Date(now.
fullYear, now.month, now.date, hour,
minutes);
                //确定指定的时间是否在今天之后
                if (alarmTime <= now)
                {
alarmTime.setTime(alarmTime.time +
MILLISECONDS _ PER _ DAY);
                }
                //如果当前设置了闹铃计时器，则
将其停止
                alarmTimer.reset();
                //计算过多少毫秒后，才会触发闹铃
（闹铃时间和当前时间之差），并将该值设置为闹铃计
时器的延时
                alarmTimer.delay = Math.
max(1000, alarmTime.time - now.time);
                    alarmTimer.start();
                    return alarmTime;
            }
                //调度 timer 事件时调用
                public function onAlarm
(event:TimerEvent):void
                {
                    trace("Alarm!");
                    var alarm:Alarm
Event = new Alarm Event(this.alarm
Message);
                    this.dispatchEvent
(alarm);
                }
            }
}
```

4 按下快捷键Ctrl+Enter测试动画，设置闹钟时间后，会在指定的时间弹出闹钟消息。

测试动画

你知道吗 Flash.utils包中的计时函数

ActionScript 3.0 包含许多与 ActionScript 2.0 提供的计时函数类似的计时函数。这些函数是作为 flash.utils 包中的包级别函数提供的，他们的工作方式与 ActionScript 2.0 中的完全相同。

函　数	说　明
clearInterval(id:uint):void	取消指定的setInterval()调用
clearTimeout(id:uint):void	取消指定的setTime- out()调用
getTimer():int	返回自Flash Playe被初始化以来经过的毫秒数
setInterval(closure: Function, delay: Number, ... arguments):uint	以指定的间隔（以毫秒为单位）运行函数
setTimeout(closure: Function, delay: Number, ... arguments):uint	在指定的延迟（以毫秒为单位）后运行指定的函数

Special page 在ActionScript 3.0开发中经常遇到的问题（二）

在上一章的主题讨论中，笔者编辑了列表，其中包括一些技巧和在开发中可能会遇到的普遍问题，下面继续讨论这些问题。

- delegate被定义到了语言里，使得事件分派更简单：在ActionScript 2.0中，把事件指向到一个方法需要使用mx.utils.Delegate 类或者其他的工作。

```
import mx.utils.Delegate;
myButton.addEventListener("click", Delegate.create(this, onClick));
```

在 ActionScript 3.0 中，方法的一个引用会自动记住它所引用的对象实例，这被称为 method closure。本质上来说，这就是一个自动的 delegate。所以，代码可以简单地写成如下的样子。

```
myButton.addEventListener("click", onClick);
```

- 使用-verbose、-stacktraces和 -debug选项：使用命令行选项-verbose、-stacktraces和-debug编译可以使文件名和行号出现在Flash Player的警告框中。当一个运行错误发生时，会弹出对话框描述这个错误并列出它发生错误的地方的调用堆栈。使用-verbose-stacktraces和-debug选项可以让在源代码中定位错误变得简单。
- 显示声明bindable属性：属性不再默认为bindable。必须使用[Bindable]元数据标签来声明它们为bindable。
- 使用新的Timer类，而不是setInterval/setTime-out：与setInterval/setTimeout函数相比，新的Timer类为timer事件提供了更清晰的机制。新的Timer类与setInterval方法相比有很多优势，比如不需要处理ID数字间隔，还有一个更好的，面向对象的接口。把使用Timer而不是使用setInterval和setTimeout看作是一个好习惯。
- 确认事件是继承而来的：现在事件是强类型的，并且必须是新的Event基类的子类。新的Event类让事件体系更加清晰和有效。但是，这也意味着当分派事件的时候你不能再使用Object类的通用实例了，并且也不能使用对象的文字简写。
- 可视的元素必须继承自DisplayObject，并且你可以像其他类一样定义它们：组件现在通过new动态创建并且使用addChild被添加到显示列表中，所以，不鼓励使用createChild。可视化的实体，包括TextField，可以像其他对象一样实例化并且使用addChild或addChildAt简单地添加到显示列表中。注意，这意味着一些API消失了，比如createEmptyMovieClip和createTextField。

可以使用new TextField而不是create-TextField创建一个新的TextField。

- 在Flash中推荐使用 E4X (ECMAScript for XML)来操作XML：E4X与以前的Flash XML类相比非常强大，且更好地整合进了语言中，它还提供了很多新的性能。如果用户喜欢用以前的XML API，它就在flash.xml包中，依然可用只是被重新命名为XMLDocument。
- For...in循环将不再枚举类中声明的属性或者方法：它只枚举一个对象的动态属性。ActionScript 3.0特性中有一个针对对象自省的新的先进机制，叫做describeType。在ActionScript 3.0中使用它来自省对象。
- 一个SWF文件的根对象可以是用户自主选择的一个自定义类的实例：ActionScript 2.0中，一个SWF文件的根对象总是MovieClip的实例。而在ActionScript 3.0中，它可以是Sprite的任意子类。可以设定一个类作为一个SWF文件的DocumentRoot，当其加载时，SWF文件会将它实例化，然后将其作为根对象。

总之，这里列出的问题能帮助读者打好学习 ActionScript 的基础，希望可以找到想要的答案。

- 某些时候，MouseEvent要运行MouseEvent.updateAfterEvent();方法，主要表现在执行拖动命令的时候。如果不执行该方法，会有延迟。
- 同AJAX一样，多次请求一个动态页面时需添加时间戳，以防止缓存。例如：
  var date:Date = new Date();
  xmlLoader.load("xml.aspx?datestamp="
  +date.getMilliseconds());//xmlLoader是自己的类，继承了Loader类。
- Flex中使用TitleWindow时，如果要通过代码控制CloseButton按钮，需使用invalidateDisplayList();方法。其实它实现的是mx.core.UIComponent的updateDisplayList()方法，但不可能直接使用该方法。
- 跨域的问题：如果js要调用as addcallback的回调函数，那么as也要对js所在的域授予脚本访问权限。Security.allowDomain通常资源文件（静态组件）和HTML文件不在同一个服务器下，ActionScript和JavaScript跨域通信时需要做一些处理，要在ActionScript中这样编写：Security.allowDomain('siteA.com');如果涉及https连接，还会加上：Security.allowInsecureDomain('siteA.com');语句。

Chapter 12

ActionScript 3.0核心编程

本章知识点

Unit 34	处理 XML	XML 基础
		XML 与 XMLList 对象
Unit 35	显示编程	核心显示类
		处理显示对象
		控制显示对象
		动态加载显示内容
Unit 36	处理几何结构	使用 Point 对象
		使用 Rectangle 对象
		使用 Matrix 对象
Unit 37	使用绘图 API	绘图 API 基础
		绘制直线和曲线
		绘制形状
		创建渐变笔触和填充
Unit 38	使用滤镜	创建和应用滤镜　可用滤镜

章前自测题

1.ActionScript 3.0包含用于处理XML结构化信息的类。它的两个主类是什么？

2.ActionScript 3.0中的显示编程用于处理出现在Flash Player舞台上的元素。ActionScript 3.0的哪个包包括可在 Flash Player中显示的可视对象的类？

处理XML

ActionScript 3.0包含一组基于ECMAScript for XML（E4X）规范的类，这些类包含用于处理XML数据强大且易用的功能。与以前的编程技术相比，使用E4X可以更快地用XML数据开发代码，开发的代码也更容易阅读。

XML基础知识

XML是一种表示结构化信息的标准方法，是eXtensible Markup Language（可扩展标记语言）的缩写，提供了一种简便的标准方法对数据进行分类，以使其更易于读取、访问以及处理。XML使用类似于HTML的树结构和标签结构。以下是一个简单的XML数据示例。

```
<song>
    <title>What you know?</title>
    <artist>Steve and the flubberblubs
</artist>
    <year>1989</year>
      <lastplayed>2010-3-17-08:31</
lastplayed>
</song>
```

XML数据以纯文本格式编写，并使用特定语法将信息组织为结构化格式。通常，将一组XML数据称为"XML文档"。在XML格式中，可通过分层结构将数据组织到"元素"（可以是单个数据项，也可以是其他元素的容器）中。每个XML文档将一个元素作为顶级项目或主项目；此根元素内可能会包含一条信息，但更可能会包含其他元素，而这些"其他元素"又包含其他元素，依此类推。

每个元素都是用一组"标签"来区分的，即包含在尖括号（小于号和大于号）中的元素名称。开始标签（指示元素的开头）包含元素名称<title>，结束标签（标记元素的结尾）在元素名称前面包含一个正斜杠</title>。

如果元素不包含任何内容，则会将其编写为一个空元素（有时称为自结束元素）。在XML中，<lastplayed/>与<lastplayed></lastplayed>元素完全相同。

除了开始标签和结束标签之间包含元素内容外，元素还可以包含在元素开始标签中定义的其他值（称为"属性"）。例如，以下XML元素定义一个名为length且值为4:19的属性：<song length ="4:19"></song>。

XML与XMLList对象

ActionScript 3.0包含用于处理XML结构化信息的类。下面列出两个主类。

- XML：表示单个XML元素，它可以是包含多个子元素的XML文档，也可以是文档中的单值元素。
- XMLList：表示一组XML元素。当具有多个"同级"（在XML文档分层结构中的相同级别，并且包含在相同父级中）的XML元素时，将使用XMLList对象。

1. XML对象

XML对象可能表示XML元素、属性、注释、处理指令或文本元素。

XML对象分为包含"简单内容"和包含"复杂内容"两类。有子节点的XML对象归入包含复杂内容的一类。如果XML对象是属性、注释、处理指令或文本节点之中的任何一个，就说它包含简单内容。

例如，下面的XML对象包含复杂内容，包括一条注释和一条处理指令。

```
XML.ignoreComments = false;
XML.ignoreProcessingInstructions = false;
var x1:XML =
    <order>
        <!--这是一条注释。 -->
        <?PROC _ INSTR sample ?>
        <item id='1'>
            <menuName>burger</menuName>
            <price>3.95</price>
        </item>
        <item id='2'>
            <menuName>fries</menuName>
            <price>1.45</price>
        </item>
    </order>
```

如下面的代码片断所示，还可以使用new构造函数从包含XML数据的字符串创建XML对象的实例。

```
var str:String = "<order><item id='1'><menuName>burger</menuName>"
+ "<price>3.95</price></item></order>";
var myXML:XML = new XML(str);
```

要从URL加载XML数据，请使用URLLoader类，如下面的示例所示。

```
import flash.events.Event;
import flash.net.URLLoader;
import flash.net.URLRequest;
var externalXML:XML;
var loader:URLLoader = new URLLoader();
var request:URLRequest = new URLRequest("xmlFile.xml");
loader.load(request);
loader.addEventListener(Event.COMPLETE, onComplete);
function onComplete(event:Event):void
{
    var loader:URLLoader = event.target as URLLoader;
    if (loader != null)
    {
        externalXML = new XML(loader.data);
        trace(externalXML.toXMLString());
    }
    else
    {
        trace("loader is not a URLLoader!");
    }
}
```

2. XMLList对象

XMLList实例表示XML对象的任意集合。它可以包含完整的XML文档、XML片断或XML查询结果。

对于只包含一个XML元素的XMLList对象，可以使用XML类的所有属性和方法，因为包含一个XML元素的XMLList被视为等同于XML对象。例如，在下面的代码中，因为doc.div是包含一个元素的XMLList对象，所以可以使用XML类的append-Child()方法。

```
var doc:XML =
        <body>
            <div>
                <p>Hello</p>
            </div>
        </body>;
doc.div.appendChild(<p>World</p>);
```

闪客高手：创建图像画廊效果

范例文件	Sample\Ch12\Unit34\gallery-end.fla
初始文件	Sample\Ch12\Unit34\gallery.fla
视频文件	Video\Ch12\Unit34\Unit34.wmv

1 打开Sample\Ch12\Unit34\gallery.fla文件，在其所在的文件夹中放置了12张图像文件。

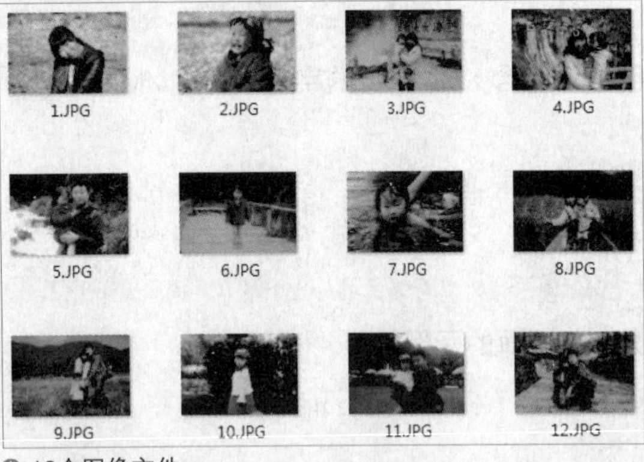

△ 12个图像文件

2 在同级目录下新建一个名为gallery.xml的文件，使用记事本打开文件，输入如下代码。

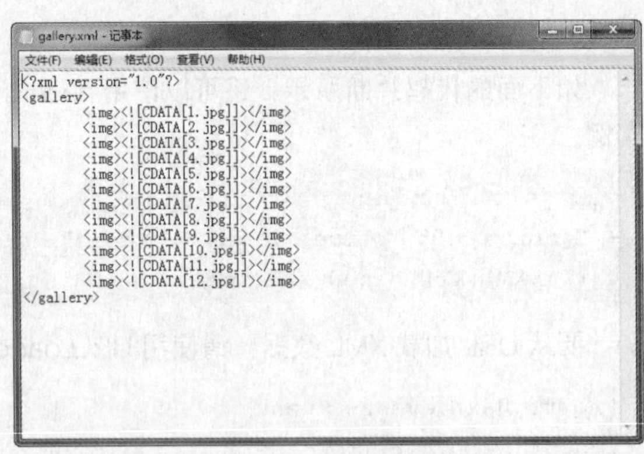

△ 输入代码

```
<?xml version="1.0"?>
<gallery>
<img><![CDATA[1.jpg]]></img>
<img><![CDATA[2.jpg]]></img>
<img><![CDATA[3.jpg]]></img>
<img><![CDATA[4.jpg]]></img>
<img><![CDATA[5.jpg]]></img>
<img><![CDATA[6.jpg]]></img>
<img><![CDATA[7.jpg]]></img>
<img><![CDATA[8.jpg]]></img>
<img><![CDATA[9.jpg]]></img>
<img><![CDATA[10.jpg]]></img>
<img><![CDATA[11.jpg]]></img>
<img><![CDATA[12.jpg]]></img>
</gallery>
```

3 选择actions图层的第75帧，按下F9键打开"动作"面板，输入如下代码。

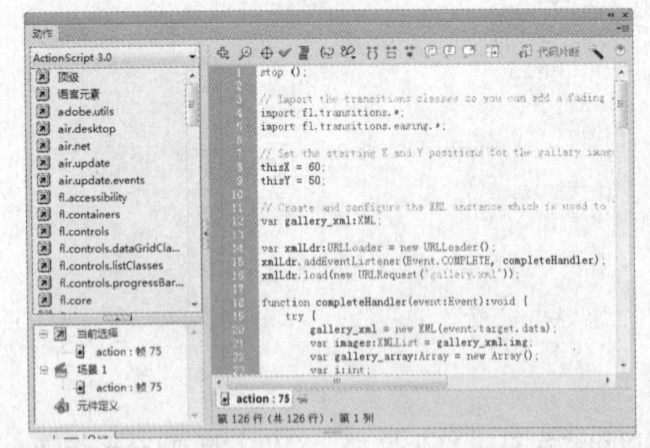

△ 输入代码

```
//停止动画
Stop();
//导入变换类，便于我们当图像载入到舞台时添加淡入淡出效果
import fl.transitions.*;
import fl.transitions.easing.*;
//设置画廊图像的起始X坐标和Y坐标
thisX = 60;
thisY = 50;
//创建并设置用于载入画廊图像列表的XML实例
var gallery_xml:XML;
//声明新URLLoader对象
var xmlLdr:URLLoader = new URLLoader();
xmlLdr.addEventListener(Event.COMPLETE, completeHandler);
//载入gallery.xml文件
xmlLdr.load(new URLRequest("gallery.xml"));
function completeHandler(event:Event):void {
     try {
            gallery_xml = new XML(event.target.data);
        //声明XMLList对象
            var images:XMLList = gallery_xml.img;
        //声明新数组对象
            var gallery_array:Array = new Array();
            var i:int;
            var galleryLength:int = images.length();
            for (i = 0; i < galleryLength; i++) {
gallery_array.push({src:images[i].text()});
            }
            displayGallery(gallery_array);
     } catch (error:Error) {
            trace(error.message);
     }
}
//建立一个在一个数组中遍历图像的函数，并在舞台上创建一个新的影片剪辑
function displayGallery(gallery_array:Array):void {
     var i:int;
     var galleryLength:Number = gallery_array.length;
     //遍历画廊数组中的每一张图像
     for (i = 0; i<galleryLength; i++) {
            //创建一个含有图像的影片剪辑实例，我们也将设置一个变量，thisMC，用于影片剪辑实例的一个别名
            var thisLdr:Loader = new Loader();
thisLdr.contentLoaderInfo.addEventListener (Event.COMPLETE, loaderComplete Handler);
            thisLdr.load(new URLRequest(gallery_array[i].src));
            var thisMC:MovieClip = new MovieClip();
        //设置这个新影片剪辑的x坐标和y坐标
            thisMC.x = thisX;
            thisMC.y = thisY;
            thisMC.addChild(thisLdr);
            addChild(thisMC);
            //如果显示了5列图像，就新开始一行
            if (((i + 1) % 5) == 0) {
                   //重置X坐标和Y坐标
                   thisX = 60;
                   thisY += 80;
            } else {
                   thisX += 80 + 20;
            }
     }
}
function loaderCompleteHandler(event:Event):void {
     var thisLdr:Loader = LoaderInfo(event.current Target).loader as Loader;
     var thisMC:MovieClip = thisLdr.parent;
     //为目标影片剪辑的宽度和高度设置本地变量，以及图像期望达到的边框设置
     var thisWidth:Number=thisLdr.width;
     var thisHeight:Number = thisLdr.height;
     var borderWidth:Number = 2;
     var marginWidth:Number = 8;
     var totalMargin:Number = borderWidth + marginWidth;
     var totalWidth:Number = thisWidth + (totalMargin * 2);
```

```
    var totalHeight:Number = this
Height + (totalMargin * 2);
    //在图像四周绘制一个带黑色边框的白色矩形
    thisMC.graphics.lineStyle(border
Width, 0x000000, 100);
    thisMC.graphics.beginFill(0x
FFFFFF, 100);
    thisMC.graphics.drawRect(-total
Margin, -totalMargin, total Width, total
Height);
    thisMC.graphics.endFill();
    //对目标影片剪辑进行缩小，使之看起来像缩
略图。这将使用户快速的看到整个图像
    thisMC.scaleX = 0.2;
    thisMC.scaleY = 0.2;
    //旋转当前图像（包括边框），范围在-5到+5
度之间
    thisMC.rotation = Math.round
(Math.random() * - 10) + 5;
   //设置临时变量，使得用户一旦再缩放和定位完
整图像时，可以将实例恢复到原有位置上
    thisMC.origX = thisMC.x;
    thisMC.origY = thisMC.y;
    //设置鼠标按下、释放和移动的事件监听器
    thisMC.addEventListener(Mouse
Event.MOUSE_DOWN, mouseDownHandler);
    thisMC.addEventListener(Mouse
Event.MOUSE_UP, mouseUpHandler);
    thisMC.addEventListener(Mouse
Event.MOUSE_MOVE, mouseMoveHandler);
}
//声明鼠标按下事件函数
function
mouseDownHandler(event:MouseEvent):void {
    var thisMC:MovieClip = event.
currentTarget as MovieClip;
  //开始拖拽当前剪辑
    thisMC.startDrag();
    //将X缩放和Y缩放属性恢复到100%，使图像被
以完整大小显示。我们也将存储X坐标和Y坐标的值，
使我们还原图像时定位到原有位置
    thisMC.scaleX = 1;
    thisMC.scaleY = 1;
    setChildIndex(thisMC, numChildren
- 1);
   //将舞台上的影片剪辑定位到中心
    thisMC.x = int((stage.stageWidth
- thisMC.width + 20) / 2);
    thisMC.y = int((stage.stageHeight
- thisMC.height + 20) / 2);
    //对影片剪辑应用变换，使其短时间出现闪动的
效果
    var transitionProps:Object =
{type:Photo, direction:0, duration:1,
easing:Strong.easeOut};
    TransitionManager.start(thisMC,
transitionProps);
}
//声明鼠标释放事件函数
function mouseUpHandler(event:MouseEv
ent):void {
    var thisMC:MovieClip = event.
currentTarget as MovieClip;
  //停止拖动影片剪辑
    thisMC.stopDrag();
    thisMC.x = int(thisMC.origX);
    thisMC.y = int(thisMC.origY);
  //重置X轴和Y轴缩放属性
    thisMC.scaleX = 0.2;
    thisMC.scaleY = 0.2;
}
//声明鼠标移动事件函数
function mouseMoveHandler(event:Mouse
Event):void {
    event.updateAfterEvent();
}
```

4 按下快捷键Ctrl+Ente测试动画，就可以看到图像画廊的效果了，当单击图像后，图像可以放大显示。

△ 测试动画

UNIT 35 显示编程

ActionScript 3.0中的显示编程用于处理出现在Flash Player舞台上的元素。

核心显示类

使用 ActionScript 3.0 构建的每个应用程序都有一个由显示对象构成的层次结构，这个层次结构称为"显示列表"。显示列表包含应用程序中的所有可视元素。显示元素属于下列一个或多个组。

- 舞台：舞台是包括显示对象的基础容器，也是一个顶级容器。每个应用程序都有一个 Stage对象，其中包含所有的屏幕显示对象。
- 显示对象：在ActionScript 3.0中，应用程序屏幕上出现的所有元素都属于"显示对象"类型。flash.display包中包括的DisplayObject类是由许多其他类扩展的基类。这些不同的类表示不同类型的显示对象，如矢量形状、影片剪辑和文本字段等。
- 显示对象容器：显示对象容器是一些特殊类型的显示对象，这些显示对象除了有自己的可视表示形式之外，还可以包含同是显示对象的子对象。DisplayObjectContainer类是DisplayObject类的子类。DisplayObjectContainer对象可以在其"子级列表"中包含多个显示对象。

ActionScript 3.0 的 flash.display 包中包括可在 Flash Player 中显示的可视对象的类。下列类的对象可以实例化包含在 flash.display 包中。

- Bitmap：使用Bitmap类可以定义从外部文件加载或通过ActionScript呈现的位图对象：可以通过Loader类从外部文件加载位图；可以加载GIF、JPG或PNG文件；还可以创建包含自定义数据的BitmapData对象，然后创建使用该数据的Bitmap对象。可以使用BitmapData类的方法来更改位图，无论这些位图是加载的还是在 ActionScript中创建的。
- Loader：使用Loader类可加载外部资源（SWF文件或图形）。
- Shape：使用Shape类可创建矢量图形，如矩形、直线和圆等。
- SimpleButton：SimpleButton对象是Flash按钮元件的ActionScript表示形式。SimpleButton实例有3个按钮状态：弹起、按下和指针经过。
- Sprite：Sprite类用于扩展DisplayObject-Container类。Sprite对象可以包含它自己的图形，还可以包含子显示对象。
- MovieClip：MovieClip对象是在Flash创作工具中创建的ActionScript形式的影片剪辑元件。实际上，MovieClip与Sprite对象类似，不同的是它还有一个时间轴。

flash.display 包中的下列类用于扩展 Display-Object 类，但用户不能创建这些类的实例。这些类是用作其他显示对象的父类的，因此可将通用功能合并到一个类中。

- AVM1Movie：AVM1Movie类用于表示在 Action-Script 1.0和 2.0中创作的已加载SWF文件。
- DisplayObjectContainer：Loader、Stage、Sprite和MovieClip类每个都用于扩展了Display-ObjectContainer类。
- InteractiveObject：InteractiveObject是用于与鼠标和键盘交互的所有对象的基类。Simple-Button、TextField、Video、Loader、Sprite、Stage和MovieClip对象是InteractiveObject类的所有子类。
- MorphShape：这些对象是在Flash创作工具中创建补间形状时创建的。无法使用ActionScript实例化这些对象，但可以从显示列表中访问它们。

- Stage：Stage类用于扩展DisplayObject- Container类，有一个应用程序的Stage实例，该实例位于显示列表层次结构的顶部。

处理显示对象

所有显示对象都是 DisplayObject 类的子类，同样它们还会继承 DisplayObject 类的属性和方法。继承的属性是适用于所有显示对象的基本属性。例如，每个显示对象都有 x 属性和 y 属性，用于指定对象在显示对象容器中的位置。

不能使用 DisplayObject 类构造函数来创建 DisplayObject 实例，必须创建另一种对象（属于 DisplayObject 类的子类的对象，如 Sprite）才能使用 new 运算符来实例化对象。此外，如果要创建自定义显示对象类，还必须创建具有可用构造函数的其中一个显示对象子类的子类。

1. 在显示列表中添加显示对象

实例化显示对象时，在将显示对象实例添加到显示列表上的显示对象容器之前，显示对象不会出现在屏幕上（即在舞台上）。例如，在下面的代码中，如果省略了最后一行代码，则 myText 文本域对象不可见。在最后一行代码中，this 关键字必须引用已添加到显示列表中的显示对象容器。

```
import flash.display.*;
import flash.text.TextField;
var myText:TextField = new TextField();
myText.text = "Buenos dias.";
this.addChild(myText);
```

当在舞台上添加任何可视元素时，该元素会成为 Stage 对象的“子级”。应用程序中加载的第一个 SWF 文件（例如，HTML 页中嵌入的文件）会自动添加为 Stage 的子级，它可以是扩展 Sprite 类的任何类型的对象。

不是任何使用 ActionScript 创建的显示对象，都会添加到显示列表中。尽管没有通过 ActionScript 添加这些显示对象，但仍可通过 ActionScript 访问它们。例如，下面的代码将调整在创作工具中（不是通过 ActionScript 添加的）添加的名为 button1 的对象的宽度。

```
button1.width = 200;
```

2. 处理显示对象容器

显示对象容器本身就是一种显示对象，它可以添加到其他显示对象容器中。要使某一显示对象出现在显示列表中，必须将该显示对象添加到显示列表上的显示对象容器中。使用容器对象的 addChild() 方法或 addChildAt() 方法可执行此操作。例如，如果下面的代码没有最后一行，将不会显示 myTextField 对象。

```
var myTextField:TextField = new Text
Field();
myTextField.text = "hello";
this.root.addChild(myTextField);
```

在此代码范例中，this.root 指向包含该代码的 MovieClip 显示对象容器。在实际代码中，可以指定其他容器。

removeChild() 和 removeChildAt() 方法并不完全删除显示对象实例。这两种方法只是从容器的子级列表中删除显示对象实例，该实例仍可由另一个变量引用。

由于显示对象只有一个父容器，因此只能在一个显示对象容器中添加显示对象的实例。例如，下面的代码说明了显示对象 tf1 只能存在于一个容器中（本例中为 Sprite，它扩展 DisplayObject Container 类）。

```
tf1:TextField = new TextField();
tf2:TextField = new TextField();
tf1.name = "text 1";
tf2.name = "text 2";
container1:Sprite = new Sprite();
container2:Sprite = new Sprite();
container1.addChild(tf1);
container1.addChild(tf2);
container2.addChild(tf1);
trace(container1.numChildren); // 1
trace(container1.getChildAt(0).name); // 文本 2
trace(container2.numChildren); // 1
trace(container2.getChildAt(0).name); // 文本 1
```

除了上面介绍的方法外，DisplayObjectCon-tainer 类还定义了用于处理子显示对象的方法，其中包括如下内容。

- contains()：确定显示对象是否是Display Object-Container的子级。
- getChildByName()：按名称检索显示对象。
- getChildIndex()：返回显示对象的索引位置。
- setChildIndex()：更改子显示对象的位置。
- swapChildren()：交换两个显示对象的前后顺序。
- swapChildrenAt()：交换两个显示对象的前后顺序（由其索引值指定）。

3. 遍历显示列表

DisplayObjectContainer 类包括通过显示对象容器的子级列表遍历显示列表的属性和方法。例如，考虑下面的代码，其中在 container 对象（该对象为 Sprite 类，用于扩展 DisplayObject-Container 类）中添加了两个显示对象 title 和 pict。

```
var container:Sprite = new Sprite();
var title:TextField = new TextField();
title.text = "Hello";
var pict:Loader = new Loader();
var url:URLRequest = new URLRequest("banana.jpg");
pict.load(url);
pict.name = "banana loader";
container.addChild(title);
container.addChild(pict);
```

getChildAt() 方法返回显示列表中特定索引位置的子级。

```
trace(container.getChildAt(0) is TextField); // true
```

也可以按名称访问子对象。每个显示对象都有一个名称属性，如果没有指定该属性，Flash Player 会指定一个默认值，如 instance1。例如，下面的代码说明了如何使用 getChildByName() 方法来访问名为 banana loader 的子显示对象。

```
trace(container.getChildByName("banana loader") is Loader); // true
```

与使用 getChildAt() 方法相比，使用 get-ChildByName() 方法会导致性能降低。

显示对象容器可以包含其他显示对象容器作为其显示列表中的子对象，因此可将应用程序的完整显示列表作为树来遍历。例如，在前面说明的代码摘录中，完成 pict Loader 对象的加载操作后，pict 对象将加载一个子显示对象，即位图。要访问此位图显示对象，可以编写 pict.getChildAt(0)，也可以编写 container.getChildAt(0).getChildAt(0)（container.getChildAt(0) == pict）。下面的函数提供了显示对象容器中显示列表的缩进式 trace() 输出。

```
function traceDisplayList(container:DisplayObjectContainer, indentString:String =
""):void
{
    var child:DisplayObject;
    for (var i:uint=0; i < container.numChildren; i++)
    {
child = container.getChildAt(i);
    trace(indentString, child, child.name);
            if (container.getChildAt(i) is DisplayObjectContainer)
        {
            traceDisplayList(DisplayObjectContainer(child), indentString + "    ")
        }
    }
}
```

4. 设置舞台属性

Stage 类用于覆盖 DisplayObject 类的大多数属性和方法。如果调用其中一个已覆盖的属性或方法，Flash Player 会引发异常。例如，Stage 对象不具有 x 或 y 属性，因为作为应用程序的主容器，该对象的位置是固定的。x 和 y 属性是指显示对象相对于其容器的位置，由于舞台没有包含在其他显示对象容器中，因此这些属性不适用。

（1）控制回放帧速率

Stage 类的 framerate 属性用于设置加载到应用程序中的所有 SWF 文件的帧速率。

（2）控制舞台缩放比例

当调整 Flash Player 屏幕的大小时，Flash Player 会自动调整舞台内容来加以补偿。Stage 类的 scaleMode 属性可确定如何调整舞台内容，此属性可以设置为 4 个不同值，如 flash.display.StageScaleMode 类中的常量所定义的。

对于 scaleMode 的 3 个值，StageScaleMode.EXACT_FIT、StageScaleMode.SHOW_ALL 和 StageScaleMode.NO_BORDER），Flash Player 将缩放舞台的内容以容纳在舞台边界内。3 个选项在确定如何完成缩放时是不相同的。

- StageScaleMode.EXACT_FIT：按比例缩放SWF。
- StageScaleMode.SHOW_ALL：确定是否显示边框（就像在标准屏电视上观看宽屏电影时显示的黑条）。
- StageScaleMode.NO_BORDER：确定是否可以部分裁切内容。

或者，如果将 scaleMode 设置为 Stage Scale-Mode.NO_SCALE，则当查看者调整 Flash Player 窗口大小时，舞台内容将保持定义的大小。仅在缩放模式中，Stage 类的 width 和 height 属性才可用于确定 Flash Player 窗口调整大小后的实际像素尺寸。（在其他缩放模式中，stageWidth 和 stageHeight 属性始终反映的是 SWF 文件的原始宽度和高度。）此外，当 scaleMode 设置为 StageScaleMode.NO_SCALE，并且调整了 SWF 文件大小时，将调度 Stage 类的 resize 事件，允许用户进行相应的调整。

(3) 处理全屏模式

使用全屏模式可令 SWF 填充查看器的整个显示器，没有任何边框、菜单栏等。Stage 类的 displayState 属性用于切换 SWF 的全屏模式。可以将 displayState 属性设置为由 flash.display.StageDisplayState 类中的常量定义的其中一个值。要打开全屏模式，请将 displayState 设置为 StageDisplayState.FULL_SCREEN。

```
// mySprite 是一个 Sprite 实例，已添加到显示列表中
mySprite.stage.displayState = StageDisplayState.NORMAL;
```

要退出全屏模式，请将 displayState 属性设置为 StageDisplayState.NORMAL。

```
mySprite.stage.displayState = StageDisplayState.NORMAL;
```

全屏模式的舞台缩放行为与正常模式下的相同，缩放比例由 Stage 类的 scaleMode 属性控制。通常，如果将 scaleMode 属性设置为 Stage-ScaleMode.NO_SCALE，则 Stage 的 stageWidth 和 stageHeight 属性将发生更改，以反映由 SWF 占用的屏幕区域的大小。

控制显示对象

无论选择使用哪个显示对象，都会有许多的操作，这些操作作为屏幕上显示的一些元素，是所有显示对象共有的。由于所有显示对象都从它们共有的基类 (DisplayObject) 继承了此功能，因此无论是要处理 TextField 实例、Video 实例、Shape 实例或其他任何显示对象，此功能的行为都相同。

1. 改变位置

对任何显示对象进行的最基本操作是确定显示对象在屏幕上的位置。要设置显示对象的位置，请更改对象的 x 和 y 属性。

```
myShape.x = 17;
myShape.y = 212;
```

显示对象定位系统将舞台视为一个笛卡尔坐标系（带有水平 x 轴和垂直 y 轴的常见网格系统）。坐标系的原点（x 和 y 轴相交的坐标）位于舞台的左上角。从原点开始，x 轴的值向右为正，向左为负，而 y 轴的值向下为正，向上为负（与典型的图形系统相反）。例如，通过前面的代码行可以将对象 myShape 移到 x 轴坐标 17（原点向右 17 个像素）和 y 轴坐标 212（原点向下 212 个像素）。

默认情况下，使用 ActionScript 创建显示对象时，x 和 y 属性均设置为 0，从而可将对象放在其父内容的左上角。

2. 平移和滚动显示对象

如果显示对象太大，不能在要显示它的区域中完全显示出来，则可以使用 scrollRect 属性来定义显示对象的可查看区域。此外，通过更改 scroll-Rect 属性响应用户输入，可以使内容左右平移或上下滚动。

scrollRect 属性是 Rectangle 类的实例，Rectangle 类包括将矩形区域定义为单个对象所需的有关值。最初定义显示对象的可查看区域时，请创建一个新的 Rectangle 实例并为该实例分配显示对象的 scrollRect 属性。以后进行滚动或平移时，可以将 scrollRect 属性读入单独的 Rectangle 变量，然后更改所需的属性（例如，更改 Rectangle 实例的 x 属性进行平移，或更改 y 属性进行滚动）。然后将该 Rectangle 实例重新分配给 scrollRect 属性，将更改的值通知显示对象。

3. 处理大小和缩放对象

可以采用两种方法来测量和处理显示对象的大小：使用尺寸属性（width 和 height）或使用缩放属性（scaleX 和 scaleY）。

每个显示对象都有 width 属性和 height 属性，它们最初设置为对象的大小，单位为像素。可以通过读取这些属性的值来确定显示对象的大小。还可以指定新值来更改对象的大小，如下所示。

```
// 调整显示对象的大小。
square.width = 420;
square.height = 420;
// 确定圆显示对象的半径。
var radius:Number = circle.width / 2;
```

更改显示对象的 height 或 width 会导致缩放对象，这意味着对象内容被伸展或挤压以适合新区域的大小。如果显示对象仅包含矢量形状，将按新缩放比例重绘这些形状，而品质不变。此时将缩放显示对象中的所有位图图形元素，而非重绘。例如，缩放图形时，如果数码照片的宽度和高度增加后超出图像中像素信息的实际大小，数码照片将被像素化，使数码照片显示带有锯齿。

当更改显示对象的 width 或 height 属性时，Flash Player 还会更新对象的 scaleX 和 scaleY 属性。这些属性表示显示对象与其原始大小相比的相对大小。scaleX 和 scaleY 属性使用小数（十进制）值来表示百分比。例如，如果某个显示对象的 width 已更改，其宽度是原始大小的一半，则该对象的 scaleX 属性的值为 .5，表示 50%。如果其高度加倍，则其 scaleY 属性的值为 2，表示 200%。

```
// 圆是一个宽度和高度均为 150 个像素的显示对象。
// 按照原始大小，scaleX 和 scaleY 均为 1 (100%)。
trace(circle.scaleX);// 输出：1
trace(circle.scaleY);// 输出：1
// 当更改 width 和 height 属性时，Flash Player 会相应更改 scaleX 和 scaleY 属性。
circle.width = 100;
circle.height = 75;
trace(circle.scaleX);// 输出：0.6622516556291391
trace(circle.scaleY);// 输出：0.4966887417218543
```

4. 调整显示对象颜色

可以使用 ColorTransform 类的方法 (flash.geom.ColorTransform) 调整显示对象的颜色。每个显示对象都有 transform 属性（它是 Transform 类的实例），还包含有关应用到显示对象的各种变形的信息（如旋转、缩放或位置的更改等）。除此之外，Transform 类还包括 colorTransform 属性，它是 ColorTransform 类的实例，并提供访问来对显示对象进行颜色调整。要访问显示对象的颜色转换信息，可以使用如下代码。

```
var colorInfo:ColorTransform = myDisplayObject.transform.colorTransform;
```

创建 ColorTransform 实例后，可以通过读取其属性值来查明已应用了哪些颜色转换，也可以通过设置这些值来更改显示对象的颜色。要在进行任何更改后更新显示对象，必须将 ColorTransform 实例重新分配给 transform.colorTransform 属性。

```
var colorInfo:ColorTransform = my DisplayObject.transform.colorTransform;
// 此处进行某些颜色转换，提交更改。
myDisplayObject.transform.colorTransform = colorInfo;
```

5. 旋转对象

使用 rotation 属性可以旋转显示对象。通过读取此值可以了解是否旋转了某个对象。如果要旋转该对象，可以将此属性设置为一个数字（以度为单位），表示要应用于该对象的旋转量。例如，下面的代码行将名为 square 的对象旋转 45 度。

```
square.rotation = 45;
```

6. 淡化对象

可以通过控制显示对象的透明度来使显示对象部分透明或完全透明，也可以通过更改透明度来使对象淡入或淡出。DisplayObject 类的 alpha 属性用于定义显示对象的透明度（更确切地说是不透明度）。可以将 alpha 属性设置为介于 0 和 1 之间的任何值，其中 0 表示完全透明，1 表示完全不透明。例如，当使用鼠标单击名为 myBall 的对象时，下面的代码行将使该对象变得50%透明。

```
function fadeBall(event:MouseEvent):void
{
    myBall.alpha = .5;
function fadeBall(event:MouseEvent):void
{
    myBall.alpha = .5;
```

7. 遮罩显示对象

可以通过将一个显示对象用作遮罩来创建一个孔洞，透过该孔洞使另一个显示对象的内容可见。要将一个显示对象指明为另一个显示对象的遮罩，请将遮罩对象设置为被遮罩的显示对象的 mask 属性。

```
// 使对象 maskSprite 成为对象 mySprite 的遮罩。
mySprite.mask = maskSprite;
```

用作遮罩的显示对象可拖曳、设置动画，并可动态调整大小，可以在单个遮罩内使用单独的形状。遮罩显示对象不必一定要添加到显示列表中。但如果希望在缩放舞台时也缩放遮罩对象，或希望支持用户与遮罩对象的交互（如用户控制的拖曳和调整大小），则必须将遮罩对象添加到显示列表中。遮罩对象已添加到显示列表时，显示对象的实际 z 索引（从前到后顺序）并不重要，除了显示为遮罩对象外，遮罩对象将不会出现在屏幕上。如果遮罩对象是包含多个帧的一个 MovieClip 实例，则遮罩对象会沿其时间轴播放所有帧。如果没有用作遮罩对象，也会出现同样的情况。通过将 mask 属性设置为 null 可以删除遮罩。

```
// 删除 mySprite 中的遮罩
mySprite.mask = null;
```

动态加载显示内容

ActionScript 3.0 应用程序中可以加载下列任何外部显示资源。

- 在ActionScript 3.0中创作的SWF文件：此文件可以是Sprite、MovieClip或扩展Sprite的任何类。
- 图像文件：包括JPG、PNG和GIF文件。
- AVM1 SWF文件：在ActionScript 1.0或2.0中编写的SWF文件。

1. 加载显示对象

使用 Loader 类可以加载这些资源，它是 Display-ObjectContainer 类的子类。Loader 对象用于将 SWF 文件和图形文件加载到应用程序中，在其显示列表中只能包含一个子显示对象，表示它加载的 SWF 或图形文件。如下面的代码所示，在显示列表中添加 Loader 对象时，还可以在加载后将加载的子显示对象添加到显示列表中。

```
var pictLdr:Loader = new Loader();
var pictURL:String = "banana.jpg"
var pictURLReq:URLRequest = new URLRequest(pictURL);
pictLdr.load(pictURLReq);
this.addChild(pictLdr);
```

加载 SWF 文件或图像后，即可将加载的显示对象移到另一个显示对象容器中，例如本示例中的 container DisplayObjectContainer 对象。

```
import flash.display.*;
import flash.net.URLRequest;
import flash.events.Event;
var container:Sprite = new Sprite();
addChild(container);
var pictLdr:Loader = new Loader();
var pictURL:String = "banana.jpg"
var pictURLReq:URLRequest = new URLR-
equest(pictURL);
pictLdr.load(pictURLReq);
pictLdr.contentLoaderInfo.addEvent
Listener(Event.COMPLETE, imgLoaded);
function imgLoaded(event:Event):void
{
    container.addChild(pictLdr.
content);
}
```

2. 监视加载进度

文件开始加载后，就创建了 LoaderInfo 对象。LoaderInfo 对象用于提供加载进度、加载者和被加载者的 URL、媒体的字节总数及媒体的标称高度和宽度等信息。LoaderInfo 对象还可调度用于监视加载进度的事件。

可以将 LoaderInfo 对象作为 Loader 对象和加载的显示对象的属性进行访问。加载一开始，就可以通过 Loader 对象的 contentLoaderInfo 属性访问 LoaderInfo 对象。显示对象完成加载后，也可以将 LoaderInfo 对象作为加载的显示对象的属性，通过显示对象的 loaderInfo 属性进行访问。已加载显示对象的 loaderInfo 属性是指与 Loader 对象的 contentLoaderInfo 属性相同的 LoaderInfo 对象。换句话说，LoaderInfo 对象是加载的对象与加载它的 Loader 对象之间（加载者和被加载者之间）的共享对象。

要访问加载的内容的属性，需在 LoaderInfo 对象中添加事件侦听器，如下面的代码所示。

```
import flash.display.Loader;
import flash.display.Sprite;
import flash.events.Event;
var ldr:Loader = new Loader();
var urlReq:URLRequest = new
URLRequest("Circle.swf");
ldr.load(urlReq);
ldr.contentLoaderInfo.addEventListener
(Event.COMPLETE, loaded);
addChild(ldr);
function loaded(event:Event):void
{
    var content:Sprite = event.target.
content;
    content.scaleX = 2;
}
```

3. 指定加载上下文

通过 Loader 类的 load() 方法或 loadBytes() 方法，将外部文件加载到 Flash Player 中时，可以选择性地指定 context 参数。此参数是一个 Loader-Context 对象。

LoaderContext 类包括 3 个属性，用于定义如何使用加载的内容的上下文。

- checkPolicyFile：仅加载图像文件时才会使用此属性。如果将此属性设置为true，Loader将检查跨域策略文件的原始服务器。

- securityDomain：仅加载SWF文件时才会使用此属性。如果SWF文件所在的域与包含Loader对象的文件所在的域不同，则指定此属性。
- applicationDomain：仅加载使用Action-Script 3.0编写的SWF文件时才会使用此属性。通过将加载的SWF文件放在同一个应用程序域中，可以直接访问它的类。

闪客高手：创建皓月效果

范例文件	Sample\Ch12\Unit35\SpinningMoon-end.fla
初始文件	Sample\Ch12\Unit35\SpinningMoon.fla
视频文件	Video\Ch12\Unit35\Unit35.wmv

1 打开Sample\Ch12\Unit35\SpinningMoon.fla文件，新建ActionScript文件并将脚本保存到code\moon目录下，文件名为MoonSphere.as，这用于定义月球本身。输入代码如下。

```
//声明包位置
package code.moon
{
    //导入各类必要对象
     import flash.display.Bitmap;
     import flash.display.BitmapData;
     import flash.display.BitmapDataChannel;
     import flash.display.Loader;
     import flash.display.Shape;
     import flash.display.Sprite;
     import flash.events.Event;
     import flash.events.TimerEvent;
     import flash.filters.BitmapFilterQuality;
     import flash.filters.DisplacementMapFilter;
     import flash.filters.GlowFilter;
     import flash.geom.Point;
     import flash.geom.Rectangle;
     import flash.net.URLRequest;
     import flash.utils.Timer;
     //MoonSphere类扩展了Sprite类，此继承在MoonSphere类声明中定义
     public class MoonSphere extends Sprite
     {
          //Bitmap包含实际显示在屏幕中的月球图
          private var sphere:Bitmap;
          // 月球图的源——像素图将被贴到球体表面，创建月球的运动效果
          private var textureMap:BitmapData;
          // 声明月球半径
          private var radius:int;
          // 当前材质图上的x坐标
          private var sourceX:int = 0;
          // MoonSphere函数，开始载入月亮图像
          public function MoonSphere()
```

```
            {
                var imageLoader:Loader = new Loader();
imageLoader.contentLoaderInfo.addEventListener(Event.COMPLETE, imageLoadComplete);
                imageLoader.load(new URLRequest("moonMap.png"));
            }
            // 运动规则
            private function rotateMoon(event:TimerEvent):void
            {
                sourceX += 1;
                if (sourceX >= textureMap.width / 2)
                {
                    sourceX = 0;
                }
sphere.bitmapData.copyPixels(textureMap,
new Rectangle(sourceX, 0, sphere.width, sphere.height),
        new Point(0, 0));
                event.updateAfterEvent();
            }
            // 创建用于创建鱼眼效果的地图图像位置
            private function createFisheyeMap(radius:int):BitmapData
            {
                var diameter:int = 2 * radius;
                var result:BitmapData = new BitmapData(diameter,diameter,false
,0x808080);
                // 遍历图像像素
                for (var i:int = 0; i < diameter; i++)
                {
                    for (var j:int = 0; j < diameter; j++)
                    {
                        // 计算当前像素到圆中心的x和y距离
                        var pctX:Number = (i - radius) / radius;
                        var pctY:Number = (j - radius) / radius;
                        // 计算当前像素到圆中心的直线距离
                        var pctDistance:Number = Math.sqrt(pctX * pctX
+ pctY * pctY);
                        // 如果当前像素在圆内部，则设置其颜色
                        if (pctDistance < 1)
                        {
                            //根据当前像素到圆中心的距离，计算适合的颜色
                            var red:int;
                            var green:int;
                            var blue:int;
                            var rgb:uint;
                        red = 128 * (1 + 0.75 * pctX * pctX * pctX / (1 -
pctY * pctY));
                            green = 0;
```

```
                        blue = 0;
                        rgb = (red << 16 | green << 8 | blue);
                            //将像素设置为计算后的颜色
                        result.setPixel(i, j, rgb);
                    }
                }
            }
            return result;
        }
        //当月亮地图图像完全载入后被调用，设置屏幕元素，开始计时，创建运动效果
        private function imageLoadComplete(event:Event):void
        {
            textureMap = event.target.content.bitmapData;
            radius = textureMap.height / 2;
            sphere = new Bitmap();
            sphere.bitmapData = new BitmapData(textureMap.width / 2,
textureMap.height);
    sphere.bitmapData.copyPixels(textureMap,   new Rectangle(0, 0, sphere.width,
sphere.height),new Point(0, 0));
            //创建用于替代地图图像的BitmapData实例，来创建鱼眼效果
            var fisheyeLens:BitmapData = createFisheyeMap(radius);
            // 创建鱼眼滤镜
            var displaceFilter:DisplacementMapFilter;
            displaceFilter = new
DisplacementMapFilter(fisheyeLens,new Point(radius, 0), BitmapDataChannel.
RED,BitmapDataChannel.BLUE, radius, 0);
            // 应用滤镜
            sphere.filters = [displaceFilter];
            this.addChild(sphere);
            // 创建并应用图像遮罩
            var moonMask:Shape = new Shape();
            moonMask.graphics.beginFill(0);
    moonMask.graphics.drawCircle(radius * 2, radius, radius);
            this.addChild(moonMask);
            this.mask = moonMask;
            //设置计时，开始月球旋转的运动
            var rotationTimer:Timer = new Timer(15);
    rotationTimer.addEventListener(TimerEvent.TIMER, rotateMoon);
            rotationTimer.start();
            //添加一个轻微的大气辉光效果
            this.filters = [new GlowFilter(0xC2C2C2, .75, 20, 20, 2, Bitmap
FilterQuality.HIGH, true)];
            dispatchEvent(event);
        }
    }
}
```

2 回到Sample\Ch12\Unit35\SpinningMoon.fla文件Layer 1图层的第一帧，按下F9键打开“动作”面板，输入如下代码。

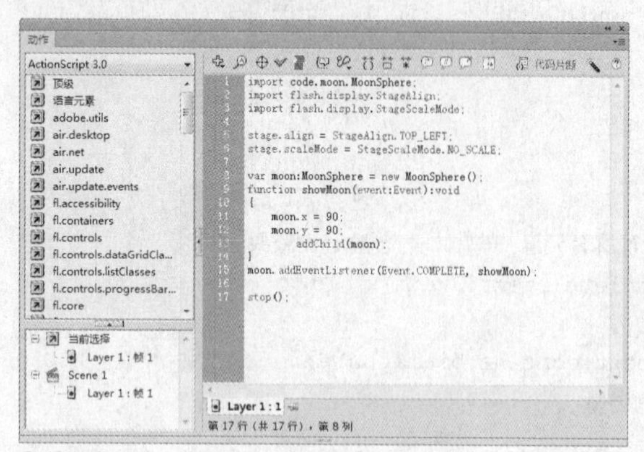

△ 输入代码

```
//导入必要对象
import code.moon.MoonSphere;
import flash.display.StageAlign;
import flash.display.StageScaleMode;
//设置排列和缩放模式
stage.align = StageAlign.TOP_LEFT;
stage.scaleMode = StageScaleMode.NO_SCALE;
//声明新的MoonSphere月球对象实例
var moon:MoonSphere = new MoonSphere();
//显示月球
function showMoon(event:Event):void
{
    moon.x = 90;
    moon.y = 90;
        addChild(moon);
}
moon.addEventListener(Event.COMPLETE, showMoon);
stop();
```

3 按下快捷键Ctrl+Enter测试动画，就可以看到月球旋转的效果了。

△ 测试动画

TIP 设想用户创建了一个街道图应用程序，每次移动该图时，都需要更新视图。创建此功能的方式是，每次移动街道图时，均重新呈现包含更新的街道图视图的新图像。或者创建一个大型图像，并使用scroll()方法。

UNIT 36 处理几何结构

flash.geom包中包含用于定义几何对象（如，点、矩形和转换矩阵等）的类。这些类本身并不一定提供功能，但它们用于定义在其他类中使用的对象的属性。

使用Point对象

所有几何类都基于以下概念：将屏幕表示为二维平面。可以将屏幕看作是具有水平 (x) 轴和垂直 (y) 轴的平面图形。屏幕上的任何位置都可以表示为 x 和 y 值对，即该位置的坐标。

每个显示对象（包括舞台）具有其自己的“坐标空间”；实质上，这是用于标绘子显示对象、图画等位置的图形。通常，原点位于显示对象的左上角。尽管这始终适用于舞台，但并不一定适用于任何其他显示对象。正如在标准二维坐标系中一样，x 轴上的值越往右越大，越往左越小；对于原点左侧的位置，x 坐标为负值。但是，与传统的坐标系相反，在 ActionScript 中，屏幕 y 轴上的值越往下越大，越往上越小，原点上面的 y 坐标为负值。由于舞台左上角是坐标空间的原点，因此，舞台上的任何对象的 x 坐标大于 0 并小于舞台宽度，y 坐标大于 0 并小于舞台高度。

可以使用 Point 类实例来表示坐标空间中的各个点。可以创建一个 Rectangle 实例来表示坐标空间中的矩形区域。对于高级用户，可以使用 Matrix 实例将多个变形或复杂变形应用于显示对象。通过使用显示对象的属性，可以将很多简单变形（如旋转、位置以及缩放变化）直接应用于该对象。

Point 对象定义一对笛卡尔坐标，表示二维坐标系中的某个位置。其中 x 表示水平轴，y 表示垂直轴。要定义 Point 对象，请先设置它的 x 和 y 属性，如下所示。

```
import flash.geom.*;
var pt1:Point = new Point(10, 20); // x==10; y==20
var pt2:Point = new Point();
pt2.x = 10;
pt2.y = 20;
```

1. 确定两点之间的距离

可以使用 Point 类的 distance() 方法确定坐标空间两点之间的距离。例如，下面的代码确定同一显示对象容器中两个显示对象（circle1 和 circle2）注册点之间的距离。

```
import flash.geom.*;
var pt1:Point = new Point(circle1.x, circle1.y);
var pt2:Point = new Point(circle2.x, circle2.y);
var distance:Number = Point.distance(pt1, pt2);
```

2. 平移坐标空间

如果两个显示对象位于不同的显示对象容器中，则它们可能位于不同的坐标空间。可以使用 DisplayObject 类的 localToGlobal() 方法将坐标平移到舞台中相同（全局）的坐标空间。例如，下面的代码确定不同显示对象容器中两个显示对象（circle1 和 circle2）注册点之间的距离。

```
import flash.geom.*;
var pt1:Point = new Point(circle1.x, circle1.y);
pt1 = circle1.localToGlobal(pt1);
var pt2:Point = new Point(circle1.x, circle1.y);
pt2 = circle2.localToGlobal(pt2);
var distance:Number = Point.distance(pt1, pt2);
```

同样，如果要确定名为 target 的显示对象的注册点与舞台上特定点之间的距离，可以使用 DisplayObject 类的 localToGlobal() 方法。

```
import flash.geom.*;
var stageCenter:Point = new Point();
stageCenter.x=this.stage.stageWidth/2;
stageCenter.y=this.stage.stageHeight/2;
var targetCenter:Point = new Point(target.x, target.y);
targetCenter = target.localToGlobal(targetCenter);
var distance:Number = Point.distance(stageCenter, targetCenter);
```

3. 按指定的角度和距离移动显示对象

可以使用 Point 类的 polar() 方法将显示对象按特定角度移动特定距离。例如，右侧的代码按 60 角将 myDisplayObject 对象移动 100 个像素。

```
import flash.geom.*;
var distance:Number = 100;
var angle:Number=2*Math.PI*(90 / 360);
var translatePoint:Point = Point.
polar(distance, angle);
myDisplayObject.x += translatePoint.x;
myDisplayObject.y += translatePoint.y;
```

使用Rectangle对象

Rectangle 对象定义矩形区域。Rectangle 对象有一个位置，该位置由其左上角的 x 和 y 坐标以及 width 属性和 height 属性定义。通过调用 Rectangle() 构造函数可以定义新 Rectangle 对象的这些属性，如下所示。

```
import flash.geom.Rectangle;
var rx:Number = 0;
var ry:Number = 0;
var rwidth:Number = 100;
var rheight:Number = 50;
var rect1:Rectangle = new Rectangle(rx,
ry, rwidth, rheight);
```

1. 调整 Rectangle 对象的大小和进行重新定位

有多种方法调整 Rectangle 对象的大小和进行重新定位。例如，可以通过更改 Rectangle 对象的 x 属性和 y 属性直接重新定位该对象。这对 Rectangle 对象的宽度或高度没有任何影响。

```
import flash.geom.Rectangle;
var x1:Number = 0;
var y1:Number = 0;
var width1:Number = 100;
var height1:Number = 50;
var rect1:Rectangle = new Rectangle(x1,
y1, width1, height1);
trace(rect1) // (x=0, y=0, w=100, h=50)
rect1.x = 20;
rect1.y = 30;
trace(rect1); // (x=20, y=30, w=100, h=50)
```

同样，如下面的示例所示，如果更改 Rectangle 对象的 bottom 属性或 right 属性，该对象的左上角位置不发生更改，所以相应地调整了对象的大小。

```
import flash.geom.Rectangle;
var x1:Number = 0;
var y1:Number = 0;
```

如以下代码所示，如果更改 Rectangle 对象的 left 属性或 top 属性，也可以重新定位，并且该对象的 x 属性和 y 属性分别与 left 属性和 top 属性匹配。但是，Rectangle 对象的左下角位置不发生更改，所以调整了对象的大小。

```
import flash.geom.Rectangle;
var x1:Number = 0;
var y1:Number = 0;
var width1:Number = 100;
var height1:Number = 50;
var rect1:Rectangle = new Rectangle(x1,
y1, width1, height1);
trace(rect1) // (x=0, y=0, w=100, h=50)
rect1.left = 20;
rect1.top = 30;
trace(rect1); // (x=30, y=20, w=70, h=30)
```

也可用 offset() 方法重新定位 Rectangle 对象，如下所示。

```
import flash.geom.Rectangle;
var x1:Number = 0;
var y1:Number = 0;
var width1:Number = 100;
var height1:Number = 50;
```

```
var width1:Number = 100;
var height1:Number = 50;
var rect1:Rectangle = new Rectangle(x1,
y1, width1, height1);
trace(rect1) // (x=0, y=0, w=100, h=50)
rect1.right = 60;
trect1.bottom = 20;
trace(rect1); // (x=0, y=0, w=60, h=20)
```

还可以使用 inflate() 方法调整 Rectangle 对象的大小，该方法包含两个参数，dx 和 dy。dx 参数表示矩形的左边和右边距中心的像素数，而 dy 参数表示矩形的顶边和底边距中心的像素数。

TIP inflatePt()方法的工作方式类似，也是将Point对象作为参数，而不是将dx和dy的值作为参数。

2. 确定 Rectangle 对象的联合和交集

可以使用 union() 方法来确定由两个矩形的边界形成的矩形区域。

```
import flash.display.*;
import flash.geom.Rectangle;
var rect1:Rectangle = new Rectangle(0,
0, 100, 100);
trace(rect1); // (x=0, y=0, w=100, h=100)
var rect2:Rectangle = new Rectangle(120,
60, 100, 100);
trace(rect2);//(x=120,y=60,w=100,h=100)
trace(rect1.union(rect2));//(x=0,y=0,
w=220,h=160)
可以使用intersection()方法来确定由两个矩形
重叠区域形成的矩形区域。
import flash.display.*;
import flash.geom.Rectangle;
var rect1:Rectangle = new Rectangle(0,
0, 100,100);
trace(rect1); // (x=0, y=0, w=100, h=100)
var rect2:Rectangle = new Rectangle(80,
60, 100, 100);
trace(rect2);//(x=120,y=60,w=100,h=100)
trace(rect1.intersection(rect2)); //
(x=80, y=60, w=20, h=40)
```

```
var rect1:Rectangle = new Rectangle(x1,
y1, width1, height1);
trace(rect1) // (x=0, y=0, w=100, h=50)
rect1.offset(20, 30);
trace(rect1); // (x=20, y=30, w=100, h=50)
```

offsetPt()方法的工作方式类似，只不过它是将Point对象作为参数，而不是将x和y偏移量值作为参数。

```
import flash.geom.Rectangle;
var x1:Number = 0;
var y1:Number = 0;
var width1:Number = 100;
var height1:Number = 50;
var rect1:Rectangle = new Rectangle(x1,
y1, width1, height1);
trace(rect1) // (x=0, y=0, w=100, h=50)
rect1.inflate(6,4);
trace(rect1); // (x=-6, y=-4, w=112, h=58)
```

使用 intersects() 方法可以查明两个矩形是否相交，或查明显示对象是否在舞台的某个区域中。例如，在下面的代码中，假定包含 circle 对象的显示对象容器的坐标空间与舞台的坐标空间相同。本示例说明，如何使用 intersects() 确定显示对象 circle 是否与由 target1 和 target2 Rectangle 对象定义的指定舞台区域相交。

```
import flash.display.*;
import flash.geom.Rectangle;
var circle:Shape = new Shape();
circle.graphics.lineStyle(2, 0xFF0000);
circle.graphics.drawCircle(250, 250, 100);
addChild(circle);
var circleBounds:Rectangle = circle.
getBounds(stage);
var target1:Rectangle = new Rectangle
(0, 0, 100, 100);
trace(circleBounds.intersects(target1));
// false
var target2:Rectangle = new Rectangle
(0, 0, 300, 300);
trace(circleBounds.intersects(target2));
// true
```

同样地，使用 intersects() 方法还可以用来查明两个显示对象的边界矩形是否重叠。可以使用 DisplayObject 类的 getRect() 方法来包括显示对象笔触可添加到边界区域中的其他任何空间。

使用Matrix对象

Matrix 类表示一个转换矩阵，它确定如何将点从一个坐标空间映射到另一个坐标空间。可以对显示对象执行不同的图形转换，方法是设置 Matrix 对象的属性。将该 Matrix 对象应用于 Transform 对象的 matrix 属性，然后应用该 Transform 对象作为显示对象的 transform 属性。这些转换函数包括平移（x 和 y 重新定位）、旋转、缩放和倾斜。

虽然可以通过直接调整 Matrix 对象的属性（a、b、c、d、tx 和 ty）来定义矩阵，但更简单的方法是使用 createBox() 方法。使用此方法提供的参数可以直接定义所生成的矩阵的缩放、旋转和平移效果。例如，下面的代码创建一个 Matrix 对象，具有效果是水平缩放 2.0、垂直缩放 3.0、旋转 45 度、向右移动（平移）10 个像素并向下移动 20 个像素。

```
var matrix:Matrix = new Matrix();
var scaleX:Number = 2.0;
var scaleY:Number = 3.0;
var rotation:Number = 2 * Math.PI *
(45 / 360);
var tx:Number = 10;
var ty:Number = 20;
matrix.createBox(scaleX, scaleY,
rotation, tx, ty);
```

还可以使用 scale()、rotate() 和 translate() 方法调整 Matrix 对象的缩放、旋转和平移效果。请注意，这些方法合并了现有 Matrix 对象的值。例如，下面的代码调用两次 scale() 和 rotate() 方法以对 Matrix 对象进行设置，它将对象放大 4 倍并旋转 60 度。

```
var matrix:Matrix = new Matrix();
var rotation:Number = 2 * Math.PI * (30
/ 360); // 30°
var scaleFactor:Number = 2;
matrix.scale(scaleFactor, scaleFactor);
matrix.rotate(rotation);
matrix.scale(scaleX, scaleY);
matrix.rotate(rotation);
myDisplayObject.transform.matrix = matrix;
```

要将倾斜转换应用到 Matrix 对象，请调整该对象的 b 属性或 c 属性。调整 b 属性将矩阵垂直倾斜，并调整 c 属性将矩阵水平倾斜。以下代码使用系数 2 垂直倾斜 myMatrix Matrix 对象。

```
var skewMatrix:Matrix = new Matrix();
skewMatrix.b = Math.tan(2);
myMatrix.concat(skewMatrix);
```

可以将矩阵转换应用到显示对象的 transform 属性。例如，以下代码将矩阵转换应用于名为 my-DisplayObject 的显示对象。

```
var matrix:Matrix = myDisplayObject.
transform.matrix;
var scaleFactor:Number = 2;
var rotation:Number = 2 * Math.PI *
(60 / 360); // 60°
matrix.scale(scaleFactor, scaleFactor);
matrix.rotate(rotation);
myDisplayObject.transform.matrix =
matrix;
```

闪客高手：创建图像效果

范例文件	Sample\Ch12\Unit36\Bitmap-end.fla
初始文件	Sample\Ch12\Unit36\Bitmap.fla
视频文件	Video\Ch12\Unit36\Unit36.wmv

1 打开Sample\Ch12\Unit36\Bitmap.fla文件，取消选择任何一个舞台中的对象，单击属性面板“类”文本框后的“编辑类定义”按钮，在弹出的“创建ActionScript 3.0类”对话框的“类名称”文本框中输入BitmapExample。

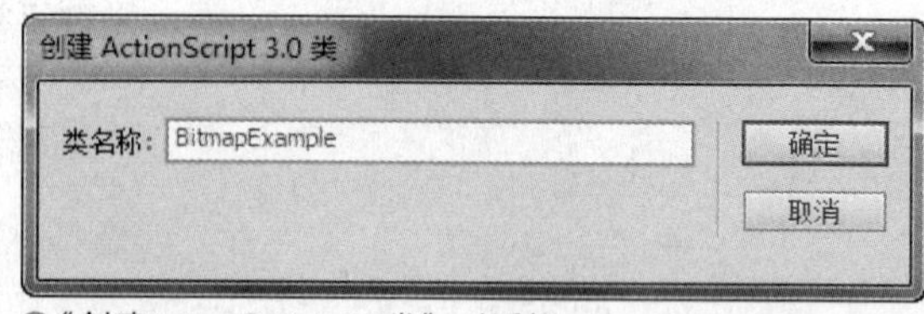

“创建ActionScript 3.0类”对话框

2 单击“确定”按钮后，按下快捷键Ctrl+S，在打开的对话框中将脚本保存到同级目录下，文件名为BitmapExample.as，在脚本窗口中输入如下的代码（省去注释部分）。

```
package {
   //导入必要对象
     import flash.display.*;
     import flash.events.*;
     import flash.net.URLRequest;
     import flash.geom.*;
   // BitmapExample类扩展了MovieClip类，此继承在BitmapExample类声明中定义
     public class BitmapExample extends MovieClip {
          public function BitmapExample() {
     //载入testimage.jpg图像
          loadBitmap("testimage.jpg");
          }
          // 从外部图像源中获取图像
          public function loadBitmap(bitmapFile:String) {
               var loader:Loader = new Loader();
loader.contentLoaderInfo.addEventListener(Event.COMPLETE, loadingDone);
               var request:URLRequest = new URLRequest(bitmapFile);
               loader.load(request);
          }
          private function loadingDone(event:Event):void {
               //获得载入数据
               var image:Bitmap = Bitmap(event.target.loader.content);
               // 计算每一个图像切片的宽度与高度
               var pieceWidth:Number = image.width/6;
               var pieceHeight:Number = image.height/4;
               // 在所有图像切片中循环
               for(var x:uint=0;x<6;x++) {
                    for (var y:uint=0;y<4;y++) {
                         // 创建新的切片图像
                         var newPuzzlePieceBitmap:Bitmap = new Bitmap(new
BitmapData(pieceWidth,pieceHeight));
newPuzzlePieceBitmap.bitmapData.copyPixels(im age.bitmapData,new
Rectangle(x*pieceWidth,y*pieceHeight,pieceWidth,pieceHeight),new Point(0,0));
```

```
                                        // 创建新的Sprite对象，并加入位图数据
                                        var newPuzzlePiece:Sprite = new Sprite();
newPuzzlePiece.addChild(newPuzzlePieceBitmap);
                                        // 添加到舞台中
addChild(newPuzzlePiece);
                                        // 设定坐标位置
                                        newPuzzlePiece.x = x*(pieceWidth+5)+66;
                                        newPuzzlePiece.y = y*(pieceHeight+5)+40;
                                    }
                            }
                    }
            }
    }
```

3 按下快捷键Ctrl+Enter测试动画，就可以看到图像切片的效果了。

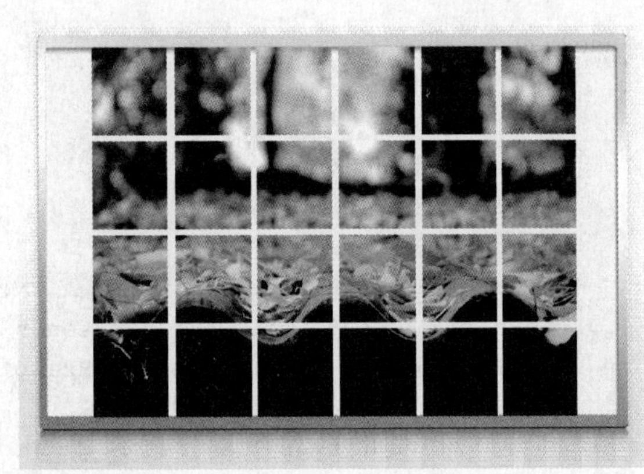

△ 测试动画

UNIT 37 使用绘图API

用户可以使用一项称为绘图API的功能（用于在ActionScript中绘制线条和形状）随时启动计算机中的应用程序，这就相当于一个空白画布，可以在上面创建所需的任何图像。能够创建自己的图形可为用户的应用程序提供广阔的前景。通过使用本节中介绍的方法，用户可以创建绘图程序、制作交互的动画效果，或以编程方式创建自己的用户界面元素等。

绘制直线和曲线

绘图 API 是 ActionScript 中一项内置功能的名称，由 flash.display.Graphics 类提供。可以使用该功能来创建矢量图形（直线、曲线、形状、填充和渐变），并使用 ActionScript 在屏幕上显示它们。使用其中的每个类中定义的 graphics 属性，可以在任何 Shape、Sprite 或 MovieClip 实例中使用 ActionScript 进行绘制。

如果刚刚开始学习使用代码进行绘制，可以使用 Graphics 类中包含的方法，来简化绘制常见形状（如圆、椭圆、矩形以及圆角矩形等）的过程。可以将它们作为空线条或填充形状进行绘制。

当用户需要更高级的功能时，还可以使用 Graphics 类中包含的、用于绘制直线和二次贝塞尔曲线的方法。将这些方法与 Math 类中的三角函数配合使用，可以创建所需的任何形状。

每个 Shape、Sprite 和 MovieClip 对象都具有一个 graphics 属性，它是 Graphics 类的一个实例。Graphics 类包含用于绘制线条、填充和形状的属性和方法。如果要将显示对象仅用作内容绘制画布，则可以使用 Shape 实例。Shape 实例的性能优于其他用于绘制的显示对象，因为它不会产生 Sprite 类和 MovieClip 类中的附加功能的开销。如果希望能够在显示对象上绘制图形内容，并且希望该对象包含其他显示对象，则可以使用 Sprite 实例。使用 Graphics 实例进行的所有绘制均基于包含直线和曲线的基本绘制。

1. 定义线条和填充样式

若要使用 Shape、Sprite 或 MovieClip 实例的 graphics 属性进行绘制，必须先定义在绘制时使用的样式（线条大小和颜色、填充颜色）。就像使用 Flash 或其他绘图应用程序中的绘制工具一样，使用 ActionScript 进行绘制时，可以使用笔触或填充颜色进行绘制，也可以不使用。可以使用 lineStyle() 方法或 lineGradientStyle() 方法来指定笔触的外观。要创建纯色线条，请使用 lineStyle() 方法。调用此方法时，指定的最常用的值是前 3 个参数：线条粗细、颜色以及 Alpha。例如，该行代码指示名为 myShape 的 Shape 对象绘制一条 2 个像素粗、红色 (0x990000) 以及 75% 不透明度的线条。

```
myShape.graphics.lineStyle(2, 0x990000, .75);
```

Alpha 参数的默认值为 1.0 (100%)，因此，如果需要完全不透明的线条，可以将该参数的值保持不变。lineStyle() 方法还接受两个用于像素提示和缩放模式的额外参数。

如果要创建填充形状，需在绘制前调用 beginFill()、beginGradientFill() 或 beginBitmapFill() 方法。其中最基本的方法 beginFill() 接受以下两个参数：填充颜色以及填充颜色的 Alpha 值（可选）。如果要绘制具有纯绿色填充的形状，应使用以下代码（假设在名为 myShape 的对象上进行绘制）。

```
myShape.graphics.beginFill(0x00FF00);
```

调用任何填充方法时，将隐式地结束任何以前的填充，然后再开始新的填充。调用任何指定笔触样式的方法后，将替换以前的笔触，但不会改变以前指定的填充，反之亦然。

指定了线条样式和填充属性后，下一步是指示绘制的起始点。Graphics 实例具有一个绘制点，就像在一张纸上的钢笔尖，无论绘制点位于什么位置，它都是开始执行下一个绘制动作的位置。最初，Graphics 对象将它绘制时所在对象的坐标空间中的点 (0, 0) 作为起始绘制点。要在其他点开始进行绘制，用户可以先调用 moveTo() 方法，然后再调用绘制方法之一。这类似于将钢笔尖从纸上抬起，然后将其移到新位置。

确定绘制点后，可通过使用对绘制方法 lineTo()（用于绘制直线）和 curveTo()（用于绘制曲线）的一系列调用来进行绘制。

在进行绘制时，如果已指定了填充颜色，可以指示 Adobe Flash Player 调用 endFill() 方法来结束填充。如果绘制的形状没有闭合（换句话说，在调用 endFill() 时，绘制点不在形状的起始点），调用 endFill() 方法时，Flash Player 将自动绘制一条直线以闭合形状，该直线从当前绘制点到最近一次 moveTo() 调用中指定的位置。如果已开始填充但没有调用 endFill()，在调用 beginFill()（或其他填充方法之一）时，将关闭当前填充并开始新的填充。

2. 绘制直线

调用 lineTo() 方法时，Graphics 对象将绘制一条直线，该直线从当前绘制点到指定方法调用中的两个参数的坐标，以便使用指定的线条样式进行绘制。例如，该行代码将绘制点放在点 (100, 100) 上，然后绘制一条到点 (200, 200) 的直线。

```
myShape.graphics.moveTo(100, 100);
myShape.graphics.lineTo(200, 200);
```

3. 绘制曲线

curveTo() 方法可以绘制二次贝塞尔曲线。它将绘制一个连接两个点（称为锚点）的弧，同时向第 3 个点（称为控制点）弯曲。Graphics 对象使用当前绘制位置作为第一个锚点。调用 curveTo() 方法时，将传递 4 个参数：控制点的 x 和 y 坐标，后跟第二个锚点的 x 和 y 坐标。例如，以下代码绘制一条曲线，从点 (100, 100) 开始到点 (200, 200) 结束。由于控制点位于点 (175, 125)，因此，创建一条曲线，它先向右移动，然后向下移动。

```
myShape.graphics.moveTo(100, 100);
myShape.graphics.curveTo(175, 125, 200, 200);
```

绘制形状

为了便于绘制常见形状（如圆、椭圆、矩形以及圆角矩形等），ActionScript 3.0 中提供了用于绘制这些常见形状的方法。它们是 Graphics 类的 drawCircle()、drawEllipse()、drawRect()、drawRoundRect() 和 drawRoundRectComplex() 方法。这些方法可用于替代 lineTo() 和 curveTo() 方法。但要注意，在调用这些方法之前，仍需指定线条和填充样式。

以下示例重新创建绘制红色、绿色以及蓝色正方形，其宽度和高度均为 100 个像素。使用了 drawRect() 方法，并且指定了填充颜色的 Alpha 为 50% (0.5)。

```
var squareSize:uint = 100;
var square:Shape = new Shape();
square.graphics.beginFill(0xFF0000, 0.5);
square.graphics.drawRect(0,0, squareSize,
squareSize);
square.graphics.beginFill(0x00FF00, 0.5);
var squareSize:uint = 100;
var square:Shape = new Shape();
square.graphics.beginFill(0xFF0000, 0.5);
square.graphics.drawRect(0, 0, square
Size, squareSize);
square.graphics.beginFill(0x00FF00, 0.5);
```

在 Sprite 或 MovieClip 对象中，使用 graphics 属性创建的绘制内容，始终出现在该对象包含的所有子级显示对象的后面。另外，graphics 属性内容不是单独的显示对象，因此，它不会出现在 Sprite 或 MovieClip 对象的子级列表中。例如，以下 Sprite 对象使用其 graphics 属性来绘制圆，并且其子级显示对象列表中包含一个 TextField 对象。

```
var mySprite:Sprite = new Sprite();
mySprite.graphics.beginFill(0xFFCC00);
mySprite.graphics.drawCircle(30, 30, 30);
var label:TextField = new TextField();
label.width = 200;
var mySprite:Sprite = new Sprite();
mySprite.graphics.beginFill(0xFFCC00);
mySprite.graphics.drawCircle(30, 30, 30);
var label:TextField = new TextField();
label.width = 200;
```

创建渐变笔触和填充

graphics 对象也可以绘制渐变笔触和填充，而不是纯色笔触和填充。渐变笔触是使用 lineGradientStyle() 方法创建的；渐变填充是使用 beginGradientFill() 方法创建的。这两个方法均属 flash.display.Graphics 类，用来定义在形状中使用的渐变。使用它们定义渐变时，需要提供一个矩阵作为这些方法其中的一个参数。

定义矩阵最简单的方法是使用 Matrix 类的 createGradientBox() 方法，该方法创建一个用于定义渐变的矩阵。可以使用传递给 createGradientBox() 方法的参数来定义渐变的缩放、旋转和位置。createGradientBox() 方法接受以下参数。

- 渐变框宽度：将应用于渐变扩展到的宽度（以像素为单位）。
- 渐变框高度：将应用于渐变扩展到的高度（以像素为单位）。
- 渐变框旋转：将应用于渐变的旋转角度（以弧度为单位）。
- 水平平移：将应用于渐变水平移动的距离（以像素为单位）。
- 垂直平移：将应用于渐变垂直移动的距离（以像素为单位）。

下面的代码生成一个放射状渐变。

```
import flash.display.Shape;
import flash.display.GradientType;
import flash.geom.Matrix;
var type:String = GradientType.RADIAL;
var colors:Array = [0x00FF00, 0x000088];
var alphas:Array = [1, 1];
var ratios:Array = [0, 255];
var spreadMethod:String = SpreadMethod.PAD;
var interp:String = InterpolationMethod.LINEAR_RGB;
var focalPtRatio:Number = 0;
var matrix:Matrix = new Matrix();
var boxWidth:Number = 50;
var boxHeight:Number = 100;
var boxRotation:Number = Math.PI/2; // 90°
var tx:Number = 25;
var ty:Number = 0;
matrix.createGradientBox(boxWidth, boxHeight, boxRotation, tx, ty);
var square:Shape = new Shape;
square.graphics.beginGradientFill(type, colors, alphas, ratios, matrix, spreadMethod, interp, focalPtRatio);
square.graphics.drawRect(0, 0, 100, 100);
addChild(square);
```

TIP 渐变填充的宽度和高度是由渐变矩阵的宽度和高度决定的，而非由使用的Graphics对象绘制的宽度和高度决定的。使用Graphics对象进行绘制时，绘制的内容均位于渐变矩阵中的这些坐标处。即使使用Graphics对象的形状方法之一（如drawRect()），渐变也不会将其自身伸展到绘制的形状的大小；必须在渐变矩阵本身中指定渐变的大小。

下面的代码说明了渐变矩阵尺寸和绘图本身尺寸之间的视觉差异。

```
var myShape:Shape = new Shape();
var gradientBoxMatrix:Matrix = new Matrix();
gradientBoxMatrix.createGradientBox(100, 40, 0, 0, 0);
myShape.graphics.beginGradientFill(GradientType.LINEAR, [0xFF0000, 0x00FF00, 0x0000FF], [1, 1, 1], [0, 128, 255], gradientBoxMatrix);
myShape.graphics.drawRect(0, 0, 50, 40);
myShape.graphics.drawRect(0, 50, 100, 40);
myShape.graphics.drawRect(0, 100, 150, 40);
```

```
myShape.graphics.endFill();
this.addChild(myShape);
```

该代码绘制 3 个具有相同填充样式（使用平均分布的红色、绿色和蓝色指定）的渐变。这些渐变是使用 drawRect() 方法绘制的，像素宽度分别为 50、100 和 150。beginGradientFill() 方法中指定的渐变矩阵是使用像素宽度 100 创建的。这意味着，第一个渐变仅包含渐变色谱的一半，第二个渐变包含全部色谱，而第三个渐变包含全部色谱以及向右扩展的额外 50 像素宽度的蓝色像素。

lineGradientStyle() 方法的工作方式与 begin-GradientFill() 类似，所不同的是，除了定义渐变外，还必须在绘制之前使用 lineStyle() 方法指定笔触粗细。以下代码绘制一个带有红色、绿色和蓝色渐变笔触的框。

```
var myShape:Shape = new Shape();
var gradientBoxMatrix:Matrix = new Matrix();
gradientBoxMatrix.createGradientBox(200, 40, 0, 0, 0);
myShape.graphics.lineStyle(5, 0);
myShape.graphics.lineGradientStyle(GradientType.LINEAR, [0xFF0000, 0x00FF00,
0x0000FF], [1, 1, 1], [0, 128, 255], gradientBoxMatrix);
myShape.graphics.drawRect(0, 0, 200, 40);
this.addChild(myShape);
```

闪客高手：创建交互拼图效果

范例文件	Sample\Ch12\Unit37\JigsawPuzzle-end.fla
初始文件	Sample\Ch12\Unit37\JigsawPuzzle.fla
视频文件	Video\Ch12\Unit37\Unit37.wmv

1 打开Sample\Ch12\Unit37\JigsawPuzzle.fla文件，首先为舞台中的实例命名。将第36帧中start按钮的实例命名为startButton。

命名舞台实例

2 选中action层的第36帧，在“属性”面板中将帧标签命名为intro。

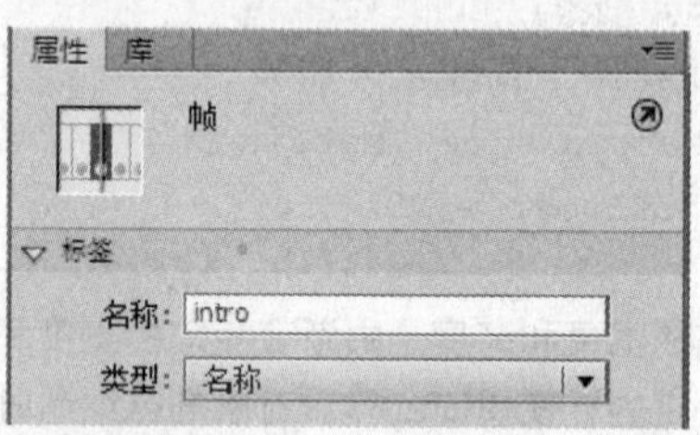

命名intro帧

3 选中action层的第37帧，在“属性”面板中将帧标签命名为play。

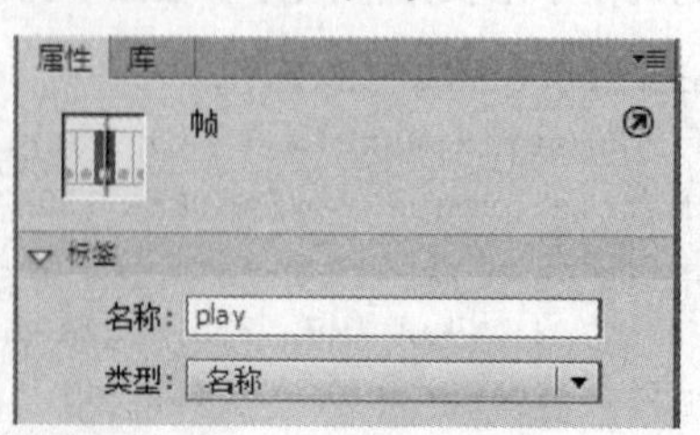

命名play帧

4 将第38帧中play again按钮的实例命名为playAgainButton。

5 选中action层的第38帧，在“属性”面板中将帧标签命名为gameover。

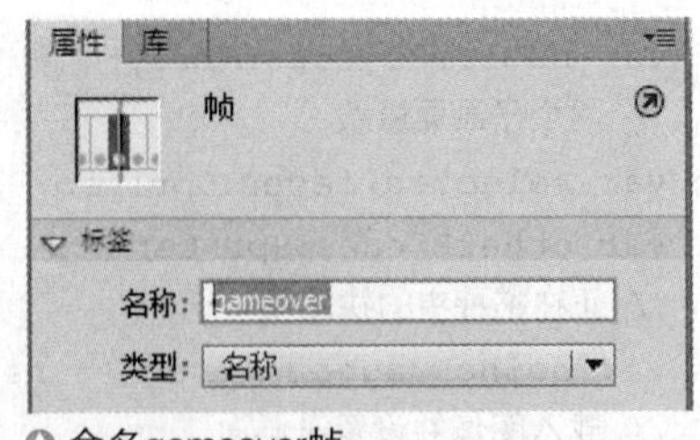

命名gameover帧

6 选中action层的第36帧，按下F9键打开“动作”面板，输入如下代码（省去注释部分）。

```
//停止动画
stop();
//在startButton开始按钮上添加鼠标监听事件
startButton.addEventListener(Mouse
Event.CLICK,clickStart);
//声明clickStart函数
function clickStart(event:MouseEvent) {
//跳转并停止在play帧
        gotoAndStop("play");
}
```

7 选中action层的第37帧，按下F9键打开“动作”面板，输入如下代码（省去注释部分）。

```
//运行startJigsawPuzzle函数
startJigsawPuzzle();
```

8 选中action层的第38帧，按下F9键打开“动作”面板，输入如下代码（省去注释部分）。

```
//在playAgainButton重新播放按钮上添加鼠标
监听事件
playAgainButton.addEventListener(Mouse
Event.CLICK,clickPlayAgain);
//声明clickPlayAgain函数
function clickPlayAgain(event:MouseEve
nt) {
//跳转并停止在play帧
        gotoAndStop("play");
}
```

9 取消选择任何一个舞台中的对象，单击属性面板“类”文本框后的“编辑类定义”按钮，在弹出的“创建ActionScript 3.0类”对话框的“类名称”文本框中输入JigsawPuzzle。

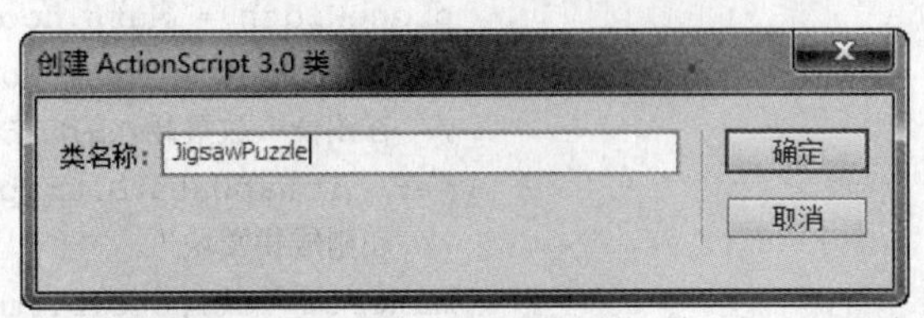

“创建ActionScript 3.0类”对话框

10 单击“确定”按钮后，按下快捷键Ctrl+S，在打开的对话框中将文件名保存为JigsawPuzzle.as，在脚本窗口中输入如下的代码（省去注释部分）。

```
//声明包位置
package {
    //导入各类必要对象
        import flash.display.*;
        import flash.events.*;
        import flash.net.URLRequest;
        import flash.geom.*;
        import flash.utils.Timer;
        //JigsawPuzzle类扩展了MovieClip类，
此继承在JigsawPuzzle类声明中定义
        public class JigsawPuzzle
extends MovieClip {
                // 拼图块数量
                const numPiecesHoriz:int=4;
                const numPiecesVert:int = 3;
                // 拼图块大小
                var pieceWidth:Number;
                var pieceHeight:Number;
                // 拼图数组
```

```
        var puzzleObjects:Array;
        // 两个子画面层级
        var selectedPieces:Sprite;
        var otherPieces:Sprite;
        // 正在拖拽中的拼图块
        var beingDragged:Array  = new Array();
        // 载入图像并设置子画面
        public function startJigsawPuzzle() {
            // 载入图像
            loadBitmap("photo.jpg");
            // 设置两个子画面
            otherPieces = new Sprite();
            selectedPieces = new Sprite();
            addChild(otherPieces);
            addChild(selectedPieces);
        }
        // 获得外部源中的位图图像 public function loadBitmap(bitmapFile:String) {
            var loader:Loader = new Loader();
loader.contentLoaderInfo.addEventListener(Event.COMPLETE, loadingDone);
            var request:URLRequest = new URLRequest(bitmapFile);
            loader.load(request);
        }
        // 位图载入后，切割为拼图块
        private function loadingDone(event:Event):void {
            // 创建新图像对象载入位图
            var image:Bitmap = Bitmap(event.target.loader.content);
            pieceWidth = Math.floor((image.width/numPiecesHoriz)/10)*10;
            pieceHeight = Math.floor((image.height/numPiecesVert)/10)*10;
            // 在图像中放置载入的位图
            var bitmapData:BitmapData = image.bitmapData;
            // 切割成拼图块
            makePuzzlePieces(bitmapData);
            // 设置运动和鼠标释放事件
addEventListener(Event.ENTER_FRAME,movePieces);
stage.addEventListener(MouseEvent.MOUSE_UP,liftMouseUp);
        }
        // 将位图切割成拼图块
        private function makePuzzlePieces(bitmapData:BitmapData) {
            puzzleObjects = new Array();
            for(var x:uint=0;x<numPiecesHoriz;x++) {
                for (var y:uint=0;y<numPiecesVert;y++) {
                    // 创建新的拼图块位图和子画面
                    var newPuzzlePieceBitmap:Bitmap = new Bitmap(new
BitmapData(pieceWidth,pieceHeight));
newPuzzlePieceBitmap.bitmapData.copyPixels(bitmapData,new Rectangle(x*pieceWidth,y*
pieceHeight,pieceWidth,pieceHeight),new Point(0,0));
                    var newPuzzlePiece:Sprite = new Sprite();
    newPuzzlePiece.addChild(newPuzzlePieceBitmap);
```

```
                                        // 放置在底层子画面
otherPieces.addChild(newPuzzlePiece);
                                        // 创建存储数组的对象
                                        var
newPuzzleObject:Object = new Object();
                                        newPuzzleObject.loc = new Point(x,y); // 在拼图中定位
newPuzzleObject.dragOffset = null; // 鼠标光标的偏移量
newPuzzleObject.piece = newPuzzlePiece;
newPuzzlePiece.addEventListener(MouseEvent.MOUSE_DOWN,clickPuzzlePiece);
puzzleObjects.push(newPuzzleObject);
                                }
                        }
                        // 将拼图块位置随机化
                        shufflePieces();
                ..
                }
                public function shufflePieces() {
                        // 随机化x坐标和y坐标
                        for(var i in puzzleObjects) {
                                puzzleObjects[i].piece.x = Math.random()*400+50;
                                puzzleObjects[i].piece.y = Math.random()*250+50;
                        }
                        // 将所有拼图块锁定到10x10的网格中
                        lockPiecesToGrid();
                }
                public function clickPuzzlePiece(event:MouseEvent) {
                        // 点击位置
                        var clickLoc:Point = new Point(event.stageX, event.stageY);
                        beingDragged = new Array();
                        // 找到被点击的切片
                        for(var i in puzzleObjects) {
                                if (puzzleObjects[i].piece == event.currentTarget) {
                        // 添加到拖拽列表
beingDragged.push(puzzleObjects[i]);
                                // 获得光标偏移量
puzzleObjects[i].dragOffset = new Point(clickLoc.x - puzzleObjects[i].piece.x,
clickLoc.y - puzzleObjects[i].piece.y);
                                // 从底层子画面移动到顶层
    selectedPieces.addChild(puzzleObjects[i].piece);
                                        // 找到锁定到当前拼图块的其他拼图块
findLockedPieces(i,clickLoc);
                                        break;
                                }
                        }
                }
                // 根据鼠标位置移动所有选定的拼图块
                public function movePieces(event:Event) {
                        for (var i in beingDragged) {
```

```
                        beingDragged[i].piece.x = mouseX - beingDragged[i].drag-
Offset.x;
                        beingDragged[i].piece.y = mouseY - beingDragged[i].drag-
Offset.y;
                    }
                }
                // 找到应被移动到一起的拼图块
                public function findLockedPieces(clickedPiece:uint, clickLoc:Point) {
                    // 按照可点击对象的距离排序，获得拼图对象的列表
                    var sortedObjects:Array = new Array();
                    for (var i in puzzleObjects) {
                        if (i == clickedPiece) continue;
                        sortedObjects.push({dist: Point.distance(puzzleObjects[c
lickedPiece].loc,puzzleObjects[i].loc), num: i});
                    }
sortedObjects.sortOn("dist",Array.DESCENDING);
                    // 在所有链接的拼图块被找到后进行循环
                    do {
                        var oneLinkFound:Boolean = false;
                        // 遍寻每一个对象，从最近的对象开始
for(i=sortedObjects.length-1;i>=0;i--) {
                            var n:uint = sortedObjects[i].num; // actual
object number
                            // 获得相对于被单击对象的位置
                            var diffX:int = puzzleObjects[n].loc.x - puzzle
Objects[clickedPiece].loc.x;
                            var diffY:int = puzzleObjects[n].loc.y - puzzle
Objects[clickedPiece].loc.y;
                            // 判断是否对象被放置在锁定于被点击对象上
                            if (puzzleObjects[n].piece.x == (puzzleObjects
[clickedPiece].piece.x + pieceWidth*diffX)) {
                                if (puzzleObjects[n].piece.y == (puzzle
Objects[clickedPiece].piece.y + pieceHeight*diffY)) {
                                    // 判断是否当前对象邻近于已被选择的对象
                                    if (isConnected(puzzleObjects[n]))
{
                                        //添加到可选列表并设置偏移量
beingDragged.push(puzzleObjects[n]);
puzzleObjects[n].dragOffset = new Point(clickLoc.x - puzzleObjects[n].piece.x,
clickLoc.y - puzzleObjects[n].piece.y);
                                        // 移动到顶端的子画面
selectedPieces.addChild(puzzleObjects[n].piece);
                                        // 找到链接，并从数组中删除
oneLinkFound = true;
sortedObjects.splice(i,1);
                                    }
                                }
                            }
```

```
                }
            } while (oneLinkFound);
        }
        // 声明一个对象，决定其是否直接作用于下一个被选择对象
        public function isConnected(newPuzzleObject:Object):Boolean {
            for(var i in beingDragged) {
                var horizDist:int = Math.abs(newPuzzleObject.loc.x - 
beingDragged[i].loc.x);
                var vertDist:int = Math.abs(newPuzzleObject.loc.y - 
beingDragged[i].loc.y);
                if ((horizDist == 1) && (vertDist == 0)) return true;
                if ((horizDist == 0) && (vertDist == 1)) return true;
            }
            return false;
        }
        // 在舞台发送鼠标释放、拖拽和经过事件
        public function liftMouseUp(event:MouseEvent) {
            // 锁定所有拼图块到网格
            lockPiecesToGrid();
            // 移动拼图块到底层的子画面
            for(var i in beingDragged) {
otherPieces.addChild(beingDragged[i].piece);
            }
            // 清理拖拽数组
            beingDragged = new Array();
            // 判断是否游戏结束
            if (puzzleTogether()) {
                cleanUpJigsaw();
                gotoAndStop("gameover");
            }
        }
        // 将所有拼图块锁定到最近的10x10位置
        public function lockPiecesToGrid() {
            for(var i in puzzleObjects) {
                puzzleObjects[i].piece.x = 10*Math.round(puzzleObjects[i].
piece.x/10);
                puzzleObjects[i].piece.y = 
10*Math.round(puzzleObjects[i].piece.y/10);
            }
        }
        public function puzzleTogether():Boolean {
            for(var i:uint=1;i<puzzleObjects.length;i++) {
                // 获得相对于第一个对象的位置
                var diffX:int = puzzleObjects[i].loc.x - puzzleObjects[0].
loc.x;
                var diffY:int = puzzleObjects[i].loc.y - puzzleObjects[0].
loc.y;
                // 判断是否对象被放置在锁定于第一个对象的位置
```

```
                        if (puzzleObjects[i].piece.x != (puzzleObjects[0].piece.x
+ pieceWidth*diffX)) return false;
                        if (puzzleObjects[i].piece.y != (puzzleObjects[0].piece.y
+ pieceHeight*diffY)) return false
                    }
                    return true;
            }
            public function cleanUpJigsaw() {
                    removeChild(selectedPieces);
                    removeChild(otherPieces);
                    selectedPieces = null;
                    otherPieces = null;
                    puzzleObjects = null;
                    beingDragged = null;
removeEventListener(Event.ENTER_FRAME,movePieces);
stage.removeEventListener(MouseEvent.MOUSE_UP,liftMouseUp);
            }

        }
}
```

11 按下快捷键Ctrl+Enter测试动画，就可以看到拼图图像的效果了。

△ 开始画面

△ 拼图画面

UNIT 38 使用滤镜

曾经，对位图图像应用滤镜效果是专门图像编辑软件的范畴。但现在，ActionScript 3.0的flash.filters包中包含了一系列位图效果滤镜类，允许开发人员以编程方式对位图应用滤镜并显示对象，以达到图形处理应用程序中所具有的许多相同效果。

创建和应用滤镜

为应用程序添加优美效果的一种方式是添加简单的图形效果，如在图片后面添加投影可产生三维视觉效果，在按钮周围添加发光可表示该按钮当前处于活动状态。ActionScript 3.0 包括 9 种可应用于任何显示对象或 BitmapData 实例的滤镜。滤镜的范围从基本滤镜到用于创建各种效果的复杂滤镜。

使用滤镜可以对位图和显示对象应用投影、斜角和模糊等各种效果。由于将每个滤镜定义为一个类，因此应用滤镜涉及创建滤镜对象的实例，这与构造任何其他对象并没有区别。创建了滤镜对象的实例后，通过使用该对象的 filters 属性可以很容易地将此实例应用于显示对象。如果是 BitmapData 对象，可以使用 applyFilter() 方法。

1. 创建滤镜

若要创建新滤镜对象，只需要调用所选的滤镜类的构造函数方法。例如，若要创建新的 DropShadowFilter 对象，请使用以下代码。

```
import flash.filters.DropShadowFilter;
var myFilter:DropShadowFilter = new DropShadowFilter();
```

2. 应用滤镜

构造滤镜对象后，可以将其应用于显示对象或 BitmapData 对象。应用滤镜的方式取决于应用该滤镜的对象。

对显示对象应用滤镜效果时，可以通过 filters 属性。显示对象的 filters 属性是一个 Array 实例，其中的元素是应用于该显示对象的滤镜对象。若要对显示对象应用单个滤镜，请创建该滤镜实例，将其添加到 Array 实例，再将该 Array 对象分配给显示对象的 filters 属性。

删除显示对象中的所有滤镜非常简单，只需为 filters 属性分配一个 null 值即可。

```
myDisplayObject.filters = null;
```

可用滤镜

ActionScript 3.0 包括 6 个可用于显示对象和 BitmapData 对象的基本滤镜类。

1. 斜角滤镜

斜角滤镜（BevelFilter 类）允许用户对过滤的对象添加三维斜面边缘。可以设置加亮和阴影颜色、斜角边缘模糊、斜角角度和斜角边缘的位置，甚至可以创建挖空效果。

以下示例加载外部图像并对它应用斜角滤镜。

```
import flash.display.*;
import flash.filters.BevelFilter;
import flash.filters.BitmapFilterQuality;
import flash.filters.BitmapFilterType;
import flash.net.URLRequest;
// 将图像加载到舞台上。
var imageLoader:Loader = new Loader();
var url:String = "image.jpg";
var urlReq:URLRequest = new URLReque-
st(url);
imageLoader.load(urlReq);
addChild(imageLoader);
// 创建斜角滤镜并设置滤镜属性。
var bevel:BevelFilter = new Bevel
Filter();
bevel.distance = 5;
bevel.angle = 45;
bevel.highlightColor = 0xFFFF00;
bevel.highlightAlpha = 0.8;
bevel.shadowColor = 0x666666;
bevel.shadowAlpha = 0.8;
bevel.blurX = 5;
bevel.blurY = 5;
bevel.strength = 5;
bevel.quality = BitmapFilterQuality.
HIGH;
bevel.type = BitmapFilterType.INNER;
bevel.knockout = false;
// 对图像应用滤镜。
imageLoader.filters = [bevel];
```

2. 模糊滤镜

模糊滤镜（BlurFilter 类）可使显示对象及其内容具有涂抹或模糊的效果。通过将模糊滤镜的 quality 属性设置为低，可以模拟离开焦点的镜头效果。将 quality 属性设置为高会产生类似高斯模糊的平滑模糊效果。

以下示例使用 Graphics 类的 drawCircle() 方法创建一个圆形对象并对它应用模糊滤镜。

```
import flash.display.Sprite;
import flash.filters.BitmapFilterQuality;
import flash.filters.BlurFilter;
// 绘制一个圆。
var redDotCutout:Sprite = new Sprite();
redDotCutout.graphics.lineStyle();
redDotCutout.graphics.beginFill(0xFF0000);
redDotCutout.graphics.drawCircle(145,
90, 25);
redDotCutout.graphics.endFill();
// 将该圆添加到显示列表中。
addChild(redDotCutout);
// 对矩形应用模糊滤镜。
var blur:BlurFilter = new BlurFilter();
blur.blurX = 10;
blur.blurY = 10;
blur.quality = BitmapFilterQuality.MEDIUM;
redDotCutout.filters = [blur];
```

3. 投影滤镜

投影滤镜（DropShadowFilter 类）使用与模糊滤镜的算法相似的算法。主要区别是投影滤镜有更多的属性，可以修改这些属性来模拟不同的光源属性（如 Alpha、颜色、偏移和亮度）。投影滤镜还允许用户对投影的样式应用自定义变形选项，包括内侧或外侧阴影和挖空模式。

以下代码创建方框sprite并对它应用投影滤镜。

```
import flash.display.Sprite;
import flash.filters.DropShadowFilter;//
绘制一个框。
var boxShadow:Sprite = new Sprite();
boxShadow.graphics.lineStyle(1);
boxShadow.graphics.beginFill(0xFF3300);
boxShadow.graphics.drawRect(0, 0, 100,
100);
boxShadow.graphics.endFill();
addChild(boxShadow);
// 对该框应用投影滤镜。
var shadow:DropShadowFilter = new
DropShadowFilter();
shadow.distance = 10;
shadow.angle = 25;
// 也可以设置其它属性，如投影颜色、Alpha、模糊量、强度、品质和内侧阴影和挖空效果选项。
boxShadow.filters = [shadow];
```

4. 发光滤镜

发光滤镜（GlowFilter 类）与投影滤镜类似，发光滤镜包括的属性可修改光源的距离、角度和颜色，以产生各种不同效果。发光滤镜还有多个选项用于修改发光样式，包括内侧或外侧发光和挖空模式。

以下代码使用 Sprite 类创建一个交叉对象并对它应用发光滤镜。

```
import flash.display.Sprite;
import flash.filters.BitmapFilterQuality;
import flash.filters.GlowFilter;
// 创建一个交叉图形
var crossGraphic:Sprite = new Sprite();
crossGraphic.graphics.lineStyle();
crossGraphic.graphics.beginFill(0xCCCC00);
crossGraphic.graphics.drawRect(60, 90,
100, 20);
crossGraphic.graphics.drawRect(100,
50, 20, 100);
crossGraphic.graphics.endFill();
addChild(crossGraphic);
// 对该交叉形状应用发光滤镜
var glow:GlowFilter = new GlowFilter();
glow.color = 0x009922;
glow.alpha = 1;
glow.blurX = 25;
glow.blurY = 25;
glow.quality = BitmapFilterQuality.MEDIUM;
crossGraphic.filters = [glow];
```

5. 渐变斜角滤镜

渐变斜角滤镜（GradientBevelFilter 类）与投影滤镜类似，允许用户对显示对象或 BitmapData 对象应用增强的斜角效果。在斜角上使用渐变颜色可以大大改善斜角的空间深度，使边缘产生一种更逼真的三维外观效果。

以下代码使用 Shape 类的 drawRect() 方法创建矩形对象，并对它应用渐变斜角滤镜。

```
import flash.display.Shape;
import flash.filters.BitmapFilterQuality;
import flash.filters.GradientBevelFilter;
// 绘制一个矩形
var box:Shape = new Shape();
box.graphics.lineStyle();
box.graphics.beginFill(0xFEFE78);
box.graphics.drawRect(100, 50, 90,
200);
box.graphics.endFill();
// 对该矩形应用渐变斜角
var gradientBevel:GradientBevelFilter
= new GradientBevelFilter();
gradientBevel.distance = 8;
gradientBevel.angle = 225; // 反向 45 度
gradientBevel.colors = [0xFFFFCC,
0xFEFE78, 0x8F8E01];
gradientBevel.alphas = [1, 0, 1];
gradientBevel.ratios = [0, 128, 255];
gradientBevel.blurX = 8;
gradientBevel.blurY = 8;
gradientBevel.quality = BitmapFilter
Quality.HIGH;
// 其它属性允许用户设置滤镜强度和设置用于 内
侧斜角和挖空效果的选项
box.filters = [gradientBevel];
// 将该图形添加到显示列表中
addChild(box);
```

6. 渐变发光滤镜

渐变发光滤镜（GradientGlowFilter 类）允许用户对显示对象或 BitmapData 对象应用增强的发光效果。该效果可以更好地控制发光颜色，因而可产生一种更逼真的发光效果。另外，渐变发光滤镜还允许用户对对象的内侧、外侧或上侧边缘应用渐变发光效果。

以下示例在舞台上绘制一个圆形，并对它应用渐变发光滤镜。进一步向右和向下移动鼠标时，会分别增加水平和垂直方向的模糊量。此外，只要在舞台上单击，就会增加模糊的强度。

```
import flash.events.MouseEvent;
import flash.filters.BitmapFilterQuality;
import flash.filters.BitmapFilterType;
import flash.filters.GradientGlowFilter;
// 创建一个新的 Shape 实例
var shape:Shape = new Shape();
// 绘制形状
shape.graphics.beginFill(0xFF0000, 100);
shape.graphics.moveTo(0, 0);
shape.graphics.lineTo(100, 0);
shape.graphics.lineTo(100, 100);
shape.graphics.lineTo(0, 100);
shape.graphics.lineTo(0, 0);
shape.graphics.endFill();
// 在舞台上定位该形状
addChild(shape);
shape.x = 100;
shape.y = 100;
// 定义渐变发光
var gradientGlow:GradientGlowFilter =
new GradientGlowFilter();
gradientGlow.distance = 0;
gradientGlow.angle = 45;
gradientGlow.colors = [0x000000,
0xFF0000];
gradientGlow.alphas = [0, 1];
gradientGlow.ratios = [0, 255];
gradientGlow.blurX = 10;
gradientGlow.blurY = 10;
gradientGlow.strength = 2;
gradientGlow.quality = BitmapFilter
Quality.HIGH;
gradientGlow.type = BitmapFilterType.
OUTER;
// 定义侦听两个事件的函数
function onClick(event:MouseEvent):void
{
    gradientGlow.strength++;
```

```
    shape.filters = [gradientGlow];
}
function onMouseMove(event:MouseEvent):void
{
    gradientGlow.blurX = (stage.mouseX / stage.stageWidth) * 255;
    gradientGlow.blurY = (stage.mouseY / stage.stageHeight) * 255;
    shape.filters = [gradientGlow];
}
stage.addEventListener(MouseEvent.CLICK, onClick);
stage.addEventListener(MouseEvent.MOUSE _ MOVE, onMouseMove);
```

闪客高手：创建特效图像效果

范例文件	Sample\Ch12\Unit38\filter-end.fla
初始文件	Sample\Ch12\Unit38\filter.fla
视频文件	Video\Ch12\Unit38\Unit38.wmv

1 打开Sample\Ch12\Unit38\filter.fla文件，首先为舞台中的实例命名。将“选择图像”的下拉列表命名为imageCb，右侧的Label命名为drop ShadowCh，Distance列表命名为dropShadow-DistanceNs，Blur列表命名为drop Shadow BlurNs，Angle列表命名为drop Shadow AngleNs，左侧的Label命名为blurCh，Amount列表命名为blurAmountNs，上方的“载入图像”动态文本框命名为loadingImageLbl。

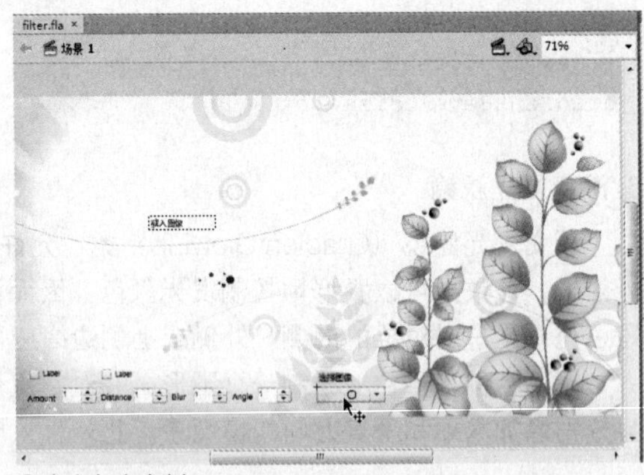

△命名舞台实例

2 选择时间轴actions层的第37帧，按下F9键打开“动作”面板，输入代码如下（省去注释部分）。

```
//导入必备对象
import fl.data.DataProvider;
//声明两个布尔值变量，决定是否使用相应的滤镜，初始化值为false
var isDropShadow:Boolean = false;
var isBlur:Boolean = false;
//声明变量，指定滤镜属性
var dropShadowDistance:Number = 10;
var dropShadowAngle:Number = 40;
var dropShadowBlur:Number = 4;
var blurAmount:Number = 10;
//添加组件的事件监听器
imageCb.addEventListener(Event.CHANGE, toggleImage);
dropShadowCh.addEvent Listener(Mouse Event.CLICK, toggle Drop Shadow);
dropShadowDistanceNs.addEvent Listener (Event. CHANGE, update Drop Shadow Properties);
dropShadowBlurNs.addEvent Listener (Event. CHANGE, updateDrop Shadow Properties);
dropShadowAngleNs.addEvent Listener (Event. CHANGE, updateDrop Shadow Properties);
blurCh.addEventListener(MouseEvent. CLICK, toggleBlur);
blurAmountNs.addEventListener(Event. CHANGE, updateBlurProperties);
//新建DataProvider对象
imageCb.dataProvider = new DataProv-ider();
```

```
//设置图像路径
imageCb.addItem({label: "Image 1", data:
"image1.jpg"});
imageCb.addItem({label: "Image 2",
data: "image2.jpg"});
imageCb.addItem({label: "Image 3",
data: "image3.jpg"});
//设置组件属性
dropShadowCh.label = "Drop Shadow";
dropShadowDistanceNs.maximum = 50;
dropShadowDistanceNs.value = 10;
dropShadowAngleNs.maximum = 360;
dropShadowAngleNs.stepSize = 10;
dropShadowAngleNs.value = 40;
dropShadowBlurNs.value = 4;
blurCh.label = "Blur";
blurAmountNs.maximum = 20;
blurAmountNs.value = 10;
//定义事件监听器对象，当图像载入到播放器时，设
置载入图像的标签不可见
function imageListener(event:Event):void {
    loadingImageLbl.visible = false;
}
//新建Loader对象
var imageLoader:Loader = new Loader();
imageLoader.x = 155;
imageLoader.y = 80;
imageLoader.contentLoaderInfo.add
EventListener(Event.COMPLETE, image
Listener);
addChild(imageLoader);
//从第一个组合框项目中载入图像
imageCb.selectedIndex = 0;
imageLoader.load(new URLRequest (image
Cb.selectedItem.data));
//当用户从组合框中选择了不同的图像时，显示载入
图像标签，然后载入新图像
function toggleImage(event:Event):void {
    loadingImageLbl.visible = true;
    imageLoader.load(new URLRequest
(imageCb.selectedItem.data));
}
//根据阴影复选框的状态，设置阴影滤镜的值
function toggleDropShadow(event:Event)
:void {
    isDropShadow = event.target.
selected;
    setFilters();
}
//根据模糊复选框的状态，设置模糊滤镜的值
function toggleBlur(event:Event):void
{
    isBlur = event.target.selected;
    setFilters();
}
//根据阴影滤镜列表的值设置相应的变量
function updateDropShadowProperties(e
vent:Event):void {
    dropShadowDistance = dropShadow
DistanceNs.value;
    dropShadowBlur = dropShadowBlur
Ns.value;
    dropShadowAngle = dropShadow
AngleNs.value;
    setFilters();
}
//根据模糊滤镜列表的值设置相应的变量
function updateBlurProperties(event:E
vent):void {
    blurAmount = blurAmountNs.value;
    setFilters();
}
function setFilters():void {
    //定义一个滤镜的数组对象
    var filtersArr:Array = new Array();
    //如果选中了阴影滤镜，建立一个新的阴影滤
镜对象，并添加到数组
    if (isDropShadow) {
        var dropShadow:Drop
ShadowFilter = new DropShadowFilter
(dropShadowDistance, dropShadowAngle,
0, 100, dropShadow Blur, dropShadow
Blur);
        filtersArr.push(dropShadow);
    }
    //如果选中了模糊滤镜，建立一个新的模糊滤
镜对象，并添加到数组
    if (isBlur) {
        var blur:BlurFilter = new
BlurFilter(blurAmount, blurAmount);
        filtersArr.push(blur);
    }
    //分配滤镜数组到图像剪辑的滤镜属性，这
样滤镜将被应用到图像上
    imageLoader.filters = filtersArr;
}
```

三 按下快捷键Ctrl+Enter测试动画，选择不同的图像后，可以设置阴影或模糊滤镜效果，并且可以调整这两个滤镜的相关参数。

△ 测试动画

?你知道吗 使用高级滤镜

上面介绍的 6 个滤镜都属于基本滤镜，可用于创建一种特定效果，并可以对效果进行某种程度的自定义。可以使用 ActionScript 应用这 6 个滤镜，也可以在 Flash 中使用"滤镜"面板将其应用于对象。因此，即使用户使用 ActionScript 应用滤镜，如果有 Flash 创作工具，也可以使用可视界面快速尝试不同的滤镜和设置，弄清楚如何创建需要的效果。

ActionScript 3.0 还包括 3 个高级滤镜，这些滤镜（颜色矩阵滤镜、卷积滤镜和置换图滤镜）所创建的效果具有极其灵活的形式。它们不仅仅可以进行优化以生成单一的效果，而且还具有强大的功能和灵活性。

- 颜色矩阵滤镜（ColorMatrixFilter类）：Color MatrixFilter类用于操作过滤对象的颜色和 Alpha值。它允许进行饱和度更改、色相旋转（将调色板从一个颜色范围移动到另一个颜色范围）、将亮度更改为Alpha，以及生成其他颜色操作效果，方法是使用一个颜色通道中的值，并将这些值潜移默化地应用于其他通道。
- 卷积滤镜（ConvolutionFilter类）：ConvolutionFilter类可用于对BitmapData对象或显示对象应用广泛的图像变形，如模糊、边缘检测、锐化以及浮雕和斜角。
- 置换图滤镜（DisplacementMapFilter类）：DisplacementMapFilter类使用BitmapData 对象（称为置换图图像）中的像素值在新对象上执行置换效果。通常，置换图图像与将要应用滤镜的实际显示对象或BitmapData实例不同。置换效果包括置换过滤的图像中的像素，也就是说，将这些像素移开原始位置一定距离。此滤镜可用于产生移位、扭曲或斑点效果。

应用于给定像素的置换位置和置换量，由置换图图像的颜色值确定。使用滤镜时，除了指定置换图图像外，还要指定以下值，以便控制置换图图像中计算置换的方式。

- 映射点：过滤图像上的位置，在该点将应用置换滤镜的左上角。如果只想对图像的一部分应用滤镜，可以使用此值。
- X组件：影响像素的x位置的置换图图像的颜色通道。
- Y组件：影响像素的y位置的置换图图像的颜色通道。
- X缩放比例：指定x轴置换强度的乘数值。
- Y缩放比例：指定y轴置换强度的乘数值。
- 滤镜模式：确定在移开像素后形成的空白区域中，Flash Player应执行的操作。在DisplacementMapFilterMode类中定义为常量的选项可以显示原始像素（滤镜模式 IGNORE）、从图像的另一侧环绕像素（滤镜模式WRAP，这是默认设置）、使用最近的移位像素（滤镜模式CLAMP）或用颜色填充空间（滤镜模式COLOR）。

TIP 不管是简单滤镜还是复杂滤镜，每个滤镜都可以使用其属性进行自定义。不管是否通过传递参数来设置滤镜属性，都可以在以后通过设置滤镜对象的属性值来调整滤镜。

Special page 谈谈ActionScript 3.0的编程心得

一个初学 ActionScript 3.0 的开发者在编程过程中，经常会遇到不少问题，但同时也会有一些收获和心得。下面摘录了一些 ActionScript 3.0 初学者的心得体会，和大家一起讨论，希望对读者在 ActionScript 3.0 编程时会有一些帮助。

1. AS3的强制类型转换

目前总结下来有两种写法。

```
var loader:URLLoader = URLLoader(event.target);
var loader:URLLoader = event.target as URLLoader;
```

2. 关于URLRequest

URLStream、URLLoader 和 Loader 等读取外部数据的类，这里的 load 方法参数值是 URLRequest 对象。ActionScript 2.0 的程序员在编程过程总是喜欢直接写地址字符串，原来的习惯改过来看样子要花点时间了。

3. 关于Loader

Loader 用来代替原来 MovieClip 的 loadMovie 功能，用于加载外部的图片文件和 SWF 文件。

如果加载图片文件（jpg，gif 和 png 等），Loader.content 得到的数据类型是 Bitmap 对象；如果加载 SWF 文件（flash 9 版本），Loader.content 得到的数据类型是 MovieClip 对象；如果加载 SWF 文件（flash 9 以前版本），Loader.content 得到的数据类型是 AVM1Movie 对象。

使用 Loader 加载数据，添加侦听事件时，一定要注意给 Loader 的 contentLoaderInfo 属性增加事件，而不是给 Loader 对象增加事件。

错误写法如下。

```
var loader:Loader = new Loader();
loader.addEventListener(Event.COMPLETE, completeHandler);
loader.addEventListener(SecurityErrorEvent.SEC URITY _ ERROR, securityErrorHandler);
loader.addEventListener(IOErrorEvent.IO _ ERROR, ioErrorHandler);
```

正确写法如下。

```
var loader:Loader = new Loader();
loader.contentLoaderInfo.addEventListener(Event.COMPLETE, completeHandler);
loader.contentLoaderInfo.addEventListener(SecurityErrorEvent.SECURITY _ ERROR,
securityErrorHandler);
loader.contentLoaderInfo.addEventListener(IOErrorEvent.IO _ ERROR, ioErrorHandler);
```

4. 关于stage

在调试 flash 过程发现，如果把 swf 文件放到 html 页面后，stage.stageWidth 和 stage.stage Height

在第一次加载调用时，他们的值为空值。

5. AVM1Movie

如果是 AVM1Movie 对象，就不能直接调用 stop，play 和 gotoAndStop 等原来 MovieClip 对象的功能，而且不能将 AVM1Movie 对象转换成 Movie-Clip 对象。目前的解决办法，一种是用 Flash CS5 重新生成 Flash 9 的 SWF 文件；另一种是 AVM1 和 AVM2 两个虚拟机相互调用的方式。

6. 函数也是对象

ActionScript 语言所谓的函数实际上也是对象（即 Function）。函数可以依附于任何对象，它是自由的。而面向对象语言例如 Java，函数是和类实例绑定在一起的，虽然静态函数可以脱离类实例，但绑定于类，仍然不能自由访问。

7. 对象是关联数组

ActionScript 语言的所谓对象，实际上是一个属性和函数关联数组。可以定义一个类，包含若干属性和函数。假设它包含一个 String 类型的属性，可以通过 (.) 操作符访问属性，例如下面的代码。

```
PetStoreFacade facade = new PetStoreFacadeImpl();
var attr:String = facade.attribute;
```

8. 理解函数重载

通过 ActionScript 提供的语言机制和变通手法，可以让 ActionScript 支持函数重载。示例如下。

```
class PetStoreFacadeImpl{
function getAccount(...args):Account{
if(args.length==1){
if(args[0] typeof 'String'){
//do getAccount(username:String)
}
}
else if(args.length==2){
if(args[0] typeof 'String' && args[1] typeof 'String'){
//do getAccount(username:String,password:String)
}
}
}
}
通过arguments的判断比较，实现了函数重载，只需调用时输入合适的参数即可。
```

图文及多媒体元素处理

本章知识点

Unit	内容	知识点
Unit 39	处理文本和位图	处理文本　　处理位图
Unit 40	处理声音	ActionScript 3.0 声音基础
		加载声音
		播放与停止声音
		控制音量
Unit 41	处理视频	加载视频
		控制视频回放

章前自测题

1. 在Flash Player中，若要在屏幕上显示文本，可以使用ActionScript3.0中的什么类?

2. 文本字段内容可以在SWF文件中预先指定、从外部源（如文本文件或数据库）中加载或由用户在与应用程序交互时输入。可以用什么对象定义格式设置并将此对象分配给文本字段，以此来设置文本格式?

3. 在 ActionScript 中处理声音时，可能会使用 flash.media 包中的某些类。通过用哪个类可以加载声音文件并开始回放以获取对音频信息的访问?

UNIT 39 处理文本和位图

在ActionScript 3.0中，文本通常是在文本字段之内显示，但是偶尔也会作为项目的属性出现在显示列表中。除了矢量图功能外，ActionScript 3.0还包括创建位图图像或操作加载到SWF文件中的外部位图图像的像素数据的能力。

处理文本

ActionScript 3.0 可以指定文本字段的具体内容或文本源，然后使用样式设置该文本的外观。还可以在用户输入文本或单击超链接时响应用户事件。

在 Flash Player 中，若要在屏幕上显示文本，可以使用 TextField 类的实例。TextField 类是 Flex 框架和 Flash 创作环境中提供的、其他基于文本的组件（如 TextArea 组件或 TextInput 组件）的基础。

文本字段内容可以在 SWF 文件中预先指定、从外部源（如文本文件或数据库）中加载或由用户在与应用程序交互时输入。在文本字段内，文本可以显示为呈现的 HTML 内容，并可在其中嵌入图像。一旦建立了文本字段的实例，就可以使用 flash.text 包中的类（例如 TextFormat 类和 StyleSheet 类）来控制文本的外观。flash.text 包几乎包含与在 ActionScript 中创建文本、管理文本及对文本进行格式设置有关的所有类。

可以用 TextFormat 对象定义格式设置并将此对象分配给文本字段，以此来设置文本格式。如果文本字段包含 HTML 文本，则可以对文本字段应用 StyleSheet 对象，以便将样式分配给文本字段内容的特定片段。TextFormat 对象或 StyleSheet 对象包含定义文本外观（颜色、大小和粗细等）的属性。TextFormat 对象可以将属性分配给文本字段中的所有内容，也可以分配给某个范围的文本。例如，在同一文本字段中，一个句子可以是粗体的红色文本，而下一个句子则可以是斜体的蓝色文本。

1. 显示文本

可以通过直接将一个字符串赋予 flash.text.TextField.text 属性来定义动态文本，如下所示。

```
myTextField.text = "Hello World";
```

还可以为 text 属性赋予在脚本中定义的变量值，如下所示。

```
package
{
    import flash.display.Sprite;
    import flash.text.*;
    public class TextWithImage extends
Sprite
    {
        private var myTextBox:TextFie-
ld = new TextField();
        private var myText:String = "He-
llo World";
        public function TextWithImage()
        {
            addChild(myTextBox);
            myTextBox.text = myText;
        }
    }
}
```

flash.text.TextField 类具有一个 htmlText 属性，可使用它将文本字符串标识为包含用于设置内容格式的 HTML 标签。如下例所示，必须将字符串值赋予 htmlText 属性（而不是 text 属性），以便 Flash Player 将文本呈现为 HTML。

```
var myText:String = "<p>This is <b>some</b> content to <i>render</i> as <u>HTML</
u> text.</p>";
myTextBox.htmlText = myText;
```

使用了 htmlText 属性指定的内容后，就可以使用样式表或 textformat 标签来管理内容的格式设置。

2. 操作文本

默认情况下，flash.text.TextField.selectable 属性为 true，可以使用 setSelection() 方法以编程方式选择文本。例如，可以将某个文本字段中的特定文本设置成单击时，该文本字段处于选定状态。

```
var myTextField:TextField = new TextField();
myTextField.text = "No matter where you click on this text field the TEXT IN ALL CAPS is selected.";
myTextField.autoSize = TextFieldAutoSize.LEFT;
addChild(myTextField);
addEventListener(MouseEvent.CLICK, selectText);
function selectText(event:MouseEvent):void
{
    myTextField.setSelection(49, 65);
}
```

由于输入文本字段经常用于表单或应用程序中的对话框，因此用户可能想要限制在文本字段中输入的字符类型，或者甚至想将文本隐藏（例如，文本为密码），可以设置 flash.text.TextField 类的 displayAsPassword 属性和 restrict 属性来控制用户输入。

displayAsPassword 属性只是在用户键入文本时将其隐藏（显示为一系列星号）。当 displayAsPassword 设置为 true 时，“剪切”和“复制”命令及其对应的键盘快捷键将不起作用。如下例所示，为 displayAsPassword 属性赋值的过程与为其他属性（如背景和颜色）赋值类似。

```
myTextBox.type = TextFieldType.INPUT;
myTextBox.background = true;
myTextBox.displayAsPassword = true;
addChild(myTextBox);
```

restrict 属性则更为复杂一些，因为需要指定允许用户在输入文本字段中键入哪些字符。可以允许特定字母、数字，或字母、数字及字符的范围。以下代码只允许在文本字段中输入大写字母（不包括数字或特殊字符）。

```
myTextBox.restrict = "A-Z";
```

3. 设置文本格式

以编程方式设置文本显示的格式设置有多种方式。可以直接在 TextField 实例中设置属性，例如，TextFIeld.thickness、TextField.textColor 以及 TextField.textHeight 属性。也可以使用 htmlText 属性指定文本字段的内容，并使用受支持的 HTML 标签，如 b、i 和 u。但也可以将 TextFormat 对象应用于包含纯文本的文本字段，或将 StyleSheet 对象应用于包含 htmlText 属性的文本字段。使用 TextFormat 和 StyleSheet 对象，可以对整个应用程序的文本外观提供最有力的控制和最佳的一致性。可以定义 TextFormat 或 StyleSheet 对象，并将其应用于应用程序中的部分或所有文本字段。

可以使用 TextFormat 类设置多个不同的文本显示属性，并将它们应用于 TextField 对象的整个内容或一定范围的文本。以下示例对整个 TextField 对象应用一个 TextFormat 对象，并对 TextField 对象中一定范围的文本应用另一个 TextFormat 对象。

```
var tf:TextField = new TextField();
tf.text = "Hello Hello";
var format1:TextFormat = new TextFormat();
format1.color = 0xFF0000;
var format2:TextFormat = new TextFormat();
format2.font = "Courier";
tf.setTextFormat(format1);
var startRange:uint = 6;
tf.setTextFormat(format2, startRange);
addChild(tf);
```

文本字段可以包含纯文本或 HTML 格式的文本。纯文本存储在实例的 text 属性中，而 HTML 文本存储在 htmlText 属性中。

可以使用 CSS 样式声明定义可应用于多种不同文本字段的文本样式。CSS 样式声明可以在应用程序代码中进行创建，也可以在运行时从外部 CSS 文件中加载。flash.text.StyleSheet 类用于处理 CSS 样式；StyleSheet 类可识别有限的 CSS 属性集合。

如下所示，可以在代码中创建 CSS，并使用 StyleSheet 对象对 HTML 文本应用这些样式。

创建 StyleSheet 对象后，示例代码创建一个简单对象以容纳一组样式声明属性。之后，调用 StyleSheet.setStyle() 方法，将名为 .darkred 的新样式添加到样式表中。然后，代码通过将 StyleSheet 对象分配给 TextField 对象的 styleSheet 属性，来应用样式表格式。

要使 CSS 样式生效，应在设置 htmlText 属性之前对 TextField 对象应用样式表。

```
var style:StyleSheet = new StyleSheet();
var styleObj:Object = new Object();
styleObj.fontSize = "bold";
styleObj.color = "#FF0000";
style.setStyle(".darkRed", styleObj);
var tf:TextField = new TextField();
tf.styleSheet = style;
tf.htmlText = "<span class = 'darkRed'>
Red</span> apple";
addChild(tf);
```

用于设置格式的 CSS 方法的功能更加强大，可以在运行时从外部文件加载 CSS 信息。当 CSS 数据位于应用程序本身以外时，可以更改应用程序中文本的可视样式，而不必更改 ActionScript 3.0 源代码。部署完应用程序后，可以通过更改外部 CSS 文件来更改应用程序的外观，而不必重新部署应用程序的 SWF 文件。

StyleSheet.parseCSS() 方法可将包含 CSS 数据的字符串转换为 StyleSheet 对象中的样式声明。以下示例显示如何读取外部 CSS 文件 example.css，并对 TextField 对象应用其样式声明。

```
package
{
    import flash.display.Sprite;
    import flash.events.Event;
    import flash.net.URLLoader;
    import flash.net.URLRequest;
    import flash.text.StyleSheet;
    import flash.text.TextField;
    import flash.text.TextFieldAutoSize;
    public class CSSFormattingExample
extends Sprite
    {
        var loader:URLLoader;
        var field:TextField;
        var exampleText:String = "<h1>
This is a headline</h1>" +
                "<p>This is a line of text.
<span class='bluetext'>" +
                "This line of text is co-
lored blue.</span></p>";
        public function CSSFormatting
Example():void
        {
            field = new TextField();
            field.width = 300;
            field.autoSize = TextField-
AutoSize.LEFT;
            field.wordWrap = true;
            addChild(field);
            var req:URLRequest = newU-
RLRequest("example.css");
            loader = new URLLoader();
```

```
loader.addEventListener(Event.COMPLETE,
onCSSFileLoaded);
         loader.load(req);
     }
     public function onCSSFileLoad
ed(event:Event):void
     {
         var sheet:StyleSheet = new
StyleSheet();
         sheet.parseCSS(loader.data);
         field.styleSheet = sheet;
         field.htmlText = exampleText;
     }
  }
}
```

处理位图

主要用于处理位图图像的 ActionScript 3.0 类是 Bitmap 类（用于在屏幕上显示位图图像）和 BitmapData 类（用于访问和操作位图的原始图像数据）。使用访问和更改各个像素值的功能，可以创建自己的滤镜式图像效果，并使用内置杂点功能创建纹理和随机杂点。

1. 创建位图图像

作为 DisplayObject 类的子类，Bitmap 类是用于显示位图图像的主要 ActionScript 3.0 类，这些图像可能已经通过 flash.display.Loader 类加载到 Flash 中，或已经使用 Bitmap() 构造函数动态创建。从外部源加载图像时，Bitmap 对象只能使用 GIF、JPEG 或 PNG 格式的图像。实例化后，可将 Bitmap 实例视为需要呈现在舞台上的 BitmapData 对象的包装。由于 Bitmap 实例是一个显示对象，因此可以使用显示对象的所有特性和功能来操作 Bitmap 实例。

除了所有显示对象常见的功能外，Bitmap 类还提供了特定于位图图像的附加功能。

与 Flash 创作工具中的贴紧像素功能类似，Bitmap 类的 pixelSnapping 属性可确定 Bitmap 对象是否贴紧最近的像素。此属性接受 PixelSnapping 类中定义的 3 个常量之一：ALWAYS、AUTO 和 NEVER。应用像素贴紧的语法如下。

```
myBitmap.pixelSnapping = PixelSnapping.ALWAYS;
```

通常，缩放位图图像时，图像会变得模糊或扭曲。若要减少这种扭曲，可使用 Bitmap Data 类的 smoothing 属性。这是一个布尔值属性，设置为 true，缩放图像时，可使图像中的像素平滑或消除锯齿，以此使图像更加清晰、自然。

BitmapData 类位于 flash.display 包中，可以看作是加载的或动态创建的位图图像中包含的像素的照片快照。此快照用对象中的像素数据的数组表示。BitmapData 类还包含一系列内置方法，可用于创建和处理像素数据。

若要实例化 BitmapData 对象，可使用以下代码。

```
var myBitmap:BitmapData = new BitmapData(width:Number, height:Number, transparent:
Boolean, fillColor:uinit);
```

width 和 height 参数指定位图的大小；二者的最大值都是 2880 像素；transparent 参数指定位图数据是 (true) 否 (false) 包括 Alpha 通道；fillColor 参数是一个 32 位颜色值，它指定背景颜色和透明度值（如果设置为 true）。以下示例创建一个具有 50% 透明的、橙色背景的 BitmapData 对象。

```
var myBitmap:BitmapData = new BitmapData(150, 150, true, 0x80FF3300);
```

若要在屏幕上呈现新创建的 BitmapData 对象，请将此对象分配给或包装到 Bitmap 实例中。为此，可以作为 Bitmap 对象的构造函数的参数形式传递 BitmapData 对象，也可以将此对象分配给现有 Bitmap 实例的 bitmapData 属性。还必须通过调用包含该 Bitmap 实例的显示对象容器的 addChild() 或 addChildAt() 方法，将该 Bitmap 实例添加到显示列表中。

以下示例创建一个具有红色填充的 Bitmap-Data 对象，并在 Bitmap 实例中显示此对象。

```
var myBitmapDataObject:BitmapData = new BitmapData(150, 150, false, 0xFF0000);
var myImage:Bitmap = new Bitmap(myBitmapDataObject);
addChild(myImage);
```

2. 处理像素

BitmapData 类包含一组用于处理像素数据值的方法。在像素级别更改位图图像的外观时，首先需要获取要处理的区域中包含的像素的颜色值。使用 getPixel() 方法可读取这些像素值。

getPixel() 方法从作为参数传递的一组（x, y）（像素）坐标中检索 RGB 值。如果要处理的像素包括透明度（Alpha 通道）信息，则需要使用 getPixel32() 方法。此方法也可以检索 RGB 值，但与 getPixel() 不同的是，getPixel32() 返回的值包含表示所选像素的 Alpha 通道值的附加数据。

或者，如果只想更改位图中包含的某个像素的颜色或透明度，则可以使用 setPixel() 或 setPixel 32() 方法。若要设置像素的颜色，只需将（x, y）坐标和颜色值传递到这两种方法之一。

以下示例使用 setPixel() 在绿色 BitmapData 背景上绘制交叉形状，然后使用 getPixel() 从坐标（50, 50）处的像素中检索颜色值并跟踪返回的值。

```
import flash.display.Bitmap;
import flash.display.BitmapData;
var myBitmapData:BitmapData = new Bit-
mapData(100, 100, false, 0x009900);
for (var i:uint = 0; i < 100; i++)
{
    var red:uint = 0xFF0000;
    myBitmapData.setPixel(50, i, red);
    myBitmapData.setPixel(i, 50, red);
}
var myBitmapImage:Bitmap = new Bitmap
(myBitmapData);
addChild(myBitmapImage);
var pixelValue:uint = myBitmapData.
getPixel(50, 50);
trace(pixelValue.toString(16));
```

如果要读取一组像素而不是单个像素的值，请使用 getPixels() 方法。此方法从作为参数传递的矩形像素数据区域中生成字节数组。字节数组的每个元素（即像素值）都是无符号的整数（32 位未经相乘的像素值）。

相反，为了更改（或设置）一组像素值，请使用 setPixels() 方法。此方法需要联合使用两个参数 rect 和 inputByteArray，来输出像素数据 (inputByte-Array) 的矩形区域 (rect)。

从 inputByteArray 中读取（或写入）数据时，会为数组中的每个像素调用 ByteArray.readUnsignedInt () 方法。如果由于某些原因，input-ByteArray 未包含像素数据的整个矩形，则该方法会停止处理该点处的图像数据。

TIP 获取和设置像素数据时，字节数组需要有 32 位 Alpha、红、绿和蓝 (ARGB) 像素值。

以下示例使用 getPixels() 和 setPixels() 方法将一组像素从一个 BitmapData 对象复制到另一个对象。

```
import flash.display.Bitmap;
import flash.display.BitmapData;
import flash.utils.ByteArray;
import flash.geom.Rectangle;
var bitmapDataObject1:BitmapData = new
BitmapData(100, 100, false, 0x006666FF);
var bitmapDataObject2:BitmapData = new
BitmapData(100, 100, false, 0x00FF0000);
```

```
var rect:Rectangle = new Rectangle(0,
0, 100, 100);
var bytes:ByteArray = bitmapDataObjec-
t1.getPixels(rect);
bytes.position = 0;
bitmapDataObject2.setPixels(rect,
bytes);
var bitmapImage1:Bitmap = new Bitmap
(bitmapDataObject1);
addChild(bitmapImage1);
var bitmapImage2:Bitmap = new Bitmap
(bitmapDataObject2);
addChild(bitmapImage2);
bitmapImage2.x = 110;
```

3. 复制位图数据

若要从一个图像向另一个图像中复制位图数据，可以使用以下方法：clone()、copyPixels()、copyChannel() 和 draw()。

正如名称的含义一样，clone() 方法允许将位图数据从一个 BitmapData 对象克隆或采样到另一个对象。调用此方法时返回一个新的 Bitmap-Data 对象，这个新的对象与被复制的原始实例完全一样。

以下示例克隆橙色（父级）正方形的一个副本，并将克隆放在原始父级正方形的旁边。

```
import flash.display.Bitmap;
import flash.display.BitmapData;
var myParentSquareBitmap:BitmapData = new
BitmapData(100, 100, false, 0x00ff3300);
var myClonedChild:BitmapData = myPar-
entSquareBitmap.clone();
var myParentSquareContainer:Bitmap =
new Bitmap(myParentSquareBitmap);
this.addChild(myParentSquareContainer);
var myClonedChildContainer:Bitmap =
new Bitmap(myClonedChild);
this.addChild(myClonedChildContainer);
myClonedChildContainer.x = 110;
```

copyPixels() 方法是一种从一个 BitmapData 对象向另一个对象复制像素的快速简便的方法。该方法会拍摄源图像的矩形快照（由 sourceRect 参数定义），并将其复制到另一个矩形区域（大小相等）。新的矩形位置在 destPoint 参数中定义。

copyChannel() 方法从源 BitmapData 对象中采集预定义的颜色通道值（Alpha、红、绿或蓝），并将此值复制到目标 BitmapData 对象的通道中。调用此方法不会影响目标 BitmapData 对象中的其他通道。

draw() 方法将源 sprite、影片剪辑或其他显示对象中的图形内容绘制或呈现在新位图上。使用 matrix、colorTransform、blendMode 以及目标 clipRect 参数，可以修改新位图的呈现方式。此方法使用 Flash Player 矢量渲染器生成数据。

调用 draw() 时，需要将源对象（sprite、影片剪辑或其他显示对象）作为第一个参数传递，如下所示。

```
myBitmap.draw(movieClip);
```

如果源对象在最初加载后应用了变形（颜色、矩阵等），则不能将这些变形复制到新对象。如果想要将变形复制到新位图，则需要将 transform 属性的值从原始对象复制到使用新 BitmapData 对象的 Bitmap 对象的 transform 属性中。

4. 修改位图外观

若要修改位图的外观，可以使用 noise() 方法或 perlinNoise() 方法对位图应用杂点效果。可以把杂点效果比作未调谐的电视屏幕的静态外观。

使用 noise() 方法对位图应用杂点效果，是对位图图像指定区域中的像素应用随机颜色值。此方法接受如下 5 个参数。

- randomSeed (int)：决定图案的随机种子数。不管名称具有什么样的含义，只要传递的数字相同，就会生成相同的结果。为了获得真正的随机结果，请使用Math.random()方法为此参数传递随机数字。
- low (uint)：此参数为每个像素生成的最低值（0 ~ 255）。默认值为 0。将此参数设置为较低值会产生较暗的杂点图案，设置为较高值会产生较亮的图案。
- lhigh (uint)：此参数为每个像素生成的最高值（0 ~ 255）。默认值为255。将此参数设置为较低值会产生较暗的杂点图案，设置为较高值会产生较亮的图案。
- channelOptions (uint)：此参数指定将向位图对象的哪个颜色通道应用杂点图案。此数字可以是4个颜色通道ARGB值的任意组合。默认值是7。
- grayScale (Boolean)：设置为true时，此参数对位图像素应用randomSeed值，可有效褪去图像中的所有颜色。此参数不影响Alpha通道。默认值为false。

以下示例创建一个位图图像，并对它应用蓝色杂点图案。

```
import flash.display.Bitmap;
import flash.display.BitmapData;
var myBitmap:BitmapData = new BitmapData(250, 250,false, 0xff000000);
myBitmap.noise(500, 0, 255, BitmapDataChannel.BLUE,false);
var image:Bitmap = new Bitmap(myBitmap);
addChild(image);
```

如果想要创建更好的有机外观纹理，请使用 perlinNoise() 方法。perlinNoise() 方法可生成逼真的有机纹理，是用于烟雾、云彩、水、火或爆炸的理想图案。

由于 perlinNoise() 方法是由算法生成的，因此它使用的内存比基于位图的纹理少，但还是会对处理器的使用有影响，特别是对于旧计算机，会降低 Flash 内容的处理速度，使屏幕重新绘制的速度比帧频慢。这主要是因为需要进行浮点计算，以便处理 Perlin 杂点算法。此方法接受 9 个参数（前 6 个是必需参数）。

- baseX (Number)：创建图案的 x（大小）值。
- baseY (Number)：创建图案的 y（大小）值。
- numOctaves (uint)：要组合以创建此杂点的octave函数或各个杂点函数的数目。octave数目越大，创建的图像越精细。
- randomSeed (int)：随机种子数的功能，与在 noise()函数中的功能完全相同。为了获得真正的随机结果，请使用Math.random()方法为此参数传递随机数字。
- stitch (Boolean)：如果设置为true，则此方法会尝试缝合（或平滑）图像的过渡边缘，以形成无缝的纹理，用于作为位图填充进行平铺。
- fractalNoise (Boolean)：此参数与此方法生成的渐变的边缘有关。如果设置为true，则此方法生成的碎片杂点会对效果的边缘进行平滑处理。如果设置为false，则将生成湍流。带有湍流的图像具有可见的不连续性渐变，可以使用它处理更接近锐化的视觉效果，例如，火焰或海浪效果。
- channelOptions (uint)：channelOptions参数的功能与在noise()方法中的功能完全相同。它指定对哪个颜色通道（在位图上）应用杂点图案。此数字可以是4个颜色通道ARGB值的任意组合。默认值是7。
- grayScale (Boolean)：此参数的功能与在noise() 方法中的功能完全相同。如果设置为true，则对位图像素应用randomSeed值，可有效褪去图像中的所有颜色。默认值为false。

- offsets (Array)：对应于每个octave的x和y偏移的点数组。通过处理偏移值，可以平滑滚动图像层。偏移数组中的每个点将影响一个特定的octave杂点函数。默认值为null。

以下示例创建一个 150 像素 ×150 像素的 BitmapData 对象，该对象调用 perlinNoise() 方法来生成绿色和蓝色的云彩效果。

```
import flash.display.Bitmap;
import flash.display.BitmapData;
var myBitmapDataObject:BitmapData = new BitmapData(150, 150, false, 0x00FF0000);
var seed:Number = Math.floor(Math.random() * 100);
var channels:uint = BitmapDataChannel.GREEN | BitmapDataChannel.BLUE
myBitmapDataObject.perlinNoise(100, 80, 6, seed, false, true, channels, false, null);
var myBitmap:Bitmap = new Bitmap(myBitmapDataObject);
addChild(myBitmap);
```

闪客高手：创建文字排版效果

范例文件	Sample\Ch13\Unit39\layout-end.fla
初始文件	Sample\Ch13\Unit39\layout.fla
视频文件	Video\Ch13\Unit39\Unit39.wmv

1 打开Sample\Ch13\Unit39\layout.fla文件，选择scripts图层的第二帧，按下F9键打开“动作”面板，输入如下代码（省去注释部分）。

```
//导入code/newslayout文件夹下的StoryLayout类
import code.newslayout.StoryLayout;
//创建一个3列的文章版式
var story:StoryLayout = new StoryLayout
(720, 500, 3, 10);
story.x = 20;
story.y = 80;
addChild(story);
stop();
```

2 新建ActionScript文件并将脚本保存到code\newslayout目录下，文件名为StoryLayout.as。输入代码如下，排列用于显示所有新闻素材组件的主要 ActionScript 类。

```
//声明包位置
package code.newslayout
{
    //导入各类必要对象
     import flash.display.Sprite;
     import flash.text.TextFormatAlign;
     import flash.text.TextFormat;
     import flash.text.StyleSheet;
     import flash.events.Event;
     import flash.net.URLRequest;
     import flash.net.URLLoader;
     import flash.display.Sprite;
     import flash.display.Graphics;
    //声明StoryLayout类
     public class StoryLayout extends
Sprite
     {
         //声明标题行文本变量
             public var headlineTxt:
HeadlineTextField;
//声明子标题文本变量
                   public var subtit-
leTxt:HeadlineTextField;
         //声明多列文本变量
             public var storyTxt:Multi
ColumnText;
         //声明样式表变量
             public var sheet:StyleSheet;
         //声明h1格式变量
             public var h1Format:Text
Format;
         //声明h2格式变量
```

```
        public var h2Format:TextFormat;
        //声明p格式变量
        public var pFormat:TextFormat;
        //声明URLLoader变量
        private var loader:URLLoader;
        //声明边距变量
        public var paddingLeft:Number;
        public var paddingRight:Number;
        public var paddingTop:Number;
        public var paddingBottom:Number;
        //声明宽度高度变量
        public var preferredWidth:Number;
        public var preferredHeight:Number;
        //声明列数变量
        public var numColumns:int;
        //声明背景色变量
        public var bgColor:Number = 0xFFFFFF;
        //声明标题字符
        public var headline:String = "从山水相间的阳朔开始";
        //声明子标题字符
        public var subtitle:String = "      一早，宾宝搭乘国航飞机飞往桂林，稍作停留后，
便转乘汽车直奔阳朔。就是这样，到达阳朔已经是下午时分了，宾宝找了阳朔中心的大多住所，终于挑选了一家名叫
"玫瑰木"的全木屋套间。阳朔的旅程就这样即将开始了。";
        //声明内容
        public var loremIpsum:String = "美美地睡了一个大觉后，宾宝阳朔的旅行终于开始了。
像宾宝去过的每一个新城市一样，初到阳朔，这里的一草一木、一屋一瓦，都是鲜活而崭新的。\r\
租下两辆自行车作为旅行工具，宾宝自工农桥而行，驶向大榕树和月亮山方向。美丽的大榕树下，是否还能隐约听到
姐妹们对歌的歌声？神奇的月亮山脚，不知又流传下了多少动人的传说？\r\
下午，宾宝前往阳朔荔浦县的银子岩溶洞，喀斯特地貌的溶洞自然景观在人工灯光的映照下美仑美奂，大自然的神
功妙笔可以使人惊叹的表达不出任何言语。\r\
晚间，阳朔的酒吧街热闹起来，各种肤色的人们像变戏法似的出现在每间酒吧中，啤酒、饮料，借着摇曳的烛光沉醉
在这梦一般的地方。\r\
早上，宾宝乘小巴前往兴坪镇，包下一艘竹排，开始了漓江的水上游，有整整一天的时间来与水拥抱。\r\
兴坪镇古色古香，无论是早上还是黄昏，小镇永远保持着那份古朴与安宁。漓江水环山而绕，九马画山矗立江边，山
水之灵动无处可及。周边的农家淳朴且田园，渔村更是保有一份难得的被岁月刻画的历史沧桑。\r\
兴坪归来，宾宝继续阳朔的水上之行。都说遇龙河的风光时阳朔最棒的，宾宝自然不能错过。一早，宾宝骑车穿过山
野田间，驶向遇龙河方向。\r\
遇龙河幽静，恬然，有着兴坪漓江不会有的淡然。宾宝自上游乘竹筏漂流而下，麦田、农舍、绿野、山石……一个个镜
头画面自河畔掠过，俨然一幅悠然的山水田园画卷。\r\
遇龙河一行回来，宾宝好好地睡了个大觉，今早起来，去西街的酒吧要了份西式早餐，饱餐一顿后，照例在街口租好自
行车，骑向阳朔的田间。\r\
和阳朔要说声再见了，宾宝一早收拾好行囊，乘上开往龙脊的班车，准备开始梯田之旅。\r\
车子经过长发村后抵达了龙脊，山脚下坐落着层叠的瑶族山寨，山海拔大概只有一千米左右，但梯田到处可见，从高
处望去很是壮观。\r\
由于要在龙脊留宿一宿，宾宝选择了位于山顶的"全景楼"，鸟瞰梯田，气势如宏。\r\
天刚蒙蒙亮，宾宝就打开了全景楼房间的窗栏，迎接清晨的第一缕霞光。梯田在阳光的照耀下熠熠生辉般自然发亮，
全景楼望下去的全景梯田尽收眼底。\r\
从全景楼一路下撤，大小梯田层叠有致，交相辉映，感叹建造时的艰辛。山脚的瑶寨炊烟袅袅，一如既往的安稳，看
```

```
着一拨拨远方的游客日复一日地从门前经过。";
            //声明StoryLayout函数，控制版式
            public function StoryLayout(w:int = 400, h:int = 200, cols:int = 3,
padding:int = 10):void
            {
            //设置宽度高度
                    this.preferredWidth = w;
                    this.preferredHeight = h;
                    //设置列数
                    this.numColumns = cols;
                    //设置边距
                    this.paddingLeft = padding;
                    this.paddingRight = padding;
                    this.paddingTop = padding;
                    this.paddingBottom = padding;
                    //载入story.css样式表
                    var req:URLRequest = new URLRequest("story.css");
                    loader = new URLLoader();
//CSS文件载入完成的事件监听器
loader.addEventListener(Event.COMPLETE, onCSSFileLoaded);
                    loader.load(req);
            }
            //声明载入CSS文件函数
            public function onCSSFileLoaded(event:Event):void
            {
            //新建样式表对象
                    this.sheet = new StyleSheet();
                    this.sheet.parseCSS(loader.data);
                    //将h1标题字样式转换为TextFormat 对象
                    h1Format = getTextStyle("h1", this.sheet);
                    if (h1Format == null)
                    {
                            h1Format = getDefaultHeadFormat();
                    }
                    //将h2标题字样式转换为TextFormat 对象
                    h2Format = getTextStyle("h2", this.sheet);
                    if (h2Format == null)
                    {
                            h2Format = getDefaultHeadFormat();
                            h2Format.size = 16;
                    }
                    //将p段落样式转换为TextFormat 对象
                    pFormat = getTextStyle("p", this.sheet);
                    if (pFormat == null)
                    {
                            pFormat = getDefaultTextFormat();
                            pFormat.size = 12;
                    }
```

```
                //显示文本
                displayText();
            }
            //声明绘制背景函数
            public function drawBackground():void
            {
                var h:Number = this.storyTxt.y + this.storyTxt.height + this.
paddingTop + this.paddingBottom;
            //声明graphics变量
                var g:Graphics = this.graphics;
            //开始填充颜色
                g.beginFill(this.bgColor);
            //绘制矩形
                g.drawRect(0, 0, this.width + this.paddingRight + this.
paddingLeft, h);
            //结束填充
                g.endFill();
            }
            //读取一系列样式属性，然后使用同样的属性创建TextFormat对象
        public function getTextStyle(styleName:String, ss:StyleSheet):TextFormat
        {
            var format:TextFormat = null;
            //声明读取样式变量
            var style:Object = ss.getStyle(styleName);
            if (style != null)
            {
                var colorStr:String = style.color;
                if (colorStr != null && colorStr.indexOf("#") == 0)
                {
                //读取颜色
                    style.color = colorStr.substr(1);
                }
            //新建TextFormat对象
                format = new TextFormat(style.fontFamily, style.fontSize, style.
color, (style.fontWeight == "bold"), (style.fontStyle == "italic"), (style.
textDecoration == "underline"), style.url, style.target, style.textAlign, style.
marginLeft, style.marginRight, style.indent, style.leading);
                //判断是否设置文字间距
                if (style.hasOwnProperty("letterSpacing"))
                {
                    format.letterSpacing = style.letterSpacing;
                }
            }
            return format;
        }
        //声明默认头部格式函数
        public function getDefaultHeadFormat():TextFormat
        {
```

```
            //新建TextFormat对象
            var tf:TextFormat = new TextFormat("Arial", 20, 0x000000, true);
            return tf;
        }
        //声明默认文字格式函数
        public function getDefaultTextFormat():TextFormat
        {
            //新建TextFormat对象
            var tf:TextFormat = new TextFormat("Georgia", 12, 0x000000, true);
            return tf;
        }
            //声明显示文本函数
        public function displayText():void
        {
            //新建h1标题文字格式对象
            headlineTxt = new HeadlineTextField(h1Format);
            //设置h1标题文字换行
            headlineTxt.wordWrap = true;
            //设置h1标题文字的X坐标位
            headlineTxt.x = this.paddingLeft;
            //设置h1标题文字的Y坐标位
            headlineTxt.y = this.paddingTop;
            //设置h1标题文字宽度
            headlineTxt.width = this.preferredWidth;
            //添加h1标题字
            this.addChild(headlineTxt);
            headlineTxt.fitText(this.headline, 1, true);
            //声明h2标题文字格式对象
            subtitleTxt = new HeadlineTextField(h2Format);
            //设置h2标题文字换行
            subtitleTxt.wordWrap = true;
            //设置h2标题文字的X坐标位
            subtitleTxt.x = this.paddingLeft;
            //设置h2标题文字的Y坐标位
            subtitleTxt.y = headlineTxt.y + headlineTxt.height;
            //设置h2标题文字宽度
            subtitleTxt.width = this.preferredWidth;
            //添加h2标题字
            this.addChild(subtitleTxt);
            subtitleTxt.fitText(this.subtitle, 2, false);
                //声明列文字格式对象
            storyTxt = new
MultiColumnText(this.numColumns,20,this.preferredWidth,this.preferredHeight,this.
pFormat);
            //设置列文字的X坐标位
            storyTxt.x = this.paddingLeft;
            //设置列文字的Y坐标位
            storyTxt.y = subtitleTxt.y + subtitleTxt.height + 10;
```

```
            //添加列文字
            this.addChild(storyTxt);
            storyTxt.text = loremIpsum;
            //绘制背景
            drawBackground();
        }
    }
}
```

三 新建ActionScript文件并将脚本保存到code\newslayout目录下，文件名为Formatted-TextField.as。输入代码如下，管理本身的Text-Format 对象。

```
//声明包位置
package code.newslayout
{
    //导入各类必要对象
    import flash.text.TextFieldAutoSize;
    import flash.text.TextFormat;
    import flash.text.TextFormatAlign;
    import flash.text.TextLineMetrics;
    import flash.text.TextField;
//声明FormattedTextField类
    public class FormattedTextField extends flash.text.TextField
    {
        private var _format:TextFormat;
        //声明宽度高度变量
        public var preferredWidth:Number = 300;
        public var preferredHeight:Number = 100;
        //声明FormattedTextField函数
        public function FormattedTextField(tf:TextFormat = null)
        {
            super();
            //设置自动尺寸
            this.autoSize = TextFieldAutoSize.NONE;
        //设置换行
            this.wordWrap = true;
        //设置格式
            if (tf != null)
            {
                _format = tf;
            }
            else
            {
                _format = getDefaultTextFormat();
            }
        }
        //声明读取默认文字格式函数
        private function getDefaultTextFormat():TextFormat
```

```
        {
        //新建TextFormat对象
                var format:TextFormat = new TextFormat();
        //设置字体
                format.font = "Verdana";
        //设置字号
                format.size = 10;
        //设置不使用粗体
                format.bold = false;
        //设置行距
                format.leading = 0;
                return format;
        }
        //声明改变外观函数
        public function changeFace(faceName:String="Verdana"):void
        {
                if (faceName != null)
                {
            //设置字体
                    this._format.font = faceName;
this.setTextFormat(this._format);
                }
        }
    //声明改变尺寸函数
        public function changeSize(size:uint=12):void
{
                if (size > 5)
                {
            //设置字号
                    this._format.size = size;
this.setTextFormat(this._format);
                }
        }
    //声明改变粗体函数
        public function changeBold(isBold:Boolean = false):void
        {
        //设置粗体字
                this._format.bold = isBold;
                this.setTextFormat(this._format);
        }
        //声明改变斜体函数
        public function changeItalic(isItalic:Boolean = false):void
        {
                //设置斜体字
                this._format.italic = isItalic;
                this.setTextFormat(this._format);
        }
    //声明设置普通字体函数
```

```
            public function changeNormal(isNormal:Boolean = false):void
            {
            //设置不使用斜体
                    this._format.italic = false;
            //设置不使用粗体
                    this._format.bold = false;
                    this.setTextFormat(this._format);
            }
            //声明设置字距函数
            public function changeSpacing(spacing:int=1):void
            {
                    if (spacing > -10 && spacing < 100)
                    {
                //设置字距
                            this._format.letterSpacing = spacing;
this.setTextFormat(this._format);
                    }
            }
            //声明设置行距函数
            public function changeLeading(leading:int=0):void
            {
                    if (leading > -100 && leading < 100)
                    {
                //设置行距
                            this._format.leading = leading;
this.setTextFormat(this._format);
                    }
            }
        //声明设置排列函数
            public function changeAlign(align:String = "left"):void
            {
                    if (align == TextFormatAlign.LEFT || align == TextFormatAlign.
RIGHT ||align == TextFormatAlign.JUSTIFY || align == TextFormatAlign.CENTER)
                    {
                //设置排列方式
                            this._format.align = align;
this.setTextFormat(this._format);
                    }
            }
    }
}
```

4 新建ActionScript文件并将脚本保存到code\newslayout目录下，文件名为HeadlineTextField.as。输入代码如下，调整字体大小以适合需要的宽度。

```
//声明包位置
package code.newslayout
{
```

```
    //导入各类必要对象
     import flash.text.TextFieldAutoSize;
     import flash.text.TextFormat;
     import flash.text.TextFormatAlign;
     import flash.text.TextLineMetrics;
     import flash.text.TextField;
     /改变文字尺寸,用来适应给定的宽度和行数,这用于新闻标题,使其扩充到整列中
    //声明HeadlineTextField类
     public class HeadlineTextField extends FormattedTextField
     {
       //声明最小和最大字号变量
            public static var MIN _ POINT _ SIZE:uint = 6;
            public static var MAX _ POINT _ SIZE:uint = 128;
            //声明HeadlineTextField函数
            public function HeadlineTextField(tf:TextFormat = null)
            {
                  super(tf);
           //设置自动尺寸
                  this.autoSize = TextFieldAutoSize.LEFT;
            }
            //声明fitText函数
            public function fitText(msg:String, maxLines:uint = 1, toUpper:Boolean =
false, targetWidth:Number = -1):uint
            {
           //设置转换大写
                  this.text = toUpper ? msg.toUpperCase() : msg;
                  if (targetWidth == -1)
                  {
              //设置目标宽度
                        targetWidth = this.width;
                  }
                  //声明每字符像素变量
                  var pixelsPerChar:Number = targetWidth / msg.length;
                  //声明点尺寸变量
                  var pointSize:Number =
Math.min(MAX _ POINT _ SIZE, Math.round(pixelsPerChar * 1.8 * maxLines));
                  if (pointSize < 6)
                  {
                        return pointSize;
                  }
                  //改变尺寸
                  this.changeSize(pointSize);
                  if (this.numLines > maxLines)
                  {
              //设置文字缩小
                        return shrinkText(--pointSize, maxLines);
                  }
                  else
```

```
                {
            //设置文字放大
                    return growText(pointSize, maxLines);
                }
        }
        //声明放大文字函数
        public function growText(pointSize:Number, maxLines:uint = 1):Number
        {
                if (pointSize >= MAX _ POINT _ SIZE)
                {
                        return pointSize;
                }
                //改变尺寸
                this.changeSize(pointSize + 1);
                if (this.numLines > maxLines)
                {
                        this.changeSize(pointSize);
                        return pointSize;
                }
                else
                {
                        return growText(pointSize + 1, maxLines);
                }
        }
        //声明缩小文字函数
        public function shrinkText(pointSize:Number, maxLines:uint=1):Number
        {
                if (pointSize <= MIN _ POINT _ SIZE)
                {
                        return pointSize;
                }
                //改变尺寸
                this.changeSize(pointSize);
                if (this.numLines > maxLines)
                {
                        return shrinkText(pointSize - 1, maxLines);
                }
                else
                {
                        return pointSize;
                }
        }
    }
}
```

5 新建ActionScript文件并将脚本保存到code\newslayout目录下，文件名为MultiColumnText.as。输入代码如下，在两列或多列之间拆分文本。

```
//声明包位置
package code.newslayout
{
    //导入各类必要对象
     import flash.display.Sprite;
     import flash.text.TextField;
     import flash.text.TextFieldAutoSize;
     import flash.text.TextFormat;
     import flash.text.TextFormatAlign;
     import flash.text.TextLineMetrics;
     import flash.events.TextEvent;
     import flash.events.Event;
    //声明多列文字类
     public class MultiColumnText extends Sprite
     {
       //声明数组变量
            public var fieldArray:Array;
            //声明列数变量
            public var numColumns:uint = 2;
            //声明行高变量
            public var lineHeight:uint = 16;
       //声明每列行数变量
            public var linesPerCol:uint = 15;
            //设置列间距
            public var gutter:uint = 10;
            //声明文字格式变量
            public var format:TextFormat;
       //声明最后一行文字格式变量
            public var lastLineFormat:TextFormat;
       //声明第一行文字格式变量
            public var firstLineFormat:TextFormat;
            private var _text:String = "";
            //声明宽度高度变量
            public var preferredWidth:Number = 400;
            public var preferredHeight:Number = 100;
            //声明每列宽度变量
            public var colWidth:int = 200;
       //声明多列文字函数
            public function MultiColumnText(cols:uint = 2, gutter:uint = 10, w:Number
 = 400, h:Number = 100, tf:TextFormat = null):void
            {
            //设置列数
                    this.numColumns = Math.max(1, cols);
            //设置列间距
                    this.gutter = Math.max(1, gutter);
                    //设置宽度高度
                    this.preferredWidth = w;
                    this.preferredHeight = h;
```

```
            if (tf != null)
        {
            //应用文字格式
                    applyTextFormat(tf);
        }
            //设置列宽
            this.setColumnWidth();
            //新建数组对象
            this.fieldArray = new Array();
            //创建每列的文字域
        for (var i:int = 0; i < cols; i++)
        {
            //新建TextField对象
            var field:TextField = new TextField();
            //设置多行
                    field.multiline = true;
            //设置自动尺寸
            field.autoSize = TextFieldAutoSize.NONE;
            //设置文字换行
            field.wordWrap = true;
            //设置域宽度
            field.width = this.colWidth;
            if (tf != null)
            {
                //设置域文字格式
                field.setTextFormat(tf);
            }
            this.fieldArray.push(field);
            this.addChild(field);
        }
        }
        //声明应用文字格式函数
        public function applyTextFormat(tf:TextFormat):void
        {
        this.format = tf;
        // 设置最后一行文字样式
            this.lastLineFormat = new TextFormat(tf.font, tf.size, tf.color,
tf.bold,tf.italic, tf.underline, tf.url,tf.target, tf.align, tf.leftMargin,tf.
rightMargin, tf.indent, tf.leading); this.lastLineFormat["letterSpacing"] = this.
format["letterSpacing"];
        //设置第一行文字格式
            this.firstLineFormat = new
TextFormat(tf.font, tf.size, tf.color, tf.bold, tf.italic, tf.underline, tf.url, tf.target,
tf.align, tf.leftMargin, tf.rightMargin, 0, tf.leading);this.firstLineFormat["letter
Spacing"] = this.format["letterSpacing"];
        }
        //声明列版式函数
    public function layoutColumns():void
```

```
    {
        if (this._text == "" || this._text == null)
        {
            return;
        }
      var field:TextField = fieldArray[0] as TextField;
        //设置列文字
        field.text = this._text;
        //设置列文字格式
        field.setTextFormat(this.format);
        //设置高度
        this.preferredHeight = this.getOptimalHeight(field);
        var remainder:String = this._text;
        var fieldText:String = "";
        var lastLineEndedPara:Boolean = true;
        var indent:Number = this.format.indent as Number;
        for (var i:int = 0; i < fieldArray.length; i++)
        {
            field = this.fieldArray[i] as TextField;
                    //设置域文字，找到最后一行文字的断行点
            field.height = this.preferredHeight;
          field.text = remainder;
          //应用文字格式
field.setTextFormat(this.format);
          //从每行删除缩进，除非这一行有明显的段落开始标记
          var lineLen:int;
          if (indent > 0 && !lastLineEndedPara && field.numLines > 0)
          {
             lineLen = field.getLineLength(0);
             if (lineLen > 0)
             {
field.setTextFormat(this.firstLineFormat, 0, lineLen);
             }
          }
            field.x = i * (colWidth + gutter);
            field.y = 0;
            remainder = "";
            fieldText = "";
            var linesRemaining:int = field.numLines;
            var linesVisible:int = Math.min(this.linesPerCol, linesRemaining);
                 // 从文字变量中拷贝行数到文字域，剩余的行被存储到下一个文字域中
            for (var j:int = 0; j < linesRemaining; j++)
            {
                 if (j < linesVisible)
                 {
                      fieldText += field.getLineText(j);
                 }
                 else
```

```
                        {
                                remainder +=  field.getLineText(j);
                        }
                    }
                //设置域文字
                    field.text = fieldText;
                    //再次应用文字格式，精确匹配文字
field.setTextFormat(this.format);
                    //再次删除缩进
                if (indent > 0 && !lastLineEndedPara)
                {
                    lineLen = field.getLineLength(0);
                    if (lineLen > 0)
                    {
  field.setTextFormat(this.firstLineFormat, 0, lineLen);
                    }
                }
                    //检查是否段落在最后一行结束
                var lastLine:String = field.getLineText(field.numLines - 1);
                    var lastCharCode:Number = lastLine.charCodeAt(lastLine.length - 1);
                    if (lastCharCode == 10 || lastCharCode == 13)
                    {
                        lastLineEndedPara = true;
                    }
                    else
                    {
                        lastLineEndedPara = false;
                    }
                    //如果最后一行不结束段落，则进行手工两端对齐
                    if ((this.format.align == TextFormatAlign.JUSTIFY) && (i < field
Array.length - 1))
                    {
                    if (!lastLineEndedPara)
                    {
                        justifyLastLine(field, lastLine);
                    }
                }
            }
        }
        //声明两端对齐最后一行函数
        public function
justifyLastLine(field:TextField, lastLine:String):void
        {
                var metrics:TextLineMetrics = field.getLineMetrics(field.numLines -
1);
                //声明字间距变量
                var spacing:Number = this.format.letterSpacing as Number;
                //声明最大文字宽度变量
```

```
            var maxTextWidth:Number = field.width - 4 - (this.lastLineFormat.
leftMargin as Number) - (this.lastLineFormat.rightMargin as Number);
            //调整段落缩进值
            var indent:Number = (this.lastLineFormat.indent as Number);
            if (indent > 0)
            {
                var secondToLastLine:String = field.getLineText(field.numLines - 2);
        var lastCharCode:int = secondToLastLine.charCodeAt(secondToLastLine.
length - 1);
                if (lastCharCode == 10 || lastCharCode == 13)
                {
                //前一行是段落的最后一行，因此从行的最大宽度中减去缩进值
                maxTextWidth -= indent;
                }
            }
            var extraWidth:Number = maxTextWidth - metrics.width;
            while (lastLine.charAt(lastLine.length - 1) == " ")
            {
                lastLine = lastLine.substr(0, lastLine.length - 1);
            }
            var wordArray:Array = lastLine.split(" ");
            var numSpaces:int = wordArray.length - 1;
                //如果没有空间，就放弃
            if (numSpaces < 1)
            {
                return;
            }
            var spaceSize:int = Math.floor(extraWidth / numSpaces) + spacing;
            this.lastLineFormat.letterSpacing = spaceSize;
            var remainingPixels:int = extraWidth % spaceSize;
            var lastChars:String = lastLine;
            var lastlineOffset:Number = field.getLineOffset(field.numLines - 1);
            var sPos:int;
            var counter:int = -1;
            for (var i:int = 0; i < numSpaces; i++)
            {
                        //为计算剩余像素，在循环中添加一个额外的像素间距
                if ((numSpaces - i) == remainingPixels)
                {
this.lastLineFormat.letterSpacing = spaceSize + 1;
                }
                sPos = lastChars.indexOf(" ");
                counter += sPos + 1;
field.setTextFormat(this.lastLineFormat, lastlineOffset + counter, lastlineOffset +
counter + 1);
                lastChars = lastChars.substring(sPos + 1);
            }
        }
```

```
    //声明设置文字函数
        public function set text(str:String):void
        {
                this._text = str;
                layoutColumns();
        }
    //声明读取文字函数
        public function get text():String
        {
                return this._text;
        }
    //声明设置文字格式函数
        public function set textFormat(tf:TextFormat):void
        {
                applyTextFormat(tf);
                layoutColumns();
        }
        //声明读取文字格式函数
        public function get textFormat():TextFormat
        {
                return this.format;
        }
        //声明设置列宽函数
        public function setColumnWidth():void
        {
        this.colWidth = Math.floor( (this.preferredWidth -
                ((this.numColumns - 1) * this.gutter)) / this.numColumns);
        }
        //声明读取最佳高度函数
    public function getOptimalHeight(field:TextField):int
    {
        if (field.text == "" || field.text == null)
        {
                return this.preferredHeight;
        }
        else
        {
                this.linesPerCol = Math.ceil(field.numLines / this.numColumns);
                //读取基于使用过的文字字体和尺寸的行高
                var metrics:TextLineMetrics = field.getLineMetrics(0);
                this.lineHeight = metrics.height;
                var prefHeight:int = linesPerCol * this.lineHeight;
                // 添加4个像素，作为计算标准2像素文字边框的缓冲
                return prefHeight + 4;
        }
    }
  }
}
```

6 新建ActionScript文件并将脚本保存到code\newslayout目录下，文件名为StoryLayout Component.as。输入代码如下，排列用于显示的所有新闻素材组件类。

```
//声明包位置
package code.newslayout
{
    //导入必要对象
    import mx.core.UIComponent;
     //导入code/newslayout文件夹中的Story
Layout类
    import code.newslayout.StoryLayout;
    //声明StoryLayoutComponent类
     public class StoryLayoutComponent
extends UIComponent
    {
        //声明StoryLayout变量
        public var story: StoryLayout;
        //声明宽度和高度变量
        public var preferredWidth:Number
= 400;
        public var preferredHeight:Nu-
mber = 300;
        //声明列数变量
        public var numColumns:int = 3;
        //声明边距变量
        public var padding:int = 10;
        //声明StoryLayoutComponent函数
        public function StoryLayoutCom-
ponent():void
        {
            super();
        }
        //声明initStory函数
        public function initStory():void
        {
            //新建StoryLayout对象
            this.story = new StoryLayout
(this.preferredWidth, this.preferredHeight,
this.numColumns, this.padding);
            //添加到舞台
            this.addChild(story);
        }
    }
}
```

7 使用记事本新建一个层叠样式表文件并将文件保存到和动画的同级目录下，文件名为story.css。输入代码如下，为布局定义文本样式的CSS文件。

8 按下快捷键Ctrl+Enter测试动画，就可以看到文字排版的效果了。

从山水相间的阳朔开始

测试动画

```
/*声明段落样式*/
p {
    /*设置字体、字号、行距、文字对齐和缩进*/
    font-family: "宋体";
    font-size: 12;
    leading: 2;
    text-align: justify;
    indent: 24;
}
/*声明h1标题字样式*/
h1 {
    /*设置字体、字号、粗体字、颜色和文字对齐*/
    font-family: "宋体";
    font-size: 20;
    font-weight: bold;
    color: #000099;
    text-align: left;
}
/*声明h2标题字样式*/
h2 {
    /*设置字体、字号、不使用粗体字和文字对齐*/
    font-family: "宋体";
    font-size: 16;
    font-weight: normal;
    text-align: left;
}
```

你知道吗 Math 类与绘制方法配合使用

Graphics 对象可以绘制圆和正方形，也可以绘制更复杂的形状，尤其是在将绘制方法与 Math 类的属性和方法配合使用时。以下示例创建一个正弦波和余弦波，以重点说明给定值的 Math.sin() 方法和 Math.cos() 方法之间的差异。

```
var sinWavePosition = 100;
var cosWavePosition = 200;
var sinWaveColor:uint = 0xFF0000;
var cosWaveColor:uint = 0x00FF00;
var waveMultiplier:Number = 10;
var waveStretcher:Number = 5;
var i:uint;
for(i = 1; i < stage.stageWidth; i++)
{
var sinPosY:Number = Math.sin(i / wave
Stretcher) * waveMultiplier;
var cosPosY:Number = Math.cos(i / wave
Stretcher) * waveMultiplier;
graphics.beginFill(sinWaveColor);
graphics.drawRect(i, sinWavePosition +
sinPosY, 2, 2);
graphics.beginFill(cosWaveColor);
graphics.drawRect(i, cosWavePosition +
cosPosY, 2, 2);
}
```

UNIT 40 处理声音

ActionScript是为开发引人入胜的交互式应用程序而设计的，这种极其炫目的应用程序中经常被忽略的一个元素是声音。用户可以在视频游戏中添加声音效果，在应用程序用户界面中添加音频回馈，创建一个分析通过Internet加载的MP3文件的程序。

ActionScript 3.0声音基础知识

在 ActionScript 中处理声音时，用户可能会使用 flash.media 包中的某些类。通过使用 Sound 类，可以加载声音文件并开始回放以获取对音频信息的访问。开始播放声音后，Flash Player 可为用户提供对 SoundChannel 对象的访问。由于已加载的音频文件只能是在用户计算机上播放的几种声音之一，因此，所播放的每种单独的声音使用其自己的 SoundChannel 对象；混合在一起的所有 SoundChannel 对象的组合输出，是实际通过计算机扬声器播放的声音。可以使用此 SoundChannel 实例来控制声音的属性以及将其停止回放。最后，如果要控制组合音频，可以通过 SoundMixer 类对混合输出进行控制。ActionScript 3.0 声音体系结构用 flash.media 包中的以下类。

类	描　述
flash.media.Sound	Sound 类处理声音加载、管理基本声音属性以及启动声音播放。
flash.media.SoundChannel	当应用程序播放 Sound 对象时，将创建一个新的 SoundChannel 对象来控制回放。SoundChannel 对象控制声音的左和右回放声道的音量。播放的每种声音具有其自己的 SoundChannel 对象。
flash.media.SoundLoaderContext	SoundLoaderContext 类指定在加载声音时使用的缓冲秒数，以及 Flash Player 在加载文件时是否从服务器中查找跨域策略文件。SoundLoaderContext 对象用作 Sound.load() 方法的参数。
flash.media.ID3Info	ID3Info 对象包含一些属性，它们表示通常存储在 mp3 声音文件中的 ID3 元数据信息。

（续表）

类	描 述
flash.media.SoundMixer	SoundMixer 类控制与应用程序中的所有声音有关的回放和安全属性。实际上，可通过一个通用 SoundMixer 对象将多个声道混合在一起，因此，该 SoundMixer 对象中的属性值将影响当前播放的所有 SoundChannel 对象。
flash.media.SoundTransform	SoundTransform 类包含控制音量和声相的值。可以将 SoundTransform 对象应用于单个 SoundChannel 对象、全局 SoundMixer 对象或 Microphone 对象等。
flash.media.Microphone	Microphone 类表示连接到用户计算机上的麦克风或其它声音输入设备。可以将来自麦克风的音频输入传送到本地扬声器或发送到远程服务器。Microphone 对象控制其自己的声音流的增益、采样率以及其它特性。

加载声音

Sound 类的每个实例可加载并触发特定声音资源的回放，应用程序无法重复使用 Sound 对象来加载多种声音。如果它要加载新的声音资源，则应创建一个新的 Sound 对象。

如果要加载较小的声音文件（如要附加到按钮上的单击声音），应用程序可以创建一个新的 Sound，并让其自动加载该声音文件，如下所示。

```
var req:URLRequest = new URLRequest("click.mp3");
var s:Sound = new Sound(req);
```

Sound() 构造函数接受一个 URLRequest 对象作为其第一个参数。当提供 URLRequest 参数的值后，新的 Sound 对象将自动开始加载指定的声音资源。

除了最简单的情况外，应用程序都应关注声音的加载进度，并监视加载期间出现的错误。例如，如果单击声音非常大，在单击触发该声音的按钮时，该声音可能没有完全加载。尝试播放未加载的声音可能会导致运行时错误。较为稳妥的做法是等待声音完全加载后，再执行可能启动声音播放的动作。

Sound 对象将在声音加载过程中调度多种不同的事件，应用程序可以侦听这些事件以跟踪加载进度，并确保在播放之前完全加载声音。以下代码说明了如何在完成加载后播放声音。

```
import flash.events.Event;
import flash.media.Sound;
import flash.net.URLRequest;
var s:Sound = new Sound();
s.addEventListener(Event.COMPLETE, on
SoundLoaded);
var req:URLRequest = new URLRequest("big
Sound.mp3");
s.load(req);
function onSoundLoaded(event:Event):void
{
    var localSound:Sound = event.
target as Sound;
    localSound.play();
}
```

首先，该代码范例创建一个新的 Sound 对象，但没有为其指定 URLRequest 参数的初始值。然后，它通过 Sound 对象侦听 Event.COMPLETE 事件，该对象导致在加载完所有声音数据后执行 onSoundLoaded() 方法。接下来，它使用新的 URL-Request 值为声音文件调用 Sound.load() 方法。

在加载完声音后，将执行 onSoundLoaded() 方法。Event 对象的目标属性是对 Sound 对象的引用。如果调用 Sound 对象的 play() 方法，则会启动声音回放。

播放与停止声音

播放加载的声音非常简便，只需为 Sound 对象调用 Sound.play() 方法即可，如下所示。

```
var snd:Sound = new Sound(new URLRequest("smallSound.mp3"));
snd.play();
```

通过将特定起始位置（以毫秒为单位）作为 Sound.play() 方法的 startTime 参数进行传递，应用程序可以从该位置播放声音。它也可以通过在 Sound.play() 方法的 loops 参数中传递一个数值，指定快速且连续地将声音重复播放固定的次数。

使用 startTime 参数和 loops 参数调用 Sound.play() 方法时，每次将从相同的起始点重复回放声音，如下例代码所示。在此示例中，从声音开始后的 1 秒起连续播放声音 3 次。

```
var snd:Sound = new Sound(new URLRequest("repeatingSound.mp3"));
snd.play(1000, 3);
```

如果应用程序播放很长的声音（如歌曲或播客），可能需要暂停和恢复回放这些声音。实际上，无法在 ActionScript 中的回放期间暂停声音，而只能将其停止。但是，可以从任何位置开始播放声音。可以记录声音停止时的位置，并随后从该位置开始重放声音。例如，假定代码加载并播放一个声音文件，如下所示。

```
var snd:Sound = new Sound(new URLRequest("bigSound.mp3"));
var channel:SoundChannel = snd.play();
```

在播放声音的同时，SoundChannel.position 属性指示当前播放到的声音文件的位置。应用程序可以在停止播放声音之前存储位置值，如下所示。

```
var pausePosition:int = channel.position;
channel.stop();
```

要恢复播放声音，请传递以前存储的位置值，以便从声音停止的相同位置重新启动声音。

```
channel = snd.play(pausePosition);
```

控制音量

单个 SoundChannel 对象控制声音的左右立体声声道。如果 MP3 声音是单声道声音，SoundChannel 对象的左立体声声道和右立体声声道将包含完全相同的波形。

可通过使用 SoundChannel 对象的 leftPeak 属性和 rightPeak 属性来查明所播放的声音的每个立体声声道的波幅。这些属性显示声音波形本身的峰值波幅，而不表示实际回放音量。实际回放音量是声音波形的波幅以及 SoundChannel 对象和 SoundMixer 类中设置的音量值的函数。

在回放期间，可以使用 SoundChannel 对象的 pan 属性为左声道和右声道分别指定不同的音量级别。pan 属性可以具有范围从 -1 到 1 的值，其中，-1 表示左声道以最大音量播放，而右声道处于静音状态；1 表示右声道以最大音量播放，而左声道处于静音状态；介于 -1 和 1 之间的数值为左声道和右声道值设置一定比例的值；0 表示两个声道以均衡的中音量级别播放。

以下代码使用 volume 值 0.6 和 pan 值 -1 创建一个 SoundTransform 对象（左声道为最高音量，右声道没有音量）。此代码将 SoundTransform 对象作为参数传递给 play() 方法，此方法将该 SoundTransform 对象应用于为控制回放而创建的新 SoundChannel 对象。

```
var snd:Sound = new Sound(new URLRequest("bigSound.mp3"));
var trans:SoundTransform = new SoundTransform(0.6, -1);
var channel:SoundChannel = snd.play(0, 1, trans);
```

可以在播放声音的同时更改音量和声相,其方法是:设置 SoundTransform 对象的 pan 或 volume 属性，然后将该对象作为 SoundChannel 对象的 soundTransform 属性进行应用。

也可以通过使用 SoundMixer 类的 soundTransform 属性，同时为所有声音设置全局音量和声相值，如下所示。

```
SoundMixer.soundTransform = new SoundTransform(1, -1);
```

也可以使用SoundTransform对象为Microphone对象、Sprite对象和SimpleButton对象设置音量和声相值。

闪客高手：创建声音均衡器效果

范例文件	Sample\Ch13\Unit40\soundlmixing-end.fla
初始文件	Sample\Ch13\Unit40\soundlmixing.fla
视频文件	Video\Ch13\Unit40\Unit40.wmv

1 打开Sample\Ch13\Unit40\soundlmixing.fla文件，首先为舞台中的实例命名。由于本例中需要命名的实例过多，为了避免混淆，案例中已经命名完成，读者可参考光盘源文件具体查看。

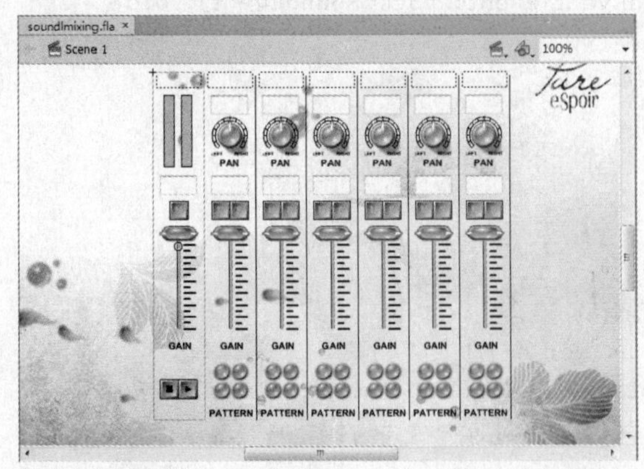

命名舞台实例

2 取消选择任何一个舞台中的对象，单击属性面板“类”文本框后的“编辑类定义”按钮，在弹出的“创建ActionScript 3.0类”对话框中输入code.Media5。

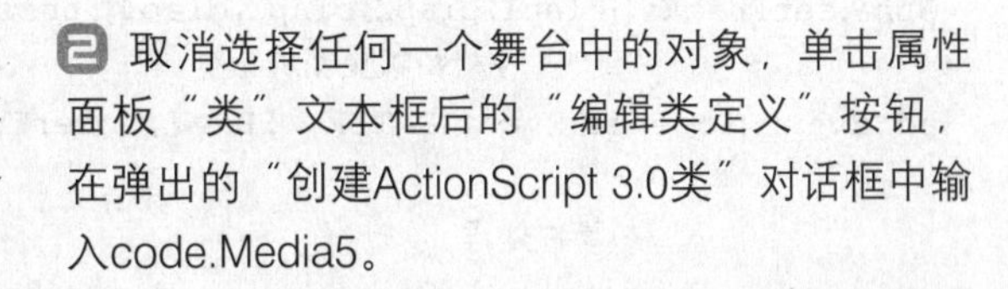

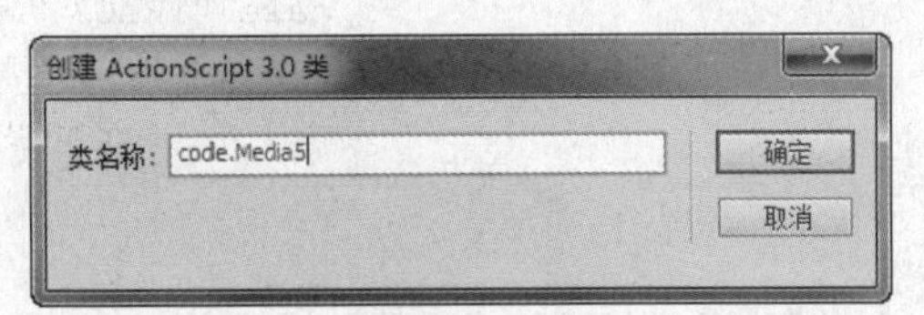

“创建ActionScript 3.0类”对话框

3 单击“确定”按钮后，按下快捷键Ctrl+S，在打开的对话框中将脚本保存到code目录下，文件名为media5.as，在脚本窗口中输入如下的代码（省去注释部分）。

```
//声明包位置
package code
{
    //导入各类必要对象
     import flash.display.*;
     import flash.events.Event;
     import code.soundclasses.*;
    //声明Media5类
    public class Media5 extends MovieClip
    {
            // 声音属性
            public var mp3s:Array=["BASS","SYNTH","KICK","SNARE","CYMBAL","CLAP"];
```

```
            public var mp3Level:Number = 100;
            // 设置布尔值
            public var playing:Boolean = false;
            // 构造函数
            public function Media5()
            {
                    // 初始化音轨
MASTER.addEventListener("CustomSoundEvent",handleSoundEvent);
//贝司
BASS.addEventListener("CustomSoundEvent",handleSoundEvent);
BASS.setTracks([bass1,bass2,bass3,bass4],this);
//合成          SYNTH.addEventListener("CustomSoundEvent",handleSoundEvent);
SYNTH.setTracks([synth1,synth2,synth3,synth4],this);
//底鼓          KICK.addEventListener("CustomSoundEvent",handleSoundEvent);
KICK.setTracks([kick1,kick2,kick3,kick4],this);
//响弦      SNARE.addEventListener("CustomSoundEvent",handleSoundEvent);
SNARE.setTracks([snare1,snare2,snare3,snare4],this);
//镲钹      CYMBAL.addEventListener("CustomSoundEvent",handleSoundEvent);
CYMBAL.setTracks([cymbal1,cymbal2,cymbal3,cymbal4],this);
//节拍          CLAP.addEventListener("CustomSoundEvent",handleSoundEvent);
CLAP.setTracks([clap1,clap2,clap3,clap4],this);
                    // 每帧更新屏幕
addEventListener(Event.ENTER_FRAME,enterFrameHandler);
            }
            // 事件处理
            protected function handleSoundEvent(event:CustomSoundEvent):void
            {
                    var len:Number = mp3s.length;
                    var n:Number = 0;
                    var clip;
                    switch( event.id )
                    {
                            case "TRACK_SOLO":
                                    // 静音其他音轨
                                    for(n=0; n<len; n++){
                                            clip = getChildByName(mp3s[n]);
                                            if( clip != event.target ){
clip.muteTrack(event.target.solo);
                                            }
                                    }
                                    break;
                            case "MASTER_PLAY":
                                    // 播放所有音轨
                                    for(n=0; n<len; n++){
                                            clip = getChildByName(mp3s[n]);
                                            clip.playTrack();
                                    }
                                    playing = true;
                                    break;
```

```
                case "MASTER _ STOP":
                    // 停止所有音轨
                    for(n=0; n<len; n++){
                            clip = getChildByName(mp3s[n]);
                            clip.stopTrack();
                    }
                    playing = false;
                    break;
                case "MASTER _ MUTE":
                    // 静音所有音轨
                    for(n=0; n<len; n++){
                            clip = getChildByName(mp3s[n]);
clip.muteTrack(event.target.mute);
                    }
                    break;
                case "MASTER _ VOLUME":
                    // 更新层级
                    mp3Level = event.target.level;
                    for(n=0; n<len; n++){
                            clip = getChildByName(mp3s[n]);
                            clip.update();
                    }
                    break;
            }
        }
        protected function enterFrameHandler(event:Event):void
        {
            if( playing )
            {

                // 更新显示层级
                var lftAmp:Number = 0;
                var rtAmp:Number = 0;
                var len:Number = mp3s.length;
                for(var n:Number=0; n<len; n++)
                {

                    var clip = getChildByName(mp3s[n]);
                    lftAmp=Math.max(lftAmp,clip.activeChannel.leftPeak);
                    rtAmp = Math.max(rtAmp,clip.activeChannel.rightPeak);
                }
                leftPeak _ mc.scaleY = lftAmp;
                rightPeak _ mc.scaleY = rtAmp;

            }
            else{
                leftPeak _ mc.scaleY = 0;
                rightPeak _ mc.scaleY = 0;
            }
        }
    }
}
```

4 新建ActionScript文件并将脚本保存到code\soundclasses目录下，文件名为Custom Channel.as。输入代码如下，用于自定义音轨声道。

```
//声明包位置
package code.soundclasses
{
    //导入各类必要对象
      import flash.display.*;
      import flash.text.TextField;
      import flash.media.Sound;
      import flash.media.SoundChannel;
      import flash.events.Event;
      import flash.events.MouseEvent;
      import flash.geom.Rectangle;
      //声明CustomChannel类
      public class CustomChannel
extends MovieClip
      {
            // 声明属性
            public var looping:Boolean
= false;
            public var playing:Boolean
= false;
            // 构造函数
            public function CustomCh-
annel()
            {
                  // 设置channel名称域
                  channel _ txt.text
= name;
                  // 每帧更新屏幕
addEventListener(Event.ENTER _ FRAME,
enterFrameHandler);
            }
            // 事件处理
            protected function enterF
rameHandler(event:Event):void
            {
            }
      }
}
```

5 新建ActionScript文件并将脚本保存到code\soundclasses目录下，文件名为CustomSound Event.as。输入代码如下，用于自定义声音事件。

```
//声明包位置
package code.soundclasses
{
    //导入各类必要对象
      import flash.events.Event;
      //声明CustomSoundEvent类
      public class CustomSoundEvent
extends Event
      {
          // 新事件类型名称
          public static const CUSTOM _
SOUND _ EVENT:String = "Custom Sound
Event";
              // 通用属性
              public var id
:String;
              public var message
:String;
              // 构造函数
              public function CustomSound
Event( id:String, message:String ):void
              {
super(CUSTOM _ SOUND _ EVENT);
                    this.id = id;
                    this.message =
message;
              }
              // 过载
              public override function
clone():Event
              {
                    return new Custom
SoundEvent(id,message);
              }
              public override function
toString():String
              {
                    return formatTo
String ("CustomSoundEvent", "id",
"message");
              }
      }
}
```

6 新建ActionScript文件并将脚本保存到code\soundclasses目录下，文件名为MasterChannel.as。输入代码如下，用于控制主声道。

```
//声明包位置
package code.soundclasses
{
    //导入各类必要对象
     import flash.events.Event;
     import flash.events.MouseEvent;
     import flash.geom.Rectangle;
     import flash.text.TextField;
     import flash.display.MovieClip;
     import flash.display.SimpleButton;
     import code.soundclasses.CustomSoundEvent;
     //声明MasterChannel类
     public class MasterChannel extends MovieClip
     {
          // 声音属性
          public var level:Number = 100;
          // 设置布尔值
          public var dragging:Boolean = false;
          public var mute:Boolean = false;
          // 构造函数
          public function MasterChannel()
          {
               // 隐藏指示器图标
               muteIndicator.visible = false;
               muteIndicator.mouseEnabled = false;
muteIndicator.addEventListener(MouseEvent.CLICK,clickHandler);
               // 设置channel名称域
               channel _ txt.text = name;
               // 响应鼠标事件
mute _ btn.addEventListener(MouseEvent.CLICK,clickHandler);
play _ btn.addEventListener(MouseEvent.CLICK,clickHandler);
stop _ btn.addEventListener(MouseEvent.CLICK,cli
ckHandler);
volume _ btn.addEventListener(MouseEvent.MOUSE _ DOWN,dragPressHandler);
volume _ btn.addEventListener(MouseEvent.MOUSE _ UP,dragReleaseHandler);
               volume _ btn.enabled = !mute;
               // 每帧更新屏幕
addEventListener(Event.ENTER _ FRAME,draw);
addEventListener(Event.ENTER _ FRAME,enterFrameHandler);
          }
          // 初始化
          protected function draw(event:Event):void
          {
               // 设置舞台组件
               level _ ti.text = level.toString();
```

```
                    // 删除监听器
removeEventListener(Event.ENTER _ FRAME,draw);
            }
            // 事件处理：声音滑块
            protected function dragPressHandler(event:MouseEvent):void
            {
                    if( volume _ btn.enabled )
                    {
                            // 创建一个限制拖拽的矩形
                            var rx:Number = track _ mc.x + 2;
                            var ry:Number = track _ mc.y;
                            var rw:Number = 0;
                            var rh:Number = track _ mc.height;
                            var rect:Rectangle = new Rectangle(rx, ry, rw, rh);
                            // 拖拽
                            dragging = true;
volume _ btn.startDrag(false,rect);
                    }
            }
            // 释放滑块
                    protected function dragReleaseHandler(event:MouseEvent):void
            {
                    volume _ btn.stopDrag();
                    dragging = false;
            }
            protected function clickHandler(event:MouseEvent):void
            {
                    switch( event.target )
                    {
                            case mute _ btn:
                            case muteIndicator:
                                    // 开关
                                    muteTrack(!mute);
                                    // 分配事件
                                    dispatchEvent(new  CustomSoundEvent("MASTER _
MUTE",String(level)));
                                    break;
                            case play _ btn:
                                    // 分配事件
                                    dispatchEvent(new  CustomSoundEvent("MASTER _
PLAY",String(level)));
                                    break;
                            case stop _ btn:
                                    // 分配事件
                                    dispatchEvent(new  CustomSoundEvent("MASTER _
STOP",String(level)));
                    }
            }
```

```
            protected function enterFrameHandler(event:Event):void
            {
                    if( dragging )
                    {
                            level = 100 - Math.ceil(((volume _ btn.y - track _ mc.y) / 
track _ mc.height)*100);
                            level _ ti.text = level.toString();
                            // 分配事件
                            dispatchEvent(new CustomSoundEvent("MASTER _ VOLUME", 
String(level)));
                    }
            }
            // 公共方法
            public function muteTrack(b:Boolean):void
            {
                    mute = b;
                    muteIndicator.visible = mute;
                    // 更新文字
                    level _ ti.text = mute ? "0" : level.toString();
                    // 更新处理手柄
                    var yPos:Number = track _ mc.y + track _ mc.height
                    volume _ btn.enabled = !mute;
                    volume _ btn.y = mute ? yPos : yPos - (track _ mc.height*(level/100));
            }
        }
}
```

7 新建ActionScript文件并将脚本保存到code\soundclasses目录下，文件名为SoundEvent.as。输入代码如下，用于控制声音事件。

```
//声明包位置
package code.soundclasses
{
    //导入必要对象
      import flash.events.Event;
      //声明CustomEvent类
      public class CustomEvent extends Event
      {
          // 新事件类型的名称
        public static const CUSTOM _ SOUND _ EVENT:String = "CustomSoundEvent";
            // 通用属性
            public var id              :String;
            public var message         :String;
            // 构造函数
            public function CustomEvent( id:String, message:* ):void
            {
super(CUSTOM _ SOUND _ EVENT);
                this.id = id;
```

```
                this.message = message;
            }
            // 过载
            public override function clone():Event
            {
                return new CustomSoundEvent(id,message);
            }
            public override function toString():String
            {
                return formatToString("CustomSoundEvent", "id", "message");
            }
        }
    }
```

8 新建ActionScript文件并将脚本保存到code\soundclasses目录下，文件名为TrackChannel.as。输入代码如下，用于控制音轨声道。

```
//声明包位置
package code.soundclasses
{
    //导入各类必要对象
    import flash.display.*;
    import flash.text.TextField;
    import flash.media.Sound;
    import flash.media.SoundChannel;
    import flash.media.SoundTransform;
    import flash.events.Event;
    import flash.events.MouseEvent;
    import flash.geom.Rectangle;
    import code.soundclasses.CustomSoundEvent;
        //声明TrackChannel类
    public class TrackChannel extends MovieClip
    {
        // 属性
        public var level:Number = 100;
        public var soundIndex:Number = 0;;
        public var soundArray:Array;
        public var activeSound:Sound;
        public var activeChannel:SoundChannel;
        public var activeTransform:SoundTransform;
        public var pressX:Number = 0;
        public var pressRotation:Number = 0;
        public var panLevel:Number = 0;
        // 设置布尔值
        public var panning:Boolean = false;
        public var dragging:Boolean = false;
        public var mute:Boolean = false;
        public var solo:Boolean = false;
```

```
            // 混音器
            public var owner;
            // 构造函数
            public function TrackChannel()
            {
                    super();
                    // 缺省变换
                    activeTransform = new SoundTransform((level/100),(panLevel/100));
                    // 隐藏指示器图标
                    muteIndicator.visible = false;
                    muteIndicator.mouseEnabled = false;
                    soloIndicator.visible = false;
                    soloIndicator.mouseEnabled = false;
                    // 设置channel名称域
                    channel _ txt.text = name;
                    // 响应鼠标事件
mute _ btn.addEventListener(MouseEvent.CLICK,clickHandler);
solo _ btn.addEventListener(MouseEvent.CLICK,clickHandler);
clip1 _ btn.addEventListener(MouseEvent.CLICK,clickHandler);
clip2 _ btn.addEventListener(MouseEvent.CLICK,clickHandler);
clip3 _ btn.addEventListener(MouseEvent.CLICK,clickHandler);
clip4 _ btn.addEventListener(MouseEvent.CLICK,clickHandler);
pan _ btn.addEventListener(MouseEvent.MOUSE _ DOWN,panPressHandler);
volume _ btn.addEventListener(MouseEvent.MOUS
E _ DOWN,dragPressHandler);
                    volume _ btn.enabled = !mute;
                    // 处理鼠标释放事件
stage.addEventListener(MouseEvent.MOUSE _ UP,panReleaseHandler);
stage.addEventListener(MouseEvent.MOUSE _ UP,dragReleaseHandler);
                    // 更新屏幕
addEventListener(Event.ENTER _ FRAME,draw);
addEventListener(Event.ENTER _ FRAME,enterFrameHandler);
            }
            // 初始化
            protected function draw(event:Event):void
            {
                    // 设置舞台组件
                    pan _ ti.text = panLevel.toString();
                    level _ ti.text = level.toString();
                    // 删除监听器
removeEventListener(Event.ENTER _ FRAME,draw);
            }
            // 事件处理
            protected function panPressHandler(event:MouseEvent):void
            {
                    if( pan _ btn.enabled )
                    {
                            // 旋转
```

```
                    pressX = root.mouseX;
                    pressRotation = pan _ btn.rotation;
                    panning = true;
                }
            }
            // 释放
            protected function panReleaseHandler(event:MouseEvent):void
            {
                if( panning ){
                    panning = false;
                    stopDrag();
                }
            }
            // 音量滑块
            protected function dragPressHandler(event:MouseEvent):void
            {
                if( volume _ btn.enabled )
                {
                    //创建一个限制拖拽的矩形
                    var rx:Number = track _ mc.x + 2;
                    var ry:Number = track _ mc.y;
                    var rw:Number = 0;
                    var rh:Number = track _ mc.height;
                    var rect:Rectangle = new Rectangle(rx, ry, rw, rh);
                    // 拖拽
                    dragging = true;
volume _ btn.startDrag(false,rect);
                }
            }
            // 释放滑块
            protected function dragReleaseHandler(event:MouseEvent):void
            {
                if( dragging ){
                    dragging = false;
                    stopDrag();
                }
            }
            // 每帧更新
            protected function enterFrameHandler(event:Event):void
            {
                // 更新滑块音量变化
                if( dragging )
                {
                    level = 100 - Math.ceil(((volume _ btn.y - track _ mc.y) /
track _ mc.height)*100);
                    level _ ti.text = level.toString();
                }
                // 更新转盘变换
```

```
            else if( panning )
            {
                var pivot = (root.mouseX - pressX)*(2 + pressRotation);
                pan _ btn.rotation = pivot;
                if( pivot < -135 ) {
                    pan _ btn.rotation = -135;
                }
                if( pivot > 135 ) {
                    pan _ btn.rotation = 135;
                }
                panLevel = pan _ btn.rotation/1.35;
                pan _ ti.text = Math.round(panLevel).toString();
            }
            // 应用变换
            if( dragging || panning ){
                update();
            }
        }
        // 单击按钮事件
        protected function clickHandler(event:MouseEvent):void
        {
            switch( event.target )
            {
                case mute _ btn:
                case muteIndicator:
                    // 开关
                    muteTrack(!mute);
                    break;
                case solo _ btn:
                case soloIndicator:
                    solo = !solo;
                    soloIndicator.visible = solo;
                    // 分配事件
                    dispatchEvent(new CustomSoundEvent("TRACK _ SOLO",
String(level)));
                    break;
                case clip1 _ btn:
                    // 在循环后更新
                    soundIndex = 0;
                    clipIndicator.x = clip1 _ btn.x;
                    clipIndicator.y = clip1 _ btn.y;
                    break;
                case clip2 _ btn:
                    //在循环后更新
                    soundIndex = 1;
                    clipIndicator.x = clip2 _ btn.x;
                    clipIndicator.y = clip2 _ btn.y;
                    break;
```

```
                    case clip3 _ btn:
                          //在循环后更新
                          soundIndex = 2;
                          clipIndicator.x = clip3 _ btn.x;
                          clipIndicator.y = clip3 _ btn.y;
                          break;
                    case clip4 _ btn:
                          //在循环后更新
                          soundIndex = 3;
                          clipIndicator.x = clip4 _ btn.x;
                          clipIndicator.y = clip4 _ btn.y;
                          break;
              }
        }
        protected function completeHandler(event:Event):void
        {
              // 循环
              playTrack();
        }
        // 声明设置音轨函数
        public function setTracks( snds:Array, par:* ):void
        {
              owner = par;
              soundArray = snds;
              soundIndex = 0;
        }
//声明播放音轨函数
        public function playTrack():void
        {
              stopTrack();
              activeSound = new soundArray[soundIndex]();
              activeChannel = activeSound.play();
              activeChannel.soundTransform = activeTransform;
activeChannel.addEventListener(Event.SOUND _ COMPLETE,completeHandler);
        }
//声明停止音轨函数
        public function stopTrack():void
        {
              if( activeChannel != null ){
activeChannel.removeEventListener(Event.SOUND _ COMPLETE,completeHandler);
                    activeChannel.stop();
              }
        }
//声明静音音轨函数
        public function muteTrack(b:Boolean):void
        {
              mute = b;
              mute _ btn.enabled = !mute;
```

```
                muteIndicator.visible = mute;
                solo _ btn.enabled = !mute;
                // 更新处理手柄位置
                var yPos:Number = track _ mc.y + track _ mc.height
                volume _ btn.enabled = !mute;
                volume _ btn.y = mute ? yPos : yPos - (track _ mc.height*(level/100));
                // 更新文字
                level _ ti.text = mute ? "0" : level.toString();
                // 应用音量变换
                activeTransform = new SoundTransform();
                activeTransform.volume = b ? 0 : (level/100)*(owner.mp3Level/100);
                activeTransform.pan = panLevel/100;
                activeChannel.soundTransform = activeTransform;
            }

            public function update():void
            {
                activeTransform = new SoundTransform((level/100)*(owner.mp3Lev-
el/100),(panLevel/100));
                if( activeChannel != null ){
                    activeChannel.soundTransform = activeTransform;
                }
            }
        }
}
```

9 按下快捷键Ctrl+Enter测试动画，就可以看到声音均衡器的效果了。

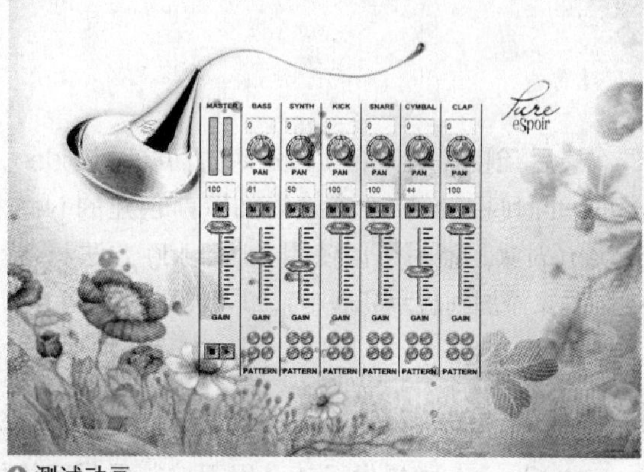

△ 测试动画

UNIT 41 处理视频

Flash Player的一个重要功能是，使用ActionScript操作其他可视内容（如图像、动画、文本等）的方式显示和操作视频信息。通过ActionScript 3.0，可以微调和控制视频的加载、演示和回放。

加载视频

在 ActionScript 中使用视频涉及多个类的联合使用。

- Video类：舞台上的实际视频内容框是Video类的一个实例。Video类是一种显示对象，可以使用适用于其他显示对象的同样的技术（比如定位、应用变形、应用滤镜和混合模式等）进行操作。
- NetStream类：在加载由ActionScript控制的视频文件时，将使用一个NetStream实例来表示该视频内容的源，在本例中为视频数据流。使用NetStream实例也涉及NetConnection对象的使用，该对象是到视频文件的连接，它好比是视频数据馈送的通道。
- Camera类：在通过连接到用户计算机的摄像头处理视频数据时，会使用一个Camera实例来表示视频内容的源，即用户的摄像头和它所提供的视频数据。

使用 NetStream 和 NetConnection 类加载视频的过程如下。首先创建一个 NetConnection 对象。如果连接到没有使用服务器的本地 FLV 文件，则使用 NetConnection 类通过向 connect() 方法传递值 null，来从 HTTP 地址或本地驱动器播放流式 FLV 文件。

```
var nc:NetConnection = new NetConnection();
nc.connect(null);
```

然后，创建一个 NetStream 对象（该对象将 NetConnection 对象作为参数）并指定要加载的 FLV 文件。以下代码片断将 NetStream 对象连接到指定的 NetConnection 实例，并加载 SWF 文件所在的目录中，名为 video.flv 的 FLV。

```
var ns:NetStream = new NetStream(nc);
ns.addEventListener(AsyncErrorEvent.
ASYNC_E
RROR, asyncErrorHandler);
ns.play("video.flv");
function asyncErrorHandler(event:Async
ErrorEvent):void
{
    // 忽略错误
}
```

最后，创建一个新的 Video 对象，并使用 Video 类的 attachNetStream() 方法附加以前创建的 NetStream 对象。然后可以使用 addChild() 方法将该视频对象添加到显示列表中，如下代码所示。

```
var vid:Video = new Video();
vid.attachNetStream(ns);
addChild(vid);
```

控制视频回放

NetStream 类提供了 4 个用于控制视频回放的主要方法：

- pause()：暂停视频流的回放。如果视频已经暂停，则调用此方法将不会执行任何操作。
- resume()：恢复回放暂停的视频流。如果视频已在播放，则调用此方法将不会执行任何操作。
- seek()：搜寻最接近指定位置（从流的开始位置算起的偏移量，以秒为单位）的关键帧。
- togglePause()：暂停或恢复流的回放。

> TIP 没有 stop() 方法。为了停止视频流，必须暂停回放并找到视频流的开始位置。而play() 方法不会恢复回放，它用于加载视频文件。

为了侦听视频流的开始和末尾，需要向 NetStream 实例添加一个事件侦听器以侦听 netStatus 事件。以下代码演示如何在视频回放过程中侦听不同代码。

```
ns.addEventListener(NetStatusEvent.
NET_STATUS, statusHandler);
function statusHandler(event:NetStatus
Event):void
{
    trace(event.info.code)
}
```

上面这段代码的输出如下。

```
NetStream.Play.Start
NetStream.Buffer.Empty
NetStream.Buffer.Full
NetStream.Buffer.Empty
NetStream.Buffer.Full
NetStream.Buffer.Empty
NetStream.Buffer.Full
NetStream.Buffer.Flush
NetStream.Play.Stop
NetStream.Buffer.Empty
NetStream.Buffer.Flush
```

闪客高手：创建视频控制效果

范例文件	Sample\Ch13\Unit41\video-end.fla
初始文件	Sample\Ch13\Unit41\video.fla
视频文件	Video\Ch13\Unit41\Unit41.wmv

1 打开Sample\Ch13\Unit41\video.fla文件，首先为舞台中的实例命名。将进度条命名为positionBar，滑块命名为volumeSlider，按钮从左至右依次命名为playButton、pauseButton、stopButton、backButton和forwardButton。

命名舞台中的实例

2 取消选择任何一个舞台中的对象，单击属性面板“类”文本框后的“编辑类定义”按钮，在弹出的“创建ActionScript 3.0类”对话框的“类名称”文本框中输入Videobox。

“创建ActionScript 3.0类”对话框

3 单击“确定”按钮后，按下快捷键Ctrl+S，在打开的对话框中将脚本保存到code目录下，文件名为videobox.as，在脚本窗口中输入如下的代码（省去注释部分）。

```
//声明包位置
package {
    //导入各类必要对象
     import fl.controls.*;
     import fl.events.SliderEvent;
     import flash.display.MovieClip;
     import flash.display.Sprite;
     import flash.events.Event;
     import flash.events.MouseEvent;
     import flash.events.NetStatusEvent;
     import flash.events.TimerEvent;
     import flash.media.SoundTransform;
     import flash.media.Video;
     import flash.net.NetConnection;
```

```
    import flash.net.NetStream;
    import flash.net.URLLoader;
    import flash.net.URLRequest;
    import flash.utils.Timer;
   //声明Videobox类
    public class Videobox extends Sprite {
          //更新播放头时间
          private const PLAYHEAD _ UPDATE _ INTERVAL _ MS:uint = 10;
          /指定包含视频列表的XML文件路径
          private const PLAYLIST _ XML _ URL:String = "playlist.xml";
          //使用NetStream对象
          private var client:Object;
          //当前播放视频索引
          private var idx:uint = 0;
          /当前视频元数据对象
          private var meta:Object;
          private var nc:NetConnection;
          private var ns:NetStream;
          private var playlist:XML;
          private var t:Timer;
          private var uldr:URLLoader;
          private var vid:Video;
          private var videosXML:XMLList;
          /声明设置NetStream对象音量的SoundTransform对象
          private var volumeTransform:SoundTransform;
          //声明构造函数
          public function Videobox() {
                  //初始化uldr变量，用来载入外部XML文件
                  uldr = new URLLoader();
uldr.addEventListener(Event.COMPLETE, xmlCompleteHandler);
                  uldr.load(new URLRequest(PLAYLIST _ XML _ URL));
          }
          //一旦XML文件被载入，文件内容就进入到XML对象，并创建一个XMLList对象
          private function xmlCompleteHandler(event:Event):void {
                  playlist = XML(event.target.data);
                  videosXML = playlist.video;
                  main();
          }
          //声明主函数
          private function main():void {
          //新建SoundTransform对象
                  volumeTransform = new SoundTransform();
                  //创建NetStream的客户端对象
                  client = new Object();
                  client.onMetaData = metadataHandler;
                  nc = new NetConnection();
                  nc.connect(null);
                  //初始化NetSteam对象，并为netStatus添加一个监听器事件，并设置NetStream
```

客户端

```
                    ns = new NetStream(nc);
ns.addEventListener(NetStatusEvent.NET_STATU
S, netStatusHandler);
                    ns.client = client;
                    //初始化Video对象，附加NetStram对象，并把视频对象加入到显示列表
                    vid = new Video();
            vid.x = 20;
            vid.y = 75;
                    vid.attachNetStream(ns);
                    addChild(vid);
                    //开始播放第一个视频
                    playVideo();
                    //初始化Timer对象，并设置延迟                    t = new Timer(PLAYH-
EAD_UPDATE_INTERVAL_MS);
t.addEventListener(TimerEvent.TIMER, timerHandler);
                    //设置位置滚动条的实例模式为手工
                    positionBar.mode = ProgressBarMode.MANUAL;
                    //设置音量滑块栏组件实例，最大值设置为1，进阶的量设置为0.1
                    volumeSlider.value = volumeTransform.volume;
                    volumeSlider.minimum = 0;
                    volumeSlider.maximum = 1;
                    volumeSlider.snapInterval = 0.1;
                    volumeSlider.tickInterval = volumeSlider.snapInterval;
                    //设置拖拽属性为true
                    volumeSlider.liveDragging = true;
      volumeSlider.addEventListener(SliderEvent.CHANGE, volumeChangeHandler);
//设置不同的按钮实例，每一个实例使用同样的单击事件
playButton.addEventListener(MouseEvent.CLICK, buttonClickHandler);
pauseButton.addEventListener(MouseEvent.CLICK, buttonClickHandler);
stopButton.addEventListener(MouseEvent.CLICK, buttonClickHandler);
backButton.addEventListener(MouseEvent.CLICK, buttonClickHandler);
forwardButton.addEventListener(MouseEvent.CLICK, buttonClickHandler);
            }
            //当用户改变音量滑块时，调用音量实例的事件监听器
            private function volumeChangeHandler(event:SliderEvent):void {
                    //设置音量属性到当前的滑块，并设置NetStream对象的soundTransform属性
                    volumeTransform.volume = event.value;
                    ns.soundTransform = volumeTransform;
            }
            //当NetStream状态改变时，调用ns对象的事件监听器
            private function netStatusHandler(event:NetStatusEvent):void {
                    try {
                            switch (event.info.code) {
                                    case "NetStream.Play.Start" :
                                            //启动timer对象
                                            t.start();
                                            break;
```

```
                        case "NetStream.Play.StreamNotFound" :
                        case "NetStream.Play.Stop" :
                            //停止timer对象，并播放列表中的下一个视频
                            t.stop();
                            playNextVideo();
                            break;
                    }
                } catch (error:TypeError) {
                    //忽略错误
                }
        }
        //当NetStream对接收到一个视频的元数据时，调用ns对象的客户端属性
        private function metadataHandler(metadataObj:Object):void {
            //在meta对象中存储元数据信息
            meta = metadataObj;
            //使用元数据对象中的视频宽度和高度值改变显示列表中视频的实例尺寸
            vid.width = meta.width;
            vid.height = meta.height;
            //根据当前视频的大小重定位位置栏
            positionBar.move(vid.x, vid.y + vid.height);
            positionBar.width = vid.width;
        }
        //从XML对象中获取当前视频
        private function getVideo():String {
            return videosXML[idx].@url;
        }
        //播放当前选择的视频
        private function playVideo():void {
            var url:String = getVideo();
            ns.play(url);
        }
        //减少当前视频的索引值
        private function playPreviousVideo():void {
            if (idx > 0) {
                idx--;
                playVideo();
                //确认位置栏可见
                positionBar.visible = true;
            }
        }
        //增加当前视频的索引值
        private function playNextVideo():void {
            if (idx < (videosXML.length() - 1)) {
                //如果不是列表中的最后一个视频，则增加视频索引值，播放下一个视频
          idx++;
                playVideo();
                //确认位置栏可见
                positionBar.visible = true;
```

```
                    } else {
            //如果是列表中的最后一个视频，则增加视频索引值，清除视频对象的内容，并隐藏位置栏
                        idx++;
                        vid.clear();
                        positionBar.visible = false;
                    }
            }
            //声明每一个视频回放按钮的点击事件处理
private function buttonClickHandler(event:MouseEvent):void {
    //使用switch语句，决定不同按钮进行的不同处理
    switch (event.currentTarget) {
            case playButton :
                    //如果播放按钮被按下，继续视频播放，如果视频已经在播放，就不进行操作
                    ns.resume();
                    break;
            case pauseButton :
                    //如果暂停按钮被按下，暂停视频播放，如果视频已经在播放，视频被暂停，如果视频已
经被暂停，则视频被继续播放
                    ns.togglePause();
                    break;
            case stopButton :
                    //如果停止按钮被按下，暂停视频播放，并将播放头重置到视频开始
                    ns.pause();
                    ns.seek(0);
                    break;
            case backButton :
                    //如果向前按钮被按下，播放播放列表中的前一个视频
                    playPreviousVideo();
                    break;
            case forwardButton :
                    //如果向后按钮被按下，播放播放列表中的后一个视频
                    playNextVideo();
                    break;
    }
}
            //timer对象事件处理
            private function timerHandler(event:TimerEvent):void {
                    try {
                        //更新进度栏
positionBar.setProgress(ns.time, meta.duration);
                        positionLabel.text = ns.time.toFixed(1) + " of " + meta.
duration.toFixed(1) + " seconds";
                    } catch (error:Error) {
                        //忽略错误
                    }
            }
    }
}
```

4 使用记事本新建一个xml文件并将文件保存到和动画的同级目录下，文件名为playlist.xml，这是视频文件的播放列表文件。输入代码如下。

```
<?xml version="1.0"?>
<videos>
     <video url="http://www. helpexamp-
les.com/flash/video/typing _ short.flv" />
    <video url="http://www. helpexamples.
com/flash/video/cuepoints.flv" />
    <video url="http://www. helpexamples.
com/flash/video/sheep.flv" />
</videos>
```

5 按下快捷键Ctrl+Enter测试动画，就可以看到视频控制的效果了。

△ 测试动画

你知道吗 关于视频元数据

元数据对 Flash 视频制作至关重要，可以使视频更合理、更专业。视频元数据就是关于视频的数据。视频的长度、视频播放时每秒的帧数、视频播放时每秒传送的字节数都是视频元数据。作为网站视频传输平台，Flash 设计越来越广泛地流行，但也随之而来越来越多的视频问题，因此读者需要了解相关视频元数据的知识。

可以使用 onMetaData 回调处理函数来查看 FLV 文件中的元数据信息。元数据包含 FLV 文件的相关信息，如持续时间、宽度、高度和帧速率等。添加到 FLV 文件中的元数据信息取决于编码 FLV 文件时所使用的软件，或添加元数据信息时所使用的软件。

下表显示视频元数据的可能值。

参　数	描　述
audiocodecid	指示已使用的音频编解码器（编码/解码技术）。
audiodatarate	指示音频的编码速率，以每秒千字节为单位。
audiodelay	指示原始 FLV 文件的"time 0"在 FLV 文件中保持多长时间。为了正确同步音频，视频内容需要有少量的延迟。
canSeekToEnd	一个布尔值，如果 FLV 文件是用最后一帧上的关键帧编码的，则该值为 true。反之，该值为 false。
cuePoints	嵌入在 FLV 文件中的提示点对象组成的数组，每个提示点对应一个对象。如果 FLV 文件不包含任何提示点，则值是未定义的。
duration	以秒为单位指定 FLV 文件的持续时间。
framerate	表示 FLV 文件的帧速率。
height	以像素为单位表示 FLV 文件的高度。
videocodecid	表示用于对视频进行编码的编解码器版本。
videodatarate	表示 FLV 文件的视频数据速率。
width	以像素为单位表示 FLV 文件的宽度。

Special page Flash制作相关职位主要有哪些？

从一个接触 Flash 的新手到从事 Flash 的动画设计工作，再到 Flash 后台的程序开发，一个从事 Flash 相关工作的人员究竟应该怎样选择 Flash 的职业发展道路？是否需要从一个 Flash 设计师向开发者过渡？看看下面列出的不同阶段的 Flash 职位，应该可以对读者有所帮助。

早期的 Flash 公司职位设计如下。

- Flash新手：刚学习Flash时，无论设计师还是之前从事别的程序的程序员，都处在一个模糊混沌的起点，这个阶段统称为新手阶段。在这个阶段内，可以根据自己的喜好，选择适合自己的技术，如设计师会偏重动画以及手绘；程序员会偏重ActionScript、网站编程和视觉特效；设计和程序都会一些的人学得就比较杂，各方面的技术都会做一些。这一阶段内可尽量多学习一些各方面的Flash技术，这样在职位选择时就会多一些范围。
- Flash设计师：这类职位在以前很常见，是美工专职做Flash的一个特殊职位。需要会一些简单的ActionScript，并且会制作动画。通常做一些简单的图形设计，同时也会做一些平面设计。
- 新媒体开发师： 这类职位上是公司需要的综合能力人才，需要会ActionScript，但不需要特别强；也要会做一些动画、拼装素材以及会写简单的JavaScript脚本。通常多是Flash网站项目的公司有一些这类职位。
- ActionScript程序员：纯ActionScript开发者多见于程序员出身的背景，这两年，比较多的JavaScript前端开发者加入了Flash阵营。这个职位的个性就更加明显，完全不需要管界面，使用Flex以及第三方编辑器直接运行Flash项目。但这类人群对Flash的综合技术认知不够，还需要时间深入了解Flash，不能完全用Java和JavaScript的想法来开发Flash项目。这个阶段的ActionScript开发者，暂时还没有显著的职业特性来区分。

随着 Flash 技术的发展，动画公司对 Flash 职位的划分变得更加规范和清晰。

- 互动设计师： 这类职位是因为设计师随着个人发展的喜好，以及对于程序的了解深入而有的一个职位，广告公司里这种职位多一些，除了要会设计外，还需要写一些程序，但偏向前端表现，如粒子特效和补间动画。这类职位并非一般意义上的交互设计师。
- 互动程序员：这类职位和上一类职位类似，但是更偏重于程序。平时的工作也会做一些动画，但可能是视频，有时也会涉及到director lingo编程和网页JavaScript及Flash小游戏。这类职位其实很累，需要会很多的技术，但通常职业选择面会广一些。
- 游戏程序员：这类职位是纯Flash游戏开发，随着SNS游戏的普及以及网络游戏投资地增多，变得很抢手。在技术方面，要会综合的各种游戏算法，如果是3D项目，还需要有一定的3D知识；需要对客户端的服务器端传输有一定的优化经验，客户端安全性，防外挂以及协议安全等。

除了以上这些职位外，Flash 的发展决定了以下 3 种类型的人才很可能代表了未来的方向。

- Flash 3D程序员：这类职位现在还不多，但是随着硬件以及Flash技术的发展，这类职位也许在未来会火起来，也是游戏开发者的一个比较好的进阶选择，偏重于图形学和前端表现。
- Flash构架师：随着经验地积累以及对设计模式等框架技术地深入发掘，一个Flash开发者最终会把自己定位成构架师或框架设计师。通常有一些企业型项目需要这类人才来建造项目框架。
- Flash“传教士”：这个其实不能算是一个真正意义上的职位，他们是一类人群，早期的时候是积极推广flash技术，并有影响力的一批外国人。这类人群的技术其实很全面，前后端技术都懂一些，但深浅不一，对Flash技术也很痴迷，能够对业界产生影响。

Part
04
Flash CS6
实战应用

Chapter 14

Flash特效动画

Flash的特效动画应用非常广泛，可以像常见的文字特效一样应用在产品广告或宣传当中，而把Flash动画和ActionScript结合起来，可以制作更丰富的动画特效。另外，通过对现实中各种视觉特殊效果的模拟，还可以制作出逼真的模拟特效。

UNIT 42 礼花特效

实例分析：本实例制作的是夜晚天空中的炫彩礼花效果，礼花效果和动画主画面配合得天衣无缝，体现了精确的制作技巧。

主要技术：ActionScript脚本编写

最终文件	Sample\Ch14\Unit42\fireworks-end.fla
初始文件	Sample\Ch14\Unit42\fireworks.fla
视频文件	Video\Ch14\Unit42\Unit42.wmv

1 打开Sample\Ch14\Unit42\fireworks.fla文件，按下快捷键Ctrl+F8新建元件，在打开的对话框中设置"名称"为"礼花"、"类型"为影片剪辑，然后单击"确定"按钮。

△ 创建新元件

2 选中第一帧，使用铅笔工具勾画一个礼花中心的轮廓，使用黄色进行填充。

3 在第8帧按下F7键，插入空白关键帧，然后使用铅笔工具勾画一个礼花散开的轮廓，使用黄色进行填充。

△ 勾画礼花中心轮廓并填充　△ 勾画礼花散开轮廓并填充

4 在第1到第8帧之间的任意一帧单击鼠标右键，从快捷菜单中选择"创建形状补间"命令，制作礼花从中心向上散开的动画效果。

5 在第20帧按下F7键，插入空白关键帧，然后使用铅笔工具勾画一个礼花打出去的轮廓，使用黄色进行填充。

6 在第8到第20帧之间的任意一帧单击鼠标右键，从快捷菜单中选择"创建形状补间"命令，制作礼花向上打出去的动画效果。

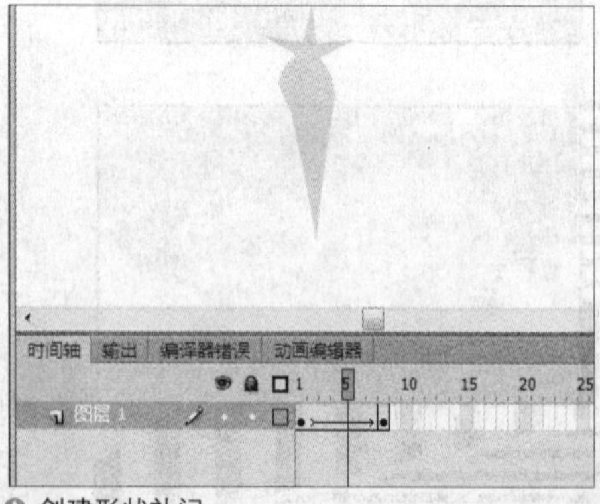

△ 创建形状补间

7 在第30帧按下F7键，插入空白关键帧，然后使用铅笔工具勾画一个礼花向外扩散的轮廓，使用黄色进行填充。

8 在第20到第30帧之间的任意一帧单击鼠标右键，从快捷菜单中选择"创建形状补间"命令，制作礼花打出后开始扩散的动画效果。

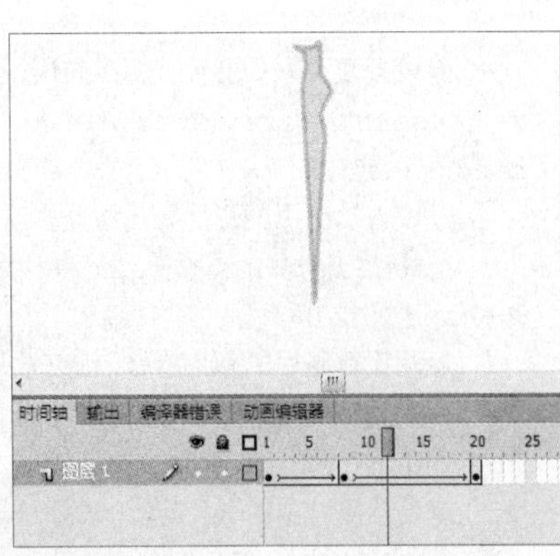

◎勾画礼花打出轮廓并填充 ◎创建形状补间

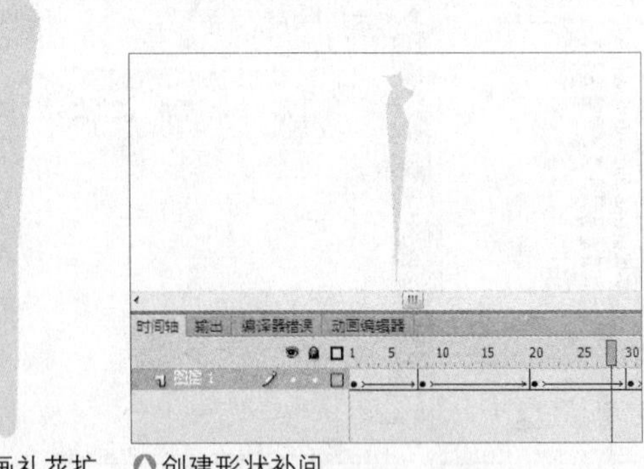

◎勾画礼花扩散轮廓并填充 ◎创建形状补间

09 在第39帧按下F7键，插入空白关键帧，然后使用铅笔工具勾画一个礼花继续扩散的轮廓，使用黄色进行填充。

10 在第30到第39帧之间的任意一帧单击鼠标右键，从快捷菜单中选择“创建形状补间”命令，制作礼花打出去后继续扩散的动画效果。

11 在第42帧按下F7键，插入空白关键帧，然后使用铅笔工具勾画一个礼花扩散到尽头的轮廓，使用黄色进行填充。

12 在第39到第42帧之间的任意一帧单击鼠标右键，从快捷菜单中选择“创建形状补间”命令，制作礼花扩散到尽头的动画效果。

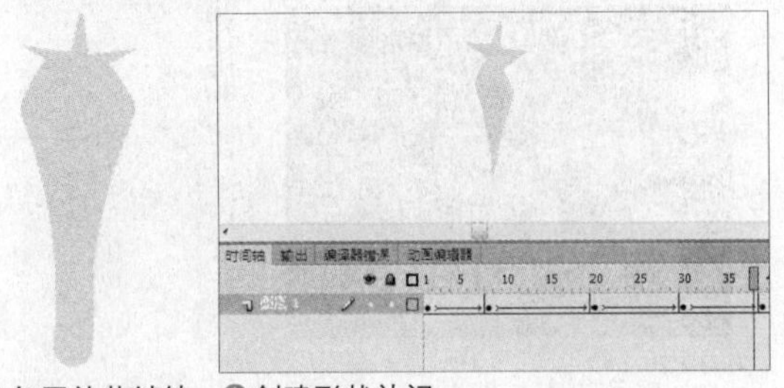

◎勾画礼花继续扩散轮廓并填充 ◎创建形状补间

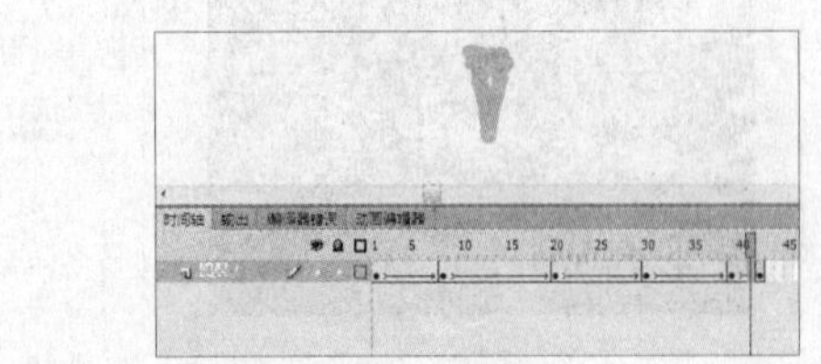

◎勾画礼花扩散到尽头轮廓并填充 ◎创建形状补间

13 按下快捷键Ctrl+F8新建元件，在打开的对话框中设置“名称”为“礼花动画”、“类型”为影片剪辑，然后单击“确定”按钮。

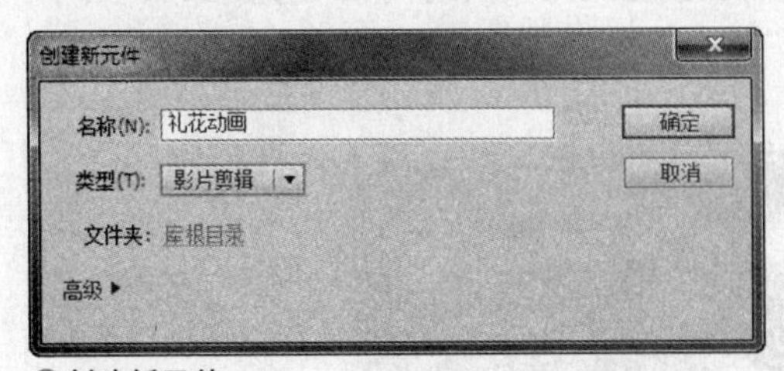

◎创建新元件

14 在将制作好的“礼花”元件放置到舞台上，在“属性”面板中将其命名为part。

◎为实例命名

15 在“图层1”的第一帧上按下F9键，打开动作面板，输入如下动作代码。

```
//变量n循环
for (n=8; n<90; n++) {
    //复制part影片剪辑
    duplicateMovieClip("part", "part"
+n, n);
```

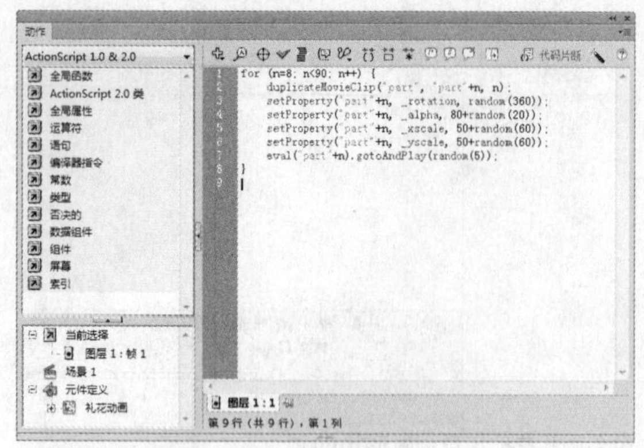

△ 输入动作代码

```
    //设置复制后的影片剪辑旋转属性
      setProperty("part"+n, _rotation,
random(360));
    //设置复制后的影片剪辑不透明度属性
      setProperty("part"+n, _alpha,
80+random(20));
    //设置复制后的影片剪辑x轴缩放属性
      setProperty("part"+n, _xscale,
50+random(60));
    //设置复制后的影片剪辑y轴缩放属性
      setProperty("part"+n, _yscale,
50+random(60));
    //设置复制后的影片剪辑跳转并播放的随机帧
      eval("part"+n).gotoAndPlay(random(5));
}
```

16 回到主场景，新建"图层2"，将制作好的"礼花动画"元件放置到舞台天空画面左侧的位置上，并使其时间轴延续到第39帧。

△ 放置"图层2"的"礼花动画"元件

17 新建"图层3"，在第6帧按下F7键，将制作好的"礼花动画"元件放置到舞台天空画面中间的位置上，并使其时间轴延续到第44帧。

△ 放置"图层3"的"礼花动画"元件

18 选择放置到舞台的"礼花动画"元件，在属性面板中的"样式"中选择"色调"并设置"色调"为100%、"红"为255、"绿"为0、"蓝"为255。

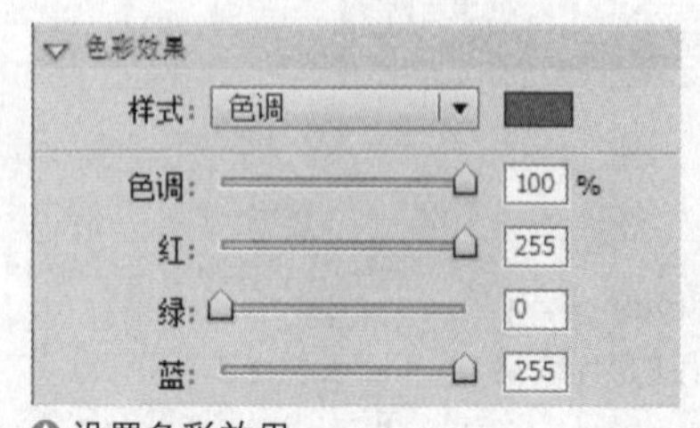

△ 设置色彩效果

19 新建"图层4"，在第12帧按下F7键，将制作好的"礼花动画"元件放置到舞台天空画面右侧的位置上，并使其时间轴延续到第50帧。

△ 放置"图层4"的"礼花动画"元件

20 选择放置到舞台的"礼花动画"元件，在属性面板的"样式"中选择"色调"并设置"色调"为100%、"红"为255、"绿"为204、"蓝"为255。

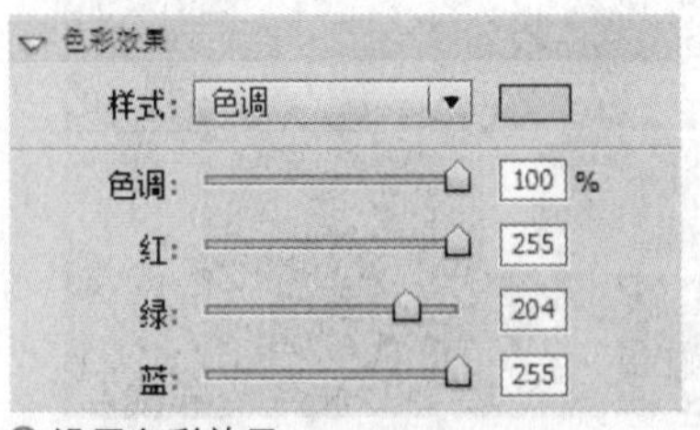

设置色彩效果

21 新建"图层5"，在第18帧按下F7键，将制作好的"礼花动画"元件放置到舞台天空画面中间靠右下的位置上，并使其时间轴延续到第55帧。

放置"图层5"的"礼花动画"元件

22 选择放置到舞台的"礼花动画"元件，在属性面板的"样式"中选择"色调"并设置"色调"为100%，"红"为102、"绿"为102、"蓝"为255。

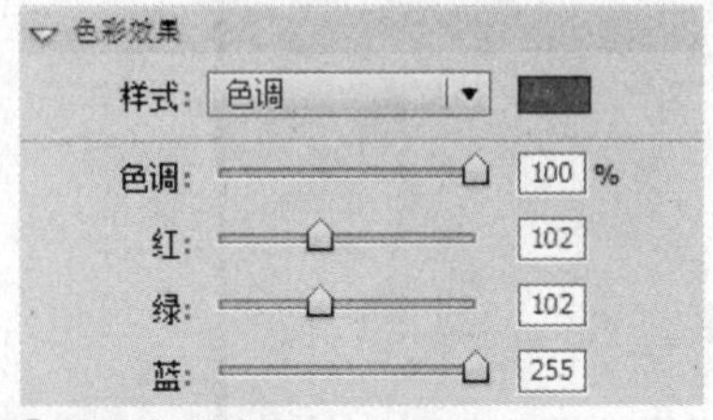

设置色彩效果

23 按照同样的方法继续新建"图层6"和"图层7"，在"图层6"的第24帧按下F7键，将制作好的"礼花动画"元件放置到舞台天空画面中间靠左下的位置上，并使其时间轴延续到第60帧。在"图层7"的第30帧按下F7键，将制作好的"礼花动画"元件放置到舞台天空画面中间靠右下的位置上，并使其时间轴延续到第65帧。

放置"图层6"和"图层7"的"礼花动画"元件

24 分别选择这两个图层中放置到舞台上的"礼花动画"元件，"图层6"的元件在"属性"面板中的"样式"中选择"色调"并设置"色调"为100%，"红"为204、"绿"为204、"蓝"为255。"图层7"的元件在属性面板中的"样式"中选择"色调"并设置"色调"为100%，"红"为102、"绿"为204、"蓝"为255。

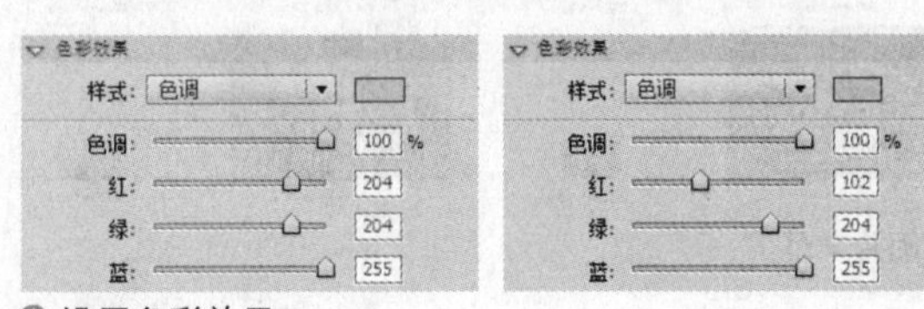

设置色彩效果

25 按下快捷键Ctrl+Enter测试动画，就可以看到礼花动画的效果了。

测试动画

UNIT 43 2D图像特效

实例分析：本实例制作的是图像交换时的2D转换效果，主要难点在于ActionScript程序脚本的编写，重点在于理解代码和外部图像文件之间的配合。

主要技术：ActionScript程序脚本的编写

最终文件	Sample\Ch14\Unit43\2D-end.fla
初始文件	Sample\Ch14\Unit43\2D.fla
视频文件	Video\Ch14\Unit43\Unit43.wmv

1 打开"Sample\Ch14\Unit43\2D.fla"文件，将图层命名为template_bg_mc，在第2帧按下F7键，将template_bg_mc元件从"库"面板拖曳到舞台，然后新建图层，命名为stage_mc，在第2帧按下F7键，将stage_mc元件从"库"面板拖曳到舞台。

2 在"库"面板的stage_mc元件上单击鼠标右键，从菜单中选择"属性"命令，打开"元件属性"对话框。

"元件属性"对话框

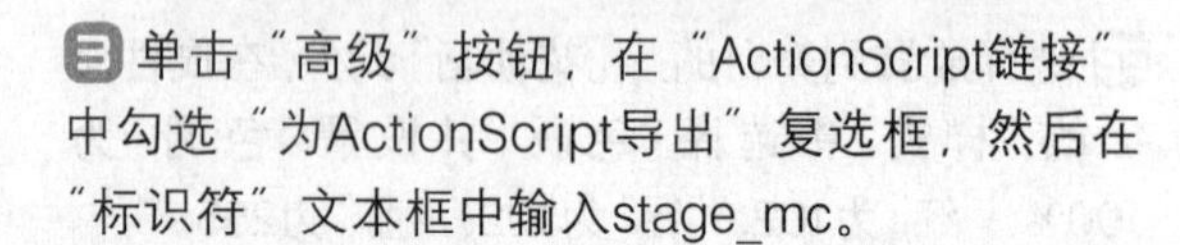

3 单击"高级"按钮，在"ActionScript链接"中勾选"为ActionScript导出"复选框，然后在"标识符"文本框中输入stage_mc。

4 新建action层，在第2帧按下F7键，在动作面板中输入this.stop();语句。

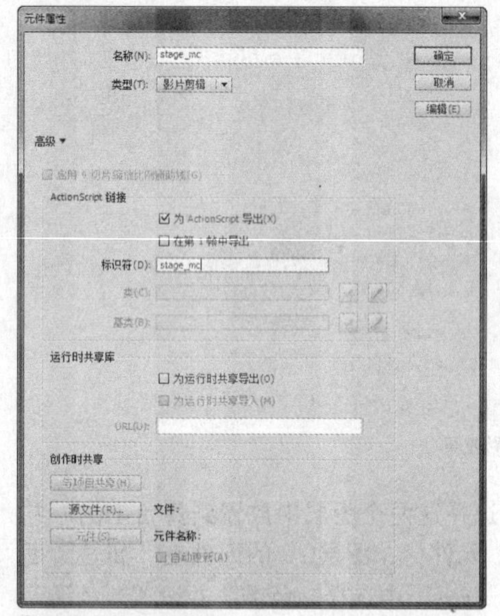

设置元件高级属性

5 下面要制作动画的核心部分，制作图像交换时的马赛克特效。在Sample\Ch14\Unit43\images文件夹中，已经存放了8张图像文件，文件分为4组，每组制作了清晰大图和缩略图两张图片。

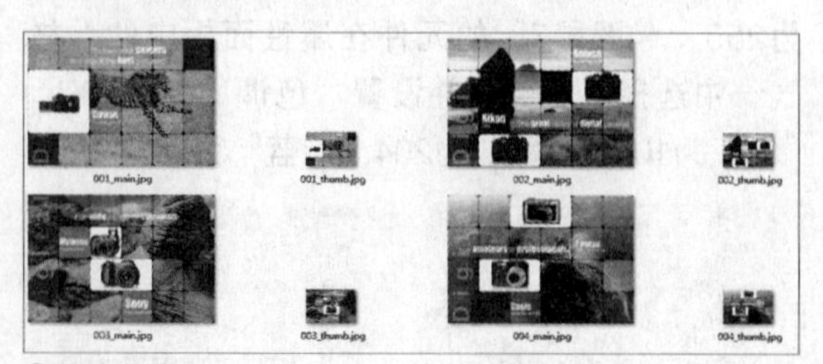

图片文件

6 在Sample\Ch14\Unit43\images文件夹中还保存了一个config.txt文本文件，内容如下。

```
&img=4,3,2,1&
```

这个文本文件用于向动画中的ActionScript代码传递参数。

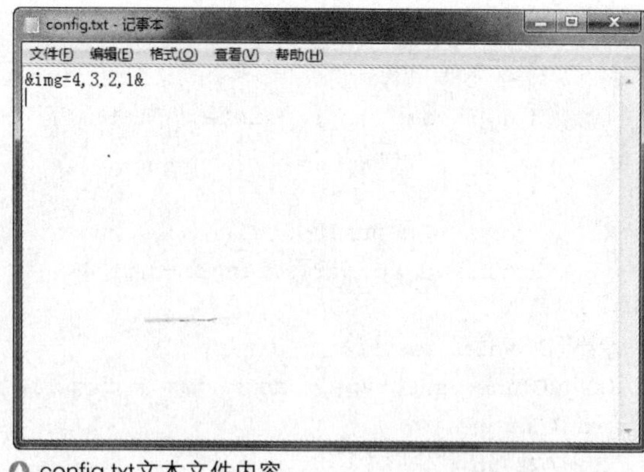

config.txt文本文件内容

7 在时间轴中新建Class文件夹，然后新建include图层，在第一帧中输入如下动作代码，导入TitleClass.as文件。

```
#include "TitleClass.as"
```

8 新建StageClass层，在第一帧中输入如下动作代码（省去注释部分）。

```
//声明函数
StageClass = function(){}
//新建影片剪辑对象
StageClass.prototype = new MovieClip();
//载入时调用函数
StageClass.prototype.onLoad = function()
{
     //调用getConfig函数
      this.getConfig();
}
//鼠标按下时调用函数
StageClass.prototype.onMouseDown =
function(){
     //调用checkNextImage函数
      this.checkNextImage();
}
//声明getConfig函数
StageClass.prototype.getConfig = funct-
ion(){
     //新建载入变量对象，制作缩略图列表
      this.thumbnail _ list = new Load
Vars();
     //设置缩略图列表路径
      this.thumbnail _ list.path = this;
     //载入后调用函数
      this.thumbnail _ list.onLoad =
function(){
          //设置路径计数
               this.path.count = 0;
          //设置图像列表
               this.path.piclist = this.
img.split(",");
          //设置图像
               this.path.setImage();
      }
     //载入外部文件
      this.thumbnail _ list.load("ima-
ges/config.txt");
}
//声明checkNextImage函数
StageClass.prototype.checkNextImage =
function(){
     //声明oldcount变量
      var oldcount = this.count;
     //判断x坐标位，根据是否到达图像宽度的一半
计数增减
      if ( this. _ xmouse >= 326 ){
              this.count++;
      }else{
              this.count--;
      }
     //计算计数
      this.count = Math.min( Math.max
(this.count,0) ,this.piclist.length-1);
     //设置图像
      if ( oldcount != this.count ){
this.setImage(); }
}
//声明setImage函数
StageClass.prototype.setImage = func-
tion(){
     //声明nextImage变量
      var nextimage = this.figures( th-
is.piclist[ this.count ] , 3 );
     载入下一张图像
      this.loadImages( nextimage );
}
//声明figures函数
StageClass.prototype.figures = function
( num , keta ){
```

```
    //声明变量
    var c = "";
    for ( var n=0 ; n<keta ; n++ ){
        c+="0";
    }
    var s = c+num.toString();
    return s.substr(s.length-3,3);
}
//声明loadImages函数
StageClass.prototype.loadImages = function( name ){
    //缩略图删除影片剪辑
    this.thumbnail _ mc.removeMovieClip();
    //大图删除影片剪辑
    this.image _ mc.removeMovieClip();
    //创建缩略图空影片剪辑
    this.createEmptyMovieClip("thumbnail _ mc",1);
    //创建大图空影片剪辑
    this.createEmptyMovieClip("image _ mc",0);
    //载入外部缩略图图片
    this.thumbnail _ mc.loadMovie( "images/"+name+" _ thumb.jpg" );
    //载入外部大图图片
    this.image _ mc.loadMovie( "images/"+name+" _ main.jpg" );
    //调用createProgress函数, 传递参数
    this.createProgress(0, 652, 652, 434, this.image _ mc, this.thumbnail _ mc, 1000);
}
//声明createProgress函数
StageClass.prototype.createProgress = function( x1 , y1 , x2 , y2 , path , thumbpath , thumbscale ){
    //创建空影片剪辑bg _ mc
    this.createEmptyMovieClip("bg _ mc",2);
    //创建空影片剪辑bar _ mc
    this.createEmptyMovieClip("bar _ mc",3);
    //创建背景填充矩形, 填充色为#222222
    this.createFillBox( this.bg _ mc , x1 , y1 , x2 , y2 , 0x222222 );
    //创建方栏填充矩形, 填充色为#FCFCFC
    this.createFillBox( this.bar _ mc , x1+1 , y1+1 , x2-1 , y2-1 , 0xFCFCFC );
    //设置栏缩放
    this.bar _ mc. _ xscale = 0;
    //设置栏路径
    this.bar _ mc.path = path;
    //设置栏路径缩放
    this.bar _ mc.pathscale = pathscale;
    //设置栏缩略图路径
    this.bar _ mc.thumbpath = thumbpath;
    //设置栏缩略图缩放
    this.bar _ mc.thumbscale=thumbscale;
    //进入帧调用函数
    this.bar _ mc.onEnterFrame = function(){
        //调用loadedCheck函数
            this.loadedCheck();
    }
    //声明loadedCheck函数
    this.bar _ mc.loadedCheck = function(){
        //设置缩略图缩放
            this.thumbpath. _ xscale = this.thumbpath. _ yscale = this.thumbscale;
        //获取载入字节数
            var l = this.path.getBytesLoaded();
        //获取总字节数
            var t = this.path.getBytesTotal();
        //计算载入百分比
            var p = l/t * 100;
        //设置xin变量
            var xin = p - this. _ xscale;
            if ( Math.abs( xin )>1 ){ this. _ xscale += xin / 4; }else{ this. _ xscale = p; }
            if ( l>4 && l==t && this. _ xscale == 100){
                //设置alpha值
                    this. _ alpha -=10;
                //设置bg _ mc的alpha值
                    this. _ parent.bg _ mc. _ alpha = this. _ alpha;
                //设置缩略图alpha值
                    this.thumbpath. _ alpha = this. _ alpha;
                    if ( this. _ alpha < 0 ){
//移除多个影片剪辑
this.removeMovieClip();
    this. _ parent.bg _ mc.removeMovieClip();
    this.thumbpath.removeMovieClip();
                    }
```

```
            }
        }
    }
//声明创建填充矩形函数
StageClass.prototype.createFillBox =
function( path , x1 , y1 , x2 , y2 ,
fcolor ){
    //移动到坐标位
     path.moveTo( x1 , y1 );
    //开始填充
     path.beginFill( fcolor , 100 );
    //移动线条位置
     path.lineTo( x2 , y1 );
     path.lineTo( x2 , y2 );
     path.lineTo( x1 , y2 );
     path.lineTo( x1 , y1 );
    //结束填充
     path.endFill();
}
```

9 打开保存在Sample\Ch14\Unit43文件夹下的TitleClass.as文件，输入如下代码（省去注释部分）。

```
//声明函数
TitleClass = function(){}
//新建影片剪辑对象
TitleClass.prototype = new MovieClip();
//载入时调用函数
TitleClass.prototype.onLoad = function(){
    //新建对象
     this.stageListener = new Object();
    //设置路径
     this.stageListener.path = this;
    //声明改变大小函数
     this.stageListener.onResize =
function(){
        //进入帧调用函数
             this.path.onEnterFrame =
function(){
                //设置x坐标位
                this.x = Math.max ((652-Stage.
width)/2+15 , -this._width-100);
                //计算变量i
                var i = this.x - this._x;
                //根据i值计算x值
                if ( Math.abs( i )>1 ){
                        this._x += i / 4;
                }else{
                        this._x = Math.
round( this.x );
                        delete this.onEnt-
erFrame;
                }
            }
        }
        //改变对象大小
        this.stageListener.onResize();
        //设置舞台缩放模式
        Stage.scaleMode = "noScale";
        //设置舞台排列
        Stage.align = "";
        //添加舞台对象
        Stage.addListener( this.stage
Listener );
}
```

10 按下快捷键Ctrl+Enter测试动画，单击每一张图像的右侧区域，可以实现下一张图像的2D马赛克切换效果，单击每一张图像的左侧区域，可以实现上一张图像的2D马赛克切换效果。

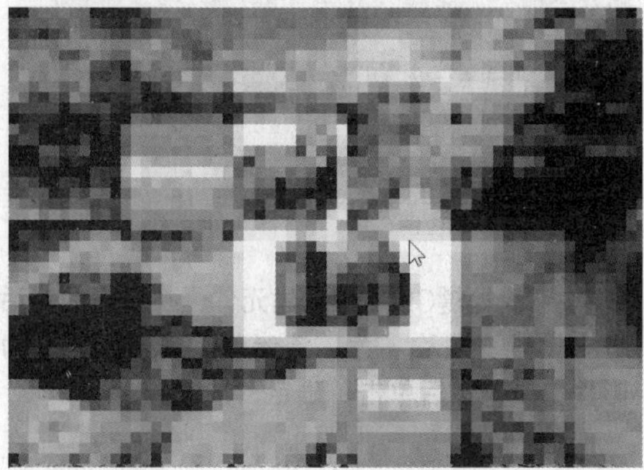

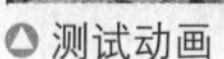
测试动画

3D图像特效

实例分析：本实例制作的是3D建筑物的动画效果，主要难点在于3D效果的实现，以及影片剪辑动画和主时间轴动画的配合。

主要技术：影片剪辑动画、主时间轴动画

最终文件	Sample\Ch14\Unit44\3D-end.fla
初始文件	Sample\Ch14\Unit44\3D.fla
视频文件	Video\Ch14\Unit44\Unit44.wmv

1 打开"Sample\Ch14\Unit44\3D.fla"文件，按下快捷键Ctrl+F8新建元件，在打开的对话框中设置"名称"为"流星"、"类型"为影片剪辑，然后单击"确定"按钮。

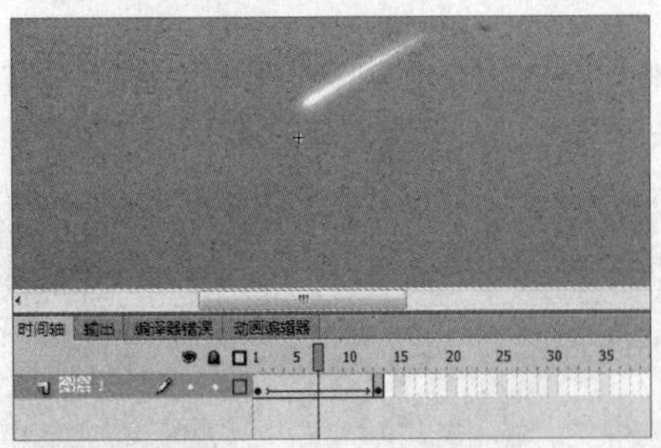

创建新元件

2 在"图层1"的第一帧将"库"面板中的5910.png拖曳到舞台右上的位置，然后按下快捷键Ctrl+B分离位图。

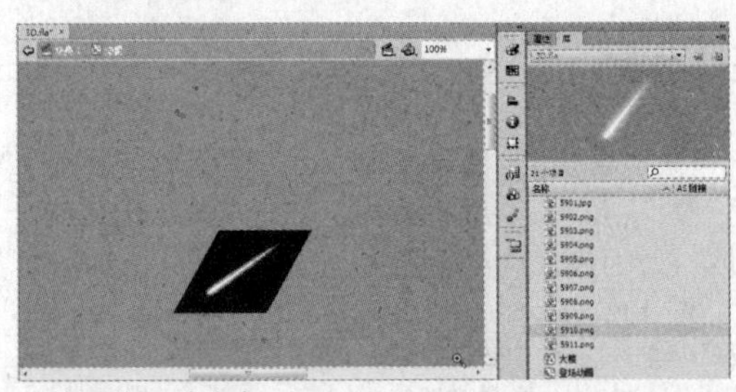

使用位图并分离

3 在第13帧按下F6键，复制关键帧，然后将分离后的位图移动到舞台左下的位置，然后在第1到第13帧之间的任意一帧单击鼠标右键，从快捷菜单中选择"创建形状补间"命令，制作流星划过的动画效果。

创建形状补间

4 新建"图层2"，在第10帧按下F7键，插入空白关键帧，然后将"库"面板中的5910.png再次拖曳到舞台更加偏右上的位置，然后按下快捷键Ctrl+B分离位图，此时的"图层1"中的位图已经移动到了舞台的左下侧。

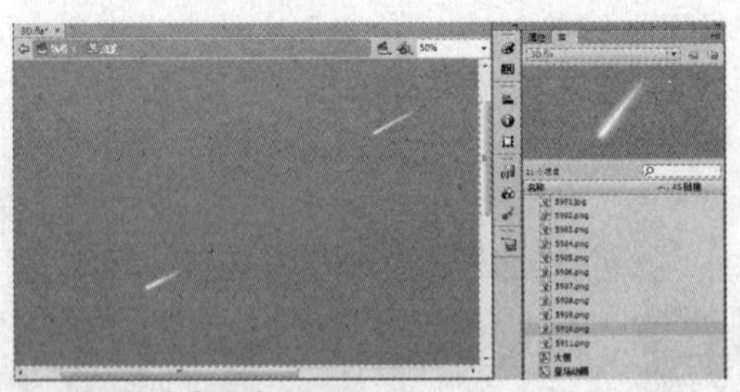

图层2中分离的位图

5 在第21帧按下F6键，复制关键帧，将分离后的位图移动到舞台左下的位置，然后在第10到第21帧之间的任意一帧单击鼠标右键，从快捷菜单中选择"创建形状补间"命令，制作流星划过的动画效果。

6 按下快捷键Ctrl+F8新建元件，在打开的对话框中设置"名称"为"流光球"、"类型"为影片剪辑，然后单击"确定"按钮。

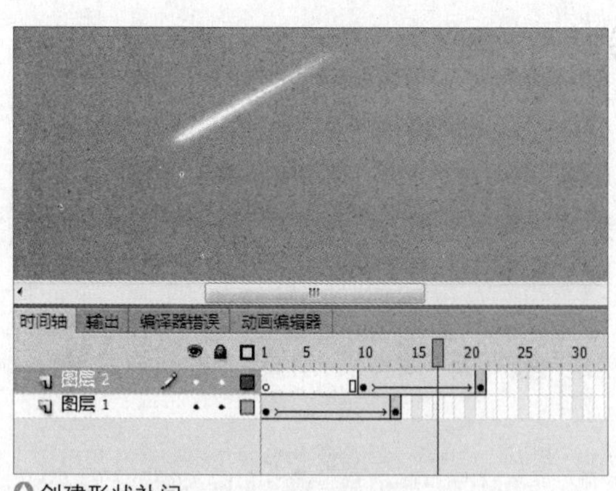

创建形状补间

创建新元件

7 在“图层1”的第1帧将“库”面板中的“流光”图形元件拖曳到舞台中心点右侧的位置。

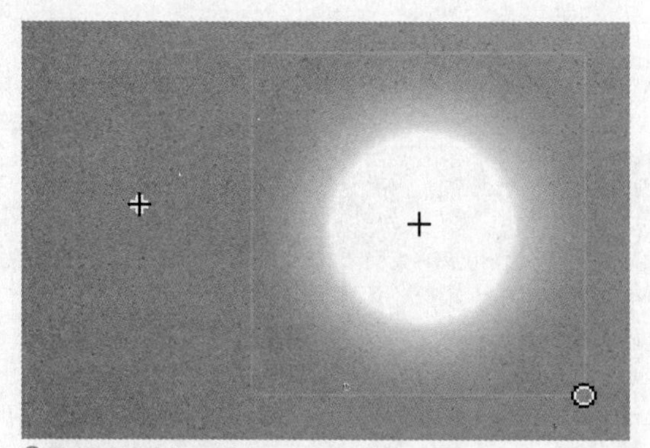
使用“流光”元件

8 在第8帧按下F6键，复制关键帧，将元件移动到舞台右下的位置，使用任意变形工具将元件缩小，然后在第1到第8帧之间的任意一帧单击鼠标右键，从快捷菜单中选择“创建传统补间”命令，制作流光的动画效果。

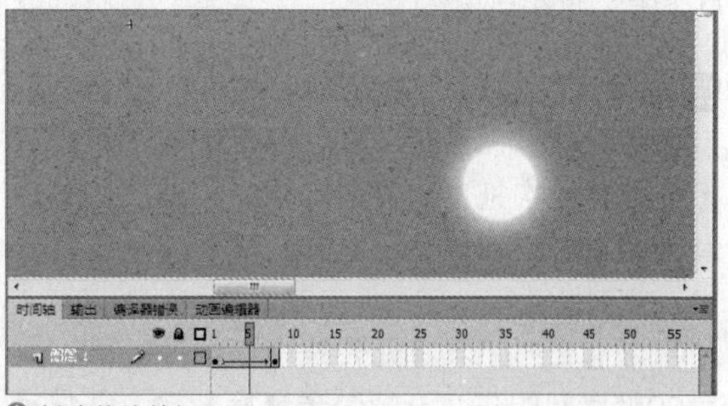
创建传统补间

9 新建“图层2”，在第6帧按下F7键，插入空白关键帧，然后将“库”面板中的“流光”图形元件再次拖曳到舞台左下的位置，此时的“图层1”中的元件已经移动到了舞台 的右侧。

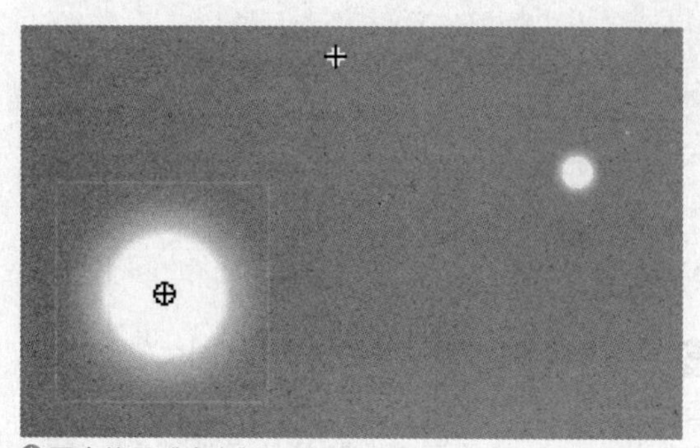
再次使用“流光”元件

10 在第11帧按下F6键，复制关键帧，将元件拖曳到舞台右下的位置，使用任意变形工具将元件缩小，然后在第6到第11帧之间的任意一帧单击鼠标右键，从快捷菜单中选择“创建传统补间”命令，制作流光的动画效果。

创建传统补间

11 新建“图层3”，在第16帧按下F7键，插入空白关键帧，然后将“库”面板中的“流光”图形元件再次拖曳到舞台右侧的位置，此时的“图层1”和“图层2”中的元件已经消失。在第21帧按下F6键，复制关键帧，将元件向左下移动一些位置，使用任意变形工具将元件缩小，然后在第16到第21帧之间的任意一帧单击鼠标右键，从快捷菜单中选择“创建传统补间”命令，制作流光的动画效果。

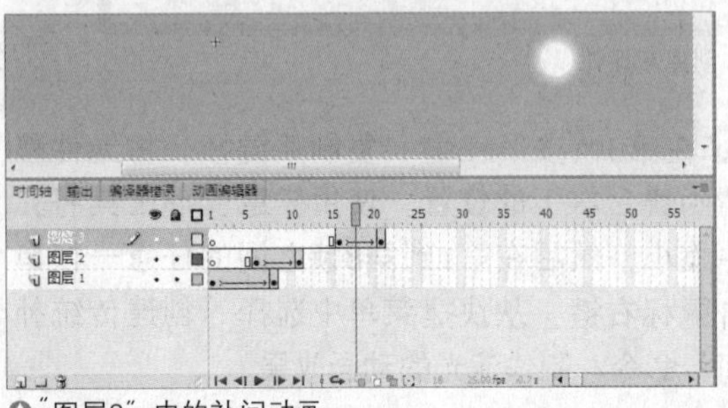

“图层3”中的补间动画

12 新建“图层4”，在第29帧按下F7键，插入空白关键帧，然后将库面板中的“流光”图形元件再次拖曳到舞台右侧的位置，此时的其他图层中的元件已经消失。在第34帧按下F6键，复制关键帧，将元件向右下移动一些位置，使用任意变形工具将元件缩小，然后在第29到第34帧之间的任意一帧单击鼠标右键，从快捷菜单中选择“创建传统补间”命令，制作流光的动画效果。

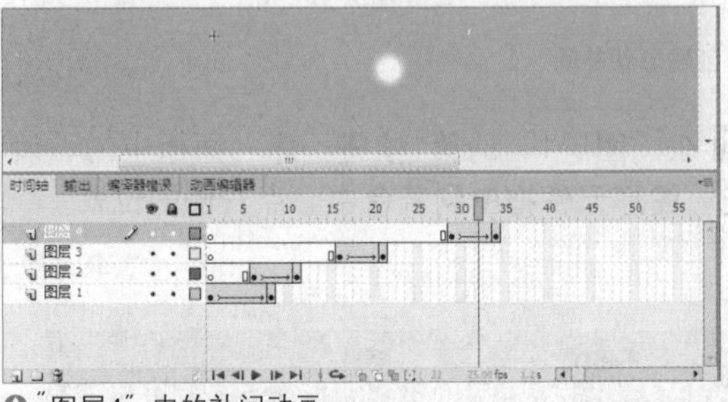

“图层4”中的补间动画

13 新建“图层5”，在第34帧按下F7键，插入空白关键帧，然后将“库”面板中的“流光”图形元件再次拖曳到舞台右侧的位置，此时的其他图层中的元件已经消失。在第39帧按下F6键，复制关键帧，将元件向左下移动一些位置，使用任意变形工具将元件缩小，然后在第34到第39帧之间的任意一帧单击鼠标右键，从快捷菜单中选择“创建传统补间”命令，制作流光的动画效果。最后将时间轴延续到第65帧。

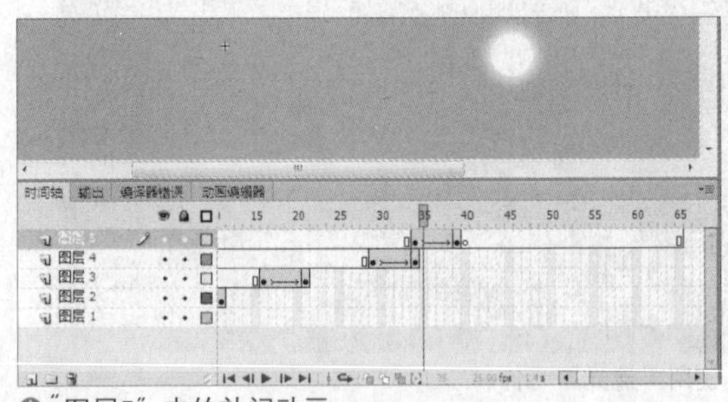

“图层5”中的补间动画

14 按下快捷键Ctrl+F8新建元件，在打开的对话框中设置“名称”为“登场动画”、“类型”为影片剪辑，然后单击“确定”按钮。

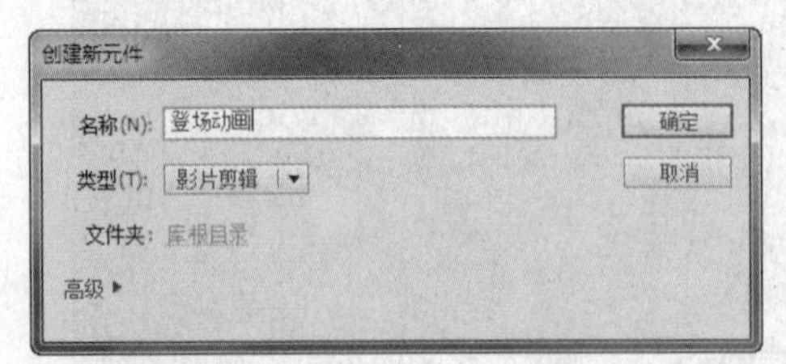

创建新元件

15 在“图层1”的第1帧将库面板中的5902.png拖曳到舞台中，将时间轴延续到第100帧。

“图层1”内容

16 新建“图层2”，在第59帧按下F7键，插入空白关键帧，将“库”面板中的“喷泉”图形元件拖曳到舞台画面中心的位置。

17 在第64帧和67帧按下F6键，复制关键帧，然后使用任意变形工具将这两帧中的“喷泉”图形元件放大，64帧的元件比67帧的元件稍大一些。

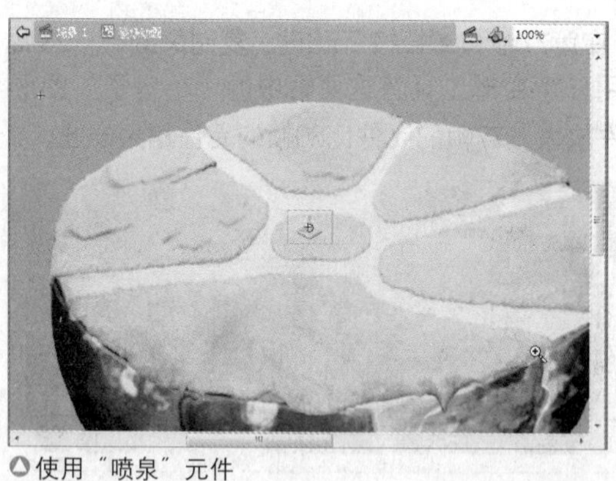

使用“喷泉”元件

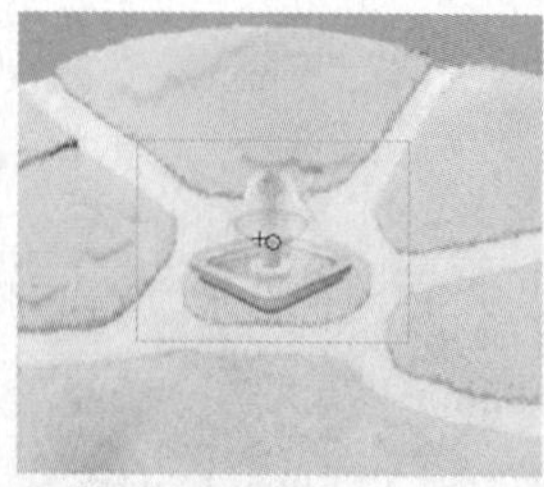
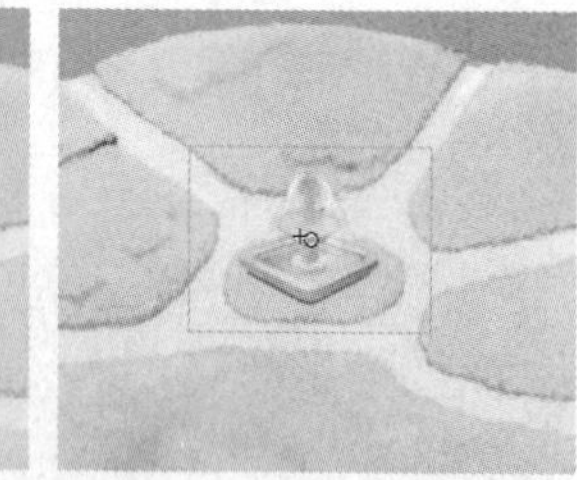

第64帧和第67帧的“喷泉”元件

18 在第59帧到64帧、64帧到67帧之间的任意一帧单击鼠标右键，从快捷菜单中选择“创建传统补间”命令，制作喷泉的动画效果。

创建传统补间

19 新建“图层3”，在第67帧按下F7键，插入空白关键帧，将“库”面板中的“幼儿园”图形元件拖曳到舞台画面左侧的位置。

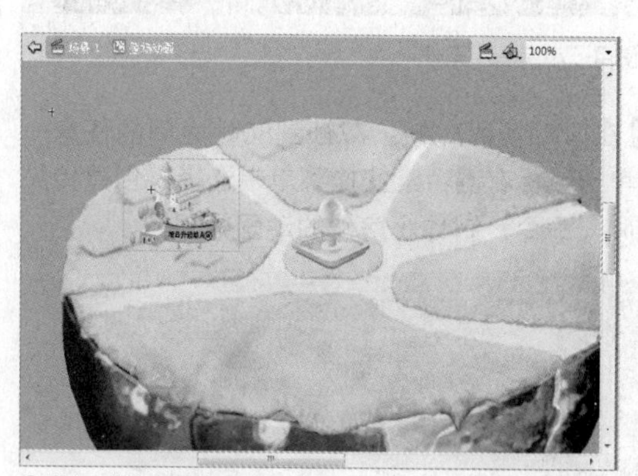

使用“幼儿园”元件

20 在第72帧和75帧按下F6键，复制关键帧，然后使用任意变形工具将这两帧中的“幼儿园”图形元件放大，72帧的元件比75帧的元件稍大一些。

第72帧和75帧的“幼儿园”元件

21 在第67帧到72帧、72帧到75帧之间的任意一帧单击鼠标右键，从快捷菜单中选择“创建传统补间”命令，制作幼儿园的动画效果。

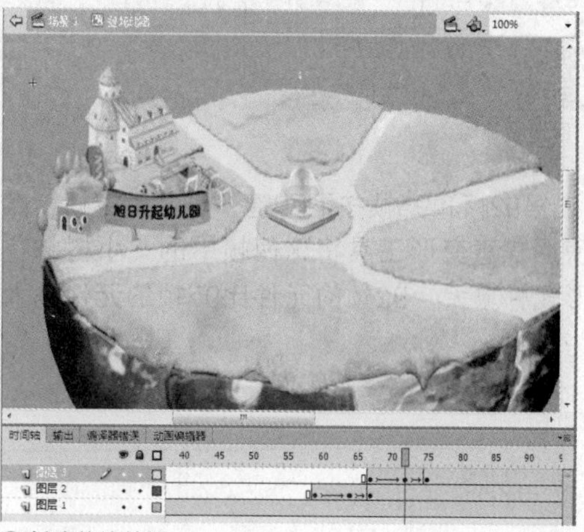

创建传统补间

22 新建“图层4”，在第72帧按下F7键，插入空白关键帧，将“库”面板中的“小房子”图形元件拖曳到舞台画面喷泉下方的位置。

使用“小房子”元件

23 在第77帧和80帧按下F6键，复制关键帧，然后使用任意变形工具将这两帧中的“小房子”图形元件放大，77帧的元件比80帧的元件稍大一些。

第77帧和80帧的“小房子”元件

24 在第72帧到77帧、77帧到80帧之间的任意一帧单击鼠标右键，从快捷菜单中选择“创建传统补间”命令，制作小房子的动画效果。

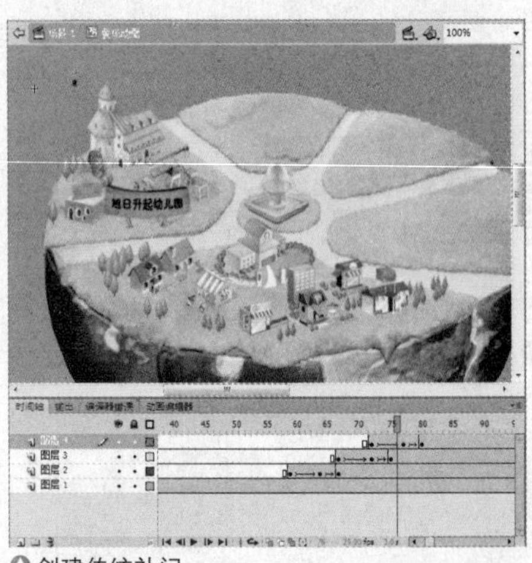

创建传统补间

25 新建“图层5”，在第87帧按下F7键，插入空白关键帧，将“库”面板中的“小树林”图形元件拖曳到舞台画面喷泉右上方的位置。

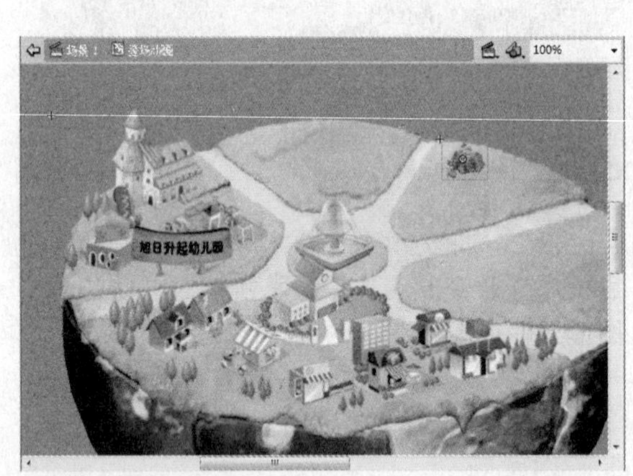

使用“小树林”元件

26 在第92帧和95帧按下F6键，复制关键帧，然后使用任意变形工具将这两帧中的“小树林”图形元件放大，92帧的元件比95帧的元件稍大一些。

第92帧和95帧的“小树林”元件

27 在第87帧到92帧、92帧到95帧之间的任意一帧单击鼠标右键，从快捷菜单中选择“创建传统补间”命令，制作小树林的动画效果。

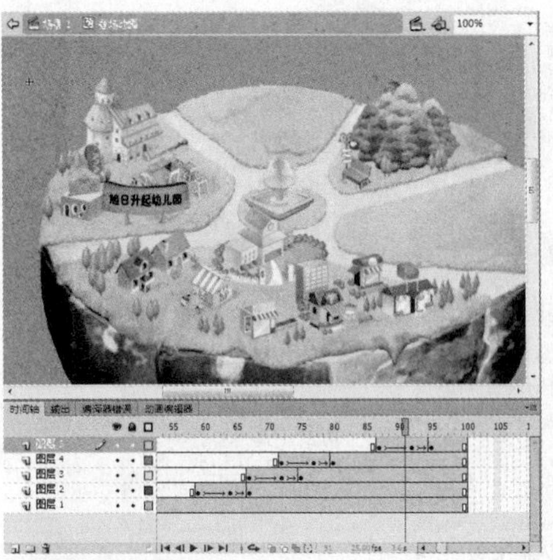

△ 创建传统补间

28 新建“图层6”，在第77帧按下F7键，插入空白关键帧，将“库”面板中的“酒店”图形元件拖曳到舞台画面喷泉右侧的位置。

△ 使用“酒店”元件

29 在第82帧和85帧按下F6键，复制关键帧，然后使用任意变形工具将这两帧中的“酒店”图形元件放大，82帧的元件比85帧的元件稍大一些。

△ 第82帧和85帧的“酒店”元件

30 在第77帧到82帧、82帧到85帧之间的任意一帧单击鼠标右键，从快捷菜单中选择“创建传统补间”命令，制作酒店的动画效果。

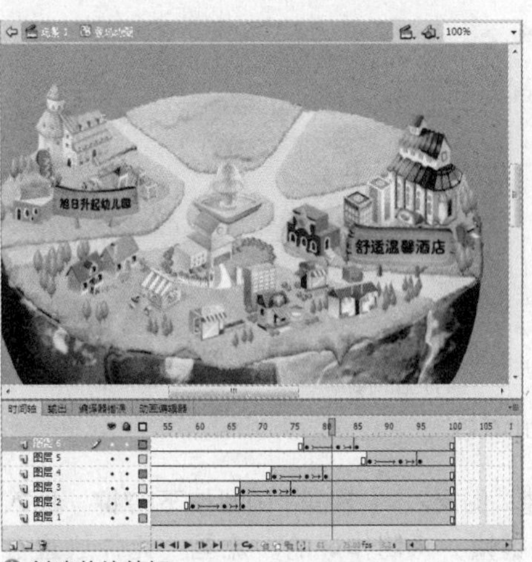

△ 创建传统补间

31 新建“图层7”，在第82帧按下F7键，插入空白关键帧，将“库”面板中的“大楼”图形元件拖曳到舞台画面喷泉上方的位置。

△ 使用“大楼”元件

32 在第87帧和90帧按下F6键，复制关键帧，然后使用任意变形工具将这两帧中的“大楼”图形元件放大，87帧的元件比90帧的元件稍大一些。

△第82帧和85帧的“大楼”元件

33 在第82帧到87帧、87帧到90帧之间的任意一帧单击鼠标右键，从快捷菜单中选择“创建传统补间”命令，制作大楼的动画效果。

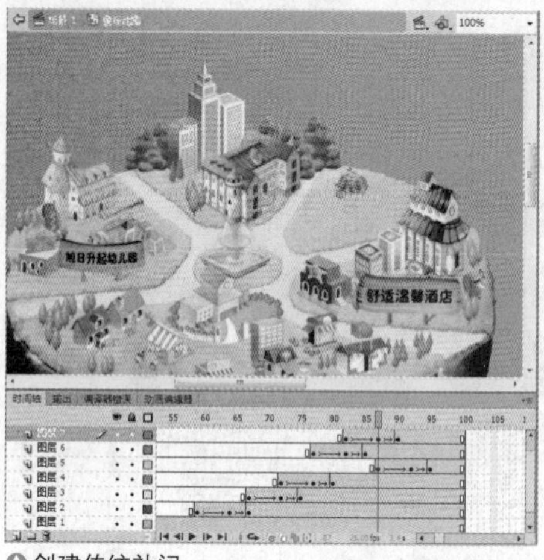

△创建传统补间

34 新建“图层8”，在第100帧按下F9键，打开动作面板，输入如下动作代码，停止时间轴播放。

```
Stop();
```

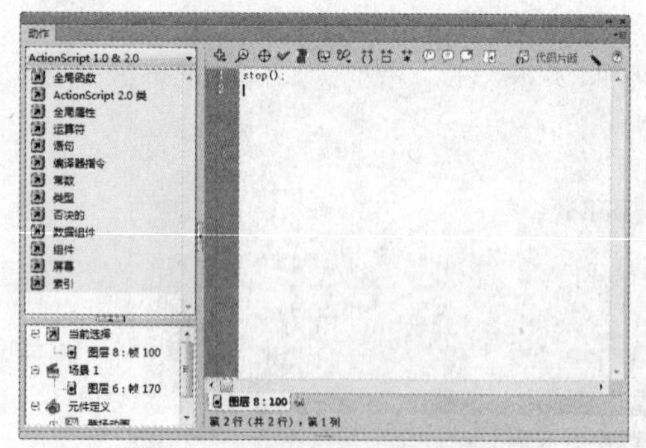

△输入动作代码

35 回到主场景，从“库”面板中将5901.jpg图像拖曳到“图层1”的第1帧。

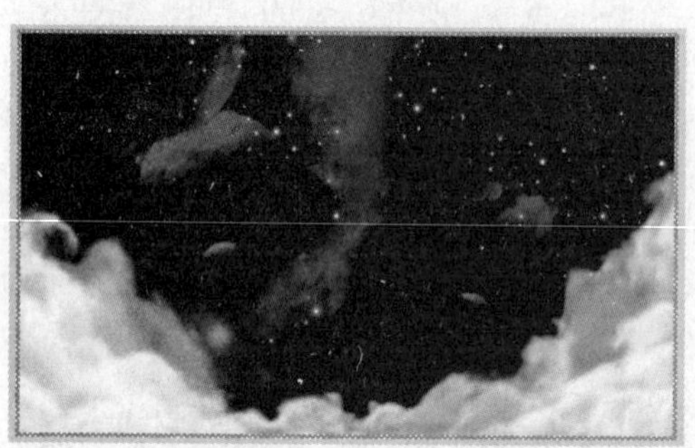

△使用位图图像

36 新建“图层2”，在第110帧按下F7键，插入空白关键帧，将制作好的“流星”元件放置在舞台右上角。

△使用“流星”元件

37 新建“图层3”，在第140帧按下F7键，插入空白关键帧，将制作好的“流光球”元件放置在舞台左上的位置。

△使用“流光球”元件

38 新建“图层4”，选择第1帧，将制作好的“登场动画”元件放置在舞台下方的位置。

△使用“登场动画”元件

39 在第95帧按下F6键，复制关键帧，然后将“登场动画”元件向上移动到舞台中央。并在第1帧到第95帧之间制作传统补间动画，制作“登场动画”元件向上移动的动画效果。

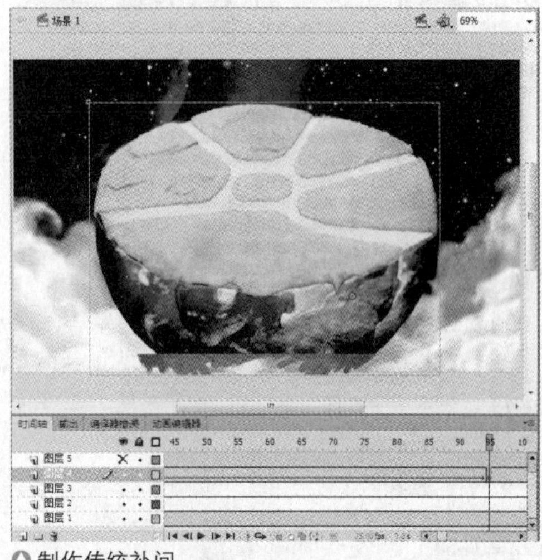

△制作传统补间

40 新建“图层5”，选择第一帧，将5909.png从“库”面板中拖曳到舞台。

△使用位图图像

41 新建“图层6”，在第170帧按下F9键，打开动作面板，输入如下动作代码，停止时间轴播放。

```
Stop();
```

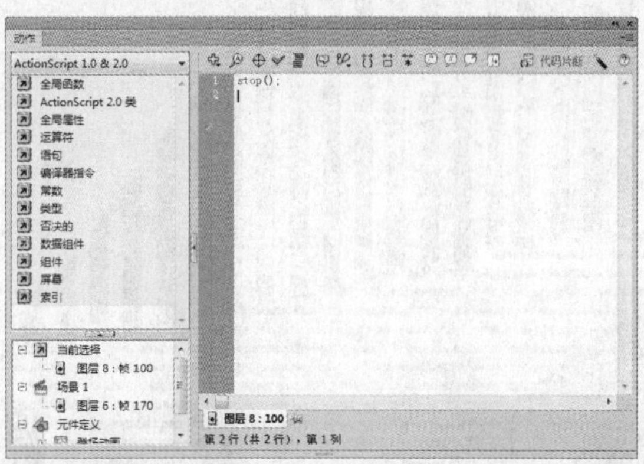

△输入动作代码

42 按下快捷键Ctrl+Enter测试动画，就可以看到3D动画的效果了。

△测试动画

Chapter 15

Flash宣传动画

运用Flash制作产品的宣传广告，会达到一种特殊的宣传效果。网站Flash广告是网络广告中最为时尚，最流行的广告形式。很多电视广告也采用flash进行设计制作，因为它对于界面元素的可控性以及所表达的效果具有很大的诱惑。

UNIT 45 相机广告动画

实例分析：本实例制作的是一个相机广告动画效果，使用简洁的画面，突出了相机的主题形象，以及关键性能，给浏览者以深刻的印象。

主要技术：影片剪辑动画

最终文件	Sample\Ch15\Unit45\camera-end.fla
初始文件	Sample\Ch15\Unit45\camera.fla
视频文件	Video\Ch15\Unit45\Unit45.wmv

1 打开Sample\Ch15\Unit45\camera.fla文件，按下快捷键Ctrl+L打开“库”面板，在按钮文件夹下按下快捷键Ctrl+F8，建立新元件，设置“类型”为影片剪辑、“名称”为button。打开“高级”选项，勾选“启用9切片缩放比例辅助线”复选框，然后单击“确定”按钮。

△ 创建新元件

2 在9切片辅助线围绕的正中间部分绘制一个蓝色边框的矩形，在9切片左侧的区域绘制一个蓝色填充的矩形和一个白色填充的三角形。

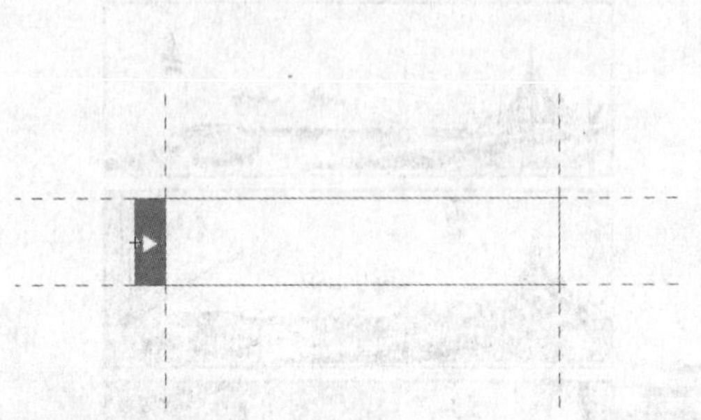

△ 利用9切片辅助线绘制矩形

3 按下快捷键Ctrl+L打开“库”面板，在按钮文件夹下按下快捷键Ctrl+F8，建立新元件，设置“类型”为按钮、“名称”为but1，然后单击“确定”按钮。

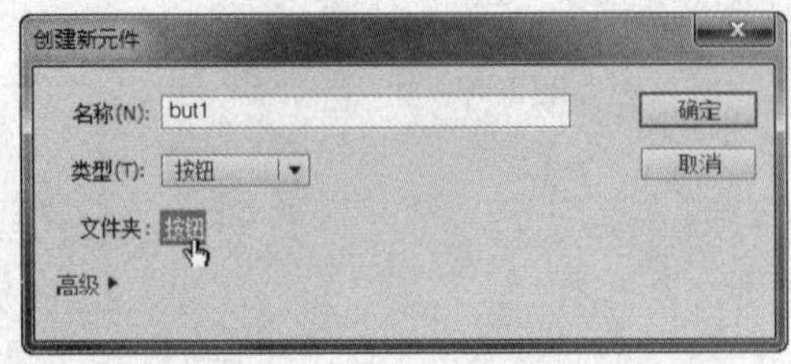

△ 创建新元件

4 将“图层1”命名为button，然后将建立好的button影片剪辑元件拖曳到“弹起”帧。

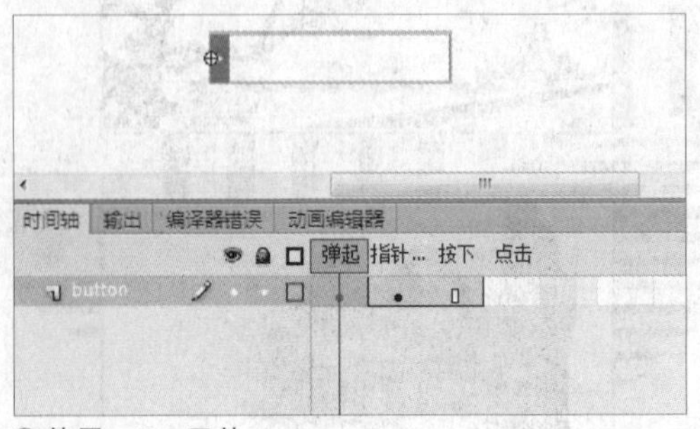

△ 使用button元件

5 在“指针经过”帧按下F6键，复制关键帧，然后使用任意变形工具放大button按钮。由于9切片辅助线的作用，按钮的内容区域被放大，按钮的左侧蓝色部分保持不变。

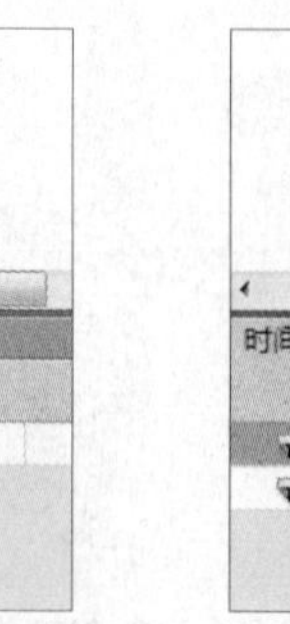

△“指针经过”帧画面

6 新建text层，在“弹起”帧输入“外观样式”文字，在“指针经过”帧按下F6键，复制关键帧，继续在后面输入“超大外观液晶显示屏”文字。

△ Text层内容

7 在“库”面板的but1按钮上单击鼠标右键，从快捷菜单中选择“直接复制”命令，在弹出对话框中输入“名称”为but2，然后单击“确定”按钮。这样操作两次后得到but2和but3另外两个按钮元件。

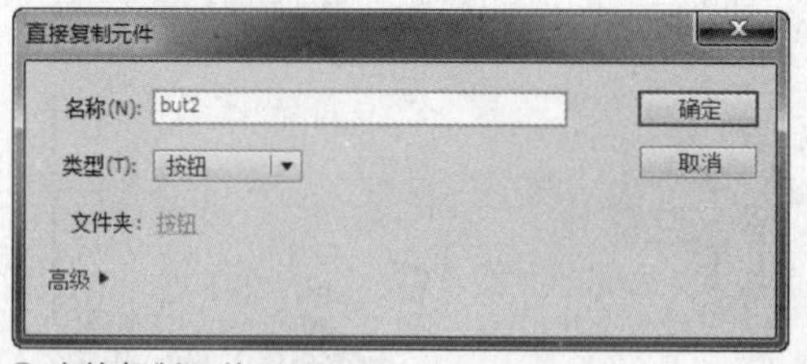

△ 直接复制元件

8 在“库”面板中双击复制的but2按钮，修改两段文字内容分别为“性能特征”和“Digishot主要性能参数介绍”。

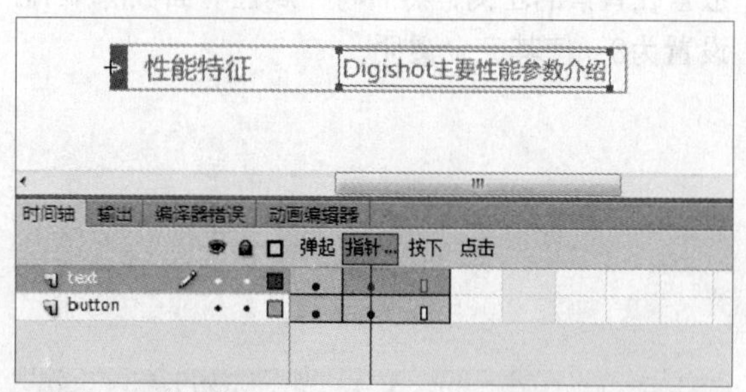

△ 修改but2按钮文字

9 在“库”面板中双击复制的but3按钮，修改两段文字内容分别为“摄影摄像”和“超高分辨率摄影摄像”。

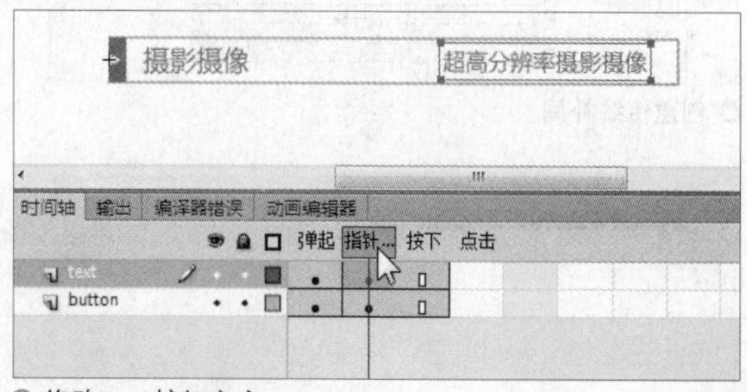

△ 修改but3按钮文字

10 回到主场景，从“库”面板中将“图像”文件夹下的“背景”元件拖曳到“背景”层的第1帧，延续到第42帧。

△ 使用“背景”元件

11 新建“图像”层文件夹，然后建立product层，在第1帧将“库”面板中“图像”文件夹下的product元件拖曳到舞台，放置在背景的右下角，然后将属性面板的Alpha设置为0，使其完全透明。

12 在第20帧按下F6键，复制关键帧，恢复100%的Alpha值，使其完全显示。然后在第1帧至20帧之间的任意一帧单击鼠标右键，从快捷菜单中选择“创建传统补间”命令，制作product从透明到显示的渐变效果。

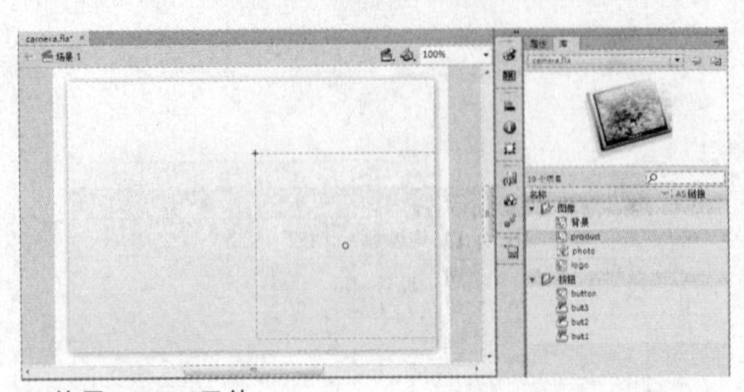
使用product元件

创建传统补间

13 在“图像”层文件夹下新建logo层，在第10帧按下F7键，插入空白关键帧，将“库”面板中“图像”文件夹下的logo元件拖曳到舞台，放置在背景的左侧，然后将“属性”面板的Alpha设置为0，使其完全透明。

14 在第25帧按下F6键，复制关键帧，恢复100%的Alpha值，使其完全显示。然后在第10帧至25帧之间的任意一帧单击鼠标右键，从快捷菜单中选择“创建传统补间”命令，制作Logo从透明到显示的渐变效果。

使用logo元件

创建传统补间

15 在“图像”层文件夹下新建mask层，在第10帧按下F7键，插入空白关键帧，绘制一个任意颜色填充的矩形条，放置在Logo的顶部。

绘制的矩形条

16 在第30帧按下F6键，复制关键帧，使用任意变形工具放大矩形，使其完全遮挡住Logo的位置。然后在第10帧至30帧之间的任意一帧单击鼠标右键，从快捷菜单中选择“创建形状补间”命令，制作矩形自顶部落下的动画效果。

○ 创建形状补间

17 在mask层上单击鼠标右键，从快捷菜单中选择“遮罩层”命令，遮挡住Logo层，制作Logo边透明度渐显，边自上而下显示的效果。

○ 遮罩效果

18 在时间轴上新建“按钮”层文件夹，在该文件夹中建立but1层，在第25帧按下F7键，将“库”面板中“按钮”文件夹下的button元件拖曳到舞台，放置在背景的左下角，然后将“属性”面板的Alpha设置为0，使其完全透明。

○ 使用button元件

19 在第30帧按下F6键，复制关键帧，恢复100%的Alpha值，使其完全显示。然后在属性面板中设置“亮度”为50%，将button元件向上移动到适当的位置。

○ 第30帧画面

20 在第35帧按下F6键，复制关键帧，恢复默认的亮度值，然后使用任意变形工具，将button元件水平放大到文字能够显示的大小。

21 在第25~30帧、30-35帧之间分别单击鼠标右键，从快捷菜单中选择“创建传统补间”命令，制作button影片剪辑元件的动画效果。

22 在第36帧按下F6键，复制关键帧，将but1按钮从“库”面板放置到button元件上方。

○ 第35画面

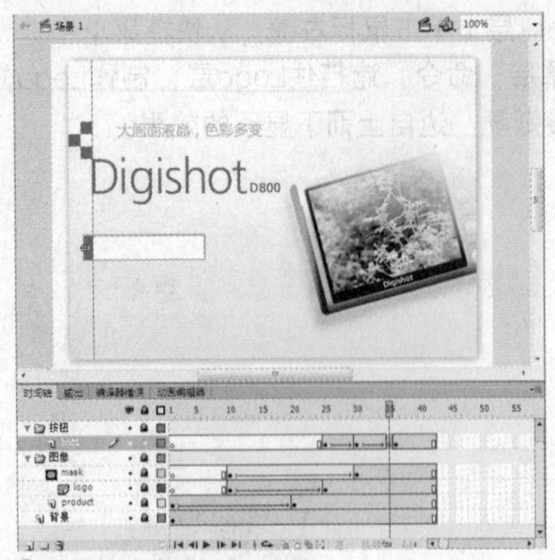

△ 创建传统补间

△ 使用but1元件

23 在时间轴的“按钮”文件夹中建立but2层，在第28帧按下F7键，将“库”面板中“按钮”文件夹下的button元件拖曳到舞台，放置在背景的左下角，然后将属性面板的Alpha设置为0，使其完全透明。

△ 使用button元件

24 在第33帧按下F6键，复制关键帧，恢复100%的Alpha值，使其完全显示。然后在属性面板中设置“亮度”为50%，将button元件向上移动到适当的位置。

△ 第33帧画面

25 在第38帧按下F6键，复制关键帧，恢复默认的亮度值，然后使用任意变形工具，将button元件水平放大到文字能够显示的大小。

△ 第38帧画面

26 在第28~33帧、33~38帧之间分别单击鼠标右键，从快捷菜单中选择“创建传统补间”命令，制作button影片剪辑元件的动画效果。

△ 创建传统补间

27 在第38帧按下F6键，复制关键帧，将but2按钮从“库”面板放置到button元件上方。

使用but2元件

28 在时间轴的“按钮”文件夹中建立but3层，在第31帧按下F7键，将“库”面板中“按钮”文件夹下的button元件拖曳到舞台，放置在背景的左下角，然后将“属性”面板的Alpha设置为0，使其完全透明。

使用button元件

29 在第36帧按下F6键，复制关键帧，恢复100%的Alpha值，使其完全显示。然后在属性面板中设置“亮度”为50%，将button元件向上移动到适当的位置。

第36帧画面

30 按照相同的办法，在第41帧按下F6 键，复制关键帧，恢复默认的亮度值，然后使用任意变形工具，将button元件水平放大到文字能够显示的大小。然后在第31~36帧、36~41帧之间分别单击鼠标右键，从快捷菜单中选择“创建传统补间”命令，制作button影片剪辑元件的动画效果。最后在第42帧按下F6键，复制关键帧，将but3按钮从“库”面板置于button元件上方。

使用but3元件

31 在时间轴的“按钮”层文件夹外新建Script层，在第42帧按下F7键，插入空白关键帧，然后按下F9键，打开动作面板，输入如下动作代码，停止时间轴播放。

```
this.stop();
```

32 按下快捷键Ctrl+Enter测试动画，就可以看到相机广告的动画效果了。

测试动画

UNIT 46 旅游广告动画

实例分析：本实例制作的是一个旅游广告，使用中国传统的水墨画技法，展现出一幅幅水乡画面，使人产生身临其境之感。

主要技术：影片剪辑动画、补间动画

最终文件	Sample\Ch15\Unit46\travel-end.fla
初始文件	Sample\Ch15\Unit46\travel.fla
视频文件	Video\Ch15\Unit46\Unit46.wmv

1 打开Sample\Ch15\Unit46\travel.fla文件，按下快捷键Ctrl+F8新建名为“船”的影片剪辑元件，利用遮罩层制作水波纹波动的动画效果。

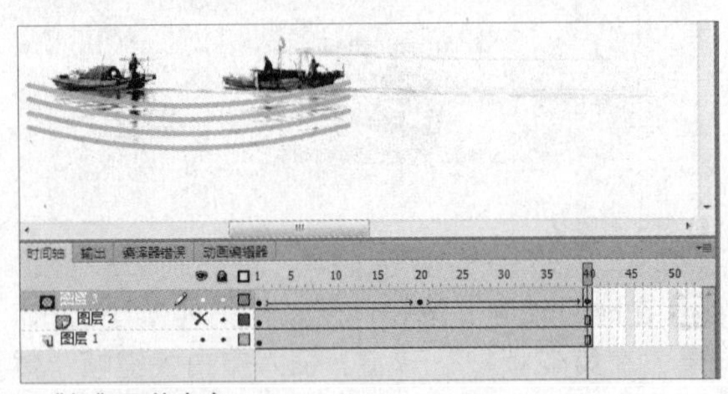

△“船”元件内容

3 制作一组遮罩层，将制作好的“船”元件放到“船”层的第一帧，在“船遮罩”层制作船的显示区域。

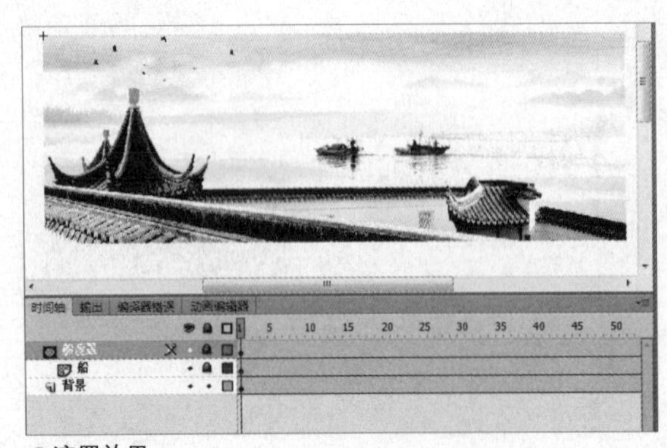

△遮罩效果

2 按下快捷键Ctrl+F8新建名为“春”的影片剪辑元件，将“图层1”命名为“背景”，将“库”面板中的“春.jpg”图像放到舞台，将最后一帧延续到第445帧。

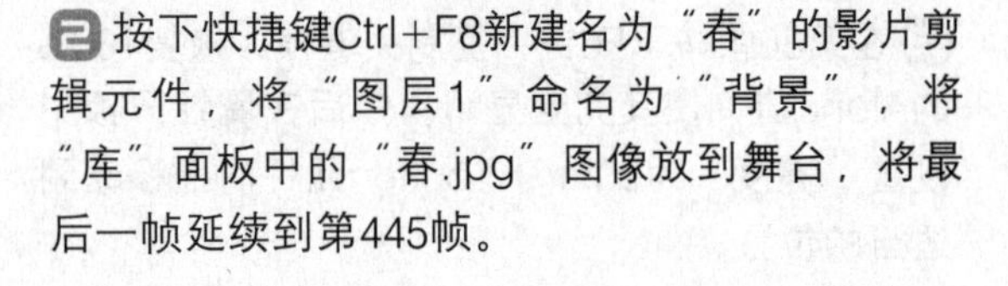

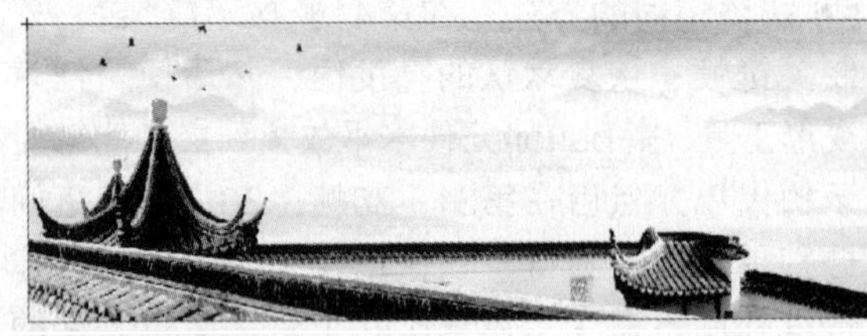

△“背景”层内容

4 打开“库”面板中名为“花遮罩1”的影片剪辑元件，可以看到，元件建立了34层共68组形状补间，制作出花枝伸展和花开绽放的补间动画效果。

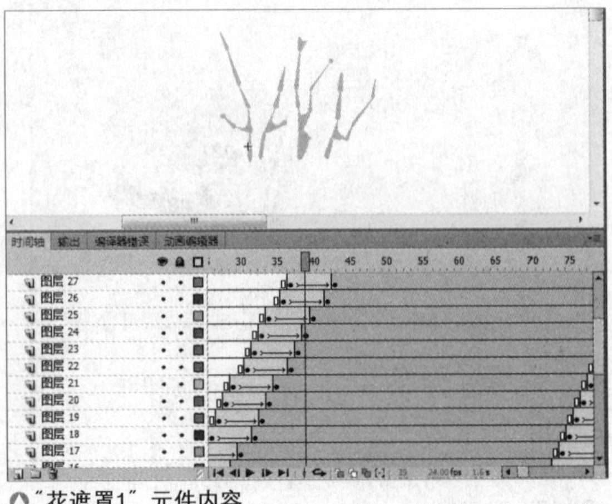

△“花遮罩1”元件内容

5 打开“库”面板中名为“花遮罩2”的影片剪辑元件，可以看到，元件建立了33层共66组形状补间，制作出另外一簇花枝伸展和花开绽放的补间动画效果。

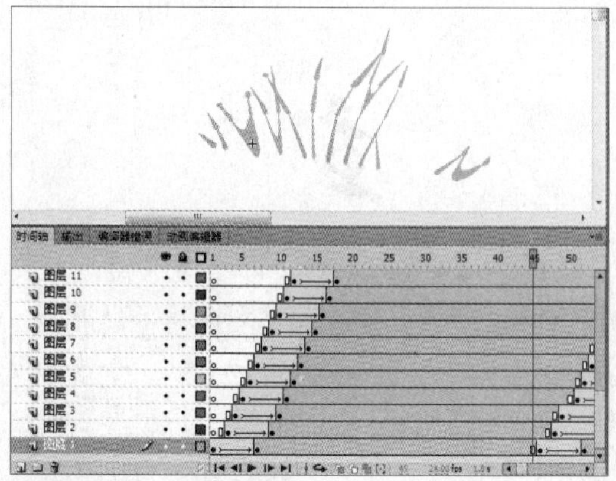

“花遮罩2”元件内容

6 同样，打开“库”面板中名为“花遮罩3”的影片剪辑元件，可以看到，元件建立了18层共36组形状补间，制作出第3簇花枝伸展和花开绽放的补间动画效果。

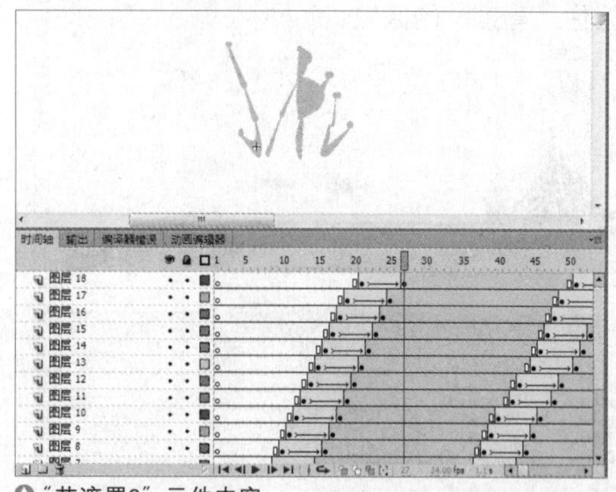

“花遮罩3”元件内容

7 按下快捷键Ctrl+F8新建名为“花遮罩”的影片剪辑元件，在“图层1”、“图层2”和“图层3”中将建立好的“花遮罩1”、“花遮罩2”和“花遮罩3”放到对应图层的第1、30、80帧，总帧数为420帧。

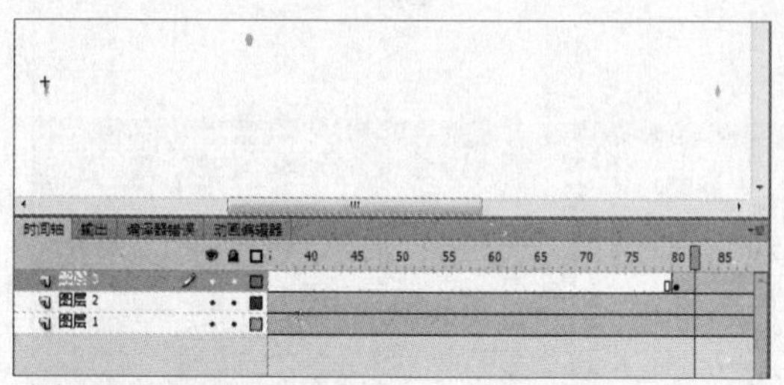

“花遮罩”元件内容

8 回到“春”影片剪辑元件内，制作一组遮罩层，将制作好的“花”元件放到“花”层的第50帧，在“花遮罩”层使用“花遮罩”元件遮挡“花”层。

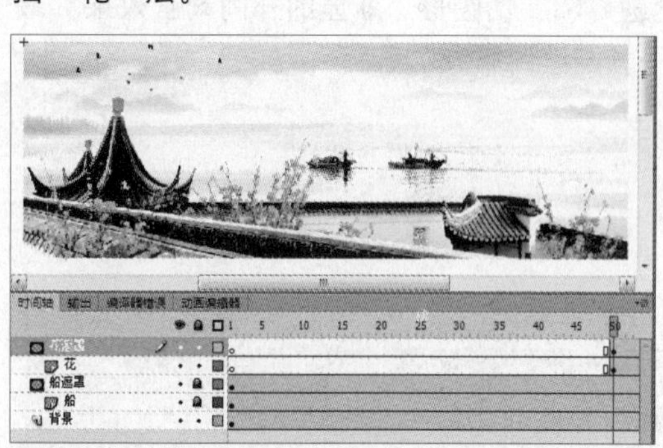

遮罩效果

9 按下快捷键Ctrl+F8新建名为“花瓣”的影片剪辑元件，新建多个“花瓣漂浮”层，制作“花瓣漂浮”元件飘在空中的动画效果，读者可参考光盘源文件查看每个图层的元件所在的具体帧数和位置。

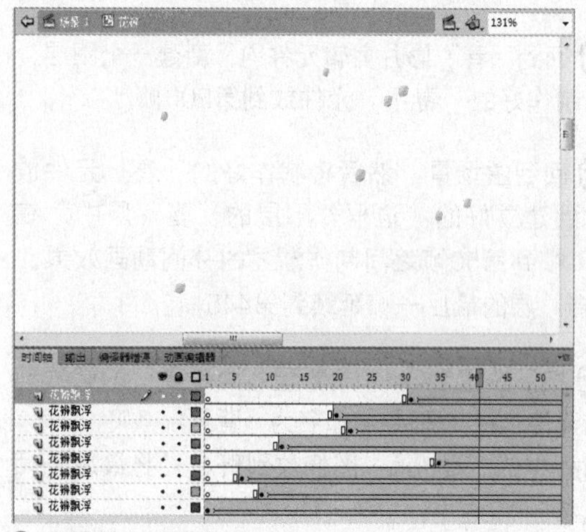

“花瓣”元件内容

10 回到“春”影片剪辑元件内，制作一组遮罩层，将制作好的“花瓣”元件放到“花瓣”层的第150帧、“花瓣2”层的第207帧、“花瓣3”层的第226帧，在“花瓣遮罩”层使用矩形遮挡住“背景”的区域。

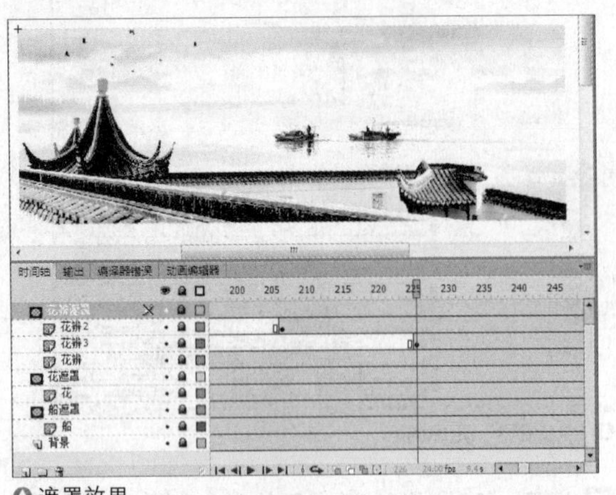

△遮罩效果

11 打开“库”面板中名为“春字”的影片剪辑元件，使用了多组遮罩层制作书写毛笔字的动画效果，最后一帧延续到第252帧。

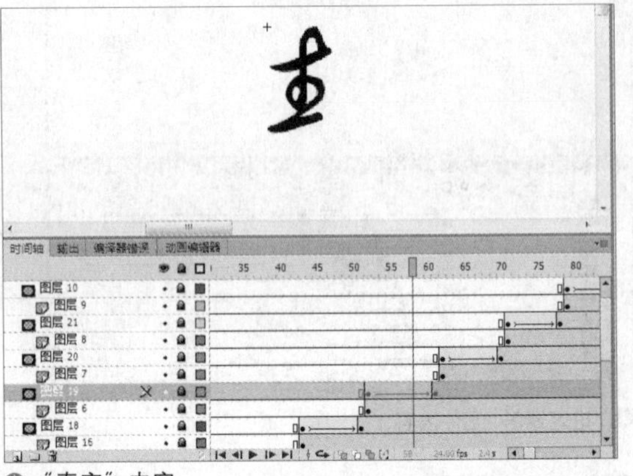

△“春字”内容

12 按下快捷键Ctrl+F8新建名为“恬字”的影片剪辑元件，在“图层1”、“图层2”中制作“恬圆”和“恬图形”渐显的补间动画效果，最后一帧延续到第280帧。

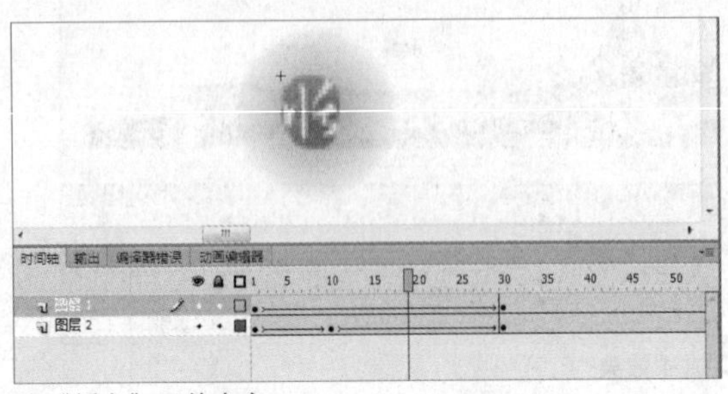

△“恬字”元件内容

13 回到“春字”影片剪辑元件内，新建一个图层，将制作好的“恬字”元件放到第90帧。

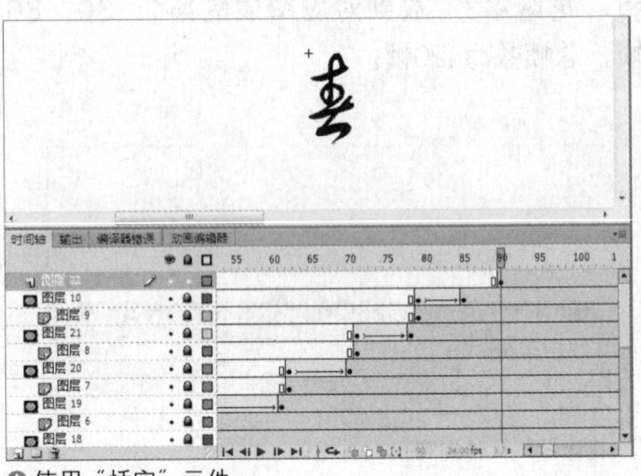

△使用“恬字”元件

14 回到“春”影片剪辑元件内，新建一个图层，将制作好的“春字”元件放到第200帧。

15 回到主场景，然后将制作好的“春”元件放置到建立好的“边框”下层的“春”层中，在第1帧到第50帧之间制作渐显的补间动画效果。“春”层的最后一帧延续到第445帧。

16 按下快捷键Ctrl+F8新建名为“夏”的影片剪辑元件，将“图层1”命名为“背景”，将“库”面板中的“夏.jpg”图像放到舞台，将最后一帧延续到第360帧。

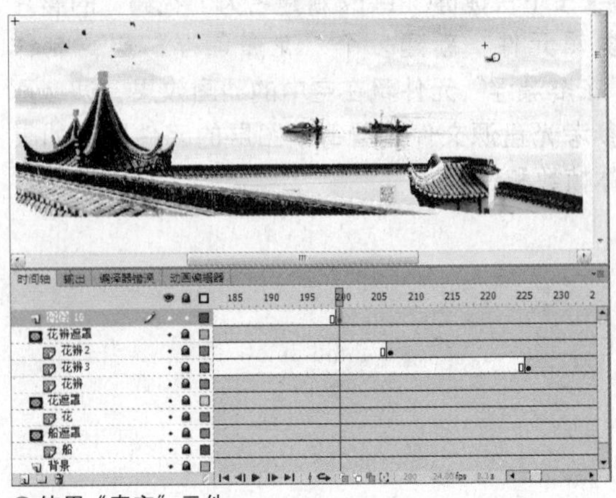

△使用“春字”元件

△“春”层内容

△“背景”层内容

17 制作一组遮罩层，将制作好的“船”元件放到“船”层的第1帧，在“船遮罩”层制作船的显示区域。

18 新建多个图层，分别使用已经建立好的“竹”、“水滴效果”、“水滴效果1”、“水滴效果2”和“水滴效果3”元件，放置在不同的关键帧，并使用一个遮罩层中的矩形遮挡住被遮罩层显示的区域。读者可参考光盘源文件查看每个图层的元件所在的具体帧数和位置。

△遮罩效果

△遮罩效果

19 打开“库”面板中名为“夏字”的影片剪辑元件，使用了多组遮罩层制作书写毛笔字的动画效果，最后一帧延续到第301帧。

20 新建一个图层，将制作好的“恬字”元件放到第90帧。

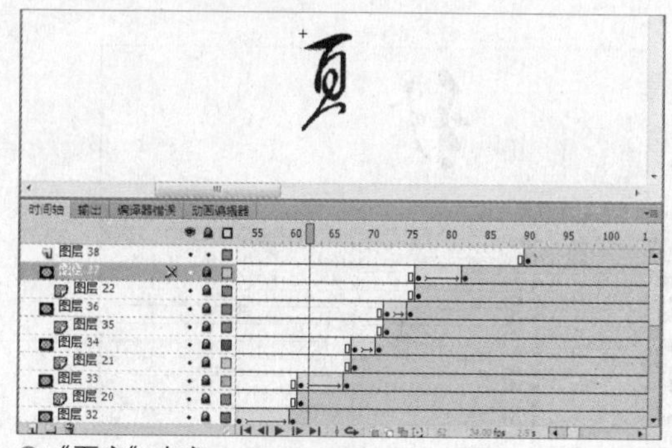

△“夏字”内容

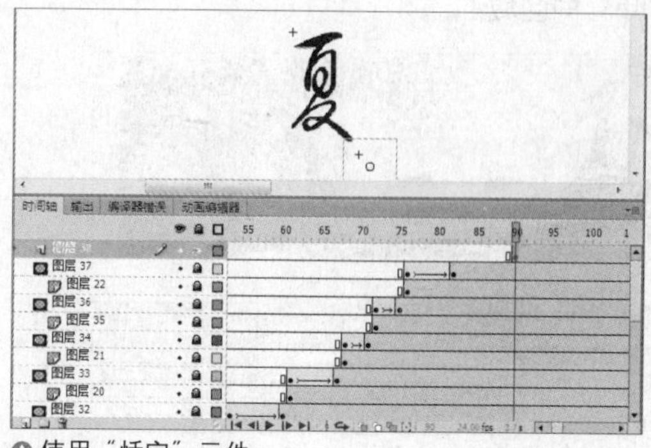

△使用“恬字”元件

21 回到主场景，然后将制作好的“夏”元件放置到建立好的“边框”下层的“夏”层中，在第385帧到第445帧之间制作渐显的补间动画效果。“夏”层的最后一帧延续到第745帧。

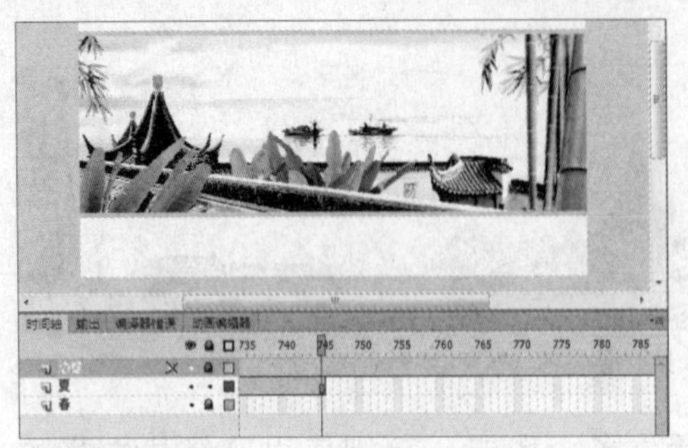

“夏”层内容

22 按下快捷键Ctrl+F8新建名为“秋”的影片剪辑元件，将“图层1”命名为“背景”，将“库”面板中的“秋.jpg”图像放到舞台，将最后一帧延续到第340帧。

“背景”层内容

23 制作一组遮罩层，将制作好的“船”元件放到“船”层的第一帧，在“船遮罩”层制作船的显示区域。

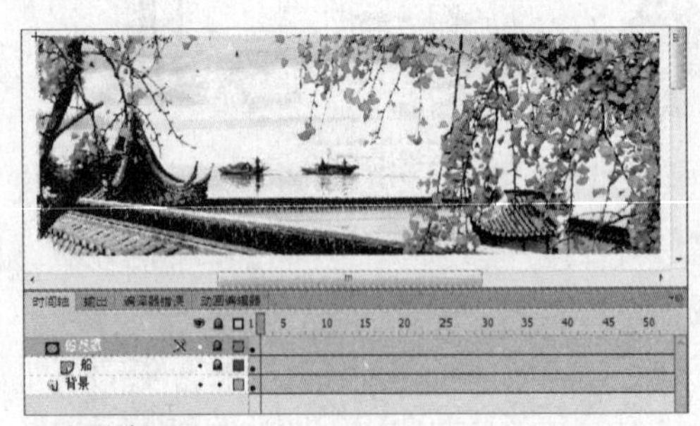

遮罩效果

24 按下快捷键Ctrl+F8新建名为“树叶”的影片剪辑元件，新建多个“树叶效果”层，制作“树叶效果”元件飘在空中的动画效果，读者可参考光盘源文件查看每个图层的元件所在的具体帧数和位置。

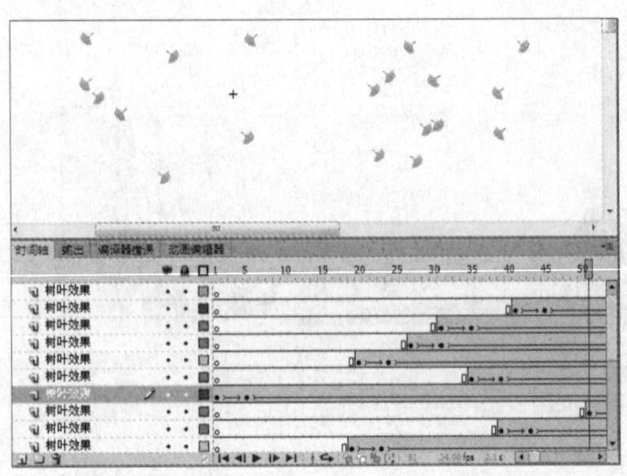

“树叶”元件内容

25 回到“秋”影片剪辑元件内，制作一组遮罩层，将制作好的“树叶”元件放到“树叶”层的第85帧，在“树叶遮罩”层使用矩形遮挡住“树叶”的区域。

遮罩效果

26 打开“库”面板中名为“秋字”的影片剪辑元件，使用了多组遮罩层制作书写毛笔字的动画效果，最后一帧延续到第261帧。

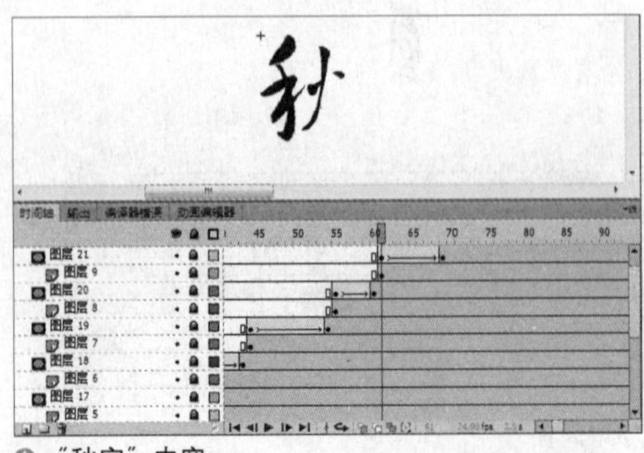

“秋字”内容

27 新建一个图层，将制作好的“恬字”元件放到第75帧。

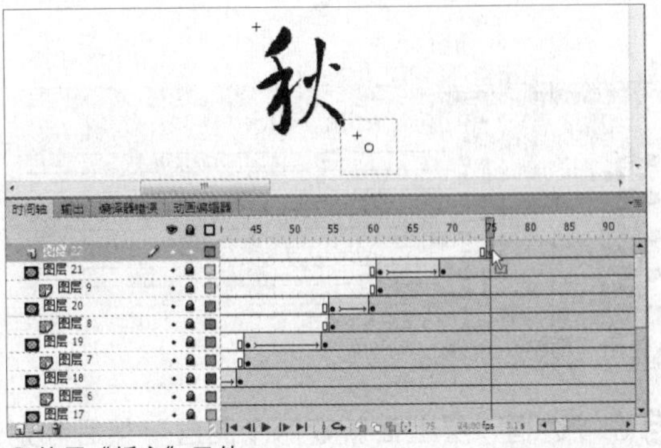

△ 使用“恬字”元件

28 回到主场景，然后将制作好的“秋”元件放置到建立好的“边框”下层的“秋”层中，在第705帧到第745帧之间制作渐显的补间动画效果。“秋”层的最后一帧延续到第1045帧。

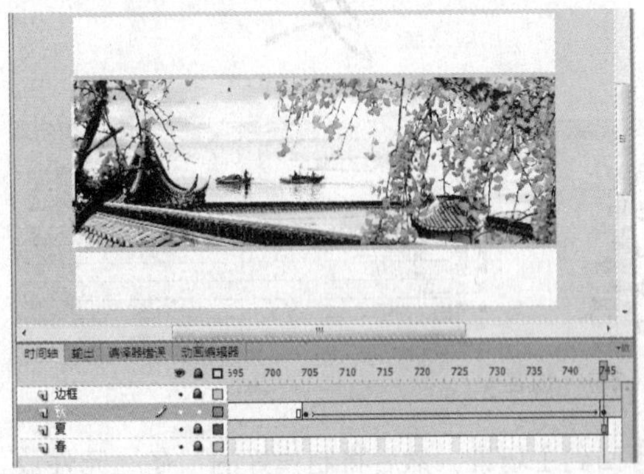

△“秋”层内容

29 按下快捷键Ctrl+F8新建名为“冬”的影片剪辑元件，将“图层1”命名为“背景”，将“库”面板中的“冬.jpg”图像放到舞台，将最后一帧延续到第400帧。

△“背景”层内容

30 制作一组遮罩层，将制作好的“船”元件放到“船”层的第1帧，在“船遮罩”层制作船的显示区域。

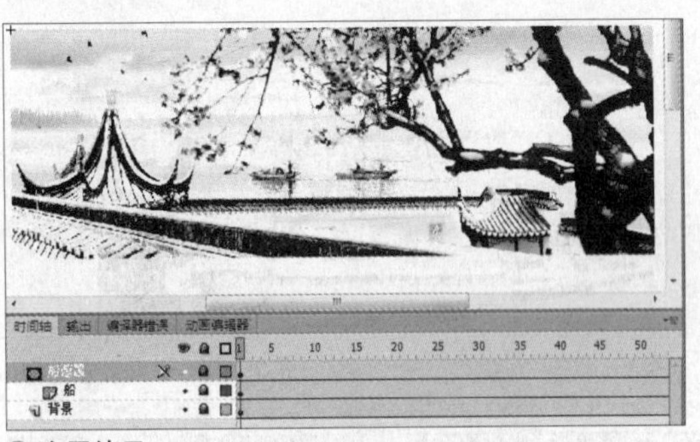

△ 遮罩效果

31 按下快捷键Ctrl+F8新建名为“雪效果”的影片剪辑元件，新建多个图层，制作“雪”元件飘在空中的动画效果，读者可参考光盘源文件查看每个图层的元件所在的具体帧数和位置。

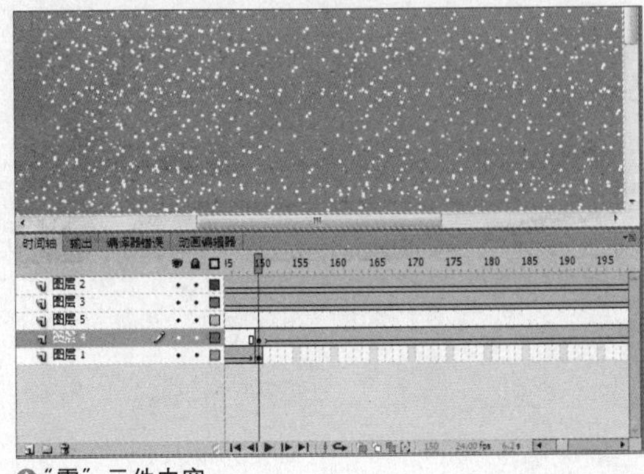

△“雪”元件内容

32 回到“冬”影片剪辑元件内，制作一组遮罩层，将制作好的“雪效果”元件放到“雪”层的第50帧，在“雪遮罩”层使用矩形遮挡住“背景”的区域。

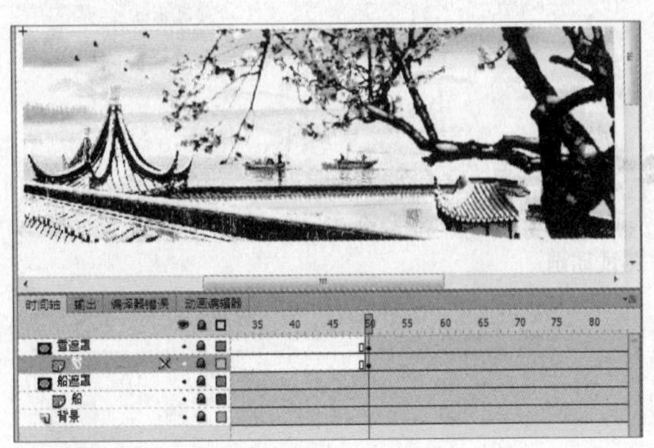

△ 遮罩效果

33 打开“库”面板中名为“冬字”的影片剪辑元件，使用了多组遮罩层制作书写毛笔字的动画效果，最后一帧延续到第281帧。

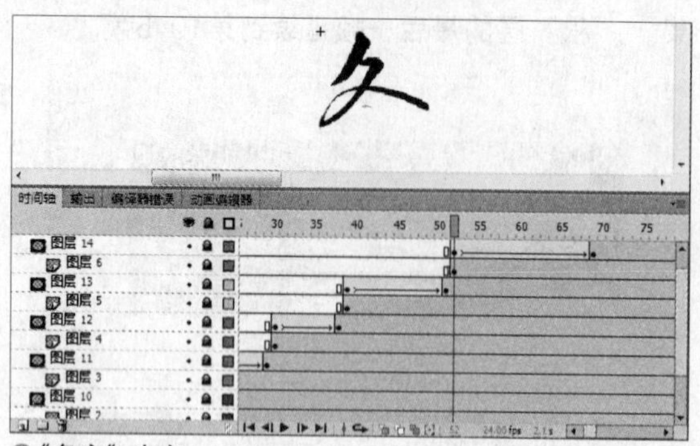

△“冬字”内容

34 新建一个图层，将制作好的“恬字”元件放到第75帧。

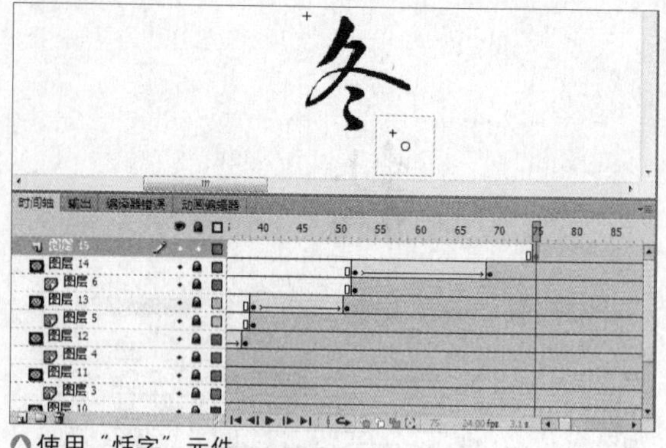

△使用“恬字”元件

35 回到主场景，然后将制作好的“冬”元件放置到建立好的“边框”下层的“冬”层中，在第1015帧到第1045帧之间制作渐显的补间动画效果。“冬”层的最后一帧延续到第1320帧。

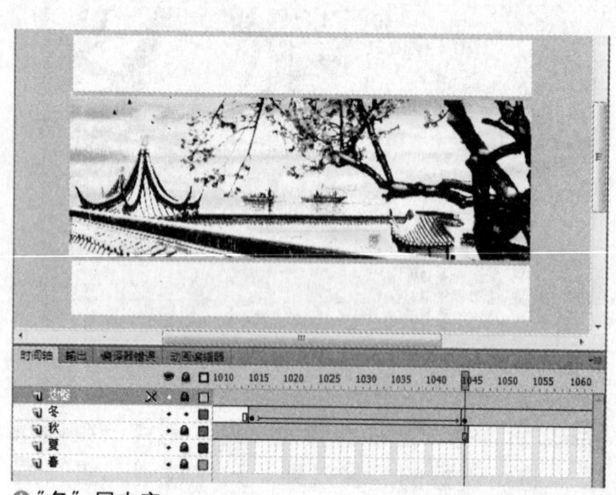

△“冬”层内容

36 在“边框”层上面新建两个图层，然后分别制作两个白色的矩形由上至下、由下至上的传统补间动画，直至最后一帧遮盖住舞台中的全部画面。

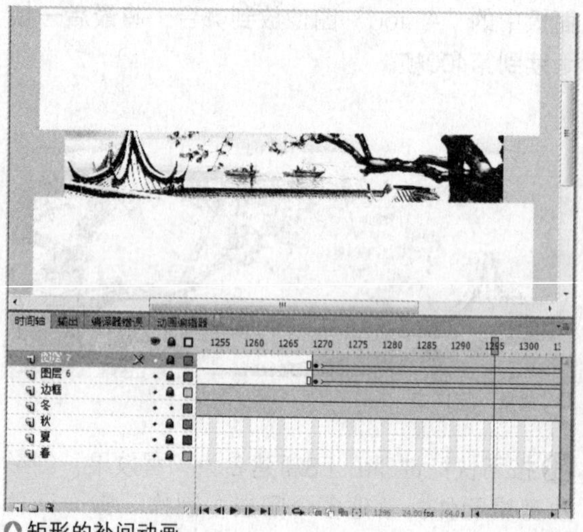

△矩形的补间动画

37 按下快捷键Ctrl+Enter测试动画，就可以看到旅游广告动画的效果了。

△测试动画

UNIT 47 汽车广告动画

实例分析：本实例制作的是一个汽车广告，通过多个场景画面的切换，利用轮廓线制作特殊的动画效果，展现汽车的现代感、动作感和速度感。

主要技术：逐帧动画

最终文件	Sample\Ch15\Unit47\car-end.fla
初始文件	Sample\Ch15\Unit47\car.fla
视频文件	Video\Ch15\Unit47\Unit47.wmv

❶ 打开Sample\Ch15\Unit47\car.fla文件，按下快捷键Ctrl+L打开“库”面板，打开“loading效果”图形元件，在“图层2”的第1至10帧制作“线框小汽车”元件从右侧开到左侧的动画效果。在“图层1”的第10至17帧制作“黑白小汽车”从透明到显示的补间动画效果。将这两层的动画延续到第29帧。然后在“图层2”的第30至45帧制作“线框小汽车”向左侧开出画面并消失的补间动画。

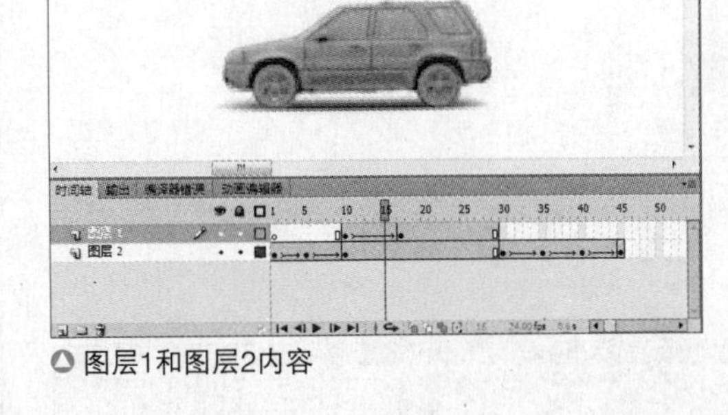

△ 图层1和图层2内容

❷ 在“图层3”和“图层4”中制作了遮罩动画效果，使用了“彩色小汽车”元件，制作红色的汽车色彩从左下到右上渐显的遮罩效果。并在“图层3”的第30至40帧制作“彩色小汽车”向左侧开出画面并消失的补间动画。

△ 图层3和图层4内容

❸ 在剩余的5个图层中制作了传统补间和形状补间两种动画，制作了汽车右侧的几段文字和线条变化的动画效果。

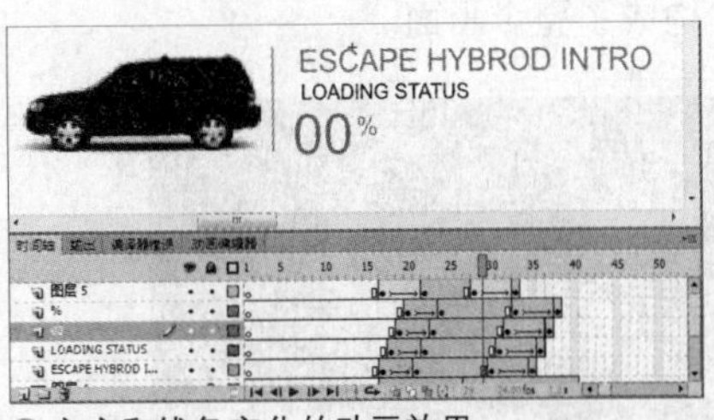

△ 文字和线条变化的动画效果

❹ 回到主场景，将“图层1”命名为“loading效果”，将制作好的“loading效果”图形元件放到这层的第1至45帧。

❺ 新建“开场音乐”图层，在第45、120、160、485、499、865帧分别使用“库”面板中提供的“开场音乐.mp3”、“开场音乐2.mp3”、“背景音乐1.mp3”、“开场音乐2.mp3”、“背景音乐2.mp3”、“间隔声音.mp3”。最后延续到第891帧。

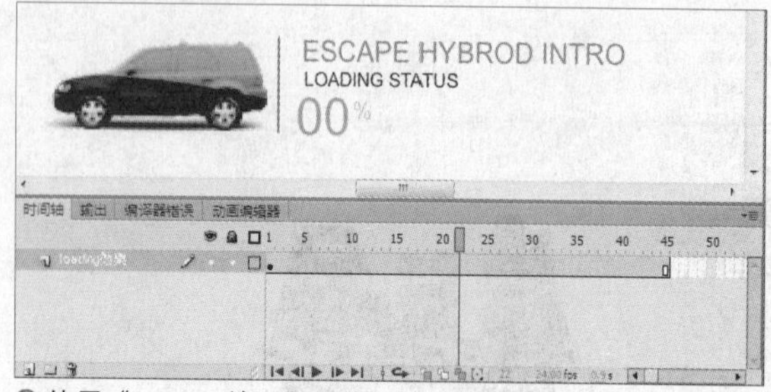

△ 使用"loading效果"元件

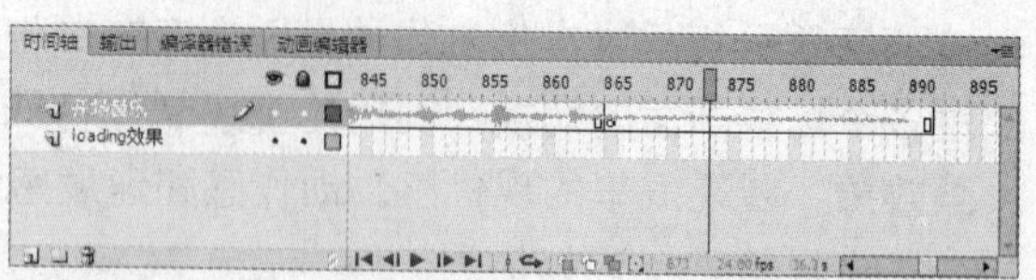
△ "开场音乐"图层内容

6 新建"开场文字"图层，在第50至75帧制作"开场文字"元件渐显，第110至120制作"开场文字"元件渐隐的动画效果。

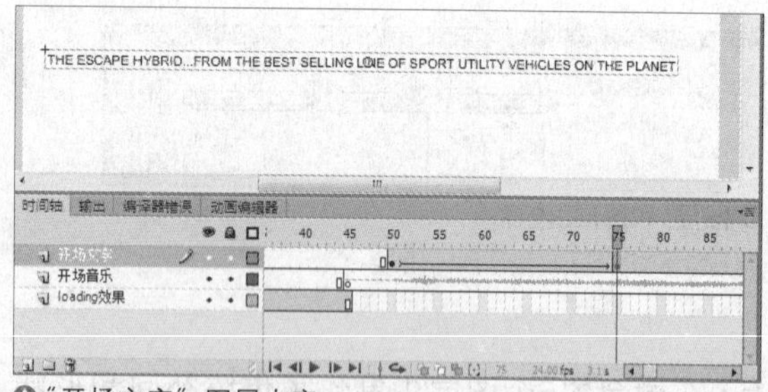

△ "开场文字"图层内容

7 按下快捷键Ctrl+F8新建"后备箱"图形元件，"图层2"和"图层4"组成一组遮罩层，制作"后备箱轮廓"元件在第1至5帧渐显的动画效果。"图层3"和"图层5"组成一组遮罩层，制作"内景"元件在第5至10帧渐显的动画效果。

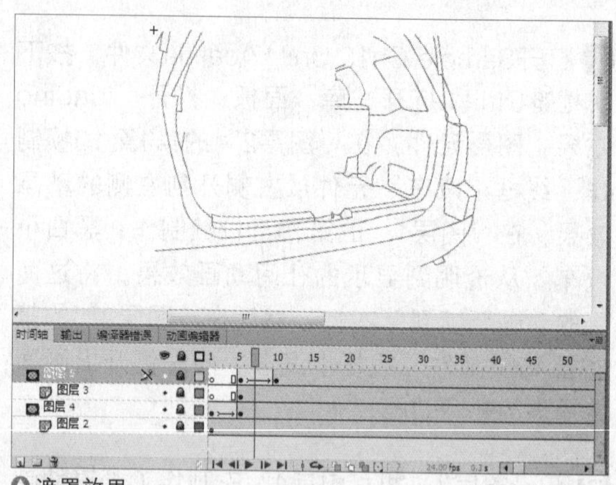
△ 遮罩效果

8 新建"图层6"，制作"后备箱外景"元件从第10至30帧的渐显效果。新建"图层1"，制作"后备箱原型"从第10至30帧的渐显效果。这两个元件构成了整个画面。

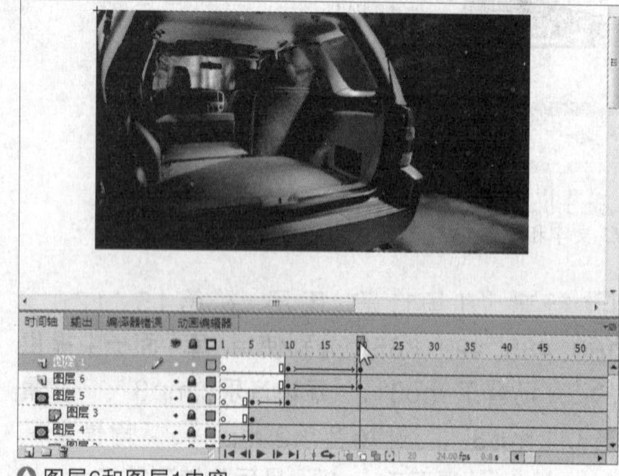
△ 图层6和图层1内容

9 在"图层1"和"图层6"之间建立"图层7"和"图层8"，分别制作"树林"和"窗外景"元件从第20帧至第25帧从透明至显示的补间动画效果。

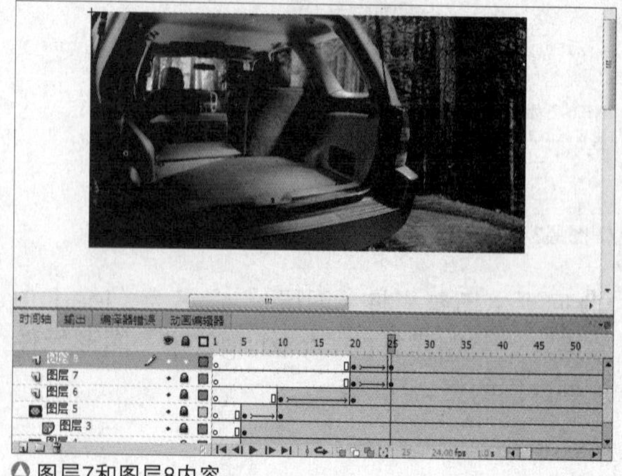
△ 图层7和图层8内容

10 新建“图层10”和“图层11”，组成一组遮罩层，制作树林位置线条运动的遮罩效果。

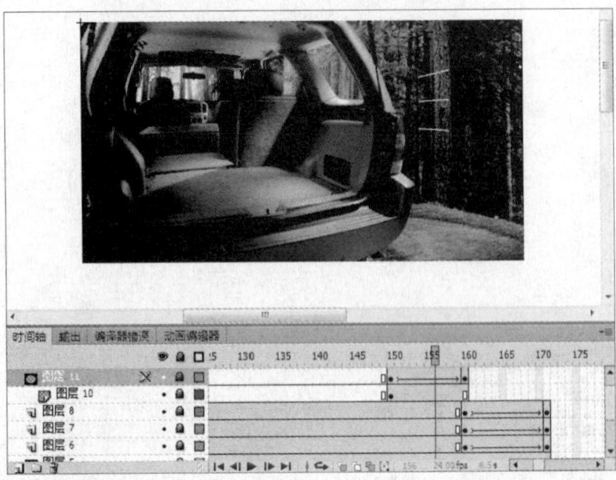

遮罩效果

11 分别在“图层2”、“图层3”、“图层6”、“图层7”和“图层8”的第160至171帧制作这些层的元件逐渐消失的动画效果。

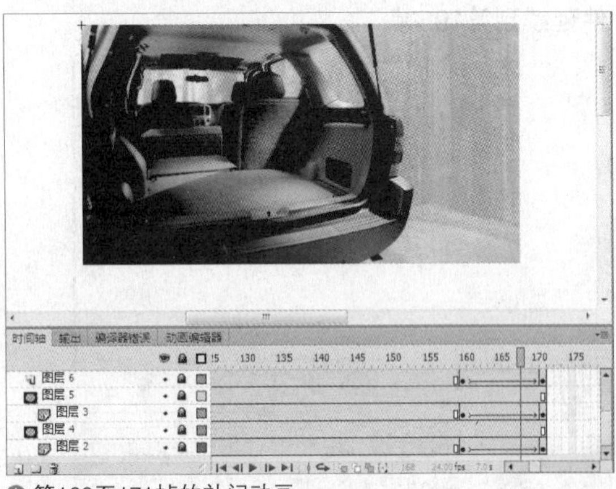

第160至171帧的补间动画

12 在“图层1”的第171至176帧制作“后备箱原型”逐渐消失的动画效果，至此，画面中的所有内容都消失了。

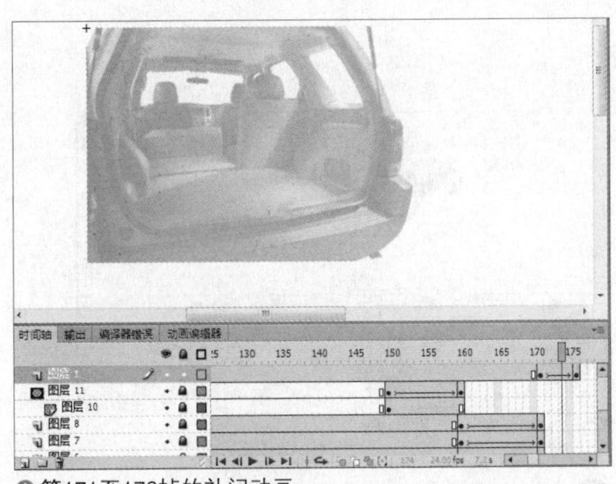

第171至176帧的补间动画

13 回到主场景，制作“后备箱”和“后备箱遮罩”的一组遮罩层，在第170帧使用“后备箱”图形元件，在“后备箱遮罩”层限制“后备箱”的显示范围。这两层的总帧数延续到第344帧。

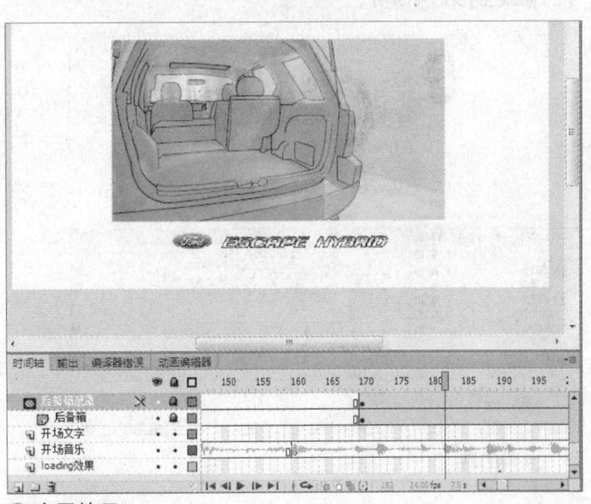

遮罩效果

14 新建“边框效果”图层，在第110帧将制作好的“3d边框”元件拖曳到舞台上，总帧数延续到第376帧。这个元件使用逐帧动画的方式制作好了边框的3d动画、最终消失的动画效果。

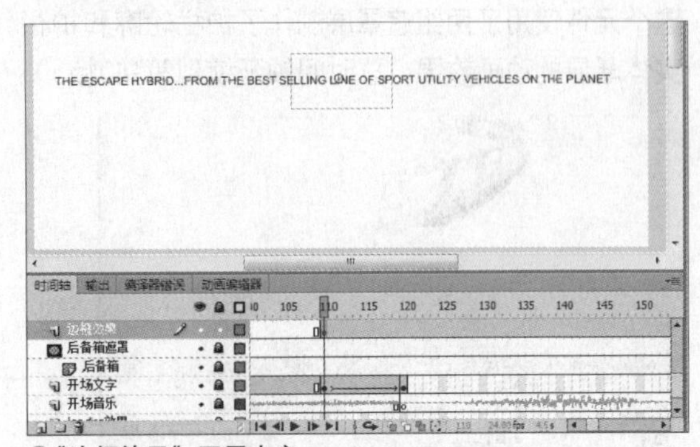

“边框效果”图层内容

15 按下快捷键Ctrl+F8新建“顶部文字”图形元件，元件分为4个图层，在每一层中制作每段文字依次渐显、停留和消失的动画效果。整个元件延续到第195帧。

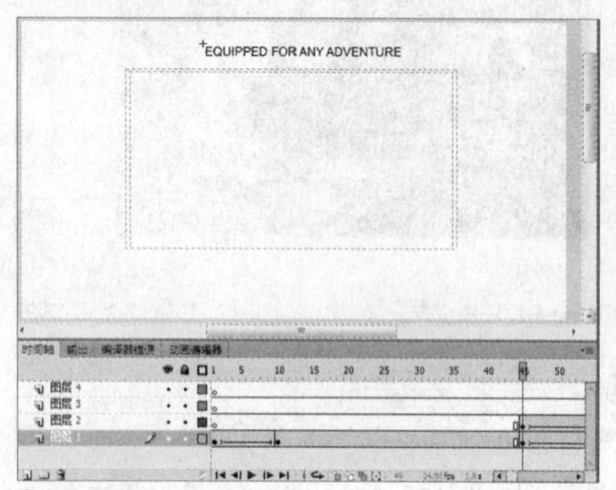

△“顶部文字”元件内容

16 回到主场景，新建“顶部文字”图层，在第160帧将制作好的“顶部文字”元件拖曳到舞台上，总帧数延续到第354帧。

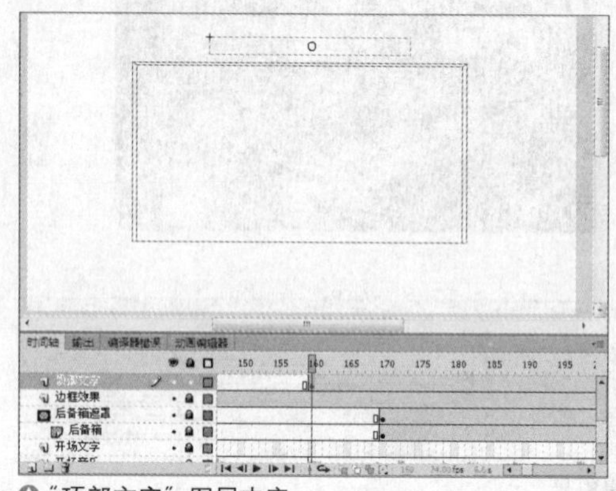
△“顶部文字”图层内容

17 按下快捷键Ctrl+F8新建“弯道车轮”图形元件，这个元件使用了多个补间动画和多组遮罩层制作了车轮和阴影渐显的动画效果。总时间轴延续到第140帧。

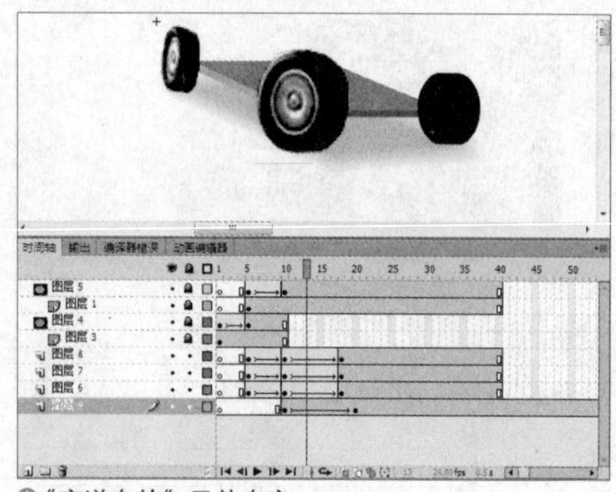
△“弯道车轮”元件内容

18 按下快捷键Ctrl+F8新建“弯道汽车”图形元件，这个元件使用了两组遮罩层制作了车轮廓和车实体渐显的动画效果。总时间轴延续到第140帧。

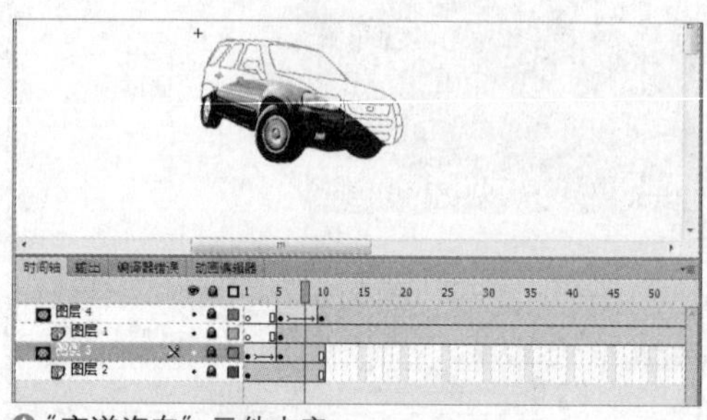
△“弯道汽车”元件内容

19 按下快捷键Ctrl+F8新建“护栏”图形元件，这个元件使用了两组遮罩层制作了护栏轮廓和护栏实体渐显的动画效果。总时间轴延续到第140帧。

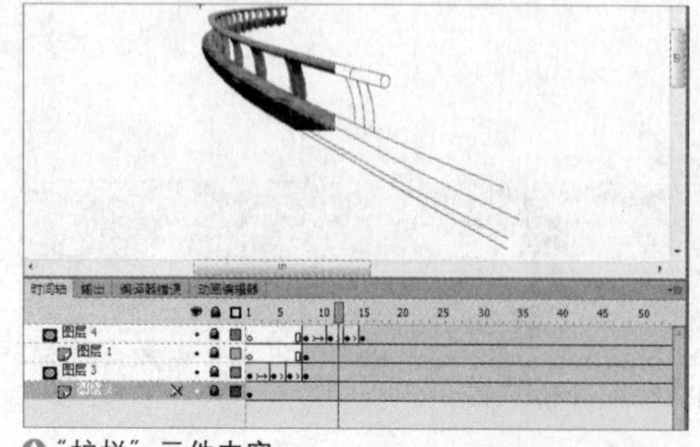
△“护栏”元件内容

20 按下快捷键Ctrl+F8新建“弯道文字”图形元件，这个元件使用了多个补间动画制作了3段文字渐显的动画效果。总时间轴延续到第110帧。

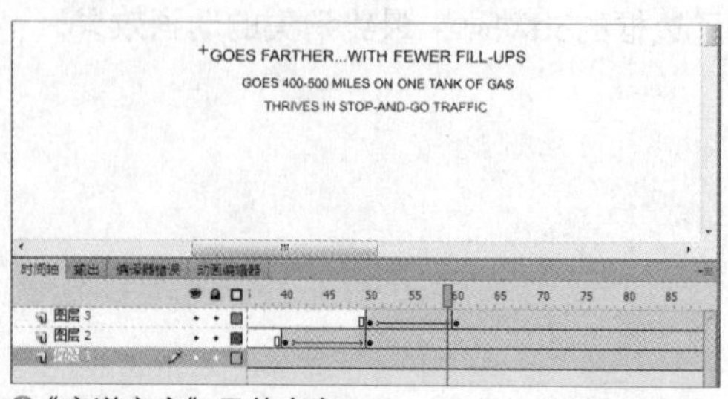

△“弯道文字”元件内容

21 按下快捷键Ctrl+F8新建“斜坡”图形元件，这个元件使用了两组遮罩层制作了斜坡轮廓和斜坡实体渐显的动画效果。总时间轴延续到第140帧。

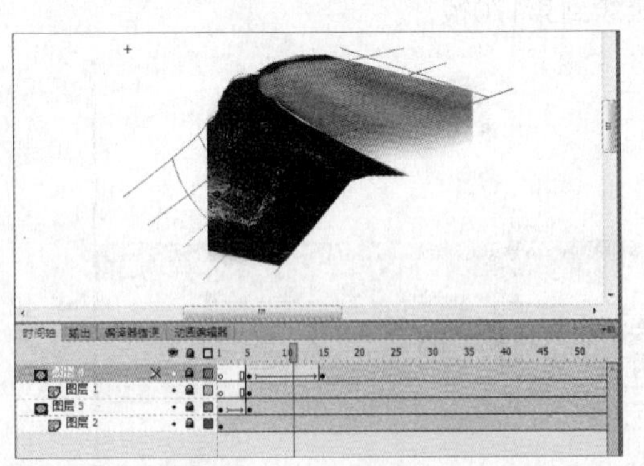

“斜坡”元件内容

22 按下快捷键Ctrl+F8新建“弯道外景”图形元件，这个元件使用了一组遮罩层和一个传统补间制作了弯道外景和轮廓线渐显的动画效果。总时间轴延续到第100帧。

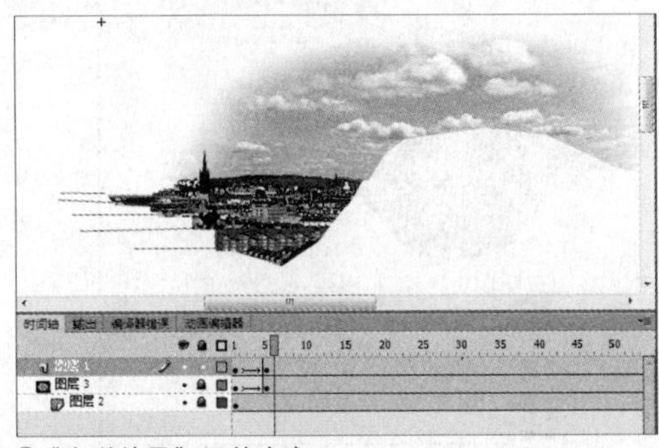

“弯道外景”元件内容

23 按下快捷键Ctrl+F8新建“弯道”图形元件，依次建立“弯道外景”、“斜坡”、“弯道车轮”、“汽车”、“护栏”、“弯道文字”等图层，将刚刚制作好的同名元件放置到对应图层的不同帧中，最后延续到第140帧，读者可参考光盘源文件查看每层出现元件的帧数。

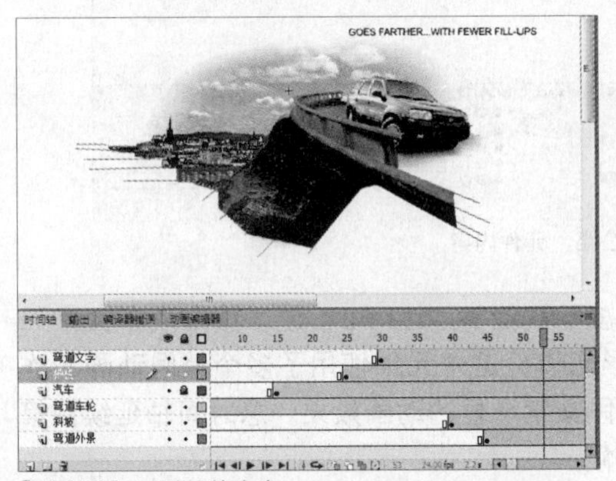

“弯道”图形元件内容

24 在这个元件中建立一组遮罩层，制作车身上的线条遮罩效果，并使用“弯道车壳”元件制作更精细的车身效果。

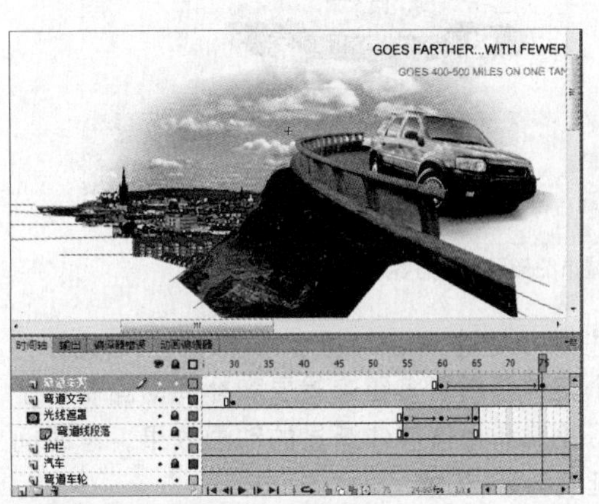

遮罩层及“弯道车壳”层内容

25 在除了遮罩层之外的其他图层接近第140帧的位置制作相应元件逐渐消失的动画效果。

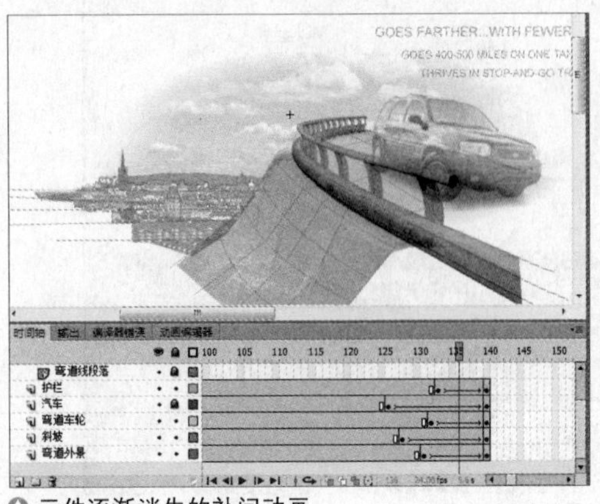

元件逐渐消失的补间动画

26 回到主场景，新建“弯道”图层，在第360帧将制作好的“弯道”元件拖曳到舞台上，总帧数延续到第500帧。

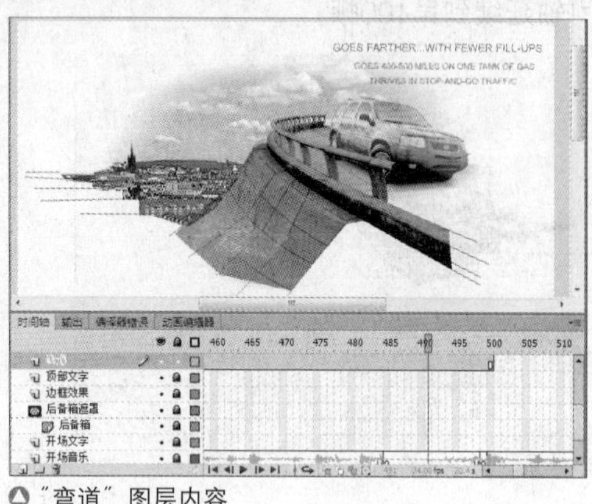

▲“弯道”图层内容

27 按下快捷键Ctrl+F8新建“城市车轮”图形元件，这个元件使用了多个补间动画和多组遮罩层制作了车轮和阴影渐显的动画效果。总时间轴延续到第170帧。

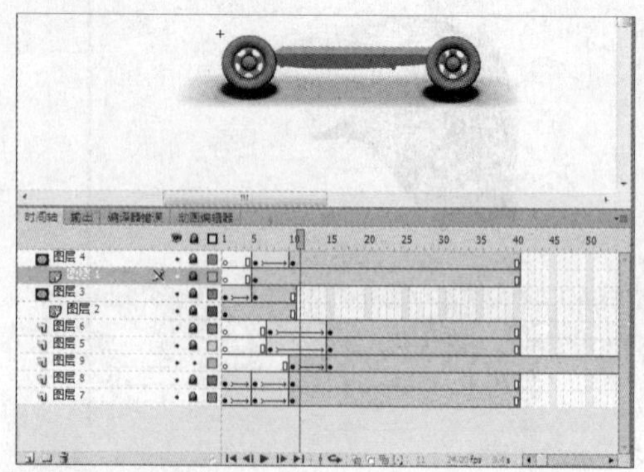

▲“城市车轮”元件内容

28 按下快捷键 Ctrl+F8 新建“城市汽车”图形元件，这个元件使用了两组遮罩层制作了车轮廓和车实体渐显的动画效果。总时间轴延续到第 170 帧。

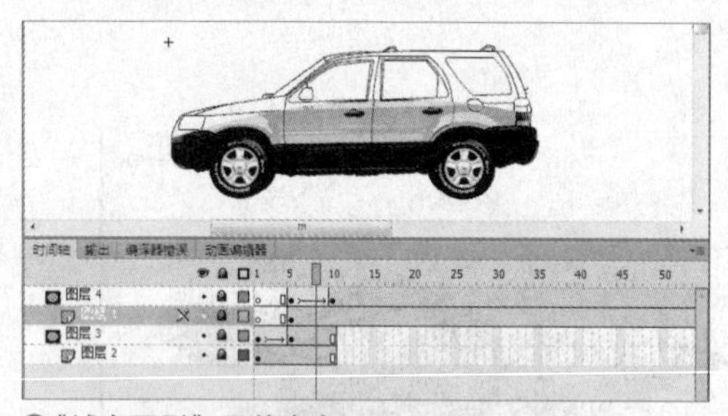

▲“城市图形”元件内容

29 按下快捷键Ctrl+F8新建“公路”图形元件，这个元件使用了两组遮罩层制作了公路轮廓和公路实体渐显的动画效果。总时间轴延续到第170帧。

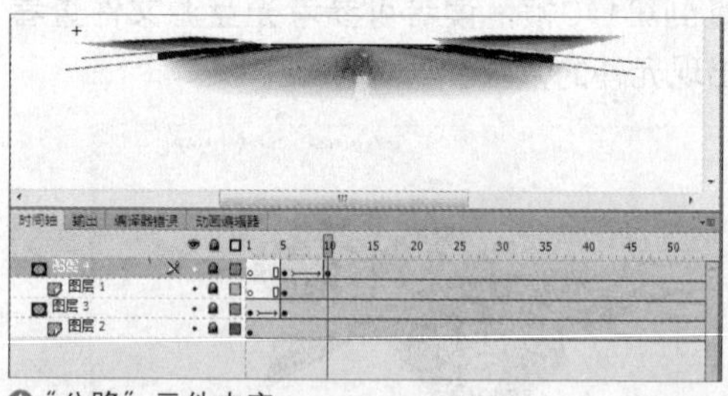

▲“公路”元件内容

30 按下快捷键Ctrl+F8新建“楼景”图形元件，这个元件使用了多组遮罩层和补间动画制作了楼景轮廓和楼景实体渐显的动画效果。总时间轴延续到第170帧。

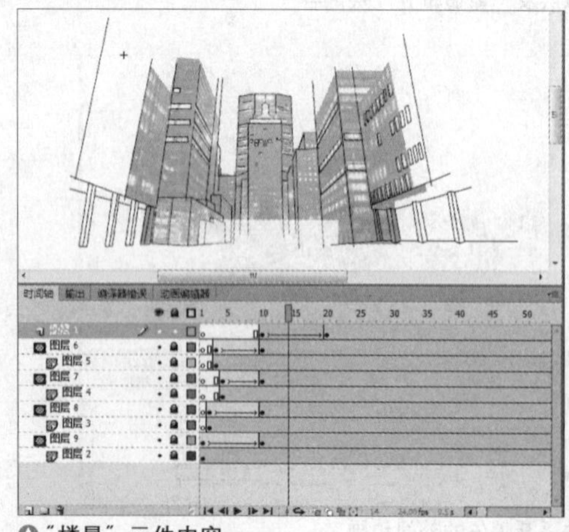

▲“楼景”元件内容

31 按下快捷键Ctrl+F8新建“城市汽车文字”图形元件，这个元件使用了多个补间动画制作了3段文字渐显的动画效果。总时间轴延续到第140帧。

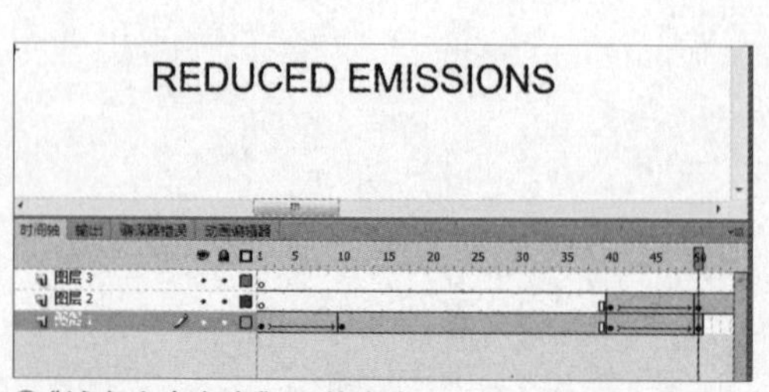

▲“城市汽车文字”元件内容

32 按下快捷键Ctrl+F8新建“城市风景”图形元件，依次建立“楼景”、“公路”、“车轮”、“城市汽车”和“城市汽车文字”等图层，将刚刚制作好的同名元件放置到对应图层的不同帧中，读者可参考光盘源文件查看每层出现元件的帧数。

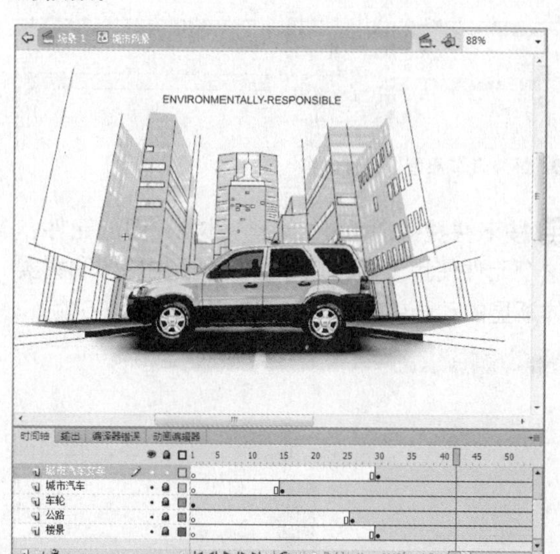

“城市风景”元件内容

33 在这个元件中建立一组遮罩层，制作车身上的线条遮罩效果，并使用“车壳”元件制作更精细的车身效果。

遮罩层及“车壳”层内容

34 在除了遮罩层之外的其他图层接近第170帧的位置制作相应元件逐渐消失的动画效果。

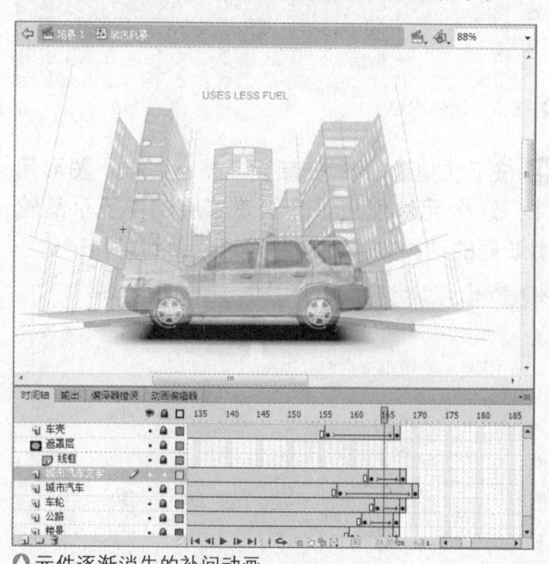

元件逐渐消失的补间动画

35 回到主场景，新建“城市风景”图层，在第500帧将制作好的“城市风景”元件拖曳到舞台上，总帧数延续到第670帧。

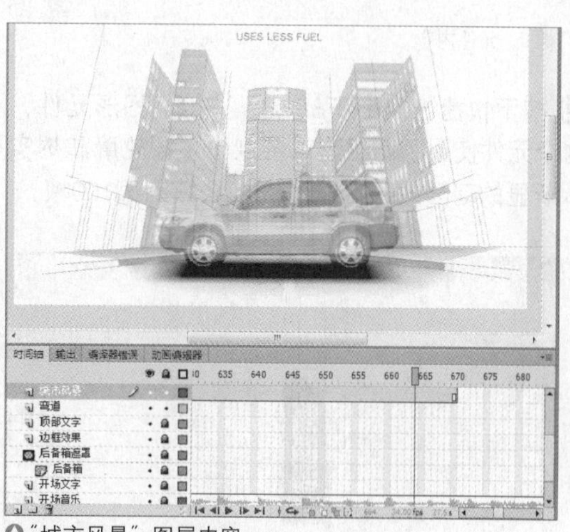

“城市风景”图层内容

36 按下快捷键Ctrl+F8新建“野外车轮”图形元件，这个元件使用了多个补间动画和多组遮罩层制作了车轮和阴影渐显的动画效果。总时间轴延续到第120帧。

37 按下快捷键Ctrl+F8新建“野外汽车原型”图形元件，这个元件使用了两组遮罩层制作了车轮廓和车实体渐显的动画效果。总时间轴延续到第120 帧。

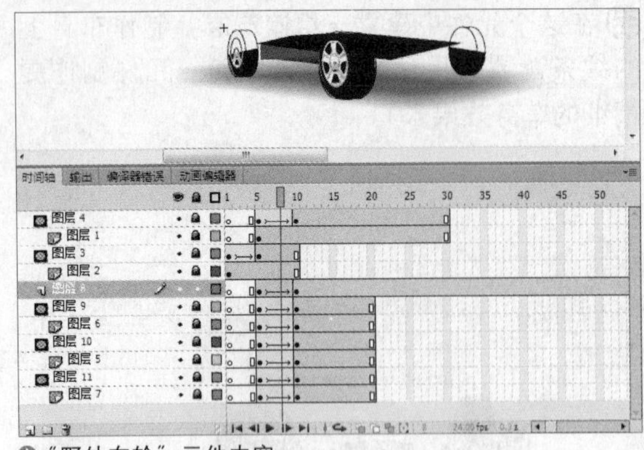

"野外车轮"元件内容

"野外汽车原型"元件内容

38 按下快捷键Ctrl+F8新建"树1"图形元件，这个元件使用了两组遮罩层制作了树轮廓和树实体渐显的动画效果。总时间轴延续到第110帧。

"树1"元件内容

39 按下快捷键Ctrl+F8新建"树2"图形元件，这个元件使用了两组遮罩层制作了树轮廓和树实体渐显的动画效果。总时间轴延续到第100帧。

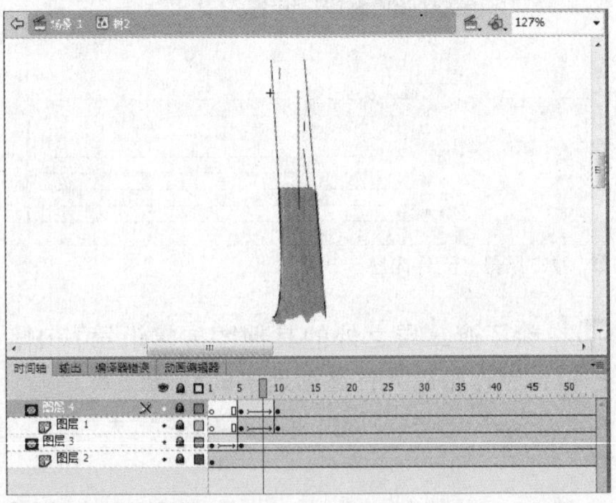

"树2"元件内容

40 按下快捷键Ctrl+F8新建"树3"图形元件，这个元件使用了两组遮罩层制作了树轮廓和树实体渐显的动画效果。总时间轴延续到第100帧。

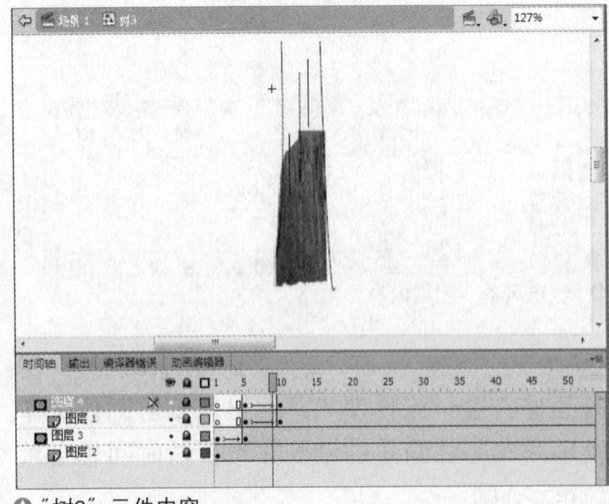

"树3"元件内容

41 按下快捷键Ctrl+F8新建"草丛线框"图形元件，这个元件使用了多组遮罩层制作了草丛轮廓渐显的动画效果。总时间轴延续到第115帧。

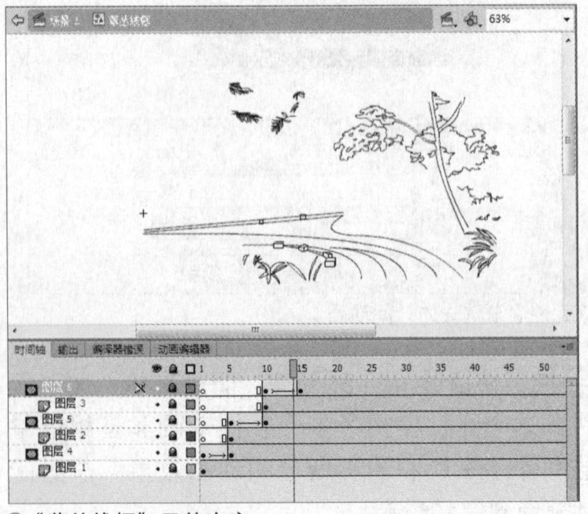

"草丛线框"元件内容

42 按下快捷键Ctrl+F8新建“树3”图形元件，这个元件使用了两组遮罩层制作了树轮廓和树实体渐显的动画效果。总时间轴延续到第100帧。

△“野外汽车”元件内容

43 按下快捷键Ctrl+F8新建“草丛线框”图形元件，这个元件使用了多组遮罩层制作了草丛轮廓渐显的动画效果。总时间轴延续到第115帧。

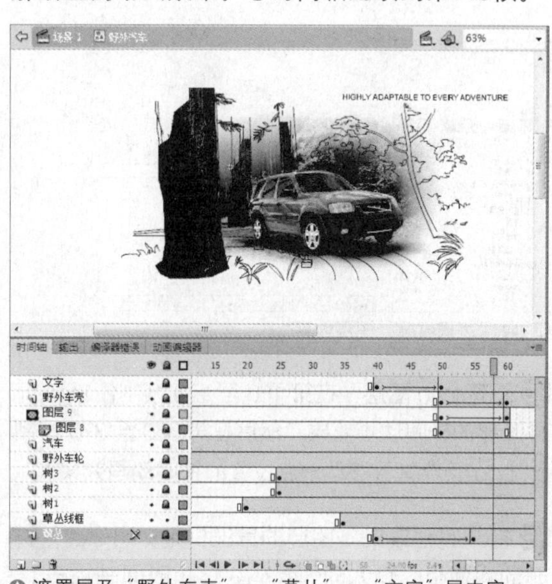

△遮罩层及“野外车壳”、“草丛”、“文字”层内容

44 回到主场景，新建“野外汽车”图层，在第670帧将制作好的“野外汽车”元件拖曳到舞台上，总帧数延续到第790帧。同时制作“野外汽车遮罩”层覆盖住“野外汽车”层的内容区域，并在第775帧后分别制作“野外汽车遮罩”层内容消失和“野外汽车”层内容消失的动画效果。

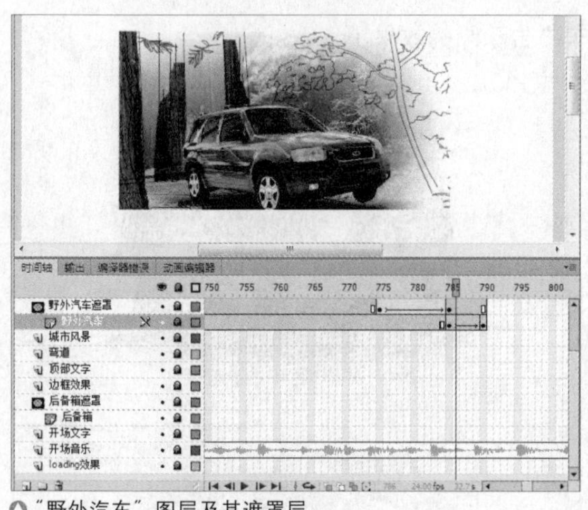

△“野外汽车”图层及其遮罩层

45 新建“线框效果”图层，在第775帧制作同步于“野外汽车遮罩”层的动画效果。

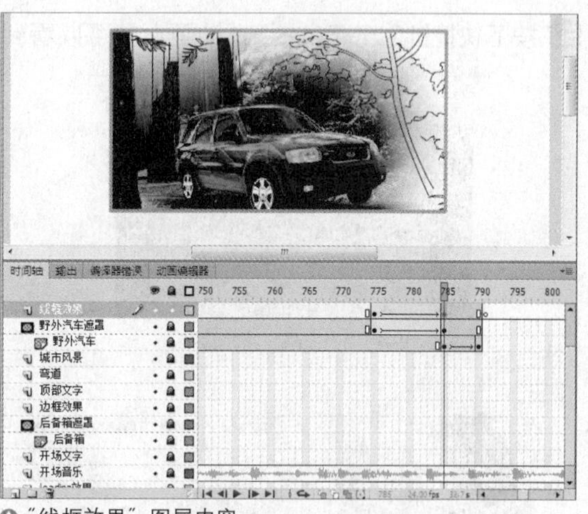

△“线框效果”图层内容

46 新建“收尾边框效果”图层，在第791帧将制作好的“收尾边框效果”元件拖曳到舞台上，总帧数延续到第842帧。这个元件使用逐帧动画的方式制作好了边框的3D动画效果。

47 新建“收尾小线框”图层，在第843至850帧制作“收尾边框”元件向下飞出画面的补间动画效果。

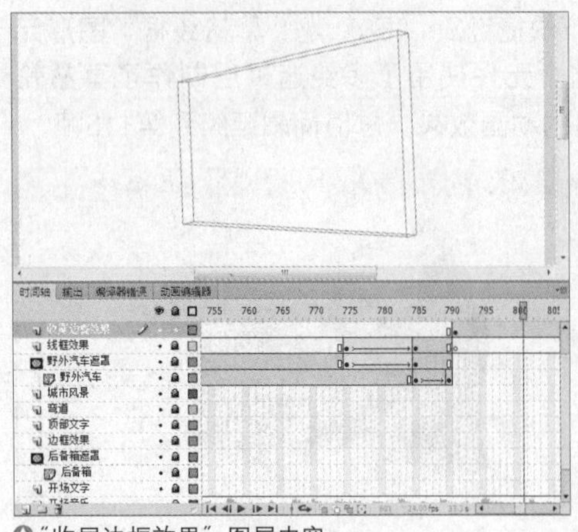

△"收尾边框效果"图层内容

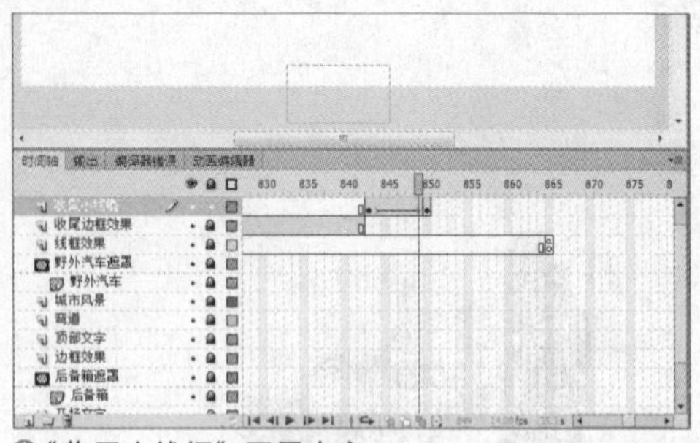

△"收尾小线框"图层内容

48 新建logo图层，在第160至170帧制作logo元件渐显的补间动画效果。然后在第360至370帧制作logo元件向下移动一点位置的补间动画效果。

49 在"线框效果"图层的第865帧按下F9键，打开动作面板，输入动作代码，停止时间轴播放。

```
Stop();
```

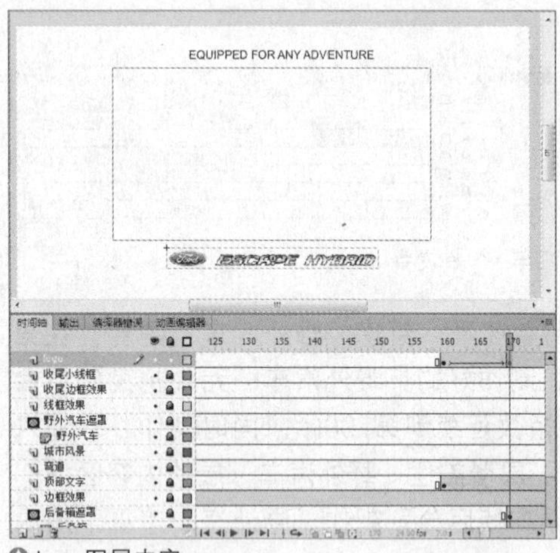

△logo图层内容

50 按下快捷键Ctrl+Enter测试动画，就可以看到汽车广告动画的效果了。

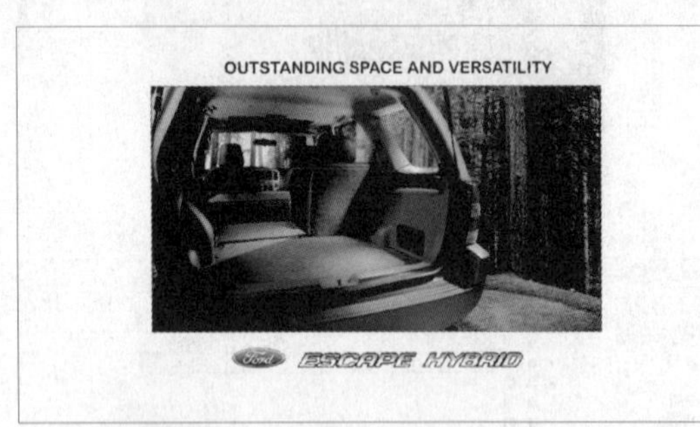

△测试动画

Chapter

16

Flash交互动画

Flash动画和传统动画最大的区别在于其强大的交互性用户可以亲自参与到动画当中，控制动画的流程与显示效果。通过ActionScript实现，还可以给用户带来更丰富的交互体验。

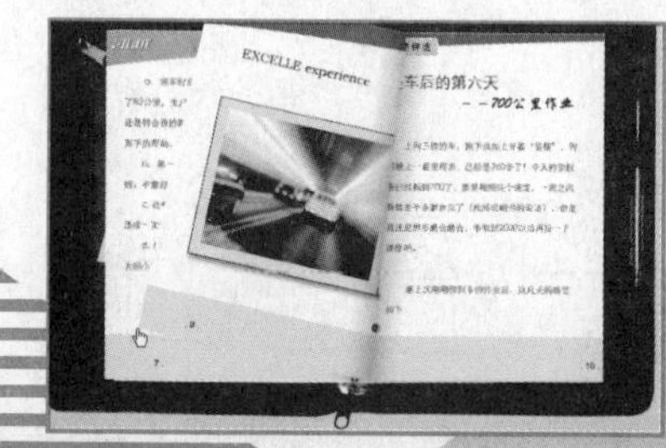

UNIT 48 交互地图动画

实例分析：本实例制作的是一个可以放大、缩小和移动的交互地图动画，难点在于影片剪辑元件和主时间轴的配合，以及ActionScript脚本的编写。

主要技术：ActionScript脚本编写、影片剪辑

最终文件	Sample\Ch16\Unit48\mapviewer -end.fla
初始文件	Sample\Ch16\Unit48\mapviewer.fla
视频文件	Video\Ch16\Unit48\Unit48.wmv

❶ 打开Sample\Ch16\Unit48\mapviewer.fla文件，按下快捷键Ctrl+L打开“库”面板，新建名为MapViewer_map的影片剪辑元件。将“图层1”命名为map层，将“库”面板中的map.bmp放置到舞台。然后新建mask图层，使用矩形工具绘制一个任意颜色的矩形。

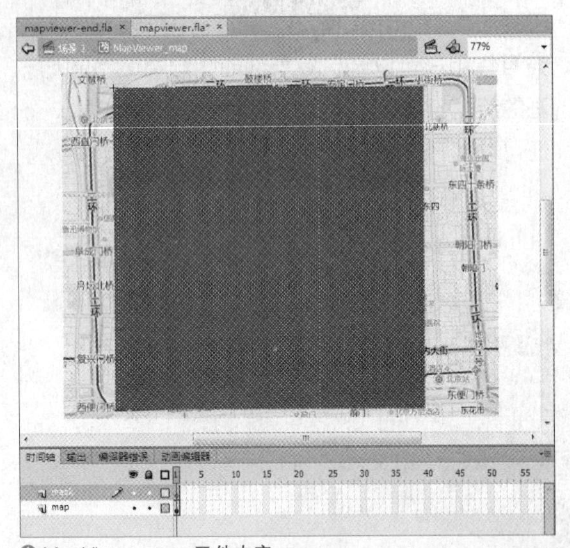

MapViewer_map元件内容

❷ 在mask层上制作遮罩效果，显示出地图的部分区域。

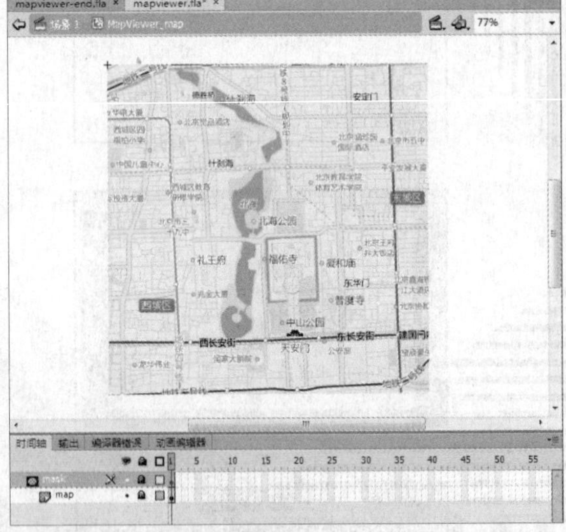

遮罩效果

❸ 按下快捷键Ctrl+F8新建名为MapViewer_MousePoint的影片剪辑元件，分别将MapViewer_Icon_Grip、MapViewer_icon_ZoomIn和MapViewer_Icon_ZoomOut放在时间轴的第1、10、20帧，舞台中同样的位置上。然后在第30帧按下F7键，并使这个空白关键帧延续到39帧。

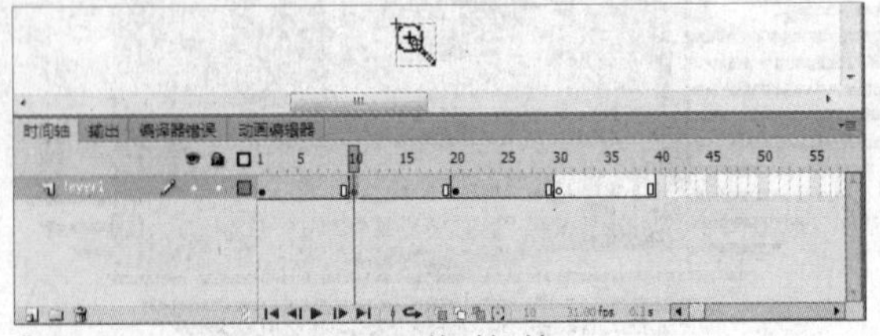

MapViewer_MousePoint元件时间轴

4 分别将第1、10、20、30帧命名为[Grip]、[ZoomIn]、[ZoomOut]和[off]。

5 分别在第1、10、20、30帧添加动作代码。第1帧的动作代码如下。

```
//隐藏鼠标
Mouse.hide();
//停止时间轴播放
this.stop();
```

第 10 帧的动作代码如下。

```
//隐藏鼠标
Mouse.hide();
```

第 20 帧的动作代码如下。

```
//隐藏鼠标
Mouse.hide();
```

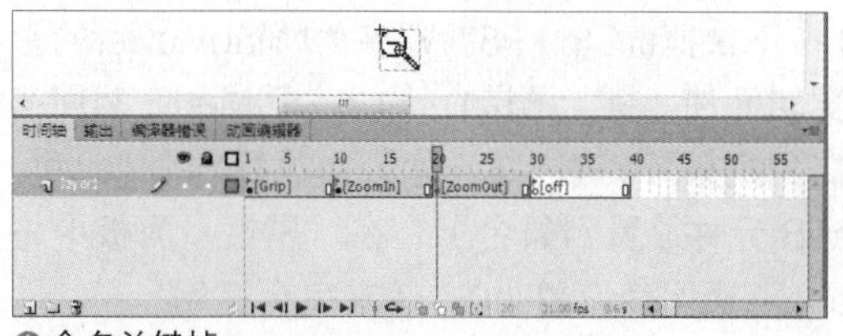
命名关键帧

第 30 帧的动作代码如下。

```
//显示鼠标
Mouse.show();
```

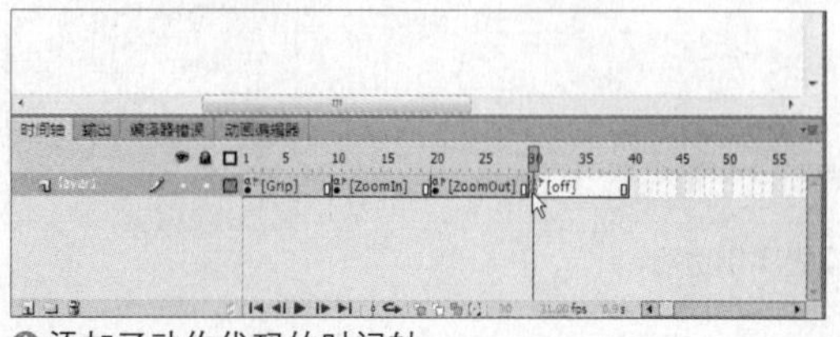
添加了动作代码的时间轴

6 双击"库"面板中名为MapViewer_CtrlBt的影片剪辑元件，元件中已经建立好了5个图层，由下至上依次为Bg、Grip、ZoomIn、ZoomOut和Icon，分别放置背景矩形、抓手按钮的选中和非选中状态、放大按钮的选中和非选中状态、缩小按钮的选中和非选中状态，以及抓手、放大和缩小按钮的图标。

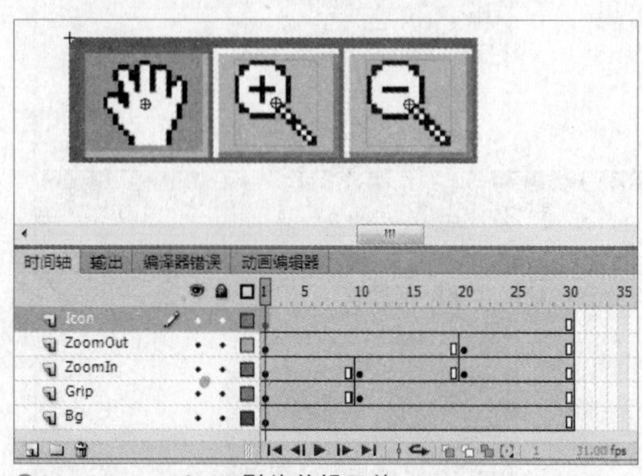
MapViewer_CtrlBt影片剪辑元件

7 新建Ctrl图层，分别将第1、10、20帧命名为[grip]、[zoomIn]和[zoomOut]。

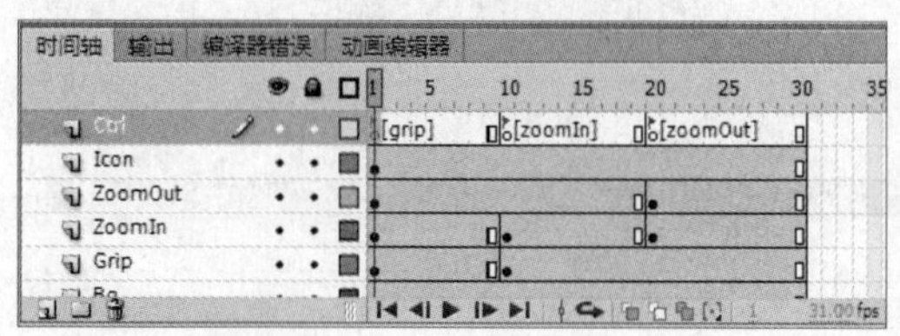
命名Ctrl层关键帧

8 分别在第1、10、20帧添加动作代码。第1帧的动作代码如下。

```
//停止时间轴播放
this.stop();
//为上一级影片的toolMode赋值为grip
_parent.toolMode = "grip";
//在上一级影片调用f_Mouse函数，参数为tool
Mode的值
_parent.f_Mouse(_parent.toolMode);
```

第 10 帧的动作代码如下。

```
//为上一级影片的toolMode赋值为zoomIn
_parent.ToolMode = "zoomIn";
//在上一级影片调用f_Mouse函数，参数为tool
Mode的值
_parent.f_Mouse(_parent.toolMode);
```

第 20 帧的动作代码如下。

```
//为上一级影片的toolMode赋值为zoomOut
_parent.ToolMode = "zoomOut";
//在上一级影片调用f_Mouse函数，参数为tool
Mode的值
_parent.f_Mouse(_parent.toolMode);
```

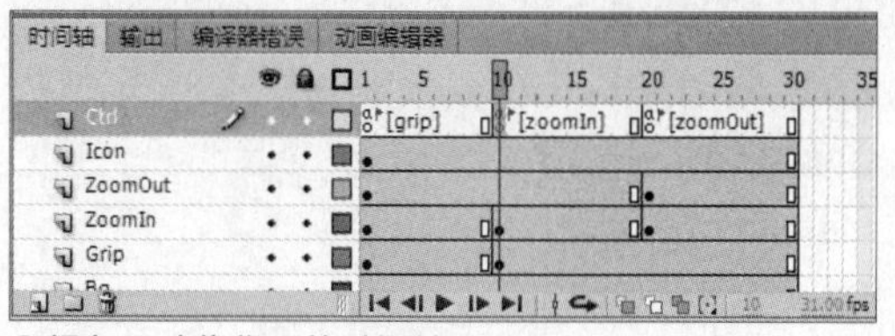
添加了动作代码的时间轴

9 按下快捷键Ctrl+F8新建名为*MapViewer的影片剪辑元件，将“图层1”命名为BtMap，然后在第172帧按下F7键，将“库”面板的MapViewer_MapBt元件放置到舞台上，在“属性”面板中将Alpha不透明度设置为0，使其完全透明。

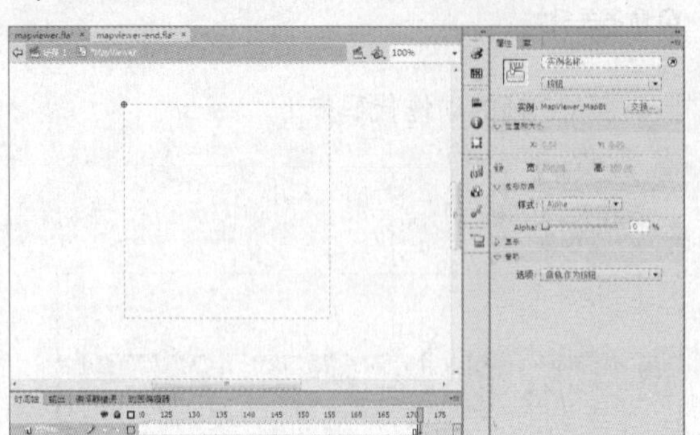

△ 设置实例透明

10 在第200帧按下F6键，复制关键帧，使其完全显示，然后制作第172至200帧的传统补间动画。

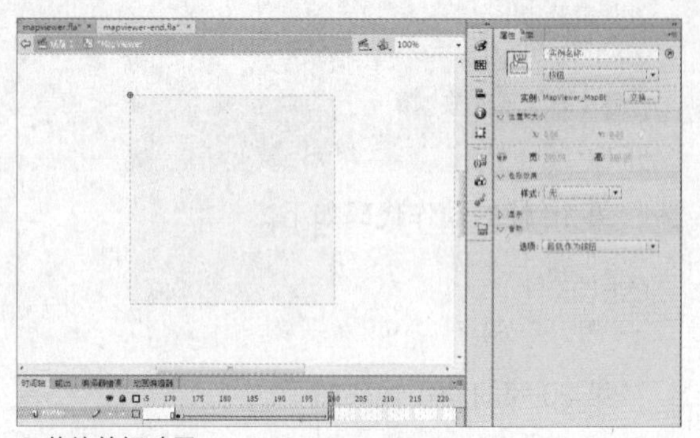

△ 传统补间动画

11 新建mask层，在第一帧绘制一个任意颜色填充的矩形，大小和MapViewer_MapBt元件的大小相同。

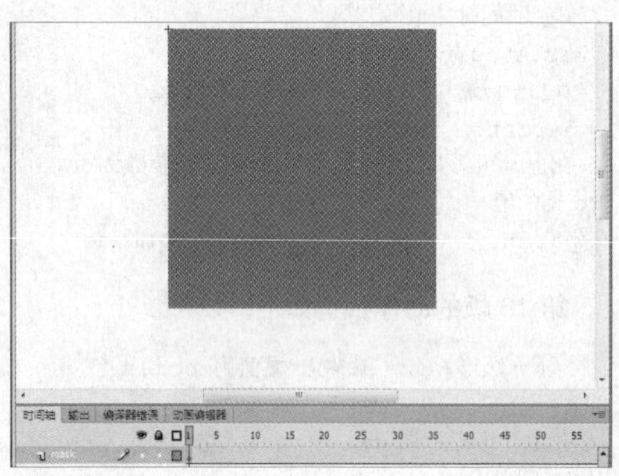

△ 绘制矩形

12 在mask层下面建立text1层和text2层。首先在text1层的第50至70帧制作MapViewer_text1元件由大到小、由透明到显示的传统补间动画。

△ 第50至70帧的传统补间动画

13 将70帧复制到101帧，制作第101至111帧MapViewer_text1元件由大到小、由显示到透明的传统补间动画。

△ 第50至70帧的传统补间动画

14 在text2层的111至131帧制作MapViewer_text2元件由大到小、由透明到显示的传统补间动画。

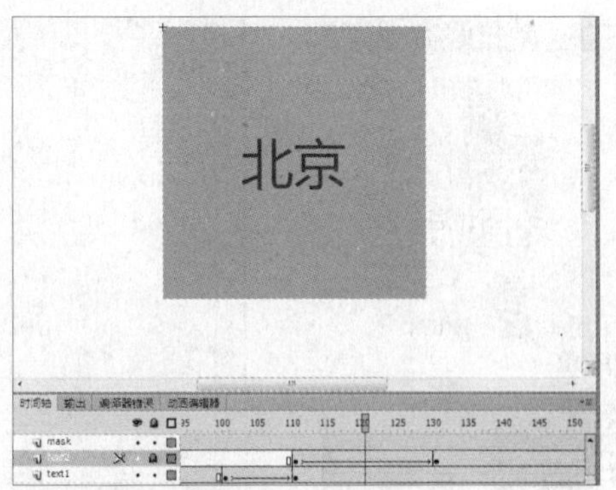

第111至131帧的传统补间动画

15 将131帧复制到162帧，制作第162至172帧MapViewer_text2元件由大到小、由显示到透明的传统补间动画。

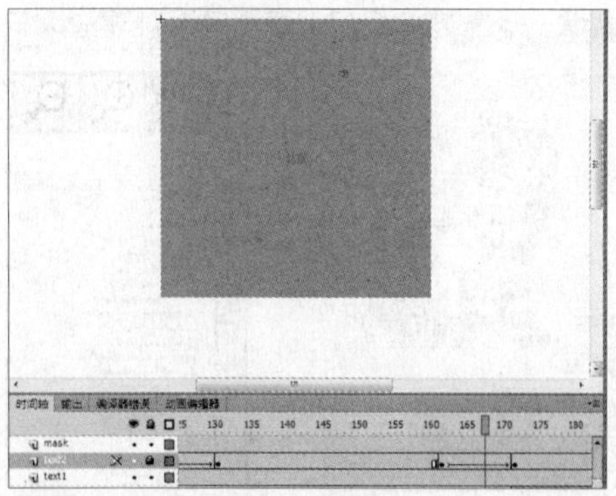

第162至172帧的传统补间动画

16 在mask层下新建map层，在第172至200帧制作MapViewer_map元件由小到大、由透明到显示的传统补间动画。

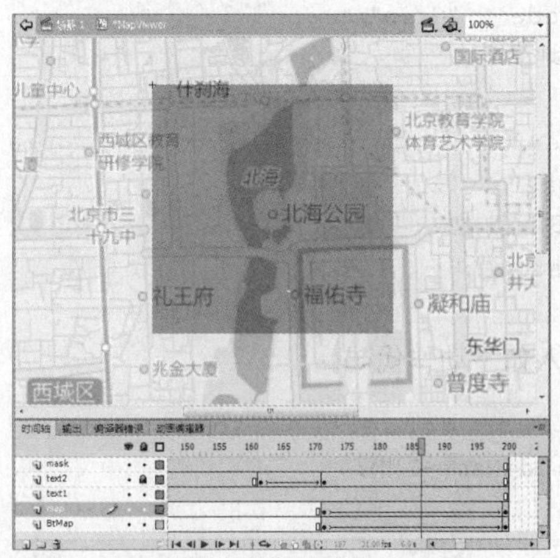

第172至200帧的传统补间动画

17 将mask层作为遮罩层，同时遮盖住text1、text2和map层。

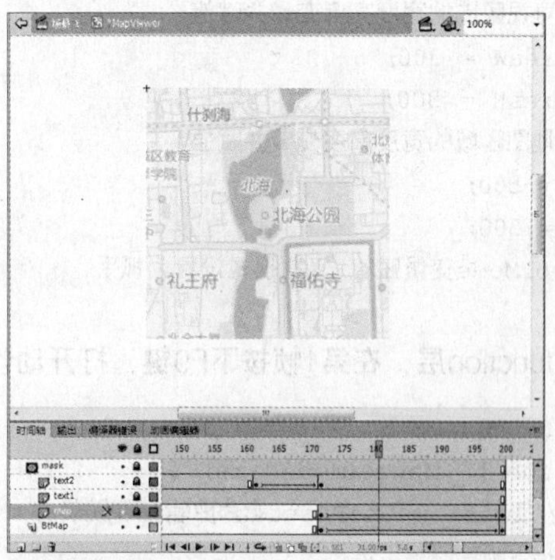

遮罩效果

18 在mask层上新建Frame层，在第10帧将"库"面板的MapViewer_Frame元件拖曳到舞台，然后在第40帧按下F6键，复制关键帧，并使用任意变形工具将第10帧的元件实例缩小，然后在第10帧到第40帧之间创建传统补间动画，制作MapViewer_Frame元件由小到大逐渐显示的过程。

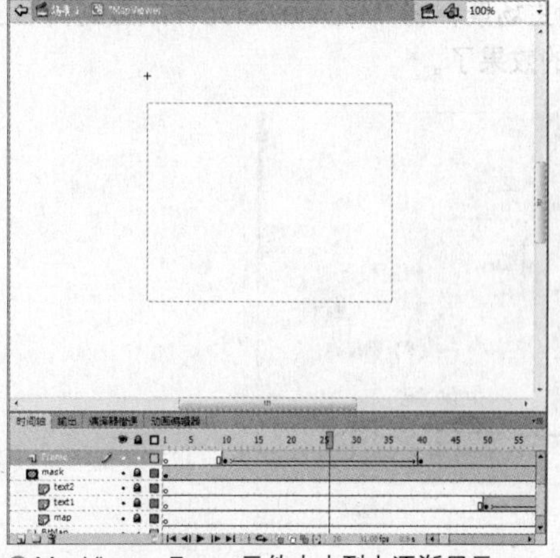

MapViewer_Frame元件由小到大逐渐显示

19 在Frame层上新建Bt层，在第200帧按下F7键，放置“库”面板中的MapViewer_CtrlBt影片剪辑元件。

△放置MapViewer_CtrlBt元件

20 在Bt层上新建mouse层，在第200帧按下F7键，放置“库”面板中的MapViewer_MousePoint影片剪辑元件，并将其实例命名为ins_mousePoint。

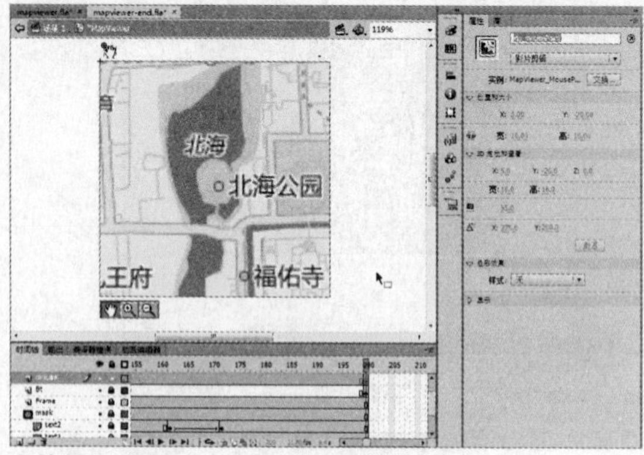

△放置MapViewer_MousePoint元件并命名

21 新建Ctrl层，在第200帧按下F7键，插入空白关键帧，按下F9键，打开动作面板，输入如下动作代码。

```
//声明可视区域的宽度高度变量并赋值
viewAreaW = 300;
viewAreaH = 300;
//声明地图区域的宽度高度变量并赋值
mapW = 500;
mapH = 500;
//为toolMode变量赋值，工具模式设置为抓手
toolMode = "Grip";
//设置地图缩放
scale = ins _ Map. _ xscale=ins _ Map. _
yscale=200;
zoomRatio = 20;
//停止时间轴播放
this.stop();
```

22 新建function层，在第1帧按下F9键，打开动作面板，输入如下动作代码。

```
//声明f _ Mouse函数
function f _ Mouse(modeName) {
    //使ins _ mousePoint影片剪辑元件跳转并
停止在指定帧
    ins _ mousePoint.gotoAndStop
("["+modeName+"]");
}
```

23 回到主场景，将*MapViewer元件放置到舞台上。然后按下快捷键Ctrl+Enter测试动画，就可以看到动画的效果了。

△测试动画

UNIT 49 交互电子书动画

实例分析：本实例制作的是一本插页笔记本样式的电子书，可以像平时翻书一样，一页一页地翻开，细细品读。主要依靠核心组件的使用实现相关效果。

主要技术：ActionScript脚本编写

最终文件	Sample\Ch16\Unit49\ebook-end.fla
初始文件	Sample\Ch16\Unit49\ebook.fla
视频文件	Video\Ch16\Unit49\Unit49.wmv

1 打开Sample\Ch16\Unit49\ebook.fla文件，将“图层1”命名为bg，将bookback元件从“库”面板放置到舞台上。

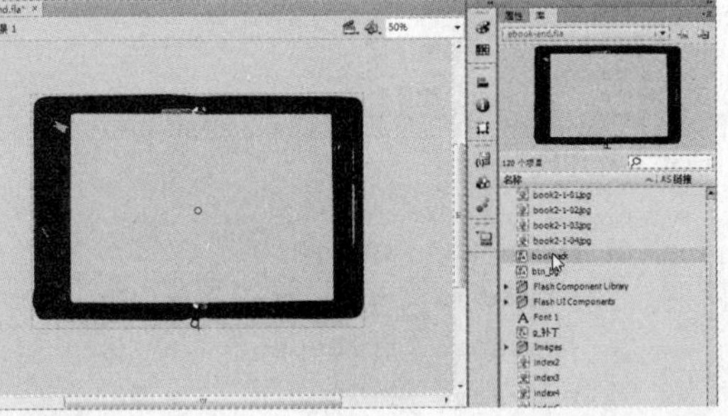

使用Bookback元件

2 新建图层，命名为rings，将名称为index3的位图从“库”面板中拖曳出来，放在适当位置。

使用Index3位图

3 新建图层，命名为upImage，将名称为index4和index5的位图从“库”面板中拖曳出来，分别转换为page、pages2图形元件。

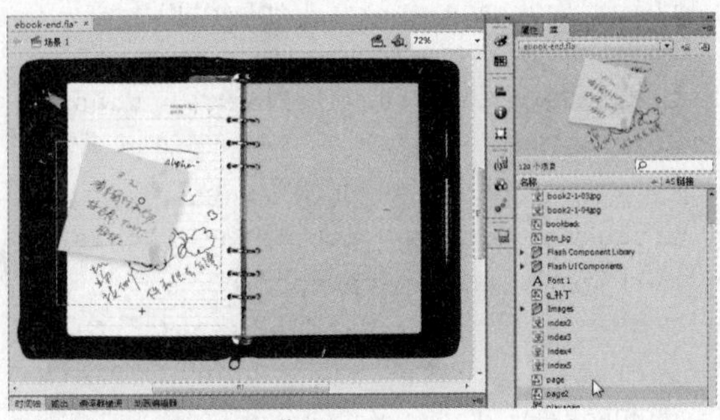

使用index4和index5位图

4 打开“库”面板中Flash Component Library\Interactive Effects文件夹中的FFlipPage组件，进行编辑。新建Mask层，将“库”面板Flash Component Library\Shared Assets文件夹中的Black Square元件拖曳到舞台两次，呈左右排列，并在属性面板中分别命名为LeftMask和RightMask。

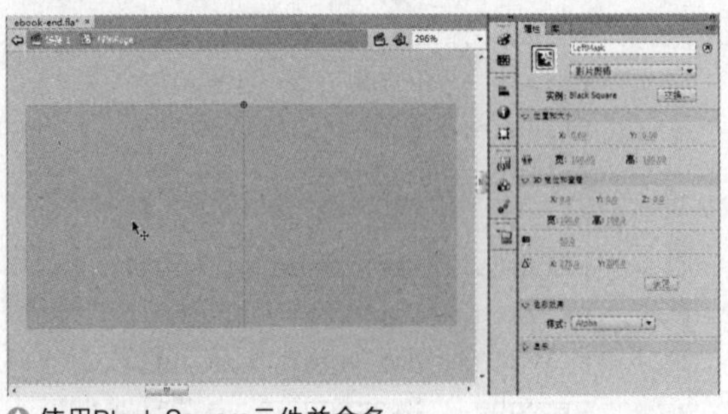

使用Black Square元件并命名

5 新建图层，命名为Class，将Component Base组件从“库”面板的Flash Component Library\Base Actions文件夹拖曳到Class层的第2帧，位置为舞台中间顶部。

△ 使用Component Base组件

6 在Class层的第1帧按下F9键，打开动作面板，输入动作代码。

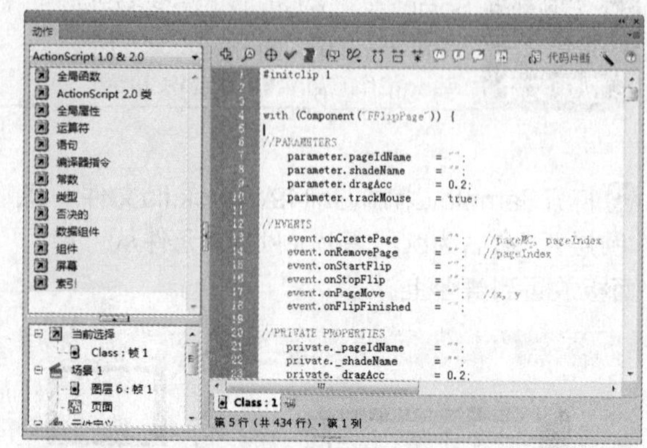

△ 输入动作代码

```
#initclip 1
//对于FFlipPage组件对象
with (Component("FFlipPage")) {
//参数
        parameter.pageIdName   = "";
        parameter.shadeName    = "";
        parameter.dragAcc      = 0.2;
        parameter.trackMouse   = true;
//事件
        event.onCreatePage     = "";
        event.onRemovePage     = "";
        event.onStartFlip      = "";
        event.onStopFlip       = "";
        event.onPageMove       = "";
        event.onFlipFinished   = "";
//私有属性
        private._pageIdName    = "";
        private._shadeName     = "";
        private._dragAcc       = 0.2;
        private._trackMouse    = true;
        private._pageW         = 100;
        private._pageH         = 100;
        private._curPage       = 0;
        private._curX          = 0;
        private._curY          = 0;
        private._aimX          = 0;
        private._aimY          = 0;
        private._corner        = 0;
        private._leftPage      = null;
        private._rightPage     = null;
        private._flipPage1     = null;
        private._flipPage2     = null;
        private._flipping      = false;
        private._moving        = false;
        private._flipOver      = false;
        private._lpDepth       = 0;
        private._rpDepth       = 10;
        private._fp1Depth      = 20;
        private._fp2Depth      = 30;
//私有方法
        //初始化
        private.onInit = function () {
                this.pageW= this._xscale;
                this.pageH= this._yscale;
                this._xscale = 100;
                this._yscale = 100;
                this._leftPage
= this.attachMovie(this._pageIdName,
this._curPage, this._lpDepth);
                this.handleEvent("on
CreatePage", this._leftPage, this._
curPage);
                this._rightPage = this.
attachMovie(this._pageIdName, this._
curPage+1, this._rpDepth);
                this.handleEvent("onCre-
atePage", this._rightPage, this._
curPage+1);
                this._leftPage.setMask
(this.LeftMask);
```

```
        this._rightPage.setMask
(this.RightMask);
    };
    //鼠标移动事件处理
    private._onMouseMove = function
() {
        this._aimX
    = this._xmouse;
        this._aimY
    = this._ymouse;
    };
    //进入帧事件处理
    private._onEnterFrame = function
() {
        //计算角的当前位置
        this._curX   += (this._
aimX - this._curX) * this._dragAcc;
        this._curY   += (this._
aimY - this._curY) * this._dragAcc;
        //当前位置处于目标位时
        if (Math.abs(this._
curX - this._aimX) < 0.5 && Math.
abs(this._curY - this._aimY)< 0.5) {
            //检测是否翻页完成
            if(!this._flipping){
                if((Math.
abs(this._corner) <= 2) == this._
flipOver) {
//左页移除影片剪辑
this._leftPage.removeMovieClip();
this.handleEvent("onRemovePage",
this._curPage);
this[this._curPage+1].removeMovieClip();
this.handleEvent("onRemovePage", this._
curPage+1);
this._leftPage
= this[this._curPage+2];
this._leftPage.setMask(this.LeftMask);
this._leftPage.swapDepths(this._lpDepth);
        this._leftPage._x = 0;
        this._leftPage._y = 0;
        this._leftPage.rotation= 0;
        this._curPage += 2;
    } else {
//右页移除影片剪辑
this._rightPage.removeMovieClip();
this.handleEvent("onRemovePage",
this._curPage+3);
this[this._curPage+2].removeMovieClip();
this.handleEvent("onRemovePage", this._
curPage+2);
this._rightPage
= this[this._curPage+1];
//右页设置遮罩
this._rightPage.setMask(this.RightMask);
this._rightPage.swapDepths(this._rpDepth);
        this._rightPage._x = 0;
        this._rightPage._y = 0;
        this._rightPage._rotat-
ion = 0;
            }
            //左页阴影
            var shade =
this._leftPage[this._shadeName];
            shade._x      = 0;
            shade._y      = 0;
            shade._rotation=0;
            //右页阴影
            var shade =
this._rightPage[this._shadeName];
            shade._x      = 0;
            shade._y      = 0;
            shade._rotation=0;
            this.onEnterFrame=
undefined;
            this._moving=false;
this.handleEvent("onPageMove", this._
aimX, this._aimY);
this.handleEvent("onFlipFinished");
                return;
            } else {
                if (this._
curX == this._aimX && this._curY ==
this._aimY) return;
            this._curX=this._
aimX;
            this._curY=this._
aimY;
            }
        }
        //设置遮罩范围
        this.FlipMask1.clear();
        this.FlipMask1.beginFill
(0, 0);
```

```
    this.FlipMask1.moveTo(0, 0);
    this.FlipMask1.lineTo(0, this._
pageH);
    this.FlipMask2.clear();
    this.FlipMask2.beginFill(0, 0);
    //判断角值
    switch (this._corner) {
        case 1: case -1: case 3:
case -3:
            var opp = this._
corner==1 || this._corner==-3 ? 1 : -1;
        //获得遮罩范围
        var range = this._get Mask
Range(this._curX * opp, this._curY);
        //遮罩x、y坐标
        this._curX = range.x * opp;
        this._curY = range.y;
        //翻页x、y坐标
        this._flipPage2._x = this._
curX + this._pageW * range.cos * opp;
        this._flipPage2._y    =
this._curY - this._pageW * range.sin;
        //翻页旋转角度
        this._flipPage2._rotation
= -range.angle * opp;
//翻页遮罩
this.FlipMask2.moveTo(-this._pageW *
opp, 0);
this.FlipMask2.lineTo((-this._pageW +
range.a) * opp, 0);
                if (range.type ==
1) {
this.FlipMask1.lineTo(this._pageW *
opp, this._pageH);
this.FlipMask1.lineTo(this._pageW *
opp, range.b);
this.FlipMask2.lineTo(-this._pageW *
opp, range.b);
                } else {
this.FlipMask1.lineTo((this._pageW -
range.b) * opp, this._pageH);
this.FlipMask2.lineTo((-this._pageW +
range.b) * opp, this._pageH);
this.FlipMask2.lineTo(-this._pageW *
opp, this._pageH);
                }
this.FlipMask1.lineTo((this._pageW -
range.a) * opp, 0);
        //设置阴影
        var shade = this._
flipPage2[this._shadeName];
        //设置阴影旋转
        shade._rotation
    =(90 - range.angle2) * opp;
        //设置阴影x坐标
        shade._x
    =(-this._pageW + range.a) * opp;
        var shade =(opp==1
? this._rightPage :
this._leftPage)[this._shadeName];
        shade._rotation
= (range.angle2 - 90) * opp;
        shade._x= (this._
pageW - range.a) * opp;
        break;
    case 2: case -2: case 4:
case -4:
        var opp = this._
corner==2 || this._corner==-4 ? 1 : -1;
    //获得遮罩范围
        var range = this._
getMaskRange(this._curX * opp,
this._pageH - this._curY);
    //遮罩x、y坐标
        this._curX =
range.x * opp;
        this._curY =
this._pageH - range.y;
    //翻页x、y坐标
        this._flipPage2._
x = this._curX + (this._pageH * range.
sin + this._pageW * range.cos) * opp;
        this._flipPage2._
y = this._curY - this._pageH *
range.cos + this._pageW * range.sin;
    //翻页旋转角度
this._flipPage2._rotation= range.
angle * opp;
//翻页遮罩
this.FlipMask1.lineTo((this._pageW -
range.a) *
opp, this._pageH);
this.FlipMask2.moveTo(-this._pageW *
opp, this._pageH);
```

```
this.FlipMask2.lineTo((-this._pageW +
range.a) * opp, this._pageH);
                    if (range.type ==
1) {
this.FlipMask1.lineTo(this._pageW *
opp, this._pageH - range.b);
this.FlipMask1.lineTo(this._pageW *
opp, 0);
this.FlipMask2.lineTo(-this._pageW *
opp, this._pageH - range.b);
                    } else {
this.FlipMask1.lineTo((this._pageW -
range.b) * opp, 0);
this.FlipMask2.lineTo((-this._pageW +
range.b) * opp, 0);
this.FlipMask2.lineTo(-this._pageW *
opp, 0);
                    }
                    //设置阴影
                    var shade = this._
flipPage2[this._shadeName];
                    //设置阴影旋转
                    shade._rotation =
(range.angle2 + 90) * opp;
                    //设置阴影x、y坐标
                    shade._x = (-this
._pageW + range.a) * opp;
                    shade._y
     = this._pageH;
                    var shade = (opp==1
? this._rightPage : this._leftPage)
[this._shadeName];
                    shade._rotation =
(-90 - range.angle2) * opp;
                    shade._x = (this.
_pageW - range.a) * opp;
                    shade._y = this.
_pageH;
                    break;
             }
             this.FlipMask1.endFill();
             this.FlipMask2.endFill();
             this.FlipMask2._x = this.
_flipPage2._x;
     this.FlipMask2._y = this._flip
Page2._y;
     this.FlipMask2._rotation = this.
_flipPage2._rotation;
     this._flipOver = range.type == 2
&& range.a + range.b > this._pageW;
     if (this._corner < 0) this._
flipOver = !this._flipOver;
     this.handleEvent("onPageMove",
this._curX, this._curY);
     };
     //声明函数，获得页面遮罩范围
     private._getMaskRange = funct-
ion (x, y) {
            var w  = this._pageW;
            var h  = this._pageH;
     //调整x，y坐标
     var d = Math.sqrt(x*x + y*y);
     if (d > w) {
            x  *= w/d;
            y  *= w/d;
     }
     var d = Math.sqrt(x*x + (y-h)*(y-h));
     var l  = Math.sqrt(w*w + h*h);
     if (d > l) {
            x  *= l/d;
            y   = (y-h) * l/d + h;
     }
     var d  = Math.sqrt((x-w)*(x-w) +
(y+h)*(y+h));
     if (d < h) {
            x   = (x-w) * h/d + w;
            y   = (y+h) * h/d - h;
     }
     //计算范围
     var w_x
     = w - x;
     var range
= {x:x, y:y};
     if (w_x == 0) {
            //取值1为三角形，2为四边形
            range.type = 1;
            range.a = 0;
            range.b = 0;
            //页面旋转角度
            range.angle = 0;
            //阴影旋转角度
            range.angle2 = 0;
            //页面旋转角度的sin/cos值
            range.sin  = 0;
```

```
            range.cos    = 1;
        } else {
            range.a   = (w _ x + y*y / w _ x) / 2;
            range.angle = Math.atan2(y, w _ x - range.a);
            range.sin = Math.sin(range.angle);
            range.cos = Math.cos(range.angle);
            range.angle *= 180/Math.PI;
            if (w _ x*w _ x + (y-h)*(y-h) <= h*h) {
                range.type    = 1;
                range.b    = range.a * w _ x / y;
                range.angle2 = Math.atan2(range.b, range.a) * 180/Math.PI;
            } else {
                range.type    = 2;
                range.b    = range.a - h * y / w _ x;
                range.angle2 = Math.atan2(h, range.a - range.b) * 180/Math.PI;
            }
            //调整小切片
            if (range.a > 10) range.a += 0.3;
            if (range.b > 10) range.b += 0.3;
        }
        return range;
    };
//公共方法，开始拖拽角到目标位置的翻页
    //start to flip the page by corner to the aim position
    public.startFlip = function (corner, aimX, aimY) {
            if (this. _ flipping) return;
            //选择拖拽角
            var x, y;
        //根据角位置赋不同值
        switch (corner) {
            case "RightTop": case 1: corner = 1; break;
            case "RightTop-": case -1: corner = -1; break;
            case "RightBottom": case 2: corner = 2; break;
            case "RightBottom-": case -2: corner = -2; break;
            case "LeftTop": case 3: corner = 3; break;
            case "LeftTop-": case -3: corner = -3; break;
            case "LeftBottom":case 4: corner = 4; break;
            case "LeftBottom-": case -4:   corner = -4; break;
            default: return;
        }
        if (this. _ moving) {
            if (this. _ corner != corner) return;
        } else {
            //设置并创建页
            if (Math.abs(corner) <= 2) {
                if (corner > 0) {
this. _ flipPage1 = this. _ rightPage;
this. _ flipPage1.swapDepths(this. _ fp1Depth);
this. _ flipPage2 = this.attachMovie(this. _ pageIdName, this. _ curPage+2, this. _ fp2Depth);
this.handleEvent("onCreatePage", this. _ flipPage2, this. _ curPage+2);
                } else {
this. _ flipPage2 = this. _ rightPage;
this. _ flipPage2.swapDepths(this. _ fp2Depth);
this. _ flipPage1 = this.attachMovie(this. _ pageIdName, this. _ curPage+2, this. _ fp1Depth);
this.handleEvent("onCreatePage", this. _ flipPage1, this. _ curPage+2);
                }
this. _ rightPage = this.attachMovie(this. _ pageIdName, this. _ curPage+3, this. _ rpDepth);
this.handleEvent("onCreatePage", this. _ rightPage, this. _ curPage+3);
            } else {
```

```
            //根据角度不同判断翻页
            if (corner > 0) {
                    this._flipPage1 =
this._leftPage;
this._flipPage1.swapDepths(this._
fp1Depth);
this._flipPage2 = this.attachMovie(
this._pageIdName, this._curPage-1,
this._fp2Depth);
this.handleEvent("onCreatePage",
this._flipPage2, this._curPage-1);
                    } else {
this._flipPage2 = this._leftPage;
this._flipPage2.swapDepths(this._
fp2Depth);
this._flipPage1 = this.attachMovie
(this._pageIdName, this._curPage-1,
this._fp1Depth);
this.handleEvent("onCreatePage",
this._flipPage1, this._curPage-1);
                    }
this._leftPage
= this.attachMovie(this._pageIdName,
this._curPage-2, this._lpDepth);
this.handleEvent("onCreatePage",
this._leftPage, this._curPage-2);
this._curPage  -= 2;
            }
//设置各个页面的遮罩
this._leftPage.setMask(this.LeftMask);
this._rightPage.setMask(this.RightMask);
this._flipPage1.setMask(this.FlipMask1);
this._flipPage2.setMask(this.FlipMask2);
            this._curX = Math.abs
(corner) <= 2 ? this._pageW : -this.
_pageW;
            this._curY = corner%2 ==
0 ? this._pageH : 0;
            this._corner   = corner;
            this._flipOver  = false;
            this._moving    = true;
            this.onEnterFrame = this.
_onEnterFrame;
    }
    this._flipping  = true;
    if (this._trackMouse) {
            this.onMouseMove = this.
_onMouseMove;
            this.onMouseMove();
        } else {
            this._aimX = Number(aimX);
            this._aimY = Number(aimY);
        }
        this.handleEvent("onStartFlip");
        this.onEnterFrame();
        };
        //停止翻页
        public.stopFlip = function () {
        if (!this._flipping) return;
        switch (Math.abs(this._corner))
{
            case 1: this._aimX =
this._flipOver ? -this._pageW :
this._pageW; this._aimY = 0; break;
            case 2: this._aimX =
this._flipOver ? -this._pageW :
this._pageW; this._aimY = this._
pageH; break;
            case 3: this._aimX =
this. _flipOver ? this._pageW : -this.
_pageW; this._aimY = 0; break;
            case 4: this._aimX = this.
_flipOver ? this._pageW : -this._pageW;
this._aimY = this._pageH; break;
        }
        this._flipping     = false;
        this.onMouseMove   = undefined;
        this.handleEvent("onStopFlip");
        };
        //停止翻页，不再移动
        public.finishFlip = function () {
        if (this._flipping) this.
stopFlip();
        if (this._moving) {
            this._curX = this._aimX;
            this._curY = this._aimY;
            this.onEnterFrame();
        }
        };
        //设置目标位置
        public.setAimPos = function (x,
y) {
            if (!this._flipping) return;
            if (typeof(x) == "object")
```

```
{ y = x.y; x = x.x; }
    if (x != null) this._aimX =
Number(x);
    if (y != null) this._aimY =
Number(y);
};
//获得正在拖拽的页角
public.getCorner = function (textMode)
{
    if (textMode) {
        switch (this._corner) {
            case 1:return "Ri-
ghtTop";
            case -1:return "Ri-
ghtTop-";
            case 2:return "Ri-
ghtBottom";
            case -2:return "Ri-
ghtBottom-";
            case 3:return "Le-
ftTop";
            case -3:return "Le-
ftTop-";
            case 4:return "Le-
ftBottom";
            case -4:return "Le-
ftBottom-";
            default: return;
        }
    } else {
        return this._corner;
    }
};
//所获得元素的宽度属性
    gsProperty("pageW", function () {
return this._pageW },
    function (value) {
        this._pageW
    = Number(value);
        this.LeftMask._xscale
= this._pageW;
        this.RightMask._xscale
= this._pageW;
    }
);
//所获得元素的高度属性
    gsProperty("pageH", function () {
return this._pageH },
    function (value) {
        this._pageH
    = Number(value);
        this.LeftMask._yscale
= this._pageH;
        this.RightMask._yscale
= this._pageH;
    }
);
//所获得元素的页面Id属性
    gsProperty("pageIdName", function
() { return this._pageId Name },
    function (value) {
        this._pageIdName
= typeof(value) == "string" ? value :
"";
    }
);
//所获得元素的阴影属性
    gsProperty("shadeName", function
() { return this._shadeName },
    function (value) {
        this._shadeName = typeof
(value) == "string" ? value : "";
    }
);
//所获得元素的拖拽速度属性
    gsProperty("dragAcc", function
() { return this._dragAcc },
    function (value) {
        this._dragAcc = value >
1 ? 1 : value > 0 ? Number(value) : 0;
    }
);
//所获得元素的跟踪鼠标属性
    gsProperty("trackMouse", funct-
ion () { return this._trackMouse },
    function (value) {
        this._trackMouse = value
? true : false;
        this.onMouseMove =
this._flipping
&& this._trackMouse ? this._onMouse
Move : undefined;
    }
);
```

```
//所获得元素的其他属性
        gsProperty("curPage", function ()
{ return this._curPage });
        gsProperty("dragCorner", public.
getCorner);
        gsProperty("isFlipping", function
() { return this._flipping });
        gsProperty("isMoving", function
() { return this._moving });
        gsProperty("isFlipOver", function
() { return this._moving && this._
flipOver });
        gsProperty("curPos", function ()
{ return this._moving ? {x:this._
curX, y:this._curY} : null });
        gsProperty("aimPos", function ()
{ return this._flipping ? {x:this._
aimX, y:this._aimY} : null }, public.
setAimPos);
        gsProperty("flippingPage",
              function () { return
!this._moving ? null : this._corner>0
? this._flipPage1 : this._flipPage2 }
        );
}
#endinitclip
//停止时间轴播放
stop();
```

7 回到主场景，新建图层并将其命名为flc。将制作好的FFlipPage组件导入，覆盖住左右两侧的页面，然后在“属性”面板中命名实例为Flipper。

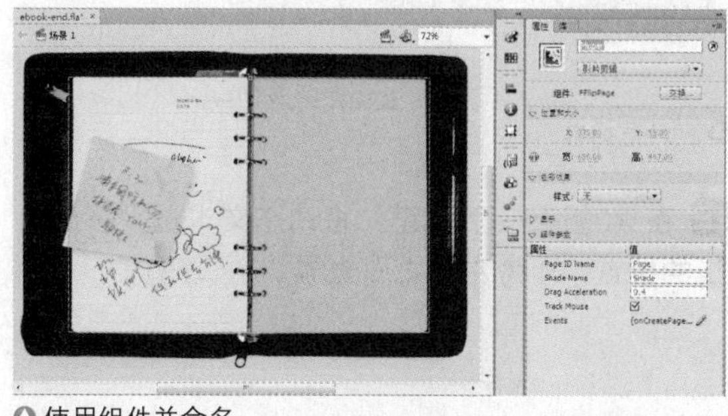

使用组件并命名

8 下面制作可供翻阅的页面。按下快捷键Ctrl+F8新建名称为“图片”的影片剪辑元件，单击“确定”按钮后进入元件编辑窗口。将第一层命名为Image，因为这一层主要用于放置所有的页面图片。在第一帧将图片01拖曳入窗口，按下F7快捷键插入关键帧，在第二帧上拖入图片02，将位置和01对齐，再按下F7键，在第三帧将图片03拖曳入并对齐，重复操作，直至将23张图片全部拖曳入并对齐。此刻时间轴上一共是23帧。

Image层内容

9 新建图层，从库中将index3位图文件拖曳入窗口，使index3的中轴对准页面左边，这样一个右侧的页面就制作好了。在第3、5、7、9、11、13、15、17、19、21、23帧处按下F6键复制关键帧。选中这一层的第2帧，将index3向右平移，使index3的中轴对准页面的右边，形成笔记本中轴左侧的页面。在这一帧上单击鼠标右键，选择“复制帧”命令，在第2、4、6、8、10、12、14、16、18、20、22帧按下F6键插入关键帧，并于右键弹出菜单中选择“粘贴帧”命令。下图显示是分别是奇数帧和偶数帧的中轴位置。

奇数帧中轴位置

偶数帧中轴位置

10 按下快捷键Ctrl+F8新建名称为“页面”的影片剪辑元件，进入元件编辑窗口后，将“图层1”更名为“图片”。在第1帧将“库”面板中的“阴影”元件和前面制作好的“图片”元件拖曳入窗口，并将“阴影”实例的颜色样式设置为Alpha，值为44%。

△ 图片层内容

11 新建图层，名为“页码”。选择工具栏中的文本工具，并且将文本类型设置为“动态文本”，在页面的最下脚输入任意一个两位数用以占位，例如输入52.，在“属性”面板的变量文本框输入text，以便在后面的ActionScript代码中给其赋值，这是给右边的页面添加了页码。

△ 第1帧动态文本框

12 在第3帧上按下F6键，将动态文本框平移至恰当的位置，即为左侧页面也添加了页码。

△ 第3帧动态文本框

13 新建图层，命名为“热区”。将“库”面板中提供的“按钮”元件拖曳入，分别放置在页面的右上角和左下角，以及中间区域，并在属性面板中将实例名称命名为HotArea2。

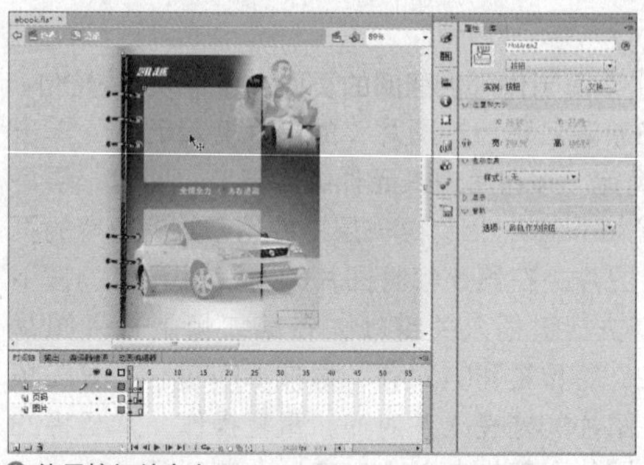

△ 使用按钮并命名

14 在“热区”层的第2帧按F6键复制关键帧，并在第2帧中将窗口中的4个按钮实例删除。在第3帧按F6键，同时选中这四个按钮实例，执行“修改>变形>水平翻转”命令，再将翻转后的4个按钮向左平移至适当位置。

△ 翻转后的按钮实例

15 选择按钮实例，按下F9键打开动作面板，为页面右上角的HotArea2实例添加如下代码。

```
//当鼠标按下或滑过后
on (press, rollOver) {
    //判断flipper的flippingPage值， 运行startFlip函数，参数为1
    if (flipper.flippingPage == null || flipper.flippingPage == this) flipper.startFlip(1);
}
//当鼠标释放、外部释放或滑过时
on (release, releaseOutside, rollOut) {
    //运行stopFlip函数，停止flipper
    flipper.stopFlip();
}
```

16 选择按钮实例，按下F9键打开动作面板，为页面右下角的HotArea2实例添加如下代码。

```
//当鼠标按下或滑过后
on (press, rollOver) {
    //判断flipper的flippingPage值， 运行startFlip函数，参数为2
    if (flipper.flippingPage == null || flipper.flippingPage == this) flipper.startFlip(2);
}
//当鼠标释放、外部释放或滑过时
on (release, releaseOutside, rollOut) {
    // 运行stopFlip函数，停止flipper
    flipper.stopFlip();
}
```

17 选择按钮实例，按下F9键打开动作面板，为页面左上角的HotArea2实例添加如下代码。

```
//当鼠标按下或滑过后
on (press, rollOver) {
    //判断flipper的flippingPage值， 运行startFlip函数，参数为3
    if (flipper.flippingPage == null || flipper.flippingPage == this) flipper.startFlip(3);
}
//当鼠标释放、外部释放或滑过时
on (release, releaseOutside, rollOut) {
    //运行stopFlip函数，停止flipper
    flipper.stopFlip();
}
```

18 选择按钮实例，按下F9键打开动作面板，为页面左下角的HotArea2实例添加如下代码。

```
//当鼠标按下或滑过后
on (press, rollOver) {
    //判断flipper的flippingPage值， 运行startFlip函数，参数为4
    if (flipper.flippingPage == null || flipper.flippingPage == this) flipper.startFlip(4);
}
//当鼠标释放、外部释放或滑过时
on (release, releaseOutside, rollOut) {
    //运行stopFlip函数，停止flipper
    flipper.stopFlip();
}
```

19 接下来为中间的4个按钮添加代码，选中右侧页面中间靠上的HotArea2实例，按下F9打开动作面板，添加如下代码。

```
//当鼠标按下后
on (press) {
    //判断flipper的isMoving 和isFlipOver的值，运行finisihFlip函数
    if (flipper.isMoving && flipper.isFlipOver) flipper.finishFlip();
    //判断flipper的flippingPage值，运行startFlip函数，参数为-1
    if (flipper.flippingPage == null || flipper.flippingPage == this) flipper.startFlip(-1);
}
//当鼠标释放、外部释放时
on (release, releaseOutside) {
    //运行stopFlip函数，停止flipper
    flipper.stopFlip();
}
```

20 选中右侧页面中间靠下的HotArea2实例，按下F9打开动作面板，添加如下代码。

```
//当鼠标按下后
on (press) {
    //判断flipper的isMoving 和isFlipOver
的值，运行finisihFlip函数
     if (flipper.isMoving && flipper.
isFlipOver) flipper.finishFlip();
     //判断flipper的flippingPage值，运行
startFlip函数，参数为-3
     if (flipper.flippingPage == null
|| flipper.flippingPage == this) flipper.
startFlip(-3);
}
//当鼠标释放、外部释放时
on (release, releaseOutside) {
   //运行stopFlip函数，停止flipper
     flipper.stopFlip();
}
```

21 选中左侧页面中间靠下的HotArea2实例，按下F9打开动作面板，添加如下代码。

```
//当鼠标按下后
on (press) {
    //判断flipper的isMoving 和isFlipOver
的值，运行finisihFlip函数
     if (flipper.isMoving && flipper.
isFlipOver) flipper.finishFlip();
     //判断flipper的flippingPage值，运行
startFlip函数，参数为-4
     if (flipper.flippingPage == null
|| flipper.flippingPage == this) flipper.
startFlip(-4);
}
//当鼠标释放、外部释放时
on (release, releaseOutside) {
   //运行stopFlip函数，停止flipper
     flipper.stopFlip();
}
```

22 新建图层，命名为Action，选中第一帧，按下F9键打开动作面板，添加如下代码。

```
#initclip 0
//声明创建页面函数
function onCreatePage (sender, pageMC,
pageIndex) {
     pageMC.flipper = sender;
     pageMC.pageIndex = pageIndex;
    //判断页面为奇数页或偶数页
     pageMC.text = pageIndex == 1 ? ""
: ". " + (pageIndex-1) + " .";
     pageMC.Image. _ x = pageIndex%2=
=1 ? 0 : -350;
    //跳转并停止到指定页
     pageMC.Image.gotoAndStop(page
Index);
     pageMC.gotoAndStop(pageIndex<=0
|| pageIndex>23 ? 4 : pageIndex==23 ?
2 : pageIndex%2==1 ? 1 : 3);
}
//声明移除页面函数
function onPageMove (sender, x, y) {
     if (!sender.trackMouse && x <
-100) sender.stopFlip();
}
//翻页完成后运行函数
function onFlipFinished (sender) {
     sender.trackMouse = true;
     timer = getTimer();
}
//进入帧时运行函数
function onEnterFrame () {
     if (autoFlip.getValue() &&
!Flipper.is Moving && Flipper.cur Page<=7
&& getTimer()-timer>5000) {
            Flipper.trackMouse = false;
            Flipper.startFlip(1,-150,40);
     }
}
#endinitclip
```

23 回到主场景中，新建图层，命名为pages，然后将“页面”元件拖曳入到适当的位置。

24 为“页面”元件的实例添加ActionScript代码。选中“页面”实例，按下F9快捷键打开动作面板，添加如下代码。

```
//当加载影片剪辑时
onClipEvent (load) {
    //卸载电影
    this.unloadMovie();
}
```

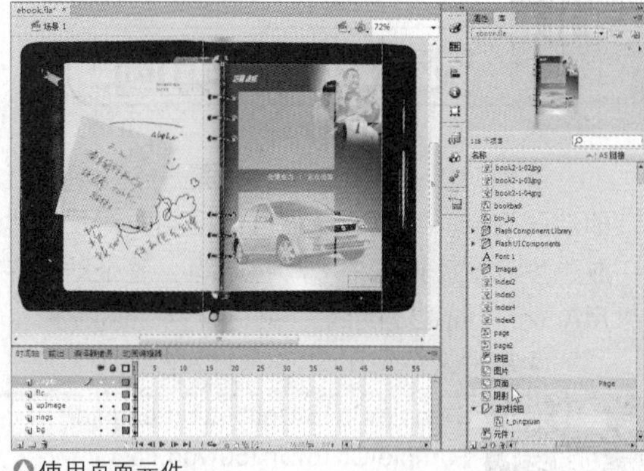

△使用页面元件

25 打开“库”面板，选择Flash Component Library\Interactive Effects文件夹中的FFlipPage组件，单击鼠标右键，从快捷菜单中选择“属性”命令，在打开的对话框中勾选“为ActionScript导出”复选框，设置“标识符”为FFlipPage。

26 选择“库”面板中的“页面”元件，单击鼠标右键，从快捷菜单中选择“属性”命令，在打开的对话框中勾选“为ActionScript导出”复选框，设置“标识符”为Page。

△设置FFlipPage组件属性

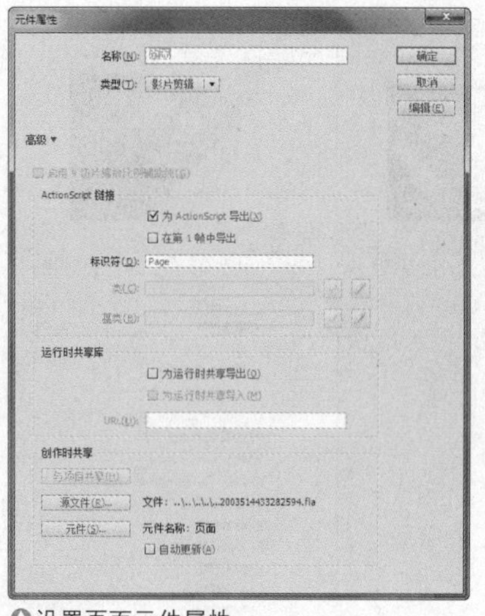

△设置页面元件属性

27 按下快捷键Ctrl+Enter测试动画，就可以看到电子书翻页的效果了。

△测试动画

UNIT 50 交互点播动画

实例分析：本实例制作的是一个视频交互点播的动画效果，可以选择播放的视频、对视频进行播放进度和播放声音的多种控制等。整个动画完全使用ActionScript3.0完成。

主要技术：ActionScript脚本编写

最终文件	Sample\Ch16\Unit50\vod-end.fla
初始文件	Sample\Ch16\Unit50\vod.fla
视频文件	Video\Ch16\Unit50\Unit50.wmv

❶ 打开Sample\Ch16\Unit50\vod.fla文件，按下快捷键Ctrl+L打开“库”面板，已经提供了视频播放器所需的各个位图素材。

“库”面板中的素材

❷ 按下快捷键Ctrl+F8新建影片剪辑元件，并命名为vbarimg，在元件中放置“音量进度条背景”的位图图像。

Vbarimg元件内容

❸ 在“库”面板的vbarimg元件上单击鼠标右键，从快捷菜单中选择“属性”命令，勾选“为ActionScript导出”和“在第1帧中导出”复选框，然后在“类”文本框中输入vbarimg，在“基类”文本框中输入flash.display.MovieClip。

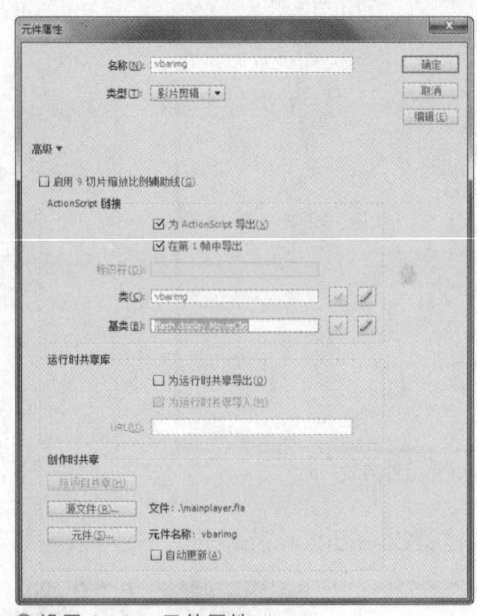

设置vbarimg元件属性

❹ 按下快捷键Ctrl+F8新建影片剪辑元件，并命名为vbar，在元件中放置“音量进度条”的位图图像。

Vbar元件内容

5 在“库”面板的vbar元件上单击鼠标右键，从快捷菜单中选择“属性”命令，勾选“为ActionScript导出”和“在第1帧中导出”复选框，然后在“类”文本框中输入vbar，在“基类”文本框中输入flash.display.MovieClip。

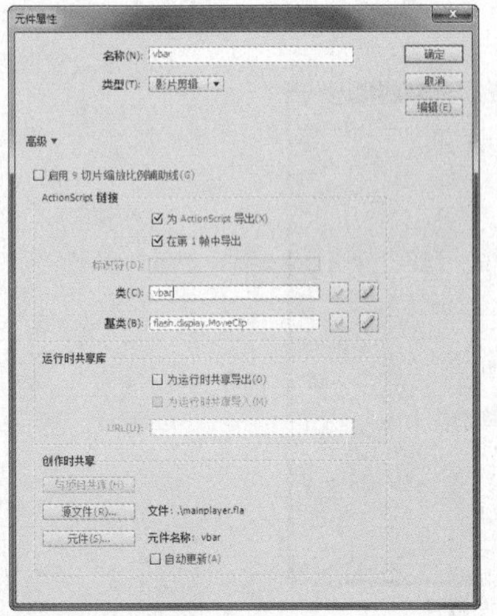

设置vbar元件属性

6 按下快捷键Ctrl+F8新建影片剪辑元件，并命名为screenimg，在元件中放置“屏幕.png”的位图图像。然后在“库”面板的screenimg元件上单击鼠标右键，从快捷菜单中选择“属性”命令，勾选“为ActionScript导出”和“在第1帧中导出”复选框，然后在“类”文本框中输入screenimg，在“基类”文本框中输入flash.display.MovieClip。

screenimg元件内容

7 按下快捷键Ctrl+F8新建影片剪辑元件，并命名为pbarimg，在元件中放置“播放进度条背景”的位图图像。

8 在“库”面板的pbarimg元件上单击鼠标右键，从快捷菜单中选择“属性”命令，勾选“为ActionScript导出”和“在第1帧中导出”复选框，然后在“类”文本框中输入pbarimg，在“基类”文本框中输入flash.display.MovieClip。

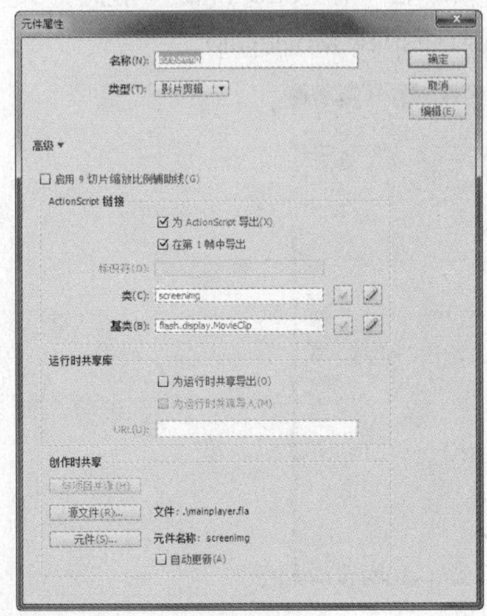

设置screenimg元件属性

pbarimg元件内容

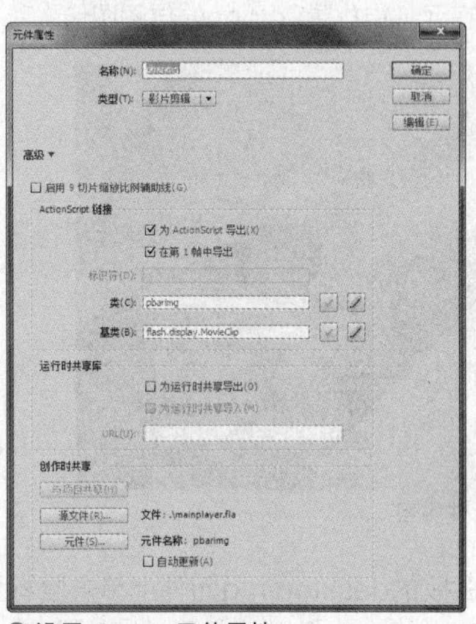

设置pbarimg元件属性

9 按下快捷键Ctrl+F8新建影片剪辑元件，并命名为pbar，在元件中放置“播放进度条”的位图图像。

pbar元件内容

10 在“库”面板的pbar元件上单击鼠标右键，从快捷菜单中选择“属性”命令，勾选“为ActionScript导出”和“在第1帧中导出”复选框，然后在“类”文本框中输入pbar，在“基类”文本框中输入flash.display.MovieClip。

11 按下快捷键Ctrl+F8新建影片剪辑元件，并命名为listimg，在元件中放置“列表”的位图图像。

12 在“库”面板的listimg元件上单击鼠标右键，从快捷菜单中选择“属性”命令，勾选“为ActionScript导出”和“在第1帧中导出”复选框，然后在“类”文本框中输入listimg，在“基类”文本框中输入flash.display.MovieClip。

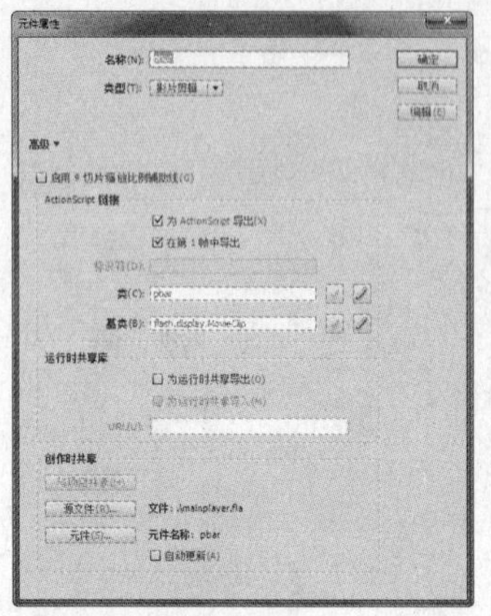

▲设置pbar元件属性

▲listimg元件内容

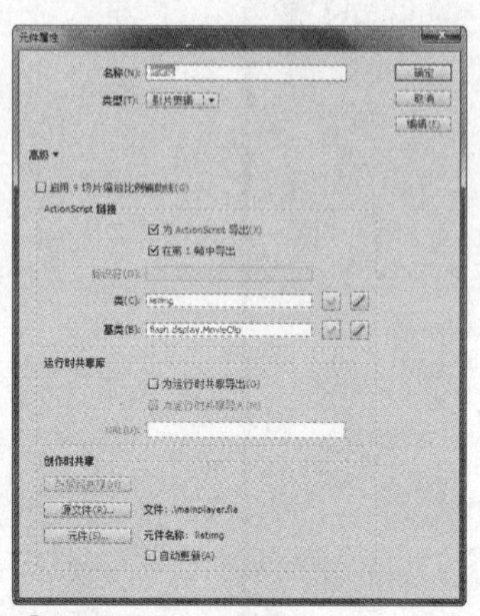

▲设置listimg元件属性

13 按下快捷键Ctrl+F8新建影片剪辑元件，并命名为lbar，在元件中放置“加载进度条”的位图图像。

▲lbar元件内容

15 按下快捷键Ctrl+F8新建影片剪辑元件，名称为desktopimg，在元件中放置bg.png的位图图像。

▲desktopimg元件内容

14 在“库”面板的lbar元件上单击鼠标右键，从快捷菜单中选择“属性”命令，勾选“为ActionScript导出”和“在第1帧中导出”复选框，然后在“类”文本框中输入lbar，在“基类”文本框中输入flash.display.MovieClip。

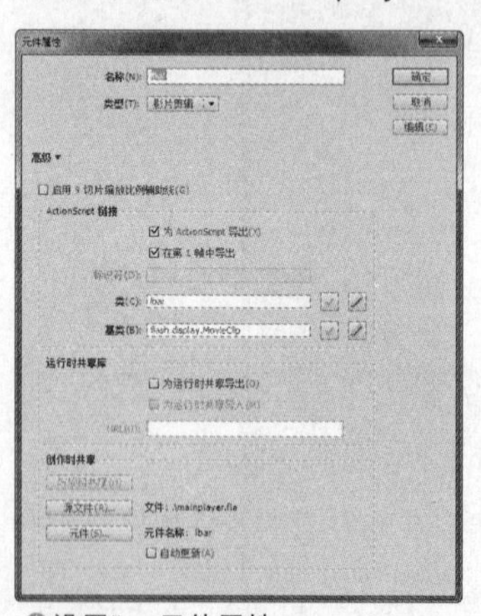

▲设置lbar元件属性

16 在“库”面板的desktopimg元件上单击鼠标右键，从快捷菜单中选择“属性”命令，勾选“为ActionScript导出”和“在第1帧中导出”复选框，然后在“类”文本框中输入desktopimg，在“基类”文本框中输入flash.display.MovieClip。

17 按下快捷键Ctrl+F8新建影片剪辑元件，并命名为bgimg，在元件中放置“合并的位图.png”的位图图像。然后从“库”面板中将titlebar按钮元件放置在图像上方，并将其命名为titlebar。

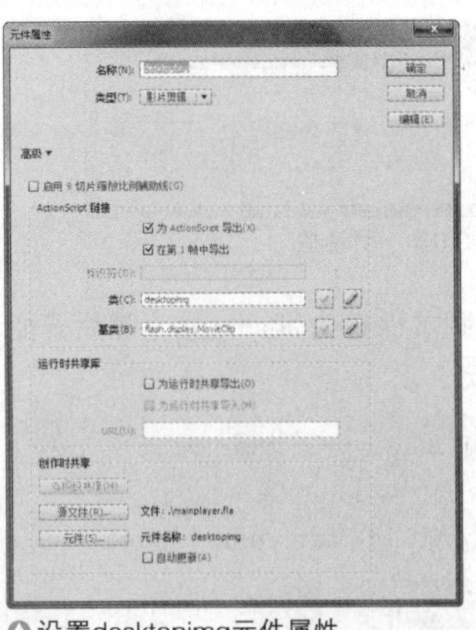

△设置desktopimg元件属性

△bgimg元件内容

18 在“库”面板的bgimg元件上单击鼠标右键，从快捷菜单中选择“属性”命令，勾选“为ActionScript导出”和“在第1帧中导出”复选框，然后在“类”文本框中输入bgimg，在“基类”文本框中输入flash.display.MovieClip。

19 在“库”面板的btns文件夹中的每一个元件上依次单击鼠标右键，从快捷菜单中选择“属性”命令，勾选“为ActionScript导出”和“在第1帧中导出”复选框，然后在“类”文本框中输入和该按钮相同的名称，在“基类”文本框中输入flash.display.SimpleButton。以goback按钮为例，在“类”文本框中输入goback。

△设置bgimg元件属性

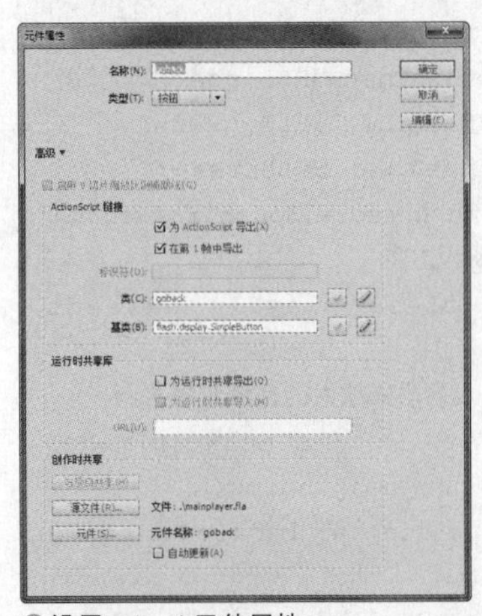

△设置goback元件属性

20 进入vod.fla动画文件所在的文件夹，使用记事本编辑一个文本文件，将其保存为list.xml。这个文件包括了具体的视频信息，文件的具体内容如下。

```
<?xml version="1.0" encoding="utf-8"?>
<videoroot>
<videolist id="01" url="benz.flv" shortname="BENZ奔驰风云篇" name="BENZ奔驰跑车广告风云篇" issuer="Benz" />
<videolist id="02" url="benz2.flv" shortname="BENZ奔驰小狗疯狂篇" name="BENZ奔驰保障安全广告小狗疯狂篇" issuer="Benz" />
<videolist id="03" url="Mazda.flv" shortname="马自达汽车美女广告" name= "Mazda马自达汽车美女选择广告" issuer= "Mazda" />
<videolist id="04" url="bmw.flv" shortname="BMW宝马婚礼篇" name="BMW宝马汽车广告婚礼篇" issuer="BMW" />
</videoroot>
```

21 取消选择任何一个舞台中的对象，单击属性面板“类”文本框后的“编辑类定义”按钮，在弹出的“创建ActionScript 3.0类”对话框中输入playflv。

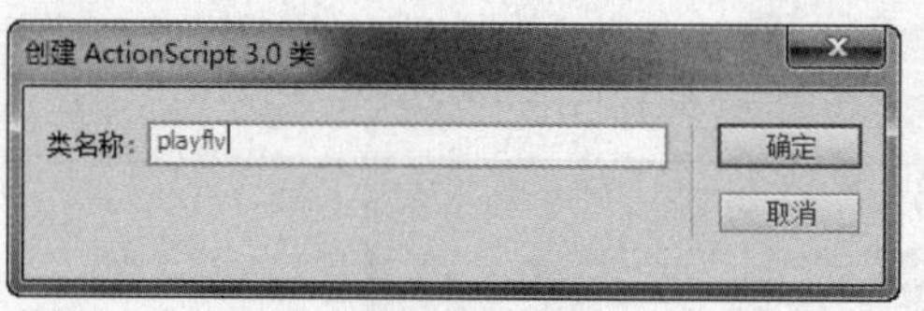

△“创建ActionScript 3.0类”对话框

22 单击“确定”按钮后，按下快捷键Ctrl+S，在打开的对话框中将脚本保存为playflv.as，然后开始编辑脚本代码，将默认的代码删除，输入如下的代码（省去注释部分）。

```
//声明包位置
package {
	//导入各类必要对象
	import flash.display.Sprite;
	import flash.display.SimpleButton;
	import flash.display.MovieClip;
	import flash.net.NetStream;
	import flash.net.NetConnection;
	import flash.media.Video;
	import flash.events.Event;
	import flash.events.MouseEvent;
	import flash.events.AsyncErrorEvent;
	import flash.events.NetStatusEvent;
	import flash.text.TextFormat;
	import flash.text.TextField;
	import flash.net.URLLoader;
	import flash.net.URLRequest;
	import flash.net.URLStream;
	import flash.media.SoundTransform;
	//创建playflv主类
	public class playflv extends Sprite {
		//声明播放器的各种对象实例
		public var desktopImage:desktopimg = new desktopimg();
		public var backImage:bgimg = new bgimg ();
		public var mainClip:MovieClip = new MovieClip();
		public var listImage:listimg = new listimg();
		public var screenImage:screenimg = new screenimg();
		public var lBar:lbar=new lbar();
		public var pBar:pbar = new pbar ();
		public var pBarImage:pbarimg=new pbarimg();
		public var vBar:vbar = new vbar ();
		public var vBarImage:vbarimg=new vbarimg();
		public var goBackBtn:goback=new goback();
		public var lastVideoBtn:lastvideo = new lastvideo();
		public var muteBtn:mute = new mute ();
		public var nextVideoBtn:nextvideo = new nextvideo ();
		public var goPlayBtn:goplay=new goplay();
		public var pauseBtn:pausevideo = new pausevideo ();
		public var playBtn:playvideo = new playvideo();
		public var stopBtn:stopvideo = new stopvideo ();
		public var unmuteBtn:unmute = new unmute ();
		//声明XML文件路径
		public var xmlURL:String = "list.xml";
		public var xmlRequest:URLRequest = new URLRequest(xmlURL);
		public var xmlLoader:URLLoader = new URLLoader(xmlRequest);
		//声明视频相关信息数组
		public var videoIDArray:Array = new Array ();
		public var videoURLArray:Array = new Array ();
		public var videoSNameArray:Array = new Array ();
		public var videoNameArray:Array = new Array ();
		public var listTextArr-
```

```
ay:Array = new Array();
            public var currentSelect:
String = null;
            //声明数据流相关对象
            public var dataStream:
NetStream;
            public var videoObject:
Video;
            public var duration:uint;
            public var volumeValue =
0.5;
            //声明声音变换实例
            public var st:SoundTra-
nsform=new SoundTransform();
            //声明文字样式实例
            public var textStyle:Text
Format=new TextFormat();
            //声明时间实例
            public var timeField:Text
Field=new TextField();
            //声明音量实例
            public var volumeField:Text
Field=new TextField();
            //声明视频信息实例
            public var infoField:Text
Field=new TextField();
            //声明播放状态实例
            public var onPlaying:Boo-
lean = false;
            //声明playflv()主函数
            public function playflv
():void {
                    desktop ();
                    main ();
                    showBG ();
                    showListBG ();
                    showScreenBG ();
                    showPBar ();
                    showVBar ();
                    showButtons ();
                    loadXML ();
                    showText ();
            }
        //声明desktop()函数，显示影片背景
            private function desktop
():void {
                    desktopImage.x=-235;
                    desktopImage.y=-154;
            stage.addChildAt (desktop
Image,0);
            }
            //声明main()函数，显示播放器
            private function main
():void {
                    mainClip.x = 0;
                    mainClip.y = 0;
        backImage.titlebar.addEventListener
(MouseEvent.MOUSE_DOWN,dragPlayer);
backImage.titlebar.addEventListener
(MouseEvent.MOUSE_UP,putDownPlayer);
                    stage.addChild
(mainClip);
            }
        //声明dragPlayer()函数，拖动播放器
            private function dragPlayer
(event:MouseEvent):void {
                    mainClip.startDrag();
                    mainClip.alpha=0.8;
            }
        //声明putDownPlayer()函数，放下播
放器
            private function putDown
Player (event:MouseEvent):void {
                    mainClip.stopDrag
();
                    mainClip.alpha =
1;
            }
        //声明showBG()函数，显示播放器的背景
            private function showBG
():void {
                    backImage.x = 0;
                    backImage.y = 0;
                    mainClip.addChild
At (backImage,0);
            }
        //声明showListBG()函数，显示播放列
表的背景
            private function showList
BG ():void {
                    listImage.x = 350;
                    listImage.y = 40;
                    mainClip.addChild
At (listImage,1);
            }
        //声明showScreenBG()函数，显示影片
```

```
播放区域背景
        private function showScreen
BG ():void {
                screenImage.x = 4;
                screenImage.y = 40;
                mainClip.addChild
At (screenImage,2);
        }
      //声明showPBar()函数，显示播放进度条
        public function showPBar
():void {
                pBarImage.x = 14;
                pBarImage.y = 290;
                mainClip.addChild
At (pBarImage,3);
                lBar.x = 14;
                lBar.y = 290;
                lBar.scaleX = 0.00;
                mainClip.addChild
At (lBar,4);
                pBar.x = 14;
                pBar.y = 290;
                pBar.scaleX = 0.00;
                mainClip.addChild
At (pBar,5);
        }
      //声明showVBar()函数，显示音量滑块
        public function showVBar
():void {
                vBarImage.x = 296;
                vBarImage.y = 320;
                mainClip.addChil
dAt (vBarImage,6);
                vBar.x = 296;
                vBar.y = 320;
                vBar.scaleX = 0.50;
                mainClip.addChild
At (vBar,7);
        }
       //声明showButtons()函数，显示各种
按钮
        public function showBut-
tons ():void {
        //跳转至上一视频的按钮
                lastVideoBtn.x=14;
                lastVideoBtn.y=305;
                mainClip.addChild
At (lastVideoBtn,8);
                lastVideoBtn.addEventLis-
tener (MouseEvent.CLICK, lastMovie);
                //倒退按钮
                goBackBtn.x = 54;
                goBackBtn.y = 305;
                mainClip.addChild
At (goBackBtn,9);
                goBackBtn.addEv-
entListener (MouseEvent.CLICK, goBack
Movie);
                //播放按钮
                playBtn.x = 94;
                playBtn.y = 305;
                mainClip.addChild
At (playBtn,10);
                playBtn.addEvent
Listener (MouseEvent.CLICK,playMovie);
                //暂停按钮
                pauseBtn.x = 94;
                pauseBtn.y = 305;
                pauseBtn.visible =
false;
                mainClip.addChildAt
(pauseBtn,11);
                pauseBtn.addEven-
tListener (MouseEvent.CLICK, pause
Movie);
                //快进按钮
                goPlayBtn.x = 134;
                goPlayBtn.y = 305;
                mainClip.addChildAt
(goPlayBtn,12);
                goPlayBtn.add Event
Listener (MouseEvent.CLICK, go Play
Movie);
            //跳转至下一视频的按钮
                nextVideoBtn.x=174;
                nextVideoBtn.y=305;
                mainClip.addChild
At (nextVideoBtn,13);
                nextVideoBtn.addEve-
ntListener (MouseEvent.CLICK,next Movie);
                //停止按钮
                stopBtn.x = 214;
                stopBtn.y = 305;
                mainClip.addChild
At (stopBtn,14);
                stopBtn.addEvent
```

```
Listener (MouseEvent.CLICK,stopMovie);
            //静音按钮
            muteBtn.x = 254;
            muteBtn.y = 305;
            mainClip.addChildAt
(muteBtn,15);
            muteBtn.addEventListener
(MouseEvent.CLICK,muteNow);
            //关闭静音按钮
            unmuteBtn.x = 254;
            unmuteBtn.y = 305;
            unmuteBtn.visible = false;
            mainClip.addChildAt (unm-
uteBtn,16);
            unmuteBtn.addEventListener
(MouseEvent.CLICK,unmuteNow);
            }
        //声明showText()函数，显示各种文本
信息
    private function showText ():void
{
            textStyle.bold = true;
            //设置文本域样式
            textStyle.color = 0x000000;
            textStyle.size = 11;
            textStyle.font = "Arial";
            //设置时间域样式
            timeField.height = 20;
            timeField.width = 110;
            timeField.x = 420;
            timeField.y = 283;
            timeField.defaultText
Format = textStyle;
            timeField.text = "00:00:00
/ 00:00:00";
            mainClip.addChildAt (time
Field,17);
            //设置音量域样式
            volumeField.height = 20;
            volumeField.width = 110;
            volumeField.x = 420;
            volumeField.y = 313;
            volumeField.defaultText
Format = textStyle;
            volumeField.text = "50 %";
            mainClip.addChildAt
(volumeField,18);
            //设置视频信息域样式
            infoField.height = 20;
            infoField.width = 390;
            infoField.x = 20;
            infoField.y = 348;
            infoField.text = "加载列表
完毕，请选择右侧列表中的项目";
            infoField.textColor =
0xFFCC00;
            mainClip.addChildAt (info
Field,19);
        }
        //声明lastMovie()函数，响应跳转上一视
频按钮的鼠标事件
        private function lastMovie
(event:MouseEvent):void {
        //判断当未选择影片时，播放第1部影片
            if(currentSelect ==null) {
                currentSelect =
"01";
                loadVideo (current
Select);
                //判断如选择的为第一部
影片时，播放当前选择影片
            } else if (currentSelect=
=videoIDArray[0]) {
                loadVideo (current
Select);
            //在其他情况下，创建循环
            } else {
                for (var i:int=0;
i<videoIDArray.length; i++) {
listTextArray[i].background = false;
listTextArray[i].textColor = 0xffcc00;
//判断选择的影片为某一部时，播放该部影片
if (currentSelect == videoIDArray[i])
{
currentSelect = videoIDArray[i - 1];
listTextArray[i-1].background = true;
listTextArray[i - 1].backgroundColor =
0xffcc00;
listTextArray[i-1].textColor = 0x000000;
break;
                    }
                }
                loadVideo (current
Select);
            }
        }
```

```
    //声明goBackMovie()函数，响应倒退按钮的鼠标事件
    private function goBackMovie (event:MouseEvent):void {
        dataStream.seek (dataStream.time-10);
    }
    //声明playMovie()函数，响应播放影片按钮的鼠标事件
    private function playMovie (event:MouseEvent):void {
        if (currentSelect==null) {
            infoField.text = "尚未选择播放的视频。请单击左侧的列表";
        } else {
            loadVideo (currentSelect);
            playBtn.removeEventListener (MouseEvent.CLICK, playMovie);
            playBtn.addEventListener (MouseEvent.CLICK,resumeMovie);
        }
    }
    //声明resumeMovie()函数，响应回放影片的鼠标事件
    private function resumeMovie (event:MouseEvent):void {
        dataStream.resume ();
        pauseBtn.visible = true;
        playBtn.visible = false;
    }
    //声明pauseMovie()函数,响应暂停影片的鼠标事件
    private function pauseMovie (event:MouseEvent):void {
        dataStream.pause ();
        pauseBtn.visible = false;
        playBtn.visible = true;
    }
    //声明goPlayMovie()函数，响应快进影片的鼠标事件
    private function goPlayMovie (event:MouseEvent):void {
        dataStream.seek (dataStream.time+10);
        }
        //声明nextMovie()函数，响应跳转至下一视频的鼠标事件
    private function nextMovie (event:MouseEvent):void {
            if(currentSelect== null){
                currentSelect="01";
                loadVideo (currentSelect);
            } else if (currentSelect==videoIDArray[videoIDArray.length-1]) {
                loadVideo (currentSelect);
            } else {
                for (var i:int=0; i<videoIDArray.length; i++) {
listTextArray[i].background = false;
listTextArray[i].textColor = 0xffcc00;
if(currentSelect == videoIDArray[i]) {
currentSelect = videoIDArray[i + 1];
listTextArray[i + 1].background = true;
listTextArray[i + 1].backgroundColor = 0xffcc00;
listTextArray[i+1].textColor = 0x000000;
break;
                }
                }
                loadVideo (currentSelect);
            }
    }
    //声明stopMovie()函数，响应停止按钮的鼠标事件
    private function stopMovie (event:MouseEvent):void {
            if (onPlaying == true) {
                screenImage.removeChild (videoObject);
                dataStream.close();
                infoField.text = "播放完毕，已关闭视频";
                playBtn.visible = true;
                pauseBtn.visible = false;
                lBar.buttonMode = false;
                pBar.buttonMode = false;
                vBar.buttonMode =
```

```
false;
                    vBarImage.buttonMode = false;
                    lBar.removeEventListener (Event.ENTER_FRAME, lBarAction);
                    playBtn.removeEventListener (MouseEvent.CLICK,resumeMovie);
                    playBtn.addEventListener (MouseEvent.CLICK, playMovie);
                    onPlaying = false;
                }
        }
        //声明muteNow()函数，响应静音按钮的鼠标事件
        private function muteNow (event:MouseEvent):void {
                volumeValue = 0;
                muteBtn.visible = false;
                unmuteBtn.visible = true;
        }
        //声明unmuteNow()函数，响应开启声音按钮的鼠标事件
        private function unmuteNow (event:MouseEvent):void {
                volumeValue = 0.5;
                unmuteBtn.visible = false;
                muteBtn.visible = true;
        }
        //声明loadXML()函数，加载外部XML文档
        private function loadXML ():void {
                xmlLoader.addEvent Listener (Event.COMPLETE, listLoadComplete);
        }
        //声明listLoadComplete()函数，响应加载列表完成的事件
        private function listLoadComplete (event:Event):void {
                var list:XML = XML(event.target.data);
                var i:int = 0;
                for each (var listElement:XML inlist.elements()) {
                    videoIDArray.push (String(listElement. @ id));
                    videoURLArray.push (String(listElement. @ url));
                    videoSNameArray.push (String(listElement. @ shortname));
                    videoNameArray.push (String(listElement. @ name));
                }
                showList ();
        }
        //声明showList()函数，显示播放列表
        private function showList ():void {
                var listStyle:TextFormat=new TextFormat();
                //设置列表样式
                listStyle.bold = true;
                listStyle.align = "center";
                listStyle.color = 0xffcc00;
                listStyle.font = "微软雅黑";
                listStyle.size = 14;
                var listTitle:TextField=new TextField();
                //设置列表标题域样式
                listTitle.defaultTextFormat = listStyle;
                listTitle.x = 345;
                listTitle.y = 5;
                listTitle.width = 160;
                listTitle.height = 25;
                listTitle.text = "影片列表";
                screenImage.addChild (listTitle);
                for (var i:int = 0; i < videoIDArray.length; i++) {
                //声明列表域实例
                    var tf:TextField = new TextField ();
                    listTextArray.push (tf);
                    tf.text = videoIDArray[i] + ".  " + videoSName Array[i];
                    tf.height = 20;
                    tf.width = 160;
                    tf.x = 345;
                    tf.y = 35 +(i* 20);
                    tf.background=false;
                    tf.border = false;
                    tf.selectable=false;
                    tf.textColor = 0xffcc00;
                    screenImage.add Child (tf);
```

```
                    f.addEventListener
(MouseEvent.MOUSE_OVER,overList);
                    f.addEventListener
(MouseEvent.MOUSE_OUT,outList);
                    f.addEventListener
(MouseEvent.MOUSE_DOWN,selectList);
                }
            }
        //声明overList()函数，响应鼠标滑过列表文本域
        private function overList (event:MouseEvent):void {
            if (event.target.background == false) {
                event.target.background = true;
                event.target.backgroundColor = 0x996600;
            }
        }
        //声明outList()函数，响应鼠标滑出列表文本域
        private function outList (event:MouseEvent):void {
            if (event.target.backgroundColor == 0x996600) {
                event.target.background = false;
            }
        }
        //声明selectList()函数，响应鼠标选择列表文本域的事件
        private function selectList (event:MouseEvent):void {
            for (var i:int = 0; i < videoIDArray.length; i++) {
                listTextArray[i].background = false;
                listTextArray[i].textColor = 0xffcc00;
                if (listTextArray[i] == event.target) {
                    currentSelect = videoIDArray[i];
                }
            }
            //设置文本域样式
            event.target.background = true;
            event.target.backgroundColor = 0xffcc00;
            event.target.textColor = 0x000000;
            loadVideo (currentSelect);
        }
        //声明loadVideo()函数，加载影片并播放
        private function loadVideo (currentNum:String):void {
            if (onPlaying == true) {
                screenImage.removeChild (videoObject);
                dataStream.close();
                onPlaying = false;
            }
            //声明数据流实例
            var dataConnect:NetConnection=new NetConnection();
            dataConnect.connect (null);
            dataStream = new NetStream(dataConnect);
            dataStream.addEventListener
(AsyncErrorEvent.ASYNC_ERROR, asyncErrorHandler);
            videoObject=new Video();
            //设置视频对象
            videoObject.x = 2;
            videoObject.y = 1;
            videoObject.height = 240;
            videoObject.width = 320;
            screenImage.addChild
(videoObject);
            dataStream.addEventListener (NetStatusEvent.NET_STATUS, statusHandler);
            videoObject.attachNetStream (dataStream);
            for (var i:int=0; i<videoIDArray.length; i++) {
                if (currentNum == videoIDArray[i]) {
                    dataStream.play
(String(videoURLArray[i]));
                    //控制按钮和信息
                    playBtn.visible = false;
                    pauseBtn.visible =
```

```
true;
                        infoField.text = "
已选择第" + videoIDArray[i] + "部影片，正在
播放  " + videoNameArray[i];
                }
        }
                var client:Object = new
Object();
                client.onMetaData = on
MetaData;
                dataStream.client = client;
                //设置加载进度条
                lBar.buttonMode = true;
                //设置加载进度条的按钮模式
                lBar.addEventListener
(Event.ENTER_FRAME,lBarAction);
                //设置播放进度条
                pBar.buttonMode = true;
                pBar.addEventListener
(Event.ENTER_FRAME,pBarAction);
                //设置音量滑块
                vBar.buttonMode = true;
                vBar.addEventListener
(Event.ENTER_FRAME,vBarAction);
                vBarImage.buttonMode =
true;
                //设置播放按钮
                playBtn.removeEventLis-
tener (MouseEvent.CLICK,playMovie);
                playBtn.addEventListener
(MouseEvent.CLICK,resumeMovie);
        }
        //声明onMetaData()函数，获取视频播放
的总时间属性
        private function onMetaData
(data:Object):void {
                duration = data.duration;
        }
        //声明asyncErrorHandler()函数，处理
异步流传输的错误
        private function asyncError
Handler (event:AsyncErrorEvent):void {
        }
        //声明statusHandler()函数，读取当前视
频播放的信息
        private function statusHandler
(event:NetStatusEvent):void {
                if (event.info.code ==
"NetStream.Play.Start") {
                        onPlaying = true;
                } else if (event.info.
code == "NetStream.Play.Stop") {
                        dataStream.close();
                        onPlaying = false;
                        screenImage.remove
Child (videoObject);
                        //输出信息
                        infoField.text = "
播放完毕，已关闭视频";
                        //设置按钮
                        playBtn.visible =
true;
                        pauseBtn.visible =
false;
                        //设置加载进度条
                        lBar.buttonMode =
false;
                        //设置播放进度条
                        pBar.buttonMode =
false;
                        //设置音量滑块及背景
                        vBar.buttonMode =
false;
                        vBarImage.button
Mode = false;
                        //移除事件
                        lBar.removeEventLis-
tener (Event.ENTER_FRAME, lBarAction);
                        playBtn.remove
Event Listener (MouseEvent.CLICK,
resume Movie);
                        playBtn.addEvent
Listener (MouseEvent.CLICK,play Movie);
                }
        }
        //声明lBarAction()函数，为加载进度条
添加执行事件
        private function lBarAction
(event:Event):void {
                //设置加载进度条
                lBar.scaleX = dataStream.
bytesLoaded / dataStream.bytesTotal;
                lBar.addEventListener
(MouseEvent.CLICK,movePBar);
        }
        //声明pBarAction()函数，为播放进度条
```

```
添加执行事件
    private function pBarAction
(event:Event):void {
            //设置播放进度条
            pBar.scaleX = dataStream.
time / duration;
            //设置时间域
            timeField.text = timeTrans
(dataStream.time / 3600) + ":" +
timeTrans(dataStream.time % 3600 / 60)
+ ":" + timeTrans (dataStream.time %
60) + " / " + timeTrans (duration /
3600) + ":" + timeTrans (duration %
3600 / 60) + ":" + timeTrans (duration
% 60);
            pBar.addEventListener
(MouseEvent.CLICK,movePBar);
    }
    //声明movePBar()函数，控制播放头
    private function movePBar
(event:MouseEvent):void {
            dataStream.seek ((mouseX-
14-mainClip.x)/400*duration);
    }
    //声明vBarAction()函数，为音量滑块添
加执行事件
    private function vBarAction
(event:Event):void {
            dataStream.soundTransform
= st;
            //设置音量
            st.volume = volumeValue;
            //设置音量滑块
            vBar.scaleX = st.volume;
            //添加鼠标事件
            vBarImage.addEventLis-
tener (MouseEvent.CLICK,moveVBar);
            vBar.addEventListener
(MouseEvent.CLICK,moveVBar);
            //设置音量域
            volumeField.text = time
Trans(volumeValue * 100) + " %";
    }
    //声明moveVBar()函数，控制滑块与音量值
    private function moveVBar
(event:MouseEvent):void {
volumeValue=(Math.round((mouseX-296-
mainClip.x)/120*100))/100;
    }
    //设置timeTrans()函数，用于为小于10的
数字前加0以及取整
    private function timeTrans (num:
Number):String {
            var a:String;
            if (num < 10) {
                    a = "0" + Math.
floor(num);
            } else {
                    a = String(Math.
floor(num));
            }
            return a;
        }
    }
}
```

23 按下快捷键Ctrl+Enter测试动画，就可以看到视频点播播放器的效果了。

△ 测试动画

Chapter 17 Flash网站动画

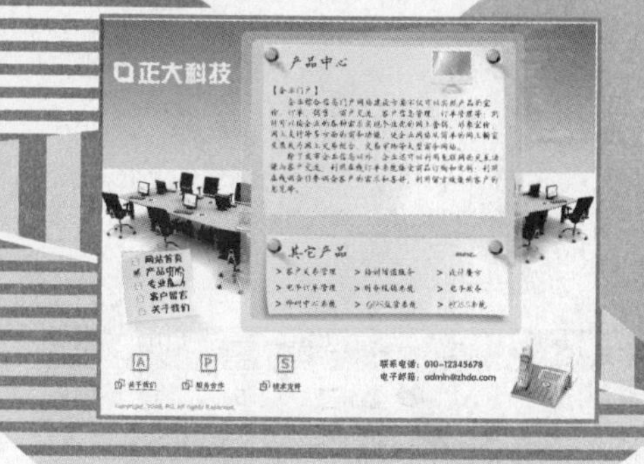

用Flash制作的动画文件适于网络传输，因为Flash文件的在线播放运用了流式技术，即文件下载到一定的进程时，就可以播放，剩下的部分将在播放的同时继续下载。其实很难界定Web应用服务的范围究竟有多大，它似乎拥有无限的可能。常见的Flash网站动画包括导航动画和整体网站动画等。

UNIT 51 网站导航动画

实例分析：本实例制作的是一个网站的导航动画，鼠标放到导航上的每一个栏目后，会有交互的动态效果。

主要技术：基本补间动画制作，ActionScript脚本

最终文件	Sample\Ch17\Unit51\nav-end.fla
初始文件	Sample\Ch17\Unit51\nav.fla
视频文件	Video\Ch17\Unit51\Unit51.wmv

1 打开Sample\Ch17\Unit51\nav.fla文件，按下快捷键Ctrl+F8新建元件，在打开的对话框中设置“名称”为“按钮”、“类型”为按钮，然后单击“确定”按钮。

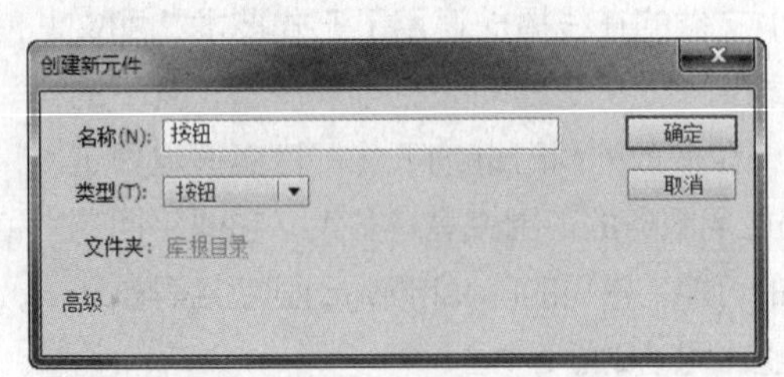

△ 创建新元件

2 在按钮元件的“点击”帧按下F7键，插入空白关键帧，使用矩形工具绘制一个任意颜色的矩形。

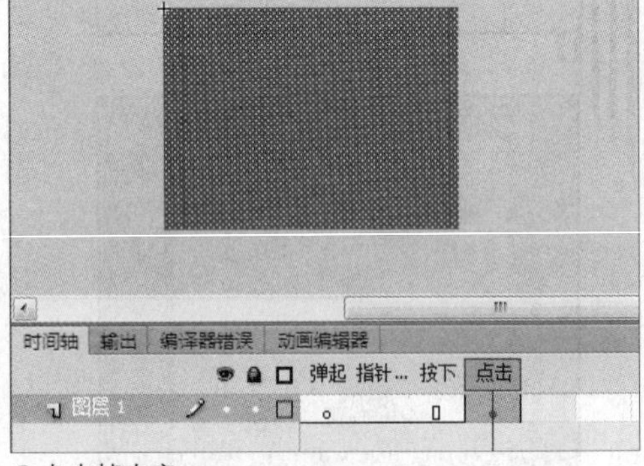

△ 点击帧内容

3 按下快捷键Ctrl+F8新建元件，在打开的对话框中设置“名称”为“按钮动画1”、“类型”为影片剪辑，然后单击“确定”按钮。

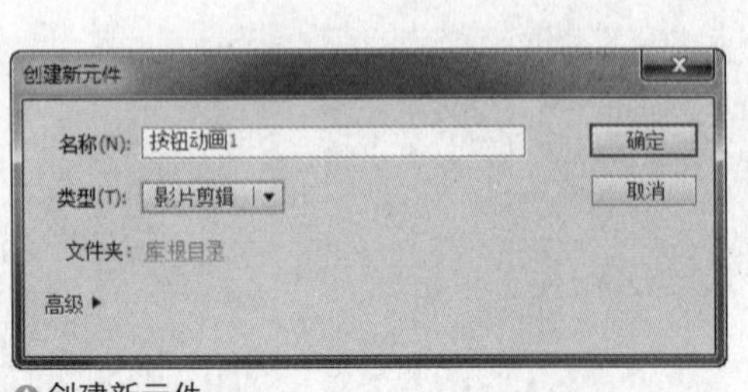

△ 创建新元件

4 将7.png从“库”面板拖曳到舞台“图层1”的第1帧，延续到第15帧。

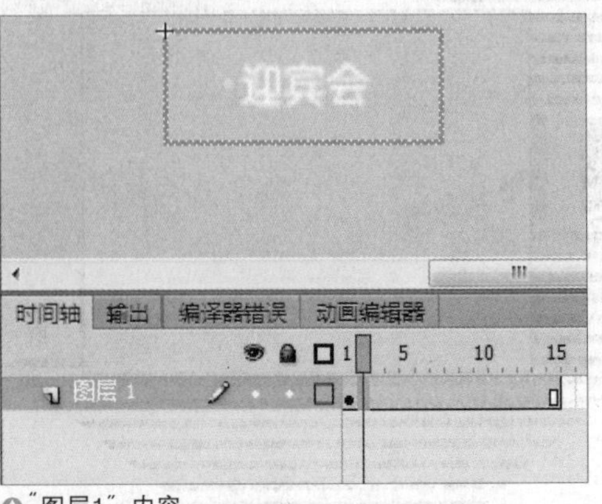

△“图层1”内容

5 新建“图层2”，在第14帧按下F7键，将8.png从“库”面板拖曳到舞台，覆盖住位图的位置。

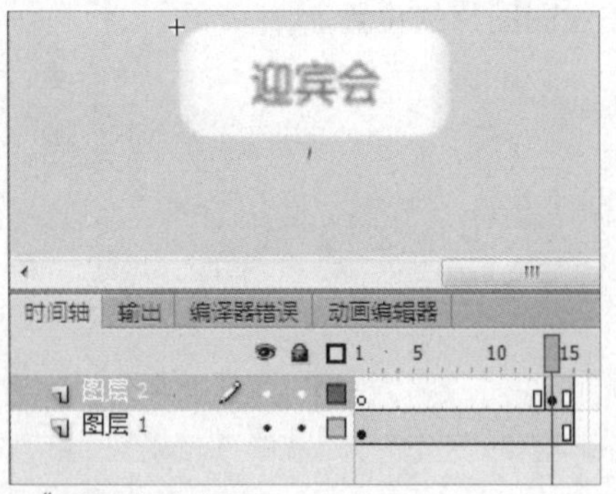

△“图层2”内容

6 新建“图层3”，将制作好的“按钮”元件放置到舞台覆盖位图图片的位置上。

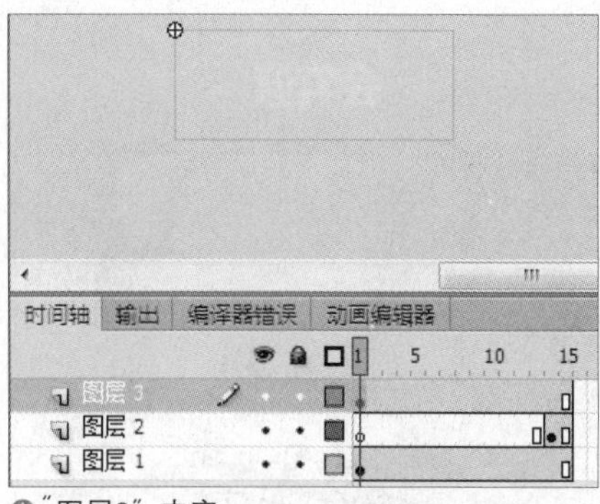

△“图层3”内容

7 新建“图层4”，在第1帧按下F9键，打开动作面板，输入如下动作代码，停止时间轴播放。

```
Stop();
```

8 按下快捷键Ctrl+F8新建元件，在打开的对话框中设置“名称”为“按钮动画2”、“类型”为影片剪辑，然后单击“确定”按钮。

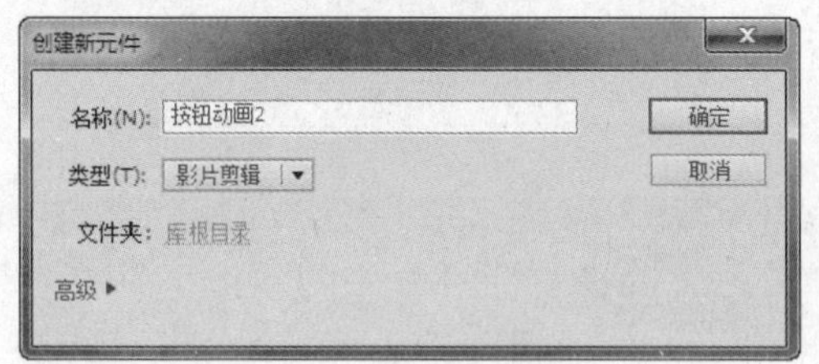

△创建新元件

9 和“按钮动画1”的内容完全相同，元件包括4个图层，图层1~4分别放置9.png、10.png、按钮和动作代码。

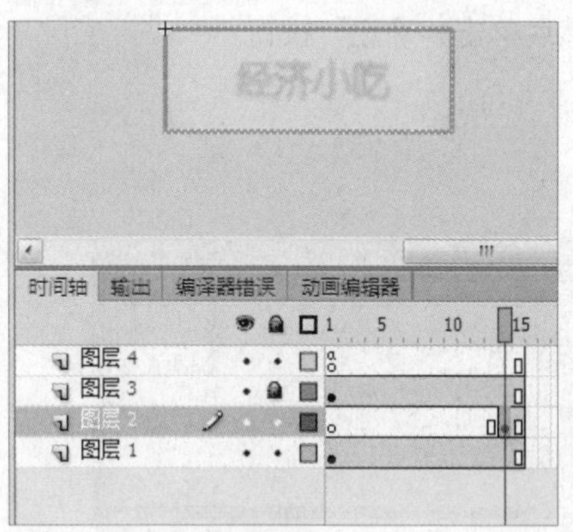

△“按钮动画2”元件内容

10 按照同样的方法制作“按钮动画3”、“按钮动画4”和“按钮动画5”3个影片剪辑元件，分别使用11.png、12.png，13.png、14.png，15.png、6.png这3组位图图片，同样在各自元件的“图层3”中放置“按钮”元件，“图层4”中放置相同的动作代码。

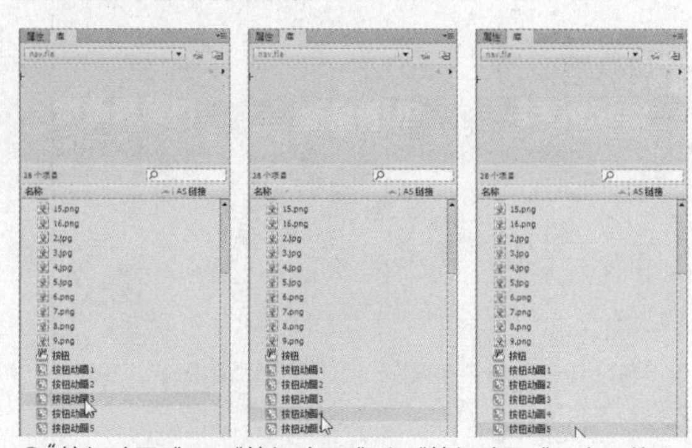
△“按钮动画3”、“按钮动画4”和“按钮动画5”3个元件

11 按下快捷键Ctrl+F8新建元件，在打开的对话框中设置“名称”为“图片1”、“类型”为影片剪辑，然后单击“确定”按钮。

△创建新元件

12 从“库”面板将1.jpg拖曳到舞台上，放到“图层1”的第1帧。

“图层1”内容

13 新建“图层2”，将制作好的“按钮”元件放置到舞台上，使用任意变形工具将按钮调整到完全覆盖位图图片的位置上。

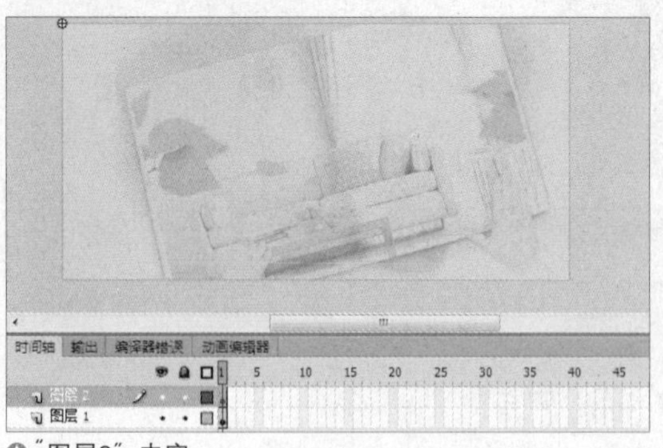
“图层2”内容

14 按下快捷键Ctrl+F8新建元件，在打开的对话框中设置“名称”为“图片2”，“类型”为影片剪辑，然后单击“确定”按钮。

创建新元件

15 和“图片1”的内容完全相同，元件包括两个图层，图层1~2分别放置2.jpg和按钮元件。

“图片2”元件内容

16 按照同样的方法制作“图片3”、“图片4”和“图片5”共3个影片剪辑元件，分别使用3.jpg、4. jpg和5. jpg这3张位图图片，同样在各自元件的“图层2”中放置“按钮”元件。

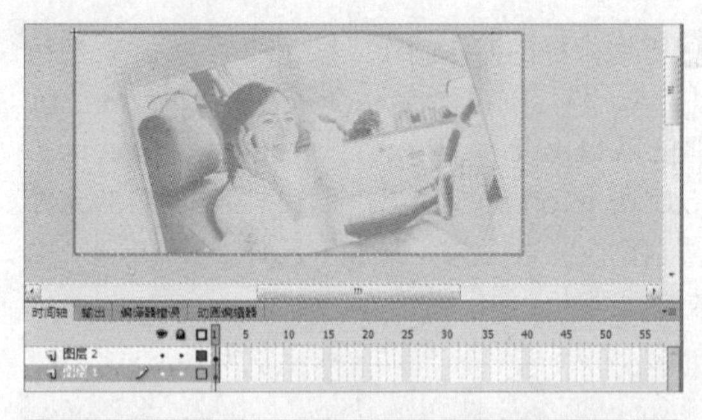

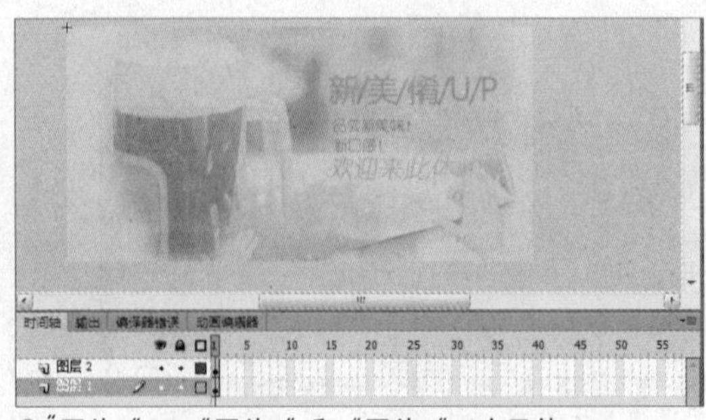

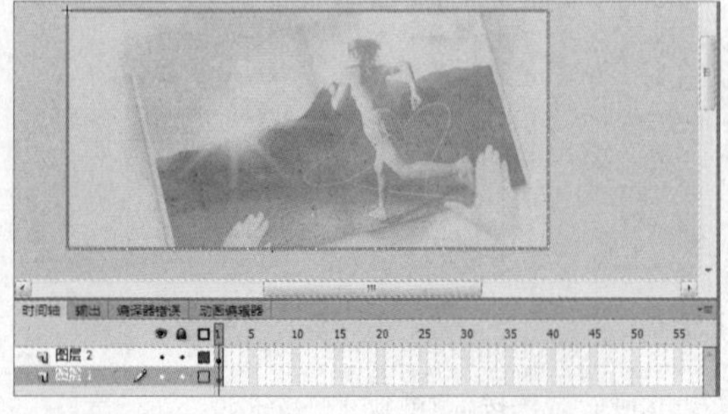
“图片3”、“图片4”和“图片5”3个元件

17 下面为按钮添加脚本代码，依次打开“按钮动画1~5”这5个影片剪辑元件，为元件中的按钮实例添加动作代码。5个元件添加的代码完全相同。

```
//鼠标滑过时
on (rollOver)
{
    //运行btnRollOver()函数
    this.btnRollOver();
}
```

```
//鼠标滑出时
on (rollOut)
{
    //运行btnRollOut()函数
    this.btnRollOut();
}
```

18 按下快捷键Ctrl+F8新建元件，在打开的对话框中设置“名称”为“图片转换”、“类型”为影片剪辑，然后单击“确定”按钮。

创建新元件

19 将建立好的“图片1”影片剪辑元件从“库”面板拖曳到舞台上，作为“图层1”的第1帧。

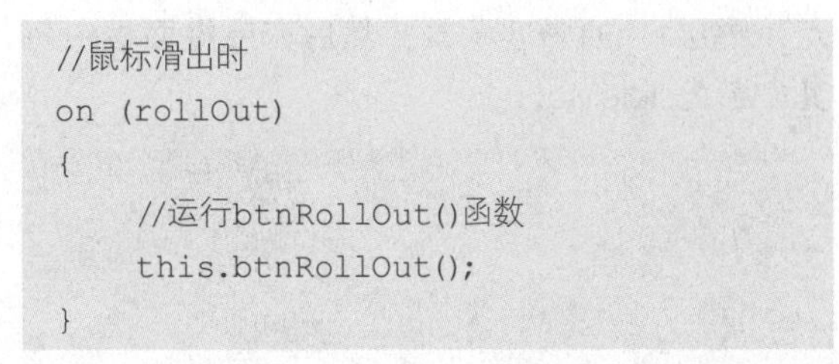
使用“图片1”元件

20 新建“图层2”，将建立好的“图片2”影片剪辑元件从“库”面板拖曳到舞台上，排列在“图片1”元件的右侧。

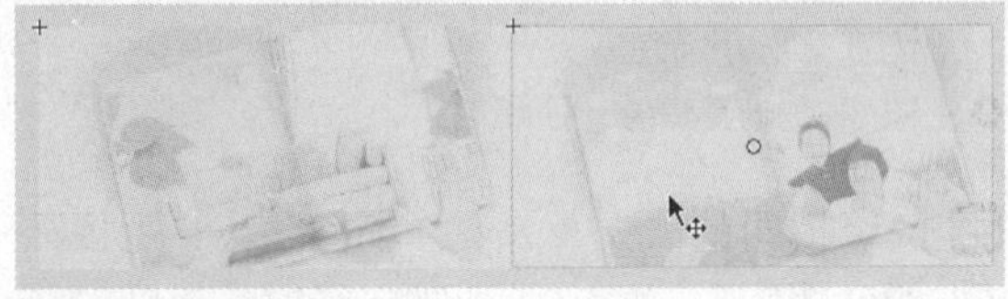
使用“图片2”元件

21 新建“图层3”，将建立好的“图片3”影片剪辑元件从“库”面板拖曳到舞台上，排列在“图片2”元件的右侧。

使用“图片3”元件

22 按照相同的办法，新建“图层4”和“图层5”，分别将建立好的“图片4”和“图片5”影片剪辑元件从“库”面板拖曳到舞台上，排列在“图片3”元件的右侧。

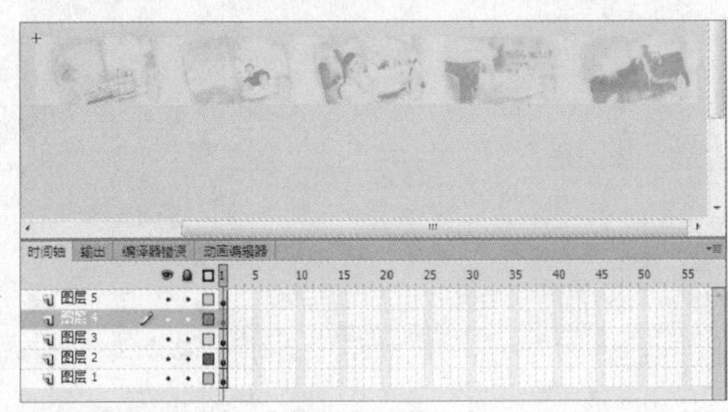

使用“图片4”和“图片5”元件

23 按照“图片1~5”元件的顺序，从左至右依次将元件命名为slideMc1、slideMc2、slideMc3、slideMc4和slideMc5。

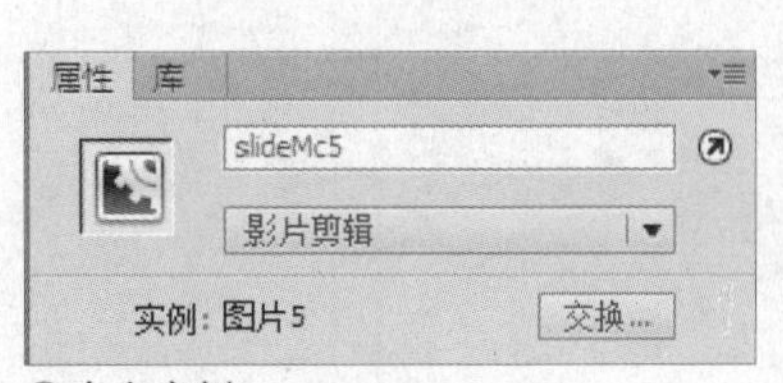

命名实例

24 回到主场景，新建“图层2”，将建立好的“图片转换”元件拖曳到舞台上，下方显露出一点“图层1”的内容背景，然后在属性面板中将其命名为slideMc。

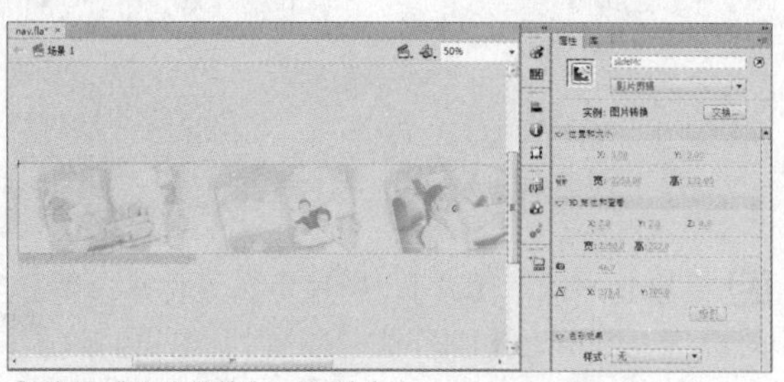

▲使用“图片转换”元件并命名

25 新建“图层3”，使用矩形工具绘制一个圆角矩形，使用任意颜色填充，遮盖住舞台的上部分区域。

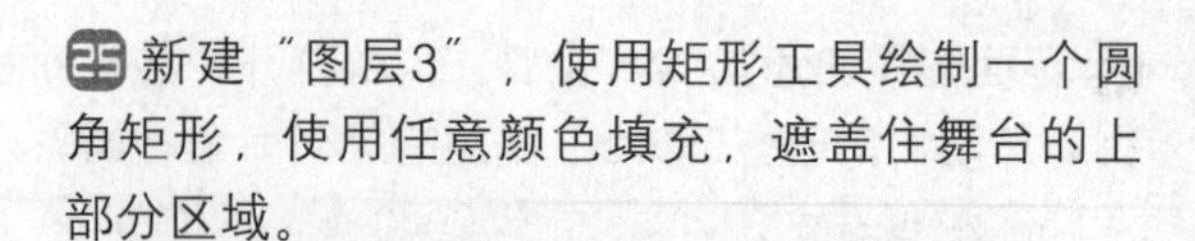

▲绘制圆角矩形

26 在“图层3”上单击鼠标右键，从快捷菜单中选择“遮罩层”命令，遮住“图层2”的内容。

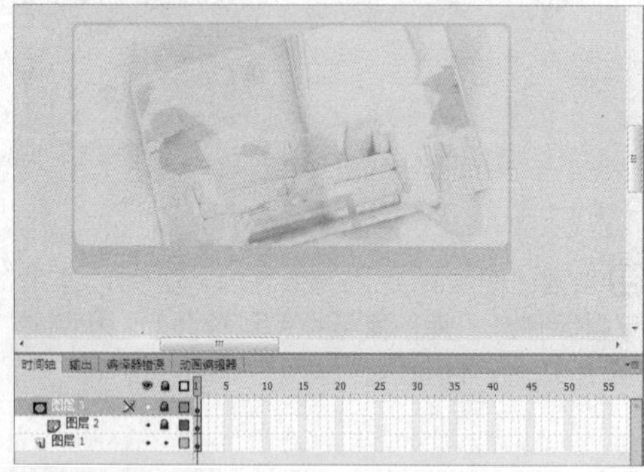

▲遮罩效果

27 新建“图层4”，将建立好的“按钮动画1”元件拖曳到舞台下方左侧，并将其命名为btn1。

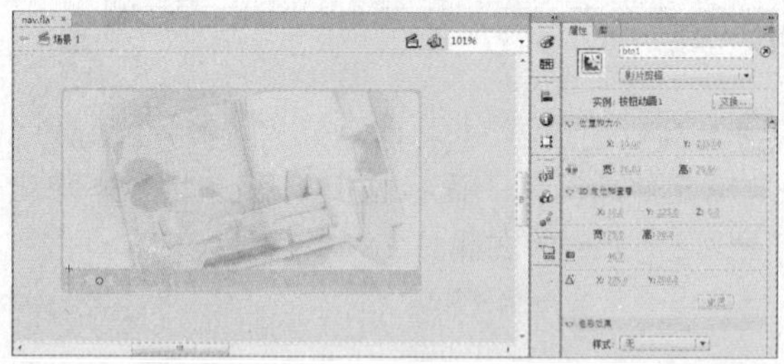

▲使用“按钮动画1”元件并命名

28 新建“图层 5”，将建立好的“按钮动画 2”元件放置到“按钮动画 1”右侧，并命名为 btn2。

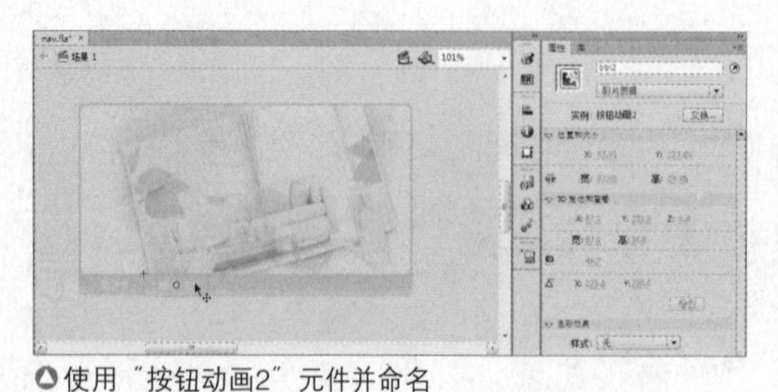

▲使用“按钮动画2”元件并命名

29 按照相同的方法，新建“图层6”、“图层7”和“图层8”，分别将建立好的“按钮动画3”、“按钮动画4”和“按钮动画5”影片剪辑元件从“库”面板拖曳到舞台上，排列在“按钮动画2”元件的右侧。然后依次将其命名为btn3、btn4和btn5。

▲使用“按钮动画3”、“按钮动画4”和“按钮动画5”元件

30 新建"图层9"，在第1帧按下F9键，打开"动作"面板，输入如下动作代码。

```
//声明slideSystem函数
function slideSystem()
{
    //设置slideMc的x坐标
    this.slideMc._x = this.slideMc._x + slideSpeed * (posx + startMcx - this.slideMc._x);
    //设置slideMc的y坐标
    this.slideMc._y = this.slideMc._y + slideSpeed * (posy + startMcy - this.slideMc._y);
    //设置slideText的x坐标
    this.slideText._x = this.slideText._x + slideSpeed * (this.slideMc._x + startTextx - this.slideText._x);
    //设置slideText的y坐标
    this.slideText._y = this.slideText._y + slideSpeed * (this.slideMc._y + startTexty - this.slideText._y);
    //设置循环
    for (var _loc2 = 1; _loc2 <= slideNum; ++_loc2)
    {
        //判断slideSelect的值
        if (slideSelect == _loc2)
        {
            //如果当前选择的按钮帧小于总帧数
            if (this["btn" + _loc2]._currentframe < this["btn" + _loc2]._totalframes)
            {
                //按钮跳转到下一帧
                this["btn" + _loc2].nextFrame();
                //slideMc跳转到下一帧
                this.slideMc["slideMc" + _loc2].nextFrame();
                //slideText跳转到下一帧
                this.slideText["text" + _loc2].nextFrame();
                //设置slideMc的x坐标
                posx = -this.slideMc["slideMc" + _loc2]._x;
                //设置slideMc的y坐标
                posy = -this.slideMc["slideMc" + _loc2]._y;
            }
            continue;
        }
        //如果当前选择的按钮帧大于1
        if (this["btn" + _loc2]._currentframe > 1)
        {
            //按钮跳转到前一帧
            this["btn" + _loc2].prevFrame();
            //slideMc跳转并停止到第1帧
            this.slideMc["slideMc" + _loc2].gotoAndStop(1);
            //slideText跳转并停止到第1帧
            this.slideText["text" + _loc2].gotoAndStop(1);
        }
    }
}
//声明各种变量
var slideNum = 5;
var frameTime = 100;
var slideSpeed = 1.500000E-001;
var slideSelect = 1;
var timer = 1;
var slideMoving = true;
var startMcx = this.slideMc._x;
var startMcy = this.slideMc._y;
var startTextx = this.slideText._x;
var startTexty = this.slideText._y;
//滑过按钮时的函数
```

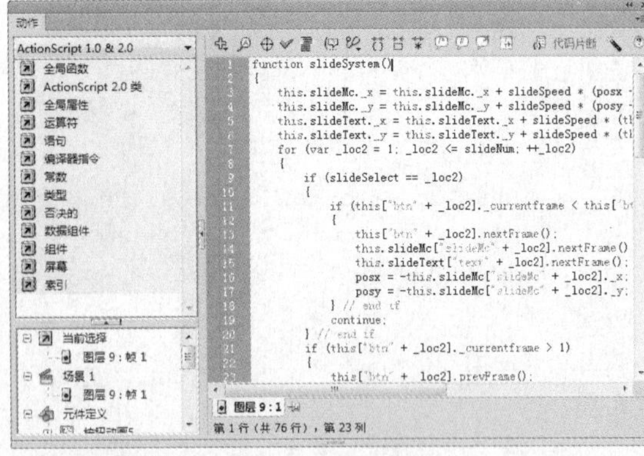

输入动作代码

```
MovieClip.prototype.btnRollOver =
function ()
{
    slideMoving = false;
    slideSelect = this._name.slice(3);
};
//滑出按钮时的函数
MovieClip.prototype.btnRollOut =
function ()
{
    slideMoving = true;
    timer = 1;
};
//滑过图像按钮时的函数
MovieClip.prototype.imgBtnRollOver =
function ()
{
    slideMoving = false;
};
//滑出图像按钮时的函数
MovieClip.prototype.imgBtnRollOut =
function ()
{
    slideMoving = true;
    timer = 1;
};
//进入帧时的函数
this.onEnterFrame = function ()
{
    if (slideMoving == true)
    {
        if (timer++ % frameTime == 0)
        {
                  if (slideSelect ==
slideNum)
            {
                slideSelect = 1;
            }
            else
            {
                ++slideSelect;
            }
        }
    }
  //运行slideSystem函数
  slideSystem();
};
```

31 按下快捷键Ctrl+Enter测试动画，就可以看到网站导航动画的效果了。

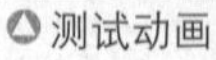测试动画

UNIT 52 个人网站动画

实例分析：本实例制作的是个人网站动画，纯矢量化的图形效果，配合丰富多变的图像内容，使得网站在浏览者初次访问之时就具有极强的吸引力。

主要技术：补间动画，ActionScript编写

最终文件	Sample\Ch17\Unit52\pweb-end.fla
初始文件	Sample\Ch17\Unit52\pweb.fla
视频文件	Video\Ch17\Unit52\Unit52.wmv

1 打开Sample\Ch17\Unit52\pweb.fla文件，将"图层1"命名为"底条"，然后新建"底部文字"层，将"底部圆角"元件从"库"面板拖曳到"底条"层，然后在"底部文字"层输入文本Welcome to my home。最后将这两个层放置到新建的"底条"层文件夹中，将这两层延续到第180帧。

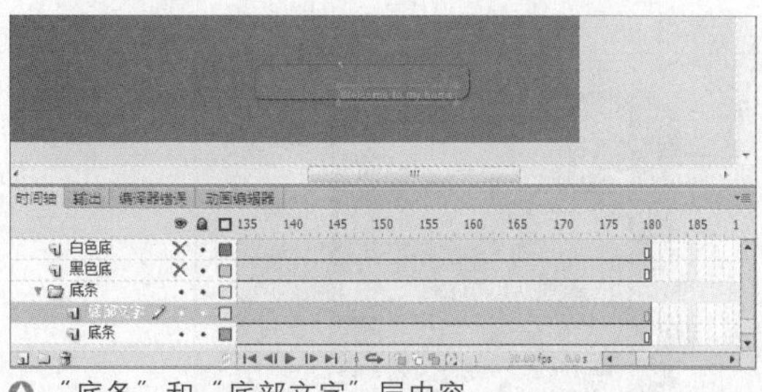

△ "底条"和"底部文字"层内容

2 在"底条"层文件夹外依次新建"黑色底"、"白色底"和"蓝色底"3个图层，依次放置"库"面板中的"底图"、"底图"和"底2"元件。其中，"黑色底"层的"底图"需要在"属性"面板中设置"色调"为黑色，并添加一定模糊强度的发光滤镜。

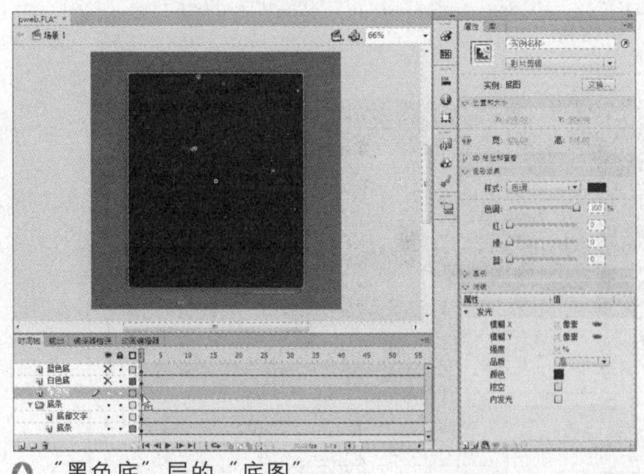

△ "黑色底"层的"底图"

△ "黑色底"、"白色底"和"蓝色底"3个图层叠加效果

3 新建"下图"、"横线"和"上图"3个图层，"下图"和"上图"层分别放置"库"面板中的"tu2"和"tu1"，"tu1"设置76%的Alpha不透明度，"横线"层在上图下方和下图上方分别绘制两条白色的细横线。

4 新建"遮罩"层，放置"库"面板中的"底2"元件，然后制作"遮罩"层遮挡住"下图"、"横线"和"上图"3个图层的遮罩效果。最后将已经建立好的所有图层放置到新建的"网站底"文件夹中。

"下图"、"横线"和"上图"3个图层效果

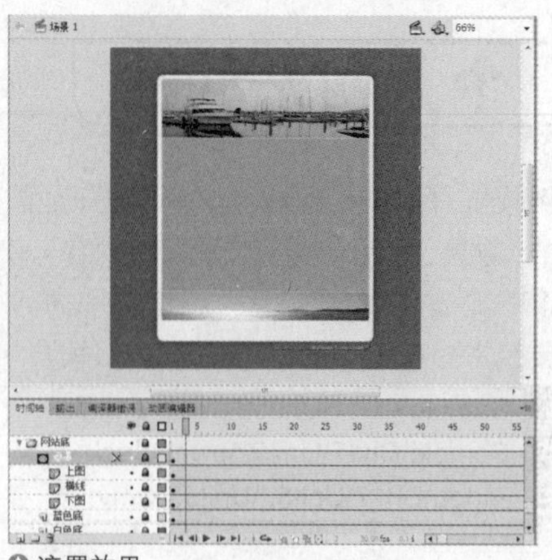
遮罩效果

5 在"网站底"文件夹外新建"进度条"和"声音播放"层，依次放置"库"面板中的"进度条"、"播放按钮"和"停止按钮"元件。

"进度条"和"声音播放"层内容

6 新建"导航条"层文件夹，新建"导航底"层，在第1~16帧、17~19帧分别制作白色矩形由短到长的形状补间动画效果，产生出白色的导航条，停留在第20帧中。

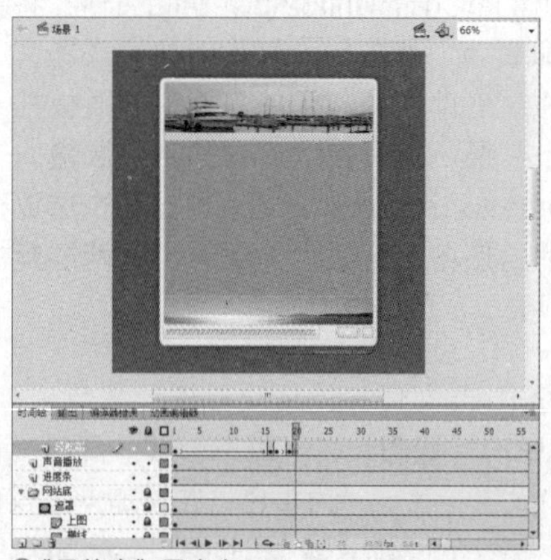
"导航底"层内容

7 在"导航条"层文件夹中新建picture、video、leave word、about us和"公司名称"这5个图层，分别在这些图层的第20~30帧制作同名元件从透明到显示的补间动画效果。

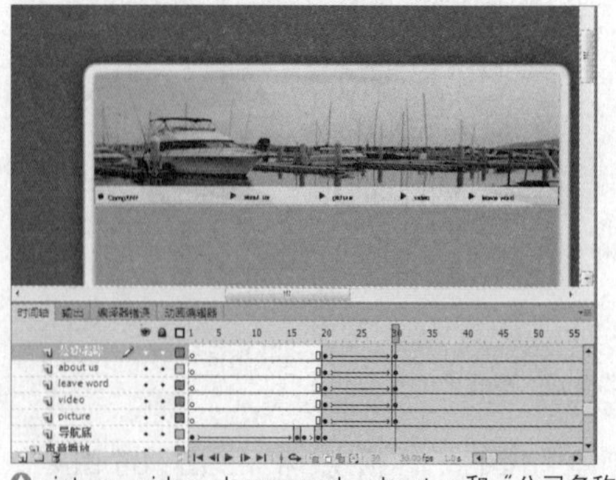
picture、video、leave word、about us和"公司名称"5个图层内容

8 在“导航条”层文件夹中新建3个“小竖线”层，分别在这些图层的第20~30帧制作同名元件从透明到显示的补间动画效果。

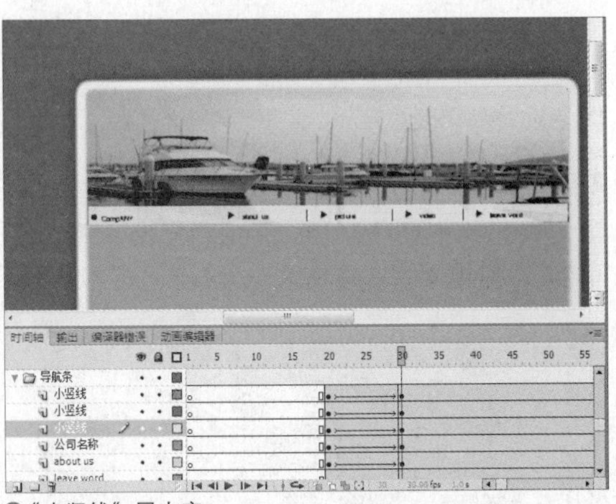

△“小竖线”层内容

9 新建“内容区”层文件夹，新建“内容底”图层，在第31帧到第40帧制作一个半透明矩形由小到大扩展的动画，并在第42、44、45、46、47帧制作些关键帧，制作这个半透明矩形动画的几个关键点。读者可参考光盘源文件查看这几帧中矩形的形状。

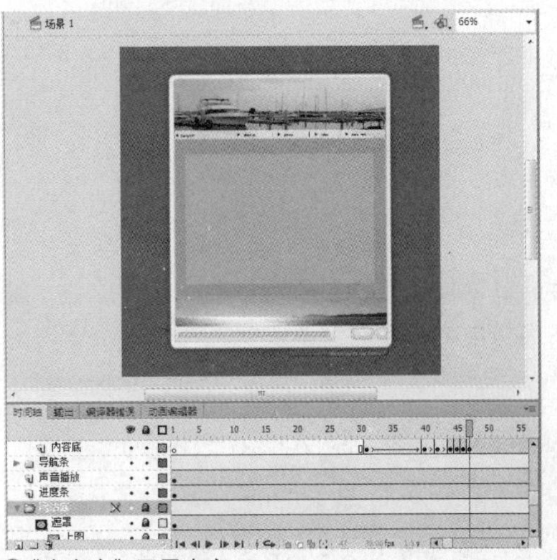

△“内容底”图层内容

10 在“内容区”层文件夹中新建“内容区外框”图层，并在第46帧到第51帧制作内容区的外框效果。

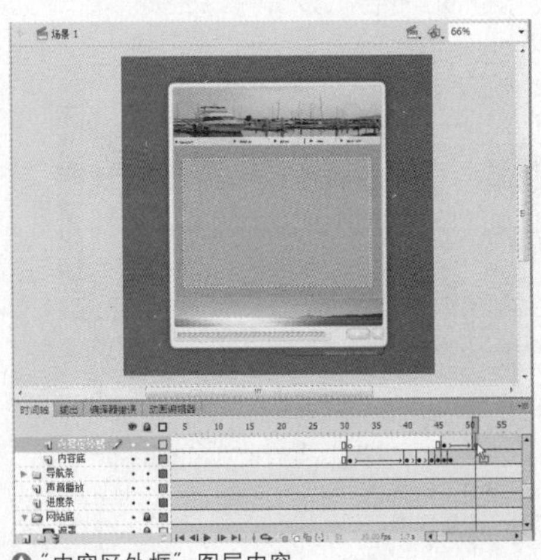

△“内容区外框”图层内容

11 在“内容区”层文件夹中新建“细线”图层，在第65帧到第73帧制作细线伸长的形状补间效果。并在第74、75帧制作2个关键帧，制作这个直线的关键点。

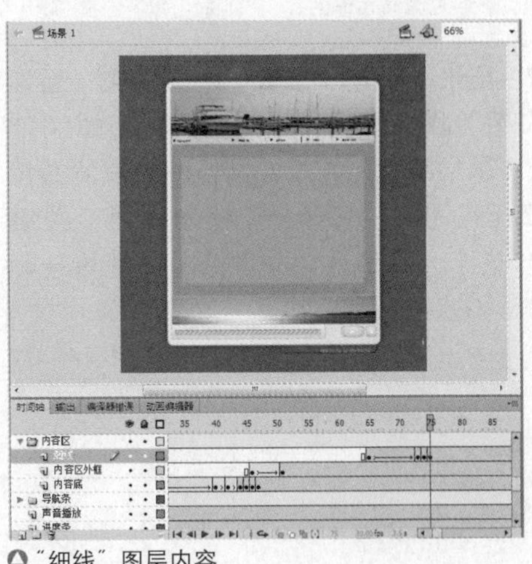

△“细线”图层内容

12 新建“关于我们”层文件夹，新建“标题文字”图层，在第76帧到第81帧制作“aboutus标题文字”元件从右侧移动到左侧的传统补间动画。并在第82、83帧制作两个关键帧，制作这个元件的几个关键点，将最后一帧延续到第89帧。

13 在“关于我们”层文件夹中制作“内容文字”图层，在第84帧放置“关于我们”影片剪辑元件，并将其命名为about，将最后一帧延续到第89帧。

▲"标题文字"图层内容

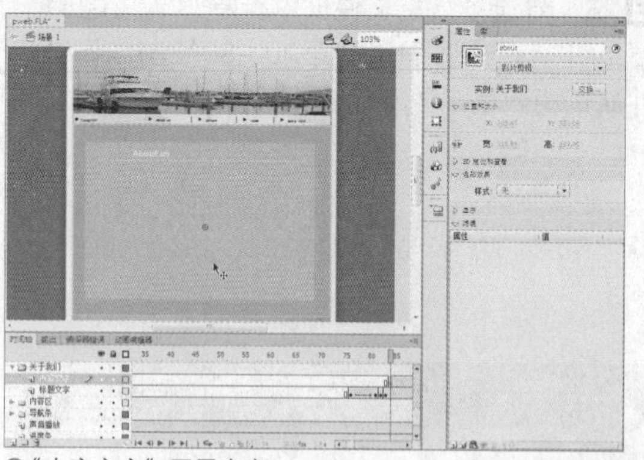

▲"内容文字"图层内容

14 在"库"面板中打开"关于我们"影片剪辑元件，其中使用了"关于我们底"元件，在"属性"面板中将其命名为wenzi。

15 在"库"面板中打开"关于我们底"影片剪辑元件，其中使用了textarea动态文本框，在"属性"面板中将变量命名为about_us。

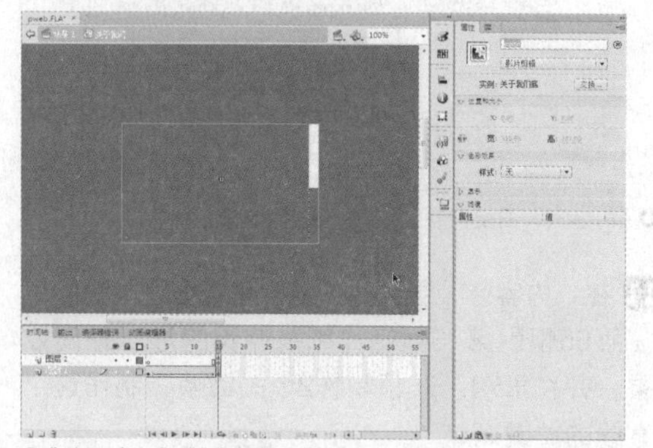

▲"关于我们"影片剪辑元件内容

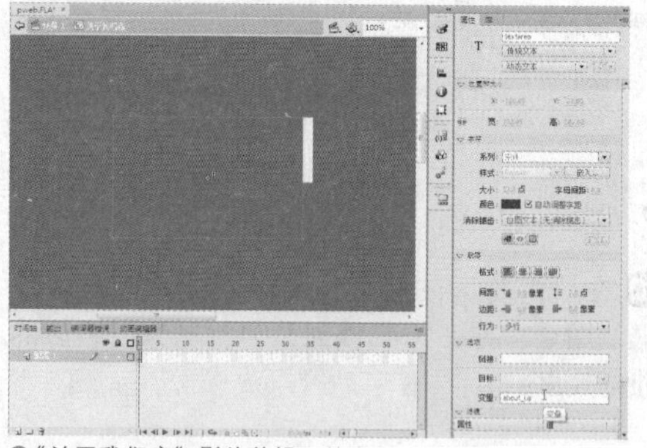

▲"关于我们底"影片剪辑元件内容

16 回到主场景，新建"图像"层文件夹，新建"标题文字"图层，在第90帧到第95帧制作"picture标题文字"元件从右侧移动到左侧的传统补间动画。并在第96、97帧制作两个关键帧，制作这个元件的几个关键点，将最后一帧延续到第119帧。

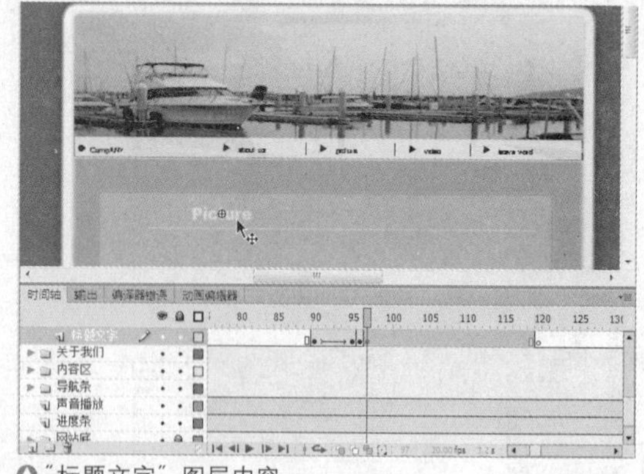

▲"标题文字"图层内容

17 在"图像"层文件夹中制作"导入图像"图层，在第97帧到第104帧制作一个半透明矩形由小到大扩展的动画，并在第105、106帧制作2个关键帧，制作这个半透明矩形动画的几个关键点，将最后一帧延续到第119帧。读者可参考光盘源文件查看这几帧中矩形的形状。

18 在"图像"层文件夹中制作"替换图像的影片"图层，在第106到119帧制作"替换的影片"元件由透明到显示的补间动画。并在第119帧将元件命名为mov。

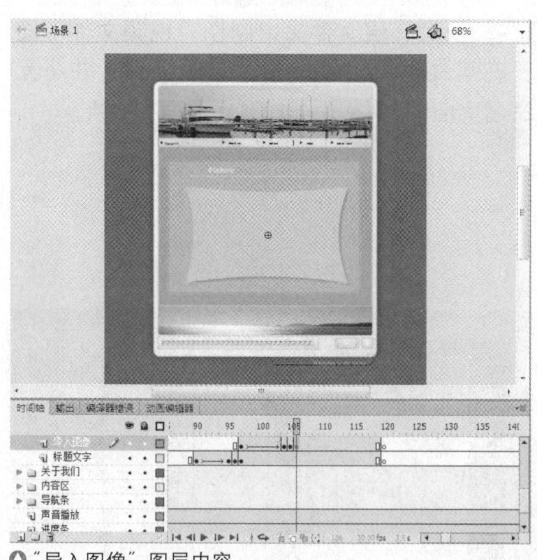

"导入图像"图层内容

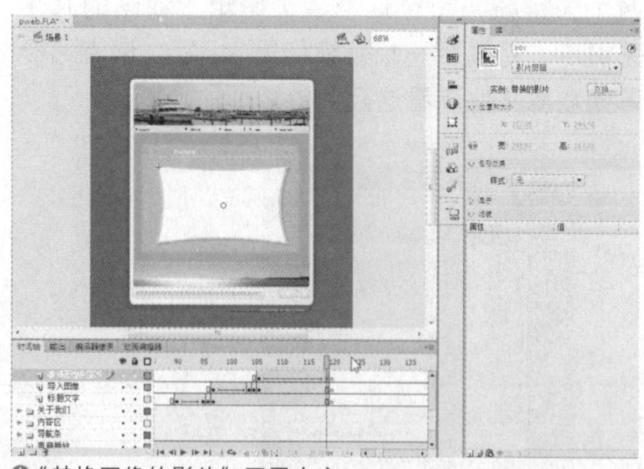

"替换图像的影片"图层内容

19 在"图像"层文件夹中新建"遮罩"层，在第106帧使用"元件6"遮挡住"替换图像的影片"图层内容，然后创建遮罩效果。

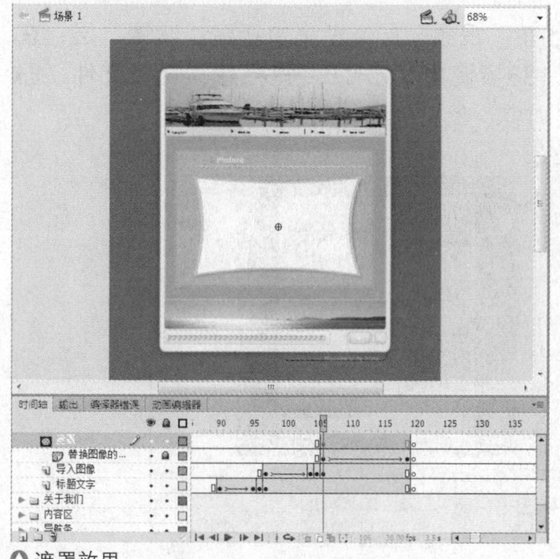

遮罩效果

20 在"图像"层文件夹中新建"按钮"层，在第106帧使用Circle with arrow按钮元件，制作左右两个按钮效果。

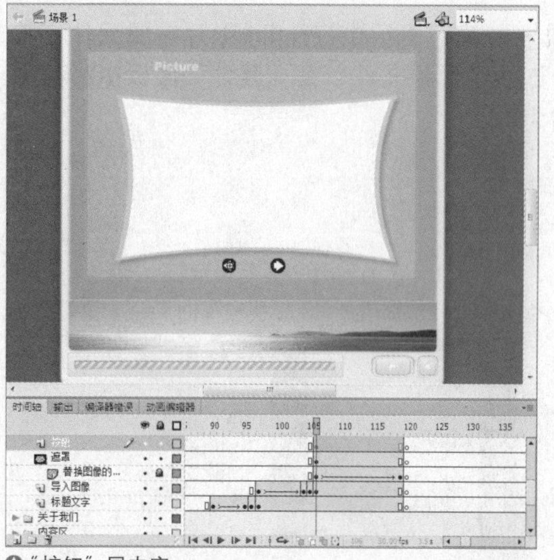

"按钮"层内容

21 新建"视频"层文件夹，新建"标题文字"图层，在第120帧到第125帧制作"video标题文字"元件从右侧移动到左侧的传统补间动画。并在第126、127帧制作两个关键帧，制作这个元件的几个关键点，将最后一帧延续到第140帧。

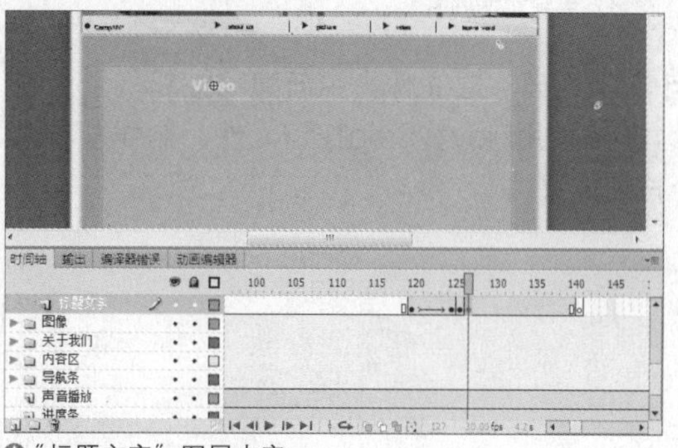

"标题文字"图层内容

22 在“视频”层文件夹中制作“导入图像”图层，在第127帧到第134帧制作一个半透明矩形由小到大扩展的动画，并在第135、136帧制作两个关键帧，制作这个半透明矩形动画的几个关键点，将最后一帧延续到第140帧。读者可参考光盘源文件查看这几帧中矩形的形状。

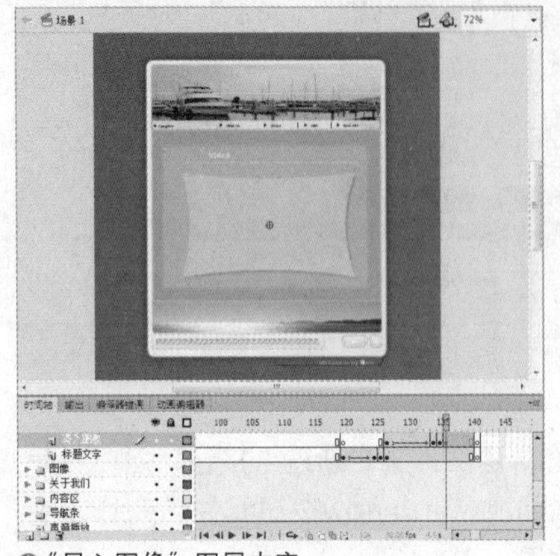

△“导入图像”图层内容

23 在“视频”层文件夹中制作“视频文件”图层，在第136帧放置film影片剪辑元件，并将元件命名为film，将最后一帧延续到第140帧。

△“视频文件”图层内容

24 在“库”面板中打开film影片剪辑元件，其中嵌入了视频文件，在“属性”面板中将其命名为video。

△ film影片剪辑元件内容

25 在“视频”层文件夹中新建“遮罩”层，在第136帧使用“元件6”遮挡住“视频文件”图层内容，然后创建遮罩效果。

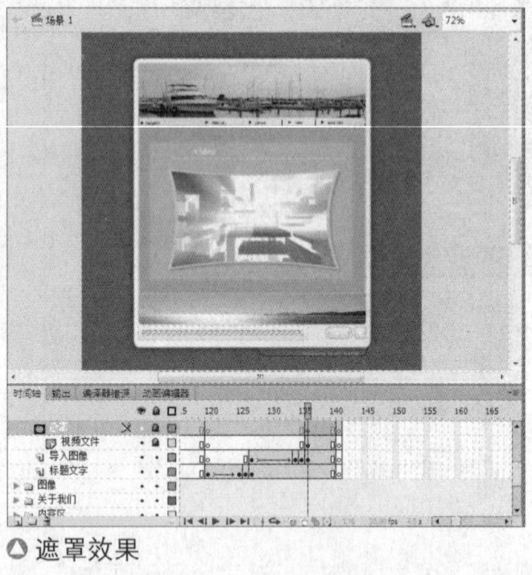

△ 遮罩效果

26 在“视频”层文件夹中新建“按钮”层，在第136帧使用Play和Stop按钮元件，制作左右两个按钮效果。

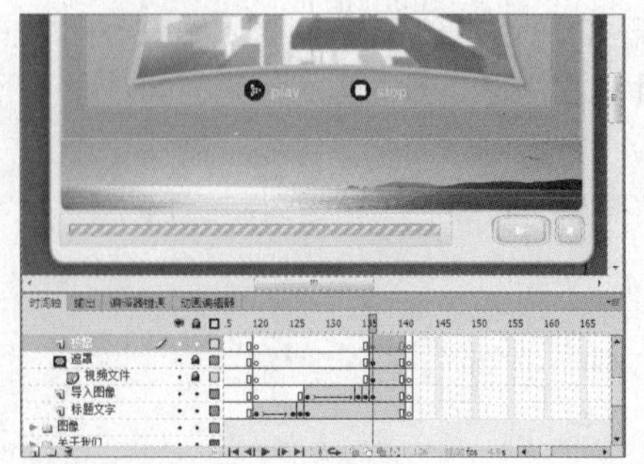

△“按钮”层内容

27 新建“留言”层文件夹和“标题文字”图层，在第141帧到第146帧制作“leaveword标题文字”元件从右侧移动到左侧的传统补间动画。并在第147、148帧制作两个关键帧，制作这个元件的几个关键点，将最后一帧延续到第180帧。

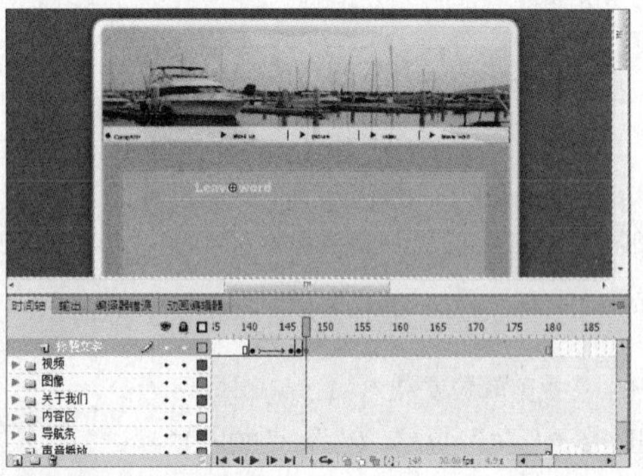

“标题文字”图层内容

28 在“留言”层文件夹中制作“留言内容”图层，在第149到161帧制作“留言内容”元件由透明到显示的补间动画。并将最后一帧延续到第180帧。

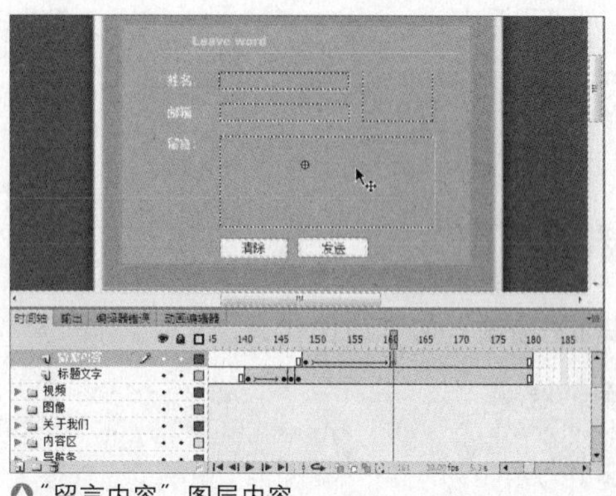

“留言内容”图层内容

29 在“库”面板中打开“留言内容”影片剪辑元件，其中第一帧使用了多个输入文本框，从左到右、从上到下依次将变量命名为username、txtmessage、mail和leave。

30 在action层的第一帧按下F9键，打开动作面板，输入动作代码，为变量赋空初始值。

```
stop();
username="";
mail="";
leave="";
```

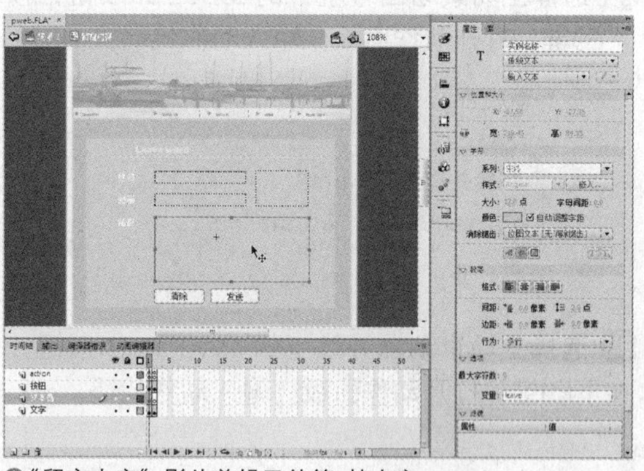

“留言内容”影片剪辑元件第1帧内容

31 在第二帧建立了一个文本框，将变量命名为txt，然后在action层的第二帧按下F9键，打开动作面板，输入动作代码stop();，停止时间轴播放。

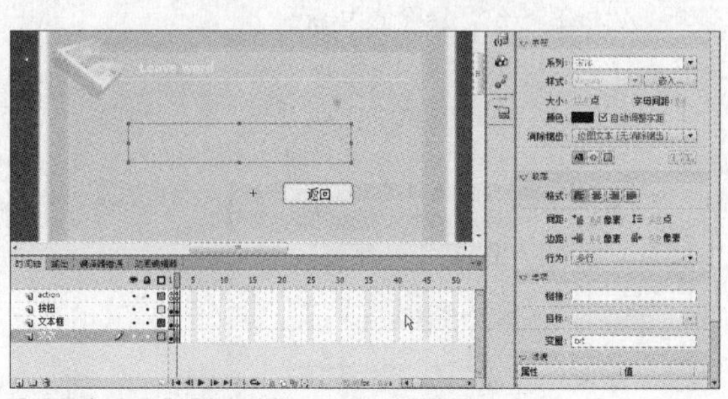

“留言内容”影片剪辑元件第2帧内容

32 回到主场景，新建“写字板”图层，在第51到第60帧制作“元件5”由小到大扩展的动画，并在第61、62、63、64帧制作多个关键帧，制作这个动画的几个关键点，将最后一帧延续到第180帧。读者可参考光盘源文件查看这几帧中的元件。

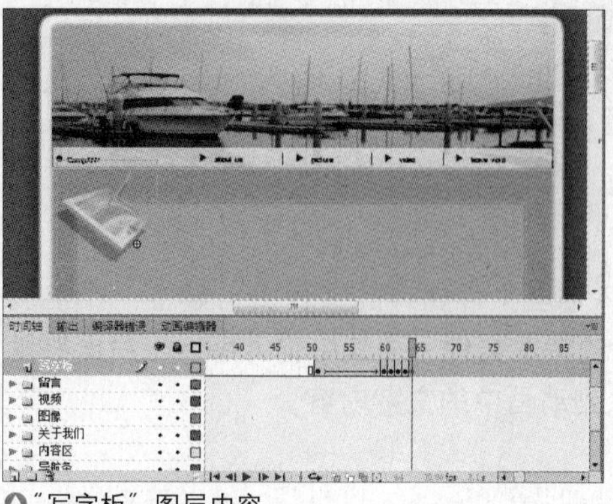

“写字板”图层内容

33 新建“帧标记”图层，分别在第76、90、107、119、120和141帧按下F7键，插入空白关键帧，将这些帧依次命名为about、picture、tu、tu1、video和leave word。

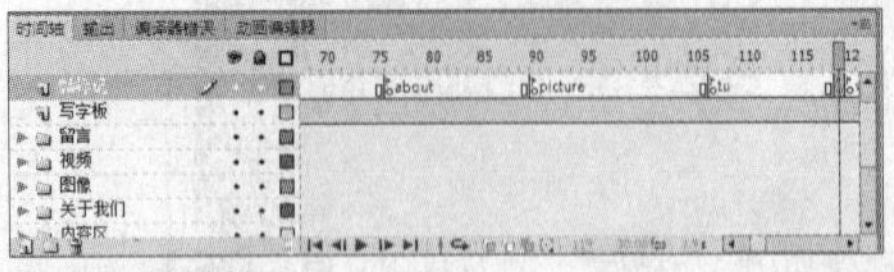

△ 命名关键帧

34 新建action图层，分别在第89、106、119、140和180帧按下F7键，插入空白关键帧，其中的89、119、140和180帧添加同样的动作代码，停止时间轴播放。

```
stop();
```

△ Action图层内容

35 在第106帧输入如下动作代码。

```
//为变量i赋值
i=1;
```

```
//在mov影片剪辑位置载入a1.jpg图像
loadMovie(("a"+i)+".jpg", "mov");
```

36 选择主场景动画导航中的about us按钮，按下F9键，打开动作面板，输入动作代码。

```
//鼠标释放后
on (release) {
    //跳转并播放about帧
     gotoAndPlay("about");
}
```

37 选择主场景动画导航中的picture按钮，按下F9键，打开动作面板，输入动作代码。

```
//鼠标释放后
on (release) {
    //跳转并播放picture帧
     gotoAndPlay("picture");
}
```

38 选择主场景动画导航中的leave word按钮，按下F9键，打开动作面板，输入动作代码。

```
//鼠标释放后
on (release) {
    //跳转并播放leave word帧
     gotoAndPlay("leave word");
}
```

39 选择主场景动画导航中的video按钮，按下F9键，打开动作面板，输入动作代码。

```
//鼠标释放后
on (release) {
    //跳转并播放video帧
     gotoAndPlay("video");
}
```

40 在“库”面板中打开“关于我们”影片剪辑元件，选中第15帧“图层1”中的“关于我们”元件，按下F9键，打开动作面板，输入动作代码。

```
//帧载入时
onClipEvent(load){
    //载入外部变量site.txt文件
    this.loadVariables("site.txt");
}
```

```
//剪辑事件参数
onClipEvent(data){
   //为about _ us赋值为txt
   about _ us=txt;
}
```

41 进入动画文件保存的文件夹，建立一个名为site.txt的文本文件，在其中输入txt=，后面跟随要载入到动画中的文字内容。

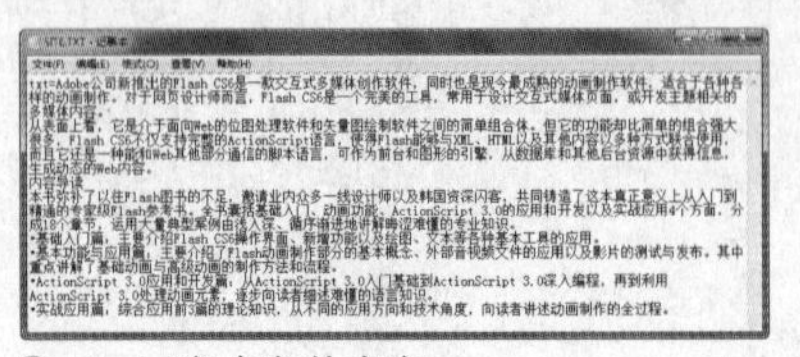

△ site.txt文本文件内容

42 回到主场景时间轴，选择“图像”文件夹下“按钮”层中左边的按钮，按下F9键，打开动作面板，输入动作代码。

```
//鼠标释放后
on(release){
    //跳转并播放tu帧
     gotoAndPlay("tu");
        //如果变量i大于等于2
            if(i>=2){
            //i自减
                i--;
            //在mov影片剪辑元件位置载入
a1.jpg-a4.jpg其中一张图片
            loadMovie(("a"+i)+".jpg",
mov);
                }
        //否则
         else{
             //变量i赋值为1
                 i=1;
             //跳转并停止在tu1帧

gotoAndStop("tu1");
                }
}
```

43 选择“图像”文件夹下“按钮”层中右边的按钮，按下F9键，打开动作面板，输入动作代码。

```
//鼠标释放后
on(release){
    //跳转并播放tu帧
     gotoAndPlay("tu");
    //i自加
     i++;
    //如果i大于4
     if(i>4){
        //变量i赋值为4
            i=4;
        //跳转并停止在tu1帧
            gotoAndStop("tu1");
        }
        //在mov影片剪辑元件位置载入a1.jpg-a4.
jpg其中一张图片
        loadMovie(("a"+i)+".jpg", mov);
}
```

44 选择“视频”文件夹下“按钮”层中左边的按钮，按下F9键，打开动作面板，输入动作代码。

```
//鼠标释放后
on (release) {
    //如果视频的当前帧数和总帧数相同
    if(this.film.video._parent._
currentframe == this.film.video._
parent._totalframes){
        //跳转并播放视频第1帧
            this.film.video._parent.
gotoAndPlay(1);
    //否则
        } else {
            //视频继续播放
                this.film.video._parent.
play();
        }
}
```

45 选择“视频”文件夹下“按钮”层中右边的按钮，按下F9键，打开动作面板，输入动作代码。

```
//鼠标释放后
on (release) {
    //视频跳转并停止在第1帧
        this.film.video._parent.goto
AndStop(1);
}
```

46 在“库”面板中打开“留言内容”影片剪辑元件，选择“清除”按钮，按下F9键，打开动作面板，输入动作代码。

```
//鼠标释放后
on (release) {
    //为各变量赋空值
     username="";
        mail="";
        leave="";
}
```

47 选择“发送”按钮，按下F9键，打开动作面板，输入动作代码。

```
//鼠标释放后
on (release) {
    //如果用户名为空
     if (username=="") {
        //在txtmessage文本域中显示该文字
             txtmessage = "请输入您的姓
名.";
    //如果邮箱为空
     } else if (mail=="") {
        //在txtmessage文本域中显示该文字
             txtmessage = "请输入您的邮
件地址.";
    //如果留言为空
     } else if (leave=="") {
        //在txtmessage文本域中显示该文字
             txtmessage = "请您留言";
    //否则
     } else {
        //载入外部变量leave.php
             loadVariablesNum("leave.
php", 0, "POST");
        //为变量txt赋值
             txt= username+"您好,"+"您的
留言已发送";
        //跳转并停止在第2帧
             gotoAndStop(2);
     }
}
```

48 选择第二帧中的“返回”按钮，按下F9键，打开动作面板，输入动作代码。

```
//鼠标释放后
on (release) {
//跳转并停止在第1帧
     gotoAndStop(1);
}
```

49 回到主场景，选择“声音播放”图层的播放按钮，按下F9键，打开动作面板，输入动作代码。

```
//鼠标释放后
on (release) {
     //载入流式Mp3行为
     if(_global.Behaviors == null)_
global.Behaviors = {};
     if(_global.Behaviors.Sound ==
null)_global.Behaviors.Sound = {};
     if(typeof this.createEmptyMovieClip
== 'undefined'){
this._parent. createEmpty MovieClip('BS_
mysound',new Date().get Time()-(Math.floor
((new Date().getTime()) /10000)*10000) );
         //新建声音对象
             _global.Behaviors.Sound.
mysound = new Sound(this._parent.BS_
mysound);
     } else {
this.createEmptyMovieClip('_mysound_
',new Date().getTime()-(Math.floor((new
Date().getTime()) /10000)*10000) );
             _global.Behaviors.Sound.
mysound = new Sound(this.BS_mysound);
     }
     //载入sound2.mp3声音
         _global.Behaviors.Sound.mysound.
loadSound("sound2.mp3",true);
}
```

50 选择“声音播放”图层停止按钮，按下F9键，打开动作面板，输入动作代码。

```
//鼠标释放后
on (release) {
     //停止播放声音
     stopAllSounds();
}
```

51 按下快捷键Ctrl+Enter测试动画，就可以看到个人网站动画的效果了。

△ 测试动画

UNIT 53 商业网站动画

实例分析：本实例制作的是一个具有5个栏目的商业Flash网站，其重点在于栏目之间的跳转。

主要技术：基本动画制作、ActionScript脚本编写

最终文件	Sample\Ch17\Unit53\web-end.fla
初始文件	Sample\Ch17\Unit53\web.fla
视频文件	Video\Ch17\Unit53\Unit53.wmv

1 打开Sample\Ch17\Unit53\web.fla文件，使用矩形工具在背景图层的第一帧绘制一个线性渐变填充的矩形，将总帧数延续到第104帧。

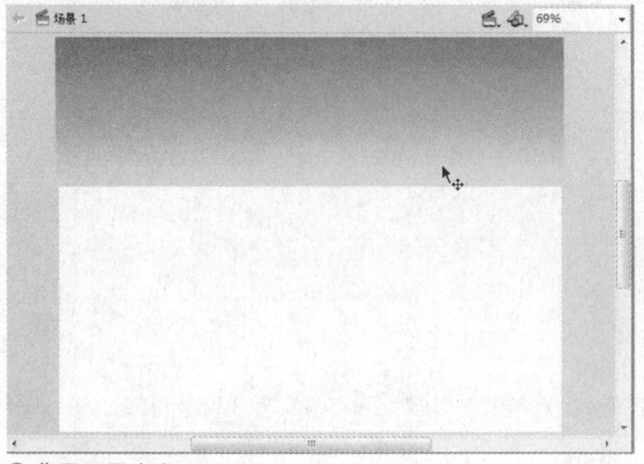

背景图层内容

2 新建“版权信息”图层，在舞台左下角输入版权信息文字。

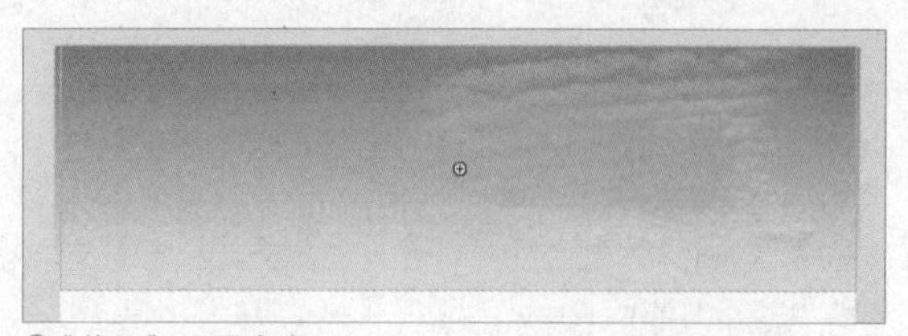
“蓝天”图层内容

3 新建“蓝天”图层，制作“蓝天”影片剪辑元件从透明到显示的补间动画效果。

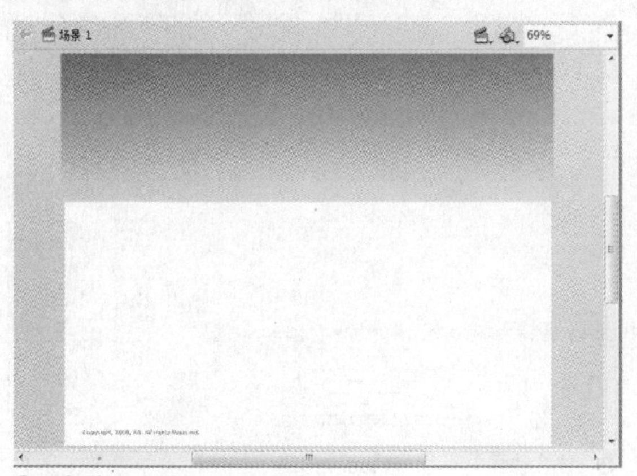

版权信息内容

4 新建“桌椅”图层，在第20帧按下F7键，制作“桌椅”影片剪辑从小到大放大的补间动画效果。

“桌椅”图层内容

5 新建“透明层”图层，在第25帧按下F7键，制作“透明层”影片剪辑元件从小到大放大的补间动画效果。

△“透明”图层内容

6 新建“公司名称”图层，在第20帧按下F7键，在舞台左上角的位置绘制公司的标志。

△“公司名称”图层内容

7 新建“遮罩层”图层，在第20帧到60帧之间制作一个矩形由小到大的形状补间动画，然后制作遮罩效果，遮挡住“公司名称”图层的内容。

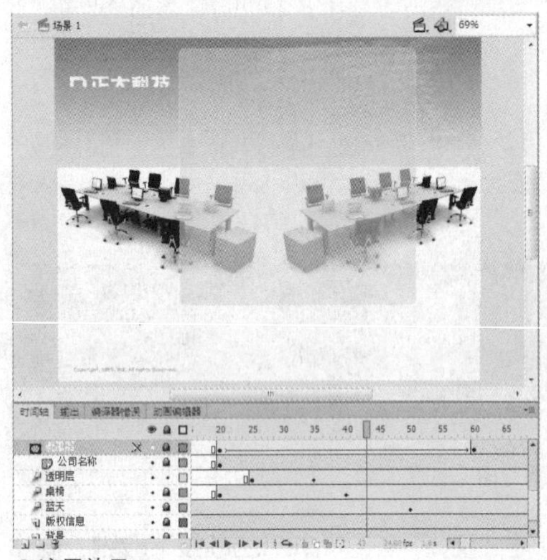

△遮罩效果

8 新建“翻转”图层，在第10帧按下F7键，将“库”面板中的“翻转”影片剪辑元件放置到舞台。

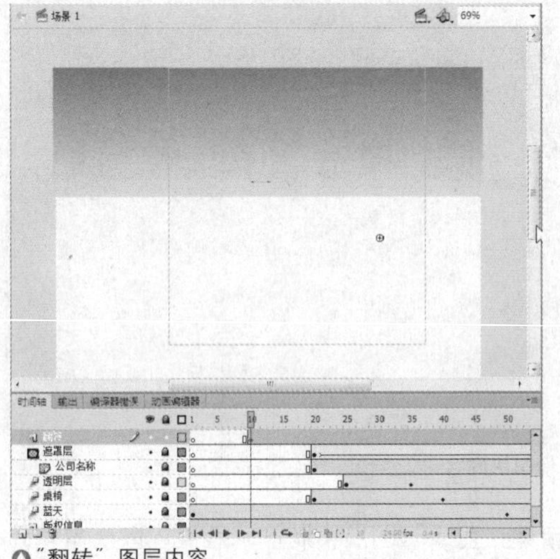

△“翻转”图层内容

9 打开“库”面板中“导航动画”影片剪辑元件，包括“网站首页”、“产品中心”、“专业服务”、“客户留言”和“关于我们”5个图层，分别在这5个图层的第32、34、36、38和40帧放置库面板中“导航按钮”文件夹下的相关元件。依次为这5个元件命名为index_btn、product_btn、server_btn、message_btn和about_btn。

10 新建AS层，在第40帧按下F7键，插入空白关键帧，然后按下F9键，打开动作面板，输入动作代码，停止时间轴播放。

```
Stop();
```

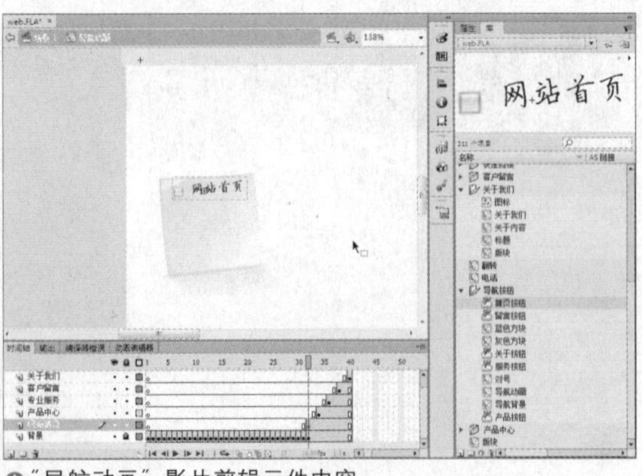

△“导航动画”影片剪辑元件内容

11 回到主场景，新建“导航条”图层，在第20帧按下F7键，将制作好的“导航动画”元件放置到舞台左侧，并将其命名为navigation。

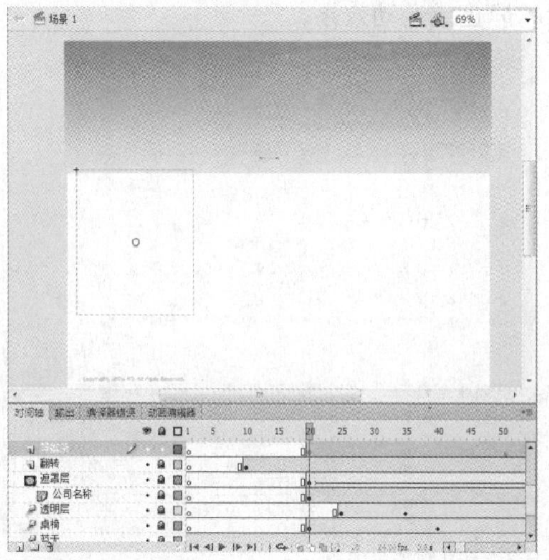

△“导航条”图层内容

12 打开“库”面板中“快速链接”影片剪辑元件，在“关于我们”、“服务合作”和“技术支持”3个图层中制作3个同名按钮由透明到显示的补间动画过程，然后新建AS层，在第30帧按下F7键，插入空白关键帧，然后按下F9键，打开动作面板，输入动作代码stop();，停止时间轴播放。

```
Stop();
```

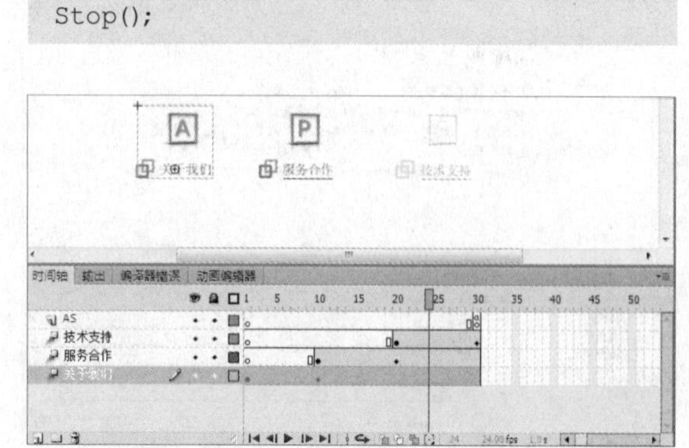

△“快速链接”影片剪辑元件内容

13 回到主场景，新建“快速链接”图层，在第35帧按下F7键，将制作好的“快速链接”元件放置到舞台左侧。

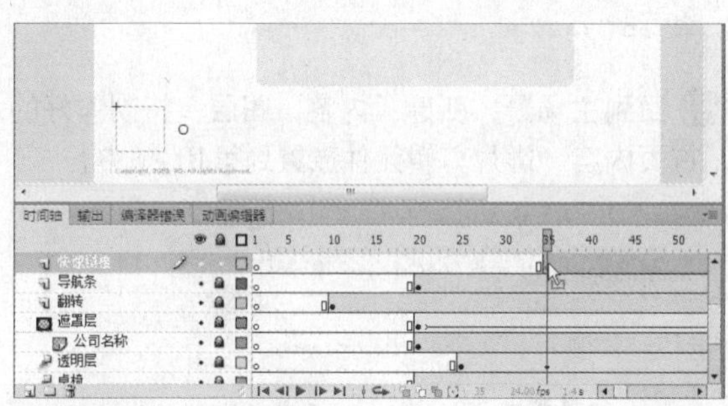

△“快速链接”图层内容

14 新建“电话”图层，在第65帧按下F7键，放置“电话”影片剪辑元件由透明到显示的补间动画效果。

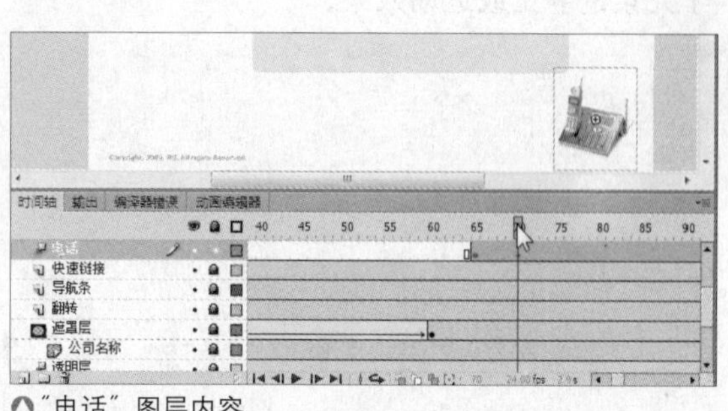

△“电话”图层内容

15 新建“信号”图层，在第70帧按下F7键，从“库”面板将“信号”影片剪辑元件放置到舞台右下“电话”元件的上方。

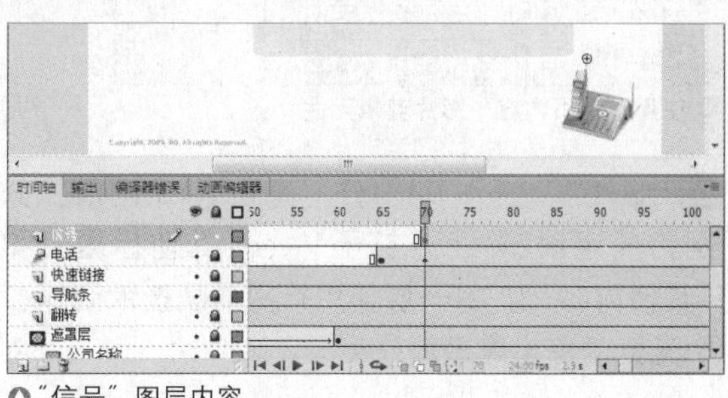

△“信号”图层内容

16 新建“联系方式”图层，在第75帧按下F7键，在“电话”元件左侧输入具体文字内容。然后新建“遮罩层”图层，在第75帧到100帧之间制作一个矩形由下到上的形状补间动画，然后制作遮罩效果，遮挡住“联系方式”图层的内容。

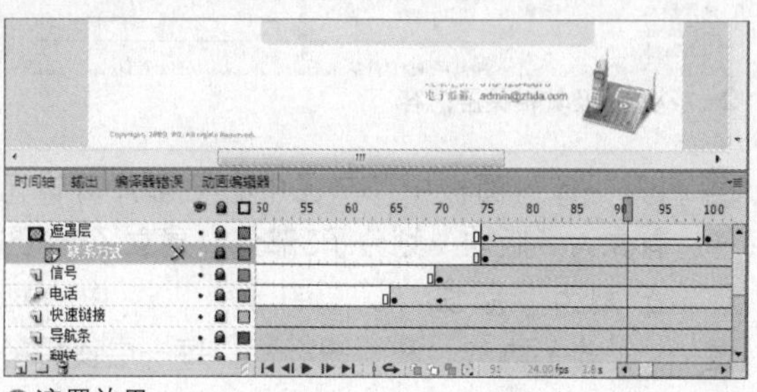

△遮罩效果

17 打开“库”面板中“首页内容”影片剪辑元件，首先为“版块1”划分了5部分，建立了5个图层，分别为“版块1”、“钉子”、“新闻标题”、“新闻内容”和“新闻图片”。每一层使用补间动画技术制作各个元素的静止或运动效果，读者可参考光盘源文件查看具体的元件情况。

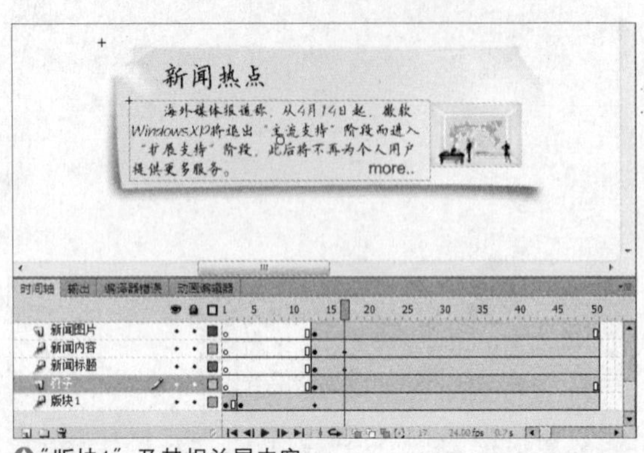

“版块1”及其相关层内容

18 “版块2”划分了4部分，建立了4个图层，分别为“版块2”、“钉子”、“产品标题”和“产品内容”。每一层使用补间动画技术制作各个元素的静止或运动效果。

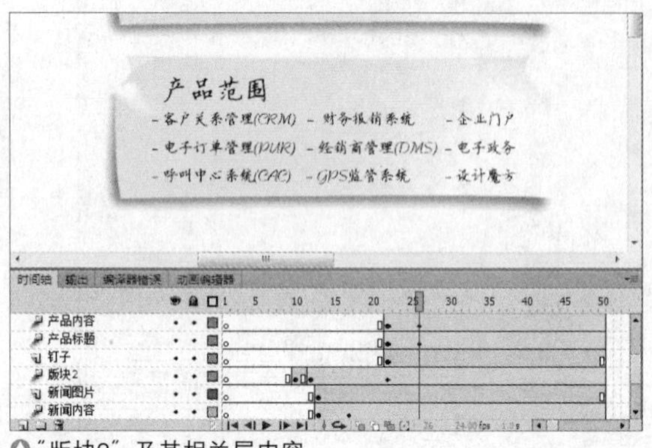

“版块2”及其相关层内容

19 “版块3”划分了4部分，建立了4个图层，分别为“版块3”、“钉子”、“案例标题”和“案例内容”。每一层使用补间动画技术制作各个元素的静止或运动效果。

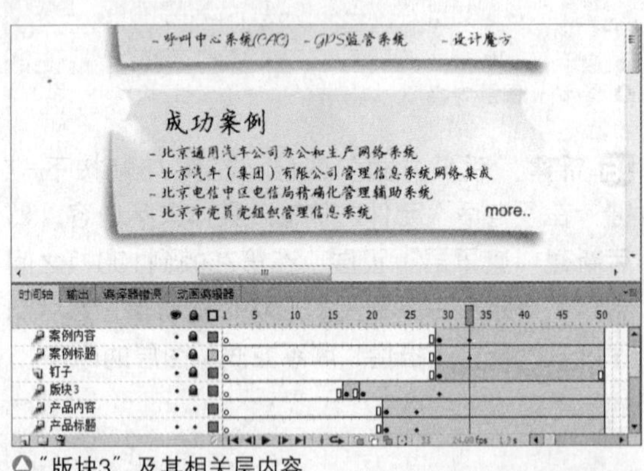

“版块3”及其相关层内容

20 新建AS层，在第50帧按下F7键，插入空白关键帧，然后按下F9键，打开动作面板，输入动作代码，停止时间轴播放。

```
Stop();
```

21 回到主场景，新建“内容”图层，将制作好的“首页内容”影片剪辑元件放置到第100帧中。

使用“首页内容”影片剪辑元件

22 打开“库”面板中“产品中心”影片剪辑元件，首先为“版块”划分了5部分，建立了5个图层，分别为“版块”、“钉子”、“中心标题”、“产品内容”和“图标”。每一层使用补间动画技术制作各个元素的静止或运动效果。

23 “版块2”划分了4部分，建立了4个图层，分别为“版块2”、“钉子”、“其他标题”和“其他内容”。每一层使用补间动画技术制作各个元素的静止或运动效果。

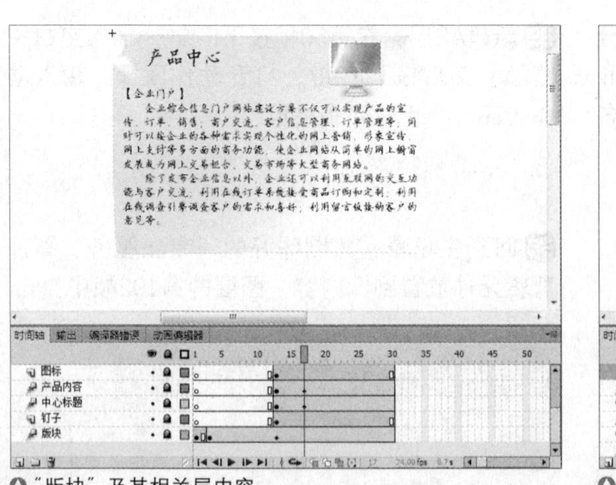

"版块"及其相关层内容

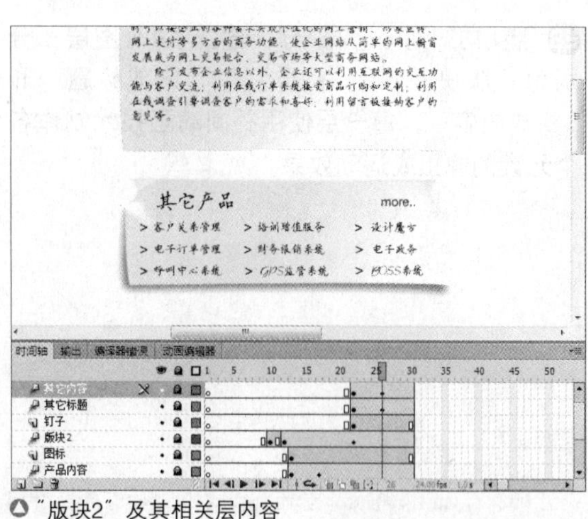

"版块2"及其相关层内容

24 新建AS层，在第30帧按下F7键，插入空白关键帧，然后按下F9键，打开动作面板，输入动作代码，停止时间轴播放。

```
Stop();
```

25 回到主场景，将制作好的"产品中心"影片剪辑元件放置到"内容"图层的第101帧中。

使用"产品中心"影片剪辑元件

26 打开"库"面板中"专业服务"影片剪辑元件，首先为"版块1"划分了4部分，建立了4个图层，分别为"版块1"、"钉子"、"策划标题"和"策划内容"。每一层使用补间动画技术制作各个元素的静止或运动效果。

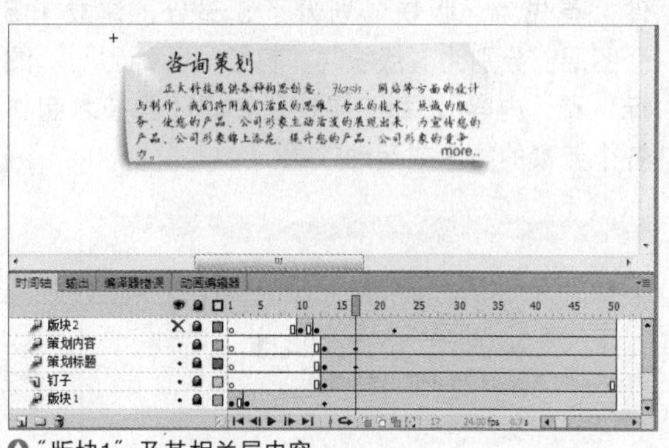

"版块1"及其相关层内容

27 "版块2"划分了4部分，建立了4个图层，分别为"版块2"、"钉子"、"开发标题"和"开发内容"。每一层使用补间动画技术制作各个元素的静止或运动效果。

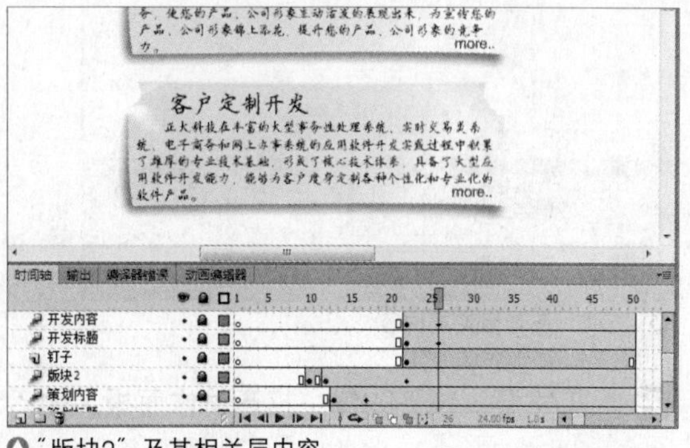

"版块2"及其相关层内容

28 "版块3"划分了4部分，建立了4个图层，分别为"版块3"、"钉子"、"集成标题"和"集成内容"。每一层使用补间动画技术制作各个元素的静止或运动效果。

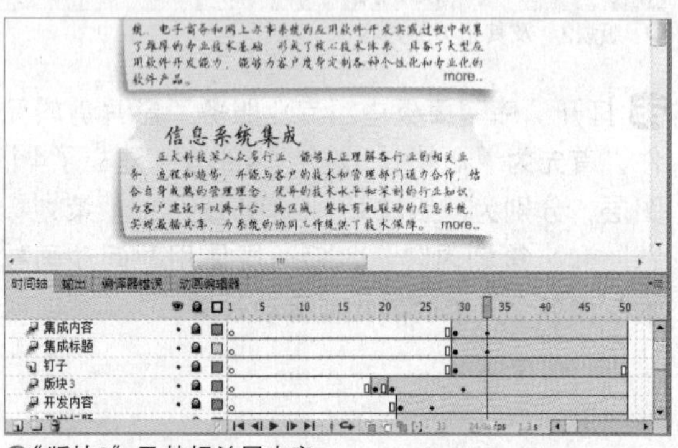

△"版块3"及其相关层内容

29 新建AS层，在第50帧按下F7键，插入空白关键帧，然后按下F9键，打开动作面板，输入动作代码，停止时间轴播放。

```
Stop();
```

30 回到主场景，将制作好的"专业服务"影片剪辑元件放置到"内容"图层的第102帧中。

△使用"专业服务"影片剪辑元件

31 打开"库"面板中"客户留言"影片剪辑元件，首先为"版块"划分了5部分，建立了5个图层，分别为"版块"、"钉子"、"标题"、"图标"和"内容"。每一层使用补间动画技术制作各个元素的静止或运动效果。

△"版块"及其相关层内容

32 新建AS层，在第50帧按下F7键，插入空白关键帧，然后按下F9键，打开动作面板，输入动作代码，停止时间轴播放。

```
Stop();
```

33 打开"库"面板中"留言内容"影片剪辑元件，由上至下为组件命名。依次为Name、Sex_M、Tel、Email、Title、Content、Submit和Reset。

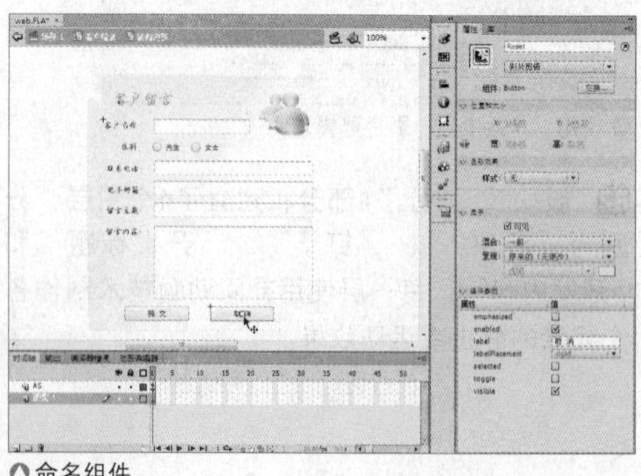

△命名组件

34 新建AS层，按下F9键，打开动作面板，输入动作代码。

```
//创建文本样式对象
var myTextFormat:TextFormat = new
TextFormat();
//定义文本的样式
myTextFormat.size = 14;
myTextFormat.font = "方正硬笔楷书简体";
//为指定的组件应用文本样式
Sex _ M.setStyle("textFormat",myTextFormat);
Sex _ F.setStyle("textFormat",myTextFormat);
Submit.setStyle("textFormat",myTextFormat);
Reset.setStyle("textFormat",myTextFormat);
```

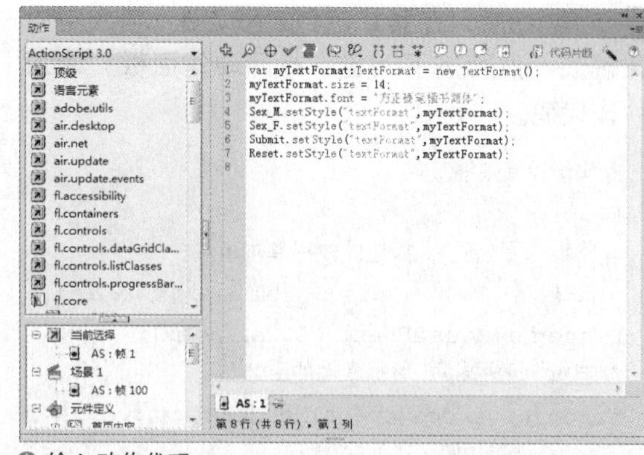

输入动作代码

35 回到主场景，将制作好的“客户留言”影片剪辑元件放置到“内容”图层的第103帧中。

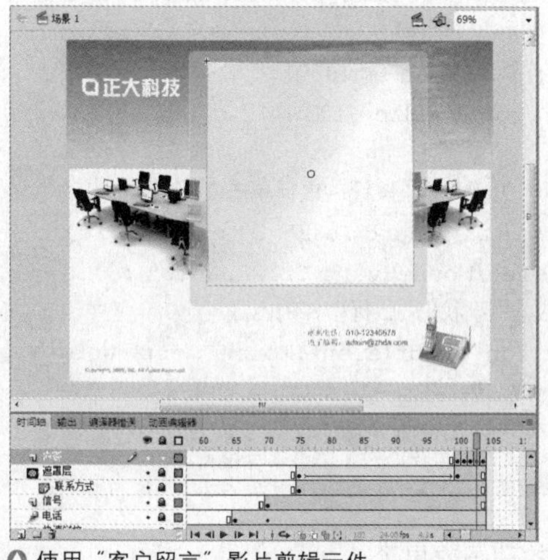

使用“客户留言”影片剪辑元件

36 打开“库”面板中“关于我们”影片剪辑元件，首先为“版块”划分了5部分，建立了5个图层，分别为“版块”、“钉子”、“标题”、“图标”和“内容”。每一层使用补间动画技术制作各个元素的静止或运动效果。

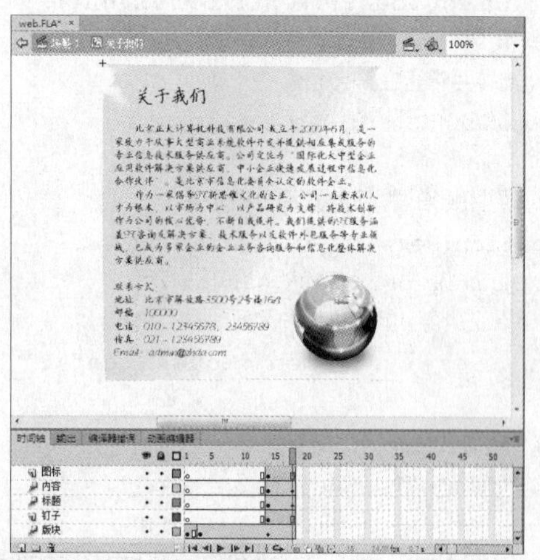

“版块”及其相关层内容

37 新建AS层，在第18帧按下F7键，插入空白关键帧，然后按下F9键，打开动作面板，输入动作代码，停止时间轴播放。

```
Stop();
```

38 回到主场景，将制作好的“关于我们”影片剪辑元件放置到“内容”图层的第104帧中。

使用“关于我们”影片剪辑元件

39 新建AS层，在第100帧按下F7键，插入空白关键帧，然后按下F9键，打开动作面板，输入动作代码。

```
//停止时间轴播放
stop();
//监听"网站首页"按钮的鼠标单击事件
navigation.index_btn.addEvent
Listener(MouseEvent.CLICK,index);
//响应"网站首页"鼠标事件的函数
function index(event:MouseEvent):void{
    //跳转并停止在第100帧
        gotoAndStop(100);
}
//监听"产品中心"按钮的鼠标单击事件
navigation.product_btn.addEvent
Listener(MouseEvent.CLICK,product);
//响应"产品中心"鼠标事件的函数
function product(event:MouseEvent):
void{
    //跳转并停止在第101帧
        gotoAndStop(101);
}
//监听"专业服务"按钮的鼠标单击事件
navigation.server_btn.addEvent Lis-
tener(MouseEvent.CLICK,server);
//响应"专业服务"鼠标事件的函数
function server(event:MouseEvent):
void{
    //跳转并停止在第102帧
        gotoAndStop(102);
}
//监听"客户留言"按钮的鼠标单击事件
navigation.message_btn.addEvent
Listener(MouseEvent.CLICK,message);
//响应"客户留言"鼠标事件的函数
function message(event:MouseEvent):
void{
    //跳转并停止在第103帧
        gotoAndStop(103);
}
//监听"关于我们"按钮的鼠标单击事件
navigation.about_btn.addEvent
Listener(MouseEvent.CLICK,about);
//响应"关于我们"鼠标事件的函数
function about(event:MouseEvent):void{
    //跳转并停止在第104帧
        gotoAndStop(104);
}
```

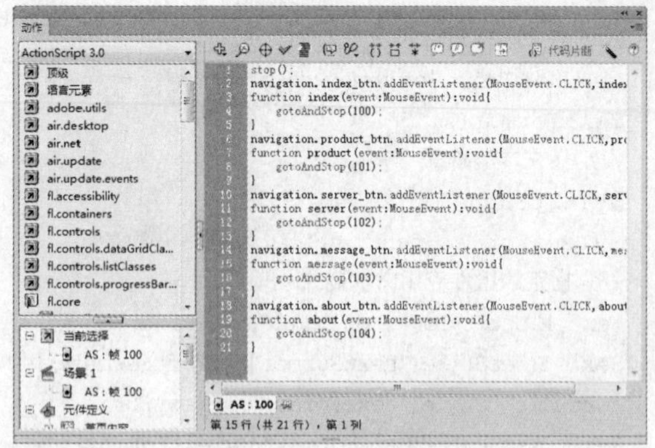

○输入动作代码

40 按下快捷键Ctrl+Enter测试动画，就可以看到商业网站的动画效果了。

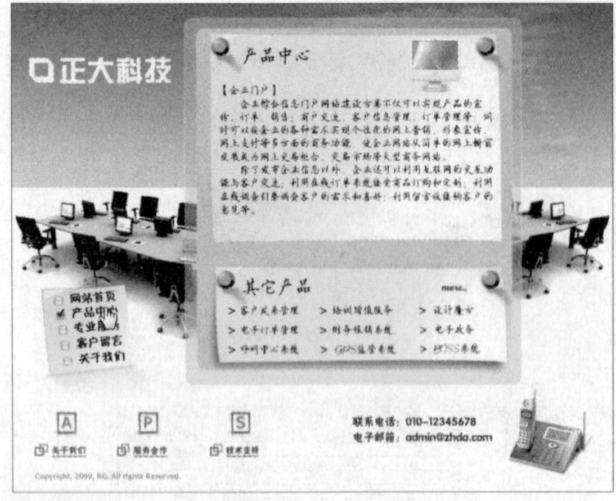

○测试动画

Flash游戏动画

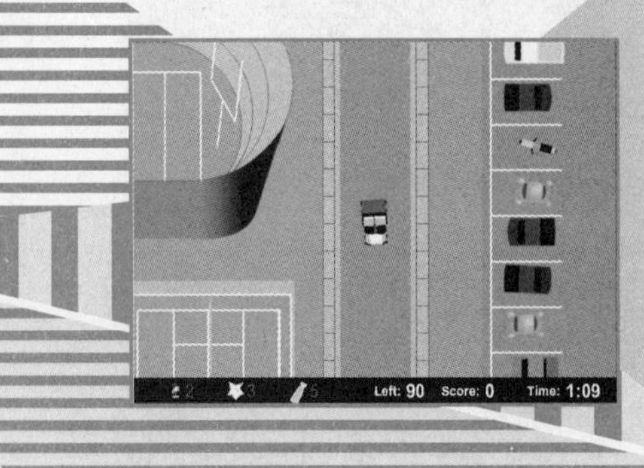

运用Flash可以制作简单、有趣的游戏。事实上，Flash游戏开发已经进行了多年的尝试，但由于游戏开发很大程度上受限于计算机的CPU能力和大量代码的管理水平，所以至今为止仍然停留在中、小型游戏的开发上。

UNIT 54 五子棋游戏

范例分析：本范例的主要难点在于ActionScript程序脚本的编写，重点在于理解代码和界面之间的配合。这个游戏完全通过ActionScript 3.0程序完成。

主要技术：ActionScript程序开发

最终文件	Sample\Ch18\Unit54\chess-end.fla
初始文件	Sample\Ch18\Unit54\chess.fla
视频文件	Video\Ch18\Unit54\Unit54.wmv

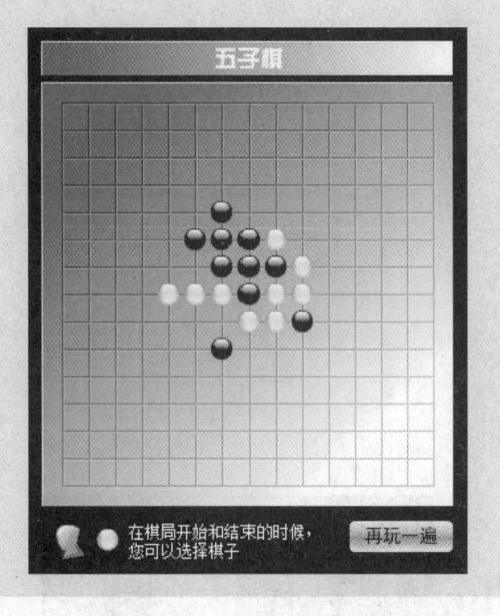

1 打开Sample\Ch18\Unit54\chess.fla文件，首先为舞台中的实例命名。命名棋盘为mcChessboard、“恭喜您，胜利了”的元件为mcGameState、棋子为mcSelect Chessman、“开始游戏”按钮为btnStart。

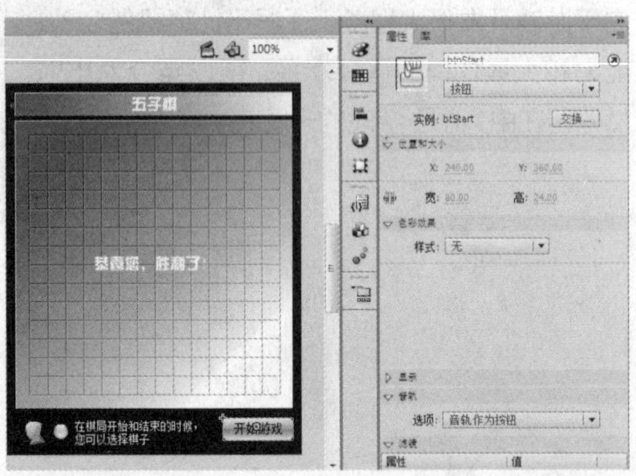

命名实例

2 按下快捷键Ctrl+L打开“库”面板，编辑mcGame State元件，新建actions层，将第1帧和第5帧的帧名称分别命名为win和lose，并在第1帧和第5帧分别添加动作代码。

```
Stop();
```

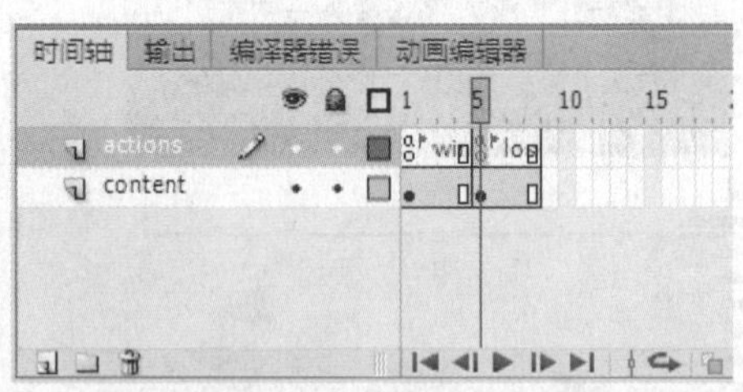

mcGameState元件时间轴

3 编辑库面板中的mcSelectChessman元件，新建actions层，将第1帧和第7帧的帧名称分别命名为white和black，并在第1帧中添加动作代码。

```
Stop();
```

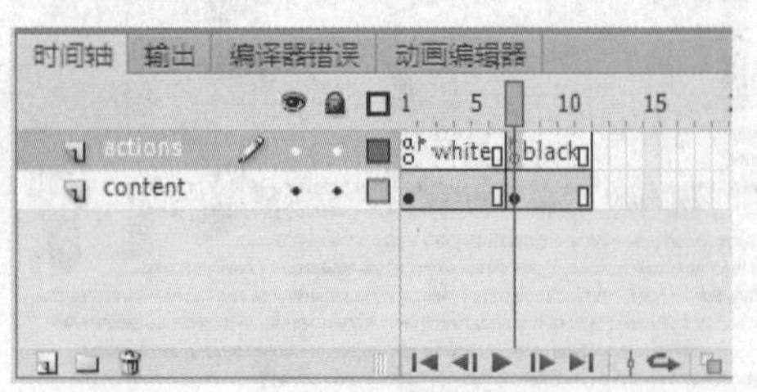

mcSelectChessman元件时间轴

4 在“库”面板的mcBlackChessman元件上单击鼠标右键，在快捷菜单中选择“属性”命令，然后在弹出的对话框中打开“高级”选项，勾选“为ActionScript导出”和“在第1帧中导出”复选框，然后在“类”文本框中输入BlackChessman，在“基类”文本框中输入Classes.Chessman。

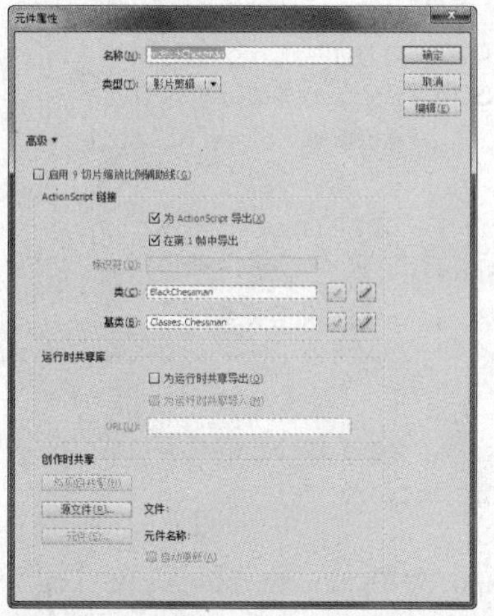

设置mcBlackChessman元件属性

5 在“库”面板的mcWhiteChessman元件上单击鼠标右键，在快捷菜单中选择“属性”，然后在弹出的对话框中打开“高级”选项，勾选“为ActionScript导出”和“在第1帧中导出”复选框，然后在“类”文本框中输入WhiteChessman，在“基类”文本框中输入Classes.Chessman。

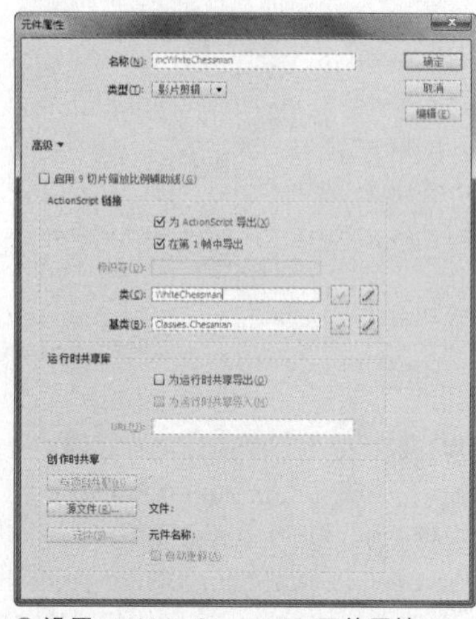

设置mcWhiteChessman元件属性

6 新建ActionScript文件，将脚本保存到Classes目录下，文件名为chessman.as，用来生成棋子。输入代码如下（省去注释部分）。

```
//声明包位置
package Classes{
    //导入各类必要对象
    import flash.display.MovieClip;
    import flash.events.*;
    //声明Chessman类
    public class Chessman extends
MovieClip{
    //计数器
    private var inc:uint = 0;
    //是否是玩家使用的棋子
    public var bPlayer:Boolean = false;
    public function Chessman(){
this.addEventListener(Event.ENTER_
FRAME,twinkle);
        }
    //棋子闪烁
        public function twinkle(e:Event):
void{
if(!bPlayer){
                if(inc<15){
                //调整不透明度
                this.alpha = ((inc
%5)/5) + .2;
                    inc ++;
                }else{
this.removeEventListener(Event.ENTER_
FRAME,twinkle);
                }
            }
        }
    }
}
```

7 取消选择任何一个舞台中的对象，单击属性面板“类”文本框后的“编辑类定义”按钮，在弹出的“创建ActionScript 3.0类”对话框中输入Classes.GobangDoc。

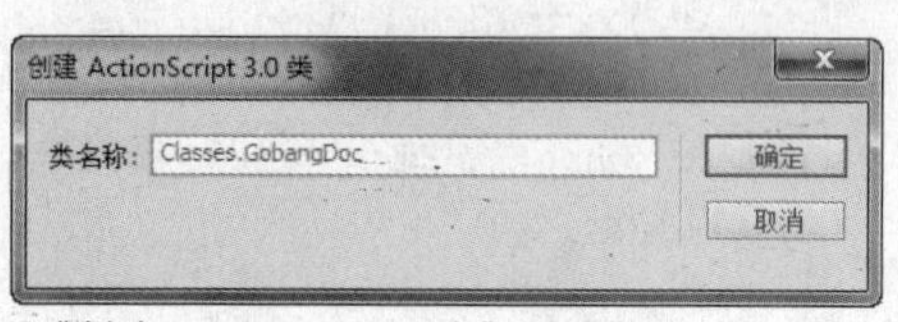

“创建ActionScript 3.0类”对话框

8 单击“确定”按钮后，按下快捷键Ctrl+S，在打开的对话框中将脚本保存到Classes目录下，文件名为GobangDoc.as，然后开始编辑脚本代码，将默认的代码删除，然后输入如下代码（省去注释部分）。

```
//声明包位置
package Classes{
    //导入各类必要对象
    import flash.display.*;
    import flash.events.*;
    import flash.geom.*;
    import flash.text.TextField;
    //声明GobangDoc类
    public class GobangDoc extends
MovieClip {
        //棋盘格宽度
        private const gridsize:Nu-mber
= 20;
        //棋盘格数
        private const gridnum:Nu-mber=15;
        //没有棋子为0,黑子为1,白子为2
        private const NOTHING: uint = 0;
        private const BLACK:uint=1;
        private const WHITE:uint=2;
        //现在轮到哪一方出子
        private var crtSide:uint = WHITE;
        //玩家的棋子
        private var mySide:uint = WHITE;
        //对手的棋子
        private var otherSide:uint;
        //是否可以进行游戏
        private var canPlay:Boolean = false;
        //记录盘面状态的数组
        private var aGridState: Array = [];
        //记录盘面上的棋子的数组
        private var aChessmen: Array = [];
        //棋子的几种状态
        public const STWO:int = 2;//眠二
        public const FTWO:int = 4;//假活二
        public const STHREE:int = 5;//眠三
        public const TWO:int = 8;//活二
        public const SFOUR:int = 12;//冲四
        public const FTHREE:int = 15;
 //假活三
        public const THREE:int = 40;//活三
        public const FOUR:int = 90;//活四
        public const FIVE:int = 200;//五连
        //玩家的棋形表
        private var aPlayer:Array = [];
        //对手的棋形表
        private var aOpponent:Array = [];
        //八个方向,从左上角开始顺时针
        private var dir:Array = [[-1,-1],
[0,-1],[1,-1],[1,0],[1,1],[0,1],[-1,1],[-1,0]];
        public function GobangDoc(){
            mcGameState.visible =
false;
            otherSide = WHITE +
BLACK - mySide;
            //初始化盘面数组
            for (var i:uint=0; i<
gridnum; i++) {
            aGridState[i] = [0,0,0,
0,0,0,0,0,0,0,0,0,0,0,0];
            }
mcChessboard.addEventListener(Mouse
Event.MOUSE _ DOWN,AddMyChessman);
btnStart.addEventListener(MouseEvent.
CLICK,btnStart _ Handler);
btnReplay.addEventListener(MouseEvent.
CLICK,btnReplay _ Handler);
mcSelectChessman.addEventListener(Mouse
Event.MOUSE _ DOWN,selectChessman);
        }
        //初始化棋盘
        private function init():void{
            btnStart.visible =
false;
            for(var i:int=0;i<a
Chessmen.length;i++){
mcChessboard.removeChild(aChessmen[i]);
                }
            for (var j:uint=0;
j<gridnum; j++) {
                aGridState[j] =
[0,0,0,0,0,0,0,0,0,0,0,0,0,0,0];
            }
            aChessmen = [];
            canPlay = true;
        }
        //玩家添加棋子
        public function AddMyChessma
n(e:MouseEvent):void {
```

```
                //不能添加棋子的状态（棋局
未开始、对方走、棋子没有落在棋盘里）
                if(!canPlay || crtSide !=
mySide || e.target.name != "mcChessboard")
                    return;
            if (mySide == crtSide) {
                //计算鼠标落在哪一格
                var crtx:uint = Math.
floor(e.localX/gridsize);
                var crty:uint = Math.
floor(e.localY/gridsize);
                //如果这一格已经有棋子就返回
                if (aGridState[crty]
[crtx])
                    return;
                //创建棋子
                var chessman:Chessman;
                if (mySide == BLACK) {
                    chessman = new
BlackChessman();
                } else {
                    chessman = new
WhiteChessman();
                }
                chessman.bPlayer = true;
                aGridState[crty][crtx]
= mySide;
                chessman.x = (crtx +
.5) * gridsize;
                chessman.y = (crty +
.5) * gridsize;
                aChessmen.push(chess-
man);
                mcChessboard.addChild
(chessman);
checkWinner(crtx,crty,crtSide);
                //对方走
                crtSide = WHITE +
BLACK - mySide;
                //计算机走
                var opos:Array =
CalculateState(crtSide);
                var cx:int = opos[0];
                var cy:int = opos[1];

AddChessman(cx,cy);
checkWinner(cx,cy,crtSide);
                crtSide = mySide;
            }
        }
        //计算机添加棋子
        public function AddChessman(toX:in
t,toY:int):void {
            if(!canPlay)
                return;
            var autox:int = toX;
            var autoy:int = toY;
            var chessman:Chessman;
            if (mySide == BLACK) {
                chessman = new White
Chessman();
            } else {
                chessman = new Black
Chessman();
            }
            chessman.x = (autox + .5)*gri-
dsize;
            chessman.y = (autoy + .5)*gr-
idsize;
            aGridState[autoy][autox] =
(BLACK + WHITE) - mySide;
            aChessmen.push(chessman);
            mcChessboard.addChild(chessman);
        }
        //评估棋盘上每一格的分值，返回得分最高的棋
格坐标
        public function CalculateState
(side):Array{
            var i:int,j:int,k:int;
                var otherside:int =
WHITE + BLACK - side;
            //填充玩家的棋形表和对手的棋形表
            for(i = 0;i<gridnum;i++){
                for(j = 0;j<gridnu-
m;j++){
                    if(aGridState[i][j]
!= NOTHING){
                        aOpponent[i *
gridnum + j] = {val:-1,x:j,y:i};
                        aPlayer[i *
gridnum + j] = {val:-1,x:j,y:i};
                    }
                    else{
                        var v1 =
getScore(aGridState,j,i,side);
                        aOpponent[i *
```

```
gridnum + j] = {val:v1,x:j,y:i};
                        var v2 = getSc
ore(aGridState,j,i,otherside);
                        aPlayer[i *
gridnum + j] = {val:v2,x:j,y:i};
                    }

            }
        }
        //取得分值最大的棋格
        var max0:Object = sortArray(a
Opponent);
        var maxP:Object = sortArray(a
Player);
        var apos:Array = [0,0];
        if(maxO.val < maxP.val)
            apos = [maxP.x,maxP.y];
        else
            apos = [maxO.x,maxO.y];
        return apos
    }
    //检查赢家
    private function checkWinner(xp:in
t,yp:int,side:int){
        var str:String = (side *
11111).toString();
        var winner:int = 0;
        var str1:String = getXLine(a
GridState,xp,yp,side).join("");
        var str2:String = getYLine
(aGridState,xp,yp,side).join("");
        var str3:String = getXYLine(a
GridState,xp,yp,side).join("");
        var str4:String = getYXLine(a
GridState,xp,yp,side).join("");
        if(str1.indexOf(str)>-1
|| str2.indexOf(str)>-1 || str3.
indexOf(str)>-1 || str4.indexOf(str)>-1)
            winner = side;
        if(winner){
            doWin(winner);
        }
    }
    //取胜后触发的事件
    private function doWin(side:int):
void{
        //显示游戏结果说明
        mcGameState.visible = true;
        //关闭棋局
        canPlay = false;
        //棋盘设为半透明
        mcChessboard.alpha = .5;
        //根据玩家输赢展示不同的游戏结果
        if(side == mySide){
mcGameState.gotoAndStop("win");
        }
        else{
mcGameState.gotoAndStop("lose");
        }
    }
    //为数组排序的方法
    private function sortArray(arr):
Object{
        var arrLen:int = arr.length;
        var ar:Array = [];
        for(var j=0;j<arrLen;j++){
            ar[j] = arr[j];
        }
        //以数字方式对"val"字段进行排序
        ar.sortOn("val",Array.NUMERIC );
        return ar[ar.length-1];
    }
    //取得指定棋格的分数
    private function getScore(arr:Array
,xp:int,yp:int,side:int):int{
        var s0:int = AnalysisLine(get
XLine(arr,xp,yp,side),side);
        var s1:int = AnalysisLine(get
YLine(arr,xp,yp,side),side);
        var s2:int = AnalysisLine(get
XYLine(arr,xp,yp,side),side);
        var s3:int = AnalysisLine(get
YXLine(arr,xp,yp,side),side);
        return (s0 + s1 + s2 + s3);
    }
    //取得游戏中的一方在指定位置左右两边5格以
内的状态
    private function getXLine(apositio
n:Array,xp:int,yp:int,side:int):Array{
        var arr:Array = [];
        var xs:int,ys:int,xe:int,ye:int;
        //起始位置
        xs = xp - 5>0 ? xp - 5:0;
        //结束位置
        xe = xp + 5>= gridnum?gridnum:
xp + 5;
```

```
        for(var i:int=xs;i<=xe;i++){
            if(i == xp)
                arr.push(side);
            else{
arr.push(aGridState[yp][i])
            }

        }
        return arr;
    }
    // 取得游戏中的一方在指定位置上下两边5格
以内的状态
    private function getYLine(apositio
n:Array,xp:int,yp:int,side:int):Array{
        var arr:Array = [];
        var xs:int,ys:int,xe:int,ye:int;
        //起始位置
        ys = yp - 5>0 ? yp - 5:0;
        //结束位置
        ye = yp + 5>= gridnum?gridnu-
m:yp + 5;
        for(var i:int=ys;i<ye;i++){
            if(i == yp)
                arr.push(side);
            else{
                arr.push(aposi-
tion[i][xp])
            }
        }
        return arr;
    }
    // 取得游戏中的一方在指定位置左上右下两边
5格以内的状态
    private function getXYLine(apositi
on:Array,xp:int,yp:int,side:int):Array{
        var arr:Array = [];
        var xs:int,ys:int,xe:int,ye:int;
        //起始位置
        xs = yp > xp ? 0 : xp - yp;
        ys = xp > yp ? 0 : yp - xp;
        //结束位置
        xe = gridnum - ys;
        ye = gridnum - xs;
        var pos:int;
        for(var i:int=0;i<(xe-xs<ye-
ys?xe-xs:ye-ys);i++){
            if(ys + i == yp && xs
+ i == xp){
                arr.push(side);
                pos = i;
            }
            else{
                arr.push(aposit
ion[ys + i][ xs + i]);
            }
        }
        arr = arr.slice(pos-4>0?pos-
4:0,pos+5>arr.length?arr.length:pos+5);
        return arr;
    }
    // 取得游戏中的一方在指定位置左下右上两边
5格以内的状态
    private function getYXLine(apositi
on:Array,xp:int,yp:int,side:int):Array{
        var arr:Array = [];
        var xs:int,ys:int,xe:int,ye:int;
        var num:int = gridnum;
        var half:int = Math.ceil(grid-
num/2);
        //起始位置
        xs = xp + yp < num?0:(xp + yp
- num + 1);
        ys = xs;
        //结束位置
        xe = xp + yp >= num?num-1:(xp
+ yp);
        ye = xe;
        var pos:int;
        for(var i:int=0;i<(xp +
yp>=num?2*num-xp-yp-1:xp+yp+1);i++){
            if(ye - i == yp && xs
+ i == xp){
                arr.push(side);
                pos = i;
            }
            else
                arr.push(aposi-
tion[ye - i][ xs + i]);
        }
        arr = arr.slice(pos-4>0?pos-
4:0,pos+5>arr.length?arr.length:pos+5);
        return arr;
    }
    //评估游戏中的一方在指定位置落子后某一方向
可能取得的分值
    private function AnalysisLine(alin
```

```
e:Array,side:int):int{
        var otherside:int =  WHITE + BLACK - side;
        // 本方棋子五连
        var five:String = (side * 11111).toString();
        // 本方棋子四连，左空位
        var four:String = "0" + (side * 1111).toString() + "0";
        // 本方棋子三连，左右空位
        var three:String = "0" + (side * 111).toString() + "0";
        // 本方棋子二连，左右空位
        var two:String = "0" + (side * 11).toString() + "0";
        // 本方棋子二，间隔一空位，左右空位
        var jtwo:String = "0" + (side * 101).toString() + "0";
        // 本方棋子四连，右空位
        var lfour:String = otherside.toString() + (side * 1111).toString() + "0";
        // 本方棋子四连，左空位
        var rfour:String = "0" + (side * 1111).toString() + otherside.toString();
        // 本方棋子二，间隔一空位，右连二
        var l_four:String = (side * 10111).toString();
        // 本方棋子二，间隔一空位，左连二
        var r_four:String = (side * 11101).toString();
        // 本方棋子三，右空位，左连对方棋子一
        var lthree:String = otherside.toString() + (side * 111).toString() + "0";
        // 本方棋子三，左空位，右连对方棋子一
        var rthree:String = "0" + (side * 111).toString() + otherside.toString();
        // 本方棋子二，右空位，左连对方棋子一
        var ltwo:String = otherside.toString() + (side * 11).toString() + "0";
        // 本方棋子二，左空位，右连对方棋子一
        var rtwo:String = "0" + (side * 11).toString() + otherside.toString();
        // 本方棋子三，右空位，右连对方棋子一
        var rfthree:String = (side * 111).toString() + "0" + otherside.toString();
        // 本方棋子三，左空位，左连对方棋子一
        var lfthree:String = otherside.toString() + "0" + (side * 111).toString();
        var str:String = aline.join("");
        var res:int;
        if(str.indexOf(five)>=0){
            res = FIVE;
            if(side == otherSide)
                res *=2;
        }
        else if(str.indexOf(four)>=0)
            res = FOUR;
        else if(str.indexOf(three)>=0)
            res = side!=mySide?THREE+4:THREE;
        else if(str.indexOf(two)>=0 || str.indexOf(jtwo)>=0 )
            res = TWO;
        else if(str.indexOf(lfour)>=0 || str.indexOf(rfour)>=0 || str.indexOf(l_four)>=0 || str.indexOf(r_four)>=0)
            res = SFOUR;
        else if(str.indexOf(lthree)>=0 || str.indexOf(rthree)>=0)
            res = STHREE;
        else if(str.indexOf(ltwo)>=0 || str.indexOf(rtwo)>=0)
            res = STWO;
        else if(str.indexOf(lfthree)>=0 || str.indexOf(rfthree)>=0)
            res = FTHREE;
        else
            res = 0;
        return res;
    }
    //开始游戏按钮触发的方法
    private function btnStart_Handler(e:MouseEvent):void{
        canPlay = true;
        if(mySide == WHITE){
AddChessman(Math.floor(gridnum/2),Math.floor(gridnum/2));
        }
        btnStart.visible = false;
    }
    //重玩一遍按钮触发的方法
    private function btnReplay_Handler(e:MouseEvent):void{
```

```
            mcGameState.visible = false;
            mcChessboard.alpha = 1;
            init();
            if(mySide == WHITE){
AddChessman(Math.floor(gridnum/2),Math.
floor(gridnum/2));
            }
      }
      //选择棋子按钮触发的方法
      private function selectChessman(e:
MouseEvent):void{
            if(canPlay){
mcSelectChessman.buttonMode = false;
                  return;
            }else{
mcSelectChessman.buttonMode = true;
                  mySide = otherSide;
                  otherSide = WHITE +
BLACK - mySide;
                  if(mySide == WHITE){
mcSelectChessman.gotoAndStop("white");
                  }else{
mcSelectChessman.gotoAndStop("black");
                  }
                  crtSide = mySide;
            }
      }
   }
}
```

9 按下快捷键Ctrl+Enter测试动画，即可查看五子棋动画的效果。

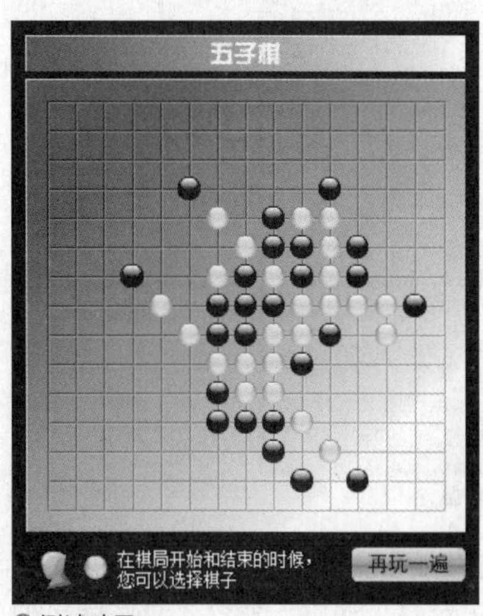

测试动画

UNIT 55 接金币游戏

范例分析：本范例主要难点在于游戏流程与Flash技术的配合，重点在于理解各元件的意义与ActionScript的实现过程。这个游戏完全通过ActionScript 3.0程序完成。

主要技术：ActionScript程序开发

最终文件	Sample\Ch18\Unit55\gold-end.fla
初始文件	Sample\Ch18\Unit55\gold.fla
视频文件	Video\Ch18\Unit55\Unit55.wmv

1 打开Sample\Ch18\Unit55\gold.fla文件，首先给舞台中的实例命名，将企鹅主体命名为mcRole，金币文本框命名为txtScore，黄色的时间栏命名为mcTimeBar，蓝色的生命栏命名为mcLifeBar，舞台左侧的爆炸图形命名为mcExplode。

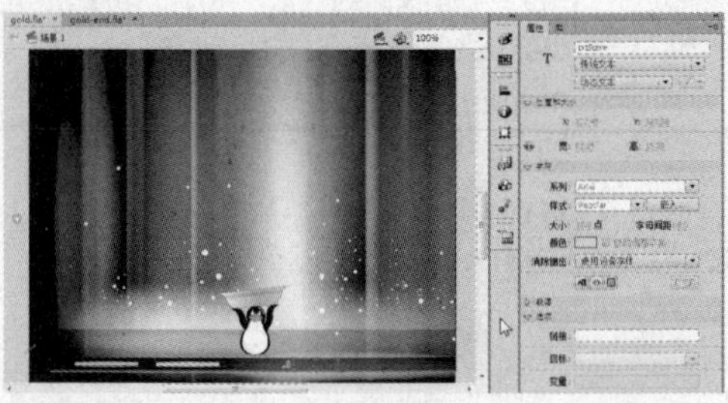

命名舞台实例

2 在“库”面板的bomb元件上单击鼠标右键，在快捷菜单中选择“属性”命令，然后在弹出的对话框中打开“高级”选项，勾选“为ActionScript导出”和“在第1帧中导出”复选框，然后在“类”文本框中输入classes.Bomb。

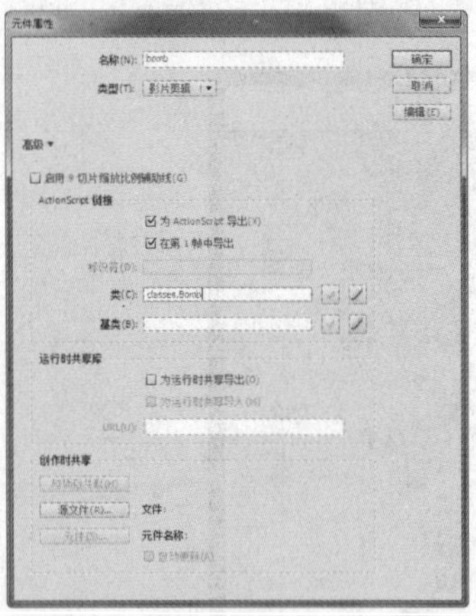

设置bomb元件属性

3 新建ActionScript文件，将脚本保存到Classes目录下，文件名为Bomb.as，用来生成炸弹。输入代码如下（省去注释部分）。

```
//声明包位置
package classes{
    //声明Bomb类
      public class Bomb extends Obj {
            //构造函数
            function Bomb():void{
                  //积分为0
                  objvalue = 0;
            //类型为bomb
                  objtype = "bomb";
            }
      }
}
```

TIP Bomb类继承obj类的内容，obj类将在随后的obj.as文件中定义。

4 在“库”面板的gold10元件上单击鼠标右键，在快捷菜单中选择“属性”命令，再在弹出的对话框中打开“高级”选项，勾选“为ActionScript导出”和“在第1帧中导出”复选框，在“类”文本框中输入classes.Gold10。

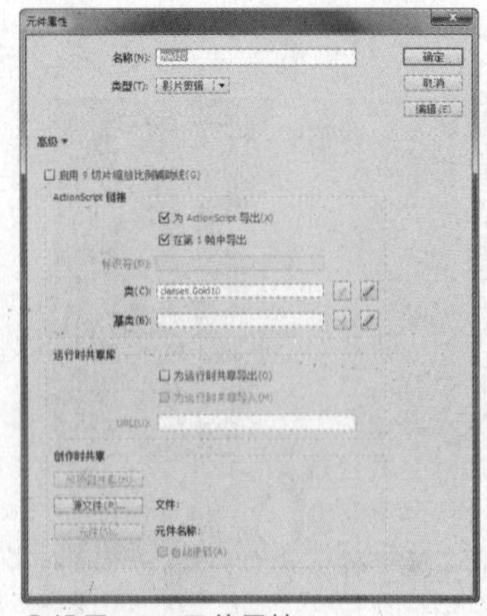

设置gold5元件属性

5 新建ActionScript文件，将脚本保存到Classes目录下，文件名为Gold10.as，用来生成用于加分的10分金币。输入代码如下（省去注释部分）。

```
//声明包位置
package classes{
      // 声明Gold10类
      public class Gold10 extends Obj {
            // 构造函数
            function Gold10():void{
            //积分为10
                  objvalue = 10;
            //类型为bonus
                  objtype = "bonus";
            }
      }
}
```

6 在“库”面板的gold5元件上单击鼠标右键，在快捷菜单中选择“属性”命令，然后在弹出的对话框中打开“高级”选项，勾选“为ActionScript导出”和“在第1帧中导出”复选框，然后在“类”文本框中输入classes.Gold5。

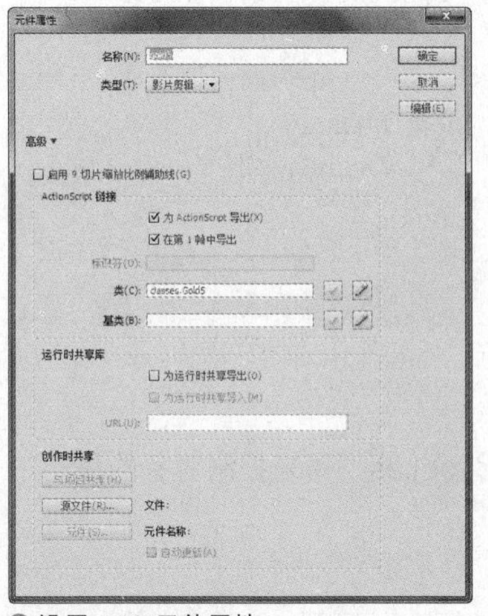

▲ 设置gold5元件属性

7 新建ActionScript文件，将脚本保存到Classes目录下，文件名为Gold5.as，用来生成用于加分的5分金币。输入代码如下（省去注释部分）。

```
//声明包位置
package classes{
        //声明Gold5类
        public class Gold5 extends Obj {
                // 构造函数
                function Gold5():void{
                //积分为5
                        objvalue = 5;
                //类型为bonus
                        objtype = "bonus";
                }
        }
}
```

8 在“库”面板的grey10元件上单击鼠标右键，在快捷菜单中选择“属性”命令，然后在弹出的对话框中打开“高级”选项，勾选“为ActionScript导出”和“在第1帧中导出”复选框，然后在“类”文本框中输入classes.Grey10。

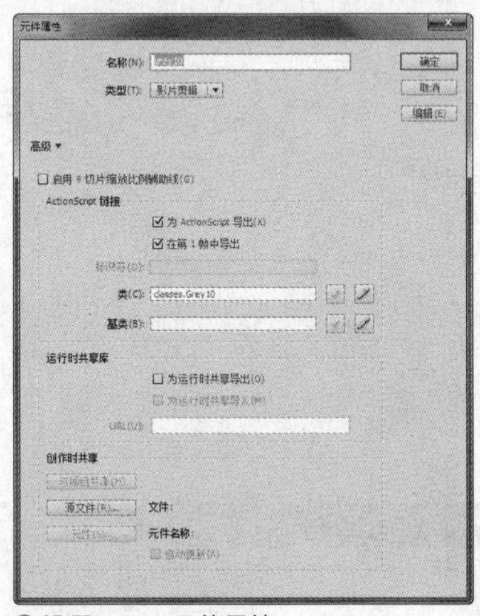

▲ 设置grey10元件属性

9 新建ActionScript文件，将脚本保存到Classes目录下，文件名为Grey10as，用来生成用于扣分的10分银币。输入代码如下（省去注释部分）。

```
//声明包位置
package classes{
        // 声明Grey10类
        public class Grey10 extends Obj {
                // 构造函数
                function Grey10():void{
                //积分为-10
                        objvalue = -10;
                //类型为fine
                        objtype = "fine";
                }
        }
}
```

10 在“库”面板的grey5元件上单击鼠标右键，在快捷菜单中选择“属性”命令，然后在弹出的对话框中打开“高级”选项，勾选“为ActionScript导出”和“在第1帧中导出”复选框，然后在“类”文本框中输入classes.Grey5。

11 新建ActionScript文件，将脚本保存到Classes目录下，文件名为Grey5.as，用来生成用于扣分的5分银币。输入代码如下（省去注释部分）。

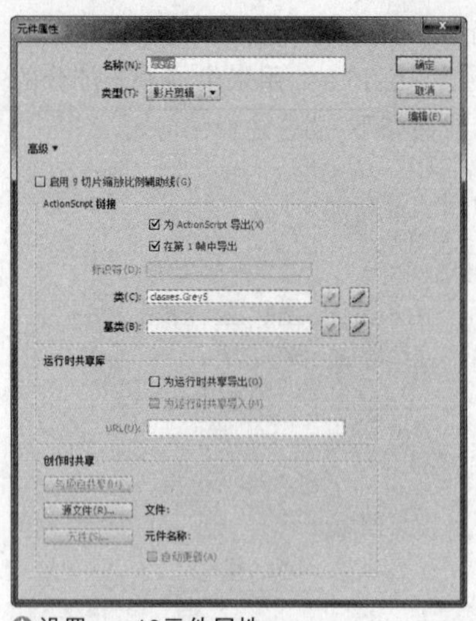

设置grey10元件属性

```
//声明包位置
package classes{
    //声明Grey5类
    public class Grey5 extends Obj {
        // 构造函数
        function Grey5():void{
        //积分为-5
            objvalue = -5;
        //类型为fine
            objtype = "fine";
        }
    }
}
```

12 新建ActionScript文件，将脚本保存到Classes目录下，文件名为obj.as，用来控制对象的移动。输入代码如下（省去注释部分）。

```
//声明包位置
package classes{
//导入各类必要对象
    import flash.display.MovieClip;
import flash.events.Event;
    // 声明Obj类
    public class Obj extends MovieClip {
        //积分
        public var objvalue:int;
        //类型
        public var objtype:String;
        //速度
        private var speed:int;
        // 构造函数
        function Obj():void{
        //速度为0
                speed = 0;
this.addEventListener(Event.ENTER _
FRAME, onFrameHandler);
        }
            // 根据不同类型的对象，随机产生一个
速度，按照这个速度向下移动对象
        private function onFrameHand
ler(event:Event):void{
            if(objtype == "bomb"
|| objtype == "fine"){
                speed = Math.
floor(Math.random() * 4) + 1;
            }
            else{
                speed = Math.
floor(Math.random() * 3) + 1;
            }
            this.y += speed;
        }
    }
}
```

13 取消选择任何一个舞台中的对象，单击属性面板“类”文本框后的“编辑类定义”按钮，在弹出的“创建ActionScript 3.0类”对话框中输入Classes.Game。

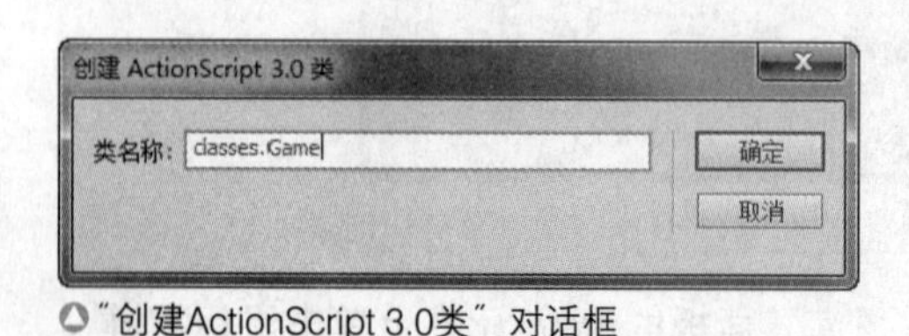

“创建ActionScript 3.0类”对话框

14 单击“确定”按钮后，按下快捷键Ctrl+S，在打开的对话框中将脚本保存到Classes目录下，文件名为Game.as，然后开始编辑脚本代码，将默认的代码删除，然后输入如下的代码（省去注释部分）。

```
//声明包位置
package classes{
   //导入各类必要对象
   import flash.display.MovieClip;
   import flash.text.TextField;
   import flash.utils.Timer;
   import flash.events.TimerEvent;
   import flash.events.KeyboardEvent;
   import flash.ui.Keyboard;
   import flash.events.Event;
   // 声明Game类
   public class Game extends MovieClip {
         // 生命条和时间条的长度
         private const SLENGTH:int = 85;
         // 游戏时间
         private const STIME:int = 60;
         // 生命值
         private const SLIFE:int = 10;
         private var life:int = SLIFE;
         // 游戏得分
         private var score:int = 0;
         // 声明一个存储对象的数组
         private var arrObj:Array = new
Array();
         // Timer类的实例，每0.6秒产生一个
新对象
         private var myTimer:Timer =
new Timer(600);
         // Timer类的实例，用作倒计时
         private var gameTimer:Timer =
new Timer(1000, STIME);
         // 构造函数
         function Game():void{
                txtScore.text = score.
toString();
//初始化场景，添加事件响应函数
stage.addEventListener(Event.ENTER _
FRAME, onFrameHandler);
stage.addEventListener(KeyboardEvent.
KEY _ DOWN, onKeyDownHandler);
// 产生新对象的Timer
myTimer.addEventListener(TimerEvent.
TIMER, onTimerHandler);
                //启动计时器
                myTimer.start();
gameTimer.addEventListener(TimerEvent.
TIMER, onGameTimerHandler);
gameTimer.addEventListener(TimerEvent.
TIMER _ COMPLETE, onGameTimerOver);
                  gameTimer.start();
         }
         private function onFrameHand
ler(event:Event):void{
                for(var i:int=0; i<arr
Obj.length; i++){
// 判断对象和盘子的各个检查点是否碰撞
if(arrObj[i].hitTestPoint(mcRole.x-40,
mcRole.y-25, true) ||
arrObj[i].hitTestPoint(mcRole.x-30,
mcRole.y-25, true) ||
arrObj[i].hitTestPoint(mcRole.x-20,
mcRole.y-25, true) ||
arrObj[i].hitTestPoint(mcRole.x-10,
mcRole.y-25, true) ||
arrObj[i].hitTestPoint(mcRole.x,
mcRole.y-25, true) ||
arrObj[i].hitTestPoint(mcRole.x+10,
mcRole.y-25, true) ||
arrObj[i].hitTestPoint(mcRole.x+20,
mcRole.y-25, true) ||
arrObj[i].hitTestPoint(mcRole.x+30,
mcRole.y-25, true) ||
arrObj[i].hitTestPoint(mcRole.x+40,
mcRole.y-25, true)){
         // 如果碰撞，根据类型分别处理
               switch(arrObj[i].objtype){
                     case "bonus":
                            score +=
arrObj[i].objvalue;
                           break;
                     case "fine":
                 score += arrObj[i].
objvalue;
                      if(score<0){
                        score = 0;
                      }
                      break;
                  // 如果是炸弹类型，
播放动画
                     case "bomb":
mcExplode.x = arrObj[i].x + arrObj[i].
width/2;
mcExplode.y = arrObj[i].y + arrObj[i].
height/2;
mcExplode.visible = true;
mcExplode.gotoAndPlay(0);
```

```
                    explode();
                    break;
                default:
                    break;
            }
            // 从场景中移除碰撞的显示对象
            removeChild(arrObj[i]);
            // 从数组中移除该对象
            arrObj.splice(i,1);
            break;
        }
      }
    txtScore.text = score.toString();
    }
    // KEY _ DOWN的事件响应函数，处理主角的左右移动
    private function onKeyDownHandler(event:KeyboardEvent):void{
    switch(event.keyCode){
        case Keyboard.LEFT:
            mcRole.x-=6;
            break;
        case Keyboard.RIGHT:
            mcRole.x += 6;
            break;
        default:
            break;
        }
    }
    // 爆炸
    private function explode():void{
        // 减少生命值
        life -= 2;
        // 更新生命条显示的宽度
        mcLifeBar.width -= SLENGTH*2 / SLIFE;
        // 如果生命值为0，结束计时器，结束游戏
        if(life == 0){
            mcLifeBar.width = 0;
            gameTimer.stop();
            gameOver();
        }
    }
    // 产生新对象TIMER事件的响应函数
    private function onTimerHandler(event:TimerEvent):void{
        // 随机产生一个对象
        var no:int = Math.floor(Math.random() * 18) + 1;
            var obj:MovieClip;
            if(no>=0 && no<=3){ //gold10
                obj = new Gold10();
            }
            if(no>=4 && no<=9){ //gold5
                obj = new Gold5();
            }
            if(no>=10 && no<=11){ //grey10
                obj = new Grey10();
            }
            if(no>=12 && no<=14){ //grey5
                obj = new Grey5();
            }
            if(no>=15 && no<=18){ //bomb
                obj = new Bomb();
            }
            // X坐标位置随机
            obj.x = Math.floor(Math.random() * 500) + 25;
            obj.y = 0;
            // 添加新对象到场景中
            addChild(obj);
            // 添加新对象到数组中
            arrObj.push(obj);
        }
        // 倒计时TIMER事件的响应函数
        private function onGameTimerHandler(event:TimerEvent):void{
            mcTimeBar.width -= SLENGTH/STIME;
        }
        // 时间结束导致的游戏结束
        private function onGameTimerOver(event:TimerEvent):void{
            mcTimeBar.width = 0;
            gameOver();
            }
        private function gameOver():void{
            myTimer.stop();

            mcRole.stop();
stage.removeEventListener(KeyboardEvent.KEY _ DOWN, onKeyDownHandler);
stage.removeEventListener(Event.ENTER _ FRAME, onFrameHandler);
        }
    }
}
```

15 按下快捷键Ctrl+Enter测试动画，即可查看接金币游戏的效果。

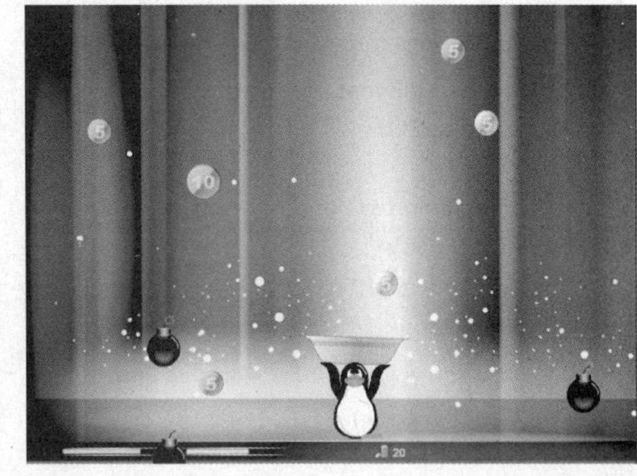

△ 测试动画

UNIT 56 寻宝快车游戏

范例分析：本范例制作的是一个汽车游戏，使用键盘方向键控制汽车的移动，找寻在一个城市道路中的各种“宝物”，并将其收集到位于城市角落的“宝箱”中，游戏会完成自动的积分。这个游戏完全通过ActionScript 3.0程序完成。

主要技术：ActionScript程序开发

最终文件	Sample\Ch18\Unit56\TopDownDrive-end.fla
初始文件	Sample\Ch18\Unit56\TopDownDrive.fla
视频文件	Video\Ch18\Unit56\Unit56.wmv

1 打开Sample\Ch18\Unit56\TopDownDrive.fla文件，首先为第1帧中的实例命名，将舞台上的按钮命名为startButton。

△ 命名按钮

2 为Label层的第1帧命名为start，然后按下F9键，打开动作面板，输入动作代码。

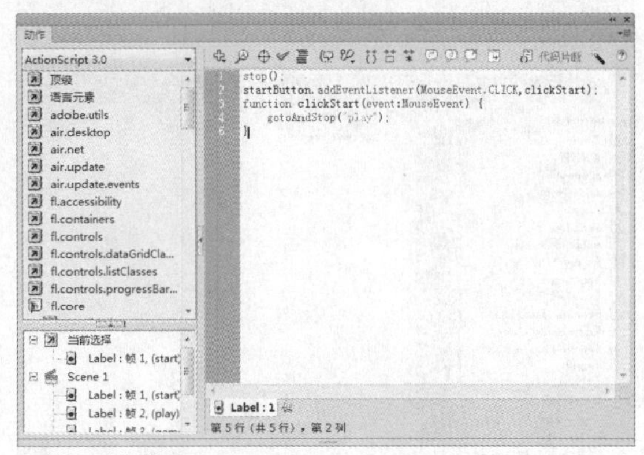

△ 输入动作代码

```
//停止动画播放
stop();
//添加按钮点击监听事件
startButton.addEventListener(MouseEvent.
CLICK,clickStart);
//点击鼠标后
function clickStart(event:MouseEvent) {
//跳转并停止在play帧
      gotoAndStop("play");
}
```

3 动画的第2帧是游戏主画面帧，其中已经放置了整张城市的街道道路图，将整个舞台缩小后可以看到道路图的全部内容。

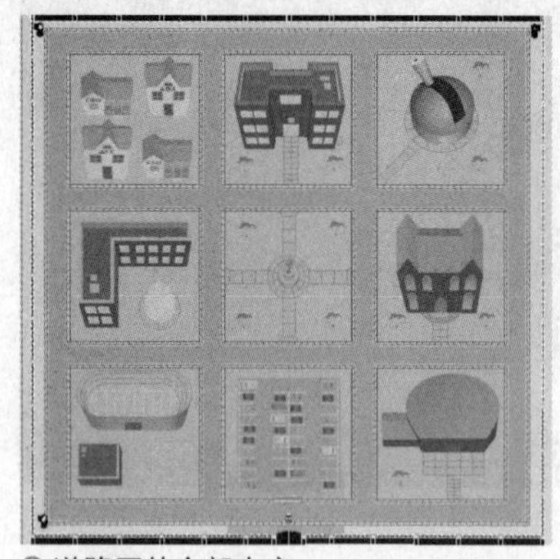

道路图的全部内容

4 返回到100%的视图，选中整个城市道路图的实例，将其命名为gamesprite。

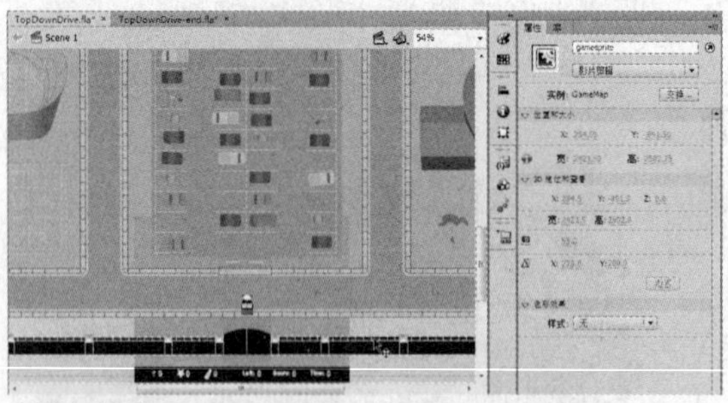

命名实例

5 放大舞台的下方画面，从左到右依次将文本框命名为onboard1、onboard2、onboard3、numLeft、scoreDisplay和timeDisplay。

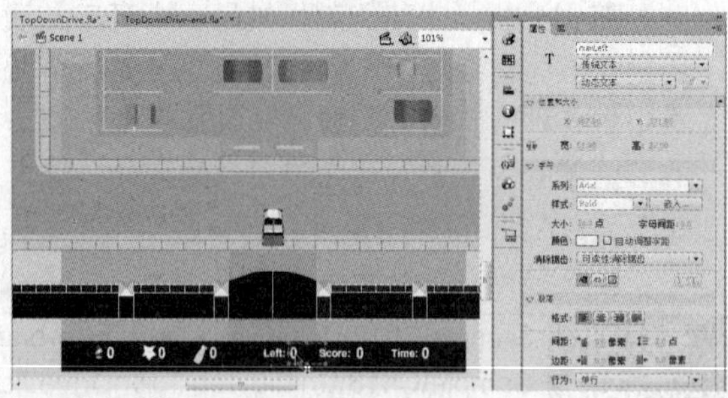

命名文本框

6 将Label层的第2帧命名为play，然后按下F9键，打开动作面板，输入动作代码。

```
//运行startTopDownDrive()主函数
startTopDownDrive();
```

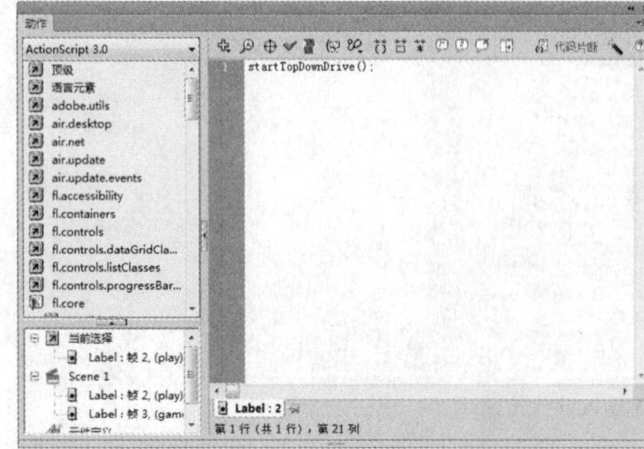

输入动作代码

7 第3帧为动画的结束画面，首先将舞台上的文本框命名为finalMessage。

命名文本框

8 选中Play Again按钮，并将其命名为play-AgainButton。

命名按钮

9 将Label层的第3帧命名为gameover，然后按下F9键，打开动作面板，输入动作代码。

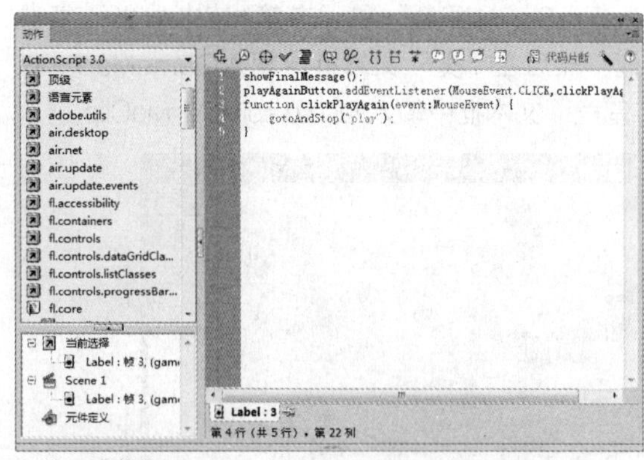

输入动作代码

```
//运行显示最终信息的showFinalMessage()函数
showFinalMessage();
//为playAgain按钮添加鼠标监听事件
playAgainButton.addEventListener
(MouseEvent.C LICK,clickPlayAgain);
//点击鼠标后
function clickPlayAgain(event:MouseEve
nt) {
    //跳转并停止在play帧
     gotoAndStop("play");
}
```

10 按下快捷键Ctrl+L，打开“库”面板。双击GameMap元件，进入编辑界面。将汽车实例命名为car，地图右上角宝箱命名为Trashcan1，地图左上角宝箱命名为Trashcan2，地图左下角宝箱命名为Trashcan3。

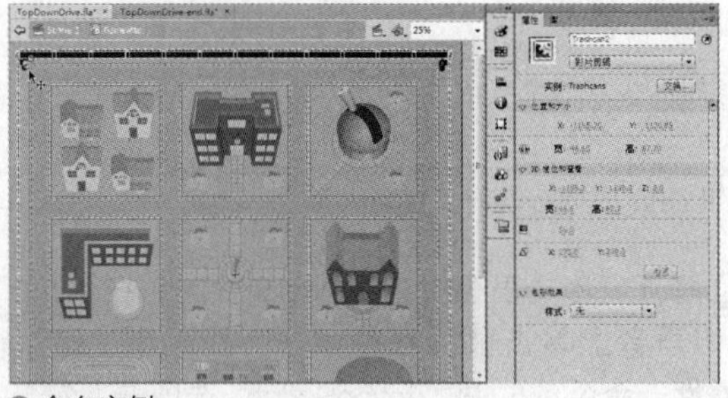
命名实例

11 在“库”面板BasicButton元件上右击，在快捷菜单中选择“属性”命令，在弹出的对话框中打开“高级”选项，勾选“为ActionScript导出”和“在第1帧中导出”复选框，在“类”文本框中输入BasicButton，在“基类”文本框中输入flash.display. Simple Button。

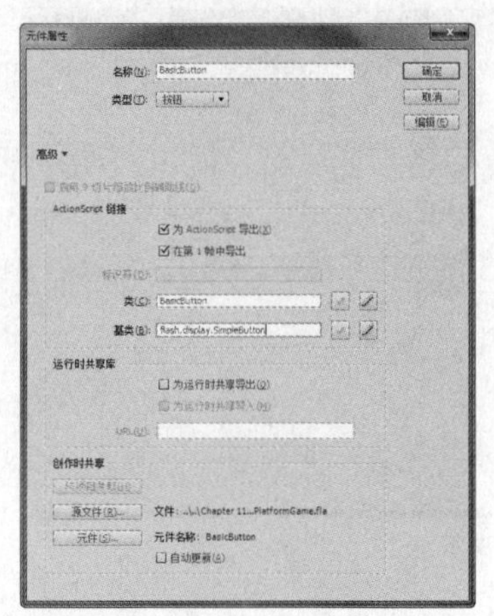
设置BasicButton元件属性

12 在“库”面板的Block元件上单击鼠标右键，在快捷菜单中选择“属性”命令，勾选“为Action-Script导出”和“在第1帧中导出”复选框，然后在“类”文本框中输入Block，在“基类”文本框中输入flash.display.MovieClip。

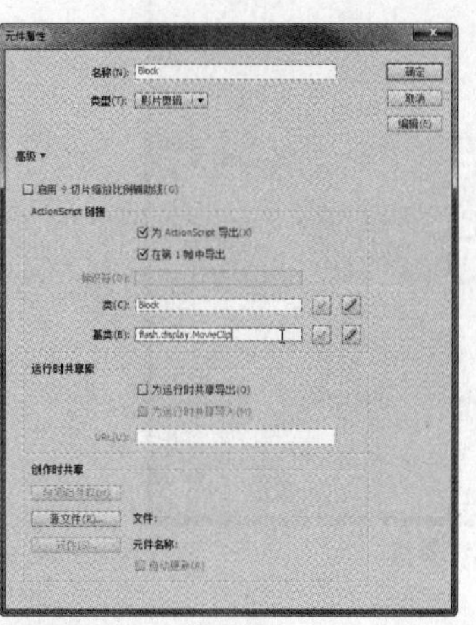
设置Block元件属性

13 在“库”面板的GameMap元件上单击鼠标右键，在快捷菜单中选择“属性”命令，勾选“为ActionScript导出”和“在第1帧中导出”复选框，然后在“类”文本框中输入GameMap，在“基类”文本框中输入flash.display.MovieClip。

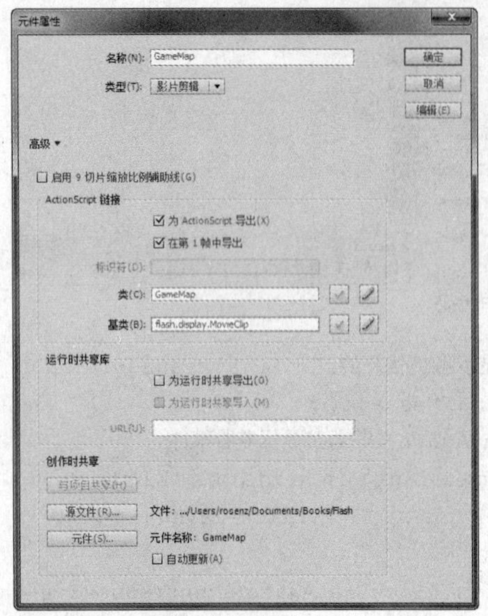

△ 设置GameMap元件属性

14 在“库”面板的Trashcans元件上单击鼠标右键，在快捷菜单中选择“属性”命令，勾选“为ActionScript导出”和“在第1帧中导出”复选框，然后在“类”文本框中输入Trashcans，在“基类”文本框中输入flash.display.MovieClip。

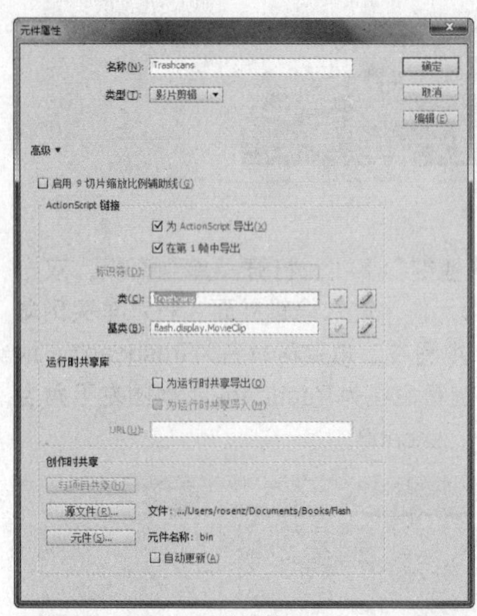

△ 设置BasicButton元件属性

15 在“库”面板的TrashObject元件上单击鼠标右键，在快捷菜单中选择“属性”命令，勾选“为ActionScript导出”和“在第1帧中导出”复选框，然后在“类”文本框中输入TrashObject，在“基类”文本框中输入flash.display.MovieClip。

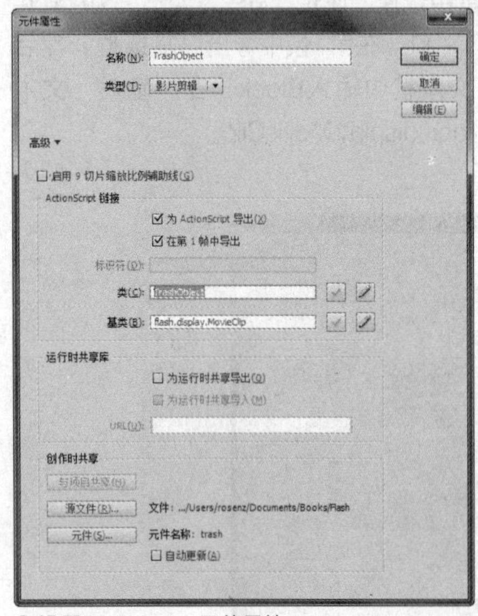

△ 设置BasicButton元件属性

16 打开“库”面板中的Sound文件夹，在dump.aiff声音上单击鼠标右键，在快捷菜单中选择“属性”命令，单击“ActionScript”选项卡，勾选“为ActionScript导出”和“在第1帧中导出”复选框，然后在“类”文本框中输入DumpSound，在“基类”文本框中输入flash.media.Sound。

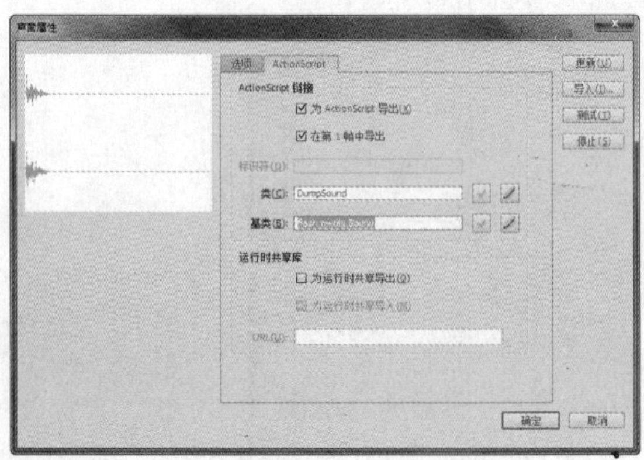

△ 设置dump.aiff声音属性

17 打开"库"面板中的Sound文件夹，在full.aiff声音上单击鼠标右键，在快捷菜单中选择"属性"命令，单击"ActionScript"选项卡，勾选"为ActionScript导出"和"在第1帧中导出"复选框，然后在"类"文本框中输入FullSound，在"基类"文本框中输入flash.media.Sound。

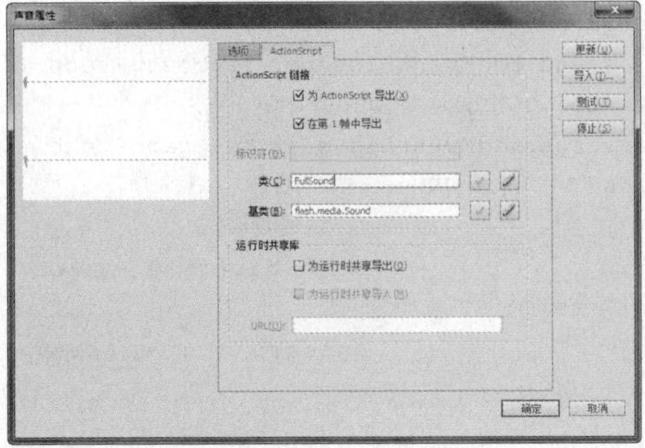

△ 设置full.aiff声音属性

18 打开"库"面板中的Sound文件夹，在gotone.aiff声音上单击鼠标右键，在快捷菜单中选择"属性"命令，单击"ActionScript"选项卡，勾选"为ActionScript导出"和"在第1帧中导出"复选框，然后在"类"文本框中输入GotOneSound，在"基类"文本框中输入flash.media.Sound。

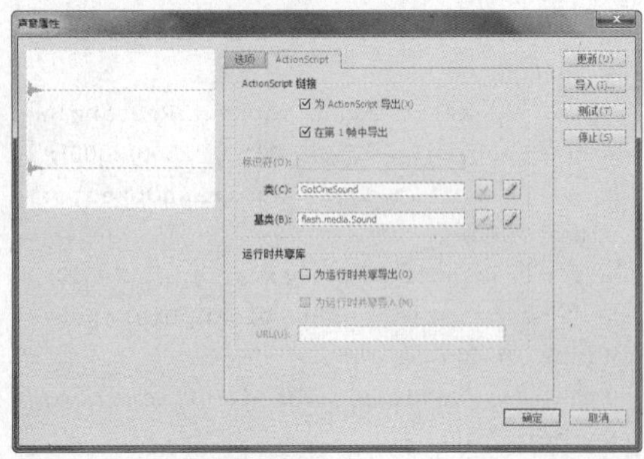

△ 设置gotone.aiff声音属性

19 打开"库"面板中的Sound文件夹，在horn.aiff声音上单击鼠标右键，在快捷菜单中选择"属性"命令，单击"ActionScript"选项卡，勾选"为ActionScript导出"和"在第1帧中导出"复选框，然后在"类"文本框中输入HornSound，在"基类"文本框中输入flash.media.Sound。

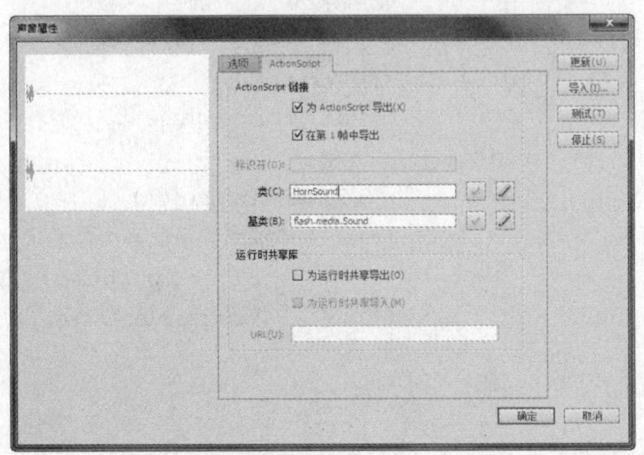

△ 设置horn.aiff声音属性

20 取消选择任何一个舞台中的对象，单击属性面板"类"文本框后的"编辑类定义"按钮，在弹出的"创建ActionScript 3.0类"对话框中输入TopDownDrive。

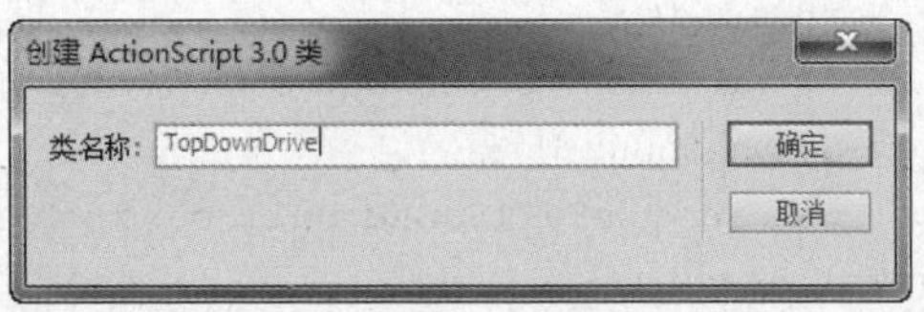

△ "创建ActionScript 3.0类"对话框

21 单击"确定"按钮后，按下快捷键Ctrl+S，在打开的对话框中将脚本保存为TopDownDrive.as，然后开始编辑脚本代码，将默认的代码删除，然后输入如下代码（省去注释部分）。

```
//声明包位置
package {
    //导入各类必要对象
     import flash.display.*;
     import flash.events.*;
     import flash.text.*;
     import flash.geom.*;
     import flash.utils.getTimer;
     import flash.media.Sound;
     import flash.media.SoundChannel;
```

```
    //声明TopDownDrive类
    public class TopDownDrive extends
MovieClip {
        // 声明常量
        static const speed:Number = .3;
        static const turnSpeed:Number
= .2;
        static const carSize:Number
= 50;
        static const mapRect:Rectangle
= new Rectangle(-1150, -1150, 2300,2300);
        static const numTrashObjects:
uint = 100;
        static const maxCarry:uint = 10;
        static const pickupDistance:
Number = 30;
        static const dropDistance:
Number = 40;
        // 声明对象
        private var blocks:Array;
        private var trashObjects:Array;
        private var trashcans:Array;
        // 声明变量
        private var arrowLeft,
arrowRight, arrowUp, arrowDown:Boolean;
        private var lastTime:int;
        private var gameStartTime:int;
        private var onboard:Array;
        private var totalTrashObjects:int;
        private var score:int;
        private var lastObject:Object;
        // 建立声音对象
        var theHornSound:HornSound =
new HornSound();
        var theGotOneSound:GotOneSound
= new GotOneSound();
        var theFullSound:FullSound =
new FullSound();
        var theDumpSound:DumpSound =
new DumpSound();
        public function startTopDown
Drive() {
                // 获取阻挡
                findBlocks();
                // 放置"宝物"
                placeTrash();
                // 设置"宝物"
                trashcans = new Array
(gamesprite.Trashcan1,gamesprite.Tras-
hcan2,gamesprite.Trashcan3);
                // 确认汽车位于顶层
gamesprite.setChildIndex(gamesprite.
car,gamesprite.numChildren-1);
                // 添加监听器
this.addEventListener(Event.ENTER _
FRAME,gameLoop);
stage.addEventListener(KeyboardEvent.
KEY _ DOWN,keyDownFunction);
stage.addEventListener(KeyboardEvent.
KEY _ UP,keyUpFunction);
                // 设置变量
                gameStartTime = get
Timer();
                onboard = new Array
(0,0,0);
                totalTrashObjects = 0;
                score = 0;
                centerMap();
                showScore();
                //播放声音
              playSound(theHornSound);
            }
            // 找到所有阻挡对象
            public function findBlocks() {
                blocks = new Array();
                for(var i=0;i<game-
sprite.numChildren;i++) {
                var mc = gamesprite.
getChildAt(i);
                if (mc is Block) {
                    //添加到数组使其不可见
                        blocks.push(mc);
                        mc.visible=false;
                }
            }
        }
        // 创建随机"宝物"对象
        public function placeTrash() {
            trashObjects = new Array();
            for(var i:int=0;i<numTrash-
Objects;i++) {
                // 永远循环
                while (true) {
                // 随机位置
                var x:Number = Math.
floor(Math.random()*mapRect.width)
```

```
+mapRect.x;
                var y:Number = Math.
floor (Math. random()*mapRect.height)
+mapRect.y;
                // 检查所有的阻挡
                var isOnBlock:Boolean =
false;
                for(var j:int=0;j<blo-
cks.length;j++) {
                    if (blocks[j].
hitTestPoint(x+gamesprite.x,y+gamesprite.
y)) {
                        isOnBlock =
true;
                        break;
                    }
                }
                if (!isOnBlock) {
                    var newObject:
TrashObject = new TrashObject();
                    newObject.x = x;
                    newObject.y = y;
newObject.gotoAndStop(Math.floor(Math.
random()*3)+1);
gamesprite.addChild(newObject);
trashObjects.push(newObject);
                    break;
                }
            }
        }
    }
    // 根据键盘的不同按键作出不同的反应
    public function keyDownFunction(ev
ent:KeyboardEvent) {
        if (event.keyCode == 37) {
            arrowLeft = true;
        }else if (event.keyCode == 39){
            arrowRight = true;
        }else if (event.keyCode == 38){
            arrowUp = true;
        }else if (event.keyCode == 40){
            arrowDown = true;
        }
    }
    public function keyUpFunction(even
t:KeyboardEvent) {
        if (event.keyCode == 37) {
            arrowLeft = false;
        }else if (event.keyCode == 39){
            arrowRight = false;
        }else if (event.keyCode == 38){
            arrowUp = false;
        }else if (event.keyCode == 40){
            arrowDown = false;
        }
    }
    // 主游戏代码
    public function gameLoop(event:
Event) {
        // 计算经过的时间
        if (lastTime == 0) lastTime =
getTimer();
        var timeDiff:int = getTimer()-
lastTime;
        lastTime += timeDiff;
        // 向左或右旋转
        if (arrowLeft) {
            rotateCar(timeDiff,"left");
        }
        if (arrowRight) {
            rotateCar(timeDiff,
"right");
        }
        // 移动汽车
        if (arrowUp) {
            moveCar(timeDiff);
            centerMap();
            checkCollisions();
        }
        // 更新时间并判断是否结束
        showTime();
    }
    // 确认汽车位于屏幕的中心
    public function centerMap() {
        gamesprite.x = -gamesprite.
car.x + 275;
        gamesprite.y = -gamesprite.
car.y + 200;
    }
    public function rotateCar(timeDiff:
Number, direction:String) {
        if (direction == "left") {
            gamesprite.car.rotation
-= turnSpeed*timeDiff;
        }else if (direction == "right"){
            gamesprite.car.rotation
```

```
+= turnSpeed*timeDiff;
        }
    }
    // 向前移动汽车
    public function moveCar(timeDiff:
Number) {
        // 计算当前汽车的区域
        var carRect = new Rectangle
(gamesprite.car.x-carSize/2, gamesprite.
car.y-carSize/2, carSize, carSize);
        // 计算新汽车的区域
        var newCarRect = carRect.
clone();
        var carAngle:Number =
(gamesprite.car.rotation/360)*(2.0*Math.
PI);
        var dx:Number = Math.cos(car
Angle);
        var dy:Number = Math.sin(car
Angle);
        newCarRect.x += dx*speed*time
Diff;
        newCarRect.y += dy*speed*time
Diff;
        // 计算新位置
        var newX:Number = gamesprite.
car.x + dx*speed*timeDiff;
        var newY:Number = gamesprite.
car.y + dy*speed*timeDiff;
        // 遍历阻挡并检测碰撞
        for(var i:int=0;i<blocks.
length;i++) {
            // 获得阻挡矩形，判断是否存
在碰撞
            var blockRect:Rectangle
= blocks[i].getRect(gamesprite);
            if (blockRect.inter-
sects(newCarRect)) {
                // 水平推进
                if (carRect.
right <= blockRect.left) {
                    newX +=
blockRect.left - newCarRect.right;
                } else if
(carRect.left >= blockRect.right) {
                    newX +=
blockRect.right - newCarRect.left;
                }
                // 垂直推进
                if (carRect.top
>= blockRect.bottom) {
                    newY += bl-
ockRect.bottom-newCarRect.top;
                } else if (car
Rect.bottom <= blockRect.top) {
                    newY +=
blockRect.top - newCarRect.bottom;
                }
            }
        }
        // 检测双方碰撞
        if ((newCarRect.right >
mapRect.right) && (carRect.right <=
mapRect.right)) {
            newX += mapRect.right -
newCarRect.right;
        }
        if ((newCarRect.left <
mapRect.left) && (carRect.left >=
mapRect.left)) {
            newX += mapRect.left -
newCarRect.left;
        }
        if ((newCarRect.top < mapRect.
top) && (carRect.top >= mapRect.top)) {
            newY += mapRect.top-
newCarRect.top;
        }
        if ((newCarRect.bottom >
mapRect.bottom) && (carRect.bottom <=
mapRect.bottom)) {
            newY += mapRect.bottom
- newCarRect.bottom;
        }
        // 设置新的汽车位置
        gamesprite.car.x = newX;
        gamesprite.car.y = newY;
    }
    // 汽车左转或右转，检测"宝物"的碰撞
    public function checkCollisions() {
        //遍历"宝物"
        for(var i:int=trashObjects.
length-1;i>=0;i--) {
            //判断是否足够近获取"宝物"
            if (Point.distance(new
Point(gamesprite.car.x,gamesprite.
```

```
car.y), new Point(trashObjects[i].x,
trashObjects[i].y)) < pickupDistance) {
                        //判断是否存在空间
                        if (totalTrash-
Objects < maxCarry) {
                            //获取"宝物"
对象
onboard[trashObjects[i].currentFrame-1]++;
gamesprite.removeChild(trashObjects[i]);
trashObjects.splice(i,1);
                            showScore();
playSound(theGotOneSound);
                        } else if
(trashObjects[i] != lastObject) {
    playSound(theFullSound);
                        lastObject =
trashObjects[i];
                    }
                }
            }
            // 如果接近宝箱则放下"宝物"
            for(i=0;i<trashcans.length;
i++) {
                // 判断是否足够近
                if (Point.distance(new
Point(gamesprite.car.x,gamesprite.
car.y), new Point(trashcans[i].x,
trashcans[i].y)) < dropDistance) {
                        // 判断是否游戏者
带有和宝箱相同类型的"宝物"
                        if(onboard[i] >
0) {
                            //放下"宝物"
                            score +=
onboard[i];
                            onboard[i]
=0;
                            showScore();
playSound(theDumpSound);
                            // 判断是否
放下全部的"宝物"
                            if (score
>= numTrashObjects) {
                                endGame();
                                break;
                            }
                        }
                }
        }
    }
    // 更新显示时间
    public function showTime() {
        var gameTime:int = getTimer
()-gameStartTime;
        timeDisplay.text = clockTime
(gameTime);
    }
    // 转换时间格式
    public function clockTime(ms:int):
String {
        var seconds:int = Math.floor
(ms/1000);
        var minutes:int = Math.floor
(seconds/60);
        seconds -= minutes*60;
        var timeString:String =
minutes+":"+String(seconds+100).substr(1,2);
        return timeString;
    }
    // 更新分数
    public function showScore() {
        // 设置每一个"宝物"数量,并累计
        totalTrashObjects = 0;
        for(var i:int=0;i<3;i++) {
            this["onboard"+(i+1)].
text = String(onboard[i]);
            totalTrashObjects +=
onboard[i];
        }
        // 根据是否已满,设置不同的颜色
        for(i=0;i<3;i++) {
            if (totalTrashObjects
>= 10) {
this["onboard"+(i+1)].textColor =
0xFF0000;
            } else {
this["onboard"+(i+1)].textColor =
0xFFFFFF;
            }
        }
        // 设置剩余数量和时间
        numLeft.text = String(trash
Objects.length);
        scoreDisplay.text = String
(score);
    }
```

```
    // 游戏结束，删除监听器
    public function endGame() {
          blocks = null;
          trashObjects = null;
          trashcans = null;
this.removeEventListener(Event.
ENTER_FRAME,gameLoop);
stage.removeEventListener(KeyboardEve
nt.KEY_
DOWN,keyDownFunction);
stage.removeEventListener(KeyboardEve
nt.KEY_UP,keyUpFunction);
          //跳转并停止在gameover帧
          gotoAndStop("gameover");
    }
    // 在最终屏幕显示时间
    public function showFinalMessage()
{
          showTime();
          var finalDisplay:String = "";
          finalDisplay += "Time:
"+timeDisplay.text+"\n";
          finalMessage.text = finalDisplay;
    }
    public function playSound(sound
Object:Object) {
          var channel:SoundChannel =
soundObject.play();
    }
  }
}
```

22 按下快捷键Ctrl+Enter测试动画，即可查看寻宝快车游戏的效果。游戏主要分为3个画面，首先是起始画面，其次是游戏进程画面，最后为游戏结束画面。

△ 游戏的起始画面

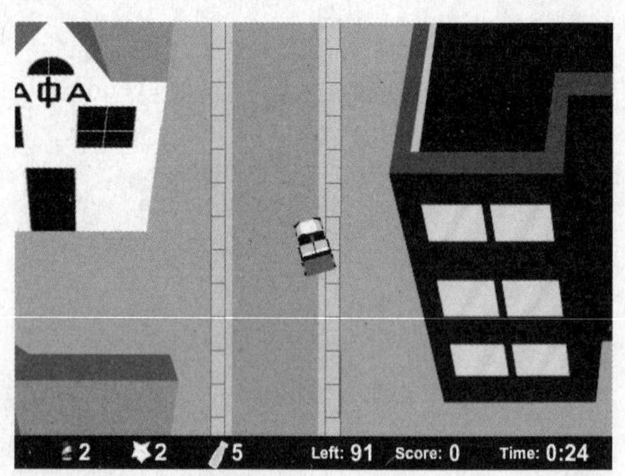

△ 游戏结束画面

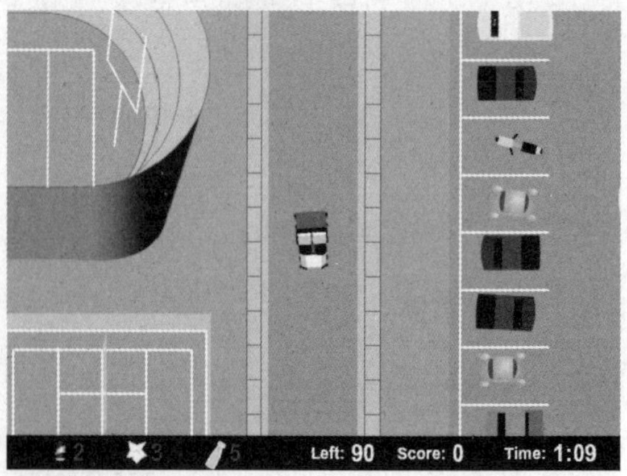

△ 游戏进程画面

附 录

附录一
Flash CS6 ActionScript 3.0语法参考

附录二
Flash Q&A问答

附录一 Flash CS6 ActionScript 3.0语法参考

本附录提供了Flash CS6中，ActionScript 3.0语言中所支持元素的语法和用法信息。

包

Flash Player API类位于flash.*包中，是指Flash包中的所有包、类、函数、属性、常量、事件和错误。Flash Player API是Flash Player所特有的，与基于ECMAScript的顶级类（如Date、Math和XML）或语言元素相反。Flash Player API中包含面向对象的编程语言中所具有的功能，如用于geometry类的flash.geom包，以及特定于丰富Internet应用程序的需要的功能，又如用于表现手法的flash.filters包和用于处理与服务器之间的数据传送的flash.net包等。

包	说　明	包	说　明
顶级	顶级中包含核心ActionScript类和全局函数	fl.core	fl.core包中包含与所有组件有关的类
adobe.utils	adobe.utils包中包含供Flash创作工具开发人员使用的函数和类	fl.data	fl.data包中包含处理与组件关联的数据的类
air. desktop	air.desktop 包中包含 URLFilePromise类，允许使用从AIR应用程序拖至桌面的远程文件	fl. events	fl.events包中包含了特定于组件的事件类
air.net	air.net包中包含用于网络检测的类。此包仅对在AIR运行时中运行的内容可用	fl.ik	fl.ik包中包含与Flash CS4中创建的反向运动 (IK) 骨架交互的方法和类
air. update	air.update包中包含用于更新AIR应用程序的类。此包仅对在AIR运行时中运行的内容可用	fl.lang	fl.lang包中包含支持多语言文本的 Locale类
air. update. events	air.update.events包中包含用于定义AIR 应用程序更新框架所使用事件的类。此包仅对在AIR运行时中运行的内容可用	fl. livepreview	fl.livepreview包中包含特定于组件在Flash创作环境中的、实时预览行为的类
fl.accessibility	fl.accessibility包中包含支持 Flash 组件中的辅助功能的类	fl.managers	fl.managers包中包含管理组件和用户之间关系的类
fl.containers	fl.containers包中包含加载内容或其他组件的类	fl. motion	fl.motion包中包含用于定义补间动画的函数和类
fl.controls	fl.controls包中包含顶级组件类，如List、Button 和 ProgressBar	fl.motion. easing	fl.motion.easing包中包含可与 fl.motion类一起用来创建缓动效果的类
fl.controls. dataGridClasses	fl.controls.dataGridClasses包中包含DataGrid组件用于维护和显示信息的类	fl.rsl	fl.rsl包中包含下载 RSL（运行时共享库）所涉及的类
fl.controls. listClasses	fl.controls.listClasses 包中包含 list 组件中用于维护和显示数据的类	fl.text	fl.text包中包含在Flash Professional中使用文本布局框架（TLF）所需的类
fl.controls. progressBarClasses	fl.controls.progressBarClasses 包中包含特定于 ProgressBar组件的类	fl.transitions	fl.transitions包中包含一些类，可用ActionScript 通过它们来创建动画效果
fl. transitions. easing	fl.transitions.easing包中包含可与fl.transitions类一起用来创建缓动效果的类	flash. net. dns	flash.net.dns包中包含用于使用域名系统（DNS）资源（包括 Internet协议IP地址）的类

（续表）

包	说　明	包	说　明
fl.video	fl.video包中包含用于处理FLVPlayback和 FLVPlaybackCaptioning组件的类	flash.net.drm	flash.net.drm 包中包含用于处理受DRM 保护的内容的类。此包仅对在AIR 运行时中运行的内容可用
flash.accessibility	flash.accessibility包中包含用于支持Flash内容和应用程序中的辅助功能的类	flash. printing	flash.printing包中包含用于打印基于Flash的内容的类
flash. data	flash.data包中包含用于使用 Adobe AIR本地SQL数据库的类	flash. profile	flash.profile包中包含用于调试和概要分析 ActionScript 代码的函数
flash. desktop	flash.desktop 包中包含用于复制并粘贴操作和拖放操作的类，以及用于定义由文件使用的系统图标的 Icon 类	flash. sampler	flash.sampler 包中包含用于跟踪过程调用的方法和类，使用户可以概要分析内存使用和优化应用程序
flash. display	flash.display包中包含Flash运行时用于生成可视显示内容的核心类	flash. security	flash.security 包中包含用于验证 XML 签名的类。此包仅对在AIR运行时中运行的内容可用
flash. errors	flash.errors包中包含一组常用错误类	flash. sensors	flash.sensors 包中包含用于处理支持GPS 并响应动画的移动设备的类
flash. events	flash.events包支持新的DOM事件模型，并包含 EventDispatcher基类	flash. system	flash.system包中包含用于访问系统级功能（例如安全、多语言内容等）的类
flash. external	flash.external包中包含ExternalInterface类，该类用于支持在ActionScript和 SWF内容的容器之间进行通信	flash.text	flash.text 包中包含用于处理文本字段、文本格式、文本度量、样式表以及布局的类
flash. filesystem	flash.filesystem包中包含用于访问文件系统的类。此包仅对在AIR运行时中运行的内容可用	flash. text. engine	FTE提供对文本度量、格式设置和双向文本的复杂控制的低级别支持。尽管可以使用FTE创建和管理简单的文本元素，但设计FTE的主要目的是为开发人员创建文本处理组件提供基础
flash. filters	flash.filters包中包含可产生位图滤镜效果的类	flash. text. ime	flash.text.ime包为自行提供文本编辑工具的应用程序提供非罗马文本的内联编辑支持。对于实现与FTE（flash.text.engine包）配合使用的输入法编辑器 (IME) 的应用程序，此支持特别有帮助
flash. geom	flash.geom包中包含几何图形类（如点、矩形和转换矩阵）以支持 BitmapData 类和位图缓存功能	flash.ui	flash.ui包中包含用户界面类，如用于与鼠标和键盘交互的类
flash. globalization	flash.globalization包中的类提供特定于语言和地区 / 国家的功能，用于对字符串进行比较和排序，转换字符串的大小写，设置日期、时间、数字和货币的格式，以及解析数字和货币	flash. utils	flash.utils包中包含实用程序类，如ByteArray等数据结构
flash. html	flash.html包中包含用于在 AIR 应用程序中包含HTML内容的类。此包仅对在 AIR 运行时中运行的内容可用	flash.xml	flash.xml包中包含 Flash Player 的旧XML 支持以及其他特定于 Flash Player 的 XML 功能
flash. media	flash.media包中包含用于处理声音和视频等多媒体资源的类	flashx. textLayout. events	flashx.textLayout.events 包中包含文本布局框架的事件类
flash. net	flash.net包中包含用于通过网络（如URL下载和 Flash Remoting）发送和接收的类	flashx. textLayout. factory	flashx.textLayout.factory 包中包含用于在文本布局框架中编排和显示只读文本的类

（续表）

包	说　明	包	说　明
flashx. textLayout.compose	flashx.textLayout.compose 包中包含用于将文本分成多行并在容器中排列各行的类	flashx. textLayout.formats	flashx.textLayout.formats包中包含用于在文本布局框架中表示文本格式设置的类
flashx. textLayout.	flashx.textLayout.container包中包含用于在文本布局框架中显示文本的类	flashx. textLayout.operations	flashx.textLayout.operations包中包含对文本布局框架中文本所应用的编辑操作的类
flashx. textLayout.conversion	flashx.textLayout.conversion包中包含用于将文本导入TextFlow 对象或从TextFlow 对象导出文本的类	flashx. textLayout.utils	flashx.textLayout.utils包中包含文本布局框架的实用程序类
flashx. textLayout.edit	flashx.textLayout.edit包中包含用于在文本布局框架中编辑文本的类	flashx. undo	flashx.undo包中包含用于管理编辑操作历史记录的类
flashx. textLayout.elements	flashx.textLayout.elements 包中包含用于在文本布局框架中表示文本内容的核心类		

类

ActionScript 3.0类中包括属于ActionScript特定类（与属于全局函数或属性的相对）的方法、属性，以及事件处理函数和侦听器的语法、用法信息和代码示例。以下按照字母顺序列出这些类。

类	包	说　明
Accelerometer	flash.sensors	Accelerometer 类根据由设备的运动传感器所检测到的活动来调度事件
AccelerometerEvent	flash.events	当从安装在设备上的加速计传感器获得加速更新时，Accelerometer 类调度 AccelerometerEvent 对象
Accessibility	flash.accessibility	Accessibility 类管理与屏幕阅读器之间的通讯
AccessibilityImplementation	flash.accessibility	AccessibilityImplementation类是FlashPlay中的基类，可以实现组件中的辅助功能
AccessibilityProperties	flash.accessibility	利用该类可控制Flash对象辅助功能（如屏幕阅读器）演示
AccImpl	fl.accessibility	AccImpl类（也称为Accessibility Implementation类）是用于在组件中实现辅助功能的基类
ActionScriptVersion	flash.display	ActionScriptVersion类是表示已加载SWF文件的语言版本的常量值枚举
ActivityEvent	flash.events	每次摄像头或麦克风报告其变为活动或非活动状态时，Camera或Microphone对象即会调度ActivityEvent对象
AdjustColor	fl.motion	AdjustColor类定义不同的颜色属性（例 如 brightness、contrast、huc和saturation），以便支持ColorMatrixFilter类
Animator	fl.motion	Animator 类将补间动画的 XML 说明应用于显示对象
Animator3D	fl.motion	Animator3D类将三维补间动画的XML说明应用于显示对象
AnimatorBase	fl.motion	AnimatorBase类将补间动画的XML说明应用于显示对象
AnimatorFactory	fl.motion	AnimatorFactory类提供基于 ActionScript 的支持，以将一个Motion对象与多个显示对象相关联
AnimatorFactory3D	fl.motion	AnimatorFactory3D类提供基于ActionScript的支持，以将一个包含三维属性的Motion对象与多个显示对象相关联
AnimatorFactoryBase	fl.motion	AnimatorFactoryBase类提供基于ActionScript的支持，以在运行时显示多个目标对象并用一个Motion动态地对它们进行补间

（续表）

类	包	说　明
AnimatorFactoryUniversa	fl.motion	AnimatorFactoryUniversal 类提供基于ActionScript的支持，以将一个Motion对象与多个显示对象关联
AnimatorUniversal	fl.motion	AnimatorUniversal类将二维或三维动画的 ActionScript 描述应用到显示对象
AntiAliasType	flash.text	AntiAliasType类为flash.text.TextField类中的消除锯齿提供值
ApplicationDomain	flash.system	ApplicationDomain 类是分散的类定义组的一个容器
ApplyElementIDOperation	flashx.textLayout.operations	ChangeElementIDOperation 类封装元素 ID 更改
ApplyElementStyleNameOperation	flashx.textLayout.operations	ApplyElementStyleNameOperation类封装样式名称更改
ApplyElementUser	flashx.textLayout.oper ations	ApplyElementUserStyleOperation类封装元素样式值的更改
ApplyFormatOperation	flashx.textLayout.operations	ApplyFormatOperation 类封装样式更改
ApplyFormatToElementOperation	flashx.textLayout.operations	ApplyFormatToElementOperation类封装对元素的样式更改
ApplyLinkOperation	flashx.textLayout.operations	ApplyLinkOperation 类封装链接创建或修改操作
ApplyTCYOperation	flashx. textLayout.operations	ApplyTCYOperation 类封装 TCY 转换
ArgumentError	顶级	ArgumentError 类表示一种错误，如果函数提供的参数与为该函数定义的参数不一致，则会出现该错误
arguments	顶级	用于存储和访问函数参数的参数对象
Array	顶级	使用Array类可以访问和操作数组
AsyncErrorEvent	flash.events	在从本机异步代码中引发异常时（例如，可能从 LocalConnection、NetConnection、SharedObject或NetStream 引发），对象将调度 AsyncErrorEvent
AuthenticationMethod	flash.net. drm	AuthenticationMethod 类提供一些字符串常量，用于枚举 DRMContentData 类的 authenticationMethod 属性所使用的各种类型的身份验证
AutoLayoutEvent	fl.video	当自动调整视频播放器大小并进行布置时，Flash® Player会调度 AutoLayoutEvent 对象
AVM1Movie	flash. display	AVM1Movie是表示使用ActionScript 1.0或2.0的 AVM1影片剪辑的简单类
Back	fl.motion. easing	Back类可以定义3个缓动函数，以便实现具有ActionScript 动画的运动
Back	fl.transitions. easing	Back类可以定义3个缓动函数，以便实现具有ActionScript 动画的运动
BackgroundColor	flashx. textLayout.formats	定义一个常量，用于指定 TextLayoutFormat 类的 backgroundColor 属性值为transparent
BaseButton	fl. controls	BaseButton 类是所有按钮组件的基类，用于定义所有按钮的通用属性和方法
BaselineOffset	flashx. textLayout.formats	定义TextLayoutFormat 和 ContainerFormattedElement类的 firstBaselineOffset 属性值
BaselineShift	flashx. textLayout.formats	定义常量，用于在 TextLayoutFormat 类的 baselineShift 属性中指定下标或上标
BaseScrollPane	fl.containers	BaseScrollPane 类处理基本的滚动窗格功能，包括事件、 设置样式、绘制蒙版和背景、滚动条的布局以及滚动位置的处理

（续表）

类	包	说　明
BevelFilter	flash. filters	可使用 BevelFilter 类对显示对象添加斜角效果
BezierEase	fl.motion	BezierEase 类为两个关键帧之间的补间动画提供精确的缓动控件
BezierSegment	fl.motion	一个贝塞尔曲线段包含4个Point 对象，这些对象定义单条3次贝塞尔曲线
BitmapData	flash. display	Bitmap 类表示用于表示位图图像的显示对象
BitmapDataChannel	flash. display	使用 BitmapData 类可以处理 Bitmap 对象的位图图像的数据（像素）
BitmapDataChannel	flash. display	BitmapDataChannel类是常数值枚举，指示要使用的通道：红色通道、蓝色通道、绿色通道或Alpha透明度通道
BitmapFilter	flash. filters	BitmapFilter 类是所有图像滤镜效果的基类
BitmapFilterQuality	flash. filters	BitmapFilterQuality类中包含的值用于设置BitmapFilter对象的呈现品质
BitmapFilterType	flash.	BitmapFilterType 类中包含的值可用于设置BitmapFilter的类型
BlendMode	flash. display	提供混合模式可视效果的常量值的类
Blinds	fl.transitions	Blinds类使用逐渐消失或逐渐出现的矩形来显示影片剪辑对象
BlockProgression	flashx. textLayout. formats	为 TextLayoutFormat 类的 blockProgression属性定义值
BlurFilter	flash. filters	可使用 BlurFilter 类将模糊视觉效果应用于显示对象
Boolean	顶级	Boolean对象是一种数据类型，其值为true或 false（用于进行逻辑运算）
Bounce	fl.motion. easing	Bounce类可以定义3个缓动函数，以便实现具有 Action-Script 动画的跳动，类似一个球落向地板又弹起后，几次逐渐减小的回弹运动
Bounce	fl.transitions. easing	Bounce类可以定义3个缓动函数，以便实现具有 Action-Script 动画的跳动，类似一个球落向地板又弹起后，几次 逐渐减小的回弹运动
BreakElement	flashx. textLayout. element	BreakElement 类定义换行，用于在文本中创建换行而不会创建新段落
BreakOpportunity	flash. text.engin	BreakOpportunity 类是可用于设置 ElementFormat 类的 breakOpportunity 属性的常量值的枚举
Button	fl.controls	Button 组件表示常用的矩形按钮
ButtonAccImpl	fl.accessibility	ButtonAccImpl类（也称为Button Accessibility Imple-mentation 类）可实现 Button组件与屏幕读取器之间的通讯
ButtonLabelPlacement	fl.controls	ButtonLabelPlacement 类可定义 Button、CheckBox 或 RadioButton 组件的 labelPlacement 属性值的常量
ByteArray	flash. utils	ByteArray类提供用于优化读取、写入以及处理二进制数据的方法和属性
Camera	flash. media	使用Camera类从客户端系统的摄像头捕获视频
Capabilities	flash. system	Capabilities 类提供一些属性，这些属性描述了承载应用程序的系统和运行时
CapsStyle	flash. display	CapsStyle类是可指定在绘制线条中使用的端点样式的常量值枚举
CaptionChangeEvent	fl.video	每当添加字幕或从字幕目标文本字段中删除字幕时调度 CaptionChangeEvent

（续表）

类	包	说　明
CaptionTargetEvent	fl. video	自动创建 captionTargetCreated 事件后，在向其添加任何字幕前，调度的 captionTargetCreated 事件的类
CellRenderer	fl.controls.list Classes	CellRenderer类定义基于列表的组件的方法和属性，以用来处理和显示每一行的自定义单元格内容
CFFHinting	flash. text.engin	CFFHinting类为FontDescr iption类中的 cff 提示定义值
CharacterUtil	flashx. textLayout.uti	用于管理和获取字符相关信息的实用程序
CheckBox	fl.controls	CheckBox 组件显示一个可以包含复选标记的小方框
CheckBoxAccImpl	fl.accessibility	CheckBoxAccImpl 类（也称为 CheckBox Accessibility Implementation 类）用于使 CheckBox 组件具备辅助功能
Circular	fl.motion. easing	Circular类可以定义3个缓动函数，以便实现具有 Action-Script 动画的运动
Class	顶级	为程序中的每个类定义创建一个 Class 对象
ClearFormatOnElem-entOperation	flashx. textLayout.	ClearFormatOnElementOperation类封装对元素的样式更改
ClearFormatOperation	flashx.textLayout. operations	ClearFormatOperation 类封装对格式取消定义的方式
Clipboard	flash.desktop	Clipboard 类提供用于通过剪贴板传输数据和对象的容器
ClipboardFormats	flash. desktop	ClipboardFormats 类定义一些常量，它们表示用于 Clip-board 类的标准数据格式的名称
ClipboardTransfer Mode	flash. desktop	ClipboardTransferMode类定义一些常量，它们表示用作 Clipboard.get Data()方法的 transferMode 参数值的模式
Collator	flash. globalizatio	Collator 类提供了受区域设置影响的字符串比较功能
CollatorMode	flash. globalization	CollatorMode 类枚举那些控制由 Collator 对象执行的字符串比较行为的常量值
Color	fl.motion	Color 类扩展了Flash Player的ColorTransform 类，增加了控制亮度和色调的功能
ColorCorrection	flash. display	ColorCorrection类可为flash.display.Stage.colorCorr-ection 属性提供值
ColorCorrection Support	flash. display	ColorCorrectionSupport 类可为 flash.display.Stage.color-CorrectionSupport 属性提供值
ColorMatrix	fl.motion	ColorMatrix 类根据给定的值计算和存储颜色矩阵
ColorMatrixFilter	flash. filter	使用 ColorMatrixFilter 类可以将 4 x 5 矩阵转换应用于输入图像上的每个像素的 RGBA 颜色和 Alpha 值，以生成具有一组新的 RGBA 颜色和 Alpha 值的结果
ColorPicker	fl. controls	ColorPicker组件将显示包含一个或多个样本的列表，用户可以从中选择颜色
ColorPickerEvent	fl. events	ColorPickerEvent类定义与ColorPicker组件关联的事件
ColorTransform	flash.geom	可使用ColorTransform 类调整显示对象的颜色值
ColumnState	flashx. textLayout. container	ColumnState类可使用容器宽度和容器属性计算列的大小和位置
ComboBox	fl.controls	ComboBox 组件包含一个下拉列表，用户可以从该列表中选择单个值
ComboBoxAccImpl	fl.accessibility	ComboBoxAccImpl类（也称为 ComboBox Accessibility-Implementation 类）用于使 ComboBox 组件具备辅助功能
ComponentEvent	fl.events	ComponentEvent类定义与UIComponent类关联的事件
CompositeOperation	flashx.textLayout. operations	CompositeOperation类封装作为一个单元管理的一组转换

（续表）

类	包	说　明
CompositionAttribu-teRange	flash. text.ime	CompositionAttributeRange类表示一系列与IME（输入法编辑器）事件配合使用的合成属性
CompositionComplete-Event	flashx. textLayout. events	TextFlow实例在合成操作完成后调度该事件
Configuration	flashx. textLayout. elements	Configuration类是文本布局框架与应用程序之间的一个主要集成点
ContainerController	flashx. textLayout. container	ContainerController类定义了TextFlow对象与容器之间的关系
ContainerFormatted-Element	flashx. textLayout. elements	ContainerFormattedElement是所有容器级别块元素（例如DivElement和TextFlow对象）的根类
ContentElement	flash. text.engine	ContentElement类用作可在GroupElement中显示的元素类型（即GraphicElement、另一个GroupElemen或TextElement）的基类
ContextMenu	flash.ui	通过 ContextMenu 类，可以控制上下文菜单中显示的项
ContextMenuBuiltInI-tems	flash.ui	ContextMenuBuiltInItems类描述内置于上下文菜单中的项
ContextMenuClipboa-rdItems	flash.ui	通过 ContextMenuClipboardItems 类，可以启用或禁用剪贴板上下文菜单中的命令
ContextMenuEvent	flash. events	当用户打开上下文菜单或与上下文菜单进行交互时，Inter-activeObject对象将调度ContextMenuEvent 对象
ContextMenuItem	flash.ui	ContextMenuItem 类表示上下文菜单中的项
ConversionType	flashx.textLayout. conversion	所导出文本的格式值
ConvolutionFilter	flash.filters	ConvolutionFilter 类应用矩阵卷积滤镜效果
CopyOperation	flashx.textLayout. operations	CopyOperation 类封装复制操作
CSMSettings	flash.text	CSMSettings 类所包含的一些属性可与 TextRenderer. set-AdvancedAntiAliasingTable()方法配合使用以提供连续笔触调制（CSM）
Cubic	fl.motion. easing	Cubic 类可以定义3个缓动函数，以便实现具有Action-Script 动画的运动
CuePointType	fl.video	CuePointType类为类型CUE_POINT的MetadataEvent实例的info对象上的type属性提供常量值
CurrencyFormatter	flash. globalization	CurrencyFormatter类提供货币值的区分区域设置的格式设置和解析
CurrencyParseResult	flash. globalization	一种数据结构，用于表示通过解析货币值提取的货币金额和货币符号或字符串
CustomActions	adobe.utils	CustomActions类的方法使得在Flash创作工具中播放的SWF文件可以管理任何向该创作工具注册的自定义动作
CustomEase	fl.motion	CustomEase类用于在补间进行过程中修改补间动画缓动行为的特定属性
CutOperation	flashx.textLayout. operations	CutOperation 类封装剪切操作
DamageEvent	flashx. textLayout. events	TextFlow 实例在每次标记为受损时调度该事件
DataChangeEvent	fl.events	DataChangeEvent类定义当与组件关联的数据更改时调度的事件
DataChangeType	fl.events	DataChangeType类定义DataChangeEvent.changeType事件的常量

（续表）

类	包	说　明
DataEvent	flash.events	原始数据加载完成时，对象将调度 DataEvent 对象
DataGrid	fl.controls	DataGrid类是基于列表的组件，提供呈行和列分布的网格
DataGridAccImpl	fl.accessibility	DataGridAccImpl 类（也称为 DataGrid AccessibilityImplementation 类）用于使 DataGrid 组件具备辅助功能
DataGridCellEditor	fl.controls.dataGridClasses	DataGridCellEditor类为DataGrid控件定义默认项目编辑器
DataGridColumn	fl.controls. dataGridClasses	DataGridColumn类描述了DataGrid组件中的列
DataGridEvent	fl.events	DataGridEvent 类定义与 DataGrid 组件关联的事件
DataGridEventReason	fl.events	DataGridEventReason类定义一些常量，这些常量用于type属性值为itemEditEnd时DataGridEvent对象的 reason 属性值
DataProvider	fl.data	DataProvider类提供一些方法和属性，这些方法和属性允许您查询和修改任何基于列表的组件（例如，List、DataGrid、TileList 或 ComboBox 组件）中的数据
Date	顶级	Date类表示日期和时间信息
DateTimeFormatter	flash.globalization	DateTimeFormatter类为Date对象提供区分区域设置的格式设置，并提供对本地化日期字段名的访问权限
DateTimeNameStyle	flash.globalization	DateTimeNameStyle 类枚举那些控制设置日期格式时使用的月份名称和工作日名称的长度的常量
DateTimeStyle	flash.globalization	枚举那些确定区域设置特定的日期和时间格式设置样式的常量
DefinitionError	顶级	DefinitionError 类表示一种错误，如果用户代码试图定义已定义过的标识符，则会出现该错误
DeleteObjectSample	flash.sampler	DeleteObjectSample类表示在getSamples()流中创建的对象；每个DeleteObjectSample对象与一个NewObject Sample 对象相对应
DeleteTextOperation	flashx.textLayout. operations	DeleteTextOperation 类封装一定范围文本的删除操作
Dictionary	flash.utils	Dictionary类用于创建属性的动态集合，该集合使用strict equality (===) 运算符进行键比较
DigitCase	flash.text.engine	DigitCase类是在设置ElementFormat类的digitCase属性时使用的常量值的枚举
DigitWidth	flash.text.engine	DigitWidth 类是在设置 ElementFormat 类的 digitWidth属性时使用的常量值的枚举
Direction	flashx.textLayout. formats	为设置TextLayoutFormat类的direction属性定义值
DisplacementMapFilter	flash.filters	DisplacementMapFilter类使用指定的 BitmapData对象（称为置换图图像）的像素值执行对象置换
DisplacementMapFiterMode	flash.filters	DisplacementMapFilterMode类为isplacementMapFilter类的mode属性提供值
DisplayObject	flash.display	DisplayObject类是可放在显示列表中的所有对象的基类
DisplayObjectContainer	flash.display	DisplayObjectContainer类是可用作显示列表中显示对象容器的所有对象的基类
DivElement	flashx.textLayout. elements	DivElement类定义一个元素，用于组合段落（Paragraph Element 对象）
DRMAuthenticationCompleteEvent	flash.events	调用 DRMManager对象的authenticate()方法成功时，DRMManager将调度DRMAuthenticationCompleteEvent对象

（续表）

类	包	说　明
DRMAuthentication-ErrorEvent	flash.events	调用DRMManager对象的authenticate()方法失败时，DRM-Manager将调度DRMAuthenticationErrorEvent对象
DRMContentData	flash.net.drm	DRMContentData类提供获取凭证所需的信息，查看受DRM保护的内容时需要该凭证
DRMErrorEvent	flash.events	DRMErrorEvent类提供有关播放数字权限管理（DRM）加密文件时发生的错误的信息
DRMManager	flash.net.drm	DRMManager 负责管理查看DRM 保护的内容所需的凭证的检索和存储
DRMPlaybackTime-Window	flash.net.drm	DRMPlaybackTimeWindow类表示DRM凭证处于有效状态的时间段
DRMStatusEvent	flash.events	在使用数字权限管理（DRM）加密保护的内容成功开始播放时（在验证凭证以及在用户经过身份验证并获得查看内容的授权时），NetStream对象将调度DRMStatus-Event 对象
DRMVoucher	flash.net.drm	DRMVoucher类是允许用户查看受DRM保护的内容的许可证令牌的句柄
DropShadowFilter	flash.filters	可使用 DropShadowFilter 类向显示对象添加投影
DynamicMatrix	fl.motion	DynamicMatrix 类根据给定的值计算和存储一个矩阵
EastAsianJustifier	flash.text. engine	EastAsianJustifier 类的某些属性能够控制文本行（其内容主要为东亚文字）的对齐选项
EditingMode	flashx. textLayout. edit	EditingMode类定义EditManager类用于表示文档读取、选择和编辑权限的常量
EditManager	flashx. textLayout. edit	EditManager类可管理对 TextFlow 进行的编辑更改
Elastic	fl.motion. easing	Elastic类可以定义3个缓动函数，以便实现具有 Action-Script 动画的运动，其中的运动由按照指数方式衰减的正弦波来定义
Elastic	fl.transition. easing	Elastic 类可以定义3个缓动函数，以便实现具有 Action-Script 动画的运动，其中的运动由按照指数方式衰减的正弦波来定义
ElementFormat	flash. text.engine	ElementFormat 类表示可应用于ContentElement 的格式设置信息
ElementRange	flashx. textLayout. edit	ElementRange类表示文本流中所选对象的范围
Endian	flash.utils	Endian 类中包含一些值，它们指示用于表示多字节数字的字节顺序
EOFError	flash. errors	如果尝试读取的内容超出可用数据的末尾，则会引发EO-FError 异常
Error	顶级	Error 类包含有关脚本中出现的错误的信息
ErrorEvent	flash.events	当发生错误导致异步操作失败时，对象会调度 ErrorEvent 对象
EvalError	顶级	EvalError 类表示一种错误，如果用户代码调用 eval() 函数或试图将 new 运算符用于 Function 对象，则会出现该错误
Event	flash.events	Event类作为创建 Event对象的基类，当发生事件时，Event 对象将作为参数传递给事件侦听器
EventDispatcher	flash.events	EventDispatcher 类是所有调度事件的运行时类的基类
EventPhase	flash.events	EventPhase 类可为Event 类的eventPhase属性提供值

（续表）

类	包	说 明
Exponential	fl.motion. easing	Exponential类可以定义3个缓动函数，以便实现具有ActionScript 动画的动作
ExternalInterface	flash. external	ExternalInterface类是用来支持在 ActionScript 和 SWF 容器（例如，含有 JavaScript 的 HTML 页或使用 Flash Player 播放 SWF 文件的桌面应用程序）之间进行直接通信的应用程序编程接口
Fade	fl.transitions	Fade 类淡入或淡出影片剪辑对象
FileFilter	flash.net	FileFilter 类用于指示在调用 FileReference.browse() 方法、FileReferenceList.browse() 方法或调用 File、FileReference 或 FileReferenceList 对象的 browse 方法时显示的文件浏览对话框中显示用户系统上的哪些文件
FileReference	flash.net	FileReference 类提供了在用户计算机和服务器之间上载和下载文件的方法
FileReferenceList	flash.net	FileReferenceList类提供了让用户选择一个或多个要上载的文件的方法
FlowDamageType	flashx. textLayout.compose	FlowDamageType类是为损坏方法和事件定义损坏类型的枚举类
FlowComposerBase	flashx. textLayout.compose	FlowComposerBase 类是 Text Layout Framework 流合成器类的基类，用于控制 ContainerController对象中文本行的合成
FlowElement	flashx. textLayout.elements	流中的文本以树形式存储，树中的元素表示文本内的逻辑分段
FlowElementMouseEvent	flashx.textLay out.events	LinkElement 在检测到鼠标动作时调度此事件
FlowElementOperation	flashx.textLay out.operations	FlowElementOperation类是用于转换FlowElement的操作的基类
FlowGroupElement	flashx. textLayout.elements	FlowGroupElement类是 FlowElement对象的基类，这些对象可以有一组子对象
FlowLeafElement	flashx. textLayout.elements	显示在流层次结构最低级别的 FlowElement 的基类
FlowOperation	flashx.textLayout. operations	FlowOperation 类是所有文本布局框架操作的基类
FlowOperationEvent	flashx. textLayout.events	TextFlow实例在一个操作开始之前调度该事件，并在操作结束后立即再次调度该事件
FlowTextOperation	flashx.textLayout. operations	FlowTextOperation是用于转换一定范围文本的操作的基类
FLVPlayback	fl.video	FLVPlayback 扩展Sprite 类并包装 VideoPlayer 对象
FLVPlaybackCaptioning	fl.video	FLVPlaybackCaptioning组件可实现为FLVPlayback组件加字幕
Fly	fl.transitions	Fly 类从某一指定方向滑入影片剪辑对象
FocusEvent	flash.events	用户将焦点从显示列表中的一个对象更改到另一个对象时，对象将调度 FocusEvent 对象
FocusManager	fl.managers	FocusManager类用于管理一套组件的焦点，这些组件以鼠标或键盘作为Tab键循环进行导航
Font	flash.text	Font类可用来管理SWF文件中的嵌入字体
FontDescription	flash.text.engine	FontDescription 类表示说明字体所必需的属性
FontLookup	flash.text.engine	FontLookup 类是与 FontDescription.fontLookup 一起使用的常量值的枚举

（续表）

类	包	说 明
FontMetrics	flash.text.engine	FontMetrics类包含有关字体的量度和偏移信息
FontPosture	flash.text.engine	FontPosture类是与FontDescription.fontPosture配合使用的常量值的枚举，用于将文本设置为斜体或正常
FontStyle	flash.text	FontStyle类提供 TextRenderer 类的值
FontType	flash.text	FontType类包含Font类的fontType属性的枚举常量embedded和 device
FontWeight	flash. text.engine	FontWeight类是与FontDescription.fontWeight一起使用的常量值的枚举
FormatValue	flashx. textLayout. formats	为指定格式属性将继承其父项的值或自动生成值来定义值
FrameLabel	flash. display	FrameLabel对象包含用来指定帧编号及相应标签名称的属性
FullScreenEvent	flash. events	只要舞台进入或离开全屏显示模式，Stage对象就调度FullScreenEvent对象
Function	顶级	函数是可在 ActionScript 中调用的基本代码单位
FunctionEase	fl.motion	通过FunctionEase类，可以用自定义插值函数代替其他插值（如SimpleEase和CustomEase）用于 fl.motion 框架
GestureEvent	flash.events	使用 GestureEvent 类，用户可以处理设备上那些检测与设备的复杂用户接触（例如同时在触摸屏上按两个手指）的多点触摸事件
GesturePhase	flash.events	GesturePhase类是常量值的枚举类，与 GestureEvent、PressAndTapGestureEvent类和TransformGestureEvent类配合使用
GlobalSettings	flashx.textLay- out. elements	应用于所有 TextFlow 对象的配置
GlowFilter	flash.filters	使用GlowFilter 类可以对显示对象应用发光效果
GradientBevelFilter	flash.filters	使用GradientBevelFilter类可以对显示对象应用渐变斜角效果
GradientGlowFilter	flash.filters	可使用GradientGlowFilter类对显示对象应用渐变发光效果
GradientType	flash.display	GradientType类为 flash.display.Graphics类的beginGradientFill()和lineGradientStyle()方法中的type参数提供值
GraphicElement	flash. text.engine	GraphicElement 类表示 TextBlock或 GroupElement 对象中的图形元素
Graphics	flash.display	Graphics类包含一组可用来创建矢量形状的方法
GraphicsBitmapFill	flash.display	定义位图填充
GraphicsEndFill	flash.display	指示图形填充的结束
GraphicsGradientFill	flash.display	定义渐变填充
GraphicsPath	flash.display	一组绘图命令及这些命令的坐标参数
GraphicsPathCommand	flash.display	定义这些值以用于指定路径绘制命令
GraphicsPathWindng	flash.display	GraphicsPathWinding类为flash.display.GraphicsPath.winding属性和flash.display.Graphics.drawPath()方法提供值，以确定绘制路径的方向
GraphicsShaderFill	flash.display	定义着色器填充
GraphicsSolidFill	flash.display	定义纯色填充
GraphicsStroke	flash.display	定义线条样式或笔触
GraphicsTrianglePath	flash. display	定义有序的一组三角形，可以使用 (u,v) 填充坐标或普通填充来呈现这些三角形

（续表）

类	包	说　明
GridFitType	flash.text	GridFitType 类定义 TextField 类中的网格固定值
GroupElement	flash. text.engine	GroupElement 对象将包括 TextElement、GraphicElement 或其他 GroupElement 对象的集合组合到一起，该集合可作为一个整体分配给TextBlock对象的content属性
GroupSpecifier	flash.net	GroupSpecifier 类用于构造可传递给 NetStream和NetGroup 构造函数的不透明的 groupspec 字符串
HeaderRenderer	fl.controls. dataGridClasses	HeaderRenderer 类显示当前 DataGrid 列的列标题
HTTPStatusEven	flash. events	在网络请求返回HTTP状态代码时，应用程序将调度HTTPStatusEvent 对象
IBitmapDrawable	flash. display	IBitmapDrawable接口由可以作为BitmapData类draw()方法source参数传递的对象来实现
ICellRenderer	fl.controls. listClasses	ICellRenderer 接口提供单元格渲染器需要的方法和属性
IConfiguration	flashx.textLayout. elements	一个配置对象的只读接口
ID3Info	flash.media	ID3Info 类包含反映ID3元数据的属性
IDataInput	flash.utils	IDataInput 接口提供一组用于读取二进制数据的方法
IDataOutput	flash.utils	IDataOutput 接口提供一组用于写入二进制数据的方法
IDynamicProperty-Output	flash.net	此接口控制动态对象的动态属性的序列化
IDynamicPropertyWriter	flash.net	此接口IDynamicPropertyOutput接口一起用于控制动态对象的动态属性的序列化
IEditManager	flashx.textLayout.edit	IEditManager 定义用于处理文本流编辑操作的接口
IEventDispat- cher	flash.events	IEventDispatcher接口定义用于添加或删除事件侦听器的方法，检查是否已注册特定类型的事件侦听器，并调度 事件
IExternalizable	flash.utils	将类编码到数据流中时，IExternalizable接口提供对其序列化的控制
IFlowComposer	flashx.textLayout. compose	IFlowComposer定义用于管理文本流布局和显示的接口
IFocusManager	fl.managers	实现 IFocusManager 接口以创建自定义焦点管理器
IFocusManagerCom-ponent	fl.managers	IFocusManagerComponent接口提供方法和属性，使得组件具有获得焦点的功能
IFocusManagerGroup	fl.managers	IFocusManagerGroup接口提供的属性用于管理一套组件，一次只能从这些组件中选择一个
IFormatResolver	flashx.textLayout. elements	格式解析器的接口
IGraphicsData	flash.display	此接口用于定义可用作flash.display.Graphics方法中的参数的对象，包括填充、笔触和路径
IGraphicsFill	flash. display	此接口用于定义可用作flash.display.Graphics方法和绘图类中的填充参数的对象
IGraphicsPath	flash. display	此接口用于定义可用作flash.display.Graphics方法和绘图类中的路径参数的对象
IGraphicsStroke	flash. display	此接口用于定义可用作flash.display.Graphics方法和绘图类中的笔触参数的对象
IIMEClient	flash. text.ime	IME（输入法编辑器）客户端的接口
IInteractionEvent-Handler	flashx.textLayout.edit	IInteractionEventHandler 接口定义由所选文本布局框架或编辑管理器处理的事件处理函数

（续表）

类	包	说　明
IKArmature	fl.ik	IKArmature 类说明反向运动 (IK) 骨架
IKBone	fl.ik	IKBone 类说明单个片段，而片段是反向运动 (IK) 骨架的基本组件
IKEvent	fl.ik	IKEvent类定义与包含反向运动(IK)骨架的对象相关的事件
IKJoint	fl.ik	IKJoint类定义两个骨骼之间的连接，这些骨骼是反向运动 (IK) 骨架必需的基本组件
IKManager	fl.ik	IKManager类是一个容器类，它表示在文档中定义的所有反向运动 (IK) 树（骨架），并允许在运行时管理这些骨架
IKMover	fl.ik	IKMover 类可以启动并控制骨架的反向运动 (IK)
IllegalOperationError	flash. errors	当方法未实现或者实现中未涉及当前用法时，将引发 IllegalOperationError 异常
ImageCell	fl.controls.listClasses	ImageCell 是 TileList 组件的默认单元格渲染器
IME	flash.system	使用IME类，用户可以在客户端计算机上运行的 Flash Player应用程序中直接操纵操作系统的输入法编辑器 (IME)
IMEConversionMode	flash.system	这个类包含与IME.conversionMode属性配合使用的常量
IMEEvent	flash.events	当用户使用输入法编辑器 (IME) 输入文本时，将调度IM-EEvent 对象
INCManager	fl.video	INCManager 是创建 VideoPlayer 类的 flash.net.NetCon-nection 的类的接口
IndeterminateBar	fl.controls.progress BarClasses	IndeterminateBar类在加载源的大小未知时处理进度栏组件的绘制
InlineGraphicElement	flashx.textLayout. elements	InlineGraphicElement类处理在文本中内嵌显示的图形对象
InlineGraphicElement-Status	flashx.textLayout. elements	InlineGraphicElementStatus类定义一组常量，用于检查 InlineGraphicElement.status的值
InsertInlineGraphic-Operation	flashx.textLayout. operations	Inser tInlineGraphicOperation 类封装内嵌图形插入到文本流的操作
InsertTextOperation	flashx.textLayout. operations	InsertTextOperation 类封装文本插入操作
int	顶级	通过 int 类可使用表示为 32 位带符号整数的数据类型
InteractionInputType	fl.events	InteractionInputType 类定义 SliderEvent 对象的 trigger-Event 属性值的常量
InteractiveObject	flash.display	InteractiveObject 类是用户可以使用鼠标、键盘或其他用户输入设备与之交互的所有显示对象的抽象基类
InteractiveObject	flash.display	InterpolationMethod 类为 Graphics.beginGradientFill() 和Graphics.lineGradientStyle() 方法中的 interpolation-Method 参数提供值
InvalidationType	fl.core	InvalidationType类定义事件对象的type属性使用的 Inv-alidationType常量，该事件对象在组件变为无效以后被调度
InvalidSWFError	flash.errors	Flash 运行时在遇到损坏的 SWF 文件时会引发此异常
IOError	flash.errors	某些类型的输入或输出失败时，将引发 IOError 异常
IOErrorEvent	flash.events	当错误导致输入或输出操作失败时调度IOErrorEvent对象
IOperation	flashx.undo	IOperation 定义可以撤销和重做的操作的接口
Iris	fl.transitions	Iris 类使用可以缩放的方形或圆形动画遮罩来显示影片剪辑对象

（续表）

类	包	说　明
ISandboxSupport	flashx.textLayout.container	用于支持子应用程序中 TLF内容的接口
ISearchableText	flash.accessibility	ISearchableText 接口可由包含在 Web上应可搜索到的文本的对象实现
ISelectionManager	flashx.textLayout.edit	ISelectionManager 接口定义用于处理文本选择的接口
ISimpleTextSelection	flash.accessibility	ISimpleTextSelection 类可用于向 AccessibilityImplementation 添加对 MSAA ISimpleTextSelection 接口的支持
ISWFContext	flashx.textLayout.compose	ISWFContext 接口允许一个SWF文件与加载它的其他SWF文件共享其上下文
ITabStopFormat	flashx.textLayout.formats	该接口提供对制表位相关的属性的读取访问
ITextExporter	flashx.textLayout.conversion	用于将TextFlow实例中的文本内容以String或XML格式导出的接口
ITextImporter	flashx.textLayout.conversion	用于将文本内容从外部源导入到 TextFlow 中的接口
ITextLayoutFormat	flashx.textLayout.formats	该接口提供对 FlowElement 相关的属性的读取访问
ITextLineCreator	flashx.textLayout.compose	ITextLineCreator 可定义一个用于为IFlowComposer 实例创建 TextLine 对象的接口
ITween	fl.motion	ITween 接口定义应用程序编程接口 (API)，这些接口由插值类实现，用于 fl.motion 类
IUndoManager	flashx.undo	IUndoManager定义用于管理撤销堆栈和重做堆栈的接口
IVerticalJustificationLine	flashx.textLayout.compose	IVerticalJustificationLine接口定义允许文本行的垂直两端对齐所需的方法和属性
IVPEvent	fl.video	IVPEvent 接口由适用于 FLVPlayback 组件中特定 VideoPlayer 对象的 video 事件实现
JointStyle	flash.display	JointStyle 类是指定要在绘制线条中使用的联接点样式的常量值枚举
JPEGLoaderContext	flash.system	JPEGLoaderContext类包含一个属性，可以在加载JPEG图像时启用消除马赛克的滤镜
JustificationRule	flashx.textLayout.formats	为设置TextLayoutFormat类的justificationRule属性定义值
JustificationStyle	flash. text.engin	JustificationStyle 类是用于设置 EastAsianJustifier类的justificationStyle 属性的常量值的枚举
Kerning	flash. text.engine	Kerning 类是与 ElementFormat.kerning一起使用的常量值的枚举
Keyboard	flash.ui	Keyboard 类用于构建用户可使用标准键盘控制的界面
KeyboardEvent	flash. events	在响应用户通过键盘输入的内容时将调度 KeyboardEvent 对象
KeyboardType	flash.ui	KeyboardType 类是枚举类，为不同类别的物理计算机或设备键盘提供值
Keyframe	fl.motion	Keyframe 类定义补间动画中特定时间点的可视状态
KeyframeBase	fl.motion	KeyframeBase 类定义补间动画中特定时间的可视状态
KeyLocation	flash.ui	KeyLocation 类包含一些常量，用于指示在键盘上按下的键的位置
Label	fl.controls	Label 组件将显示一行或多行纯文本或HTML格式的文本，这些文本的对齐和大小格式可进行设置

（续表）

类	包	说　明
LabelButton	fl.controls	LabelButton 类是一个抽象类，通过添加标签、图标和切换功能扩展了 BaseButton 类
LabelButtonAccImpl	fl.accessibility	LabelButtonAccImpl 类（也称为 LabelButton Accessibility Implementation类）用于使 LabelButton 组件具备辅助功能
LastOperationStatus	flash.globalization	LastOperationStatus类枚举那些表示最近的全球化服务操作的状态的常量值
LayoutEvent	fl.video	调整视频播放器大小和（或）布置视频播放器时调度此事件
LeadingModel	flashx.textLayout.formats	为设置TextLayoutFormat 类的 leadingModel属性定义值，由行距基础和行距方向的有效组合组成
LigatureLevel	flash. text.engine	LigatureLevel类是在设置 ElementFormat类的ligatureLevel属性时使用的常量值的枚举
Linear	fl.motion. easing	Linear类可以定义缓动函数，以便实现具有 ActionScript 动画的非加速运动
LineBreak	flashx.textLayout.formats	为设置TextLayoutFormat 的 lineBreak属性定义值，以指定在连续文本内如何换行
LineJustification	flash. text.engine	LineJustification 类是在设置TextJustifier子类的lineJustification属性时使用的常量值的枚举
LineScaleMode	flash.display	LineScaleMode 类为 Graphics.lineStyle() 方法中的 scaleMode 参数提供值
LinkElement	flashx.textLayout.elements	LinkElement 类定义指向URI（统一资源标识符）的链接，当用户单击此链接时将执行该类
LinkState	flashx.textLayout.elements	LinkState 类为 LinkElement 类的 linkState 属性定义一组常量
List	fl.controls	List组件将显示基于列表的信息，并且是适合显示信息数组的理想选择
ListAccImpl	fl.accessibility	ListAccImpl类（也称为 List Accessiblity Implementation 类）用于使List组件具备辅助功能
ListData	fl.controls.listClasses	ListData 是一种信使类，用于保存与基于列表的组件中的特定单元格相关的信息
ListEvent	fl.events	ListEvent类为基于列表的组件（包括List、DataGrid、TileList 和 ComboBox 组件）定义事件
LivePreviewParent	fl.livepreview	LivePreviewParent类为SWC 文件或选择 ActionScript 3.0 时要导出的编译剪辑提供时间轴
Loader	flash.display	Loader类可用于加载SWF文件或图像（JPG、PNG或GIF）文件
LoaderContext	flash.system	LoaderContext 类提供多种选项，以使用Loader类来加载SWF文件和其他媒体
LoaderInfo	flash.display	LoaderInfo 类可提供有关已加载的SWF文件或图像文件(JPEG、GIF 或 PNG）的信息
LoadVoucherSetting	flash.net.drm	LoadVoucherSetting类提供与DRMManager loadVoucher()方法的settings参数配合使用的字符串常量
LocalConnection	flash.net	使用LocalConnection 类可以创建调用另一个LocalConnection 对象中的方法的 LocalConnection 对象
Locale	fl.lang	使用 fl.lang.Locale 类，可以控制多语言文本在SWF文件中的显示方式
LocaleID	flash.globalization	LocaleID类提供用于解析和使用区域设置ID名称的方法
Math	顶级	Math 类包含表示常用数学函数和值的方法和常数

（续表）

类	包	说　明
Matrix	flash.geom	Matrix 类表示一个转换矩阵，它确定如何将点从一个坐标空间映射到另一个坐标空间
Matrix3D	flash.geom	Matrix3D 类表示一个转换矩阵，该矩阵确定三维 (3D) 显示对象的位置和方向
MatrixTransformer	fl.motion	MatrixTransformer 类包含修改转换矩阵的以下各个属性的方法：水平和垂直缩放比例、水平和垂直倾斜角度，以及旋转角度
MemoryError	flash.errors	内存分配请求失败时，将引发 MemoryError 异常
MetadataEvent	fl.video	当用户请求FLV文件的元数据信息包 (NetStream.onMetaData) 以及在 FLV 文件中遇到提示点 (NetStream.onCuePoint) 时，Flash® Player 会调度 MetadataEvent 对象
Microphone	flash.media	使用 Microphone 类从麦克风捕获音频
ModifyInlineGraphic-Operation	flashx.textLayout.operations	InsertInlineGraphicOperation类封装现有内嵌图形的修改
MorphShape	flash.display	MorphShape 类表示显示列表上的 MorphShape 对象
Motion	fl.motion	Motion 类存储了一个关键帧动画序列，该序列可以应用于可视对象
MotionBase	fl.motion	MotionBase类存储可应用于可视对象的关键帧动画序列
MotionEvent	fl.motion	MotionEvent 类表示由 fl.motion.Animator 类广播的事件
Mouse	flash.ui	Mouse 类的方法用于隐藏和显示鼠标指针，或将指针设置为特定样式
MouseCursor	flash.ui	MouseCursor 类是在设置 Mouse 类的 cursor 属性时使用的常量值的枚举
MouseEvent	flash.events	每次发生鼠标事件时，都会将 MouseEvent 对象调度到事件流中
MovieClip	flash. display	MovieClip类从以下类继承而来：Sprite、DisplayObjectContainer、InteractiveObject、DisplayObject 和 EventDispatcher
Multitouch	flash.ui	Multitouch类管理并提供有关当前环境支持用于处理来自用户输入设备的接触的信息，包括有两个或多个触点（例如，用户在触摸屏上使用的手指）的设备
MultitouchInputMode	flash.ui	MultitouchInputMode类提供flash.ui.Multitouch类的inputMode属性值
Namespace	顶级	Namespace类包含用于定义和使用命名空间的方法和属性
NationalDigitsType	flash.globali- zation	NationalDigitsType类枚举指示NumberFormatter类所用的数字集的常量
NavigationUtil	flashx.textLay- out.utils	用于操作TextRange的实用程序。此类的方法都是静态方法，必须使用语法NavigationUtil.method(parameter)进行调用
NCManager	fl.video	创建 VideoPlayer 类的 NetConnection 对象；VideoPlayer 类是该用户交互类的帮助器类
NCManagerNative	fl.video	NCManagerNative类是NCManager类的子类，支持某些 Flash Video Streaming Service 提供商可能支持的本机带宽检测
NetConnection	flash.net	NetConnection类在客户端和服务器之间创建双向连接
NetGroup	flash.net	NetGroup类的实例表示 RTMFP 组中的成员资格
NetGroupInfo	flash.net	NetGroupInfo 类指定与 NetGroup对象的基础 RTMFP同级对同级数据传输相关的各种服务质量 (QoS) 统计数据

（续表）

类	包	说 明
NetGroupReceiveMode	flash.net	NetGroupReceiveMode 类是用于NetGroup类的receive-Mode 属性的常量值的枚举
NetGroupReplication-Strategy	flash.net	NetGroupReplicationStrategy 类是常量值的枚举，用于设置NetGroup类的replicationStrategy属性
NetGroupSendMode	flash.net	NetGroupSendMode类是用于NetGroup.sendToNeig-hbor() 方法的sendMode参数的常量值的枚举
NetGroupSendResult	flash.net	NetGroupSendResult 类是在返回与 NetGroup 实例关联的定向路由方法的值时使用的常量值的枚举
NetStatusEvent	flash.net	NetConnection、NetStream或SharedObject对象报告其状态时，将调度 NetStatusEvent对象
NetStream	flash.events	NetStream类通过 NetConnection打开了一个单向流通道
NetStreamAppend-BytesAction	flash.net	NetStreamAppendBytesAction类是可以传递给Net-Stream .appendBytesAction() 方法的常量的枚举
NetStreamInfo	flash.net	NetStreamInfo 类指定与 NetStream 对象以及视频、音频和数据的基础流缓冲区相关的各种服务质量 (QOS) 统计数据
NetStreamMulticastInfo	flash.net	NetStreamMulticastInfo类指定与NetStream对象的基础RTMFP对等和IP多播流传输相关的各种服务质量 (QoS) 统计数据
NetStreamPlayOptions	flash.net	NetStreamPlayOptions 类指定可以传递给 NetStream. play2() 方法的各个选项
NetStreamPlayTrans-itions	flash.net	NetStreamPlayTransitions类指定可与NetStreamPlayOpt-ions.transition 属性一起使用的有效字符串
NewObjectSample	flash.sampler	NewObjectSample类表示在getSamples()流中创建的对象
None	fl.transitions. easing	None类定义缓动函数，以实现ActionScript动画的非加速运动
Number	顶级	表示 IEEE-754 双精度浮点数的数据类型
NumberFormatter	flash.globalization	NumberFormatter类提供数值的区分区域设置的格式设置和解析
NumberParseResult	flash.globalization	一种数据结构，具有与通过解析字符串提取的数字相关的信息
NumericStepper	fl.controls	NumericStepper组件将显示一组已排序的数字，用户可以从中进行选择
Object	顶级	Object 类位于 ActionScript 运行时类层次结构的根处
ObjectEncoding	flash.net	ObjectEncoding类用于在对对象进行序列化的类（例如，FileStream、NetStream、NetConnection、Shared-Object和ByteArray）中定义序列化设置，以便与 Action-Script 的以前版本一起使用
Orientation3D	flash.geom	Orientation3D类是用于表示Matrix3D 对象的方向样式的常量值枚举
OverflowPolicy	flashx.textLayout. elements	OverflowPolicy类为IConfiguration类的overflowPolicy属性定义一组常量
ParagraphElement	flashx.textLayout. elements	ParagraphElement 类表示文本流层次结构中的一个段落
ParagraphFormatted-Element	flashx.textLayout. elements	ParagraphFormattedElement 类是具有段落属性的 Flow-Element 类的抽象基类
PasteOperation	flashx.textLayout. operations	PasteOperation 类封装粘贴操作

（续表）

类	包	说 明
PerspectiveProjection	flash.geom	利用PerspectiveProjection类，可以轻松分配或修改显示对象及其所有子级的透视转换
Photo	fl.transitions	使影片剪辑对象像放映照片一样出现或消失
PixelDissolve	fl.transitions	PixelDissolve类使用随机出现或消失的棋盘图案矩形来显示影片剪辑对象
PixelSnapping	flash.display	PixelSnapping类是可使用Bitmap对象的pixelSnapping属性来设置像素贴紧选项的常量值枚举
PlainTextExporter	flashx.textLayout.conversion	适用于纯文本格式的导出过滤器
Point	flash.geom	Point 对象表示二维坐标系统中的某个位置，其中 x 表示水平轴，y 表示垂直轴
PressAndTapGesture-Event	flash.events	使用PressAndTapGestureEvent类，您可以在启用触摸的设备上处理按住轻敲笔势
PrintJob	flash.printing	PrintJob 类用于创建内容并将其打印为一页或多页
PrintJobOptions	flash.printing	PrintJobOptions 类 所 包含的属性与PrintJob.addPage()方法的 options 参数配合使用
PrintJobOrientation	flash.printing	该类可为所打印页面的图像位置提供 PrintJob.orientation 属性所使用的值
ProgressBar	fl.controls	ProgressBar组件显示内容的加载进度
ProgressBarDirection	fl.controls	ProgressBarDirection类定义ProgressBar类的direction属性值
ProgressBarMode	fl.controls	ProgressBarMode 类定义ProgressBar类的mode属性值
ProgressEvent	flash.events	当加载操作已开始或套接字已接收到数据时，将调度ProgressEvent 对象
Proxy	flash.utils	Proxy 类用于覆盖对象的 ActionScript 操作（如检索和修改属性）的默认行为
QName	顶级	QName 对象表示 XML 元素和属性的限定名
Quadratic	fl.motion. easing	Quadratic类可以定义3个缓动函数，以便实现具有ActionScript 动画的加速动作
Quartic	fl.motion. easing	Quartic 类可以定义3个缓动函数，以便实现具有 ActionScript 动画的动作
Quartic	fl.motion. easing	Quintic类可以定义3个缓动函数，以便实现具有 ActionScript 动画的动作
RadioButton	fl.controls	使用 RadioButton组件可以强制用户只能从一组选项中选择一项
RadioButtonAccImpl	fl.accessibility	RadioButtonAccImpl 类（也称为 RadioButton Accessibility Implementation 类）用于使 RadioButton 组件具备辅助功能
RangeError	顶级	如果数值不在可接受的范围内，则会引发RangeError异常
Rectangle	flash.geom	Rectangle对象是按其位置（由它左上角的点 (x, y) 确定）以及宽度和高度定义的区域
RedoOperation	flashx.textLayout.operations	RedoOperation 类封装重做操作
ReferenceError	顶级	如果尝试对密封（非动态）对象使用未定义属性的引用，将引发ReferenceError异常
RegExp	顶级	RegExp 类允许使用正则表达式（即可用于在字符串中执行搜索和替换文本的模式）

（续表）

类	包	说 明
Regular	fl.transitions.easing	Regular类可以定义3个缓动函数，以便实现具有ActionScript 动画的加速动作
RenderingMode	flash.text.engine	RenderingMode类为FontDescription类中的渲染模式提供值
Responder	flash.net	Responder类提供了一个对象， 该对象在NetConnection.call() 中使用以处理来自与特定操作成功或失败相关的服务器的返回值
Rotate	fl.transitions	Rotate 类旋转影片剪辑对象
RotateDirection	fl.motion	RotateDirection 类在补间期间为旋转行为提供常量值
RSLErrorEvent	fl.events	RSLErrorEvent 类定义由 RSLPreloader 调度的错误事件
RSLEvent	fl.events	RSLEvent 类定义由 RSLPreloader 调度的事件
RSLInfo	RSLInfo	借助RSLInfo 类，可以指定对RSL（运行时共享库文件）的使用
RSLPreloader	fl.rsl	RSLPreloader 类管理在播放其他内容之前的RSL（运行时共享库）预加载
Sample	flash.sampler	Sample 类创建一些对象，它们保存不同时段的内存分析信息
SampleDataEvent	flash.events	当 Sound 对象请求新音频数据或当 Microphone对象有新音频数据要提供时调度
Scene	flash.display	Scene类包括用于标识场景中帧的名称、标签和数量的属性
ScriptTimeoutError	flash.errors	达到脚本超时间隔时，将引发 ScriptTimeoutError 异常
ScrollBar	fl.controls	当数据太多以至于显示区域无法容纳时，最终用户可以使用 ScrollBar 组件控制所显示的数据部分
ScrollBarDirection	fl.controls	定义 ScrollBar 组件的 direction 属性值
ScrollEvent	fl.events	ScrollEvent 类定义与ScrollBar组件关联的滚动事件
ScrollPane	fl.containers	ScrollPane组件在一个可滚动区域中呈现显示对象和JPEG、GIF与PNG文件，以及SWF文件
ScrollPolicy	fl.controls	BaseScrollPane类的horizontalScrollPolicy和verticalScrollPolicy 属性值
ScrollPolicy	flashx.textLayout.container	ScrollPolicy类是一个枚举类，定义了用于设置ContainerController类的horizontalScrollPolicy和verticalScrollPolicy属性的值；ContainerController类可定义文本 流容器
Security	flash.system	通过使用Security类，可以指定不同域中的内容相互通信的方式
SecurityDomain	flash.system	SecurityDomain类代表当前安全性“沙箱”，也称为“安全域”
SecurityError	顶级	如果发生某种类型的安全侵犯，则会引发SecurityError异常
SecurityErrorEvent	flash.events	当出现安全错误时，对象将调度SecurityErrorEvent对象来报告此错误
SecurityPanel	flash.system	SecurityPanel类提供一些值，用来指定用户希望显示的“安全设置”面板
SecurityPanel	flash.system	SecurityPanel类提供一些值，用来指定用户希望显示的“安全设置”面板
SelectableListAccImpl	fl.accessibilit	SelectableListAccImpl 类（也称为 SelectableList Accessibility Implementation 类）用于使SelectableList组件具备辅助功能

（续表）

类	包	说　明
SelectionEvent	flashx.textLayout.events	TextFlow 实例在EditManager或SelectionManager更改或选择文本范围时，调度 SelectionEvent 对象
SelectionFormat	flashx.textLayout.edit	SelectionFormat 类定义选择部分加亮效果的属性
SelectionManager	flashx.textLayout.edit	SelectionManager 类可管理文本流中的文本选择
SelectionState	flashx.textLayout.edit	SelectionState 类表示文本流中的选择
Shader	flash.display	Shader实例表示ActionScript中的Pixel Bender着色器内核
ShaderData	flash.display	ShaderData 对象包含以下属性表示着色器内核的任何参数和输入的属性，以及包含为着色器指定的任何元数据的属性
ShaderEvent	flash.events	在从ShaderJob启动的着色器操作完成后将调度 ShaderEvent
ShaderFilter	flash.filters	ShaderFilter类通过对应用了滤镜的对象执行着色器来应用滤镜
ShaderInput	flash.display	ShaderInput 实例表示着色器内核的单一输入图像
ShaderJob	flash.display	ShaderJob 实例用于在独立模式中执行着色器操作
ShaderParameter	flash.display	ShaderParameter 实例表示着色器内核的单一输入参数
ShaderParameterType	flash.display	该类定义一些常量，它们表示ShaderParameter类的 type 属性的可能值
ShaderPrecision	flash.display	该类定义一些常量，它们表示 Shader 类的 precisionHint 属性的可能值
Shape	flash.display	此类用于使用ActionScript绘图应用程序编程接口（API）创建简单形状
SharedObject	flash.net	SharedObject类用于在用户计算机或服务器上读取和存储有限的数据量
SharedObjectFlushStatus	flash.net	SharedObjectFlushStatus 类为通过调用 SharedObject.flush() 方法而返回的代码提供了值
SimpleButton	flash.display	使用 SimpleButton 类，用户可以控制SWF文件中按钮元件的所有实例
SimpleCollectionItem	fl.data	SimpleCollectionItem类在表示数据提供程序的可检查属性中定义单个项目
SimpleEase	fl.motion	SimpleEase 类让用户可以使用 Flash 时间轴中使用的那种 百分比缓动来控制动画
Sine	fl.motion.easing	Sine类可以定义3个缓动函数，以便实现具有ActionScript动画的动作
SkinErrorEvent	fl.video	如果加载外观时出现错误，Flash®Player会调度SkinErrorEvent 对象
Slider	fl.controls	通过使用 Slider 组件，用户可以在滑块轨道的端点之间移动滑块来选择值
SliderDirection	fl.controls	Slider 组件的方向
SliderEvent	fl.events	SliderEvent类定义与Slider组件关联的事件
SliderEventClickTarget	fl.events	SliderEventClickTarget类定义SliderEvent类的clickTarget属性值的常量
Socket	flash.net	Socket 类启用代码以建立传输控制协议 (TCP) 套接字连接，用于发送和接收二进制数据
Sound	flash.media	Sound 类允许您在应用程序中使用声音
SoundChannel	flash.media	SoundChannel 类控制应用程序中的声音

（续表）

类	包	说 明
SoundCodec	flash.media	SoundCodec类是在设置 Microphone 类的codec属性时使用的常量值的枚举
SoundEvent	fl.video	当用户通过移动volumeBar 控件的手柄或通过设置音量或soundTransform属性更改声音大小时，Flash® Player 将调度 SoundEvent 对象
SoundLoaderContext	flash.media	SoundLoaderContext 类为加载声音的文件提供安全检查
SoundMixer	flash.media	SoundMixer 类包含用于在应用程序中进行全局声音控制的静态属性和方法
SoundTransform	flash.media	SoundTransform类包含音量和平移的属性
Source	fl.motion	Source 类存储生成 Motion 实例的上下文的相关信息
SpaceJustifier	flash.text. engine	SpaceJustifier 类表示控制文本块中文本行的对齐选项的属性
SpanElement	flashx.textLayout.elements	SpanElement 类表示应用了一组格式属性的一串文本
SpecialCharacterEle-ment	flashx.textLayout.elements	SpecialCharacterElement类是表示特殊字符的元素的抽象基类
SplitParagraphOperation	flashx.textLayout.operations	SplitParagraphOperation 类封装将一个段落拆分为两个元素的更改
SpreadMethod	flash.display	SpreadMethod 类为 Graphics 类的 beginGradientFill()和 lineGradientStyle() 方法中的 spreadMethod 参数提供值
Sprite	flash.display	Sprite 类是基本显示列表构造块：一个可显示图形并且也可包含子项的显示列表节点
Squeeze	fl.transitions	Squeeze 类水平或垂直缩放影片剪辑对象
StackFrame	flash.sampler	通过 StackFrame 类可以访问包含函数的数据块的属性
StackOverflowError	flash.errors	可用于脚本的堆栈用尽时，ActionScript将引发StackOv-erflowError异常
Stage	flash.display	Stage类代表主绘图区
StageAlign	flash.display	StageAlign 类提供了用于 Stage.align 属性的常量值
StageDisplayState	flash.display	StageDisplayState类为 Stage.displayState属性提供值
StageQuality	flash.display	StageQuality 类为 Stage.quality 属性提供值
StageScaleMode	flash.display	StageScaleMode类为Stage.scaleMode属性提供值
StandardFlowComposer	flashx.textLayout.compose	StandardFlowComposer类提供了一个标准的合成器和容器管理器
StaticText	flash.text	此类表示显示列表中的 StaticText 对象
StatusChangeEvent	flashx.textLayout.events	当FlowElement的状态改变时，TextFlow实例会调度此事件
StatusEvent	flash.events	对象将在设备（如摄像头或麦克风）或对象（如LocalCon-nection 对象）报告其状态时调度 StatusEvent 对象
String	顶级	String 类为表示一串字符的数据类型
StringTextLineFactory	flashx.textLayout.factory	StringTextLineFactory 类提供一种基于字符串创建 Text-Line 的简单方法
StringTools	flash.globalization	StringTools 类提供区分区域设置的大小写转换方法
Strong	fl.transitions. easing	Strong 类可以定义3个缓动函数，以便实现具有 Action-Script 动画的动作
StyleManager	fl.managers	StyleManager 类提供静态方法，可以用于为组件实例、整个组件类型或Flash文档中的所有用户界面组件获取和设置样式

（续表）

类	包	说明
StyleSheet	flash.text	使用 StyleSheet类可以创建包含文本格式设置规则（例如，字体大小、颜色和其他格式样式）的StyleSheet对象
SubParagraphGroup-Element	lashx.textLayout.elements	SubParagraphGroupElement类组合多个FlowLeafElement
SWFVersion	flash.display	SWFVersion类是可指示已加载SWF文件的文件格式版本的常量值枚举
SWZInfo	fl.rsl	SWZInfo类指示如何下载SWZ文件，SWZ文件是已签名的运行时共享库 (RSL)
SyncEvent	flash. events	在服务器更新了远程共享对象后，表示远程共享对象的SharedObject 对象将调度SyncEvent 对象
SyntaxError	顶级	由于以下原因之一，当发生分析错误时将引发SyntaxError 异常
System	flash.system	System 类包含与本地设置和操作相关的属性
SystemUpdater	flash.system	通过SystemUpdater类，用户可以更新 Flash Player的模块（如 Flash Access的DRM 模块）以及Flash Player本身
SystemUpdaterType	flash.system	SystemUpdaterType 类为系统更新提供常量
TabAlignment	flash.text.engine	TabAlignment类是可用于设置TabStop类的tabAlignment属性的常量值的枚举
TabElement	flashx.textLayout.elements	TabElement类表示文本流中的一个<tab/>
TabStop	flash.text. engine	TabStop类表示文本块中Tab停靠位的属性
TabStopFormat	flashx.textLayout.formats	TabStopFormat类表示段落中制表位的属性
TCYElement	flashx.textLayout.elements	TCYElement (Tatechuuyoko - 直排内横排) 类是SubParagraphGroupElement 的一个子类，可使文本在垂直 行中水平排列
TextAlign	flashx.textLayout.formats	为设置TextLayoutFormat 类的textAlign和textAlignLast 属性定义值
TextArea	fl.controls	TextArea组件是一个带有边框和可选滚动条的多行文本字段
TextBaseline	flash.text. engine	TextBaseline类是在设置ElementFormat类的dominantBaseline和alignmentBaseline属性时要使用的常量值的枚举
TextBlock	flash.text. engine	TextBlock类是用于创建TextLine对象的工厂，可以通过将其放在显示列表中来进行呈现
TextClipboard	flashx.textLayout.edit	TextClipboard 类可将 TextScrap 对象复制到系统剪贴板或从系统剪贴板粘贴
TextColorType	flash.text	TextColorType类为 flash.text.TextRenderer 类提供颜色值
TextContainerManager	flashx.textLayout.container	管理容器中的文本
TextConverter	flashx.textLayout.conversion	这是用于处理导入和导出的网关类
TextDecoration	flashx.textLayout.formats	为TextLayoutFormat 类的 textDecoration属性定义值
TextDisplayMode	flash.text	TextDisplayMode 类包含控制高级消除锯齿系统的子像素锯齿消除的值
TextElement	flash.text. engine	TextElement 类表示已设置格式的文本的字符串
TextEvent	flash.events	用户在文本字段中输入文本或在启用 HTML的文本字段中单击超链接时，对象将调度 TextEvent 对象

（续表）

类	包	说　明
TextExtent	flash.text	TextExtent类包含有关文本字段中某些文本扩展的信息
TextField	flash.text	TextField 类用于创建显示对象以显示和输入文本
TextFieldAutoSize	flash.text	TextFieldAutoSize 类是在设置 TextField类的autoSize属性时使用的常数值的枚举
TextFieldType	flash.text	TextFieldType 类是在设置TextField类的type属性时使用的常数值的枚举
TextFlow	flashx.textLayout.elements	TextFlow类负责管理一个历史记录的所有文本内容
TextFlowLine	flashx.textLayout.compose	TextFlowLine 类表示文本流中的单个文本行
TextFlowLineLocation	flashx.textLayout.compose	TextFlowLineLocation 类是一个枚举类，定义用于指定一行在段落内所在位置的常量
TextFlowTextLineFactory	flashx.textLayout.factory	TextFlowTextLineFactory 类提供一种创建TextLine以显示文本流中文本的简单方法
TextFormat	flash.text	TextFormat 类描述字符格式设置信息
TextFormatAlign	flash.text	TextFormatAlign 类为TextFormat类中的文本对齐方式提供值
TextInput	fl.controls	TextInput组件是单行文本组件，其中包含本机ActionScript TextField 对象
TextJustifier	flash.text.engine	TextJustifier类是可应用于TextBlock的对齐符类型的抽象基类，特别是EastAsianJustifier和SpaceJustifier 类
TextJustify	flashx.textLayout.formats	为设置TextLayoutFormat 类的textJustify属性定义值
TextLayoutEvent	flashx.textLayout.events	TextLayoutEvent实例表示一个不需要自定义属性的事件，例如 TextLayoutEvent.SCROLL 事件
TextLayoutFormat	flashx.textLayout.formats	TextLayoutFormat 类包含所有文本布局属性
TextLine	flash.text.engine	TextLine 类用于在显示列表上显示文本
TextLineCreationResult	flash.text.engine	TextLineCreationResult 类是与 TextBlock.textLineCreationResult 一起使用的常量值的枚举
TextLineFactoryBase	flashx.textLayout.factory	TextLineFactoryBase类用作Text Layout Framework文本行工厂的基类
TextLineMetrics	flash.text	TextLineMetrics类包含文本字段中某行文本的文本位置和度量值的相关信息
TextLineMirrorRegion	flash.text.engine	TextLineMirrorRegion 类表示其中的事件镜像到另一个事件调度程序的文本行部分
TextLineRecycler	flashx.textLayout.compose	TextLineRecycler 类为循环利用 TextLine 提供支持
TextLineValidity	flash.text.engine	TextLineValidity 类是用于设置 TextLine 类的 validity 属性的常量值的枚举
TextRange	flashx. textLayout.elements	描述一段连续文本范围的只读类
TextRenderer	flash.text	TextRenderer 类提供了嵌入字体的高级消除锯齿功能
TextRotation	flash.text. engine	TextRotation类是与以下属性一起使用的常量值的枚举：ElementFormat.textRotation、ContentElement. textRotation、TextBlock.lineRotation 和 TextLine. getAtomTextRotation()

（续表）

类	包	说　明
TextScrap	flashx. textLayout. edit	TextScrap类表示文本流的一段文本
TextSnapshot	flash.text	TextSnapshot 对象可用于处理影片剪辑中的静态文本
TileList	fl.controls	TileList类提供呈行和列分布的网格，通常用来以“平铺”格式设置并显示图像
TileListAccImpl	fl.accessibility	TileListAccImpl 类（也称为 Tile List Accessibility Implementation 类）用于使TileList组件具备辅助功能
TileListCollectionItem	fl.data	TileListCollectionItem 类在表示数据提供程序的可检查属性中定义单个项目
TileListData	fl.controls.listClasses	TileListData是一种信使类，该类将与特定单元格相关的信息保存在基于列表的 TileListData 组件中
Timer	flash.utils	Timer类是计时器的接口，它使用户能按指定的时间序列运行代码
TimerEvent	flash.events	每当 Timer对象达到由 Timer.delay 属性指定的间隔时，Timer 对象即会调度 TimerEvent 对象
TLFTextField	fl.text	使用 TLFTextField 类创建使用文本布局框架(TLF) 的高级文本显示功能的文本字段
TLFTypographicCase	flashx.textLayout. formats	为 TextLayoutFormat 类的 typographicCase 属性定义值
TouchEvent	flash.events	使用 TouchEvent 类，您可以处理设备上那些检测用户与设备之间的接触（例如触摸屏上的手指）的事件
TouchscreenType	flash.system	TouchscreenType类是枚举类，为不同类型的触摸屏提供值
Transform	flash.geom	利用 Transform类，可以访问可应用于显示对象的颜色调整属性和二维或三维转换对象
TransformGestureEvent	flash.events	使用 TransformGestureEvent类可以处理设备或操作系统解释为笔势的复杂移动输入事件，例如在触摸屏幕上移动手指
Transition	fl.transitions	Transition 类是所有过渡类的基类
TransitionManage	fl.transitions	TransitionManager 类定义动画效果
TriangleCulling	flash. display	定义剔除算法的代码，这些算法确定在绘制三角形路径时不呈现哪些三角形
TruncationOptions	flashx.textLayout. factory	TruncationOptions 类指定选项，用于限制由文本行工厂创建的文本的行数，并用于指示行漏掉的时间
Tween	fl.transitions	Tween 类使用户能够使用ActionScript，通过指定目标影片剪辑的属性在若干帧数或秒数中具有动画效果，从而对影片剪辑进行移动、调整大小和淡入淡出操作
Tweenables	fl.motion	Tweenables 类为 MotionBase 和 KeyframeBase 类中使用的动画属性的名称提供常量值
TweenEvent	fl.transitions	TweenEvent 类表示由 fl.transitions.Tween 类广播的 事件
TypeError	顶级	如果操作数的实际类型与所需类型不同，将引发TypeError异常
TypographicCase	flash.text.engine	TypographicCase 类是用于设置 ElementFormat 类的typographicCase 属性的常量值的枚举
UIComponent	fl.core	UIComponent类是所有可视组件（交互式和非交互式）的基类
UIComponentAccImpl	fl.accessibility	UIComponentAccImpl类（也称为UIComponent Accessibility Implementation类）用于使UIComponent 具备辅助功能

（续表）

类	包	说　明
UILoader	fl.containers	UILoader类可让您设置要加载的内容，然后在运行时监视加载操作
uint	顶级	uint 类提供使用表示 32 位无符号整数的数据类型的方法
UIScrollBar	fl.controls	UIScrollBar 类包括所有滚动条功能，只是添加了scrollTarget属性，因此能被附加到TextField实例或TLFTextField 实例
UncaughtErrorEvent	flash.events	当发生未被捕获的错误时，UncaughtErrorEvents 类的实例会调度 UncaughtErrorEvent 对象
UncaughtErrorEvents	flash.events	UncaughtErrorEvents类提供了一种接收未被捕获的错误事件的方法
UndoManager	flashx.undo	UndoManager 类管理针对文本流所做操作进行编辑的历史记录，以便对这些操作可以进行撤销和重做
UndoOperation	flashx.textLayout.operations	UndoOperation 类封装撤销操作
UpdateCompleteEvent	flashx.textLayout.events	TextFlow 实例在其任何容器完成更新后调度该事件
URIError	顶级	如果采用与某个全局URI处理函数的定义相矛盾的方式使用该函数，则会引发 URIError异常
URLLoader	flash.net	URLLoader类以文本、二进制数据或URL编码变量的形式从URL下载数据
URLLoaderDataFormat	flash.net	URLLoaderDataFormat类提供了一些用于指定如何接收已下载数据的值
URLRequest	flash.net	URLRequest 类可捕获单个HTTP请求中的所有信息
URLRequestHeader	flash.net	URLRequestHeader 对象封装了一个HTTP请求标头并由一个名称/值对组成
URLRequestMethod	flash.net	URLRequestMethod 类提供了一些值，这些值可指定在将数据发送到服务器时，URLRequest 对象应使用 POST 方法还是GET 方法
URLStream	flash.net	URLStream 类提供对下载URL的低级访问
URLVariables	flash.net	使用URLVariables类可以在应用程序和服务器之间传输变量
Utils3D	flash.geom	Utils3D类包含一些静态方法，可用于简化某些三维矩阵操作的实现过程
Vector	顶级	使用 Vector 类可以访问和操作矢量（即所有元素均具有相 同数据类型的数组）
Vector3D	flash.geom	Vector3D 类使用笛卡尔坐标 x、y 和 z 表示三维空间中的点或位置
VerifyError	顶级	VerifyError 类表示一种错误，如果遇到格式不正确或损坏的 SWF 文件，则会出现该错误
VerticalAlign	flashx.textLayout.formats	为 TextLayoutFormat 类的 verticalAlign 属性定义值
Video	flash.media	Video类在应用程序中显示实时视频或录制视频，而无需在SWF文件中嵌入视频
VideoAlign	fl.video	VideoAlign类提供了用于FLVPlayback.align 和 VideoPlayer.align属性的常量值
VideoError	fl.video	VideoError异常是报告来自于FLVPlayback和VideoPlayer类的运行时错误的主要机制
VideoEvent	fl.video	当用户播放视频时，Flash® Player会调度VideoEvent对象

（续表）

类	包	说　明
VideoPlayer	fl.video	与使用 FLVPlayback 组件相比，VideoPlayer 类可以让用户创建出 SWF 文件稍微小一些的视频播放器
VideoProgressEvent	fl.video	当用户在渐进式HTTP下载视频过程中请求已加载的字节数时，Flash® Player会调度 VideoProgressEvent对象
VideoScaleMode	fl.video	VideoScaleMode 类提供了用于 FLVPlayback.scaleMode 和 VideoPlayer.scaleMode属性的常量值
VideoState	fl.video	VideoState类提供了用于只读FLVPlayback.state和 VideoPlayer.state属性的常量值
VoucherAccessInfo	flash.net.drm	VoucherAccessInfo 对象提供成功检索和使用凭证所需的信息，例如，身份验证的类型和媒体权限服务器的内容域
WhiteSpaceCollapse	flashx.textLayout.formats	为设置 TextLayoutFormat 类的 whiteSpaceCollapse 属性定义值
Wipe	fl.transitions	Wipe 类使用水平移动的某一形状的动画遮罩来显示或隐藏影片剪辑对象
XML	顶级	XML类包含用于处理XML对象的方法和属性
XMLDocument	flash.xml	XMLDocument类表示ActionScript 2.0中存在的旧XML对象
XMLList	顶级	XMLList 类中包含用于处理一个或多个 XML 元素的方法
XMLNode	flash.xml	XMLNode类表示存在于ActionScript 2.0中但在ActionScript 3.0中已重命名的旧XML对象
XMLNodeType	flash.xml	XMLNodeType 类包含与 XMLNode.nodeType 一起使用的常数
XMLSocket	flash.net	XMLSocket类可实现客户端套接字，从而使FlashPlayer或 AIR 应用程序可以与由 IP 地址或域名标识的服务器计算机进行通信
XMLUI	adobe. utils	该XMLUI类实现与SWF文件的通信，SWF文件用作 Flash 创作工具的扩展功能的自定义用户界面
Zoom	fl.transitions	Zoom 类通过按比例缩放来放大或缩小影片剪辑对象

语言元素

该部分提供有关全局函数和属性（即不属于ActionScript类的元素）的语法、用法信息和代码示例，以及用于 ActionScript的常数、运算符、语句和关键字的语法、用法信息。

全局函数

函　数	说　明	函　数	说　明
Array	创建一个新数组	Number	将给定值转换成数字值
Boolean	将expression参数转换为布尔值并返回该值	Object	在ActionScript 3.0中，每个值都是一个对象，这意味着对某个值调用Object() 会返回该值
decodeURI	将已编码的 URI 解码为字符串	parseFloat	将字符串转换为浮点数
decodeURIComponent	将已编码的 URI 组件解码为字符串	parseInt	将字符串转换为整数
encodeURI	将字符串编码为有效的URI（统一资源标识符）	String	返回指定参数的字符串表示形式

（续表）

函　数	说　明	函　数	说　明
encodeURIComponent	将字符串编码为有效的URI组件	trace	调试时显示表达式或写入日志文件
escape	将参数转换为字符串，并以 URL编码格式对其进行编码。在这种格式中，大多数非字母数字的字符都替换为 % 十六进制序列	uint	将给定数字值转换成无符号整数值
isFinite	如果该值为有限数，则返回 true；如果该值为正无穷大或负无穷大，则返回 false	unescape	将参数str作为字符串计算，从URL编码格式解码该字符串（将所有十六进制序列转换成ASCII 字符），并返回该字符串
int	将给定数字值转换成整数值	Vector	创建新的 Vector 实例，其元素为指定数据类型的实例
isNaN	如果该值为NaN(非数字)，则返回 true	XML	将对象转换成 XML 对象
isXMLName	确定指定字符串对于XML元素或属性是否为有效名称	XMLList	将某对象转换成 XMLList 对象

全局常量

常　量	说　明	常　量	说　明
Infinity	表示正无穷大的特殊值	NaN	Number数据类型的一个特殊成员，用来表示“非数字”(NaN) 值
-Infinity	表示负无穷大的特殊值	undefined	一个适用于尚未初始化的无类型变量或未初始化的动态对象属性的特殊值

运算符

符号运算符是指定组合、比较或修改表达式值的字符的方法。

XML		
@	attribute identifier	标识 XML 或 XMLList 对象的属性
{ }	braces(XML)	将数据按引用（从其他变量）传递到XML或XMLList文本
[ ]	brackets(XML)	访问 XML 或 XMLList 对象的属性或特性
+	concatenation (XMLList)	将 XML 或 XMLList 值连接（合并）到 XMLList 对象中
+=	concatenation assignment(XMLList)	对 XMLList 对象 expression1 赋予 expression1+ expression2 的值
	delete(XML)	删除由 reference 指定的 XML 元素或属性
..	descendant accessor	定位到 XML或 XMLList 对象的后代元素，或（结合使用 @ 运算符）查找匹配的后代属性
.	dot(XML)	定位到XML或 XMLList 对象的子元素，或（结合使用 @运算符）返回XML或XMLList 对象的属性
( )	parentheses(XML)	计算E4X XML构造中的表达式
< >	XML literaltag delimiter	在XML文本中定义XML标签

其　他		
[]	array access	用指定的元素（a0 等）初始化一个新数组或多维数组，或者访问数组中的元素

（续表）

其他		
	as	计算第一个操作数指定的表达式是否为第二个操作数指定的数据类型的成员
,	comma	计算 expression1，然后计算 expression2，依此类推
?:	conditional	计算expression1，如果expression1的值为true，则结果是expression2 的值；否则结果为 expression3 的值
	delete	破坏由 reference 指定的对象属性；如果在运算完成后该属性不存在，则结果为 true，否则结果为 false
.	dot	访问类变量和方法，获取并设置对象属性并分隔导入的包或类
	in	计算属性是否为特定对象的一部分
	instanceof	计算表达式的原型链是否包括 function 的原型对象
	is	计算对象是否与特定数据类型、类或接口兼容
::	name qualifier	标识属性、方法或 XML 属性或特性的命名空间
	new	对类实例进行实例化
{}	object initializer	创建一个新对象，并用指定的 name和value属性对初始化该对象
()	paren- theses	对一个或多个参数执行分组运算，执行表达式的顺序计算，或者括住一个或多个参数并将它们作为参量传递给括号前面的函数
/	RegExp delimiter	如果用在字符之前和之后，则表示字符具有字面值，并被视作一个正则表达式 (RegExp)，而不是一个变量、字符串或其他 ActionScript元素
:	type	用于指定数据类型；此运算符可指定变量类型、函数返回类型或函数参数类型
	typeof	计算expression并返回一个指定表达式的数据类型的字符串
	void	计算表达式，然后放弃其值，返回 undefined

字符串		
+	concatenation	连接（合并）字符串
+=	concatenationassignment	对 expression1 赋予 expression1 + expression2 的值
"	string delimiter	如果用在字符之前和之后，则表示字符具有字面值，并被视作一个字符串，而不是一个变量、数值或其他 ActionScript 元素

按位		
&	bitwise AND	将 expression1和expression2转换为32位无符号整数，并对整数参数的每一位执行布尔AND运算
<<	bitwise left shift	将expression1 和expression2转换为32位整数，并将 expression1 中的所有位向左移动由expression2转换所得到的整数指定的位数
~	bitwise NOT	将expression 转换为一个 32 位带符号整数，然后按位对1 求补
|	bitwise OR	将expression1和expression2转换为32位无符号整数，并在expression1或expression2的对应位为1的每个位的位置放置一个1
>>	bitwise right shift	将expression和expression2转换为32位整数，并将 expression 中的所有位向右移动由 expression2 转换所 得到的整数指定的位数
>>>	bitwise unsigned right shift	此运算符与 bitwise right shift (>>) 运算符基本相同，只是此运算符不保留原始表达式的符号，因为左侧的位始终用0 填充
^	bitwise XOR	将expression1和expression2转换为32位无符号整数，并在expression1 或 expression2中为 1（但不是 在两者中均为 1）的对应位的每个位的位置返回 1

按位组合赋值

运算符	名称	说明
&=	bitwise AND assignment	对 expression1 赋予 expression1和expression2 的值
<<=	bitwise left shift and assignment	执行按位向左移位(<<=) 运算，并将内容作为结果存储在 expression1 中
|=	bitwise OR assignment	对 expression1 赋予 expression1或expression2 的值
>>=	bitwise right shift and assignment	执行按位向右移位运算，并将结果存储在 expression 1中
>>>=	bitwise unsigned right shift andassignment	执行无符号按位向右移位运算，并将结果存储在 expression1 中
^=	bitwise XOR assignment	对 expression1赋予 expression1 ^ expression2 的值

比　较

运算符	名称	说明
==	equality	测试两个表达式是否相等
>	greater than	比较两个表达式，确定 expression1 是否大于 expres-sion2；如果是，则结果为 true
>=	greater than orequal to	比较两个表达式，确定 expression1 是大于等于 expres-sion2（值为 true）还是 expression1 小于 expression2（值为 false）
!=	inequality	测试结果是否与 equality (==) 运算符正好相反
<	less than	比较两个表达式，确定 expression1 是否小于 expres-sion2；如果是，则结果为 true
<=	less than or equal to	比较两个表达式，并确定expression1是否小于等于expression2；如果是，则结果为 true
===	strict equality	测试两个表达式是否相等，但不执行自动数据转换
!==	strict inequality	测试结果与 strict equality (===) 运算符正好相反

注　释

运算符	名称	说明
/*..*/	block comment delimiter	分隔一行或多行脚本注释
//	line comment delimiter	表示脚本注释的开始

算　术

运算符	名称	说明
+	addition	加上数字表达式
--	decrement	操作数减去 1
/	division	expression1 除以 expression2
++	increment	将表达式加 1
%	modulo	计算 expression1 除以 expression2 的余数
*	multiplication	将两个数值表达式相乘
-	subtraction	用于取反或减法

算术组合赋值

运算符	名称	说明
+=	additionassignment	对 expression1 赋予 expression1 + expression2 的值
/=	divisionassignment	对 expression1 赋予 expression1 / expression2 的值
%=	moduloassignment	对 expression1 赋予 expression1 % expression2 的值
*=	multiplication ass-ignment	对 expression1 赋予 expression1 * expression2 的值

（续表）

算术组合赋值		
-=	subtraction assignment	对 expression1 赋予 expression1 - expression2 的值

赋　值		
&&	logical AND	如果为 false 或可以转换为 false，则返回 expression1，否则返回 expression2
&&=	logical AND assignment	对 expression1 赋予 expression1 && expression2 的值
!	logical NOT	对变量或表达式的布尔值取反
||	logical OR	如果 expression1 为 true 或可转换为 true，则返回该表达式，否则返回 expression2
||=	logical OR assignment	对 expression1 赋予 expression1 || expression2 的值

语句、关键字和指令

语句是在运行时执行或指定动作的语言元素。属性关键字更改定义的含义，可以应用于类、变量、函数和命名空间定义。定义关键字用于定义实体，例如变量、函数、类和接口。主要表达式关键字表示文本值。

指令包含语句和定义，在编译时或运行时起作用。下表中将既不是语句也不是定义的指令标记为指令。

语　句			
break	出现在循环（for、for..in、for each..in、do.. while 或 while）内，或出现在与switch 语句中的特定情况相关联的语句块中	if	计算条件以确定下一条要执行的语句
case	定义 switch 语句的跳转目标	label	将语句与可由 break 或 continue 引用的标识符相关联
continue	跳过最内层循环中所有其余的语句并开始循环的下一次遍历，就像控制正常传递到了循环结尾一样	return	从函数中返回，可以选择指定返回值
default	定义 switch 语句的默认情况	super	调用方法或构造函数的超类或父版本
do..while	与 while 循环类似，不同之处是在对条件进行初始计算前执行一次语句	switch	根据表达式的值，使控制转移到多条语句的其中一条
else	指定当 if 语句中的条件返回 false 时要运行的语句	throw	生成或引发一个可由 catch 代码块处理或捕获的错误
for	计算一次 init（初始化）表达式，然后开始一个循环序列	try..catch..finally	包含一个代码块，在其中可能会发生错误，然后对该错误进行响应
for..in	遍历对象的动态属性或数组中的元素，并对每个属性或元素执行statement	while	计算一个条件，如果该条件的计算结果为true，则会执行一条或多条语句，之后循环会返回并再次计算条件
for each..in	遍历集合的项目，并对每个项目执 行	with	建立用于执行一条或多条语句的默认对象，从而潜在地减少需要编写的代码量

命名空间			
AS3	定义核心 ActionScript 类的方法和属性，将其作为固定属性而非原型属性	object–proxy	定义 ObjectProxy 类的方法

（续表）

命名空间			
flash–proxy	定义 Proxy 类的方法		

主要表达式关键字			
false	表示 false 的布尔值	this	对方法的包含对象的引用
null	一个可以分配给变量的或由未提供数据的函数返回的特殊值	true	表示 true 的布尔值

定义关键字			
parameter	指定函数将接受任意多个以逗号分隔的参数	imple-ments	指定一个类可实现一个或多个接口
class	定义一个类，它允许实例化共享用户定义 的方法和属性的对象	interface	定义接口
const	指定一个常量，它是只能赋值一次的变量	names-pace	允许用户控制定义的可见性
extends	定义一个类以作为其他类的子类	package	允许用户将代码组织为可由其他脚本导入的离散组
function	包含为执行特定任务而定义的一组语句	set	定义一个 setter，它是一种在 public 接口中作为属性出现的方法
get	定义一个getter，它是一种可像属性一 样读取的方法	var	指定一个变量

属性关键字			
dynamic	指定类的实例可具有运行时添加的动态属性	private	指定变量、常量、方法或命名空间仅可供定义它的类使用
final	指定不能覆盖方法或者不能扩展类	protected	指定变量、常量、方法或命名空间只可用于定义它的类及该类的任何子类
internal	指定类、变量、常量或函数可用于同一包中的任何调用者	public	指定类、变量、常量或方法可用于任何调用者
override	指定函数或方法由 Flash Player 以本机代码的形式实现	static	指定变量、常量或方法属于类，而不属于类的实例
override	指定用一种方法替换继承的方法		

指　令			
default xml name-space	default xml namespace 指令可将默认的命名空间设置为用于 XML 对象	include	包括指定文件的内容，就像该文件中的命令是调用脚本的一部分一样
import	使外部定义的类和包可用于用户的代码	usename-space	使指定的命名空间添加到打开的命名空间集中

特殊类型

3种特殊类型分别是无类型说明符 (*)、void 和 Null。

类　型	说　明	类　型	说　明
*	指定属性是无类型的	Null	一种表示没有值的特殊数据类型
void	指定函数无法返回任何值		

附录二 Flash Q&A问答

1. Flash是什么?

Flash电影是专为网页服务的画像或动画（当然，也可用于其他用途）。主要含有矢量图形，但是也可以包含导入的位图和音效，还可以把浏览者输入的信息同交互性联系起来，从而产生交互效果，也可以生成非线性电影动画。该动画可以同其他的WEB程序产生交互作用。网页设计师可以利用Flash来创建导航控制器、动态LOGO、含有同步音效的长篇动画、甚至可以产生完整的、富于敏感性的网页。

2. 怎样做一个简单的Flash动画?

首先，打开Flash软件，绘制一个圆形，然后按F8键添加为元件，在图层第十帧的位置按F6键添加一个关键帧，并适当移动该元件的位置，最后在第一帧位置点鼠标右键选择“创建补间动画”。

3. 什么叫矢量图?

矢量图可以任意缩放而不影响Flash的画质，位图图像一般只作为静态元素或背景图。Flash并不擅于处理位图图像的动作，应避免位图图像元素的动画。

4. 如何迅速地对齐不同层中的对象?

用快捷键Ctrl+K调出“对齐”面板可以对齐对象。

5. 怎样调节一个元件的透明度?

选中元件，在“属性”面板中的“颜色”处调整就可以了。

6. 做好的Flash放在HTML页面上面以后，它老是循环，怎么能够让它不进行循环?

最后一个帧的动作设置成Stop（停止）即可。

7. 怎样给Flash做一个预加载的LOADING?

用Action语法的if frame is loaded来实现，新建一层，这层专门放Action，第一帧：

```
ifFrameLoaded ("场景", frame) {//假如场景中地帧数已经载入
goto and play() //跳至并播放某某帧(自己设定)
}
```

第二帧：

```
goto and play("场景1", 1)//跳至并播放第一帧循环
```

再加上一个load的MC循环播放在这两帧的中间即可。

8. 怎样点击一个按钮打开一个页面HTML而不是一个帧?

制作一个按钮，上面的脚本直接写：

```
on (release) {
getURL ("***.HTML");
}
```

这里的***.HTML就是要打开的页面文件名，当然也可以是URL地址。

9. 在按钮的OVER帧放置了一个很大的MC，为什么没有点击到按钮鼠标就变成了手的状态?

按钮真正激活区是在HIT（按下）帧的位置，如果想控制按钮的位置为一定值，可以在HIT帧绘制一个透明地图形来判断。

10. FS命令都是什么意思?

```
fscommand ("fullscreen", "true/false");(全屏设置，TRUE开，FALSE关)
fscommand ("showmenu", "true/false");(右键菜单设置，TRUE显示，FALSE不显示)
fscommand ("allowscale", "true/false");(缩放设置，TRUE自由缩放，FALSE调整画面不影响影片本身的尺寸)
fscommand ("trapallkeys", "true/false");(快捷键设置，TRUE快捷键开，FALSE快捷键关)
fscommand ("exec");(EXE程序调用)
fscommand ("quit");(退出关闭窗口)
```

11. Flash中的字体总是很模糊，有使之变清晰的办法吗?

写好文本以后按下快捷键CTRL+T打开文本设置面板，在最后的文本框选项框选使用设计字体就行了。

12. 想做一个MV，怎么导入声音？

按下快捷键CTRL+R导入声音文件就行了。

13. MTV声音和歌词总是不同步，如何解决？

在“属性”面板右边找到声音设置，调整声音的同步效果为“流式”模式就行了。

14. 怎样可以做出很漂亮地字体特效？

用第三方软件Swish和Swfx等。

15. 如何导入一个背景透明度效果比较好的位图？

推荐使用PNG格式，Flash对PNG位图的融合透明效果支持相当好。

16. 如何设置Flash的背景？

按下快捷键Ctrl+M，选“颜色”项里的“背景”，如果想用一幅图像做背景只需在最下层导入一幅图像便可。

17. 在Flash中，怎样画一个圆圈，又如何修改圆圈的颜色？

画圆的时候把填充色（颜色设定的左上角选项）设为“无”，然后把边框的颜色设定为相应颜色便可。

18. 怎样做到字列成环型并围绕圆心转动？

先用CorelDRAW软件或者相关软件做好，再导入到Flash中便可。

19. 外部导入txt如何改变字体的颜色？

在设定文本框时，设定字体的颜色。

20. 请问如何调节音量？

用纯粹的Flash不能连续调节音量，只能分段调节。

21. 做好的FLASH放在页面上以后，希望单击按钮后再播放，请问怎么设置？

在第一帧添加Stop动作，然后添加一个按钮，并在按钮上添加如下代码：

```
On(release)
 {
 play();
 }
```

22. 在Flash教程中，经常会看到MC、FC等符号，请问代表什么意思？

MC=Movie Clip，动画片段。FS=FSCOMMAND，是Flash的一个命令集合。

23. MC引用到场景中后如何播放？

把MC拖到场景中，动画播放时它就会自动播放。如果没有在最后一帧加上stop，MC会默认为循环。

24. 一个很长的MC放在场景中要占据几帧？

一个很长的MC放入场景中只占据一帧的位置，如果将它拖了好多帧，执行时每隔一帧MC都会重放。

25. 在制作Flash沿轨迹运动效果时，对象总是沿直线运动，为什么？

因为首尾两帧的中心位置没有对准在轨迹上，而导致对象不能沿轨迹运动。解决办法：用鼠标按住对象，检查出现的圆圈是否对准了运动轨迹。

26. 如何快速对齐不同帧中的对象？

在“属性”面板中直接输入坐标，很快捷。

27. 制作按钮时，“点击”帧是用来做什么的？

“点击”帧是指定按钮的触发区域，该区域在播放时不会显示出来。

28. 在FLASH中如何加入声音？

执行“文件>导入”命令，在弹出的对话框中找到WAV文件并选择，然后按下快捷键Ctrl+L打开“库”面板，找到刚才引入的声音，点选要插入声音的帧，用鼠标把“库”面板里的声音拖到工作区即可。

29. 做好了的按钮，怎么才能建立链接？

双击该按钮，在弹出的对话框中切换到“动作”选项卡，输入语句：GetURL，然后在右面的文本框里填上链接的地址，Windows一栏是HTML分帧的名字，也可不填，默认为当前窗口。

30. 如何在Flash中实现3D动画？

在Flash中不能直接生成3D动画，必须借助其他的工具，如：Vecta3D和Illustrate。

31. Adobe 的 Adobe Flash与 Adobe Flash Player 有何不同？

Adobe Flash是用于开发丰富内容、用户界面和 Web 应用的应用程序。 Adobe Flash Player 是多平台客户端程序。Web 用户必须下载并安装播放器才能查看 Flash 的内容并与其交互。

32. Flash Player 和 Shockwave Player 之间有何不同？

Flash Player 和 Shockwave Player都是源自Adobe的免Web播放器。但它们的用途不同：Flash Player 显示使用 Adobe Flash Professional 创建的内容，如 Web 应用程序前端、效果出众的网站用户界面、交互式在线广告，以及短篇到长篇动画。Shockwave Player 显示使用 Director创建的内容，如高性能多用户游戏、交互式三维产品仿真、在线娱乐和培训应用程序。通过使用扩展模块，开发人员可以将 Shockwave Player 的功能进行扩展，以便能够播放自定义构建的应用程序。

33. 收到安全对话框，询问从其他站点加载数据的权限。该怎么办？

出现这个问题的原因是用户所查看的 Flash 应用程序正在尝试使用旧式安全系统访问自己的域之外的站点上的信息。Flash Player 警告可能会在两个站点之间共享信息，并且询问是允许还是拒绝这样的访问。

34. 做Flash动画时，有时动画播放完了，音乐还不停，但有时动画还没有播放完，音乐却停了，反正声音和画面总不能同步，请问如何使它们准确同步呢？

首先看看为什么不同步。Flash是以元素为单位来下载播放的，声音属性设置为"事件"后，声音会作为一个单独的元素进行下载，但它并不按照帧来播放，下载完成后就开始播放。而在这个时候，图像因为是很多元素组成的，所以还没有下载完。而声音却已经下载完，在播放时就会出现不同步的现象。解决的办法是：先把声音文件设置成为"流式"，这样声音会按照帧来播放，就可以很好地控制它了。还有就是最好给整个动画做个Loading预载入。

35. 我做的Flash MTV在我的电脑上歌词和音乐是同步的，但是上传到网上和在别人的电脑上就不同步，请问这个问题如何解决？

这个问题的原因和上一个问题差不多，还是要把声音设置为"流式"。因为声音已经被分配到动画的每一帧上了，所以这时不论按Enter键还是用鼠标在帧上拖动，都可以听到声音了，这在"事件"时是实现不了的。这样，就可以根据音乐的波形变化直观地安排歌词了。但有一点需要说明，设置成"流式"会对音质有些影响。

36. Flash在最大化播放时，往往左右两边会有动画露出来，尤其是在用鼠标改变大小后，这种情况就更明显了，这样影响整个动画的播放效果。而有的Flash就没有这种情况，动画只在中心区域播放，其他地方则是黑色的。请问这是如何实现的？

其实这个很好实现，道理很简单，就是单独做一个层，在层上画一个很大的黑色矩形，涉及的范围要达到场景以外很远的地方，然后删除中间的一部分，露出场景。要注意两点：一、这个层要从开始一直到最后一帧；二、要把该层放到所有层的最上边。

37. 为了使网站更具震撼力，希望把首页做成了Flash，想使浏览者观看完Flash后自动转入HTML页面，请问这个如何实现？

在最后一帧插入关键帧，在其上点击右键，选"动作"，输入"GetURL（"你的网站地址"）；"就可以实现了。

38. 很多Flash中都有圆圈形文字转动的场景，请问这是如何实现的？在Flash中如何做圆圈形文字呢？

Flash中是很难实现圆圈形文字的，都是使用别的软件做好圆圈形文字后再导入Flash中的。建议使用FreeHand，方法是：画一个圆，然后写上文字，使用箭头工具把二者全部圈选，选择"文字>附加到路径"，把文字变为圆形，输出GIF格式图片，最后再导入Flash中。

39. 请问如何在Flash中设置透明的渐变？

选取填充的部分，打开“混色器”和“填充”两个面板，在“填充”面板里选择线形填充或放射性填充，点击颜色滑块在右边选择颜色，这时就可以在“混色器”面板右下边找到Alpha，上下调节就可以设置透明度了。

40. 有一个Flash宣传片，需要播放完就自动关闭，请问该如何实现？

在最后一帧上点击右键，选“动作”命令，弹出对话框，选择“+>动作>FSCOMMOND”项，然后在选择框中选择quit就可以了。

41. 如何禁止菜单缩放的功能，以及完成双击SWF文件时直接全屏？

全屏：使用FS Command (fullscreen，true)语句，将屏幕占满，动画部分并不会因此而放大。禁止缩放：使用FS Command (“allowscale”，False) 语句。禁止菜单：使用FS Command (“showmenu”，False) 语句。

42. 如何通过按钮给别人发E-mail?

在按钮上添加下列语句：get url:mailto: yourname@mail.com。

43. 关键帧中的脚本里Stop后的脚本会不会起作用？

Stop语句只停止帧的播放，并不能停止该Stop所在关键帧的动作语句的执行。

44. Flash中的路径的作用是什么？

如果用过DOS，就可以很容易理解FLASH的路径。简单地说，路径就是在FLASH编程时能够找到变量或者元件所经过的路。其方式跟DOS一样，分成相对的和绝对的两种。

45. 动作中，/:与/有什么区别，各在什么时候用？

/:是表示某一路径下的变量，如/:a就表示根路径下的变量a，而/表示的是绝对路径。

46. 如何在MC中控制主场景的播放？

Flash中_root表示主场景，用_root. play()即可控制主场景的播放。

47. 如何在Flash中打开一个定制的浏览器新窗口？

添加：Get URL ("java script:window.open('new.htm'，'newwin'，'width=320，height=320')；") 语句。

48. 点一个按钮即放音乐，再点它一下就停音乐这个效果该如何做？

第一下设置gotoandplay()，那一帧设置成play sound，第二下再跳到另一帧然后stop all sound。

49. 如何改变调入后的swf的位置？

一个简单的方法是，移动那个已给置入Mocie文件的MC，就像改变一张图的位置那样用鼠标拖动它。

50. 如何让一个MC调用另一个MC里设置的变量？

在mc里输入此语句：（a、b均为变量名，mcname为mc的实体名）a = _root.mcname.b；此语句是使本mc的变量a调用_root.mcname这个mc里的变量b。

51. 在Flash中如何打开Word文档？

Flash不支持调用Word文件，但浏览器可以直接打开Word文档，那么就用getURL来解决即可，路径用绝对地址。

52. Flash如何与数据库连接？

只能通过后台文件，如CGI脚本，Active Server Pages (ASP)，或 Personal Home Page (PHP)等。传递值到Flash中，实现数据库的操作。

53. 在用FsCommand中可以调用JavaScript吗？

FsCommand可以调用JS函数MovieName_DofsCommand装入Flash动画。MovieName是Flash动画的名字由 Embed标签的Name属性或是Object标签的ID属性指定，如果FlashPlayer的名字为MYMOVIE，应该调用JS函数名字为MYMOVIE_DOFSCOMMAND。

54. 如何让一行汉字围绕一个圆心排列呢？

先随便打一个字符（不要打散），画一个圆作为引导线，用引导线做这个字符环绕一周的动画，有几个字环绕动画就做成几帧，“旋转”选“无”，把“沿路径方向”的勾打上，然后把每一帧都变成关键帧，删掉引导层，选中洋葱皮功能的编辑多帧，选所有帧，把第一帧往后的所有帧都剪切，按下快捷键Ctrl+Shift+V到第一帧，环绕就做好了，再把每个字符改成想要的就行了。

55. Flash里面消除文字锯齿用哪个实现？

在Flash里面直接输入的文字都可以圆滑显示。注意选中菜单中“查看>消除锯齿”命令。

56. 如何整齐规划Flash中的工具面板？

双击该窗口上面的蓝色标题条，窗口就会缩至最小，要用时再双击打开它即可。

57. 在Flash中如何缩放场景？

只要按快捷键Ctrl+或Ctrl－就能轻松改变场景的大小。

58. 在Flash中如何画多边形？

以六边形为例：首先画一水平线段，然后复制线段并将其旋转120度；重复第2、3步骤，共复制和旋转5次，最后用箭头工具将各线段头尾相接摆放即可，注意要打开吸附功能。

59. 一张图片不断循环要怎么制作？

可以在一个影片剪辑元件中多做几个层，每一层导入一张图，然后安排好次序就可以了。

60. 如何制作写字的效果？

先输入要写的文字例如“动”字，选好字体，调整好大小，打散，这就是最后一帧。复制，插到前面一帧。用橡皮擦掉“动”的最后一笔的一点，这就是倒数第二帧。再复制，再按笔划的逆顺序擦掉一点，这是倒数第三帧。下面同理。每次擦多少，可自己感觉，也可参考一些写字效果的源文件。有一点要注意，就是平常写字时停顿的地方要添加一个或更多的关键帧，只要依据播放速度而定。

61. 如何优化作品？

尽量少用大面积的渐变，特别是形变，二是保证在同一时刻的渐变对象尽量的少，最好把各个对象的变化安排在不同时刻。减少动画的文件大小的方法：少采用位图或者结点多的矢量图。线条或者构件的边框尽量采用基本形状，少采用虚线或其它花哨的形状。尽量采用Windows自带的字体，少用古怪的中文字体，尽量减少一个动画中的字体种类。少采用逐帧动画，重复的运动变化，应采用图形或影片剪辑。动画输出时，采用适宜的位图及声音压缩比。

62. 如何在Flash中调用EXE文件？

使用fscommand ("exec"， "path/*.exe") 语句，path 为路径名，必须是绝对路径。

63. 导出的.EXE文件如何自动关闭？

在Flash最后一帧上或在按钮上加fscommand (“quit”) 语句。

64. 如何调整动作中的字体大小？

点击动作面板右上角的三角形按钮，在菜单中选择“字体大小”命令，然后根据需要选择大号或中号，系统默认的是小号字体。

65. 制作的元件可能会超出屏幕范围，该怎么办？

先做个小的元件，然后在“变形”面板中按比例放大。

66. 如何将Swf文件转换为EXE文件？

带有控制菜单的Swf文件可以选择“文件>建立项目”命令，将文件转换为EXE文件，如果是全屏幕的，可按下快捷键CTRL+F调出菜单，用上述方法来生成EXE文件。

67. 如何在一个电影里实现不同的背景？

不同的背景做在影片剪辑中通过帧自动读取或按钮手动改变即可。

68. 如何让动画在停留一段时间后继续播放？

加入空帧来让动画停留，根据要停留的时间加入帧的数目。

69. 一串字或一幅图由模糊变清晰的效果怎样做？

先建立两层，第一层放置原来清晰的图片，第二层放置被模糊过的图片，把第一层的图片生成影片剪辑或者是图形元件，然后进行alpha渐变就可以了。

70. 如何制作字幕由上向下滚动，且字幕比场景小，而字幕上下两端都能正常的显示文字的效果？

先制作好整个文字，然后让它产生补间动画，使它从上移动到下端。新建一层，在新建的层上绘制一个矩形，并把该层定义为遮照层，文字所在的层为被遮层，这样测试影片就能达到预期目的。

71. 如何在鼠标接近的时候产生动作？

先做一个按钮，然后在按钮的"经过"帧处放一个影片剪辑元件，其他帧做成空帧，也就是做个隐型按钮即可。

72. 导出透明图片的方法有哪些？

在Flash中只支持透明GIF图像的发布。勾选发布设置中的GIF选项，其中有透明项目，默认格式是不透明，在其下拉列表中第二项即为透明项目，勾选它，进行发布即可得到透明的GIF格式图像了。

73. 如何保持导入后的位图仍然透明？

尽管Flash动画是基于矢量图的动画，但如果有必要，仍然可以在其中使用位图，而且Flash支持透明位图。为了引入透明的位图，必须保证含有透明部分的GIF图片使用的是Web216色安全调色板，而不是其他调色板。以常用位图处理软件Photoshop为例，在将图片转化为GIF格式之前，先要改变它的模式为"索引颜色"，这时可以选择调色板为Web调色板，再输出为GIF89a格式，这样的透明GIF图片引入Flash后，原来透明的部分仍能够保持透明。

74. 如何使层靠得的紧一些？

点击时间轴的最右方一个有黑三角的标志，在菜单中选择"短"命令。另外菜单里还有可以调节帧的显示比例的选项命令。

75. 文字按钮为什么不灵活？

在制作按钮的时候，未指定"点击"区（按钮的触发区），特别在做文字按钮的时候，一般定义一个矩形来作为"点击"区，如果未定义"点击"区，系统会将文字作为按钮的触发区，在用的时候自然不是很灵活。点击区域是隐藏的，在场景中并不会显示出来。

76. 怎么让一条线一点点延伸出来？

一关键帧插入一短的线段，另一关键帧插入一长的线段，在前一关键帧上做形变动画。

77. 在Flash里如何整体改变大小？

新建一个Flash项目，然后用Load Movie方法将原来的Swf导入一个空影片剪辑中，然后控制这个MC的位置和缩放比例。或者按下快捷键Ctrl＋A把所有图层的所有对象选中然后调整大小。

78. 如何合并层？

从第一层的第一帧拉到最后一层的最后一帧进行复制，再新建一层进行粘贴。

79. 如何进行多帧选取？

按下快捷键SHIFT＋ALT＋CTRL可以选取多帧，也可以在要选的第一帧处点CTRL然后按住SHIFT点结束帧。

80. 如何固定一个背景图片不动，然后在上面做动画？

把图片单独放一层，锁定这层，然后在上面新建层做动画。

81. 如何用actionscript将页面设为首页和加入收藏夹？

用getURL的方法：

```
on (release) {
getURL("javascript:void(document.
links[0].style.behavior='url(#default
#homepage)');void document.links[0].
setHomePage('http://www.Flashempire.
com/');", "_self", "POST");
}
```

82. 如何用action控制倒放？

做一个mc放在合适的地方，里面有两帧，第一帧：

```
If (GetProperty ("/a", _currentframe)
<=1)
Begin Tell Target ("/a")
Go to and Stop (GetProperty ("/a", _
totalframes))
End Tell Target
Else
Begin Tell Target ("/a")
Go to and Stop (GetProperty ("/a", _
currentframe)-1)
End Tell Target
End If
```

第二帧：

```
Go to and Play (1)
```

这样就可以让/a倒放。

83. 内部声音角色与外部声音角色有何差异？

没什么太大的区别，外部文件如果导入的话可以降低文件的大小，在发布的时候或者做成光盘的时候需要和DCR文件一起走，并且始终保持相对路径不变。

84. 如何使声音无限循环？

将声音的循环次数定义成足够大，如果音乐设为Stream（数据流），那swf文件也会足够大。

85. 能否详细讲解loadmovie？

loadmovie的问题，然后就是加载之后属性的设置：

```
loadMovieNum(url,level,method);
loadbar._xscale=int(bytesload/
bytestotal*100);
```

当下载完成后，就可以对它进行控制了，如设置属性，播放和停止等如在第5帧：

```
if (_level1.getBytesLoaded()>=_
level1.getBytesTotal()){
_levle1.play();
play();
}else {
gotoAndPlay(1);
}
```

通过loadmovie加载进来的动画不需要时可以用unloadmovie命令卸除，如前面的snow.swf。AS为：_level1.unloadMovie();

86. 为什么在用Flash做“沿轨迹运动”时总是沿直线运动，和教程对照了一下，做法完全一样，怎么不行？

这个问题似乎总会困扰初学者，但实际上很简单。首尾2帧中心位置没有放准在轨迹上。一个简单的检查办法：把屏幕大小设定为400%或更大，察看图形中间出现的圆圈是否对准了运动轨迹。

87. 为什么在 Flash 中做旋转总是转不快。有什么办法可以转快一点呢？

把播放速度调快，比如38帧/秒便可。

88. 如何把Flash放到Frontpage中去？

Frontpage对Flash的支持较差，不能直接在其中插入Flash动画，解决办法是在SWF文件发布、原代码生成后，把HTML文件中的<；;OBJECT>部分拷过去便可。建议使用Dreamweaver来制作Flash动画网页，会方便很多。

89. 如何把一个fla文件输出成和swf一样的gif文件？

先在Publish settings（发布设置）中对Gif进行相应的设置之后，用Publish（发布）功能便可输出GIF文件。如果FLA文件中含有MC，那么GIF文件中将不会包含MC中的动画，而将只将MC的第一帧转化为GIF。

90. 把做好的一个只有十几K的Flash放入网页中后，预览网页时，为什么要等好长时间Flash才能被显示？

检查SWF文件的名字、路径是否正确，如果不正确系统会试图长时间等待。

91. 如何使声音无限循环？

将声音的循环次数定义成足够大便可。

92. 怎样才能截取音乐？

用SoundForge内录的方法录制，效果非常好，如果音量变小了，用effect 里面的dynamic--graphic--expand可以扩大。另外CoolEdit、Gold-Wave 也是很不错的选择。

93. 如何在CD 或 VCD 里面保存一个声音文件呢？ 以便所保存的声音可以导出在Flash 里面使用。请问Flash中如何加入mp3文件？

用sthvcd，vcdcutter或其他东西剪下来就可以了。Flash中不能加入mp3，若为mp3格式，可通过winamp或其他软件转成wav，然后要编辑的话用soundforge 4.5。

94. 如何计算sin、cos等函数？

利用有关的数学公式将函数转换。

95. 要得到a值除以b值所得到的余数，其表达式该怎么写？

添加a-b*int(a/b)便可。

96. 如何在Flash中重复播放部分影格多次然后再跳转?

添加如下代码:

```
Set Variable: "i" = 1
Set Variable: "time" = 5
comment:time表示重复次数。
comment:以下是想重复的内容帧名为repeat
…………
If  (i<=time)
Set Variable: "i" = i+1
Go to and Play  (repeat)
End If
```

便可。

97. 如何制作鼠标跟随动画?

利用Start Drag语句让一个MC随鼠标运动，再利用该MC的x、y坐标等属性产生相应的变化。

98. 如何进行碰撞检测?

用get property检测运动MC的位置；对于一些和鼠标跟随有关的碰撞检测，可以用_drop-target。

99. 返回值中或者需load进入动画的文本文件中如何表示空格和其他特殊字符?

用+代替空格。

100. 如何调用一个.exe的可执行文件？比如：用vc编好的可执行文件。

用fscommand("exec","执行文件名")便可。需注意此时执行文件的路径是否正确。

101. 如何禁止右键菜单和缩放功能，如何完成双击SWF文件时直接全屏?

在第一帧中输入下面命令:

```
全屏->FS Command ("fullscreen", true)
禁止缩放->FS Command ("allowscale", False)
禁止菜单->FS Command ("showmenu", False)
```

102. 如何制作Loading?

使用_framesloaded、_totalframes两个变量可以完成。

103. 如何判断载入外部swf的进度?

可以使用被载入swf的_framesloaded和_totalframes两个变量，加上被载入动画的名字。

104. 如何把Flash中的输入文本存到另一个文本文件?

需要与其他软件联合编程来完成。比如：ASP，PERL。

105. Flash中的路径有何作用?

如果用过DOS，就可以很容易理解Flash的路径。简单地说，路径就是在Flash编程时能够找到变量或者符号（元件）所经过的路。其方式跟DOS一样，分成相对的和绝对的两种。

106. Flash编程用什么工具软件较好?

用ActionClip，先在文本编辑软件中写完程序，将程序部分复制至剪贴板，然后运行ActionClip将之转化，再到flash中将之粘贴便可。

107. 将.fla文件转成.avi文件文件的方法是什么?

可以转成mov格式，没办法直接转成avi，可以通过转成gif序列，再经过其它软件转成avi。

108. 如何在本机上测试LOADING?

在播放时，再次按下快捷键Ctrl+Enter，或者是选择菜单中的“视图>带宽设置”命令，或者“带宽查看器”命令。

109. Flash中，怎样才能消除导入图像的锯齿?

请用BMP图像或矢量图。由于点阵问题，所以在导入图象之前先看看这个图的像素有多大，然后将它转为BMP格式后，再到FLASH中用“修改>位图>转换位图为矢量图”命令优化图象。

110. 请问如何在每次刷新页面时随即显示几个不同的 SWF 中的某一个动画?

```
LoadmovieNum("movie"+random(5)+".swf")
```

假设有6个swf，分别命名为movie0.swf，movie1.swf，……movie5.swf。像上边那样，每刷新一次，出现的界面就可能不一样。

111. 如何屏蔽按钮的手型?

先使用mouse.hide();，然后再用start Drag命令让一个箭头形的MC被拖动就可以了。

112. 在ActionScript的编辑窗口中怎么设置能使中文字体更清晰?

更换Flash的字体，也就是删除Windows\Fonts\Modern.fon，这样，编辑窗口的字体就好看多了。

113. Flash如何与数据库连接？

通过后台文件，如CGI脚本，Active Server Pages (ASP)，或 Personal Home Page (PHP)等。传递值到Flash中，实现数据库的操作。

114. Adobe 的 Adobe Flash Professional与Adobe Flash Player 之间有何不同？

Adobe Flash Professional 是用于开发丰富内容、用户界面和 Web 应用的应用程序。Adobe Flash Player 是多平台客户端程序。Web 用户必须下载并安装播放器才能查看 Flash 的内容并与其交互。

115. Flash如何与外部影片连接？

使用loadmovie语句即可。

116. 如何找到放在窗口外边的面板？

将Windows下面的状态栏先放最下面，然后缩放Flash的窗口，找仔细点就可以找到面板露出的角，然后拖动就可以了。如果显示器分辨率是800 × 600，那么把它调到1024 × 768，然后就可以看到丢失的面板了。

117. 怎样控制动画的播放和停止？

在Flash中最基础的ActionScript语句有stop、goto和play等。使用这些语句可以控制动画的播放和停止。

118. 怎样制作特殊的动画光标？

利用Flash中的startDrag功能，可以制作比较常见的鼠标跟随效果，用以形成动画光标。

119. Flash如何与后台连接？

使用LoadVars()对象的send和Load方法来发送和接收数据。

120. 如何实现声音的暂停/播放效果？

在执行stop()命令时可用sound对象的position属性取得当前声音文件的播放时间（毫秒），然后用start(time,loop)在当前位置播放即可。

121. 如何定义二维数组？

下面定义一个20*20的二维数组，值全部为0。

```
sarray = [];
for (var i = 0; i<=19; i++) {
sarray[ i] = [];
for (var j = 0; j<=19; j++) {
sarray[ i][j] = 0;
}
}
```

122. 如何打开指定属性的窗口？

先用JS在HTML页面中定义函数，然后在Flash中用getURL()调用。

123. 如何通过MC中的按钮跳转场景？

在要跳转的帧上加标签，通过标签跳转：gotoAndStop("yourlable")。

124. 如何随机设置MC颜色？

```
MC实例名为"mc"：
mycolor=new Color("mc")
mycolor.setRGB(random(0xffffff))
```

125. 如何实现双击效果？

把下面的代码放到按钮上：

```
on (press) {
time = getTimer()-down _ time;
if (time
trace("ok");
}
down _ time = getTimer();
}
```

126. 如何使MC始终跟随鼠标旋转？

先计算MC横纵坐标与鼠标横纵坐标的差值，然后用Math.atan2()来计算旋转角度。

```
m _ x = _ root. _ xmouse-mc. _ x;
m _ y = _ root. _ ymouse-mc. _ y;
mc. _ rotation = PI=180/Math.PI*Math.
atan2(m _ y, m _ x);
```

127. 如何做鼠标跟随效果？

基础代码如下，a为步长：

```
mc. _ x+=( _ root. _ xmouse-mc. _ x)/a
mc. _ y+=( _ root. _ ymouse-mc. _ y)/a
```

132. 如何在AS中创建类的继承？

创建一个MC的继承类：

```
myClass=function(){
```

```
......
}
myClass.prototype = new MovieClip();
```

128. 哪些操作系统可以安装和使用Flash CS6?

Windows 7、Windows XP和Mac OS。

129. 作为Flash新功能之一的Adobe设备中心的用途是什么?

Adobe设备中心旨在帮助需要为各种手机和消费类电子产品制作颇具创意的精彩内容的创意专业人士和移动开发人员提高工作效率和生产效率。定期更新的设备配置文件库以及Adobe设备中心与其他 Adobe Creative Suite 3 组件之间的智能集成简化了移动创作流程，在将设计和测试内容加载到目标设备上进行最终测试之前，在桌面上预览这些内容变得更加简单。

130. 怎样使用元件可以优化Flash动画?

多使用元件，如果电影中的元素有使用一次以上者，则应考虑将其转换为符号。重复使用符号并不会使电影文件明显增大，因为电影文件只需储存一次符号的图形数据。

131. 制作动画时怎样能够优化Flash动画?

尽量使用渐变动画。只要有可能，应尽量以"移动渐变"（Create Motion Tween）的方式产生动画效果，而少使用"逐帧渐变"（Frame－By－Frame）的方式产生动画。关键帧使用得越多，电影文件就会越大。

132. 什么是Flash Player API?

Flash Player API 是指Flash 包中的所有包、类、函数、属性、常量、事件和错误。Flash Player API 是Flash Player 所特有的，这与基于ECMAScript 的顶级类（如Date、Math 和 XML）或语言元素相反。Flash Player API 中包含面向对象的编程语言中所具有的功能，如用于geometry类的flash.geom 包，以及特定于丰富Internet 应用程序的需要的功能，如用于表现手法的flash.filters包和用于处理与服务器之间的数据传送的flash.net 包。

133. 绘图时，如何优化Flash动画?

多采用实线，少用虚线。限制特殊线条类型如短划线、虚线和波浪线等的数量。由于实线的线条构图最简单，因此使用实线将使文件更小。

134. 怎样更好地使用矢量图和位图，以便使Flash动画更为优化?

多用矢量图形，少用位图图像。矢量图可以任意缩放而不影响Flash的画质，位图图像一般只作为静态元素或背景图，Flash并不擅长处理位图图像的动作，应避免位图图像元素的动画。多用构图简单的矢量图形。矢量图形越复杂，CPU运算起来就越费力。导入的位图图像文件尽可能小一点，并以JPEG方式压缩。

135. 如何使用声音可以使Flash动画更为优化?

音效文件最好以MP3方式压缩。MP3是使声音最小化的格式，应尽量使用。

136. 如何使用字体可以使Flash动画更为优化?

限制字体和字体样式的数量。尽量不要使用太多不同的字体，使用的字体越多，电影文件就越大。尽可能使用Flash内定的字体。不要包含所有字体外形。如果包含文本域，则应考虑在"文本域属性"对话框中选中"只包括指定字体外形"，而不要选择"包括所有字体外形"。尽量不要将字体打散，字体打散后就变成图形了，这样会使文件增大。

137. 怎样使用颜色可以使Flash动画更为优化?

尽量少使用过渡填充颜色。使用过渡填充颜色填充一个区域比使用纯色填充区域要多占50字节左右。

138. 怎样使用动作可以使Flash动画更为优化?

尽量缩小动作区域。限制每个关键帧中发生变化的区域，一般应使动作发生在尽可能小的区域内。尽量避免在同一时间内安排多个对象同时产生动作。有动作的对象也不要与其它静态对象安排在同一图层里。应该将有动作的对象安排在各自专属的图层内，以便加速Flash动画的处理过程。

139. 怎样利用Load Movie命令减轻电影开始下载时的负担?

若有必要，可以考虑将电影划分成多个子电影，然后再通过主电影里的Load Movie、Unload Movie命令随时调用、卸载子电影。

140. 怎样使电影能够预先下载？

如果有必要，可在电影一开始时加入预先下载画面（Preloader），以便后续电影画面能够平滑播放。较大的音效文件尤其需要预先下载。

141. 怎样设置电影的大小可以使Flash动画更为优化？

电影的长宽尺寸越小越好。尺寸越小，电影文件就越小。可通过菜单执行“修改>电影”命令，调节电影的长宽尺寸。或者先制作小尺寸电影，然后再进行放大。为减小文件，可以考虑在Flash里将电影的尺寸设置小一些，然后导出迷你SWF电影。接着将菜单“文件>发布设置…”中HTML选项卡里的电影尺寸设置大一些，这样，在网页里就会呈现出尺寸较大的电影，而画质丝毫无损、依然优美。

142. 时间轴特效可以应用于哪些对象？

可以应用于文本、图形、位图、图形元件和按钮元件等对象。

143. 元件和实例的关系是怎样的？

元件是指在Flash中创建的图形、按钮或影片剪辑，可以在本Flash影片或其他Flash影片中重复使用。任何一个元件都将自动成为库的一部分，且在库中保存。实例则是元件在舞台中或者嵌套在其他元件中的一个元件副本，修改实例的大小、颜色及类型等属性，不会改变元件自身，但当元件发生变化时，实例会随之改变。

144. 为什么要分离文本？

分离文本的目的是将文本从一组可编和配置的字符转换为最基本的形式，即矢量形状，从而可以任何方式对其进行整形或从图形的角度对其进行编辑，如为文字填充渐变色、给文字描边等。

145. 什么是遮罩动画？

遮罩是指展现影片特定区域的特效动画。在Flash中，遮罩动画需要使用到两个以上的图层，这两个图层分别是设定遮罩范围的遮罩图层和应用了可见遮罩的图层。应用遮罩的图层也可以应用到多个图层。

希望得到您的反馈！

作为读者，您是我们最重要的建议源泉。我们很重视您的想法，想知道哪儿做得对了，哪儿还有待改进，您希望我们出版哪些领域的书籍，以及其他任何您愿意传达给我们的富有智慧的信息。作为出版人，我们非常欢迎您的评论。您可以发送电子邮件给我们，让我们知道您喜欢和讨厌这本书的哪些方面，以及我们如何改进这本书。给我们来信时，请务必写上书名、作者以及您的姓名、电子邮件地址与电话号码。我们会认真回复您的评价，并与本书的作者和编辑分享您的建议。E-mail：Branding@cypmedia.com